中國歷代曆象典

壹

廣陵書社

圖書在版編目（C I P）數據

中國歷代曆象典 / 廣陵書社編. -- 揚州 : 廣陵書社, 2012.12
ISBN 978-7-80694-906-1

I. ①中… II. ①廣… III. ①天文學－古籍－彙編－中國 IV. ①P19

中國版本圖書館CIP數據核字(2013)第000995號

書　名　中國歷代曆象典
編　者　廣陵書社
責任編輯　嚴　嵐
出 版 人　曾學文
出版發行　廣陵書社
揚州市維揚路349號　郵編 225009
http: //www.yzglpub.com　E-mail: yzglss@163.com
印　刷　揚州文津閣古籍印務有限公司
開　本　787毫米×1092毫米 1/16
印　張　357
版　次　2012年12月第1版第1次印刷
標準書號　ISBN 978-7-80694-906-1
定　價　1580.00圓（全八册）

出版說明

本書係根據《古今圖書集成·曆象彙編》中《乾象典》、《歲功典》、《曆法典》、《庶徵典》，以及《清朝通志》、《清朝文獻通考》、《清朝續文獻通考》中相關内容彙輯而成。内容包括天地、日月、星辰、風、雲、雨、火、春、夏、秋、冬、寒暑、干支、晨昏晝夜、曆法、儀象、漏刻、測量、算法、數目、天變、日異、風異、地異、雨災、豐歉等，輯録了中國古代有關天文、氣象、算法、民俗、災異等方面的大量史料。

《古今圖書集成》原名《彙編》，由清代陳夢雷編纂，後經雍正帝審閲，改名爲《欽定古今圖書集成》，并由户部尚書蔣廷錫等增删重編，至雍正四年（一七二六）告成。《古今圖書集成》收羅宏富，内容廣博，體例周詳，分類細密；全書分六彙編，三十二典，六千一百一十七部，共一萬卷，集我國古代文獻之大成，號稱『清朝第一大書』（康有爲語），實際上也是我國現存最大的古代類書。

《曆象彙編》共五百四十四卷，分一百二十部。其中《乾象典》、《歲功典》、《曆法典》、《庶徵典》是按天象、時序、曆法、自然變異的順序來安排的，各典先設『總部』，其下再分列總部所屬各部，各部下的資料按分類原則編排，每部先作『彙考』，按收録文獻時代先後詳細介紹該部有關情況，如《曆法總部》的『彙考』，詳細叙述了從伏羲氏作甲曆到清初采用時憲曆共七十六部曆法的采用、修改及廢置的過程；再據各部資料分列『總論』、『藝文』、『選句』、『紀事』、『雜録』、『外編』等，全面而系統地收録了上古到明末清初有關天文、曆法等方面的相關文獻資料。所收録古籍原文注明出處，頗便查核。

《古今圖書集成》編於清初，而此後也没有類似的彙編類書，故關於清代天文、曆法方面的資料只能參考彙編清代文物典章制度資料的《清朝通典》、《清朝通志》、《清朝文獻通考》和《清朝續文獻通考》。

《清朝通典》原名《皇朝通典》，《清朝通志》原名《皇朝通志》，均爲清乾隆三十二年（一七六七）嵇璜等奉敕編纂。體例依唐代杜佑的《通典》和宋代鄭樵的《通志》，除細目有所不同外，《清朝通志》只有二十略，没有紀傳和年譜。《清朝文獻通考》原名《皇朝文獻通考》，爲清乾隆十二年（一七四七）敕編，其體例依元代馬端臨的《文獻通考》，而各門子目有所增删。《清朝續文獻通考》原名《皇朝續文獻通考》，爲《清朝文獻通考》的續編，由劉錦藻獨力編纂。體例依《清朝文獻通考》，而增加外交、郵傳、實業、憲政四門，共三十門。所載清代典章制度自乾隆五十一年（一七八六）至宣統三年（一九一一）。這『四通』，是清代文物典章制度的總彙，可以説是貫通清代的專史。本書選輯《清朝通志》中《天文略》，《清朝文獻通考》、《清朝續文獻通考》中《象緯考》等相關内容。

《古今圖書集成》與『清代四通』性質不同，體例各異，本不宜合編；但考慮到編輯歷代資料的連續性，本書只能勉爲其難，選取上述各書有關内容，并依類合并，重新分爲五百七十五卷，以便參考。限於編輯者的水平，整理工作不當之處在所難免，敬請讀者批評指正。

廣陵書社於上世紀九十年代起陸續編輯印行《中國歷代食貨典》、《中國歷代經籍典》、《中國歷代文學典》、《中國歷代禮儀典》、《中國歷代考工典》、《中國歷代醫學典》、《中國歷代神異典》、《中國歷代氏族典》、《中國歷代邊裔典》、《中國歷代選舉典》、《中國歷代兵政典》諸書，由於按類彙編，資料翔實，給研究者帶來一定便利。今仍依其例，新編《中國歷代曆象典》，以饗讀者。

廣陵書社編輯部

二〇一二年十二月

中國歷代曆象典總目

第一册

第四册

第六册

第七册

第八册

欽定古今圖書集成曆象彙編乾象典

第一卷目錄

乾象典第一卷

天地總部彙考一

易經

繫辭上傳

天一地二天三地四天五地六天七地八天九地十

本義 此言天地之數陽奇陰偶卽所謂河圖者也

天數五地數五五位相得而各有合天數二十有五地數三十凡天地之數五十有五此所以成變化而行鬼神也

本義 天數五者一三五七九皆奇也地數五者二四六八十皆偶也相得謂一與二三與四五與六七與八九與十各以奇偶爲類而自相得有合謂一與六二與七三與八四與九五與十皆兩相合二十有五者五奇之積也三十者五偶之積也

禮記

曲禮

天子祭天地

注 呂氏曰冬至日祭天夏至日祭地 大全 陳氏曰天子祭天地諸侯不敢僭天子而祭天地

月令

孟春之月天氣下降地氣上騰天地和同草木萌動

又

孟秋之月天地始肅不可以贏

又

孟冬之月地始凍

又

命有司曰天氣上騰地氣下降天地不通閉塞而成冬

又

仲冬之月地始坼

又

命有司曰土事毋作愼毋發蓋毋發室屋及起大衆以固而閉地氣沮泄是謂發天地之房

春秋緯

感精符

人主與日月同明四海合信故父天母地兄日姊月

河洛緯

括地象

西北爲天門東南爲地戶

注 天不足西北是天門地不滿東南是地戶

大戴禮

曾子天圓

單居離問於曾子曰天圓而地方者誠有之乎曾子曰離而聞之云乎單居離曰弟子不察此以敢問也曾子曰天之所生上首地之所生下首上首之謂圓下首之謂方如誠天圓而地方則是四角之不揜也且來吾語汝參嘗聞之夫子曰天道曰圓地道曰方方曰幽而圓曰明明者吐氣者也是故外景幽者含氣者也是故內景故火曰外景而金水內景吐氣者施而含氣者化是以陽施而陰化也陽之精氣曰神陰之精氣曰靈神靈者品物之本也而禮樂仁義之祖也而善否治亂所興作也陰陽之氣各盡其所則靜矣偏則風俱則雷交則電亂則霧和則雨陽氣勝則散爲雨露陰氣勝則凝爲霜雪陽之專氣爲雹陰之專氣爲霰霰雹者一氣之化也毛蟲毛而後生羽蟲羽而後生毛羽之蟲陽氣之所生也介蟲介而後生鱗蟲鱗而後生介鱗之蟲陰氣之所生也唯人爲倮匈而後生也陰陽之精也毛蟲之精者曰麟羽蟲之精者曰鳳介蟲之精者曰龜鱗蟲之精者曰龍倮蟲之精者曰聖人龍非風不舉龜非火不兆此皆陰陽之濟茲四者所以役聖人之精也是故聖人爲天地主爲山川主爲鬼神主爲宗廟主聖人愼守日月之數以察星辰之行以序四時之順逆謂之曆截十

二管以宗八音之上下清濁謂之律也律居陰而治陽曆居陽而治陰律曆迭相治也其間不容髮聖人立五禮以爲民望制五衰以別親疎和五聲之樂以導民氣合五味之調以察民情正五色之位成五穀之名序五牲之先後貴賤諸侯之祭牲牛曰太牢大夫之祭牲羊曰少牢士之祭牲特豕曰饋食無祿者稷饋稷饋者無尸無尸者厭也宗廟曰芻豢山川曰犧牷割列禳瘞是有五牲此之謂品物之本禮樂之祖善否治亂之所由興作也

晉書

天文志

古言天者有三家一曰蓋天二曰宣夜三曰渾天漢靈帝時蔡邕於朔方上書言宣夜之學絕無師法周髀術數具存考驗天狀多所違失惟渾天近得其情今史官候臺所用銅儀則其法也立八尺圓體而具天地之形以正黃道占察發斂以行日月以步五緯精微深妙百代不易之道也官有其器而無本書前志亦闕蔡邕所謂周髀者卽蓋天之說也其本庖犧氏立周天曆度其所傳則周公受於殷商周人志之故曰周髀髀股也股者表也其言天似蓋笠地法覆槃天地各中高外下北極之下爲天地之中其地最高而滂沲四隤三光隱映以爲晝夜天中高於外衡冬至日之所在六萬里北極下地高於外衡下地亦六萬里外衡高於北極下地二萬里天地隆高相從日去地恆八萬里日麗天而平轉分冬夏之間日所行道爲七衡六間每衡周徑里數各依算術用勾股重差推晷影極游以爲遠近之數皆得於表股者也故曰周髀又周髀家云天員如張蓋地方如棋局天旁轉如推磨而左行日月右行隨天左轉故日月實東行而天牽之以西沒譬之於蟻行磨石之上磨左旋而蟻右去磨疾而蟻遲故不得不隨磨以左迴焉天形南高而北下日出高故見日入下故不見天之居如倚蓋故極在人北是其證也極在天之中而今在人北所以知天之形如倚蓋也日朝出陽中暮入陰中陰氣暗冥故沒不見也夏時陽氣多陰氣少陽氣光明與日同輝故日出卽見無蔽之者故夏日長也冬天陰氣多陽氣少陰氣暗冥掩日之光雖出猶隱不見故冬日短也宣夜之書云惟漢祕書郎郄萌記先師相傳云天了無質仰而瞻之高遠無極眼瞀精絕故蒼蒼然也譬之旁望遠道之黃山而皆青俯察千仞之深谷而窈黑夫青非眞色而黑非有體也日月衆星自然浮生虛空之中其行其止皆須氣焉是以七曜或逝或住或順或逆伏見無常進退不同由乎無所根繫故各異也故辰極常居其所而北斗不與衆星西沒也攝提塡星皆東行日行一度月行十三度遲疾任情其無所繫著可知矣若綴附天體不得爾也成帝咸康中會稽虞喜因宣夜之說作安天論以爲天高窮於無窮地深測於不測天確乎在上有常安之形地塊焉在下有居靜之體常相覆冒方則俱方員則俱員無方員不同之義也其光曜布列各自運行猶江海之有潮汐萬品之有行藏也葛洪聞而譏之曰苟辰宿不麗於天天爲無用便可言無何必復云有之而不動乎由此而談稚川可謂知言之選也虞喜族祖河間相聳又立穹天論云天形穹隆如鷄子羃其際周接四海之表浮於元氣之上譬如覆奩以抑水而不沒者氣充其中故也日繞辰極沒西而還東不出入地中天之有極猶蓋之有斗也天北下於地三十度極之傾在地卯酉之北亦三十度人在卯酉之南十餘萬里故斗極之下不爲地中當對天地卯酉之位耳日行黃道繞極極北去黃道百一十五度南去黃道六十七度二至之所舍以爲長短也吳太常姚信造昕天論云人爲靈蟲形最似天今人頤前多臨胷而項不能覆背近取諸身故知天之體南低入地北則偏高又冬至極低而天運近南故日去人遠而斗去人近北天氣至故冰寒也夏至極起而天運近北而斗去人遠日去人近南天氣至故蒸熱也極之高時日行地中淺故夜短天去地高故晝長也極之低時日行地中深故夜長天去地下淺故晝短也自虞喜虞聳姚信皆好奇徇異之說非極數談天者也至於渾天理妙學者多疑漢王仲任據蓋天之說以駮渾儀云舊說天轉從地下過今掘地一丈輒有水天何得從水中行乎甚不然也日隨天而轉非入地夫人目所望不過十里天地合矣實非合也遠使然耳今視日入非入也亦遠耳當日入西方之時其下之人亦將謂之爲中也四方之人各以其近者爲出遠者爲入矣何以明之今試使一人把大炬火夜半行於平地去人十里火光滅矣非滅也遠使然耳今日西轉不復見是火滅之類也日月不員也望視之所以員者去人遠也夫日火之精也月水之精也水火在地不員在天何故員故丹陽葛洪釋之曰渾天儀注云天如雞子地如雞中黃

孤居於天內天大而地小天表裏有水天地各乘氣而立載水而行周天三百六十五度四分度之一又中分之則半覆地上半繞地下故二十八宿半見半隱天轉如車轂之運也諸論天者雖多然精於陰陽者張平子陸公紀之徒咸以為推步七曜之道度曆象昏明之證候校以四八之氣考以漏刻之分占晷景之往來求形驗於事情莫密於渾象者也張平子既作銅渾天儀於密室中以漏水轉之令伺之者閉戶而唱之其伺之者以告靈臺之觀天者曰璇璣所加某星始見某星已中某星今沒皆如合符也崔子玉為其碑銘曰數術窮天地制作侔造化高才偉藝與神合契蓋由於平子渾儀及地動儀之有驗故也若夫果如渾者則天之出入行於水中為的然矣故黃帝書曰天在地外水在天外水浮天而載地者也又易曰時乘六龍夫陽爻稱龍龍者居水之物以喻天天陽物也又出入水中與龍相似故以比龍也聖人仰觀俯察審其如此故晉卦坤下離上以證日出於地也又明夷之卦離下坤上以證日入於地也需卦乾下坎上此亦天入水中之象也夫天為金金水乃相生之物也天出入水中當有何損而謂為不可乎故桓君山曰春分日出卯入酉此乃人之卯酉天之卯酉當值斗極為天中今視之乃在北不正在人上而春秋分時日出入乃在斗極之南若如磨右轉則北方道遠而南方道近晝夜漏刻之數不應等也後奏事待報坐西廊廡下以寒故暴背有頃日光出去不復暴背君山乃告信蓋天者曰天若如推磨右轉而日西行者其光景當照此廊下稍而東耳不當拔出去拔出去是應渾天法也渾為天之真形於是可知矣然則天出入水中無復疑矣又今視諸星出於東者初但去地少許耳漸而西行先經人上後遂西轉而下焉不旁旋也其先在西之星亦稍下而沒無北轉者日之出入亦然若謂如磨右轉者日之出入亦然眾星日月宜隨天而迴初在於東次經於南次到於西次及於北而復還於東不應橫過去也今日出於東冉冉轉上及其入西亦復漸漸稍下都不繞邊北去了了如此王生必固謂為不然者疏矣今日徑千里圍周三千里中足以當小星之數十也若日以轉遠之故但當光曜不能復來照及人耳宜猶望見其體不應都失其所在也日光既盛其體又大於星多矣今見極北之小星而不見日之在北者明其不北行也若日以轉遠之故不復可見其北入之間應當稍小而日方入之時乃更大此非轉遠之徵也王生以火炬喻日吾亦將借子之矛以刺子之楯焉把火之去人轉遠其光轉微而日月自出至入不漸小也王生以火喻之謬矣又日之入西方視之稍稍去初尚有半如橫破鏡之狀須臾淪沒矣若如王生之言日轉北去有半者其北都沒之頃宜先如豎破鏡之狀不應如橫破鏡也如此言之日入北方不亦孤孑乎又月之光微不及日遠矣月盛之時雖有重雲蔽之不見月體而夕猶朗然是光猶從雲中而照外也日若繞西及北者其光故應如月在雲中之狀不得夜便大暗也又日入則星月出焉明知天以日月分主晝夜相代而照也若日常出者不應日亦入而星月亦出也又按河洛之文皆云水火者陰陽之餘氣也夫言餘氣也則不能生日月可知也顧當言日陽精生火者可耳若水火是日月所生則亦何得盡如日月之員乎今火出於陽燧陽燧員而火不員也水出於方諸方諸方而水不方也又陽燧可以取火於日而無取日於火之理此則日精之生火明矣方諸可以取水於月而無取月於水之道此則月精之生水了矣王生又云遠故視之員若審然者月初生之時及既虧之後何以視之不員乎而日食或上或下從側而起或如鉤至盡若遠視見員不宜見其殘缺左右所起也此則渾天之理信而有徵矣

宋書

天文志

言天者有三家一曰宣夜二曰蓋天三曰渾天而天之正體經無前說馬書班志又闕其文漢靈帝議郎蔡邕於朔方上書曰論天體者三家宣夜之學絕無師法周髀術數具存考驗天狀多所違失惟渾天僅得其情今史官所用候臺銅儀則其法也立八尺圓體而具天地之形以正黃道占察發斂以行日月以步五緯精微深妙百世不易之道也官有器而無本書前志亦闕而不論本欲寢伏儀下思惟微意按度成數以著篇章皐惡無狀投畀有北灰滅兩絕勢路無由宣問羣臣下及巖穴知渾天之意者使述其義時閣官用事邕議不行漢末吳人陸績善天文始推渾天意王蕃者廬江人吳時為中常侍善數術傳劉洪乾象曆依乾象法而制渾儀立論考度曰前儒舊說天地之體狀如鳥卵天包地外猶殼之裹黃也周旋無端其形渾渾然故曰渾天也周天三百六十五

度五百八十九分度之百四十五半露地上半在地下其二端謂之南極北極北極出地三十六度南極入地亦三十六度兩極相去一百八十二度半強繞北極徑七十二度常見不隱謂之上規繞南極七十二度常隱不見謂之下規赤道帶天之紘去兩極各九十一度少強黃道日之所行也半在赤道外半在赤道內與赤道東交於角五弱西交於奎十四少強其出赤道外極遠者去赤道二十四度斗二十一度是也其入赤道內極者亦二十四度井二十五度是也日南至在斗二十一度去極百一十五度少強是也日最南去極最遠故景最長黃道斗二十一度出辰入申故日亦出辰入申日晝行地上百四十六度強故日短夜行地下二百一十九度少弱故夜長自南至之後日去極稍近故景稍短日晝行地上度稍多故日稍長夜行地下度稍少故夜稍短日所在度稍北故日稍北以至於夏至日在井二十五度去極六十七度少強是日最北去極最近景最短黃道井二十五度出寅入戌故日亦出寅入戌日晝行地上二百一十九度少弱故日長夜行地下百四十六度強故夜短自夏至之後日去極稍遠故景稍長日晝行地上度稍少故日稍短夜行地下度稍多故夜稍長日所在度稍南故日出入稍南以至於南至而復初焉斗二十一井二十五南北相覺四十八度春分日在奎十四少強秋分日在角五少弱此黃赤二道之交中也去極俱九十一度少強南北處斗二十一井二十五之中故景居二至長短之中奎十四角五出卯入酉故日亦出卯入酉日晝行地上夜行地下

俱百八十度半強故日見之漏五十刻不見之漏五十刻謂之晝夜同夫天之晝夜以日出入爲分人之晝夜以昏明爲限日未出二刻半而明日已入二刻半而昏故損夜五刻以益晝是以春秋分之漏晝五十五刻三光之行不必有常術家以算求之各有同異故諸家曆法參差不齊洛書甄耀度春秋考異郵皆云周天一百七萬一千里一度爲二千九百三十二里七十一步二尺七寸四分四百八十七分分之三百六十二陸績云天東西南北徑三十五萬七千里此言周三徑一也考之徑一不啻周三率周百四十二而徑四十五則天徑三十二萬九千四百一里一百二十二步二尺二寸一分七十一分分之十周禮日至之景尺有五寸謂之地中鄭衆說土圭之長尺有五寸以夏至之日立八尺之表其景與土圭等謂之地中今潁川陽城地也鄭元云凡日景於地千里而差一寸景尺有五寸者南戴日下萬五千里也以此推之日當去其下地八萬里矣日邪射陽城則徑天之半也天體員如彈丸地處天之半而陽城爲中則日春秋冬夏昏明晝夜去陽城皆等無盈縮矣故知從日邪射陽城爲天徑之半也以勾股法言之傍萬五千里勾也立八萬里股也從日邪射陽城弦也以勾股求弦法入之得八萬一千三百九十四里三十步五尺三寸六分天徑之半而地上去天之數也倍之得十六萬二千七百八十八里六十一步四尺七寸二分天徑之數也以周率乘之徑率約之得五十一萬二千六百八十七里六十八步一尺八寸二分周天之數也減甄耀度考異郵五十五萬七千

三百一十二里有奇一度凡千四百六里百二十四步六寸四分十萬七千五百六十五分分之萬九千三十九減舊度千五百二十五里二百五十六步三尺三寸二十一萬五千一百三十分分之十六萬七百三十分黃赤二道相與交錯其間相去二十四度以兩儀推之二道俱三百六十五度有奇是以知天體員如彈丸而陸績造渾象其形如鳥卵然則黃道應長於赤道矣績云天東西南北徑三十五萬七千里然則績亦以天形正員也而渾象爲鳥卵則爲自相違背古舊渾象以二分爲一度凡周七尺三寸半分張衡更制以四分爲一度凡周一丈四尺六寸蕃以古制局小星辰稠概衡器傷大難可轉移更制渾象以三分爲一度凡周天一丈九寸五分四分分之三也御史中丞何承天論渾象體曰詳尋前說因觀渾儀研求其意有以悟天形正員而水周其下言四方者東暘谷日之所出西至濛汜日之所入莊子又云北溟之魚化而爲鳥將徙於南溟斯亦古之遺記四方皆水證也四方皆水謂之四海凡五行相生水生於金是故百川發源皆自山出由高趣下歸注於海日爲陽精光耀炎熾一夜入水所經燋竭百川歸注足於補復故旱不爲減浸不爲益徑天之數蕃說近之大中大夫徐爰曰渾儀之制未詳厥始王蕃言虞書稱在璿璣玉衡以齊七政則今渾天儀日月五星是也鄭元說動運爲機持正爲衡皆以玉爲之視其行度觀受禪是非也渾儀羲和氏之舊器歷代相傳謂之璣衡其所由來有原統矣而斯器設在候臺史官禁密學者寡得聞見穿鑿之徒不解璣衡之意見有

七政之言因以爲北斗七星構造虛文託之讖緯史遷班固猶尚惑之鄭元有贍雅高遠之才沈靜精妙之思超然獨見改正其說聖人復出不易斯言矣蕃之所云如此夫候審七曜當以運行爲體設器擬象焉得定其盈縮推斯而言未爲通論設使唐虞之世已有渾儀涉歷三代以爲定准後世聿遵孰敢非革而三天之儀紛然莫辯至揚雄方難蓋通渾張衡爲太史令乃鑄銅制範衡傳云其作渾天儀考步陰陽最爲詳密故知自衡以前未有斯儀矣蕃又云渾天遭秦之亂師徒喪絕而失其文惟渾天儀尚在候臺案旣非舜之璇玉又不載今儀所造以緯書爲穿鑿鄭元爲博實偏信無據未可承用夫璇玉貴美之名璣衡詳細之目所以先儒以爲北斗七星天綱運轉聖人仰覩俯察以審時變焉史臣案設器象定其恆度合之則吉失之則凶以之占察有何不可渾文廢絕故有宣蓋之論其術並疎故後人莫述揚雄法言云或人問渾天於雄雄曰落下閎營之鮮于妄人度之耿中丞象之幾幾乎莫之違也若問天形定體渾儀疎密則雄應以渾儀答之而舉此三人以對者則知此三人制造渾儀以圖晷緯問者蓋渾儀之疎密非問渾儀之淺深也以此而推則西漢長安已有其器矣將由喪亂亡失故衡復鑄之乎王蕃又記古渾儀天度并張衡改制之文則知斯器非衡始造明矣衡所造渾儀傳至魏晉中華覆敗沈沒戎虜績著舊器亦不復存晉安帝義熙十四年高祖平長安得衡舊器儀狀雖舉不綴經星七曜文帝元嘉十三年詔太史令錢樂之更鑄渾儀徑六尺八分少周一丈八尺二寸六分少地在天內立黃赤二道南北二極規二十八宿北斗極星五分爲一度置日月五星於黃道之上置立漏刻以水轉儀昏明中星與天相應十七年又作小渾天徑二尺二寸周六尺六寸以分爲一度安二十八宿中外官以白黑珠及黃三色爲三家星日月五星悉居黃道蓋天之術云出周公旦訪之殷商蓋假託之說也其書號曰周髀髀者表也周天之數也其術云天如覆蓋地如覆盆地中高而四隤日月隨天轉運隱地之高以爲晝夜也天地相去凡八萬里天地之中高於外衡六萬里地上之高高於天之外衡二萬里也或問蓋天於揚雄揚雄曰蓋哉蓋哉難其八事鄭元又難其二事爲蓋天之學者不能通也劉向五紀說夏曆以爲列宿日月皆西移列宿疾而日次之月宿遲故日與列星昏俱入西方後九十一日是宿在北方又九十一日是宿在東方九十一日在南方此明日行遲於列宿也月生三日日入而月見西方至十五日日入而月見東方將晦日未出乃見東方以此明月行之遲於日而皆西行也向難之以鴻範傳曰晦而月見西方謂之朓朓疾也朔而月見東方謂之側匿側匿遲不敢進也星辰西行史官謂之逆行此三說夏曆皆違之迹其意好異者之所作也晉成帝咸康中會稽虞喜造安天論以爲天高窮於無窮地深測於不測地有居靜之體天有常安之形論其大體當相覆冒方則俱方員則俱員不同之義也喜族祖河間太守聳又立穹天論云天形穹隆當如雞子羃其際周接四海之表浮乎元氣之上而吳太常姚信造昕天論曰常覽漢書云冬至日在牽牛去極遠夏至日在東井去極近欲以推日之長短信以太極處二十八宿之中央雖有遠近不能相倍今昕天之說以爲冬至極低而天運近南故日去人遠而斗去人近北天氣至故冰寒也夏至極起而天運近北斗去人遠日去人近南天氣至故炎熱也極之高時日行地中淺故夜短天去地高故晝長也極之低時日行地中深故夜長天去地下淺故晝短也然則天行寒依於渾夏依於蓋也按此說應作軒昂之軒而作昕所未詳也凡三說皆好異之談失之遠矣此篇內第十三張入赤道內極者句監本十七史俱同極字下恐遺一字

隋書

天文志

古之言天者有三家一曰蓋天二曰宣夜三曰渾天蓋天之說即周髀是也其本庖犧氏立周天曆度其所傳則周公受於殷商周人志之故曰周髀髀股也股者表也其言天似蓋笠地法覆槃天地各中高外下北極之下爲天地之中其地最高而滂沲四隤三光隱映以爲晝夜天中高於外衡冬至日之所在六萬里北極下地高於外衡下地亦六萬里外衡高於北極下地二萬里天地降高相從日去地恆八萬里日麗天而平轉分冬夏之間日所行道爲七衡六間每衡周徑里數各依算術用勾股重差推晷影極遊以爲遠近之數皆得於表股也故曰周髀又周髀家云天圓如張蓋地方如棋局天旁轉如推磨而左行日月右行天左轉故日月實東行而天牽之以西沒譬之於蟻行磨石之上磨左旋而蟻右去磨疾而蟻遲故不得不隨磨以左迴焉天形南高而北下日出

高故見日入下故不見天之居如倚蓋故極在人北是其證也極在天之中而今在人北所以知天之形如倚蓋也日朝出陰中暮入陰中陰氣暗冥故從沒不見也夏時陽氣多陰氣少陽氣光明與日同暉故日出卽見無蔽之者故夏日長也冬時陰氣多陽氣少陰氣暗冥掩日之光雖出猶隱不見故冬日短也漢末揚子雲難蓋天八事以通渾天其一云日之東行循黃道晝中規牽牛距北極北百一十度東井距北極南七十度并百八十度周三徑一二十八宿周天當五百四十度今三百六十度何也其二曰春秋分之日正出在卯入在酉而晝漏五十刻卽天蓋轉夜當倍晝今夜亦五十刻何也其三曰日入而星見日出而不見卽斗下見日六月不見日六月北斗亦當見六月不見六月今夜常見何也其四曰以蓋圖視天河起斗而東入狠弧間曲如輪今視天河直如繩何也其五曰周天二十八宿以蓋圖視天星見者當少不見者當多今見與不見等何出入無冬夏而兩宿十四星當見不以日長短故見有多少何也其六曰天至高也地至卑也日託天而旋可謂至高矣縱人目可奪水與景不可奪也今從高山上以水望日日出水下景上行何也其七曰視物近則大遠則小今日與北斗近我而小遠我而大何也其八曰視蓋橑與車輻間近杠轂卽密益遠益疏今北極爲天杠轂二十八宿爲天橑輻以星度度天南方次地星間當數倍今交密何也其後桓譚鄭元蔡邕陸績各陳周髀考驗天狀多有所違逮梁武帝於長春殿講義別擬天體全同周髀之文蓋立新意以排渾天之論而已宣夜之書絕無師法唯漢祕書郎郗萌記先師相傳云天了無質仰而瞻之高遠無極眼瞀精絕故蒼蒼然也譬之旁望遠道之黃山而皆青俯察千仞之深谷而窈黑夫青非眞色而黑非有體也日月衆星自然浮生虛空之中其行其止皆須氣焉是以七曜或逝或住或順或逆伏見無常進退不同由乎無所根繫故各異也故辰極常居其所而北斗不與衆星西沒也晉成帝咸康中會稽虞喜因宣夜之說作安天論以爲天高窮於無窮地深測於不測天確乎在上有常安之形地塊焉在下有居靜之體當相覆冒方則俱方圓則俱圓無方圓不同之義也其光曜布列各自運行猶江海之有潮汐萬品之有行藏也葛洪聞而譏之曰苟辰宿不麗於天天爲無用便可言無何必復云有之而不動乎由此而談葛洪可謂知言之選也喜族祖河間相聳又立穹天論云天形穹隆如雞子冪其際周接四海之表浮乎元氣之上譬如覆奩以抑水而不沒者氣充其中故也日繞辰極沒西還東而不出入地中天之有極猶蓋之有斗也天北下於地三十度極之傾在地卯酉之北亦三十度人在卯酉之南十餘萬里故斗極之下不爲地中當對天地卯酉之位耳日行黃道繞極極北去黃道百一十五度南去黃道六十七度二至之所舍以爲長短也吳太常姚信造昕天論云人爲靈蟲形最似天今人頤前多臨胷而項不能覆背近取諸身故知天之體南低入地北則偏高也又冬至極低而天運近南故日去人遠而斗去人近北天氣至故冰寒也夏至極起而天運近北而斗去人遠日去人近南天氣至故蒸熱也極之高時日行地中淺故夜短天去地高故晝長也極之低時日行地中深故夜長天去地下故晝短也自虞喜虞聳姚信皆好奇徇異之說非極數談天者也前儒舊說天地之體狀如鳥卵天包地外猶殼之裹黃周旋無端其形渾渾然故曰渾天又曰天表裏有水兩儀轉運各乘氣而浮載水而行漢王仲任據蓋天之說以駁渾儀云舊說天轉從地下過今掘地一丈輒有水天何得從水中行乎甚不然也日隨天而轉非入地夫人目所望不過十里天地合矣實非合也遠使然耳今視日入非入也亦遠耳當日入西方之時其下之人亦將謂之爲中也四方之人各以其近者爲出遠者爲入矣何以明之今試使一人把大炬火夜行於平地去人十里火光滅矣非火滅也遠使然耳今日西轉不復見是火滅之類也日月不圓也望視之所以圓者去人遠也夫日火之精也月水之精也水火在地不圓在天何故圓丹陽葛洪釋之曰渾天儀註云天如雞子地如中黃孤居於天內天大而地小天表裏有水天地各乘氣而立載水而行周天三百六十五度四分度之一又中分之則半覆地上半繞地下故二十八宿半見半隱天轉如車轂之運也諸論天者雖多然精於陰陽者少張平子陸公紀之徒咸以爲推步七曜之道以度曆象昏明之證候校以四八之氣考以漏刻之分占晷影之往來求形驗於事情莫密於渾象也張平子既作銅渾天儀於密室中以漏水轉之與天皆合如符契也崔子玉爲其碑銘曰數術窮天地制作侔造化高才偉藝與神合契蓋由於平子渾儀

及地動儀之有驗故也若天果如渾者則天之出入行於水中爲必然矣故黃帝書曰天在地外水在天外水浮天而載地者也又易曰時乘六龍夫陽爻稱龍龍者居水之物以喻天天陽物也又出入水中與龍相似故比以龍也聖人仰觀俯察審其如此故晉卦坤下離上以證日出於地也又明夷之卦離下坤上以證日入於地也又需卦乾下坎上此亦天入水中之象也天爲金金水相生之物也天出入水中當有何損而謂不可乎然則天之出入水中無復疑矣又今視諸星出於東者初但去地少許耳漸而西行先經人上後遂轉西而下焉不旁旋也其先在西之星亦稍下而沒無北轉者日之出入亦然若謂如磨右轉者衆星日月宜隨天而迴初在於東次經於南次到於西次及於北而復還於東不應橫過去也今日出於東冉冉轉上及其入西亦復漸漸稍下都不繞邊北去了了如此王生必固謂爲不然者疏矣今日徑千里其中足以當小星之數十也若日以轉遠之故但當光曜不能復來照及人耳宜猶望見其體不應都失其所在也日光旣盛其體又大於星今見極北之小星而不見日之在北者明其不北行也若日以轉遠之故不復可見其北入之間應當稍小而日方入之時反乃更大此非轉遠之徵也王生以火炬喻日吾亦將借子之矛以刺子之楯焉把火之人去人轉遠其光轉微而日月自出至入殊不漸小也王生以火喻之謬矣又日之入西方視之稍稍去初尚有半如橫破鏡之狀須臾淪沒矣若如王生之言日轉北去者其北都沒之頃宜先如豎破鏡之狀不應如橫破鏡也如此言之日入北方不亦孤子乎又月之光微不及日遠矣月盛之時雖有重雲蔽之不見月體而夕猶朗然是月光猶從雲中而照外也日若繞西及北者其光故應如月在雲中之狀不得夜便大暗也又日入則星月出焉明知天以日月分主晝夜相代而照也若日常出者不應日亦入而星月出也又案河洛之文皆云水火者陰陽之餘氣也夫言餘氣則不能生日月可知也顧當言日精生火者可耳若水火是日月所生則亦何得盡如日月之圓乎今火出於陽燧陽燧圓而火不圓也水出於方諸方諸方而水不方也又陽燧可以取火於日而無取日於火之理此則日精之生火明矣方諸可以取水於月無取月於水之道此則月精之生水了矣王生又云遠故視之圓若審然者月初生之時及旣虧之後何以視之不圓乎而日食或上或下從側而起或如鉤至盡若遠視見圓不宜見其殘缺左右所起也此則渾天之體信而有徵矣宋何承天論渾天象體曰詳尋前說因觀渾儀研求其意有悟天形正圓而水居其半地中高外卑水周其下言四方者東曰暘谷日之所出西曰濛汜日之所入莊子又云北溟有魚化而爲鳥將徙於南溟斯亦古之遺記四方皆水證也四方皆水謂之四海凡五行相生水生於金是故百川發源皆自山出由高趣下歸注於海日爲陽精光耀炎熾一夜入水所經焦竭百川歸注足以相補故旱不爲減浸不爲益又云周天三百六十五度三百四分之七十五天常西轉一日一夜過周一度南北二極相去一百一十六度三百四分度之六十五彊卽天經也黃道裦帶赤道春分交於奎七度秋分交於軫十五度冬至斗十四度半彊夏至井十六度半從北極扶天而南五十五度彊則居天四維之中最高處也卽天頂也其下則地中也自外與王蕃大同王蕃渾天說具於晉史舊說渾天者以日月星辰不問春秋冬夏晝夜晨昏上下去地中皆同無遠近列子曰孔子東遊見兩小兒鬭問其故一小兒曰我以日始出去人近而日中時遠也一小兒曰我以爲日初出遠而日中時近也言初出近者曰日初出大如車蓋及其日中裁如盤蓋此不爲遠者小近者大乎言日初出遠者曰日初出時滄滄凉凉及其中時熱如探湯此不爲近者熱遠者凉乎桓譚新論云漢長水校尉平陵關子陽以爲日之去人上方遠而四旁近何以知之星宿昏時出東方其間甚疎相離丈餘及夜半在上方視之甚數相離一二尺以準度望之逾益明白故知天上之遠於旁也日爲天陽火爲地陽地陽上升天陽下降今置火於地從傍與上診其熱遠近殊不同焉日中正在上覆蓋人人當天陽之衝故熱於始出時又新從太陰中來故復凉於其西在桑榆間也桓君山曰子陽之言豈其然乎張衡靈憲曰日之薄地闇其明也由闇視明明無所屈是以望之若大方其中天地同明明還自奪故望之若小火當夜而揚光在晝則不明也月之於夜與日同而差微晉著作郞陽平束晳字廣微以爲旁方與上方等旁視則天體存於側故日出時視日大也日無小大而所存者有伸厭厭而形小伸而體大蓋其理也又日始出時色白者雖大不甚始出時色赤者

其大則甚此終以人目之惑無遠近也且夫置器廣庭則函牛之鼎如釜堂崇十仞則八尺之人猶短物有陵之非形異也夫物有惑心形有亂目誠非斷疑定理之主故仰遊雲以觀月月常動而雲不移乘船以涉水水去而船不徙矣安岌云余以爲子陽言天陽下降日下熱束皙言天體存於目則日大頗近之矣渾天之體圓周之徑詳之於天度驗之於晷影而紛然之說由人目也參伐初出在旁則其間疎在上則其間數以渾驗之度則均也旁之與上理無有殊也夫日者純陽之精也光明外曜以眩人目故人視日如小及其初出地有遊氣以厭日光不眩人目卽日赤而大也無遊氣則色白大不甚矣地氣不及天故一日之中晨夕日色赤而中時日色白地氣上升蒙蒙四合與天連者雖中時亦赤矣日與火相類火則體赤而炎黃日赤宜矣然日色赤者猶火無炎也光衰失常則爲異矣梁奉朝請祖暅曰自古論天者多矣而羣氏糾紛至相非毀竊覽同異稽之典經仰觀辰極旁矚四維覩日月之升降察五星之見伏校之以儀象覆之以晷漏則渾天之理信而有徵輒遺衆說附渾儀云考靈曜先儒求得天地相去十七萬八千五百里以晷影驗之失於過多既不顯求之術而虛設其數蓋夸誕之辭宜非聖人之旨也學者多因其說而未之革豈不知尋其理歟抑未能求其數故也王蕃所考校之前說不啻減半雖非揆格所知而求之以理誠未能遙趣其實蓋近密乎輒因王蕃天高數以求冬至春分日高及南戴日下去地中數法令表高八尺與冬至影長一丈三尺各自乘并而開方除之爲法天高乘表高爲實實如法得四萬二千六百五十八里有奇卽冬至日高也以天高乘冬至影長爲實實如法得六萬九千三百二十里有奇卽冬至南戴日下去地中數也求春秋分數法令表高及春秋分影長五尺三寸九分各自乘并而開方除之爲法因冬至日高實而以法除之得六萬七千五百二里有奇卽春秋分日高也以天高乘春秋分影長實實如法而一得四萬五千四百七十九里有奇卽春秋分南戴日下去地中數也南戴日下所謂丹穴也推北極里數法夜於地中表南傳地遙望北辰細星之末令與表端參合以人目去表數及表高各自乘并而開方除之爲法天高乘表高數爲實實如法而一卽北辰細星高地數也天高乘人目去表爲實實如法卽去北戴極下之數也北戴斗極爲空桐原本此處闕七字無可考日去赤道表裏二十四度遠寒近暑而中和二分之日去天頂三十六度日去地中四時同度而有寒暑者地氣上騰天氣下降故遠日下而寒近日下而暑非有遠近也猶火居上雖遠而炎在旁雖近而微視日在旁而大居上而小者仰矚爲難平觀爲易也由視有夷險非遠近之効也今懸珠於百仞之上或置之於百仞之前從而觀之則大小殊矣先儒弗斯取驗虛煩翰墨夷途頓轡雄辭析辯不亦迂哉今大寒在冬至後二氣者寒積而未消也大暑在夏至後二氣者暑積而未歇也寒暑均和乃在春秋分後二氣者寒暑積而未平也譬之火始入室而未甚溫弗事加薪久而逾熾既已還之猶有餘熱也此篇內揚雄難益天第五條恐有錯落字而原刻本皆如此不便擅改

宋程棨三柳軒雜識

天地形體

天周九九八十一萬里見春秋元命苞地去天九萬里見徐整長曆地廣東西二萬八千里南北二萬六千里見河圖括地象自東極至於西極五億十萬九千八百步見山海經山林之大川澤之注菜茁之生鳥獸之聚者九百一十萬八千十四頃

欽定古今圖書集成曆象彙編乾象典

第二卷目錄

天地總部彙考二

乾象典第二卷

天地總部彙考二

明陽瑪諾天問略

天有幾重及七政本位問答

問貴邦多習曆法敢問太陽太陰之說何居且天有幾重太陽太陰位置安屬曰敝國曆家詳論此理設十二重焉最高者即第十二重爲天主上帝諸神聖處永靜不動廣大無比即天堂也其內第十一重爲宗動天其第十第九動絕微僅可推算而甚微妙故先論九重未及十二也十二重天其形皆圓各安本所各層相包如裹葱頭日月五星列宿在其體內如木節在板一定不移各因本天之動而動焉

問人居地上依其目力所及獨見一重自東而西一日一周耳今設十二重何徵曰萬物或靜或動靜者獨有一靜是靜無動動者獨有一動是動無靜終古以來未有一息之內能動靜互現者也未有二動並出能此動東去彼動西行者也於其運動相反可知其體有同異矣今恆見日月五星列宿其運動各各相反便知所麗之天原非一重日月相反運動於朔望見之朔日月共躔一度望日月相遠半周月每日自西而東行十三度有奇日每日約行一度五星所離日月列宿每日各異其相近相遠亦各時刻不同因知各有其本重所麗之天可證五星之有五重天也列宿諸星相近相遠終古恆同因知其所麗天終古恆同而可證其有第八重天也夫日月諸星本動之天皆自西而東也天左旋日月五星右行貴國先儒亦已斷之矣今舉目而視之日生於東沒於西月與諸星隨之以旋其自東而西者又昭昭然此必有一天焉爲之主宰爲之牽屬而日月諸星之天因之則九重天是也故自東而西者宗動天也自西而東者日月諸星之天也自西而東者日月諸星之本動也自東而西者日月諸星之帶動也明乎二動得天體也第九第十重天其說甚長宜有專書備論

問自東而西自西而東二動既相反矣今宗動天自東而西日月諸星之天自西而東何不爲相反運動哉曰所謂相反運動是一物自發二動非有自外轉動如一人在船中船順風自東而西人逆行自西而東則自西而東人之動也自東而西人之因船帶動也雖有二動非相反動又如車輪上有蟻行自南而北其輪之轉自北而南實見此蟻行有二動而非相反何也一從自動一從外帶故也日月諸星之動何不其然

問今觀有異運動從星而出星行於天如鳥于空中如魚于水內矣天何所沓九重焉今曰魚鳥一時獨有一動諸星之動則非一也蓋星行一時之際自西而東亦自東而西焉所謂相反運動也特有九重天以幹之故非一物自發二動耳且天體甚堅非水可比胡能穿之兩天之連不容一物又焉分哉

十二重天圖

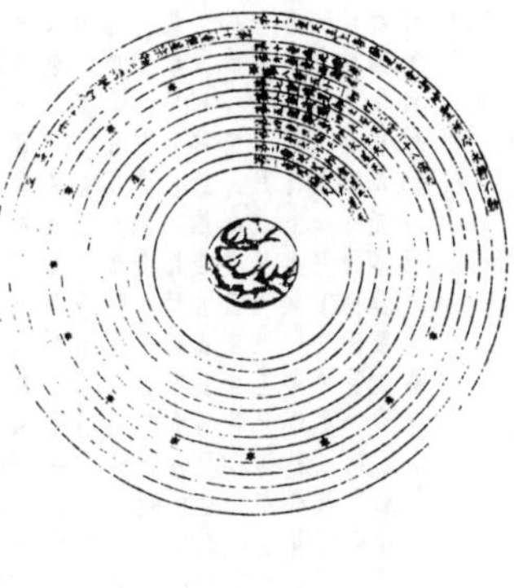

十二重天圖說

問既有十二重天敢問太陽何位曰自下往上在第四位七政之中也日得其中爲其本所光及餘政暄及下地故也爲其本所者七政之中日最貴尊貴尊之物得其中位一定之勢也光及餘政者星月無光恆借日之光以爲光試觀月之於日合則魄遠則弦對則望隨其近遠以爲明闇焉五星列宿亦復如是葢日居其中適得上下照映也暄及下地者日光在中下濟萬物氣以暄之乃得調和若居最上則溫暖不及諸物難以滋生若居最下則爍熱太甚諸物受其暵損故日得中正中和之理萬物之宜也諸天本位可覩上圖

日天本動及日距赤道度分問答

赤道則第十一重宗動天之分中也周天三百六十度去南極九十度去北極亦九十度爲赤道所謂天之中而其南北二極天之極也黃道則第四重日天之分中也周天三百六十度南北亦各距九十度爲黃道所謂日天之中也日天本動自西而東其南北二極離宗動天赤道之極二十三度半黃道以南以北離赤道二十三度半爲冬夏至黃道以東以西與赤道相交爲春秋分

黃赤道二分二至圖

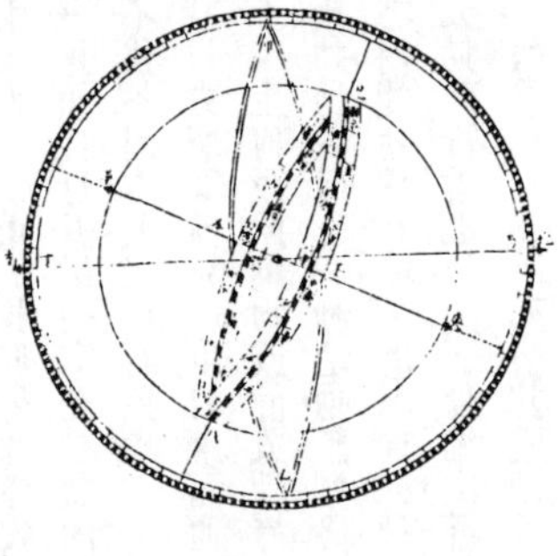

黃赤道二分二至圖說

如右圖甲乙爲赤道宗動天之中丙丁爲赤道南北二極己戊爲黃道日天之中庚辛爲黃道南北二極日天庚辛二極離宗動天丙丁二極各二十三度半日天己戊黃道離宗動天甲乙赤道二十三度半而爲冬夏至黃道赤道相交於壬癸而爲春秋分宗動天自東而西一日一周因而帶動其下十重諸天亦自東而西一日一周日一日約行一度一歲一周故自戊冬至至壬春分爲九十度九十日自壬春分至己夏至自己夏至至癸秋分自癸秋分至戊冬至亦然略論三百六十五日有奇一周天也宗動天自東而西一日一周卽此周日之間日之自西而東自行一度人只見其自東而西左旋而已初不見其右行者何也以其外動之自東而西者甚疾內動之自西而東者甚遲故也然而因其近遠天頂可以證之春分以後日過赤道北而上秋分以後日過赤道南而下其上其下非日有偏行緣與宗動天不同極耳試看上圖庚辛爲日天之極若日輪在戊冬至以至壬春分漸上以至己夏至亦上過己夏至至癸秋分卽下至戊冬至亦下上下由於本天之極原離赤道之極二十三度半故日輪居本天之中亦離赤道南北二十三度半而春秋分必相交乃知氣不參差無以成化時不寒暑無以合序物不錯雜無以生文倘日天二極與宗動天同則日動恆在赤道下絕無距度安得有東西運行之異以行變化而稱貞觀貞明之體哉

日輪正居日天之中日天動而日輪亦動日天運行之一周如於宗動天畫一道焉所謂黃道也終古如是故日輪恆躔黃道一道不出入於南北界非如月五星之出入於十二度內也其上下四時各有定度不稍前後也黃道周天三百六十度分爲四分每分九十度爲四象限又一象限分六分每分十五度爲一節氣共二十四節氣

日輪遠近分寒暑圖

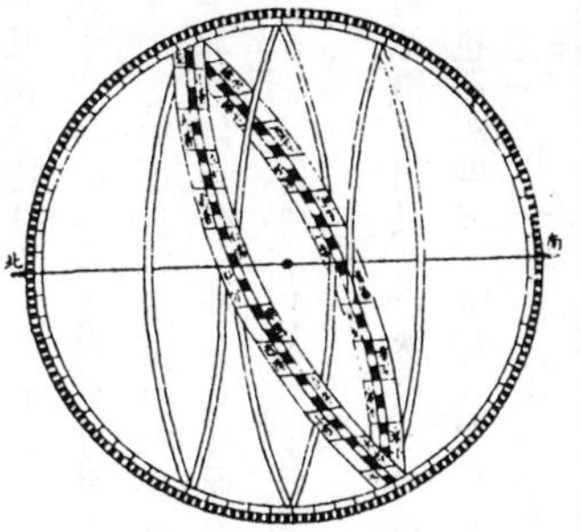

日輪遠近分寒暑圖說

如右圖自冬至至春分則周天象限也分得九十度每節氣十五度則六節氣也自春分至夏至自夏至至秋分自秋分至冬至亦然日輪躔冬至初度至九十度在赤道外而最遠於天頂故自立冬至立春皆寒而冬至在其九十度之中故其寒尤甚自立春至立夏因日漸近赤道而稍近於天頂故其時暖於冬至凉於夏至正交赤道謂春分也自立夏至立秋因日在赤道上而夏至則最近於天頂故其時甚熱自立秋至立冬日漸下而離天頂其時稍冷於夏至甚煖于春分亦交赤道所謂秋分也夫春秋分皆躔二道之交其離天頂同則其成寒暑宜亦同緣春日陰氣寒滿大地日光雖照難成溫熱秋日陽氣焦灼無所不暴日輪雖下難成寒氣故春秋二季日離天頂並同而寒暑不同也

日自春分至夏至行九十度爲六節氣自夏至至秋分亦然四象限雖各行九十度而其距赤道之緯度則非九十度游移不出二十三度半也故九十度爲黃道自東而西之度數而二十三度半爲黃道距赤道南北之度數也蓋春秋分日日躔二道之交過春分日離赤道向夏至而漸遠赤道過此則又漸近赤道矣自秋分至冬至自冬至至春分亦然

二十四氣日輪距赤道遠近圖

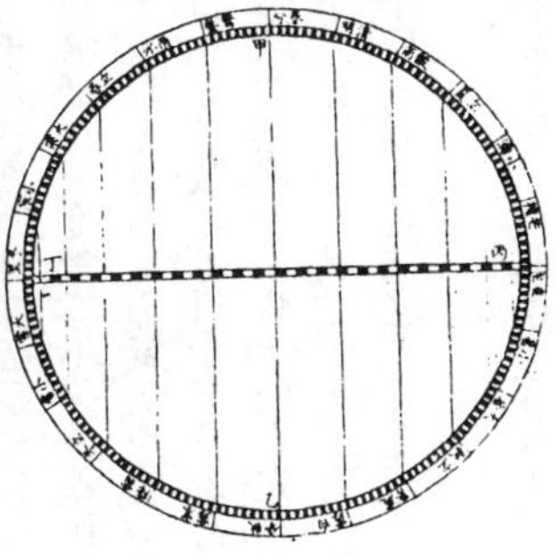

二十四氣日輪距赤道遠近圖說

如右圖甲乙爲赤道丙丁爲冬夏二至距赤道二十三度半假如日輪在春分則於赤道無距度自春分至清明則日行十五度而其距度非十五度乃六度十九分也自立夏至小滿此十五日之間其遠非六度而爲四度也自芒種至夏至亦非四度而爲一度弱也故近交差多近至差少而其差非同也欲知每節氣及每日日躔黃道距赤道幾何度分依上圖可得焉假如清明初日日距赤道度分上是清明初度下是白露初度兩界相對次用一線或界尺隱取兩界循直線視所當丙丁線度分得六度因知清明白露初日日距赤道六度也又清明五日處暑十日其離甲乙赤道亦同故撿取清明五度處暑十度爲兩界次依法視於丙丁得七度强即其距度也餘倣此

問太陽平行一日一度一歲三百六十五度自春分至秋分半歲宜行一百八十二度半半周天自秋分至春分亦然今不其然大統曆太陽自春分至秋分有空度自秋分至春分有隔度即今甲寅年春分至秋分四月二十二日空一度五月二十日六月十四日亦有空度秋分至春分十月十一日二十二日皆隔一度十一月十二日十二月十五日亦隔一度其非平行何也曰此理甚廣非可易罄凡求日距赤道度分測北極出地多寡定諸節氣眞日算二食之眞時刻皆以此理爲最急也今姑舉其略依上論七政各有本天所麗各有異動然其本天之中心不與地之中心同一心也故其行轉於地體之面一周自非可謂平行也宗動天之黃道心與地球心一也則其行於地面一周悉爲平行矣則七政之天雖不平行轉於地體之面然於其本天之中心平行轉也

宗動天與黃道不同心圖

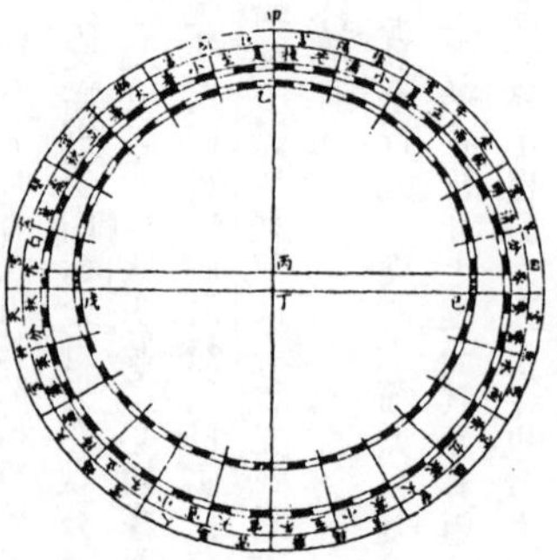

宗動天與黃道不同心圖說

如右圖甲爲宗動天之黃道乙爲太陽之天丙爲太陽天之中心丁爲地及宗動天之中心則視宗動天與地球同心其上半天于其下半天實爲平分故其行轉於地面必亦平行也日天中心乃與地中心不同一處其上半天與其下半天亦非平分故其行轉於地面必非平行蓋日行從戊過乙至己在地球止行其半周分在太陽本天則已行大半周矣此以上之黃道亦然故自春分至秋分太陽之天大分在上自秋分至春分其在下之分不及半也自春分至秋分行十二節氣半周天而多八度自秋分至春分以黃道論亦行十二節氣而於本天則其行不及半周也因知日行半黃道自春分至秋分必遲而自秋分至春分必速此非日天不平行以與宗動天黃道非同心故也

問日天此理何以徵乎曰其所以然自有別論今獨徵定節氣之日也西國曆家測驗節氣測得太陽自春分至秋分必須一百八十七日自秋分至春分止須一百七十八日大統曆半周共有一百八十二度故太陽行夏至節氣以其本天每日一度一百八十七日則行一百八十七度而黃道半周原當行一百八十二度以每日一度算之爲有餘故於夏至節氣有空度日行冬至節氣黃道自秋分至春分亦當行一百八十二度而本天止行一百七十八日乃依每日一度之算而不足故有隔日乃知春分至秋分黃道一百八十二度本天行一百八十七日日多度寡必須空日可以合之秋分至春分黃道一百八十二度本天一百七十八日度多日寡必須隔日可以合之因此冬夏節氣於周天度數亦不平分蓋節氣太陽行黃道之十五度也日行夏節氣其所行十五日而於黃道非行十五度故不可以十五日定其一節也冬節氣亦然欲得其眞確須依上法而定其限焉故於夏有以十六日日行黃道之十五度而一節氣足於冬有以十四日日行黃道之十五度而一節氣足

問大統曆自春分至秋分恆算得一百八十二日非一百八十七日也如甲寅年春分日爲二月十四日秋分日爲八月十八日乃扣至一百八十二日足者自秋分至春分亦然其皆爲平分何也曰定節氣法有二其一以太陽所行於本天度分其一以所行黃道度分大統曆定節氣非依黃道度分乃以日行本天度分定之若論黃道度則所謂春秋分必在日躔二道之交今大統曆恆前三日而得春分後三日而得秋分日輪於本天已行至一百八十二日然實未躔二道之交故諸節氣俱因此有前後西洋曆家則依太陽所行黃道度分而定諸節氣矣此法以得眞確本日甚便蓋測驗以得日輪高下爲急而日輪高下由於其所躔黃道度分也

日蝕問答

問日蝕所以曰日蝕非日失其光乃月掩其光也月之天在日天之下朔時月輪正過日輪之下南北同經東西同緯故掩其光若有失之耳

月正當日下見食圖

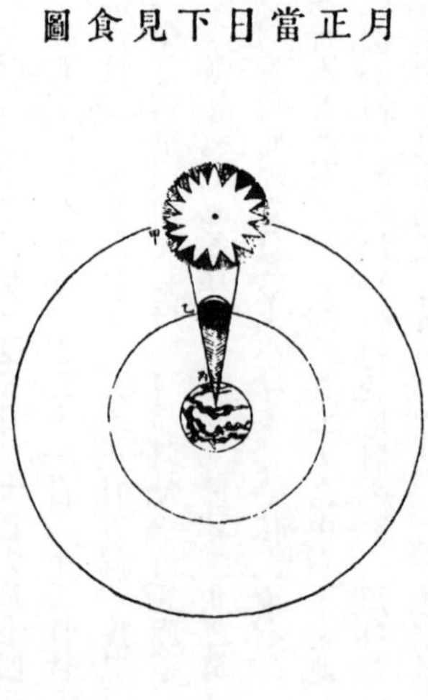

月正當日下見蝕圖說

如右圖甲爲日乙爲月丙爲人居地面月輪隔在其中使日光不能照地面而人目不能見日輪也因知日食非各處共有之或一處見食別處見光或一處全食別處半食皆目隨地異也聞貴國先時一年日食司天言當幾分草澤言當幾分後卒如草澤言說者以爲算法疏密使然實不爾也

月不正當日下不盡見食圖

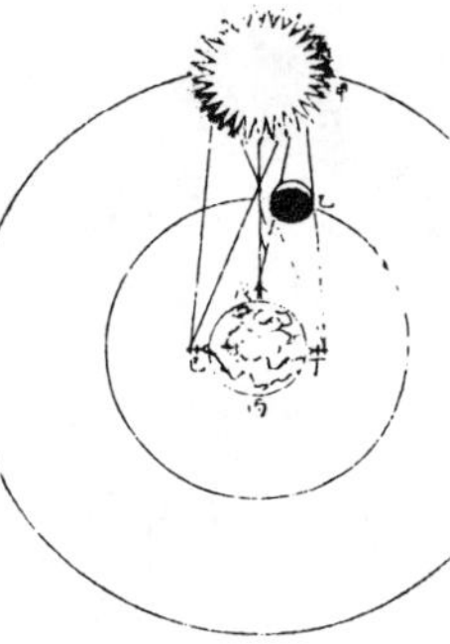

月不正當日下不盡見食圖說

如右圖丙地面乙月輪甲日輪居丁者正見月於日故見全食居戊者斜見月於日故見半日食居己者不見月於日故全不見食如欲得日食時刻最準先須得七政經緯度及正斜視法不然即交食分數測驗躔度悉不可算悉不可定故吾國曆家窮究此理以爲曆準別有備論今特略言食理也試觀居房內者房中有燭以照四方若於東方有揜光者必坐東者不見其光而坐南北西方者得光也各方如是如滅其光則居諸方內者四方見燭無光矣與食同理也若月食則所食全缺分秒萬人萬目共作是觀別無同異與日不同

問日蝕由於月揜其光凡每朔時日月同度又正過其下宜皆得食今不盡然何也曰日躔惟一黃道終古無出其外也月於黃道有時在南在北故月道半出黃道北半出黃道南而爲南北二交吾國所謂龍頭龍尾是也朔時若月在二交之外或南或北與日非經緯同度不能揜日光也南北爲經東西爲緯凡是朔日經度必同如更同緯度適在二交之上乃能揜其光而食耳

日月同經度不同緯度不食圖

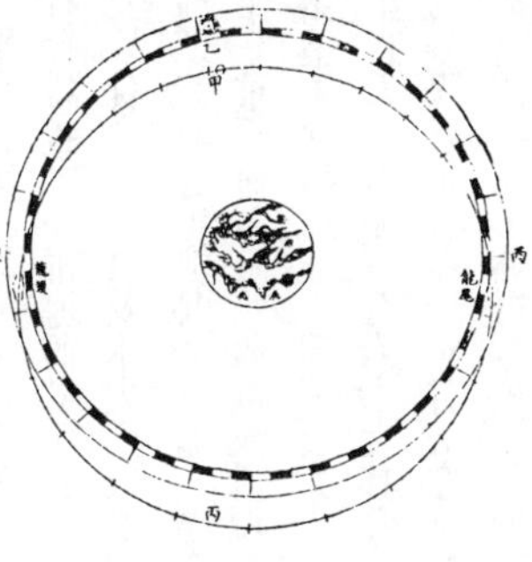

日月同經度不同緯度不食圖說

如右圖月道交黃道於龍頭龍尾甲爲月道在黃道南丙在北試使月朔時在龍頭則經緯同度月正過日輪之下揜其光而食焉如朔時月在甲黃道之南日乃在乙黃道之上而緯不同度則日在北月在南矣故不食也

問日食若因月天在日天之下則水星金星天亦在日天之下而不見揜其光月天在金水二星之下月亦宜揜其光而金水有食如日矣今其食不顯何也曰水星金星雖正過日輪之下而有與日同度時然金星大於水星而日大於金星一百倍二星之體比日體甚小豈能揜其光而使人不見日也吾國曆家遇金水二星與日同度恆見日輪中有黑點以星體不能全揜日體故也月輪正過二星之下亦宜揜其星光使人不見今不顯其食如日者非月不能揜之乃二星之光甚微其體甚小故不明顯也

問天地渾儀說曰地球大於金星三十六倍又二十七分之一大於月輪三十八倍又三分之一是金星大於月輪也夫月輪能揜日光則金星更大亦何不揜日光乎曰凡物以形相揜非惟論其大小又當計其遠近蓋人目視物之時自目至物之體射兩直線爲直角形故愈近於目其物雖小而徑愈大愈遠於目其物雖大而徑愈小

金星在月上不揜日光圖

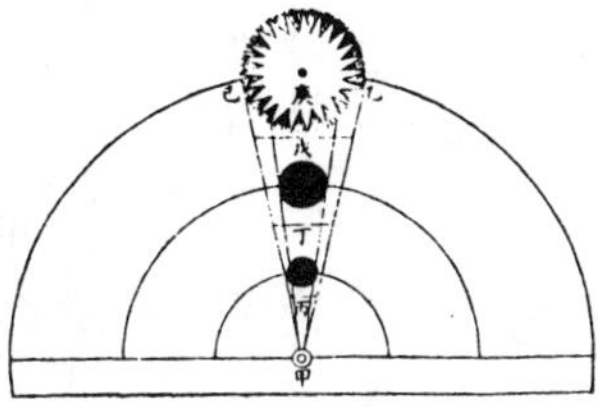

金星在月上不揜日光圖說

如右圖甲爲人目庚爲物體甲乙甲己爲人目所射兩直線則徑愈近愈小愈遠愈大故戊大于丁而丁大于丙也試以人手隔目手愈近于目則愈揜物體矣是故金星雖大於月乃在月天之上去人目甚遠故不能揜日光也月雖小于金星乃在金星天之下去人目最近故能揜日光也此其理也

問日大于月固矣日輪較地球不知其大有幾曰吾國曆家著明此理有論甚廣測七政高下及大小之度分有器甚準日大于地一百六十五倍又八分之三欲徵之宜知圓光照圓體之影也圓光若照圓體同大其影廣㮔等而無窮若照圓體更大其影漸大而亦無窮若照圓體更小其影漸小而有盡

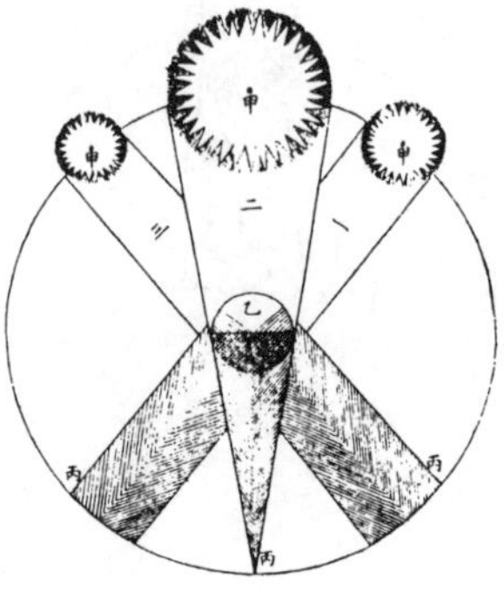

日輪大于地光影漸小圖

日輪大於地光影漸小圖說

試觀右圖甲爲圓光乙爲圓體丙爲體影第一圖甲圓與乙圓體相等丙影亦等無窮盡矣第二圖甲圓光大於乙圓體丙形漸小而有盡矣第三圖甲圓光小於乙圓體丙影漸寬大而亦無窮矣太陽照地之時地影非㮔等亦非漸大譬之物影其爲漸小而有盡如第二圖也則以日輪圓光大於地形也地之影漸銳而小至有盡焉甚明也凡星月無光借日之光太陽照及其體則光生焉不然則否倘日與地等地或更大焉則其影爲無窮之影宜射蔭直過諸星之天必見諸星有食焉者矣今惟地體甚小銳影有盡不到諸星之天故日光無碍照及木火土以及列宿諸天而諸星㮔明光無隙也其地影之盡可過第一第二重天至第三重天而不及第四重天所以月因地影得食而諸星不食也地球一周三百六十度每度二百五十里日天一周亦三百六十度其每一度有數萬餘里焉吾國曆家有器量得日天之度每半度爲日一全徑因知其圓形亦得數萬餘里而非地形可比譬如山高二十餘里上有人焉居下者視之如小鳥也日天之高自地面至太陽中心相隔一千六百萬餘里今視日輪如小車輪猶之二十里高山視人如鳥矣

問太陽早晚出入時近於地平見大午時近於天頂見小何也曰地球懸於空際居中無著其四際離天諸方同一無近遠也以理論之其在東西出入方也太陽離地凡一千六百萬餘里矣而人立地面或自東視西或自西視東半徑幾一萬五千里焉以一千六百萬餘里又加以一萬五千里人之視日宜小也日在午方從下視上止一千六百萬餘里人之視日宜大也今宜小而反大宜大而反小者此非由于地之遠近也濕氣使然也蓋夜中水氣㮔上騰氣行空中悉成濕性濕以太陽自下而上映帶而來晃漾焉蓬勃焉人望之以爲如是其大耳若太陽當空浮翳盡掃無所映隔眞體明淨較之旦暮爲小凡月與諸星見于地平必有滋氣障隔爾時所見亦必大于午時試觀水中所見或石或木必大于水外者皆濕性之勢也

問人在地面視東視西者半徑各得一萬五千里豈以人之所立恰在地中乎曰地是圓體人之所立無論遠近中邊從其所立分之各得一半

晝夜時刻隨北極出地各有長短問答

問晝夜長短不一時刻亦異何也曰晝夜長短由于太陽及南北極出入地平也北極出地卽夏至晝長夜短冬至晝短夜長南極出地反是其時勢異也爲此夏至爲彼冬至故晝短夜長爲此冬至爲彼夏至故晝長夜短南北二極與地平則其地晝夜㮔平故晝夜長短由於太陽及極出入地也南北爲緯度東西爲經度各一周三百六十度人在地面凡居經度一帶之內者其晝夜長短㮔同其日出入及晝夜時刻則異蓋經度之自東而西者人之所居或東或西雖各不同而緯度之三十度者皆爲三十度四十度者皆爲四十度也此同緯度者也若緯度之異者自赤道以至極下其晝夜長短各異矣

人居地四圖各以天頂日輪爲時早晚圖

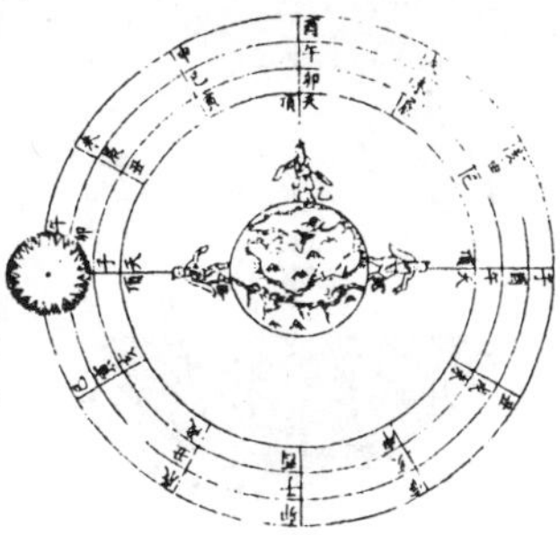

人居地四圖各以天頂日輪爲時早晚圖說

如右圖地爲圓體懸於空際上下四旁皆有人居四方之人各以所居子午線爲午時太陽在東方中居東方者爲午時日輪在其天頂故也乙居西方者卽爲卯時日輪至天頂須三時故也丙亦居西方者卽爲子時日輪以至天頂須六時故也諸地相去自東而西莫不皆然地球自南而北三百六十度一周每一度二百五十里日輪每刻平行天度三度四十五分如兩地相去九百三十七里半則晝隔爲一刻相去七千五百里則相隔爲一時因知居東方者若得午時自此逐漸往西卽爲巳爲辰爲卯爲寅爲丑爲子天下自東而西時刻各異各以日輪到本處子午線爲午正初刻晝夜長短亟同者蓋以北極出地多寡定爲時刻多少所以自東而西一帶但經度相同地方其離北極皆同則晝夜長短亦同

南北緯度自赤道至極下晝夜時刻隨地各有長短蓋居赤道下者以赤道爲天頂而其南北二極正與地面相平地平之交於諸節氣線皆當正中故其晝夜長短恆平也北極出地則地平之交節氣非其正中矣故所分上下亦非平分夏至則其線大分在上而晝長夜短冬至則其線小分在上而晝短夜長今欲知赤道之下晝夜常平後圖詳之

以赤道爲天頂晝夜常平圖

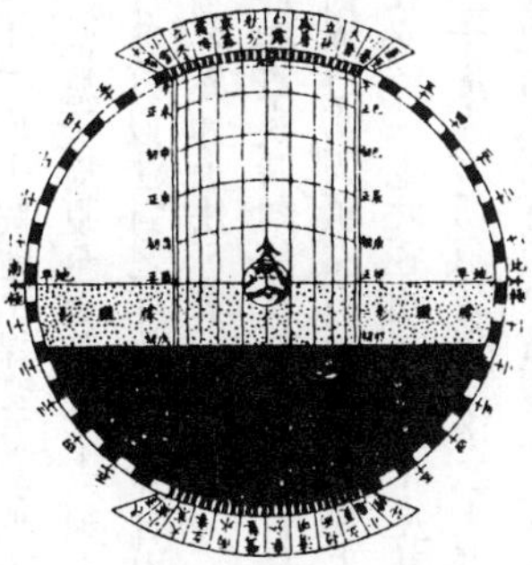

以赤道爲天頂晝夜常平圖說

如右圖卽見人居此地以赤道爲天頂又南北極不出入地只見地平線相交於諸節氣之線正當中而六時在地平上六時在下故太陽或行夏至或冬至或春秋分線上必六時在地面上而爲晝六時在下而爲夜其諸節氣日出必卯正初刻日入必酉正初刻卽晝夜常平可知也但其曚矓影稍異冬夏二至略長於春秋分之時此有別論今不詳之自赤道北行二百五十里見北極出地一度赤道離天頂南亦一度若行二千五百里卽北極出地南極入地赤道離天頂南俱差十度自赤道下至北極下每行二百五十里皆差一度其赤道線偏在天頂南卽諸節氣線亦偏於南不與地平線相交於正中以爲平分故晝夜時刻各有長短焉晝夜長短皆從北極出地而生今以北極出地四十度作法餘可推焉

北極出地四十度晝夜長短圖

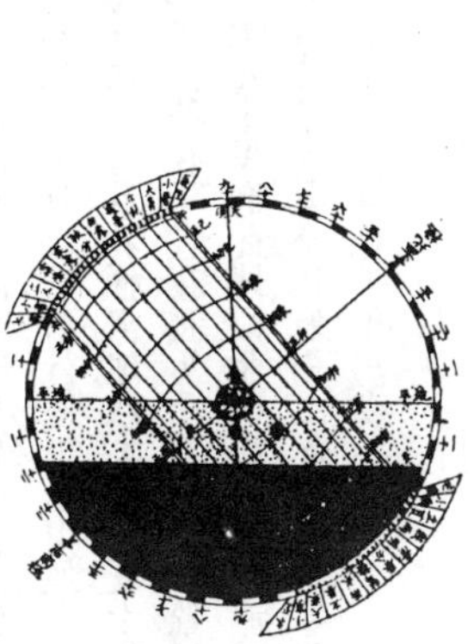

北極出地四十度晝夜長短圖說

如右圖北極出地南極入地四十度赤道在天頂南亦四十度地平線交於諸節氣線非其正中其交夏至線也於寅正二刻四分故晝長五十九刻七分每日九十六刻其餘三十六刻八分爲夜甚短因其線大半在地平上故自春分經夏至至秋分皆爲晝長而夜短地平線交冬至在辰初一刻十一分故夜長五十九刻七分其餘三十六刻八分爲晝甚短因其線大半在地平下故自秋分歷冬至至春分皆爲夜

長而晝短可知晝夜長短由于南北二極出入地也如右圖欲知順天府每節氣晝夜刻各幾何則視本日節氣在地平線上時刻卽晝在下時刻卽夜也假如于夏至線視地平線交于寅正二刻以上得二十九刻十一分是從日出至午正初刻數加一倍卽從午正初至日入得五十九刻七分爲晝刻分所餘刻分卽夜刻分也諸節氣亦然又欲知日出入時刻卽視地平線于本節氣相交某時刻卽得欲知隨節氣朦朧影刻各幾何亦視本節氣自朦朧線以上至地平線皆黃昏昧爽刻分也

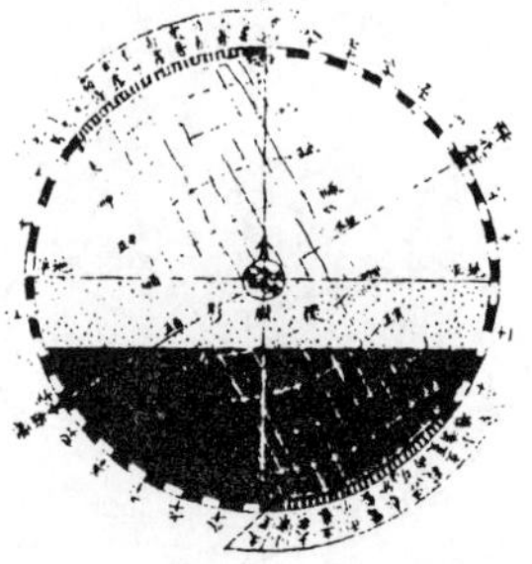

北極出地三十二度晝夜長短圖

北極出地三十二度晝夜長短圖說

凡晝夜長短時刻由於南北極出入地與所居緯度之不同也天頂近於赤道則北極出地度數少卽晝夜長短亦少天頂遠於赤道則北極出地度分多卽晝夜長短亦多

故應天府北極出地三十二度半順天府四十度強卽多七度半其晝夜長短亦自不同欲知所差幾何試觀北極出地四十度強圖地平線交夏至線於寅正二刻四分故順天府夏至晝長五十九刻七分觀北極出地三十二度半圖地平線交夏至線於寅正三刻十二分故應天府夏至晝長五十六刻六分計差三刻其餘節氣以法對之亦然又欲知日出入及朦朧影時刻各異如上法可求

因右三圖卽知晝夜時刻隨北極出地各有長短北極不出地因赤道爲天頂左右節氣半在地上半在地下故晝夜必恆平也北極出地或二十度其赤道在天頂南二十度左右節氣皆偏于南二十度故晝夜必有長短也蓋人居赤道下者恆見半天若北極出地二十度南極必入地二十度人居赤道北二十度者其所見天北方必多二十度而能見赤道下者之所不見南方必少二十度而不見赤道下者之所得見人恆得見半天故也夏至節氣在赤道北其二十度之分現在地面上故得晝長冬至在赤道南其二十度之分隱在地面下故得晝短其北極出地三十四十五十度者其理並同獨至出地六十七度半則不同也試觀渾儀若北極出地十度夏至晝長二刻若出二十度長五刻出三十度長八刻出四十度長十二刻出五十度長十八刻出六十度長二十六刻出六十七度長四十八刻其長四十八刻者夏至線不交地平而全見在地平上冬至全在地平下故夏至日太陽行地面上不入地平晝長九十六刻無夜冬至日太陽行地面下不出地平夜長九十六刻無晝北極出地七十度五夏節氣線小滿芒種夏至小暑大暑皆在地平上五冬節氣線小雪大雪冬至小寒大寒皆在地平下其北極出地七十度者從小滿歷夏至夏至歷大暑凡六十日太陽斜行地上不入地下卽六十日全爲晝無夜小雪以後歷冬至冬至歷大寒凡六十日太陽斜行地下不出地上卽六十日全爲夜無晝若北極出地八十度則夏十節氣皆在地平上冬在下晝夜長短全爲百二十餘日若北極出地九十度則此地以北極爲天頂以赤道爲地平赤道北諸節氣全在地平上赤道南諸節氣全在地平下而半年爲晝半年爲夜矣

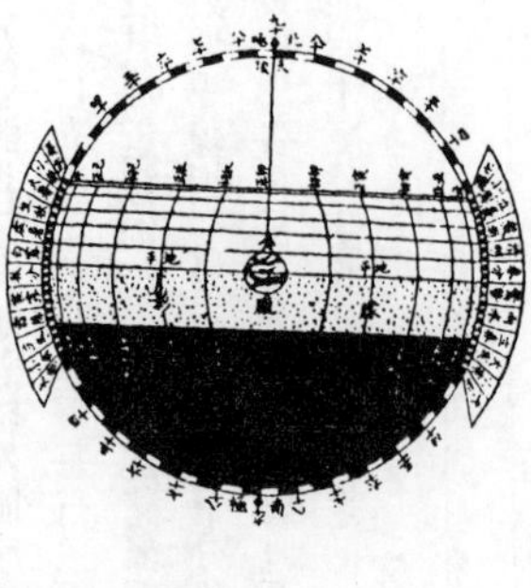

北極爲天頂半年爲晝半年爲夜圖

北極爲天頂半年爲晝半年爲夜圖說

試觀右圖北極在天頂赤道爲地平從春分歷夏至迄秋分諸節氣在地平上從秋分歷冬至迄春分諸節氣在地平下卽見此地日躔赤道春分以後出地日輪漸高至夏至二十三度半以後漸下至秋分故半年恆周行於地平之上而全爲一晝秋分以後入地日輪漸下至冬至二十三度半以後漸高至春分故半年恆周行於地平之下而全爲一夜日出入地平十八度內皆爲朦朧影時刻故此地春分以前月半爲昧爽秋分以後月半爲黃昏也

或曰一年半爲晝半爲夜何以証之曰吾西國人親所經歷其愈近北極者夏至日晝愈長夜愈短夏至日有全十二時爲晝有全三十日爲晝全六十日爲晝全六月爲晝歷歷身涉不可疑也依渾天儀論之其理不得不然也試於中國亦可見焉中國本境自南十八度起至北四十二度止人從最南北行每二百五十里必更一度漸北漸移夏至日晝長夜短而京師北土之夏至日長於廣東南土之夏至廣州北極出地二十三度半夏至日五十三刻十一分爲晝餘四十二刻四分爲夜又以江西較之南昌府北極出地二十九度夏至日五十五刻七分爲晝餘四十刻八分爲夜視廣東晝夜長短差二刻南京北極出地三十二度半夏至日五十六刻六分爲晝餘三十九刻九分爲夜視廣東晝夜長短差三刻視江西差一刻山東濟南府北極出地三十七度晝長五十八刻四分餘爲夜卽晝長於廣東五刻於江西三刻於南京二刻京師北極出地四十度其晝夜長短所差愈多從此可推自十八度以至四十二度各處不同又推知自四十二度至九十度晝夜漸長漸短以至半年爲晝半年爲夜足徵矣

晝夜長短日出入時刻朦朧影刻分皆以北極出地多寡及所交節氣之日爲準宜隨地隨氣立算不可執一處以槩他方也故爲列圖如左圖中最上橫書一行爲諸節氣本日從冬至至夏至次第一直行爲各省所宜用本圖及其地北極出地多寡次得日出一行此行橫書作二行一爲日出刻數一爲日出分數次日入一行及晝夜長短朦朧影其行各橫書作二行一爲刻數一爲分數假如欲知順天府立冬或立春日日出入時刻晝夜長短朦朧影刻分則視左各圖而例得第一圖爲其本圖次檢取圖中立冬本行及右日出行相對得卯正三刻十三分其餘相對如是而得日入申正四刻二分晝長短四十刻四分夜長短五十五刻十一分朦朧影六刻七分其餘節氣亦然餘圖視法亦然依西曆每日九十六刻每時八刻算

北京鄰近地方日出日入刻分

主北極出地四十度	冬至	小寒大雪	大寒小雪	立春立冬	雨水霜降	驚蟄寒露	春分秋分	清明白露	穀雨處暑	立夏立秋	小滿大暑	芒種小暑	夏至
日出刻分	辰初一十一	辰初一七	卯正四十二	卯正三十三	卯正二八	卯正一五	卯初四○	卯初二十	卯初一六	寅正四二	寅正三三	寅正二八	寅正二四
日入刻分	申正二四	申正二八	申正三三	申正四二	酉初一七	酉初二十	酉初四○	酉正一五	酉正二九	酉正三十三	酉正四十二	戌初一七	戌初一十一

北京鄰近地方晝夜長短朦朧影刻分

晝長短刻分	三十六八	三十七一	三十八六	四十四	四十二十四	四十五五	四十八○	五十十	五十三三	五十五十一	五十七九	五十八十四	五十九七
夜長短刻分	五十九七	五十八十四	五十七九	五十五十一	五十三一	五十十	四十八○	四十五五	四十二十二	四十四	三十八六	三十七一	三十六八
朦朧影刻分	六十二	六十二	六十	六七	六六	六四	六五	六十	六十四	七五	八○	八十一	八十二

江南鄰近地方日出日入刻分

主北極出地三十二度半	冬至	小寒大雪	大寒小雪	立春立冬	雨水霜降	驚蟄寒露	春分秋分	清明白露	穀雨處暑	立夏立秋	小滿大暑	芒種小暑	夏至
日出刻分	卯正四二	卯正四○	卯正三八	卯正二十三	卯正二○	卯正一○	卯初四○	卯初三○	卯初二○	卯初一二	寅正四七	寅正四○	寅正三十二
日入刻分	申正三十二	申正四○	申正四七	酉初一二	酉初二○	酉初三○	酉初四○	酉正一○	酉正二○	酉正二十三	酉正三八	酉正四○	酉正四三

江南鄰近地方晝夜長短朦朧影刻分

晝長短刻分	三十九九	四十○	四十十四	四十二四	四十四○	四十六○	四十八○	五十○	五十二○	五十三十一	五十五一	五十六○	五十六六
夜長短刻分	五十六六	五十六○	五十五一	五十三十一	五十二○	五十○	四十八○	四十六○	四十四○	四十二四	四十十四	四十○	三十九九
朦朧影刻分	六七	六五	五十四	五十四	五十三	五十一	五十一	五十三	六二	六五	六九	六十二	六十三

山東鄰近地方日出日入刻分

主北極出地三十七度

	日出 刻 分	日入 刻 分
冬至	辰初一 二	申正二 十三
小寒 大雪	卯正四 十三	申正三 二
大寒 小雪	卯正四 四	申正三 十一
立春 立冬	卯正三 六	申正四 九
雨水 霜降	卯正二 五	酉初一 十
驚蟄 寒露	卯正一 三	酉初二 十二
春分 秋分	卯初四 〇	酉初四 〇
清明 白露	卯初二 十二	酉正一 三
穀雨 處暑	卯初一 十	酉正二 五
立夏 立秋	寅正四 九	酉正三 六
小滿 大暑	寅正二 十一	酉正四 四
芒種 小暑	寅正三 二	酉正四 十三
夏至	寅正二 十三	戌初一 二

山東鄰近地方晝夜長短朦朧影刻分

晝長短 刻 分	夜長短 刻 分	朦朧影 刻 分
三十七 十一	五十八 四	六 十
三十八 四	五十七 十一	六 八
三十九 七	五十六 八	六 六
四十一 三	五十四 十二	六 三
四十三 五	五十二 十	六 二
四十五 九	五十 六	六 一
四十八 〇	四十八 〇	六 一
五十 六	四十五 九	六 七
五十二 十	四十三 五	六 十一
五十四 十二	四十一 三	六 十三
五十六 八	三十九 七	七 五
五十七 十一	三十八 四	七 八
五十八 四	三十七 十一	七 九

山西鄰近地方日出日入刻分

主北極出地三十八度

	日出 刻 分	日入 刻 分
冬至	辰初一 四	申正二 十一
小寒 大雪	辰初一 一	申正二 十四
大寒 小雪	卯正四 七	申正三 八
立春 立冬	卯正三 八	申正四 七
雨水 霜降	卯正二 七	酉初一 八
驚蟄 寒露	卯正一 四	酉初二 十一
春分 秋分	卯初四 〇	酉初四 〇
清明 白露	卯初二 十一	酉正一 四
穀雨 處暑	卯初一 八	酉正二 七
立夏 立秋	寅正四 七	酉正三 八
小滿 大暑	寅正三 八	酉正四 七
芒種 小暑	寅正二 十四	戌初一 一
夏至	寅正二 十一	戌初一 四

山西鄰近地方晝夜長短朦朧影刻分

晝長短 刻 分	夜長短 刻 分	朦朧影 刻 分
三十七 九	五十八 六	六 十三
三十七 十三	五十八 二	六 十
三十九 一	五十六 十四	六 七
四十 十四	五十五 一	六 四
四十三 一	五十二 十四	六 一
四十五 七	五十 八	六 一
四十八 〇	四十八 〇	六 〇
五十 八	四十五 七	六 四
五十二 十四	四十三 一	六 九
五十五 一	四十 十四	六 十二
五十六 十四	三十九 一	七 七
五十八 二	三十七 十三	七 十一
五十八 六	三十七 九	七 十二

陝西鄰近地方日出日入刻分

主北極出地三十六度

	日出 刻 分	日入 刻 分
冬至	卯正四 十四	申正二 一
小寒 大雪	卯正四 十一	申正二 四
大寒 小雪	卯正四 二	申正三 十三
立春 立冬	卯正三 四	申正四 十一
雨水 霜降	卯正二 四	酉初一 十一
驚蟄 寒露	卯正一 二	酉初二 十三
春分 秋分	卯初四 〇	酉初四 〇
清明 白露	卯初二 十三	酉正一 二
穀雨 處暑	卯初一 十一	酉正二 四
立夏 立秋	寅正四 十二	酉正三 四
小滿 大暑	寅正三 十三	酉正四 二
芒種 小暑	寅正三 四	酉正四 十一
夏至	寅正三 一	酉正四 十四

陝西鄰近地方晝夜長短朦朧影刻分

晝長短 刻 分	夜長短 刻 分	朦朧影 刻 分
三十八 二	五十七 十三	六 八
三十八 八	五十七 七	六 六
三十九 十一	五十六 四	六 四
四十一 七	五十四 八	六 一
四十三 九	五十二 八	六 〇
四十五 十一	五十 四	六 〇
四十八 〇	四十八 〇	六 〇
五十 四	四十五 十一	六 四
五十二 八	四十三 七	六 七
五十四 八	四十一 七	六 十
五十六 四	三十九 十一	七 二
五十七 七	三十八 八	七 七
五十七 十三	三十八 二	七 八

河南鄰近地方日出日入刻分

主北極出地三十五度

	日出 刻 分	日入 刻 分
冬至	卯正四 十	申正三 四
小寒 大雪	卯正四 八	申正三 七
大寒 小雪	卯正四 〇	申正四 〇
立春 立冬	卯正三 三	申正四 十二
雨水 霜降	卯正二 二	酉初一 十三
驚蟄 寒露	卯正一 一	酉初二 十四
春分 秋分	卯初四 〇	酉初四 〇
清明 白露	卯初二 十四	酉正一 一
穀雨 處暑	卯初一 十三	酉正二 二
立夏 立秋	寅正四 十二	酉正三 三
小滿 大暑	寅正四 〇	酉正四 〇
芒種 小暑	寅正三 七	酉正四 八
夏至	寅正三 四	酉正四 十

河南鄰近地方晝夜長短朦朧影刻分

晝長短 刻 分	夜長短 刻 分	朦朧影 刻 分
三十八 八	五十七 七	六 七
三十八 十四	五十七 一	六 七
四十 〇	五十六 〇	六 三
四十一 九	五十四 六	六 二
四十三 十一	五十二 四	五 十四
四十五 十三	五十 [illegible]	五 十三
四十八 〇	四十八 〇	五 〇
五十 二	四十五 十三	六 十二
五十二 四	四十三 十一	六 六
五十四 六	四十一 九	六 十
五十六 〇	四十 〇	六 十四
五十七 一	三十八 四	七 五
五十七 七	三十八 八	七 六

浙江鄰近地方日出日入刻分

主北極出地三十度

	日出 刻 分	日入 刻 分
冬至	卯正三 十三	申正四 二
小寒 大雪	卯正三 十	申正四 五
大寒 小雪	卯正三 四	申正四 十
立春 立冬	卯正二 九	酉初一 六
雨水 霜降	卯正一 十二	酉初二 三
驚蟄 寒露	卯初四 十四	酉初三 一
春分 秋分	卯初四 〇	酉初四 〇
清明 白露	卯初三 一	酉初四 十四
穀雨 處暑	卯初二 三	酉正一 十二
立夏 立秋	卯初一 六	酉正二 九
小滿 大暑	寅正四 十一	酉正三 四
芒種 小暑	寅正四 五	酉正三 十
夏至	寅正四 二	酉正三 十三

浙江鄰近地方晝夜長短朦朧影刻分

晝長短刻分	夜長短刻分	朦朧影刻分
四十刻四分	五十五刻十一分	六刻一分
四十刻十分	五十五刻五分	六刻〇分
四十一刻七分	五十四刻八分	五刻十三分
四十二刻十二分	五十三刻三分	五刻十一分
四十四刻六分	五十一刻九分	五刻八分
四十六刻二分	四十九刻十三分	五刻六分
四十八刻〇分	四十八刻〇分	五刻七分
四十九刻十三分	四十六刻二分	五刻八分
五十一刻九分	四十四刻六分	六刻〇分
五十三刻三分	四十二刻十二分	六刻三分
五十四刻八分	四十一刻七分	六刻六分
五十五刻五分	四十刻十分	六刻七分
五十五刻十一分	四十刻四分	六刻九分

江西鄰近地方日出日入刻分

主北極出地二十九度

	日出刻分	日入刻分
冬至	卯正三刻十一分	申正四刻四分
小寒大雪	卯正三刻八分	申正四刻七分
大寒小雪	卯正三刻二分	申正四刻十三分
立春立冬	卯正二刻七分	酉初一刻八分
雨水霜降	卯正一刻十一分	酉初二刻四分
驚蟄寒露	卯初四刻十三分	酉初三刻二分
春分秋分	卯初四刻〇分	酉初四刻〇分
清明白露	卯初三刻二分	酉初四刻十三分
穀雨處暑	卯初二刻四分	酉正一刻十一分
立夏立秋	卯初一刻八分	酉正二刻七分
小滿大暑	寅正四刻十三分	酉正三刻二分
芒種小暑	寅正四刻七分	酉正三刻八分
夏至	寅正四刻四分	酉正三刻十一分

江西鄰近地方晝夜長短朦朧影刻分

晝長短刻分	夜長短刻分	朦朧影刻分
四十刻八分	五十五刻七分	六刻二分
四十刻十四分	五十五刻一分	六刻一分
四十一刻十一分	五十四刻四分	五刻十三分
四十三刻一分	五十二刻十四分	五刻十分
四十四刻八分	五十一刻七分	五刻九分
四十六刻四分	四十九刻十一分	五刻八分
四十八刻〇分	四十八刻〇分	五刻十分
四十九刻十一分	四十六刻四分	五刻十分
五十一刻七分	四十四刻八分	六刻〇分
五十二刻十四分	四十三刻一分	六刻三分
五十四刻四分	四十一刻十一分	六刻六分
五十五刻一分	四十刻十四分	六刻七分
五十五刻七分	四十刻八分	六刻九分

湖廣鄰近地方日出日入刻分

主北極出地三十一度

	日出刻分	日入刻分
冬至	卯正四刻一分	申正三刻十四分
小寒大雪	卯正三刻十三分	申正四刻二分
大寒小雪	卯正三刻六分	申正四刻九分
立春立冬	卯正二刻十一分	酉初一刻四分
雨水霜降	卯正一刻十四分	酉初二刻一分
驚蟄寒露	卯初四刻十四分	酉初三刻一分
春分秋分	卯初四刻〇分	酉初四刻〇分
清明白露	卯初三刻一分	酉初四刻十四分
穀雨處暑	卯初二刻一分	酉正一刻十四分
立夏立秋	卯初一刻四分	酉正二刻十一分
小滿大暑	寅正四刻九分	酉正三刻六分
芒種小暑	寅正四刻二分	酉正三刻十三分
夏至	寅正三刻十四分	酉正四刻一分

湖廣鄰近地方晝夜長短朦朧影刻分

晝長短刻分	夜長短刻分	朦朧影刻分
三十九刻十三分	五十六刻二分	六刻二分
四十刻四分	五十五刻十一分	六刻三分
四十一刻三分	五十四刻十二分	五刻十四分
四十二刻八分	五十三刻七分	五刻十二分
四十四刻二分	五十一刻十三分	五刻十分
四十六刻二分	四十九刻十三分	五刻十分
四十八刻〇分	四十八刻〇分	五刻九分
四十九刻十三分	四十六刻二分	五刻十二分
五十一刻十三分	四十四刻二分	六刻一分
五十三刻七分	四十二刻八分	六刻五分
五十四刻十二分	四十一刻三分	六刻八分
五十五刻十一分	四十刻四分	六刻十一分
五十六刻二分	三十九刻十三分	六刻十一分

四川鄰近地方日出日入刻分

主北極出地二十九度半

	日出刻分	日入刻分
冬至	卯正三刻十一分	申正四刻四分
小寒大雪	卯正三刻八分	申正四刻七分
大寒小雪	卯正三刻二分	申正四刻十三分
立春立冬	卯正二刻七分	酉初一刻八分
雨水霜降	卯正一刻十一分	酉初二刻四分
驚蟄寒露	卯初四刻十三分	酉初三刻二分
春分秋分	卯初四刻〇分	酉初四刻〇分
清明白露	卯初三刻二分	酉初四刻十三分
穀雨處暑	卯初二刻四分	酉正一刻十一分
立夏立秋	卯初一刻八分	酉正二刻七分
小滿大暑	寅正四刻十三分	酉正三刻二分
芒種小暑	寅正四刻七分	酉正三刻八分
夏至	寅正四刻四分	酉正三刻十一分

四川鄰近地方晝夜長短朦朧影刻分

晝長短刻分	夜長短刻分	朦朧影刻分
四十刻八分	五十五刻七分	六刻二分
四十刻十四分	五十五刻一分	六刻一分
四十一刻十一分	五十四刻四分	五刻十三分
四十三刻一分	五十二刻十四分	五刻十分
四十四刻八分	五十一刻七分	五刻九分
四十六刻四分	四十九刻十一分	五刻八分
四十八刻〇分	四十八刻〇分	五刻十分
四十九刻十一分	四十六刻四分	五刻十一分
五十一刻七分	四十四刻八分	六刻〇分
五十二刻十四分	四十三刻一分	六刻三分
五十四刻四分	四十一刻十一分	六刻六分
五十五刻一分	四十刻十四分	六刻七分
五十五刻七分	四十刻八分	六刻九分

福建鄰近地方日出日入刻分

主北極出地二十六度

	日出刻分	日入刻分
冬至	卯正三刻四分	申正四刻十一分
小寒大雪	卯正三刻二分	申正四刻十三分
大寒小雪	卯正二刻十一分	酉初一刻四分
立春立冬	卯正二刻三分	酉初一刻十二分
雨水霜降	卯正一刻八分	酉初二刻七分
驚蟄寒露	卯初四刻十二分	酉初三刻三分
春分秋分	卯初四刻〇分	酉初四刻〇分
清明白露	卯初三刻三分	酉初四刻十二分
穀雨處暑	卯初二刻七分	酉正一刻八分
立夏立秋	卯初一刻十二分	酉正二刻三分
小滿大暑	卯初一刻四分	酉正二刻十一分
芒種小暑	寅正四刻十三分	酉正三刻二分
夏至	寅正四刻十一分	酉正三刻四分

福建鄰近地方晝夜長短朦朧影刻分

晝長短刻分	夜長短刻分	朦朧影刻分
四十一刻七分	五十四刻八分	五刻十四分
四十一刻十一分	五十四刻四分	五刻十二分
四十二刻八分	五十三刻七分	五刻九分
四十三刻九分	五十二刻六分	五刻七分
四十四刻十四分	五十一刻一分	五刻七分
四十六刻六分	四十九刻九分	五刻六分
四十八刻〇分	四十八刻〇分	五刻五分
四十九刻九分	四十六刻六分	五刻六分
五十一刻一分	四十四刻十四分	五刻十分
五十二刻六分	四十三刻九分	五刻十四分
五十三刻七分	四十二刻八分	六刻三分
五十四刻四分	四十一刻十一分	六刻五分
五十四刻八分	四十一刻七分	六刻六分

廣東鄰近地方日出日入刻分

主北極出地二十三度半

節氣	日出	刻	分	日入	刻	分
冬至	卯正	二	十三	酉初	一	二
小寒大雪	卯正	二	十一	酉初	一	四
大寒小雪	卯正	二	六	酉初	一	九
立春立冬	卯正	一	十四	酉初	二	一
雨水霜降	卯正	一	五	酉初	二	十
驚蟄寒露	卯初	四	十	酉初	三	五
春分秋分	卯初	四	〇	酉初	四	〇
清明白露	卯初	三	五	酉初	四	十
穀雨處暑	卯初	二	十	酉正	一	五
立夏立秋	卯初	二	一	酉正	一	十四
小滿大暑	卯初	一	九	酉正	二	六
芒種小暑	卯初	一	四	酉正	二	十一
夏至	卯初	一	二	酉正	二	十三

廣東鄰近地方晝夜長短朦朧影刻分

節氣	晝長短 刻	分	夜長短 刻	分	朦朧影 刻	分
冬至	四十二	四	五十三	十一	五	十一
小寒大雪	四十二	八	五十三	七	五	十
大寒小雪	四十三	三	五十二	十二	五	八
立春立冬	四十四	二	五十一	十三	五	六
雨水霜降	四十五	五	五十	十	五	六
驚蟄寒露	四十六	十	四十九	五	五	五
春分秋分	四十八	〇	四十八	〇	五	三
清明白露	四十九	五	四十六	十	五	五
穀雨處暑	五十	十	四十五	五	五	八
立夏立秋	五十一	十三	四十四	二	五	十一
小滿大暑	五十二	十二	四十三	三	五	十一
芒種小暑	五十三	七	四十二	八	六	〇
夏至	五十三	十一	四十二	四	六	〇

廣西鄰近地方日出日入刻分

主北極出地二十五度

節氣	日出	刻	分	日入	刻	分
冬至	卯正	三	二	申正	四	十三
小寒大雪	卯正	三	〇	酉初		〇
大寒小雪	卯正	二	九	酉初	一	六
立春立冬	卯正	二	二	酉初	一	十三
雨水霜降	卯正	一	七	酉初	二	八
驚蟄寒露	卯初	四	十一	酉初	三	四
春分秋分	卯初	四	〇	酉初	四	〇
清明白露	卯初	三	四	酉初	四	十一
穀雨處暑	卯初	二	八	酉正	一	七
立夏立秋	卯初	一	十三	酉正	二	二
小滿大暑	卯初	一	六	酉正	二	九
芒種小暑	卯初		〇	酉正	三	〇
夏至	寅正	四	十三	酉正	三	二

廣西鄰近地方晝夜長短朦朧影刻分

節氣	晝長短 刻	分	夜長短 刻	分	朦朧影 刻	分
冬至	四十一	十一	五十四	四	五	十三
小寒大雪	四十二	〇	五十四	〇	五	十
大寒小雪	四十二	十二	五十三	三	五	八
立春立冬	四十三	十一	五十二	四	五	六
雨水霜降	四十五	一	五十	十四	五	五
驚蟄寒露	四十六	八	四十九	七	五	七
春分秋分	四十八	〇	四十八	〇	五	五
清明白露	四十九	七	四十六	八	五	五
穀雨處暑	五十	十四	四十五	一	五	九
立夏立秋	五十二	四	四十三	十一	五	十二
小滿大暑	五十三	三	四十二	十二	六	二
芒種小暑	五十四	〇	四十二	〇	六	二
夏至	五十四	四	四十一	十一	六	二

雲南鄰近地方日出日入刻分

主北極出地二十四度

節氣	日出	刻	分	日入	刻	分
冬至	卯正	三	〇	酉初	一	〇
小寒大雪	卯正	二	十二	酉初	一	二
大寒小雪	卯正	二	七	酉初	一	八
立春立冬	卯正	一	十四	酉初	二	一
雨水霜降	卯正	一	四	酉初	二	十一
驚蟄寒露	卯初	四	九	酉初	三	六
春分秋分	卯初	四	〇	酉初	四	〇
清明白露	卯初	三	四	酉初	四	十一
穀雨處暑	卯初	二	九	酉正	一	六
立夏立秋	卯初	二	〇	酉正	一	〇
小滿大暑	卯初	一	七	酉正	二	八
芒種小暑	卯初	一	二	酉正	二	十三
夏至	卯初	一	〇	酉正	三	〇

雲南鄰近地方晝夜長短朦朧影刻分

節氣	晝長短 刻	分	夜長短 刻	分	朦朧影 刻	分
冬至	四十二	〇	五十四	〇	五	十
小寒大雪	四十二	六	五十三	九	五	十一
大寒小雪	四十三	一	五十二	十四	五	九
立春立冬	四十四	二	五十一	十三	五	五
雨水霜降	四十五	七	五十	八	五	四
驚蟄寒露	四十六	十二	四十九	三	五	四
春分秋分	四十八	〇	四十八	〇	五	一
清明白露	四十九	七	四十六	八	五	四
穀雨處暑	五十	十二	四十五	三	五	五
立夏立秋	五十二	〇	四十四	〇	五	九
小滿大暑	五十三	一	四十	十四	五	十
芒種小暑	五十三	十一	四十二	四	六	〇
夏至	五十四	〇	四十二	〇	六	〇

貴州鄰近地方日出日入刻分

主北極出地二十四度半

節氣	日出	刻	分	日入	刻	分
冬至	卯正	三	〇	酉初	一	〇
小寒大雪	卯正	二	十三	酉初	一	二
大寒小雪	卯正	二	八	酉初	一	七
立春立冬	卯正	二	〇	酉初	二	〇
雨水霜降	卯正	一	十二	酉初	二	九
驚蟄寒露	卯初	四	七	酉初	三	四
春分秋分	卯初	四	〇	酉初	四	〇
清明白露	卯初	三	四	酉初	四	七
穀雨處暑	卯初	二	九	酉正	一	十二
立夏立秋	卯初	二	〇	酉正	二	〇
小滿大暑	卯初	一	七	酉正	二	八
芒種小暑	卯初	一	二	酉正	二	十三
夏至	卯初	一	〇	酉正	三	〇

貴州鄰近地方晝夜長短朦朧影刻分

節氣	晝長短 刻	分	夜長短 刻	分	朦朧影 刻	分
冬至	四十二	〇	五十四	〇	五	十三
小寒大雪	四十二	四	五十三	十一	五	十
大寒小雪	四十二	十四	五十三	一	五	八
立春立冬	四十四	〇	五十二	〇	五	六
雨水霜降	四十五	三	五十	十二	五	五
驚蟄寒露	四十六	八	四十九	七	五	七
春分秋分	四十八	〇	四十八	〇	五	五
清明白露	四十九	七	四十六	八	五	五
穀雨處暑	五十	十二	四十五	三	五	九
立夏立秋	五十二	〇	四十四	〇	五	十二
小滿大暑	五十三	一	四十二	十四	六	二
芒種小暑	五十三	十一	四十二	四	六	二
夏至	五十四	〇	四十二	〇	六	二

月在第一重天及測驗月景問答

問太陰在何重天曰第一重天最近于地者是也吾徵之日食由于月掩其光且恒見月體能掩木與金星則月天必居其下矣依表景之理亦可徵也立表取景光體遠于地面得景短光體近于地面得景長今西國曆家以表景測驗日月高下日輪高于地平五十度月輪亦高于地平五十度然而所得日光表景則短月光表景則長也

日月表景長短圖

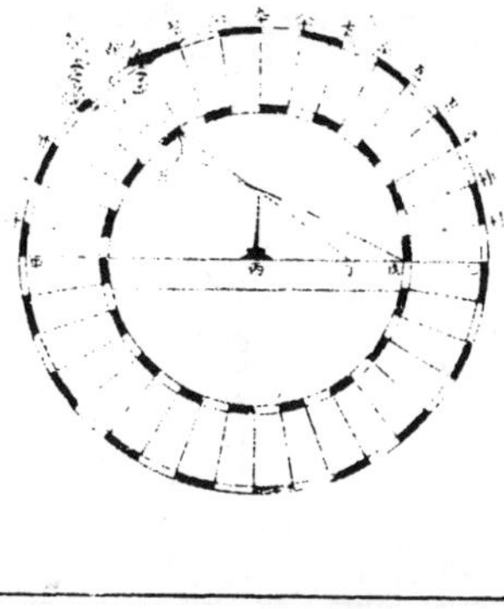

日月表景長短圖說

如右圖甲乙爲地平丙爲表視日輪高于地平五十度月輪亦高五十度即日光從表端至丁月光從表端至戊戊影長于丁影明也是知月天必在其下而近于地面也

月天南北二極各離宗動天之極二十三度半與日天同故月行亦交黃道而其躔黃道非如日輪也日輪恆行黃道一路月輪之路非一乃出入黃道南北五度故中國曆家曰月有九道其出入相交處謂之龍頭龍尾詳見前日食圖月本動自西而東每日約行十三度有奇朔時日月同度至第三日及第四日即見月輪在日輪之東至上弦離太陽九十度望日正相對百八十度半周天非月行最疾何能離日如是乎然其自東而西日月諸星其動並同無有疾遲以其皆爲宗動天所帶故也

問月光每日不同何故曰月體及諸星之體與本天之體一也第天體透光如玻璃而月與星之體堅凝不能透光耳故日光全照月天天體直透不能發光月星堅凝不透故耀日光而發照焉徵之朔日及上下弦可知也月體無光恆借太陽之光故日光照及其體則明不及其體則暗如使月本有光則近於日遠於日其光恆一絕無消長矣今朔則月全無光上弦漸長下弦漸消必借於日明也日天在上月天在下日光在月恆照半體朔日日月同度月正居日之下日光獨照其向上之半不照其向下之半人居地上獨能見其無光之下半而不見其有光之上半故朔之日視月全無光也過朔日則月東行而漸離於日日輪在西月亦受光於西愈近於日日光愈照其上面愈遠於日日光愈照其下面以離太陽有遠近故其光無時不消長也

月受日光地上見晦朔弦望圖

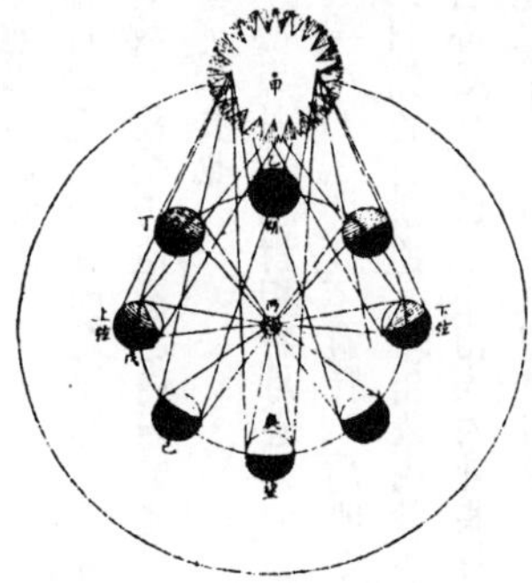

月受日光地上見晦朔弦望圖說

如右圖甲爲日輪在上乙爲月輪在下丙爲地上目力所及以視月光見月輪在乙正居日下日光全照向上半體而向下半體日所不及者絕無光焉故朔日則月全無光月在丁雖日光皆照其半然大半居天內目力獨見其小分也月在戊在己亦然月在庚乃正相對于日輪日光全照其向下之半目力得見而其向上者無光人目俱所不及焉故望日月光滿全也過望日後目力漸不能及月光漸消以至無光焉

問月借日光光有消長乃諸星之光恆見滿圓而無消長何也曰諸星與月其借日光不同也月天在日天之下月受其光近遠一異消長不同諸星之天居日天之上日光照星恆照其下面雖或近或遠於日而其下面恆有光故居地上者視星恆有光也

諸星天在日上亦受日光地影不隔星光圖

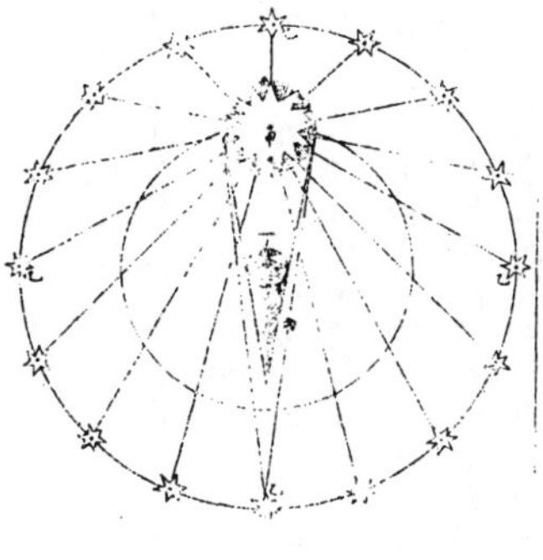

諸星天在日上亦受日光地影不隔星光圖說

如右圖甲爲日輪乙爲諸星之天居日天之上丁爲地形丙爲地影卽見日光恆照諸星下面而居地上者恆見其下面有光且月食由於地影地影之銳有盡不及諸星之天故諸星之光不朦也

月食問答

問望日月與日正對則月光當滿圓矣然而或全無光或一分有光一分無光其故何也曰地毬懸于十二重天之中央如鷄卵黃在青之中央故日由西照地地必有景射東照東必有景射西夫日輪恆在黃道上若遇望日而月輪亦在黃道上與日正對望則地毬障隔日月之間月輪必入地景之內太陽不能照之故失光而食矣漸出地景之外太陽能照之乃漸復得原光也若渾然相對全失光若一分對一分不對對者失光不對者否矣因知月輪失光而食悉由于地景也

月食由地影所蔽圖

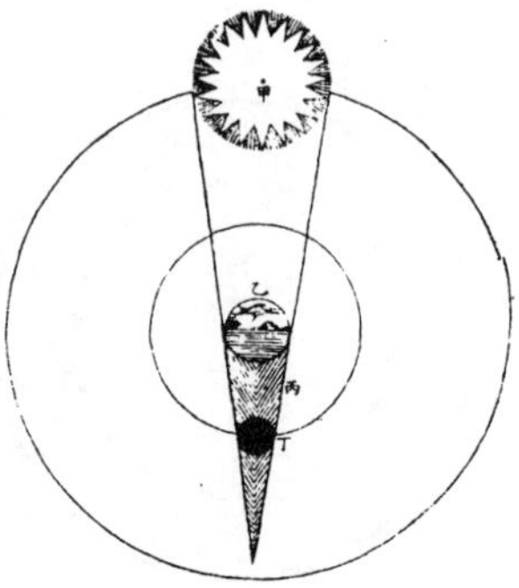

月食由地影所蔽圖說

如右圖甲爲日輪乙爲地毬丙爲地影丁爲月輪卽見日月正對故月輪全居地影之內而居地上者視月無光月無光則食也

問日輪値望必與月正相對相對月必過地影過影必常每望食矣今月之遇食不過什一焉地影之說毋乃礙乎曰日輪恆行黃道上不出入內外地體之影正對於日亦必在黃道上不出入內外焉月輪惟行龍頭龍尾之上得行黃道故望時月輪適當龍頭龍尾適過地影之內則食若出黃道內外或南或北地影不便不能食卽食亦分秒不同此望日日月雖對而亦不能常食也

問日月正對則相遠必百八十度半周天也故月在地平上日必居其下日在地平上月必居其下然有月食而日月皆在地平上則月食非由地影矣何也曰從古至今凡月食皆以望日爲限其相遠必半周天不然不食也月食時日月俱在地平上者或日在西以將入月在東以始出或月入而日出也夫月將出而日將入其視月在地平者非月全出也則海水或濕氣所影映也蓋地平傍近恆有蒸氣淸微如烟或空中對月輪偶有輕薄白雲或値當海水皆能令月影映于其內而目力所成宛一月焉此視法之理也固有別論今試于空盤若盤底內置一錢人漸遠于盤或八步或十餘步盤內之錢已不見矣令斟水滿盤卽仍八步或十餘步而錢忽見之何也所視非錢體也錢影也然則地平之見月非月體也月影也

問月食時刻不同或所食時長或時短何也曰月食長短由於地體之影及月輪之行也月天之內別有小輪以帶月爲帶月輪此小輪之動與月天之本動非同一也乃月天行自西而東小輪其上半周行自東而西其下半周行自西而東故月輪近遠於地心極異也月輪若居小輪之下必近於地若居小輪之上必遠於地也地景漸銳而有盡其愈近於地愈寬愈至於銳愈狹若月行小輪之下所經影界寬故食久若行小輪之上所經影界狹故食暫也小輪之說及其上半周何得行自東而西其下半周自西而東別有正論

月食時刻長短由月輪行有高下及地影有廣狹圖

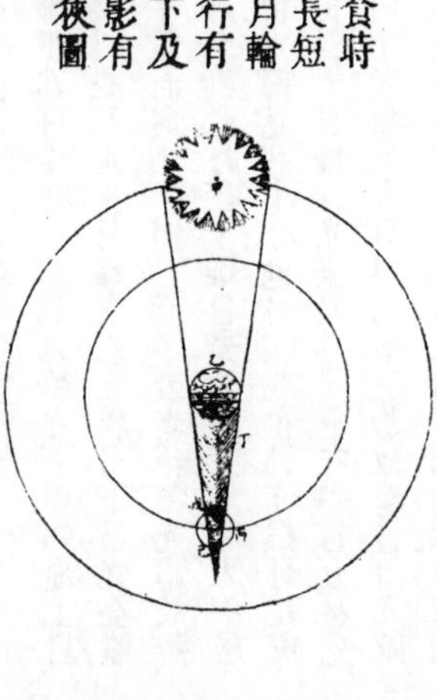

月輪有高下地影有廣狹圖說

如右圖甲爲日輪乙爲地形丙爲小輪丁爲地影漸銳故影寛於戊而狹於己月行地影之內在戊小輪之下必久於在己在己小輪之上必速於在戊故其時刻長短異也因知二食之時刻長短由於地影及月輪之行也

朔日既過月光漸長望日以後其光漸消則月行地平上其光非同也蓋月輪每日自西而東約行十三度朔日以後每日離日輪亦十三度故朔日月輪入地平而月在日東十三度爲三刻未入地也次日又離十三度次日亦然以至於望月與日正相對故日入地下而月出地上也望日以後月漸近于日以至合璧焉因知居地面者其有月光朔日以後每日多三刻望日以後每日少三刻欲知每日多寡試觀左圖第一上圈月日自初一日至第三十日也第二中圈月在地上每日有光幾刻也第三內圈一刻之分也假如初六日欲知日入以後月光照地幾何刻分視上圈第六日即得第二圈六日正下十九刻與三圈三分

朔後月光長望後月光消時刻早晚及光多寡圖

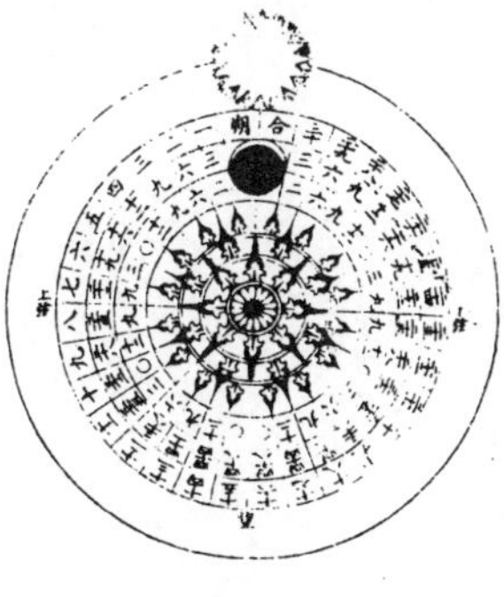

朔望後月光消長時刻早晚及光多寡圖說

問既朔日以後月光漸長又每日離日輪十三度則第二日日入地平月在日東十三度遠則月高於地平亦十三度遠自第二日以後宜無不見月光者乃今之見光或在朔後二日或在三日或在四日其不同何也曰其故由於地平及黃道也人居地面而以見月光者必月輪在地平上高十二度方可得見不然則否蓋月之度數有離日輪之度有離地平之度月光之見否由於離地平之高低不由於離日輪之遠近也故黃道交於地平不同有斜相交有正相交朔時日月同度若其同度在於斜交之宮則居地面者遲見月光也若在於正交之宮則速見其光也

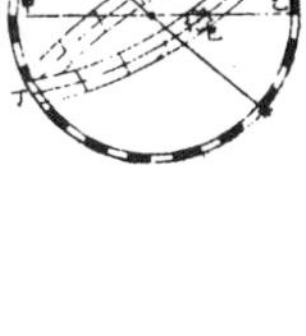

合朔後三四日見月光圖

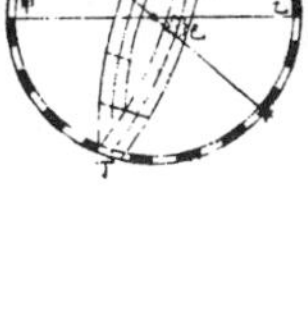

合朔後第二日即見月光圖

合朔後三四日見月光與第二日見月光圖說

視右二圖甲乙爲地平丙丁爲黃道戊爲月輪在地平上己爲日輪將入地平第一圖乃甲乙地平斜相交于丙丁黃道戊月輪雖離己日輪十三度或十五度乃其高于地平非十二度故合朔之次日其月雖離日輪十三餘度因未至地平十二度高故居地面者第二日不能見其光或在第三第四日之間也第二圖甲乙地平乃正相交于黃道戊月輪之離日輪及地平竝同也故均爲行十三度而其第二日已高于地平十二度故得即見月光云又月因有逆順行亦有離太陽遲速逆行時必遲離太陽順行時必速離太陽此其故也

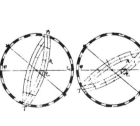

凡右諸論大約則據肉目所及測而已矣第肉目之力劣短曷能窮盡天上微妙理之萬一耶近世西洋精于曆法一名士務測日月星辰奧理而哀其目力尫羸則造𥿄一巧器以助之持此器觀六十里遠一尺大之物明視之無異在目前也持之觀月則千倍大于常觀金星大似月其光亦或消或長無異于月

輪也按此器即今日之遠鏡欲知天體必觀于日月之行故採天問略所論日月交食諸圖而天地之形體可得其槩矣

第三卷目錄

乾象典第三卷

天地總部彙考三

曆象圖說

引

憶自束髮趨庭先君子常慨小學殘廢六藝失傳咿喔空文入鮮實用因授六書九數俾令考索賦畀魯鈍而性癖躭奇輒以餘暇旁涉天官樂律凡人所不樂爲者則伏讀沈思至忘寢食博訪宿學明師久而有得新知執友鮮可與言言亦不解自用怡悅而已歲壬戌有從問曆象之說者篝燈商確隨筆記之說所難明又先爲之圖圖說各二十餘篇實未定稿也其八月已有舉子圖說鋟之於板者後又以圖說屬余增補註解而別刻之然此直據一時問答姑指大凡既多掛漏尤恐舛訛祿祿風塵未遑訂正也壬午秋訪友人於半圃以律曆象數之類垂委參考乃別泚筆爲圖說若干首較之前刻似爲精覈皆曆源曆理之根柢也由此而究心焉期與天運符合庶幾無悞學者因識簡端以俟君子考正焉

渾天形體圖

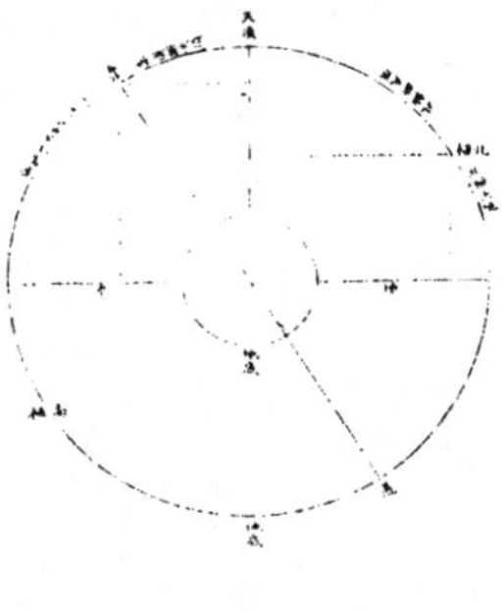

渾天形體圖說

言天者惟渾天最密天包地外地居天中雖實體小大懸殊而輪周內外符合今略舉形似姑爲大小兩圜人物切附小圜而生隨所在而上戴大圜則爲天頂其下對衝則地底也折取其半而直貫天地之中心爲橫線曰地平則地半與天半相應處也天自東徂西健運不息有不動處爲其樞紐曰北極南極南北極之中橫帶天紘古稱赤道以限東西之經度如瓜之有輪而南北極則兩端之蒂也中上所見北極恆出地而高南極恆入地而隱兩極既出入於地平其赤道遂斜倚於南方於是有北極出地高度又有赤道在午位地平上高度有北極距天頂之度又有赤道距天頂之度度如弧背蓋天家以勾股推之則爲直線之邊以弦長當弧背故不若渾天之密又大圜消息理可互求知北極出地高弧即知赤道距天頂之度知赤道地平上高弧即知北極距天頂之度舉一反三實爲易簡云

南北極差圖

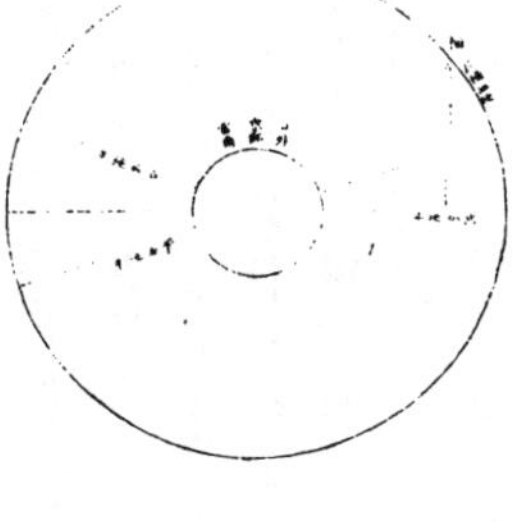

南北極差圖說

古人言天圓地方天固圓矣地果方乎曰言其德耳非形之果方也萬象皆出於圓況地凝天中焉得不與之應大戴禮曾子問言之矣今觀北極出地度數南北直行輒二百餘里而高下差一度如順天府地平測北極高四十度南至雲南測北極高二十餘度愈南則極高度數愈少至海外則北極下至地平云自順天府北行至邊外測北極高六十餘度愈北則極高度數愈多逾北海則北極當上至天頂可知地

較天形不啻太虛之點塵而靜處至中輪廓周應亦同一渾然之體此於北極高下而驗南北緯度之差者也

東西里差圖

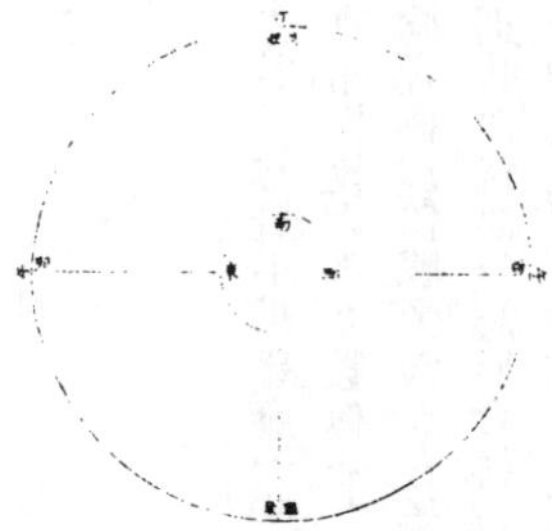

東西里差圖說

一日之時因日行所照而定凡日出於東方爲卯正於南方爲午入於西方爲酉日隨天左旋一日十二時遍歷全周三百六十度每時之行爲太虛之三十度下照於地是生里差東西相去三十度先後差一時相去九十度先後差三時相去一百八十度則差半日而晝夜相反矣如日在東方東方之人以爲午而南方以爲卯日在西方西方之人以爲午而南方以爲酉此差三時也日在南方南方之人以爲午而東方以爲酉又南方之午而西方以爲卯亦差三時然西方之卯而東方卽以爲酉則差半日矣此之卯彼可以爲酉則此之午非卽彼之子乎此所謂晝夜相反者也日之行由時而刻分秒遞析之地之經亦由度而分秒遞析之東西之差無一不與天日相應故名里差時刻

各曜本天圖

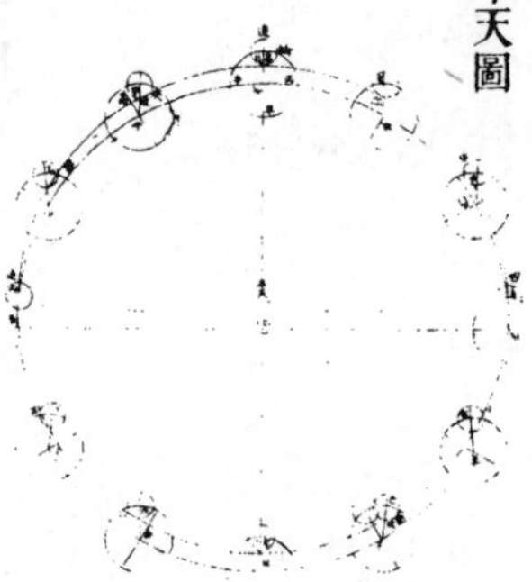

各曜本天圖說

各曜麗天本皆平行而累代測改未易合天者緣各居一重本天有高下遠近又各繫諸輪爲運動之本古今推測漸就詳密本天爲大圜度有不齊必加減而後均乃有第一輪圈名爲均輪猶未均齊必有相濟乎均輪者則第二輪圈名爲小輪而光體所在別有繫屬（詳後次輪）而後周行於小輪小輪心行於均輪均輪心行於本天順逆不齊牽引聯絡而適得均齊之度如圖未午丑子曰各曜本重之天天包地外以地心爲心本重天上繫均輪高丙卑辛圈其心未在本重天向午右行均輪上繫小輪近遠圈其心高在均輪上向丙左行小輪上又繫光體之輪（詳後次輪）在小輪上自近向輪右行凡本重天之均輪心未至午三十度均輪上之小輪心高至甲亦三十度古法謂之入曆入轉限新法謂之平引數而光體之在小輪上近至次必六十度則加倍平引矣本重天未至巳六十度均輪高至乙亦六十度小輪近至輪則一百二十度本重天未至辰均輪高至丙皆九十度小輪近至遠則一百八十度本重天未至卯均輪高至丁皆一百二十度小輪近至左則二百四十度本重天未至寅均輪高至戌皆一百五十度小輪近至小則三百度本重天未至丑均輪高至卑皆一百八十度小輪近復至近則三百六十度此自最高起算也本重天丑至子均輪卑至巳皆三十度小輪近至圈則六十度本重天丑至亥均輪卑至庚皆六十度小輪近至上則一百二十度本重大丑至戌均輪卑至辛皆九十度小輪近至遠則一百八十度本重天丑至酉均輪卑至壬皆一百二十度小輪近至右則二百四十度本重天丑至申均輪卑至癸皆一百五十度小輪近至行則三百度本重天丑至未均輪卑至高皆一百八十度小輪近又至近則三百六十度此自最卑起算也由此運行之跡而別成近次輪遠虛線本天形與本重天同大而偏高偏卑遂不以地爲心而別有其本天心凡言遲速加減者以此本天爲主以其輪圈各有大小其行各有左右多寡故遲速而生加減然大小左右多寡而實皆平行故加減而其度適

均此於無法中而有定法者也日月木火金其理皆同

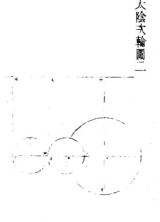

本天加減圖

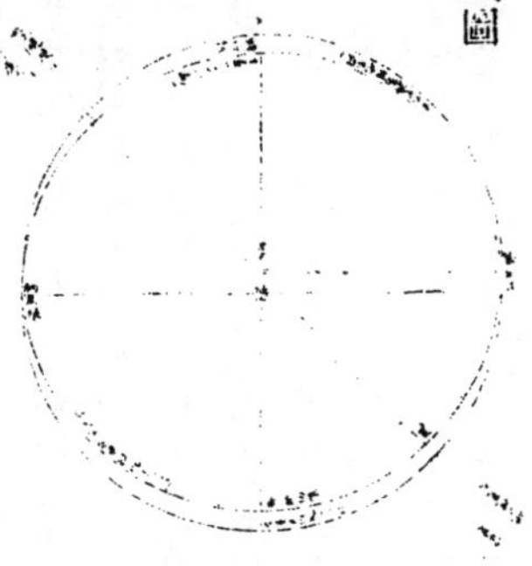

本天加減圖說

各曜本重天包於地外其中心即地心也因均輪小輪上有高卑遠近而別成一虛線本天形偏高偏卑不能以地心爲心即與本重天之心亦不相合矣最高起行遲爲朒限其差爲減最卑起行速爲朓限其差爲加夫各曜右轉今古平行何以有遲速耶蓋從高右行至朒此本天平行度也本天心出直線指其實度而地心出直線指其視度則實度本大而視度覺小矣必於所推平行實度之中減其大小之差而後得人目所見之度故高至卑半周謂之朒限從卑右行至朓亦本平行度也本天心出直線指其實度而地心出直線指其視度則實度本小而視度覺大矣必於所推平行實度之中加其大小之差而後得人目所見之度故卑至高半周謂之朓限又凡近最高左右之半周遠於地而行遲近最卑左右之半周近於地而行速朒初限之差固當減朒末限雖在朓半周漸消其朒而亦減朓初限之差固當加朓末限雖在朒半周漸消其朓而亦加此本天高卑而有加減之源也

太陰次輪圖一

太陰次輪圖二

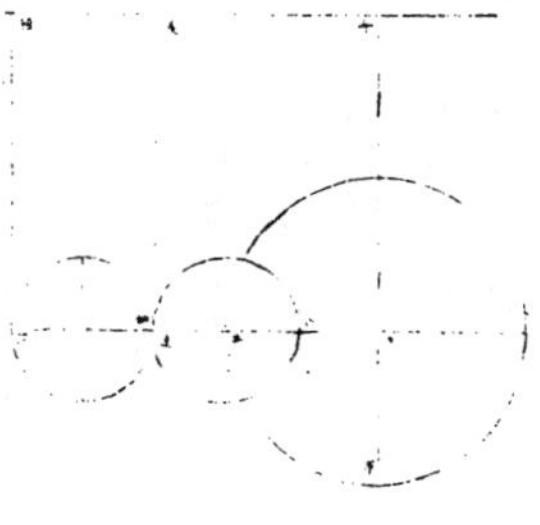

太陰次輪圖三

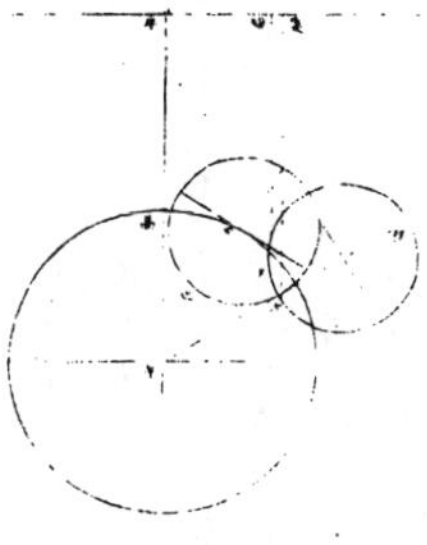

太陰次輪圖四

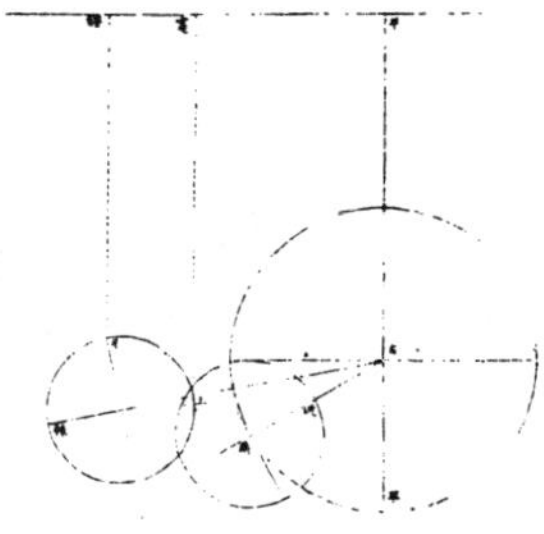

太陰次輪圖說

均輪之心行於本天小輪之心行於均輪此各曜之所同也乃各曜光體又行於次輪而次輪之心行於小輪惟太陰繫於小輪而行者不以次輪之心而以次輪之邊故其遲疾加減與各曜有不同者次輪起於距日之遠近亦各曜之所同也乃五星之次輪木火土與日一合而行一周金水與日再合而行一周惟太陰次輪與日一合而行再周故其遲疾加減與各曜尤有不同者次輪邊界從合朔起繫於小輪爲最近半周上弦而至遠矣一周復於近爲望又半周下弦而遠再周復於近而合朔矣次輪以此朔望點繫於小輪上右轉周行既倍於小輪心行於均輪之度而月體之行於次輪周者又一合朔而有再周由是均輪既有高卑小輪又有遠近次輪上復有朔望二弦而太陰之所在測其經度而有遲疾測其緯度而有出入測其光體周徑而有損益象數可徵皆古法之所未備如一圖均輪心行至辰小輪心自高行至丙各一象限次輪朔望點必自近至遠行一百八十度其平實之差爲一均數若月在次輪弦點則更有實經之差均二三當井於一均爲極大之減均也古名遲疾差二圖均輪心行至戌小輪心自卑行至辛各一象限次輪朔望點必自近至遠行一百八十度其平實之差爲一均數若月在次輪弦點則更有實經之差當井於一均爲極大之加均也古名疾差三圖均輪心行至午小輪心自高行至甲各三十度驗初限次輪朔望點在小輪上必自近至丈行六十度其平實之差爲一均數若月在次輪自次向弦行至月則有實經之差當損其一均餘平經之差爲定減均也四圖均輪心行至亥小輪心自卑行至庚各六十度縮初限次輪朔望點在小輪上必自近至上行一百二十度其平實之差爲一均數若月在次輪自上行至月則有實經之差當益其一均得平經之差爲定加均也

右對各曜本天全圖觀之

木星次輪圖

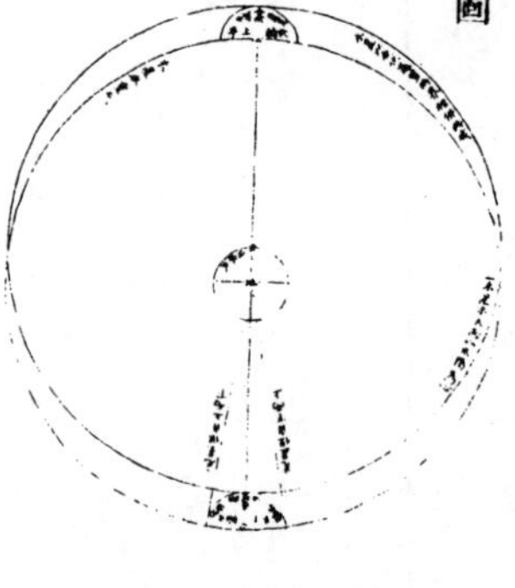

火星次輪圖

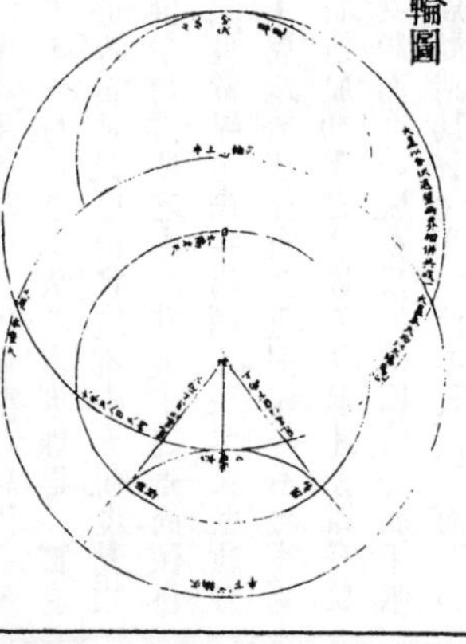

土星次輪圖

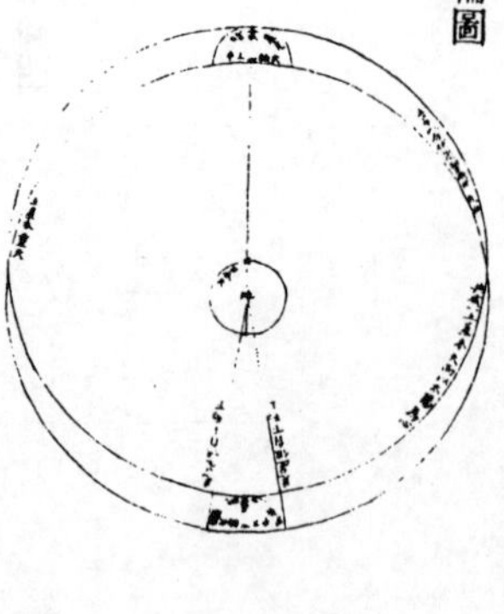

木火土次輪圖說

次輪本於距日之遠近凡星在次輪上半周最遠人自地見其與日合度而伏日行速而前進星行遲而在後則先日東出而晨見日愈進星愈後至次輪下半周之初人視星自上而下同於不行爲前留至次輪下半周最近人視星與日對衝而爲望至次輪下半周之末人視星自下而上又同於不行爲後留乃後日西入而夕見至次輪上半周復於最遠則日追及星而又合伏爲次輪之一周凡在次輪上半周爲順行爲疾行蓋次輪心在本重天右行而星在次輪亦右行也在次輪下半周爲遲行爲逆行蓋星雖循次輪順行而在下半周則逆次輪心而左故反見遲退也星行次輪無不順天右轉者而以日之疾行前進者較之則成左旋之勢用日星兩行之差爲次輪宮度故與金水次輪有別又前留之後後留之前爲逆行之界退望之前爲晨見之界退望之後爲夕見之界自合伏最遠至退望最近兩界相聯別成一本天形與本重天同大此木火土三星之所同也而火

在次輪前後留及退望時則本天直入太陽本天之內而近於地此火星之不同於木土者也又次輪與本天之比例俱有定數惟火星則時大時小且與日各在本天最高則見大在最卑則見小與日視相反此尤火星之大不同於各星者也

金星次輪圖

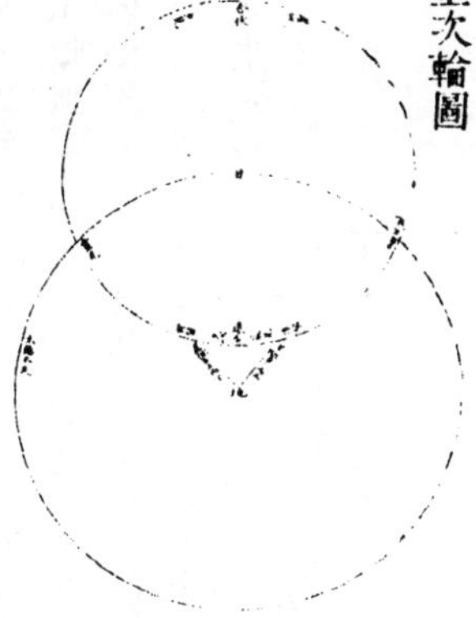

水星次輪圖

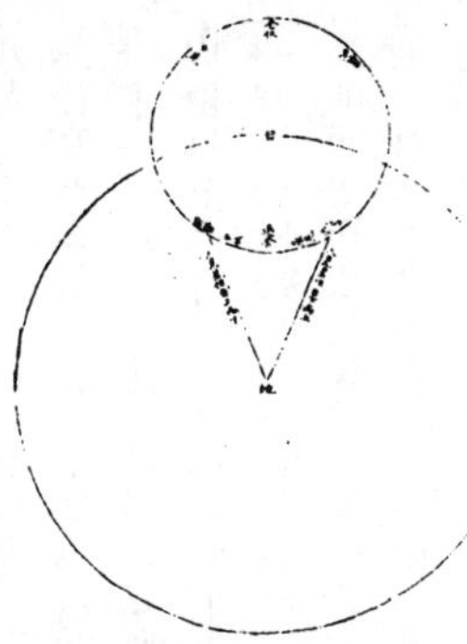

金水次輪圖說

金水本重天與太陽同大故太陽本天卽爲二星本天也次輪心行於本天而星行於次輪半在本天外半在本天內星自次輪最遠起人在地見其與日合度而伏星行速而前進則後日西入而夕見星愈前行至次輪下半周人視星自上而下同於不行爲前留至下半最近星又與日合度而伏過此又視星自下而上復同於不行爲後留乃先日東出而晨見至次輪上半周追及日於最遠而又合伏爲次輪之一周凡在次輪上半周爲順行爲疾行蓋輪心在本天右行而星在次輪亦右行也在次輪下半周爲遲行爲逆行蓋星雖循次輪右行而在下半周則逆輪心而向左也前留之後後留之前爲逆行之界又次輪一周星與日合度者再前爲順合星在上日在下也後爲退合日在上星在下也因次輪小不能包地故與木火土三星不同退合之前爲夕見之界退合之後爲晨見之界又太白晝見古無推步之術今測定次輪交入本天內則近於地而得晝見之界再以緯度南北加減而定晝見之期此又金星之不同於水星者也

水星本天圖

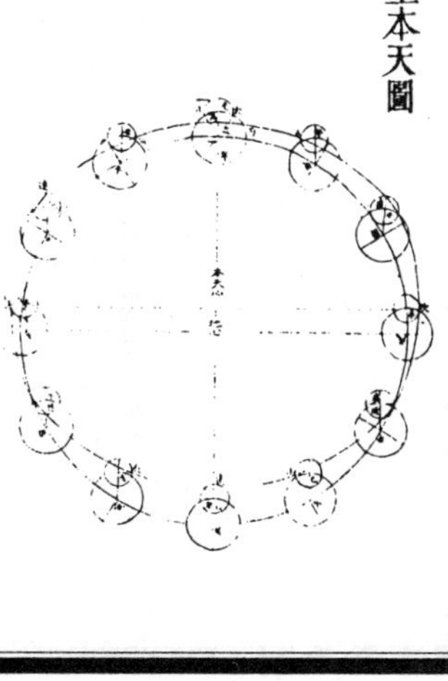

水星本天圖說

水星麗天平行右轉均輪小輪與各曜本無殊致惟光體所繫周行小輪者獨三倍於平引與各曜之二倍者不同小輪上之度二倍平引而與地不同心之本天雖有高卑而仍然一渾圓圈周也三倍平引而與地不同心之本天旣有高卑又有長短而成上寬下窄之撱圓形其行度加減遂與各曜大異如圖未午丑子曰水星本重之天以地爲心本重天上繫均輪高卑圈其心未在本重天向午右行均輪上繫小輪近遠圈其心高在均輪上向丙左行小輪上又繫光體之輪（大輪詳後）在小輪上自近向次右行凡本重天之均輪心未至午均輪上之小輪心高至甲爲平引各行三十度而光體之在小輪上自近至次必九十度則三倍平引矣本重天未至巳均輪高至乙皆六十度小輪近至遠則一百八十度本重天未至辰均輪高至丙皆九十度小輪近至小則二百七十度本重天未至卯均輪高至丁皆一百二十度小輪近復至近則三百六十度本重天未至寅均輪高至戌皆

一百五十度小輪近至次（四百五十度去一全周餘）則九十度本重天未至丑均輪高至卑皆一百八十度小輪近至遠（五百四十度去全周餘）則一百八十度此自最高起筭也本重天丑至子均輪卑至巳皆三十度小輪遠至小則九十度（若自本重入未起至子則均輪自近至小各二百一十度而小輪自近復於近又至小則六百三十度他倣此推）本重天丑至亥均輪卑至庚皆六十度小輪遠至近則一百八十度本重天丑至戌均輪卑至辛皆九十度小輪遠至次則二百七十度本重天丑至酉均輪卑至壬皆一百二十度小輪遠復至遠則三百六十度本重天丑至申均輪卑至癸皆一百五十度小輪遠至小（四百五十度去三百六十度）則九十度本重天丑至未均輪卑至高皆一百八十度小輪遠至近（五百四十度去三百六十）則一百八十度此自最卑起筭也由此運行之跡而別成近次遠小虛線本天形偏高偏卑不以地爲心又㮋圓而上寬下窄遂別有其本天之心凡言遲速加減者以此本天爲主餘與各曜同理

水星本天加減圖

水星本天加減圖說

其理與各曜同從本天心出直線指其實度從地心出直線指其視度較其大小則加減之理自明此加減之數古法謂之盈縮遲疾差新法謂之第一加減均數是也又水星本天不爲整圓而爲㮋圓前此未有言之者太西穆尼閣始以心行推測洵創獲矣但疑爲縱長形尚與天道未密今以小輪上三倍之行推定實爲橫闊㮋圓云

各天遠近次第圖

各天遠近次第圖說

古言天家七政與恆星共在一重天而錯雜下上於太虛說已疎矣後乃有九重天之說一月二水三金四日五火六木七土八恆星九宗動各曜之麗天猶木節之在板各天之次第猶葱本之相包審爾則在遠者不能近在近者不能遠其光體之大者無時而小小者無時而大何七體經時而小大而薄蝕凌犯之分秒有不同又凡五星在順合左右則光體見小在退望退合左右則光體見大可知各天遠近在均輪小輪所差尚少至次輪遠近遂生變差如火星天本在日天之外及退望左右則直入日天之內而甚近於地故所見光體大小懸殊因顯日月恆星之天皆以地爲心五星環繞向日時伏時見而其天近以太陽爲心然後各重天體遠近有序益證古志所載陵犯掩蝕之異多非信史試觀月天最近於地自日星以上月皆得而掩之古志所稱星入月而不見星爲月蝕星是也星入月而見星爲星蝕月非矣金水有時在日上若經緯合度而日掩星有時在日下若經緯合度而星掩日日中黑子是也自火木土以上金水皆得而掩之而謂五相掩者非矣火能掩木土而不能掩於木土木能掩土而不能掩於土土能掩恆星而不能掩木火以下諸曜其理同

黃赤道交圖

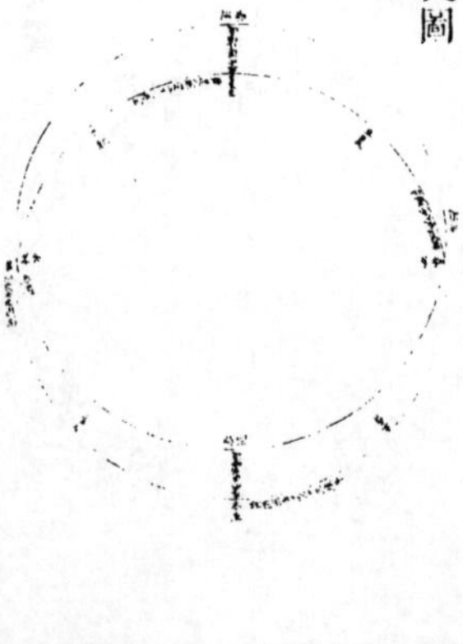

二道交周圖說

赤道以虛位橫絡天體爲一圜日行之圜名爲黃道與赤道如二環相交半在赤道外半在赤道內在內離赤道極遠爲夏至在外離赤道極遠爲冬至自外交內爲春分自內交外爲秋分曰四象限也秋分與冬至中間爲立冬冬至與春分中間爲立春春分與夏至中間爲立夏夏至與秋分中間爲立秋八分黃道曰八節也倣此十二分之曰十二宮二十四分之曰二十四氣而日行黃道一周矣黃道出入赤道而日躔緯度因有南北距地平之高度因有高下午正表影因有消長晝夜出入時刻因有短長凡一歲而一周月星各有其道又出入相交於黃道其體勢與黃赤道之交大略相似有相交之兩點亦有極遠之兩點但黃道之極遠赤道至二十三度半而月道之極遠黃道不過五度又黃道之極遠赤道歲有常度月星之道極遠黃道時而多寡不等則以距日次輪又有加減也

十二宮三種圖一

十二宮三種圖二

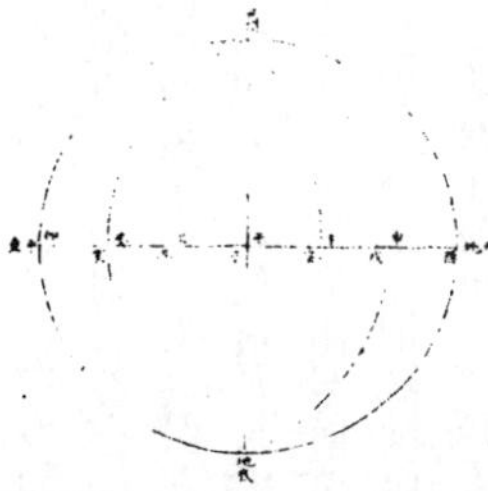

十二宮三種圖三

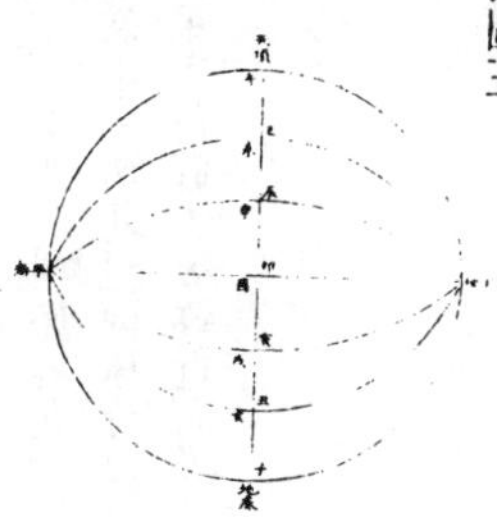

十二宮有三種分法圖說

周天渾圜之體古人分爲十二宮以析躔度或於赤道分之或於黃道分之此人所知而不知十二宮分法實有三種一斜分十二宮一直分十二宮一橫分十二宮各有所用黃赤道之宮不過斜分之一種耳如赤道以南北極爲樞以赤道爲輪而分之其勢斜倚（如第一圖）以限赤道上之經緯若黃道則以南北黃極爲樞以黃道爲輪而分之勢亦斜倚（借第一圖觀之）以限黃道上之經緯及二道相交而經度有先後緯度有出入用爲推步加減治曆明時之綱此斜分之十二宮也隨人所在以天頂地底上下相對爲樞以地平圜周爲輪而分之其勢直（第二圖）東方爲卯南方爲午西方爲酉北方爲子以限地平四面周圍之經緯度用以測景審方開山立向卜兆居宅消沙納水此直分之十二宮也又隨人所在以地平南北子午正中相對爲樞以地平正東至天頂天頂至地平正西地平正西至地底地底至地平正東一周爲輪而分之其勢橫（第三圖）東方爲卯天頂爲午西方爲酉地底爲子以限地平上下出入一周之度用之以立命宮十二位以觀各曜之能力照臨之吉凶定天時之燠寒年歲之豐儉人物之災祥此橫分之十二宮也今人不能研求法象止執斜分宮界卽用以審方故方位無憑卽用以立命故命數不驗幷有不知黃赤道經緯之差古今曆宮界之辨者鹵莽滅裂豈不謬哉

曆象圖說舊本

渾天總象圖

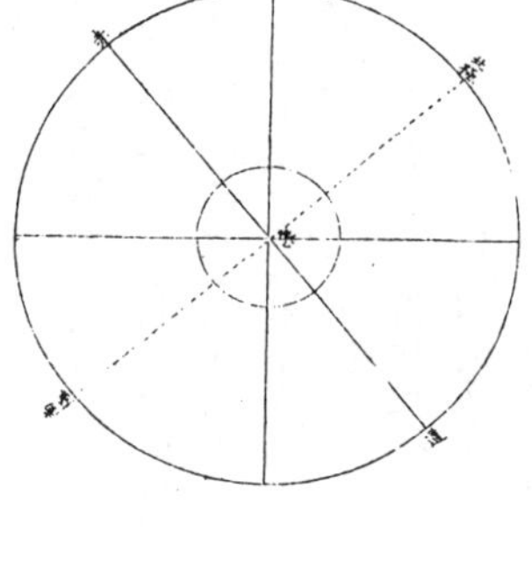

渾天總象圖說

天包地外以兩極爲樞地居天中地平適當天徑之半分兩極之中爲赤道自地中上指爲天頂兩極爲赤道之宗天頂爲地平之宗距赤道地平各得平周四之一（曆家省曰象弧）地面遷轉則極高度數不齊（地向北行則北極漸高向南行則北極漸下）天頂經緯易度（向東行則天頂亦東向西行則天頂亦西南北亦然）北極赤道與天頂地平叅相距亦互相眎（北極高度視赤道距天頂之弧北極距天頂度視赤道距地平之高弧）〇言渾天者謂天包地如卵裹黃然則卵圜而黃亦圜矣又謂之地平何

哉新曆言地之體圓斯得其實古稱天圓地方者語乎其動靜之性爾故曾子曰天道曰圓地道曰方如地之果方則是四角之不掩也又天地對言蓋亦以道相配實則天大地小以天視地不過一撮其四方上下去天極闊而其度數道里皆均非能橫亙其中與天相際也然地形雖圓而小而人周圍附居隨所立以望四遠目力所極皆適得圜形之半則雖圜而與平體不二雖小而與際天之理不殊就一處窺天一方立法雖謂之地平可也惟極輪晷蚤晚永短之差究交食實高望高之異則知今日之測轉爲精密昔所謂景中而已昳景已正而未中八表同昏萬方皆晝其無是理矣

平周經度圖

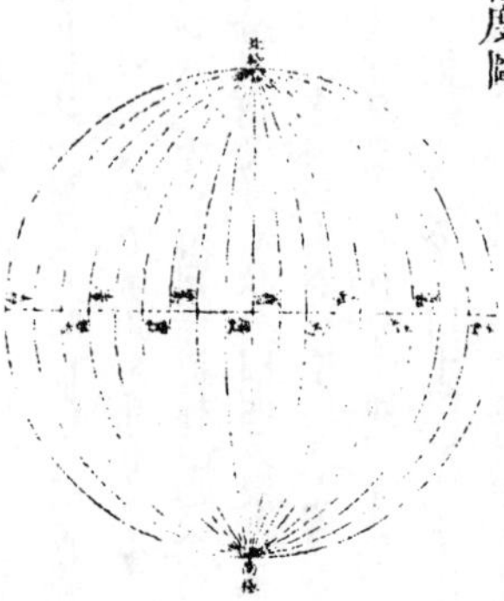

平周經度圖說

兩極出圜線至赤道以剖經度作平限全周三百六十○經度者以南北直下分之中間闊兩頭狹闊狹皆以三百六十度爲準以正宮分以限平度者也其度在赤道正得一度之廣去赤道漸遠漸狹

平周緯度圖

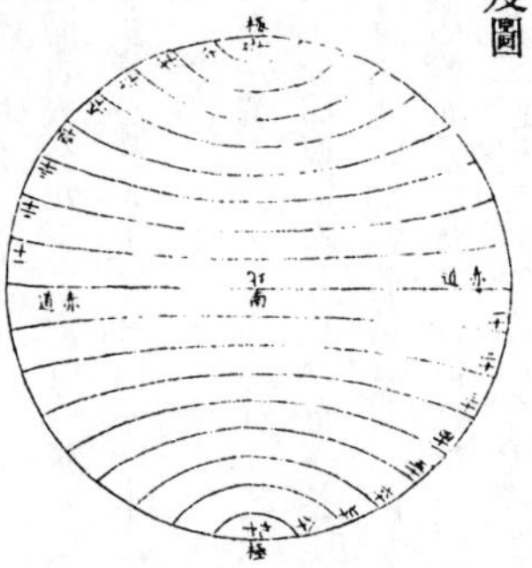

平周緯度圖說

赤道居兩極之中距南距北橫歷各九十度爲準○緯度者以赤道爲中其南北至兩極皆以平度分之所以驗日月五星之行道表裏遠近而推其交食淩犯之詳者也

同升經差圖

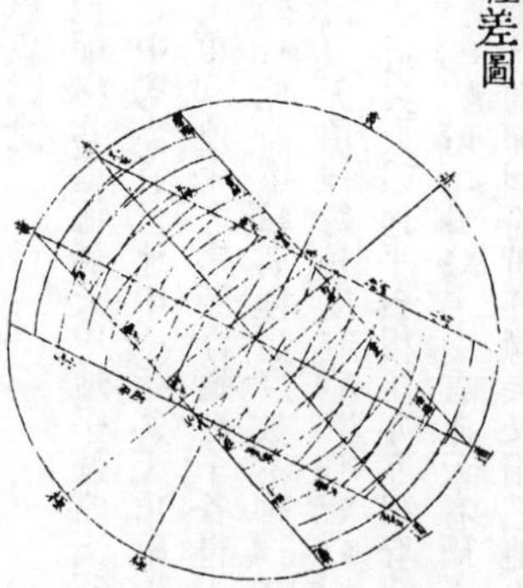

同升經差圖說

黃赤道經度各自其極而縱剖二道斜交互形大小分後黃道率小於赤道故同升之積赤道少而黃道多漸遠漸大一象弧而平至後黃道率大於赤道故同升之積赤道多而黃道少漸遠漸小亦一象弧而平（月星之道斜交黃道而與之同升與此同理）○赤道正當天腰黃道斜帶赤道兩道各有平度因其相交而比校之則闊狹不等何也腰度最廣而漸近兩端則漸狹今以赤道爲主而以黃度準之則在二至者黃道之腰度而赤道之兩端也故二至日行一度而見其餘於一度也至於二分則兩道皆腰度矣然其時赤道平而黃道斜故二分日行一度而見其不及一度也二至日度雖大而晝夜晷刻之差少二分日度雖小而晝夜晷刻之差多由其自南而北自北而南之勢二至則紆二分則徑是以永短進退或遲或速也○新說言天有數重蓋一氣運旋而有高下如會雲疊浪之比與然其說有赤極則天樞也又有黃極曰天之樞也是雖一氣運旋而其樞不同也愚意不獨日與天自爲

星五緯與月皆宜有其極葛今若以赤極卽爲恆星之極則極星去不動處有古今遠近之差列宿緯度亦有古今南北之異是以不動處爲極者宗動之極非恆星之極也恆星有極則月五星可知然而日月五星之極可指其處其周道明也恆星之極未可知其周道在數萬年之後而今未察也或曰極者羣動所宗一而已矣若是其多與曰衆極起於一極故曰宗動如樹然衆榦根於一根而又各以榦爲之根是以長條遠揚橫出斜向而不爲與根背也如曰不然則日月星宿皆須共行一道而後可今旣各有共道則其道必在其本天腰圍折中之處微樞何以運之但月五星雖各有道而皆與黃道近故其樞亦與黃極近而恆星歲差隨黃道行其極必當更近則是月五星恆星並宗黃極東行又共宗宗動之極爲一日一周西運之樞故曰衆極根於一極也

斜升緯差圖

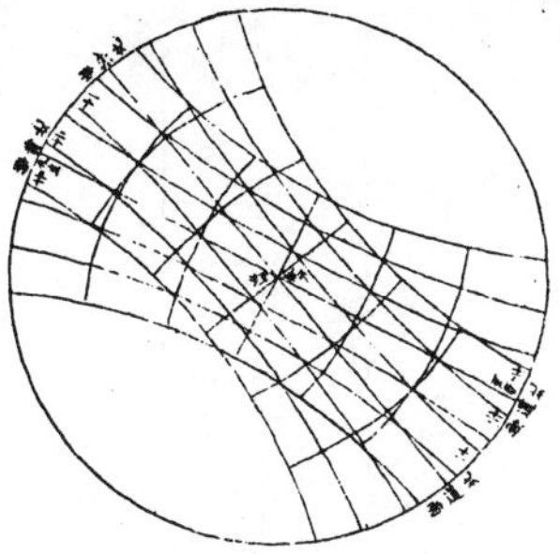

斜升緯差圖說

各曜升降隨赤緯之南北爲早晚黃道旣出入赤道月星之道又出入黃道以出入黃道故有在兩道之南者北者界其間者各據所入黃道經緯辨之○在北則入地後赤道而疾見在南則入地先赤道而遲見凡日行冬夏與月星出入黃赤道表裏其理皆同

黃道交周圖

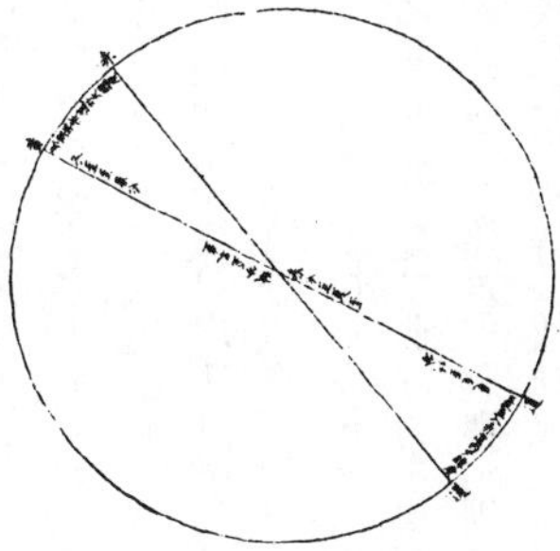

黃道交周圖說

黃道斜交於赤道自春分交北至夏至而極北距赤道最遠轉而南行至秋分交赤道之南至冬至而極南距赤道最遠又轉而北行至春分復交於赤道凡四象弧而一周每周退天之分爲歲差○鄭世子黃鐘曆議云黃道斜絡於二十八宿之間如人捲絲爲團絲絲纏絡雖重複參差而周道則一譬如月之出入黃道每交退移變動不居日出入於赤道大率亦然但月之退移也著而日之退移也微古人造曆初未之覺以爲天周卽歲周晉虞喜始覺之因損歲餘益天周立歲差法歷代治曆者宗焉初喜以天體爲三百六十五度二十六分乃四分之一有餘歲策爲三百六十五日二十四分乃四分之一不足計五十年而差一度宋何承天以歲差太速改周天爲三百六十五度二十五分半周歲爲三百六十五日二十四分半百年差一度祖沖之以四十五年差一度隋劉焯以七十五年差一度唐傅仁均以五十五年差一度僧一行以八十二年差一度自後諸曆各各不同宋曆多在七十五度左右惟統天曆取大衍歲差率八十二年及開元所距之差五十五年折中得六十六年三分年之二爲日退移一度之限故謂周天三百六十五度二十五分七十五秒周歲六十五日二十四分二十五秒百年差一度半又謂上古歲策多後世歲策少故上古歲差少後世歲差多元授時曆從之比之諸家亦近密矣○按古以歲差爲太陽移度新法以歲差爲恆星行度步法雖同而推本則異然恆星原有移動驗之實測而太陽軌景萬古不殊則新法之理長也恆星行歲萬分度之百四十二弱約七十年餘而差一度但所謂度者以三百六十爲率與古不同○統天曆謂古今歲策有多少卽授時百年消長之說也然自授時後又復長則此法不可用而歲差因之有多少者亦復不的矣至於諸曆所定差分或增或減皆取驗於當時者耳夫以尋尺儀表仰究蒼形失之纖微年久則著雖有聖者莫適爲中惟取精密附近之數施於協用而使疇人專家世明其說體澤火之象數十年而一修正斯爲坐致

之通術無敵之至法矣

晝夜永短圖

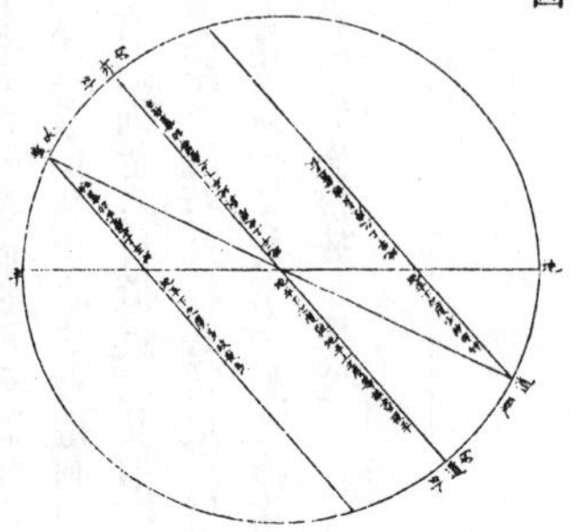

晝夜永短圖說

晝夜生於日之出入日道斜交而隨天左旋二分日交赤道出入於卯酉最中地平上下其度適均故晝夜平夏至前後日躔赤道內出入於卯酉之北天度分界地平上多下少故晝長夜短冬至前後日躔赤道外出入於卯酉之南天度分界地平上少下多故晝短夜長北極愈高長短之差愈甚廣東極高二十三度半其夏日冬夜各五十三刻十一分冬日夏夜各四十二刻四分京師極高四十度其夏日冬夜各五十九刻七分冬日夏夜各三十六刻八分此分是以一刻十五分約之○自古天地道里日月軌景之說多矣至於今日其說彌詳以爲地在天中止一彈丸上下四方大氣束之周圍度數與天相應環地上下皆有國土人物各以戴天爲上履地爲下南北東西隨處改觀晝夜寒溫因之互異赤道之下其地最熱其景則四時常均無有短永按其燠熱涼寒之節蓋一年而兩其四時也近兩極處其地最寒景則短者極短長者極長至有數日常晝常夜者數旬常晝常夜者正當兩極之下恆以半年爲晝半年爲夜而晝夜寒暑合矣惟距赤道二十三度至四十度許其地寒不極寒熱不極熱溫和可居其景則與冬夏進退長短之極皆無過十之七此寒暑晝夜之交和氣之會也中國九州正當黃道北軌距赤道二十三度之外起於廣州夏至戴日之下迤邐而北至於夏至去日十六度許則今直隸也自直隸越塞而北風氣彌寒晝夜之刻彌長彌短自廣州航海而南風氣彌熱晝夜之刻漸無冬夏矣此說得之親歷實測非騁荒忽者比而今日遠賈內販飄泊周游道其所至光景風候悉與推法符合故知天地之大變化萬端未可迹其一域疑其區際蓋自周公周髀之書已詧言之於後大儒亦有心知其意而發其理者並述於左以徵信學者云○周髀之說以爲天象蓋笠地法覆槃北極下地高四隤而下則今地圜之說也不言南極者闕於所不見也既以北極爲中而又曰天如倚蓋亦就中國言之也極旁四方之地晝夜易處加四時相及謂北方日中南方夜半東方早晨西方晚暮子午卯酉每加四箇時辰然後相追及即今經度節氣時刻之說也北極左右夏有不釋之冰中衡左右冬有不死之草言其極寒極熱中衡左右五穀一歲再熟北極之下物有朝生暮穫赤道之下有兩春秋兩冬夏故一歲再熟北極之下以半年爲晝半年爲夜故朝生暮穫即今緯度五帶之說也自漢揚雄蔡邕皆不信蓋天之術更今二千年理始明曉然周官大司徒土圭之法則未嘗及此者土圭測景爲九州之內擇建都畿設爾九州之地南則景短之時多暑北則景長之時多寒東則景夕之時多風西則景朝之時多陰故惟洛邑土中爲天地四時之所交合陰陽風雨之所和會多暑多寒者由去日近遠也多風多陰則以瀕海負山之故乃通氣之爲非容光之變也周公相九土之中和而立王國故不及周髀之事且經以存信術以稽異具九州之理於經而盡六合之變於術言各有所當矣○明道程子曰據測景地以三萬里取中若有窮也然有至一邊已及一萬五千里者而天地蓋如初也然則地形有高下無適而不爲中此天地之化所以不可窮也若有不易之中則須有左右前後四隅雖百千萬里終有盡處又曰地既無適而不爲中則日無適而不爲精也至寅則寅上有光至卯則卯上有光氣行滿天地之中知此則知生物之理又曰今人所定天體且以目定爾向有於海上見南極星者則所見蓋未盡也昔在澤州嘗三次食韭始食懷州次食澤州又次食并州數百里間氣候之爭如此以此差之須爭半歲如此則有在此冬至在彼夏至者然其爲冬夏一爾觀程子三章之言則地之渾圓無端日之隨處朝暮氣候之南朔互易蓋皆以理推而得之世有拘於所見蔽於大象者乃曰日月麗天萬里同晷自周禮明文先目之爲不經況商高之學久失其傳

者乎今日天家之言乃所以爲往聖前賢之助也

晨昏朦景圖

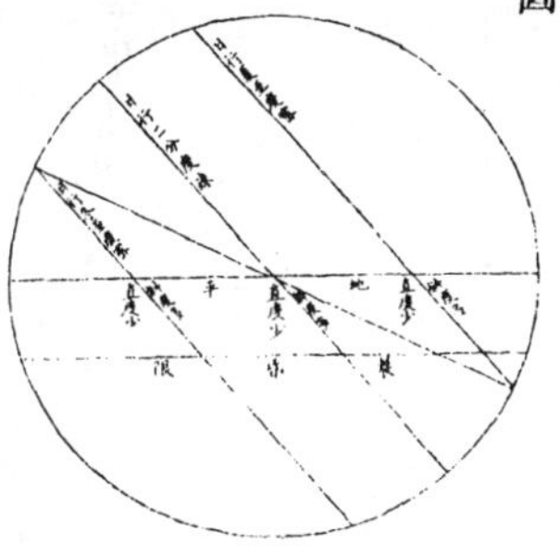

晨昏朦景圖說

日體光大東升之先西沒之後距地平十八度以下皆有光謂之朦景（古名昏明分）朦景刻數之差一因日躔緯度而多寡不同近二分少近二至多而夏至更多（江南春秋分五刻十一分冬至六刻七分夏至六刻十三分）一因北極出地而多寡不同（夏至日廣東六刻京師八刻十二分古法槩定爲二刻半者非）度有闊狹亦有斜直所謂地平下十八度有朦景者地平下半渾圓之高弧緯度皆闊度也又直度也而天度惟赤道腰圍最闊漸遠則狹又惟地居赤道下日行度最直漸遠則斜設地居赤道下又直春秋分則以闊度（謂日行赤道）準闊度（謂地平下距緯）即當以十八度爲朦景之時刻矣（凡論時刻並以赤道度）若二至時則以狹度（謂日行在赤道南北）準闊度（謂地平下距緯）其朦景時刻必在十八度以上矣是則二至朦景多於二分者因度有闊狹而天下皆同雖地居赤道之下亦然也又設地在赤道北（即中國地土）則雖春秋分日行赤道（其度本闊）而以斜度（地在赤道北則地平下日道亦偏於北而成斜勢）準直度（謂地平下距緯）朦景時刻必增矣（直下十八度者所當斜度必十八度以上）若二至時則度既狹而勢又斜朦景時刻必倍增矣（斜度當直度既有所增而所增者仍爲狹度其增必倍）是則偏北地勢朦景增多者因度有斜直而愈北則愈多（如京師多於江南江南又多於浙閩皆距赤道下愈遠而朦景愈多）以夏至彌北故尤多於冬至也（準此論之地在赤道南者地愈南朦景愈多而冬至亦多於夏至）

欽定古今圖書集成曆象彙編乾象典

第四卷目錄

乾象典第四卷

天地總部總論一

易經

坤卦

天地變化草木蕃天地閉賢人隱

程傳四居上近君而無相得之義故爲隔絕之象天地交感則變化萬物草木蕃盛君臣相際而道亨天地閉隔則萬物不遂君臣道絕賢者隱遁四於閉隔之時括囊晦藏則雖無令譽可得无咎言當謹自守也

泰卦

泰小往大來吉亨

本義泰通也爲卦天地交而二氣通故爲泰正月之卦也小謂陰大謂陽

彖曰泰小往大來吉亨則是天地交而萬物通也上下交而其志同也內陽而外陰內健而外順內君子而外小人君子道長小人道消也

否卦

否之匪人不利君子貞大往小來彖曰否之匪人不利君子貞大往小來則是天地不交而萬物不通也上下不交而天下无邦也內陰而外陽內柔而外剛內小人而外君子小人道長君子道消也

本義否閉塞也正與泰反

謙卦

彖曰謙亨天道下濟而光明地道卑而上行

程傳天之道以其氣下際故能化育萬物其道光明下際謂下交也地之道以其處卑所以其氣上行交於天皆以卑降而亨也

天道虧盈而益謙

程傳以天行而言盈者則虧謙者則益日月陰陽是也

地道變盈而流謙

程傳以地勢而言盈滿者傾變而反陷卑下者流注而益增也

豫卦

天地以順動故日月不過而四時不忒

大全厚齋馮氏曰日月之行景長不過南陸短不過北陸故分至啓閉不差其序以順陰陽之氣而動也

復卦

復亨出入无疾朋來无咎反復其道七日來復利有攸往

本義復陽復生於下也剝盡則爲純坤十月之卦而陽氣已生於下矣積之踰月然後一陽之體始成而來復故十有一月其卦爲復以其陽既往而復反故有亨道又內震外坤有陽動於下而以順上行之象故其占又爲己之出入既得无疾朋類之來亦得无咎又自五月姤卦一陰始生至此七爻而一陽來復乃天運之自然故其占又爲反復其道至於七日當得來復又以剛德方長故其占又爲利有攸往也反復其道往而復來來而復往之意七日者所占來復之期也大全節齋蔡氏曰陽自建午之月漸消漸剝至建子之月而爲復在卦經七爻於時經七月故曰七日來復不言月而言日者猶詩所謂一之日二之日也

彖曰復亨剛反動而以順行是以出入无疾朋來无咎反復其道七日來復天行也利有攸往剛長也復其見天地之心乎

本義積陰之下一陽復生天地生物之心幾於滅息而至此乃復可見在人則爲靜極而動惡極而善本心幾息而復見之端也程子論之詳矣而邵子之詩亦曰冬至子之半天心无改移一陽初動處萬物未生時元酒味方淡大音聲正希此言如不

信請更問包羲至哉言也學者宜盡心焉（大全）程子曰復其見天地之心一言以蔽之曰天地以生物爲心

咸卦

天地感而萬物化生聖人感人心而天下和平觀其所感而天地萬物之情可見矣

（程傳）天地二氣交感而化生萬物聖人至誠以感億兆之心而天下和平

恆卦

恆亨无咎利貞利有攸往彖曰恆久也剛上而柔下雷風相與巽而動剛柔皆應恆恆亨无咎利貞久於其道也天地之道恆久而不已也利有攸往終則有始也日月得天而能久照四時變化而能久成聖人久於其道而天下化成觀其所恆而天地萬物之情可見矣

大壯卦

大壯利貞彖曰大壯大者壯也剛以動故壯大壯利貞大者正也正大而天地之情可見矣

（程傳）天地之道常久而不已者至大至正也

解卦

天地解而雷雨作雷雨作而百果草木皆甲拆

（程傳）天地之氣開散交感而和暢則成雷雨雷雨作而萬物皆生發甲拆天地之功由解而成

益卦

天施地生其益无方

（程傳）天道資始地道生物天施地生化育萬物各正性命其益可謂无方矣

姤卦

天地相遇品物咸章也

（程傳）天地相遇則化育庶類品物咸章萬物章明也

萃卦

觀其所聚而天地萬物之情可見矣

（大全）雲峯胡氏曰咸之情通恆之情久聚之情一然其所以感所以恆所以聚則皆有理存焉如天地聖人之感咸之理也如日月之得天聖人之久於其道恆之理也萃之所謂聚以正順天命聚之理也

革卦

天地革而四時成

（程傳）天地陰陽推遷改易而成四時萬物於是生長成終各得其宜革而後四時成也

歸妹卦

彖曰歸妹天地之大義也天地不交而萬物不興歸妹人之終始也

（程傳）一陰一陽之謂道陰陽交感男女配合天地之常理也天地不交則萬物何從而生女之歸男乃生生相續之道男女交而後有生息有生息而後其終不窮前者有終而後者有始是人之終始也

豐卦

日中則昃月盈則食天地盈虛與時消息

（程傳）天地之運亦隨時進退也

節卦

天地節而四時成

（程傳）天地有節故能成四時无節則失序也

繫辭上傳

天尊地卑乾坤定矣卑高以陳貴賤位矣動靜有常剛柔斷矣方以類聚物以群分吉凶生矣在天成象在地成形變化見矣

（本義）天地者陰陽形氣之實體乾坤者易中純陰純陽之卦名也卑高者天地萬物上下之位貴賤者易中卦爻上下之位也動者陽之常靜者陰之常剛柔者易中卦爻陰陽之稱也方謂事情所向言事物善惡各以類分而吉凶者易中卦爻占決之辭也象者日月星辰之屬形者山川動植之屬變化者易中蓍策卦爻陰變爲陽陽化爲陰者也此言聖人作易因陰陽之實體爲卦爻之法象

是故剛柔相摩八卦相盪

（本義）此言易卦之變化也六十四卦之初剛柔兩畫而已兩相摩而爲四四相摩而爲八八相盪而爲六十四

鼓之以雷霆潤之以風雨日月運行一寒一暑

（本義）此變化之成象者

乾道成男坤道成女

（本義）此變化之成形者此兩節又明易之見於實體者

乾知大始坤作成物

（本義）知猶主也乾主始物而坤作成之承上文男女而言乾坤之理蓋凡物之屬乎陰陽者莫不如此大抵陽先陰後陽施陰受陽之輕清未形而陰之重濁有迹也

乾以易知坤以簡能

本義乾健而動卽其所知便能始物而无所難故爲以易而知大始坤順而靜凡其所能皆從乎陽而不自作故爲以簡而能成物

易則易知簡則易從易知則有親易從則有功有親則可久有功則可大可久則賢人之德可大則賢人之業

本義人之所爲如乾之易則其心明白而人易知如坤之簡則其事要約而人易從易知則與之同心者多故有親易從則與之協力者衆故有功有親則一於內故可久有功則兼於外故可大德謂得於己者業謂成於事者上言乾坤之德不同此言人法乾坤之道至此則可以爲賢矣

易簡而天下之理得矣天下之理得而成位乎其中矣

本義成位謂成人之位其中謂天地之中至此則體道之極功聖人之能事可以與天地參矣

又

夫乾其靜也專其動也直是以大生焉夫坤其靜也翕其動也闢是以廣生焉

本義乾坤各有動靜於其四德見之靜體而動用靜別而動交也乾一而實故以質言而曰大坤二而虛故以量言而曰廣蓋天之形雖包於地之外而其氣常行乎地之中也

繫辭下傳

天地之道貞觀者也日月之道貞明者也天下之動貞夫一者也

本義觀示也天下之動其變无窮然順理則吉逆理則凶則其所正而常者亦一理而已矣大全程子曰天地之道常垂象以示人故曰貞觀日月常明而不息故曰貞明

夫乾確然示人易矣夫坤隤然示人簡矣

本義確然健貌隤然順貌所謂貞觀者也

又

天地之大德曰生

大全朱子曰天地以生物爲心蓋天地之間品物萬形各有所事唯天則確然於上地則隤然於下一无所爲只以生物爲事

又

天地絪縕萬物化醇男女構精萬物化生

本義絪縕交密之狀醇謂厚而凝也

又

易之爲書也廣大悉備有天道焉有人道焉有地道焉兼三才而兩之故六六者非他也三才之道也

本義上二爻爲天中二爻爲人下二爻爲地

說卦傳

昔者聖人之作易也幽贊於神明而生蓍參天兩地而倚數

本義天圓地方圓者一而圍三三各一奇故參天而爲三方者一而圍四四合二偶故兩地而爲二

又

昔者聖人之作易也將以順性命之理是以立天之道曰陰與陽立地之道曰柔與剛立人之道曰仁與義兼三才而兩之故易六畫而成卦分陰分陽迭用柔剛故易六位而成章

又

乾爲馬坤爲牛

大全吳氏曰健而行不息者馬也順而勝重載者牛也項氏曰馬乾象故蹄圓牛坤象故蹄坼

又

乾爲首坤爲腹

大全丘氏曰首會諸陽尊而在上腹藏諸陰大而容物

又

乾天也故稱乎父坤地也故稱乎母

書經

泰誓

惟天地萬物父母惟人萬物之靈亶聰明作元后元后作民父母

蔡注大哉乾元萬物資始至哉坤元萬物資生天地者萬物之父母也天地生物而厚於人天地生人而厚於聖人其所以厚於聖人者亦惟欲其君長乎民而推天地父母斯民之心而已

禮記

禮運

夫禮必本於天殽於地

陳注禮本於天天理之節文也殽效也效於地者效山澤高卑之勢爲上下之等也

又

天生時而地生財

陳注四時本於天百貨產於地

又

天秉陽垂日星地秉陰竅於山川

大全長樂陳氏曰天以清秉陽在天者成象則日星是也地以濁秉陰在地者成形則山川是也

又

祭帝於郊所以定天位也祀社於國所以列地利也

陳注天子致尊天之禮則天下知致尊君之禮故曰定天位食貨所資皆出於地天子親祀后土正為表列地利使天下知報本之禮也

又

天不愛其道地不愛其寶人不愛其情故天降膏露地出醴泉

禮器

禮也者合於天時設於地財順於鬼神合於人心理萬物者也是故天時有生也地理有宜也人官有能也物曲有利也故天不生地不養君子不以為禮鬼神弗饗也

陳注合於天時天時有生也謂四時各有所生之物取之當合其時設於地財地理有宜也謂設施行禮之物皆地之所產財利也然土地各有所宜之產不可強其地之所無如此自然順鬼神合人心而萬物各得其理也

樂記

大樂與天地同和大禮與天地同節

孔子閒居

子夏曰三王之德參於天地敢問何如斯可謂參天地矣孔子曰奉三無私以勞天下子夏曰敢問何謂三無私孔子曰天無私覆地無私載日月無私照奉斯三者以勞天下此之謂三無私其在詩曰帝命不違至於湯齊湯降不遲聖敬日躋昭假遲遲上帝是祗帝命式於九圍是湯之德也天有四時春秋冬夏風雨霜露無非教也地載神氣神氣風霆風霆流形庶物露生無非教也

陳注此言天地之無私也春夏之啓秋冬之閉風雨之發生霜露之肅殺無非天道至公之教也載猶承也出神氣之變化致風霆之顯設地脈承天施故能發育羣品形猶迹也流形所以運造化之迹而庶物因之以生此地道至公之教也

鄉飲酒義

天地嚴凝之氣始於西南而盛於西北此天地之尊嚴氣也此天地之義氣也天地溫厚之氣始於東北而盛於東南此天地之盛德氣也此天地之仁氣也

老子道德經

虛用篇

天地不仁以萬物為芻狗

注天施地化不以仁恩任自然也天地生萬物人最為貴天地視之如芻草狗畜不責望其報也

又

天地之間其猶橐籥乎虛而不屈動而愈出

天地間空虛和氣流行故萬物自生人能除情欲節滋味清五藏則神明居之也橐籥中空虛又能有聲氣言虛空無有屈竭時動搖之益出聲氣也

成象篇

元牝之門是謂天地根

根元也言鼻口之門是乃通天地之元氣所從往來

韜光篇

天長地久天地所以能長且久者以其不自生故能長生

說天地長生久壽以喻教人也天地所以獨長且久者以其安靜施不責報不如人居處汲汲求自饒之私奪人以自與以其不求生故能長生不終也

法本篇

昔之得一者天得一以清地得一以寧神得一以靈谷得一以盈萬物得一以生侯王得一以為天下貞其致之一也天無以清將恐裂地無以寧將恐發神無以靈將恐歇谷無以盈將恐竭萬物無以生將恐滅侯王無以貞而貴高將恐蹶

漢王充論衡

談天篇

儒書言共工與顓頊爭為天子不勝怒而觸不周之山使天柱折地維絕女媧銷鍊五色石以補蒼天斷鼇足以立四極天不足西北故日月移焉地不足東南故百川注焉此久遠之文世間是之言也文雅之人怪而無以非若非而無以奪又恐其實然不敢正議以天道人事論之始虛言也與人爭為天子不勝怒觸不周之山使天柱折地維絕有力如此天下無敵以此之力與三軍戰則士卒螻蟻也兵革毫芒也安得不勝之恨怒觸不周之山乎且堅重莫如山以萬人之力共推小山不能動也如不周之山大山也使是天柱乎折之固難使非柱乎觸不周山而使天

柱折是亦復難信顓頊與之爭舉天下之兵悉海內之衆不能當也何不勝之有且夫天者氣邪體也如氣乎雲烟無異安得柱而折之女媧以石補之是體也如審然天乃玉石之類也石之質重千里一柱不能勝也如五嶽之巔不能上極天乃爲柱如觸不周上極天乎不周爲共工所折當此之時天毀壞也如審毀壞何用舉之斷鼇之足以立四極說者曰鼇古之大獸也四足長大故斷其足以立四極夫不周山也鼇獸也夫天本以山爲柱共工折之代以獸足骨有腐朽何能立之久且鼇足可以柱天體必長大不容於天地女媧雖聖何能殺之如能殺之殺之何用足可以柱天則皮革如鐵石刀劍矛戟不能刺之強弩利矢不能勝射也察當今天去地甚高古天與今無異當共工闕天之時天非墜於地也女媧人也人雖長無及天者夫其補天之時何登緣階據而得治之豈古之天若屋廡之形去人不遠故共工得敗之女媧得補之乎如審然者女媧以前齒爲人者人皇最先人皇之時天如蓋乎說易者曰元氣未分混沌爲一儒書又言溟涬濛澒氣未分之類也及其分離淸者爲天濁者爲地如說易之家儒書之言天地始分形體尚小相去近也近則或枕於不周之山共工得折之女媧得補之也含氣之類無有不長天地含氣之自然也從始立以來年歲皆多則天地相去廣狹遠近不可復計儒書之言始有所見然其言觸不周山而折天柱絕地維銷鍊五石補蒼天斷鼇之足以立四極猶爲虛也何則山雖動共工之力不能折也豈天地始分之時山小而人反大乎何以能觸而折之以五色石補天尚可謂五石若藥石治病之狀至其斷鼇之足以立四極難論言也從女媧以來久矣四極之立自若鼇之足乎

鄒衍之書言天下有九州禹貢之土所謂九州也禹貢九州所謂一州也若禹貢以上者九焉禹貢九州方今天下九州也在東南隅名曰赤縣神州復更有八州每一州者四海環之名曰稗海九州之外更有瀛海此言詭異聞者驚駭然亦不能實然否相隨觀讀諷述以談故虛實之事並傳世間眞僞不別也世人惑焉是以難論案鄒子之知不過禹禹之治洪水以益爲佐禹主治水益之記物極天之廣窮地之長辨四海之外竟四山之表三十五國之地鳥獸草木金石水土莫不畢載不言復有九州淮南王劉安名術士伍被左吳之輩充滿宮殿作道術之書論天下之事地形之篇道異類之物外國之怪列三十五國之異不言更有九州鄒子行地不若禹益聞見不過被吳才非聖人事非天授安得此言案禹之山經淮南之地形以察鄒子之書虛妄之言也太史公曰禹本紀言河出崑崙其高三千五百餘里日月所於辟隱爲光明也其上有玉泉華池今自張騫使大夏之後窮河源惡睹本紀所謂崑崙者乎故言九州山川尚書近之矣至禹本紀山經所有怪物余不敢言也夫弗敢言者謂之虛也崑崙之高玉泉華池世所共聞張騫親行無其實案禹貢九州山川怪奇之物金玉之珍莫不悉載不言崑崙山上有玉泉華池案太史公之言山經禹紀虛妄之言凡事難知是非難測極爲天中方今天下在禹極之南則天極北必高多民禹貢東漸於海西被於流沙此天地之極際也日刺徑千里今從東海會稽鄞鄮察日之初出徑二尺尚遠之驗也遠則東方之地尚多多則天極之北天地廣長不復訾矣如是鄒衍之言未可非禹紀山海淮南地形未可信也鄒衍曰方今天下在地東南名赤縣神州天極爲天中如方今天下在地東南視極當在西北今正在北方今天下在極南也以極言之不在東南鄒衍之言非也如在東南近日所出日出時其光宜大今從東海察日及從流沙視日小大同也相去萬里小大不變方今天下得地之廣少矣雒陽九州之中也從雒陽北顧極正在北東海去雒陽三千里視極亦在北推此度從流沙視極亦必復在北東海流沙九州東西之際也相去萬里視極猶在北者地小居狹未能辟離極也日南之郡去雒且萬里徙民還者問之言日中之時所居之地未能在日南也度之復南萬里或在日之南是則去雒陽二萬里乃爲日南也今從雒地察日之去遠近非與極同也極爲遠也今欲北行三萬里未能至極下也假令之至是則名爲距極下也以至日南五萬里極北亦五萬里也極北亦五萬里極東西亦皆五萬里焉東西十萬南北十萬相承百萬里鄒衍之言天地之間有若天下者九案周時九州東西五千里南北亦五千里五五二十五一州者二萬五千里天下若此九之乘二萬五千里二十二萬五千里如鄒衍之書若謂之多計度驗實反爲少焉

儒者曰天氣也故其去人不遠人有是非陰爲德害天輒知之又輒應之近人之效也如實論之天體非

氣也人生於天何嫌天無氣猶有體在上與人相遠祕傳或言天之離天下六萬餘里數家計之三百六十五度一周天下有周度高有里數如天審氣氣如雲煙安得里度又以二十八宿效之二十八宿爲日月舍猶地有郵亭爲長吏廨矣郵亭著地亦如星舍著天也案附書者天有形體所據不虛由此考之則無恍惚明矣

宋邵子皇極經世

觀物內篇

物之大者無若天地然而亦有所盡也

乾陽物也坤陰物也乾坤謂之物則天地亦物也天地有物之大者耳既謂之物則亦有所盡也然而有所謂悠久無疆者因未嘗盡也

天之大陰陽盡之矣地之大剛柔盡之矣

立天之道曰陰與陽立地之道曰柔與剛天地之道不過陰陽剛柔而已

陰陽盡而四時成焉剛柔盡而四維成焉夫四時四維者天地至大之謂也

陰陽消長而爲寒暑一寒一暑而四時成焉剛柔交錯而有夷險一夷一險而四維成焉四時者天之道四維者地之理也萬物由是而生由是而成也萬物由是而生由是而成斯所以爲大者也

凡言大者無得而過之也亦未始以大爲自得故能成其大豈不謂至偉至偉者與

大哉乾元萬物資始至哉坤元萬物資生物之資始資生可謂大矣然不自以爲大故能成其大也

天生於動者也地生於靜者也一動一靜交而天地之道盡之矣動之始則陽生焉動之極則陰生焉一陰一陽交而天之用盡之矣靜之始則柔生焉靜之極則剛生焉一剛一柔交而地之用盡之矣

天圓故主動地方故主靜動之始則陽生本乎動者也天雖主動動之極則陰生有時而靜矣靜之始則柔生本乎靜者也地雖主靜靜之極則剛生有時而動矣此所謂一動一靜交而天地之道盡之矣蓋言其體則天動而地靜言其用則天有陰陽陰靜而陽動也地有柔剛柔靜而剛動也是天地皆有動靜也此所謂一陰一陽交而天之用盡之矣一剛一柔交而地之用盡之矣

動之大者謂之太陽動之小者謂之少陽靜之大者謂之太陰靜之小者謂之少陰

統言之則曰陰陽剛柔陰陽剛柔又有小大則爲太陽少陽太陰少陰太剛少剛太柔少柔也

太陽爲日

日者至陽之精也故太陽爲日在地則爲火先天圖以乾爲日乾之位在正南

太陰爲月

月者至陰之精得日氣而有光故太陰爲月在地則爲水先天圖以兌爲月兌之位在東南

少陽爲星

星者日之餘有光而現故少陽爲星在地則爲石先天圖以離爲星離之位在正東

少陰爲辰

辰者天之土不見而屬陰故少陰爲辰在地則爲土先天圖以震爲辰震之位在東北

太柔爲水

水者天下至柔之物也其性潤下故太柔爲水在天則爲月先天圖以坤爲水坤之位在正北

太剛爲火

火者天下至剛之物也其性炎烈故太剛爲火在天則爲日先天圖以艮爲火艮之位在西北

少柔爲土

土之爲物亦柔也其性輭緩故少柔爲土在天則爲辰先天圖以坎爲土坎之位在正西

少剛爲石

石亦剛物也其性堅故少剛爲石在天則爲星先天圖以巽爲石巽之位在西南此圖繫辭所謂天地定位山澤通氣雷風相薄水火不相射是也此所謂伏羲八卦也或曰皇極經世舍金木水火土而用水火土石何也曰日月星辰天之四象也水火土石地之四體也金木水火土者五行也四象四體先天也五行後天也先天後天之所自出也水火土石五行之所自出也水火土石本體也金木水火土致用也以其致用故謂之五行行乎天地之間者也水火土石蓋五行在其間矣金出於石而木生於土有石而後有金有土而後有木金者從革而後成木者植物之一類也是豈舍五行而不用哉五行在其間者此之謂也皇極經世用木火土石以其本體也洪範用金木水火土以其致用也皆有所主其歸則一或曰先天圖八卦次序與所爲之物與周易不同何也曰先天圖八卦次序始於乾而終於坤此先天也伏羲八卦也周

易自帝出乎震至成言乎艮此文王八卦也非獨八卦如此六十四卦亦不同也伏羲易無文字獨有卦圖陰陽消長而已孔子於繫辭亦嘗言之矣聖人立法不同其道則相爲先後始終而未嘗不同也此皆有至理在乎信道者詳考焉

水火土石交而地之體盡之矣

混成一體謂之太極太極既判初有儀形謂之兩儀兩儀又判而爲陰陽剛柔謂之四象四象又判而爲太陽少陽太陰少陰太剛少剛太柔少柔而成八卦太陽少陽太陰少陰成象於天而爲日月星辰太剛少剛太柔少柔成形於地而爲水火土石八者具備然後天地之體備矣天地之體備而後變化生成萬物也所謂八者亦本乎四而已在天成象日也在地成形火也陽燧取於日而得火火與日本乎一體也在天成象月也在地成形水也方諸取於月而得水水與月本乎一體也在天成象星也在地成形石也星隕而爲石石與星本乎一體也在天成象辰也在地成形土也自日月星之外高而蒼蒼者皆辰也自水火石之外廣而厚者皆土也辰與土本乎一體也天地之間猶形影聲響之相應象見乎上體必應乎下皆自然之理也蓋日月星辰猶人之有耳目口鼻水火土石猶人之有血氣骨肉故謂之天地之體陰陽剛柔則猶人之精神而所以主耳目口鼻血氣骨肉者也故謂之天地之用夫太極者在天地之先而不爲先在天地之後而不爲後終天地而未嘗終始天地而未嘗始與天地萬物圓融和會而未嘗有先後始終者也有太極則兩儀四象八卦以至於天地萬物固已備矣非謂今日有太極而明日方有兩儀後日乃有四象八卦也雖謂之曰太極生兩儀兩儀生四象四象生八卦其實一時具足如有形則有影有一則有二有三以至於無窮皆然是故知太極者有物之先本已混成有物之後未嘗虧損自古及今無時不存無時不在萬物無所不稟則謂之曰命萬物無所不本則謂之曰性萬物無所不主則謂之曰天萬物無所不生則謂之曰心其實一也古之聖人窮理盡性以至於命盡心知性以知天存心養性以事天皆本乎此也

日爲暑

太陽爲日者亦至陽之氣也

月爲寒

太陰爲月寒亦至陰之氣也

星爲晝

少陽爲星晝亦屬陽

辰爲夜

少陰爲辰夜亦屬陰

暑寒晝夜交而天之變盡之矣

日月星辰交而後有暑寒晝夜之變有暑寒晝夜之變而後歲成焉

水爲雨

雨者水氣之所化

火爲風

風者火氣之所化

土爲露

露者土氣之所化

石爲雷

雷者石氣之所化然四者又交相化焉故雨有水雨有火雨有土雨有石雨水雨則爲霧霈之雨火雨則爲若暴之雨土雨則爲霢霂之雨石雨則爲雹凍之雨所感之氣如此皆可以類推也

雨風露雷交而地之化盡之矣

水火土石交而後有雨風露雷之化有雨風露雷之化而後物生焉

暑變物之性

物之性屬陽故爲暑之所變

寒變物之情

物之情屬陰故爲寒之所變

晝變物之形

形可見故屬陽爲晝之所變

夜變物之體

體有質故屬陰爲夜之所變

性情形體交而動植之感盡之矣

性情形體交而後有動植之感感者唱也陽唱乎陰也

雨化物之走

雨潤下故走之類感雨而化

風化物之飛

風飄揚故飛之類感風而化

露化物之草

露濡潤故草之類感露而化

雷化物之木

雷奮迅而出故木之類感雷而化然飛走草木又更相交錯而化如木之類亦有木之木有木之草木之飛木之走其他皆可以類推也

走飛草木交而動植之應盡之矣

走飛草木交而後有動植之應應者和也陰和乎陽也性情形體本乎天者也走飛草木本乎地者也本乎天者有感焉本乎地者有應焉一感一應天地之道萬物之理也

走感暑而變者性之走也感寒而變者情之走也感晝而變者形之走也感夜而變者體之走也飛感暑而變者性之飛也感寒而變者情之飛也感晝而變者形之飛也感夜而變者體之飛也草感暑而變者性之草也感寒而變者情之草也感晝而變者形之草也感夜而變者體之草也木感暑而變者性之木也感寒而變者情之木也感晝而變者形之木也感夜而變者體之木也性應雨而化者走之性也應風而化者飛之性也應露而化者草之性也應雷而化者木之性也情應雨而化者走之情也應風而化者飛之情也應露而化者草之情也應雷而化者木之情也形應雨而化者走之形也應風而化者飛之形也應露而化者草之形也應雷而化者木之形也體應雨而化者走之體也應風而化者飛之體也應露而化者草之體也應雷而化者木之體也

天地之生物所以萬殊而不同者以感應之交錯也感應之交錯所以謂之變化也易曰方以類聚物以羣分此之謂也

性之走善色情之走善聲形之走善氣體之走善味性之飛善色情之飛善聲形之飛善氣體之飛善味性之草善色情之草善聲形之草善氣體之草善味性之木善色情之木善聲形之木善氣體之木善味走之性善耳飛之性善目草之性善口木之性善鼻走之情善耳飛之情善目草之情善口木之情善鼻走之形善耳飛之形善目草之形善口木之形善鼻走之體善耳飛之體善目草之體善口木之體善鼻

物有聲色氣味人有耳目口鼻此只言人物之有所合也天地之生物皆以其類而有所合焉

夫人也者暑寒晝夜無不變雨風露雷無不化性情形體無不感走飛草木無不應所以目善萬物之色耳善萬物之聲鼻善萬物之氣口善萬物之味靈於萬物不亦宜乎

暑寒晝夜無所不變雨風露雷無所不化性情形體無所不感走飛草木無所不應然後能生而爲人故惟人爲能目善萬物之色耳善萬物之聲鼻善萬物之氣口善萬物之味不獨耳目口鼻能善萬物之聲色氣味而心之官又能善萬物之理此所以靈於萬物也蓋天地巨物也分而爲萬物萬物各得天地之一端能備天地兼萬物者人之謂也故能與天地並立而爲三才孟子曰萬物皆備於我唯聖人然後能踐形能踐形則能反身而誠之求諸己而天下之理得矣衆人則日用而不知役於萬物而喪其良貴雖謂之人曾何異於物哉

張子正蒙

太和篇

太和所謂道中涵浮沉升降動靜相感之性是生絪縕相盪勝負屈伸之始其來也幾微易簡其究也廣大堅固起知於易者乾乎效法於簡者坤乎散殊而可象爲氣清通而不可象爲神不如野馬絪縕不足謂之太和語道者知此謂之知道學易者見此謂之見易不如是雖周公才美其智不足稱也已

太虛無形氣之本體其聚其散變化之客形爾至靜無感性之淵源有識有知物交之客感爾客感客形與無感無形惟盡性者一之

天地之氣雖聚散攻取百塗然其爲理也順而不妄氣之爲物散入無形適得吾體聚爲有象不失吾常太虛不能無氣氣不能不聚而爲萬物萬物不能不散而爲太虛循是出入是皆不得已而然也然則聖人盡道其間兼體而不累者存神其至矣彼語寂滅者往而不反徇生執有者物而不化二者雖有間矣以言乎失道則均焉

聚亦吾體散亦吾體知死之不亡者可與言性矣知虛空卽氣則有無隱顯神化性命通一無二顧聚散出入形不形能推本所從來則深於易者也若謂虛能生氣則虛無窮氣有限體用殊絕入老氏有生於無自然之論不識所謂有無混一之常若謂萬象爲太虛中所見之物則物與虛不相資形自形性自性形性天人不相待有陷於浮屠以山河大地爲見病之說此道不明正由懵者略知體虛空爲性不知本天道爲用反以人見之小因緣天地明有不盡則誣世界乾坤爲幻化幽明不能舉其要遂躐等妄意而然不悟一陰一陽範圍天地通乎晝夜三極大中之矩遂使儒佛老莊混然一塗語天道性命者不罔

於恍惚夢幻則定以有生於無爲窮高極微之論入德之途不知擇術而求多見其蔽於詖而陷於淫矣

氣坱然太虛升降飛揚未嘗止息易所謂絪縕莊生所謂生物以息相吹野馬者與此虛實動靜之機陰陽剛柔之始浮而上者陽之清降而下者陰之濁其感遇聚散爲風雨爲霜雪萬品之流形山川之融結糟粕煨燼無非教也

氣聚則離明得施而有形氣不聚則離明不得施而無形方其聚也安得不謂之有方其散也安得遽謂之無故聖人仰觀俯察但云知幽明之故不云知有無之故盈天地之間者法象而已文理之察非離不相覩也方其形也有以知幽之因方其不形也有以知明之故

氣之聚散於太虛猶冰凝釋於水知太虛卽氣則無無故聖人語性與天道之極盡於參伍之神變易而已諸子淺妄有有無之分非窮理之學也

太虛爲清清則無礙無礙故神反清爲濁濁則礙礙則形

凡氣清則通昏則壅清極則神故聚而有間則風行而聲聞具達清之驗與不行而至通之極與

由太虛有天之名由氣化有道之名合虛與氣有性之名合性與知覺有心之名

鬼神者二氣之良能也聖者至誠得天之謂神者太虛妙應之目凡天地法象皆神化糟粕爾

天道不窮寒暑已衆動不窮屈伸已鬼神之實不越二端而已矣

兩不立則一不可見一不可見則兩之用息兩體者虛實也動靜也聚散也清濁也其究一而已

感而後有通不有兩則無一故聖人以剛柔立本乾坤毀則無以見易

游氣紛擾合而成質者生人物之萬殊其陰陽兩端循環不已者立天地之大義

日月相推而明生寒暑相推而歲成神易無方體一陰一陽陰陽不測皆所謂通乎晝夜之道也

晝夜者天之一息乎寒暑者天之晝夜乎天道春秋分而氣易猶人一寤寐而魂交魂交成夢百感紛紜對寤而言一身之晝夜也氣交爲春萬物揉錯對秋而言天之晝夜也氣本之虛則湛本無形感而生則聚而有象有象斯有對對必反其爲有反斯有仇仇必和而解故愛惡之情同出於太虛而卒歸於物欲倏而生忽而成不容有毫髮之間其神矣夫

造化所成無一物相肖者以是知萬物雖多其實一物無無陰陽者以是知天地變化二端而已

萬物形色神之糟粕性與天道云者易而已矣心所以萬殊者感外物爲不一也天大無外其爲感者絪縕二端而已

物之所以相感者利用出入莫知其鄉一萬物之妙者與

氣與志天與人有交勝之理聖人在上而下民咨氣壹之動志也鳳凰儀志壹之動氣也

參兩篇

地所以兩分剛柔男女而效之法也天所以參一太極兩儀而象之性也

一物兩體氣也一故神兩故化此天之所以參也

地純陰凝聚於中天浮陽運旋於外此天地之常體也恆星不動純繫乎天與浮陽運旋而不窮者也日月五星逆天而行幷包乎地者也地在氣中雖順天左旋其所繫辰象隨之稍遲則反移徙而右爾間有緩速不齊者七政之性殊也月陰精反乎陽者也故其右行最速日爲陽精然其質本陰故其右行雖緩亦不純繫乎天如恆星不動金水附日前後進退而行者其理精深存乎物感可知矣鎭星地類然根本五行雖其行最緩亦不純繫乎地也火者亦陰質爲陽萃焉然其氣比日而微故其遲倍日惟木乃歲一盛衰故歲歷一辰辰者日月一交之次有歲之象也

凡圜轉之物動必有機旣謂之機則動非自外也古今謂天左旋此直至粗之論爾不考日月出沒恆星昏曉之變愚謂在天而運者惟七曜而已恆星所以爲晝夜者直以地氣乘機左旋於中故使恆星河漢回北爲南日月因天隱見太虛無體則無以驗其遷動於外也

天左旋處其中者順之少遲則反右矣

地物也天神也物無踰神之理顧有地斯有天若其配然爾

地有升降日有修短地雖凝聚不散之物然二氣升降其間相從而不已也陽日上地日降而下者虛也陽日降地日進而上者盈也此一歲寒暑之候也至於一晝夜之盈虛升降則以海水潮汐驗之爲信然間有小大之差則繫日月朔望其精相感

日質本陰月質本陽故於朔望之際精魄反交則光爲之食矣

虧盈法月於人爲近日遠在外故月受日光常在於外人視其終初如鉤之曲及其中天也如半璧然此盈虧之驗也

月所位者陽故受日之光不受日之精相望中弦則光爲之食精之不可以二也

日月雖以形相物考其道則有施受健順之差焉星月金水受光於火日陰受而陽施也

陰陽之精互藏其宅則各得其所安故日月之形萬古不變若陰陽之氣則循環迭至聚散相盪升降相求絪縕相揉葢相兼相制欲一之而不能此其所以屈伸無方運行不息莫或使之不曰性命之理謂之何哉

日月得天得自然之理也非蒼蒼之形也

閏餘生於朔不盡周天之氣而世傳交食法與閏異術葢有不知而作者爾

陽之德主於遂陰之德主於閉

陰性凝聚陽性發散陰聚之陽必散之其勢均散陽爲陰累則相持爲雨而降陰爲陽得則飄揚爲雲而升故雲物班布太虛者陰爲風驅斂聚而未散者也

凡陰氣凝聚陽在內者不得出則奮擊而爲雷霆陽在外者不得入則周旋不舍而爲風其聚有遠近虛實故雷風有小大暴緩和而散則爲霜雪雨露不和而散則爲戾氣曀霾陰常散緩受交於陽則風雨調寒暑正

天象者陽中之陰風霆者陰中之陽

雷霆感動雖速然其所由來亦漸爾能窮神化所從來德之盛者與

火日外光能直而施金水內光能闢而受受者隨材各得施者所應無窮神與形天與地之道與

木曰曲直能既曲而反申也金曰從革一從革而不能自反也水火氣也故炎上潤下與陰陽升降土不得而制焉木金者土之華實也其性有水火之雜故木之爲物水漬則生火然而不離也葢得土之浮華於水火之交也金之爲物得火之精於土之燥得水之精於土之濡故水火相待而不相害鑠之反流而不耗葢得土之精實於水火之際也土者物之所以成始而成終也地之質也化之終也水火之所以升降物兼體而不遺者也

冰者陰凝而陽未勝也火者陽麗而陰未盡也火之炎人之蒸有影無形能散而不能受光者其氣陽也

陽陷於陰爲水附於陰爲火

橫渠先生文集

西銘

乾稱父坤稱母予兹藐焉乃混然中處故天地之塞吾其體天地之帥吾其性民吾同胞物吾與也大君者吾父母宗子其大臣宗子之家相也尊高年所以長其長慈孤弱所以幼其幼聖其合德賢其秀也凡天下疲癃殘疾惸獨鰥寡皆吾兄弟之顛連而無告者也于時保之子之翼也樂且不憂純乎孝者也違曰悖德害仁曰賊濟惡者不才其踐形惟肖者也知化則善述其事窮神則善繼其志不愧屋漏爲無忝存心養性爲匪懈惡旨酒崇伯子之顧養育英材潁封人之錫類不弛勞而底豫舜其功也無所逃而待烹申生其恭也體其受而歸全者參乎勇於從而順令者伯奇也富貴福澤將厚吾之生也貧賤憂戚庸玉汝於成也存吾順事沒吾寧也

欽定古今圖書集成曆象彙編乾象典

第五卷目錄

乾象典第五卷

天地總部總論二

朱子全書

天地

天地初間只是陰陽之氣這一箇氣運行磨來磨去磨得急了便桵許多渣滓裏面無處出便結成箇地在中央氣之清者便爲天爲日月爲星辰只在外常周環運轉地便只在中央不動不是在下

天運不息晝夜輾轉故地榷在中間使天有一息之停則地須陷下惟天運轉之急故凝結得許多渣滓在中間地者氣之渣滓也所以道輕清者爲天重濁者爲地

問天有形質否曰只是箇旋風下輭上堅道家謂之剛風人常說天有九重分九處爲號非也只是旋有九耳但下面氣較濁而暗上面至高處則至清至明耳

天地始初混沌未分時想只有水火二者水之滓脚便成地今登高而望羣山皆爲波浪之狀便是水泛如此只不知因甚麼時凝了初間極輭後來方凝得硬問想得如潮水湧起沙相似曰然水之極濁便成地火之極清便成風霆雷電日星之屬

問自開闢以來至今未萬年不知已前何如曰已前亦須如此一番明白來又問天地會壞否曰不會壞只是人無道極了便一齊打合混沌一番人物都盡又重新起又問生第一箇人時如何曰以氣化二五之精合而成形釋家謂之化生如今物之化生者甚多如虱然

方渾淪未判陰陽之氣混合幽暗及其既分中間放得開闊光朗而兩儀始立卲康節以十二萬九千六百年爲一元則是十二萬九千六百年之前又是一箇大闔闢更以上亦復如此直是動靜無端陰陽無始小者大之影只晝夜便可見五峯所謂一氣大息震蕩無垠海宇變動山勃川湮人物消盡舊迹大滅是謂鴻荒之世甞見高山有螺蚌殼或生石中此石卽舊日之土螺蚌卽水中之物下者却變而爲高柔者却變而爲剛此事思之至深有可驗者

問天地未判時下面許多都已有否曰只是都有此理天地生物千萬年古今只不離許多物

地卻是有空闕處天卻四方上下都周匝無空闕逼塞滿皆是天地之四向底下卻靠著那天天包地其氣無不通恁地看來渾只是天了氣卻從地中迸出又見地廣處

天包乎地天之氣又行乎地之中故橫渠云地對天不過

問天地之所以高深曰天只是氣非獨是高只今人在地上便只見如此高要之連地下亦是天又云世間無一箇物事大故地恁地大地只是氣之渣滓故厚而深也

天地但陰陽之一物依舊是陰陽之氣所生也

康節言天依形地附氣所以重復而言不出此意者惟恐人於天地之外別尋去處故也天地無外所以其形有涯而其氣無涯也爲其氣極緊故能扛得地住不然則墜矣氣外更須有軀殼甚厚所以固此氣也若夫地動只是一處動動亦不至遠也

古今曆家只是推得箇陰陽消長界分爾如何得似康節說得那天依地地附天天地自相依附天依形地附氣底幾句

問天依形地附氣曰恐人道下面有物天行急地閣在中

天明則日月不明天無明夜半黑淬淬地天之正色

天只是一箇大底物須是大著心腸看他始得以天運言之一日固是轉一匝然又有大轉底時候不可如此偏滯求也

天轉也非自東而西也非旋環磨轉却是側轉

問康節論六合之外恐無外否曰理無內外六合之形須有內外日從東畔升西畔沈明日又從東畔升這上面許多下面亦許多豈不是六合之內曆家算氣只算得到日月星辰運行處上去更算不得安得是無內外

問天地之心亦靈否還只是漠然無爲曰天地之心不可道是不靈但不如人恁地思慮伊川曰天地無心而成化聖人有心而無爲

問天地之心天地之理理是道理心是主宰底意否曰心固是主宰底意然所謂主宰者卽是理也不是心外別有箇理理外別有箇心又問此心字與帝字相似否曰人字似天字心字似帝字

問天地無心仁便是天地之心若使其有心必有思慮有營爲天地曷嘗有思慮來然其所以四時行百物生者蓋以其合當如此便如此不待思維此所以爲天地之道曰如此則易所謂復其見天地之心正大而天地之情可見又如何如所說祇說得他無心處耳若果無心則須牛生出馬桃樹上發李花他又卻自定程子曰以主宰謂之帝以性情謂之乾他這名義自定心便是他箇主宰處所以謂天地以生物爲心

天地別無勾當只是以生物爲心一元之氣運轉流通略無停間只是生出許多萬物而已問程子謂天地無心而成化聖人有心而無爲曰這是說天地無心處且如四時行百物生天地何所容心至於聖人則順理而已復何爲哉所以明道云天地之常以其心普萬物而無心聖人之常以其情順萬事而無情說得最好問普萬物莫是以心周徧而無私否曰天地以此心普及萬物人得之遂爲人之心物得之遂爲物之心草木禽獸接著遂爲草木禽獸之心只是一箇天地之心爾今須要知得他有心處又要見得他無心處只恁地說不得

萬物生長是天地無心時枯槁欲生是天地有心時

造化之運如磨上面常轉而不止萬物之生似磨中撒出有粗有細自是不齊又曰天地之形如人以兩盌相合貯水於內以手常常掉開則水在內不出稍住手則水漏矣

天在四畔地居其中減得一尺地遂有一尺氣但人不見耳此是未成形者及旣浮而上降而下則已成形者若融結糟粕煨燼卽是氣之渣滓要之皆是示人以理

晝夜運而無息便是陰陽之兩端其四邊散出紛擾者便是游氣以生物之萬殊如麵磨相似其四邊只管層層散出天地之氣運轉無已只管層層生出人物其中有粗有細如人物有偏有正

帝是理爲主

蒼蒼之謂天運轉周流不已便是那箇而今說天有箇人在那裏批判罪惡固不可說道全無主之者又不可這裏要人見得

問經傳中天字曰要人自看得分曉也有說蒼蒼者也有說主宰者也有單訓理時

天以氣而依地之形地以形而附天之氣天包乎地地特天中之一物爾天以氣而運乎外故地榷在中間隤然不動使天之運有一息停則地須陷下

季通云地上便是天

天地不恕謂肅殺之類

問天有形質否曰無只是氣旋轉得緊急如風然至上面極高處轉得愈緊若轉纔慢則地便脫墜矣

道家有高處有萬里剛風之說便是那裏氣清緊低處則氣濁故緩散想得高山更上去立人不住了那裏氣又緊故也離騷有九天之說注家妄解云有九天據某觀之只是九重蓋天運行有許多重數裏面重數較輭至外面則漸硬想到第九重只成硬殼相似那裏轉得又愈緊矣

生物之初陰陽之精自凝結成兩箇蓋是氣化而生如蝨子自然爆出來旣有此兩箇一牝一牡後來卻從種子漸漸生去便是以形化萬物皆然

天地形而下者乾坤形而上者天地乾坤之形殼乾坤天地之性情

夫乾其靜也專其動也直是以大生焉夫坤其靜也翕其動也闢是以廣生焉本義云乾一而實故以質言而曰大坤二而虛故以量言而曰廣學者不曉請問曰此兩句解得極分曉蓋言以形言之則天包地外地在天中所以說天之質大以理與氣言之則地卻包著天天之氣卻盡在地之中地盡承受那天之氣所以說地之量廣大只是一箇物事一故實從裏面便實出來流行發生只是一箇物事所以說乾一而實地雖是堅然卻虛所以天之氣流行乎地之中皆從地裏發出來所以說坤二而虛用之云地形如肺形質雖硬而中本虛故陽氣升降乎其中無所障礙雖金石也透過去地便承受得這氣發育萬物曰然要之天形如一箇鼓韛天便是那鼓韛外面皮殼子中間包得許多氣開闔消長所以說乾一而實地只是箇物事中間盡是這氣升降往來緣中間虛故容得這升降往來以其包得地所以說其質之大以其容得天之氣所以說其量之廣非是說地之形有盡故以量言也只是說地盡容得天之氣所以說其量之廣爾

或問伊川說以主宰謂之帝孰爲主宰曰自有主宰

蓋天是箇至剛至陽之物自然如此運轉不息所以如此必有爲之主宰者這樣處要人自見得非言語所能盡也因舉莊子孰綱維是孰主張是十數句曰他也見得這道理

列子曰天積氣日月星宿亦積氣中之有光耀者此言得之或問天地壞也不壞曰既有形氣如何得不壞但一箇壞了便有一箇生得來 以上語類

問康節天地自相依附之說蟠以爲此說與周子太極圖程子動靜無端陰陽無始之義一致非曆家所能窺測曰康節之言大體固如是矣然曆家之說亦須考之方見其細密處如禮記月令疏及晉天文志皆不可不讀也 答李敬子

問清濁以氣言剛柔美惡以氣之爲質言清濁恐屬天剛柔美惡恐屬地曰陳了翁云天氣而地質前輩已有此說矣 答徐彥章

天地之間品物萬形各有所事惟天確然於上地隤然於下一無所爲只以生物爲事故易曰天地之大德曰生而程子亦曰天只是以生爲道其論復見天地之心又以動之端言之其理亦已明矣然所謂以生爲道者亦非謂將生來做道也 答張欽夫

康節所著漁樵對問論天地自相依附形有涯而氣無涯極有條理當時想是如此說故伊川然之 答呂伯恭

天度

日月所會是爲辰註云一歲日月十二會所會爲辰十一月辰在星紀十二月辰在元枵之類是也然此特在天之位耳若以地而言之則南面而立其前後左右亦有四方十二辰之位焉但在地之位一定不易而在天之象運轉不停惟天之鶉火加於地之午位乃與地合而得天運之正耳

問天道左旋日月星辰右轉曰自疏家有此說人皆守定某看天上日月星不曾右轉只是隨天轉天行健這箇物事極是轉得速且如今日日與月星都在這度上明日旋一轉天却過了一度日遲些便欠了一度月又遲些又欠了十三度如歲星須一轉爭了三十度要看曆數子細只是璇璣玉衡疏中載王蕃渾天說一段極精密便是說一箇現成天地了其說曰天之形狀似鳥卵地居其中天包地外猶殼之裹黃圓如彈丸故曰渾天言其形體渾渾然也其術以爲天半覆地上半在地下其天居地上見者一百八十二度半彊地下亦然北極出地上三十六度南極入地下亦三十六度而嵩高正當天之中極南五十五度當嵩高之上又其南十二度爲夏至之日道又其南二十四度爲春秋分之日道又其南二十四度爲冬至之日道南下去地三十一度而已是夏至日北去極六十七度春秋分去極九十一度冬至去極一百一十五度此其大率也南北極持其兩端其天與日月星宿斜而迴轉也

問或以爲天是一日一周日則不及一度非天過一度也曰此說不是若以爲天是一日一周則四時中星如何解不同更是如此則日日一般却如何紀歲把甚麼時節做定限若以爲天不過而日不及一度則趲來趲去將次午時便打三更矣因取禮記月令疏指其中說早晚不同及更行一度兩處曰此說得甚分明其他曆書都不如此說蓋非不曉但習而不察更不去子細檢點而今若就天裏看時只是行得三百六十五度四分度之一若把天外來說則是一日過了一度蔡季通嘗有言論日月則在天裏論天則在太虛空裏若去太虛空裏觀那天自是日月滾得不在舊時處了又曰天無體只二十八宿便是天體日月皆從角起天亦從角起日則一日運一周依舊只到那角上天則一周了又過角些子日日累上去則一年便與日會蔡仲默天說亦云天體至圓周圍三百六十五度四分度之一繞地左旋常一日一周而過一度日麗天而少遲故日行一日亦繞地一周而在天爲不及一度積三百六十五日九百四十分日之二百三十五而與天會是一歲日行之數也月麗天而尤遲一日常不及天十三度十九分度之七積二十九日九百四十分日之四百九十九而與日會十二會得全日三百四十八餘分之積又五千九百八十八如日法九百四十而一得六不盡三百四十八通計得日三百五十四九百四十分日之三百四十八是一歲月行之數也歲有十二月月有三十日三百六十日者一歲之常數也故日與天會而多五日九百四十分日之二百三十五者爲氣盈月與日會而少五日九百四十分日之五百九十二者爲朔虛合氣盈朔虛而閏生焉故一歲閏率則十日九百四十分日之八百二十七三歲一閏則三十二日九百四十分日之六百單一五歲再閏則五十四日九百四十分日之三百七十五十有九歲七閏則氣朔分齊是爲一章也此說也分明

或言嵩山本不當天之中爲是天形欹側遂當其中

耳曰嵩山不是天之中乃是地之中黃道赤道皆在嵩山之南南極北極天之樞紐只是此處不動如磨臍然此是天之中至極處如人之臍帶也

天一日周地一遭更過一度日即至其所趕不上一度月不及十三度天一日過一度至三百六十五度四分度之一則及日矣與日一般是爲一期

天日月星皆是左旋只有遲速天行較急一日一夜繞地一周三百六十五度四分度之一而又進過一度日行稍遲一日一夜繞地恰一周而於天爲退一度至一年方與天相値在恰好處是謂一年一周天月行又遲一日一夜繞地不能匝而於天常退十三度十九分度之七至二十九日半強恰與天相値在恰好處是謂一月一周天月只是受日光月質常圓不曾闕如圓毬只有一面受日光望日日在西月在卯正相對受光爲盛天積氣上面勁只中間空爲日月來往地在天中不甚大四邊空有時月在天中央日在地中央則光從四旁上受於月其中昏暗便是地影望以後日與月行便差背向一畔相去漸漸遠其受光面不正至朔行又相遇日與月正緊相合日便蝕無光月或從上過或從下過亦不受光星亦是受日光但小耳北辰中央一星甚小謝氏謂天之機亦略有意但不似天之樞較切

曆家言天左旋日月星辰右行非也其實天左旋日月星辰亦皆左旋但天之行疾於日天一日一周更擬過一度日一日一周恰無贏縮以月受日光爲可見月之望正是日在地中月在天中所以日光到月四畔更無虧欠惟中心有少黶翳處是地有影蔽者爾及日月各在東西則日光到月者止及其半故爲上弦又減其半則爲下弦逐夜增減皆以此推地在天中不爲甚大只將日月行度折算可知天包乎地其氣極緊試登極高處驗之可見形氣相催緊束而成體但中間氣稍寬所以容得許多品物若一例如此氣緊則人與物皆消磨矣

渾儀可取蓋天不可用試令蓋天者做一様子如何做只似箇雨傘不知如何與地相附著若渾天須做得箇渾天來

有能說蓋天者欲令作一蓋天儀不知可否或云似傘様如此則四旁須有漏風處故不若渾天之可爲儀也以上語類

天經之說今日所論乃中其病然亦未盡彼論之失正坐以天形爲可低昂反覆耳不知天形一定其間隨人所望固有少不同處而其南北高下自有定位政使人能入於彈圜之下以望之南極雖高而北極之在北方只有更高於南極決不至反入地下而移過南方也蓋圖雖古所創然終不似天體孰若一大圓象鑽穴爲星而虛其當隱之規以爲甕口乃設短軸於北極之外以綴而運之又設短柱於南極之北以承甕口遂自甕口設四柱小梯以入其中而於梯末架空北入以爲地平使可仰窺而不失渾體耶古人未有此法著其說以示後人亦不爲無補也答蔡伯靜

星室之說俟更詳看但云天繞地左旋一日一周此句下恐欠一兩字說地處却似亦說得有病蓋天繞地一周了更過一度日之繞地比天雖退然却一日只一周而無餘也答蔡仲默

性理會通

天地

程子曰凡有氣莫非天凡有形莫非地

天地之中理必相直則四邊常有空闕處空闕處如何地之下豈無天今所謂地者特爲天中一物耳如雲氣之聚以其久而不散也故爲對凡地動者只是氣動凡所指地者只是土土亦一物爾不可言地更須要知坤元承天是地之道也

天地動靜之理天圜則須轉地方則須安靜南北之位豈可不定下所以定南北者在坎離也坎離又不是人安排得來莫非自然也

天地之化一息不留疑其速也然寒暑之變甚漸冬至之前天地閉塞可謂靜矣日月運行未嘗息也則謂之不動可乎故曰動靜不相離

天只主施成之者地也

天地生物之氣象可見而不可言善觀於此者必知道也

道則自然生萬物今夫春生了一番皆是道之生後來生長不可道却將既生之氣後來却要生長道則自然生生不息

天理生生相續不息無爲故也使竭智巧而爲之未有能不息也

地氣不上騰則天氣不下降天氣降而至於地地中生物者皆天氣也無成而代有終者地之道也

萬物始生也鬱結未通則實塞於天地之間至於暢茂則塞意亾矣

天之所以爲天本何爲哉蒼蒼焉耳矣其所以名之

曰天蓋自然之理也

詩書中凡有箇主宰意思者皆言帝有一箇包含徧覆底意思則皆言天

天地之化雖蕩然無窮然陰陽之度寒暑晝夜之變莫不有常久之道所以爲中庸也

天地所以不已有常久之道也人能常於可久之道則與天地合

天地以虛爲德至善者虛也虛者天地之祖天地從虛中來

或問天帝之異曰以形體謂之天以主宰謂之帝以至妙之功用謂之鬼神以性情謂之乾其實一而已所自而名之者異也夫天專言之則道也

萬物之始氣化而已既形氣相禪則形化長而氣化消

天地之化既是二物必動已不齊譬之兩扇磨行便其齒齊不得齒齊既動則物之出者何可得齊轉則齒更不得復齊從此參差萬變巧曆不能全也

氣之所鍾有偏正故有人物之殊有清濁故有智愚之等

造化不窮蓋生氣也近取諸身於出入息氣見闔闢往來之理呼氣既往往則不及非吸既往之氣而後爲呼也

凡物之散其氣遂盡無復歸本原之理天地間如洪鑪雖生物銷鑠亦盡況既散之氣豈有復在天地造化又焉用此既散之氣其造化者自是生氣此氣之終始開闢便是易一闔一闢謂之變

時所以有古今風氣人物之異者何也氣有淳漓白然之理有盛則必有衰有終則必有始有晝則必有夜譬之一片地始開荒田則其收穀倍及其久也一歲薄於一歲氣有盛衰故也至於東西漢以來人才文章皆別所尚異也尚所以異亦由心所以然者只爲生得來如此至如春夏秋冬所生之物各異其栽培澆灌之宜亦須各以其時不可一也只如均是春生之物春初生得又別春中又別春盡時所生又別

西北與東南人才不同氣之厚薄異也

問太古之時人物同生乎曰然純氣爲人繁氣爲物乎曰然其所生也無所從受則氣之所化乎曰然

致堂胡氏曰夫天非若地之有形也自地而上無非天者昔人以積氣名其象以倚蓋名其形皆非知天者莊周氏曰天之蒼蒼其正色邪言天無色也無色則無聲無臭皆舉之矣日月星辰之繫乎天非若山川草木之麗乎地也著明森列躔度行止皆氣機自運莫使之然而然者無所託也若其有託則是以形相屬一麗乎形能無壞乎

朱子曰伊川云測景以三萬里爲準若有窮然有至一邊已及一萬五千里者而天地之運蓋如初也此言蓋誤所謂升降一萬五千里中者謂冬夏日行南陸北陸間相去一萬五千里耳非謂天只三萬里天之外無窮而其中央空處有限天左旋而星拱極仰觀可見四游之說則未可知然曆家之說乃以筭數得之非鑿空而言若果有之亦與左旋拱北之說不相妨如虛空中一圓毬自內而觀之其坐向不動而常左旋自外而觀之則又一面四遊以薄四表而止也

問晉志論渾天以爲天外是水所以浮天而載地是如何曰天外無水地下是水載

或問大鈞播物還是一去便休也還有去而復來之理曰一去便休耳豈有散而復聚之氣

西山眞氏曰按楊倞註荀子有曰天無實形地之上空虛者皆天也

庸齋許氏曰天地之大乃陰陽自虛自實前無始後無終者也大概有時而混沌有時而開闢耳伏羲之前吾不知其幾混沌而開闢矣所謂混沌而開闢者以陰陽之運有泰否陰陽之氣有通塞方其泰而通也天以清而浮於上地以凝而塡於下人物生息繁滋於其中復有英君誼辟相繼爲主而人極以立以兩間之開闢者如此宜不至於再爲混沌矣然陰陽之運不能以常泰陰陽之氣不能以常通上下或歷千萬百年或歷數萬年泰者有時而否通者有時而塞至於否塞之極也則天之清以浮者濁而低地之凝以塡者裂而洩人物之生息繁滋者亦歇滅而萎敗當此之時五行之用皆廢而水火之性獨悖逆焉火不爲離虛之明而偏於沈伏水不爲坎陷之滿而偏於沸騰二者雖皆反常而成天地之混沌者水也前日之開闢者至此又成一混沌矣天地每成一混沌所不死者有元氣焉唯其元氣不死故陰陽之否者終於泰陰陽之塞者終於通或歷數百年或歷數千年天之低以濁者又復清而浮地之裂以洩者又復凝而塡人物之歇滅萎敗者又復生息繁滋此陰陽之運氣已泰而通則前日之混沌者復爲之開闢

矣然天地由開闢而混沌者固以其漸由混沌而開闢者亦以其漸方開闢之初又必有聰明神聖者繼天爲王而人極以復立伏羲蓋當一開闢之初也

續性理會通

王廷相陰陽管見辯 明何瑭作陰陽管見王廷相作此辯之

易有太極是生兩儀兩儀者陰陽也太極者陰陽合一而未分者也陰有陽無陰形陽神固皆在其中矣故分爲兩儀亦不過分其本有者若謂太虛清通之氣爲太極則不知地水之陰自何而來也

柏齋謂神爲陽形爲陰又謂陽無形陰有形矣今却云分爲兩儀亦不過分其本有者既稱無形將何以分止分陰形是無陽矣謂分兩儀豈不自相矛盾使愚終年思之而不得其說望將陰陽有無分離之實再爲教之柏齋又謂以太虛清通之氣爲太極不知地水之陰自何而來嗟乎此柏齋以氣爲獨陽之誤也不思元氣之中萬有俱備以其氣本言之有蒸有濕蒸者能運動爲陽爲火濕者常潤靜爲陰爲水無濕則蒸靡附無蒸則濕不化始雖淸微鬱則妙合而凝神乃生焉故曰陰陽不測之謂神是氣者形之種而形者氣之化一虛一實皆氣也神者形氣之妙用性之不得已者也三者一貫之道也今執事以神爲陽以形爲陰此出自釋氏仙佛之論誤矣夫神必藉形氣而有者無形氣則神滅矣縱有之亦乘夫未散之氣而顯者如火光之必附於物而後見無物則火尚何在乎仲尼之門論陰陽必以氣論神必不離陰陽執事以神爲陽以形爲陰愚以爲異端之見矣

道體兼有無陰爲形陽爲神神無而形有其本體蓋未嘗相混也釋老謂自無而有誠非矣浚川此論出於橫渠要其歸則與老氏無而生有者無異也釋氏則實以有無並論與老氏不同此不可不知也所未精者論眞性與運動之氣爲二及以風火爲形耳陰陽管見中略具此意有志於道者詳之可也浚川所見出於橫渠其文亦相似

柏齋言道體兼有無亦自神無形有來此不須再辯愚謂道體本有本實以元氣而言也元氣之上無物故曰太極言推究於至極不可得而知故論道體必以元氣爲始故曰有虛卽有氣虛不離氣氣不離虛無所始無所終之妙也氣爲造化之宗樞安得不謂之有執事曰釋老謂自無而有誠非矣又謂余論出於橫渠要其歸則與老氏合橫渠之論與愚見同否且未暇辨但老氏之所謂虛其旨本虛無也非愚以元氣爲道之本體者此不可以同論也望再思之

日陽精蓋火之精也星雖火餘然亦有其體矣陰止受火光以爲光者如水與水精之類也猶月之小者也風雷雖皆屬陽然風屬天之陽雷屬火之陽亦不可混至於雲則屬陰水今獨不可謂之陽也

陰陽卽元氣其體之始本自相渾不可離析故所生化之物有陰有陽亦不能相離但氣有偏盛遂爲物主耳星隕皆火能焚物故謂星爲陽餘柏齋謂雲爲獨陰矣愚則謂陰乘陽耳其有象可見者陰也自地如縷而出能運動飛揚者乃陽也謂水爲純陰矣愚則謂陰挾陽耳其有質而就下者陰也其得日光而散爲氣者則陽也但陰盛於陽故屬陰類矣

天陽爲氣地陰爲形男女牝牡皆陰陽之合也特以氣類分屬陰陽耳少男有陽而無陰少女有陰而無陽也寒暑晝夜管見有論至於呼吸則陽氣之行不能直遂蓋爲陰所滯而相戰耳此屈伸之道也凡屬氣者皆陽凡屬形者皆陰此數語甚眞然謂之氣則猶有象不如以神字易之蓋神卽氣之靈尤妙也

愚嘗驗經星河漢位次景象終古不移謂天有定體氣則虛浮虛浮則動蕩動蕩則有錯亂安能終古如是自來儒者謂天爲輕清之氣恐未然且天包地外果爾輕清之氣何以乘載地水氣必上浮安能左右旋轉漢鄒萌曰天體確然在上此眞至論智者可以思矣柏齋惑於釋氏地水火風之說遂謂風爲天類以附成天地水火之論其實不然先儒謂風爲天體旋轉蕩激而然亦或可通今云風卽天類誤矣男女牝牡專以體質言氣爲陽而形爲陰男女牝牡皆然也卽愚所謂陰陽有偏盛卽盛者恆主之也柏齋謂男女牝牡皆陰陽相合是也又謂少男有陽而無陰少女有陰而無陽豈不自相背馳寒暑晝夜以氣言蓋謂屈伸往來之異非專陰專陽之說愚以董子陽月陰月辨之詳矣呼吸者氣機之不容已者呼則氣出出則中虛虛則受氣故氣入吸則氣入入則中滿滿則溢氣故氣出此乃天然之妙非人力可以强而爲之者柏齋謂陽爲陰滯而相戰恐無是景象當再體驗之何如柏齋又謂愚之所言凡屬氣者皆陽凡屬形者皆陰以下數語甚眞此愚推究陰陽之極言之雖葱蒼之象亦陰飛動之象亦陽蓋謂二氣相待

而有離其一不得者況神者生之靈皆氣所固有者也無氣則神何從而生柏齋欲以神字代氣恐非精當之見

土即地也四時無不在故配四季木溫爲火熱之漸金凉爲水寒之漸故配四時特生之序不然耳五行家之說自是一端不必與之辨也火旺於夏水旺於冬亦是正理今人但知水流而不息遂謂河凍川冰爲水之休囚而不知冰凍爲水之本體流動爲天火之化也誤矣

柏齋曰土即地四時無不在愚謂金木水火無氣則已有則四時日日皆在何止四季之月令土配四季金木水火配四時其餘無配時月五行之氣不知各相退避乎即爲消滅乎突然而來抑候次於何所乎此假象配合穿鑿無理甚較然者世儒惑於邪妄而不能辨豈不可哀柏齋又曰五行家之說自是一端不必與辨愚謂學孔子者當推明其道以息邪說庶天下後世崇正論行正道而不至陷於異端可也何可謂自是一端不必與辨然則造化眞實之理聖人雅正之道因而蒙蔽晦蝕是誰之咎其謂水旺於冬尤爲病疾夫夏秋之時膚寸藹藹大雨時行萬流湧溢百川灌河海潮爲之嘯逆不於此時而論水旺乃於水泉閉涸之時而强配以爲旺豈不大謬又謂今人但知水流而不息遂謂河凍川冰爲水之休囚而不知冰凍爲水之本體流動爲天火之化嗟乎此尤不通之說夫水之始化也冰乎水乎使始於冰雖謂冰爲水之本體固無不可矣然果始於冰乎水乎此有識者之所能辨也夫水之始氣化也陽火在內故有氣能動冰雪者雨水之變非始化之體也安可謂之本裂膚墮指而江海不冰謂流動爲天火之化得乎哉

人之神與造化之神一也故能相動師巫之類不可謂無浚川舊論天地無知鬼神無靈無師巫之術今天地鬼神之說變矣而師巫猶謂之無如舊也何哉此二事一理也特未思耳神能御氣氣能御形造化人物無異但有大小之分耳造化神氣大故所能爲者亦大人物神氣小故所能爲者亦小其機則無異也州縣小吏亦能竊人主之權以行事此師巫之比也行禱則求於造化之神也設位請客客有至不至設主求神神有應不應然客有形人見之神無形人不能見也以目不能見遂謂之無淺矣此木主土偶之比也蒸水爲雲灑水爲雨搖扇起風放炮起雷皆人之所爲也皆人之所其知也此雖形用主之者亦神氣也師巫則專用神氣而不假於形者也通此則邪術之有無可知矣浚川論人道甚好特天道未透耳蓋其自處太高謂人皆不及己故謂己見不可易耳吾幼時所見與浚川大同後乃知其非吾料浚川亦當有時而自知其非也

愼言此條乃爲師巫能致風雲雷雨而言故曰雨暘風霆天地之德化而師巫之鬼不能致耳或能致者偶遇之也至於邪術亦未嘗謂世間無此但有之者亦是得人物之實氣而成非虛無杳冥無所憑藉而能之也如採生折割如絛日幻覡等類與師巫之虛無杳冥能致風雨不同皆藉人物之實氣柏齋又謂造化之神氣大故所能爲者亦大人物神氣小故所能爲者亦小其機則無異矣愚則謂天所能爲者人不能爲人所能爲者天亦不能爲之師巫若能呼風喚雨何不如世俗所謂吹氣成雲噀唾成雨握手成雷拂袖成風頃刻之間靈異交至又何必築壇勑將祭禱旬朔以待其自來豈非誑惑邪俗士乃爲信之悲哉柏齋又謂州縣小吏亦能竊人主之權以爲師巫能竊天神之權愚以爲過矣小吏人主皆人也所竊皆人事也故可能師巫人也風雨天也天之神化師巫安能之投鐵於淵龍起而雨此乃正術亦非冥祈不可同也又謂設位請客有至不至如師巫求神有應不應此皆爲師巫出脫之計請客不至或有他故求神不應神亦有他故邪此可以發笑又謂蒸水爲雲灑水爲雨搖扇起風放炮起雷爲人神氣所爲不知此等雲雨風雷眞邪假邪若非天道之眞不過物象之似耳與師巫以人求天有何相類且師巫專用神氣而不假之以形不知是何神靈聽師巫之所使抑師巫之精神邪此類說夢愚不得而知之其謂愚論人道甚好特天道未透蓋自處太高謂人皆不及己故執己見不可易又謂向時所見與浚川大同後乃知其非吾料浚川亦當有時自知其非此數言教愚多矣但謂自處太高謂人不及己此則失愚之心也夫得其實理則信不得其理此心扞格不契何以相信使芻蕘之言會於愚心即躍然領受況大賢乎謂人不及己執所見而不易此以人爲高下而不據理之是非者之爲也愚豈如是望體恕幸甚柏齋又云神能御氣氣能御形似神自外來不從形氣而

有遂謂天地太虛之中無非鬼神能聽人役使亦能爲人禍福恐則謂神必待形氣而有如母能生子子能爲母主耳至於天地之間二氣交感百靈雜出風霆流行山川冥漠氣之變化何物不有欲離氣而爲神恐不可得縱如神仙尸解亦人之神乘氣而去矣安能脫然神自神而氣自氣乎由是言之兩間鬼神百靈顯著但恐不能爲人役使亦不能爲人禍福耳亦有類之者人死而氣未散乃憑物以祟人及夫罔兩罔象山魈水夔之怪來遊人間皆非所謂神也此終古不易之論望智者再思之何如

讀禍福祭祀之論意猶謂鬼神無知覺作爲此大惑也人血肉之軀耳其有知覺作爲誰主之哉蓋人心之神也人心之神何從而來哉蓋得於造化之神也故人有知覺作爲鬼神亦有知覺作爲謂鬼神無知覺作爲異於人者梏於耳目聞見之驗而不通之以理儒之淺者也程張不免有此失先聖論鬼神者多矣乃一切不信而信淺儒之說何也豈梏於耳目聞見之迹而不能通之以理者乎

易曰積善之家必有餘慶積不善之家必有餘殃語曰禍福無門惟人自名故知人之爲善爲惡乃得福得禍之本其不順應者幸不幸耳故取程子答唐棣之論乃爲訓世之正今柏齋以禍福必由於鬼神主之則夫善者乃得禍不善者乃得福鬼神亦謬惡不仁矣有是乎且夫天地之間何處非氣何氣不化何化非神安可謂無靈又安可謂無知但亦窅冥恍惚非必在在可求人人得而攝之何也人物巨細亦夥矣攝人必攝物强食弱智狀愚衆暴寡物殘人人殺物皆非天道之當性命之正世之人物相戕相殺無處無之而鬼神之力不能報其寃是鬼神亦昧劣而不義矣何足以見靈異故愚直以仲尼敬鬼神而遠之以爲至論而祭祀之道以爲設教非謂其無知無覺而不神也大抵造化鬼神之迹皆性之不得已而然者非出於有意也非以之爲人也其本體自如是耳於此而不知皆淺儒誣妄惑於世俗之見而不能達乎至理者矣此又何足與辨

先聖作易見造化之妙有有形無形之兩體故畫奇耦以象之謂之兩儀見無形之氣又有火之可見者有形之形又有水之可化爲氣者故於奇之上又分奇耦耦之上亦分奇耦謂之四象是畫易之次第卽造化之實也乃謂其局而謬誤矣

易有太極是生兩儀兩儀生四象四象生八卦此聖人推論畫易之原非論天地造化本然之妙用也函谷當時往往準易以論造化愚嘗辭而病之柏齋前謂太極爲陰陽未分兩儀爲陰陽已分似也今於生四象又謂聖人見無形之氣又有火之可見有形之形又有水之可化爲氣者故於奇之上又分奇耦耦之上亦分奇耦謂之四象嗟乎此論爲蛇添足又豈自然而然之道哉先儒謂四象爲陰陽剛柔四少乃本易中之所有者後人猶議其無據今乃突然以形氣水火名之於易戾矣形氣易卦未嘗具論水火卦有坎離此而名之豈不相犯求諸要歸大抵柏齋欲以易卦之象附會於造化故不覺其牽合穿鑿至此耳嗟乎易自邵朱以來如先天後天河圖五行任意附入者已多及求諸六十四卦何嘗具此後學自少至老讀其遺文迷而不省又爲衍其餘說曰膠月固而不可解使四聖之易雜以異端之說悲哉

天地未生蓋混沌未分之時也所謂太極也天神地形雖曰未分實則並存而未嘗闕一也太虛之氣天也神也以形論之則無也地則形也非太虛之氣也以形論之則有也分爲天地與未分之時無異也謂儒之道無無無空者非也神與形合則物生所謂精氣爲物也神去形離則物死所謂遊魂爲變也神存人心性是也無形也形在人血肉是也無知也方其生也形神混合未易辨也及其死也神則去矣去者固無形也形雖尚在固已無知而不神矣此理之易見者也乃謂儒道無無無空何也此說出於橫渠不足爲據蓋橫渠見道亦未眞也老氏謂萬物生於有有生於無悞矣橫渠力辨其失及自爲說則謂太虛無形氣之本體其聚其散變化之客形耳客形有也生於無形此與老氏有生於無者何異是無異同浴而譏裸裎也釋氏猶知形神有無之分過於橫渠特未精耳

太虛太極陰陽有無之義已具於前不復再論但源頭所見各異故其說遂不相入耳愚以元氣未分之前形氣神冲然皆具且以天有定體安得不謂之有不謂之實柏齋以天爲神爲風皆不可見安得不謂之無不謂之空今以其實言之天果有體耶果止於清氣耶遠不可見故無所取証耳若論天地水火本然之體皆自太虛種子而出道體豈不實乎豈不有乎柏齋謂儒道有無有空不過以天爲神遂因而悞之如此且夫天包地外二氣洞徹萬有莫不藉之以

生藉之以神藉之以性及其形壞氣散而神性乃滅豈非生於本有乎柏齋以愚之論出於橫渠與老氏萬物生於有有生於無不異不惟不知愚卽老氏亦不知矣老氏謂萬物生於有謂形氣相禪者有生於無謂形氣之始本無也愚則以爲萬有皆具於元氣之始故曰儒之道本實本有無無也無空也柏齋乃取釋氏猶知形神有無之分愚以爲此柏齋酷嗜仙佛受病之源矣

五行生成之數誠妄矣有水火而後有土之說則亦未也天地水火造化本體皆非有所待而後生也木金則生於水火土相交之後正蒙一段論此甚好但中間各有天機存焉天神無形人不能見故論者皆遺之此可笑也浚川所見高過於函谷函谷所見多無一定細觀之自見今且不暇與辨也

柏齋謂天地水火造化本體皆非有所待而後生愚則以爲四者皆是元氣變化出來未嘗無所待者也天者氣化之總物包羅萬有而神者也天體成則氣化屬之天矣故日月之精交相變化而水火生矣觀夫陽燧取火於日方諸取水於月可測矣土者水之浮滓得火而結凝者觀海中浮沫久而爲石可測矣金石草木水火土之化也雖有精粗先後之殊皆出自元氣之種謂地與天與水火一時並生均爲造化本體愚竊以爲非然矣

老氏謂有生於無周子謂無極而太極生二五橫渠謂太虛無形生天地糟粕所見大略相同但老氏周子猶謂神生形無生有橫渠則謂虛與形止由氣之聚散無神氣有無之分又不同也予竊謂論道體者易象爲至老子周子次之橫渠爲下蓋以其不知神形之分也

神形之分魂升而魄降也古今儒者孰不知之今謂老氏周子知之橫渠不知豈不寃哉大抵老氏周子不以氣爲主誠以爲無矣與柏齋以神爲無同義與橫渠氣之爲物散入無形適得吾體大相懸絕夫同道相賢殊軌異趣柏齋又安能以橫渠爲然嗟乎以造化本體爲空爲無此古今之大迷雖後儒扶正濂溪無極之旨曰無聲無臭實造化之樞紐品彙之根柢亦不明言何物主之豈非談虛說空乎但形神之分能知陰陽果不相離則升而上者氣之精也降而下者氣之跡也精則爲神爲生爲明靈跡則爲形爲死爲糟粕神之氣終散歸於太虛不滅息也形之氣亦化歸於太虛爲腐臭也則造化本體安得不謂之有安得不謂之實老釋之所謂有無有空者可以不攻而自破世儒謂理能生氣者可以三思而自得矣望柏齋以意逆志除去葛藤舊見當自契合

地上虛空處皆天天氣可謂聚矣是豈有形而可見乎天變爲風風之猛者排山倒海氣之聚益顯矣謂之離明得施有形可見得乎故曰陽爲神無聚散之迹終不可見而張子之論未至也予初著管見多引而不發蓋望同志深思而自得之也忽而不察者皆是矣因復引而伸之然不能盡言也其餘則尚有望於世之君子焉

地上虛空謂之皆氣則可謂之皆天則不可天自有體觀星象河漢確然不移可以測知且天運於外無一息停虛空之氣未嘗隨轉謂地上皆天恐非至論矣風之猛者排山倒海謂氣之動則可謂氣之聚則不可夫氣之動由力排之也力之排由激致之也激之所自天機運之也此可以論風矣謂天運成風則可謂天卽風則不可氣雖無形可見却是實有之物口可以吸而入手可以搖而得非虛寂空冥無所索取者世儒類以氣體爲無厥覩誤矣愚謂學者必識氣本然後可以論造化不然頭腦旣差難與論其餘矣

陰陽不測之謂神地有何不測而得謂之神邪若謂地之靈變此自天之藏於地者耳非地之本體也

柏齋曰陰陽不測之謂神地有何不測而謂之神愚則以爲后坤發育羣品載生山川蘊靈雷雨交作謂地不神恐不可得又曰地有靈變此天藏於地者非地本體若然則地特一大死物矣可乎愚則以爲萬物各有稟受各正性命其氣雖出於天其神卽爲己有地有地之神人有人之神物有物之神謂地不神則人物之氣亦天之氣謂人物不能自神可乎此當再論

張子謂太虛無形氣之本體其聚其散變化之客形形生於無形此與老子有生於無之說何異其實造化之妙有者始終有無者始終無不可混也嗚呼世儒惑於耳目之習熟久矣又何可以獨得之意强之哉後世有揚子者自相信矣

愚嘗謂天地水火萬物皆從元氣而化蓋由元氣本體具有此種故能化出天地水火萬物如氣中有蒸

而能動者卽陽卽火有濕而能靜者卽陰卽水道體安得不謂之有且非濕則蒸無附非蒸則濕不化二者相須而有欲離之不可得者但變化所得有偏盛而盛者嘗主之其實陰陽未嘗相離也其在萬物之生亦未嘗有陰而無陽有陽而無陰也觀水火陰陽未嘗相離可知矣故愚謂天地水火萬物皆生於有無無也無空也其無而空者卽橫渠之所謂客形耳非元氣本體之妙也今柏齋謂神爲無形爲有且云有者始終有無者始終無所見從頭差異如此安得强而同之柏齋又云後世有揚子雲自能相信愚亦以爲俟諸後聖必能辨之

王可大象緯新篇

渾天之說何如曰合四圍上下周天之度而渾淪以論之也其狀何如曰天體正圓半在地上半在地下北極爲樞自東旋西也其體何如曰天之形遠不可測觀經星不動乃知有體耳先儒以爲積氣何也曰氣虛而浮浮則變動無常觀三垣十二舍河漢之象終古不移非有體質安能如是鄒萠記曰天確然在上有常安之形是也乎亦以爲然何以運而不息曰動以氣機勢之不容自已也卲子天地自相依附之說非乎曰礎之轉於水機在外也匏之浮於水空在內也觀此則天之所依可知瓶倒於水而不沉甖浮於水而不墜內虛鼓之也觀此則地所附可知故曰天動於氣機地浮於竅虛諸書言六合道里之數然乎曰土圭表景之法近之蓋有所傳據者也古者土圭測日必置五表地中置中表表立八尺之木以夏至之日測之其景北一尺五寸與土圭相等謂之地中千里而南置南表表北得景一尺四寸其地於日爲近南而多暑千里而北置北表表北得景一尺六寸其地於日爲近北而多寒千里而東置東表晝漏未半日景已夕其地於日爲近東而多風千里而西置西表晝漏已半日未中央其地於日爲近西而多陰中表爲四方之則四表明中表之正由是天地之內四旁上下之道里四時風雨之和戾可得而推矣或曰地距千里恐寒暑未必遽爾頓異曰獨不見河朔相去江南特千餘里爾河朔之冬草木黃落而江南草卉凌冬猶青況千里而南豈不愈熱千里而北豈不愈寒當日南無景之區而其暑豈不愈熾陰山瀚海之涯而其寒豈不愈冽哉由是觀之愈西愈陰愈東愈風其理亦可推矣安謂其不然乎六合道里之數信乎曰自土圭之法測之則然然則天地之廣遠孰得而量之其法每地千里景差一寸陽城之景一尺五寸中也南至日南表下無景是日南去陽城一萬五千里矣立八十爲實表之長數也旁立十五爲法土圭之長數也以勾股算之得八萬一千二百九十四里有奇此天頂至地之數也倍之得十六萬二千七百八十八里有奇卽天徑之數也以周徑之法乘之得五十一萬三千六百八十七里有奇卽周天之數也觀周天徑之數則地四方相距之數可推矣土圭之法周公以來相傳如此諸書論地遠至百萬大章豎亥所步多至億萬皆過日月之表荒忽怪誕不可據信也或曰北極天頂也中國在北極之南非天頂也曰是則然也周人以日至之度算天故不得不如是北極之上杳無所憑烏得據而施算地有升降日有脩短其說然乎曰此不達天體高下黃道南北而爲是說也何以言之經星井鬼近極斗牛遠極此南北兩端日黃道必經之處日躔井鬼之次當天極高之體且於人近見日之度常多故晝晷長日躔斗牛之次當天最低之體且於人遠見日之度常少故晝晷短地在天內浮於水上冬夏之平猶一日也儒者不達乎此遂以日之脩短以地之升降隱蔽而然誤矣正蒙曰陽日上地日降而下者虛也陽日降地日進而上者盈也此一歲寒暑之候也自今觀之二氣之通塞皆日之進退主之日大火也故近極而暑遠極而寒寒則地氣閉塞而不達暑則地氣暢達而發育此一歲寒暑之所由也若如正蒙所言不惟寒暑不由於日而日之脩短亦不由於天體之高下皆地之升降主之矣可乎地有四遊之說何如曰此緣地有升降相因而誤者也何以言之旣曰日之脩短由於地之升降矣而日之行道又有南北之殊不以地有四遊形之則與地有升降爲日之脩短未免相礙故以立夏爲南遊近日也立冬爲北遊遠日也今跡其說論之其曰春遊過東三萬里夏遊過南三萬里周公測日自陽城至日南一萬五千里而日在表下無景況三萬里其星辰河漢之位次寧不有大變移者乎而北極北斗天漢之位次其高下東西未嘗有一度之爽所謂四遊三萬里之說豈不謬乎鮑氏無以辨此遂謂地與星辰俱有四遊升降嗟乎傅會之甚乃至於此且夫天不見其體以星漢爲體今日星辰與地皆四遊升降是地在天內初未嘗動與夫東遊過天三萬里之說豈不相背雖曰傅會以

成昔人之論而實不自覺其非矣然則自漢以前以周髀論天何如曰周髀之法謂天如覆蓋以斗極爲蓋樞今之中國在樞之南天體中高四旁低下日月旁行繞之其光有限日近則明而爲晝日遠則暗而爲夜恆在天上未嘗入地但以人遠不見如入地耳蓋器測景而造用之日久不同於祖術數雖在多有違失故史官不用遂失其傳其理實與渾天無異南史曰渾天覆觀以靈憲爲文蓋天仰觀以周髀爲法覆仰雖殊大歸一致是也惜乎今不見其術也

章潢圖書編

天地總論

易道乾一而實故以質言而曰大坤二而虛故以量言而曰廣朱子謂此兩句說得極分曉蓋曰以形言之則天包地外地在天中所以說天之質大以理與氣言之則天之氣却在地之中地盡承受得天之氣所以說地之量廣天只是箇物事一故實從裏面便實出來流行發生只是一箇物事所以說乾一而實地雖堅實然却虛天之氣流行乎地之中皆從裏面發出來所以說坤二而虛用之云地如肺形雖硬而中本虛故陽氣升降乎其中無所障礙雖金石也透過去地便承受得這氣發育萬物要之天形如一箇鼓鞴天便是那鼓鞴外面皮殼子中間包得許多氣開闔消長所以說乾一而實地中間盡是這氣來往升降緣中間虛故容得這氣來往升降以其包得地所以說其質之大以其容得天之氣所以說其量之廣非是說地之形有盡故以是言也只是說地盡容得天之氣所以說地之廣爾今曆家用律呂候氣其法最精氣之至也分寸不差便是這氣都只地中透出來如十一月冬至用黃鍾管距地九寸以葭灰實其中至之日氣至灰去晷刻不差

天空虛而其狀與雞卵相似地局定於天中則如雞卵中黃地之上下四圍蓋皆虛空處卽天也地所以懸於虛空而亘古不墜者天行於外晝夜旋轉而無一息停也天北高南下而斜倚故北極出地三十六度黃道周匝於天腹日月則行於虛空之中而晝夜不離黃道隋書謂日入水中妄也水由地中行不離乎地地之四表皆天安得有水謂水浮天載地尤妄也冬至之日晝則近南極而行在天之南方而陽氣去人甚遠故寒夜則潛於地底之虛空而陽氣正在人之足下所以井泉溫夏至之日晝則近北極而行正在人之頂上而陽氣直射於下故熱夜潛於地外在北方之虛空處而陽不在地底所以井泉冷萬物春而生夏而長由地底太陽之氣自下蒸上也秋而收冬而藏由太陽之氣去地底以漸而遠也此理昭然而昧者自不知耳

天地東西南北溫涼寒暑

帝曰天不足西北左寒而右涼地不滿東南右熱而左溫其故何也岐伯曰陰陽之氣高下之理太少之異也東南方陽也陽者其精降於下故右熱而左溫西北方陰也陰者其精升於上故左寒而右涼是以地有高下氣有溫涼寒涼者脹下之溫熱者瘡汗之下之則脹已汗之則瘡已此腠理開閉之常太少之異耳

天地運旋變化

天體東西南北經緯三十五萬七千里每一方距八萬九千二百五十里自地至上八萬里以日照陽城之半爲中乃天體正圓也以古法算之南極七十二度隱而不見謂之下規北極七十二度見而不隱謂之上規每度比人間二千九百三十里七十一步二尺七寸四分總而算之每度皆三千里自下度之每度如日輪之大三百六十五周絡四方以行七政雖位分四方體無定常旦暮視中星以知方所其體健而不息其行如璧周旋自東運至南自南運至西自西運而入北自北運而出東推行以序漸積寒暑以成歲功二儀隨以出沒五緯隨以伏留列舍隨以隱見七政非不行也天行速而七政行緩如負蟻以周運也夫天一氣也氣分東南爲陽而日隨陽升於東南氣分西北爲陰而日隨陰入於西北蓋東南陽氣盛於自然故日出於東方暘谷熾於南方明都而顯麗於正晝西北陰氣盛於自然故日入於西方昧谷藏於北方幽都而晦伏於半夜炎夏天道南行陽盛之方日出寅入戌以陽盛於陰日影隨長窮冬天道行北陰盛之方日出辰入申以陰盛於陽日影隨短春秋行於正中日出卯入西而影隨停且南爲明都天體所見日月五星至是明顯北爲幽都天體所藏日月五星入是隱晦兩都各異天體一也日月五星入幽都陰盛之極所以不明非天入於地也若天入地則地中爲日月所照而明何得名地爲幽都壤歟雨出天氣霜雪肅寒皆自天降蓋天體陽而其用陰也雲出地氣風煙蒸鬱皆自地出蓋地道陰而其用陽也天不足於西北則陽弱而陰盛西北之化常多

風寒地厚天低日氣易及乃生其和以成萬物地不足於東南則陰弱而陽盛東南之化常多炎熱江南陂湖水泉所聚四五月時陽氣土蒸其水脈時復爲雨化爲寒熱方得其中乃成萬物且春首三陽上出天地氣相交逼近水則陽蒸水氣以成煙霧近鹵則陽蒸鹵氣以成雲靄近山則陽蒸山氣以成昏霾皆籠日蔽天春夏則東南氣如煙火秋冬則西北氣如暝此天道化令之常皆無關於休咎也

天地只是陰陽二氣

唐孔氏曰陰蔭也陰氣在內奥蔭陽揚也陽氣在外發揚伏羲見陰陽之數畫一奇以象陽畫一偶以象陰陽一而施陰兩而承本一氣也生則爲陽消則爲陰二者一而已陽來則生陽去則死萬物生死主乎陽則歸之於一也葢天地是劈初陰陽之氣結成立其大者以爲之主便是个胚模子然後爲父爲母生人生物千變萬化皆不出此所以充塞宇宙何莫非陰陽之氣都離兩个物事不得造化之初以氣造形故陰陽生天地以形寓氣故天地轉陰陽漢董仲舒始推出陰陽爲儒者宗是故儒者知陰陽則知天地而萬事萬物無餘奥矣

天地所以爲天地論

虛谷問云有天然後有地有天地然後有五行地因不能敵天之大水亦不當過地之多以意推之天形之內皆氣也地體浮於天氣之中天氣貫於地體之中海至深至闊猶有地以爲之底流至於無地之處則無底而天下之水皆入於天地之氣日一夜一晝行地一次所以助天之氣涸其水以歸於無似勝乎沃焦尾閭之說魯齋答云予兒時侍東里葉公知天者也問乘查之事謂水從海逆入天河循環天地中只是許多水往往來來不然水溢無去處則天下浸殺公笑而不答有客從傍代對謂海有沃焦石水至一吸而乾有尾閭穴水至一洩而盡愚曰吸與洩有限而水無窮終不之信及閱隋志謂陽精炎熾入水則竭百川歸注足以相補故旱不減而浸不溢此說因善又遺了氣而說未瑩今先生不取沃焦尾閭而取日衆體俱醒眞名言也然愚猶又即水與氣之說以求印証焉葛洪釋天曰地居天內天大而地小表裏有水天地各乘氣而浮此以水與氣並言也何承天曰天形正圓而水居其半地中高外卑水周其下日東出暘谷西入濛汜亦曰咸池四方皆水故云四海此專以水言也虞聳曰天形穹窿如雞子幕其際周接四海之表浮於元氣之上譬如覆奩於水而奩不沒氣充其中也卲子曰其形也有涯其氣也無涯程叔子曰有氣莫非天岐伯對黃帝問曰大氣舉之皆以氣言者也愚謂言水不言氣水從何生言水與氣而不言日二者何從消長合而論之水也氣也日也三者相與循環於無窮此天地之所以爲天地也

諸儒論天地總說

或問天地之形卲子依附之說是矣朱子之說何如朱子說天地間只有陰陽二氣只一箇磨來磨去磨得急了椶得許多渣滓在裏面無處出便結成地在中央氣之清者便爲天爲日月爲星辰又說天初生想只是水火二者水之滓脚便成地今登高而望羣山皆爲波浪之狀只不知因甚麼時凝了初間極輭後來方凝得硬又說五峯所謂一氣大息震蕩無垠海宇變動山勃川湮人物消盡舊跡大滅是謂洪荒之世嘗見高山有螺蚌殼或生石中此石即舊日之土螺蚌即水中之物下者却變而爲高柔者卻變爲剛此數條通說錯了以朱子前說恰似天纔初生這一番至五峯螺蚌之說尤可笑也鴻荒之世至宋不知幾千萬年矣尚有螺蚌哉此朱子篤信之過也殊不知天地乃無始無終者也止有一明一暗耳明了又暗暗了又明所謂萬古者一日之氣象是也到得暗時雖然昏黑不曾墜敗就似人間睡著一般其氣尚流通人睡著之時人雖不知然氣息一呼一吸未有一息之停是以知天地雖昏黑其呼吸未嘗停也月何爲昏黑也爲無陽也葢天地到了戌亥純是一團陰氣通是此陰氣煙霧塞了日通無光然雖昏黑天地之形質未嘗敗壞春華秋實之草木並凡有血氣者皆不生了至陽生天依舊開了以天屬陽故也天雖開然陽尚微至寅之時三陽開泰天地交構所以依然春華秋實生起血氣之物來

欽定古今圖書集成曆象彙編乾象典

第六卷目錄

乾象典第六卷

天地總部藝文一

天文（按篇內鴠音兕鳥字典不載音釋未詳）　後漢黃憲

徐淵遊於蜀山見蒼禽集西岡之坡順風而交鳴徐淵異之歸而問諸徵君曰此何禽也曰其蒼鴠乎鴠之孕不精而感不交而生其感也以風其生也以睍此之謂氣化其鳥載於爾雅者也予不聞觚竹之荒有鳥曰鴠翼生於股熒惑見則孕是以禽而感於星也嘉陵之墟有鳥曰鷫鷞臨溪而咏影則孕吐於口而生是感於水也扶桑之野有鳥曰搖光感日之精千載一孕其形如龜是感於日也此三禽者爾雅不得而載焉由此觀之凡海外之荒國其不名之禽無稱之獸惡可窮哉是地無窮而物亦無窮也曰然則天地果有涯乎曰日月之出入者其涯也日月之外則吾不知焉曰日月附於天乎曰天外也日月內也內則以日月爲涯故躔度不易而四時成外則以太虛爲涯其涯也不覩日月之光不測躔度之流不察四時之成是無日月也無躔度也無四時也同歸於虛虛則無涯是以日月之外聖人不能範圍之而作曆日月之內聖人不能損益之而成象故曆者循其迹而作者也曰天之旋也左耶右耶曰清明不動之謂大動也者其日月星辰之運乎是故言天之旋非也規天而作曆猶非也驗諸運焉云爾已矣曰何謂分野曰上古之輿壤地無紀不貢不賦穴居而野處後聖爲之經畫九州以鎭其民人奠其山川頒其貢賦地於是乎有紀由此觀之聖人別九州而紀地所以配天之文也非緣星而紀也夫星辰之茫昧亦未嘗屑屑然而爲之分是故象緯者天之文也九州者地之紀也天地異位而合化故聖人之烈照於天若分野之所謂則六經之未述者吾奚徵曰淵也聞魯王好天文譚星之士四方輻輳而進子何隱厥藝哉曰懈人紀而貪天文惑孰甚吾未之學不敢進也

天地賦（有序）　晉成公綏

賦者貴能分賦物理敷演無方天地之盛可以致思矣歷觀古人未有之賦豈獨以至麗無文難以辭贊不然何其闕哉遂爲天地賦

惟自然之初載兮道虛無而元清太素紛以混淆兮始有物而混成何一元之芒昧兮廓開闢而著形爾乃清濁剖分元黃判離太極旣殊是生兩儀星辰煥列日月重規天動以尊地靜以卑昏明迭焰或盈或虧陰陽協氣而代謝寒暑隨時而推移三才殊性五行異位千變萬化繁育庶類授之以形稟之以氣色表文采聲有音律覆載無方流形品物鼓以雷霆潤以慶雲八風翱翔六氣氤氳蚑行蠕動方聚類分鱗殊族別羽毛以羣各含精而容冶咸受範於陶鈞何滋育之罔極兮偉造化之至神若夫懸象成文列宿有章三辰燭耀五緯重光河漢委蛇而帶天虹蜺偃蹇於昊蒼望舒弭節於九道羲和正轡於中黃衆星回而環極招搖運而指方白虎峙踞於參井青龍垂尾於氐房元龜匿首於女虛朱鳥奮翼於星張帝皇正坐於紫宮輔臣列位於文昌垣屏絡繹而珠連三台差池而鴈行軒轅華布而曲列攝提鼎峙而相望若乃徵瑞表祥災變呈異交會薄蝕抱暈帶珥流逆犯歷譴悟象事蓬容著而妖害生老人形而主受喜天矢黃而國吉祥彗孛發而世所忌爾乃旁觀四極俯察地理川瀆浩汗而分流山嶽磊落而羅峙滄海沆漭而四周懸圃隆崇而特起昆吾嘉於南極燭龍曜於北阯扶桑高於萬仞尋木長於千里崑崙鎭於陰隅赤縣據於辰巳於是八十一域區分方別風乖俗異險斷阻絕萬國羅布九州並列青冀白壤荆衡塗泥海岱赤埴華梁青黎兗帶河洛揚有江淮辨方正土經略建邦王圻九服列國一同連城比邑深池高墉康衢交路四達五通東至暘谷西極泰濛南暨

丹穴北盡空同遐方外區絕域殊鄰人首虵軀鳥翼龍身衣毛被羽或介或鱗棲林浮水若獸若人居乎大荒之外處於巨海之濱於是六合混一而同宅宇宙結體而括囊元運渾流而無窮陰陽循度而率常回動糾紛而乾乾天道不息而自彊統羣生而載育人託命於所繫尊太一於上皇奉萬神於五帝故萬物之所宗必敬天而事地若乃共工赫怒天柱摧折東南俄其既傾西北豁而中裂斷鼇足而續毀鍊玉石而補缺豈斯事之有徵將言者之虛設何陰陽之難測偉二儀之參闊坤厚德以載物乾資始而至大俯盡鑒於有形仰蔽視於所蓋游萬物而極思故一言於天外

釋天地圖贊　郭璞

祭地肆瘞郊天致煙氣升太一精淪九泉至敬不文明德惟鮮

渾天賦　唐楊炯

顯慶五年炯時年十一待制弘文館上元三年始以應制舉補校書郎朝夕靈臺之下備見銅渾之象尋返初服臥病丘園二十年而一徙官斯亦拙之效也代之言天體者未知渾蓋孰是代之言天命者以爲禍福由人故作渾天賦以辨之其辭曰

客有爲宣夜之學者喟然而言曰旁望萬里之黃山而皆青翠俯察千仞之深谷而皆黝黑蒼蒼在上非其正色遠而望之無所至極日月載於元氣所以或中而或昃星辰浮於太空所以有行而有息故知天常安而不動地極深而不測可以爲觀象之準繩可以作談天之楷式有稱周髀之術者囅然而笑曰陽動而陰靜天迴而地遊天如倚蓋地若浮舟出于卯入于酉而生晝夜交于奎合于角而有春秋天則西北既傾而三光北轉地則東南不足而萬穴東流比于圓首前臨胷背者後不能覆背方于執炬南稱明者北可以言幽此天與而不取惡遑遑而更求太史公有睟其容乃盱衡而告曰楚既失之齊亦未爲得也言宣夜者星辰不可以闊狹有常言蓋天者漏刻不可以春秋各半周三徑一遠近乖于辰極東井南箕曲直殊于河漢明入于地葛稚川所以有辭日應于天桓君山由其發難假蘇秦之不死既莫知其爲說儻隸首之重生亦不能成其算也二客嘗聞渾天之事歟請爲左右揚榷而陳之原夫杳杳冥冥天地之精混混沌沌陰陽之本何太虛之無礙偉造化之多端府溟玉室之宮爰皇是宅西極金臺之鎮上帝攸安地則方如棊局天則圓如彈丸天之運也一北而物生一南而物死地之平也影長而多暑影短而多寒太陰當日之衝也成其薄蝕衆星傅月之光也因其波瀾乾坤闔闢天地成矣動靜有常陰陽行矣方以類聚物以羣分吉凶生矣在天成象在地成形變化見矣部之以三門張之以八紀其周天也三百六十五度其去地也九萬一千餘里日居而月諸天行而地止載之以氣乘之以水生之育之長之畜之亭之毒之蓋之覆之天聰明也聖人得之天垂象也聖人則之其道也不言而信其神也不怒而威驗之以衡軸考之以樞機三十五官有羣生之繫命一十二次當下土之封畿中衡外衡竟不名而自至黃道赤道亦殊途而同歸表裏見伏聖人于是乎發揮分至啓閉聖人于是乎範圍可以窮理而盡性可以極深而研幾天有北斗杓攜龍角魁枕參首天有北辰衆星環拱天帝威神尊之以耀魄配之以勾陳有四輔之上相有三公之近臣華蓋嚴嚴俯臨于帝座離宮奕奕旁絕于天津刻長垣之百堵啓閶闔之重闈文昌拜于大將天理囚于貴人泰階平而君臣穆招搖指而天下春東宮則析木之津壽星之野箕爲敖客房爲駟馬天王對于攝提皇極臨于宦者左角右角兩曜之所巡行陰間陽間五星之所次舍後宮掌於燕息太子承于家社宗人宗正內外惇敘于邦家市樓市垣貨殖畢陳于天市北宮則靈龜潛匿螣蛇伏藏匏瓜宛然而獨處織女終朝而七襄登漸臺而顧步御輦道而徜徉聞雷霆之隱隱聽枹鼓之硠硠南斗主爵祿東壁主文章須女主布幣牽牛主關梁羽林之軍所以除暴亂壘壁之陣所以備非常西宮則天潢咸池五車三柱奎爲封豕參爲白虎胃爲天倉婁爲衆聚旄頭之北宰制其胡虜天畢之陰蓄洩其雲雨大陵積尸之肅殺參旗九斿之部伍樵蘇之地出入于園苑萬億之資填積于倉庾南宮則黃龍賦象朱鳥成形五帝之座三光之庭傷成于鉞誅成于鑕禍成于井德成于衡執法者廷尉之列大夫之象少微者儲君之位處士之星天弧直而狼顧軍市曉而雞鳴三川之郊鶉火通其耀七澤之國翼軫寓其精南河北河象闕于是乎增峻左轄右轄邊荒于是乎自寧乃有金之散氣水之精液法渭水之橫橋像昆池之刻石歲時占其水旱滄溟應其潮汐織女之室漢家之使可尋飲牛之津海上之人易覿日也者

衆陽之長人君之尊天鷄曉唱靈烏晝踆扶桑臨于大海若木照于崑崙太平太蒙所以司其出入南至北至所以節其寒溫龍山銜燭不能議其光景夸父棄策無以方其駿奔月也者羣陰之紀上天之使異姓之王后妃之事方諸對而明水泱重暈匝而邊風駛纔盈蚌蛤則邊騎先侵適闕麒麟則暗虎潛偵五星者木爲重華火爲熒惑鎭居戊己斯爲土德太白主西辰星主北俯察人事仰觀天則比參右肩之黃如奎大星之黑五材所以致用七政于焉不忒同舍而有四方分天而利中國赤角犯我城黃角天之爭五星同色天下偃兵趨前舍爲盈退後舍爲縮盈則侯王不寧縮則軍旅不復或向而或背或遲而或速金火犯之而甚憂歲鎭居之而有福觀衆星之部署歷七曜而驅馳定天下之文所以通其變見天下之賾所以象其宜然後播之以風雨威之以霜霰或吐霧而蒸雲或擊雷而鞭電一旬而太平感脣寸而天下徧白日爲之晝昏恆星爲之不見雨乃重明合璧五緯連珠青氣夜明黃雲旦扶握天鏡受河圖若曰賜之以福此明王聖帝之休符至如怪雲妖氛冬雷夏雪日暈長虹星流伏鼈陰有餘而地動陽不足而天裂若曰懼之以災此昏主亂君之妖孽昔者顓頊之命重黎司天而司地陶唐之分仲叔宅西而宅東其後宋有子韋鄭有裨竈魏有石氏齊有甘公唐都之推星王朔之候氣周文之祀日吳範之占風有以見天地之情狀識陰陽之變通詩曰謂天蓋高語云惟天爲大至高而無上至大而無外四時行焉萬物生焉羣臣莫尊于上帝法象莫大于皇天靈心不測神理難詮日何爲兮右轉天何爲兮左旋盤古何神兮立天地巨靈何聖兮造山川螟何細兮師曠清耳而不聞離朱拭目而無見鵬何壯兮搏扶搖而翔九萬運海水而擊三千龜與蛇兮異其短長之質椿與菌兮殊其大小之年鐘何鳴兮應霜氣劍何仗兮動星躔列子何方兮御風而有待師門何術兮驗火而登仙魯陽揮戈兮轉于西日陶侃折翼兮登乎上元女何寃兮化精衛帝何恥兮爲杜鵑爭疆理者有零陵之石聞絃歌者有蓋山之泉若怪神之不語夫何述于此篇以天乙之武也焦土而爛石以唐堯之德也襄陵而懷山以顏回之賢也貧居于陋巷以孔丘之聖也情希乎執鞭馮唐入于郎署也雨君而未識揚雄在于天祿也三代而不遷桓譚思周于圖讖也忽焉不樂張衡術窮于天地也退而歸田我無爲而人自化吾不知其所以然而然

三無私賦 以平上去入爲韻　　范榮

天得一以淸地得一以寧日月得一以明聖人法之以化成無私之謂莫之與京三者不忒天下和平天之道也存乎至輕潛運而三光是麗不言而四時是行夏以長春以生亭毒之德以無私覆爲名地之義也爲利至廣大流百川細包草莽因金風而物成熟遇木德乃氣騰上且無私載坤德存乎易象月之來日之往無幽不燭有形斯仰其照無私實至明而稱則若天地不能存之以信則生成之理息日月不能存之以明則終古之道爽苟不失厤義和得其所掌我天子今之有是御因無私以成心每宵衣以達曙奉此三道守而勿去大象是執選賢爲急昭昭爲大與天地而相參明明鑒下齊日月而出入天光發乎幽滯仁聲振于潛蟄儔陽之德因時行而有階起予者尚想茲道而無級苟志斯道立之斯立當軸者斯爲取斯何憂乎地芥之難拾

漁樵問答　　宋邵雍

樵者問漁者曰天何依曰依乎地地何附曰附乎天曰然則天地何依何附曰自相依附天依形地附氣其形也有涯其氣也無涯有無之相生形氣之相息終則有始終始之間其天地之所存乎天以用爲本以體爲末地以體爲本以用爲末利用出入之謂神名體有無之謂聖唯神與聖能參乎天地者也小人則日用而不知故有害生實喪之患也夫名也者實之客也利也者害之主也名生于不足利喪于有餘害生于有餘實喪于不足此理之常也養身必以利貪夫則以身徇利故有害生焉立身必以名衆人則以身徇名故有實喪焉竊人之財謂之盜其始取之也唯恐其不多也及其敗露也唯恐其多矣夫賄之與贓一物也而兩名者利與害故也竊人之美謂之徽其始取之也唯恐其不多也及其敗露也唯恐其多矣夫譽與毁一事也而兩名者名與實故也凡言朝者萃名之所也市者聚利之地也能以不爭處乎其間雖一日九遷一貨十倍何害生實喪之有耶是知爭也者取利之端也讓也者趨名之本也利至則害生名興則實喪利至名興而無害生實喪之患唯有德者能之天依地地附天豈相遠哉

天地萬物造化論　　王柏

原夫未判之初有太易有太初有太始有太素太易

者未見氣者也太初者氣之始也太始者形之始也太素者質之始也氣形質而未相離乃謂之混沌混沌已分乃開天地天形如彈丸半覆地上半隱地下其勢斜倚故天行健北高故極出地三十六度南下故極入地三十六度周天三百六十五度四分度之一晝則自左而向右夜則自右而復左氣積於陽而其精外明者謂之日氣積於陰而其魄含景者謂之月體生於地精浮於天者謂之星五行之精是謂五緯經星則麗天而左行七政則違天而右繞日之徑千里晝夜所經謂之一度仲夏躔東井而去極近則晝長而夜短仲冬躔南斗而去極遠則晝短而夜長日之周天以歲計月以朔計二十八宿日之所經爲黃道横絡天腹中分二極者爲赤道春秋二分日循赤道平分天體晝夜中停春夏之交陽極生陰則陽升於天而生暑秋冬之交陰極生陽則陰際於天而生寒日行三百六十度而成歲餘度之未周者爲五日之强月行二十九日半而及於日其不足者六日之弱以不足乘其餘歲得十一日積而成月則置閏三歲一閏五歲再閏十有九年而爲閏七是謂一章則餘分盡矣晝夜百刻而辰周十二故以八刻二十八分爲一時積六千分成晝夜五日爲候三候爲氣六氣爲時四時爲年而天地備矣乾道變化二氣流行陰氣凝聚陽在内者不得出則激搏而爲雷陽在外者不得入則周旋不舍而爲風陽與陰夾持則磨軋有光而爲電陽氣正升爲陰氣所乘則相持而爲雨陰與陽得助其飛騰則飃飈而爲雲陰干於陽而氣薄不能以揜日則虹見陽伏於陰而氣結不能以自收則雹降月星布氣陰感之則肅而爲霜陽感之則液而爲露上寒而下温則霜不殺物上温而下寒則雨而不冰風不宜温而温則雨凝而爲雪陽縱而陰翕之也雷不當出而出則雪霰交至陽發而陰乘之也然自天地剖判以來裨海環之中國外如赤縣神州者九乃有大瀛海環其外天地之際焉天地冲和之氣悉萃諸華而有衣冠仁義禮樂之風殊方水土之精溢於尤物不過沈沙棲陸瓌異之産蓋氣偏也彼窮荒遠徼如日本如流沙如懸度此其地多熱如雪山如漏天如盧龍此其地多寒皆日月所偏照梯航所罕逼浸不與中國類亦氣中之竅也南北爲經東西爲緯東極以至西極二億三萬五百里七十五步南北亦如之維陽東抵扶桑踰二萬里次則日本一萬五千里其地溫燠西抵安息二萬五千里南至大秦八千里其地踞熱南抵眞臘二萬里次則扶南一萬三千里其地炎著北抵流鬼一萬五千里次則駁馬一萬四千里其地常雪驛傳至此極矣天地初分只有水火水便是地火便是日星也土之所附其氣融結則峙而爲山水之所趨其勢蓄洩則流而爲川山氣暮合而爲嵐水氣朝降而爲霧地勢峻極起自西北故崑崙乘地之高而東驅嵩山據地之中而南豫兩山並驅其中必有水兩水夾行其中必有山水流東極氣虚而散如沃焦釜無有遺餘往者既消來者復息水流東極其應於月者爲潮蓋日爲陽精陰之所依月爲陰靈潮之所附朔望之際月近於日故月行疾而潮應大朔望之後月遠於日故月行遲而潮應小春爲陽中陰生於午而晝潮大秋爲陰中陽生於子而夜潮大一晝一夜而再至亦猶歲之春秋而月之朔望云耳若夫乾道成男坤道成女凝體於造化之初二氣交感化生萬物流形於造化之後靈於萬物者爲人散於動植者爲物天一生水在人爲精地二生火在人爲神天三生木在人爲魂地四生金在人爲魄天五生土在人爲體受精於陰其聚而能靈者魄也受氣於陽其散而能神者魂也頭圓象天足方象地噓而温者陽也吸而凉者陰也羽蟲三百有六十而鳳爲之長毛蟲三百有六十而麟爲之長甲蟲三百有六十而龜爲之長鱗蟲三百有六十而龍爲之長倮蟲三百有六十而人爲之長此乾坤之美也故太平之人仁丹穴之人智太蒙之人信空同之人武堅土之人剛弱土之人肥墟土之人大沙土之人細息土之人醜輕土之人多利重土之人多遲清水音小濁水音大湍水人輕遲水人重山氣多男澤氣多女石氣多力暑氣多夭寒氣多壽陵氣多貪衍氣多仁惟中國稟太和五性全備爲無虧人之一身分配五行而造化之理具焉五行一陰陽也人誠有之物亦宜然鷄知將旦鶴知夜半不類信乎人狎鷗而機忘犬吠屠而機露不類智乎虎嘯而風生龍吟而雲起將雨而魚噞將風而鵲下不類感應乎燕知戊己虎知破衝巢居知風穴居知雨不類幾先乎蠖屈而求伸蚿斷而求活不類自全乎螻蟻之君臣鴻鴈之兄弟出乎類也烏鳶之知愛豺獺之有祭反其本也毛羽鱗介之類如此至於草木可類舉焉松柏鬱蒼而知其葉自根流豫章盤固而知其本盛末茂橘踰淮而枳蒿處陸而艾藻寄根於水葵

傾心于日桂枝之下草不植麻黃之莖雪不積觀木而可驗晴雨占草而可知水旱菟絲不土而蔓映果無花而實芡近陽而性暖菱背日而性寒蓮實下垂則取其象以治心胡桃瓢縮則資其形以斂肺生于西者物多辛生于南者物多燥東北二物亦然麥受六陽之全故就實而昂稻分陰陽之半則未實而俯菽稟火氣至水旺而枯薺稟木氣至土旺而絕衍沃之區以種而毓人力所及不毛之地以氣而化雨露所成有根本則有枝幹有花實實中有仁而生生不窮之理具焉故曰天開于子地闢于丑人生于寅循環無端孰窺其際自非聖人後天地而生知天地之始先天地而歿知天地之終者疇克然哉大哉易也斯其至矣

論天地　　元史伯璿

天問集註地則氣之渣滓聚成形質者但以其束于勁風旋轉之中故得以兀然浮空甚久而不墜耳黃帝問于岐伯曰地有憑乎岐伯曰大氣舉之亦此謂也按邵子天地自相依附之言至矣盡矣朱子此說亦不過推廣邵子之說而言爾本無可疑所未曉者氣運水動地若無可根著則不免有隨氣與水而動之患況地之廣厚雖曰以氣行乎其中故得浮而不沈然以極重之物無所根著乃能久浮而不沈于心終有所未達者不知如何愚切以意度之地若有所根著則其勢當在下在下則當天之南樞入地三十六度處何以知之蓋天半在地上半在地下此特就地面言之爾地有如此之廣博則必有如此之深厚今地之在水面者可見在水下者不可見是則地之深厚皆在下也深厚既皆在下則天之半在地下者宜多爲容水與地之所不得如半在地上者之空虛矣況水面之地北高南下而東南又有不滿之處以此度之則天之兩極所以北高而南下者正以地之形勢亦北高而南下也如此南方水下之地當極深極厚其下必有所根著之處矣天體繞地左旋無停息時地若有所根著宜在南樞不動之處非地之形質根著乎天也天若果有非實非虛之體運乎地外則南樞所在必當亦有非實非虛之體與地相貫通矣如此則地之所以兀然浮空久而不墜者非惟大氣有以舉之亦天體有以貫之譬如花中之實其根帶若不相連則生意何由而相通哉至于氣之運乎地外水之束乎氣中者自與此不相妨也臆度之說如此豈其然哉姑志于此云爾按書傳引渾天之說曰天之形狀似鳥卵地居其中天包地外如卵之裹黃圓如彈丸故曰渾天言其形體渾渾然也其術以爲天半覆地上半在地下其天居地上見者一百八十二度半強地下亦然北極出地上三十六度南極入地下亦三十六度以此觀之是地正當天之中也然地有如此之廣博宜必有如此之深厚今特地面正當天之中耳是地之深厚皆在下也愚既已言于前矣又按文公天問註曰地則氣之渣滓聚成形質者但以其束于勁風旋轉之中故得以兀然浮空甚久而不墜耳今自地以上何嘗見有所謂如勁風之氣哉地下若亦如此則水與地何所承載而自立耶意者自地以上皆爲化生人物之區域若卽有如勁風之氣行乎其間則化育何以寧息而得遂哉如此則至剛至勁之氣宜在去地幾萬里之上近天象所麗之處而後運也以在上者推之則四方與在下者宜亦皆然如此則地與水之在下者當極深極厚在四方者當極廣極博必充滿逼塞于大氣旋轉之中而後可是故地與水之外卽勁氣之所旋轉勁氣之內卽是地與水之所充塞氣之與水與地相去無毫髮間然則在下地形終極之處與天體相接不相接非愚所能及也姑志所疑以俟知道者而請問焉爾以前所論觀之則在內者上虛而下實皆是寧靜之區在外者東升而西沒方是剛勁之氣內外相依附動靜相表裏而天地之體段可識矣愚嘗于清夜之間仰瞻星象森羅可以想見混淪磅礴圓方高廣之度雖曰天大地小然形氣固各當有分量若形自有限氣獨無涯則氣大形小遼絕已甚無乃陰陽不相稱乎以愚度之氣是運動發散之物若無範圍之于外將恐空虛無極則在外周徧之勢難亦恐外散則在內剛勁之力減故必有範圍之者然後有至剛至勁之氣外薄乎範圍之體而不得出則內依乎寧靜之區而不停運而相依相附自有不容不然者矣又按在易之離象傳曰日月星辰麗乎天百穀草木麗乎地聖人以日月星辰對百穀草木而言以天對土而言以此觀之則天爲有體耶無體耶愚不得而知也但若以爲日月星辰卽天之體則土之體不可但以百穀草木當之明矣以百穀草木不可爲土之體推之則天之體與日月星辰之體二歟一歟愚亦不可得而知也姑志于此以俟知道者而請問焉渾天說曰天之形狀似鳥卵地居其中天包地外猶卵之

裹黃圓如彈丸故曰渾天言其形體渾渾然也佛氏以爲有須彌山山之四畔有四大部州總名娑婆世界日月星辰皆圍繞山腰而行南晝則北夜東以爲夕西以爲旦其在三方亦然如渾天之說則天大于地如須彌山之說則地大于天天大于地則以無涯之氣圍有限之形所謂大氣舉之勁氣所束是也若然則伊川所疑卓置地上地置何處之問此說可以答之地大于天則須彌山與四大部州至高大極廣不知當于何處安放此不通之論也如渾天之說則天半覆地上半在地下唯北極去地三十六度故遶北極七十二度常見不隱可也如須彌山之說則山既極高北鬱單越與南閻浮提西夔拏尼與東汾維俗皆隔山不相見日月星辰遶山腰而行方其在北者則南皆不之見可也今遶北極七十二度星辰何故常在山腰南畔並不行到其餘三方並不爲山所遮隔耶此又不通之論也佛氏往往竊蓋天周髀之說而少變之以爲此說反不如蓋天斗極居中故常見之說爲可通蓋佛氏本不知天之形狀如何又不肯自以爲不知故謬爲此說且務欺誑愚世以掩覆其有所不知之羞而已易乾大象天行健語錄曰惟胡安定說得好因舉其說曰天形蒼然南極入地下三十六度北極出地上三十六度狀如倚杵其周則一晝一夜行九十餘萬里人一呼一吸爲一息一息之間天行已八十餘里人一晝一夜有萬三千六百餘息故天行九十餘萬里靈耀論云一度二千六百三十二里千四百六十一分里之三百四十八周百七萬九百一十三里者是天周圓之里數也徑三十五萬七千九百七十一里此二十八宿周回直徑之數也書許氏叢說引晉天文志以夏至之日景而以勾股法計之自地上去天得八萬一千三百九十四里三十步五尺三寸六分此天徑之半倍之得十六萬二千七百八十八里六十一步四尺七寸二分以周率乘之徑率約之得五十一萬三千六百八十七里六十八步一尺八寸二分此周天之數也今以其數分之每度計一千四百單六里一百四十三步三尺五寸七分三釐八毫離騷天問所行幾里朱子註曰曆家以爲周天赤道一百七萬四千里愚按胡氏謂一息天行八十里則萬三千六百息當有一百八萬八千里今但言故天行九十餘萬里豈一時計算之未審耶抑後人傳寫之有誤耶但胡氏皆以有餘言之則亦大約如此而已今以息數所積校之靈耀所載僅差萬有餘里而已而晉志所計乃不及一半何其相遼絕如此以愚度之當以胡氏說息數所積及靈耀論所言里數爲當蓋天內是地地形之廣約作十萬里海水亦作地算天體若不如此大如何容得地在中間形氣相依形既如此廣氣若不極其厚如何束得形住如何舉得形起況地在天中日月麗天而行月常受日光爲光惟地小天大故地之四外空曠遼廓日月之行雖有隔地之時然天去地遠則日光無時不旁出地外而月常得受之以爲光故必如靈耀論徑三十五萬之說然後地之四面各有十餘萬里之空日光乃不爲地所礙爾若如晉志徑十六萬里之說則地之四面僅各有二三萬里之空日光安得不爲地所礙耶姑誌臆說以俟知者而問焉

辨天外之說

明楊慎

邵康節曰天何依依乎地地何附附乎天天地何所依附曰自相依附自斯言一出宋儒標榜而互贊之隨聲而妄衍之朱子遂云天外更須有軀殼甚厚所以固此氣也天豈有軀殼乎誰曾見之乎既自撰爲此說他日遂因而實之曰北海只挨著天殼邊過似曾親見天殼矣自古論天文者宣夜周髀渾天之書甘石洛下閎之流皆未嘗言非不言也實所不知也若邵子朱子之言人所不言亦不必言也人所不知亦不必知也人所不問亦不必問也莊子曰六合之外聖人存而不論此乃切要之言孰謂莊子爲虛無異端乎元人趙緣督始稍正邵子之誕而今之俗儒已交口議之又丘長春世之所謂神仙也其言曰世間之事尚不能究況天外之事乎由是言之則莊子長春乃異端之正論而康節晦翁之言則吾儒之異說矣本朝劉伯溫古甘石洛下之流其言曰天有極乎極之外何物也天無極乎凡有形必有極理也勢也是聖人所不能知耳非不言也故天之行聖人以曆紀之天之象聖人以器驗之天之數聖人以算窮之天之理聖人以易究之天之所閟人無術以知之者惟此耳今不曰不知而曰不言是何好勝之甚也嗚呼伯溫此言其確論乎其曰好勝者蓋指宋儒之論天者乎嘗言東坡詩不識廬山眞面目只緣身在此山中蓋處於物之外方見物之眞也吾人固不出天地之外何以知天地之眞實歟且聖賢之學切問近思亦何必天外之事耶

天地總部藝文二 詩

兩儀詩　晉傅元

兩儀始分元氣清列宿垂象六位成日月西流景東征悠悠萬物殊品名聖人憂代念羣生

一元吟　宋邵雍

天地如蓋軫覆載何高極日月如磨蟻往來無休息上下之歲年其數難窺測且以一元言其理尚可識一十有二萬九千餘六百中間三千年迄今之陳迹治亂與廢興著見于方策吾能一貫之皆如身所歷

觀物詩　前人

地以靜而方天以動而圓既正方圓體還明動靜權靜久必成潤動極遂成然潤則水體具然則火用全水體以器受火用以薪傳體在天地後用起天地先

天地總部選句

楚宋玉大言賦方地爲車圓天爲蓋

漢賈誼鵩賦天地爲爐造化爲工陰陽爲炭萬物爲銅

焦贛易林播天舞地擾亂神所

魏曹植庖犧贊龍瑞名官法地象天又神龜賦下夷方以則地上規隆而法天

晉陸機演連珠虐暑熏天不減堅冰之寒涸陰凝地無累陵火之熱

陸雲九愍規方地而式矩儀穹天而承規

宋謝莊月賦柔祇雪凝圓靈水鏡

鮑照與妹書凌跨長隴前後相屬帶天有匝横地無窮又蕪城賦廛閈撲地歌吹沸天

齊張融海賦分渾始地判氣初天作成萬物爲山爲川

梁陶弘景解官表臣聞堯風冲天顥陽振飲河之談漢德括地商陰峻餐芝之氣

陳徐陵侯安都德政碑銘縣天滲沴浹地虔劉

隋薛道衡老氏碑四維紀地八柱承天

許善心神雀頌御地七神飛天五老

唐楊炯少室山碑青霞起而照天白露生而匝地

王勃舍利塔碑雕鐫備勒飛禽走獸之奇藻繪爭開複地重天之美

張文成實性寺碑蓮開青目毫光照于四天花艷丹唇頂彩周于十地

王維京兆尹張公德政碑火燎將至燬天鑠地

崔融請修書表昔者明王學以化人成俗古之君子文以緯地經天

劉長卿冰賦如雪覆地若雲披天

彭朝曦勤政樓視朔觀雲物賦靜以法地動而合天

白行簡斗爲帝車賦何有象而著天何無跡而行地

蔣防望海日初出賦赤玉之盤燭地黃金之鏡帖天

唐王績詩三山銀作地八洞玉爲天

盧照鄰詩縟彩遙分地繁光遠綴天

駱賓王詩賞洽袁公地情披樂令天

崔日知詩賦成先擲地詞高直掞天

杜甫詩弱水應無地陽關已近天又大聲吹地轉高浪拍天浮

高適詩碣石遼西地漁陽薊北天

岑參詩客厭巴南地鄉鄰劍北天

白居易詩青苔撲地連宵雨白浪掀天盡日風

李紳詩花界無聲地慈宮有相天

杜牧詩拂天聞笑語特地見樓臺

宋蘇軾詩清風捲地收殘暑素月流天掃積陰又千章古木臨無地百尺飛濤瀉漏天

陳與義詩談天安用如鄒子掃地還應學趙州

楊萬里詩滴地酒成凍喧天鵶訴寒

陸游詩雲埋廢苑呼鷹地雪暗荒郊射虎天

欽定古今圖書集成曆象彙編乾象典

第七卷目錄

乾象典第七卷

天地總部紀事

易經繫辭下傳古者庖犧氏之王天下也仰則觀象于天俯則觀法于地觀鳥獸之文與地之宜近取諸身遠取諸物於是始作八卦以通神明之德以類萬物之情

通鑑前編伏羲創桐爲琴面員法天底平象地

路史伏羲命潛龍氏造甲子以命歲時配天爲幹配地爲枝枝幹配類以綱維乎四象

通鑑前編古者民茹草木之實食禽獸之肉未知耕稼炎帝因天時相地宜斵木爲耜揉木爲耒始敎民藝五穀而農事興焉

路史黃帝有熊氏帝問於鬼臾蓲曰上下周紀其有數乎對曰天以六節地以五制周天紀者六期爲備終地紀者五歲爲周五六合者歲三千七百二十氣爲一紀六十歲千四百四十氣爲一周太過不及斯以見矣乃因五量治五氣起消息察發斂以作調歷

通鑑前編帝作冕垂旒充纊爲元衣黃裳以象天地之正色旁觀翬翟草木之華乃染五采爲文章以表貴賤

管子五行篇昔者黃帝得蚩尤而明于天道得大常而察于地利蚩尤明乎天道故使爲當時大常察乎地利故使爲廩者

史記五帝本紀帝顓頊高陽者靜淵以有謀疏通而知事養材以任地載時以象天

自序昔者在顓頊命南正重以司天北正黎以司地

通鑑前編帝嚳高辛氏順天之義知民之急取地之財而節用之撫敎萬民而利誨之

路史堯得舜服澤之陽問以天下曰我欲致天下爲之奈何對曰執一亡失行微亡怠中信無倦而天下自來問以奚事對曰事天問以奚任對曰任地又問奚務對曰務人

虞書大禹謨帝曰俞地平天成六府三事允治萬世永賴時乃功

呂子行論堯以天下讓舜鯀爲諸侯怒於堯曰得天之道者爲帝得地之道者爲三公今我得地之道而不以我爲三公以堯爲失論欲得三公怒甚猛獸欲以爲亂

拾遺記帝堯在位聖德光洽河洛之濱得玉版方尺圖天地之形又獲金璧之瑞文字炳列記天地造化之始

莊子知北遊篇舜問乎丞曰道可得而有乎曰汝身非汝有也汝何得有夫道舜曰吾身非吾有也孰有之哉曰是天地之委形也生非汝有是天地之委和也性命非汝有是天地之委順也孫子非汝有是天地之委蛻也故行不知所往處不知所持食不知所味天地之強陽氣也又胡可得而有耶

周禮春官大宗伯以蒼璧禮天以黃琮禮地

管子山權數篇桓公問於管子曰請問權數管子對曰天以時爲權地以財爲權人以力爲權君以令爲權失天之權則人地之權亡桓公曰何謂失天之權則人地之權亡管子對曰湯七年旱禹五年水民之無饘賣子者湯以莊山之金鑄幣而贖民之無饘賣子者禹以歷山之金鑄幣而贖民之無饘賣子者故天權失人地之權皆失也故王者歲守十分之參三年與少半成歲三十一年而藏十一年與少半藏參之一不足以傷民而農夫敬事力作故天毀地凶旱水泆民無入于溝壑乞請者也此守時以待天權之道也（三年與少半以下原本恐有錯訛）

左傳秦獲晉侯以歸晉大夫反首拔舍從之秦伯使辭焉曰二三子何其慼也寡人之從君而西也亦晉之妖夢是踐豈敢以至晉大夫三拜稽首曰君履后土而戴皇天皇天后土實聞君之言羣臣敢在下風乃舍諸靈臺大夫請以入公曰晉人慼憂以重我天地以要我不圖晉憂重其怒也我食我言背天地也重怒難任違天不祥必歸晉君

列子天瑞篇杞國有人憂天地崩墜身無所寄廢寢食者又有憂彼之所憂者因往曉之曰天積氣耳亡處亡氣若屈伸呼吸終日在天中行止奈何憂崩墜乎其人曰天果積氣日月星宿不當墜耶曉之者曰日月星宿亦積氣中之有光耀者只使墜亦不能有所中傷其人曰奈地壞何曉者曰地積塊耳充塞四

虛亡處亡塊若躇步跐蹈終日在地上行止奈何憂其壞其人舍然大喜曉之者亦舍然大喜長廬子聞而笑之曰虹霓也雲霧也風雨也四時也此積氣之成乎天者也山嶽也河海也金石也水火也此積形之成乎地者也知積氣也知積塊也奚謂不壞夫天地空中之一細物有中之最巨者難終難窮此固然矣難測難識此固然矣憂其壞者誠爲大遠言其不壞者亦爲未是天地不得不壞則會歸于壞遇其壞時奚爲不憂哉子列子聞而笑曰言天地壞者亦謬言天地不壞者亦謬壞與不壞吾所不能知也雖然彼一也此一也故生不知死死不知生來不知去去不知來壞與不壞吾何容心哉

左傳劉康公成肅公會晉侯伐秦成子受脤于社不敬劉子曰吾聞之民受天地之中以生所謂命也是以有動作禮義威儀之則以定命也國之大事在祀與戎今成子惰棄其命矣其不反乎

國語晉孫談之子周適周事單襄公襄公有疾名頃公而告之曰必善晉周將得晉國其行也文能文則得天地天地所胙小而後國夫敬文之恭也忠文之實也信文之孚也仁文之愛也義文之制也知文之輿也勇文之帥也教文之施也孝文之本也惠文之慈也讓文之材也象天能敬帥意能忠思身能信愛人能仁利制能義事建能知帥義能勇施辯能教昭神能孝慈和能惠推敵能讓此十一者夫子皆有焉天六地五數之常也經之以天緯之以地經緯不爽天之象也文王質文故天胙之以天下夫子被之矣

左傳子大叔見趙簡子簡子問揖讓周旋之禮焉對曰是儀也非禮也簡子曰敢問何謂禮對曰吉也聞諸先大夫子產曰夫禮天之經也地之義也民之行也天地之經而民實則之則天之明因地之性審行信令禍福賞罰以制死生生好物也死惡物也好物樂也惡物哀也哀樂不失乃能協于天地之性是以長久簡子曰甚哉禮之大也對曰禮上下之紀天地之經緯也民之所以生也是以先王尚之

莊子知北遊篇冉求問於仲尼曰未有天地可知耶仲尼曰可古猶今也冉求失問而退明日復見曰昔者吾問未有天地可知乎夫子曰可古猶今也昔日吾昭然今日吾昧然敢問何謂也仲尼曰昔之昭然也神者先受之今之昧然也且又爲不神者求耶無古無今無始無終未有子孫而有子孫可乎冉求未對仲尼曰已矣未應矣不以生生死不以死死生死有待耶皆有所一體有先天地生者物耶物物者非物物出不得先物也猶其有物也猶其有物也無已聖人之愛人也終無已者亦乃取於是者也

國語楚昭王問於觀射父曰周書所謂重黎實使天地不通者何也若無然民將能登天乎對曰非此之謂也少皡之衰也九黎亂德民神雜糅不可方物顓頊受之乃命南正重司天以屬神命火正黎司地以屬民使復舊常無相侵瀆是爲絕地天通

莊子齊物論南郭子綦隱几而坐仰天而噓嗒焉似喪其耦顏成子游立侍乎前曰何居乎形固可使如槁木而心固可使如死灰乎今之隱几者非昔之隱几者也子綦曰偃不亦善乎而問之也今者吾喪我汝知之乎汝聞人籟而未聞地籟汝聞地籟而未聞天籟夫子游曰敢問其方子綦曰夫大塊噫氣其名爲風是唯無作作則萬竅怒呺而獨不聞之翏翏乎山林之畏佳大木百圍之竅穴似鼻似口似耳似枅似圈似臼似洼者似污者激者謞者叱者吸者叫者譹者宎者咬者前者唱于而隨者唱喁泠風則小和飄風則大和厲風濟則衆竅爲虛而獨不見之調調之刁刁乎子游曰地籟則衆竅是已人籟則比竹是已敢問天籟子綦曰夫吹萬不同而使其自已也咸其自取怒者其誰邪

天下篇南方有倚人焉曰黃繚問天地所以不墜不陷風雨雷霆之故惠施不辭而應不慮而對徧爲萬物說說而不休多而無已猶以爲寡益之以怪以反人爲實而欲以勝人爲名是以與衆不適也弱於德強於物其塗隩矣由天地之道觀惠施之能其猶一蚊一虻之勞者也其於物也何庸

漢書灌夫傳武安侯田蚡劾灌夫罵坐不敬捕灌氏支屬魏其侯竇嬰上書名入具言灌夫醉飽事不足誅丞相以他事誣罪之因言蚡短蚡曰天下幸而安樂無事蚡得爲肺腑所好音樂狗馬田宅蚡所愛倡優巧匠之屬不如魏其灌夫日夜招聚天下豪桀壯士與論議腹誹而心謗卬視天俛畫地辟睨兩宮間幸天下有變而欲有大功臣乃不如魏其等所爲

揚子法言問神篇或問神曰心請問之曰潛天而天潛地而地

世說晉武帝始登阼探策得一侍中裴楷曰臣聞天得一以清地得一以寧侯王得一以爲天下貞帝說

舊唐書姜師度傳師度好溝洫所在必發衆穿鑿先

是太史令傳孝忠善占星緯時人爲之語曰傳孝忠兩眼看天姜師度一心穿地

聞見雜錄丁晉公嘗忌楊文公一日詣晉公旣拜而鬚拂地晉公曰內翰拜時鬚拂地楊起視其仰塵曰相公坐處幕漫天

宋史陸九淵傳九淵字子靜生三四歲問其父天地何所窮際父笑而不答遂深思至忘寢食

在田錄高祖游食四方時嘗露宿野中作詩自述云天爲羅帳地爲氊日月星辰伴我眠鞠躬不敢長伸脚恐踏山河社稷穿

豢龍子或問天地有始乎曰無始也天地無始乎曰有始也未達曰自一元而言有始也自元元而言無始也

天地總部雜錄

易經乾卦文言九五本乎天者親上本乎地者親下則各從其類也程傳本乎天者如日月星辰本乎地者如蟲獸草木陰陽各從其類人物莫不然也

坤上六文言陰疑于陽必戰爲其嫌于无陽也故稱龍焉猶未離其類也故稱血焉夫元黃者天地之雜也天元而地黃本義坤雖无陽然陽未嘗无也血陰屬蓋氣陽而血陰也元黃天地之正色言陰陽皆傷也

豫彖傳豫順以動故天地如之而況建侯行師乎

坎彖傳天險不可升也地險山川丘陵也王公設險以守其國大全臨川吳氏曰不可升者无形之險山川丘陵有形之險

明夷上六不明晦初登于天後入于地象曰初登于天照四國也後入于地失則也

繫辭上傳易與天地準故能彌綸天地之道仰以觀于天文俯以察于地理是故知幽明之故大全朱子曰故是幽明之所以然者晝明夜幽上明下幽觀晝夜之運日月星辰之上下日出地上便明日入地下便幽天文有半邊在上面須有半邊在下面可見天文幽明之所以然也南明北幽高明深幽觀南北高深可見地理幽明之所以然也

與天地相似故不違知周乎萬物而道濟天下故不過本義天地之道知仁而已知周萬物者天也道濟天下者地也知且仁則知而不過矣

範圍天地之化而不過本義天地之化無窮聖人爲之範圍不使過于中道所謂裁成者也

廣大配天地大全南軒張氏曰乾之大生以資其始坤之廣生以流其形此廣大配天地也

夫易聖人所以崇德而廣業也知崇禮卑崇效天卑法地天地設位而易行乎其中矣本義窮理則知崇如天而德崇循理則禮卑如地而業廣大全朱子曰天地設位而易行乎其中陰陽升降便是易易者陰陽是也

法象莫大乎天地大全徐氏曰法謂效法象謂成象萬物之生有顯有微皆法象也而莫大乎天地

天生神物聖人則之天地變化聖人效之

繫辭下傳子曰乾坤其易之門耶乾陽物也坤陰物也陰陽合德而剛柔有體以體天地之撰以通神明之德本義諸卦剛柔之體皆乾坤合德而成

天地設位聖人成能本義天地設位而聖人作易以成其功

詩經小雅正月篇謂天蓋高不敢不跼謂地蓋厚不敢不蹐朱註言遭世之亂天雖高而不敢不跼地雖厚而不敢不蹐

禮記樂記樂者天地之和也禮者天地之序也又天高地下萬物散殊而禮制行矣又樂者敦和率神而從天禮者別宜居鬼而從地故聖人作樂以應天制禮以配地禮樂明備天地官矣又地氣上齊天氣下降陰陽相摩天地相蕩鼓之以雷霆奮之以風雨動之以四時煖之以日月而百化興焉如此則樂者天地之和也又及夫禮樂之極乎天而蟠乎地行乎陰陽而通乎鬼神窮高極遠而測深厚樂著大始而禮居成物著不息者天也著不動者地也一動一靜天地之間也故聖人曰禮樂云又清明象天廣大象地又是故大人舉禮樂則天地將爲昭焉天地訢合陰陽相得煦嫗覆育萬物然後草木茂區萌達羽翼奮角觡生蟄蟲昭蘇羽者嫗伏毛者孕鬻胎生者不殰而卵生者不殈則樂之道歸焉耳

祭法燔柴於泰壇祭天也瘞埋於泰折祭地也用騂犢

經解天子者與天地參故德配天地兼利萬物

鄉飲酒義賓主象天地陳註贊皇浩齋曰立賓以象天所以尊之也立主以象地所以養之也

周禮冬官考工記軫之方也以象地也蓋之圜也以象天也訂義鄭鍔曰聖人與天地合其德與日月合其明無所往而不與之俱故或以宮室而象之或以衣裳而象之或以圭璧旌旗而象之而又作車以象之夫車以載乘不過一器耳而天地日月之象實具焉王者乘之豈徒然哉期得覆載照臨之道於俯仰之間也夫輿本方也爲之軫以承之其制亦方方而在輿之下所以象地形之方也不以輿象之而取於軫者蓋軫又在輿之下故也輪人爲蓋其形必員員而在車之上所以象天形之員也輪亦員而不以爲象者蓋輪雖員而運乎下惟蓋則員而覆乎上故也

尚書考靈耀從上臨下八萬里天以圓覆地以方載

尚書璇璣鈐上淸下濁號曰天地

春秋元命苞天如雞子天大地小表裏有水地各承氣而立載水而浮天轉如車轂之過

河圖括地象天有五行地有五岳天有七星地有七表天有八氣地有八風天有九道地有九州天有四維地有四瀆天有九部八紀地有九州八柱

洛書甄耀度元氣無形洶洶隆隆偃者爲地伏者爲天

老子道德經象元篇有物混成先天地生寂兮寥兮獨立而不改周行而不殆可以爲天下母吾不知其名字之曰道又故道大天大地大王亦大域中有四大而王居其一焉人法地地法天天法道道法自然

文子上德篇天覆萬物施其德而養之與而不取故精神歸焉與而不取者上德也是以有德高莫高於天也下莫下於澤也天高澤下聖人法之尊卑有敘天下定矣地載萬物而長之與而取之故骨骸歸焉與而取之者下德也下德不失德是以無德地承天故定寧地定寧萬物形地廣厚萬物聚定寧無不載廣厚無不容地勢深厚水泉入聚地道方廣故能久長聖人法之德無不容

關尹子二柱篇一運之象周乎太空自中而升爲天自中而降爲地又天地雖大有色有形有數有方吾有非色非形非數非方而天天地地者存又夢中鑑中水中皆有天地存焉欲去夢天地者寢不寐欲去鑑天地者形不照欲去水天地者盎不汲彼之有無在此不在彼是以聖人不去天地去識又天非自天有爲天者地非自地有爲地者譬如屋宇舟車待人而成彼不自成知彼有待知此無待上不見天下不見地內不見我外不見人

管子宙合篇天地萬物之橐也宙合有橐天地天地苴萬物故曰萬物之橐宙合之意上通於天之上下泉於地之下外出於四海之外合絡天地以爲一裹散之至於無間不可名而山是大之無外小之無內故曰有橐天地其義不傳

白心篇天或維之地或載之天莫之維則天以墜矣地莫之載則地以沉矣

五行篇天道以九制地理以八制

形勢解天公平而無私故美惡莫不覆地公平而無私故小大莫不載又天生四時地生萬財以養萬物而無取焉明主配天地者也教民以時勸之以耕織以厚民養而不伐其功不私其利故曰能予而無取者天地之配也

列子天瑞篇子列子曰昔者聖人因陰陽以統天地夫有形者生於無形則天地安從生故曰有太易有太初有太始有太素太易者未見氣也太初者氣之始也太始者形之始也太素者質之始也氣形質具而未相離故曰渾淪渾淪者言萬物相渾淪而未相離也視之不見聽之不聞循之不得故曰易也易無形埒易變而爲一一變而爲七七變而爲九九變者究也乃復變而爲一一者形變之始也淸輕者上爲天濁重者下爲地沖和氣者爲人故天地含精萬物化生子列子曰天地無全功聖人無全能萬物無全用故天職生覆地職形載聖職教化物職所宜然則天有所短地有所長聖有所否物有所通何則生覆者不能形載形載者不能教化教化者不能違所宜宜定者不出所位故天地之道非陰則陽聖人之教非仁則義萬物之宜非柔則剛此皆隨所宜而不能出所位者也

莊子齊物論天地一指也萬物一馬也

人間世絕迹易無行地難爲人使易以僞爲天使難以僞

大宗師今大冶鑄金金踊躍曰我且必爲鏌鋣大冶必以爲不祥之金今一犯人之形而曰人耳人耳夫造化者必以爲不祥之人今一以天地爲大鑪以造化爲大冶惡乎往而不可哉

天地篇天地雖大其化均也

天道篇天不產而萬物化地不長而萬物育帝王無爲而天下功故曰莫神於天莫富於地莫大於帝王故曰帝王之德配天地

天運篇天其運乎地其處乎日月其爭於所乎孰主張是孰綱維是孰居無事而推行是意者其有機緘而不得已耶意者其運轉而不能自止耶

秋水篇知天地之爲稊米也知豪末之爲丘山也則差數覩矣又師天而無地師陰而無陽其不可行明矣

至樂篇天無爲以之清地無爲以之寧故兩無爲相合萬物皆化芒乎芴乎而無從出乎芴乎芒乎而無有象乎萬物職職皆從無爲殖故曰天地無爲也而無不爲也人也孰能得無爲哉又髑髏曰以天地爲春秋雖南面王樂不能過也

達生篇天地者萬物之父母也

庚桑楚篇至人者相與交食乎地而交樂乎天不以人物利害相攖

徐無鬼篇聖人井包天地澤及天下而不知其誰氏是故生無爵死無謚實不聚名不立此之謂大人狗不以善吠爲良人不以善言爲賢而況爲大乎夫爲大不足以爲大而況爲德乎夫大備矣莫若天地然奚求焉而大備矣又吾所與吾子遊者遊於天地吾與之邀樂於天吾與之邀食於地吾不與之爲事不與之爲謀不與之爲怪吾與之乘天地之誠而不以物與之相攖

外物篇陰陽錯行則天地大絯於是乎有雷有霆水中有火

天下篇天能覆之而不能載之地能載之而不能覆之大道能包之而不能辯之

荀子天論篇天不爲人之惡寒也而輟冬地不爲人之惡遼遠也而輟廣

呂子圜道篇天道圜地道方聖王法之所以立上下何以說天道之圜也精氣一上一下圜周復雜無所稽留故曰天道圜何以說地道之方也萬物殊類殊形皆有分職不能相爲故曰地道方

大樂篇太一出兩儀兩儀出陰陽陰陽變化一上一下合而成章渾渾沌沌離則復合合則復離是謂天常天地車輪終則復始極則復反莫不咸當日月星辰或疾或徐日月不同以盡其行四時代興或暑或寒或短或長或柔或剛萬物所出造於太一化於陰陽

淮南子俶眞訓有始者有未始有有始者有未始有夫未始有有始者有有者有無者有未始有有無者有未始有夫未始有有無者所謂有始者繁憤未發萌兆牙蘖未有形埒垠堮無無蝡蝡將欲生興而未成物類有未始有有始者天氣始下地氣始上陰陽錯合相與優游競暢於宇宙之間被德含和繽紛蘢蓯欲與物接而未成兆朕有未始有夫未始有有始者天含和而未降地懷氣而未揚虛無寂寞蕭條霄霓無有彷彿氣遂而大通冥冥者也有有者言萬物摻落根莖枝葉青葱苓蘢萑蔰炫煌蠉飛蝡動蚑行喙息可切循把握而有數量有無者視之不見其形聽之不聞其聲捫之不可得也望之不可極也儲與扈冶浩浩瀚瀚不可隱儀揆度而通光耀者有未始有有無者包裹天地陶冶萬物大通混冥深閎廣大不可爲外析豪剖芒不可爲內無環堵之宇而生有無之根有未始有夫未始有有無者天地未剖陰陽未判四時未分萬物未生汪然平靜寂然清澄莫見其形若光耀之間於無有退而自失也

精神訓古未有天地之時惟象無形窈窈冥冥芒芠漠閔澒濛鴻洞莫知其門有二神混生經天營地孔乎莫知其所終極滔乎莫知其所止息於是乃別爲陰陽離爲八極剛柔相成萬物乃形煩氣爲蟲精氣爲人是故精神天之有也而骨骸者地之有也精神入其門而骨骸反其根我尚何存是故聖人法天順情不拘於俗不誘於人以天爲父以地爲母陰陽爲綱四時爲紀天靜以清地定以寧萬物失之者死法之者生

時則訓天爲繩地爲準繩之爲度也直而不爭修而不窮久而不弊遠而不忘與天合德與神合明所欲則得所惡則亡自古及今不可移匡厥德孔密廣大以容是故上帝以爲物宗準之爲度也平而不險均而不阿廣大以容寬裕以和柔而不剛銳而不挫流而不滯易而不穢發通而有紀周密而不泄準平而不失萬物皆平民無險謀怨惡不生是故上帝以爲物平

太元經天穹窿而周乎下地旁薄而向乎上人萅萅而處乎中天渾而攡故其運不已地隤而靜故其生不遲人馴乎天地故其施行不窮又天奧西北鬱化精也地奧黃泉隱魄容也

白虎通天者何也天之爲言鎭也居高理下爲人鎭也地者易也言養萬物懷任交易變化也始起之天始起先有太初後有太始形兆既成名曰太素混沌相連視之不見聽之不聞然後剖判清濁既分精出

罷布度物施生精者爲三光號者爲五行行生情情生汁中汁中生神明神明生道德道德生文章故乾鑿度曰太初者氣之始也太始者形兆之始也太素者質之始也陽唱陰和男行女隨也天道所以左旋地道右周何以爲天地動而不別行而不離所以左旋右周者猶君臣陰陽相對之義男女總名爲人天地所以無總名何曰天圓地方不相類故無總名也君舒臣疾卑者宜勞天所以反常行何以爲陽不動無以行其敎陰不靜無以成其化雖終日乾乾亦不離其處也故易曰終日乾乾反覆道也

張河閒集靈憲太素之前幽清元靜寂寞冥默不可爲象厥中惟靈厥外惟無如是者永久焉斯謂溟涬蓋乃道之根也道根既建自無生有太素始萌萌而未兆幷氣同色渾沌不分故道志之言云有物渾成先天地生其氣體固未可得而形其遲速固未可得而紀也如是者又永久焉斯謂龐鴻蓋乃道之幹也道幹既育有物成體於是元氣剖判剛柔始分清濁異位天成於外地定於內天體於陽故圓以動地體於陰故平以靜動以行施靜以合化堙鬱構精時育庶類斯謂太元蓋乃道之實也在天成象在地成形天有九位地有九域天有三辰地有三形有象可效有形可度情性萬殊旁通感薄自然相生莫之能紀於是人之精者作聖實始紀綱而經緯之八極之維徑二億三萬二千三百里南北則短減千里東西則廣增千里自地至天半於八極則地之深亦如之通而度之則是渾已將覆其數用重勾股懸天之景薄地之義皆移千里而差一寸得之過此而往者未之或知也未之或知者宇宙之謂也宇之表無極宙之端無窮天有兩儀以儛道中其可覩樞星是也謂之北極在南者不著故聖人弗之名焉又陽道左迴故天運左行有驗於物則人氣左羸形左繚也天以陽迴地以陰淳是故天致其動稟氣舒光地致其靜承施候明天以順動不失其中則四序順至寒暑不減致生有節故品物用生地以靈靜作合承天清化致養四時而後育故品物用成

陰符經中篇天地萬物之盜

廣雅釋天太初氣之始也生於酉仲清濁未分也太始形之始也生於戌仲清者爲精濁者爲形也太素質之始也生於亥仲已有素朴而未散也三氣相接至於子仲剖判分離輕清者上爲天重濁者下爲地中和者爲萬物

天圜闊南北二億三萬三千五百里七十五步東西短減四步周六億十萬七百里二十五步從地至天一億一萬六千七百八十七里下度地之厚與天高等

翼莊天地者萬物之總名也

無能子聖過篇天地未分混沌一氣一氣充溢分爲二儀有清濁焉有輕重焉輕清者上爲陽爲天重濁者下爲陰爲地矣天則剛健而動地則柔順而靜炁之自然也天地既位陰陽炁交於是裸蟲鱗蟲毛蟲羽蟲甲蟲生焉又天與地陰陽氣中之巨物爾裸鱗羽毛甲五靈因巨物合和之炁又物於巨物之內亦猶江海之含魚鼈山陵之包草木爾

紀見篇且萬物之名亦豈自然著哉清而上者曰天黃而下者曰地燭晝者曰日燭夜者曰月以至風雲雨露煙霧霜雪皆妄作者強名之也人久習之不見其強名之初故沿之而不敢移焉昔妄作者或謂清上者曰地黃下者曰天燭晝者月燭夜者日今亦沿之矣

續博物志爾雅既曰釋天不得不略言其趣凡有六等一曰蓋天文見周髀如蓋在上二曰渾天形如彈丸地在其中天包其外猶如雞卵白之繞黃揚雄桓譚張衡蔡邕陸績王肅鄭元之徒並所依用三曰宣夜舊說云殷代之制四曰昕天昕讀爲軒言天北高南下若車之軒是時姚信所說五曰穹天云穹窿在上虞氏所說六曰安天晉時虞喜所論鄭注考靈耀云天者純陽清明無形聖人則之制璿璣玉衡以度其象如鄭此言則天是太虛本無形體但指諸星運轉以爲天耳

天周圜三百六十五度四分度之一按考靈耀云一度二千九百三十二里千四百六十一分里之三百四十八周天百七萬一千里者是天圓周之里數也以圍三徑一言之則直徑三十五萬七千里此爲二十八宿周迴直徑之數也然二十八宿之外上下東西各有萬五千里是爲四遊之極謂之四表四表之內幷星宿內總有三十八萬七千里然則天之中央上下正半之處則一十九萬三千五百里地在於中是地去天之數也

譚子天地篇天地盜太虛生人蟲盜天地生螬虹盜人蟲生螬虹者腸中之蟲也嚩我精氣鑠我魂魄盜我滋味而有其生有以見我之必死所以知天之必

顛天其顛乎我將安有我其死乎螳虹將安守所謂奸臣盜國國破則家亡蠹蝕木木盡則蟲死是以大人錄精氣藏魂魄薄滋味禁嗜慾外富貴雖天地老而我不傾螳虹死而我長生奸臣去而國太平

鼇海集天氣通於鼻地氣通於口鼻受氣口受味天陽有餘故鼻竅未嘗閉地陰不足故口常閉必因言語飲食而方開也

鼻通天氣而疏豁是以動息往來無礙口通地氣而吝嗇是以納食味而不出反此者病也

天食人以五氣五氣由鼻入鼻通天氣也地食人以五味五味由口入口通地氣也

天降五氣地產五味然味之生也必質於五氣五氣化而皆澹雨露霜雪之類是也則凡五味之微者象氣存焉得天地之和也

人受天地之氣形以生而獨異於禽獸蟲魚者由其得天地純全故也天形圓而在上人之首能應之地形方而在下人之足能應之四時運於表四肢應之於外五行處於裏五藏應之於內百骸莫不應之於天地陰陽是以人為萬物之靈獨異於禽獸蟲魚而可參乎天地也

人之身法乎天地最為清切且如天地以巳午申酉居前在上故人之心肺處於前上亥子寅卯居後在下故人之腎肝處於後下也其他四肢百骸莫不法乎天地是以為萬物之靈

天以五氣育萬物故雨露霜雪之自天降者皆無味地以五味養萬物故自地生者皆具五味焉

天賦氣氣之質無性情雨露霜雪無性情者也地賦形形之質有性而無情草木土石無情者也天地交則氣形具氣形具則性情備焉鳥獸蟲魚性情備者也鳥獸蟲魚之涎涕汗淚得天之氣烏獸蟲魚之羽毛鱗甲得地之形豈非其氣形具而備性情乎

水居地上陽分精浮而附於天為氣氣行乎天氣潛地下陰分精浮而附於地為水水行乎地氣陽也始於東而盛於南水陰也始於西而盛於北天行陽分自東升而西沈天行陰分自西沈而東升沉則氣化水升則水化氣大海不盈溢者氣之精浮於地水生於西北而止息於東南氣生於東南而降墜於西北氣不輸精則萬物為之枯槁水不輸精則巨海為之泛溢是故氣輸精於地水輸精於天水之流必歸於東南者天地之形西北高而東南低水皆發於西北而聚於東南氣之行必歸於西北者日月之躔東南壯而西北殘氣皆發於東南而聚於西北陰陽升降之義氣也水也一體而二用

九天九地之說蓋以氣之升降而言自春分氣升於天九十日而極為夏至矣故曰九天自秋分氣降於地九十日而極為冬至矣故曰九地是以二至為升降始終之極位

路史事有不可盡究物有不可臆言衆人疑之聖人之所稽也易有太極是生兩儀老氏謂有物混成先天地生而盪者遂有天地權輿之說夫太極者太一也是為太易列禦寇曰有形生於無形天地之初有太易有太初有太始有太素太易者未見氣太初者氣之始太始者形之始太素者質之始氣與形質具而未離曰渾淪視之不見聽之不聞循之不得故曰易易無形埒易變而為一一變而為七七變而為九九者究也九變復而為一一者形變之始也清輕而騫者為天重濁而墜者為地冲粹而生者為人天地絪縕萬物化醇男女會精萬物化生而庶彙繁矣

捫蝨新話傅奕與蕭瑀論佛瑀曰地獄正為是人設耳張唐卿著唐史發潛遂曰蒼天之上何人見其有堂黃泉之下何人見其有獄然予觀國史補李摩云天堂無則已有則賢人生地獄無則已有則小人入如此則又何必較其有無耶

瑯嬛記姑射謫女問九天先生曰天地毀乎曰天地亦物也若物有毀則天地焉獨不毀乎曰既有毀也何當復成曰人亡於此焉知不生於彼天地毀於此焉知不成於彼也曰人有彼此天地亦有彼此乎曰人物無窮天地亦無窮也譬如蛔居人腹不知是人之外更有人也人在天地腹不知天地之外更有天地也故至人坐觀天地一成一毀如林花之開謝耳寧有既乎

姑射謫女曰天上地下而人在中何義也九天先生曰謂天外地內則可謂天上地下則不可天地人物不猶雞卵乎天為卵殼地為卵黃人物為卵白

姑射謫女曰人能出此天地而游於彼天地乎曰能也駕無形之馬御大虛之車一息之頃無不出也無不游也天地雖多在吾心也吾心雖大無為體也汝其游矣乎

潛溪邃言人在天地間猶蟻之在磨軑磨之轉西為東回南作北蟻初不知也天地之運也亦然人曷知乎

劉氏雜志天有南北極如瓜果有前後蔕尖天分十二宮如瓜果分十二瓣近極處度狹而當天腰處度闊如瓜果之瓣近蔕尖者狹而當腰者寬也天之頂心當蔥高山下陽城而地之頂心爲崑崙參差不相對者天地間東南暑熱西北寒凉地在寒凉方者堅疑高峙而在暑熱方者融液坍塌故東南多水西北多山合東南多水西北多山處均平論則地仍以蔥高山下陽城爲中但取最高頂心處則崑崙爲中也

井觀瑣言平陽史氏伯璿亦近代博考精思之士然揣摩太甚反成傅會所著管窺外編其持論多無一定之見如論天地既謂天屬氣地屬形形實氣虛氣能載形虛能載實而主邵子有限無涯之說矣復謂天亦有非虛非實之體以範圍之內爲勁氣所充上爲三光所麗既主朱子天外無水地下是水載之言而謂天包水水載地地浮於水上矣復疑地不免有隨氣與水而動之患必不能久浮而不沉而謂南樞入地處必有所根著與天體相貫通論月食既疑先儒月爲日中暗處所射之說而主張衡暗虛之說以爲暗虛只是大地之影矣復疑影當倍形如此則月光常爲地影所蔽失光之時必多而謂對日之衝與太陽遠處往往自有幽暗之象在焉既謂天大地小地遮日之光不盡日光散出地外月常受之以爲明是本沈括月本無光日耀之乃光之言矣復謂月與星皆是有光但月體半光半晦月常面日如臣主敬君此其光所以有盈虧之異論置閏既謂置一閏而有餘則留所餘之分以起後閏置兩閏而不足則借下年之日以終前閏矣復謂置閏之年其餘分未必無餘而不可有所欠論日月之運既主橫渠天與日月皆左旋之說而謂日月與天同運但不及其健則漸退而反右矣復自背其說而有二人同行之喻謂曆家右轉之說自有源流未可以先儒所學之大而小之凡此等處屢言屢變乍彼乍此進退皆無所據其曰天有範圍地有根著則近於無稽之妄談而論於小智之私矣臣敬君與二人同行之譬尤爲不達事理大抵天地日月之理雖亦格物窮理者所當理會然既未可目擊難以遙度則不如姑以先儒所正言者爲據暫且放過而於天理人事之切近者致詳焉可也苟於此用心太過則牴牾愈多且終不能以豁然而無礙也

觀微子天地以分而殊名也其實一物也故專言之則曰天而已矣以地之上下四旁皆天也通山澤貫金石何莫非天

天地非翕聚專一無以化生萬物吾人非蓄養貞固無以發揮大業要哉靜也寧惟壽乎

冥影契天地混沌之說非也無初也天如卵白亦非也無形也天之蒼蒼亦非也無色也能見大塊面目者壽

山河大地皆天也而求天於天則無

天地一人身督脈經泥丸迴夾脊而至尾閭河源自雲漢下星宿海而入歸墟

古言開闢至今惟天不增不減土有增有減山有減無增水有增無減土山水皆地也統言之地亦不增不減然其形體亦改變矣其於人也形體有減無增嗜慾有增無減惟天命之性不增不減

震澤長語周天三百六十五度然天體無定占中星以知方位天行健而不息如磨之旋自東運而南南而西西而北北而又東以爲昏明寒暑二儀運而出沒五緯隨而起伏列舍就之隱見炎天道南行日出於寅入於戌陽盛於陰也日影隨短窮冬北行日出於辰入於申陰盛於陽也日影隨長春秋天道行於正中日出於卯入於酉陰陽平也日影隨停南爲明都天體所見也日月五星至是則明北爲幽都天體所隱也日月五星至是則晦日月五星至北都而晦非天入於地也若天入於地則日月隨之地中爲日月所照安得爲幽都哉此說與渾天不同然亦不爲無理故著之

玉堂漫筆周天三百六十五度四分度之一天本無度因日一晝夜所躔闊狹而名蓋日之行也三百六十五日之外又行四分日之一一年而一周天以一日所行爲一度故分爲三百六十五度四分度之一星辰之相去月五星之行躔皆以其度度焉蓋天之有度猶地之有里也一度略廣二千里周天大略一百一十萬里上下四方徑各三十六萬里後漢地理志度各二千九百三十二里周天積一百七萬九百一十三里徑三十五萬六千九百七十一里又按學林云地與星辰四遊升降於三萬里之中則地至天萬五千里爾按唐書一行梁令瓚候之度廣四百餘里上下四方徑各五萬餘里周天實一十六萬里地上地下各八萬里天道幽遠術家各持一說宜並存之

天圍如倚蓋半覆地上半隱地下北極出地三十六

度繞極七十二度常見者謂之上規南極入地三十六度繞極亦七十二度常隱者謂之下規

太平清話醫書中有天地脉圖曰氣趨東南文章太盛是亦天地一病

海涵萬象錄予幼時戲將猪水胞盛半胞水置一大乾泥丸於內用氣吹滿胞畢見水在胞底泥丸在中其氣運動如雲是即天地之形狀也此太虛之外必有固氣者

湛若水新論天地之初也至虛虛無有也無則微微化則著著化則形形化則實實化則大故水爲先火次之木次之金次之土次之天地之終也至塞塞者有也有則大大變而實實變而形形變而著著變而微故土爲先金次之木次之火次之水次之微則無矣而有生焉有無相生其天地之終始乎

天外無地地亦天也氣無所不貫天體物而不遺故地不足以配天而曰天地者以形而言耳而儒者謂減地則益天蓋未睹其理焉

子元案垢易陽奇陰偶天一地二宋人易義一而大謂之天二而小謂之地一大二小天示字也天曰神地曰示

玉笑零音心如天運謂之勤心如地寧謂之愼天匪勤則不能廣運地匪愼則不能久持乾之自强天心也坤之厚載地心也

林泉隨筆荀子天地比註曰天無實形地之上空虛者皆天也此說最爲有功朱子言天在四畔地居其中減得一尺地遂有一尺氣但人自不覺耳其言蓋本於此

脉望天地相去八萬四千里自天以下三萬六千里應三十六陽候自地以上三萬六千里應三十六陰候所謂天上三十六地下三十六中間一萬二千里乃陰陽都會之處天地之中也

廣莊逍遙遊一人身量自頂至踵五尺三百六十骨節之中三萬六千種尸蟲族焉凡有目者即有明是彼未嘗無晝夜日月也凡有足者即有地是彼未嘗無山岳河瀆也有嗜欲者即有生聚是彼未嘗無父子夫婦養生送死之具也醟而爲疥彼知趨利膚中之蟣出之甲上奔走如騖彼知畏死吾安知天地非一巨丈夫邪娑婆世界非其一骨節之虛空處邪人物鳥獸賢聖仙佛非其三萬六千中之一種族邪經曰毛髮爪齒皮肉筋骨皆歸於地吾是以知地特髮毛之大者唾涕膿血津液涎沫皆歸於水吾是以知水特唾涕之大者暖氣歸火動轉歸風吾是以知風火特喘息之大者天地得其大不爲有餘人得其小不爲不足蟲處其內不爲逼狹人據其外不爲廣廓天地以成住壞空爲刼蟲以生老病死爲刼肘間之蟲笑指節爲夷狄膚間之蟲語以牙甲叱爲怪誕尚不信身外有人又況人外之天地邪由此推之極情量之廣狹不足以蓋世間之大小明矣拘儒小士乃欲以所常見常聞闢天地之未曾見未曾聞者以定法縛己又以定法縛天下後世之人勒而爲書文而成理天下後世沈魅於五尺之中炎炎寒寒略無半罅可出頭處一丘之貉又惡足道

齊物論天地之間無一物無是非者天地是非之城也

槎菴燕語古人有失意則怨地今人有失意則怨天故多遷葬

枕譚張文成太卜判有楓天棗地之語初不省所出後見唐六典三式云六壬卦局以楓木爲天棗心爲地乃知文成用此

書蕉十方三世所有一切世界皆悉具四種相刼謂成住壞空成而即住住而續壞壞而復空空而又成連環無端都將成住壞空八十轆轤結算一十三萬四千四百萬年爲始終之極數所爲一大刼也

偶談在天成象而麗天者無形非象在地成形而麗地者無象非形若不信拔宅昇天試看殞星爲石

欽定古今圖書集成曆象彙編乾象典

第八卷目錄

天地總部外編

乾象典第八卷

天地總部外編

起世經佛告諸比丘言諸比丘如一日月所行之處照四天下爾所四天下世界有千日月諸比丘此則名爲一千世界諸比丘千世界中千月千日千須彌山王四千小洲四千大洲四千小海四千大海四千龍種性四千大龍種性四千金翅鳥種性四千大金翅鳥種性四千惡道處種性四千大惡道處種性四千小王四千大王七千種種大樹八千種種大山十千種種大泥犁千閻摩羅王千閻浮洲千瞿陀尼千弗婆毗提訶千鬱多囉究留千四天王天千三十三天千夜摩天千兜率陀天千化樂天千他化自在天千諸摩羅天千梵世天諸比丘彼梵世中有一梵王威力最强無能降者統攝千梵自在王領云我能作能化能幻云我如父與諸事中自作如是憍大語言卽生我慢如來不然所以者何一切世間各隨業力現成此世諸比丘如此小千世界猶如周羅名千世界諸比丘爾所周羅一千世界是名第二中千世界諸比丘如一第二中千世界爾所中千一千世界是名三千大千世界諸比丘此三千大千世界一時轉合一時轉合已而還復散一時轉散已而復還合一時轉合已而安住如是世界周帀轉燒名爲敗壞周帀轉合名爲成就周帀轉住名爲安立是爲無畏一佛剎土衆生所居諸比丘此大地厚四十八萬由旬邊廣無量諸比丘此之大地住於水上水住風上風依虛空諸比丘此大地下所有水聚彼水聚厚六十萬由旬邊廣無量彼水聚下所有風聚彼風聚厚三十六萬由旬邊廣無量諸比丘其大海水最甚深處深八萬四千由旬邊廣無量諸比丘其須彌山王入海水中八萬四千由旬出海水上亦八萬四千由旬諸比丘須彌山王其底平正下根連住大金輪上諸比丘其須彌山王於大海中下狹上廣漸漸寬大端直不曲牢固大身微妙最極殊勝可觀四寶合成所謂金銀瑠璃玻瓈生種種樹其樹鬱茂出種種香其香遠熏遍滿諸山多衆聖賢最大威德勝妙天神之所住止諸比丘須彌山王上分之中四方有峯其峯傍挺斜出各高七百由旬微妙可喜七寶所成所謂金銀瑠璃玻瓈赤眞珠硨磲瑪瑙等之所莊嚴曲臨海上諸比丘其須彌山下有三級諸神住處其最下級縱廣六十由旬七重牆壁七重欄楯七重鈴網復有七重多羅行樹周帀圍遶可喜端正其樹皆以金銀瑠璃玻瓈赤眞珠硨磲瑪瑙等七寶所成其諸牆壁各有四門彼一一門有諸疊堞具足莊嚴重閣羞軒却敵樓櫓臺殿房廊樹林苑等幷諸池沼池出妙華衆雜香氣有種種樹種種莖葉種種花果悉皆具足亦出種種微妙諸香復有諸鳥各出妙音鳴聲間雜和雅淸徹其中分級縱廣四十由旬所有莊嚴七重牆壁欄楯鈴網多羅行樹可喜齊平周帀端正亦爲七寶金銀瑠璃玻瓈赤眞珠硨磲瑪瑙等之所校飾門觀樓閣臺殿園池果樹及以衆鳥皆悉具足其上分級縱廣二十由旬七重牆壁乃至諸鳥各出妙音諸比丘其下級中有夜叉住名曰鉢手其中級中有諸夜叉名曰持鬘其上級中有諸夜叉名曰常醉諸比丘須彌山半四萬二千由旬中有四大天王宮殿諸比丘須彌山上有三十三諸天宮殿帝釋所住三十三天向上一倍有夜摩諸天宮殿住其夜摩天向上一倍有兜率陀諸天宮殿其兜率天向上一倍有化樂諸天宮殿住其化樂天向上一倍有他化自在諸天宮殿住其他化自在天向上一倍有梵身諸天宮殿住其他化上梵身天下於其中間有魔波旬諸宮殿住倍梵身上有光音天倍光音上有遍淨天倍遍淨上有廣果天倍廣果上有不麤天廣果天上不麤天下共間別有諸天宮住名爲無想衆生所居倍不麤上有不惱天倍不惱上有善見天倍善見上有善現天倍善現上則是阿迦尼吒諸天宮殿諸比丘阿迦尼吒上更有諸天名無邊虛空處天無邊識處天無所有處天非想非非想處天此等盡名諸天住處諸比丘如是之處如是界分衆生所住如是衆生若來若去若生若滅邊際所極是世界中諸衆生輩有生老死墮在如是生道中住至此不過是故說言娑婆世界無畏剎土自餘一切諸世界中亦復如是諸比丘須彌山王北面有洲名鬱多囉究留其地

縱廣十千由旬四方正等而彼人面還似地形諸比
丘須彌山王東面有洲名弗婆毗提訶其地縱廣九
千由旬圓如滿月彼間人面還似地形諸比丘須彌
山王西面有洲名瞿陀尼其地縱廣八千由旬形如
半月彼諸人面還似地形諸比丘須彌山王南面有
洲名閻浮提其地縱廣七千由旬北廣南狹狀如車
廂其中人面還似地形諸比丘須彌山王北面以天
金所成照彼鬱多囉究留洲東面以天銀所成照彼
弗婆毗提訶洲西面以天玻瓈所成照彼瞿陀尼洲
南面以天青瑠璃所成照此閻浮提洲
諸比丘於此東方有諸世界轉住轉壞無有間時或
有轉成轉住轉壞諸比丘南西北方轉成轉住轉壞
亦復如是諸比丘譬如五投輪除其軸却轉無暫住
無暫間時略說如是如是又如夏雨其滴麤大相續
下注無有休間如是東方南西北方成住壞轉無有
停住時亦復如是諸比丘於其中間復有三災何等
爲三一者火災二者水災三者風災其火災時光音
諸天首免其災水災之時遍淨諸天首免其災風災
之時廣果諸天首免其災云何火災諸比丘火災之
時諸衆生輩有於善行所說如法正見成就無有顚
倒具足而行十善業道得無覺觀二禪不用功修自
然而得爾時彼等諸衆生輩以神通力住於虛空住
諸仙道住諸天道住梵行道如是住已受第二禪無
覺觀樂如是證知成就具足身壞卽生光音天處地
獄衆生畜生衆生閻摩羅世阿修羅世四天王世三
十三天夜摩兜率化自在他化自在及摩身天乃
至梵世諸衆生輩於人間生悉皆成就無覺無觀快

樂證知身壞卽生光音天處一切六道悉皆斷絕此
則名爲世間轉盡諸比丘云何世間住已轉壞諸比
丘若有於彼三摩耶時及無量時長遠道時天下亢
旱無復雨澤所有草木一切乾枯悉無復有譬如葦
荻靑刈之時不得雨水乾枯朽壞皆無復有如是如
是諸比丘天久不雨一切草木悉皆乾枯亦復如是
諸比丘一切諸行亦爾無常不久住不堅牢不自在
破壞法可猒離可求解脫復次諸比丘於彼時有迦
梨迦大風吹散八萬四千由旬大海水已於下卽出
日之宮殿擲置海上須彌留山王半腹四萬二千由
旬安日道中諸比丘此名世間第二日出所有諸小
陂池江河一切乾竭悉無復有諸比丘一切諸行悉
皆無常略說如前可求免脫復次諸比丘略說如前
大風吹海出日宮殿擺日道中是名世間第三日出
所有一切大陂大池大河及恆河等一切大河悉皆
乾竭無復遺餘諸行亦爾如是世間第四日出所有
大水大池所謂善現大池阿那婆達多大池曼陀祇
尼大池蚍滿大池等悉皆乾竭無復有餘諸行亦爾
如是世間第五日出其大海水漸漸乾竭初如脚踝
已下減少乃至猶如膝已下減乃至半身或復一身
二三四五六七人身已下乾竭諸比丘其五日出大
海水減半多羅樹乃至一多羅樹或二三四五六七
多羅樹減乃至半俱盧奢或一二三四五六七俱盧
奢減乃至半由旬減或一二三四五六七由旬而減
乃至百由旬減或二三四五六七百由旬減諸比丘
其五日出大海之水千由旬減乃至二三四五六七
千由旬減諸比丘其世間中五日出時彼大海水略

說乃至七千由旬餘殘住時或至六五四三二一千
由旬在如是乃至七百由旬其水殘在或至六五四
三二一百由旬在或七由旬其水殘在或復六五四
三二一由旬水在或復減至七俱盧奢其水殘在乃
至六五四三二一俱盧奢水餘殘住在諸比丘其世
間中五日出時彼大海水深七多羅餘殘而在或復
六五四三二一多羅樹水餘殘而在或如七人其水
殘在或復六五四三二一或復半人或膝已下或至
踝骨其水殘在又五日時於大海中少分有水餘殘
而住如秋雨時於牛跡中少分有水如是如是五日
之時彼大海中亦復如是又諸比丘五日之時彼大
海中於一切處乃至塗脂水無復遺餘諸比丘一切
諸行亦復如是無常不久須臾暫時略說乃至可猒
可離應求免脫復次諸比丘略說如前乃至六日出
現世時其四大洲幷及八萬四千小洲諸大山等須
彌留山等悉皆起烟起已復起猶如瓦師欲燒器時
器上火焰一時俱起其火大盛充塞遍滿如是如是
其四大洲及諸山等烟起猛壯亦復如是略說乃至
諸行無常應求免脫復次諸比丘略說如前七日出
時其四大洲幷及八萬四千小洲諸餘大山及須彌
留山王等皆悉洞然地下水際並盡乾竭其地聚旣
盡風聚亦盡如是火大焰熾之時其須彌留山王上
分七百由旬山峰崩落其火焰熾風吹上燒梵天宮
殿乃至光音其中所有後生光音宮殿下者諸天子
輩不知世間刼轉壞成及轉成住皆生恐怖驚懼戰
悚各相謂言莫復火焰來燒光音諸宮殿也是時彼
處光音天中諸天子輩善知世間刼壞成住慰喩其

下諸天子言汝等仁輩莫驚莫畏所以者何仁輩昔有光焰亦至於彼時諸天子聞此語已即便憶念往昔時光憶念彼光不離於心故有此名曰光天彼等如是極大熾盛猛焰洪赫無有餘殘灰墨燋燼可得知別諸比丘諸行如是略說乃至可求免脫諸比丘云何世間壞已復成諸比丘彼三摩耶無量久遠不可計時起大重雲乃至遍覆梵天世界如是覆已注大洪雨其雨滴麤如車軸或有如杵經歷多年百千萬年而彼水聚漸漸增長乃至梵天世界爲畔其水遍滿然彼水聚有四風輪之所住持何等爲四所謂一者住二者安住三者不墮四者牢主時彼水聚雨斷已後還自退下無量百千萬踰闍那當於爾時四方一時有大風起其風名爲阿那毗羅吹彼水聚波濤沸涌攪亂不住於中自然出生泡沫然其泡沫爲彼阿那毗羅大風之所吹擲從上安置作諸宮殿微妙可愛七寶間成所謂金銀瑠璃玻瓈赤眞珠硨磲瑪瑙等寶諸比丘此因緣故梵身諸天有斯宮殿諸牆壁等世間出生諸比丘如是作已時彼水聚即便退下無量百千萬踰闍那略說如前四方風起名曰阿那毗羅大風吹擲沸沫即成宮殿名魔身天垣牆住處如梵身天無有異也唯有寶色精妙差降上下少殊如是造作他化自在諸天宮殿化樂諸天宮殿牆壁其次造作刪兜率陀諸天宮殿其次夜摩諸天宮殿如是出生具足悉如梵身諸天次第而說諸比丘時彼水聚復漸退下無量百千萬踰闍那縮而減少如是停住彼水聚中周帀四方自然起沫浮水而住厚六十八百千由旬廣闊無量譬若泉池及以濼中普遍四方有於漂沫覆水之上彌羅而住如是如是諸比丘彼水聚中普四方面泡沫上住厚六十八百千由旬廣闊無量亦復如是諸比丘時彼阿那毗羅大風吹彼水沫即便造作彼須彌留大山王身次作城郭雜色可愛四寶所成所謂金銀瑠璃玻瓈等諸妙寶諸比丘此因緣故世間便有彼須彌留山王出生如是諸比丘又於彼時毗羅大風吹彼水沫於須彌留山王上分四方化作一切山峯其峯各高七百由旬雜色微妙七寶合成乃至硨磲瑪瑙等寶以是因緣世間出生諸山峯岫彼風如是次第又吹其水上沫爲三十三諸天衆等造作宮殿其次復於須彌留山東南西北半腹中間四萬二千踰闍那處爲彼四大天王造作諸宮殿住城壁垣牆雜色七寶可愛端嚴如是訖已爾時彼風又吹水沫於須彌留山王半腹四萬二千踰闍那中爲月天子造作大城宮殿處所雜色七寶成就莊嚴如是作已風復聚沫爲日天子造作七日諸天宮殿城郭樓櫓七寶雜色種種莊嚴以是因緣世間有斯七日宮殿安置住持又諸比丘彼風次吹其水聚沫於須彌留大山王所造作三處域郭莊嚴雜色七寶乃至硨磲瑪瑙等寶如是城聚世間出生諸比丘時彼阿那毗羅大風次吹水沫於海水上高萬由旬爲於虛空諸夜叉輩造作玻瓈宮殿城郭諸比丘此因緣故世間便有虛空夜叉宮殿城壁如是出生諸比丘時彼阿那毗羅大風次吹水沫於須彌留大山王邊東西南北各各去山一千由旬在大海下造作四面阿修羅城雜色七寶微妙可愛乃至世間有此四面阿修羅城如是出生復次阿那毗羅大風吹彼水沫於須彌留大山王外擲置彼處造作一山名曰佉提羅迦其山高廣各有四萬二千由旬雜色七寶莊嚴成就微妙可觀諸比丘此因緣故世間便有佉提羅迦山如是出生復次阿那毗羅大風吹彼水沫於佉提羅迦山外擲置彼處造作一山名曰伊沙陀羅其山高廣各有二萬一千由旬雜色可愛七寶所成乃至硨磲瑪瑙等寶諸比丘此因緣故世間便有伊沙陀羅山如是出生復次阿那毗羅大風吹彼水沫擲置伊沙陀羅山外於彼造作一山而住名曰由乾陀羅其山高廣一萬二千由旬雜色可愛乃至爲彼硨磲瑪瑙七寶所成諸比丘此因緣故世間便有由乾陀羅山王出生如是次第作善現山高廣正等六千由旬次復造作馬片頭山高廣正等三千由旬次復造作尼民陀羅山高廣一千二百由旬次復造作毗那耶迦山高廣正等六百由旬次復造作彼輪圓山高廣正等三百由旬雜色可愛所謂金銀瑠璃玻瓈及赤眞珠硨磲瑪瑙等諸七寶之所成就廣說如上佉提羅迦造作無異諸比丘此因緣故世間有斯輪圓山出復次阿那毗羅大風吹彼水沫散擲置於輪圓山外各四面住作四大洲及八萬小洲幷諸餘大山如是展轉造作成就諸比丘此因緣故世間便有斯四大洲幷及八萬小洲諸大山等次第出現復次阿那毗羅大風吹彼水沫擲四大洲及八萬小洲須彌留山王幷餘諸大山之外安置住立名曰大輪圓山高廣正等六百八十萬由旬牢固眞實金剛所成難可破壞諸比丘是因緣故大輪圓山世間出現復次阿那毗羅大風

吹掘大地漸漸深入卽於其處置大水聚湛然而住諸比丘此因緣故世間之中便有大海如是出生復何因緣其大海水如是鹹苦不中飲食諸比丘此有三緣何等爲三一者從火災後無量時節長遠道中起大重雲住持彌覆乃至梵天然後下雨其雨滴大廣說如前彼大雨汁洗梵身天諸宮殿已次洗魔身諸天宮殿他化自在諸天宮殿化樂宮殿刪兜率陀諸天宮殿夜摩宮殿洗已復洗如是大洗彼等洗時所有鹹鹵辛苦等味悉皆流下次洗須彌留大山王身及四大洲八萬小洲自餘大山并輪圓等如是澆漬流注洗盪其中所有鹹苦辛味一時併下墮大海中諸比丘此一因緣其大海水鹹不中飲復次其大海水爲諸大神大身衆生之所居住何等大身所謂魚鼈蝦蟆獺虬宮毗羅低摩耶低寐彌羅低寐兜羅兜羅祁羅等其中或有身百由旬或有二百三四五六七百由旬如是大身在其中住彼等所有屎尿流出皆在海中以是因緣其海鹹苦而不中飲諸比丘此名第二鹹苦因緣復次其大海水又被往昔諸仙所呪仙呪願言願汝成鹽味不中飲諸比丘此是第三鹹苦因緣其大海水鹹不中飲復次於中有何因緣大熱燋竭世間出生諸比丘若此世間刧初轉時於彼三摩耶其阿那毗羅大風聚彼六日宮殿城郭擲置於彼大海水下其安置處卽於彼住其大水聚皆悉消盡不會盈汎諸比丘是因緣故世間有是大熱燋竭示現出生此名世間轉壞已成復次云何名世間轉壞已成住諸比丘譬如現今世間成已如是住立有其火災於中云何復有水災諸比丘其水災刧三摩耶時彼諸人輩有如法行說如法語正見成就無有顚倒持十善行彼諸人輩當得無喜第三禪處不勞功力無有疲倦自然而得時彼衆生得住虛空諸仙諸天梵行道中得住中已歡喜快樂卽自稱言快樂仁輩此第三禪如是快樂爾時彼處諸衆生輩卽共問彼得禪衆生彼便答言善哉仁輩此是無喜第三禪道應如是知彼等衆生知已成就如是無喜第三禪道禪成已證證已思惟思惟已住身壞命終生遍淨天如是下從地獄衆生閻羅世中阿修羅中四天王中乃至梵世光音天下諸衆生輩一切處一切有皆斷盡諸比丘是名世轉復次於中云何世間轉已而壞諸比丘有三摩耶無量久遠長道時節大雲遍覆乃至光音諸天已來雨沸灰水無量多年略說乃至百千億年諸比丘彼沸灰水雨下之時消光音天所有宮殿悉皆滅盡無有形相微塵影像可得識知譬如以酥及生酥等擲置火中消滅然盡無有形相可得驗知如是如是彼沸灰水雨下之時消光音天諸宮殿等亦復如是無相可知諸比丘諸行無常破壞離散流轉磨滅不久須臾亦復如是可厭可患應求免脫諸比丘如是梵身諸天魔身化樂他化自在兜率夜摩諸宮殿等爲沸灰雨澆洗消滅略說如前似酥入火融消失本無有形相亦復如是乃至一切諸行無常應求免離諸比丘彼沸灰水雨下之時雨四大洲八萬小洲自餘諸山須彌留山消磨滅盡無有形相可得記識廣說如前應可患厭如是變化唯除見者乃能信之此名世轉住已轉壞復次云何轉壞已成諸比丘於時起雲注大水雨經歷多年起風吹沫上作天宮廣說乃至如火災事是爲水災復次云何有於風災諸比丘其風災時諸衆生輩如法修行成就正念生第四禪廣果天處其地獄中衆生捨身還來人間修淸淨行成就四禪亦復如是畜生道中閻羅世中阿修羅中四天王天三十三天夜摩兜率化樂他化及魔身天梵世光音遍淨少光等成就四禪廣說如上諸比丘是名世間轉成云何轉壞諸比丘於彼無量久遠道中有大風起彼之大風名僧迦多諸比丘彼和合風吹於遍淨諸天宮殿令其相著揩磨壞滅無有形相餘殘可知譬如壯人取二銅器於兩手中相揩破壞磨滅消盡無有形相可得識知彼和合風吹遍淨天宮殿磨滅亦復如是諸比丘一切諸行無常破壞不久須臾乃至可厭應求免離如是次吹光音諸天宮殿吹梵身天宮殿魔身諸天他化自在化樂夜摩諸天宮殿相打相揩相摩相滅無形無相無影無塵可知其相諸比丘一切諸行亦復如是敗壞不牢無有眞實應當厭離早求免脫諸比丘彼僧伽多大風吹四大洲八萬小洲并餘大山須彌留山王舉高一拘盧奢分散破壞或二或三四五六七拘盧奢已分裂散壞或次舉高一踰闍那二三四五六七或吹舉高百踰闍那二三四五六七百踰闍那分散破壞或吹舉高千踰闍那二三四五六七千踰闍那或復舉高百千由旬分散破壞彼風如是吹破散壞無形無相無如微塵餘殘可知譬如有力壯健丈夫手撮一把麥麩令碎擲向虛空分散飄颺無形無影如是如是彼風吹破諸洲諸山亦復如是唯除見者乃能信之此名世間轉住已壞

復次世間云何壞已轉成諸比丘彼三摩耶無量年歲長遠道中起大黑雲普覆世間乃至遍淨諸天居處如是覆已卽降大雨其雨滴麤猶如車軸或有如杵相續注下如是多年百千萬歲而彼水聚深廣遠大乃至遍淨滿其中水四種風輪持如前說乃至吹沫造遍淨宮七寶雜色顯現出生一一悉如火災水災次第而說諸比丘是名世間壞已轉成云何世間轉成已住諸比丘譬如今者天人世間轉成已住諸比丘如是次第有於風吹此等名爲世間三災

復次諸比丘彼三摩耶世間轉已如是成時其衆生輩多得生於光音天上彼等於彼天上生時身心悅豫歡喜爲食自然光明又有神通乘空而行得最勝色年壽長遠安樂而住諸比丘彼三摩耶世間轉壞其轉壞時處空無物於梵宮中有一衆生福業命盡從光音天下來生彼梵宮殿中不從胎生忽然化有是梵天名娑婆帝爲如是故有此名生諸比丘彼時復有自餘衆生福業壽盡從光音天捨身命已於此處生身形端正亦以歡喜持爲飮食自然光明有神通力騰空而行身色最勝卽于此間長遠久住彼等於此如是住時無有男女無有貴賤唯有衆生衆生名也如是得名復次諸比丘當於如是三摩耶時此大地上出生地肥凝然而住譬如有人熟煎乳訖其上便有薄膜而住或復水上有薄膜住如是如是諸比丘或復於三摩耶時此大地上生於地肥凝然而住譬如鑽酪成就生酥有於如是形色相貌其味有如無蠟之蜜爾時彼處諸衆生輩其中有生貪性衆生作如是念我於今者亦可以指取味而嘗乃至我知此是何物時彼衆生作是念已卽以其指齊一節間取彼地味向口而嘗吮已意喜如是一過再過三過卽生貪著次以手抄漸漸手掬後遂摶掬而恣食之時彼衆生如是以手摶掬食時於彼復有自餘人輩見彼衆生如是噉已卽便相學競取而食諸比丘等彼衆生以手如是摶掬地味食噉之時彼等身形自然澀惡皮膚麤厚軀體濁暗色貌改變無復光明亦更不能飛騰虛空以地肥故神通滅沒諸比丘如前所說後亦如是彼三摩耶世間之中便成黑暗諸比丘爲如是故世間始有大暗出生復次云何於彼時節世間自然出生日月彼三摩耶現星宿形便有晝夜一月半月年歲時節名字而生諸比丘爾時日天大勝宮殿從於東出繞須彌留山王半腹於西而沒西向沒已還從東出爾時衆生見彼日天大宮殿已各相告言諸仁者輩還是日天光明宮殿再從東方出已右繞須彌留山半腹西沒再三見已各相謂言諸仁者輩此是彼天光明流行是天光明流行世也是故稱言修梨耶修梨耶故有如是名字出生

列子湯問篇殷湯問于夏革曰古初有物乎夏革曰古初無物今惡得物後之人將謂今之無物可乎殷湯曰然則物無先後乎夏革曰物之終始初無極已始或爲終終或爲始惡知其紀然自物之外自事之先朕所不知也殷湯曰然則上下八方有極盡乎革曰不知也湯固問革曰無則無極有則有盡朕何以知之然無極之外復無無極無盡之中復無無盡無極復無無極無盡復無無盡朕以是知其無極無盡也而不知其有極有盡也湯又問曰四海之外奚有革曰猶齊州也湯曰汝奚以實之革曰朕東行至營人民猶是也問營之東復猶營也西行至豳人民猶是也問豳之西復猶豳也朕以是知四海四荒四極之不異是也故大小相含無窮極也含萬物者亦如含天地含萬物也故不窮含天地也故無極朕亦焉知天地之表不有大天地者乎亦吾所不知也然則天地亦物也物有不足故昔者女媧氏煉五色石以補其闕斷鼇之足以立四極其後共工氏與顓頊爭爲帝怒而觸不周之山折天柱絕地維故天傾西北日月星辰就焉地不滿東南故百川水潦歸焉

史記三皇本紀共工氏與祝融戰不勝而怒乃頭觸不周山崩天柱折地維缺女媧乃鍊五色石以補天斷鼇足以立四極聚蘆灰以止滔水于是地平天成不改舊物

徐整長曆天地混沌如鷄子盤古生其中萬八千歲天地開闢陽清爲天陰濁爲地盤古在其中一日九變神於天聖於地天日高一丈地日厚一丈盤古日長一丈如此萬八千歲天數極高地數極深盤古極長後乃有三皇數起於一立於三成於一盛於七處於九故天去地九萬里

決疑要注漢武鑿昆明池極深悉是灰墨無復土舉朝不解以問東方朔朔曰臣愚不足以知之可試問西域胡帝以朔不知難以移問至後漢明帝時外國道人入來洛陽時有憶方朔言者乃試以武帝時灰墨問之胡人云經云天地大劫將盡則劫燒此劫燒之餘乃知朔言有旨

葛洪枕中書眞書曰昔二儀未分溟涬鴻濛未有成

形天地日月未具形如雞子混沌元黃已有盤古眞人天地之精自號元始天王遊乎其中溟涬經四劫天形如巨蓋上無所繫下無所依天地之外遼屬無端元元太空無響無聲元氣浩浩如水之形下無山嶽上無列星積氣堅剛大柔服維天地浮其中展轉無方若無此氣天地不生天者如龍旋廻雲中復經四劫二儀始分相去三萬六千里崖石出血成水水生元蟲元蟲生濱牽濱牽生剛須剛須生龍元始天王在天中心之上名曰玉京山山中宮殿並金玉飾之常仰吸天氣俯飲地泉復經二劫忽生太元玉女在石澗積血之中出而能言人形具足天姿絕妙常遊厚地之間仰吸天炁號曰太元聖母元始君下遊見之乃與通氣結精招還上宮當此之時二氣絪緼覆載氣息陰陽調和无熱无寒天得一以清地得一以寧並不復呼吸宣氣合會相成自然飽滿大道之興莫過於此結積堅固是以不朽金玉珠者天地之精也服之與天地相畢元始君經一劫乃一施太元母生天皇十三頭治三萬六千歲書爲扶桑大帝東王公號曰元陽父又生九光元女號曰太眞西王母是西漢夫人天皇受號十三頭後生地皇地皇十一頭地皇生人皇九頭各治三萬六千歲聖眞出見受道天无爲建初混成天任於令所傳三皇天文是此所宣故能名請天上大聖及地下神靈無所不制故天眞皇人三天眞王駕九龍之輿是也次得八帝大庭氏庖羲神農祝融五龍氏等是其苗裔也今治五嶽是故道隆上代弊極三王三王夏禹殷湯周武也是以淳風既澆易變而禮與禮爲亂首也周末陽弱而陰強國多寡婦西戎金兵起而異法與焉既而九州湮沒帝業荒蕪此言驗也後來方有此事道隆之代其人混沌異法之盛人民猶僞也洪曰此事元遠非凡學所知吾以庸才幸遭上聖聘目論天地之奧藏暢至妙之源本輒條所誨銘之于素以爲絕思矣夫無心分之人愼勿以此元始告之也故置遺跡示乎世之賢耳

元眞子碧虛篇無涯者辯伯也涯之言曰黃郊之帝曰祇卑紫微之帝曰神尊碧虛之帝曰靈荒祇卑王于地山河草木屬焉神尊王于天日月星漢屬焉靈荒王于空風雷雲雨屬焉碧虛和平二帝有方春之會俄而祇卑上騰神尊下降遇于靈荒之野靈荒之帝虛位郊迎傾國所有積肉成霞散酒成雨電走雷奔風歌雲舞累月爲中道主二帝愧靈荒之厚德令碧虛之不安爭讓國以延靈荒之帝神尊曰朕有天祇卑曰朕有地靈荒怪天地之名問之曰朕之仰觀不異碧虛朕之俛察不異碧虛碧虛之外又奚物帝言天地厥狀若何祇卑曰朕之地體大質厚資生元元中高外垂其勢坤厝然如壇轃物尊閫八極海環九山骨巖石毛草木肉土而脈泉汗露而氣烟江河川瀆亂奔流人蟲鳥獸紛往還願帝之下而遊焉神尊曰朕之天體虛形高資始化化中員外轉其行乾穹然如帳幬物尊五星交列宿粲邊曆輪日月中文帶河漢絕雰祲雲霞列仙天宮殿願帝之上而居焉靈荒未之信曰天如帳胡縣乎其上地如壇厥下乎何安神尊曰天之帳非上縣飄輪下載常左旋三光隨之以西遷祇卑曰地之壇有湫盤凝浮其上所以安靈荒曰飄輪幹靈生湫盤奚物盛願聞之祇卑曰飄輪徧乎下湫盤所以停帝何疑靈荒曰噫天地之形造化信然實如所論固當息焉朕之空茫唐濛同無不通無內無外無西無東曠閬漭蕩蒼茫清冥合日月之光震雷霆之聲挂虹蜺之色飛龍鸞之形朕坐而游之臥而泗之泛然飄颻皆可停豁乎包乎母廓乎堅乎壽非春夏之能生非歲年之能朽先天地不見其初後天地不見其久若然者安能棄朕之長無寄君之暫有哉于是二帝謝靈荒之言退還故府祇卑降黃郊神尊升紫微數月不泰然天地爲之閉紅霞子問乎碧虛子曰造化之端自然之元其體若何霄願游夫子之域而觀之豈得聞邪于是碧虛子泬然有間豁然晴容而曉顏詠乎太寥之上爲空洞之歌謂之曰無自而然自然之元無造而化造化之端廓然愨然其形圓闔爾之視絕爾之思可以觀紅霞子曰若霄者儵遨而忽游請篤乎言霄願乘之以逍遙不暇辭夫子而觀焉於是碧虛子導之曰無自而然是謂元然無造而化是謂眞化之元也之眞也無元而元是謂眞元無眞而眞是謂元眞馳言曰無然乎其然一乎然然後觀乎自然無化乎其化一乎化然後觀乎造化無元乎其元一乎元然後觀乎眞元無眞乎其眞一乎眞然後觀元眞逸言曰眞眞乎元元元乎眞元乎無眞乎眞眞眞乎無元乎元元然後登太寥之天夫無有也者有無之始也有無也者無有之初也無有作有無立而造化行乎其中矣夫造化之與也空以徧之風以行之水以聚之識以感之氣以逼之而萬物備乎其中矣空徧而體存風行

而用作水聚而有見識感而念生氣通而意立體存故可以厚本用作故可以明漸有見故可以觀變念生故可以知化意立故可以詳理是知本可厚者空之體也漸可明者風之用也變可觀者水之有也化可知者識之念也理可詳者氣之意也是故風水競變物其物而不同識氣多端意其意而不一幹乎乾而能常浮乎坤而能長運之而無窮生之而無方化之而無邊因之而無疆原其原者夫何謂歟造而化之存乎初太而極之存乎無自而然之存乎虛無而住之存乎妙觀其所存而造化之元可見矣

紅霞子明乎造化之域患乎廣空之色於是披紅陽之光餐碧寥之氣以實其容絕慶弔之禮寡親朋之問獨與太虛遊往來高會僕風應門燭月繼夜而寂談不輟味俗享貴者聞之造焉覩其空巷荒廬邑不勝憂心為之恥謂之曰我躬不閱遑恤造化紅霞子曰吾為造化知己罔有弗詳而造化獨不吾知致有所乏吾無慙於造化造化有愧於吾吾將往而訴之以慰君之憂辭君之恥於是駕紅陽之駒乘碧寥之輿拂衣東轅經諸無之國遇同空將假道焉同空曰君何為者而屆乎斯曰吾紅霞子也將訴諸造化願假道於君同空問之曰孰為造化奚為假道紅霞子曰為物之宰主曰造化藉君之國行曰假道同空曰若然者朕之東無化可造朕之國無道可假君其改途紅霞子於是拂衣南馳經自然之域遇化元將假道焉化元曰子何為者而屆乎斯曰吾紅霞子也將訴諸造化願假道於君化元詰之曰夫造化朕兄弟之國也子弗聞乎假朕之道訴朕之親朕之仇也師徒將攻之紅霞子于是拂衣西驅經無住之邦遇因本將假道焉因本曰子何為者而屆乎斯曰吾紅霞子也將訴諸造化願假道于君因本拒之曰假道之資子弗聞乎子有飛空之乘與照虛之璧吾將為子啓關紅霞子曰使吾有璧乘之資尚弗訴諸造化無假道于君哉于是拂衣北趨經太極之野遇生首將假道焉生首曰子何為者而屆乎斯曰吾紅霞子也吾將訴諸造化願假道于君生首訶之曰子何知之晚也夫造化之夐可知而不可鄰可聞而不可親雖欲假子之道其何以至子將訴之無乃不可乎于是紅霞子聞生首之訶兀焉喪有徘徊躊躇還轡旋輿經元原之郊迷失途于牧道童子神與易浴乎元川而遨于是問津焉二童曰夫子奚氏也跋涉虛無蒙犯煙霄車馬有游空之倦何之而問乎津紅霞子曰吾紅霞子也吾嘗知造化而造化弗吾知使吾乏資身之用為味俗之恥吾將訴諸造化吾適東轅西驅南馳北趨而假道于四方東至于諸無南至于自然西至于無住北至于太極四之皆不遇諸無有同空之問無住有因本之拒太極有生首之訶自然有化元之詰吾念日暮途遠旋吾之輿歸乎寰中於斯迷津幸哉而遇子敢欲問焉然子為誰也偉哉而文於言哉二童曰吾謂神之與易也吾與造化牧道於元郊吾適為六塞之戲俱亡其道吾懼造化之責躊躇而遷延因浴乎元原且吾之有道憂尚敢見造化奈何夫子以俗恥而干吾君賴夫子有諸侯之詰無然一忭造化之念茲元原之上豈可復覩吾二童之泗游哉夫子辭寰中而來未覩造化茫然迷津而問途欲迷舊居將何面目以見寰中之父兄乎胡弗解裳浴焉同洄隨波泛濤聊以遊遨俟吾白圖之成將近夫子而謁諸造化不亦爾豁乎紅霞子於是翛然浮光沈影泝瀨沿波與二童乘元濤之騰濇泛六合之外倏忽至造化之境自然奉常然衣太極進無極食煥然盈造化之域紅霞子與二童披而餐之光榮洞六合之內然後謁乎化眞顧而俛於寰中慙代俗之榮恥皆妄觀乎化眞唯懼造化之知其將訴也於是聽造化問二童道之所在二童曰無亡無不亡道不離乎皇之鄉造化欣然曰無有其有者無亡其亡無不有其不有者無不亡其不亡放乎元原之郊而無邊童子得牧道之方矣于是紅霞子盈自然衣充太極食樂造化言荷造化力揖造化與二童眘然而退將還舊居是行也與太虛遇于同空太虛曰自子之觀造化也索焉離居蕭然荒廬念子寰中無恙紅霞子曰吾適也面造化容意造化心耳造化言吾知至道之無有也吾豈見寰中之有無哉化之元也原乎有者觀其無原乎無者觀其有奚以狀其然邪容之為言也冥其靈乎也精茫其唐乎也荒故曰冥靈精之難明茫唐荒之難詳殊萬形之無窮異萬心之無方是以昔之登太寥觀化元者知其運乎工而未央作太寥之歌曰化元靈哉碧虛淸哉紅霞明哉冥哉茫哉惟化之工無疆哉非夫同萬形之殊殊萬形之同一萬心之異異萬心之一馳不想而屆乎冥茫之端倪者則何以環游太無觀造化之無矣

雲笈七籤外國放品隱元內文經云天地五方皆有制御剛柔之色使不得落其地深二十億萬里得潤

澤潤澤下二十億萬里得金粟澤金粟澤下二十億萬里得金剛鐵澤金剛鐵澤下二十億萬里得水澤水澤下八十億萬里得大風澤大風澤下五百二十億萬里乃剛維天地制使不陷如今日月星辰爲風所待也學者不知地下之境潤色深淺卽五帝不過兆身於外國之境也

東方弗于岱九萬里之外極豪林之墟其國音銘呵羅提之國國地形正員土色如碧脂之鮮無有山阜廣狹九十萬里其國人形長二丈壽四百歲國有六音之銘是高上始氣置於外國胡老之品高上恆吟歌其音以化胡老之人令知外國有不死之教其國人皆行禮而誦其音是得四百歲之壽無有中天之命上學之士知外國地色恆吟詠六品之音者則致胡老仙官衛兆之身九年自然得遊呵羅提之國與胡老交言變化飛空遊行東極之境也

南方閻浮利三十萬里之外極洞陽之野其國音則銘伊沙陁之國國地平博無有高下土色如丹廣狹八十一萬里其國人形長二丈四尺壽三百六十歲國有六音之銘是高上置於外國越老之品高上恆吟歌其音以化越老之人令知其國有不死之教其國人皆行禮而誦其音是得三百六十歲之壽無有中天之命學者知外國地色恆吟詠六品之音者則致越老仙官衛兆之身九年自然得遊伊沙陁之國與越老交言變化朱宮飛行南陽之境也

西方俱耶尼七十萬里之外極浩素之壟其國音則銘尼維羅綠那之國國地形多高壟與天西關相接土色白如玉廣狹六十八萬里其國人形長一丈六尺壽六百歲國有六音之銘是高上置於外國氐老之品高上恆吟歌其音以化氐老之人令知其國有不死之教其國人皆行禮誦詠其音是得六百歲之壽無有中天之命學者知外國地色恆吟咏修行則致氐老仙官衛兆之身九年自然得遊尼維羅綠那之國與氐老仙官交言能飛行元虛遊戲浩素之壟也

北方鬱單五十萬里之外國極朔陰之庭其國音則銘句他羅之國國地長流平演土色黑潤廣狹五十八萬里其國人形長一丈二尺壽三百歲國有六音之銘是高上置於外國羌老之品高上恆吟歌其音以化羌老之人令知其國有不死之教其國人皆行禮而誦詠其音是得三百歲之壽無有中天之命學者知外國地色恆吟詠修行則致羌老仙官衛兆之身九年自然得遊句他羅之國與羌老交言飛行元虛遊宴朔陰之庭也

上方九天之上清陽虛空之內無色無象無形無影空洞之銘元精青沌自然之國以青氣爲世界上極無窮四覆諸天則高上玉皇萬聖帝眞受生之根元壽命無量惟刼爲年其空洞之內亦有六音之銘則元始置於眞皇自然之品高上吟歌其音以延羣仙令知元空有無量之眞其國玉皇萬聖帝眞皆行禮悉吟詠其音是得無量之壽學者知空洞之色吟詠修行則致三元下降五帝詣房授兆靈音九年則得乘駕浮雲上造玉清太空之中也

中國直下極大風澤去地五百二十億萬里綱維地源制使不落土色如金之精中國音則銘太和寶眞無量之國中嶽崑崙卽據其中央諸天之別名上有元圃七寶珠宮與天交端上眞飛仙之館中國周廻百二十億萬里其國人形長九尺皆學導引之術壽一千二百歲國有六音之銘是高上置於中國之品高上玉皇帝君悉吟詠其音以化中國傖老之人令知其國有不死之教其國人皆修上清之道行禮誦詠是得壽一千二百歲無有橫夭之年學者知中國地色吟詠修行則傖老仙官衛兆之身九年自然與傖老交言元察太空飛行上清

諸天內銘九地三十六音以元始同存空靈建號結自然之名表於九元演流外國三十六音如是天地各有三十六分天則有三十六天王以應三十六國地則有三十六土皇以應三十六天天王典眞土皇主仙爲學不知天之內音則天王不領兆名不知地下之音土皇則不滅兆跡閉不得仙有見其文受其訣音天王元鑒七聖刻篇西龜定錄東華書名土皇滅尸落跡九陰保舉上清五靈敬護十界扶迎周流六國平滅羣凶五兵摧伏天魔束形九年乘空飛行上清眞道高妙不得妄宣輕泄寶音七祖充責己身殞亡三塗五苦萬刼不原上眞之士愼科而行

諸天王恆以八節及月朔之日遊觀無崖歷戲雲房逍遙玉清流盼十方於明霞之上恆詠諸天內音飛元之章上慶天眞內懽神衿玉響虛朗瓊韻合音當此之日五老浮位九帝臨軒四司鑒試五帝衛靈衆眞齊唱萬仙禮音三光停暉七元煥明山海靜波諸天肅清八素散華四皇拂塵靈風揚香綠霞吐津天元溟涬玉虛含欣朗朗高清之館渺渺大漠之中洞

虛入徵周覽無窮有得其道與帝結朋勤誦其章位
雅仙王德同諸天壽齊三光
凡學上仙之道志登玉清奉禮帝尊而不知三十六
天之音飛元之章則三十六天王不領兆名徒爲精
勤天不降眞四司不敬五帝不迎天魔侵眞終不成
仙欲飛行元虛遊晏五嶽而不知九地三十六土皇
內名則九陰不落兆尸九地不滅兆跡徒勞幽山望
飛反沈欲行此道每至八節月朔日沐浴清齋入室
燒香朝禮諸天北向叩齒三十六通微呪曰兆臣甲
乙志慕神仙八慶之日朝禮天尊上願騰景乘空落
烟飛超玉清洞遊諸天中願變形致五神昇入月門
仰踐八騫石景水母玉胞飛根長披朱日與光同存
下願四極授我口言西華侍衛役使金晨攜提五老
八景同軒上慶交合五願開陳得如所願體合自然
眞靈下降賜登上仙畢便六拜仰咽六氣次西向六
拜咽六氣次南向六拜咽六氣次東向六拜咽六氣
次西北六拜咽六氣次東南六拜咽六氣合六方三
十六拜朝三十六天畢還北向平坐詠三十六天飛
元之章一遍竟又六拜六咽氣都止也此高上朝三
十六天上法行之九年天降雲輿三光詣房書名玉
清刻簡青宮四司右列十界敬迎乘空飛行上昇玉
宸其法高妙不得妄宣輕泄寶文七祖充責身役鬼
官長閉三徒萬劫不原
高上九元三十六天內音第一無上元景無色鬱單
無量天英勃天王姓混諱霧霧羅
第二無形淸微天化昇天王姓馮諱提阿沙
第三無精波羅禰大元黑天王姓雲諱奎零

第四入色水無量億羅天飛宗天王姓王諱阿衛
第五無極洞清上上禪善無量壽天雲羅天王姓禰
諱霮霧霸
第六元微自然上虛禹餘天梵咽天王姓羅諱彼犂
茶
第七元清上無那首約評天元那天王姓梵諱摩首
波
第八梵行上清氣稽那邊淨天云攜天王姓騫諱首
苛
第九無窮洞虛極上須延天廻摩天王姓澤諱霳霸
羅
第十元梵玉虛無精氣羅迦淨月天雲阿天王姓周
諱阿迦須
第十一氣元元達上蠡亦大重慕天王姓丹諱清淨
坱
第十二大梵元無氣離恝行如天世畢天王姓周諱
分若
第十三無極上靈玉虛元洞寂然天家王天王姓津
諱霱霙
第十四寶梵無色上眞氣潘羅元妙天雲持天王姓
隨諱梨沐音
第十五飛梵行眞上元答謾福德天部利天王姓王
諱惟鉢離
第十六雲梵流精中元近慈際淳天世良天王姓朱
諱梨藹
第十七元上洞極無崖不驕樂天流芬天王姓凝諱
霣霍霄

第十八大梵元青元精答恝近際天元深天王姓阿
諱明秀
第十九行梵紫虛上元首帶快見天洞千天王姓劉
諱且房
第二十虛梵上清化靈須陁結愛天飛衣天王姓彭
諱移那
第二十一上極無景洞微化應聲天玉攜天王姓輝
諱霖霆
第二十二大梵九元中元氣阿那給道德天葵天王
姓捷諱尼姤
第二十三行梵元清下靈氣須達天總茷天王姓周
諱難首
第二十四極梵洞微九靈氣須帶阿那天九曲天王
姓竺諱明和
第二十五無名至極洞微梵寶天（原闕兩字）天王姓精諱
霧雲霽
第二十六微梵元天氣帶扇給道德天（原闕兩字）天王姓
洛諱須阿摩
第二十七虛梵天氣蟬然識慧天（原闕兩字）天王姓云諱
元陁
第二十八空梵中天績元伊檀天（原闕兩字）天王姓朱諱
仲生
第二十九太極無崖紫虛洞幽梵迦摩夷天世羅天
王姓云諱霿霐
第三十緣梵自然識慧入天雲九天王姓迦諱釋文
羅
第三十一元梵大行無景無所念慧天宗提天王姓

伊諱檀阿
第三十二天霎梵上行維先阿檀天正羣天王姓仲
諱雲勤勃
第三十三無色元清洞微波梨答惒天（原闕兩字）天王姓
王諱靈濡
第三十四洞微元上梵氣阿竭含那天（原闕兩字）天王姓
桓諱墮世宗
第三十五元上緑梵滅然天（原闕兩字）天王姓朱諱隨雲
彌
第三十六極色上行梵泥維先若那天（原闕兩字）天王姓
袁諱員殊
三十六天內名生於空洞元氣之先文華表見題於崑崙之山高上音其玉文上相集其妙篇稟受太空自然之章上標元圖中統六國三十六音下總九地三十六土皇靈篇洞暢玉慧虛鮮皆天王之遊歌空元之寶章六六韻合四四齊異九帝分號三十六天萬氣總隸普領羣仙上極無崖無色下極洞源洞淵諸爲上眞飛仙不稟玉音則不得遊觀無崖之天有得其文天王書名刻字紫扎結籙玉晨三十六年尅得上登無色之天下洞九地之源上妙之道不傳下仙輕泄寶音七祖充責身負刀山三徒五苦萬刧不原
洞淵九地三十六音內銘第一壘色潤地正音土皇姓秦諱孝景椿
第一壘色潤地行音土皇姓黃諱昌上文
第一壘色潤地遊音土皇姓青諱元文基
第一壘色潤地梵音土皇姓蓋諱忠陣星
第二壘剛色地正音土皇姓戊諱坤文光
第二壘剛色地行音土皇姓鬱諱黃母生
第二壘剛色地遊音土皇姓元諱乾德維
第二壘剛色地梵音土皇姓長諱皇萌
第三壘石脂色澤地正音土皇姓張諱維神保
第三壘石色脂澤地行音土皇姓周諱伯上仁
第三壘石脂色澤地遊音土皇姓朱諱明車子
第三壘石脂色澤地梵音土皇姓庚諱文敬士
第四壘潤澤地正音土皇姓賈諱雲子高
第四壘潤澤地行音土皇姓謝諱伯无元
第四壘潤澤地遊音土皇姓己諱文泰陣
第四壘潤澤地梵音土皇姓行諱機正方
第五壘金粟澤地正音土皇姓華諱延期明
第五壘金粟澤地行音土皇姓黃諱齡我容
第五壘金粟澤地遊音土皇姓雲諱採无淵
第五壘金粟澤地梵音土皇姓蔣諱通八光
第六壘金剛鐵澤地正音土皇姓李諱上少君
第六壘金剛鐵澤地行音土皇姓范諱來力安
第六壘金剛鐵澤地遊音土皇姓長諱李季元
第六壘金剛鐵澤地梵音土皇姓王諱馰女容
第七壘水制澤地正音土皇姓唐諱初生映
第七壘水制澤地行音土皇姓吳諱正法圖
第七壘水制澤地遊音土皇姓漢諱高文徹
第七壘水制澤地梵音土皇姓京諱仲龍首
第八壘大風澤地正音土皇姓葛諱元昇先
第八壘大風澤地行音土皇姓華諱茂雲長
第八壘大風澤地遊音土皇姓羊諱眞洞元
第八壘大風澤地梵音土皇姓周諱尚敬原
第九壘洞淵無色剛維地氣正音土皇姓極諱无上元
第九壘洞淵無色剛維地氣行音土皇姓昇諱盧元浩
第九壘洞淵無色剛維地氣遊音土皇姓趙諱上伯元
第九壘洞淵無色剛維地氣梵音土皇姓農諱勤元伯
右九壘之地極下洞淵洞源綱維天地制使不落上則去第一壘五百二十億萬里下則無窮無境無邊無際皆綱維之氣如是第九壘土皇以三月一日六月二日九月三日十二月四日一年四過乘五色雲輿九色飛龍執中元命神之章從僊老仙官耀天羽騎萬二千人上詣波梨答惒天奏九地學道得仙人名言於四天之主
凡學上法當以其日日入時入室向太歲黃書白紙上四土皇內音服之叩齒十二通仰存四土皇姓諱悉著元黃五色之衣頭戴九元通天寶冠足著五色師子交之履執文身保命之符乘黃霞飛輿從五帝玉女三十六人飛行上昇波梨答惒天便呪曰四象迴周九精洞靈皇老應符騰虛入淸四通八達飛霞紫瓊上登金華奉對帝靈記仙元籙靑宮刻名得道白簡封字七靈九壘滅尸東井鍊形三九降眞我道已明得乘飛景上登玉庭畢心拜九拜咽氣十二通止行之三十六年得乘黃霞飛軿上昇波梨答惒之天九地九壘直下九重合三十六音三十六土皇

上應三十六天中應三十六國如是土皇皆位齊玉皇之號但分氣各治上下之別名耳土皇三十六年轉號上清之宮襲三十六天之王玉司之官於九壘之下皆舉學道得仙之名上奏九天天王爲學不知九壘地音三十六土皇內諱九地不滅兆跡九天丞相不受兆名五嶽不降雲輿五帝不衛兆身徒明外國之音故不得匡會而昇也故天地人各稟三三之氣三合成眞然後得仙也

凡知九地之音三十六土皇內諱則九氣丈人恆以四方五色靈官防衛兆身出入遊行登陟五嶽則仙官侍送滅魔威試降致神眞九年飛空坐在立亡三十六年上昇太清居世得有此文七元九祖則爲九氣命靈上皇司官奉衛形骸撫慰靈魂萬里父老丘丞相掾皆爲驅除無復拘閉謫役之患居則在地保安無凶十二守將營扞八門通眞致神欲富則富欲官則官欲仙則仙欲神則神此道祕妙非可言宣上相青童稟受高上口訣寶篇妄泄靈文七祖充役萬劫不原

若欲登山住止及安居宅審地吉凶當以戊己之日黃書九地三十六音文白紙上置所居中央以盆覆之三宿開看若有黃色潤紙大吉若有青色則下有死靈之尸若有白色則凶若有赤色者則驚恐若有黑色者則主財寶若有紫色者得神仙都不異則止可三年安過此必折傷

東方呵羅提國第一品銘正音无夷第二品銘正音波泥第三品銘正音久難第四品銘正音吉羅第五品銘正音无思第六品銘正音雲芝

東方去中國九十萬里外名爲呵羅提之國一名日生國國外有扶桑在碧海之中地一面方萬里上有太帝宮太眞王之別治其上生林如桑皆數千丈大者三千圍兩兩同根而生有實赤如桑椹仙人所啖食體作金光色其實皆九千歲一生又有生洲在扶桑外西接蓬萊地面方二千五百里去岸二十三萬里上有仙家數萬人地無寒暑時節溫和多生神仙芝草食之飛空而行扶桑東又有祖洲在東海之中地方五百里去岸七萬里上有不死芝草形狀似菰苗長三四尺一名養神芝其葉似菰生不叢株食之飛行上清已死之人覆之則生神奇妙藥入其國宜知其名存胡老仙官採之於祖洲思其色而服之三年面有流光延壽萬年（原闕二字）自然有仙人齋此神物降送於身也

南方伊沙陁國第一品銘正音盈華第二品銘正音王家第三品銘正音握魔第四品銘正音耀葩第五品銘正音武都第六品銘正音飛蒲

南方去中國八萬一千里外名閻浮黎之外極洞陽之野國名伊沙陁之國一名火庭天竺之國國外有長洲一名青丘在南海辰巳地方五千里去四方之岸二十萬里則生天樹長三千丈大者二千圍甚多靈藥甘液玉英無所不有其上有民人皆壽三百六十歲又有靈狐之獸大者如犬色如金叫聲響四千里威制虎豹萬禽得衣其毛壽同天地青丘左則有風山山恆震聲上有紫府宮天眞神仙玉女所遊觀又有炎州在南海中央地方二千里去岸九萬里上有風生獸似豹青色大如貍積火連天燒之經月不死毛亦不然斫刺不入以鐵鎚交鍛其頭數千下乃死張口向風須臾復活以石上菖蒲塞其鼻卽死取其腦和菊花服之壽同天地又有火林山山中有火光獸大如鼠毛長三四寸或赤或白於是夜半望山上林木及此獸光照如然火取其獸毛作布名之火浣布小汙以火燒之卽鮮白則伊沙陁國人所衣得此毛仙人降形學者存其國之音思越老仙官三十六年神人當以此獸及本國神奇之物獻送於兆也

西方尼維羅綠那國第一品銘音曰華蓮第二品銘音曰高軒第三品銘音曰明身第四品銘音曰土纏第五品銘音曰星震第六品銘音曰朱天

西方去中國六萬里外名俱耶尼之外極皓素之壟寒穴之野則尼維羅綠那之國一名雲胡月支國國人壽六百歲國外則有流洲在西海之南地方三千里去東岸十九萬里其上有仙家數萬上有山生昆吾之石治石成鐵作劍光明照洞如水精割玉如土鳳麟洲在海中央地方一千五百里四面有弱水鴻毛所不浮上有仙家數千鳳麟爲羣上有吉光之獸如貍能作胡語聲如梵音與其國人通言獸毛生光奕奕悉仙人所衣得衣其毛壽同天地學者存其國音氏老仙官三十六年當獻送昆吾之劍吉光之獸於兆也

北方旬他羅國第一品銘音曰元家第二品銘音曰文多第三品銘音曰山蘆第四品銘音曰武都第五品銘音曰盈家第六品銘音曰元摩

北方去中國五萬里外名鬱單極朔陰鉤陳之庭國名旬他羅之國一名天鏡之國國人壽三百歲國外

則有元洲方七千二百里四面是海去岸三十六萬里上有太元都仙伯眞公所治有鸑鷟之鳥如浮氣丘山名爲鳳山與天西北門連界金堂玉室宮府金玉紫芝是三天所治其外則有元洲地方三千里去南岸十萬里上生五芝元澗澗水如蜜飲之與天地同年中有二萬仙家悉飲此水得仙不死學者存其國音羌老仙官三十六年降獻元澗五芝水也

上方元精靑沌自然國第一品銘正音重權第二品銘正音玉金第三品銘正音三林第四品銘正音正精第五品銘正音吸鈴第六品銘正音錄嬰

上方九天之上淸陽恢空之內無色無象無形無影空洞之銘元精靑沌自然之國一名洞淏淸衍之國以靑氣爲世界上極無窮四覆諸天惟有玉虛紫館結空洞之烟而虛元淸沌之內也爲學存高上之音則天人授子飛仙之方

中央太和寶眞無量國第一品銘正音山蘆第二品銘正音世家第三品銘正音嵯峨第四品銘正音盈華第五品銘正音翟葩第六品銘正音羅那

中國四周百二十億萬里下極大風澤五百二十億萬里崑崙處其中央弱水周帀繞山山高平地三萬六千里上三角面方長萬里形似偃盆中央小狹上廣其一角正北千辰星之精名曰閬風臺一角正西名曰元圃臺其一角正東名曰崑崙宮一處有積金爲天墉城面方千里城上安金臺五所玉樓十二其北戶山承淵山並其支輔又有墉城金臺玉樓相似如一流精之闕光碧之堂瓊華之室紫翠丹房景雲燭日朱霞九光西王母之所治上通璇璣元氣流布五常玉衡普引九天之澳灌萬仙之宗根天地之紐萬度之柄矣上生金銀之樹瓊柯丹寶之林垂蘇瑚以爲枝結玉精以爲實其樹悉刻題三十六國音諸天玉文上棲紫鸞鳳鸑白雀朱鴉鵾雞靈鵠赤烏靑鵲下則飛禽遊獸與崑崙同生初無死耗但元文寶經隱書古字有千二百億萬言在元圃之上積石之陰仙人有九萬人皆停散於靈山學者恆誦諸天內音外國三十六音地下九壘之音九年仙人自當降送靈山之神奇三十六年得乘五色雲輿上登崑崙之山也

王文祿補衍天地終始篇天地終始謂一大劫劫壞時火災將起天久不雨所種不生依山泉源四大駛河悉竭久後有大黑風暴起吹使海水兩披取日宮置須彌山半安日道中七日輪次第現出一日出百草樹木一時凋落二日出四大海水漸涸三日出四大海水轉消四日出四大海水淺阿耨達池竭五日出四大海水竭盡六日出大地烟生火起從須彌山至三千大千刹土靡不悉燒七日出大地須彌山崩壞洞然諸寶爆裂焰震動至梵天盡成灰墨此名器世間

已壞滿二十中劫壞已復二十中劫住過七火災已從此生水界起壞器世間如水消鹽此水界與器世間一時俱沒沒已復二十中劫住過七水災已復七水災從此生風界起壞器世間如風乾支節復消盡此風界與器世間已壞

壞劫後名空劫經無量久劫欲成時火自滅起大重雲注大洪雨滴如車輪復經無量時雨止水聚從下水輪湧沸水上騰漂浸決遍滿梵天四風輪所住持水漸退下爾時四大風起欻然飄擊吹彼水聚混亂不停水中自生大沫聚大風吹沫擲置空中從上造梵天宮七寶間成水更退下湛然停住四方浮沫水上深厚周闊大風吹沫復造須彌山又吹沫四面散擲造四大洲八萬小洲幷餘大山周匝安置爾時大闇有大黑風吹大水聚底漂出日月置須彌山半安日道中繞須彌山洞照四方炙退水濕又大風吹掘大地漸深入置大水聚爲四大海是故風界吹起火界蒸煉地界堅實

四千五百六十年爲一大元數之終四百五十六年爲一小元數之終陽厄五陰厄四陽爲旱陰爲水初入元百六年有厄故曰陽九百六之會

天地久矣曷經歷之曷言之傳之也曰神聖心具六通洞見無始不聞昆明劫灰西域至人能知耶烏可泥目睫之近而併廢萬劫之變也

欽定古今圖書集成曆象彙編乾象典

第九卷目錄

乾象典第九卷

天部彙考

爾雅

釋天

疏河圖括地象云易有太極是生兩儀兩儀未分其氣混沌清濁既分伏者為天偃者為地釋名云天顯也在上高顯又云天坦也坦然高遠說文云天顛也至高無上從一大也春秋說題辭云天之言顯也居高理下為人經紀故其字一大以鎮之此天之名義也天之為體中包乎地日月星辰屬焉然天地有高下之形四時有升降之理日月有運行之度星辰有次舍之常既曰釋天不得不略言其趣故其形狀之殊凡有六等一曰蓋天文見周髀如蓋在上二曰渾天形如彈丸地在其中天包其外猶如鷄卵白之繞黃揚雄桓譚張衡蔡邕陸績王肅鄭元之徒並所依用三曰宣夜昔說殷代之制其形體事義無所出以言之四曰昕天昕讀曰軒言天北高南下若車之軒是吳時姚信所說五曰穹天云穹隆在上虞氏所說不知其名也六曰安天是晉時虞喜所論案鄭註考靈曜云天者純陽清明無形聖人則之制璿璣玉衡以度其象如鄭此言則天是太虛本無形體但指諸星之運轉以為天耳但諸星之轉從東而西凡三百六十五日四分日之一星復舊處星既左轉日則右行亦三百六十五日四分日之一至舊星之處即日一日之行而為一度計二十八宿一周天凡三百六十五度四分度之一是天之一周之數也天如彈丸圍圜三百六十五度四分度之一案考靈耀云一度二千九百三十二里千四百六十一分里之三百四十八周天百十萬一千里者是天圍周之里數也以圍三徑一言之則直徑三十五萬七千里此為二十八宿周迴直徑之數也然二十八宿之外上下東西各有萬五千里是為四遊之極謂之四表據四表之內并星宿內總有三十八萬七千里然則天之中央上下正半之處則一十九萬三千五百里地在於中是地去天之數也鄭注考靈耀云地蓋厚三萬里春分之時地正當中自此地漸漸而下至夏至之時地下萬五千里地之上畔與天中平夏至之後地漸漸向上至秋分地正當天之中央自此地漸漸而上至冬至上遊萬五千里地之下畔與天中平自冬至後地漸漸而下此是地之升降於三萬里之中但渾天之體雖繞於地地則中央正平天則北高南下北極高於地三十六度南極下於地三十六度然北極之下三十六度常見不沒南極之上三十六度常沒不見南極至北極一百二十一度餘若逐曲計之則一百八十一度餘若以南北中半言之謂之赤道去南極九十一度去北極亦九十一度餘此是春秋分之日道赤道之北二十四度為夏至之日道去北極六十七度也赤道之南二十四度為冬至之日道去南極亦六十七度地有升降星辰有四遊又鄭注考靈耀云天旁行四表之中冬南夏北春西秋東皆薄四表而止地亦升降於天中冬至而下夏至而上二至上下蓋極地厚也地與星辰俱有四遊升降四遊者自立春地與星辰西遊春分西遊之極地雖西極升降正中從此漸漸而東至春季復正自立夏之後北遊夏至北遊之極地則升降極下至夏季復正立秋之後東遊秋分東遊之極地則升降正中至秋季復正立冬之後南遊冬至南遊之極地則升降極上至冬季復正此是地及星辰四遊之義也星辰亦隨地升降故鄭注考靈耀云夏日道上與四表平下去東井十二度為三萬里則是夏至之日上極萬五千里星

辰下極萬五千里故夏至之日下至東井三萬里也日有九道故考靈耀云萬里不失九道謀鄭注引河圖帝覽嬉云黃道一青道二出黃道東赤道二出黃道南白道二出黃道西黑道二出黃道北日春東從青道夏南從赤道秋西從白道冬北從黑道立春星辰西遊日則東遊立夏星辰北遊日則南遊春分星辰西遊之極日東遊之極日與星辰相去三萬里夏至則星辰北遊之極日南遊之極日與星辰相去三萬里以此推之秋冬倣此可知計夏至之日日在井星當嵩高之上以其南遊之極故在嵩高之南萬五千里所以夏至有尺五寸之景也於時日又上極星辰下極故日下去東井三萬里也然鄭四遊之說元出周髀之文但二十八宿從東而左行日從西而右行一度逆泝二十八宿案漢書律曆志云冬至之時日在牽牛初度春分之時日在婁四度夏至之時日在東井三十一度秋分之時日在角十度若日在東井則極長八尺之表尺五寸之景若春分在婁秋分在角晝夜等八尺之表七尺五寸之景冬至日在斗牛則日極短八尺之表一丈三尺之景一丈三尺之中去其一尺五寸則餘有一丈一尺五寸之景是冬夏往來之景也凡於地千里而差一寸則夏至冬至體漸南漸下相去十一萬五千里又考靈耀云正月假上八萬里假下一十萬四千里所以有假上假下者鄭注考靈耀之意以天去地十九萬三千五百里正月雨水之時日在上假於天八萬里下至地一十一萬三千五百里夏至之時日上極與天表平也後日漸向下故鄭注考靈耀云夏至日與表平冬至之時日下至於地八萬里上至於天十一萬三千五百里也委曲具考靈耀注凡二十八宿及諸星皆循天左行一日一夜一周天一周天之外更行一度計一年三百六十五周天四分度之一日月五星則右行日一日一度月一日一十三度十九分度之七此相通之數也今曆象之說則月一日至於四日行最疾日行十四度餘自五日至八日行次疾日行十三度餘自九日至十九日行則遲日行十二度餘自二十日至二十三日又小疾日行十三度餘自二十四日至於晦行又最疾日行一十四度餘此是月行之大率也二十七日月行一周天至二十九日彊半月及於日與日相會乃爲一月故考靈耀云九百四十分爲一日二十九日與四百九十九分爲月是一月二十九日之外至第三十日分至四百九十九分是過半二十九分也餘倣此月陰精日爲陽精故周髀云日猶火月猶水火則外光水則含景故月光生於日所照魄生於日所蔽當日則光盈就日則明盡京房云月與星辰陰者也有形無光日照之乃有光先師以爲日似彈丸月似鏡體或以爲月亦似彈九日照處則明不照處則暗按律曆志云二十八宿之度角一十二度亢九氐十五房五心五尾十八箕十一東方七十五度斗二十六牛八女十二虛十危十七營室十六壁九北方九十八度奎十六婁十二胃十四昴十一畢十六觜二參九西方八十度井三十二鬼四柳十五星七張十八翼十八軫十七南方一百一十二度丑爲星紀初斗十二度終婺女七度子爲元枵初婺女八度終於危十五度亥爲娵訾初危十六度終於奎四度戌爲降婁初奎五度終於胃六度酉爲大梁初胃七度終於畢十一度申爲實沈初畢十二度終於井十五度未爲鶉首初井十六度終於柳八度午爲鶉火初柳九度終於張十七度巳爲鶉尾初張十八度終於軫十一度辰爲壽星初軫十二度終於氐四度卯爲大火初氐五度終於尾九度寅爲析木初尾十度終於斗十一度五星者東方歲星南方熒惑西方太白北方辰星中央鎭星其行之遲速俱在律曆志更不煩說元命包云日之爲言實也月闕也劉熙釋名云日實也光明盛實月闕也滿則闕也說題辭云星陽精之榮也陽精爲日日分爲星故其字日下生也釋名云星散也布散於天又云陰陰也氣在內奧蔭也陽揚也陽氣在外發揚此等是陰陽日月之名也祭法黃帝正名百物其名蓋黃帝而有也或後人更有增足其天高地下日盈月闕觜星度少井斗度多日月右行星辰左轉四遊升降之差二儀運動之法非由人事所作皆是造化自然先儒因其自然遂以人事爲義或據理是實或構虛不經既無正文可憑今皆略而不錄

穹蒼蒼天也

註 天形穹隆其色蒼蒼因名云

春爲蒼天

註 萬物蒼蒼然生

夏爲昊天

註言氣皓旰

秋爲旻天

註旻猶愍也愍萬物凋落

冬爲上天

註言時無事在上而臨下而已疏按詩傳云蒼天以體言之尊而君之則稱皇天元氣廣大則稱昊天仁覆閔下則稱旻天自上降監則稱上天據遠視之蒼蒼然則稱蒼天毛公此傳當有成文不知出何書李巡云古時人質仰視天形穹隆而高其色蒼蒼故曰穹蒼是蒼天以體言之也皇君也故尊而君之則稱皇天昊大貌故言其混元之氣昊昊廣大則稱昊天旻閔也言其以仁慈之恩覆閔在下則稱旻天從上而下視萬物則稱上天據人遠而視之其色蒼蒼然則稱蒼天又李巡注此云春萬物始生其色蒼蒼故曰蒼天夏萬物盛壯其氣昊昊故曰昊天秋萬物成熟皆有文章故曰旻天冬陰氣在上萬物伏藏故曰上天今尚書歐陽說春曰昊天夏曰蒼天秋曰旻天冬曰上天謹按尚書堯典羲和以昊天總勅以四時故知昊天不獨春也左傳夏四月孔丘卒稱曰旻天不弔非秋也爾雅者孔子門人所作以釋六藝之言蓋不誤也春氣博施故以廣大言之夏氣高明故以遠大言之秋氣或生或殺故以閔下言之冬氣閉藏而清察故以監下言之皇天者至尊之號也六藝之中諸稱天者以情所求言耳非必於其時稱之浩浩昊天求天之博施悠悠蒼天求天之高明旻天不弔求天之生殺當得其宜上天同雲求天之所爲當順其時也此之求天猶人之說事各從其主耳

易緯

稽覽圖

天有十二分以日月之所躔也

春秋緯

元命苞

天不足西北陽極於九故周天九九八十一萬里

孝經緯

援神契

周天七衡六間者相去萬九千里八百三十三里三分里之一合十　萬九十里從內衡以至中衡中衡以至外衡各五萬九千五里

河洛讖

甄耀度

周天三百六十五度四分度之一夫一度爲千九百三十二里則天地相去六十七萬八千五百里

呂子

有始覽

凡四極之內東西五億有九萬七千里南北亦五億有九萬七千里極星與天俱遊而天樞不動

淮南子

天文訓

天墜未形馮馮翼翼洞洞灟灟故曰大昭道始於虛霩虛霩生宇宙宇宙生氣氣有漢垠清陽者薄靡而爲天重濁者凝滯而爲地清妙之合專易重濁之凝竭難故天先成而地後定天地之襲精爲陰陽陰陽之專精爲四時四時之散精爲萬物積陽之熱氣生火火氣之精者爲日積陰之寒氣爲水水氣之精者爲月日月之淫爲精者爲星辰天受日月星辰地受水潦塵埃昔者共工與顓頊爭爲帝怒而觸不周之山天柱折地維絕天傾西北故日月星辰移焉地不滿東南故水潦塵埃歸焉天道曰圓地道曰方方者主幽圓者主明明者吐氣者也是故火曰外景幽者含氣者也是故水曰內景吐氣者施含氣者化是故陽施陰化天之吐氣怒者爲風地之含氣和者爲雨陰陽相薄感而爲雷激而爲霆亂而爲霧陽氣勝則散而爲雨露陰氣勝則凝爲霜雪毛羽者飛行之類也故屬於陽介鱗者蟄伏之類也故屬於陰日者陽之主也是故春夏則羣獸除日至而麋鹿解月者陰之宗也是以月虛而魚腦減月死而蠃蛖膲火上蕁水下流故鳥飛而高魚動而下物類相動本標相應故陽燧見日則然而爲火方諸見月則津而爲水虎嘯而谷風至龍舉而景雲屬麒麟鬬而日月食鯨魚死而彗星出蠶珥絲而商弦絕賁星墜而勃海決人主之情上通於天故誅暴則多飄風枉法則多蟲螟殺不辜則國赤地令不收則多淫雨四時者天之吏也日月者天之使也星辰者天之期也虹蜺彗星者天之忌也天有九野九千九百九十九隅去地五億萬里五星八風二十八宿五官六府紫宮太微軒轅咸池四宮天阿何謂九野中央曰鈞天其星角亢氐東方曰蒼天其星房心尾東北曰變天其星箕斗牽牛北方曰元天其星須女虛危營室西北方曰幽天

其星東壁奎婁西方曰昊天其星胃昴畢西南方曰朱天其星觜觽參東井南方曰炎天其星輿鬼柳七星東南方曰陽天其星張翼軫何謂五星東方木也其帝太皡其佐句芒執規而治春其神爲歲星其獸蒼龍其音角其日甲乙南方火也其帝炎帝其佐朱明執衡而治夏其神爲熒惑其獸朱鳥其音徵其日丙丁中央土也其帝黃帝其佐后土執繩而制四方其神爲鎭星其獸黃龍其音宮其日戊己西方金也其帝少昊其佐蓐收執矩而治秋其神爲太白其獸白虎其音商其日庚辛北方水也其帝顓頊其佐元冥執權而治冬其神爲辰星其獸元武其音羽其日壬癸太陰在四仲則歲星行三宿太陰在四鉤則歲星行二宿二八十六三四十二故十二歲而行二十八宿日行十二分度之一歲行三十度十六分度之七十二歲而周熒惑常以十月入太微受制而出行列宿司無道之國爲亂爲賊爲疾爲喪爲饑爲兵出入無常辨變其色時見時匿鎭星以甲寅元始建斗歲鎭行一宿當居而弗居其國亡土未當居而居之其國益地歲熟日行二十八分度之一歲行十三度百一十二分度之五一十八歲而周太白元始以正月甲寅與熒惑晨出東方二百四十日而入入百二十日而夕出西方二百四十日而入入三十五日而復出東方出以辰戌入以丑未當出而不出未當入而入天下偃兵當入而不入當出而不出天下興兵辰星正四時常以二月春分効奎婁以五月夏至効東井輿鬼以八月秋分効角亢以十一月冬至効斗牽牛出以辰戌入以丑未出二旬而入晨候之東方夕候之西方一時不出其時不和四時不出天下大饑何謂八風距日冬至四十五日條風至條風至四十五日明庶風至明庶風至四十五日清明風至清明風至四十五日景風至景風至四十五日凉風至凉風至四十五日閶闔風至閶闔風至四十五日不周風至不周風至四十五日廣莫風至條風至則出輕繫去稽留明庶風至則正封疆修田疇清明風至則出幣帛使諸侯景風至則爵有位賞有功凉風至則報地德祀四郊閶闔風至則收縣垂琴瑟不張不周風至則修宮室繕邊城廣莫風至則閉關梁決刑罰何謂五官東方爲田南方爲司馬西方爲理北方爲司空中央爲都何謂六府子午丑未寅申卯酉辰戌巳亥是也太微者太乙之庭也紫宮者太乙之居也軒轅者帝妃之舍也咸池者水魚之囿也天阿者羣神之闕也四宮者所以爲司賞罰太微者主朱雀紫宮執斗而左旋日行一度以周於天日冬至峻狼之山日移一度月行百八十二度八分度之五而夏至牛首之山反覆三百六十五度四分度之一而成一歲天一元始正月建寅日月俱入營室五度天一以始建七十六歲日月復以正月入營室五度無餘分名曰一紀凡二十紀一千五百二十歲大終日月星辰復始甲寅元日行一度而歲有奇四分度之一故四歲而積千四百六十一日而復合故舍八十歲而復故曰子午卯酉爲二繩丑寅辰巳未申戌亥爲四鉤東北爲報德之維西南爲背陽之維東南爲常羊之維西北爲號逿之維日冬至則斗北中繩陰氣極陽氣萌故曰冬至爲德日夏至則斗南中繩陽氣極陰氣萌故曰夏至爲刑陰氣極則北至北極下至黃泉故不可以鑿地穿井萬物閉藏蟄蟲首穴故曰德在室陽氣極則南至南極上至朱天故不可以夷丘上屋萬物蕃息五穀兆長故曰德在野日冬至則水從之日夏至則火從之故五月火正而水漏十一月水正而陰勝陽氣爲火陰氣爲水水勝故夏至濕火勝故冬至燥燥故炭輕濕故炭重日冬至井水盛盆水溢羊脫毛麋角解鵲始巢八尺之修日中而景丈三尺日夏至而流黃澤石精出蟬始鳴半夏生蟁蝱不食駒犢鷙鳥不搏黃口八尺之景修徑尺五寸景修則陰氣勝景短則陽氣勝陰氣勝則爲水陽氣勝則爲旱陰陽刑德有七舍何謂七舍室堂庭門巷術野十二月德居室三十日先日至十五日後日至十五日而徙所居各三十日德在室則刑在野德在堂則刑在術德在庭則刑在巷陰陽相得則刑德合門八月二月陰陽氣均日夜分平故曰刑德合門德南則生刑南則殺故曰二月會而萬物生八月會而草木死兩維之間九十一度十六分度之五而升日行一度十五日爲一節以生二十四時之變斗指子則冬至音比黃鍾加十五日指癸則小寒音比應鍾加十五日指丑則大寒音比無射加十五日指報德之維則越陰在地故曰距日冬至四十六日而立春陽氣凍解音比南呂加十五日指寅則雨水音比夷則加十五日指甲則雷驚蟄音比林鍾加十五日指卯中繩故曰春分則雷行音比蕤賓加十五日指乙則清明風至音比仲呂加十五日指辰則穀雨音比姑洗加十五日指常羊之維則春分盡故曰有四十

六日而立夏大風濟音比夾鍾加十五日指巳則小滿音比太蔟加十五日指丙則芒種音比大呂加十五日指午則陽氣極故曰有四十六日而夏至音比黃鍾加十五日指丁則小暑音比大呂加十五日指未則大暑音比太蔟加十五日指背陽之維則夏分盡故曰有四十六日而立秋凉風至音比夾鍾加十五日指申則處暑音比姑洗加十五日指庚則白露降音比仲呂加十五日指酉中繩故曰秋分雷戒蟄蟲北鄉音比蕤賓加十五日指辛則寒露音比林鍾加十五日指戌則霜降音比夷則加十五日指號通之維則秋分盡故曰有四十六日而立冬草木畢死音比南呂加十五日指亥則小雪音比無射加十五日指壬則大雪音比應鍾加十五日指子故曰陽生於子陰生於午陽生於子故十一月曰冬至鵲始加巢人氣鍾首陰生於午故五月爲小刑薺麥亭歷枯冬生草木必死斗杓爲小歲正月建寅月從左行十二辰咸池爲大歲二月建卯月從右行四仲終而復始大歲迎者辱背者强左者衰右者昌小歲東南則生西北則殺不可迎也而可背也不可左也而可右也其此之謂也大時者咸池也小時者月建也天維建元常以寅始起右徙一歲而移十二歲而大周天終而復始淮南元年冬太一在丙子冬至甲午立春丙子二陰一陽成氣二二陽一陰成氣三合氣而爲音合陰而爲陽合陽而爲律故曰五音六律音自倍而爲日律自倍而爲辰故日十而辰十二月日行十三度七十六分度之二十六二十九日九百四十分日之四百九十九而爲月而以十二月爲歲歲有餘

十日九百四十分日之八百二十七故十九歲而七閏日冬至子午夏至卯酉冬至加三日則夏至之日也歲遷六日終而復始壬午冬至甲子受制木用事火烟青七十二日丙子受制火用事火煙赤七十二日戊子受制土用事火煙黃七十二日庚子受制金用事火煙白七十二日壬子受制水用事火煙黑七十二日而歲終庚子受制歲遷六日以數推之七十歲而復至甲子甲子受制則行柔惠挺群禁開闔扇通障塞毋伐木丙子受制則舉賢良賞有功立封侯出貨財戊子受制則養老鰥寡行粰鬻施恩澤庚子受制則繕牆垣修城郭審羣禁飾兵甲儆百官誅不法壬子受制則閉門閭大搜客斷刑罰殺當罪息關梁禁外徙甲子氣燥濁丙子氣燥陽戊子氣濕濁庚子氣燥寒壬子氣清寒丙子干甲子蟄蟲早出故雷早行戊子干甲子胎夭卵毈鳥蟲多傷庚子干甲子有兵壬子干甲子春有霜戊子干丙子霆庚子干丙子夷壬子干丙子雹甲子干丙子地動庚子干戊子五穀有殃壬子干戊子夏寒雨霜甲子干戊子介蟲不爲丙子干戊子大旱苽封熯壬子干庚子大剛魚不爲甲子干庚子草木再死再生丙子干庚子草木復榮戊子干庚子歲或存或亡甲子干壬子冬乃不藏丙子干壬子星墜戊子干壬子蟄蟲冬出其鄉庚子干壬子冬雷其鄉季春三月豐隆乃出以將其雨至秋三月地氣下藏乃收其殺百蟲蟄伏靜居閉戶青女乃出以降霜雪行十二時之氣以至於仲春二月之夕乃收其藏而閉其寒女夷鼓歌以司天和以長百穀禽鳥草木孟夏之月以熟穀禾雄鳩長鳴爲

帝候歲是故天不發其陰則萬物不生地不發其陽則萬物不成天圓地方道在中央日爲德月爲刑月歸而萬物死日至而萬物生遠山則山氣藏遠水則水蟲蟄遠木則木葉槁日五日不見失其位也聖人不與也日出於暘谷浴於咸池拂於扶桑是謂晨明登於扶桑爰始將行是謂朏明至於曲阿是謂旦明至於曾泉是謂蚤食至於桑野是謂晏食至於衡陽是謂隅中至於昆吾是謂正中至於鳥次是謂小還至於悲谷是謂餔時至於女紀是謂大還至於虞淵是謂高春至於連石是謂下春至於悲泉爰止其女爰息其馬是謂縣車至於虞淵是謂黃昏至於蒙谷是謂定昏日入於虞淵之汜曙於蒙谷之浦行九州七舍有五億萬七千三百九里禹以爲朝晝昏夜夏日至則陰乘陽是以萬物就而死冬日至則陽乘陰是以萬物仰而生晝者陽之分夜者陰之分是以陽氣勝則日脩而夜短陰氣勝則日短而夜脩帝張四維運之以斗月徙一辰復反其所正月指寅十二月指丑一歲而匝終而復始指寅則萬物螾律受太蔟太蔟者蔟而未出也指卯卯則茂茂然律受夾鍾夾鍾者種始莢也指辰辰則振之也律受姑洗姑洗者陳去而新來也指巳巳則生已定也律受仲呂仲呂中充大也指午午者忤也律受蕤賓蕤賓者安而服也指未未者昧也律受林鍾林鍾者引而止也指申申者呻也律受夷則夷則者易其則也德以去矣指酉酉者飽也律受南呂南呂者任包大也指戌戌者滅也律受無射無射入無厭也指亥亥者閡也律受應鍾應鍾者應其鍾也指子子者茲也律受黃鍾黃

鍾者鍾已黃也指丑丑者紐也律受大呂大呂者旅旅而去也其加卯酉則陰陽分日夜平矣故曰規生矩殺衡長權藏繩居中央爲四時根道曰規始於一一而不生故分而爲陰陽陰陽合和而萬物生故曰一生二二生三三生萬物天地三月而爲一時故祭祀三飯以爲禮喪紀三踊以爲節兵重三罕以爲制以三參物三三如九故黃鍾之律九寸而宮音調因而九之九九八十一故黃鍾之數立焉黃者土德之色鍾者氣之所種也日冬至德氣爲土土色黃故曰黃鍾律之數六分爲雌雄故曰十二鍾以副十二月十二各以三成故置一而十一三之爲積分十七萬七千一百四十七黃鍾大數立焉凡十二律黃鍾爲宮太蔟爲商姑洗爲角林鍾爲徵南呂爲羽物以三成音以五立三與五如八故卵生者八竅律之初生也寫鳳之音故音以八生黃鍾爲宮宮者音之君也故黃鍾位子其數八十一主十一月下生林鍾林鍾之數五十四主六月上生太蔟太蔟之數七十二主正月下生南呂南呂之數四十八主八月上生姑洗姑洗之數六十四主三月下生應鍾應鍾之數四十二主十月上生蕤賓蕤賓之數五十七主五月上生大呂大呂之數七十六主十二月下生夷則夷則之數五十一主七月上生夾鍾夾鍾之數六十八主二月下生無射無射之數四十五主九月上生仲呂仲呂之數六十主四月極不生徵生宮宮生商商生羽羽生角角生姑洗姑洗生應鍾比於正音故爲和應鍾生蕤賓不比正音故爲繆日冬至音比林鍾浸以濁日夏至音比黃鍾浸以清以十二律應二十四時之變甲子仲呂之徵也丙子夾鍾之羽也戊子黃鍾之宮也庚子無射之商也壬子夷則之角也古之爲度量輕重生乎天道黃鍾之律修九寸物以三生三九二十七故幅廣二尺七寸音以八相生故人修八尺尋自倍故八尺而爲尋有形則有聲音之數五以五乘八五八四十故四丈而爲匹匹者中人之度也一匹而爲制秋分蔈定蔈定而禾熟律之數十二故十二蔈而當一粟十二粟而當一寸律以當辰音以當日日之數十故十寸而爲尺十尺而爲丈其以爲量十二粟而當一分十二分而當一銖十二銖而當半兩衡有左右因倍之故二十四銖爲一兩天有四時以成一歲因而四之四四十六故十六兩爲一觔三月而爲一時三十日爲一月故三十觔爲一鈞四時而爲一歲故四鈞爲一石其以爲音也一律而生五音十二律而爲六十音因而六之六六三十六故三百六十音以當一歲之日故律歷之數天地之道也下生者倍以三除之上生者四以三除之太陰元始建於甲寅一終而建甲戌二終而建甲午三終而復得甲寅之元歲徙一辰立春之後得其辰而遷其所順前三後五百事可舉太陰所建蟄蟲首穴而處鵲巢鄉而爲戶太陰在寅朱鳥在卯勾陳在子元武在戌白虎在酉蒼龍在辰寅爲建卯爲除辰爲滿巳爲平主生午爲定未爲執主陷申爲破主衡酉爲危主杓戌爲成主少德亥爲收主大德子爲開主太歲丑爲閉主太陰太陰在寅歲名曰攝提格其雄爲歲星舍斗牽牛以十一月與之辰出東方東井輿鬼爲對太陰在卯歲名曰單閼歲星舍須女虛危以十二月與之晨出東方柳七星張爲對太陰在辰歲名曰執除歲星舍營室東壁以正月與之晨出東方翼軫爲對太陰在巳歲名曰大荒落歲星舍奎婁以二月與之晨出東方角亢爲對太陰在午歲名曰敦牂歲星舍胃昴畢以三月與之晨出東方氐房心爲對太陰在未歲名曰協洽歲星舍觜觿參以四月與之晨出東方尾箕爲對太陰在申歲名曰涒灘歲星舍東井輿鬼以五月與之晨出東方斗牽牛爲對太陰在酉歲名曰作噩歲星舍柳七星張以六月與之晨出東方須女虛危爲對太陰在戌歲名曰閹茂歲星舍翼軫以七月與之晨出東方營室東壁爲對太陰在亥歲名曰大淵獻歲星舍角亢以八月與之晨出東方奎婁爲對太陰在子歲名曰困敦歲星舍氐房心以九月與之晨出東方胃昴畢爲對太陰在丑歲名曰赤奮若歲星舍尾箕以十月與之晨出東方觜觿參爲對太陰在甲子刑德合東方宮常徙所不勝合四歲而離離十六歲而復合所以離者刑不得入中宮而徙於木太陰所居曰德辰爲刑德剛曰日倍因柔曰徙所不勝刑水辰之木木辰之水金火立其處凡徙諸神朱鳥在太陰前一鉤陳在後三元武在前五白虎在後六虛星乘鉤陳而天地襲矣凡日甲剛乙柔丙剛丁柔以至於癸木生於亥壯於卯死於未三辰皆木也火生於寅壯於午死於戌三辰皆火也土生於午壯於戌死於寅三辰皆土也金生於巳壯於酉死於丑三辰皆金也水生於申壯於子死於辰三辰皆水也故五勝生一壯五終九五九四十五故神四十五日而一徙以三應五故八徙而歲終凡用

太陰左前刑右背德擊鉤陳之衝辰以戰必勝以攻必克欲知天道以日爲主六月當心左周而行分而爲十二月與日相當天地重襲後必無殃星正月建營室二月建奎婁三月建胃四月建畢五月建東井六月建張七月建翼八月建亢九月建房十月建尾十一月建牽牛十二月建虛

星宜言日明堂月令孟春之月日在營室仲春之月在奎婁季春之月在胃此言星正月建營室誤也

星分度角十二亢九氐十五房五心五尾十八箕十一四分一斗二十六牽牛八須女十二虛十危十七營室十六東壁九奎十六婁十二胃十四昴十一畢十六觜巂二參九東井三十三輿鬼四柳十五星七張翼各十八軫十七凡二十八宿也星部地名角亢鄭氐房心宋尾箕燕斗牽牛越須女吳虛危齊營室東壁衞奎婁魯胃昴畢魏觜巂參趙東井輿鬼秦柳七星張周翼軫楚歲星之所居五穀豐昌其對爲衝歲乃有殃當居不居越而之他處主死國亡太陰治春則欲行柔惠溫涼太陰治夏則欲布施宣明太陰治秋則欲修備繕兵太陰治冬則欲猛毅剛强三歲而改節六歲而易常故三歲而一饑六歲而一衰十二歲一康甲齊乙東夷丙楚丁南夷戊魏己韓庚秦辛西夷壬衞癸越子周丑翟寅楚卯鄭辰晉巳衞午秦未宋申齊酉魯戌趙亥燕甲乙寅卯木也丙丁巳午火也戊己四季土也庚辛申酉金也壬癸亥子水也水生木木生火火生土土生金金生水子生母曰義母生子曰保子母相得曰專母勝子曰制子勝母曰困以勝擊殺勝而無報以專從事而有功以義行理名立而不墮以保畜養萬物蕃昌以困舉事破滅死亡北斗之神有雌雄十一月始建於子月從一辰雄左行雌右行五月合午謀刑十一月合子謀德太陰所居辰爲厭日厭日不可以舉百事堪輿徐行雄以音知雌故爲奇辰數從甲子始子母相求所合之處爲合十日十二辰周六十日凡八合合於歲前則死亡合於歲後則無殃甲戌燕也乙酉齊也丙午越也丁巳楚也庚申秦也辛卯戎也壬子趙也癸亥胡也戊戌己亥韓也己酉己卯魏也戊午戊子八合天下也太陰小歲星日辰五神皆合其日有雲氣風雨國君當之天神之貴者莫貴於青龍或曰天一或曰太陰太陰所居不可背而可鄉北斗所擊不可與敵天地以設分而爲陰陽陽生於陰陰生於陽陰陽相錯四維乃通或死或生萬物乃成蚑行喙息莫貴於人孔竅肢體皆通於天天有九重人亦有九竅天有四時以制十二月人亦有四肢以使十二節天有十二月以制三百六十日人亦有十二肢以使三百六十節故舉事而不順天者逆其生者也以日冬至數來歲正月朔日五十日者民食足不滿五十日日減一斗有餘日日益一升有其歲司也攝提格之歲歲早水晚旱稻疾蠶不登菽麥昌民食四升寅在甲曰閼逢單閼之歲歲和稻菽麥蠶昌民食五升卯在乙曰旃蒙執除之歲歲早旱晚水小饑蠶閉麥熟民食三升辰在丙曰柔兆大荒落之歲歲有小兵蠶小登麥昌菽疾民食二升巳在丁曰强圉敦牂之歲歲大旱蠶登稻疾菽麥昌禾不爲民食二升午在戊曰著雝協洽之歲歲有小兵蠶登稻昌菽麥不爲民食三升未在己曰屠維涒灘之歲歲和小雨行蠶登菽麥昌民食三升申在庚曰上章作鄂之歲歲有大兵民疾蠶不登菽麥不爲禾蟲民食五升酉在辛曰重光掩茂之歲歲小饑有兵蠶不登麥不爲菽昌民食七升戌在壬曰元黓大淵獻之歲歲有大兵大饑蠶開菽麥不爲禾蟲民食三升亥在癸曰昭陽赤奮若之歲歲有小兵早水蠶不出稻疾菽不爲麥昌民食一升正朝夕先樹一表東方操一表却去前表十步以參望日始出北廉日直入又樹一表於東方因西方之表以參望日方入北廉則定東方兩表之中與西方之表則東西之正也日冬至日出東南維入西南維至春秋分日出東中入西中夏至出東北維入西北維至則正南欲知東西南北廣袤之數者立四表以爲方一里歫先春分若秋分十餘日從歫北表參望日始出及旦以候相應相應則此與日直也輒以南表參望之以入前表數爲法除舉廣除立表袤以知從此東西之數也假使視日出入前表中一寸是寸得一里也一里積萬八千寸得從此東萬八千里視日方入入前表半寸則半寸得一里半寸而除一里積寸得三萬六千里除則從此西里數也幷之東西里數也則極徑也未春分而直已秋分而不直此處南也未秋分而直已春分而不直此處北也分至而直此處南北中也從中處欲知中南也未秋分而不直此處南北中也從中處欲知南北極遠近從西南表參望日日夏至始出與北表參則是東與東北

表等正東萬八千里則從中北亦萬八千里也倍之南北之里數也其不從中之數也以出入前表之數益損之表入一寸寸減日近一里表出一寸寸益遠一里欲知天之高樹表高一丈正南北相去千里同日度其陰北表二尺南表尺九寸是南千里陰短寸南二萬里則無景是直日下也陰二尺而得高一丈者南一而高五也則置從此南至日下里數因而五之爲十萬里則天高也若使景與表等則高與遠等也（篇中多譌字無從校正悉照原本）

揚子太元經

九天

有九天一爲中天二爲羨天三爲從天四爲更天五爲睟天六爲廓天七爲減天八爲沈天九爲成天

劉熙釋名

釋天

天豫司兗冀以舌腹言之天顯也在上高顯也青徐以舌頭言之天坦也坦然高而遠也春曰蒼天陽氣始發色蒼蒼也夏曰昊天其氣布散皓皓也秋曰旻天旻閔也物就枯落可閔傷也冬曰上天其氣上騰與地絕也故月令曰天氣上騰地氣下降易謂之乾乾健也健行不息也又謂之元元懸也如懸物在上也

魏張揖博雅

釋天

東方昦天東南陽天南方赤天西南朱天西方成天西北幽天北方元天東北變天中央鈞天（昦音昊俗作昊）

天圜闊南北二億三萬三千五百里七十五步東西短減四步周六億十萬七百里二十五步從地至天一億一萬六千七百八十七里下度地之厚與天高等

朱子全書

天度

天有三百六十度只是天行得過處爲度天之過處便是日之退處日月會爲辰

天道與日月五星皆是左旋天道日一周天而常過一度日亦日一周天起度端終度端故比天道常不及一度月行不及十三度十九分度之七今人却云月行速日行遲此錯說也但曆家以右旋爲說取其易見日月之度耳

天行至健一日一夜一周天必差過一度日一日一夜一周恰好月却不及十三度有奇只是天行極速日稍遲一度月又遲十三度有奇耳因舉陳元滂云只似在圓地上走一人過急一步一人差不及一步又一人甚緩差數步也天行只管差過故曆法亦只管差堯時昏旦星中于午月令差于未漢晉以來又差今比堯時似差及四分之一古時冬至日在牽牛今却在斗

或問天道左旋自東而西日月右行則何如曰橫渠說日月皆是左旋說得好蓋天行甚健一日一夜周三百六十五度四分度之一又進過一度日行速健次于天一日一夜周三百六十五度四分度之一正恰好比天進一度則日爲退一度二日天進二度則日爲退二度積至三百六十五日四分日之一則天所進過之度又恰周得本數而日所退之度亦恰退盡本數遂與天會而成一年月行遲一日一夜三百六十五度四分度之一行不盡比天爲退了十三度有奇進數爲順天而左退數爲逆天而右曆家以進數難筭只以退數筭之故謂之右行且曰日行遲月行速

問周天之度是自然之數是強分曰天左旋一晝一夜行一周而又過了一度以其行過處一日作一度三百六十五度四分度之一方是一周只將南北表看今日恁時看時有甚星在表邊明日恁時看這星又差遠或別是一星了

天文有半邊在上面須有半邊在下面

有一常見不隱者爲天之蓋有一常隱不見者爲天之底

叔器問天有幾道曰據曆家說有五道而今且將黃赤道說赤道正在天之中如合子縫模樣黃道是在那赤道之間

天最健一日一周而過一度日之健次于天一日恰好行三百六十五度四分度之一但比天爲退一度月比日大故緩比天爲退十三度有奇但曆家只筭所退之度却云日行一度月行十三度有奇此乃截法故有日月五星右行之說其實非右行也橫渠曰天左旋處其中者順之少遲則反右矣此說最好書疏璣衡禮疏星回于天漢志天體沈括渾儀議皆可參考

天左旋日月亦左旋但天行過一度日只在此當卯而卯當午而午某看得如此後來得禮記說暗與之合

續性理會通

王可大象緯新篇

夫天行一週晝夜百刻配以十二時一時得八刻總而計之共九十六刻所餘四刻每刻分爲六十分四刻則當二百四十分也布之於十二時間則一時得八刻二十分將八刻截作初正各四刻却將二十分零數分作初正初微刻初初刻者十分也正初刻者十分也既有初初刻正初刻非一時十刻乎一時十刻非百二十刻乎

歲差法堯時冬至躔在虛一度夏至在柳十四度春分在昴十二度秋分在氐十度至唐開元大衍曆冬至日躔在斗十度夏至在井十度春分在奎七度秋分在軫十四度宋統元曆冬至在斗二度夏至在井十六度春分在奎初度秋分在軫七度此歷代之曆可驗者如此葢天行之度有餘日月所行之度不足故天運常外平而舒日道常內轉而縮其勢不得不然也由是天漸差而西歲漸差而東曆隨時占候修改求與天合又不得不然也漢自鄧平改曆之後洛下閎謂八百年後當差一度當時史官考諸上古中星知太初曆已差五度而閎未究葢古之爲曆未知有歲差之法其論冬至日躔之宿一定而不移不知天日會道不得均齊餘分積久度數必爽今歲之日躔在冬至者視去歲冬至之躔常有不及之分至晉虞喜始覺其差乃以天爲天歲爲歲立差法以追其變而算之約以五十年日退一度然失之大過宋何承天倍增其數約以百年退一度而又不及至隋唐劉焯取二家中數以七十五年爲近之然亦未甚密至唐僧一行乃以大衍曆推之得八十三年而差一度自唐以來曆家皆宗其法然猶未也至元朝郭守敬筭之約六十六年而差一度筭已往減一筭筭將來加一算而歲差始爲精密至今二百餘年臺官推演又多不合天道識者往往奏請再改曆元以正歲差嗟乎天動物也進退盈縮未免小有不齊一定之法不可拘也劉焯取虞何二家中數定以七十五年當時善矣至唐而復差僧一行定以八十三年時謂合天矣至宋元之交而復差許衡郭守敬定以六十六年當時以爲精矣至今又復有差然則一定之法顧可拘執也哉況法亦自有權宜者如定歲之法四朞餘一日一日之數分於四朞則二至之定每疑於絲忽之間須酌量以定無常準者定日之法一日變爲九百四十晝者以氣有不盡之數難分也每月三十日二氣盈四百一十一晝二十五秒一朔虛四百四十一晝積盈虛之數以成閏故定朔必視四百四十一晝之前後以爲朓朒故定朔每疑於一晝之間要亦須酌量以定無常準者如日月交食之法時刻分秒最爲精微及至半秒難分之處亦須酌量以定無常準焉夫至之絲忽朔之一晝食之半秒積之歲久則皆差失不合原筭矣以天道不齊之動加以歲久必差之法欲守一定之算夫安可得是故隨時考驗以求合於天此爲至當堯時冬至在虛於今豈可固執也哉

天之運無已故無度數以日行所歷之數爲之日行三百六十五日有餘與天會故天之度有三百六十五度四分度之一也是日與度會爲一日與月會爲一月與天會爲一歲月之晦朔弦望曆於日之義也月會日而明盡故曰晦初離日而光蘇故曰朔月與日相去四分天之一如弓之張故曰弦月與日相去四分天之二相對故曰望

天體至圓周圍三百六十五度四分度之一繞地左旋常一日一周而過一度日麗天而少遲故日行一日亦繞地一周而在天爲不及一度積三百六十五日九百四十分日之二百三十五而與天會是一歲日行之數也月麗天而尤遲一日常不及天十三度十九分度之積二十九日九百四十分日之四百九十九而與日會十二會得全日三百四十八餘分之積又五千九百八十八如日法九百四十而一得六不盡三百四十八通計得日三百五十四九百四十分日之三百四十八是一歲月行之數也歲有十二月月有三十日三百六十者一歲之常數也故日與天會而多五日九百四十分日之二百三十五者爲氣盈月與日會而少五日九百四十分日之五百九十二者爲朔虛合氣盈朔虛而閏生焉故一歲閏率則十日九百四十分日之八百二十七三歲一閏則三十二日九百四十分日之六百單一五歲再閏則五十四日九百四十分日之三百七十五十有九歲七閏則氣朔分齊是爲一章也故三年而不置閏則春之一月入於夏而時漸不定矣子之一月入於丑而歲漸不成矣積之之久至於三失閏則春皆入夏而時全不定矣十二失閏子皆入丑歲全不成矣其名實乖戾寒暑反易農桑庶務皆失其時故必以此餘日置閏月於其間然後四時不差而歲功得成矣

推閏歌括云欲知來歲閏先筭至之餘更看大小盡決定不差殊謂如來歲合置閏止以今年冬至後餘日爲率且以今年十一月二十二日冬至則本月尚餘八日則來年之閏當在八月或小盡止餘七日則當閏七月若冬至在上旬則以望日爲斷十二日足則得起一數焉推節氣歌括云中氣與節氣但有半月隔若要知仔細兩時零五刻謂如正月甲子日子時初刻立春則數至己卯日寅時正一刻則是雨水節正推立春歌括云今歲先知來歲春但看五月五日三時辰謂如今年甲子日子時立春明歲合是己巳日卯時立春若夫刻數則用前法推之

欽定古今圖書集成曆象彙編乾象典

第十卷目錄

乾象典第十卷

天部總論

易經

乾卦

乾元亨利貞

本義 伏羲仰觀俯察見陰陽有奇偶之數故畫一奇以象陽畫一偶以象陰見一陰一陽有各生一陰一陽之象故自下而上再倍而三以成八卦見陽之性健而其成形之大者爲天故三奇之卦名之曰乾而擬之於天也三畫已具八卦已成則又三倍其畫以成六畫而於八卦之上各加八卦以成六十四卦也此卦六畫皆奇上下皆乾則陽之純而健之至也故乾之名天之象皆不易焉元亨利貞文王所繫之辭以斷一卦之吉凶所謂彖辭者也元大也亨通也利宜也貞正而固也文王以爲乾道大通而至正故於筮得此卦而六爻不變者其占當得大通而必利在正固然後可以保其終也

初九潛龍勿用

本義 初陽在下未可施用故其象爲潛龍其占曰勿用

九二見龍在田利見大人

本義 九二剛健中正出潛離隱澤及於物物所利見故其象爲見龍在田其占爲利見大人

九三君子終日乾乾夕惕若厲无咎

本義 九陽爻三陽位重剛不中居下之上乃危地也然性體剛健有能乾乾惕厲之象故其占如此

九四或躍在淵无咎

本義 九陽四陰居下之上改革之際進退未定之時也故其象如此

九五飛龍在天利見大人

本義 剛健中正以居尊位如以聖人之德居聖人之位故其象如此

上九亢龍有悔

本義 陽極於上動必有悔故其象占如此

用九見羣龍无首吉

本義 六爻皆變剛而能柔吉之道也

彖曰大哉乾元萬物資始乃統天

本義 此專以天道明乾義又析元亨利貞爲四德以發明之而此一節首釋元義也大哉歎辭元大也始也乾元天德之大始故萬物之生皆資之以爲始也又爲四德之首而貫乎天德之始終故曰統天

雲行雨施品物流形

本義 此釋乾之亨也

大明終始六位時成時乘六龍以御天

本義 此言聖人大明乾道之終始則見卦之六位各以時成而乘此六陽以行天道是乃聖人之元亨也

乾道變化各正性命保合大和乃利貞

本義 變者化之漸化者變之成物所受爲性天所賦爲命太和陰陽會合冲和之氣也各正者得於有生之初保合者全於已生之後此言乾道變化無所不利而萬物各得其性命以自全以釋利貞之義也

首出庶物萬國咸寧

本義 聖人在上高出於物猶乾道之變化也萬國各得其所而咸寧猶萬物之各正性命而保合太和也此言聖人之利貞也蓋嘗統而論之元者物之始生亨者物之暢茂利則向於實也貞則實之成也實之既成則其根蔕脫落可復種而生矣此四德之所以循環而无端也然而四者之間生氣流行初无間斷此元之所以包四德而統天也

象曰天行健君子以自强不息

本義天乾卦之象也凡重卦皆取重義此獨不然者天一而已但言天行則見其一日一周而明日又一周若重復之象非至健不能也君子法之不以人欲害其天德之剛則自强而不息矣大全問健足以形容乾否朱子曰可伊川曰健而无息之謂乾蓋自人而言固有一時之健有一日之健惟无息乃天之德　胡氏曰天者乾之形乾者天之用天形蒼然南極入地下三十六度北極出地上三十六度狀如倚杵其用則一晝一夜行九十餘萬里人一呼一吸爲一息一息之間天行已八十餘里人一晝一夜有萬三千六百餘息故天行九十餘萬里天之行健可知故君子法之以自强不息云

又

乾元者始而亨者也利貞者性情也

本義始則必亨理勢然也收斂歸藏乃見性情之實

乾始能以美利利天下不言所利大矣哉

本義始者元而亨也利天下者利也不言所利者貞也或曰坤利牝馬則言所利矣

大哉乾乎剛健中正純粹精也

本義剛以體言健兼用言中者其行无過不及正者其立不偏四者乾之德也純者不雜於陰柔粹者不雜於邪惡蓋剛健中正之至極而精者又純粹之至極也或疑乾剛无柔不得言中正者不然也天地之間本一氣之流行而有動靜爾以其流行之統體而言則但謂之乾而无所不包矣以其動靜分之然後有陰陽剛柔之別也

六爻發揮旁通情也時乘六龍以御天也雲行雨施天下平也

本義旁通猶言曲盡聖人時乘六龍以御天則如天之雲行雨施而天下平也

又

夫大人者與天地合其德與日月合其明與四時合其序與鬼神合其吉凶先天而天弗違後天而奉天時天且弗違而況於人乎況於鬼神乎

本義人與天地鬼神本无二理特蔽於有我之私是以梏於形體而不能相通大人无私以道爲體曾何彼此先後之可言哉先天不違謂意之所爲默與道契後天奉天謂知理如是奉而行之

書經

皐陶謨

天敘有典勅我五典五惇哉天秩有禮自我五禮有庸哉同寅協恭和衷哉天命有德五服五章哉天討有罪五刑五用哉政事懋哉懋哉

大全朱子曰因其生而第之以其所當處者謂之敘因其敘而與之以其所當得者謂之秩許多典禮都是天敘天秩下了聖人只是因而勅正之因而用出去而已德之大者則賞以服之大者德之小者則賞以服之小者罪之大者則罪以大底刑罪之小者則罪以小底刑盡是天命天討聖人未嘗加一毫私意於其間

天聰明自我民聰明天明畏自我民明威達於上下敬哉有土

蔡注天之聰明非有視聽也因民之視聽以爲聰明天之明畏非有好惡也因民之好惡以爲明畏民心所存卽天理之所在

益稷

帝庸作歌曰勅天之命惟時惟幾

蔡注幾事之微也惟時者無時而不戒勅也惟幾者無事而不戒勅也

說命

惟天聰明惟聖時憲惟臣欽若惟民從乂

蔡注天之聰明無所不聞無所不見無他公而已人君法天之聰明一出於公則臣敬順而民亦從治矣

高宗肜日

祖己乃訓於王曰惟天監下民典厥義降年有永有不永非天夭民民中絕命

泰誓上

天佑下民作之君作之師惟其克相上帝寵綏四方

又

天矜于民民之所欲天必從之

泰誓中

天視自我民視天聽自我民聽

泰誓下

天有顯道厥類惟彰

洪範

惟天陰騭下民相協厥居我不知其彝倫攸敘

蔡注武王之問蓋曰天於冥冥之中默有以安定其民輔相保合其居止而我不知其彝倫之所以敘者如何也

君奭

天命不易天難諶

禮記

禮器

天道至教聖人至德

陳注天道陰陽之運極至之教也聖人禮樂之作極至之德也

郊特牲

萬物本乎天人本乎祖此所以配上帝也

又

祭天掃地而祭焉於其質而已矣

哀公問

公曰敢問君子何貴乎天道也孔子對曰貴其不已如日月東西相從而不已也是天道也不閉其久是天道也無爲而物成是天道也已成而明是天道也

又

仁人之事親也如事天事天如事親

陳注方氏曰事親如事天者所以致其尊而不欲其褻也事天如事親者所以求其格而不欲其疏也

老子道德經

任爲篇

天之道不爭而善勝不言而善應不名而自來繟然而善謀天網恢恢疎而不失

天不與人爭貴賤而人自畏之天不言萬物自動應以時天不呼名萬物皆負陰而向陽繟寬也天道雖寬博善謀慮人事修善行惡各蒙其報也天所網羅恢恢甚大雖疎遠司察人善惡無有所失

天道篇

天之道其猶張弓乎高者抑之下者舉之有餘者損之不足者補之天之道損有餘而補不足人之道則不然損不足以奉有餘孰能以有餘奉天下唯有道者是以聖人爲而不恃功成而不處其不欲見賢耶

天道暗昧舉物類以爲喻也言張弓和調之如是乃可用夫抑高舉下損强益弱天之道也天道損有餘而益謙常以中和爲上人道則與天道反也世俗之人損貧以奉富奪弱以益强也言誰能居有餘之位自省爵祿以奉天下不足者乎惟有道之君能行也聖人爲德施不恃其報也功成事就不處其位不欲使人知己之賢匿功不居榮畏天損有餘也

任契篇

天道無親常與善人

管子

形勢篇

天道之極遠者自親人事之起近親造怨萬物之於人也無私近也無私遠也巧者有餘而拙者不足其功順天者天助之其功逆天者天違之天之所助雖小必大天之所違雖成必敗順天者有其功逆天者懷其凶不可復振也

荀子

天論篇

天行有常不爲堯存不爲桀亡應之以治則吉應之以亂則凶强本而節用則天不能貧養備而動時則天不能病修道而不貳則天不能禍故水旱不能使之饑渴寒暑不能使之疾祅怪不能使之凶本荒而用侈則天不能使之富養略而動罕則天不能使之全倍道而妄行則天不能使之吉故水旱未至而饑渴寒暑未薄而疾祅怪未至而凶受時與治世同而殃禍與治世異不可以怨天其道然也故明於天人之分則可謂至人矣不爲而成不求而得夫是之謂天職如是者雖深其人不加慮焉雖大不加能焉雖精不加察焉夫是之謂不與天爭職天有其時地有其財人有其治夫是之謂能參舍其所以參而願其所參則惑矣列星隨旋日月遞照四時代御陰陽大化風雨博施萬物各得其和以生各得其養以成不見其事而見其功夫是之謂神皆知其所以成莫知其無形夫是之謂天唯聖人爲不求知天天職既立天功既成形具而神生好惡喜怒哀樂藏焉夫是之謂天情耳目鼻口形能各有接而不相能也夫是之謂天官心居中虛以治五官夫是之謂天君財非其類以養其類夫是之謂天養順其類者謂之福逆其類者謂之禍夫是之謂天政暗其天君亂其天官棄其天養逆其天政背其天情以喪天功夫是之謂大凶聖人清其天君正其天官備其天養順其天政養其天情以全其天功如是則知其所爲知其所不爲矣則天地官而萬物役矣其行曲治其養曲適其生不傷夫是之謂知天故大巧在所不爲大智在所不慮所志於天者已其見象之可以期者矣所志於地者已其見宜之可以息者矣所志於四時者已其見數之可以事者矣所志於陰陽者已其見知之可以治者矣官人守天而自爲守道也治亂天耶曰日月

星辰瑞曆是禹桀之所同也禹以治桀以亂治亂非天也時耶曰繁啓蕃長於春夏畜積收藏於秋冬是又禹桀之所同也禹以治桀以亂治亂非時也地耶曰得地則生失地則死是又禹桀之所同也禹以治桀以亂治亂非地也詩曰天作高山大王荒之彼作矣文王康之此之謂也天不爲人之惡寒也而輟冬地不爲人之惡遼遠也而輟廣君子不爲小人匈匈也而輟行天有常道矣地有常數矣君子有常體矣君子道其常小人計其功詩曰何恤人之言兮此之謂也楚王後車千乘非知也君子啜菽飲水非愚也是節然也若夫心意修德行厚知慮明生於今而志乎古則是其在我者也故君子敬其在己者而不慕其在天者小人錯其在己者而慕其在天者君子敬其在己者而不慕其在天者是以日進也小人錯其在己者而慕其在天者是以日退也故君子之所以日進與小人之所以日退一也君子小人之所以相懸者在此耳星墜木鳴國人皆恐曰是何也曰無何也是天地之變陰陽之化物之罕至者也怪之可也畏之非也夫日月之有蝕風雨之不時怪星之黨見是無世而不常有之上明而政平則是雖並世起無傷也上闇而政險則是雖無一至者無益也夫星之墜木之鳴是天地之變陰陽之化物之罕至者也怪之可也畏之非也物之已至者人祆則可畏也楛耕傷稼耘耨失薉政險失民田稼薉惡糴貴民饑道路有死人夫是之謂人祆政令不明舉錯不時本事不理夫是之謂人祆禮義不修內外無別男女淫亂則父子相疑上下乖離寇難並至夫是之謂人祆祆是生於亂三者錯無安國其說甚邇其菑甚慘勉力不時則牛馬相生六畜作祆可怪也而不可畏也傳曰萬物之怪書不說無用之辯不急之察棄而不治若夫君臣之義父子之親夫婦之別則日切磋而不舍也雩而雨何也曰無何也猶不雩而雨也日月食而救之天旱而雩卜筮而後決大事非以爲得求也以文之也故君子以爲文而百姓以爲神以爲文則吉以爲神則凶在天者莫明於日月在地者莫明於水火在物者莫明於珠玉在人者莫明於禮義故日月不高則光輝不赫水火不積則煇潤不博珠玉不睹乎外則王公不以爲寶禮義不加於國家則功名不白故人之命在天國之命在禮君人者隆禮尊賢而王重法愛民而霸好利多詐而危權謀傾覆幽險而盡亡矣大天而思之孰與物畜而制之從天而頌之孰與制天命而用之望時而待之孰與應時而使之因物而多之孰與騁能而化之思物而物之孰與理物而勿失之也願於物之所以生孰與有物之所以成故錯人而思天則失萬物之情百王之無變足以爲道貫一廢一起應之以貫理貫不亂不知貫不知應變貫之大體未嘗亡也亂生其差治盡其詳故道之所善中則可從畸則不可爲匿則大惑水行者表深表不明則陷治民者表道表不明則亂禮者表也非禮昏世也昏世大亂也故道無不明外內異表隱顯有常民陷乃去萬物爲道一偏一物爲萬物一偏愚者爲一物一偏而自以爲知道無知也愼子有見於後無見於先老子有見於詘無見於信墨子有見於齊無見於畸宋子有見於少無見於多有後而無先則羣衆無門有詘而無信則貴賤不分有齊而無畸則政令不施有少而無多則羣衆不化書曰無有作好遵王之道無有作惡遵王之路此之謂也

宋張子正蒙

天道篇

天道四時行百物生無非至教聖人之動無非至德夫何言哉

天體物不遺猶仁體事無不在也禮儀三百威儀三千無一物而非仁也昊天曰明及爾出王昊天曰旦及爾游衍無一物之不體也

上天之載有感必通聖人之爲得爲而爲之也

天不言而四時行聖人神道設教而天下服誠於此動於彼神之道與

天不言而信神不怒而威誠故信無私故威

天之不測謂神神而有常謂天

鼓萬物而不與聖人同憂天道也聖不可知也無心之妙非有心所及也

天之知物不以耳目心思然知之之理過於耳目心思天視聽以民明威以民故詩書所謂帝天之命主於民心而已焉

化而裁之存乎變存四時之變則周歲之化可裁存晝夜之變則百刻之化可裁推而行之存乎通推四時而行則能存周歲之通推晝夜而行則能存百刻之通

神而明之存乎其人不知上天之載當存文王默而成之存乎德行學者常存德性則自然默成而信矣存文王則知天載之神存衆人則知物性之神

谷之神也有限故不能遍天下之聲聖人之神惟天故能周萬物而知

聖人有感無隱正猶天道之神

有天德然後天地之道可一言而盡

天部藝文一

天問　楚屈原

曰遂古之初誰傳道之上下未形何繇考之

朱註遂往也道猶言也上下謂天地也問往古之初未有天地固未有人誰得見之而傳道其事乎

冥昭瞢闇誰能極之馮翼惟象何以識之（瞢莫鄧反闇與暗同又作暗馮皮冰反）

冥幽也昭明也謂晝夜也瞢暗言晝夜未分也極窮也馮翼氤浮動之貌淮南子云天墜未形馮馮翼翼又曰未有天地惟象無形窈窈冥冥莫知其門此承上問時未有人今何以能窮極而知之乎○右二章四問今答之曰開闢之初其事雖不可知其理則具於吾心固可反求而默識非如傳記雜書謬妄之說必誕者而後傳如柳子所譏也

明明闇闇惟時何爲陰陽三合何本何化（化叶虎爲反）

明明闇闇卽謂晝夜之分也時是也穀梁子曰獨陰不生獨陽不生獨天不生三合然後生○此問蓋曰明必有明之者闇必有闇之者是何物之所爲乎陰也陽也天也三者之合何者爲本何者爲化乎今答之曰天地之化陰陽而已一動一靜一晦一朔一往一來一寒一暑皆陰陽之所爲而非有爲之者也然穀梁言天而不以地對則所謂天者理而已矣成湯所謂上帝降衷子思所謂天命之性是也是爲陰陽之本而其兩端循環不已者爲之化焉周子曰無極而太極太極動而生陽動極而靜靜而生陰靜極復動一動一靜互爲其根分陰分陽兩儀立焉正謂此也然所謂太極亦曰理而已矣

圜則九重孰營度之惟茲何功孰初作之

圜謂天形之圓也則法也九陽數之極所謂九天也

斡維焉繫天極焉加八柱何當東南何虧（斡一作筦並音管）

斡說文曰轂端沓則是車轂之內以金爲筦而受軸者也維繫物之縻也天極謂南北極天之樞紐常不動處譬則車之軸也蓋凡物之運者其轂必有所繫然後軸有所加故問此天之斡維繫於何所而天極之軸何所加乎河圖言崑崙者地之中也地下有八柱互相牽制名山大川孔穴相通素問曰天不足西北地不滿東南注云中原地形西北高東南下今百川滿湊東之滄海則南北東西高下可知故又問八柱何所當值東南何獨虧闕乎

九天之際安放安屬隅隈多有誰知其數（屬音注數所句反）

九天卽所謂圜則九重者際邊也放至也屬附也隅角也○右三章六問今答之曰或問乎邵子曰天何依曰依乎地地何附曰附乎天天地何所依附曰自相依附天依形地附氣其形也有涯其氣也無涯詳味此言屈子所問昭然若發矇矣但天之形圓如彈丸朝夜運轉其南北兩端後高前下乃其樞軸不動之處其運轉者亦無形質但如勁風之旋當晝則自左旋而向右向夕則自前降而歸後當夜則自右轉而復左將旦則自後升而趣前旋轉無窮升降不息是爲天體而實非有體也地則氣之渣滓聚成形質者但以其束於勁風旋轉之中故得以兀然浮空甚久而不墜耳黃帝問於岐伯曰地有憑乎岐伯曰大氣舉之亦謂此也其曰九重則自地之外氣之旋轉益遠益大益清益剛究陽之數而至於九則極清極剛而無復有涯矣豈有營度而造作之者先以斡維繫於一處而後以軸加之以柱承之而後天地乃定位哉且曰其氣無涯則其邊際放屬隅隈多少固無得而言者亦不待辯說而可知其妄矣東南之虧乃專以地形言之初無預乎天也

天何所沓十二焉分日月安屬列星安陳

沓合也此問天與地合會於何所十二辰誰所分別乎陳列也言日月衆星安所繫屬誰陳列也○上章所問天何所屬幷地而言此所問乃爲天地相接之處何所沓也今答之曰天周地外其說已見上矣非沓乎地之上也十二云者自子至亥十二辰也左傳曰日月所會是謂辰注云一歲日月十二會所會爲辰十一月辰在星紀十二月辰在元枵之類是也然此特在天之位耳若以地而言

之則南面而立其前後左右亦有四方十二辰之位焉但在地之位一定不易而在天之象運轉不停惟天之鶉火加於地之午位乃與地合而得天運之正耳蓋周天三百六十五度四分度之一周布二十八宿以著天體而定四方之位以天繞地則一晝一夜適周一匝而又超一度日月五星亦隨天以繞地而唯日之行一日一周無餘無欠其餘則皆有遲疾之差焉然其懸也固非綴屬而居其運也亦非推挽而行但當其氣之盛處精神光耀自然發越而又各自有次第耳列子曰天積氣耳日月星辰亦積氣中之有光耀者張衡靈憲曰星也者體生於地精成於天列位錯峙各有攸屬此言皆得之矣

出自湯谷次於蒙汜自明及晦所行幾里（湯音陽汜音似上聲）

次舍也汜水涯也書云宅嵎夷曰暘谷即湯谷也爾雅云西至日所入爲大蒙即蒙汜也○此問一日之間日行幾里乎答之曰湯谷蒙汜固無其所然日月出水乃昇於天及其西下又入於水故其出入似有處所而所行里數曆家以爲周天赤道一百七萬四千里日一晝夜而一周春秋二分晝夜各行其半而夏長冬短一進一退又各以其什之一焉

夜光何德死則又育厥利維何而顧菟在腹（菟與兎同）

夜光月也死其晦也育生也○此問月有何德乃能死而復生月有何利而顧望之菟常居其腹乎答曰曆家舊說月朔則去日漸遠故魄死而明生既望則去日漸近故魄生而明死至晦而朔則又遠日而明復生所謂死而復育也此說誤矣若果如此則未望之前西近東遠而始生之明當在月東既望之後東近西遠而未死之明却在月西矣安得未望載魄於西既望終魄於東而遡日以爲明乎故惟近世沈括之說乃爲得之蓋括之言曰月本無光猶一銀丸日耀之乃光耳光之初生日在其傍故光側而所見纔如鉤日漸遠則斜照而光稍滿大抵如一彈丸以粉塗其半側視之則粉處如鉤對視之則正圓也近歲王普又申理其說曰月生明之夕但見其一鉤至日月相望而人處其中方得見其全明必有神人能凌倒景旁日月而往參其間則雖弦晦之時亦得見其全明而與望夕無異耳以此觀之則知月光常滿但自人所立處視之有偏有正故見其光有盈有虧非既死而復生也若顧菟在腹之問則世俗桂樹蛙兎之傳其惑久矣或者以爲日月在天如兩鏡相照而地居其中四旁皆空水也故月中微黑之處乃鏡中天地之影略有形似而非眞有是物也斯言有理足破千古之疑也

女岐無合夫焉取九子伯強何處惠氣安在（在叶音紫）

女岐神女無夫而生九子伯強大厲疫鬼也所至傷人惠順也惠氣謂和氣也○此章所問三事今答之曰天下之理一而已而有常變之不同天下之氣亦一而已而有順逆之或異夫乾道成男坤道成女凝體於造化之初二氣交感化生萬物流形於造化之後者理之常也若姜嫄簡狄之生稷契則又不可以先後言矣此理之變也女岐之事無所經見無以考其實然以理之變而觀之則恐其或有是也但此篇下文復有女岐易首之問則又未知其果如何耳釋氏書有九子母之說疑即謂此然益荒無所考矣惠者氣之順也厲者氣之逆也以其強暴傷人故爲之名字以著其惡耳初非實有是人也氣之流行充塞宇宙其爲順逆有以天時水土之所値有以人事物情之所感萬變不同亦未嘗有定在也

何闔而晦何開而明角宿未旦曜靈安藏（藏與臧同）

闔閉戶也開闢戶也陰闔而晦陽開而明角亢東方星旦明也曜靈日也○此問何所開闔而爲晦明且東方未明之時日安所藏其精光乎答曰晦明之問前屢發之其實亦陰陽消息之所爲耳陽息而闢則日出而明陰消而闔則日入而暗又何疑乎角宿固爲東方之宿然隨天運轉不常在東古經之言多假借也日之所出乃地之東方未旦則固已行於地中特未出地面之上耳

不任汩鴻師何以尚之僉曰何憂何不課而行之

鮌事見尚書汩治也鴻大水也師衆也尚舉也僉衆也課試也○問鮌才不任治鴻水衆人何以舉之堯知其不能而衆人以爲無憂堯何不且小試之而遽行其說也答曰鮌之才可任治水當時無過之者故衆舉之堯則固知其方命圮族而不可用矣四岳又請姑且試之故堯不得已而用之耳

鴟龜曳銜鮌何聽焉順欲成功帝何刑焉（聽叶平聲）

鴟龜事無所見舊說謂鮌死爲鴟龜所食鮌何以聽而不爭乎特以意言之耳詳其文勢與下文應

龍相類似謂鯀聽鴟龜曳銜之計而敗其事然若且順彼之欲未必不能成功舜何以遽刑之乎然若此類無稽之談亦無足答矣

永遏在羽山夫何三年不施伯禹腹鯀夫何以變化

永長也遏猶禁止也羽山在東海中施謂刑殺之也左傳曰乃施邢侯此問鯀功不成何但囚之羽山而不施以刑乎禹鯀子也腹懷抱也詩曰出入腹我○此又問禹自少小習見鮌之所爲何以能變化而有聖德乎答曰舜之四罪皆未嘗殺也程子以爲書云殛死猶言貶死耳蓋聖人用刑之寛例如此非獨於鯀爲然也若禹之聖德則其所稟於天者清明而純粹豈習於不善所能變乎

纂就前緒遂成考功何續初繼業而厥謀不同

纂集也緒絲端也○此問禹能纂代鯀之遺業而成父功何繼續其業而謀乃不同如此乎答曰鯀禹治水之不同事見洪範蓋鯀不順五行之性築隄以障潤下之水故無成禹則順水之性而導之使下故有功書所謂決九川距四海濬畎澮距川孟子所謂禹之行水得水之道而行其所無事是也程子曰今河北有鮌隄而無禹隄亦一証也

洪泉極深何以窴之地方九則何以墳之泉當作淵

洪泉卽洪水九則謂九州之界如上所謂圜則也墳土之高者也○此問洪水汎濫禹何用窴塞而平之九州之域何以出其土而高之乎答曰禹之治水行之而已無事於窴也水既下流則平土自高而可宮可田矣若曰必窴之而後平則是使禹復爲鮌而父子爲戮矣柳子對曰行鴻下隤厥丘乃降焉塡絕淵然後夷於土此言是也

應龍何畫河海何歷一作河海應龍何畫何歷失韻非是

有鱗曰蛟龍有翼曰應龍歷過也山海經曰禹治水有應龍以尾畫地卽水泉流通禹因而治之也柳子對曰胡聖爲不足反謀龍知畚鍤究勤而欺畫厥尾此言得之矣

鮌何所營禹何所成康回馮怒墜何故以東南傾

鮌禹事已見上六章此不復答舊說康回共工名也憑盛滿也列子曰共工氏與顓頊爭爲帝怒而觸不周之山折天柱絕地維而天傾西北日月星辰就焉地不滿東南百川水潦歸焉此亦無稽之言不答可也

九州安錯川谷何洿東流不溢孰知其故洿音戶

錯置也洿深也水注海曰川注川曰谿注谿曰谷○此章二問今答之曰九州所錯天地之中也川谷之洿衆流之會也不溢之故則列子曰渤海之東不知幾億萬里有大壑焉實爲無底之谷名曰歸墟八紘九野之水天漢之流莫不注之而無增無減焉莊子曰天下之水莫大於海萬川歸之不知何時止而不盈尾閭泄之不知何時已而不虛柳子曰東窮歸墟又環西盈脈穴土區而濁濁清清墳壚滲疏滲渴而升充融有餘泄漏復行器運漱漱又何溢爲三子之言遞相祖述而柳又明歸墟之泄非出之天地之外也但水入於東而復遶於西又滲縮而升乃復出於高原而下流於東耳此其說亦近似矣然以理驗之則天地之化往者消而來者息非以往者之消復爲來者之息也水流東極氣盡而散如沃焦釜無有遺餘故歸墟尾閭亦有沃焦之號非如未盡之水山澤通氣而流注不窮也

東西南北其修孰多南北順橢其衍幾何橢一作墮一作隋

墮狹而長也衍餘也○此問四方長短若何若謂南北狹而長則其長處所餘又計多少也答曰地之形量固當有窮但既非人力所能遍歷算術所能推知而書傳臆說又不足信唯靈憲所言八極之廣原於歷算若有据依然非專言地之廣狹也柳對謂其極無方則又過矣

崑崙縣圃其尻安在增城九重其高幾里尻與居同

崑崙據水經在西域一名阿耨達山河水所出非妄言也但縣圃增城高廣之度諸怪妄說不可信耳

四方之門其誰從焉西北辟啓何氣通焉辟一作開

補注引淮南子說崑崙虛旁門有數其西北隅開門以納不周之風今不敢信

日安不到燭龍何照羲和之未揚若華何光

舊注以爲天之西北幽冥無日之國有龍銜燭而照之其有日處日未出時又有若木赤華照地也夫日光彌天其行匝地固無不到之處此章所問尤是兒戲之語不足答也

何所冬暖何所夏寒焉有石林何獸能言

答曰南方日近而陽盛故多暖北方日遠而陰盛故多寒今以越之南燕之北觀之已自可驗則愈遠愈偏而有冬暖夏寒之所不足怪矣石林未詳禮曰猩猩能言不離禽獸今南方山中有之

焉有龍虬負熊以遊（虬或在龍字上以韻叶之非是）

虬見上餘未詳

雄虺九首儵忽焉在何所不死長人何守（儵與倏同死一作老）

虺蛇屬爾雅云博三寸首大如擘儵忽急疾貌招魂說南方之害雄虺九首往來儵忽正謂此也不死之人則山海經淮南子屢言之因未可信然俗傳山中有人年老不死子孫藏之雞窠之中者亦或有之不足怪也長人則國語所謂防風氏守封禺之山者山今在湖州武康縣

靡蓱九衢枲華安居靈蛇吞象厥大何如

靡蓱未詳何物九衢言其枝九出耳山海經有四衢五衢之語是也枲麻之有子者山海經云浮山有草其葉如枲又云南海內有巴蛇身長百尋其色青黃赤黑食象三年而出其骨注云南方蚺蛇亦吞鹿消盡乃自絞於樹腹中骨皆穿鱗甲間出亦此類也

黑水元趾三危安在延年不死壽何所止

黑水三危皆見禹貢元趾未詳素問曰眞人壽敝天地無有終時至人益其壽命而強亦歸于眞人聖人形體不敝精神不散亦可以百數

鯪魚何所鬿堆焉處羿焉彈日烏焉解羽（鬿音祈）

鯪魚鯉也一云陵鯉也有四足形似鼉而短小出南方山海經曰西海中近列姑射山有陵魚人面人手魚身見則風濤起北號山有鳥狀如雞而白首鼠足名曰鬿雀食人彈射也淮南言堯時十日並出草木焦枯堯命羿仰射十日中其九日日中九烏皆死墮其羽翼故留其一日也春秋元命苞三足烏者陽精也柳云山海經曰大澤方千里羣鳥之所生及所解穆天子傳曰北至曠原之野飛鳥之所解其羽舊說非是按今唯陵鯉人所共識其餘則有無不可知而彈日之說尤怪妄不足辯解羽如柳說則別是一事然如舊說爲日中之烏而借解羽二字以問於義亦通顧亦無足辯耳

禹之力獻功降省下土方（何絕）焉得彼嵞山女而通之于台桑

此問禹以勤力獻進其功先因使省下土四方當此之時焉得彼嵞山氏之女而通夫婦之道於台桑之地乎書曰娶于塗山辛壬癸甲塗山在壽春東北濠州也呂氏春秋曰禹娶塗山氏女不以私害公自辛至甲四日復往治水

閔妃匹合厥身是繼胡爲嗜不同味而快鼂飽

閔憂也言禹所以憂無妃匹者欲爲身立繼嗣也下二句未詳

啓代益作后卒然離蠥何啓惟憂而能拘是達

益禹賢臣也作爲也后君也離遭也蠥憂也舊說禹以天下禪益天下皆去益而歸啓是代益作后也于是有扈不服啓遂與之大戰于甘故曰離蠥問啓何以能思惟所憂而能代益伐扈以達拘執之嫌乎舊說如此未知是否不敢答也

皆歸䠶𥷚而無害厥躬何后益作革而禹播降

此章之義未詳

啓棘賓商九辯九歌何勤子屠母而死分竟地

棘賓商未詳九辯九歌已見騷經竊疑棘當作夢商當作天以篆文相似而誤也蓋其意本謂啓夢上賓于天而得帝樂以歸如列子史記所言周穆王秦穆公趙簡子夢之帝所而聞鈞天廣樂九奏萬舞之類耳屠母疑亦謂淮南所說禹治水時自化爲熊以通轘轅之道塗山氏見之而慙遂化爲石時方孕啓禹曰歸我子於是石破北方而啓生其石在嵩山見漢書注竟地卽化石也此皆怪妄不足論但恐文義當如此耳

帝降夷羿華孽夏民故䠶夫河伯而妻彼雒嬪（䠶作射）

帝天帝也夷羿諸侯弒夏后相者也華更也孽憂也言變更夏道爲萬民憂患傳曰河伯化爲白龍遊于水旁羿見䠶之眇其左目羿又夢與洛水神虙妃交亦妄言也

馮珧利決封豨是䠶何獻蒸肉之膏而后帝不若

馮滿也言引滿也珧弓名也爾雅弓以蜃者謂之珧珧蜃甲也䠶禮有決注云決猶闓也以象骨爲之著右大擘指以鉤弦闓體也后帝天帝也若順也言羿獵䠶封豨以其肉膏祭天帝天帝猶不順羿之所爲也柳子對曰夸夫快殺鼎豨以慮飽馨膏腴帝叛德恣力胡肥合舌喉而濫厥福

浞娶純狐眩妻爰謀何羿之䠶革而交吞揆之

寒浞見騷經眩惑也爰於也言浞娶於純狐氏女眩惑愛之遂與浞謀殺羿也䠶革禮所謂貫革之䠶左傳所謂蹲甲而䠶之徹七札焉者言有力也吞滅也揆謀度也言何羿之䠶藝勇力而其衆乃交進而吞謀之乎此卽騷經所謂淫遊佚畋而亂流鮮終者也

阻窮西征巖何越焉化爲黃熊巫何活焉

此章似又言鮌事然羽山東裔而此云西征已不可曉或謂越巖墮死亦無明文左傳言鮌化爲黃熊國語作黃能按熊獸名能三足鼈也說者曰獸非入水之物故是鼈也說文又云能熊屬足似鹿蓋不可曉或云東海人祭禹廟不用熊白及鼈爲膳豈鮌化爲二物乎

咸播秬黍莆雚是營何繇幷投而疾鮌修盈

秬黍黑黍也說文黍禾屬而黏也莆疑卽蒲字蒲水草可以作席雚亂也與萑同左氏云萑苻之澤是也餘未詳

白蜺嬰茀胡爲此堂安得夫良藥不能固臧天式從橫陽離爰死大鳥何鳴夫焉喪厥體茀音拂

舊注引列仙傳云崔文子學仙于王子僑子僑化爲白蜺而嬰茀持藥與之文子驚怪引戈擊蜺因墮其藥俯而視之子僑之尸也須臾化爲大鳥飛鳴而去事極鄙妄不足復論

蓱號起雨何以興之撰體脅鹿何以膺之

舊說蓱蓱翳雨師名也號呼也興起也又言天撰十二神鹿一身八足兩頭獨何膺受此形體乎此章大抵荒誕無說今亦不論

鼇戴山抃何以安之釋舟陵行何以遷之

鼇大龜也擊手曰抃舊注引列仙傳曰有巨靈之鼇背負蓬萊之山而抃舞事亦見列子下二句未詳

惟澆在戶何求于嫂何少康逐犬而顚隕厥首女岐縫裳而館同爰止何顚易厥首而親以逢殆

澆浞之子也舊說澆無義淫泆其嫂往至其戶佯有所求因與淫亂夏少康因田獵放犬逐獸遂襲殺澆而斷其頭顚倒也隕墜也女岐澆嫂也言女岐與澆淫泆爲之縫裳于是共舍而宿止少康夜襲得女岐頭以爲澆因斷之故言易首不知何據

湯謀易旅何以厚之覆舟斟尋何道取之

湯與上句過澆下句斟尋事不相涉疑本康字之誤謂少康也斟尋國名也杜預云斟灌斟尋夏同姓諸侯相失國依於二斟爲澆所滅其子少康爲虞庖正有田一成有衆一旅遂滅過澆祀夏配天不失舊物也旅謂一旅五百人也覆舟言夏后相已傾覆於斟尋之國今少康以何道而能復取澆乎

桀伐蒙山何所得焉妹嬉何肆湯何殛焉

桀伐蒙山之國而得妹嬉因此肆其情意故爲湯所殛放之南巢也

舜閔在家父何以鱞堯不姚告二女何親

閔憂也無妻曰鱞姚舜姓也問舜孝如此父何以不爲娶乎堯妻舜而不告其父母二女何自而與之相親乎程子曰舜不告而娶固不可堯命瞽使舜娶舜雖不告堯固告之矣堯之告也以君治之而已

厥萌在初何所意焉璜臺十成誰所極焉

億度也論語曰億則屢中璜美玉也成重也言賢者預見萌芽之端而知其存亾非虛億也紂作象箸而箕子歎預知象箸必有玉杯玉杯必盛熊蹯豹胎如此必崇廣宮室紂果作玉臺十重糟丘酒池以至於亾也

登立爲帝孰道尚之女媧有體孰制匠之

舊說伏羲始畫八卦修行德道萬民登以爲帝誰開導而尊尚之乎傳言女媧人頭蛇身一日七十化其體如此誰所制匠而圖之乎上句無伏羲字不可知下句則怪甚而不足論矣

舜服厥弟終然爲害何肆犬豕而厥身不危敗

服事也言舜弟象施行無道舜猶服而事之然象終欲害舜施犬豕之心燒廩窴井舜爲天子卒不誅象何耶說見下眩弟章

吳獲迄古南嶽是止孰期去斯得兩男子

此章未詳舊注以兩男子爲太伯虞仲未知是否

緣鵠飾玉后帝是饗何承謀夏桀終以滅喪

后帝謂殷湯也言伊尹始仕因緣烹鵠鳥之羹修玉鼎以事湯湯賢之遂以爲相承用其謀而伐夏桀終以滅桀也此卽孟子所辯割烹要湯之說蓋戰國遊士謬妄之言也

帝乃降觀下逢伊摯何條放致罰而黎服大說

帝謂湯也摯伊尹名也條鳴條也黎衆也言湯觀風俗而逢伊尹遂用其謀伐桀於鳴條而放之南巢天下衆民大喜悅也致罰卽湯誥所謂致天之罰也

簡狄在臺嚳何宜元鳥致貽女何喜

簡狄帝嚳之妃也元鳥燕也貽遺也言簡狄侍帝嚳於臺上有飛燕墮遺其卵喜而吞之因生契也事見商頌說見女岐章

該秉季德厥父是臧胡終弊於有扈牧夫牛羊

此章未詳諸說亦異補曰言啓兼秉禹之末德而

禹善之授以天下有扈以堯舜與賢禹獨與子故伐啓啓伐滅之有扈遂爲牧豎也詳此該字恐是啓字字形相似也但牧夫牛羊未有據而其文勢似啓反爲扈所弊不可考也

干協時舞何以懷之平脅曼膚何以肥之

干盾也協合也時是也言舜以干羽合是舞於兩階何以懷有苗而格之也下句未詳舊說云平脅曼膚肥澤之貌言紂爲無道天下乖離當懷憂癯瘦何反肥盛若此乎二事不相似時相去又遠未知其果然否

有扈牧豎云何而逢擊牀先出其命何從

豎童僕之未冠者舊說有扈氏本牧豎之人耳因何逢遇而得爲諸侯乎啓攻有扈之時親於其牀上擊而殺之其命何所從出乎此亦無所據而牧豎之說又與上章相表裏未詳其說

恆秉季德焉得夫朴牛何往營班祿不但還來

舊說朴大也言湯常能秉持契之末德出獵而得大牛之瑞其往獵也不但驅馳往來而已還輒以所獲得禽獸徧施惠祿於百姓也此篇言秉季德者再而其說不同如此蓋本文已不可考而說者又妄解也

昏微遵迹有狄不寧何繁鳥萃棘負子肆情

舊說人循闇微之道爲戎狄之行者不可以安其身謂晉大夫解居父聘吳過陳之墓門見婦人負其子欲與之淫泆婦人則引詩刺之曰墓門有棘有鴞萃止言雖無人棘上猶有鴞汝獨不愧也今詳其說上二句迂曲難解下事亦無所據補引列女傳陳辯女事又無負子肆情之意要皆不足論也

眩弟並淫危害厥兄何變化以作詐而後嗣逢長

眩弟惑亂之弟也問何象欲殺舜變化作詐而舜爲天子反封象於有庳使其後嗣子孫長爲諸侯乎孟子云仁人之於弟不藏怒不宿怨封之有庳富貴之也知此則知其說矣

成湯東巡有莘爰極何乞彼小臣而吉妃是得

有莘國名極至也小臣謂伊尹也言湯東巡至於有莘乞匄伊尹因得吉善之妃以爲內輔也史記曰阿衡欲干湯而無繇乃爲有莘氏媵臣謂此也然以孟子觀之則爲此說者妄矣

水濱之木得彼小子夫何惡之媵有莘之婦

舊說小子謂伊尹媵送也言伊尹母姙身夢神女告之曰臼竈生鼃亟去無顧居無幾何臼竈中生鼃母去東走顧視其邑盡爲大水母因溺死化爲空桑之木水乾之後有小兒啼水涯人取養之既長大有殊才有莘惡其從木中出因以送女謬妄甚明不必辯也

湯出重泉夫何辠尤不勝心伐帝夫誰使挑之

重泉地名在馮翊郡史記所謂夏臺也言桀拘湯於此而復出之湯既得出遂不勝衆人之心而以伐桀是誰使桀先拘湯以挑之乎

會鼂爭盟何踐吾期蒼鳥群飛孰使萃之

舊說武王將伐紂紂使膠鬲視武王師膠鬲問曰欲以何日至殷武王曰以甲子日膠鬲還報紂會天大雨道難行武王晝夜行或諫曰雨甚軍士苦之請且休息武王曰吾許膠鬲以甲子日至殷今報紂矣吾甲子日不到紂必殺之吾故不敢休息欲救賢者之死也遂以甲子日朝誅紂不失期也下二句不可曉注云蒼鳥鷹也言將帥勇猛如鷹鳥羣飛惟武王能聚之詩曰惟師尚父時惟鷹揚是也未知是否

列擊紂躬叔旦不嘉何親揆發定周之命以咨嗟授殷天下其位安施反成乃亡其罪伊何

叔旦武王弟周公也嘉善也揆度也猶言帝度其心發武王名史記言武王至紂死所射之三發以黃鉞斬其頭懸之太白之旗此所謂列擊紂躬也然未見周公不喜與其咨嗟以揆武王使定周命之事蓋當時猶有其傳而今失之也此問周公既不喜列擊紂躬何爲又教武王使定周命乎蓋周公但不喜親斬紂頭之事耳固未嘗不欲定周之命而王天下以傳子孫也後四句不可曉似謂天既授殷以天下而今亡之使其位何所施耶蓋唯反其所以成者是以至於滅亡而其爲罪果何事耶但語意太簡未有以見其必然耳

爭遣伐器何以行之並驅擊翼何以將之

爭遣伐器謂泰誓言羣后以師畢會也並驅擊翼謂六韜曰翼其兩旁疾擊其後言武王之軍人人樂戰並驅而進之也問此二者何以使之然耶

昭后成遊南土爰底厥利維何逢彼白雉底音止

昭后成王孫昭王瑕也成猶遂也底至也昭王南遊至楚楚人鑿其船而沉之遂不還也杜預云昭王南巡狩涉漢船壞而溺二說不同未知孰是白

雖事無所見舊注謂周公時越裳氏嘗獻之昭王德不能致而欲親征逢迎之亦恐未必然也

穆王巧悔夫何周流環理天下夫何索求

方言云悔貪也賈生所謂品庶悔生是也巧悔言巧於貪求也史記曰周穆王得驥溫驪驊騮騄耳之駟西巡狩樂而忘歸徐偃王作亂造父爲穆王御長驅歸周以救亂環旋也左傳云穆王欲肆其心周行天下將必有車轍馬跡焉祭公謀父作祈招之詩以止王心王是以獲沒於祗宮

妖夫曳衒何號于市周幽誰誅焉得夫褒姒

褒姒周幽王之嬖妾也昔夏后氏之衰也有二龍止於夏庭而言曰余褒之二君也夏后布幣糈而告之龍亡而漦在櫝而藏之傳三代莫敢發至厲王之末發而觀之漦流於庭化爲元黿入王後宮後宮處妾遇之而孕無夫而生女懼而棄之先時有童謠曰檿弧箕服實亡周國後有夫婦相牽引行賣是器於市者以爲妖怪執而戮之夜得亡去聞所棄女啼聲哀而收之遂奔褒褒人後有罪乃入此女以贖罪是爲褒姒幽王惑而愛之爲廢申后及太子宜臼而立以爲后遂爲申侯犬戎所殺也

天命反側何罰何佑齊桓九合卒然身殺

反側言無常也九糾通用卒終也齊桓公任管仲九合諸侯一匡天下任豎刁易牙諸子相攻死不得斂蟲流出戶與見殺無異一人之身一善一惡天命反側罰佑不常皆其所自取也

彼王紂之躬孰使亂惑何惡輔弼讒諂是服

惑紂者內則妲己外則飛廉惡來之徒也服事也言紂憎輔弼不用忠直之言而專用讒諂之人也

比干何逆而抑沈之雷開何順而賜封之

此言紂之惡輔弼而用讒諂也比干紂諸父也諫紂紂怒乃殺之而剖其心雷開佞人也阿順於紂乃賜之金玉而封爵之也

何聖人之一德卒其異方梅伯受醢箕子詳狂詳音佯

方術也梅伯紂諸侯也忠直而數諫紂紂怒乃殺之菹醢其身箕子見之欲去不忍遂被髮詳狂而爲奴二人德同而術異也

稷維元子帝何竺之投之於冰上鳥何燠之

元大也稷帝嚳之子棄也帝卽嚳也竺義未詳或曰厚也或曰篤也皆未安稷事見詩大雅及史記曰后稷名棄其母有邰氏女曰姜嫄爲帝嚳元妃出野見巨人跡悅而踐之遂身動如孕者居期而生子姜嫄以無父而生棄之於冰上有鳥以翼覆薦溫之以爲神乃取而養之詩曰先生如達是首生之子也故曰元子既是元子則帝當愛之矣何爲而竺之耶棄之冰上則人惡之矣鳥何爲而燠之耶以此言之則竺字當爲天祝予之祝或爲夭夭是椓之椓以聲近而訛耳

何馮弓挾矢殊能將之既驚帝切激何逢長之

馮引弓持滿也其它文多不可曉注以爲后稷補以爲武王未知孰是今姑闕之

伯昌號衰秉鞭作牧何令徹彼岐社命有殷國

伯昌謂周文王始爲西伯而名昌也號衰號令于殷世衰微之際也秉鞭策牧者之事也言服事殷而爲之執鞭以作六州之牧也徹通也岐社太王所立岐周之社也武王既有殷國遂通岐周之社於天下以爲大社猶漢初令民立漢社稷也

遷藏就岐何能依殷有惑婦何所譏

言太王始與百姓徙其寶藏來就岐下問何能使其民依倚而隨之惑婦謂妲己也問有何事可譏乎

受賜茲醢西伯上告何親就上帝罰殷之命以不救

西伯文王也言紂醢梅伯以賜諸侯文王受之以祭告語于上帝帝乃親致紂之罪罰故殷之命不可復救也

師望在肆昌何識鼓刀揚聲后何喜

師望太師呂望謂太公也昌文王也言太公在市肆而屠文王何以識知之乎后亦謂文王也呂望鼓刀在列肆文王親往問之呂望對曰下屠屠牛上屠屠國文王喜載與俱歸此問何但聞其鼓刀之聲而親往問之乎然此與獵於渭濱而得太公之說不同蓋當時好事者之言猶伊尹負鼎百里自鬻之比惜乎孟子時無問者不得并掊擊之也然則其問亦不足答矣

武發殺殷何所悒載后集戰何所急

言武王發欲誅殷紂何所悁悒而不能久忍遂載文王之柩於軍中以會戰何所急而然也此亦當時傳聞之語故爲伯夷扣馬之詞亦有父死不葬之云與此皆誤也

伯林雉經維其何故何感天抑墜夫誰畏懼

舊注以此爲晉太子申生之事未知是否

皇天集命惟何戒之受禮天下又使至代之
言皇天集祿命以與王者何不常有以戒之而使至于危亡乎王者既受天之禮命而王天下天又何爲使它姓代之乎其警戒之意至深切矣
初湯臣摯後茲承輔何卒官湯尊食宗緒
言湯初舉伊尹以爲凡臣耳後知其賢乃以備疑丞輔翼也官如官卿之適之官言終使湯爲天子尊其先人以王者禮樂祭祀緒業流於子孫也
勳闔夢生少離散亡何壯武厲能流厥嚴
勳功也闔吳王闔廬也夢闔廬祖父壽夢壽夢卒太子諸樊立諸樊卒傳弟餘祭餘祭卒傳弟夷末夷末卒當傳弟札札不受夷末之子王僚立闔廬諸樊之長子次不得爲王少離散亡放在外乃使專諸刺王僚代爲吳王以伍子胥爲將破楚入郢是能壯其猛厲勇武而流其威也
彭鏗斟雉帝何饗壽命永多夫何長
彭鏗彭祖也舊說鏗好和滋味進雉羹於堯堯饗之而錫以壽考至八百歲莊子以爲上及有虞下及五伯是也但此本謂上帝已爲妄說而舊注以爲堯又妄之尤也
中央共牧后何怒螽蛾微命力何固蛾古蟻字
此章之義未詳當闕
驚女采薇鹿何祐北至回水萃何喜
此章未詳亦當闕
兄有噬犬弟何欲易之以百兩卒無祿
舊注以此爲秦公子鍼之事然與左傳不同未知是否
薄暮雷電歸何憂厥嚴不奉帝何求
此下皆不可曉今闕其義
伏匿穴處爰何云荆勳作師夫何長悟過改更我又何言吳光爭國久余是勝何環穿自閭社丘陵爰出子文
吳光卽闔廬也子文楚令尹鬬穀於菟也左傳曰若敖娶於䢵生鬬伯比若敖卒從其母畜於䢵淫於䢵子之女生穀於菟實爲令尹子文夫子稱其忠事見論語它則不可曉矣
吾告堵敖以不長
楚人謂未成君而死者曰敖堵敖者楚文王子成王兄也
何試上自予忠名彌彰試一作識

天贊　宋何承天

軒轅改物以經天人客成造曆大撓創辰龍集有次星紀乃分

遂古篇　梁江淹

僕嘗爲造化篇以學古制今觸類而廣之復有此文兼象天問以遊思云爾

聞之遂古大火然兮水亦溟涬無涯邊兮女媧煉石補蒼天兮共工所觸不周山兮河洛交戰寧深淵兮黃炎共鬬涿鹿川兮女岐九子爲氏先兮蚩尤鑄兵幾千年兮十日並出堯之間兮羿乃斃日事豈然兮嫦娥奔月誰所傳兮豐隆騎雲爲靈仙兮夏開乘龍何因緣兮傳說託星安得宣兮夸父鄧林義亦艱兮建木千里烏易論兮穆王周流往復旋兮河宗王母可與言兮青鳥所解路誠亶兮五色玉石出西偏兮崑崙之墟海此間兮去彼宗周萬二千兮山經古書亂編篇兮郭釋有兩未精堅兮上有剛氣道家言兮日月五星皆虛懸兮倒景去地出雲烟兮九地之下如有天兮土伯九約寧若先兮西方蓐收司金門兮北極禺強爲常存兮帝之二女遊湘沅兮霄明燭光向焜煌兮太一司命鬼之元兮山鬼國殤爲遊魂兮迦維羅衛通最尊兮黃金之身誰能原兮恆星不見頗可論兮其說彬炳多聖言兮六合之內心常渾兮幽明詭怪令智惛兮河圖洛書爲信然兮孔甲豢龍古共傳兮禹時防風處隅山兮春秋長狄生何邊兮臨洮所見又何緣兮蓬萊之水淺于前兮東海之波爲桑田兮山崩邑淪寧幾千兮石生土長必積年兮漢鑿昆明灰炭全兮魏開濟渠螺蚌堅兮白日再中誰使然兮北斗不見藏何間兮建章鳳闕神光連兮未央鐘虡生華鮮兮銅爲兵器秦之前兮丈夫衣綵六國先兮周時女子出世間兮班君絲履遊泰山兮人鬼之際有隱淪兮四海之外孰方圓兮沃沮肅愼東北邊兮長臂兩面赤乘船兮東南倭國皆文身兮其外黑齒次裸民兮侏儒三尺並爲鄰兮西北丁零又烏孫兮車師月支種類繁兮馬蹄之國善騰奔兮西南烏弋及罽賓兮天竺于闐皆胡人兮條支安息西海濱兮人迹所極至大秦兮珊瑚明珠銅金銀兮琉璃瑪瑙來雜陳兮硨磲水精莫非眞兮雄黃雌石出山垠兮青白蓮華被水濱兮宮殿樓觀並七珍兮窮陸溟海又有民兮長股深目豈君臣兮丈夫女子及三身兮結胷反舌一臂人兮跂踵交脛與羽民兮不死之國皆何因兮茫茫造化理難循兮聖者不測

況庸倫兮筆墨之暇爲此文兮薄暮雷電聊以忘憂又示君兮

天賦

唐劉允濟

臣聞混成發粹大道含元典於物祖首自胚渾分泰階而立極光耀魄以司尊懸兩明而必照列五緯而無言驅馭陰陽裁成風雨叶乾位以凝化建坤儀而作輔錯落九垓岧嶢八柱燦黄道而開域闢紫宮而爲宇横斗樞以旋運廓星漢之昭回總三統之遷易乘五運之遞推察文明而降祥瑞覩草昧而動雲雷託璇樞之妙術應玉管之浮灰柔克斯高聽卑逾廣覆幬千容包含萬象載光道德聿符刑賞旣霆震而霜威亦春生而夏長其功不測其變惟神大哉其施曠乎其仁周八紘而化育籠四海而陶鈞雖感通而下濟終輔翼而無親登大寶于上皇發神圖于下帝憑理亂而倚伏候昏明而開閉邁堯舜以降禎休遇辛癸而呈祲沴歷成敗而無爽在興亡而必契深機不測神化靈長雖覃恩于列聖必歸功于有唐發星辰而效祉雜烟雲以降祥大猷載洽景貺斯彰浹庶品以光被樂羣生于會昌軼大庭而包太昊孕元頊而掩朱襄見乾心之祚聖卽靈運之無方造化雖遠生成不極沾廣惠於禽魚預湛恩於動植非測管以能喻豈戴盆之可識欣大賚於天成激長歌於帝力

欽定古今圖書集成曆象彙編乾象典

第十一卷目錄

乾象典第十一卷

天部藝文二

天對 唐柳宗元

蔣之翹曰天問者乃屈原之所作也漢王逸序云屈原放逐憂心愁悴彷徨山澤經歷陵陸嗟號旻昊仰天歎息見楚有先王之廟及公卿祠堂圖畫天地山川神靈琦瑋僪佹及古聖賢怪物行事因書其壁呵而問之以渫憤懣舒寫愁思乃假天以爲言焉故作天問此子厚取天問所言隨而釋之遂作天對云

問曰遂古之初誰傳道之上下未形何由考之冥昭瞢闇誰能極之馮翼惟象何以識之

對曰本始之茫誕者傳焉鴻靈幽紛曷可言焉曶黑晰眇往來屯屯

曶黑微眜也晰明也屯難也

龐昧革化惟元氣存而何爲焉

易天造草昧注造物之始始于冥昧

問明明闇闇惟時何爲陰陽三合何本何化

對合焉者三一以統同

柳自注穀梁傳獨陰不生獨陽不生獨天不生三合然後生王逸以爲天地人非也

吁炎吹冷交錯而功

吳人謂水曰冷澤

問圜則九重孰營度之惟茲何功孰初作之

對無營以成沓陽而九

沓積也九陽數之極所謂九天也

轉輠渾淪蒙以圜號冥凝元釐無功無作

輠車盛膏器也古者車行常載脂膏以塗軸故軸滑易行即其器也或云輠車轂轉貌

問斡維焉繫天極焉加

對烏徯繫維乃縻身位

徯待也淮南子帝維日維運之以斗東北爲報德之維西南爲背陽之維東南爲常羊之維西北爲號通之維注四角爲維也

無極之極漭瀰非垠

張衡靈憲八極之極徑二億三萬二千三百里漭瀰水大貌垠岸也

或形之加孰取大焉

天極謂南北極天之樞紐常不動處譬則車之軸也故對言其如爲有形之加則物孰有大於此者正謂無極之極故耳

問八柱何當東南何虧

對皇熙亹亹胡棟胡宇完離不屬焉恃夫八柱

素問天不足西北地不滿東南注中原地形西北高東南下今百川滿湊東之滄海則四方之高下可知河圖言崑崙者地之中也地下有八柱柱廣十萬里有三千六百軸互相牽制名山大川孔穴相通

問九天之際安放安屬

對無青無黃無赤無黑無中無旁烏際乎天則

則法也即所謂圜則九重者

問隅隈多有誰知其數

對巧欺淫誑幽陽以別無隈無隅曷辟厥列

淮南子天有九埜九千九百九十九隅故對言之謂天地至大何方何隅不可以數窮也

問天何所沓十二焉分

對折篿剡筳午施旁豎

折斷也楚人名結草折竹以卜曰篿剡削也離騷索藑茅以筳篿兮命靈氛爲余占之

鞠明究曛自取十二非余之爲焉以告汝

曛日入餘光一歲日月凡十二會所會爲辰

問日月安屬列星安陳

對規燬魄淵太虛是屬

規魄謂日月也

棊布萬熒咸是爲託

言列星如棊形之布置也熒明也

問出自暘谷次於蒙汜自明及晦所行幾里

對輻旋南畫軸奠於北

渾天之法天地之形如雞子北聳而南下故北極常不沒南極常不見其轉如車軸日月星辰常下廻也

孰彼有出次惟汝方之側平施旁運惡有谷汜

次舍也谷暘谷書宅嵎夷曰暘谷汜蒙汜爾雅西至日所入爲大蒙

當焉爲明不逮爲晦度引久窮不可以里

淮南子日出於暘谷浴於咸池拂於扶桑淪於蒙谷入於虞淵之汜曙於蒙谷之浦行九州七舍有五億萬七千三百九里曆家以爲周天赤道一百七萬四千里日一晝夜而一周春秋二分晝夜各行其半而夏長冬短一進一退又各以其什之一焉

問夜光何德死則又育厥利惟何而顧兔在腹

對燬炎莫儷淵迫而魄遐違乃專何以死育

儷偶也燬炎謂日魄月也死晦育生也此對之意如曆家舊說云月朔則去日漸遠故魄死而明生既望則去日漸近故魄生而明死至晦而朔則又遠日而明復生所謂死而復育也

元陰多缺爰感厥兔不形之形惟神是類

謂月中有兔元陰之所感也

問女岐無合夫焉取九子

對陽健陰淫降施蒸摩岐靈而子焉以夫爲

女岐神女無夫而生九子

問伯彊何處惠氣安在

對怪沴冥叓伯彊乃陽順和調度惠氣出行時居時縮何有處鄉

伯彊大厲疫鬼所至傷人

問何闔而晦何開而明

對明焉非闢晦焉非藏

問角宿未旦曜靈安藏

對孰旦孰幽繆躔於經蒼龍之寓而廷彼角亢

躔日月行次也亢星名爾雅壽星角亢也國語辰角見而雨畢注辰角大辰蒼龍之角見者朝見東方建戌之初寒露節也問言角宿未旦者指東方蒼龍之位耳謂東方蒼龍角亢之宿雖日出之方而其晦明固自有經度也

問不任汩鴻師何以尚之僉日何憂何不課而行之

對惟鮌譊譊鄰聖而孽

王子年拾遺記云夏鮌治水無功沉於羽川化爲元魚大千尺後遂死橫於河海之間

恆師厖蒙乃尙其圮

師衆也尙舉也圮毀也此謂鮌之不任治洪水衆論不明不察其方命圮族而舉用之也

后惟師之難矉頞使試

矉佷張目也頞鼻莖蹙頞也此謂四岳舉鮌堯曰吁咈哉僉日試可乃已非樂於用之也

問鴟龜曳銜鮌何聽焉順欲成功帝何刑焉永遏在羽山夫何三年不施

對盜堙息壤招帝震怒賦刑在下而投棄於羽方陟元子以引功定地

堙塞也招舉也引嗣也山海經鯀竊帝之息壤以堙洪水帝令祝融殺鯀於羽郊書洪範鯀堙洪水汩陳其五行帝乃震怒鯀則殛死禹乃嗣興淮南子凡鴻水淵藪自三百仞以上二億三萬三千五百五十里有九淵禹乃以息土塡洪水以爲名山注息土不耗減掘之益多故以塡洪水也羽山在東海中

胡離厥考而鴟龜肆喙

考謂禹之父鯀也喙口也鴟龜事無考舊說謂鯀死爲鴟龜所食也

問伯禹腹鮌夫何以變化纂就前緒遂成考功何續初繼業而厥謀不同

對氣孽宄害而嗣續得聖汙塗而芙蕖夫固不可以類

芙蕖荷總名謂荷之生於淤泥中以喻禹之生於鯀也

胝躬躄步

列子楊朱篇身體偏枯手足胼胝注胝皮厚也又足繭也揚子巫步多禹注謂姒氏治水土涉山川病足故行跛也

橋楯勩踣

橋謂以鐵如椎頭長半寸施之履下以上山不蹉跌也楯形如箕擿行泥上勩勞踣僵也勩踣謂勞劇而頓仆也

厥十有三載乃蓋考醜宜儀刑九疇受是元寶昏成厥孽昭生於德惟氏之繼夫孰謀之式

史記禹傷父鯀功之不成乃勞身焦思居外十三年過家門不敢入洪範鯀則殛死禹乃嗣興天乃錫禹洪範九疇

問洪泉極深何以窴之

對行鴻下隤厥丘乃降焉塡絕淵然後夷於土

問地方九則何以墳之

對從民之宜乃九於埜墳厥貢藝而有上中下

九則九州之界也墳土之高者也此言墳厥貢蓺

又似有區別之義焉
問應龍何畫河海何歷
對胡聖爲不足反謀龍智畚鍤究勤而欺畫厥尾
山海經云禹治水有應龍以尾畫地卽水泉流通
禹因而治之子厚謂不然也
問鮌何所營禹何所成康回馮怒墜何故以東南傾
對圜燾廓大厥立不植地之東南亦已西北彼回小
子胡顚隕爾力夫誰駭汝爲此而以慁天極
圜天體也燾溥覆照也隕從高下也慁辱也擾也
列子共工氏子與顓頊爭爲帝怒而觸不周之山
折天柱絕地維故天傾西北日月星辰就焉地不
滿東南百川水潦歸焉康回共工名也
問九州安錯川谷何洿
對州錯富媼爰定於趾
坤爲母故稱媼也
躁川靜谷形有高庳
水注海曰川注川曰溪注谿曰谷庳短也
問東流不溢孰知其故
對東窮歸墟又環西盈脈穴土區而濁濁淸淸
列子渤海之東不知幾億萬里有大壑焉實惟無
底之谷名曰歸墟八紘九埜之水天漢之流莫不
注之而無增無減焉
墳壚燮疏滲渴而升充融有餘泄漏復行
說文壚黑剛土也書下土墳壚注下者壚壚疏也
滲下漉也莊子天下之水莫大於海百川歸之不
知何時止而不盈尾閭泄之不知何時已而不虛
器運浟浟又何溢爲

朱熹曰柳子明歸墟之泄非出之天地之外也但
水入於東而復歸於西又滲縮而升乃復出於高
原而下流於東耳此其說亦近似矣然以理驗之
則天地之化往者消而來者息非以往者之消復
爲來者之息也水流東極氣盡而散如沃焦釜無
有遺餘故歸墟尾閭亦有沃焦之號非如未盡之
水山澤通而流注不窮也
問東西南北其脩孰多
對東西南北其極無方夫何鴻洞而課校脩長
鴻大也洞通也淮南子合四海之內東西二萬八
千里南北二萬六千里注子午爲經卯酉爲緯言
經短緯長也禹乃使太章步自東極至於西極二
億三萬三千五百里七十五步使豎亥步自北極
至於南極二億三萬三千五百里七十五步注海
內有長短極內等也其他諸說不同
問南北順橢其衍幾何
對茫忽不準孰衍孰窮
問崑崙縣圃其尻安在
對積高於乾崑崙攸居
水經崑崙山在西北去嵩高五萬里地之中也其
高萬一千里河水出其東北陬又崑崙之山三級
下曰樊桐中曰元圃上曰層城
蓬首虎齒爰處爰都
山海經西海之南流沙之濱赤水之後黑水之前
有大山名崑崙之丘其下有弱水之淵環之其神
蓬首戴勝虎齒而善嘯者名西王母也
問增城九重其高幾里

對增城之高萬有三千
淮南子崑崙虛中有增城九重其高萬一千里百
一十四步二尺六寸東方朔十洲記崑崙山有三
角一角正東名曰崑崙宮其處有積金爲墉城面
方千里城上安金臺五所玉樓十二此云萬有三
千其說不同誕實未詳
問四方之門其誰從焉
對淸溫燠寒迭出于時時之丕革由是而門
黃帝素問天不足西北左寒而右凉地不滿東南
右熱而左溫淮南子崑崙虛旁有四百四十門
問西北辟啓何氣通焉
對辟啓之通茲氣之元
淮南子崑崙虛玉橫維其西北隅北門開以納不
周之風
問日安不到燭龍何照
對脩龍口燎爰北其首九陰極冥厥朔以炳
舊說天地之西北有幽冥無日之國有龍銜燭而
照之山海經西北海之外赤水之北有章尾山
有神人面蛇身而赤其瞑乃晦其視乃明是謂燭
龍
問羲和之未揚若華何光
對惟若之華稟羲以耀
廣雅日御曰羲和月御曰望舒山海經東南海外
有羲和之國有女子名曰羲和是生十日常浴日
於甘淵又灰野之山有樹赤葉赤華名曰若木日
所入處生崑崙西附西極也又淮南子若木在建
木西末有十日其華照下地注若木端有十日狀

如蓮珠華光光照其下也
問何所冬暖何所夏寒
對狂山凝凝氷於北至爰有炎洲司寒不得以試
山海經狂山無草木冬夏有雪狂水出焉東方朔
十洲記南方有炎洲在南海中共地方二千里淮
南子南至委火炎風之時北方之極有凍寒積氷
雪霰霜露漂潤羣水之埜
問焉有石林何獸能言
對石胡不林往視西極
左思吳都賦雖有石林之岸㟭請攘臂而靡之雖
有雄虺之九首將抗足而跐之按賦以石林與雄
虺同稱則石林當在南方矣然子厚云石胡不林
往視西極淮南子又云西方之極石城金室其說
未知孰是
獸言嘐嘐人名是達
說文嘐誇語也山海經鵲山有獸類獮猴被髮垂
地名曰猩猩知人名其爲獸如豕而人面
問焉有龍虬負熊以遊
對有虬蜲蛇不角不鱗嬉夭元熊相待以神
有角曰龍無角曰虬翹按龍虬負熊之說子厚之
對既無所據而朱子亦以未詳然攷之古文能熊
二字互相爲用如左傳堯殛鯀於羽山其神化爲
黃熊以入水國語又作黃能釋文以熊獸屬非入
水之物故是鼈也爾雅鼈三足曰能兒俗所傳能
爲龍使龍行能必先之又酉陽雜俎云龍頭上有
一物如博山形名尺木龍無尺木不能升天茲天
問龍虬負熊直此說耳

問雄虺九首儵忽焉在
對南有怪虺羅首以噬儵忽之居帝南北海
虺蛇屬爾雅博三尺首大如擘招魂南方雄虺九
首往來儵忽注儵忽疾急貌攷之文義兩處正同
王逸乃以儵忽爲電光既失其旨矣而子厚之對
又直取莊子南海之帝爲儵北海之帝爲忽而言
又自注儵忽在莊子甚明王逸以爲電非也則不
第繆誤特甚而又使雄虺一句爲無所問豈亦屈
原之本意乎
問何所不死長人是守
對員丘之國身民後死
山海經不死民在交脛國東其人黑色壽不死注
圓丘上有不死樹食之乃壽有赤水飲之不老
封嵎之守其橫九里
封嵎二山在吳越之間汪芒氏之國魯國語吳隳
會稽獲巨骨焉問之仲尼仲尼曰昔禹致羣臣於
會稽之山防風氏後至禹殺而戮之其骨專車客
曰敢問誰守爲神仲尼曰山川之靈足以紀綱天
下者其守爲神客曰防風氏何守也仲尼曰汪芒
氏之君也守封嵎之山者也爲漆姓在虞夏商爲
汪芒氏於周爲長翟今爲大人長之極幾何仲尼
曰長者不過十數之極也注今之湖州武康縣東
有防風山山東二百步有禹山防風氏廟在封嵎
二山之間春秋穀梁傳文公十一年叔孫得臣敗
狄於鹹長狄也射其目身橫九畝
問靡蓱九衢枲華安居
對有蓱九岐厥圖以詭

說文蓱無根浮水上而生者山海經宣山上有桑
焉其枝四衢注枝交互四出又少室山有木名帝
休其枝五衢注樹枝交錯相重互出有象路衢故
柳自注云逸以爲生九衢中謬矣
浮山孰產赤華伊枲
山海經浮山有草焉其葉如麻赤華卽枲華也爾
雅釋草有枲麻麻有子曰枲疏麻一名枲
問靈蛇吞象厥骨何如
對巴蛇腹象足覩厥大三歲遺骨其脩已號
山海經南海內有巴蛇身長百尋其色青黃赤黑
食象三歲而出其骨君子服之無心腹疾
問黑水元趾三危安在
對黑水淫淫窮於不姜元趾則北三危則南
尙書禹貢導黑水至於三危入於南海按黑水出
張掖雞山自三危山南流至文單國謂之扶南江
至奔陀國入於南海元趾未詳
問延年不死壽何所止
對僊者幽幽壽焉孰慕短長不齊咸各有止胡紛華
漫汗而僭謂不死
黃帝素問上古有眞人壽敝天地無有終時中古
有至人益其壽命而強者也其次有聖人者形體
不敝精神不散亦可以百數也淮南子吾與漫汗
期於九垓之外注漫汗不可知也
問鯪魚何所鬿堆焉處
對鯪魚人貌邇列姑射
鯪魚鯉也一云陵鯉也有四足形若鼉而短小出
南方山海經西海中近列姑射山有陵魚人面人

手魚身見則風濤起風土記鮻魚腹背皆有刺如五角菱

鬿雀峙北號惟人是食

山海經北號山有鳥狀如雞而白首鼠足虎爪名曰鬿雀食人故柳自注謂堆當爲雀王逸以爲奇獸非也

問羿焉彃日烏焉解羽

對焉有十日其火百物羿宜炭赫厥體胡庸以枝屈

山海經黑齒之北曰湯谷居水中有扶木九日居下枝皆戴烏淮南子堯時十日並出草木焦枯堯命羿仰射十日中其九日日中九烏皆死墮其羽翼故留其一日也

大澤千里羣鳥自解

柳自注山海經大澤千里羣鳥之所生及所解又穆天子傳北至曠原之埜飛鳥之解其羽問作鳥字當爲鳥後人不知因配上句改爲烏也今按舊說爲日中之烏而借解羽二字於義亦通如柳說則別是一事詳其句法亦非大乖誤者並存之

問禹之力獻功降省下土方焉得彼嵞山女而通之於台桑閔妃匹合厥身是繼胡爲嗜慾不同味而快鼂飽

對禹懲于續嵞婦亟合肬離厥膚三門以不眂呱呱之不盡而孰圖厥味卒燥中埜民攸宇攸曁

此謂禹娶嵞山氏之女雖念繼嗣之重而勤勞不顧其家非徒欲飽快一朝之情蓋欲民安其居也

問啓代益作后卒然離蠥

對彼呱克臧俾媰作夏獻后益于帝諄諄以不命復爲叟者曷戚曷孽

舊說書甘誓啓作后有扈不服啓遂與大戰於甘

問何啓惟憂而能拘是達皆歸䠶籥而無害厥躬按朱註此章之義未詳

對呱勤於德民以乳活扈仇厥正帝授柄以撻兇窮聖庸夫孰克害

問何后益作革而禹播降

對益革民艱咸粲厥粒惟禹授以土爰稼萬億遑溺踐埳休居以康食姑不失聖天胡往不道

問啓棘賓商九辯九歌

對啓達厥聲堪輿以呻辨同容之序帝以貿嬪貿音茂

問言棘賓商未詳朱子以爲棘當作夢商當作天以篆文相似而誤也蓋其意本謂啓夢上賓於天而得帝樂以歸如列子史記所言周穆王秦穆公趙簡子夢之帝所而聞鈞天廣樂九奏萬舞之類耳況山海經云夏后氏上三嬪于天得九辯與九歌以下又騷經云啓九辯與九歌夏康娛以自縱是也子厚之對亦似知商爲天字之意而夢之誤棘賓之誤嬪所未聞者也

問何勤子屠母而死分竟地

對禹母產聖何疈厥旅彼淫言亂噣聰葴以不處

疈判也裂也脅脊骨也帝王世紀禹膈剝母背而生翹按勤子屠母詳其文勢上句方言啓事而未有所問則此句不應反說禹初生時事故朱子引淮南所說禹治水時自化爲熊以通轘轅之道嵞山氏見之而慙遂化爲石時方孕啓禹曰歸我子於是石破北方而啓生其石在嵩山竟地卽化石也此皆怪妄不足論但恐文義當如此耳噣口也葴耳也

問帝降夷羿革孼夏民胡䠶夫河伯而妻彼雒嬪

對夷羿滔淫割夏后相夫孰作厥孼而誣帝以降

左傳昔有夏之衰羿自鉏遷於窮因夏民以代夏政恃其射也不修民事而淫于原獸帝謂帝天也

震嗃厥鱗集矢于皖肆叫帝不諶失位滋嫚有洛之嫮焉妻于狡

嗃白也諶誠也嫚侮易也嫮好也河伯化爲白龍游於水旁羿見射之眇其左目河伯上訴天帝天帝曰使汝深守神靈羿何從得射汝今爲蟲獸當爲人所射固其宜也羿又夢與雒水神宓妃交接也

問馮珧利決封豨是射何獻蒸肉之膏而后帝不若

對夸夫快殺鼎豨以慮飽馨膏腴帝叛德恣力胡肥台舌喉而濫厥福

問言羿獵射封豨以其肉膏祭天帝天帝猶不順羿之所爲也封豨神獸也台我也

問浞娶純狐眩妻爰謀何羿之射革而交吞揆之

對寒讒婦謀后夷卒戕荒弃于埜俾姦民是臧舉土作仇徒怙身弧

寒寒浞夷羿也左傳羿不修民事而淫於原獸寒浞伯明氏之讒子弟也信之使爲己相浞行淫於內施賂於外虞羿於田樹之詐慝以取其國家羿田將歸家臣逢蒙殺而烹之浞因羿室生澆及殪恃其讒慝詐僞而不德於民使澆用師滅斟灌及斟尋氏夏遺臣靡自有鬲氏收二國之燼以滅浞

而立少康少康滅澆於過后杼滅殪於戈有窮由
是遂亡
問阻窮西征巖何越焉化爲黃熊巫何活焉
對鮌殛羽巖化黃而淵
問咸播秬黍莆雚是營何由并投而鮌疾修盈
對子宜播稙稺於丘於川維莞維蒲維菰維蘆丕徹
以圖民以讙以都
子謂禹鮌之子也先種曰稙後種曰稺詩閟宮稙
稺菽麥莞蒲也蒲水艸可以爲席菰雕菰也
蕘酷厥父厥子激以功克碩厥祀後世是郊
左傳鮌化爲黃熊入於深淵實爲夏郊三代祀之
問白蜺嬰茀胡爲此堂安得夫良藥不能固臧天式
從橫陽離爰死大鳥何鳴夫焉喪厥體
對王子怪駭蜺形茀裳衣褫操戈犄帽夫藥良終烏
號以遊奮厥篚筐肴漠莫謀形胡在胡亡
褫奪衣也列仙傳崔子文學仙於王子僑子僑化
爲白蜺而嬰茀持藥與之子文驚怪引戈擊蜺因
墮其藥俯而視之子僑之尸也須臾化爲大鳥飛
鳴而去
問蓱號起雨何以興之
對幽陽潛爨陰蒸而雨蓱馮以興厥號爰所
蓱蓱翳雨師名也
問撰體脇鹿何以膺之
對氣怪以神爰有奇軀脇屬支偶尸帝之隅
脇兩膀也屬連也鹿神鹿舊註天撰十二神鹿一
身八足兩頭
問鼇戴山抃何以安之

對宅靈之丘掉焉不危鼇厥首而恆以恬夷
列子湯問篇渤海之東有五山焉岱輿員嶠方壺
瀛洲蓬萊其山高下周旋三萬里所居之人皆仙
聖之種五山之根無所連著帝命禺彊使巨鼇十
五舉首而戴之迭爲三番六萬歲一交焉五山始
峙而不動
問釋舟陵行何以遷之
對要釋而陵殆或謫之龍伯負骨帝尙窄之
要當作惡音烏列子湯問篇龍伯之國有大人舉
足不盈數步而暨五山之所一釣而連六鼇合負
而趨歸其國灼其骨以數焉帝憑怒侵減龍伯之
國使阸侵小龍伯之民使短
問惟澆在戶何求於嫂何少康逐犬而顚隕厥首女
岐縫裳而館舍爰止何顚易厥首而親以縫殆
對澆嫪以力兄麀聚之康假於田肆克宇之既裳既
舍宄咸墜厥首
嫪妬也又戀惜也禮記夫惟禽獸無禮故父子聚
麀澆浞之子也舊說澆無義淫泆其嫂往至其戶
佯有所求因與淫亂夏少康因田獵放犬逐獸遂
襲殺澆而斷其頭墜顚隕也女岐澆嫂也言女岐
與澆淫泆爲之縫裳於是共舍而宿止少康夜襲
得女岐頭以爲澆因斷之故言易首然亦無所據
問湯謀易旅何以厚之
湯與上句過澆下句斟尋事不相涉疑本康字之
誤謂少康也予厚乃實以湯事對之
對湯奮癸旅爰以傴拊載厥德于葛以詰仇餉
癸夏桀名傴拊謂矜憐撫掩之也尚書湯與桀戰

於嗚條仲虺之誥乃葛伯仇餉初征自葛始攸徂
之民室家相慶曰徯我后后來其蘇民之戴商厥
惟舊哉
問覆舟斟尋何道取之
對康復舊物尋焉保之覆舟喻易尚或艱之
斟尋國名杜預曰斟灌斟尋夏同姓諸侯后相失
國依於二斟爲澆所滅其子少康爲虞庖正有田
一成有衆一旅遂滅過澆祀夏配天不失舊物也
覆舟言夏后相傾覆於斟尋之國也
問桀伐蒙山何所得焉妹嬉何肆湯何殛焉
對惟桀嗜色戎得蒙昧淫處暴娛以大啓厥伐
國語昔夏桀伐有施有施人以妹喜女焉注有施
喜姓之國妹喜其女也
問舜閔在家父何以鱞堯不姚告二女何親
對瞽父仇舜鰥以不儷堯專以女茲俾引厥世
以女妻人曰女尚書女于時觀厥刑于二女釐降
二女于嬀汭嬪于虞
惟蒸蒸翼翼于嬀之汭
尚書堯典父頑母嚚象傲克諧以孝烝烝乂潙木
之汭舜之所居也
問厥萌在初何所意焉璜臺十成誰所極焉
對紂臺于璜箕克兆之
璜美玉也問言賢者預見萌芽之端而知其存亡
非慮億也紂作象箸而箕子歎預知象箸必有玉
杯玉杯必盛熊蹯豹胎如此必崇廣宮室紂果作
玉臺十重糟丘酒池以至於亡
問登立爲帝孰道尚之

對惟德登帝師以首之
登帝謂㐅夫而有天下者舜禹之類是也舊注以
爲伏羲無據特以下句爲女媧故耳
問女媧有體孰制匠之
對媧軀虺號古以類之胡曰日化七十工獲詭之
媧古風姓天子也山海經女媧之腸化爲神處栗
廣之埜注女媧古神女帝人面蛇身一日中七十
變其腸化爲此神列子女媧氏蛇身人面牛首虎
鼻此有非人之狀而有大聖之德
問舜服厥弟終然爲害何肆犬豕而厥身不危敗
對舜弟眡厥仇畢屠木火夫固優游以聖而孰殆厥
禍
屠水火焚廩浚井也
犬斷于德終不克以噬昆庸致愛邑鼻以賦富
斷當作信犬鬬聲也有庳國名象所封通作鼻
問吳獲迄古南嶽是止孰期去斯得兩男子
對嗟伯之仁遜季旅嶽雍同度厥義以嘉吳國
伯謂泰伯季謂季歷雍謂仲雍也史記吳世家吳
泰伯弟仲雍皆古公亶父之子而王季歷之兄也
問緣鵠飾玉后帝是饗何承謀夏桀終以滅喪
對空桑鼎殷詔羹厥鵠
列子伊尹生於空桑詳見後水濱之木得彼小子
注史記殷紀阿衡欲干湯而無由乃爲有莘氏媵
臣負鼎俎以滋味說湯致於王道即所問烹鵠鳥
之羹修玉鼎以進也
惟軻知言瞯焉以爲不仁易愚危夫曷揆曷謀咸逃
叢淵虐后以劉

虐后謂桀也劉殺也
問帝乃降觀下逢伊摯何條放致罰而黎伏大說
對降厥觀于下匪摯孰承
摯伊尹名此謂相湯以成功者非伊尹孰承之也
條伐巢放
書伊尹相湯伐桀遂與桀戰於鳴條之埜又成湯
放桀於南巢
民用潰厥疣以夷於膚夫曷不謠
疣贅也此謂鳴條之伐南巢之放如民之癰疽決
而膚革平安無不說者也書攸徂之民室家相慶
曰徯我后后來其蘇
問簡狄在臺嚳何宜元鳥致貽女何喜
對嚳狄禱禖契形于胞胡乙鷇之食而怪焉以嘉
禖祭也古者求子祠於高禖乙燕也
問該秉季德厥父是臧胡終弊於有扈牧夫牛羊
對該德引孝蓐收於西爪虎手鉞尸刑以司慝
左傳少皞氏有四叔曰重曰該曰修曰熙實能金
木及水使該爲蓐收世不失職遂濟窮桑山海經
西方蓐收金神也左耳有毒蛇乘兩龍面目有毛
虎爪執鉞國語虢公夢在廟有神人面白毛虎爪
執鉞立於西阿公覺命史嚚占之史嚚曰如君之
言則蓐收也天之刑神也
牧正矜矜澆扈爰蹠
朱熹曰該秉季德王逸以爲湯能秉契之末德而
厥父契善之以契爲湯父固謬柳又以爲即左傳
所云少皞氏之子該爲蓐收者亦與有扈事不相
關惟洪氏以爲啓者近之疑該即啓字轉寫之誤

也言啓兼井禹之末德而禹善之授以天下有扈
以堯舜與賢禹獨與子故伐啓啓伐滅之有扈遂
爲牧豎也但詳其文勢乃似啓反爲有扈所斃而
牧夫牛羊者不知何說下章又云有扈牧豎亦不
可曉豈以少康嘗爲牧正而誤耶大率此篇所問
有扈羿浞事或相井蓋其傳聞之誤當闕之耳
問干協時舞何以懷之
對階干以娛苗革而格不迫以死夫胡狃厥賊
尙書大禹謨篇三旬苗民逆命帝乃誕敷文德舞
干羽于兩階七旬有苗格狃相狎也
問平脅曼膚何以肥之
對辛后騃狂無憂以肥肆蕩施厥體而充膏于肌
問平脅曼膚未詳舊說指紂亦無所據若然則平
字當是辛字之誤矣辛紂名也騃童昏也
嗇寶被躬焚以旗之
史記武王伐紂紂兵敗紂走入登鹿臺衣其寶玉
之衣赴火而死武王遂以黃鉞斬紂頭懸之太白
之旗
問有扈牧豎云何而逢擊牀先出其命何從
對扈釋于牧力使后之民仇焉寓啓牀以斮
舊說有扈本牧豎耳因何逢遇而爲諸侯啓攻之
親擊於牀上而殺之也斮斬也
問恆秉季德焉得夫朴牛何往營班祿不但還來
對殷武踵德爰獲牛之朴夫惟陋民是冒而丕號以
之卒營而班民心是市
朴大也舊說湯常能秉持契之末德出獵而得大
牛之瑞不但馳驅往來而已還輒以所獲遍施祿

惠於百姓也

問昏微遵迹有狄不寧何繁鳥萃棘負子肆情

對解父狄淫遭憖以報彼中之不目而徙以邑覗

晉大夫解居父聘乎吳過陳之墓門見婦人負其子欲與之淫佚肆其情欲婦人則引詩刺之曰墓門有棘有鴞萃止此言解父有夷狄淫佚之行遭愿憖之婦寧有不愧赧也

問眩弟並淫危害厥兄何變化以作詐後嗣而逢長

對象不兄龔而奮以謀蓋聖孰凶怒嗣用紹厥愛

孟子謨蓋都君咸我績

問成湯東巡有莘爰極何乞彼小臣而吉妃是得

對莘有玉女湯巡爰獲既內克厥合而外弼於德伊知非妃伊之知臣曷以不識

有莘國名史記阿衡欲干湯而無由乃爲有莘氏媵臣謂此也

問水濱之木得彼小子夫何惡之媵有莘之婦

對胡木化于母以蝎厥聖喙鳴不良讒以詭正盡邑以蟄孰譯彼夢

蝎木中蠹虫譯傳言也舊說言伊尹母姙身夢神女告之曰臼竈生鼃急去無反居無幾何臼竈中有生鼃母去東走顧視其邑盡爲大水母因溺死化爲空桑之木水乾之後有小兒啼水涯人取養之既長大有殊才有莘惡伊尹從木中出因以送女也魏揆傳記皆謂伊尹生於空桑孔子亦生於空桑春秋孔演圖云孔子母顏氏徵在游大陂之澤夢黑帝使請己己往夢交語曰汝乳必於空桑中覺則若感生丘於空桑首類尾丘山故以名干寶云顏氏生孔子於空桑之地今名空竇在魯南山空竇中無水當祭灑掃以告輒有清泉自石門出足以周用祭訖泉枯今俗名女陵山况史又有空桑之瑟則知空桑本地名非樹也已載見騷注糾繆

問湯出重泉夫何辠尤不勝心伐帝夫誰使挑之

對湯行不類重泉是囚

前漢志左馮翊有重泉史記桀不務德名湯囚之夏臺是也

違虐立辟實罪德之由師憑怒以割癸挑而讎

謂湯從衆欲以割正有夏桀實有以啓之非湯之所忍爲

問會鼂爭盟何踐吾期蒼鳥群飛孰使萃之

對膠鬲比桀雨行踐期捧盎救灼仁輿以畢隨鷹之咸同得使萃之

舊說武王將伐紂紂使膠鬲覗武王師膠鬲問曰欲以何日至殷武王曰以甲子日膠鬲還報紂會天大雨道難行武王晝夜行或諫曰雨甚軍士苦之請且休息武王曰吾許膠鬲以甲子至殷今報紂矣吾甲子日不到紂必殺之吾故不敢休息欲救賢者之死也遂以甲子日朝誅紂不失期也蒼鳥鷹也言將帥勇猛如鷹鳥群飛惟武王能聚之詩曰惟師尚父時惟鷹揚是也

問列擊紂躬叔旦不嘉何親揆發定周之命以咨嗟

對頸紂黃鉞旦孰喜之民父有釁嗟以美之

旦武王弟周公也釁說文理也幅也列擊紂躬按史記武王至紂死所射之三發以黃鉞斬其頭懸之太白之旗是也然未見周公不喜與其咨嗟之事王逸注武王始至孟津八百諸侯不期而到皆曰紂可伐也白魚入于王舟羣臣咸曰休哉周公曰雖休勿休未詳所據

問授殷天下其位安施反成乃亡其罪伊何

對位庸庇民仁克蒞之紂淫以害師殛圮之

圮毀也此謂武王之仁足以庇民而紂之不道衆所共弃也

問爭遣伐器何以行之並驅擊翼何以將之

對咸逭厥死爭徂器之翼鼓顚禦讙舞靡之

六韜曰翼其兩旁疾擊其後言武王之軍人人樂戰並驅而進之以爲二者何以使其然而子厚之

對直謂天下咸避虐政故勇於奮擊如此耳

問昭后成遊南土爰底厥利惟何而逢彼白雉

對水濱翫昭荆陷弑之

左傳僖公四年齊侯伐楚管仲曰昭王南征而不復寡人是問楚子曰昭王之不復君其問諸水濱

繆迓越裳疇肯雉之

交趾之南有越裳國周公居攝越裳重譯而獻白雉昭王不願其德不能致乃南巡狩欲親迓越裳而求白雉焉

問穆王巧梅夫何爲周流環理天下夫何索求

對穆懵祈招猖徉以游輪行九埜惟怪之謀胡紿娛載勝之獸觴瑶池以迭謠（載音戴禮記教與戴同）

懵不明也山海經西王母狀如人狗尾蓬頭戴勝善嘯

問妖夫曳衒何號乎市周幽誰誅焉得夫褒姒

對蠚賊厥誅爰麋其弧幽禍挐以夸惮褎以漁淫嗜
蔱殺諫尸謗屠孰鱗漦以徵而化黿是莘
史記周本記昔夏之衰有二神龍止於夏庭而言
曰余褒之二君也夏帝卜請其漦而藏之於是龍
亡而漦在櫝傳至厲王發而觀之漦流於庭化爲
元黿以入王宮後宮童妾遭之而孕無夫生子懼
而弃之宣王時童女謠曰檿弧箕服實亡周國聞
有夫婦賣是器者使執而戮之逃於道而見鄉者
後宮童妾所弃妖子哀而收之奔於褒褒人有罪
請入童妾所弃女子者於王以贖罪是爲褒姒王
見而愛之生子伯服竟廢申后以褒姒爲后後犬
戎遂殺幽王驪山下
問天命反側何罰何佑
對天邈以蒙人厶以離
厶音私說文姦邪也韓非子倉頡造字自營爲厶
通作私
胡克合厥道而詰彼尤違
問齊桓九會卒然身殺
對桓號其大任屬以傲幸良以九合逮孽而壞
問彼王紂之躬孰使亂惑何惡輔弼讒諂是服
對紂無誰使惑惟志爲首逆圖倒視輔讒以僇寵
問比干何逆而抑沈之雷開何順而賜封之
對干異名死雷濟克后
史記殷本紀紂愈淫亂比干曰爲人臣者不得不
以死爭乃狂諫紂怒曰吾聞聖人心有七竅剖比
干以觀其心雷開紂佞臣
問何聖人之一德卒其異方梅伯受醢箕子詳狂

梅音浼醢音海詳卽佯字
對文德邁以被芮鞫順道醢梅奴箕忠咸喪以醜厚
梅伯紂諸侯也淮南子桀紂燔生人辜諫者醢鬼
侯之女葅梅伯之骸史記紂爲淫佚箕子諫不聽
乃被髮佯狂爲奴遂隱而鼓琴以自悲翹按問言
聖人同德異術特爲梅箕以發難耳子厚乃以文
王質成虞芮事對之荒謬殊甚此特承王逸之誤
也
問稷維元子帝何竺之投之于冰上鳥何燠之
對弃靈而功篤胡爽焉翼冰以炎盍祟長焉
史記后稷其母有邰氏曰姜嫄爲帝嚳妃出埜見
巨人跡心忻然說欲踐之踐之而身動如孕者居
期而生子以爲不祥初欲弃之因名曰弃詩生民
誕寘之寒冰鳥覆翼之
問何馮弓挾矢殊能將之既驚帝切激何逢長之
對既岐既嶷宜庸將焉紂凶以啓武紹尚焉
按馮弓挾矢實未知所指王逸以爲后稷洪興祖
以爲武王皆未安然子厚引詩以對承逸之誤也
問伯昌號衰秉鞭作牧何令徹彼岐社命有殷國
對伯鞭於西化江漢滸易岐社以太國之命以祚武
史記紂以西伯爲三公賜弓矢斧鉞得專征伐詩
漢廣以文王之道被於南國美化行乎江漢之域
所作岐社太王所立岐周之社也武王既有殷國
遂遍岐周之社於天下以爲太社
問遷藏就岐何能依
對踰梁橐囊羶仁蟻萃
蟻慕羊肉羊肉羶也此言民以太王之仁而歸之

如蟻之慕羶也
問殷有惑婦何所譏
對妲滅淫商痛氏以亟去
國語殷辛伐有蘇有蘇氏以妲己女焉殷辛[illegible]之
毒痛四海故民皆亟去
問受賜茲醢西伯上告何親就上帝罰殷之命以不
救
對肉梅以頒烏不台訴孰盈癸惡兵躬殄祀
台我也梅伯事見前此謂紂醢梅伯以賜諸侯西
伯受之以祭告語於上帝此天所以親致紂之罰
故殷之命至於絕而不續也
問師望在肆昌何識鼓刀揚聲后何喜
對牙伏牛漁積內以外萌岐目厥心瞭眡顯光
史記齊世家太公望呂尚者東海上人姓姜氏以
漁釣奸周西伯西伯出獵遇太公於渭陽譙周曰
姓姜名牙戰國策太公望老婦之逐夫朝歌之廢
屠淮南子太公之鼓刀注河內汲人有屠釣之困
瞭明也周官有眡瞭
奮力屠國以髀髖厥商
舊說呂望鼓刀在列肆文王親往問之對曰下屠
屠牛上屠屠國文王喜載與俱歸
問武發殺殷何所悒載尸集戰何所急
對發殺昌逞寒民於烹惟栗厥文孜而虔子以徂征
發武王名也寒民於烹爲救民於虐焰之中栗謂
以栗爲主也史記武王東觀兵至於孟津爲文王
木主載以車中軍武王自稱太子發言奉文王以
伐不敢自專也

問伯林雉經維其何故何感天抑墜夫誰畏懼
對中譖不列恭君以雉
左傳晉獻公伐驪戎驪戎男女以驪姬歸生奚齊驪姬嬖欲立其子使太子居曲沃姬謂太子曰君夢齊姜必速祭之太子祭於曲沃歸胙於公姬毒而獻之泣曰賊由太子太子奔新城十二月戊申縊於新城國語雉經於新城之廟注雉經頭槍而懸死也禮記曰再拜稽首乃卒是以爲恭世子也
胡蠙訟蟯賊而以變天地
蠙說文蟲側行者蟯腹中蟲以譬驪姬
問皇天集命惟何戒之受禮天下又使至代之
對天集厥命惟德受之引怠以弃天又祐之
問初湯臣摯後茲承輔何卒官湯尊食宗緒
對湯摯之合祚以久食昧始以昭末克庸成績
問勳闔夢生少離散亡何壯武厲能流厥嚴
對光徵夢祖惐離以厲彷徨激覆而勇益德邁
闔吳王闔廬名光夢闔廬祖父壽夢壽夢卒太子諸樊立諸樊卒傳弟餘祭餘祭卒傳弟夷末夷末太子王僚立闔廬諸樊之長子也怨不得爲王少離散亡放在外乃使專諸刺王僚代爲吳王子孫世盛也
問彭鏗斟雉帝何饗受壽永多夫何長
對鏗羹於帝聖孰嗜味夫死自暮而誰饗以俾壽
彭祖姓籛名鏗帝顓頊元孫舊說鏗好和滋味進雉羹於堯堯饗之而錫以壽考至八百歲莊子以爲上及有虞下及五伯是也但此木謂上帝已爲妄說而注以爲堯又妄之尤也

問中央共牧后何怒蠭蛾微命力何固
對螝蠆己毒不以外肆細腰群螫夫何足病
說文螝蠆蝎也韓非子蟲有螝者一身兩口爭食相齕遂相殺也齧噬也螫蟲行毒也博物志細腰蜂無雌雄之類取桑蟲及阜螽之子抱而爲己子也問言中央共牧王逸注牧草也中央之洲有岐首之蛇爭共食牧草之實自相啄嚙其說既無引據殊爲可笑楚辭贅說所解頗爲得之蓋以中央者中國也共牧者共九州之牧也若使中國共牧無所戰爭則君何怒而有討乎今蠭蟻微命而好爭其力甚固蓋蠭有毒而蟻好鬬故也以喩上失其政九州無牧諸侯戰爭不可禁止以譏當時之事耳子厚不知乃亦承逸之誤
問驚女采薇鹿何祐北至回水萃何喜
對萃回偶昌鹿曷祐以女
問采薇驚鹿事無所考翹按廣博物志云伯夷叔齊逃首陽弃薇不食白鹿乳之其說與問詞稍合但於女字未安北至回水或恐又是一事俟考之
問兄有噬犬弟何欲易之以百兩卒無祿
對鍼欲兄愛以快侈富愈多厥車卒逐以旅
柳自注百兩蓋謂車也王逸以爲百兩金誤也鍼秦后子也兩車數也左傳秦后子有寵於桓如二君於景其母曰弗去懼選癸卯鍼適晉其車千乘書曰秦伯之弟鍼出奔晉罪秦伯也王逸注乃以秦伯有嚙犬弟鍼欲請之秦伯不肯鍼以百兩金易之而又不聽因逐鍼而奪其祿其事與左傳不同未知是否

問薄暮雷電歸何憂厥嚴不奉帝何求伏匿穴處爰何云荊勳作師夫何長先悟過改更我又何言
對杳吟於埜胡若之狠嚴墜誼殄丁厥任
狠戾也閔原當此禮義消亾之時也
合行違匿固若所丏嘎忿毒意誰與
此謂原伏匿草埜已得其所尚輿詞致歎而不勝悲憤欲何爲也
醜齊徂秦啗厥詐讒登狡庸咈以施甘恬禍凶亟鋤
夷愎不可化徒若罷
此謂楚懷王之時秦欲伐齊與楚從親惠王患之乃令張儀厚幣事楚絕齊願獻商於之地六百里楚懷王貪而信張儀遂絕齊交使如秦受地張儀詐之曰儀與王約六里不聞六百里懷王怒舉兵伐秦大敗於丹陽明年秦割漢中地與楚以和時秦昭王欲與懷王會王欲行屈原諫之曰秦虎狼之國不可信不如無行懷王信子蘭言竟行遂死於秦此對之意所以詳言用原當日諫之不聽以至於斯云爾
問吳光爭國久余是勝
對闔綽厥武滋以侈頹
闔廬卽吳光也楚昭王十年吳王闔廬伐楚楚大敗吳兵遂入郢
問何環穿自閭社丘陵爰出子文
對於菟不可以作怠焉庸歸
按左傳宣公四年初若敖娶於䢵生鬬伯比若敖卒從其母畜於䢵淫於䢵子之女生子文焉䢵夫人使弃諸埜中虎乳之䢵子田見之懼而歸夫人

以告遂使收之楚人謂乳爲𩰫穀音穀謂虎爲於菟以其女妻伯比實爲令尹子文

問吾告堵敖以不長

對款吾敖之閟以旅尸

柳自注楚人謂未成君而死曰敖堵敖楚文王兄也今哀懷王將如堵敖不長而死以此告之遂注以爲堵敖爲楚賢人大謬按左傳莊公十四年楚子滅息以息嬀歸生堵敖及成王焉楚子文王也莊公十九年杜敖立二十二年成王立杜敖卽堵敖也則堵敖乃成王之兄子厚以爲文王兄亦誤矣楚懷王爲秦昭王所詐令會武關強留之要以割地懷王卒死於秦此所謂旅尸也閟塞也止也

問何試上自予忠名彌彰

對誠若名不尚曷極而辭

此謂屈原苟無尚名之心則天問曷極其辭如此

天說　前人

韓愈謂柳子曰若知天之說乎吾爲子言天之說今夫人有疾痛倦辱饑寒甚者因仰而呼天曰殘民者昌佑民者殃又仰而呼天曰何爲使至此極戾也若是者舉不能知天夫果蓏飲食既壞蟲生之人之血氣敗逆壅底爲癰瘍疣贅瘻痔蟲生之木朽而蝎中草腐而螢飛是豈不以壞而後出耶物壞蟲由之生元氣陰陽之壞人由之生蟲之生而物益壞食齧之攻穴之蟲之禍物也滋甚其有能去之者有功於物者也繁而息之者物之讎也人之壞元氣陰陽也亦滋甚墾原田伐山林鑿泉以井飲窾墓以送死而又穴爲偃溲築爲牆垣城郭臺榭觀游疏爲川瀆溝洫陂池燧木以燔革金以鎔陶甄琢磨悴然使天地萬物不得其情倖倖衝衝攻殘敗撓而未嘗息其爲禍元氣陰陽也不甚於蟲之所爲乎吾意有能殘斯人使日薄歲削禍元氣陰陽者滋少是則有功於天地者也蕃而息之者天地之讎也今夫人舉不能知天故爲是呼且怨也吾意天聞其呼且怨則有功者受賞必大矣其禍焉者受罰亦大矣子以吾言爲何如柳子曰子誠有激而爲是耶則信辯且美哉吾能終其說彼上而元者世謂之天下而黃者世謂之地渾然而中處者世謂之元氣寒而暑者世謂之陰陽是雖大無異果蓏癰痔草木也假而有能去其攻穴者是物也其能有報乎蕃而息之者其能有怒乎天地大果蓏也元氣大癰痔也陰陽大草木也其烏能賞功而罰禍乎功者自功禍者自禍欲望其賞罰者大謬呼而怨欲望其哀且仁者愈大謬矣子而信子之仁義以遊其內生而死爾烏置存亡得喪於果蓏癰痔草木邪

天論上　劉禹錫

世之言天者二道焉拘於昭昭者則曰天與人實影響禍必以罪降福必以善徠窮阨而呼必可聞隱痛而祈必可答如有物的然以宰者故陰騭之說勝焉泥於冥冥者則曰天與人實剌異迅震於畜木未嘗在罪春滋乎堇荼未嘗擇善跖蹻焉而遂孔顏焉而厄是茫乎無有宰者自然之說勝焉余之友河東解人柳子厚作天說以折韓退之之言文信美矣蓋有激之云而非所以盡天人之際故余作天論以極其辯云大凡入形器者皆有能有不能天有形之大者也人動物之尤者也天之能人固不能也人之能天亦有所不能也故余曰天與人交相勝耳其說曰天之道在生植其用在強弱人之道在法制其用在是非陽而阜生陰而肅殺水火傷物木堅金利壯而武健老而耗眊氣雄相君力雄相長天之能也陽而藝樹陰而揫斂防害用濡禁焚用光斬材窾堅液礦硎芒義制強禦禮分長幼右賢尚功建極閑邪人之能也人能勝乎天者法也法大行則是爲公是非爲公非天下之人蹈善必賞違之必罰當其賞雖三族之貴萬鍾之祿處之咸曰宜何也爲善而然也當其罰雖族屬之夷刀鋸之威加之咸曰宜何也爲惡而然也故其人曰天何預乃人事耶惟告虔報本肆類授時之禮曰天而已矣福兮可以善取禍兮可以惡招奚預乎天耶法小弛則是非駁賞不必盡善罰不必盡惡或賢而尊顯時以不肖參焉或過而僇辱時以不辜參焉故其人曰彼宜然而信然理也彼不當然而固然豈理耶天也福或可以詐取而禍或以苟免人道駁故天命之說亦駁焉法大弛則是非易位賞恆在佞而罰恆在直義不足以制其強刑不足以勝其非人之能勝天之具盡喪矣夫實已喪而名徒存彼昧者方挈挈然提無實之名欲抗乎言天者斯數窮矣故曰天之所能者生萬物也人之所能者制萬物也法大行則其人曰天何預人耶我蹈道而已法大弛則其人曰道竟何爲耶任人而已法小弛則天人之論駁焉今人以一己之窮通而欲質天之有無惑矣余曰天恆執其所能以臨乎下非有預乎治亂云爾人恆執其所能以仰乎天非有預乎寒暑云爾

生乎治者人道明咸知其所自故德與怨不歸乎天生乎亂者人道昧不可知故由人者舉歸乎天非天預乎人云爾

天論中　前人

或曰子之言天與人交相勝其理微庸使戶曉盍取諸譬焉劉子曰若知旅乎夫旅者羣適乎莽蒼求休乎茂木飲乎水泉必强有力者先焉否則雖聖且賢莫能競也斯非天勝乎羣次乎邑郛求蔭於華榱飽於餼牽必聖且賢者先焉否則强有力莫能競也斯非人勝乎苟道乎虞芮雖莽蒼猶郛邑然苟由乎匡宋雖郛邑猶莽蒼然是一日之途天與人交相勝矣吾固曰是非存焉雖在野人理勝也是非亡焉雖在邦天理勝也然則天非務勝乎人者也何哉人不宰則歸乎天也人誠務勝乎天者也何哉天無私故人可務乎勝也吾於一日之途而明乎天人取諸近也已或者曰若是則天之不相預乎人也信矣古之人曷引天爲答曰若知操舟乎夫舟行乎濰淄伊洛者疾徐存乎人次舍存乎人風之怒號不能鼓爲濤也流之泝洄不能峭爲魁也適有迅而安亦人也適有覆而膠亦人也舟中之人未嘗有言天者何哉理明故也彼行乎江河淮海者疾徐不可得而知也次舍不可得而必也鳴條之風可以沃日車蓋之雲可以見怪恬然濟亦天也黯然沉亦天也阽危而僅存亦天也舟中之人未嘗有言人者何哉理昧故也問者曰吾見其駢焉而濟者風水等耳而有沉有不沉非天曷司歟答曰水與舟二物也夫物之合幷必有數存乎其間焉數存然後勢形乎其間焉一以沈一以濟適當其數適乘其勢耳彼勢之附乎物而生猶影響也本乎徐者其勢緩故人得以曉也本乎疾者其勢遽故難得以曉也彼江海之覆猶伊淄之覆也勢有疾徐故有不曉耳問者曰子之言數存勢生非天也天果狹於勢耶答曰天形恆圓而色恆青週迴可以度得晝夜可以表候非數之存乎恆高而不卑恆動而不已非勢之乘乎今夫蒼蒼者一受其形於高大而不能自還於卑小一乘其氣於動用而不能自休於俄頃又惡能逃乎數而越乎勢耶吾固曰萬物之所以爲無窮者交相勝而已矣還相用而已矣天與人萬物之尤者耳問者曰天果以有形而不能逃乎數彼無形者子安所寓其數耶答曰若所謂無形者非空乎空者形之希微者也爲體也不妨乎物而爲用也恆資乎有必依於物而後形焉今爲室廬而高厚之形藏乎內也爲器用而規矩之形起乎內也音之作也有大小而響不能踰表之立也有曲直而影不能踰非空之數歟夫目之視非能有光也必因乎日月火炎而後光存焉所謂晦而幽者目有所不燭耳彼狸狌犬鼠之目庸謂晦而幽耶吾固曰以目而視得形之粗者也以智而視得形之微者也烏有天地之內有無形者耶古所謂無形蓋無常形也必因物而後見耳烏能逃乎數耶

天論下　前人

或曰古之言天之曆象有宣夜渾天周髀之書言天之高遠卓詭有鄒子今之言有自乎答曰吾非斯人之徒也大凡入乎數者由小而推大必合由人而推天亦合以理揆之萬物一貫也今夫人之有頭目耳鼻齒毛頤口百骸之粹美者也然而其本在乎腎腸心腑天之有三光懸寓萬象之神明者也然而其本在乎山川五行濁爲淸母重爲輕始兩位既儀還相爲庸噓爲雨露噫爲雷風乘氣而生羣分彙從植類曰生動類曰蟲倮蟲之長爲知最大能執人理與天交勝用天之利立人之紀紀綱或壞復歸其始堯舜之書首曰稽古不曰稽天幽厲之詩首曰上帝不言人事在舜之庭元凱舉焉曰舜用之不曰天授在商中宗襲亂而興心知說賢乃曰帝賚堯民知餘難以神誣商俗已譌引天而敺由是而言天預人乎

欽定古今圖書集成曆象彙編乾象典

第十二卷目錄

乾象典第十二卷

天部藝文三

管中窺天賦　唐張仲素

管爲物兮虛受天爲體兮據安能因徑寸之內將窮轉轂之端用當其無蒼蒼之色何盡微而不大恢恢之狀則難故雖無私以居上信可因物而仰觀于是正瞻視品清澄察九垠之際極一目之能髣髴其形難識翼摩之鵠依稀其狀猶如背負之鵬或因夫窺闚是見且異夫躡階而升風息八方烟消四極默淳淳之蹇嚮湛悠悠之神域乃執輕管納麗則遙睇罔倦審窺不忒虛其內雖高明之可分小其形胡廣大之能測故使蓋影多掩笠形半匿月旣滿而猶虧日將中而如昃掌握之內安得容其九重咫尺之中豈能盡其五色且管之爲質也秉直天之爲體也含虛天執虛而秉陽垂象管抱直而利有用無信大小之有異亦遐邇以斯殊窺臨旣加徒云其至矣貞觀必得信安可測夫若然則因知事不可以近圖遠物不可以小謀大小謀大則立而致尤近圖遠則坐而貽害故方朔言也明俟時之難莊周著之表游方之外客有勤學孜孜發心悄悄服仁義而罔舍守翰墨而自矯將搦管而是窺願天上之不遺微眇

披霧見青天賦（以瑩然可仰無不清心爲韻）　王起

鬱彼宿霧蔽乎遠天霧晻靄以氣徹天清泠而色鮮仰之彌高五里始分其杳靄積而能散三光忽映其粲然昔人引之以喻見賢奇貧允叶美質相宣豈徒卷冥冥之淨綠覩昭昭于上元始其雜氛昏掩高明霏微有色散漫無象文豹去之而退藏騰蛇游之而來往將欲縱遠睇滌煩想則蒼蒼大圜之色願豁其清明英英上德之容亦如其瞻仰及夫收地表歇天衢啓晨光之有耀闢麗景而多娛于是碧落如遐青冥若無旣仰之而不及將覩止而豈殊且欲蓋而彰人與天而合契不言而信天與覩而相符則知賢爲衆鑒人不知兮蔽之孰可天實悠久霧不披兮覩之則不故將邇顯于幽情配美于高明空蒙旣同于席卷寥廓乃喻于冰清惟人也玉立斯映惟天也管窺莫競旣遐邇之無氛白心神而可瑩狀煙消于幕幕始靈澄淳凝塵洗之濛濛自開朗鏡所以彰風采之異見光儀之盛異哉一言之人萬祀攸欽隨決雲而覩劍小披沙而見金有美人兮青陽是仰藻鏡斯臨自然比天于霄漢卷霧於沈陰亦何必覩樂廣之客始欽重器信衛瓘之說方獲明心者哉

眞元先生箴天論　盧綸

有眞元先生者深粹虛寂沖凝簡素故其妙也則局四海而隘九垓其靜也則棲一枝而負環堵履眞守樸與物無競雖質居巖穴之間神王煙塵之表以首月元日乃蔭雲蓋濯飛流涉西岑而東陸操白簡染朱翰俯而屏息仰而起曰天蕩蕩乎蒼蒼乎固無得而稱也余有疑焉請杜其惑夫虧盈益謙天之道也禍淫福善天之察也春榮秋落天之時也晝明夜晦天之運也擊電鼓雷天之怒也蒸雲施雨天之澤也因斯以言則庶類萬物非天無以成受形育氣非天無以立大哉博哉乾之化也故書云唯天爲大唯堯則之詩云謂天蓋高不敢不跼易云先天而天弗違後天而奉天時是禎祥之來不誣也至於報施何乃

爽歟惡均而異罰善同而殊效唐虞愼讓祚不及子湯武逆成福垂累世應物無親者其若是哉韶謏饕餮非貴則富廉潔貞素不賤必貧謟詐反道者耀蟾鳴佩直言順常者傳刃伏鑕悲夫何蓬蓽草萊之人遇時而登卿相膏腴縉紳之士失勢而作輿臺豈窮達之有數乎何否泰之無定也至於積德致敗變險成功立信受尤行仁招咎者豈勝數哉或一餐莫給或萬錢頓費或綺紈斯敝或短褐不完或黃髮不終或襁褓先斃其於平施不亦謬乎夫德合天地道濟生民而有削伐之累貞貫古今廉稱百代而有餓絕之憂其於與善不亦過乎然負異才蘊奇調洞識幽顯智周動植而不免縲樞爇驪爤食布衣何所累若此之斥也夫鷙隼以摯擊爲極理不可食之以粒豺虎以搏噬爲常性不可昭之以草非其故爾徒信性分然則既授之以距角而責之以觸蹄既任之以爪牙而罰之以獲殺者不亦近於謟乎苟正其味則一改兩全化惡不如變形教善不若易嗜也鴆毒害吻而裂腹虺蝮觸手而解腕然則欲其弗害者曷若勿生乎如力不能易則不可稱聖能而不改則不得謂仁匪聖匪仁將何以爲萬物之主也扛鼎投石者不得云不舉鴻毛竭河飲澤者不得云不盡坳水是知大既任小何以辭乎必爲治其若是將恐亂之未息於是少選之間肅然若有白天而降者稱霞衣控風轡飛鳳駕拖蜺旌如影如響若虛若滅乃詬余曰帝有命焉子其清耳曰一氣既分萬象云備隨感斯化生而無記故大者自大不可移之於小短者自短不可易之以長多者不覺有餘少者不知不足減之斯傷各守其貞任之自是豈較工拙於其間哉是以百足一聽其行一也六眸一日其視一也火鼠夏遊而不知其熱水草冬茂而莫辨厥寒各安所安不可易位必非其位則西施與嫫母同姿苟當所甘則資實將腐鼠齊味各稟其性余何須焉若美則留之醜則去之其於簡也不亦勞乎若善則與之惡則奪之其於慮也不亦繁乎故任之則理息放之則無累余以無告故能成萬物余以無心故能安群有是知善惡共域吉凶同貫唯爾所名誰其制之今子誚余以不治何乃爽也故不治而謂之至治夫生不余謝死則余尤榮不余善辱則余仇多不余獲少則余求不與余共樂而責余同憂乎乃愍而訓之曰若物皆然則爲惡招禍脩善致福徒虛言耳又復余曰何言之容易也論者多云命有定數運有常期非補養所能延非備習所能益此皆非通識不可與言道也是以不眠不義因此而行無賴無恥自斯而作以之爲家則家敗以之爲國而國亡故桀紂忘之於前而莽卓踵之於後所以覆宗絕嗣事至而不寤者良此之由也悲夫請以近小喻之遠大夫廣廈崇基人之居也褒衣博帶士之服也故棋差柱跌則廢而正之所以無壞傾之慮領決襟汚則綴而浣之所以無穿垢之憂故能恆保其貞固常守其完潔也若傾而不視穢而不澤則坐見頹陷立覩緇蟣矣故修福禳災爲惡收德若聲之召響影之隨形各有主司自然冥會惡積者報速善小者應遲猶夫秋生則夏殞春斂則冬落根深則難拔器滿則易盈故不可以遠近遂有無不可以賒促定虛實疑耳信目中庸尚所不免以短度長下愚固其致蔽是知朝菌不可言椿鶴蜉蝣不足語春秋況以七尺之形百年之命欲辨生於沙界語死於塵刧其可得乎然言者皆以應報與自然異此蓋思之未精至也夫所告者莫非由己所感者皆是自知萬物各有本性故因而用之耳猶蓺苗蒔果初雖灌漑在功至於結實成味則非人力所爲也又靈芝駐年神丹養性竟能禦風撫羽凌烟蹈霞此乃功用自然者也萬象運爲莫非此類終日施用不悟其理動成鋒楯不亦昧乎至於自然之性余亦不知其所以莫知其所以然而然也於是言終形滅莫知所之余乃惕然恍然忘視聽若遺形體者久之乃神魂憂盡累息蕩然與萬物因心不知榮辱之有異也

象賦　　林琨

載詳圖籍爰尋古往功闢二儀物標萬象既拆之于混沌亦開之于惚恍雖處中而可求信居外而能想陰陽式布造化斯分江河草木日月烟雲或毓靈而稟氣或照耀而氛氳不因象而可覩豈無聲而得聞仰察天文旁觀地理燦爛星布巍峩嶽峙或守位而不易或鎭方而恆止不因象之所尊豈爲君而勝紀至若刻鳳之琴盤龍之鏡開玉軫以交錯寫菱花而輝映聲信美而具出質含虛而轉靜不因象而可識豈充愛而爲盛則有大樂鼓吹聖人輿蹕備禮而制乘時而出宛轉國門逶迤天衢不因象之爲用豈二儀而不失物皆有象象必可觀聽之則易審之則難借如玉京上天貝闕中海其名可識其象安在象以影隨影圖象遍居暗莫察因明則見衆象之德惟人是則任以去留委其通塞則有心沉迹淪棲遲問律

無才補國用道藏身潁水尋隱商山訪眞欣逢道遠應時來賓旣無容而可託聊以象而爲親

空賦　闕名

觀夫物則有名而有竭空則無竭而有名以空自命何縮何盈摶之不得書之不明二儀肇分運寒暑則與時而應百功勤務鑿戶牖則川之以貞泰山岌而不以爲阻鴻毛至而不以爲輕恬澹者體之而爲性澆浮者象之而爲情情性之別其稟殊呈是知均乎空者旣若茲倍乎空者竟如彼卷之潛方寸之內舒之盈宇宙之裏上皇得之而化淳季葉失之而亂起妙一以爲稱總萬以歸理詎華說之所精非掞藻之能擬及夫天朗氣高地平風暢颺飛鴻六翮之遠彰彩雲五色之狀若士九垓以冥期蘭子七劍以寥亮背之而騁捷遂之而攸向同橐籥之罔窮越視聽之餘量況使皓鶴開天白駒出谷囹圄鞠草洞簫生曲歟是時端拱聖皇坐嘯英牧暫勞求士未介戩祿事無事爲無爲衢常罇滿路不拾遺蓋有由而致之

空賦　闕名

無德而稱者則其稱不朽無形而用者則其用不窮若乃質混沌氣鴻濛生天地之始匝天地之中不可知詰其名曰空夫空也者迎之不見其首隨之不見其後聽之不聞摶之不有舒之則遠彌六合攬之則不盈一手體無涯以爲大物有來而必受徒意其湛爾無營飄然至輕向遙山而似畫對澄浦而同清大而觀之則莽漫兮類元胎之貌審而察之則渺漠兮凝至道之精故老氏曰有物混成先天地生寂兮寥兮孰能爲其損益不皦不昧安可議其幽明利萬物有含容之德包二儀有覆載之名草木資空以長茂日月乘空以運行霜雁雲鵬非空無以矯其翼喬鶯幽鳥非空無以習其聲夫天之無言不能去蒼蒼之象風之無色不能閼藹藹之響陰陽者氣猶不免于推遷躔次雖高亦未離于測想豈若窅兮冥兮吾則不知其靈浩兮蕩兮吾則不知其廣合大化以虛無超神功而惚恍善計者無所用其籌策善觀者無以勞其俯仰故能象帝之先元之又元引微明于纖隙混餘碧于長天隨時小大應物周旋處覆盆而俱暗引測管而同圓入枝間而帶影通野外以含煙或高深放曠或委曲連綿雖可名而可道終默然而澹然則有開居至人宴坐開士黜聰明以反聽閉戶庭而隱几旣而諦想羣物深觀至理窮未來寂滅之端探過去混元之始見衆生生而不失大化化而無已知有爲盡于無形化萬物歸于一指然後色空皆泯驗先覺于輪王物我俱齊得眞筌于莊子已矣哉杳杳茫茫地久天長非色非想不存不亡故知大象無形去文質而成體至恆不變混今古以爲常然則無施不適應用無方作器以處中爲貴接賢以虛左爲良亦有譚國大夫嗟已空于杼軸倡樓孤妾怨難守于空牀當今四海會同羣方清晏邦國有不空之歌太史絕三空之諫獨有文章遊子書劍沈淪出門以虛舟迴物入室以虛白全眞生也數奇每有書空之歎長而樂道猶有屢空之貧惜揚名之未達恨干祿之無津敢作諫虛之頌用投虛受之人

空賦　郭遹

造化之工稽夫有名之域察以無象之中彼去有而含體乃因無而立空極乾坤之包幷漫何窅渺與沖融且希夷難變而橐籥罔窮神禹莫知其至離婁安覩其終墜露有聲杳然聞皓鶴之唳太虛無礙豈獨發醯雞之蒙則七曜垂文八紘作紀應類示跡變態無已顥氣泱而流英飛霞散而成綺順晝夜以明晦涵混元而古始及夫長風清躁雨霽或暝魄初滿或朝陽不翳千里若鏡合止水而澄鮮四野無塵分遠山之虧蔽理通一貫施及多族忘取舍而惟靜任細大而皆足溟漲會百川之宗簫管達五音之目壘客臨而責有賦見平原老氏酌以當無道幾牝谷戶牖致有空之用人神終害盈之黷故至人得之於無心公綽寘之于不欲欽若聖君赫赫良牧英英巖穴靜而賢舉囹圄空而法平湛虛明而元鑒在虛受而澄清無談天之逸藻慙叩寂以求聲

空賦　張鳴鶴

造化不測長空浩然生于未有物莫能先故其走日逐何幽不可見流聽高冥漸不可聽旣從天而其色又鑒水而同形若乃變化隨時憑乎動止韶容春遍風之萬里驚飆旣臨彩虹破陰雨盡天遠雲空澗深百尺樓頭見朝陽之赫奕九重宮裏聞衆鳥之喧林何高秋之遼迥至窮冬而不極感在物之捐華益窮人之嘆息惟長空之愛此終生靈兮動植歌和光以同塵每因空以悟色至人恬澹旣將元之又元小智多非豈斯文之果測

天賦　闕名

彼蒼者天成形物先初鴻蒙以質判漸輕清而體圓

生五材以亭毒運六氣以陶甄故使晦明相繼寒暑遞遷觀其潛化不言惟德是輔列九野而爲號峙八山而爲柱其爲道也或比之以張弓其入蔘也或方之於湫乳憫鄒衍則嚴霜夏降應陳寔則繁星夜聚孔階遠而難登欒霧披而已覩雖覆幬之可媲豈煉石之能補日朝上而疑璧河夜橫而如帶破鏡飛乎其所長劍倚乎其外違之則風雨差錯順之則陰陽交泰况乎觀物察變害盈尚默則大著美於唐君慮崩見譏於杞國徒瞻蕩蕩之體孰辨蒼蒼之色在玉衡以齊政任銅史以司刻

天行健賦（以天德以陽故能行健爲韻）　闕名

大哉乾元神不可測其內也剛其外也直所以保合太和剛所以運行不息故王者奉之而垂化君子體之而進德者也原夫天者乾之形乾者天之名用九以則得一而清名也者純陽之經形也者太無之精語其動兮孰知其動語其行兮孰知其行得不詳其所由稽其所以歷土圭以窮妙因渾儀而探理左出右沒不行則何以變三辰之度上騰下降不動則何以爲萬物之始履柔兮居常配坤兮秉陽竿也誰覆弓也誰張四德雖具未足以擬議十翼雖廣未足以披拔微乎哉得于幽者道盛乎哉得于道者王緜緜若存戶樞不蠹較之則火井易滅當之則金柅難固持剛靡失既兼柔克之資用壯罔虧亦取易知之故是以爲君爲首爲金爲冰杳冥兮不慮乎盈縮寂寥兮何有于騫崩驗彼成形是顯飛龍之象精其致遠因推良馬之能且夫天也者陽乾也者健窺之于裏則其象歷歷瞻之于表則其容恩恩不言非涉干可名不拔方知乎善運大道非物豈容媧后之功小說惑人何傷泰宓之論皇家恩流品物禮達上元垂文明晝一之令秉神武不殺之權推之蕩蕩守之乾乾儒不知其異信所爲親上而法天者歟

鍊石補天賦（以鍊彼堅貞將補其闕爲韻）　闕名

天何言哉有闕則補持五石而是用俾四時而能取成乎圓象故資可轉之功定彼乾儀蓋俟至堅之主所以禆穹蒼仰周普磨礱入鍛成功豈濫于米人緝綴爲勞至德何慙于山甫乾道甚明配彼清眞類鼓鑄而可致冀穹元而是營石不能言而助無爲之化天將假手濟因妙用而成則知媧氏之爲功也體物情立取法志生眄悠遠而求則象規圓而作程小大寧遺俾隨形以溥博嵯峩不墜皆投質于輕清若乃元造呈材神功效技他山以綴象帝自邇卯雲初觸當碧落以麗乎銀漢同流激清霄而節彼天象又元石質既堅究勤勞而日月逝矣成廣大而星辰繫焉暖積素之煙尚疑若點降如絲之雨終若溜穿觀夫圓則九重功惟百鍊春無親而克敬當有道而可見言柔與剛崇高是將運有徒于晝夜比爲炭于陰陽織女停梭受支機于河漢荊人抱璞嗟韞玉于穹蒼補之伊何以當其闕照悠悠于峻極驅鑿鑿于超忽想夫取鍛之日排剛之時齟齬不安或表艱難之步清明于外猶生錯落之姿止圓虛之廣矣下長風而凄其是知補上天于鍊石蓋虛實之相資焉

天賦　宋吳淑

太初之始元黃混并及一氣之肇判生有形於無形于是地居下而重濁天在上而輕清斯蓋羣陽之精積氣而成澒洞蒼莽不可爲象溟涬濛鴻莫知其終其氣皓溔其體穹隆觀文以察時變垂象而見吉凶大哉乾元萬物資始定辰極于北斗驗日星于磨蟻其運也轉如車轂其速也流如弩矢半覆地上半居地下或似卵以含黃或若奩而抑水方既見于王充安亦聞于虞喜洛下準之于地中耿詢測之于室裏悠哉博厚倬彼昭回榆稱歷歷網說恢恢雪霜降而風雨施無非教也四時行而萬物茂復何言哉懿彼秉陽本乎親上著不息而行健列三光而成象仰高見張弓之道臨下識覆盆之狀若夫元景映璧繁星貫珠究宣夜之說習周髀之書申須言之而盡妙禆竈論之而有餘亦聞九野爲稱十端是紀爲萬物之祖用四時作吏驚鄭國之再旦悟齊公之仰祝長弘違之而支壞穆子夢之于壓已至若黃帝蓋象顓頊渾儀可以表測誰能管窺道悠久而聞禮步艱難而見詩既居高而治下亦常正而無私脊論冒笠之象寧知倚杵之期仁已驗于放勳高仍同于仲尼授之人時正以璇璣唐堯義和之命高辛重黎之司故王者被袞以象矣燔柴而祭之南郊就陽之位圜丘父事之儀以災異而垂譴豈元遠而難知故其德表清明道稱柔克瞻浩浩之元氣仰蒼蒼之正色虧以東南奧以西北銜指畢昴宮稱營室難諶而靡常無親而輔德常虧盈而益謙每無爲而成物鄒衍曾談保章是職雨粟既見于神農降種亦聞于后稷共工觸山而折柱女媧補闕而煉石泰宓嘗陳于辯對裴楷亦昭于敏識若夫域中爲大得一而清立圓儀之八尺識太元之九名製既聞于陶景妙或說于張衡旋

轉識彈丸之狀複蓋見敧蓋之形爾其運以六氣承之八柱既響晉而啓魏亦與唐而授楚故當欽若豈宜戲豫傳虞爵之妙識伏姚信之精思至若巫咸叫閶闔陶公擊門詩稱雲漢杜識崑崙開湯王之仰祇傳鄧后之曾捫推耿洛于揚子一渾蓋于靈恩既識左旋亦云周復嘗聞不足而裂每爲益高而蹋思眞之論精微道養之言委曲或云歷于兩地或云遁于飛谷斯皆臆度之謂豈見聞于耳目也

天部藝文四 詩

八伯歌　古逸詩

明明上天爛然星陳日月光華宏于一人

祭天辭　周闕名

皇皇上天照臨下土集地之靈降甘風雨庶物群生各得其所靡今靡古惟予一人某敬拜皇天之祜

天行篇　晉傳元

天行一何健日月無停蹤百川赴暘谷三辰回泰蒙

天行歌　前人

天時泰兮昭以陽清風起兮景雲翔仰觀兮辰象日月兮運周俯視兮河海百川兮東流

思元極　唐元結

天曠莽兮杳泱茫氣浩浩兮色蒼蒼上何有兮人不測積清寥兮成元極彼元極兮靈且異思一見兮藐難致思不從兮空自傷心慅慅兮意惶懷思假翼兮鸞鳳乘長風兮上狃揖元氣兮本深實餐至和兮永終日

天聽吟　宋邵雍

天聽寂無音蒼蒼何處尋非高亦非遠都只在人心

釣天樂　明劉基

君不見天穆之山二千仞天帝所以觴百靈二嬪不下兩龍去九歌九辯歸杳冥我忽乘雲夢輕舉身騎二虹臂六羽指揮開明闢帝關環佩泠泠曳風雨明月照我足倒影搖雲端參差紫鸞笙響震瑤臺寒我欲聽之未敢前空中接引皆神仙煙揮霧霍不可測翠葩金葉光相射鯨鐘虎簴鏗鴻濛撼崑崙兮殷崆峒揚天桴兮伐河鼓咸池波兮析木風遂升泰階朝玉帝側身俯伏當瓊陛訊曰太極折裂爲乾坤紛紛枝葉皆同根胡爲妄生水火金木土自使激搏相熬煎臣聞三皇前群物咸熙熙衆子戴一父睥睨無偏私忽然元氣自蕩潏變換白黑分賢癡蚩尤與黃帝從此興戈矛流毒萬萬古爭奪無時休骨肉自殘賊帝心至仁能不憂帝不答臣心迷風師咆哮虎豹怒銀漢洶湧天雞啼飈輪撇捩三島過海水盡是青玻璃神奔鬼怪惕驚起遺音颯颯猶在耳夢耶遊耶不可知但見愁雲漠漠橫九疑

天部選句

楚屈原離騷指九天以爲正兮夫唯靈修之故也又皇天無私阿兮覽民德焉錯輔

九歌廣開兮天門紛吾乘兮元雲又登九天兮撫彗星

九章所非忠而言之兮指蒼天以爲正又欲釋階而登天兮猶有曩之態也又皇天之不純命兮何百姓之震愆又彼堯舜之抗行兮瞭杳杳其薄天又據青冥而攄虹兮遂儵忽而捫天

遠遊命天閽其開關兮排閶闔而望予召豐隆使先導兮問太微之所居集重陽入帝宮兮造旬始而觀清都朝發軔于太儀兮夕始臨乎于微閭

宋玉九辯泬寥兮天高而氣清

漢賈誼惜誓登蒼天而高舉兮歷衆山而日遠

淮南子墜形訓正土之氣御乎埃天偏土之氣御乎清天弱土之氣御乎白天壯土之氣御乎赤天

路温舒尚德緩刑書輔天而行宗廟以安

魏徐幹中論把臂捩腕扣天矢誓

晉郭璞江賦類胚渾之未凝象太極之構天

宋顏延之赤槿頌華繅間物受色朱天

謝靈運撰征賦水潤土以顯北火炎天而同人

何承天達性論撫養元元助天宣德

謝莊月賦白露曖空素月流天

梁沈約栖禪精舍銘南瞻巫野北望淮天

江淹報袁叔明書紫天爲宇環海爲池

吳均與施從事書絕壁干天孤峯入漢

北周王褒突厥寺碑六合之內存乎方冊四天之下問諸象教

唐楊炯盂蘭盆賦上妙之座收于燈王之國大悲之飯出于香積之天

崔融瓦松賦煌煌特秀狀金芝之產霤歷歷空懸若星榆而種天

僧一行起義堂頌序非舜以考天而疇咨審靈命之陰騭非禹以享天而德讓知歷數之有歸

瞿楚賢碧落賦其色清瑩其狀冥寞雖離婁明目兮不能窮其形其體浩瀚其勢瀰漫縱夸父逐日兮不

能窮其畔浮滄海兮氣渾映青山兮色亂
魏文帝樂府上慙滄浪之天下顧黃口小兒
宋謝莊詩夕天霽晚氣輕霞澄暮陰
梁蕭統詩上岧嶢兮入逼天
隋煬帝詩俯臨滄海島回出大羅天
唐駱賓王詩我出有爲界君登非想天
杜甫詩爾家最近魁三象時論同歸尺五天又春光
白門柳霞色赤城天又峩嵋高出西極天
白居易詩海山不是吾歸處歸即應歸兜率天
儲光羲詩細草生春岸明霞散早天
徐彥伯詩日月移平地雲霞綴小天
杜牧詩柳暗霏微雨花愁黯淡天又欲開未開花半
雨半晴天
劉禹錫詩遊絲撩亂碧羅天
張籍詩悠悠到鄉國還望海西天
張翁詩半落淮南雨遙沈海上天
皇甫冉詩雲開小有洞日出大羅天
元稹詩自笑無名字因名自在天
方干詩獨柱搘天寶宇正雄名蓋世古今無
李洞詩島嶼分諸國星河共一天又新秋日後曬書
天
鄭谷詩霜漏清中禁風旗拂曙天
宋邵雍詩天向一中分造化又須探月窟方知物未
躡天根豈識人乾遇巽時爲月窟地逢雷處見天根

欽定古今圖書集成曆象彙編乾象典

第十三卷目錄

乾象典第十三卷

天部紀事

通鑑前編黃帝有熊氏命容成作蓋天以象周天之形

尚書堯典帝乃命羲和欽若昊天曆象日月星辰敬授人時

虞書大禹謨益贊于禹曰惟德動天無遠弗屆滿招損謙受益時乃天道帝初于歷山往于田日號泣于旻天于父母負罪引慝祗載見瞽瞍夔夔齋慄瞽亦允若至誠感神矧茲有苗

史記殷本紀帝武乙無道爲偶人謂之天神與之博令人爲行天神不勝乃僇辱之爲革囊盛血仰而射之命曰射天

西伯伐飢國滅之紂之臣祖伊聞之而咎周恐奔告紂曰天既訖我殷命假人元龜無敢知吉非先王不相我後人維王淫虐用自絕故天棄我不有安食不虞知天性不迪率典今我民罔不欲喪曰天曷不降威大命胡不至今王其奈何紂曰我生不有命在天乎祖伊反曰紂不可諫矣

晉世家唐叔虞者周武王子而成王弟初武王與叔虞母會時夢天謂武王曰余命女生子名虞余與之唐及生子文在其手曰虞故遂因命之曰虞武王崩成王立唐有亂周公誅滅唐成王與叔虞戲削桐葉爲珪以與叔虞曰以此封若史佚因請擇日立叔虞成王曰吾與之戲耳史佚曰天子無戲言言則史書之禮成之樂歌之於是遂封叔虞於唐

列子周穆王築臺號曰中天之臺其高千仞

國語虢公夢在廟有神人面白毛虎爪執鉞立於西阿公懼而走神曰無走帝命曰使晉襲於爾門公拜稽首覺召史嚚占之對曰如君之言則蓐收也天之刑神也天事官成官成謂各以官象成也

左傳楚武王侵隨使薳章求成焉隨人使少師董成王毀軍而納少師少師歸請追楚師隨侯將許之季梁止之曰天方授楚楚之羸其誘我也君何急焉

楚武王荊尸授師孑焉以伐隨將齊入告夫人鄧曼曰余心蕩鄧曼嘆曰王祿盡矣盈而蕩天之道也先君其知之矣故臨武事將發大命而蕩王心焉若師徒無虧王薨於行國之福也王遂行卒於樠木之下

說苑齊桓公問管仲曰王者何所貴對曰貴天桓公仰視天管仲曰所謂天者非謂蒼蒼莽莽之天也君人者以百姓爲天

左傳公子重耳過衛衛文公不禮焉出於五鹿乞食於野人野人與之塊公子怒欲鞭之子犯曰天賜也稽首受而載之及鄭鄭文公亦不禮焉叔詹諫曰臣聞天之所啓人弗及也晉公子有三焉天其或者將建諸君其禮焉男女同姓其生不蕃晉公子姬出也而至於今一也離外之患而天不靖晉國殆將啓之二也有三士足以上人三也晉鄭同儕其過子弟固將禮焉況天之所啓乎弗聽及楚楚子饗之子玉請殺之楚子曰天將興之誰能廢之違天必有大咎乃送諸秦

國語晉文公過五鹿乞食於野人野人舉塊以與之公子怒將鞭之子犯曰天賜也民以土服又何求焉天事必象十有二年必獲此土二三子志之歲在壽星及鶉尾其有此土乎天以命矣復於壽星必獲諸侯天之道也由是始之有此其以戊申乎所以申土也

左傳晉侯賞從亡者介之推不言祿祿亦弗及曰竊人之財猶謂之盜況貪天之功以爲己力乎

僖二十有八年晉侯與楚人戰于城濮楚師敗績晉侯夢與楚子搏楚子伏己而盬其腦是以懼子犯曰吉我得天楚伏其罪吾且柔之矣注晉侯上向故得天楚子下向地故伏其罪腦所以柔物子犯審見事宜故權言以答夢

公孫歸父會楚子于宋宋人使樂嬰齊告急於晉晉侯欲救之伯宗曰不可古人有言曰雖鞭之長不及馬腹天方授楚未可與爭雖晉之彊能違天乎諺曰高下在心川澤納汙山藪藏疾瑾瑜匿瑕國君含垢天之道也君其待之

晉侯使趙同獻狄俘于周不敬劉康公曰不及十年原叔必有大咎天奪之魄矣

齊侯侵我西鄙謂諸侯不能也遂伐曹入其郛討其

來朝也季文子曰齊侯其不免乎己則無禮而討于有禮者曰女何故行禮禮以順天天之道也己則反天而又以討人難以免矣詩曰胡不相畏不畏于天君子之不虐幼賤畏于天也周頌曰畏天之威于時保之不畏于天將何能保

國語宋人殺昭公趙宣子請師于靈公以伐宋公曰非晉國之急也對曰大者天地其次君臣所以爲明訓也今宋人殺其君是反天地而逆民則也天必誅焉晉爲盟主而不修天罰將懼及焉公許之

左傳楚子伐陸渾之戎觀兵于周疆定王使王孫滿勞楚子楚子問鼎之大小輕重焉對曰在德不在鼎德之休明雖小重也其姦回昏亂雖大輕也天祚明德有所底止成王定鼎于郟鄏卜世三十卜年八百天所命也周德雖衰天命未改鼎之輕重未可問也

鄭文公有賤妾曰燕姞夢天使與己蘭曰余爲伯儵余而祖也以是爲而子以蘭有國香人服媚之如是既而文公見之與之蘭而御之生穆公名之曰蘭

國語定王使單襄公聘于宋遂假道于陳以聘于楚歸告王曰陳侯不有大咎國必亡王曰何故對曰先王之令有之曰天道賞善而罰淫故凡我造國無從非彝無即慆淫各守爾典以承天休今陳侯不念胤續之常棄其伉儷妃嬪而帥其卿佐以淫於夏氏不亦瀆姓矣乎

晉既克楚於鄢使郤至告慶於周郤至見召桓公與之語召公以告單襄公單襄公曰天有惡于楚也故儆之以晉而郤至佻天以爲己力不亦難乎佻天不祥乘人不義不祥則天棄之不義則民畔之

靈王城陳蔡不羹使僕夫子晳問于范無宇子晳復命王曰是知天咫安知民則是言誕也右尹子革曰民天之生也知天必知民矣是其言可以懼哉（咫少也言少知天道也）

左傳襄九年宋災晉侯問于士弱曰吾聞之宋災于是乎知有天道何故對曰古之火正或食于心或食于咮以出內火是故咮爲鶉火心爲大火陶唐氏之火正閼伯居商丘祀大火而火紀時焉相土因之故商主大火商人閱其禍敗之釁必始于火是以日知其有天道也

晉侯如廁陷而卒小臣有晨夢負公以登天及日中負晉侯出諸廁遂以爲殉

晉陽處父聘於衛反過甯甯嬴從之及溫而還其妻問之嬴曰以剛夫子壹之其不沒乎天爲剛德猶不干時況在人乎余懼不獲其利而離其難是以去之

晉將嫁女于吳齊侯使析歸父媵之以藩載欒盈及其士納諸曲沃欒盈夜見胥午而告之對曰不可天之所廢誰能興之子必不免吾非愛死也知不集也盈曰雖然因子而死吾無悔矣我實不天子無咎焉

吳子使屈狐庸聘于晉趙文子問焉曰延州來季子其果立乎巢隕諸樊閽戕戴吳天似啓之何如對曰不立是二君之命也非啓季子也若天所啓其在今嗣君乎甚德而度德不失民度不失事民親而事有序天所啓也有吳國者必此君之子孫實終之季子守節者也雖有國不立

淮南子覽冥訓庶女叫天雷電下擊景公臺隕支體傷折海水大出（注齊寡婦無子養姑姑有女利母財而殺母以誣婦婦不能自解故冤告天）

左傳穆子去叔孫氏及庚宗遇婦人使私爲食而宿焉問其行告之故哭而送之穆子夢天壓己弗勝顧而見人黑而上僂深目而豭喙號之曰牛助余乃勝之歸既立所宿庚宗之婦人獻以雉曰余子長矣名而見之則所夢也未問其名號之曰牛曰唯遂使爲豎

楚公子棄疾帥師圍蔡韓宣子問于叔向曰楚其克乎對曰克哉蔡侯獲罪于其君而不能其民天將假手于楚以斃之何故不克然肸聞之不信以幸不可討也楚王奉孫吳以討于陳曰將定而國陳人聽命而遂縣之今又誘蔡而殺其君以圍其國雖幸而克必受其咎天之假助不善非祚之也厚其凶惡而降之罰也且譬之如天其有五材而將用之力盡而敝之是以無拯不可復振

鄭裨竈言于子產曰宋衛陳鄭將同日火若我用瓘斝玉瓚鄭必不火子產弗與宋衛陳鄭數日皆來告火裨竈曰不用吾言鄭又將火鄭人請用之子產不可子大叔曰寶以保民也若有火國幾亡可以救亡子何愛焉子產曰天道遠人道邇非所及也竈焉知天道是亦多言矣豈不或信遂不與亦不復火

衛侯使郕武子告于周曰蒯聵得罪於君父君母逋竄于晉晉以王室之故不棄兄弟寘諸河上天誘其衷獲嗣守封焉使下臣肸敢告執事王使單平公對曰肸以嘉命來告余一人往謂叔父余嘉乃成世復爾祿次敬之哉方天之休弗敬弗休悔其可追

國語吳王夫差起師伐越越王勾踐起師逆之江大

夫種乃獻謀曰王不如設戎約辭行成以喜其民以廣侈吳王之心吾以卜之于天天若棄吳必許吾成而不吾足也將必寬然有伯諸侯之心焉旣罷弊其民而天奪之食安受其燼乃無有命矣

越王謂范蠡曰不穀之國家蠡之國家也蠡其圖之

范蠡對曰四封之內敵國之制立斷之事因陰陽之恒順天地之常陰陽謂剛柔晦明三光蠃縮用兵利鈍之常數柔而不屈强而不剛德虐之行因以爲常德慶賞虐刑罰皆常法也死生因天地之刑推其問存之類天因人因人而蠃縮聖人因天天垂象聖人則之人自生之天地形之見其吉凶之象聖人因而成之因吉凶以爲誅賞

越王興師伐吳吳人聞之出挑戰一日五反王欲許之范蠡進諫曰臣聞之得時無怠時不再來天予不取反爲之災蠃縮轉化後將悔之天節固然唯謀不遷王曰諾弗許范蠡曰古之善用兵者蠃縮以爲常四時以爲紀無過天極究數而止天道皇皇日月以爲常明者以爲法微者則是行明謂日月盛滿時微謂虧損薄蝕時也法其明者以進取行其微以隱避陽至而陰陰至而陽日困而還月盈而匡古之善用兵者因天地之常與之俱行後則用陰先則用陽近則用柔遠則用剛後無陰蔽先無陽察用人無藝往從其所剛彊以禦陽節不盡不死其野彼來從我固守勿與若將與之必因天地之災又觀其民之饑飽勞逸以參之盈吾陰節而奪之宜爲人客剛彊而力疾陽節不盡輕而不可取宜爲人主安徐而重固陰節不盡柔而不可迫蚤晏無失必順天道今其來剛彊而力疾王姑待之王曰諾弗與戰居軍三年吳師自潰吳王使王孫雄行成于越王欲許之范蠡諫曰聖人之功時爲之庸得時弗成天有還形天節不遠五年復反小凶則近大凶則遠君王不斷其忘會稽之事乎王曰諾弗許使者往而復來辭愈卑禮愈尊王曰吾欲弗許而難對其使者子其對之范蠡乃左提鼓右援枹以應使者曰昔者上天降禍于越委制于吳而吳不受今將反此義以報此禍吾王敢無聽天之命而聽君王之命乎王孫雄曰先人有言曰無助天爲虐助天爲虐不祥今吾稻蟹不遺種子將助天爲虐不忌其不祥乎范蠡曰君王已委制于執事之人矣無使執事之人得罪于子擊鼓興師以隨使者遂滅吳

會稽典錄曾子抑舷易水魚聞入淵鳥驚參天

史記孟子荀卿傳騶衍之術迂大而閎辯奭也文具難施淳于髡久與處時有得善言故齊人頌曰談天衍雕龍奭炙轂過髡

滑稽傳齊威王好爲長夜之飲淳于髡說之以隱曰國中有大鳥止王之庭三年不蜚又不鳴王知此鳥何也王曰此鳥不蜚則已一蜚沖天不鳴則已一鳴驚人

齊威王八年楚大發兵加齊齊王使淳于髡之趙請救兵齎金百斤車馬十駟淳于髡仰天大笑冠纓索絕

史記扁鵲傳趙簡子疾五日不知人居二日半寤語諸大夫曰我之帝所甚樂與百神遊于鈞天廣樂九奏萬舞不類三代之樂其聲動人心扁鵲告董安于曰昔秦穆公嘗如此七日而寤告公孫枝與子輿曰我之帝所甚樂所以久者適有所學也

宋微子世家君偃盛血以韋囊縣而射之命曰射天

趙世家孝成王四年王夢衣偏裻之衣乘飛龍上天不至而墜見金玉之積如山明日王召筮史敢占之曰夢衣偏裻之衣者殘也乘飛龍上天不至而墜者有氣而無實也見金玉之積如山者憂也

列子杞國有人憂天崩墜身無所寄又有憂彼之憂者曉之曰天積氣耳無處無氣奈何憂崩墜乎其人曰天果積氣日月星宿不當墜邪曉之者曰日月星宿亦積氣中之有光耀者只使墜亦不能有所中傷

戰國策秦敗魏于華走芒卯而圍大梁須賈爲魏謂穰侯曰夫戰勝睪子而割八縣此非兵力之精非計之功也天幸爲多矣今又走芒卯入北地以攻大梁是以天幸自爲常也智者不然

秦王謂范雎曰秦國僻遠寡人愚不肖先生乃幸至此此天以寡人慁先生而存先王之廟也寡人得受命于先生此天所以幸先生而不棄其孤也

史記呂不韋傳安國君爲太子中男名子楚爲秦質子于趙呂不韋往見子楚曰不韋雖貧請以千金爲子西游事安國君及華陽夫人立子爲適嗣乃以五百金買奇物玩好求見華陽夫人姊而皆以其物獻華陽夫人因言子楚常曰楚也以夫人爲天日夜泣思太子及夫人夫人大喜

秦本紀始皇作前殿阿房上可以坐萬人下可以建五丈旗表南山之巔以爲闕自阿房渡渭屬之咸陽以象天極閣道絕漢抵營室也

二世行誅大臣及諸公子使使令將閭曰公子不臣罪當死吏致法焉將閭曰闕廷之禮吾未嘗敢不從賓贊也廊廟之位吾未嘗敢失節也受命應對吾未

嘗敢失辭也何謂不臣願聞罪而死使者曰臣不得與謀奉書從事將閭乃仰天大呼天者三曰天乎吾無罪昆弟三人皆流涕拔劍自殺

項羽本紀項王至東城謂其騎曰吾七十餘戰霸有天下今卒困于此乃天之亡我非戰之罪也

漢書張良傳良數以太公兵法說沛公沛公喜常用其策良爲他人言皆不省良曰沛公殆天授

酈食其傳漢王屯鞏雒以距楚食其因曰臣聞之知天之天者王事可成不知天之天者王事不可成王者以民爲天而民以食爲天夫敖倉天下轉輸久矣臣聞其下乃有臧粟甚多楚人拔滎陽不堅守敖倉乃引而東令適卒分守成皐此乃天所以資漢

韓信傳上嘗從容與信言諸將能各有差上問曰如我能將幾何信曰陛下不過能將十萬上曰如公何如曰臣多多益辦耳上笑曰多多益辦何爲爲我禽信曰陛下不能將兵而善將將此乃信之爲陛下禽也且陛下所謂天授非人力也

鄧通傳文帝嘗夢欲上天不能有一黃頭郎推上天顧見其衣尻帶後穿覺而之漸臺以夢中陰目求推者郎見鄧通其衣後穿夢中所見也召問其名姓鄧名通鄧猶登也文帝甚說尊幸之

史記歷書今上即位招致方士唐都分其天部注分部二十八宿爲距度也

大宛傳天子得烏孫馬好名曰天馬及得大宛汗血馬更名烏孫馬曰西極名大宛馬曰天馬云

封禪書天子以二千戶封五利將軍欒大樂通侯以衛長公主妻之又刻玉印曰天道將軍使使衣羽衣夜立白茅上五利將軍亦立白茅上受印以示不臣也佩天道者且爲天子道天神也

武帝乃作通天臺置祠其下招來神仙之屬

漢武故事通天臺黃帝以來祭天圜丘處武帝祭太一上通天臺舞八歲童女三百人令人升通天臺以候天神天神既下祭所若大流星

漢書嚴延年傳延年爲河南太守河南號曰屠伯其母從東海來欲從延年臘適見報囚大驚便止都亭延年頓首閤下自爲母御歸府舍畢正臘謂延年曰天道神明人不可獨殺我不意當老見壯子被刑戮也遂去歸歲餘果敗東海莫不賢知其母

匈奴列傳單于姓攣鞮氏其國稱之曰撐犁孤塗單于匈奴謂天爲撐犁謂子爲孤塗單于者廣大之貌也言其象天單于然也

霍去病將萬騎出隴西得首虜八千餘級得休屠王祭天金人

王莽傳莽居攝宗室廣饒侯劉京上書言齊郡臨淄縣昌興亭長辛當一暮數夢曰吾天公使也天公使我告亭長曰攝皇帝當爲眞即不信我此亭中當有新井亭長晨起視亭中誠有新井入地且百尺

揚雄傳雄覃思渾天參摹而四分之

後漢書許楊傳汝南舊有鴻郤陂成帝時丞相翟方進奏毀敗之建武中太守鄧晨欲修復其功聞楊曉水脈召與議之楊曰昔成帝用方進之言尋而自夢上天天帝怒曰何故敗我濯龍淵是後民失其利多致饑困

光武本紀始起兵還舂陵遠望舍南火光赫然屬天有頃不見

馮異傳光武曰我昨夜夢乘赤龍上天覺寤心中動悸異因下席再拜賀曰此天命發于精神心中動悸大王重愼之性也

齊武王傳伯升自發舂陵子弟部署賓客自稱柱天都部

鄧皇后紀后嘗夢捫天蕩蕩正青若有鍾乳狀乃仰嗽飮之以訊諸占夢言堯夢攀天而上湯夢及天而咶之斯皆聖王之前占吉不可言

輿服志通天冠高九寸正豎頂少邪却乃直下爲鐵卷梁前有山展筩爲述乘輿所常服

班超傳超上疏曰自孤守疏勒于今五載胡夷情數臣頗識之問其城郭小大皆言倚漢與依天等

濊北十月祭天晝夜飮酒歌舞謂之舞天

虞延傳延初生時其上有物若一疋練遂上昇天

蘇章傳章遷冀州刺史故人爲清河太守章行部案其姦贓乃請太守爲設酒肴陳平生之好甚歡太守喜曰人皆有一天我獨有二天章曰今夕蘇孺文與故人飮者私恩也明日冀州刺史案事者公法也遂舉正其罪州境知章無私望風畏肅

三國志秦宓傳宓拜左中郎將長水校尉吳遣使張溫來聘衆人皆集而宓未往亮累遣使促之溫曰彼何人也亮曰益州學士也及至溫問曰君學乎宓曰五尺童子皆學何必小人溫復問曰天有頭乎宓曰有之溫曰在何方也宓曰在西方詩曰乃眷西顧以此推之頭在西方溫曰天有耳乎宓曰天處高而聽卑詩曰鶴鳴九皐聲聞于天若其無耳何以聽之溫

曰天有足乎宓曰有詩云天步艱難之子不猶若其無足何以步之溫曰天有姓乎宓曰有溫曰何姓宓曰姓劉溫曰何以知之答曰天子姓劉故以此知之答問如響應聲而出

先主傳或傳聞漢帝見害先主乃發喪制服故議郎湯泉侯劉豹等上言二十一年中數有氣如旗從西竟東中天而行

辛毗傳文帝踐阼毗遷侍中時議改正朔毗以魏氏遵舜禹之統應天順民湯武以戰伐定天下乃改正朔孔子曰行夏之時左氏傳曰夏數爲得天正何必期于相反帝善而從之

世說新語司馬太傅齋中夜坐于時天月明淨都無纖翳太傅歎以爲佳謝景重在坐答曰意謂乃不如微雲點綴太傅因戲謝曰卿居心不淨乃復彊欲滓穢太清耶

晉書習鑿齒傳齒與釋道安相見齒曰四海習鑿齒道安曰彌天釋道安人以爲名對

石勒載記勒見劉曜無守軍大悅舉手指天又自指額曰天也乃卷甲銜枚詭道兼進

陶侃傳侃以母憂去職嘗有二客來弔不哭而退化爲雙鶴沖天而去時人異之

馮跋載紀跋夜見天門開神光赫然燭于庭內

樂廣傳衛瓘每見廣曰此人之水鏡見之若開雲霧而覩清天

異苑陶侃夢生八翼飛翔沖天見天門九重已入其八惟一門不得進以翼搏天閽者以杖擊之因墮地折其左翼驚寤左腋猶痛其後都督八州威果振主潛有闚擬之志每憶折翼之祥抑心而止

宋書武帝本紀僞燕主鮮卑慕容超屢爲邊患公抗表北討既入峴舉手指天曰吾事濟矣

五行志元嘉十八年秋七月天有黃光洞照于地太子率更令何承天謂之榮光太平之祥上表稱慶

薛安都傳世祖踐祚除右軍將軍安都前征關陝至白口夢仰頭視天正見天門開謂左右曰汝見天門開不至是嘆曰夢天開乃中興之象耶

魏書序紀初聖武帝嘗率數萬騎田于山澤欻見輜軿自天而下既至見美婦人侍衛甚盛曰我天女也受命相偶遂同寢宿旦請還曰明年周時復會此處言終而別及期帝至先所田處見天女以所生男授帝曰此君之子也當世爲帝王語訖而去子卽始祖也

南史張融傳高帝出太極殿西室融入問訊彌時方登階及就席上曰何乃遲爲對曰自地升天理不得速

陶弘景傳弘景母郝氏夢兩天人手執香爐來至其所已而有娠以宋孝建三年景申歲夏至日生

王摛傳永明八年天忽黃色照地衆莫能解王融上金天頌摛曰是非金天所謂榮光

南齊書魏國傳上遣司徒參軍蕭琛范雲北使宏西郊與僞公卿戎服繞壇宏一周公卿七匝謂之蹋壇明日復戎服登壇祠天宏又繞三匝公卿七匝謂之繞天

梁書崔靈恩傳儒者論天互執渾蓋二義論蓋不合于渾論渾不合于蓋靈恩立義以渾蓋爲一焉

酉陽雜俎梁主坐帷爲綠油天

北齊書文宣本紀帝諱洋深沈有大度晉陽有沙門乍愚乍智時人不測呼爲阿禿師歷問祿位至帝舉手再三指天而已口無所言見者異之後從世宗行過遼陽山獨見天門開餘人無見者

陳書高祖本紀高祖嘗遊義興館于許氏夜夢天開數丈有四人朱衣捧日而至令高祖開口納焉及覺腹中猶熱高祖心獨負之

迷樓記帝將再幸江都有迷樓宮人抗聲夜歌云河南楊柳謝河北李花榮楊花飛去落何處李花結子自然成帝召宮女問汝自爲之耶曰道途兒童都唱此歌帝默然曰天啓之也

唐書張元素傳貞觀四年詔發卒治洛陽宮且東幸元素上書曰天下不可以力勝唯當務儉約薄賦斂以身先之乃能大安帝卽詔罷役魏徵曰張公論事有回天之力

柳氏舊聞天寶中上于內道場爲兆庶祈福親制黃素文及登壇之際其文乃自然凌空上騰于天空中有言聖壽延長

雲仙雜記李白登華山落鴈峯曰此山最高呼吸之氣想通帝座矣恨不攜謝脁驚人詩來搔首問青天耳

清異錄懷素居零陵菴東郊植芭蕉亙帶幾數萬取葉代紙號其所曰綠天道州刺史追作綠天銘

海棠譜南人謂帳額爲帳天

唐書陸扆傳扆舉進士時方遷幸而六月榜出至是每其暑他學士輒戲曰造榜天也

李長吉小傳長吉將死時忽晝見一緋衣人駕赤虯持一版書若太古篆或霹靂石文者云當召長吉長吉了不能讀欻下榻叩頭言阿㜷（長吉學語時呼太夫人云）老且病賀不願去緋衣人笑曰帝成白玉樓立召君爲記天上差樂不苦也長吉獨泣旁人盡見之長吉氣絕常所居牕中欻欻有煙氣聞行車嘒管之聲太夫人急止人哭待之如炊五斗黍許時長吉竟死

舊唐書天竺國傳其人皆學悉曇章云是梵天法書書于貝多樹葉以紀事

唐書西域傳大食國使者來曰國人止拜天見王無拜也有司切責乃拜

聞奇錄羊襲吉狀元之子少將庭中乘涼忽見天開其內雲霞澒洞臺閣參差光明下照山岳襲吉驚懼逡巡乃閉

酋替爲將臨敵必先被髮叫天因抗音而歌左右應之歌畢乃進戰

清異錄李後主每春盛時梁棟窗壁柱栱堦砌並作隔筒密插雜花牓曰錦洞天

王衍伶官家樂侍燕小池水澄天見家樂應制云一投聖琉璃

僞閩中書吏韋添天字謎云露頭更一日真是艷陽根

晉出帝不善詩時爲俳諧語詠天詩曰高平上監碧翁翁

世宗時水部郎韓彥卿使高麗卿有一書曰博學記偷抄之得三百餘事今抄天部七事迷空步障霧也威屑霜也教水露也冰子雹也氣母虹也屑金星也秋明大老天河也

遼史耶律曷魯傳遙輦痕德菫可汗歿羣臣奉遺命請立太祖太祖辭曰昔吾祖夷离菫雅里嘗以不當立而辭今若等復爲是言何歟曷魯進曰曩吾祖之辭遺命弗及符瑞未見第爲國人所推戴耳今先君言猶在耳天人所與若合符契天不可逆人不可拂而君命不可違也太祖曰遺命固然汝焉知天道曷魯曰聞于越之生也神光屬天異香盈幄夢受神誨龍錫金佩天道無私必應有德我國削弱齮齕於鄰部日久以故生聖人以興起之可汗知天意故有是命且遙輦九營棊布非無可立者小大臣民屬心于越天也昔者于越伯父釋魯嘗曰吾猶蛇兒猶龍也天時人事幾不可失

穆宗本紀應曆十八年三月乙酉造大酒器刻爲鹿文名曰鹿甒貯酒以祭天

聖宗本紀統和十年十二月庚辰獵儒州東川拜天

后妃傳聖宗皇后蕭氏母嘗夢金柱擎天諸子欲上不能后後至與僕從皆陞

宋史五行志劉孟昶末年婦女競治髮爲高髻號朝天髻未幾昶入朝京師

劉永年傳永年生四歲仁宗使賦小山詩有一柱擎天之語

神宗本紀嘉祐八年侍英宗入居慶寧宮嘗夢神人捧之登天

趙抃傳抃以太子少保致仕卒諡清獻抃長厚清修人不見其喜慍平生不治貲業不畜聲伎嫁兄弟之女十數他孤女二十餘人施德惸貧蓋不可勝數日所爲事入夜必衣冠露香以告于天不可告則不敢爲也

倦游錄韓琦知秦州臥疾數日夢以手捧天者再其後援英宗于藩邸翼神宗于東宮

南窗記談王文正公遺事公幼時見天門開中有公姓名弟旭乘間問之公曰要待死後墓誌寫上此言雖不足據亦可見其實有是事矣龐莊敏公帥延安日冬至奉祠家廟齋居中夜恍惚間見大象成文云龐某後十年作相當以仁佐天下凡十三字駐視久之方滅公因作詩記之云冬至子時陽已生道隨陽長物將萌星辰賜告銘心骨願以寬章輔太平手椷之題曰齋誠家紀之詩藏其曾孫益如處用小粉牋字札極草草按實錄自慶曆元年初分陝西四路公與韓忠獻范文正王聖源三公俱爲帥至皇祐三年登庸適十年矣天道遠矣而告人諄諄如此理固有之不可盡詰

閒見前錄康節先公嘗言李復圭龍圖臨事有斷年二十八知滑州與郡官夜會有衛兵奪銀匠鐵鎚殺人者一府皆驚擾公捕至立斬之上章待罪諸司亦按公擅殺仁宗曰李復圭帥才也除知慶州謫光化軍有放停卒自陳乞添租劃佃某人官田者公曰汝揀停之兵如何能佃官田卒曰筋力未衰也公曰汝以衰故揀停既未衰卻合充軍呼刺字人刺元軍分人皆稱之公才高爲衆所忌故仕宦數不進公居多不平康節因和其詩作天吟一篇曰一般顏色正蒼蒼今古人曾叫斷腸日往月來無少異陽舒陰慘不相妨迅雷震後山川裂甘露零時草木香幽暗巖崖

生鬼魅淸平郊野見鸞鳳千花爛爲三春雨萬木凋因一夜霜此意分明難理會直須賢者入消詳蓋其意使有所感悟也

吟齋夜話景德初西土有異僧到都下閱末嘉證道歌卽作禮頂戴久之譯者問其故僧曰此書流播五天稱眞丹聖者所說發明心要甚多

宋史朱熹傳熹幼穎悟甫能言父指天示之曰天也熹問曰天上何物松異之

理宗本紀開禧元年正月癸亥生于邑中虹橋里第室中五采爛然赤光屬天如日正中

玉海敎授鄭鈞所進欽天要略編次有倫詳議切理詔遷秩

竹坡詩話夔峽道中昔有杜少陵題詩一首以天字爲韻榜之梁間自唐至今無敢作詩者有一監司過而見之和韻大書其側後有人嘲之曰想君吟詠揮毫日四顧無人膽似天過者無不笑之

文獻通考占城國每歲十二月十五日城外縛木爲塔王及人民各以衣物香藥置于塔上焚之以祭天

金史太祖本紀收國元年九月九日拜天射柳歲以爲常

禮志金因遼俗以重五中元九日行拜天禮重五于鞠場中元于內殿重九于都城外其制刳木爲盤如舟狀赤爲質畫雲鶴文爲架高五六尺置盤其上薦食物其中聚宗族拜之若至尊則于常武殿築臺爲拜天所

元史郭寶玉傳歲庚午童謠曰搖搖罟罟至河南拜闕氏旣而太白經天寶玉歎曰北軍南汴梁卽降天改姓矣帝將伐西蕃患其城多依山險問寶玉攻取之策對曰使其城在天上則不可取如不在天上至則取矣帝壯之

憲宗本紀四年會諸王于顆顆腦兒之西乃祭天于日月山七年秋駐蹕于軍腦兒釃馬乳祭天

世祖本紀至元十八年命天師張宗演等卽壽寧宮奏赤章于天凡五晝夜

董文炳傳己未秋世祖伐宋師次陽羅堡宋兵築堡于岸陳船江中軍容甚盛文炳與敢死士數十百人當其前率弟文用文忠載艨艟鼓櫂疾趨叫呼畢奮鋒旣交文炳麾衆趨鋒搏之宋師大敗命文用輕舟報捷世祖方駐香爐峯因策馬下山問戰勝狀則扶鞍起立豎鞭仰指曰天也

抱璞簡記正德初劉瑾用事詔禁官民名字有天字者悉令更之予見宋政和中八年閏九月給事中趙野奏陛下恢崇妙道寅奉高眞凡世俗以君王聖之字爲名字悉令革而正之尚有以天字爲稱者竊慮亦當禁約依奏

雲南通志正德中楚雄王某者居山谷中初秋夜起星月朗徹忽見西南方天開旌旂前導中爲元武向北而去移時方合

山西通志嘉靖二十七年猗氏百俊里王鑑村楊錦妻范氏半夜發付次子聯芳考試天開西北見玉帝二神將後聯芳登第

天部雜錄

易經訟象傳象曰天與水違行訟君子以作事謀始本義天上水下其行相違作事謀始訟端絕矣大全楊氏曰天左旋而水東注違行也

大有上九自天祐之吉无不利象曰大有上吉自天祐也程傳行順乎天而獲天祐故所往皆吉

大畜上九何天之衢亨程傳天衢天路也謂虛空之中雲氣飛鳥往來故謂之天衢謂其亨通曠闊无有蔽阻也本義何天之衢言何其通達之甚也

姤九五以杞包瓜含章有隕自天程傳猶云自天而降言必得之也

豐上六象傳豐其屋天際翔也程傳在上而自高若飛翔于天際

中孚象傳中孚以利貞乃應乎天也本義信而正則應乎天矣

上九翰音登于天貞凶本義雞非登天之物而欲登天信非所信而不知變亦猶是也

書經君奭天壽平格保乂有殷蔡傳呂氏曰天無私壽惟至平通格于天者則壽之伊尹而下六臣能盡平格之實故能保乂有殷多歷年所

詩經鄘風柏舟篇母也天只不諒人只朱註只助語辭衛世子共伯蚤死其妻共姜守義父母欲奪而嫁之故共姜作此以自誓言母之于我覆育之恩如天罔極何其不諒我之心乎

君子偕老篇胡然而天也胡然而帝也朱註言宣姜服飾容貌之美見者驚猶鬼神也

王風黍離篇悠悠蒼天此何人哉朱註周旣東遷大夫

行役過故宗廟宮室盡爲禾黍傷其所以致此果何人哉追怨之深也

唐風綢繆篇綢繆束薪三星在天朱註國亂民貧男女有失其時而後得遂其婚姻之禮者詩人叙其婦語夫之辭

鴇羽篇悠悠蒼天曷其有所朱註民從征役而不得養其父母故作此詩也

悠悠蒼天曷其有極又悠悠蒼天曷其有常

秦風黃鳥篇彼蒼者天殲我良人朱註秦穆公卒以子車氏之三子爲殉國人哀之爲之賦黃鳥

豳風鴟鴞篇迨天之未陰雨徹彼桑土綢繆牖戶朱註周公既得管叔武庚而誅之作此詩以貽王託爲鳥之愛巢者及天未陰雨之時往取桑根以纏綿巢之隙穴使之堅固以備陰雨之患也

小雅天保篇天保定爾亦孔之固朱註人君以鹿鳴以下五詩燕其臣臣受賜者歌此詩以答其君言天之安定我君而使之獲福如此也

天保定爾俾爾戩穀又天保定爾以莫不興

節南山篇天方薦瘥喪亂弘多朱註薦重瘥病也神怒而重之以喪亂也

不弔昊天不宜空我師朱註尹氏不平其心既不見愍弔于昊天矣則不宜久在位使我衆并及空窮也

昊天不傭降此鞠訩昊天不惠降此大戾朱註言昊天不均而降此窮極之亂昊天不順而降此乖戾之變

不弔昊天亂靡有定朱註蘇氏曰天不之恤故亂未有所止也

昊天不平我王不寧朱註尹氏之不平若天使之故曰昊天不平若是則我王亦不得寧矣

正月篇天之扤我如不我克朱註無所歸咎之詞也

民今之無祿天夭是椓朱註天禍椓害言民今獨無祿者乃天禍椓喪之耳

十月之交篇天命不徹我不敢傚我友自逸朱註徹均也言衆人皆得逸豫而我獨勞者乃天命之不均我豈敢不安于所遇而傚我友之自逸哉

雨無正篇浩浩昊天不駿其德降喪饑饉斬伐四國

昊天疾威弗慮弗圖朱註言昊天不大其惠降此饑饉而殺伐四國之人如何昊天曾不思慮圖謀而遽爲此乎

如何昊天辟言不信朱註呼天而訴之也

小旻篇旻天疾威敷于下土朱註言旻天之疾威布于下土也

小弁篇何辜于天我罪伊何朱註怨而慕也

天之生我我辰安在朱註無所歸咎則推之于天曰豈我生時之不善哉何不祥至是也

巧言篇悠悠昊天曰父母且無罪無辜亂如此憮朱註言悠悠昊天爲人之父母胡爲使無罪之人遭亂如此其大也

巷伯篇蒼天蒼天視彼驕人矜此勞人大全胡氏曰無所告愬而告之于天也輔氏曰視彼驕人庶乎有以抑過泄止之也矜此勞人庶乎有以扶持安全之也

蓼莪篇欲報之德昊天罔極朱註言父母恩之大如天無窮不知所以爲報也

有饛篇跂彼織女終日七襄朱註天有十二次自卯至西當更七次也

小明篇明明上天照臨下土朱註大夫以二月西征至于歲暮而未得歸故呼天而訴之也

白華篇天步艱難之子不猶朱註天步猶言時運也猶圖也

大雅文王篇文王在上於昭于天朱註言文王既沒而其神在上昭明于天也

侯服于周天命靡常朱註言商之孫子而侯服于周以天命之不可常

宣昭義問有虞殷自天上天之載無聲無臭朱註度殷之所以廢興者而折之于天然上天之事無聲無臭不可得而度也惟取法于文王則萬邦作而信之矣

大明篇明明在下赫赫在上天難忱斯不易維王天位殷適使不挾四方朱註言在下者有明明之德則在上者有赫赫之命達于上下去就無常此天之所以難忱而爲君之所以不易也紂居天位爲殷嗣乃使之不得挾四方而有之蓋以此爾

天監在下有命既集文王初載天作之合朱註言天之監照實在于下其命既集于周故于文王之初年而默定其配也

大邦有子俔天之妹朱註俔譬也大全王氏曰譬天之妹言其德可以繼天也

棫樸篇倬彼雲漢爲章于天朱註雲漢在箕斗二星之間其長竟天章文章也

旱麓篇鳶飛戾天魚躍于淵朱註戾至也

皇矣篇皇矣上帝臨下有赫監觀四方求民之莫朱註言天之臨下甚明但求民之安定而已

下武篇三后在天王配于京朱註三后太王王季文王

也在天既沒而其精神上與天合也

于萬斯年受天之祜又受天之祜四方來賀

旣醉篇其引維何天被爾祿朱註言將使爾有子孫者先當使爾被天祿而爲天命之所附屬

假樂篇宜民宜人受祿于天朱註民庶民人在位者也

板篇天之方難無然憲憲天之方蹶無然泄泄朱註憲憲欣欣也大全朱子曰天方艱難則人當變懼也今乃欣欣然自以爲適天方驟動則人當斂伏也今乃弛緩而不以爲事

天之方虐無然謔謔朱註謔戲侮也

天之方懠無爲夸毗朱註懠怒夸大毗附也戒小人毋得夸毗也

天之牖民如壎如篪朱註牖開明也猶言天啓其心也

敬天之怒無敢戲豫敬天之渝無敢馳驅昊天曰明及爾出王昊天曰旦及爾游衍朱註言天之聰明無所不及不可以不敬也

蕩篇蕩蕩上帝下民之辟疾威上帝其命多辟天生烝民其命匪諶靡不有初鮮克有終朱註言此蕩蕩之上帝乃下民之君也今此暴虐之上帝其命乃多邪僻者何哉蓋天生衆民其命有不可信者蓋其降命之初鮮有不善而人少能以善道自終是以致此大亂使天命亦罔克終如疾威而多辟也

天降慆德女興是力朱註言此暴虐聚斂之臣乃天降慆慢之德而害民然非其自爲之也乃汝興起此人而力爲之耳

天不湎爾以酒不義從式朱註言天不使爾沈湎于酒而惟不義是從而用也

抑篇肆皇天弗尚如彼泉流無淪胥以亡朱註衛武公作此詩使人日誦于其側以自警言天所不尚則無乃淪陷相與而亡如泉流之易乎

昊天孔昭我生靡樂

取譬不遠昊天不忒朱註言我之取譬夫豈遠哉觀天道禍福之不差忒則知之矣

桑柔篇倬彼昊天寧不我矜大全劉氏曰呼天者亦無所歸咎之意也

我生不辰逢天僤怒朱註辰時僤厚也

雲漢篇倬彼雲漢昭回于天朱註言其光隨天而轉也

昊天上帝則不我遺朱註言上天降旱災使我亦不見遺也

昊天上帝寧俾我遯朱註言天又不肯使我逃遁而去也

昊天上帝則不我虞朱註言天曾不度我之心也

瞻卬昊天云如何里朱註里憂也聊賴之意也

瞻卬昊天有嘒其星朱註久旱而仰天望雨則有嘒然之明星未有雨徵也

崧高篇崧高維嶽駿極于天

烝民篇天生烝民有物有則朱註言天生衆民有是物必有是則也

瞻卬篇瞻卬昊天則不我惠朱註無所歸咎之詞也

天何以刺何神不富朱註刺責也言天何用責王神何用不富王哉

天之降罔維其優矣人之云亡心之憂矣天之降罔維其幾矣人之云亡心之悲矣朱註罔罟優多幾近也重言之以警王也

藐藐昊天無不克鞏朱註言天高遠雖若無意于物然其功用神明不測雖危亂之極亦無不能鞏固之者

召旻篇旻天疾威天篤降喪朱註篤厚也此刺幽王任用小人以致饑饉侵削之詩也

周頌清廟篇對越在天朱註對越其在天之神

維天之命篇維天之命於穆不已朱註天命卽天道也不已言無窮也

天作篇天作高山大王荒之朱註此祭太王之詩言天作岐山而太王始治之也

昊天有成命篇昊天有成命二后受之朱註言天祚周以天下旣有定命而文武受之也

我將篇我將我享維羊維牛維天其右之朱註言奉其牛羊以享上帝而曰天庶其降而在此牛羊之右乎蓋不敢必也

我其夙夜畏天之威于時保之

時邁篇時邁其邦昊天其子之朱註言我之以時巡行諸侯也天其子我乎哉蓋不敢必也

思文篇思文后稷克配彼天

敬之篇敬之敬之天維顯思命不易哉無曰高高在上陟降厥士日監在茲朱註成王受羣臣之戒而述其言曰敬之哉敬之哉天道甚明其命不易保也無謂其高而不吾察當知其聰明明畏常若陟降于吾之所爲而無日不臨監于此者不可以不敬也

桓篇於昭于天皇以閒之朱註此亦頌武王之功大全輔氏曰言其德上昭于天而君天下以代乎商也

魯頌閟宮篇天錫公純嘏

商頌烈祖篇自天降康豐年穰穰朱註言天降以豐年

黍稷之多使得以祭也
元鳥篇天命元鳥降而生商（大全）朱氏曰推契之所以
生固本于天命也
殷武篇天命多辟設都于禹之績（朱註）言天命諸侯各
建都邑于禹所治之地
天命降監下民有嚴（朱註）言天命降監不在乎他皆在
民之視聽則下民亦有嚴矣
禮記郊特牲祭之日王被袞以象天戴冕璪十有二
旒則天數也 又 旂十有二旒龍章而設日月以象天
也天垂象聖人則之郊所以明天道也
爾雅釋天天根氐也（註）角下繫于氐猶木之有根
易乾鑿度☰古文天字今爲乾卦重聖人重三而成
立位得上下人倫王道備矣亦川字覆萬物
乾爲天門聖人畫乾爲天門萬靈朝會衆生成其勢
高遠重三三而九九爲陽德之數亦爲天德天德兼
坤數之成也成而後有九萬形經曰天門闢元氣昌
始于乾也
三墳書形墳乾形天地天降氣日天中道月天夜明
山天曲上川天曲下雲天成陰氣天智蒙
天地圓丘天日昭明天月淫天山岳天川漢天雲祥
天氣垂氤
春秋說辭天羣陽之精合爲太乙分爲殊名
本草經天有九門中道最長日月由此行之名曰國
也
素問天體如車有蓋日月懸著何可上哉
管子形勢解天之道滿而不溢盛而不衰明主法象
天道故貴而不驕富而不奢行理而不惰故能長守

富貴久有天下而不失也故曰持滿者與天
版法解凡將立事正彼天植天植者心也天植正則
不私近親不孽疏遠不私近親不孽疏遠則無遺利
無隱治無遺利無隱治則物無不與物無遺者欲見
天心明以風雨故曰風雨無違遠近高下各得其嗣
萬物尊天而貴風雨所以尊天者爲其莫不受命焉
也所以貴風雨者爲其莫不待風而動待雨而濡也
若使萬物釋天而更有所受命釋風而更有所仰動
釋雨而更有所仰濡則無爲尊天而貴風雨矣
左傳芋尹無宇曰天有十日人有十等（注）十日甲至
癸十等王公大夫士皂輿隸僚僕臺也
國語楚語子皙復命王曰是知天咫安知民則（注）咫
少也言少知天道耳安知治民之法
亢倉子政道篇人無法以知天以四時寒暑日月星
辰之所行知天若四時寒暑日月星辰之所行當則
諸生血氣之類皆得其處而安其產矣
關尹子三極篇天無不覆有生有殺而天無愛惡
莊子逍遙遊天之蒼蒼其正色邪其遠而無所至極
邪其視下也亦若是則已矣
齊物論聖人和之以是非而休乎天均 又 故知止其
所不知至矣孰知不言之辯不道之道若有能知此
之謂天府 又 何謂和之以天倪曰是不是然不然是
若果是也則是之異乎不是也亦無辯然若果然也
則然之異乎不然也亦無辯化聲之相待若其不相
待和之以天倪因之以曼衍所以窮年也
養生主公文軒見右師而驚曰是何人也惡乎介也
天與其人與曰天也非人也天之生是使獨也人之

貌有與也以是知其天也 又 老聃死秦失弔之三號
而出弟子曰非夫子之友邪曰然然則弔焉若此可
乎曰然始也吾以爲其人也而今非也向吾入而弔
焉有老者哭之如哭其子少者哭之如哭其母彼其
所以會之必有不蘄言而言不蘄哭而哭者是遁天
倍情忘其所受古者謂之遁天之刑
人間世顏淵曰內直者與天爲徒 又 顏闔將傅衛靈
公太子而問於蘧伯玉曰有人於此其德天殺與之
爲無方則危吾國與之爲有方則危吾身其知適足
以知人之過而不知其所以過若然者吾奈之何
德充符聖人不謀惡用知不斲惡用膠無喪惡用德
不貨惡用商四者天鬻也天鬻也者天食也既受食
于天又惡用人有人之形無人之情有人之形故羣
于人無人之情故是非不得于身眇乎小哉所以屬
于人也謷乎大哉獨成其天 又 莊子曰（謂惠施）道與之
貌天與之形無以好惡內傷其身今子外乎子之神
勞乎子之精倚樹而吟據槁梧而瞑天選子之形子
以堅白鳴
大宗師知天之所爲知人之所爲者至矣知天之所
爲者天而生也知人之所爲者以其知之所知以養
其知之所不知終其天年而不中道夭者是知之盛
也雖然有患夫知有所待而後當其所待者特未定
也庸詎知吾所謂天之非人乎所謂人之非天乎且
有眞人而後有眞知 又 死生命也其有夜旦之常天
也人之有所不得與皆物之情也彼特以天爲父而
身猶愛之而況其卓乎 又 子桑戶孟子反子琴張三
人相與友曰孰能相與于無相與相爲于無相爲孰

能登天遊霧撓挑無極相忘以生無所終窮三人相視而笑莫逆于心遂相與友莫然有間而子桑戶死未葬孔子聞之使子貢往待事焉或編曲或鼓琴相和而歌子貢反以告孔子孔子曰彼遊方之外者也而丘遊方之內者也子貢曰然則夫子何方之依曰丘天之戮民也雖然吾與汝共之又子貢曰敢問畸人曰畸人者畸于人而侔于天故曰天之小人人之君子人之君子天之小人也又安排而去化乃入于寥天一

馬蹄民有常性織而衣耕而食是謂同德一而不黨命曰天放

天地有治在人忘乎物忘乎天其名爲忘己忘己之人是之謂入于天

天道天道運而無所積故萬物成又與天和者謂之天樂整萬物而不爲戾澤及萬世而不爲仁長于上古而不爲壽覆載天地刻雕衆形而不爲巧此之謂天樂

天運天機不張而五官皆備此之謂天樂

刻意聖人之生也天行其死也物化

秋水河伯曰何謂天何謂人北海若曰牛馬四足是謂天落馬首穿牛鼻是謂人故曰無以人滅天

達生醉者之墜車雖疾不死骨節與人同而犯害與人異其神全也乘亦不知也墜亦不知也死生驚懼不入乎其胸中是故忤物而不慴彼得全于酒而猶若是而況得全于天乎聖人藏于天故莫之能傷也復讎者不折鏌干雖有忮心者不怨飄瓦是以天下平均故無攻戰之亂無殺戮之刑者由此道也不開人之天而開天之天開天者德生開人者賊生不厭其天不忽于人民幾乎以其眞

庚桑楚有乎出有乎入入出而無見其形是謂天門天門者無有也

天下聖有所生王有所成皆原于一不離于宗謂之天人不離于精謂之神人不離于眞謂之至人以天爲宗以德爲本以道爲門兆于變化謂之聖人

呂子大樂篇始生人者天也人無事焉天使人有欲人弗得不求天使人有惡人弗得不避欲與惡所受于天也人不得與焉

君守篇天無形而萬物以成至精無象而萬物以化

申子天道無私是以恆正天道恆正是以清明

宋玉大言賦長劍耿介倚天之外

史記匈奴傳單于姓攣鞮氏其國稱之曰撐犁孤塗單于匈奴謂天爲撐犁謂子爲孤塗單于者廣大之貌也言其象天單于然也

屈原傳夫天者人之始也父母者人之本也人窮則反本故勞苦倦極未嘗不呼天也疾痛慘怛未嘗不呼父母也

封禪書秦穆公臥五日寤乃言夢見上帝史書藏之後世皆曰秦穆公上天

漢書郊祀志王者父事天故爵稱天子

禮樂志郊祀歌天門開詄蕩蕩　如淳曰詄讀如迭詄蕩蕩天體堅清之狀也

淮南子排閶闔淪天門　閶闔始升天之門也天門上帝所居紫微宮門也

董膠西集賢良策三臣聞天者羣物之祖也故徧覆包函而無所殊建日月風雨以和之經陰陽寒暑以成之

揚子法言問道篇或問天曰吾於天歟見無爲之爲矣或曰雕刻衆形者匪天歟曰以其不雕刻也如物刻而雕之焉得力而給諸

太元經天蒼蒼然東南西北仰而無不在焉及其俛則不見也

論衡說日篇天平正與地無異又天行三百六十五度積凡七十三萬里也其行甚疾無以爲驗當與陶鈞之運弩矢之流相類似乎

王叔師集離騷經章句序屈原作九章援天引聖以自證明

辛氏三秦記城南韋杜去天尺五

太平寰宇記邛都縣漏天秋夏常雨燠道有大漏天小漏天

述征記人日作煎餅于中庭謂之薰天

水經注鄴東城上石氏立東明觀上加金博山謂之鏘天

荆楚歲時記八月一日以朱墨點小兒額爲天灸以厭疫

唐孔穎達禮記郊特牲疏鄭氏謂天有六天丘郊各異太微宮有五帝座青帝曰靈威仰赤帝曰赤熛怒白帝曰白招矩黑帝曰叶光紀黃帝曰含樞紐是五帝與天帝六也

六典內閣司舍惟祕閣最宏壯穹隆高敞謂之木天

韓昌黎集原道坐井而觀天曰天小者非天小也其所見者小也

柳河東集郭橐駝傳橐駝非能使木壽且孳也能順
木之天以致其性爾
非國語聖人之道不窮異以爲神不引天以爲高
嬾眞子僕讀史記因嘆曰天道遠矣吁可畏也秦昭
王四十八年始皇生于邯鄲年十三即位是歲甲寅
然是年豐沛已生漢高皇帝矣後十五年己巳項羽
生二十七年始皇南巡會稽時年已二十三矣其年
七月始皇崩二世元年九月沛公起沛時年三十九
項羽起會稽時年二十四漢元年高帝至灞上時年
四十二十二月羽繼至遂殺子嬰而滅秦高帝在位
十二年五十三而崩時歲在丙午噫消長倚伏其運
密矣
蠡海集天之色蒼蒼然也而前輩曰丹霄曰絳霄河
漢曰銀河可也而曰絳河蓋視天者以北極爲標準
所仰視而見者皆于北極之南故稱之曰丹曰絳借
南之色以爲喻也
天之于人也賦與常豐故能自用而兼能用物天之
於物也賦與常嗇故但能自用而不用物也
老學庵筆記蔚藍乃隱語天名非可以義理解也杜
子美梓州金華山詩云上有蔚藍天垂光抱瓊臺猶
未有害韓子蒼乃云水色天光共蔚藍乃直謂天與
水之色俱如藍耳恐又因杜詩而失之
緗素雜記後漢南匈奴傳云單于姓虛連題註云前
書匈奴傳單于姓攣鞮氏其國稱之曰撐犂孤塗單
于匈奴謂天爲撐犂子爲孤塗單于者廣大之貌也
言其象天單于然也一云撐犂天子也匈奴號撐犂
猶漢人稱天子也與此小異永叔代王狀元謝及第
啓云陸機閱史尚靡識于撐黎枚皐屬文徒率成于
愧骸又沈元用謝啓云讀撐黎而靡識敢謂知書問
祈招而不知尚慙博學然陸機不識撐黎事竟不知
在何書一云不識撐犂謂皇甫謐非陸機
雞林類事方言天曰漢㮈
金華遊錄有大池深廣四畔峻壁不可下池之裏有
崖如兩屏而啓其一極黑暗中遠望石屏啓處天光
下燭蓋洞大漏明而人莫知其處名一線天
元姚燧襄陽廟學碑聖人之道天也善言者繪工也
山水鳥獸草木之爲物或可圖而肖之以語繪天設
色而得其彷彿萬一者古今人無能爲者也
郁離子微盜子問於郁離子曰天道好善而惡惡然
乎曰然曰然則天下之生善者宜多而惡者宜少矣
今天下之飛者烏鳶多而鳳凰少豈鳳凰惡而烏鳶
善乎天下之走者豺狼多而麒麟少豈麒麟惡而豺
狼善乎天下之植者荊棘多而稻粱少豈稻粱惡而
荊棘善乎天下之火食而竪立者姦宄多而仁義少
豈仁義惡而姦宄善乎將人之所謂惡者天以爲善
乎人之所謂善者天以爲惡乎抑天不能制物之命
而聽從其自善惡乎將善者可欺惡者可畏而天亦
有所吐茹乎自古至今亂日常多而治日常少君子
與小人爭則小人之勝常多而君子之勝常少何天
道之好善惡惡而若是戾乎郁離子不對盜子退謂
其徒曰甚矣君子之私於天也而今也辭窮于子矣
薛瑄道論天不以隆冬而息其生物之機緘又上下
遠近大小內外渾是天天外無物物外無天又天體
無外心體無外道體無外其實一也又天既無言恐
理亦無名又心大如天之無物不包心小如天之無
物不入
子元案垢天之黃道可見處暑後秋分前晴明日沒
時于高處向南視之若虹蜺斜界雲氣皆不敢入者
是也
玉堂漫筆文曜麗乎天其動者有七日月五星是也
其不動二十八宿是也日爲陽精月爲陰精五行之
精爲五星布于四方二十八舍爲宿咸列布于天運
行躔次用示吉凶焉
天道左旋七政右轉天一晝一夜而一周又過一度
日一晝一夜而行一度月行十三度十九分度之七
二十八宿之度本因日行所躔而名本無度也度之
最多者莫如東井至有三十四度其最少者莫如觜
觿纔一度井斗不與日躔相當其度不得不闊觜鬼
與日躔纔相及其度不得不狹
冥影契爲象皆太虛含萬象欲得太虛猶之空中覓
天也無象前之虛亦無象外之虛天亦太虛之別名
萬象即天也外天而求象猶之外水以言冰
丹鉛總錄唐詩殘霞蹙水魚鱗浪薄日烘雲卵色天
東坡詩笑把鴟夷一樽酒相逢卵色五湖天並用其
語花間詞一方卵色楚南天註以卵爲泖非也注東
坡詩者亦改卵色爲柳色王龜齡亦不及此耶
丹鉛雜錄潛夫論世主欲無功之人而強富之則是
與天鬭也況使無德之人與皇天鬭而欲久立自古
以來未之嘗有也又曰民安樂則天心總天心總則
陰陽和此皆格言也天鬭天總文字尤奇
觀微子聖人有常生之天衆人有不死之天常生之

天全體不死之天一端仁義禮智不可勝用全體之天也惻隱羞惡辭讓是非一端之天也

豢龍子商周之生本于契稷契稷之生出于天帝蓋非高辛之裔也

筆疇信步行將去隨天分付來此古人之名言也然余嘗改之曰順理行將去隨天分付來如此則理直而辭順爲無病矣何則謂之信步則有荒唐不撿之患何所爲而不爲哉彼蒼蒼者非天也天之形氣也存乎人心而不去宰于萬物而不傾此所謂天也求天於蒼蒼者爲甚急忘天於方寸中者爲甚緩如之何而天應邪

帝京景物略燕俗謂陰雨爲洒色天

名山藏王享記呂宋國其人敬天稱天曰寥氏

春明夢餘錄洪武中與侍臣論日月五星侍臣以蔡氏左旋之說爲對上曰天左旋日月五星右旋蓋二十八宿經也附天體而不動日月五星緯乎天者也朕嘗于天清風爽指一宿以爲主太陰居是宿之西相去丈許盡一夜則太陰漸過而東矣由此觀之則是右旋此曆家言之蔡氏特儒家之說耳李日華云北極五星鉤陳六星皆在紫宮中北極辰也其紐天之樞也天運無窮三光遞耀而極星不動故曰居其所而衆星共之賈逵張衡蔡邕王蕃陸績皆以北極紐星爲不動處也祖暅以儀準候不動處在紐星之末猶一度有餘蓋辰天壤也凡天無星處皆曰辰惟北極紐星爲衆動之樞而其末一度有餘適無別星故得驗其不動耳

田家雜占冬天近晚忽有鯉魚斑雲起漸合成濃陰者必無雨名曰護霜天又魚鱗天不雨也風顛

欽定古今圖書集成曆象彙編乾象典

第十四卷目錄

天部外編

乾象典第十四卷

天部外編

洛書甄耀度天之東西南北極各有銅頭鐵額兵長三千萬丈三千億萬人

山海經西山經西南四百里曰崑崙之丘是實惟帝之下都神陸吾司之其神狀虎身而九尾人面而虎爪是神也司天之九部及帝之囿時

大荒東經大荒之中有山名曰猗天蘇門日月所生

大荒南經南海之中有汜天之山赤水窮焉

大荒之中有山名曰融天海水南入焉

大荒西經大荒之野西南海之外赤水之南流沙之西有人珥兩青蛇乘兩龍名曰夏后開開上三嬪于天得九辯與九歌以下

有五人之國炎帝之孫名曰靈恝靈恝生互人是能上下于天

大荒北經大荒之中有山名曰衡天

起世經諸比丘須彌山半四萬二千由旬中有四大天王宮殿諸比丘須彌山上有三十三諸天宮殿帝釋所住三十三天向上一倍有夜摩諸天宮殿住其夜摩天向上一倍有兜率陀諸天宮殿其兜率天向上一倍有化樂諸天宮殿住其化樂天向上一倍有他化自在諸天宮殿住其他化自在天向上一倍有梵身諸天宮殿住其他化上梵身天下於其中間有魔波旬諸宮殿住倍梵身上有光音天倍光音上有遍淨天倍遍淨上有廣果天倍廣果上有不麁天廣果天上不麁天下其間別有諸天宮住名爲無想衆生所居倍不麁上有不惱天倍不惱上有善見天倍善見上有善現天倍善現上則是阿迦尼吒諸天宮殿諸比丘阿迦尼吒上更有諸天名無邊虛空處天無邊識處天無所有處天非想非非想處天此等盡名諸天住處

諸比丘其須彌留山王頂上有三十三天宮殿住處其處縱廣八萬踰闍那七重垣牆七重欄楯七重鈴網七重多羅行樹周帀圍遶雜色可觀七寶所成所謂金銀琉璃頗致迦赤眞珠硨磲瑪瑙等其垣牆高四百踰闍那廣五十踰闍那彼等垣牆相去各各五百踰闍那於其中間有諸門住彼等諸門高三十踰闍那廣十踰闍那其門兩邊有諸樓櫓却敵臺閣及輦轝等又有諸池及以華林有種種樹種種葉種種華果種種香熏有種種鳥各各自鳴其音調和甚可愛樂又彼諸門各各常有五百夜叉爲三十三天作守護故諸比丘彼垣牆內爲三十三天王有一城郭名曰善見其城縱廣六萬踰闍那七重垣牆七重欄楯七重鈴網七重多羅行樹周帀圍遶雜色可觀亦爲七寶之所莊嚴乃至硨磲瑪瑙等寶彼城壁高百踰闍那其上廣五十踰闍那彼城垣牆亦各相去五百踰闍那於其中間有諸門住其門各高三十踰闍那廣十踰闍那彼等諸門亦有樓櫓却敵臺閣諸池華林有種種樹種種葉種種華果種種香熏種種衆鳥各各自鳴彼等諸門門別各有五百夜叉爲三十三天而作守護諸比丘近彼天宮善見城側爲伊羅鉢那大龍象王有宮殿住其宮殿縱廣六百踰闍那亦有七重牆壁欄楯略說乃至種種衆鳥各各自鳴諸比丘彼善見城大垣牆內爲三十三天有聚會處名善法堂其處縱廣五百踰闍那七重欄楯七重鈴網七重多羅行樹周帀圍遶雜色可觀七寶所成乃至硨磲瑪瑙等寶普四方面各有諸門彼等諸門皆有樓櫓却敵臺觀種種雜色七寶所成其地純是青瑠璃寶柔輭滑澤觸之猶若迦旃鄰提衣當其中間有一寶柱高二十踰闍那於其柱下爲天帝釋置立一座高一踰闍那廣半踰闍那雜色可觀乃至硨磲瑪瑙七寶成就柔輭細滑觸之如前其座兩邊各有十六小天王座而侍衛之七寶所成雜色可觀細滑觸之如前不異諸比丘其善法堂諸天集處爲天帝釋更立宮殿其宮殿廣千踰闍那七重垣牆乃至衆鳥各各自鳴諸比丘其善法堂諸天集處東西南北爲諸小王有宮殿住縱廣九百踰闍那者或八或七六五四三二其最小者廣百踰闍那七重垣牆乃至衆鳥各各自鳴其善法堂諸天會處東西南北爲三十三天諸小天宮縱廣九十踰闍那八十七十六十五十四十三十二十其最小者廣十二踰闍那七重垣牆乃至衆鳥各各自鳴諸比丘其善法堂諸天

聚會處東面爲三十三天王有園苑住名波樓沙縱廣千踰闍那略說乃至七重垣牆爲瑪瑙等七寶所成普四方面各有諸門彼等諸門有諸樓櫓雜色可觀乃至瑪瑙七寶所成諸比丘其波樓沙園苑之中有二大石一名賢二名善賢爲天瑪瑙之所成就各皆縱廣五十踰闍那柔軟細滑觸之猶如迦旃鄰提衣諸比丘其善法堂諸天聚集處所南面爲三十三天王有一園苑名雜色車其園縱廣千踰闍那七重垣牆乃至瑪瑙之所成就普四方面各有諸門彼等諸門皆有樓櫓雜色可觀乃至瑪瑙之所成就其彼園中亦有二石一名雜色二名善雜色純以天青瑠璃所成亦各縱廣五十踰闍那柔軟細滑觸之猶如迦旃鄰提衣諸比丘其善法堂諸天聚集處所西面爲三十三天王亦有園苑名爲雜亂其園縱廣千踰闍那七重垣牆乃至七寶之所成就四方有門皆有樓櫓却敵臺閣俱七寶成彼雜亂園亦有二石一名善現二名小善現以天頗致迦所成亦各縱廣五十踰闍那柔軟細滑觸之猶如迦旃鄰提衣諸比丘其善法堂諸天聚集處所北面爲三十三天王有園苑住名曰歡喜其園縱廣千踰闍那七重垣牆乃至瑪瑙七寶所成四方有門各有樓櫓却敵臺閣亦爲七寶之所莊嚴諸比丘歡喜園中亦有二石一名歡喜二名善歡喜以天銀成亦各縱廣五十踰闍那柔軟潤澤觸之如迦旃鄰提衣諸比丘其波樓沙園及雜色車二園中間爲三十三天王有一池水名爲歡喜縱廣五百踰闍那其水涼冷輕軟甘甜清潔不濁以七寶塼四面而壘七重寶版面間錯之七重欄楯乃至七重多羅行樹周帀圍繞雜色可觀又其四方各有堦道並爲七寶之所莊嚴中有諸華優鉢羅華鉢陀摩究牟陀奔茶梨迦華等其華火色火形火光乃至水色水形水光縱廣大小皆如車輪其光明照一踰闍那風吹香氣熏一踰闍那有諸藕根大如車軸割之汁流色白如乳其味甘甜如無蠟蜜諸比丘其雜亂園及歡喜園二園中間爲三十三天王有一大樹名波利夜多羅俱毗陀羅其根周帀七踰闍那略說乃至枝葉遍覆及院縱廣五百踰闍那七重垣牆乃至衆鳥各各自鳴諸比丘其波利夜多羅俱毗陀羅大樹之下有一大石名曰般茶甘婆羅以天金成縱廣五十踰闍那柔軟潤澤如觸迦旃鄰提衣諸比丘於彼中間何因何緣其善法堂諸天集會稱爲善法諸比丘其善法堂諸天會處三十三天王聚集坐已於中唯論微妙細密善語深義審諦思惟稱量觀察多是世間諸要法事眞實正理是以天稱爲善法堂集會之處又何因緣名波樓沙迦苑諸比丘麤澁園中三十三天王入已坐賢善賢二石上已唯論世間麤惡不善語言戲謔是故稱爲波樓沙迦又何因緣名雜色車苑諸比丘雜色車園中三十三天王入已坐於雜色及善雜色二石之上論說世間種種雜類色相語言是故稱爲雜色車苑又何因緣名雜亂苑諸比丘雜亂園中三十三天王常以月八日十四日十五日放其宮內一切婇女向彼園中令共三十三天衆輩合雜嬉戲不生障隔恣其歡娛受天五欲具足功德遊行受樂是故彼處諸天衆等共稱彼園爲雜亂苑

諸比丘又彼園中有何因緣名爲歡喜諸比丘彼歡喜園三十三天王入其中已坐於歡喜及善歡喜二石之上心受歡喜意念歡喜念已復念心受悅樂受悅樂已復受悅樂是故彼稱爲歡喜園諸比丘又復彼樹有何因緣名波利夜多囉拘毗陀羅樹諸比丘其波利夜多囉拘毗陀羅樹下有天子住名曰末多日夜常以彼天種種五欲功德具足和合遊戲受樂是故彼天稱彼爲波利夜多囉拘毗陀羅樹諸比丘又復三十三天隨念疾時未曾離彼般茶甘婆石唯設供養尊重恭敬隨心所欲去處即去所以者何以此石是如來昔日所住處故彼諸天取爲支提塔一切世間天人魔梵沙門婆羅門等供養故諸比丘有三十三天唯眼得見波樓沙迦園身不得入身不入故不得彼處五欲功德受具足樂何以故彼處業勝以其前世作善根劣故不得入有三十三天得見波樓沙迦園身亦得入既得入已具得以天種種五欲和合功德具足而受同體快樂何以故以其善根增上勝故諸比丘有三十三天眼不得見雜色車園身亦不入亦不得以彼園五欲和合功德具足同體而受快樂何以故以其善根有別異故又有三十三天眼雖得見雜色車園身不得入亦不得以彼園五欲和合功德具足同體而受快樂何以故以其善根有優劣故又有三十三天眼既得見雜色車園身亦得入既得入已具足得彼種種五欲同體和合快樂而受何以故以其善根增上勝故諸比丘者是一切三十三天並得見於雜亂園苑亦皆得入既得入已悉共同得彼園苑中種種五欲和合功德同體快樂具

足而受何以故彼處無有別異善根修業等故諸比丘有三十三天不得見歡喜園亦不得入亦不得以彼園苑中種種五欲和合功德同體快樂具足而受何以故彼處果報前世造時業別異故又有三十三天得見歡喜園唯不得入亦不得彼歡喜園中種種五欲和合功德同體快樂具足而受何以故彼於彼處業別異故又有三十三天得見歡喜園其身亦入既入彼已具足得彼種種五欲和合功德同體快樂並皆受之何以故彼於彼處造諸善業所熏修時無別異故諸比丘其善法堂三十三天聚會處所有二岐道帝釋天王宮殿處所有二岐道諸小天王并諸宮屬三十三天宮殿處所亦二岐道伊羅婆那大龍象王宮殿處所亦二岐道波樓沙迦園亦二岐道雜色車園及雜亂園歡喜園池等一一亦各有二岐道波利夜多囉拘毗陀羅大樹亦二岐道諸比丘其帝釋天王若欲向於波樓沙迦園及雜色車歡喜園等澡浴歡樂遊戲行時爾時心念伊羅婆那大龍象王其伊羅婆那大龍象王亦生是念帝釋天王心念於我如是知已從其宮出即自變化作三十三頭其一一頭化作六牙一一牙上化作七池一一池中各有七華一一華上各七玉女一一玉女各復自有七女爲侍爾時伊羅婆那大龍象王化作如是諸神變已即便詣向帝釋王所到已在彼帝釋前住爾時帝釋天王心念諸小三十三天王并三十三諸天衆等時彼小王及諸天衆亦生是心帝釋天王今念我等如是知已各以種種衆妙瓔珞莊嚴其身俱乘種種車乘詣向天帝釋邊到已各各在前而住時天帝釋見已即自種種嚴身服衆瓔珞前後左右以諸天衆周帀圍遶即便昇上伊羅婆那龍象王上帝釋天王正當中央頂頭上坐左右兩邊各有十六諸小天王悉同乘彼伊羅婆那龍象王化頭之上各各而坐時天帝釋尊從天衆向波樓沙迦及雜色車并雜亂園歡喜園等到已而住其歡喜等四園之中皆有三種風輪而持謂開淨吹略說如前開門淨地及吹華等諸比丘彼等園中既吹華散遍地分齊其華香氣處處皆熏於時帝釋共小天王三十三天各將圍遶入雜色車歡喜園等嬉戲受樂隨意遊行或臥或坐時帝釋天王欲得瓔珞即念毗守羯磨天子時彼天子即使化作衆寶瓔珞奉上天王若三十三天各須等項瓔珞者毗守羯磨皆悉化作而供給之欲聞音聲及妓樂者則有諸鳥出種種音聲甚和雅令天樂聞天於彼時如是受樂一日乃至七日一月乃至二月往種歡娛澡浴嬉戲行住坐臥隨意東西諸比丘帝釋天王有十天子常爲守護何等爲十一名因陀羅迦二名瞿波迦三名頻頭迦四名頻頭婆迦五名阿俱吒迦六名吒都多迦七名時婆迦八名胡盧祇那九名難茶迦十名胡盧婆迦諸比丘其天帝釋常爲如是十天子護極隨左右不曾捨離以守衛故諸比丘閻浮提地爲諸人輩有水生諸華最上精妙極可愛者所謂優鉢羅華鉢陀摩華究牟陀華奔茶梨迦華其華香氣氤氳輭美其陸生華最極好者所謂阿提目多迦華瞻波迦華波吒羅華蘇摩那華婆利師迦華摩利迦華摩頭揵提迦華搔揵提迦華遊提迦華殊低沙迦利迦華陀奴沙迦賦迦華等諸比丘瞿陀尼人輩有水生華最極好者所謂優鉢羅華鉢陀摩華究牟陀華奔茶梨迦華香氣氛馥處處熏人其陸生華最香好者所謂阿提目多迦華瞻波迦華波吒羅華蘇摩那華婆利師迦華摩利迦華摩頭揵提迦華搔揵提迦華遊提迦華殊低沙迦利迦華陀奴沙迦賦迦華等諸比丘其弗婆提諸人輩有水生之華最極好者所謂優鉢羅華鉢陀摩華究牟陀華奔茶梨迦華極甚光鮮香氣普熏其陸生華最極好者所謂阿提目多迦華瞻波迦華波吒羅華蘇摩那華婆利師迦華摩利迦華摩頭揵提迦華搔揵提迦華遊提迦華殊低沙迦利迦華陀奴沙迦賦迦華等諸比丘其鬱多囉究留人輩有水生華最極好者所謂優鉢羅華鉢陀摩華究牟陀華奔茶梨迦華香氣柔輭其陸生華最極好者所謂阿提目多迦華瞻波迦華波吒羅華蘇摩那華婆利師迦華摩利迦華摩頭揵提迦華搔揵提迦華遊提迦華殊低沙迦利迦華陀奴沙迦賦迦華等諸比丘其諸龍等及金翅鳥亦各皆有水生之華最極好者所謂優鉢羅華鉢陀摩華究牟陀華奔茶梨迦華香氣氤氳柔輭美妙其陸生華最極好者所謂阿提目多迦華瞻波迦華波吒羅華蘇摩那華婆利師迦華摩利迦華摩頭揵提迦華搔揵提迦華遊提迦華殊低沙迦利迦華羯迦羅利迦華摩訶羯迦羅利迦華等諸比丘其阿修羅輩亦各皆有諸水生華最極妙者所謂優鉢羅華鉢陀摩華究牟陀華奔茶梨迦華香氣普熏甚可愛樂其陸生華最極好者所謂阿提目多迦華瞻波迦華波吒羅華蘇摩那華婆利師迦華摩利迦華摩頭揵提迦

華搔揵提迦華遊提迦華殊低沙迦利迦華陀奴沙迦賦迦華羯迦羅利迦華摩訶羯迦羅利迦華頻鄰曇華摩訶頻鄰曇華曼陀羅帆華摩訶曼陀羅帆華等諸比丘其四天王及諸天輩有水生華極好端正可愛微妙所謂優鉢羅華鉢陀摩華究牟陀華奔茶梨迦華其氣極香質甚柔輭其陸生華微妙可愛所謂阿提目多迦華瞻波迦華波吒羅華蘇摩那華婆利師迦華摩利迦華摩頭揵提迦華搔揵提迦華遊提迦華殊低沙迦利迦華陀奴沙迦賦迦華羯迦羅利迦華摩訶羯迦羅利迦華頻鄰曇華摩訶頻鄰曇華等諸比丘其三十三天有水生華極好端正微妙可喜所謂優鉢羅華鉢陀摩華究牟陀華奔茶梨迦華等其氣極香質甚柔輭其陸生華微妙可愛所謂阿提目多迦華瞻波迦華波吒羅華蘇摩那華婆利師迦華摩利迦華摩頭揵提迦華搔揵提迦華遊提迦華殊低沙迦利迦華陀奴沙迦賦迦華羯迦羅利迦華摩訶羯迦羅利迦華頻鄰曇華摩訶頻鄰曇華曼陀羅帆華摩訶曼陀羅帆華等如三十三天所有諸華其夜摩天兜率陀天化樂天他化自在天并魔身天如是次第等無有異一一應知諸比丘其世間人有七種色何等爲七諸比丘有諸人輩火色火形金色金形青色青形赤色赤形白色白形黃色黃形黑色黑形譬如魔梵常色諸比丘世間人有此七種色諸阿修羅亦復如是有此七色諸天衆等亦復有此七種之色譬如魔梵常色諸比丘諸天別有十種之法何等爲十諸比丘一諸天行來去無邊二諸天行來去無礙三諸天行無有遲疾四諸天行脚無蹤跡五諸天身無患疲乏六諸天身有形無影七諸天身無大小便八諸天身無有洟唾九諸天身清淨微妙無有脂髓皮肉及血筋骨脈等十諸天身欲現長短青黃赤白大小麤細隨意悉能亦皆端正可喜殊絕令人愛樂諸天之身有此十種不可思議諸比丘又諸天身充實不虛悉皆平滿齒白方密髮青齊整柔輭光澤身自然明有神通力飛騰虛空眼視不瞬瓔珞自然衣無垢膩諸比丘閻浮提人壽命百年其間有夭瞿陀尼人壽二百年中亦有夭弗婆提人壽五百年中亦有夭鬱多囉究留人定壽千年無有夭夒閻摩羅世諸衆生壽七萬二千歲中亦有夭諸龍及金翅鳥壽命一劫中亦有夭阿修羅壽同天千年中間亦夭四天王壽五百歲中亦有夭三十三天壽命千歲夜摩諸天壽二千歲兜率陀天壽四千歲化樂諸天壽八千歲他化自在天壽十六千歲魔身天壽三萬二千歲梵身天壽一劫光憶念天壽命二劫遍淨諸天壽命四劫廣果諸天壽命八劫無想諸天壽十六劫不麤諸天壽命千劫無惱諸天壽二千劫善見諸天壽三千劫善現諸天壽四千劫色究竟天壽五千劫虛空處天壽十千劫識處天壽二萬一千劫無所有處天壽四萬二千劫非想非非想處天壽八萬四千劫於其中間並皆有夭諸比丘閻浮提人身長三肘半衣廣中七肘上下三肘半瞿陀尼人弗婆提人身量及衣與閻浮等其鬱多囉究留人身長七肘衣廣中十四肘上下七肘阿修羅身長一踰闍那衣廣中二踰闍那上下一踰闍那重半迦利沙四天王身長半踰闍那衣廣中一踰闍那上下半踰闍那重一迦利沙三十三天身長一踰闍那衣廣中二踰闍那上下一踰闍那重半迦利沙夜摩天身長二踰闍那衣廣中四踰闍那上下二踰闍那重一迦利沙四分之一兜率陀天身長四踰闍那衣廣八踰闍那上下四踰闍那重一迦利沙八分之一化樂天身長八踰闍那衣廣十六踰闍那上下八踰闍那重一迦利沙十六分之一他化自在天身長十六踰闍那衣廣三十二踰闍那上下十六踰闍那重一迦利沙三十二分之一魔身諸天身長三十二踰闍那衣廣六十四踰闍那上下三十二踰闍那重一迦利沙六十四分之一自此已上諸天身量長短與衣正等無差諸比丘閻浮提人所有市買或以錢財或以穀帛或以衆生瞿陀尼人所欲市買或以牛羊或摩尼寶弗婆提人若作市易或以財帛或以五穀或摩尼寶鬱多囉究留人輩無諸市買所欲自然諸比丘閻浮提人瞿陀尼人弗婆提人悉有男婚女嫁之法其鬱多囉究留人輩無我我所樹枝若垂男女便合無有婚嫁諸比丘龍金翅鳥及阿修羅輩略說嫁娶悉如人間四天王天三十三天夜摩諸天兜率陀天化樂諸天他化自在諸天魔身天等皆有嫁娶略說如前從此已上其諸天等無復婚嫁男女之別諸比丘閻浮提人若行欲時二根相到流出不淨瞿陀尼人弗婆提人并鬱多囉究留人輩悉如閻浮提一切諸龍金翅鳥等若行欲時亦二根相到但出風氣即便暢情無有不淨諸阿修羅四天王天三十三天行欲根到暢情出氣如諸龍王及金翅鳥一種無異夜摩諸天執手成欲兜率陀天憶念成欲化樂諸天熟視成

欲他化自在天共語成欲魔身諸天相看成欲並皆暢心成其欲事諸比丘論其人間螢火之明則不如彼燈火之明燈火之明又不如彼炬火之明其炬火明又不如彼火聚之明其火聚明不及諸大星宿光明其星宿明又不及彼月宮殿明月宮殿明又不及日宮殿光明其日宮殿照耀光明又不及彼四天王天牆壁宮殿身瓔珞明四天王天諸有光明則又不及三十三天所有光明其三十三天諸有光明則又不及夜摩諸天牆壁宮殿瓔珞光明其夜摩天所有諸光則不及彼兜率陀天所有光明兜率陀天所有諸明則又不及化樂天明其化樂天所有光明則不及彼他化自在諸天光明他化自在所有光明則又不及魔身天明其魔身天牆壁宮殿瓔珞身光比於在下最勝最妙殊特無過諸比丘其魔身天比梵身天則又不及其梵身天比光憶念天則又不及其光憶念天比遍淨天則又不及其遍淨天比廣果天光明不及彼廣果天如是略說無惱熱天善見善現阿迦膩吒天等唯除瓔珞餘如上說應如是知諸比丘若天世界及諸魔梵沙門婆羅門人等世間所有光明欲比如來阿羅訶三藐三佛陀光明百千萬億恆河沙數不可爲比此如來光最勝最妙殊特第一所以者何諸比丘其如來身戒行無量三摩提般若解脫解脫知見神通及神通行教化及教化輪說處及說處輪等並各無量無邊說比丘如來如是無量功德一切諸法皆悉具足以是義故如來光明最勝無上常如是持

楞嚴經佛告阿難諸世間人不求常住未能捨諸妻妾恩愛於邪婬中心不流逸澄瑩生明命終之後鄰於日月如是一類名四天王天於已妻房婬愛微薄於淨居時不得全味命終之後超日月明居人間頂如是一類名忉利天逢欲暫交去無思憶於人間世動少靜多命終之後於虛空中朗然安住日月光明上照不及是諸人等自有光明如是一類名須燄摩天一切時靜有應觸來未能違戾命終之後上昇精微不接下界諸人天境乃至劫壞三災不及如是一類名兜率陁天我無欲心應汝行事於橫陳時味如嚼蠟命終之後生越化地如是一類名樂變化天無世間心同世行事於行事交了然超越命終之後徧能超出化無化境如是一類名他化自在天阿難如是六天形雖出動心迹尚交自此已還名爲欲界阿難世間一切所修心人不假禪那無有智慧但能執身不行婬欲若行若坐想念俱無愛染不生無留欲界是人應念身爲梵侶如是一類名梵衆天欲習既除離欲心現於諸律儀愛樂隨順是人應時能行梵德如是一類名梵輔天身心妙圓威儀不缺清淨禁戒加以明悟是人應時能統梵衆爲大梵王如是一類名大梵天阿難此三勝流一切苦惱所不能逼雖非正修眞三摩地清淨心中諸漏不動名爲初禪阿難其次梵天統攝梵人圓滿梵行澄心不動寂湛生光如是一類名少光天光光相然照耀無盡映十方界徧成瑠璃如是一類名無量光天吸持圓光成就教體發化清淨應用無盡如是一類名光音天阿難此三勝流一切憂懸所不能逼雖非正修眞三摩地清淨心中麤漏已伏名爲二禪阿難如是天人圓光成音披音露妙發成精行通寂滅樂如是一類名少淨天淨空現前引發無際身心輕安成寂滅樂如是一類名無量淨天世界身心一切圓淨淨德成就勝託現前歸寂滅樂如是一類名徧淨天阿難此三勝流具大隨順身心安穩得無量樂雖非正得眞三摩地安穩心中歡喜畢具名爲三禪阿難復次天人不逼身心苦因已盡樂非常住久必壞生苦樂二心俱時頓捨麤重相滅淨福性生如是一類名福生天捨心圓融勝解清淨福無遮中得妙隨順窮未來際如是一類名福愛天阿難從是天中有二岐路若於先心無量淨光福德圓明修證而住如是一類名廣果天若於先心雙厭苦樂精研捨心相續不斷圓窮捨道身心俱滅心慮灰凝經五百劫是人既以生滅爲因不能發明不生滅性初半劫滅後半劫生如是一類名無想天阿難此四勝流一切世間諸苦樂境所不能動雖非無爲眞不動地有所得心功用純熟名爲四禪阿難此中復有五不還天於下界中九品習氣俱時滅盡苦樂雙亡下無卜居故於捨心衆同分中安立居處阿難苦樂兩滅鬭心不交如是一類名無煩天機括獨行研交無地如是一類名無熱天十方世界妙見圓澄更無塵像一切沉垢如是一類名善見天精見現前陶鑄無礙如是一類名善現天究竟羣幾窮色性性入無邊際如是一類名色究竟天阿難此不還天彼之四禪四位天王獨有欽聞不能知見如今世間曠野深山聖道場地皆阿羅漢所住持故世間麤人所不能見阿難是十八天獨行無交未盡形累自此以還名爲色界

史記封禪書黃帝采首山銅鑄鼎於荆山下鼎既成有龍垂胡髯下迎黃帝黃帝上騎羣臣後宮從上者七十餘人龍乃上去餘小臣不得上乃悉持龍髯龍髯拔墮墮黃帝之弓百姓仰望黃帝既上天乃抱其弓與胡髯號故後世因名其處曰鼎湖其弓曰烏號

神異經東荒中有大石室東王公居焉與一玉女投壺設有入不出者天爲之笑

崑崙有銅柱焉其高入天謂之天柱

東北大荒中有金闕高千丈上有明月珠徑三丈光照千里中有金階兩闕名天門

西北海外有人焉長二千里兩脚中間相去千里腹圍一千六百里但日飲天酒五斗張華注曰天酒甘露也

武帝內傳帝見王母巾笈中有一卷書問此書是仙靈方耶王母曰此五嶽眞形圖也乃三天太上所出

拾遺記冀州西北三萬里有孝讓之國鳥獸昆蟲以應陰陽至億萬年山一淪海一竭魚蛟陸居有赤烏如鴨以翼覆蛟魚蛟魚以尾抑天求雨

茅君內傳大天之內有地之洞天三十六所乃眞仙所居第一王屋山之洞周萬里名曰小有淸虛之天

法苑珠林如婆沙論中說天有三十二種欲界有十色界有十八無色界有四合有三十二天也第一欲界十天者一名于手天二名持華鬘天三名常放逸天四名日月星宿天五名四天王天六名三十三天七名炎摩天八名兜率陀天九名化樂天十名他化自在天第二色界有十八天者初禪有三天一名梵衆天二名梵輔天三名大梵天二禪之中有三天一名少光天二名無量光天三名光音天第三禪中亦有三天一名少淨天二名無量淨天三名遍淨天第四禪中獨有九天一名福生天二名福慶天三名廣果天四名無想天五名無煩天六名無熱天七名善現天八名善見天九名色究竟天第三無色界中有四天一名空處天二名識處天三名無所有處天四名非想非非想處天問曰未知此三十二天幾凡幾聖答曰二唯凡住五唯聖住自餘二十五天凡聖共住所言二唯凡住者一是初禪大梵天王二是四禪中無想天中惟是外道所居問曰何故此二唯凡住耶答曰爲大梵天王不達業因唯說我能造化一切天地人物恃此高慢輕蔑一切聖人故不與居又無想天中唯是外道修無想定以生其中受五百劫無心之報外道不達謂爲涅槃受報畢已必起邪見來生地獄以是義故一切聖人亦不生中也所言五唯聖人居者謂從廣果已上無煩無熱等五淨居天唯是那含羅漢之所住也縱凡生彼天者要是進向那含身得四禪發于無漏起熏禪業或起一品乃至九品方乃得生凡夫無此熏禪業故不得生也若言那含生彼理則無疑問曰阿羅漢既是無生何故亦云生彼天者答曰此應言欲界那含生彼而得羅漢非謂先是羅漢而生彼也自餘二十五天凡聖共居不言可悉若總據大小乘說合有四天故涅槃經云有四種天一世間天二生天三淨天四義天世間天者如諸國王生天者從四天王乃至非想非無想天淨天者從須陀洹至辟支佛義天者十住菩薩摩訶薩以何義故十住菩薩名爲義天以能善解諸法義見一切法是空義故

立世阿毗曇論云從閻浮提向下二萬由旬是無間地獄從閻浮提向下一萬由旬是夜摩世間地獄處此二中間有餘地獄從此向上四萬由旬是四天王住處從此向上八萬由旬是三十三天住處從此向上十六萬由旬是夜摩天住處從此向上三億二萬由旬是兜率陀天住處從此向上六億四萬由旬是化樂天住處從此向上十二億八萬由旬是他化自在天住處有比丘問佛世尊從閻浮提至梵處近遠如何佛言比丘從閻浮提至梵處其遠甚高譬如九月十五日月圓滿時若有一人在彼梵處放一百丈方石隊向下界中間無礙到于後歲九月圓滿時至閻浮提地無量光天復遠一倍從無量光天至遍勝光天復遠一倍從遍勝天至少淨天復遠一倍從少淨天至無量淨天復遠一倍從無量淨天至遍淨天復遠一倍從遍淨天至無雲天復遠一倍從無雲天至福生天復遠一倍從福生天至廣果天復遠一倍從廣果天至無想天復遠一倍從無想天至善現天復遠一倍從善現天至善見天復遠一倍從善見天至不煩天復遠一倍從不煩天至不燒天復遠一倍從不燒天至阿迦尼吒天復遠一倍

天者如婆沙釋名光明照曜故名爲天又天者顚也顚謂上顚萬物之中惟天在上故名顚也又天者顯也顯謂高顯萬物之中唯天獨高在上顯覆故名顯也問曰何故彼趣名天答曰于諸趣中彼最勝最樂最善最妙最高故名天趣有說先造作增上身語意妙行往彼生彼令彼相續故名天趣有說光明增故

名天以彼自然光恆照晝夜故辟論者說能照故名天以現勝果照了先時所修因故復文戲樂故名天以恆遊戲受勝樂故問曰諸天形相云何答曰其形上立問曰語言云何答曰皆作聖語又立世阿毗曇論云天名提婆謂行善因于此道生故名提婆

酉陽雜俎天翁姓張名堅字刺渴漁陽人少不羈無所拘忌嘗張羅得一白雀愛而養之夢天劉翁責怒每欲殺之白雀輒以報堅堅設諸方待之終莫能害天翁遂下觀之堅盛設賓主乃竊騎天翁車乘白龍振策登天天翁乘餘龍追之不及堅既到元宮易百官杜塞北門封白雀爲上卿侯改白雀之嗣不産于下土劉翁失治徘徊五岳作災堅患之以劉翁爲太山太守主生死之籍

永貞年東市百姓王布知書藏鏹千萬商旅多賓之有女年十四五艷麗聰悟鼻兩孔各垂息肉如皂莢子其根如麻線長寸許觸之痛入心髓其父破錢百萬治之不差忽一日有梵僧乞食因問布知君女有異疾可一見吾能止之布被問大喜卽見其女僧乃取藥色正白吹其鼻中少頃摘去之出少黃水都無所苦布賞之白金梵僧曰吾修道之人不受厚施惟乞此息肉遂珍重而去行疾如飛布亦意其賢聖也計僧去五六坊復有一少年美如冠玉騎白馬遂扣門曰適有胡僧到無布遽延入俱述胡僧事其人吁嗟不悅曰馬小踠足竟後此僧布驚異詰其故曰上帝失樂神二人近知藏于君女鼻中我天人也奉帝命來取不意此僧先取之吾當獲譴矣布方作禮舉首而失

雲笈七籤三天正法經曰九天眞王與元始天王俱生始氣之先天光未朗鬱積未澄溟涬無涯混沌太虛浩汗流冥七千餘劫元景始分九氣存焉一氣相去九萬九千九百九十歲清氣高澄濁氣下布九天眞王元始天王稟自然之孕置于九天之號九氣元凝日月星辰于是而明便有九眞之帝上之三眞生于極上清微之天次中三眞生于禹餘之天下有三眞生于大赤之天

玉京山經曰玉京山冠于八方諸大羅天列世比地之樞上中央矣山有七寶城城有七寶宮宮有七寶元臺其山自然生七寶之樹一株乃彌覆一天八樹彌覆八方大羅天矣卽太上無極虛皇大道君之所治也

大洞經曰大冥在九天之上蓋謂冥氣極遠絕乎九元惟讀大洞玉經者可以交接然後玉帝乘丹霄而啓道太冥披綠霞而朗煥也元始經云大羅之境無復眞宰惟大梵之氣包羅諸天大空之上有自然五霞其色蒼黃號曰黃天黃天之上其色青蒼號曰蒼天蒼天之上其色元空成青攏曰青天故頌曰三界之上眇眇大羅上無色根雲層峩峩

諸天靈書經曰飛步入北清者是三界之上四天帝王北眞天也言此四帝上爲三清玉京之巔應化接引中爲三界四八御運五氣帝主下降無象適生天人各爲一天璿璣玉衡三十六帝五斗魁主亦象人腦四象合成故放品經云四天王天在玉清之上九天之巔恆以八節之日命三界四帝周行天下開度道學建齋之人也先師疏云北清天者北斗是也又云北斗之下崑崙上宮故人頭首上象崑崙下愚小解將爲是誤此去藥賢既在崑崙山南望將中斗則爲北清未審中斗巳北北方北清別在何處今依度人經說東斗主算西斗記名北斗落死南斗上生中斗大魁總監衆靈此名一天五斗魁主卽明中斗巳北而有北斗也今又按靈書正經本文經云天尊闕此四章並是四天帝王度命妙品四方正土偏得法音其東方品章經云九氣青天東華宮中青童大君封以青玉寶函之中印以元始九氣之章其南方品章經云南方三氣丹天朱陵上宮南極上元君封以赤玉寶函之中印以太丹三氣之章其西方品章經云西方七氣素天西華宮中西王母封以白玉寶函之中印以太素七氣之章其北方品章經云北方五氣元天元始北上宮中玉晨大君封以元玉寶函之中印以太元五氣之章卽明東方而稱東華南方而稱南極西方而稱西靈北方而稱北眞上卽明北眞而處三界之上最上之天四天帝主下遍一天四序生化非是一天五斗之位也今按靈書正經並是三界之上四天帝王正名正位未稱一天五斗名位今乃獨贶北方取中爲上不審更上北眞天也比先所錯上下相承古今疑惑皆從此起又尋先師所錯本意者言三十二天上下重疊亦爲一天二十八宿卽錯將中斗而攝北位獨贶北方此方以中爲上又中爲上亦復是誤言九天初構上下重疊亦爲一天比地九宮言鬱單之天上上氣上先立于子而處一宮卽明一宮亦爲四梵最上第一天也若將人身以等于天頭爲崑崙目爲日月上下相合其義正是若以

身觀身以天下觀天下不及史上頭象三界之上四人四天帝主大也又乃不及更上頭象三清之上玉京之山大羅天地故大洞隱注經云崑崙山上接九氣以爲璇璣之輪在太空之中中斗既在崑崙山上卽大羅天闕亦在玉京山上也生神經云飛仙翼于瓊闕四宰輔于明輪既在三界中斗之上卽大羅大闕玉京瓊闕亦在玉京山上也又明一天三界應位上下重疊比地既殊取上爲下上下失科四天帝主闕而不述東華南極西靈北眞境界不論何處別立三界圖云三十二天四傍並分列四方一重四天積氣相承扶搖而上其天獨立亦無八方未審此由闕五字無八方則無比地九宮若無正中則無中闕四字氣下無八方二十五分八景何來人身之闕三字三一三元九宮一體卽是帝一太一帝君等闕三字三界而無三元三十六帝若三界止中既無三一人身三一從何而來此先學者惟見隱注寶訣經云元階與扶搖臺在東北方癸地名爲元天也言天階發起于扶搖臺羊角邊周仍登梵行入三清也既覩此經錯將三界四天傍並其扶搖臺既在東北方癸地未審三界總在東北方癸地如不以此並是錯誤注經也今言扶搖者三十六天上下相承中爲天關皆爲中斗璇璣四方二十八宿漸大昇上故言扶搖故云元階與扶搖臺在東北方元天也又明上下三十二天皆有七宿璇昇四方亦言四天也今言四天者東方有九氣青天南方有三氣丹天西方有七氣素天北方有五氣元天四方四天故言四天非是天外更別四天也故度人經云旋斗歷箕迴度五常三十五分總氣上元又明三十六天每一天中皆有七宿三十二帝其太皇黃曾天位居箕宿皆在東初又貿奕天斗宿皆處北木故云旋斗歷箕迴度五常則明三界三十六天皆有中斗璇樞四方二十八宿各爲一天璇璣玉衡此是二十八宿上下扶搖上闕三清上下天關非是別天羊角而上故明三元各闕八方天有九氣上下九宮合中宮位始名三界也闕三界之內三十二天亦列四方四傍並上下天關九宮何在比地九宮亦無次序故明一天三界有異也河圖五鍊等經說一天二十八宿四七相並以爲三界二十闕天餘有四星上在中斗亦將三界四七相並傍上列位以爲元關而安三界二十八天餘上四天上爲四人一處傍並比列位不審一天二十八宿上通三界二十八天上合四人三十二位傍並不同大小有異今言一天比地四天者眞人口訣經云闕二字之中五斗位者陽明爲東斗丹元爲南斗陰精爲西斗北極爲北斗天關一星以爲中斗上及元冥闕二字爲一天三十五分上及上元天帝合爲一天闕一字位也言上界四人等位者今按亦書及九天闕四字三十二天上下相去各有氣數上及四梵合爲三界二十六帝不同一天四方傍並也三清圖云將以元元始三氣以爲三境三天又以生神經九天乃于三天之下各並著三天又以四方三十六天而取二十七天各于九天之下各並著三天一單三並以爲九天未審九天各生八方上下應會何所分立故大洞經云元元始三氣各生八方而爲二十四帝九宮各生八方而爲七十二宮卽明生神九天無有一單三並九氣天關上下不應言三洞生化故立三光三乘各三故立九帝九氣分化各生三天故爲三境三十六天也若以九天各于三天之下一單三並上下重疊惟有六重之天天若積陰亦任六重大既積陽卽合九重如何九品二等不同上下九宮其天何在故亦書經云天有九分之關轉輪三氣九度明焉故明三元九天九重是也故道德經云道生一一是元氣一是應化元始天尊也于此妙一而生三三洞故靈寶五符經云三洞以爲天尊三公天也三生九氣九氣以爲天尊九卿天也又此九氣各生三天故立三九二十七位故此二十七位上爲大尊二十七大夫天也欲此二十七位上合九天三元各有一十二位合爲三洞三十六天也此言三清降生三界各下八方以下而生五億五萬五千五百五十五億等比地無極三界各稟三清皆承此象上下重立是其義也今言傍並者別有一義故洞眞迴元九道飛行羽經云三清天中而有三萬六千天公卿等品並別有官僚公卿大夫侯伯置署如一更相管統降生三界遍備天人皆稟此氣各稟至道妙一之分三公九卿二十七大夫八十一元士百二十都千二百縣萬二千鄉三萬六千亭同稟此氣或單或並以爲生神萬象之主也非是九天傍次分列也三界圖書相傳爲錯者言三清九氣降爲三界一天氣餘九色又雜也言三清九氣各成一大降爲三界上稟本氣未經說五色共成故靈寶經云上從大寶初降妙一始生十元元生于元三生萬物莫不相承也又按九天生神及元門論等經云始生于混沌爲蒼色

而成鬱單無量天下生三天上聖三品之位復次混生于洞洞爲赤色而成上上禪善天下生三天中聖三品之位復次洞生于浩浩爲青色而成梵監須延天下生三天下聖三品之位復次元生于旻旻爲緑色而成寂然兜術天下生三天上眞三品之位復次旻生于景景爲黃色而成不驕樂天下生三天中眞三品之位復次景生于遯遯爲白色而成洞元化應聲天下生三天下眞三品之位復次元生于融融爲紫色而成靈化梵輔天下生三天上仙三品之位復次融生于炎炎爲碧色而成高虛清明天下生三天中仙三品之位復次炎生于演演爲烏色而成無想無結無愛天下生三天下仙三品之位故此九氣九色光明上爲三境三十六天也三境降氣三界方生各于三清八方巳下降生三界五億等天也故九天譜經云上從梵行太清之天三境九氣降爲三界天各一色上稟氣生本見五色一時混雜也今所錯者亦可知委故諸天內音經云三十二天皆以五合之氣而成空洞結而成章者此是五篇眞文十成五方迴爲五行合爲五臟混爲二儀四序生化此應五方五合所育也非關九氣混爲五色今以五色合爲眞氣相參盤鬱是其錯也

舊說四梵名爲四民之天今按九天譜經云三界應化三十二天上從梵行太清天中氣漸流降始生于混混爲蒼色而生二萬二千氣其色蒼氣澄凝而成賈奕天即明賈奕天是四民最上初天即明四民非是太清四梵四天王天也今言帝王者統領八方始名帝位不審太虛無上常融大太釋王降鬱勝天龍變梵度天太極平育賈奕等天乃是一天北方五氣元天光同四方比地各爲小八天也故明三界三十二天上下重疊三元品生亦爲一天分別四方各屬四正四九列位及其分應上下相臨故東方九氣青天上爲三界東華天也南方三氣丹天上爲三界南極天也西方七氣素天上爲三界西靈天也北方五氣元天上爲三界北眞天也五符經云昇爲五雲化爲五氣又按靈寶經云五篇經文生大立地普植神靈上爲三境之元根標天地以長存鎭五氣于靈館制劫運于三關即明五篇經文上爲三清之上四天王位中爲三界四天帝主應爲太清梵行四天而爲四八三十二帝八天生上下爲一天二十八宿三十二帝又爲比地各列四方四九列位又爲一天五方淨土故按上清經及元門論等云三界之上而有八清天名三清降氣下生三界今按八清天內而行太清天名重明太清梵行之天而生四民賈奕龍變太釋常融等四天也故法輪經云超度過三羅八難于是名滅度如虛胞曠朗觀八清也朗明四梵而處三清之下四民三界之巔上爲八清之天三界劫周三十八天已上八清四民等八天終無劫壞故名三界八清天也或云三界之中從此天上自有華光不假日月自然明朗此是訛言妄爲大語各自審明取證即解何者言三清三界凡聖降差有無不同動寂各異慾界六天六慾見生次上色界一十八天在下六天捨欲愛色次中六天漸捨色樂又上六天色心隨淨次上無色由四輕塵色聲香味由于觸體漸捨心識有待都忘昇虛入無出生滅境也言三清上境妙化難思九色寶光不假日月無有晝夜亦無去來言三界之內假合成身者洞眞經云天有一氣則五氣生焉五篇眞文附合生體兩半相合以爲生身以身爲宅心爲主人以神爲本神感應生也故明神託五氣共合爲識又明神合陰陽以爲魂魄若人六識清淨感生六慧六慾煩濁就入六塵故此生身命終之後魂陽歸天魄陰歸地自守魄骨以爲尸主生時罪福並以神當神更託生別感諸氣四生六趣應感俱然上天下地清濁有異應化三界並感陰陽既感陰陽寧無日月若是仙家道品自有仙光不假日月神通明朗三界見著色欲染塵二景共滋日月皆有並具晝夜三光齊臨二十八宿璇璣不定宿有時轉天有劫期上下數交百六運會今按靈寶九天生神經云日月星宿陰陽五行人民品物並受生成則明三界皆有日月也又按元妙經云於此界外八方世界皆上有羅天重別置日月五星二十八宿亦與南天下宛利同無異也又按元門論及大洞經云九天眞人呼日爲濯耀羅三天眞人呼日爲圓光蔚太素天中呼日爲眇景皇上清眞人呼日爲九曜生泰清天中仙人呼日爲太明太極天中呼日爲圓明玉賢天中呼日爲微元東華眞人呼日爲紫曜明亦名元珠亦謂始暉亦謂太明亦謂日名鬱儀亦謂月名結璘亦生人首上爲眼目故玉京山經云俯仰存太上華景秀丹田左顧提鬱儀右盼攜結璘普明天人皆有眼目三界日月亦同人目也三界圖云其天中心皆有崑崙山又名須彌山也其山高闊傍障四方日月繞山互爲晝夜日在東方于遂境界日正中時光

及南方浮利境界以爲日出日在南方于正中時耶尼境界以爲日出西方日正中時光及北方鬱單以爲日出日在北方于正中時東方境界以爲日出者今雖四序合宿是同冬夏二至晝夜不等日若繞山四方合停出沒旣異則無山隔今以形象難詰或詳日出處卽有映體東方日中南卽漸明南方初出日旣映山其日合如立豎半鏡今泰山上而有日觀遙望日初出在于地中其狀形如橫出半鏡以望初出非映山也若其日出之處卽是須彌其山不高不能映日卽知日出在地中也故易證云爻也者効也効也者象也象効于天以爲爻象也故日在地下明夷之卦爲日處夜陽降陰昇也日出地上陽昇陰降也故地上有日晉卦是也故在午後日昃之離不鼓缶而歌陰生陽降也言陰陽璇璣晝夜遞與日迴繞山證何律呂日若繞山璇璣須停四方度量何爲不等言二月八月晝夜各中餘月長短南北互差故月建在子冬至之分日極于南晝短夜長日出于巽日沒于坤從左行而至于巽歷于夜分西北東方三方大下一十九位分爲五更皆處于夜晝以巳丙午丁未等以爲晝日卽明夜統西北東方三方天下皆處于夜唯獨南方以爲晝日卽明日月非隔山也又月建在午夏至之分日極于北夜短晝長日出于艮日入于乾從艮左行而歷晝位東南西方一十九位三方天下以爲晝日惟獨北方亥壬子癸丑等五辰而處于夜重明日月非隔山也又明夏至之日出沒艮乾東南西方三方天下一時爲晝冬至之日出沒巽坤西北東方三方天下一時爲夜日旣繞山四方互明未審此節日映山不又明夏至之日日出于艮日入于乾其崑崙山合近于子日旣遠山不合更遠何故起難爲日映山也其崑崙山向北百千萬里則非東方日正中時南方卯地以爲日出也又明月建在子冬至之日日出于巽日沒于坤其崑崙山旣是映日卽合移就南方在于午分其此土人不是南方卽合住在崑崙山北其山旣是天心不移卽明日月非映山也又明一年四時行焉與日月合宿以定律呂故一月建寅與亥合其神微明者微名萬物而明月建在卯合宿天魁月建在辰合宿從魁月建在巳合宿傳送月建在午合宿小吉月建在未合宿勝光月建在申合宿太乙月建在酉合宿天剛月建在戌合宿太衝月建在亥合宿功曹月建在子合宿大吉月建在丑合宿神后十二月建合宿行神琁璣玉衡以定四序四方七宿日夜互更卽明一天律呂同則南方律呂也普天旣同四方同天不合山隔也後宣八景三光同茲五篇眞文二象通應具在玉京流光品中間宜經理答中應用也或有胡人摩尼珠說皆託一物百六數期三淸八景降氣通生西戎卽序全無分曉或云言此天是屬于地住或云雜報世界故近則不入六慾之天遠則不在三界二十八天之數次上太皇黃曾天上人者始名慾界最下天也下愚小解因述便答三界之內三元通生元各十二共三十六位一天三界上象俱然四梵八淸下通元氣旣云地住別號雜天雜報世界何氣寄立次上璇璣下攝何方下地雜報上屬何天夫言天者在上巓也在上廣覆謂之天也在下厚載謂之地也言天上天下上下咸差一天之中上屬元樞一天之上更屬上彔此天卽是太皇黃曾天中人也言三界之內五種感生雖同一天善惡兩種所感雜報命短無上品仙家壽九百萬歲五方淨土皆定壽年洞室虛宮上下不等誠仙碁暫翫柯爛樵人或二日逢仙則經二百餘歲諸仙人壽具顯後章唯此下地淨穢兩別遠明三淸上降元氣下生三界法象降成眞仙聖位各備修科雖居三界仙道原深故消魔經云三淸上境三十六天下備三界三十六帝其三界刧盡被刧火所燒其三洞仙家不覺有火也故明雜報世界善惡同天善者福壽遐年惡者濁辱短促淨穢二土咸備一天博地下方亦有上道先標前錯一十二條審而觀詳他義總曉請詳圖錄入道機要次後顯章具明前疑

太上曰第一慾界六天一曰太皇黃曾天二曰太明玉完天三曰淸明何童天四曰元胎平育天五曰元明文舉天六曰七曜摩夷天

第二色界一十八天七曰虛無越衡天八曰太極濛翳天九曰赤明和陽天十曰元明恭華天十一曰曜明宗飄天十二曰竺落皇笳天十三曰虛明堂曜天十四曰觀明端靜天十五曰元明恭慶天十六曰太煥極瑤天十七曰元載孔昇天十八曰太安皇崖天十九曰顯定極風天二十曰始黃孝芒天二十一曰太黃翁重天二十二曰無思江由天二十三曰上揲阮樂天二十四曰無極曇誓天

第三無色界四天二十五曰皓庭霄度天二十六曰淵通元洞天二十七曰翰寵妙成天二十八曰秀樂禁上天

興梵天元始曰二十九曰常融天三十曰玉降天三十一曰梵度天三十二曰賈奕天

四天之上則爲梵行梵行之上則是上清之天上京元都紫微宮也乃太上道君所治眞人所登也自四天之下二十八天分爲三界一天則有一帝王治其中其天人皆是在世受持智慧上品之人從善功所得自然衣食飛行來去逍遙歡樂但死生之限不斷猶有壽命自有長短下第一天人壽九萬歲以次轉增之

太初時老君從虛空而下爲太初之師口吐開天經一部四十八萬卷

三清境者玉清上清太清也亦名三天其三天者清微天禹餘天大赤天是也

佛即西方得道之聖人也在三清之中別有梵天居之于上帝則如世之九卿奉天子也

青城丈人服朱光之袍戴蓋天之冠佩三庭之印

施存魯人學大丹之道遇張申爲雲臺治官常懸一壺如五升器大化爲天地中有日月夜宿其內自號壺天人

五色線天上有白玉堂壁上高列眞仙之名如人間之壁記有朱筆注下云降世爲帝王或爲宰輔者

春渚紀聞蔣穎叔爲發運使至泰州謁徐神公坐定了無言說將起忽自言曰天上也不靜人世更不定蔣因叩之曰天上已遣五百魔王來世間作官不定蔣復叩其身之休咎徐謂之曰發運亦是一赤天魔王也

行營雜錄有士人貧甚夜則焚香祈天一夕忽聞空中語曰帝閔汝誠使我問汝所欲士曰願此生衣食粗足逍遙山水間以終其身足矣空中大笑曰此上界神仙之樂何可易得若求富貴則可矣

記事珠沈義爲仙人所迎見老君以金案玉盤賜之後授官爲碧落侍郎

欽定古今圖書集成曆象彙編乾象典

第十五卷目錄

乾象典第十五卷

陰陽部彙考

易經

乾卦

乾元亨利貞

本義六畫者伏羲所畫之卦也一者奇也陽之數也乾者健也陽之性也伏羲仰觀俯察見陰陽有奇耦之數故畫一奇以象陽畫一耦以象陰見一陰一陽有各生一陰一陽之象故自下而上再倍而三以成八卦見陽之性健而其成形之大者爲天故三奇之卦名之曰乾而擬之於天也三畫已具八卦已成則又三倍其畫以成六畫而於八卦之上各加八卦以成六十四卦也此卦六畫皆奇上下皆乾則陽之純而健之至也故乾之名天之象皆不易焉

又

潛龍勿用陽在下也

本義陽謂九下謂潛大全雙湖胡氏曰小象於乾曰陽在下也於坤曰陰始凝也陰陽之稱始此蓋以六十四卦陰陽之初爻即太極所生兩儀之一以爲諸卦通例陰陽之名一立而動靜健順剛柔奇偶小大尊卑變化進退往來之稱亦由是而著矣

又

潛龍勿用陽氣潛藏

程傳方陽微潛藏之時君子亦當晦隱未可用也

坤卦

坤元亨利牝馬之貞君子有攸往先迷後得主利西南得朋東北喪朋安貞吉

本義一者偶也陰之數也坤者順也陰之性也陰之成形莫大於地此卦三畫皆偶故名坤而象地重之又得坤焉則是陰之純順之至故其名與象皆不易也牝馬順而健行者陽先陰後陽主義陰主利西南陰方東北陽方安順之爲也貞健之守也

又

象曰履霜堅冰陰始凝也馴致其道至堅冰也

大全劉氏曰坤初六在姤爲五月一陰始生便有凝意驗之井泉已寒然去冰霜之時尚遠聖人見微知著謂所履者已凝之霜馴致其道則至堅冰矣

泰卦

泰小往大來吉亨

程傳小謂陰大謂陽往往居於外也來來居於內也陽氣下降陰氣上交也陰陽和暢則萬物生遂天地之泰也

象曰泰小往大來吉亨則是天地交而萬物通也上下交而其志同也內陽而外陰內健而外順內君子而外小人君子道長小人道消也

否卦

否之匪人不利君子貞大往小來彖曰否之匪人不利君子貞大往小來則是天地不交而萬物不通也上下不交而天下無邦也內陰而外陽內柔而外剛內小人而外君子小人道長君子道消也

本義否閉塞也正與泰反

繫辭上傳

一陰一陽之謂道

本義 陰陽迭運者氣也其理則所謂道 大全 朱子曰一陰一陽之謂道陰陽何以謂之道當離合看 一陰一陽之謂道則陰陽是氣不是道所以爲陰陽者乃道也若只言陰陽之謂道則陰陽是道今曰一陰一陽則是所以循環者乃道也一闔一闢謂之變亦然又曰理則一而已其形者則謂之器其不形者則謂之道然而道非器不形器非道不立蓋陰陽亦器也而所以陰陽者道也是以一陰一陽往來不息而聖人指是以明道之全體也此一陰一陽之謂道之說也 問一陰一陽之謂道便是太極否曰陰陽只是陰陽道便是太極程子說所以一陰一陽者道也 問一陰一陽之謂道曰以一日言之則晝陽而夜陰以一月言之則望前爲陽望後爲陰以一歲言之則春夏爲陽秋冬爲陰從古至今恁地滾將去只是這箇陰陽是孰使之然哉乃道也從此句下文分兩脚此氣之動爲人爲物渾是一箇道理故人未生以前此理本善所以謂繼之者善此則屬陽氣質既定爲人爲物所以謂成之者性此則屬陰又曰一陰一陽此是天地之理如大哉乾元萬物資始乃繼之者善也乾道變化各正性命此成之者性也這一段是說天地生成萬物之意不是說人性上事

又

陰陽不測之謂神

本義 張子曰兩在故不測

又

陰陽之義配日月

大全 朱子曰陰陽之義便是日月相似

周禮

地官

大司徒二曰以陽禮教讓則民不爭三曰以陰禮教親則民不怨

注 陽禮謂鄉射飲酒之禮也陰禮謂男女之禮昏姻以時則男不曠女不怨

牧人凡陽祀用騂牲毛之陰祀用黝牲毛之

注 陰祀祭地北郊及社稷也陽祀祭天於南郊及宗廟

山虞仲冬斬陽木仲夏斬陰木

注 陽木生山南者陰木生山北者

春官

大宗伯以天產作陰德以中禮防之以地產作陽德以和樂防之

注 天產者動物地產者植物陰德陰氣在人者陰氣虛純之則劣故食動物作之使動過則傷性制中禮以節之陽德陽氣在人者陽氣盈純之則躁故食植物作之使靜過則傷性制和樂以節之

典同掌六律六同之和以辨天地四方陰陽之聲以爲樂器

注 陽聲屬天陰聲屬地天地之聲布于四方鄭司農云陽律以竹爲管陰律以銅爲管竹陽也銅陰也各順其性同助陽宣氣與之同皆以銅爲之

卜師凡卜辨龜之上下左右陰陽以授命龜者而詔相之

注 陰後弇也陽前弇也

占夢掌其歲時觀天地之會辨陰陽之氣

注 其歲時今歲四時也天地之會建厭所處之日辰陰陽之氣休王前後 疏 天地之會陰陽之氣年年不同故云今歲四時也建謂斗柄所建謂之陽建故左還于天厭謂日前一次謂之陰建故右還于天故堪輿天老曰假令正月陽建于寅陰建在戌日辰者日據幹辰據支觀此建厭所在辨陰陽之氣以知吉凶也

家宗人以冬日至致天神人鬼以夏日至致地示物鬽 音媚

注 天人陽也地物陰也陽氣升而祭鬼神陰氣升而祭地祇物鬽所以順其爲人與物也 疏 鄭云天人陽也者此解冬日至祭天神人鬼之意以其陽故十一月一陽生之月當陽氣升而祭之也云地物陰也者此解夏日至祭地祇之意以其陰故五月一陰生之日當陰氣升而祭之也云所以順其爲人與物也者各順陰陽而在冬夏至也

秋官

柞氏夏日至令刊陽木而火之冬日至令剝陰木而水之

注 刊剝謂砍去次地之皮火之水之使其肄不生

疏 夏至之日則陰生冬至陽生陽木得陰而發陰木得陽而發故須其時而刊剝之也山虞取其堅刃冬斬陽夏斬陰此欲死之故夏陽木冬陰木

冬官

輪人凡斬轂之道必矩其陰陽陽也者稹理而堅陰也者疏理而柔是故以火養其陰而齊諸其陽則轂

雖敝不藃

疏 此欲斬轂之時先就樹刻之記識其向日爲陽背日爲陰之處必記之者爲後以火養其陰故也轂若不以火養炙陰柔之處使堅與陽齊等後以革鞔陰柔之處木則疲減革不著木必有暴起若以火養之雖敝盡不藃暴也

矢人水之以辨其陰陽夾其陰陽以設其比

訂義 趙氏曰陽竹輕清陰竹重濁然生而混成不可辨也惟水隨物輕重而應之以浮沉所以辨其陰陽者欲以設其比須使輕重均方可也

禮記

月令

仲夏之月日長至陰陽爭死生分

陳註 夏至日長之極陽盡午中而微陰眇重淵矣此陰陽爭辨之際也物之感陽氣而方長者生感陰氣而已成者死此死生分判之際也 大全 方氏曰陰陽爭者以陰方來而陽始遇遇故爭也仲冬亦言之者以陽方來而與陰遇故也陽主生陰主死微陰既生則萬物向乎死矣故死生之理于是分也

又

仲冬之月日短至陰陽爭諸生蕩

註 爭者陰方盛陽欲起

禮運

故人者其天地之德陰陽之交鬼神之會五行之秀氣也

疏 陰陽則天地也據其氣謂之陰陽據其形謂之天地獨陽不生獨陰不成二氣相交乃生故云陰陽之交也 大全 陳氏曰人受陰陽二氣而生此身莫非陰陽如氣陽血陰脈陽體陰頭陽足陰上體爲陽下體爲陰至于口之語默目之寤寐鼻息之呼吸皆有陰陽分屬又曰鬼神只是陰陽二氣之屈伸往來自二氣言之神是陽之靈鬼是陰之靈自一氣言之則氣之方伸而來者屬陽爲神氣之已屈而往者屬陰爲鬼其實二氣亦只一氣耳

故天秉陽垂日星地秉陰竅於山川

大全 劉氏曰天也者陽氣之所積故曰秉陽焉地也者陰氣之所積故曰秉陰焉陰氣合陽于天上則爲日星是以其光下垂焉陽氣合陰於地下則爲山川是以其竅上通焉

又

以陰陽爲端故情可睹也

陳註 情之善者屬陽惡者屬陰求其端於陰陽則善惡可得而見 大全 方氏曰陰陽者萬物之情以陰陽爲端則其情可探而見故情可睹也

又

是故禮必本於大一分而爲天地轉而爲陰陽

疏 天地二形既分而天之氣運轉爲陽地之氣運轉爲陰而制禮者貴左以象陽貴右以法陰又因陽時而行賞因陰時而行罰也

黃帝素問

金匱眞言論

陰中有陰陽中有陽平旦至日中天之陽陽中之陽也日中至黃昏天之陽陽中之陰也合夜至鷄鳴天之陰陰中之陰也鷄鳴至平旦天之陰陰中之陽也

故人亦應之

夫言人之陰陽則外爲陽內爲陰言人身之陰陽則背爲陽腹爲陰言人身之藏府中陰陽則藏者爲陰府者爲陽肝心脾肺腎五藏皆爲陰膽胃大腸小腸膀胱三焦六府皆爲陽所以欲知陰中之陰陽中之陽者何也爲冬病在陰夏病在陽春病在陰秋病在陽皆視其所在爲施鍼石也故背爲陽陽中之陽心也背爲陽陽中之陰肺也腹爲陰陰中之陰腎也腹爲陰陰中之陽肝也腹爲陰陰中之至陰脾也此皆陰陽表裏內外雌雄相輸應也故以應天之陰陽也

陰陽應象大論

黃帝曰陰陽者天地之道也萬物之綱紀變化之父母生殺之本始神明之府也

治病必求於本故積陽爲天積陰爲地陰靜陽躁陽生陰長陽殺陰藏陽化氣陰成形寒極生熱熱極生寒寒氣生濁熱氣生清清氣在下則生飧泄濁氣在上則生䐜脹此陰陽反作病之逆從也故清陽爲天濁陰爲地地氣上爲雲天氣下爲雨雨出地氣雲出天氣故清陽出上竅濁陰出下竅清陽發腠理濁陰走五藏清陽實四支濁陰歸六府

水爲陰火爲陽陽爲氣陰爲味陰味出下竅陽氣出上竅味厚者爲陰薄爲陰之陽氣厚者爲陽薄爲陽之陰

陰陽者血氣之男女也左右者陰陽之道路也水火者陰陽之徵兆也陰陽者萬物之能始也故曰陰在內陽之守也陽在外陰之使也

陰陽離合論

岐伯曰陰陽者數之可十推之可百數之可千推之可萬萬之大不可勝數然其要一也天覆地載萬物方生未出地者命曰陰處名曰陰中之陰則出地者命曰陰中之陽陽予之正陰爲之主

天元紀大論

鬼臾區曰左右者陰陽之道路也水火者陰陽之徵兆也

寒暑燥濕風火天之陰陽也三陰三陽上奉之木火土金水火地之陰陽也生長化收藏下應之天以陽生陰長地以陽殺陰藏天有陰陽地亦有陰陽木火土金水火地之陰陽也生長化收藏故陽中有陰陰中有陽所以欲知天地之陰陽者應天之氣動而不息故五歲而右遷應地之氣靜而守位故六朞而環會動靜相召上下相臨陰陽相錯而變由生也

子午之歲上見少陰丑未之歲上見太陰寅申之歲上見少陽卯酉之歲上見陽明辰戌之歲上見太陽巳亥之歲上見厥陰少陰所謂標也厥陰所謂終也

厥陰之上風氣主之少陰之上熱氣主之太陰之上濕氣主之少陽之上相火主之陽明之上燥氣主之太陽之上寒氣主之所謂本也是謂六元

五運行大論

黃帝問曰論言天地之動靜神明爲之紀陰陽之升降寒暑彰其兆余聞五運之數于夫子夫子之所言正五氣之各主歲爾首甲定運余因論之鬼臾區曰土主甲己金主乙庚水主丙辛木主丁壬火主戊癸子午之上少陰主之丑未之上太陰主之寅申之上少陽主之卯酉之上陽明主之辰戌之上太陽主之巳亥之上厥陰主之不合陰陽其故何也岐伯曰是明道也此天地之陰陽也夫數之可數者人中之陰陽也然所合數之可得者也夫陰陽者數之可十推之可百數之可千推之可萬天地陰陽者不可以數推以象之謂也

帝曰論言天地者萬物之上下左右者陰陽之道路未知其所謂也岐伯曰所謂上下者歲上下見陰陽之所在也左右者諸上見厥陰左少陰右太陽見少陰左太陰右厥陰見太陰左少陽右少陰見少陽左陽明右太陰見陽明左太陽右少陽見太陽左厥陰右陽明所謂面北而命其位言其見也帝曰何謂下岐伯曰厥陰在上則少陽在下左陽明右太陰少陰在上則陽明在下左太陽右少陽太陰在上則太陽在下左厥陰右陽明少陽在上則厥陰在下左少陰右太陽陽明在上則少陰在下左太陰右厥陰太陽在上則太陰在下左少陽右少陰所謂面南而命其位言其見也

六微旨大論

帝曰願聞天道六六之節盛衰何也岐伯曰上下有位左右有紀故少陽之右陽明治之陽明之右太陽治之太陽之右厥陰治之厥陰之右少陰治之少陰之右太陰治之太陰之右少陽治之此所謂氣之標蓋南面而待之也

五常政大論

帝曰天不足西北左寒而右涼地不滿東南右熱而左溫其故何也岐伯曰陰陽之氣高下之理大小之異也東南方陽也陽者其精降於下故右熱而左溫西北方陰也陰者其精奉於上故左寒而右涼是以地有高下氣有溫涼高者氣寒下者氣熱故適寒涼者脹之溫熱者瘡下之則脹已汗之則瘡已此湊理開閉之常大小之異耳帝曰其于壽夭何如岐伯曰陰精所奉其人壽陽精所降其人夭帝曰一州之氣生化壽夭不同其故何也岐伯曰高下之理地勢使然也崇高則陰氣治之汚下則陽氣治之陽勝者先天陰勝者後天此地理之常生化之道也

汲冢周書

時訓解

草木不黃落是謂愆陽水不冰是謂陰負水泉不動陰不承陽

管子

乘馬篇

春秋冬夏陰陽之推移也時之短長陰陽之利用也日夜之易陰陽之化也然則陰陽正矣雖不正有餘不可損不足不可益也天地莫之能損益也

四時篇

陰陽者天地之大理也四時者陰陽之大經也

淮南子

天文訓

天地之襲精爲陰陽陰陽之專精爲四時四時之散精爲萬物積陽之熱氣生火火氣之精者爲日積陰之寒氣爲水水氣之精者爲月日月之淫爲精者爲星辰

天道曰圓地道曰方方者主幽圓者主明明者吐氣者也是故火曰外景幽者含氣者也是故水曰內景

吐氣者施含氣者化是故陽施陰化天之偏氣怒者爲風地之含氣和者爲雨陰陽相薄感而爲雷激而爲霆亂而爲霧陽氣勝則散而爲雨露陰氣勝則凝而爲霜雪毛羽者飛行之類也故屬於陽介鱗者蟄伏之類也故屬於陰日者陽之主也是故春夏則群獸除日至而麋鹿解月者陰之宗也是以月虛而魚腦減月死而蠃蛖膲

陰氣極陽氣萌故曰冬至爲德陽氣極陰氣萌故曰夏至爲刑陰氣極則北至北極下至黃泉故不可以鑿地穿井萬物閉藏蟄蟲首穴故曰德在室陽氣極則南至南極上至朱天故不可以夷丘上屋萬物蕃息五穀兆長故曰德在野日冬至則水從之日夏至則火從之故五月火正而水漏十一月水正而陰勝陽氣爲火陰氣爲水水勝故夏至濕火勝故冬至燥燥故炭輕濕故炭重日冬至井水盛盆水溢羊脫毛麋角解鵲始巢八尺之修日中而景丈三尺日夏至而流黃澤石精出蟬始鳴半夏生蚊虻不食駒犢鷙鳥不搏黃口八尺之景修徑尺五寸景修則陰氣勝景短則陽氣勝陰氣勝則爲水陽氣勝則爲旱陰陽刑德有七舍何謂七舍室堂庭門巷術野十二月德居室三十日先日至十五日後日至十五日而徙所居各三十日德在室則刑在野德在堂則刑在術德在庭則刑在巷陰陽相得則刑德合門八月二月陰陽氣均日夜分平故曰刑德合門

天不發其陰則萬物不生地不發其陽則萬物不成夏日至則陰乘陽是以萬物就而死冬日至則陽乘陰是以萬物仰而生晝者陽之分夜者陰之分是以陽氣勝則日修而夜短陰氣勝則日短而夜修

道曰規始于一一而不生故分而爲陰陽陰陽合和而萬物生

天地以設分而爲陰陽陽生于陰陰生于陽陰陽相錯四維乃通

地形訓

至陰生牝至陽生牡

本經訓

陰陽者承天地之和形萬殊之體含氣化物以成埒類贏縮卷舒淪於不測終始虛滿轉於無原

大戴禮

曾子天圓

陽之精氣曰神陰之精氣曰靈神靈者品物之本也而禮樂仁義之祖也而善否治亂所興作也陰陽之氣各盡其所則靜矣偏則風俱則雷交則電亂則霧和則雨陽氣勝則散爲雨露陰氣勝則凝爲霜雪陽之專氣爲雹陰之專氣爲霰霰雹者一氣之化也毛蟲毛而後生羽蟲羽而後生毛羽之蟲陽氣之所生也介蟲介而後生鱗蟲鱗而後生介鱗之蟲陰氣之所生也唯人爲倮匈而後生也陰陽之精也毛蟲之精者曰麟羽蟲之精者曰鳳介蟲之精者曰龜鱗蟲之精者曰龍倮蟲之精者曰聖人龍非風不舉龜非火不兆此皆陰陽之際也

宋周子太極圖

朱子曰　此所謂無極而太極也所以動而陽靜而陰之本體也然非有以離乎陰陽也卽陰陽而指其本體不雜乎陰陽而爲言爾◎此○之動而陽靜而陰也中○者其本體也☾者陽之動也○之用所以行也☽者陰之靜也○之體所以立也☽者☾之根也☾者☽之根也╳火水土木金此陽變陰合而生水火木金土也乀者陽之變也丿者陰之合也㊌陰盛故居右㊋陽盛故居左㊍陽稚故次火㊎陰稚故次水㊏冲氣故居中而水火之∪八交系乎上陰根陽陽根陰也水而木木而火火而土土而金金而復水如環無端五氣布而四時行也○◎╳火水土木金五行一陰陽五殊二實無餘欠也陰陽一太極精粗本末無彼此也太極本無極上天之載無聲臭也五行之生各一其性氣殊質異各一其○無假借也♉此無極二五所以妙合而無間也○乾男坤女以氣化者言也各一其性而男女一太極也○萬物化生以形化者言也各一其性而萬物一太極也

無極而太極太極動而生陽動極而靜靜而生陰靜極復動一動一靜互爲其根分陰分陽兩儀立焉

太極之有動靜是天命之流行也所謂一陰一陽之謂道動極而靜靜極復動一動一靜互爲其根命之所以流行而不已也動而生陽靜而生陰分陰分陽兩儀立焉分之所以一定而不移也蓋太極者本然之妙也動靜者所乘之機也太極形而上之道也陰陽形而下之器也是以自其著者而觀之則動靜不同時陰陽不同位而太極無不在焉自其微者而觀之則冲漠無朕而動靜陰陽之理已悉具於其中矣

陽變陰合而生水火木金土五氣順布四時行焉

有太極則一動一靜而兩儀分有陰陽則一變一合而五行具然五行者質具於地而氣行於天者也以質而語其生之序則曰水火木金土而水木陽也火金陰也以氣而語其行之序則曰木火土金水而木火陽也金水陰也又統而言之則氣陽而質陰也又錯而言之則動陽而靜陰也蓋五行之變至於不可窮然無適而非陰陽之道至其所以爲陰陽者則又無適而非太極之本然也夫豈有所虧欠間隔哉

五行一陰陽也陰陽一太極也太極本無極也五行之生也各一其性

五行異質四時異氣而皆不能外乎陰陽陰陽異位動靜異時而皆不能離乎太極

無極之眞二五之精妙合而凝乾道成男坤道成女

二氣交感化生萬物萬物生生而變化無窮焉

夫天下無性外之物而性無不在此無極二五所以混融而無閒者也所謂妙合者也眞以理言無妄之謂也精以氣言不二之名也凝者聚也氣聚而成形也蓋性爲之主而陰陽五行爲之經緯錯綜又各以類凝聚而成形焉陽而健者成男則父之道也陰而順者成女則母之道也是人物之始以氣化而生者也氣聚成形則形交氣感遂以形化而人物生生變化無窮矣

陰陽部總論一

易經

坤卦

陰雖有美含之以從王事弗敢成也地道也妻道也臣道也地道无成而代有終也

程傳爲下之道不居其功含晦其章美以從王事代上以終其事而不敢有其成功也猶地道代天終物而成功則主於天也妻道亦然 大全朱子曰天地之間萬物粲然而陳者皆陰麗於陽其美外見者也六三六五皆以陰居陽故三則曰陰雖有美而五則曰美在其中然三方進而位不中者也故雖有美而尚含之五正位而居體者也故美在其中而發於事業人臣事業之著於世固自有時殆不可挾才能而躐進以取三五同功嫌逼之禍也

又

陰疑於陽必戰爲其嫌於无陽也故稱龍焉猶未離其類也故稱血焉夫元黃者天地之雜也天元而地黃

程傳陽大陰小陰必從陽陰既盛極與陽偕矣是疑於陽也不相從則必戰卦雖純陰恐疑无陽故稱龍見其與陽戰也于野進不已而至于外也盛極而進不已則戰矣雖盛極不離陰類也而與陽爭其傷可知故稱血陰既盛極至與陽爭雖陽不能无傷故其血元黃 本義疑謂鈞敵而无小大之差也坤雖无陽然陽未嘗无也血陰屬蓋氣陽而血陰也元黃天地之正色言陰陽皆傷也

繫辭下傳

陽卦多陰陰卦多陽

本義震坎艮爲陽卦皆一陽二陰巽離兌爲陰卦皆一陰二陽 大全潛室陳氏曰二耦一奇即奇爲主是爲陽卦二奇一耦即耦爲主是爲陰卦故曰陽卦多陰陰卦多陽

其故何也陽卦奇陰卦耦

本義凡陽卦皆五畫凡陰卦皆四畫 大全三山林氏曰陽卦宜多陽而多陰陰卦宜多陰而多陽何也蓋陽卦之數必五奇數也奇則陰畫自多陰卦之數必四耦數也耦則陽畫自多其多陰多陽皆自然而然非人力所能參也

其德行何也陽一君而二民君子之道也陰二君而一民小人之道也

本義君謂陽民謂陰 大全朱子曰二君一民試教一箇民而有兩箇君看是甚模樣

又

子曰乾坤其易之門邪乾陽物也坤陰物也陰陽合德而剛柔有體以體天地之撰以通神明之德

大全朱子曰乾陽物坤陰物陰陽形而下者乾坤形而上者天地之撰即是說他做處　徐氏曰陽畫爲乾陰畫爲坤門猶闔戶闢戶之義一闔一闢爲易之門其變无窮皆二物也陰陽合德謂二物交錯而相得有合剛柔有體謂成卦爻之體也天地之撰陰陽造化之迹也有形可擬故曰體神明之德陰陽健順之性也有理可推故曰通○凌氏曰乾坤物於陰陽而由陰陽以闔闢故曰乾陽物也坤陰物也○胡氏曰其初也陰陽分而爲兩儀陰陽之合則爲四象八卦而剛柔於是乎有體著而天地之撰微而神明之德皆自乾闔其始而坤成其終故曰乾坤易之門

說卦傳

觀變於陰陽而立卦發揮於剛柔而生爻

大全朱子曰觀變於陰陽且統說道有幾畫陰幾畫陽成个甚卦發揮剛柔却是就七八九六上說初間做這卦時未曉得是變與不變及至發揮出剛柔了方知這是老陰少陰那是老陽少陽　楊氏曰數既形矣卦斯立焉聖人因其變之或九或七而爲陽因其變之或六或八而爲陰變至十有八而卦成焉聖人無與也特觀其變而立之爾故曰觀變於陰陽而立卦卦既立矣爻斯生焉聖人因其數之陽而發明其爲爻之剛因其數之陰而發明其爲爻之柔聖人無與也特發揮之爾故曰發揮於剛柔而生爻

又

昔者聖人之作易也將以順性命之理是以立天之道曰陰與陽立地之道曰柔與剛立人之道曰仁與義兼三才而兩之故易六畫而成卦分陰分陽迭用柔剛故易六位而成章

大全朱子曰陰陽是陽中之陰陽剛柔是陰中之陰陽剛柔以質言是有箇物了見得是剛底柔底陰陽以氣言仁義有來當作義與仁當以仁對陽仁若不是陽剛如何做得許多造化義雖剛却主於收斂仁却主發舒這也是陽中之陰陰中之陽互藏其根之意且如今人用賞罰到得與人自是无疑使做將去若是刑殺時便遲疑不肯果決做這見得陽舒陰斂仁屬陽義屬陰處　勉齋黃氏曰天之道不外乎陰陽寒暑往來之類是也地之道不外乎剛柔山川流峙之類是也人之道不外乎仁義事親從兄之類是也陰陽以氣言剛柔以質言仁義以理言雖若有所不同然仁者陽剛之理也義者陰柔之理也其實則一而已

又

戰乎乾乾西北之卦也言陰陽相薄也

大全楊氏曰他卦不言戰而乾言戰則乾西北之卦九十月之交陰盛陽微之時故不能無戰何則陰疑於陽必戰不然則坤之上六十月之卦也何以言龍戰于野由此而觀則言陰陽相薄之語不爲虛設矣

禮記

禮器

天道至教聖人至德廟堂之上罍尊在阼犧尊在西廟堂之下縣鼓在西應鼓在東君在阼夫人在房大明生於東月生於西此陰陽之分夫婦之位也君西酌犧象夫人東酌罍尊禮交動乎上樂交應乎下和之至也

陳注天道陰陽之運極至之教也聖人禮樂之作極至之德也

大全周氏曰雷陽也牛陰也故罍尊在左而犧尊在右者陰陽之位也以縣鼓而對應鼓則應鼓非縣乃旋之者也以應鼓而對縣鼓則縣鼓非應乃倡之者也倡者爲陽和者爲陰故縣鼓在右而應鼓在左者陰陽之配也君在東阼所以祖日之生於東夫人在西房所以祖月之生於西此陰陽之位也君在東阼而西酌犧象所以祖日之西行夫人在西房而東酌罍尊所以祖月之東行此陰陽之配也君陽也夫人陰也君與夫人之禮交舉於上此陰陽之禮見於禮者也六律陽聲也六呂陰聲也律呂之聲交應於下此陰陽之聲發於樂者也一陰一陽謂之道而道者德教之所自出也

郊特牲

饗禘有樂而食嘗無樂陰陽之義也凡飲養陽氣也凡食養陰氣也故春禘而秋嘗春饗孤子秋食耆老其義一也而食嘗無樂飲養陽氣也故有樂食養陰氣也故無聲凡聲陽也鼎俎奇而籩豆偶陰陽之義也

大全長樂陳氏曰鼎俎之實以天產爲主而天產陽屬故其數奇籩豆之實以地產爲主而地產陰屬故其數偶

又

樂由陽來者也禮由陰作者也陰陽和而萬物得

陳註 樂所以發陽道之舒暢禮所以肅陰道之收斂一闔一闢而萬事得宜也

又

君之南鄉答陽之義也

大全 周氏曰陽即天也

又

社祭土而主陰氣也君南鄉於北墉下答陰之義也

陳註 地乘陰則社乃陰氣之主社之主設於壇上北面而君來北墉下南向祭之蓋社惟立壇壝而環之以牆既地道主陰故其主北向而君南向對之

又

是故喪國之社屋之不受天陽也薄社北牖使陰明也

陳註 屋其上則天陽不入牖於北則陰氣可通陰明則物死也

又

大報天而主日也兆於南郊就陽位也

陳註 日者衆陽之宗故就陽位而立郊

又

昏禮不用樂幽陰之義也樂陽氣也

大全 長樂陳氏曰樂由陽來而聲爲陽氣禮由陰作而昏爲陰義故周官大司徒以陰禮教親則民不怨然則昏之爲禮其陰禮歟古之制禮者不以吉禮干凶禮不以陽事干陰事則昏禮不用樂幽陰之義也

又

有虞氏之祭也尚用氣血腥爓祭用氣也殷人尚聲臭味未成滌蕩其聲樂三闋然後出迎牲聲音之號所以詔告於天地之間也周人尚臭灌用鬯臭鬱合鬯臭陰達於淵泉灌以圭璋用玉氣也既灌然後迎牲致陰氣也蕭合黍稷臭陽達於牆屋故既奠然後焫蕭合羶薌凡祭慎諸此魂氣歸于天形魄歸于地故祭求諸陰陽之義也殷人先求諸陽周人先求諸陰

大全 周氏曰有虞氏尚氣殷人尚聲周人尚臭者皆以宗廟之祭言之也至於天地之祭則天以升煙爲主地以瘞血爲主者百王之所不易也所謂尚氣者凡血告於室腥爓薦於堂有虞氏則血與腥爓皆以爲祭是故爲尚氣也所謂尚聲者先作樂以求諸陽然後迎牲所謂尚臭者先灌以求諸陰然後迎牲然則有虞氏之尚氣者亦求諸陰陽之間而已矣　馬氏曰有虞氏之意以爲鬼神之所享在於敬而不在於味敬之所至則味有所遺故祭以血腥爲始有虞氏之尚氣殷人從而文之故尚聲樂由陽來則凡聲皆陽也蓋人之死也魂氣歸於天非求諸陽不足以報其魂也殷人尚聲所以迎其魂之來也殷既尚聲周人從而文之故尚臭臭氣也而氣有陰陽之別周人尚臭灌用鬯臭所以致陰氣也蓋人之死也形魄歸於地非求諸陰不足以格其神也故臭陰達於淵泉先求諸陰也臭陰達於淵泉以下之深者言之也臭陽達於牆屋以宗廟之所有言之也蓋魂魄具然後爲人周人既以求諸陰又以求諸陽言之則知有虞氏之用氣非不用味也殷人先求諸陽非不求諸陰也謂之尚氣謂之尚聲謂之尚臭皆以始言之而其意各有主也

又

祭黍稷加肺祭齊加明水報陰也取膟膋燔燎升首報陽也

陳註 肺者形魄歸地爲陰而肺於五行屬金金水陰也故加肺加明水是以陰物而報陰靈也黍稷陽也牲首亦陽體魂氣歸天爲陽此以陽物報陽靈也

樂記

陰陽相摩

疏 摩謂切迫陰陽二氣相切迫

又

及夫禮樂之極乎天而蟠乎地行乎陰陽而通乎鬼神

疏 禮法動靜有常樂法陰陽相摩是禮樂行乎陰陽陰陽和四時玉燭應於禮樂是禮樂行乎陰陽

又

是故先王本之情性稽之度數制之禮義合生氣之和道五常之行使之陽而不散陰而不密

疏 陽主發動失在流散先王教之感陽氣者不使放散也密閉也陰主幽靜失在閉塞先王節民情感陰氣者不有閉塞也

又

天地訢合陰陽相得煦嫗覆育萬物

疏 言體謂之天地言氣謂之陰陽天地動作則是

陰陽相得也註陳訢合和氣之交感卽陰陽相得之妙也

祭統

礿禘陽義也嘗烝陰義也禘者陽之盛也嘗者陰之盛也故曰莫重於禘嘗古者於禘也發爵賜服順陽義也於嘗也出田邑發秋政順陰義也

註言爵命屬陽國地屬陰疏禘祭在夏夏爲炎暑故爲陽盛嘗祭在秋之時陰功成就故爲陰盛冬雖嚴寒以物於秋成故不得以冬烝對夏禘爵命是生養之事故屬陽國地是土地之事故屬陰

昏義

天子理陽道后治陰德

又

是故男教不修陽事不得適見於天日爲之食婦順不修陰事不得適見於天月爲之食是故日食則天子素服而修六官之職蕩天下之陽事月食則后素服而修六宮之職蕩天下之陰事故天子之與后猶日之與月陰之與陽相須而后成者也

孔子家語

儒行解

冬夏不爭陰陽之和

執轡

鳥魚生陰而屬於陽故皆卵生

又

至陰主牝至陽主牡

本命解

魯哀公問於孔子曰人之命與性何謂也孔子對曰分於道謂之命形於一謂之性化於陰陽象形而發謂之生化窮數盡謂之死故命者性之始也死者生之終也有始則必有終矣人始生而有不具者五焉目無見不能食不能行不能言不能化及生三月而微煦然後有見八月生齒然後能食朞而生臏然後能行三年顖合然後能言十有六而精通然後能化陰窮反陽故陰以陽變陽窮反陰故陽以陰化是以男子八月生齒八歲而齔二八而化女子七月生齒七歲而齔二七而化一陽一陰奇偶相配然後道合化成性命之端形於此也

春秋繁露

陽尊陰卑

天之大數畢於十旬旬天地之間十而畢舉旬生長之功十而畢成十者天之數所止也古之聖人因天數之所止以爲數紀十如更始民世世傳之而不知省其所起知省其所起則見天數之所始見天數之所始則知貴賤逆順所在知貴賤逆順所在則知天地之情著聖人之寶出矣是故陽氣以正月始出於地生育養長於上至其功必成矣而積十月人亦十月而生合於天數也是故十月而成人亦十月而成合於天道也故陽氣出於東北入於西北發於孟春畢於孟冬而物莫不應是陽始出物亦始出陽方盛物亦方盛陽初衰物亦初衰物隨陽而出入數隨陽而終始三王之正隨陽而更起以此見之貴陽而賤陰也故數日者據晝而不據夜數歲者據陽而不據陰不得達之義是故春秋之於昏禮也達未宋公而不達宋公不宜稱而達達陽而不達陰以天道制之也丈夫雖賤皆爲陽婦人雖貴皆爲陰陰之中亦相爲陰陽之中亦相爲陽諸在上者皆爲其下陽諸在下者各爲其上陰陰猶沉也何名何有皆并一於陽昌力而辭功故出雲起雨必令從之下命之曰天雨不敢有其所出上善而下惡惡者受之善者不受大喜怒哀樂之發與清煖寒暑其實一類也喜氣爲煖而當春怒氣爲清而當秋樂氣爲太陽而當夏哀氣爲太陰而當冬四氣者天與人所同有也非人所當畜也故可節而不可止也節之而順止之而亂人生於天而取化於天喜氣取諸春樂氣取諸夏怒氣取諸秋哀氣取諸冬四氣之心也四肢之各有處如四時寒暑不可移若肢體肢體移易其處謂之壬人寒暑移易其處謂之敗歲喜怒移易其處謂之亂世明王正喜以當春正怒以當秋正樂以當夏正哀以當冬上下法此以取天之道春氣愛秋氣嚴夏氣樂冬氣哀愛氣以生物嚴氣以成功樂氣以養生哀氣以喪終天之志也是故春氣煖者天之所以愛而生之秋氣清者天之所以嚴而成之夏氣溫者天之所以樂而養之冬氣寒者天之所以哀而藏之春主生夏主養冬主藏秋主收生溉其樂以養死溉其哀以藏爲人子者也故四時之比父子之道天地之志君臣之義也陰陽理人之法也陰刑氣也陽德氣也陰始於秋陽始於春春之爲言猶偆偆也秋之爲言猶湫湫也偆偆者喜樂之貌也湫湫者憂悲之狀也是故春喜夏樂秋憂冬悲悲死而樂生以夏養春以冬喪秋大人之志也是故先愛而後嚴樂生而哀終天之常也而人資諸天大德而小刑也是故人主近天之

所近遠天之所遠大天之所大小天之所小是故天數右陽而不右陰務德而不務刑刑之不可任以成世也猶陰不可任以成歲也爲政而任刑謂之逆天非王道也

天辯在人

難者曰陰陽之會一歲再遇於南方者以中夏遇於北方者以中冬冬喪物之氣也則其會於是何如金木水火各奉其所主以從陰陽相與一力而并功其實非獨陰陽也然而陰陽因之以起助其所主故少陽因木而起助春之生也太陽因火而起助夏之養也少陰因金而起助秋之成也太陰因水而起助冬之藏也陰雖與水并氣而合冬其實不同故水獨有喪而陰不與焉是以陽陰會於中冬者非有喪也春愛志也夏樂志也秋嚴志也冬哀志也故愛而有嚴樂而有哀四時之則也喜怒之禍哀樂之義不獨在人亦在於天而春夏之陽秋冬之陰不獨在天亦在於人人無春氣何以博愛而容衆人無秋氣何以立嚴而成功人無夏氣何以盛養而樂生人無冬氣何以哀死而恤喪天無喜氣亦何以煖而春生育天無怒氣亦何以清而秋殺就天無樂氣亦何以疏陽而夏養長天無哀氣亦何以激陰而冬閉藏故曰天乃有喜怒哀樂之行人亦有春秋冬夏之氣者合類之謂也匹夫雖賤而可以見德刑之用矣是故陰陽之行終各六月遠近同度而所在異處陰之行春居東方秋居西方夏居空右冬居空左夏居空下冬居空上此陰之常處也陽之行春居上冬居下此陽之常處也陰終歲四移而陽常居實非親陽而疏陰任德而遠刑與天之志常置陰空處稍取之以爲助故刑者德之輔陰者陽之助也陽者歲之主也天下之昆蟲隨陰而出入天下之草木隨陽而生落天下之三王隨陽而改正天下之尊卑隨陽而序位幼者居陽之所少老者居陽之所老貴者居陽之所盛賤者當陽之所衰藏者言其不得當陽而當陽者臣子也陽者君父是也故人主南面以陽爲位也陽貴而陰賤天之刑也禮之尚右非尚陰也敬老陽而尊成功也

陰陽位

陽氣始出東北而南行就其位也西轉而北入藏其休也陰氣始東南而北行亦就其位也西轉而南入屏其伏也是故陽以南方爲位以北方爲休陰以北方爲位以南方爲休陽至其位而大暑熱陰至其位而大寒凍陽至其休而入化於地陰至其伏而避德於下是故夏出長於上冬入化於下者陽也夏入守虛地於下冬出守虛位於上者陰也陽出實入實陰出空入空天之任陽不任陰好德不好刑如是也故陰陽終歲各一出

陰陽終始

天之道終而復始故北方者天之所終始也陰陽之所合別也冬至之後陰俛而西入陽仰而東出出入之處常相反也多少調和之適常相順也有多而無溢有少而無絕春夏陽多而陰少秋冬陽少而陰多多少無常未嘗不分而相散也以出入相損益以多少相溉濟也多勝少者借入入者損益而出者缺六字動而再倍常乘反衡再登之勢缺五字之相報故其氣相俠而以變化相缺六字陰陽之氣俱相併也中春以缺七字　此見之天之所起其氣積天之所廢其氣缺一字故至春少陽東出就木與之俱生至夏太陽南出就火與之俱煖此非各就其類而與之相起與少陽就木太陽就火火不相稱各就其正此非正其倫與至於秋時少陰興而不得以秋從金從金而傷火功雖不得以從金亦以秋出於東方俛其處而適其事以成歲功此非權與陰之行固常居虛而不得居實至於冬而止空虛太陽乃得北就其類而與水起寒是故天之道有倫有經有權

陰陽義

天道之常一陰一陽陽者天之德也陰者天之刑也迹陰陽終歲之行以觀天之所親而任成天之功猶謂之空空者之實也故清漂之於歲也若酸鹹之於味也僅有而已矣聖人之治亦從而然天之少陰用於功大陰用於空人之少陰用於嚴而大陰用於喪喪亦空空亦喪也是故天之道以三時成生以一時喪死死之者謂百物枯落也喪之者謂陰氣悲哀也天亦有喜怒之氣哀樂之心與人相副以類合之天人一也春喜氣也故生秋怒氣也故殺夏樂氣也故養冬哀氣也故藏四者天人同有之有其理而一用之與天同者大治與天異者大亂故爲人主之道莫明於在身之與天同者而用之使喜怒必當義乃出如寒暑之必當其時乃發也使德之厚於刑也如陽之多於陰也是故天之行陰氣也少取以成秋其餘以歸之冬聖人之行陰氣也少取以立嚴其餘歸之喪喪亦人之冬氣故人之大陰不用於刑而用於喪

天之大陰不用於物而用於空空亦爲喪喪亦爲空其實一也皆喪死亡之心也

陰陽出入

天道大數相反之物也不得俱出陰陽是也春出陽而入陰秋出陰而入陽夏右陽而左陰冬右陰而左陽陰出則陽入陽入則陰出陰右則陽左陰左則陽右是故春俱南秋俱北而不同道夏交於前冬交於後而不同理並行而不相亂澆滑而各持分此之謂天之意而何以從事天之道初薄大冬陰陽各從一方來而移於後陰由東方來西陽由西方來東至於中冬之月相遇北方合而爲一謂之曰至別而相去陰適右陽適左適左者其道順適右者其道逆逆氣左上順氣右下故下煖而上寒以此見天之冬右陰而左陽也上所右而下所左也冬月盡而陰陽俱南還陽南還出於寅陰南還入於戌此陰陽所始出地入地之見處也至於中春之月陽在正東陰在正西謂之春分春分者陰陽相半也故晝夜均而寒暑平陰日損而隨陽陽日益而鴻故爲煖熱初得大夏之月相遇南方合而爲一謂之曰至別而相去陽適右陰適左適左由下適右由上上暑而下寒以此見天之夏右陽而左陰也上其所右下其所左夏月盡而陰陽俱北還陽北還而入於申陰北還而入於辰此陰陽之所始出地入地之見處也至於中秋之月陽在正西陰在正東謂之秋分秋分者陰陽相半也故晝夜均而寒暑平陽日損而隨陰陰日益而鴻故至於季秋而始霜至於孟冬而始大寒下雪而物咸成大寒而物畢藏天地之功終矣

天道無二

天之常道相反之物也不得兩起故謂之一一而不二者天之行也陰與陽相反之物也故或出或入或右或左春俱南秋俱北夏交於前冬交於後並行而不同路交會而各代理此其文與天之道有一出一入一休一伏其度一也然而不同意陽之出常縣於前而任歲事陰之出常縣於後而守虛空陽之休也功已成於上而伏於下陰之伏也不得近義而遠其處也天之任陽不任陰好德不好刑如是故陽出而前陰出而後尊德而卑刑之心見矣陽出而積於夏任德以歲事也陰出而積於冬錯刑於空處也小以此察之天無常於物而一於時時之所宜而一爲之故開一塞一起一廢一而至畢時而止終有復始其一一者一也是於天凡在陰位者皆惡亂善不得主名天之道也故常一而不滅天之道事無大小物無難易反天之道無成者是以目不能二視耳不能二聽一手不能二事一手畫方一手畫圓莫能成人爲小易之物而終不能成反天之不可行如是是故古之人物而書文止於一者謂之忠持二忠者謂之患患人之忠不一者也不一者故患之所由生也是故君子賤二而貴一人孰無善善不一故不足以立身治孰無常常不一故不足以致功詩云上帝臨汝無二汝心知天道者之言也

煖燠孰多

天之道出陽爲煖以生之出陰爲淸以成之是故非薰也不能有育非漂也不能有熟歲之精也知心而不省薰與漂孰多者用之必與天戾與天戾雖勞不成是自正月至於十月而天之功畢計是間與陰陽各居幾何薰與漂其者日孰多距物之初生至其畢成露與霜其下孰倍故從中春生於秋氣溫柔和調乃季秋九月陰乃始多於陽天乃於是時出漂下霜出漂下霜而天降物固已皆成矣故九月者天之功大究於是月也十月而悉畢故案其迹數其實淸漂之日少少耳功已畢成之後陰乃大出天之成功也少陰與而大陰不與少陰在內而大陰在外故霜加物而雪加空空者實地而已不逮物也功已畢成之後物未復生之前大陰之所常出也雖曰陰亦以大陽資化其位而不知所受之故聖王在上位天覆地載風令雨施雨施者布德均也風令者言令直也詩云不識不知順帝之則言弗能知識而效天之所爲云爾禹水湯旱非常經也適遭世氣之變而陰陽失平堯視民如子民親堯如父母尚書曰二十有八載放勳乃殂落百姓如喪考妣四海之內閼密八音三年三年陽氣壓於陰陰氣大興此禹所以有水名也桀天下之殘賊也湯天下之盛德也天下除殘賊而得盛德大善者再是重陽也故湯有旱之名皆適遭之變非禹湯之過毋以適遭之變疑平生之常則所守不失則正道益明

董仲舒集

賢良策

天道之大者在陰陽陽爲德陰爲刑刑主殺而德主生是故陽常居大夏而以生育長養爲事陰常居大冬而積於空虛不用之處以此見天之任德不任刑也天使陽出布施於上而主歲功使陰入伏於下而

時出佐陽陽不得陰之助亦不能獨成歲終陽以成歲爲名此天意也

雨雹對

元光元年二月京師雨雹鮑敞問董仲舒曰雹何物也何氣而生之仲舒曰陰氣脅陽氣天地之氣陰陽相半和氣周迴朝夕不息陽德用事則和氣皆陽建巳之月是也故謂之正陽之月陰德用事則和氣皆陰建亥之月是也故謂之正陰之月十月陰雖用事而陰不孤立此月純陰疑於無陽故謂之陽月詩人所謂日月陽止者也四月陽雖用事而陰不獨存此月純陽疑於無陰故亦謂之陰月自十月已後陽氣始生於地下漸冉流散故言息也陰氣轉收故言消也日夜滋生遂至四月純陽用事自四月巳後陰氣始生於天上漸冉流散故云息也陽氣轉收故言消也日夜滋生遂至十月純陰用事二月八月陰陽正等無多少也以此推移無有差慝運動抑揚更相動薄則薰蒿歊蒸而風雨雲霧雷電雪雹生焉氣上薄爲雨下薄爲霧風其噫也雲其氣也雷其相擊之聲也電其相擊之光也二氣之初蒸也若有若無若實若虛若方若圓攢聚相合其體稍重故雨乘虛而墜風多則合速故雨大而疏風少則合遲故雨細而密其寒月則雨凝於上體尚輕微而因風相襲故成雪焉寒有高下上暖下寒則上合爲大雨下凝爲冰霰雪是也雹霰之流也陰氣暴上雨則凝結成雹焉太平之世則風不鳴條開甲散萌而已雨不破塊潤葉津莖而已雷不驚人號令啓發而已電不眩目宣示光耀而已霧不塞望浸淫被泊而已雪不封條凌殄毒害而已雲則五色而爲慶三色而成矞露則結味而成甘結潤而成膏此聖人之在上則陰陽和風雨時也政多紕繆則陰陽不調風發屋雨溢河雪至牛目雹殺驢馬此皆陰陽相盪而爲祲沴之妖也敞曰四月無陰十月無陽何以明陰不孤立陽不獨存耶仲舒曰陰陽雖異而所資一氣也陽用事此則氣爲陽陰用事此則氣爲陰陰陽之時雖異二體常存猶如一鼎之水而未加火純陰也加火極熱純陽也純陽則無陰氣息火水寒則更陰矣純陰則無陽氣加火水熱則更陽矣然則建巳之月爲純陽不容都無復陰也但是陽家用事陽氣之極耳薺麥枯由陰殺也建亥之月爲純陰不容都無復陽也但是陰家用事陰氣之極耳薺麥始生由陽升也其尤者葶藶死於盛夏款冬花於嚴寒水極陰而有溫泉火至陽而有涼焰故知陰不得無陽陽不容都無陰也敞曰冬雨必暖夏雨必涼何也曰冬氣多寒陽氣自上躋故人得其暖而下蒸成雪矣夏氣多暖陰氣自下昇故人得其涼而上蒸成雨矣敞曰雨既陰陽相蒸四月純陽十月純陰斯則無二氣相薄則不雨乎曰然純陽純陰雖在四月十月但月中之一日耳敞曰月中何日曰純陽用事未夏至一日純陰用事未冬至一日朔旦夏至冬至其正氣也敞曰然則未至一日其不雨乎曰然頗有之則妖也和氣之中自生災沴能使陰陽改節暖涼失度敞曰災沴之氣其常存耶曰無也時生耳猶乎人四支五臟中也有時及其病也四支五臟皆病也敞遷延負牆俯揖而退

劉向說苑

辨物

陽者陰之長也其在鳥則雄爲陽雌爲陰其在獸則牡爲陽而牝爲陰其在民則夫爲陽而婦爲陰其在家則父爲陽而子爲陰其在國則君爲陽而臣爲陰故陽貴而陰賤陽尊而陰卑天之道也

劉熙釋名

釋天

陰蔭也氣在內奧蔭也

陽揚也氣在外發揚也

雲笈七籤

陰陽五行論

陰潛陽內陽伏陰中陰得陽蒸故能上升陽得陰制故能下降陽蒸陰以息氣陰凝陽以滋精日月升降乾坤交泰而萬化成焉陰陽自少至老而分爲五行少陽成木老陽成火少陰成金老陰成水參而和之而成夫婦火性炎蒸木性剛直金性堅剛水性潤滋土性和柔故木以發之火以化之水以滋之土以和之金以勁之故得品物成焉五勝者皆以生我爲利克彼爲用利用相乘故有成敗經云五行相克萬物悉可全云動靜者終始之道聚散者化生之門也陽其動乎陰其處乎動以生之靜以息之純陽不生純陰不成陰陽更用晝夜相資晝日行陽夜月行陰陽養於陰陰發於陽而明生焉陽和氣者發於春王於夏收於秋藏於冬九地之下反有陽九天之上反有陰故十一月卦辭云復其見天地之心乎陽在下也陽伏地內潛靜之時故見天心其在人也腎藏於陽腦潛於陰及其老也和氣不足陰陽將散則隄上升

陰下降故腦熱而腎冷腎無陽氣則脚無力腦無陰氣則眼目不明故陰陽不交萬物不成純陽亢極則日月無光草木以之焦枯純陰滯畜則霖雨淫淫水淹以之漂蕩故陰陽相磨天地相盪震而爲雷擊而爲電鼓而爲風結而爲雹蒸而爲雲霧溢而爲雨露凝而爲霜雪和氣爲民人偏氣爲禽獸雜氣爲草木煩氣爲蟲魚

欽定古今圖書集成曆象彙編乾象典

第十六卷目錄

乾象典第十六卷

陰陽部總論二

宋邵子皇極經世

觀物內篇

物之大者無若天地然而亦有所盡也

乾陽物也坤陰物也乾坤謂之物則天地亦物也

天地有物之大者耳

天之大陰陽盡之矣地之大剛柔盡之矣

立天之道曰陰與陽立地之道曰柔與剛天地之道不過陰陽柔剛而已

陰陽盡而四時成焉剛柔盡而四維成焉

陰陽消長而爲寒暑一寒一暑而四時成焉

又

天生於動者也地生於靜者也一動一靜交而天地之道盡之矣動之始則陽生焉動之極則陰生焉一陰一陽交而天之用盡之矣靜之始則柔生焉靜之極則剛生焉一剛一柔交而地之用盡之矣動之大者謂之太陽動之小者謂之少陽靜之大者謂之太陰靜之小者謂之少陰太陽爲日

太陰爲月

日者至陽之精也故太陽爲日在地則爲火

月者至陰之精得日氣而有光故太陰爲月在地則爲水

少陽爲星

星者日之餘有光而現故少陽爲星在地則爲石

少陰爲辰日月星辰交而天之體盡之矣

辰者天之土不見而屬陰故少陰爲辰在地則爲土

太柔爲水太剛爲火少柔爲土少剛爲石水火土石交而地之體盡之矣

觀物外篇

太極既分兩儀立矣陽下交於陰陰上交於陽四象生矣

一氣分而爲陰陽判得陽之多者爲天判得陰之多者爲地是故陰陽半而形質具焉陰陽偏而性情分焉形質又分則多陽者爲剛也多陰者爲柔也性情又分則多陽者陽之極也多陰者陰之極也

無極之前陰含陽也有象之後陽分陰也陰爲陽之母陽爲陰之父故母孕長男而爲復父生長女而爲姤是以陽始於復陰始於姤

性非體不成體非性不生陽以陰爲體陰以陽爲體動者性也靜者體也在天則陽動而陰靜在地則陽靜而陰動性得體而靜體隨性而動是以陽舒而陰疾也

陽不能獨立必得陰而後立故陽以陰爲基陰不能自見必待陽而後見故陰以陽爲唱陽知其始而享其成陰效其法而終其勞

陽能知而陰不能知陽能見而陰不能見也能知能見者爲有故陽性有而陰性無也陽有所不徧而陰無所不徧也陽有去而陰常居也無不徧而常居者爲實故陽體虛而陰體實也

自下而上謂之升自上而下謂之降升者生也降者消也故陽生於下而陰生於上是以萬物皆反生陰生陽陽生陰陰復生陽陽復生陰是以循環而無窮

也

陽交於陰而生蹄角之類也剛交於柔而生根荄之類也陰交於陽而生羽翼之類也柔交於剛而生枝幹之類也

葉陰也華實陽也枝葉軟而根幹堅也

體必交而後生故陽與剛交而生心肺陽與柔交而生肝膽柔與陰交而生腎與膀胱剛與陰交而生脾胃心目生膽生耳脾生鼻腎生口肺生骨肝生肉胃生髓膀胱生血

陽消則生陰故日下而月西出也陰盛則敵陽故日望而月東出也

月晝可見也故爲陽中之陰星夜可見也故爲陰中之陽

天以剛爲德故柔者不見地以柔爲體故剛者不生

是以震巽天之陽也地陰也有陽而陰效之故至陰者辰也至陽者日也皆在乎天而地則水火而已是以地上皆有質之物陰伏陽而形質生陽伏陰而性情生是以陽生陰陰生陽陽剋陰陰剋陽陽之不可伏者不見於地陰之不可剋者不見於天伏陽之少者其體必柔是以畏陽而爲陽所用伏陰之多者其體必剛是以禦陽而爲陰所用故水火動而隨陽土石靜而隨陰也

陽生陰故水先成陰生陽故火後成陰陽相生也體性相須也是以陽去則陰竭陰盡則陽滅

陽得陰而爲雨陰得陽而爲風剛得柔而爲雲柔得剛而爲雷無陰則不能爲雨無陽則不能爲雷雨柔也而屬陰陰不能獨立故待陽而後興雷剛也屬體體不能自用必待陽而後發也

天之陽在南而陰在北地之陰在南而陽在北人之陽在上而陰在下既交則陽下而陰上

陽數一衍之爲十十干之類是也陰數二衍之爲十二十二支十二月之類是也

陽之類圓成形則方陰之類方成形則圓

冬至之子中陰之極春分之卯中陽之中夏至之午中陽之極秋分之酉中陰之中凡三百六十中分之則一百八十此二至二分相去之數也

陽中有陰陰中有陽天之道也陽中之陽日也暑之道也陽中之陰月也以其陽之類故能見於晝陰中之陽星也所以見於夜陰中之陰辰也天壤也

干者幹之義陽也支者枝之義陰也干十而支十二是陽數中有陰陰數中有陽也

水之物無異乎陸之物各有寒熱之性大較則陸爲陽中之陰而水爲陰中之陽

馬牛皆陰類細分之則馬爲陽而牛爲陰

夫四象若錯綜而用之日月天之陰陽水火地之陰陽星辰天之剛柔土石地之剛柔

陽主舒長陰主慘急日入盈度陰從于陽月入縮度陽從，陰

陽主闢而出陰主翕而入

陰對陽爲二然陽來則生陽去則死天地萬物生死主於陽則歸之於一也

水之族以陰爲主陽次之陸之類以陽爲主陰次之故水類出水則死風類入水則死然有出入之類者龜蟹鵝鳧之類是也

在人則乾道成男坤道成女在物則乾道成陽坤道成陰

乾奇也陽也健也故天下之健莫如天坤耦也陰也順也故天下之順莫如地所以順天也震起也一陽起也起動也故天下之動莫如雷坎陷也一陽陷于二陰陷下也故天下之下莫如水艮止也一陽於是而止也故天下之止莫如山巽入也一陰入二陽之下故天下之入莫如風離麗也一陰離于二陽其卦錯然成文而華麗也天下之麗莫如火故又爲附麗之麗兌說也一陰出於外而說於物故天下之說莫如澤

火內暗而外明故離陽在外火之用用外也水外暗而內明故坎陽在內水之用用內也

春陽得權故多旱秋陰得權故多雨

有溫泉而無寒火陰能從陽而陽不能從陰也

人爲萬物之靈寄類於走走陰也故百有二十

雨生于水露生于土雷生于石電生于火電與風同爲陽之極故有電必有風

張子正蒙

太和篇

造化所成無一物相肖者以是知萬物雖多其實一物無無陰陽者以是知天地變化二端而已

參兩篇

陰陽之精互藏其宅則各得其所安故日月之形萬古不變若陰陽之氣則循環迭至聚散相盪升降相求絪縕相揉蓋相兼相制欲一之而不能此其所以屈伸無方運行不息莫或使之不曰性命之理謂之

何哉

陽之德主於遂陰之德主於閉

陰性凝聚陽性發散陰聚之陽必散之其勢均散陽爲陰累則相持爲雨而降陰爲陽得則飄揚爲雲而升故雲物班布太虛者陰爲風驅斂聚而未散者也凡陰氣凝聚陽在內者不得出則奮擊而爲雷霆陽在外者不得入則周旋不舍而爲風其聚有遠近虛實故雷風有小大暴緩和而散則爲霜雪雨露不和而散則爲戾氣曀霾陰常散緩受交於陽則風雨調寒暑正

天象者陽中之陰風霆者陰中之陽

冰者陰凝而陽未勝也火者陽麗而陰未盡也火之炎人之蒸有影無形能散而不能受光者其氣陽也

陽陷於陰爲水附於陰爲火

朱子全書

陰陽

天地統是一箇大陰陽一年又有一年之陰陽一月又有一月之陰陽一日一時皆然

陰陽五行之理須常常看得在目前則自然牢固矣

五行相爲陰陽又各自爲陰陽

得五行之秀者爲人只說五行而不言陰陽者蓋做這人須是五行方做得成然陰陽便在五行中所以周子云五行一陰陽也舍五行無別討陰陽處如甲乙屬木甲便是陽乙便是陰丙丁屬火丙便是陽丁便是陰不須更說陰陽而陰陽在其中矣或曰如言四時而不言寒暑耳曰然

陽無驟生之理如冬至前半月中氣是小雪陽已生三十分之一分到得冬至前幾日須已生到二十七八分到是日方始成一畫不是昨日全無今日一旦便都復了大抵剝盡處便生莊子云造化密移疇覺之哉這語自說得好又如列子亦謂運轉無已天地密移疇覺之哉凡一氣不頓進一形不頓虧亦不覺其成不覺其虧蓋陰陽浸消浸盛人之一身自少至老亦莫不然

天地間只有一箇陰陽故程先生云只有一箇感與應所謂陰與陽無處不是且如前後前便是陽後便是陰又如左右左便是陽右便是陰又如上下上面一截便是陽下面一截便是陰問先生易說中謂伏羲作易驗陰陽消息兩端而已此語最盡曰陰陽雖是兩箇字然却只是一氣之消息　進一退一消一長進處便是陽退處便是陰長處便是陽消處便是陰只是這一氣之消長做出古今天地間無限事來所以陰陽做一箇說亦得做兩箇說亦得

又問氣之發散者爲陽收斂者爲陰否曰也是如此如鼻氣之出入出者爲陽收回者爲陰入息如螺螄出殼了縮入相似是收入那出不盡底若只管出去不收便死矣問出入息畢竟出去時漸漸消到得出盡時便死否曰固是如此然那氣又只管生

天地間一陰一陽如環無端便是相勝底道理陰符經說天地之道浸故陰陽勝浸字最下得妙天地間不陡頓恁地陰陽勝

大抵言語兩端處皆有陰陽如開物成務開物是陽成務是陰如致知力行致知是陽力行是陰周子之書屢發此意推之可見

橫渠言游氣紛擾合而成質者生人物之萬殊其陰陽兩端循環不已者立天地之大義說得似稍支離只合云陰陽五行循環錯綜升降往來所以生人物之萬殊立天地之大義

問一故神曰橫渠說得極好須當子細看但近思錄所載與本書不同當時緣伯恭不肯全載故後來不曾與他添得一故神橫渠親注云兩在故不測只是這一物却周行乎事物之間如所謂陰陽屈伸往來上下以至於行乎什百千萬之中無非這一箇物事所以謂兩在故不測兩故化注云推行乎一凡天下之事一不能化惟兩而後能化且如一陰一陽始能化生萬物雖是兩箇要之亦是推行乎此一爾此說得極精須當與他子細看

神化兩字雖程子說得亦不甚分明惟是橫渠推出來推行有漸爲化合一不測爲神又曰一故神兩故化言兩在者或在陰或在陽在陰時全體都是陰在陽時全體都是陽化是逐一挨將去底一日復一日一月復一月節節挨將去便成一年這是化直卿云一故神猶一動一靜互爲其根兩故化猶動極而靜靜極復動

橫渠言陰聚之陽必散之一段却見得陰陽之情

五行一陰陽也陰陽一太極也太極本無極也此當思無有陰陽而無太極底時節若以爲止是陰陽陰陽却是形而下者若只專以理言則太極又不會與陰陽相離正當沈潛玩索將圖象意思抽開細看又復合而觀之某解此云非有離乎陰陽也即陰陽而指其本體不雜乎陰陽而爲言也此句自有三節意

思更宜深考通書云靜而無動動而無靜物也動而無動靜而無靜神也當即此兼看之

問動而生陽靜而生陰注太極者本然之妙動靜者所乘之機太極只是理理不可以動靜言惟動而生陽靜而生陰理寓於氣不能無動靜所乘之機乘如乘載之乘其動靜者乃乘載在氣上不覺動了靜靜了又動曰然又問動靜無端陰陽無始那箇動又從上面靜生下上面靜又是上面動生來今姑把這箇說起曰然

問太極動而生陽是陽先動也今解云必體立而用得以行如何曰體自先有下言靜而生陰只是說相生無窮耳

統言陰陽只是兩端而陰中自分陰陽陽中亦有陰陽乾道成男坤道成女男雖屬陽而不可謂其無陰女雖屬陰亦不可謂其無陽人身氣屬陽而氣有陰陽血屬陰而血有陰陽

問陰陽動靜以大體言則春夏是動屬陽秋冬是靜屬陰就一日言之晝陽而動夜陰而靜就一時一刻言之無時而不動靜無時而無陰陽曰陰陽無處無之橫看豎看皆可見橫看則左陽而右陰豎看則上陽而下陰仰手則爲陽覆手則爲陰向明處爲陽背明處爲陰正蒙云陰陽之氣循環迭至聚散相盪升降相求絪縕相揉相兼相制欲一之不能蓋謂是也

厚之問陽變陰合如何是合曰陽行而陰隨之

陰陽有相對而言者如東陽西陰南陽北陰是也有錯綜而言者如晝夜寒暑一箇橫一箇直是也伊川言易變易也只說得相對底陰陽流轉而已不說錯綜底陰陽交互之理言易須兼此二意（以上語類）

陰陽只是一氣陰氣流行即爲陽陽氣凝聚即爲陰非直有二物相對也此理甚明周先生於太極圖中已言之矣（答楊元範）

謂一陰一陽之謂道已涉形器五性爲形而下者恐皆未然陰陽固是形而下者然所以一陰一陽者乃理也形而上者也五事固是形而下者然五常之性則理也形而上者也（答楊子順）

問蔡丈云天根是好人之情狀月窟是小人之情狀三十六宮是八卦陰陽之爻某疑人物二字恐未可便以善惡斷之又言三十六宮都是春即月窟亦爲春也曰陽善陰惡聖賢如此說處極多蓋自正理而言二者固不可相無以對待而言則又各自有所主康節所詠恐是指生物之源而言則正氣爲人偏氣爲物爲陰陽之辨季通所論却是推說然意亦通也（答甘吉甫）

問蔡丈言天根爲好人之情狀月窟爲小人之情狀又云陰陽都將做好說也得以陰爲惡陽爲善亦得伏蒙賜教以爲陽善陰惡聖賢如此說處極多蓋自正理而言二者固不可相無以對待而言則又各有所主某疑康節先言天根月窟是合偏正而言後言以爲都是春者是專以正者言之不知是否曰看遺書中善惡皆天理及惡亦不可不謂之性不可以濁者不謂之水等語及易傳陽無可盡之理一節即此義可推矣更以事實攷之只如鴟梟蝮蝎惡草毒藥還可道不是天地陰陽之氣所生否（答甘吉甫）

盈天地之間所以爲造化者陰陽二氣之終始盛衰而已陽生於北長於東而盛於南陰始於南中於西而終于北故陽常居左而以生育長養爲功其類則爲剛爲明爲公爲義而凡君子之道屬焉陰常居右而以夷傷慘殺爲事其類則爲柔爲暗爲私爲利而凡小人之道屬焉聖人作易畫卦繫辭於其進退消長之際所以示人者深矣（傳伯拱字序）

陰陽之氣相勝而不能相無其爲善惡之象則異乎此蓋以氣言則動靜無端陰陽無始其本固並立而無先後之序善惡之分也若以善惡之象而言則人之性本獨有善而無惡其爲學亦欲去惡而全善不復得以不能相無者而爲言矣今以陰陽爲善惡之象而又曰不能相無故必曰小人日爲不善而善心未嘗不間見以爲陰不能無陽之證然則曷不曰君子日爲善而惡心亦未嘗不間見以爲陽不能無陰之證耶蓋亦知其無是理矣且又曰克盡己私純是義理亦不離乎陰陽之正則善固可以無惡矣所謂不能相無者又安在耶大凡義理精微之際合散交錯其變無窮而不相違悖且以陰陽善惡論之則陰陽之正皆善也其沴皆惡也以象類言則陽善而陰惡以動靜言則陽客而陰主此類甚多要當大其心以觀之不可以一說拘也（答王子合）

陰陽盈天地之間其消息闔闢終始萬物觸目之間有形無形無非是也而蘇氏以爲象立而陰陽隱凡可見者皆物也非陰陽也失其理矣達陰陽之本者固不指生物而謂之陰陽亦不別求陰陽於物象見聞之外也（蘇氏易解辨）

一陰一陽往來不息舉道之全體而言莫著於此者

矣而以爲借陰陽以驗道之似則是道與陰陽各爲一物借此而況彼也陰陽之端動靜之機而已動極而靜靜極而動故陰中有陽陽中有陰未有獨立而孤居者此一陰一陽所以爲道也今曰一陰一陽者陰陽未交而物未生廓然無一物不可謂之無有者道之似也然則道果何物乎此皆不知道之所以爲道而欲以虛無寂滅之學揣摸而言之故其說如此 蘇氏易解辨

夫謂溫厚之氣盛於東南嚴凝之氣盛於西北者禮家之說也謂陽生於子於卦爲復陰生於午於卦爲姤者曆家之說也謂巽位東南乾位西北者說卦之說也此三家者各爲一說而禮家曆家之言猶可相通至于說卦則其卦位自爲一說而與彼二者不相謀矣今來教乃欲合而一之而其間又有一說之中自相乖戾者此某所以不能無疑也夫謂東南以一陰已生而爲陰柔之位西北以一陽已生而爲陽剛之位則是陽之盛於春夏者不得爲陽陰之盛於秋冬者不得爲陰而反以其始生之微者爲主也謂一陰生於東南一陽生於西北則是陰不生於正南午位之遇而淫於東陽不生於正北子位之復而旅於西也謂巽以一陰之生而位乎東南則乾者豈一陽之生而位於西北乎況說卦之本文於巽則但取其潔齊於乾則但取其戰而已而未嘗有一陰一陽始生之說也凡此崎嶇反復終不可通不若直以陽剛爲仁陰柔爲義之明白而簡易也蓋如此則發生爲仁肅殺爲義三家之說皆無所牾肅殺雖似乎剛然實天地收斂退藏之氣自不妨其爲陰柔也 答袁機仲

論十二卦則陽始於子而終於巳陰始於午而終於亥論四時之氣則陽始於寅而終於未陰始於申而終於丑此一說者雖若小差而所爭不過二位蓋子位一陽雖生而未出乎地至寅位泰卦則三陽之生方出地上而溫厚之氣從此始焉巳位乾卦六陽雖極而溫厚之氣未終故午位一陰雖生而未害於陽必至未位遯卦而後溫厚之氣始盡也其午位陰已生而嚴凝之氣及申方始亥位六陰雖極而嚴凝之氣至丑方盡義亦倣此蓋地中之氣難見而地上之氣易識故周人以建子爲正雖得天統而孔子之論爲邦乃以夏時爲正蓋取其陰陽始終之著明也按圖以推其說可見 答袁機仲

來論以東南之溫厚爲仁西北之嚴凝爲義此鄉飲酒義之言也然本其言雖分仁義而無陰陽柔剛之別但於其後復有陽氣發於東方之說則固以仁爲屬乎陽而義之當屬乎陰從可推矣來諭乃不察此而必欲以仁爲柔以義爲剛此既失之而又病夫柔之不可屬乎陽剛之不可屬乎陰也於是强以溫厚爲柔嚴凝爲剛又移北之陰以就南而使主乎仁之柔移南之陽以就北而使主乎義之剛其於方位氣候悉反易之而其所以爲說者率皆參差乖迕而不可合又使東北之爲陽西南之爲陰亦皆得其半而失其半愚於圖子已具見其失矣蓋嘗論之陽主進而陰主退陽主息而陰主消進而息者其氣强退而消者其氣弱此陰陽之所以爲柔剛也陽剛溫厚居東南主春夏而以作長爲事陰柔嚴凝居西北主秋冬而以斂藏爲事作長爲生斂藏爲殺此剛柔之所以爲仁義也以此觀之則陰陽剛柔仁義之位豈不曉然而彼揚子雲之所謂於仁也柔於義也剛者乃自其用處之末流言之蓋亦所謂陽中之陰陰中之陽固不妨自爲一義但不可以雜乎此而論之爾 答袁機仲 以上文集十一條

語類

論陰陽

游氣陰陽陰陽卽氣也豈陰陽之外又復有游氣所謂游氣者指其所以賦與萬物一物各得一箇性命便有一箇形質皆此氣合而成之也雖是如此而所謂陰陽兩端成片段滾將出來者固自若也亦猶論太極物物皆有之而太極之體未嘗不存也

陰陽循環如磨游氣紛擾如磨中出者易曰陰陽相摩八卦相盪鼓之以雷霆潤之以風雨日月運行一寒一暑此陰陽之循環也乾道成男坤道成女此游氣之紛擾也

問游氣陰陽曰游是散殊比如一箇水車一上一下兩邊只管滾轉這便是循環不已立天地之大義底一上一下只管滾轉中間帶得水灌溉得所在便是生人物之萬殊天地之間一氣只管運轉不知不覺生出一箇人不知不覺又生出一箇物卽他這箇斡轉便是生物時節

問游氣莫便是陰陽橫渠如此說似開了曰此固是一物但渠所說游氣紛擾合而成質恰是指陰陽交會言之陰陽兩端循環不已却是指那分開底說蓋陰陽只管混了闢闢了混故周子云混兮闢兮其無窮兮

橫渠言游氣紛擾季通云却不是說混沌未分乃是言陰陽錯綜相混交感而生物如言天地氤氳其下言陰陽兩端却是言分別底上句是體下句是用也游氣紛擾是陰陽二氣之緒餘循環不已是生生不窮之意

問陰陽游氣之辨曰游氣是生物底陰陽譬如扇子扇出風便是游氣問游氣陰陽曰游氣是出而成質曰只是陰陽氣曰然便當初不道合而成質却似有兩般

性理會通

論陰陽

程子曰陰陽之氣有常存而不散者日月是也有消長而無窮者寒暑是也

老氏言虛能生氣非也陰陽之開闔相因無有先也無有後也可謂今日有陽而後明日有陰則亦可謂今日有形而後明日有影也

陰陽於天地間無截然爲陰爲陽之理須去參錯然一個升降生殺之分不可無也

冬至一陽生却須陡寒正如欲曉而反暗也陰陽之際亦不可截然不相接廝侵過便是道理天地之間如是者極多艮之爲義終萬物始萬物此理最妙須玩索這箇理

早梅冬至已前發方一陽未生然則發生者何也其榮其枯此萬物一箇陰陽升降大節也然逐枝自有一箇榮枯分限不齊此各有一乾坤也各自有箇消長只是箇消息惟其消息此所以不窮至如松柏亦不是不凋只是後凋凋得不覺怎少得消息方夏生長時却有夏枯者則冬寒之際有發生之物何足怪也

問張子云陰陽之精互藏其宅然乎曰此言甚有味由人如何看水離物不得故水有離之象火能入物故火有坎之象

五峰胡氏曰觀日月之盈虛知陰陽之消息觀陰陽之消息知聖人之進退

延平李氏曰陰陽之精散而萬物得之凡麗于天附于地列于天地之兩間聚有類分有羣生者形者色者莫不分繫于陰陽

陽以燥爲性以奇爲數以剛爲體其爲氣炎其爲形圓浮而明動而吐皆物於陽者也陰以濕爲性以耦爲數以柔爲體其爲氣凉其爲形方沈而晦靜而翕皆物于陰者也

朱子曰陰陽是氣五行是質有這質所以做得物事出來五行雖是質他又有五行之氣做這物事方得然却是陰陽二氣截做這五箇不是陰陽外別有五行如十干甲乙甲便是陽乙便是陰

陰陽只是一氣陽之退便是陰之生不是陽退了又別有箇陰生

陰陽做一箇看亦得做兩箇看亦得做兩箇看是分陰分陽兩儀立焉做一箇看只是一箇消長

陰陽各有清濁偏正

陰陽之理有會處有分處

陰陽只是一氣陰氣流行卽爲陽陽氣凝聚卽爲陰非直有二物相對也

陰陽生殺固無間斷而亦不容並行

天地間無兩立之理非陰勝陽卽陽勝陰無物不然無時不然

陰陽不可分先後說

陽氣只是六層只管上去上盡後下面空闕處便是陰

方其有陽那裏知道有陰天地間只是一箇氣自今年冬至到明年冬至是他一氣周匝把來切做兩截時前面底便是陽後面底便是陰又切做四截也如此便是四時天地間只有六層陽氣到地面上時地下便冷了只是這六位陽長到那第六位時極了無去處上面只是漸次消了上面消了些箇時下面便生了些箇那便是陰這只是個噓吸噓是陽吸是陰喚做一氣固是如此然看他日月男女牝牡處方見得無一物無陰陽如至微之物也有箇背面若說流行處却只是一氣

陰陽有相對言者如夫婦男女東西南北是也有錯綜言者如晝夜春夏秋冬弦望晦朔一箇間一箇輥去是也

問自十一月至正月方三陽是陽氣自地上而升否曰然只是陽氣既升之後看看欲絕便有陰生陰氣將盡便有陽生其已升之氣便散矣所謂消息之理其來無窮又問雷出地奮豫之後六陽一半在地上一半在地下是天與地平分否曰若謂平分則天却包著地在此不必論

魯齋許氏曰萬物皆本于陰陽要去一件去不得天依地地附天如君臣父子夫婦皆然

臨川吳氏曰陽本實陰本虛也陽爲氣陰爲精陽成

象陰成形陽主用陰主體則陽反似虛陰反似實是不然天之積氣雖似虛然其氣急勁如鼓皮物之大莫能禦故曰健曰剛曰靜專曰動直則實莫實于天地之成形雖似實然其形疏通如肺氣升降出入其中故曰順曰柔曰靜翕曰動闢則虛莫虛於地然則陽實陰虛者正說也陽虛陰實者偏說也

洪範皇極內篇

陽者吐氣陰者含氣吐氣者施含氣者化陽施陰化而人道立矣萬物繁矣陽薄陰則繞而為風陰囚陽則奮而為雷陽和陰則為雨為露陰和陽則為霜為雪陰陽不和則為戾氣

陰陽相為首尾者耶是故陽順而陰逆陽長而陰消陽進而陰退順者吉而逆者凶耶長者盛而消者衰耶進者利而退者鈍耶周流不窮道之體也失得相形事之紀也

陰陽非可一言盡也以清濁言則清陽而濁陰以動靜言則動陽而靜陰以升降言則升陽而降陰以奇偶言則奇陽而偶陰小大高卑左右先後向背進退順逆醜妍靡物不徧無時不然愈析愈微愈窮愈細陰陽之積互藏其營陰陽之氣循環迭至陰陽之質縱橫曲直莫或使之莫或禦之

積性理會通

何塘陰陽管見

造化之道一陰一陽而已矣陽動陰靜陽明陰晦陽有知陰無知陰有形陽無形陽無體以陰為體陰無用待陽而用二者相合則物生相離則物死微哉微哉通於其說則鬼神之幽人物之著與夫天文地理醫卜方技仙佛之蘊一以貫之而無遺矣

天為陽地為陰火為陽水為陰天陽之陽也故神而無形地陰之陰也故形而不神火陽之陰也故可見然後無形也水陰之陽也故能化然終無知也天變而為風地變而為山火變而為雷水變而為澤雨雪霜露皆澤之類也觀八卦之象則可知矣

火陽也其盛在天水陰也其盛在地蓋各從其類也何以明之日為火之精月為水之精日近則為溫為暑火偏盛也日遠則為涼為寒水偏盛也四時之變於是乎主矣地雖有火而不能為溫暑天雖有水而不能為寒涼故曰其盛各有在也

或曰天地水火恐未足以盡造化之蘊不如以陰陽統之予竊以為陰陽者虛名也天地水火者實體也二而一者也

或曰易大傳謂立天之道曰陰與陽立地之道曰柔與剛今謂天為陽地為陰不亦異乎曰乾陽物也其象為天坤陰物也其象為地茲非易道之彰彰者乎曰言若是之不同何也曰各有指也火陽也雖于附天而未嘗不行于地水陰也雖附于地而未嘗不行于天水火者天地之二用也故天有陰陽地有柔剛默識而旁通之則並行而不悖矣

或曰周子之太極何如曰非吾之所知也其說謂太極動而生陽動極而靜靜而生陰靜極復動自今觀之則天陽之動者也果何時動極而靜乎地陰之靜者也果何時靜極而動乎天不能生地水不能生火無愚智皆知之迺謂陰陽相生不亦誤乎蓋天地水火雖渾然而不可離實燦然而不可亂先儒但見其不相離而未察其不可亂也故立論混而無別愚竊以為陰之與陽謂之相依則可謂之相生則不可

或曰何謂太極曰一陰一陽之謂道道太極也周子之論何如曰似矣而實非也五行一陰陽陰陽一太極則固謂太極不外乎陰陽而陰陽不外乎五行矣自今論之水水也火火也金木水火土之交變也土地也天安在乎有地而無天謂之造化之全可乎或曰天太極也故朱子以上天之載釋太極以天道流行釋陰陽豈可謂之有地而無天乎曰易有太極是生兩儀兩儀生四象四象生八卦八卦之中有乾有坤則天地皆太極之分體明矣以天為太極之全體而地為天之分體豈不誤甚矣哉太極圖為性理之首而其失有如此者故不可不辨

或曰子自謂所論皆出于伏羲之易其詳如何曰太極生兩儀兩儀生四象四象生八卦此伏羲易象之本也乾離皆生于陽故謂天火為陽坤坎皆生于陰故謂地水為陰乾變其初九為初六則為巽故為風為天之變蓋天下交于陰也坤變其六三為九三則為艮故謂山為地之變蓋地上交于陽也離變其九三為六三則為震火為陰伏則奮擊而為雷故謂雷為火之變坎變其初六為初九則為兌水與陽交則相和而為澤故謂澤為水之變坤艮離震相比從其類也乾兌坎巽相遠無乃以乾為陽可下行于地之分坎為陰之陽亦能上入于天之分故兩易其位耶若以兌為巽以巽為兌則陰陽之分尤為明順然非後學所敢斷也姑發此意以俟再來之伏羲正焉

造化之道合言之則為太極分言之則為陰陽謂之

兩儀陰陽又分之則爲太陰太陽少陰少陽謂之四象四象又分之則爲天地水火風雷山澤之象謂之八卦天地水火常在故爲體雷風山澤或有或無故謂之變此皆在造化之中而未生物也其旣合則物生矣

陰形陽神合則人生所謂精氣爲物也離則人死所謂遊魂爲變也方其生也形神爲一未易察也及其死也神則去矣而去者初無形可見形雖尚在然已無所知矣陽有知而無形陰有形而無知豈不昭然而易察哉

天動而無形風亦動而無形天不息風有時而息下交于陰爲陰所滯也高山之巓風猛蓋去陰稍遠不大爲所滯也雲霄之上風愈猛蓋將純乎天也然則天變而爲風也明矣春夏日近火氣盛則雷乃發秋冬日遠火氣微則雷乃收雷有電火光也雷所擊有燒痕火所燎也然則火變而爲雷也明矣若地水之變則有形易見不待論也周易謂停水爲澤管見則以水之化而散者爲澤蓋停水與流水無異而水之化爲雨雪霜露者於八卦遂無所歸且澤有散義先聖亦有雨澤之說故不從周易所取之象蓋於造化之道不合雖文王之象亦不敢從也

世儒論天道之陰陽多指四時之變而言而四時之變陰陽消長實指水火而言而天之本體則運行水火在四時之外無消長也地道之柔剛則以形論地水相結爲火所煅者則剛而火氣形於地者人不敢犯亦謂之剛至於地水本體至靜而無爲則謂之柔此所謂地有柔剛亦自水火而來也

周子所謂太極指神而言神無所不統故爲太極神無形故謂無極而太極朱子所註亦得其意但不言神而言理故讀者未卽悟朱註上天之載蓋指神而言也殊不知太極乃陰陽合而未分者也陰形陽神皆在其中及分爲陰陽則陽爲天火依舊爲神陰爲地水依舊爲形若太極本體止有神而無形則分後地水之形何從而來哉由此化生人物其心性之神則皆天火之神所爲也其血肉之形則皆地水之形所爲也此理先聖屢有言者但學者忽而不察耳蓋有形易見而無形難見固無怪其然也

王廷相陰陽管見辯

易有太極是生兩儀兩儀者陰陽也太極者陰陽合一而未分者也陰有陽無陰形陽神固皆在其中矣故分爲兩儀則亦不過分其本有者若謂太虛清通之氣爲太極則不知地水之陰自何而來也

柏齋謂神爲陽形爲陰又謂陽無形陰有形矣今却云分爲兩儀亦不過分其本有者旣稱無形將何以分止分陰形是無陽矣謂分兩儀豈不自相不侔使愚終年思之而不得其說竊將陰陽有無分離之實再爲敎之柏齋又謂以太虛清通之氣爲太極不知地水之陰自何而來嗟乎此柏齋以氣爲獨陽之誤也不思元氣之中萬有俱備以其氣本言之有蒸有濕蒸者能運動爲陽爲火濕者常潤靜爲陰爲水無濕則蒸靡附無蒸則濕不化始雖淸微鬱則妙合而凝神乃生焉故曰陰陽不測之謂神是氣者形之種而形者氣之化一虛一實皆氣也神者形氣之妙用性之不得已者也三者一貫之道也今執事以神爲陽以形爲陰此出自釋氏仙佛之論誤矣夫神必藉形氣而有者無形氣則神滅矣縱有之亦乘夫未散之氣而顯者如火光之必附於物而後見無物則火尚何在乎仲尼之門論陰陽必以氣論神必不離陰陽執事以神爲陽以形爲陰愚以爲異端之見矣

日陽精蓋火之精也星雖火餘然亦有其體矣陰止受火光以爲光者如水與水精之類也猶月之小者也風雷雖皆屬陽然風屬天之陽雷屬火之陽亦不可混至於雲則屬陰木今獨不可謂之陽也

陰陽卽元氣其體之始本自相渾不可離析故所生化之物有陰有陽亦不能相離但氣有偏盛遂爲物主耳星隕皆火能焚物故謂星爲陽餘柏齋謂雲爲獨陰矣愚則謂陰乘陽耳其有象可見者陰也日地如縷而出能運動飛揚者乃陽也謂水爲純陰矣愚則謂陰挾陽耳其有質而就下者陰也其得日光而散爲氣者則陽也但陰盛于陽故屬陰類矣

天陽爲氣地陰爲形男女牝牡皆陰陽之合也特以氣類分屬陰陽耳少男有陽而無陰少女有陰而無陽也寒暑晝夜管見有論至于呼吸則陽氣之行不能直遂蓋爲陰所滯而相戰耳此屈伸之道也凡屬氣者皆陽凡屬形者皆陰此數語甚眞然謂之氣則猶有象不如以神字易之蓋神卽氣之靈尤妙也

愚嘗驗經星河漢位次景象終古不移謂天有定體氣則虛浮虛浮則動蕩動蕩則有錯亂安能終古如

是自來儒者謂天爲輕清之氣恐未然且天包地外果爾輕清之氣何以乘載地水氣必上浮安能左右旋轉漢郄萌曰天體確然在上此眞至論智者可以思矣柏齋惑于釋氏地水火風之說遂謂風爲天類以附成天地水火之論其實不然先儒謂風爲天體旋轉蕩激而然亦或可通今云風即天類誤矣男女牝牡專以體質言氣爲陽而形爲陰男女牝牡皆然也即愚所謂陰陽有偏盛即盛者恆主之也柏齋謂男女牝牡皆陰陽相合是也又謂少男有陽而無陰少女有陰而無陽豈不自相背馳寒暑晝夜以氣言蓋謂屈伸往來之異非專陰專陽之說愚于董子陽月陰月辨之詳矣呼吸者氣機之不容已者呼則氣出出則中虛虛則受氣故氣入吸則氣入入則中滿滿則溢氣故氣出此乃天然之妙非人力可強而爲之者柏齋謂陽爲陰滯而相戰恐無是景象當再體驗之何如柏齋又謂愚之所言凡屬氣者皆陽凡屬形者皆陰以下數語甚眞此愚推究陰陽之極言之雖葱蒼之象亦陰飛動之象亦陽蓋謂二氣相待而有離其一不得者況神者生之靈皆氣所固有者也無氣則神何從而生柏齋欲以神字代氣恐非精當之見

張子謂太虛無形氣之本體其聚其散變化之客形形生于無形此與老子有生于無之說何異其實造化之妙有者始終有無者始終無不可混也嗚呼世儒惑于耳目之習熟久矣又何可以獨得之意強之哉後世有揚子者自相信矣

愚嘗謂天地水火萬物皆從元氣而化蓋由元氣本體具有此種故能化出天地水火萬物如氣中有蒸而能動者即陽即火有濕而能靜者即陰即水道體安得不謂之有且非濕則蒸無附非蒸則濕不化二者相須而有欲離之不可得者但變化所得有偏盛而盛者常主之其實陰陽未嘗相離也其在萬物之生亦未嘗有陰而無陽有陽而無陰也觀水火陰陽未嘗相離可知矣故愚謂天地水火萬物皆生于有無無也無空也其無而空者即橫渠之所謂客形耳非元氣本體之妙也今柏齋謂神爲無形爲有且云有者始終有無者始終無所見從頭差異如此安得強而同之柏齋又云後世有揚子雲自能相信愚亦以爲俟諸後聖必能辨之

章潢圖書編

陰陽五行八卦

陰陽五行氣而已矣雖各一其名義各一其象數各一其方位而一氣周流變動本無端倪然陰陽五行自不可亂猶定盤之針雖盤隨方位轉移而針之指南者不易也于此了然洞徹胷中有活子焉則支干卦爻隨其布列造化由之以斡旋矣諸術家各作一說確信不疑未免膠柱刻舟捫盂以爲見日也又有會通諸術凡古人畫一圖創一說者皆兼收以統其全殆如萃盤示兒色色具備欲嬰兒盡取之以爲終身禍慶之驗也有是理哉彼天陽而地陰也日陽而月陰也春夏陽而秋冬陰東南陽而西北陰也然晝則天地皆屬陽夜則天地皆屬陰春夏則天地日月皆陽秋冬則天地日月皆陰東南則四時皆陽西北四時皆陰譬之手焉左陽右陰不可易也而左右仰皆陽覆皆陰仰覆熱皆陽寒皆陰陰陽惡可執一論耶然卒不可以女爲陽男爲陰也明矣是故天干陽也地支陰也甲丙戊庚壬非干之陽乙丁己辛癸非干之陰乎子寅辰午申戌非支之陽丑卯巳未酉亥非支之陰乎所以論支干之分不過甲陽乙陰子陽丑陰如律呂陽宣陰助之義耳然有謂甲乙壬癸子寅午申俱陽丙丁庚辛丑卯巳未酉亥俱陰執此爲淨陰淨陽何歟八卦乾兌離震爲陽巽坎艮震爲陰言先天也乾坎艮震爲陽巽離坤兌爲陰言後天也論淨陰陽者又以乾坤坎離爲陽艮巽震兌爲陰何歟

徐三重信古餘論

論陰陽

一陰一陽之爲道陰陽者氣機之流行因闔闢相生而神化之用顯於是故名爲道蓋盈虛消息屈伸往來萬物以之生成萬事以之變化象數之所設吉凶之所生非道而何

造化消息即爲陰陽靜極動極是造化屈伸之候不可太過而必返者此天理所以貴于得中而人事亦最忌太過蓋理與氣與數之所必窮也

圖中陰陽即是那上一圈太極的動靜動靜有常理這便是太極本然之妙惟太極之理原如此故動靜不能違之所謂太極離不得陰陽者蓋總陰陽動靜一定而不可易之理便是太極之所由名若以太極爲一事而謂不離于陰陽如相附然恐誤尋索而反失之也

陽即陰之動者陰即陽之靜者動則爲陽靜則爲陰

陰由動極而靜是陰根陽也陽由靜極而動是陽根陰也動之始終與靜之始終常相環合而無間斷分離是陰陽無一息獨行之時所謂交感五藏者皆此理也

靜而生陰動而生陽由微而盛皆以漸至无絕然爲陰爲陽時也動極而靜靜極復動纔消卽息間不容髮无絕然无陰无陽時也其間絪緼參和交感變化潛易於一氣之內而不失其往來之常此陰陽不測之神莫知其所以然而然者

太極動而生陽靜而生陰據陰陽則析爲兩儀本動靜則總爲一體

動靜是太極陰陽則動靜之名太極之動便是陽太極之靜便是陰

太極圖陽動陰靜正中一點陰陽皆從此生略生出便分屬陰陽其中未分之體有何偏倚

濂溪陽動陰靜圖以易離坎卦察之便自可明陽極於外而中之初凝者已爲羣陰之本陰極於外而內之微動者已爲諸陽之根然二氣之動靜卽一氣之所流行而陽所變化陰便凝合循環之中又各以生長分數而別爲五行之性要之稟于氣不越乎陰陽定於質不越乎剛柔此天地之所以成化人物之所以有生仁義道德之所由立修身治世之所由準也

動而生陽靜而生陰對待也動極而靜靜極復動流行也一動一靜互爲其根流行也分陰分陽兩儀立焉對待也卽流行而有對待卽對待而爲流行陰陽之神機太極之妙用也

靜以斂藏而言體動以發散而言用由靜而動動終復於靜則靜者若爲主矣然而太極圖說乃先言陽動蓋非動無以見靜之端倪因動而識其在靜時者卽是動之未發者也

陰陽之所以爲陰陽若何人莫得而知只運時賦物便昭然示人所謂微之顯也易曰神也者妙萬物而爲言者也萬物是顯妙萬物者便是微

生物只是陽氣然非陰合不能成形陰合者合陽氣而物成也故曰乾知大始坤作成物

非陽不能變化陽只是發生之氣非陰不能收合陰乃神氣聚而爲精精氣既聚形生神發此人物有生之始所謂天地之塞吾其體者

薛文清公言陰陽無頓絕之理至陰之中陽已生純坤初爻有陽是也至陽之中陰已生純乾初爻有陰是也予觀星命家序五形生旺丙火生寅而托胎于子壬水生申而托胎于午其說正同蓋天地間本是一氣而動靜相生寧待既絕而後復續晦翁答袁機仲書云剝卦上九之陽方盡而變爲純坤之時坤卦下爻已有陽氣生於其中矣但一日之內一晝之中方長得三十分之一必積至一月然後始滿一畫而爲復方是一陽之生耳夬之一陰爲乾爲姤義亦同此蓋論其始生之微固已可名于陰陽然便以此爲陰陽之限則其方盛者未替而所占不啻卦內六分之五方生者甚微而所占未及卦內六分之一所以未可截自此處而分陰陽也此論更甚精密矣

陰靜陽動論者每難後先惟程子曰不專一則不能直遂不翕聚則不能發散非妙達造化莫能言此夫以吸爲呼以核爲荄平旦之氣精于夜寐火炮之發烈于包藏凡此皆陰先陽後之義物理昭然也但太極動靜鴻鈞轉化綿綿不窮要之陰靜者前動之已極不得不止而後動之始基爲將來發舒者乃由此試論臥起臥雖息前日之所耗實養後日之將用所耗者已屈而虛將用者方伸而實第就實而論則陰靜爲先陽動爲後理益明矣但欲執爲二氣之終始則不可耳夫一動一靜氣之闔闢不絕不紊是造化之神機卽所謂道道固不離乎氣氣亦初非有二體也

陽方進未能卽盛纔退又已漸衰然則全盛之時幾何聖人所以力扶而時保也

陰陽理而後和天道人事俱昭然可驗陰陽理則天地之心正陰陽和則天地之氣順位育之事初無兩端

陰陽之消息其相接處試以月魂魄言之便可見纔滿便虧纔盡便生間不容髮既盈後月光方盛人不見其虧而少差絲髮便是初虧虧盡後月魄正晦人不見其生而少差絲髮便是初生陰陽流行循環相禪不容少有間斷其理正如是

器物成爲陰用爲陽成主靜靜者一陰道凝也用主動動者廣陽道通也成而後有用殆亦陰先陽後之義與

經濟文輯

戴庭槐氣候總論

一歲之間本一氣之周流耳一氣分而爲二則有陰陽二倍而爲四則有四時三四一十二則又有十二月十二倍而爲二十四則有二十四氣復三其二十

四而爲七十二則有七十二候氣至而物感物感而候變是故天地之氣撓萬物者莫疾乎風也正月而東風解凍者則天地收斂之氣散矣七月而涼風至者則天地發舒之氣散矣動萬物者莫疾乎雷也二月而雷始發聲者陽之中也八月而雷始收聲者陰之中也說萬物者莫說乎澤潤萬物者莫潤乎水也六月而土潤溽暑大雨時行者陰之濕陽之終也十一月而水泉動十二月而水澤腹堅者陽之動陰之終也陰陽之氣交而爲虹季春虹始見者陽勝陰也孟冬虹藏不見者陰勝陽也陰陽之氣鳥獸草木得之爲先鷹主殺而秋擊鼠主貪而夜出而卯辰之月能化鳩鴽者以卯辰者陽之壯陰爲陽所化也爵乳子而春集雉求雌而朝呴而戌亥之月能爲蛤蜃者以戌亥者陰之極陽爲陰所化也蟄蟲啓戶者雷發聲之時與陽俱出也蟄蟲坏戶者雷收聲之時與陰俱入也孟春而獺祭魚者此時魚逐陽氣而上遊也季秋而豺祭獸者此時獸感陰氣而見殺也春而鴻鴈北元鳥至者鴈自南而來北燕自北而來南各乘其陽氣之所宜也秋而鴻鴈來元鳥歸者鴈自北而來南燕自南而來北各乘其陰氣之所宜也二月而倉庚鳴四月而螻蟈鳴者鳴以陽也及五月一陰始生鵙一鳴而反舌則無聲矣七月而寒蟬鳴者鳴以陰也及十一月一陽始生鶡鴠能鳴而感陽則不鳴矣四月而蚯蚓出者陰之屈者得陽而伸也十一月而蚯蚓結者陽雖生矣而陰尚屈也夏至得一陰而鹿角解者鹿陽獸也冬至得一陽而麋角解者麋陰獸也草木正月而萌動者陰陽氣交而爲泰也九月而黃落者陰長陽消而爲剝也桃桐華於春者應陽之盛也黃菊華於秋者應陰之盛也四月而靡草死者陰不勝於陽也十一月而荔挺出者陽初復於陰也麥得陰之穉也故金王而生火王而死麥秋在於四月也禾得陽之穉也故木王而生金王而熟而禾登在於七月也至於腐草之爲螢則植物之變爲動物無情之變爲有情豈非陽明之極而陰幽之物亦隨之以化哉大抵陰陽二氣無形而默運於內風雨露雷昆蟲草木有形而改換於外君子觸其景而測其應則可以寓對時育物之心因其候而思其義則可以悟陰陽貞勝之理由是而知一歲之間七十二候即二十四氣也二十四氣即一十二月也一十二月即四時也四時即二氣也二氣即一氣之周流也

陰陽部藝文一

策秀才文　晉陸機

問曰夫五行迭代陰陽相須二儀所以陶育四時所以化生易稱在天成象在地成形形象之作相須之道也若陰陽不調則大數不得不否一氣偏廢則萬物不得獨成此應同之至驗不偏之明證也今有溫泉而無寒火其故何也思聞辨之以釋不同之理

陰陽不測之謂神論　唐顧況

黃帝建立甲子考定星曆於是有天地神人之官少昊既衰神人糅擾顓頊命羲和以司天地三苗九黎不復亂逆周室既壞君不告朔漢道隆興方定餘閏世時昭昧君乎季主張衡索紞陳訓韓友卜珝京房管輅郭璞干寶樂房班固云陰陽拘多忌以爲無益嗟乎古論陰陽以和神人以順風雨以播稼穡以除災害後之學者但張恢譎不自戒慎以固親疏之道不精逆順之理不達性命之分而裁衣拜官沐浴剪爪徵于曆日豈不悖哉左道亂政先王無赦往見術者序卜筮之書及諸家祕訣七曜九宮六壬三五復返十精飛鳥天目地耳計神漢曆以天赦母倉爲吉祥曆以雲漢密莫爲吉各生異氣天竺聿法復與大衍有差吾誰歸矣又以姓配音以音配墓以墓配殺此莊惠以荒唐舛駁之論且黃帝二十五子得其姓者十三人或以地爲姓或以官爲姓或以謚爲姓或以王父字爲姓士會在虞爲陶唐氏在夏爲御龍氏在商爲豕韋氏在周爲唐杜在晉爲范宣子在隨爲隨武子在秦爲劉氏女嫁欒黶爲析氏焉此一人之身改姓三改氏五范蠡在陶爲朱公在齊爲鴟夷子范雎稱張祿先生第五倫王伯疑二字齊鮑水本姓包京房本姓李張良之後爲留氏田橫之後爲王氏姓有兩字三字四字五字孰先孰後孰是孰非長平同坑南陽同封時日或同吉凶或異行年本命其事安在周時玉尺漢代黃鐘河汾鼎氣沉埋自久不可仰則其道多門行則無盡不如疑也是故文字非上學上學神聽原其姓也集解非宗師宗師受授扶于理也端心靜一神明將至黃帝遺元珠罔象得之漢主心動獲貫高襄子心動得豫讓披髮祭野野人之遺

魂非有陰陽算術之功涉津無涯安濟所居釋氏五蘊輪爲四生或居人中以爲鬼神唯代有佛法獨能究竟白雲依山出入自得飛鳥以滅虛空不礙清明在躬志氣如神陰陽不測唯佛而已

漁樵對問 節　　宋邵雍

漁者謂樵者曰春爲陽始夏爲陽極秋爲陰始冬爲陰極陽始則溫陽極則熱陰始則涼陰極則寒溫則生物熱則長物涼則收物寒則殺物皆一氣其別而爲四焉其生萬物也亦然

樵者謂漁者曰人謂死而有知有諸曰有之曰何以知其然曰以人知之人之生也謂其氣行人之死也謂其形返氣行則神魂交形返則精魄存神魂行於天精魄返於地行於天則謂之曰陽行返於地則謂之曰陰返陽行則晝見而夜伏者也陰返則夜見而晝伏者也是故日者月之形也月者日之影也陽者陰之形也陰者陽之影也人者鬼之形也鬼者人之影也人謂鬼無形而無知者吾不信也

陰陽部藝文二 詩

新陽改故陰　　唐紀干諷

律管才推候寒郊忽變陰微和方應節積慘已辭林暗覺餘澌斷潜驚麗景侵禁城佳氣換北陸翠煙深有截知遐布無私荷照臨部光如可及鶯谷免幽沈

唯天有二氣　　宋邵雍

唯天有二氣一陰而一陽陰毒產蛇蝎陽和生鸞凰安得蛇蝎死不爲人之殃安得鸞凰生長爲國之祥

陰陽吟　　前人

陽行一陰行二一主天二主地天行六地行四四主形六主氣

陰陽部選句

漢賈誼鵩賦天地爲鑪造化爲工陰陽爲炭萬物爲銅

揚雄甘泉賦帥爾陰閉霅然陽開

張衡西京賦夫人在陽時則舒在陰時則慘此牽乎天者也

晉張華歸田賦隨陰陽之開闔從時宜以卷舒

陸雲愁霖賦在朱明之季月反極陽之重陰

張協七命剪蕤賓之陽柯剖大呂之陰莖 又 陰虯負檐陽馬承阿 又 陽葉春青陰條秋綠

宋謝靈運山居賦向陽則在寒而納煦面陰則當暑而含雪

唐劉禹錫何卜賦子首圓而足方子腹陰而背陽

裴度律中黃鍾賦泊純陰之始凝導太陽之將盛

張友正律移寒谷賦維北有谷純陰之位無溫煦以生成失膏腴之美利

韋琮明月照積雪賦月麗天而配陽雪抱陰而體剛

漢蔡琰詩惟彼方兮遠陽精陰氣凝兮雪夏寒

魏應璩詩室廣致凝陰臺高來積陽

唐白居易詩夏至一陰生稍稍夕漏遲

宋歐陽修雪詩新陽力微初破萼客陰用壯猶相薄

欽定古今圖書集成曆象彙編乾象典

第十七卷目錄

乾象典第十七卷

陰陽部紀事

路史有巢氏沒閱數世而朱襄氏立於是多風羣陰閟遏諸陽不成百物散解而果蓏草木不遂遲春而黃落盛夏而痁瘚乃令士達作五絃之瑟以來陰氣以定羣生命曰來陰

管子輕重篇虙戲作造六畫以迎陰陽作九九之數以合天道而天下化之

路史伏戲氏觀象於天效法於地近參乎身遠取諸物兆三畫著八卦以逆陰陽之微以順性命之理成神明之德類萬物之情而君民事則陰陽家國之事始明焉微顯闡幽章往察來於是申六畫作十言以明陰陽之中以厚君民之德

察六氣審陰陽以賚之身而四時水火升降得以有象百病之理得以有類於是嘗草治砭以制民疾而人滋信

女皇氏上際九天下契黃壚合元履中開陰布綱而下服度

帝顓頊高陽氏作五基六諲之樂以調陰陽享上帝命曰承雲

帝堯命羲和絕地天通羲載上天黎獻下地俾主陰陽

呂子陶唐氏之始陰多滯伏而湛積水道壅塞不行其原民氣鬱閼而滯著筋骨瑟縮不達故作爲舞以宣導之

拾遺記禹鑄九鼎五者以應陽法四者以象陰數使工師以雌金爲陰鼎以雄金爲陽鼎鼎中常滿以占氣象之休否

禮記月令仲夏之月君子齋戒處必掩身毋躁止聲色毋或進薄滋味毋致和節者欲定心氣百官靜事毋刑以定晏陰之所成陳注刑陰事也舉陰事則助陰抑陽故百官府刑罰之事皆止靜而不行也

仲冬之月君子齋戒處必掩身身欲寧去聲色禁耆欲安形性事欲靜以待陰陽之所定陳注此皆與夏至同而有謹之至者彼言止聲色而此言去彼言節嗜欲而此言禁蓋仲夏之陰猶微此時之陰猶盛陰微則盛陽未至於甚傷陰盛則微陽當在於善保故也

左傳僖公十六年春隕石於宋五隕星也六鷁退飛過宋都風也周內史叔興聘於宋宋襄公問焉曰是何祥也吉凶焉在對曰今茲魯多大喪明年齊有亂君將得諸侯而不終退而告人曰君失問是陰陽之事非吉凶所生也吉凶由人吾不敢逆君故也

昭公二十一年秋七月壬午朔日有蝕之公問於梓慎曰是何物也禍福何爲對曰二至二分日有蝕之不爲災日月之行也分同道也至相過也其他月則爲災陽不克也故常爲水

昭公二十四年夏五月乙未朔日有蝕之梓慎曰將水昭子曰旱也日過分而陽猶不克克必甚能無旱乎陽不克莫將積聚也

論衡孔子出使子路齎雨具天果大雨子路問其故曰昨暮月離於畢後日月復離畢孔子出子路請齎雨具不聽果無雨子路問其故曰昔日月離其陰故雨昨暮月離其陽故不雨

越絕書越王問於范子曰寡人聞陰陽之治不同力而功成不同氣而物生可得而知乎願聞其說范子曰臣聞陰陽氣不同處萬物生焉冬三月之時草木既死萬物各異藏故陽氣避之下藏伏壯於內使陰陽得成功於外夏三月盛暑之時萬物遂長陰氣避之下藏伏壯於內然而萬物親而信之是所謂也陽者主生萬物方夏三月之時大熱不至則萬物不能成陰氣主殺方冬三月之時地不內藏則根荄不成卽春無生故一時失度卽四序爲不行越王曰善

越王曰寡人用夫子之計幸得勝吳盡夫子之力也寡人聞夫子明於陰陽進退豫知未形推往引前後知千歲可得聞乎寡人虛心垂意聽於下風范子曰夫陰陽進退前後幽冥未見未形此特殺生之柄而王制於四海此邦之重寶也王而毋泄此事臣請爲王言之越王曰夫子幸教寡人願與之自藏至死不敢忘范子曰陰陽進退者固天道自然不足怪也夫陰入淺者卽歲善陽入深者則歲惡幽幽冥冥豫知未形故聖人見物不疑是謂知時固聖人所不傳也夫堯舜禹湯皆有豫見之勞雖有凶年而民不窮越

王曰善

說苑敬愼篇魯有恭士名曰機氾行年七十其恭益甚冬日行陰夏日行陽

漢書郊祀志右將軍王商等以爲甘泉河東之祠非神靈所饗宜徙就正陽太陽之處違俗復古循聖制定天位

食貨志春令民畢出在壄冬則畢入於邑所以順陰陽備盜賊習禮文也

董仲舒傳仲舒以春秋災異之變推陰陽所以錯行故求雨閉諸陽縱諸陰止雨反是

丙吉傳吉嘗出逢淸道群鬬者死傷橫道吉過之不問掾史獨怪之吉前行逢人逐牛牛喘吐舌吉止駐使騎吏問逐牛行幾里矣掾史獨謂丞相前後失問或以譏吉吉曰民鬬相殺傷長安令京兆尹職所當禁備逐捕歲竟丞相課其殿最奏行賞罰而已宰相不親小事非所當於道路問也方春少陽用事未可太熱恐牛近行用暑故喘此時氣失節恐有所傷害也三公典調和陰陽職所當憂是以問之掾史乃服以吉知大體

後漢書和帝本紀末元十五年有司奏以爲夏至則微陰起靡草死可以決小事是歲初令郡國以日北至案簿行

禮儀志上巳官民皆絜於東流水上曰洗濯祓除去宿垢疢爲大絜絜者言陽氣布暢萬物訖出始絜之矣

自立春至立夏盡立秋郡國上雨澤若少府郡縣各埽除社稷其旱也公卿官長以次行雩禮求雨閉諸陽

張衡傳衡爲太史令遂乃研覈陰陽妙盡琁璣之正

神仙傳封衡常駕一青牛因號青牛道士魏武帝問養性大略對曰聖人春夏養陽秋冬養陰順其根以契造化之妙

魏書崔浩傳太史張淵徐辯說世祖曰今年己巳三陰之歲歲星襲月太白在西方不可舉兵北伐必敗世祖意不決詔浩與淵等辨之

唐書郝處俊傳帝多疾欲遜位武后處俊諫曰天子治陽道后治陰德然則帝與后猶日之與月陽之與陰各有所主不相奪也若失其序上謫見於天下降災諸人昔魏文帝著令帝崩不許皇后臨朝今陛下奈何欲身傳位天后乎

續博物志有人爲山魈所祟或教以爆竹如除夕可弭人問之曰此荆楚歲時記以辟山魈鬼陰冷之氣勝則辟陽以攻之

寓簡神宗皇帝御經筵時方講周官從容問前朝後市何義侍講官以王氏新義對曰朝陽事市陰事故前後之次如此上曰何必論陰陽朝者君子所會市者小人所集義欲向君子而背小人也侍臣皆驚歎蓋上已鄙厭王氏之學矣

宋史陳宓傳宓嘗爲朱墨銘謂朱屬陽墨屬陰

括異志夷陵有陰陽石陰石常潤陽石常燥旱則鞭陰石雨則鞭陽石皆應

捫蝨新話予先兄慶長嘗語予往守官舒州懷寧嘗與教官同候太守坐間守問教官曰如何是一陰一陽之謂道教官答云道在陰而陰得其一道在陽而陽得其一故曰一陰一陽之謂道又曰如何是陰陽不測之謂神答曰神者在陰而陰不測在陽而陽不測故曰陰陽不測之謂神守甚喜其語慶長對予再三誦之予惜不記其人名字

陰陽部雜錄一

書經虞書舜典律和聲 疏 陰律名同亦名呂鄭玄云律述氣也同助陰宣氣與之同也又云呂旅也言旅助陽宣氣也

夏書甘誓不用命戮于社 傳 社主陰陰主殺親祖嚴社之義 疏 禮左宗廟右社稷是祖陽而社陰

周書洪範潤下作鹹 蔡傳 水既純陰故潤下趣陰火是純陽故炎上趣陽

召誥厥既得卜 疏 市處王城之北朝爲陽故在南市爲陰故處北

立政論道經邦燮理陰陽

詩經小雅采薇篇曰歸曰歸歲亦陽止 朱注 陽十月也時純陰用事嫌於無陽故名之曰陽月也

杕杜篇日月陽止女心傷止 箋 十月爲陽婦人思望其君子陽月之時已憂傷矣

十月之交篇朔日辛卯 疏 十日甲剛乙柔其中有五剛五柔要十日皆爲幹而十二辰亦子陽丑陰其中有六陽六陰以對十日皆爲支

大雅篤公劉篇相其陰陽朱註陰陽向背寒暖之宜

天生蒸民篇有物有則疏孝經援神契曰性生於陽以理執情生於陰以繫念是性陽而情陰

周禮地官大司徒陰陽之所和也疏若昭四年左氏申豐云冬無愆陽夏無伏陰是其陰陽和也

春官大司樂陰竹之管註陰竹生於山北者疏爾雅云山南曰陽山北曰陰今言陰竹故知山北者也

保章氏十有二歲之相註歲謂太歲歲星爲陽右行於天太歲爲陰左行於地十二歲而小周

禮記曲禮請席何鄉請衽何趾疏席坐席衽臥席坐爲陽面亦陽也故問面何所向臥是陰足亦陰也故問足何所趾也

凡進食之禮左殽右胾食居人之左羹居人之右疏熟肉帶骨而臠曰殽純肉切之曰胾骨是陽故在左肉是陰故在右食飯燥爲陽故居左羹濕是陰故右

天子建天官先六大曰大宰大宗大史大祝大士大卜典司六典天子之五官曰司徒司馬司空司士司寇典司五衆疏天官尊陽故一卿以攝衆地官卑陰故五卿俱陳也

王制凡養老有虞氏以燕禮夏后氏以饗禮殷人以食禮周人修而兼用之註兼用之備陰陽也凡飲養陽氣凡食養陰氣陽用春夏陰用秋冬疏燕之與饗是飲酒之禮是陽陽而無陰食是飯飯是陰陰而無陽周兼用之故云備陰陽也

月令孟春之月其日甲乙大全馬氏曰甲丙戊庚壬陽也乙丁己辛癸陰也蓋一陰一陽每相爲用者也

其祀戶大全方氏曰戶奇而在內陽自內出之象也春生爲陽出之時故其祀戶門耦而在外陰自外入之象也秋收爲陰入之時故其祀門竈者物之所以化而夏之時則陽已極而陰於是化也故其祀竈行者人之所以往而冬之時則陽來復而陰於是往也故其祀行

仲春之月鷹化爲鳩大全方氏曰鷹好殺而摯以秋鼠好食而出以夜皆陰類也鳩鴽皆陽類也卯辰者陽之中故仲春則鷹化爲鳩季春則田鼠化爲鴽蓋陰爲陽所化物理如此爵乳子而集以春雉求雌而雊以朝皆陽類也蛤蜃皆陰類也戌亥者陰之極也故秋則爵入大水爲蛤孟冬則雉入大水爲蜃蓋陽爲陰所化物理如此

是月也日夜分大全方氏曰日陽也夜陰也故陽長而陰消則日長夜短陰長而陽消則夜長日短皆非陰陽之中也夫陽生於子終於午至卯而中分陰生於午終於子至酉而中分故春爲陽中而仲月之節爲春分秋爲陰中而仲月之節爲秋分春秋之分則陰陽適中而日夜無長短之差故於其月每言日夜分也

季春之月田鼠化爲鴽虹始見萍始生大全馬氏曰田鼠化爲鴽則陰類之慝者遷乎陽而其性和也萍始生則以陰物之浮以承陽者也方氏曰虹者天地訌潰之氣也陰干陽所乃見而出故又謂之蝀焉陽方得中則陰莫能干至於辰則已過中矣故爲陰所干而虹見也

是月也生氣方盛陽氣發泄句者畢出萌者盡達

命國難九門磔攘以畢春氣大全嚴陵方氏曰難所以難陰慝而毆之周官方相氏帥百隸而時難以狂夫爲之則狂疾以陽有餘唯陽有餘足以勝陰慝故也裂牲謂之磔除禍謂之攘必於九門則欲陰慝之出故也凡此皆慮春氣之不得其終也故曰以畢春氣此之所難則難陰慝之作於春者也仲秋又難則難陰慝之作於秋者也季冬又難則難陰慝之作於冬者也獨夏不難則以陽盛之時陰慝不能作故也

孟夏之月螻蟈鳴蚯蚓出大全馬氏曰螻蟈鳴則陰而伏者乘陽而鳴也蚯蚓出則陰而屈者乘陽而伸也

靡草死陳註草之枝葉靡細者陰類陽盛則死也

仲夏之月螳螂生鵙始鳴反舌無聲陳註凡物皆稟陰陽之氣而成質其陰類者宜陰時陽類者宜陽時得時則興背時則廢大全方氏曰螳螂鵙皆陰類也故或感微陰而生或感微陰而鳴焉反舌百舌也其鳴也感陽中而發故感微陰而無聲焉

毋暴布陳註布者陰功所成不可以小功干盛陽也

鹿角解大全方氏曰鹿好羣而相比則陽類也故夏至感陰生而角解麋多欲而善迷則陰類也故冬至感陽生而角解此所以不同也

孟秋之月天地始肅不可以贏陳註朱氏曰陽道常饒陰道常乏故贊化者不可使陰氣之贏也

仲秋之月元鳥歸大全方氏曰元鳥至以陽中故歸以陰中也

是月也養衰老授几杖行麋粥飲食陳註月至四陰陰已盛矣時以陽衰陰盛爲秋人以陽衰陰盛爲老養衰老順時令也大全方氏曰几杖以養其體麋粥以養其氣郊特牲曰飲養陽氣也食養陰氣也春饗孤子

秋食者老其義一也故此於秋言之然養陽非無食也特以飲為主耳養陰非無飲也特以食為主耳故此兼言飲焉

季秋之月鞠有黃華（大全）方氏曰桃華於仲春桐華於季春皆不言有獨於鞠言之者以萬物皆華於陽獨鞠華於陰而已故特言有桃華之紅桐華之白皆不言其色獨鞠言其色而曰黃者以華於陰中其色正應陰之盛故也

孟冬之月虹藏不見（陳注）陰陽氣交而為虹此時陰陽極乎辨故虹伏

仲冬之月鶡旦不鳴虎始交（陳注）夜鳴而求旦故謂之鶡旦夫夜陽則陰類也然鳴而求旦則求陽而已故感微陽之生而不鳴則以得所求故也虎陰物而交則亦感陽之生故也

命之曰暢月（陳注）朱氏謂陽久屈而後伸故云暢月

芸始生荔挺出蚯蚓結麋角解水泉動（陳注）水者天一之陽所生陽生而動言枯涸者漸滋發也（大全）方氏曰凡物之氣感陰者腥感陽者香陽方長矣故芸始生荔挺出蚯蚓結者以感正陽之氣而後出故微陽雖生而猶結焉結言形之未解也

季冬之月鴈北鄉鵲始巢雉雊雞乳（大全）馬氏曰鴈北鄉則順陽而復也雉火畜也感於陽而後有聲雞木畜也麗於陽而後有形

冰方盛水澤腹堅命取冰冰以入令告民出五種（大全）嚴陵方氏曰萬物負陰而抱陽沖氣以為和陰盛閉塞而陽無所泄則氣戾不和為愆陽為伏陰然則鑿冰非特為備暑亦以達陽氣也冰之入也為陰事之終種之出也為陽事之始以冰入之期而告民出五種終則有始也

內則凡男拜尚左手（注）左陽也

凡女拜尚右手（注）右陰也（陳注）尚左尚右陰陽之別

祭義祭日於壇祭月於坎以別幽明以制上下祭日於東祭月於西以別外內以端其位日出於東月生於西陰陽長短終始相巡以致天下之和（陳注）壇高而顯坎深而隱一顯一隱所以別陰陽之幽明一高一深所以制陰陽之上下東動而出西靜而入出則在外入則反內故東西所以別陰陽之外內東為陽中西為陰中中則得位故東西所以端陰陽之位日往則月來月往則日來而陰陽之義配焉陽道常饒陰道常乏故運而為氣賦而為形凡屬乎陽者皆長屬乎陰者皆短一長一短終則有始相巡而未嘗相絕故足以致天下之和者陰陽相濟之故也

昔者聖人建陰陽天地之情立以為易（疏）興建陰陽天地之情仰觀天文俯察地理立此陰陽以作易

祭統昆蟲之異草木之實陰陽之物備矣（大全）方氏曰言陰陽之物者蓋昆蟲以陰蟄以陽出草木以陰枯以陽榮故也

鄉飲酒義賓主象天地也介僎象陰陽也（陳注）介以輔賓僎以輔主人象陰陽之輔天地也

亨狗於東方祖陽氣之發於東方也（大全）方氏曰凡植物皆地產足以養人之陰凡動物皆天產足以養人之陽天產不特狗也而特亨狗以祖陽氣者蓋陽之辰窮於戌而為陽之至故辰在戌而屬狗則狗至陽之畜也東方者得陽之中亨至陽之畜於陽中之方又得其宜矣

喪服四制凡禮之大體體天地法四時則陰陽順人情（又）夫禮吉凶異道不得相干取之陰陽也

左傳冬無愆陽夏無伏陰

穀梁傳獨陰不生獨陽不生獨天不生三合然後乃生

素問上古天眞論丈夫二八腎氣盛天癸至精氣溢寫陰陽和故能有子六八陽氣衰竭於上面焦髮鬢頒白

四氣調神大論冬三月此為閉藏水冰地坼無擾乎陽早臥晚起必待日光

逆春氣則少陽不生肝氣內變逆夏氣則太陽不長心氣內洞逆秋氣則太陰不收肺氣焦滿逆冬氣則少陰不藏腎氣獨沈夫四時陰陽者萬物之根本也所以聖人春夏養陽秋冬養陰以從其根故與萬物浮沈於生長之門逆其根則伐其本壞其眞矣故陰陽四時者萬物之終始也死生之本也逆之則災害生從之則苛疾不起是謂得道

生氣通天論陽氣者若天與日失其所則折壽而不彰故天運當以日光明是故陽因而上衛外者也陽氣者煩勞則張精絕辟積於夏使人煎厥目盲不可以視耳閉不可以聽潰潰乎若壞都汩汩乎不可止陽氣者大怒則形氣絕而血菀於上使人薄厥有傷於筋縱其若不容

陽氣者精則養神柔則養筋

陽氣者一日而主外平旦人氣生日中而陽氣隆日西而陽氣已虛氣門乃閉

岐伯曰陰者藏精而起亟也陽者衛外而爲固也陰不勝其陽則脈流薄疾并乃狂陽不勝其陰則五藏氣爭九竅不通是以聖人陳陰陽筋脈和同骨髓堅固氣血皆從如是則內外調和邪不能害耳目聰明氣立如故 又 凡陽陰之要陽密乃固兩者不和若春無秋若冬無夏因而和之是爲聖度故陽強不能密陰氣乃絕陰平陽祕精神乃治陰陽離決精氣乃絕

陰陽應象大論氣味辛甘發散爲陽酸苦涌泄爲陰陰勝則陽病陽勝則陰病陽勝則熱陰勝則寒

暴怒傷陰暴喜傷陽厥氣上行滿脈去形喜怒不節寒暑過度生乃不固故重陰必陽重陽必陰

岐伯曰陽勝則身熱腠理閉喘麤爲之俛仰汗不出而熱齒乾以煩冤腹滿死能冬不能夏陰勝則身寒汗出身常淸數慄而寒寒則厥厥則腹滿死能夏不能冬此陰陽更勝之變病之形能也

天不足西北故西北方陰也而人右耳目不如左明也地不滿東南故東南方陽也而人左手足不如右強也帝曰何以然岐伯曰東方陽也陽者其精并於上并於上則上明而下虛故使耳目聰明而手足不便也西方陰也陰者其精并於下并於下則下盛而上虛故其耳目不聰明而手足便也故俱感於邪其在上則右甚在下則左甚此天地陰陽所不能全也故邪居之

以天地爲之陰陽陽之汗以天地之雨名之陽之氣以天地之疾風名之

陰陽離合論帝曰願聞三陰三陽之離合也岐伯曰聖人南面而立前曰廣明後曰太衝太衝之地名曰少陰少陰之上名曰太陽太陽根起於至陰結於命門名曰陰中之陽中身而上名曰廣明廣明之下名曰太陰太陰之前名曰陽明陽明根起於厲兌名曰陰中之陽厥陰之表名曰少陽少陽根起於竅陰名曰陰中之少陽是故三陽之離合也太陽爲開陽明爲闔少陽爲樞三經者不得相失也搏而勿浮命曰一陽帝曰願聞三陰岐伯曰外者爲陽內者爲陰然則中爲陰其衝在下名曰太陰太陰根起於隱白名曰陰中之陰太陰之後名曰少陰少陰根起於涌泉名曰陰中之少陰少陰之前名曰厥陰厥陰根起於大敦陰之絕陽名曰陰之絕陰是故三陰之離合也太陰爲開厥陰爲闔少陰爲樞三經者不得相失也搏而勿沉命曰一陰陰陽䨠䨠音衝積傳爲一周氣裏形表而爲相成也

陰陽別論黃帝問曰人有四經十二從何謂岐伯對曰四經應四時十二從應十二月十二月應十二脈脈有陰陽知陽者知陰知陰者知陽凡陽有五五五二十五陽所謂陰者眞藏也見則爲敗敗必死也所謂陽者胃脘之陽也別於陽者知病處也別於陰者知死生之期三陽在頭三陰在手所謂一也別於陽者知病忌時別於陰者知死生之期謹熟陰陽無與衆謀所謂陰陽者去者爲陰至者爲陽靜者爲陰動者爲陽遲者爲陰數者爲陽

鼓一陽曰鉤鼓一陰曰毛鼓陽勝急曰弦鼓陽至而絕曰石陰陽相過曰溜陰爭於內陽擾於外魄汗未藏四逆而起起則熏肺使人喘鳴陰之所生和本曰和是故剛與剛陽氣破散陰氣乃消亡淖則剛柔不和經氣乃絕死陰之屬不過三日而死生陽之屬不過四日而死所謂生陽死陰者肝之心謂之生陽心之肺謂之死陰肺之腎謂之重陰腎之脾謂之辟陰死不治結陽者腫四支結陰者便血一升再結二升三結三升陰陽結斜多陰少陽曰石水少腹腫二陽結謂之消三陽結謂之隔三陰結謂之水一陰一陽結謂之喉痹陰搏陽別謂之有子陰陽虛腸澼死陽加於陰謂之汗陰虛陽搏謂之崩

六節藏象論帝曰藏象何如岐伯曰心者生之本神之變也其華在面其充在血脈爲陽中之太陽通於夏氣肺者氣之本魄之處也其華在毛其充在皮爲陽中之太陰通於秋氣腎者主蟄封藏之本精之處也其華在髮其充在骨爲陰中之少陰通於冬氣肝者罷極之本魂之居也其華在爪其充在筋以生血氣其味酸其色蒼此謂陽中之少陽通於春氣脾胃大腸小腸三焦膀胱者倉廩之本營之居也名曰器能化糟粕轉味而入出者也其華在脣四白其充在肌其味甘其色黃此至陰之類通於土氣

脈要精微論岐伯曰冬至四十五日陽氣微上陰氣微下夏至四十五日陰氣微上陽氣微下陰陽有時與脈爲期 又 陰盛則夢涉大水恐懼陽盛則夢大火燔灼陰陽俱盛則夢相殺毀傷

厥論黃帝問曰厥之寒熱者何也岐伯對曰陽氣衰於下則爲寒厥陰氣衰於下則爲熱厥帝曰熱厥之爲熱也必起於足下者何也岐伯曰陽氣起於足五指之表陰脈者集於足下而聚於足心故陽氣勝則足下熱也帝曰寒厥之爲寒也必從五指而上於膝

者何也岐伯曰陰氣起於五指之裏集於膝下而聚於膝上故陰氣勝則從五指至膝上寒其寒也不從外皆從內也

病能論帝曰有病怒狂者此病安生岐伯曰生於陽也帝曰陽何以使人狂岐伯曰陽氣者因暴折而難決故善怒也病名曰陽厥

脈解太陽所謂腫腰脽痛者正月太陽寅寅太陽也正月陽氣出在上而陰氣盛陽未得自次也故腫腰脽痛也病偏虛爲跛者正月陽氣凍解地氣而出也所謂偏虛者冬寒頗有不足者故偏虛爲跛也所謂强上引背者陽氣大上而爭故强上也所謂耳鳴者陽氣萬物盛上而躍故耳鳴也所謂甚則狂巔疾者陽盡在上陰氣從下下虛上實故狂巔疾也所謂浮爲聾者皆在氣也所謂入中爲瘖者陽盛已衰故爲瘖也內奪而厥則爲瘖俳此腎虛也少陰不至者厥也少陽所謂心脅痛者少陽盛也盛者心之所表也九月陽氣盡而陰氣盛故心脅痛也所謂不可反側者陰氣藏物也物藏則不動故不可反側也所謂甚則躍者九月萬物盡衰草木畢落而墮則氣去陽而之陰氣盛而陽之下長故謂躍陽明所謂灑灑振寒者陽明者午也五月盛陽之陰也陽盛而陰氣加之故灑灑振寒也所謂脛腫而股不收者是五月盛陽之陰也陽者衰於五月而一陰氣上與陽始爭故脛腫而股不收也所謂上喘而爲水者陰氣下而復上上則邪客於藏府間故爲水也所謂胸痛少氣者水氣在藏府也水者陰氣也陰氣在中故胸痛少氣也所謂甚則厥惡人與火聞木音則惕然而驚者陽氣與陰氣相薄水火相惡故惕然而驚也所謂欲獨閉戶牖而處者陰陽相薄也陽盡而陰盛故欲獨閉戶牖而居所謂病至則欲乘高而歌棄衣而走者陰陽復爭而外并於陽故使之棄衣而走也所謂客孫脈則頭痛鼻鼽腹腫者陽明并於上上者則其孫絡太陰也故頭痛鼻鼽腹腫也太陰所謂病脹者太陰子也十一月萬物氣皆藏於中故曰病脹所謂上走心爲噫者陰盛而上走於陽明陽明絡屬心故曰上走心爲噫也所謂食則嘔者物盛滿而上溢故嘔也所謂得後與氣則快然如衰者十二月陰氣下衰而陽氣且出故曰得後與氣則快然如衰也少陰所謂腰痛者少陰者腎也十月萬物陽氣皆傷故腰痛也所謂嘔欬上氣喘者陰氣在下陽氣在上諸陽氣浮無所依從故嘔欬上氣喘也所謂色色不能久立久坐起則目䀮䀮無所見者萬物陰陽不定未有主也秋氣始至微霜始下而方殺萬物陰陽內奪故目䀮䀮無所見也所謂少氣善怒者陽氣不治陽氣不治則陽氣不得出肝氣當治而未得故善怒善怒者名曰煎厥所謂恐如人將捕之者秋氣萬物未有畢去陰氣少陽氣入陰陽相薄故恐也所謂惡聞食臭者胃無氣故惡聞食臭也所謂面黑如地色者秋氣內奪故變於色也所謂欬則有血者陽脈傷也陽氣未盛於上而脈滿滿則欬故血見於鼻也厥陰所謂癲疝婦人少腹腫者厥陰者辰也三月陽中之陰邪在中故爲癲疝少腹腫也所謂腰脊痛不可以俛仰者三月陽振榮華萬物一俛而不仰也所謂癲癃疝膚脹者曰陰亦盛而脈脹不通故曰癲癃疝也所謂甚則嗌乾熱中者陰陽相薄而熱故嗌乾也

調經論岐伯曰邪之生也或生於陰或生於陽其生於陽者得之風雨寒暑其生於陰者得之飲食居處

至眞要大論帝曰五味陰陽之用何如岐伯曰辛甘發散爲陽酸苦涌泄爲陰鹹味涌泄爲陰淡味滲泄爲陽

陰陽類論帝曰陰陽之類經脈之道五中所主何藏最貴雷公對曰春甲乙青中主肝治七十二日是脈之主時臣以其藏最貴帝曰却念上下經陰陽從容子所言貴最其下也雷公齋七日旦復侍坐帝曰三陽爲經二陽爲維一陽爲游部此知五藏終始三陽爲表二陰爲裏一陰至絕作朔晦却具合以正其理雷公曰受業未能明帝曰所謂三陽者太陽爲經三陽脈至手太陰弦浮而不沉決以度察以心合之陰陽之論所謂二陽者陽明也至手太陰弦而沈急不鼓炅至以病皆死一陽者少陽也至手太陰上連人迎弦急懸不絕此少陽之病也專陰則死三陰者六經之所主也交於太陰伏鼓不浮上空志心二陰至肺其氣歸膀胱外連脾胃一陰獨至經絕氣浮不鼓鉤而滑此六脈者乍陰乍陽交屬相并繆通五藏合於陰陽先至爲主後至爲客雷公曰臣悉盡意受傳經脈頌得從容之道以合從容不知陰陽不知雌雄帝曰三陽爲父二陽爲衛一陽爲紀三陰爲母二陰爲雌一陰爲獨使二陽一陰陽明主病不勝一陰脈耎而動九竅皆沈三陽一陰太陰脈勝一陰不能止內亂五藏外爲驚駭二陰二陽病在肺少陰脈沈勝肺傷脾外傷四支二陰二陽皆交至病在腎罵詈妄

行巔疾爲狂二陰一陽病出於腎陰氣客遊於心脘下空竅堤閉塞不通四支別離一陰一陽代絕此陰氣至心上下無常出入不知喉咽乾燥病在土脾二陽三陰至陰皆在陰不過陽陽氣不能止陰陰陽並絕浮爲血瘕沈爲膿胕陰陽皆壯下至陰陽上合昭昭下合冥冥診決死生之期遂合歲首

汲冢周書大聚解王若欲求天下民先設其利而民自至譬之若冬日之陽夏日之陰不召而民自來此謂歸德

道德經道化篇萬物負陰而抱陽

關尹子四符篇陰陽雖妙不能卵無雄之雌又仁則陽而明可以輕魂義則陰而冥可以御魄又陰陽雖妙能役有氣而不能役無氣

六七篇世之人以暫見者爲夢久見者爲覺殊不知暫之所見者陰陽之炁久之所見者亦陰陽之炁二者皆我陰陽孰爲夢孰爲覺

相鶴經鶴者陽鳥也而游於陰

管子宙合篇夏處陰冬處陽

樞言篇珠者陰之陽也故勝火玉者陰之陰也故勝木

心術篇人主者立於陰陰者靜故曰動則失位陰則能制陽矣靜則能制動矣

四時篇日掌陽月掌陰星掌和陽爲德陰爲刑和爲事

形勢解春者陽氣始上故萬物生夏者陽氣畢上故萬物長秋者陰氣始下故萬物收冬者陰氣畢下故萬物藏

臣乘馬篇日至六十日而陽凍釋七十日而陰凍釋

揆度篇天筴陽也壤筴陰也

輕重篇管子曰女華者桀之所愛也湯事之以千金曲逆者桀之所善也湯事之以千金內則有女華之陰外則有曲逆之陽陰陽之議合而得成其天子此湯之陰謀也又管子曰陰王之國有三而齊與在焉桓公曰此若言可得聞乎管子對曰楚有汝漢之黃金而齊有渠展之鹽燕有遼東之煮此陰王之國也又狐白應陰陽之變六月而一見

子華子夫天降一氣則五氣隨之寄備於陰陽合氣而成體故有太陽有少陽有太陰有少陰陰中有陽陽中有陰故陽中之陽者火是也陰中之陰者水是也陽中之陰者木是也陰中之陽者金是也土居二氣之中間以治四維在陰而陰在陽而陽故物非土不成人非土不生北方陰極而生寒寒生水南方陽極而生熱熱生火東方陽動以散而生風風生木西方陰止以收而生燥燥生金中央陰陽交而生濕濕生土是故天地之間六合之內不離於五

鄧析子爲君當若冬日之陽夏日之陰萬物自歸莫之使也

文子道原篇約而能張幽而能明柔而能剛含陰吐陽而章三光又大丈夫恬然無思淡然無慮以天爲蓋以地爲車以四時爲馬以陰陽爲御行乎無路遊乎無怠出乎無門以天爲蓋則無所不覆也以地爲車則無所不載也四時爲馬則無所不使也陰陽御之則無所不備也又噓吸陰陽吐故納新與陰俱閉與陽俱開與剛柔卷舒與陰陽俛仰又人大怒破陰大喜墜陽又寇莫大於陰陽而桴鼓爲細

精誠篇陰陽所擁沉滯不通者竅理之又含陰吐陽而與萬物同和者德也又冬日之陽夏日之陰萬物歸之而莫之使

守弱篇聖人與陰俱閉與陽俱開

上德篇月望日奪光陰不能以承陽又陰陽不能常且冬且夏又天氣下地氣上陰陽交通萬物齊同君子用事小人消亡天地之道也天氣不下地氣不上陰陽不通萬物不昌小人得勢君子消亡五穀不植道德內藏又陰難陽萬物昌陽復陰萬物湛物昌無不贍也物湛無不樂也物樂則無不治矣陰害物陽自屈陰進陽退小人得勢君子避害天道然也陽氣動萬物緩而得其所是以聖人順陽道又陽氣畜而後能施陰氣積而後能化未有不畜積而後能化者也故聖人愼所積陽滅陰萬物肥陰滅陽萬物衰故王公尚陽道則萬物昌尚陰道則天下亡陽不下陰則萬物不成又陽氣盛變爲陰陰氣盛變爲陽又聖人偯陽天下和同偯陰天下溺沉

微明篇道可以弱可以強可以柔可以剛可以陰可以陽又聖人能陰能陽能柔能剛能弱能強又陽中有陰陰中有陽萬事盡然不可勝明

自然篇道生萬物理於陰陽化爲四時分爲五行又陰陽四時金木水火土同道而異理

上仁篇天地之炁莫大於和和者陰陽調日夜分故萬物春分而生秋分而成生與成必得和之精故積陰不生積陽不化陰陽交接乃能成和

上禮篇上古眞人呼吸陰陽而羣生莫不仰其德以

和順又神農黄帝覈領天下紀綱四時和調陰陽於是萬民莫不竦身而思戴

莊子人間世篇且以巧鬭力者始乎陽常卒乎陰

在宥篇人大喜邪毗於陽大怒邪毗於陰陰陽并毗四時不至寒暑之和不成其反傷人之形乎又廣成子曰我爲女遂於大明之上矣至彼至陽之原也爲女入於窈冥之門矣至彼至陰之原也天地有官陰陽有藏愼守女身物將自壯

天運篇老子曰子又烏乎求之哉曰吾求之於陰陽十有二年而未得

刻意篇聖人之生也天行其死也物化靜而與陰同德動而與陽同波

繕性篇古之人在混芒之中與一世而得澹漠焉當是時也陰陽和靜

秋水篇師天而無地師陰而無陽其不可行明矣

田子方篇至陰肅肅至陽赫赫肅肅出乎天赫赫發乎地

庚桑楚篇寇莫大於陰陽無所逃於天地之間非陰陽賊之心則使之也

則陽篇天地者形之大者也陰陽者氣之大者也

說劍篇開以陰陽

列子天瑞篇天地之道非陰則陽

周穆王篇一體之盈虛消息皆通於天地應於物類故陰氣壯則夢涉大水而恐懼陽氣壯則夢涉大火而燔焫陰陽俱壯則夢生殺又西極之南隅有國焉不知境界之所接名古莽之國陰陽之氣所不交故寒暑無辨

亢倉子政道篇水陰沴也陰於國政類刑人事類私旱陽過也陽於國政類德人事類盈

鬼谷子捭闔篇捭之者開也言也陽也闔之者閉也默也陰也陰陽其和終始其義故言長生安樂富貴尊榮顯名愛好財利得意喜欲爲陽曰始故言死憂患貧賤苦辱棄損亡利失意有害刑戮誅罰爲陰曰終諸言法陽之類皆曰始言善以始其事諸言法陰之類皆曰終言惡以終爲謀捭闔之道以陰陽試之故與陽言者依崇高與陰言者依卑小以下求小以高求大由此言之無所不出無所不入無所不言可陰陽之理盡小大之情得故出入皆可何所不可乎爲小無內爲大無外益損去就倍反皆以陰陽御其事陽動而行陰止而藏陽動而出陰隨而入陽還終始陰極反陽以陽動者德相生也以陰靜者形相成也以陽求陰苞以德也以陰結陽施以力也陽陰相求由捭闔也此天地陰陽之道而說人之法也

決篇陽勵於一言陰勵於二言

孫子凡軍好高而惡下貴陽而賤陰

韓非子陰燕陽魏又四海既藏道陰見陽又蟻冬居山之陽夏居山之陰

戰國策夏桀之國左天門之陰而右天谿之陽盧睪在其北伊洛出其南

呂子重己篇室大則多陰臺高則多陽多陰則蹷多陽則痿此陰陽不適之患也

貴公篇陰陽之和不長一類

大樂篇兩儀出陰陽陰陽變化一上一下合而成章又萬物所出造於太一化於陰陽

精通篇月也者羣陰之本也月望則蚌蛤實羣陰盈月晦則蚌蛤虛羣陰虧

知分篇凡人物者陰陽之化也陰陽者造乎天而成者也

辨土篇晦欲廣以平甽欲小以深下得陰上得陽

越絕書計倪內經越王曰物有妖祥乎計倪曰有陰陽萬物各有紀綱日月星辰刑德變爲吉凶金木水火土更勝月朔更建莫主其常順之有德逆之有殃是故聖人能明其刑而處其鄉從其德而避其衡凡舉百事必順天地四時參以陰陽用之不審舉事有殃人生不如臥之頃也欲變天地之常數發無道故貧而命不長故聖人并苞而陰行之以感愚夫衆人容容盡欲富貴莫知其鄉越王曰善請問其方計倪對曰從寅至未陽也太陰在陽歲德在陰歲美在是聖人動而應之制其收發常以太陰在陰而發陰且盡之歲亟賣六畜貨財以益收五穀以應陽之至也陽且盡之歲亟發糴以收田宅牛馬積斂貨財聚棺木以應陰之至也此皆十倍者也其次五倍天有時而散是故聖人反其形順其衡收聚而不散越王曰善

外傳枕中范子曰道生氣氣生陰陰生陽陽生天地范子曰夫八穀貴賤之法必察天之三表卽決矣越王曰請問三表范子曰水之勢勝金陰陽蓄積大盛水據金而死故金中有水如此者歲大敗八穀皆貴金之勢勝木陽氣蓄積大盛金據木而死故木中有火如此者歲大美八穀皆賤金木水火更相勝此天之三表者也按此條或有錯訛恐是火勢勝金火據金而死金勢勝木金據木而死

越王曰寡人已聞陰陽之事穀之貴賤可得而知乎

范子曰陽者主貴陰者主賤故當寒而不寒者穀爲之暴貴當溫而不溫者穀爲之暴賤譬猶形影聲響相聞豈得不復哉故曰秋冬貴陽氣施於陰陽極而復貴春夏賤陰氣施於陽陽極而不復越王曰善哉

越王曰吾欲富邦强兵地狹民少柰何爲之范子曰夫陽動於上以成天文陰動於下以成地理審察開置之要可以爲富凡欲先知天門開及地戶閉其術天高五寸減天寸六分以成地謹司八穀初見出於天者是謂天門開地戶閉陽氣不得下入地戶故氣轉動而上下陰陽俱絕八穀不成大貴必應其歲而起此天變見符也謹司八穀初見入於地者是爲地戶閉陰陽俱會八穀大成其歲大賤來年大饑此地變見端也

乾象典第十八卷

陰陽部雜錄二

漢書律歷志律十有二陽六爲律陰六爲呂律以統氣類物一曰黃鍾二曰太蔟三曰姑洗四曰蕤賓五曰夷則六曰亡射呂以旅陽宣氣一曰林鍾二曰南呂三曰應鍾四曰大呂五曰夾鍾六曰中呂黃鍾黃者中之色君之服也鍾者種也天之中數五五爲聲聲上宮五聲莫大焉地之中數六六爲律律有形有色色上黃五色莫盛焉故陽氣施種於黃泉孳萌萬物爲六氣元也以黃色名元氣律者著宮聲也宮以九唱六變動不居周流六虛始於子在十一月大呂呂旅也言陰大旅助黃鍾宣氣而牙物也位於丑在十二月太蔟蔟奏也言陽氣大奏地而達物也位於寅在正月夾鍾言陰夾助太蔟宣四方之氣而出種物也位於卯在二月姑洗洗絜也言陽氣洗物辜絜之也位於辰在三月中呂言微陰始起未成著於其中旅助姑洗宣氣齊物也位於巳在四月蕤賓蕤繼也賓導也言陽始導陰氣使繼養物也位於午在五月林鍾林君也言陰氣受任助蕤賓君主種物使長大楙盛也位於未在六月夷則則法也言陽氣正法度而使陰氣夷當傷之物也位于申在七月南呂南任也言陰氣旅助夷則任成萬物也位於酉在八月亡射射厭也言陽氣究物而使陰氣畢剝落之終而復始亡厭已也位於戌在九月應鍾言陰氣應亡射該臧萬物而雜陽閡種也位於亥在十月又以陰陽言之太陰者北方北伏也陽氣伏於下於時爲冬冬終也物終臧乃可稱水潤下知者謀謀者重故爲權也太陽者南方南任也陽氣任養物於時爲夏夏假也物假大乃宣平火炎上禮者齊齊者平故爲衡也少陰者西方西遷也陰氣遷落物於時爲秋秋䌚音揫也物䌚斂乃成孰金從革改更也義者成成者方故爲矩也少陽者東方東動也陽氣動物於時爲春春蠢也物蠢生乃動運木曲直仁者生生者圜故爲規也中央者陰陽之內四方之中經緯通達乃能端直於時爲四季土稼嗇蕃息信者誠誠者直故爲繩也五則揆物有輕重圜方平直陽陰之義四方四時之體五常五行之象厥法有品各順其方而應其行職在大行鴻臚掌之

一月之日二十九日八十一分日之四十三先藉半日名曰陽歷不藉名曰陰歷所謂陽歷者先朔月生陰歷者朔而後月乃生

易九戹曰初入元百六陽九次三百七十四陰九次四百八十陽九次七百二十陰七次七百二十陽七次六百陰五次六百陽五次四百八十陰三次四百八十陽三

郊祀志作伏祠註師古曰伏者謂陰氣將起迫於殘陽而未得升故爲藏伏因名伏日也

天好陰祀之必於高山之下時命曰時地貴陽祭之必於澤中圜丘

祭天於南郊就陽之義也瘞地於北郊即陰之象也

鼂錯傳錯曰夫胡貉之地積陰之處也木皮三寸冰厚六尺食肉而飲酪其人密理鳥獸毳毛其性能寒揚粵之地少陰多陽其人疏理鳥獸希毛其性能暑

陸賈新語道基篇陽生雷電陰成雪霜又陽氣以仁生陰節以義降

韓詩外傳天地有合則生氣有精矣陰陽消息則變化有時矣時得則治時失則亂故人生而不具者五目無見不能食不能行不能言不能施化三月微的而後能見七月而生齒而後能食朞年髕就而後能行三年腦合而後能言十六而精通而後能施化陰陽相反陰以陽變陽以陰變故男八月生齒八歲而齔齒十六而精化小通女七月生齒七歲而齔齒十四而精化小通是故陽以陰變陰以陽變

淮南子原道訓大丈夫恬然無思澹然無慮以天爲蓋以地爲輿四時爲馬陰陽爲御又大怒破陰大喜墜陽

俶眞訓聖人呼吸陰陽之氣而羣生莫不顒顒然仰其德以和順

天文訓二陰一陽成氣二二陽一陰成氣三合氣而爲音合陰而爲陽合陽而律故曰五音六律

時則訓陰陽大制有六度天爲繩地爲準春爲規夏爲衡秋爲矩冬爲權

精神訓靜則與陰俱閉動則與陽俱開

本經訓陰陽之情莫不有血氣之感男女羣居雜處而無別是以貴禮

法陰陽者德與天地參明與日月並精與鬼神總戴圓履方抱表懷繩內能治身外能得人發號施令天下莫不從風

主術訓冬日之陽夏日之陰萬物歸之而莫使之然

繆稱訓寇莫大於陰陽枹鼓爲小

道應訓無爲曰吾知道之可以弱可以強可以柔可以剛可以陰可以陽

氾論訓天地之氣莫大於和和者陰陽調日夜分而生物春分而生秋分而成生之與成必得和之精積陰則沉積陽則飛陰陽相接乃能成和

詮言訓陽氣起於東北盡於西南陰氣起於西南盡於東北陰陽之始皆調適相似日長其類以浸相遠或熱焦沙或寒凝冰故聖人謹慎其所積

兵略訓所謂道者體圓而法方背陰而抱陽

人間訓有陰德者必有陽報有陰行者必有昭名

泰族訓故天之且風草木未動而鳥已翔矣其且雨也陰曀未集而魚已噞矣以陰陽之氣相動也又天地不包一物陰陽不生一類

春秋繁露精華篇難者曰大旱雩祭而請雨大水鳴鼓而攻社天地之所爲陰陽之所起也或請焉或怒焉者何曰大旱者陽滅陰也陽滅陰者尊壓卑也固其義也雖大甚拜請之而已無敢有加也大水者陰滅陽也陰滅陽者卑勝尊也日蝕亦然皆下犯上以賤傷貴逆節也故鳴鼓而攻之朱絲脅之爲其不義也此亦春秋之爲強禦也故變天地之位正陰陽之序直行其道而不忘其難義之至也

王道篇古者人君立於陰大夫立於陽所以別位明貴賤

立元神篇人臣居陽而爲陰人君居陰而爲陽陰道尚形而露情陽道無端而貴神

三代改制質文篇主天法商而王其道佚陽親親而多仁樸主地法夏而王其道進陰尊尊而多節義主天法質而王其道佚陽親親而多質愛主地法文而王其道進陰尊尊而多禮文

官制象天篇四時亦天之四選也是故春者少陽之選也夏者太陽之選也秋者少陰之選也冬者太陰之選也

王道通三篇天以陰爲權以陽爲經陽出而南陰出而北經用於盛權用於末以此見天之顯經隱權前德而後刑也故曰陽天之德陰天之刑也陽氣煖而陰氣寒陽氣予而陰氣奪陽氣仁而陰氣戾陽氣寬而陰氣急陽氣愛而陰氣惡陽氣生而陰氣殺是故陽常居實位而行於盛陰常居空虛而行於末天之好仁而近惡戾之變而遠大德而小刑之意也先經而後權貴陽而賤陰也故陰夏入居下不得任歲事冬出居上置之空處也養長之時伏於下遠去之弗使得爲陽也無事之時起之空處備之備次陳守閉塞也此皆天之近陽而遠陰

基義篇君臣父子夫婦之義皆取諸陰陽之道君爲陽臣爲陰父爲陽子爲陰夫爲陽妻爲陰陰道無所獨行其始也不得專起其終也不得分功有所兼之義是故臣兼功於君子兼功於父妻兼功於夫陰兼功於陽地兼功於天又天出陽爲煖以生之地出陰爲清以成之不煖不生不清不成

同類相動篇天將陰雨人之病故爲之先動是陰相應而起也天將欲陰雨又使人欲睡臥者陰氣也有憂亦使人臥者是陰相求也有喜者使人不欲臥者是陽相索也水得夜益長數分東風而酒湛溢病者至夜而疾益甚雞至幾明皆鳴而相薄其氣益精故陽益陽而陰益陰陰陽之氣因可以類相益損也天有陰陽人亦有陰陽天地之陰氣起而人之陰氣應之而起人之陰氣起而天地之陰氣亦宜應之而起其道一也明於此者欲致雨則動陰以起陰欲止雨則動陽以起陽

順命篇萬物非天不生獨陰不生獨陽不生陰陽與天地參然後生

循天之道篇天有兩和以成二中歲立其中用之無窮是北方之中用合陰而物始動於下南方之中用合陽而養始美於上又男女之法法陰與陽陽氣起於北方至南方而盛盛極而合乎陰陰氣起乎中夏至中冬而盛盛極而合乎陽又陽者天之寬也陰者天之急也又高臺多陽廣室多陰遠天地之和也又天之道嚮秋冬而陰來嚮春夏而陰去

如天之爲篇陰陽之氣在上天亦在人在人者爲好惡喜怒在天者爲暖清寒暑又天地之間有陰陽之氣常漸人者若水常漸魚也所以異於水者可見與不可見耳又明陽陰入出實虛之處所以觀天之志辨五行之本末順逆小大廣狹所以觀天道也

大戴禮曾子天圓篇律居陰而治陽厤居陽而治陰律厤迭相治也

四代篇有天德有地德有人德此謂三德三德率行乃有陰陽陽曰德陰曰刑

鹽鐵論輕重篇文學曰扁鵲撫息脈而知疾所由生陽氣盛則損之而調陰寒氣盛則損之而調陽又文學曰邊郡山居谷處陰陽不和寒凍裂地衝風飄鹵沙石凝積地勢無所宜中國天地之中陰陽之際也日月經其南斗極出其北含衆和之氣產育庶物

論菑篇文學曰日者陽陽道明月者陰陰道冥君尊臣卑之義故陽先盛於上衆陰之類消於下月望於天蚌蛤盛於淵又大夫曰文學言剛柔之類互勝相代生易明於陰陽書長於五行春生夏長故火生於寅木陽類也秋生冬死故水生於申金陰物也四時五行迭廢迭與陰陽異類水火不同器金得土而成得火而死金生於巳何說何言然乎又文學曰天道好生惡殺好賞惡罰故使陽居於實而宣德施陰藏於虛而爲陽佐輔陽剛陰柔季不能加孟此天賤冬而貴春申陽屈陰故王者南面而聽天下背陰向陽前德而後刑也

後漢書律曆志律術曰陽以圓爲形其性動陰以方爲節其性靜動者數三靜者數二以陽生陰倍之以陰生陽四之皆三而一陽生陰曰下生陰生陽曰上生上生不得過黃鍾之清濁下生不得及黃鍾之數實皆參天兩地圓蓋方覆六耦承奇之道也又冬至陽氣應則樂均清景長極黃鍾通土灰輕而衡仰夏至陰氣應則樂均濁景短極蕤賓通土灰重而衡低

吳越春秋從陰收著望陽出糶筴其極計三年五倍

白虎通禮樂篇功成作樂治定制禮樂言作禮言制何樂者陽也陽倡始故言作禮者陰也陰制度於陽故言制樂象陽禮法陰也又王者所以四食者何明有四方之物食四時之功也平旦食少陽之始也晝食太陽之始也晡食少陰之始也暮食太陰之始也又所以名之爲角者躍也陽氣動躍徵者止也陽氣止商者張也陰氣開張陽氣始降也羽者紆也陰氣在上陽氣在下宮者容也含也含容四時者也

封公侯篇諸侯世位大夫不世安法所以諸侯南面之君體陽而行陽道不絕大夫人臣北面體陰而行陰道絕以男生內嚮有留家之義女生外嚮有從夫之義此陽不絕陰有絕之効也

鄉射篇天子所以親射何助陽氣達萬物也春氣微弱恐物有窒塞不能自達者夫射自內發外貫堅入剛象物之生故以射達之也又所以必因射助陽選士者所以扶助微弱而抑其強和調陰陽戒不虞也

災變篇霜之爲言亡也陽以散亡雹之爲言合也陰氣專精積合爲雹日食者必殺之何陰侵陽也鼓用牲於社社者衆陰之主以朱絲縈之鳴鼓攻之以陽責陰也又大旱則雩祭求雨非苟虛也勑陽責下求陰道也

耕桑篇耕於東郊何東方少陽農事始起桑於西郊西方少陰女功所成

著龜篇禮三正記曰天子龜長一尺二寸諸侯一尺大夫八寸士六寸龜陰故數偶也天子著長九尺諸侯七尺大夫五尺士三尺著陽故數奇也又龜以制火灼之何禮雜記曰龜陰之老也著陽之老也龍非水不處龜非火不兆以陽動陰也

文質篇珪以爲信者何珪者兌上象物皆生見於上也信莫著於作見故以珪爲信而見萬物之始莫不自潔珪之爲言潔也上兌陽者下方陰也陽尊故其禮順備也位在東方陽見義於上也璧以聘問何璧者方中圓外象地地道安寧而出財物故以璧聘問也方中陰德方也圓外陰繫於陽也陰德盛於內故見象於內位在中央璧之爲言積也中央故有天地之象所以據用也內方象地外圓象天也璜所以徵名何璜者半璧位在北方北陰極而陽始起故象半陰陽氣始施徵名萬物故以徵名也不象陰何陽始物微未可見璜者橫也質尊之命也陽氣橫於黃泉故曰璜璜之爲言光也陽光所及莫不動也象君之威命所加莫敢不從陽之所施無不節也璋以發兵何璋半珪位在南方南方陽極而陰始起兵亦陰也故以發兵也不象其陰何陰始起物尚凝未可象也璋之爲言明也賞罰之道使臣之禮當章明也南方之時萬物莫不章故謂之璋琮以起土功發聚衆何琮之爲言聖也象萬物之宗聚聖也功之所成故以起土功發衆也位西方西方陽收功於內陰出成於外內圓象陽外直爲陰外牙而內湊象聚會也故謂之琮

三正篇王者必一質一文何以承天地順陰陽陽之道極則陰道受陰之道極則陽道受明二陰二陽不能相繼也質法天文法地而已故天爲質地受而化之養而成之故爲文

三綱篇君臣父子夫婦六人也所以稱三綱何一陰一陽之謂道陽得陰而成陰得陽而序剛柔相配故六人爲三綱

情性篇情性者何謂也性者陽之施情者陰之化也人稟陰陽氣而生故內懷五性六情情者靜也性者生也此人所稟六氣以生者也故鉤命訣曰情生於陰欲以時念也性生於陽以理也陽氣者仁陰氣者貪故情有利欲性有仁也

天地篇天所以反常行何以爲陽不動無以行其教陰不靜無以成其化雖終日乾乾亦不離其處也

日月篇月有閏餘何周天三百六十五度四分度之一歲十二月日過十二度故三年一閏五年再閏明陰不足陽有餘也故讖曰閏者陽之餘

嫁娶篇男三十而娶女二十而嫁陽數奇陰數偶男長女幼者陽舒陰促男三十筋骨堅強任爲人父女二十肌膚充盛任爲人母合爲五十應大衍之數生萬物也故禮內則曰男三十壯有室女二十壯而嫁七歲之陽也八歲之陰也七八十五陰陽之數備有相偶之志故禮記曰女子十五許嫁笄而字禮之稱字陰繫於陽所以專一之節也陽尊無所繫二十五繫者就陰節也陽舒而陰促三十數三終奇陽節也二十數再終偶陰節也陽小成於陰大成於陽故二十而冠三十而娶陰小成於陽大成於陰故十五而笄二十而嫁也

喪服篇以竹杖何取其名也竹者蹙也桐者痛也父以竹母以桐何竹者陽也桐者陰也竹何以爲陽竹斷而用之質故爲陽桐削而用之加人功文故爲陰也

論衡本性篇董仲舒覽孫孟之書作情性之說曰天之大經一陰一陽人之大經一情一性性生於陽情生於陰陰氣鄙陽氣仁曰性善者是見其陽也謂惡者是見其陰者也若仲舒之言謂孟子見其陽孫卿見其陰也處二家各有見可也不處人情性情性有善有惡未也夫人情性同生於陰陽其生於陰陽有渥有泊玉生於石有純有駮情性生於陰陽安能純善仲舒之言未能得實劉子政曰性生而然者也在於身而不發情接於物而然者也出形於外形外則謂之陽不發者則謂之陰夫子政之言謂性在身而不發情接於物形出於外故謂之陽性不發不與物接故謂之陰夫如子政之言乃謂情爲陽性爲陰也不據本所生起苟以形出與不發見定陰陽也必以形出爲陽性亦與物接造次必於是顛沛必於是惻隱不忍仁之氣也卑謙辭讓性之發也有與接會故惻隱卑謙形出於外謂性在內不與物接恐非其實不論性之善惡徒議外內陰陽理難以知且從子政之言以性爲陰情爲陽夫人稟情竟有善惡否也

感虛篇傳書言師曠奏白雪之曲而神物下降風雨暴至原省其實殆虛言也風雨暴至是陰陽亂也樂能亂陰陽則亦能調陰陽也王者何須修身正行擴施善政使鼓調陰陽之曲和氣自至太平自立矣

雷虛篇實說雷者太陽之激氣也何以明之正月陽動故正月始雷五月陽盛故五月雷迅秋冬陽衰故秋冬雷潛盛夏之時太陽用事陰氣乘之陰陽分事則相校軫校軫則激射激射爲毒中人輒死中木木折中屋屋壞人在木下屋間偶中而死矣何以驗之試以一斗水灌冶鑄之火氣激㩁裂若雷之音矣或近之必灼人體天地爲鑪大矣陽氣爲火猛矣雲雨爲水多矣分爭激射安得不迅中傷人身安得不死當冶工之消鐵也以土爲形燥則鐵下不則躍溢而射射中人身則皮膚灼剝陽氣之熱非直消鐵之烈也陰氣激之非直土泥之濕也陽氣中人非直灼剝之痛也

變動篇夏末蜻蛚鳴寒螿啼感陰氣也雷動而雉驚發蟄而蛇出起陽氣也又寒溫之氣繫於天地而統於陰陽人事國政安能動之

明雩篇水旱者陰陽之氣也滿六合難得盡祀故脩壇設位敬恭祈求效事社之義復災變之道也推生事死推人事鬼陰陽精氣倘如生人能飲食乎故共馨香奉進旨嘉區區惓惓冀見答享

順鼓篇春秋之義大水鼓用牲於社說者曰鼓者攻之也或曰脅之脅則攻矣陰勝攻社以救之又俗圖女媧之象爲婦人之形又其號曰女仲舒之意殆謂女媧古婦人帝王者也男陽而女陰陰氣爲害故祭女媧求福祐也

自然篇天道無爲故春不爲生而夏不爲長秋不爲成冬不爲藏陽氣自出物自生長陰氣自出物自成藏

論死篇鬼神者陰陽之名也陰氣逆物而歸故謂之鬼陽氣導物而生故謂之神

訂鬼篇龍陽物也故時變化鬼陽氣也時藏時見又世謂童子爲陽故妖言出於小童童巫含陽故大雩

之祭舞童暴巫雩祭之禮倍陰合陽故猶日蝕陰勝攻社之陰也日蝕陰勝故攻陰之類天旱陽勝故愁陽之黨巫爲陽黨故魯僖遭旱議欲焚巫巫含陽氣以故陽地之民多爲巫 又故凡世間所謂妖祥所謂鬼神者皆太陽之氣爲之也太陽之氣天氣也天能生人之體故能象人之容夫人所以生者陰陽氣也陰氣生爲骨肉陽氣生爲精神人之生也陰陽氣具故骨肉堅精氣盛精氣爲知骨肉爲强故精神言談形體固守骨肉精神合錯相持故能常見而不滅亡也太陽之氣盛而無陰故徒能爲象不能爲形無骨肉有精氣故一見恍惚輒復滅亡也

言毒篇夫毒陽氣也故其中人若火灼 又人見鬼者言其色赤太陽妖氣自如其色也鬼爲烈毒犯人輒死故杜伯射周宣立崩鬼所齎物陽火之類杜伯弓矢其色皆赤南道名毒曰短狐杜伯之象執弓而射陽氣因而激激而射故其中人象弓矢之形 又江北地燥故多蜂蠆江南地濕故多蝮蛇生高燥比陽陽物懸垂故蜂蠆以尾刺生下濕比陰陰物柔伸故蝮蛇以口齚

潛夫論本政篇凡人君之治莫大於和陰陽陰陽者以天爲本天心順則陰陽和天心逆則陰陽乖

張衡靈憲天體於陽故圓以動地體於陰故平以靜 又天以陽迴地以陰浮 又日者陽精之宗積而成烏象烏而有三趾陽之類其數奇月者陰精之宗積而成獸象兔陰之類其數耦

釋名律述也所以述陽氣也

蔡邕獨斷五祀之別名門秋爲少陰其氣收成祀之於門祀門之禮北面設主於門左樞戶春爲少陽其氣始出生養祀之於戶祀戶之禮南面設主於門內之西行冬爲太陰盛寒爲水祀之於行在廟門外之西拔壤厚二尺廣五尺輪四尺北面設主於拔上竈夏爲太陽其氣長養祀之於竈祀竈之禮在廟門外之東先席於門奧西東設主於竈陘也中霤季夏之月土氣始盛其祀中霤霤神在室祀中霤設主於牖下也

參同契日月懸象章天地媾其精日月相撢持雄陽播元施雌陰化黃包

水火情性章坎水以激火奄然滅光明日月相薄蝕常在朔望間水盛坎侵陽火衰獨晝昏陰陽相飲食交感道自然

陰陽精氣章乾剛坤柔配合相包陽稟陰受雄雌相須須以造化精氣乃舒

養性立命章陽神日魂陰神月魄魂之與魄互爲室宅

男女相胥章月受日化體不虧傷陽失其契陰侵其明晦朔薄蝕掩冒相傾陽消其形陰陵災生

法象成功章寅申陰陽祖兮出入復終始循斗而招搖兮執衡定元紀

人物志聰明者陰陽之精陰陽清和則中叡外明

周易略例明象夫少者多之所貴也寡者衆之所宗也一卦五陽而一陰則一陰爲之主矣五陰而一陽則一陽爲之主矣夫陰之所求者陽也陽之所求者陰也陽苟一焉五陰何得不同而歸之陰苟隻焉五陽何得不同而從之故陰爻雖賤而爲一卦之主者處其至少之勢也

翼莊天地陰陽對生也是非治亂互有也將奚去哉 又誰得先物者乎哉吾以陰陽爲先物而陰陽者即所謂物耳誰又先陰陽者乎吾以自然爲先

枕中書天失陰陽水旱不節人失陰陽神根命竭

天隱子安處篇天地之氣有亢陽之攻肌淫陰之侵體豈不防慎哉

元眞子鸑鷟篇空之寥曰濛同茫唐靑冥蒼茫廓兮而康宸包天裹地誕陰育陽其孰能大乎吾之大乎哉

濤之靈篇影之問乎光曰吾昧乎體之陰君昭乎質之陽

譚子化書陰陽相搏不根而生芝菌燥濕相育不母而生蝤蠐是故世人體陰陽而根之斅燥濕而母之無不濟者

宋史天文志六甲六星主分陰陽配節候 又三公三星皆主宣德化調七政和陰陽之官也 又三台六星兩兩而居一曰泰階所以和陰陽而理萬物也

樂志凡言樂者必曰鐘鼓蓋鐘爲秋分之音而屬陰鼓爲春分之音而屬陽

關氏易傳天生於陽成於陰陰成則陽去生於陰成於陽陽成則陰去六爻初上無位者陰陽相去者也 又陰陽三五一五而變七十二候二五而變三十六旬三五而變二十四氣

漁樵問對漁者問樵者曰小人可絕乎曰不可君子稟陽正氣而生小人稟陰邪氣而生無陰則陽不成無小人則君子亦不成唯以盛衰乎其間也陽六分

則陰四分陰六分則陽四分陰陽相半則各五分矣由是知君子小人四時有盛衰也

埤雅蟋蟀之蟲隨陰迎陽又古文雲字作云象雲回轉之形其上從二二者天中之陰也天中之陰應之於上故地中之陽升而爲雲

袪疑說篡以蓍古法也近世以錢擲爻以錢之有字者爲陰無字者爲陽故兩背爲拆兩字爲單朱文公以爲錢之有字者爲面無字者爲背凡物面皆屬陽背皆屬陰或謂古者鑄金爲貝曰刀曰泉其陰或紀國號如鏡陰之有款式也一以爲陰一以爲陽未知孰是

爾雅翼蘘荷宜在林木陰下故古人云蘘荷依陰時藿向陽

鶴感於陽故知夜半鸛感於陰故知風雨

螳螂小暑後五日而生所應者微陰

靈龜文五色似玉似金背陰向陽

易學啓蒙木陽而金陰亦猶視陽而聽陰也

夢溪筆談六壬四月將曰傳送傳送者四月陽極將退一陰欲生故傳陰而送陽也

西溪叢語日者衆陽之母陰生於陽故潮附之於日也月者太陰之精水乃陰類故潮依之於月也是故隨日而應月依陰而附陽

揲蓍之法用老陽老陰多少之數求之卽偏而不均若以奇偶之數求之最爲精妙三奇老陽三偶老陰一奇兩偶少陽兩奇一偶少陰

易潛虛隆盛也一陽之進必盛於夏是謂隆暑陰則生矣一陰之進必底於寒是謂隆冬陽亦形焉又五爻暑至陰生寒極陽萌君子畏盈小人怙成

齊中也陰陽不中則物不生

經外雜抄聖人春夏養陽秋冬養陰以從其根注云陽氣根於陰陰氣根於陽無陰則陽無以生無陽則陰無以化全陰則陽氣不極全陽則陰氣不窮

木爲陰火爲陽陽爲氣陰爲味

年四十而陰氣自半也起居衰矣

路史循蜚紀天陽而地陰魂陽而魄陰是故智氣歸天而體魄則歸地神陽而鬼陰君子陽而小人陰是故正直爲神而險陂則爲鬼德陽而欲陰男陽而女陰是故德盛成男欲盛成女禽陽而獸陰老陽而穉陰是故穉諛多毛老諛多羽

因提紀五月旱熯人知爲暑也而陰實生之十月冰霰人知爲寒也而陽實始之又男十月毓於寅女十月毓於申申爲三陰寅爲三陽故年運起焉

禪通紀律準乾呂準坤是故六陽乘位而始於復六陰乘位而始於姤陰成於坤陽成於乾乾卦巳而位亥坤位申而卦亥亥者乾坤之交陰之極而陽之所繇始也

樂者陰陽之和也聖人者協陰陽之聲制其器以宣其和而已琴瑟者樂之本和者也琴統陽瑟統陰以陽佐陰不可易也是故登歌惟王備琴瑟諸侯則有瑟而無琴燕禮登歌有瑟而已所以別於王也瑟惟陰也故朱襄鼓五絃之瑟而羣陰來琴惟陽也故虞氏鼓五絃之琴而南風至陰陽之應各從其類是以伯牙鼓琴而馬仰秣瓠巴鼓瑟而魚出聽魚水物而馬火物以類應也楊泉曰琴欲高張瑟欲下聲數不踰琴以佐陽也陽主生故其情喜陰主殺故其情悲陰陽并毗則寒暑不成而四時忒矣此帝女之鼓瑟所以動陰聲而悲不能克也

梅譜花屬陽而象天不屬陰而象地按不音跗

容齋續筆史傳稱百六陽九爲厄會以曆志考之其名有八初入元百六曰陽九次曰陰九又有陰七陽七陰五陽五陰三陽三皆謂之災歲大率經歲四千五百六十而災歲五十七以數計之每及八十歲則值其一今人但知陽九之厄云經歲者常歲也

容齋三筆坎位正北當幽陰肅殺之地其象於易爲水爲月董仲舒所謂陰常居大冬而積於空虛不用之處然而謂之陽離位正南當文明赫赫之地於易爲日爲火仲舒所謂陽常居大夏而以生育長養爲事然而謂之陰豈非以陰生於午陽生於子故邪司馬正云天是陽而南是陽位故木亦是陽所以木正爲南正也火是地正亦稱北正者火數二二地數地陰主北方故火正亦稱北正究其極摯頗似難曉聖人無所云古先名儒以至於今亦未有論之者

虞喜天文論漢太初曆十一月甲子夜半冬至云歲雄在閼逢雌在攝提格月雄在畢雌在觜日雄在子又云甲歲雄也畢月雄也陬月雌也大抵以十干爲歲陽故謂之雄十二支爲歲陰故謂之雌

蠡海集雲爲陽用故龍騰則雲起風爲陰用故虎嘯則風生或以雲爲陰風爲陽者謂其體也蓋雲乃陰之體升而爲陽之用風乃陽之體散而爲陰之用是以雲起也石必滋風行也土必燥

雲爲陽陽生施雨爲陰陰生化陽施而陰化故雲密

則雨降陽施而陰不能化則有雲而無雨未有陽不施而陰能化者故有雨則未嘗無雲也是以易曰雲行雨施蓋陽可揜陰陰不能揜陽也

雪爲陰之極全得水之成數雪花每每皆六出霜雪者雨露之凝結水從金生氣盈而見母是以霜雪色皆白也

北斗位北而得七爲火之成數南斗位南而得六爲水之成數此乃陰陽精神交感之義也日生於東乃有西酉之雞月生於西乃有東卯之兔此陰陽魂魄往來之義也

或問曰夏月龍行雨餘月否者何答曰雨陰從地生夏日陽極在上陰豈能生而升乎不升則不降龍潛湫潭幽陰之處一動而出陰氣得附之以升既升必降散而爲雨故夏日之雨則龍行也

諺云月如仰瓦不求自下月如張弓少雨多風蓋月有九行月行八道青白赤黑各二道皆出入於黃道之中故曰九行道不中而過南則爲陽道道不中而過北則爲陰道行陽道則旱行陰道則潦月借日爲光月生如仰瓦則行陰道如張弓則行陽道也明矣

陽經而陰緯經之體縱緯之體横故天之度爲經縱五星之纏爲緯横縱爲經而靜故列宿曰經星横爲緯而動故五星爲緯星也

地爲天之平地半以上氣陽主之地半以下水陰主之

地之上陽也客陰來脅和而爲雨地之下陰也客陽來脅散而爲風故雨從天降風從地生

陽無形陰有形故陽散而爲風陰蓄而爲水

陽氣出乎地之上爲風風燥物陰氣潛乎地之下爲水水濕物風則無形水則有形也

陽之數一三五七九陰之數二四六八十蓋陽之數有首而無尾陰之數有尾而無首是以陽會於首而不至於足陰會於足而不至於首也

人與畜凡動物血皆赤者血爲陰屬水坎爲水中含陽血色赤所含者陽也離中之交生氣之動也去體久即黑熟之亦黑返本之義也

凡人之身人中至尾閭爲督脈屬陽齦交至會陰爲任脈屬陰兩臂表爲陽裏爲陰在身之上應天傾西北故臂斂歸內兩股外後爲陽內前爲陰在身之下應地不滿東南故膝屈向後身之上象西北法天爲陰不足身之下象東南法地爲陽不足也

耳目爲陽也故便左手足爲陰故便右亦天地之義爾

男得陽氣根於子女得陰氣根於午男子之生也抱母向於子女子之生也負母向於午也或曰男生必伏女生必偃謂男陽氣在背女陽氣在腹予以爲非陽氣也乃生氣也男氣盛於陽女氣盛於陰背爲陽腹爲陰觀溺水而死者可知矣男伏而女偃

人之夢非神與物交乃魂與物接蓋開目爲陽魂居其位閉目爲陰魂離其位則有時乎與物接故寢而夢生焉

天之氣爲陽陽必降地之氣爲陰陰必升故人身手足三陽自手而頭自頭而足手足三陰自足而胷腹自胷腹而至於手此陽降而陰升明矣

四根三結之說者手與頭井胷腹及足爲十二經之根皆在於此四處始故曰四根也手之三陽結於頭足之三陽結於足足之三陰結於胷腹手之三陰結於手蓋手足各有三陰三陽必同結於一處故曰三結也又有一說手三陽一根也手三陰一根也足三陽一根也足三陰一根也豈非四根乎太陽爲開陽明爲闔少陽爲樞陽之三結也太陰爲開厥陰爲闔少陰爲樞陰之三結也是爲四根三結矣

天氣通於鼻地氣通於口鼻受氣口受味天陽有餘故鼻竅未嘗閉地陰不足故口嘗閉必因言語飲食而方開也

人身之肝位在於右而脈胗却見左手脾位在於左而脈胗却見右手此亦陰陽互藏其宅之義也

人之受氣而生則先生鼻鼻通肺肺主氣也男爲陽陽生於子女爲陰陰生於午榮衛之行子丑循膽肝午未循心小腸是以男子生鼻之後目即生焉目應肝膽女子生鼻之後舌即生焉舌應心小腸目現於體外陽之用也舌隱於體內陰之用也

肝沉而肺浮難經已詳言之然肝爲木少陽之象也肺爲金少陰之象也陰金反居上陽木反居下者蓋陰生於午在上而趨下陽生於子在下而趨上也是以肺處上而肝處下魂魄交互以往來心爲太陽附於少陰肺腎爲太陰鄰於少陽肝故肺形朝前居陽分也肝形向後居陰分也

河以北坎位也故其人多內實江以南離位也故其人多內虛內實者陽在內宜寒瀉內虛者陰在內宜溫補

人之身隨二氣以相感冬之日坎用事陽在內喜嗜

熱物滋其陽也夏之日離用事陰在內喜嗜冷物益其陰也各從其類耳

人之毛乃血之餘三陽之毛皆顯於首太陽之毛髮也少陽之毛眉也陽明之毛鬚也太陽居上少氣多血故髮自幼卽有而日能長少陽居中多氣少血故眉自幼卽有而不能長陽明居下多氣多血故鬚旣壯始有而亦能長以是知緣血然也婦人無鬚者蓋衝脈並陽明行月事以時去使陽明之血不能充不能充則血虛矣山血虛所以鬚不生也宦者傷其厥陰之絡耗其陽明之血故無鬚也而天宦之人則陽明之血元不足也三陰之毛皆潛於體太陰指毛也少陰腋毛也皆多氣少血故不能盛厥陰陰毛也厥陰少氣多血而獨能盛然三陰之毛幼皆無旣壯而後始生也

或問人身背爲陽腹爲陰何也曰此法天地之義也背在後以應北北子位陽生於子之象焉腹在前以應南南午位陰生於午之象焉

鳥之咮方者趾方近於陰故夜不眠而能飛鳴鳥之咮尖者趾尖純於陽故夜宿而不能飛鳴烏咮尖而能夜飛鳴者色純於陰也若鴉頸旣白而不純故夜不能飛鳴也水鳥稟於陰是以鸛鶴夜亦飛鳴

凡卵皆白在外而黃在內及抱成形則黃變居外白變居內矣何以知其然觀夫雞鵝鴨在殼內生毛者俱黃毛其飛禽外生毛者身與吻俱黃可驗此蓋太極之前陰包陽太極之後陽包陰也

鼠之前爪四指陰也後爪五指陽也故爲陰陽之始終龜之前後爪亦同於鼠故爲陰陽之大用

飛禽皆屬陽故晝飛鳴而夜棲宿然烏獨夜飛鳴者色黑屬陰從其類也鸛鶴夜飛鳴者水鳥含陰從其性也

走獸皆屬陰故夜動而晝伏然獨猿猴不分晝夜者緣食果實而居林棲樹兼乎陽也

飛禽爲陽皆食果穀得天陽之氣也走獸爲陰皆食芻藁得地陰之氣也故飛禽巢居走獸穴居

水族乃陰中之陽何以知其然歟蓋羽禽卵生者陽也水族亦多卵生剛在外之物皆陽者螺蚌龜鼈鰕蟹皆殼在外陽之氣輕而虛鳥得陽氣多故羽翮皆空管是以能高飛魚乃陰物而得陽氣多故腹內生脬是以能浮躍魚目晝夜不瞑因知其爲陰物而得陽多者也

蟬近陽依於木以陰而爲聲蟬則腹板鳴蛩近陰依於土以陽而爲聲蛩則背翅鳴蟬陽性和此息而彼作蛩陰性妬相遇必爭鬬

人爲陽物爲陰陽數自一而至九無尾陰數自二而至十有尾故人無尾而物皆有尾也

陽奇陰耦奇縱耦橫陽爲人得奇數陰爲畜得耦數奇數縱故人首直耦數橫故畜首橫也

或問曰獸有尿禽無尿何也答曰獸得陰數陰數無始爲無上故無覺禽得陽數陽數無終爲無下故一竅而無尿也

坎離交互坎本陽却爲月離本陰却爲日蓋月含陽故有兎日含陰故有雞雞兎乃東西之對待是曰坎離爲二氣之交互也

陰錯陽差有十二日蓋六十甲子分爲四投自甲子己卯甲午己酉各得十五辰甲子之前三辰值辛酉壬戌癸亥爲陰錯己卯之前三辰值丙子丁丑戊寅爲陽差甲午之前三辰值辛卯壬辰癸巳爲陰錯己酉之前三辰值丙午丁未戊申爲陽差蓋四投中每投除十二辰各餘三辰三四亦得十二辰是爲陰錯陽差也甲子甲午爲陽辰故有陰錯己卯己酉爲陰辰故有陽差也

又一說甲子甲午己卯己酉之前各三辰者以天干配地支一周之後所餘二辰也甲配子而歷盡於乙亥故丙子丁丑戊寅爲陽錯己配卯而歷盡於庚寅故辛卯壬辰癸巳爲陰差也丙午丁未戊申爲陽差辛酉壬戌癸亥爲陰錯者就甲午己酉上同此類推

十二肖屬子爲陰極幽潛隱晦以鼠配之鼠藏迹午爲陽極顯易剛健以馬配之馬快行丑爲陰俯而慈愛以牛配之牛舐犢未爲陽仰而秉禮以羊配之羊跪乳寅爲三陽陽勝則暴以虎配之虎性暴申爲三陰陰勝則黠以猴配之猴性黠卯酉爲日月二門二肖皆一竅兎舐雄毛則孕感而不交也雞合踏而無形交而不感也辰巳陽起而變化龍爲盛蛇次之故龍蛇配辰巳龍蛇者變化之物也戌亥陰斂而持守狗爲盛猪次之故狗猪配戌亥狗猪者鎭靜之物也

或云皆取不全之物配肖屬者非也庶物萬類豈特十二哉況無義理不足信也明矣

十干甲萬物之始生氣之原草木初生破土而出必有兩葉葉中透氣故甲字象形如兩葉相抱也乙甲陽乙陰甲旣出而陽已露於上根必下盤以爲固故乙字亦象形如草木之根屈曲也丙火炎上而銳長

養於南離炳然而煥爛乃其盛也下虛而上齊故丙丁之字皆平頭丁丁者壯也萬物至盛夏莫不皆壯居正陽之位適足與陰相當故丁又有相當之義戊萬物依土而生四行依土而立戊配陽土戊茂也物得而茂又茂有成之義故能爲物之始終己爲陰土不能獨爲必因陽以用起己巳也依陽而起從陽而已亦始終之義爾庚西方金氣爲秋萬物歷離明燥極至秋金則微陰始生物得更甦庚者更也辛者新也金爲成實物至秋而收斂變陽而爲陰一新之意存焉壬物無終絕之理將盡必復生北方冬水物氣將盡故先含生意壬者姙也物至此而懷姙也癸者揆也物出有歸閉藏爲終終遂天眞同歸一揆也

十二支子爲一陽北方至陰一陽至萌生氣之端故子者孳也以含孳育之義丑者紐也微陽雖生而體尚弱未免艱澀故紐結而未能舒也寅居東北陰陽之交離陰而詣陽敷布而條暢寅者演也萬物至此而廣演矣卯位正東日出之所融和之方物至此而咸得茂盛卯者茂也辰者震也陽氣至此已盛陽主動動則變化生焉物皆得遂其所也巳爲純陽居於生長之方萬物盛起氣浮於表故曰巳者起也午者陽已極而陰初萌陽由於上陰潛於下有相忤之意又曰午者大也物至此而無不大也未陽已過盛而陰漸臨陰陽交際已成實也物既實則有味存焉未者味也申氣歷南維而陽極至西南而陰始迴陰陽既調物情得伸故申者伸也酉者酋也陰之首也是以夷狄之帥爲酋長陰氣收斂萬物猶緒也戌者滅也陽氣至此而將滅九月霜隕木衰水泉即涸也亥純陰旣極物無終盡荄核獨存荄根也核種也莖葉雖敗根種自存生生之義也

火隨五行而發見有陰陽之分焉陰則有形而無質陽則形質皆全備水土陰也巨海夜有火光曠野夜有燐火近之則乃無乃有形無質者也金木陽也鑽斫竹木而生戛擊金石而出皆能焚燎乃有形復有質形質全備者也故曰有陰陽之分焉

水火乃陰陽之極坎離之象著坎內含一陽生氣也故水中能容物離中含一陰死氣也故火中不容物

或問曰後天之數又何所取起答曰數用陽生而陰成陰生而陽成壬子陽一生癸亥陰六成一六水之生成也丁巳陰二生丙午陽七成二七火之生成也甲寅陽三生乙卯陰八成三八木之生成也辛酉陰四生庚申陽九成四九金之生成也辰戌陽五生丑未陰十成五十土之生成也獨遺戊己土以百數歸之用包衆數爲該括之司所囊五行也

植者陰物也故天以清氣滋之雨露是也動者陽物也故地以濁味養之食飲是也動物屬陽氣在上故呼吸出口鼻植物屬陰氣在下故根荄藏地中

大冶之中盛夏必凍大海之中夜黑有光以眞離眞坎之義也陽極之離中有眞陰陰極之坎中有眞陽故也

夫陰陽者氣聚成形形成爲質形成猶柔至質方剛形未能動質具方動海沫之結石乳之凝皆先柔而後剛含胎之腹抱伏之卵皆先靜而後動此天一生水地二生火之義矣魄始聚而魂隨之形質具而魂魄交然後各得其所以爲生此天三生木地四生金之義也體全以成性理具以爲物此天五生土之義也是以太極未分之前萬事萬類一源故曰陰陽一太極也

水居地上陽分精浮而附於天爲氣氣行乎天氣潛地下陰分精浮而附於地爲水水行乎地氣陽也始於東而盛於南水陰也始於西而盛於北天行陽分自東升而西沉天行陰分自西沉而東升沉則氣化水升則水化氣大海不盈溢者氣之精浮於地水生於西北而止息於東南氣生於東南而降墜於西北氣不輸精則萬物爲之枯槁水不輸精則巨海爲之泛溢是故氣輸精於地水輸精於天水之流必歸於東南者天地之形西北高而東南低水皆發於西北而聚於東南氣之行必歸於西北者日月之躔東南壯而西北殘氣皆發於東南而聚於西北陰陽升降之義氣也水也一體而二用

月爲陰主乎水日爲陽主乎氣月行至於子午之位則極盛故潮汐生焉日行至於子午之位則極盛故寒暑甚焉夏爲陽夏之日午爲酷暑冬爲陰冬之夜半爲嚴寒

六氣布於地支而陽有太陽陽明少陽陰有太陰少陰厥陰然陽曰陽明陰曰厥陰蓋以循行差次而立義緣陽明居於太少之間故爲陽明乃二陽相交以爲明厥陰居於太少之後故爲厥陰厥者極盡之謂也

或問曰三春九夏之說又曰三冬九秋者何答曰易於東北爲陽南西爲陰故有三冬三春九秋九夏三

爲陽始九爲陽終始爲陽中之陽終爲陽中之陰故也仍有三秋之說者春爲陽始秋爲陰始所以始皆稱陽數至於冬則不稱九夏則不稱三也

輟耕錄唇之上何以謂之人中若曰人身之中半則當在臍腹間蓋自此而上眼耳鼻皆雙竅自此而下口暨二便皆單竅三畫陰三畫陽成泰卦也

人稟天地五行之氣以生手三陽三陰足三陽三陰合爲十二經以環絡一身往來流通無可間斷其脈應於兩手三部焉蓋脈以肉爲陽脈以血爲陰浮者爲表爲陽沉者爲裏爲陰遲者爲陰主寒數者爲陽主熱

凝齋筆語陽主笑陰主哭故同人號咷指六二笑指九五也

罍尊陽也在阼犧尊陰也在西堂上以陽爲主也縣鼓陽也在西應鼓陰也在東堂下以陰爲主也

庸齋日記伏羲八卦初畫以奇偶分兩儀蓋陰陽立象之大辨也因陰陽二體又以太少分四象只就第二畫以陽之陽曰太陽陽中之陰曰少陰陰之陰曰太陰陰中之陽曰少陽及三畫已成則名爲八卦而上畫又各有陰陽震初一陽而上二陰陰猶盛也離上下二陽而一陰在內陰猶中也兌二陽在下一陰在上陽類進而陰將消至乾則純陽矣巽初一陰而上二陽陽猶盛也坎上下二陰而一陽在內陽猶中也艮二陰在下一陽在上陰羣興而陽將伏至坤則成陰矣此俱以象畫取次定位也又易只是陰陽陰陽盡天地之道矣故曰一陰一陽之謂道太極者陰陽之本動靜者陰陽之機天地者陰陽之體健順者陰陽之德生成者陰陽之功消長進退屈伸往來則皆陰陽互根相禪之妙用無他事也

祚後渠集流者陽也凝者陰也生物非陽運之則弗能故陽得陰而行陰得陽而凝若曰陰陽一氣衛人死而魂魄離者何居

耄餘雜識太極動而生陽靜而生陰生則自無而有也故釋之者曰陽非至此而後有陰非至此而後有蓋亦曰動而爲陽靜而爲陰者之免於分疏也易曰一陰一陽之謂道矣又曰陰陽不測之謂神不測則有無俱泯神則無事於言矣故曰大易不言有無

離爲火離二陽在外一陰在內凡爻二畫者謂之陰畫者謂之陽故曰坎中滿火無體附麗而見離者麗也火以用行故外光水有形就下而流坎者陷也水以體行故內照

陰陽二氣氤氳交互則能爲雲作雨或陰氣少而陽多或陰氣多而陽少皆不能爲雨小畜之五陽一陰陰氣少也小過之四陰二陽陽氣少也故皆不雨

楊升菴集冬至陰極陽生桃梅李杏花皆五出夏至陽極陰生葳靈仙鹿葱射干淨瓶蕉梔子花皆六出

來瞿唐集陰陽之氣如一箇環動靜無端陰陽無始未曾斷絕特有消息盈虛耳朱子說陽無驟至之理又說一陽分作三十分云云雙峰饒氏說坤字介乎剝復二卦之間云云通說零碎了似把陰陽之氣作斷絕了又生起來殊不知陰陽剝復就是月一般月原不曾絕斷止有盈缺耳

辛天齋集一陰一陽之謂道聖人安能取吾心之陰而盡去之一陰一陽之謂道聖人又安能取世道之陰而盡去之一斡旋焉則陰其爲吾心之沉潛乎陰其爲世道之恬靜乎然則陰不可抑歟曰斡旋者抑之也抑之則陰亦善矣所以爲沉潛爲恬靜也不抑之方爲惡蹢躅之孚能免哉噫非獨立萬物之表者安足以議此

先天與洛書而並觀則陽善而陰惡陽治而陰亂與河圖而並觀則陰陽皆爲善也天德純而王道普人事純而化機符

蒙泉雜言竅陰也其數十而用者九指陽也其數十其一無名而附於中陰陽各處其一也天數五地數五五十者天地之數虛其一者道也

乾左旋陽進交於陰也坤右轉陰進合於陽也陰陽交萬化生也

血少陰也金也故其氣腥尿太陰也水也故其氣臊髓少陽也木也故其氣羶尿太陽也火也故其氣臭津隱於舌通於脾故其氣香

乾離艮巽巽爲陽之終坤坎兌震震爲陰之終震巽者陰陽之交會也

徐渭游泄五記是觀也洞巖奇於陰五泄奇於陽而七十二峰兩壁夾一壑時明時幽時曠時逼奇於陰陽之間

陰陽部外編

古三墳山墳潛山陰陰君土陰臣野陰民鬼陰物獸陰陽樂陰兵妖陰象冬注深潛其山陰之象也地德廣大爲陰君也野分地理故爲陰臣也人死曰鬼陰之民也獸行於地陰之物也樂本聲音爲陰之陽也陰告人主厥罰妖異也冬主閉藏陰之象也

連山陽陽君天陽臣幹陽民神陽物禽陽陰禮陽兵譴陽象夏注山之相連如陽氣也天覆羣物陽之君也十幹相配陽之臣也神變萬物陽之民也禽飛戾天陽之物也禮主卑己陽之陰也天垂譴象陽之兵也夏長萬物陽之象也

錄異記袁𨑒者後漢時湘中人忽醉三日始醒皆聞酒氣自言與天人飲後任漢陽令逆說豐儉有驗日判陽夜判陰

海錄碎事方丈西北有陰成大山滄浪西有陽長大山此陽九百六之標揭百六之運將至卽陽長水竭陰成水架陽九之運將至則陰成水竭陽長水架

欽定古今圖書集成曆象彙編乾象典

第十九卷目錄

乾象典第十九卷

五行部彙考

易經

繫辭上傳

天一地二天三地四天五地六天七地八天九地十

大全朱子曰卦雖八而數須十者八是陰陽數十是五行數一陰一陽便是二以二乘二便是四以四乘四便是八五行本只是五而有是十者蓋一箇便包兩箇如木便包甲乙火便包丙丁土便包戊己金便包庚辛水便包壬癸所以為十　東坡蘇氏曰水至陰也必待天一加之而後生者陰不得陽則終不得而成也火至陽也必待地二加之而後生者陽不得陰則無所得而見也五行皆然莫不生於陰陽之相加陽加陰則為水為木為土陰加陽則為火為金苟不相加則雖有陰陽之資而无五行之用

天數五地數五五位相得而各有合天數二十有五地數三十凡天地之數五十有五此所以成變化而行鬼神也

集解虞翻曰五位謂五行之位甲乾乙坤相得合木謂天地定位也丙艮丁兌相得合火山澤通氣也戊坎己離相得合土水火相逮也庚震辛巽相得合金雷風相薄也天壬地癸相得合水言陰陽相薄而戰于乾故五位相得而各有合或以一六合水二七合木三八合火四九合金五十合土也本義變化謂一變生水而六化成之二化生火而七變成之三變生木而八化成之四化生金而九變成之五變生土而十化成之大全雲峰胡氏曰一圓而三水生木也二方而四火克金也陽之一進而用三陰之四退而用二合二與三則為五此河圖之生數也一生水而六成之三生木而八成之生數一進而用三成數則八退而用六二生火七成之四生金九成之生數四退而用二成數則七進而用九七八九六各為十五陰陽進退互藏其宅進即為變退即為化鬼神屈伸往來皆進退之妙用也

書經

虞書大禹謨

水火金木土穀惟修

蔡傳水火金木土穀惟修者水克火火克金金克木木克土而生五穀或相制以洩其過或相助以補其不足葛氏曰洪範五行水火木金土而已穀本在木行之數禹以其為民食之急故別而附之大全朱子曰水如隄防灌溉金如五兵田器火如出火納火禁焚萊之類木如斧斤以時之類　唐孔氏曰此言五行與洪範之次不同洪範以生數為次此以相克為次　新安陳氏曰五行相克正洛書之序此亦禹則洛書之一端

夏書甘誓

有扈氏威侮五行

蔡註威暴殄之也侮輕忽之也大全陳氏大猷曰凡背五常之道拂生長斂藏之宜皆威侮五行也　新安陳氏曰蔡氏以暴殄天物為威侮五行是偏以質具於地之五行言之陳氏兼以氣行於天之五

行與五行之理言

周書洪範

鯀陻洪水汨陳其五行帝乃震怒不畀洪範九疇彝倫攸斁

大全蘇氏洵曰五行一疇耳一汨而九不畀蓋五行綱九疇目綱壞而目廢也　新安陳氏曰帝即天也天者理而已水五行之首鯀乃陻之一行汨而餘皆汨是逆理而獲罪於天故天不畀以九疇

又

初一曰五行

蔡傳五行不言用無適而非用也大全陳氏大猷曰五氣運行於天地間未嘗停息故曰五行　西山眞氏曰五行者天之所生以養乎人者也其氣運於天而不息其材用於世而不匱其理則賦于人而爲五常以天道言莫大於此故居九疇之首

又

一五行一曰水二曰火三曰木四曰金五曰土水曰潤下火曰炎上木曰曲直金曰從革土爰稼穡潤下作鹹炎上作苦曲直作酸從革作辛稼穡作甘

疏言五者性異而味別各爲人之用書傳云水火者百姓之所飲食也金木者百姓之所興作也土者萬物之所資生也是爲人用五行即五材言五者各有材幹也謂之行者若在天則五氣流行在地世所行用也蔡傳水火木金土者五行之生序也天一生水地二生火天三生木地四生金天五生土唐孔氏曰萬物成形以微著爲漸五行先後亦以微著爲次五行之體水最微爲一火漸著爲二木形實爲三金體固爲四土質大爲五潤下炎上曲直從革以性言也稼穡以德言也潤下者潤而又下也炎上者炎而又上也曲直者曲而又直也從革者從而又革也稼穡者稼而又穡也稼穡獨以德言者土兼五行無正位無成性而其生之德莫盛於稼穡故以稼穡言也稼穡不可以爲性也故不曰曰而曰爰爰於也於是稼穡而已非所以名也作爲也鹹苦酸辛甘者五行之味也五行有聲色氣味而獨言味者以其切於民用也大全介軒董氏曰大抵天地之間太極判而爲陰陽陰陽分而爲五行太極理也陰陽五行氣也理必寓乎氣氣不離乎理故天一生水天三生木天五生土三者皆陽之所生地二生火地四生金二者皆陰之所生析而言之爲五行對而言之爲二氣豈無其理而自爾哉五行之質形於地是以潤下之水炎上之火曲直之木從革之金稼穡之土五行之神運於天則爲春夏秋冬土寄旺於四季而名曰冲氣五行一陰陽也陰陽一太極也本未嘗相離也五行之質存於人身者爲肝心肺腎脾五行之神舍于人心者爲仁義禮智信質者其粗也神者其精也亦未嘗相離也　徽菴程氏曰五行者八疇之體八疇者五行之用造化之初一濕一燥濕之流爲水燥之爍爲火濕之融爲木燥之凝爲金其融結爲土自輕清而重濁先天之五行其體也四時主相生六府主相尅後天之五行其用也其體對立其用循環　陳氏大猷曰物之生其初皆爲水其終皆爲土五行之相生所以相繼也其相尅所以相汨也潤以質言炎以氣言上下以位言曲直以形言從革以材言稼穡以用言土非止於稼穡以生民粒食之用言之也即稼穡而推五行則潤下用之於灌溉也炎上用之於烹飪也曲直之斲削從革之鎔範用之於宮室器用也

禮記

月令

孟春之月其日甲乙其帝大皞其神勾芒

註此蒼精之君木官之臣自古以來著德立功者也大皞宓戲氏勾芒少皞氏之子曰重爲木官

其蟲鱗其音角

註角數六十四屬木者以其清濁中民象也凡聲尊卑取象五行數多者濁少者清大不過宮細不過羽

其數八

註數者五行佐天地生物成物之次也易曰天一地二天三地四天五地六天七地八天九地十而五行自水始火次之木次之金次之土爲後木生數三成數八但言八者舉其成數

其味酸其臭羶

註木之臭味也凡酸羶者皆屬焉

又

孟夏之月其日丙丁其帝炎帝其神祝融

註此赤精之君火官之臣自古以來著德立功者也炎帝大庭氏也祝融顓頊氏之子曰黎爲火官

其蟲羽其音徵

註徵數五十四屬火者以其微清事之象也

其數七
註 火生數二成數七但言七者亦舉其成數
其味苦其臭焦
註 火之臭味也凡苦焦者皆屬焉
又
季夏之月中央土
註 火休而盛德在土也 疏 四時五行同是天地所生而四時是氣五行是物氣是輕虛所以麗天物體質礙所以屬地四時係天年有三百六十日則春夏秋冬各分居九十日五行分配四時布於三百六十日間以木配春以火配夏以金配秋以水配冬以土則每時輒寄一十八日也雖每分寄而位本未宜處於季夏之末金火之間故在此陳之也
其日戊己其帝黃帝其神后土
註 此黃精之君土官之神自古以來著德立功者也黃帝軒轅氏也后土亦顓頊氏之子曰黎兼爲土官
其蟲倮其音宮
註 宮數八十一屬土者以其最濁君之象也
其數五
註 土生數五成數十但言五者土以生爲本
其味甘其臭香
註 土之臭味也凡甘香者皆屬之
又
孟秋之月其日庚辛其帝少皞其神蓐收
註 此白精之君金官之臣自古以來著德立功者也少皞金天氏蓐收少皞之子曰該爲金官
其蟲毛其音商
註 商數七十二屬金者以其濁次宮臣之象也
其數九
註 金生數四成數九但言九者亦舉其成數
其味辛其臭腥
註 金之臭味也凡辛腥者皆屬焉
又
孟冬之月其日壬癸其帝顓頊其神元冥
註 此黑精之君水官之臣自古以來著德立功者也顓頊高陽氏也元冥少皞氏之子曰修曰熙爲水官
其蟲介其音羽
註 羽數四十八屬水者以爲最清物之象也
其數六
註 水生數一成數六但言六者亦舉其成數
其味鹹其臭朽
註 水之臭味也凡鹹臭者皆屬焉

左傳

襄公二十七年
子罕曰天生五材民並用之
註 金木水火土也

昭公二十九年
蔡墨曰五行之官是爲五官實列受氏姓封爲上公祀爲貴神社稷五祀是尊是奉木正曰句芒火正曰祝融金正曰蓐收水正曰元冥土正曰后土
又
蔡墨曰少皞氏有四叔曰重曰該曰修曰熙實能金木及水使重爲句芒該爲蓐收修及熙爲元冥世不失職遂濟窮桑此其三祀也顓頊氏有子曰黎爲祝融共工氏有子曰句龍爲后土此其二祀也

易緯

乾鑿度
天本一而立一爲數源地配生六成天地之數合而成 水 性天三地八 木 天七地二 火 天五地十 土 天九地四 金 運五行先水次木先火次土及金木仁火禮土信水智金義又萬名經曰水土兼智信木火兼仁惠五事天性訓成人倫

春秋緯

文耀鉤
土勝水故守宮食蠆蝍蛆搏蚝
金伐木故鷹擊雉
水滅火故虻螫鷄

管子

五行篇
一者本也二者器也三者充也治者四也教者五也守者六也立者七也前者八也終者九也十者然後具五官於六府也五聲於六律也六月日至是故人有六多六多所以街天地也天道以九制地理以八制人道以六制以天爲父以地爲母以開乎萬物以總一統通乎九制六府三充而爲明天子修槩水土以待乎天菫反五藏以視不親治祀之下以觀地位貨曋神廬合於精氣已合而有常有常而有經審合其聲脩十二鍾以律人情人情已得萬物有極然後

有德故通乎陽氣所以事天也經緯日月用之於民通乎陰氣所以事地也經緯星曆以視其離通若道然後有行然則神筮不靈神龜不卜黃帝澤參治之至也昔者黃帝得蚩尤而明於天道得大常而察於地利得奢龍而辯於東方得祝融而辯於南方得大封而辯於西方得后土而辯於北方黃帝得六相而天地治神明至蚩尤明乎天道故使為當時大常察乎地利故使為廩者奢龍辯乎東方故使為土師祝融辯乎南方故使為司徒大封辯於西方故使為司馬后土辯乎北方故使為李是故春者土師也夏者司徒也秋者司馬也冬者李也昔黃帝以其緩急作五聲以政五鍾令其五鍾一曰青鍾大音二曰赤鍾重心三曰黃鍾灑光四曰景鍾昧其明五曰黑鍾隱其常五聲既調然後作立五行以正天時五官以正人位人與天調然後天地之美生日至睹甲子木行御天子出令命左右士師內御總別列爵論賢不肖士吏賦祕賜賞於四境之內發故粟以田數出國衡順山林禁民斬木所以愛草木也然則冰解而凍釋草木區萌贖蟄蟲卵菱春辟勿時苗足本不癘雛鷇不夭麛麇毋傅速亡傷繈褓時則不凋七十二日而畢睹丙子火行御天子出令命行人內御令掘溝澮津舊塗發藏任君賜賞君子修游馳以發地氣出皮幣命行人修春秋之禮於天下諸侯通天下遇者兼和然則天無疾風草木發奮鬱氣息民不疾而榮華蕃七十二日而畢睹戊子土行御天子出令命左右司徒內御不誅不貞農事為敬大揚惠言寬刑死緩罪人出國司徒令命順民之功力以養五穀君子之靜居而農夫修其功力極然則天為粵宛草木養長五穀蕃實秀大六畜犧牲具民足財國富上下親諸侯和七十二日而畢睹庚子金行御天子出令命祝宗選禽獸之禁五穀之先熟者而薦之祖廟與五祀鬼神饗其氣焉君子食其味焉然則凉風至白露下天子出令命左右司馬衍組甲厲兵合什為伍以修於四境之內諛然告民有事所以待天地之殺斂也然則晝炙陽夕下露地競環五穀鄰熟草木茂實歲農豐年大茂七十二日而畢睹壬子水行御天子出令命左右使人內御御其氣足則發而止其氣不足則發撊瀆盜賊數剩竹箭伐檀柘令民出獵禽獸不釋巨少而殺之所以貴天地之所閉藏也然則羽卵者不段毛胎者不贖䐁婦不銷弃草木根本美七十二日而畢睹甲子木行御天子不賦不賜賞而大斬伐傷君危不殺太子危家人夫人死不然則長子死七十二日而畢睹丙子火行御天子敬行急政旱札苗死民厲七十二日而畢睹戊子土行御天子修宮室築臺榭君危外築城郭臣死七十二日而畢睹庚子金行御天子攻山擊石有兵作戰而敗士死喪執政七十二日而畢睹壬子水行御天子決塞動大水王后夫人薨不然則羽卵者段毛胎者贖䐁婦銷弃草木根本不美七十二日而畢也

子華子

北宮意問

夫天降一氣則五氣隨之寄備於陰陽合氣而成體故有太陽有少陽有太陰有少陰陰中有陽陽中有陰故陽中之陽者火是也陰中之陰者水是也陽中之陰者木是也陰中之陽者金是也土居二氣之中間以治四維在陰而陰在陽而陽故物非土不成人非土不生北方陰極而生寒寒生水南方陽極而生熱熱生火東方陽動以散而生風風生木西方陰止以收而生燥燥生金中央陰陽交而生濕濕生土是故天地之間六合之內不離於五

金木水火土五精之總也寒熱風燥濕五氣之聚也水以潤之火以熯之土以溽之木以敷之金以斂之此以其性言也水之冽也火之炎也土之蒸也木之溫也金之凊也此以其氣言也水在下火在上土在中木在左金在右此以其位言也水之平也火之銳也土之圜也木之曲直也金之方也此以其形言也水則因火則革土則化木則變金則從革此以其材言也水井洫也火爨治也木金器械也土爰稼穡也此以其事言也夫盈於天地之間而充物者惟此五物也凡五物之有不可無也其所無不可有也

漢書

天文志

歲星曰東方春木於人五常仁也五事貌也

熒惑曰南方夏火禮也視也

太白曰西方秋金義也言也

辰星曰北方冬水知也聽也

塡星曰中央季夏土信也思心也

五行志

經曰初一曰五行五行一曰水二曰火三曰木四曰金五曰土水曰潤下火曰炎上木曰曲直金曰從革土爰稼穡傳曰田獵不宿飲食不享出入不節奪民

農時及有姦謀則木不曲直說曰木東方也於易地上之木爲觀其於王事威儀容貌亦可觀者也故行步有佩玉之度登車有和鸞之節田狩有三驅之制飲食有享獻之禮出入有名使民以時務在勸農桑謀在安百姓如此則木得其性矣若迺田獵馳騁不反宮室飲食沈湎不顧法度妄與繇役以奪民時作爲姦詐以傷民財則木失其性也蓋工匠之爲輪矢者多傷敗及木爲變怪是爲木不曲直

傳曰棄法律逐功臣殺太子以妾爲妻則火不炎上說曰火南方揚光煇爲明者也其於王者南面鄉明而治書云知人則哲能官人故堯舜舉羣賢而命之朝遠四佞而放諸壄孔子曰浸潤之譖膚受之訴不行焉可謂明矣賢佞分別官人有序帥由舊章敬重功勳殊別適庶如此則火得其性矣若乃信道不篤或燿虛僞讒夫昌邪勝正則火失其性矣自上而降及濫炎妄起災宗廟燒宮館雖興師衆弗能救也是爲火不炎上

傳曰治宮室飾臺榭內淫亂犯親戚侮父兄則稼穡不成說曰土中央生萬物者也其於王者爲內事宮室夫婦親屬亦相生者也古者天子諸侯宮廟大小高卑有制后夫人媵妾多少進退有度九族親疏長幼有序孔子曰禮與其奢也寧儉故禹卑宮室文王刑于寡妻此聖人之所以昭教化也如此則土得其性矣若乃奢淫驕慢則土失其性亡水旱之災而草木百穀不孰是爲稼穡不成

傳曰好戰攻輕百姓飾城郭侵邊境則金不從革說曰金西方萬物既成殺氣之始也故立秋而鷹隼擊秋分而微霜降其于王事出軍行師把旄杖鉞誓士衆抗威武所以征畔逆止暴亂也詩云有虔秉鉞如火烈烈又曰載戢干戈載櫜弓矢動靜應誼說以犯難民忘其死如此則金得其性矣若乃貪欲恣睢務立威勝不重民命則金失其性蓋工冶鑄金鐵金鐵冰滯涸堅不成者衆及爲變怪是爲金不從革

傳曰簡宗廟不禱祠廢祭祀逆天時則水不潤下說曰水北方終臧萬物者也其于人道命終而形臧精神放越聖人爲之宗廟以收魂氣春秋祭祀以終孝道王者卽位必郊祀天地禱祈神祇望秩山川懷柔百神亡不宗事愼其齊戒致其嚴敬鬼神歆饗多獲福助此聖王所以順事陰氣和神人也至發號施令亦奉天時十二月咸得其氣則陰陽調而終始成如此則水得其性矣若乃不敬鬼神政令逆時則水失其性霧水暴出百川逆溢壞鄉邑溺人民及淫雨傷稼穡是爲水不潤下

淮南子

天文訓

木生於亥壯於卯死於未三辰皆木也火生於寅壯於午死於戌三辰皆火也土生於午壯於戌死於寅三辰皆土也金生於巳壯於酉死於丑三辰皆金也水生於申壯於子死於辰三辰皆水也故五勝生一壯

地形訓

木勝土土勝水水勝火火勝金金勝木故禾春生秋死豆夏生冬死麥秋生夏死薺冬生中夏死木壯水老火生金囚土死火壯木老土生水囚金死土壯火老金生木囚水死金壯土老水生火囚木死水壯金老木生土囚火死音有五聲宮其主也色有五章黃其主也味有五變甘其主也位有五材土其主也是故鍊土生木鍊木生火鍊火生雲鍊雲生水鍊水反土鍊甘生酸鍊酸生辛鍊辛生苦鍊苦生鹹鍊鹹反甘變宮生徵變徵生商變商生羽變羽生角變角生宮是故以水和土以土和火以火化金以金治木木復反土五行相治所以成器用

本經訓

凡亂之所由生者皆在流遁流遁之所生者五大構駕興宮室延樓棧道雞棲井榦檦株欂櫨以相支持木巧之飾盤紆刻儼嬴鏤雕琢詭文回波淌游瀷減菱杼紾抱芒繁亂澤巧僞紛挐以相摧錯此遁於木也鑿汙池之深肆畛崖之遠來谿谷之流飾曲岸之際積牒旋石以純修碕抑減怒瀨以揚激波曲拂遭回以象湡浯益樹蓮菱以食鼈魚鴻鵠鷫鷞稻粱饒餘龍舟鷁首浮吹以娛此遁於水也高築城郭設樹險阻崇臺榭之隆侈苑囿之大以窮要妙之望魏闕之高上際青雲大廈增加擬於昆崙修爲牆垣甬道相連殘高增下積土爲山接徑歷遠直道夷險終日馳騖而無蹟蹈之患此遁於土也大鍾鼎美重器華蟲流鏤以相繆紾寢兕伏虎蟠龍連組焜昱錯眩照燿煇煌偃蹇蓼糾曲成文章雕琢之飾鍛錫文鐃乍晦乍明抑微滅瑕霜文沈居若簟籧篨纏錦經冗似數而疏此遁於金也煎熬焚炙調齊和之適以窮荊吳甘酸之變焚林而獵燒燎大木鼓橐吹埵以銷銅鐵靡流堅鍛無厭足日山無峻幹林無柘梓燎木以

為炭燔草而為灰野莽白素不得其時上掩天光下殄地財此遁於火也此五者一足以亡天下矣是故古者明堂之制下之潤濕弗能及上之霧露弗能入四方之風弗能襲土事不文木工不斲金器不鏤衣無隅差之削冠無觚贏之理堂大足以周旋理文靜潔足以享上帝禮鬼神以示民知儉節夫聲色五味遠國珍怪瓌異奇物足以變心易志搖蕩精神感動血氣者不可勝計也夫天地之生財也本不過五聖人節五行則治不荒潏音敵瀆音數淺音郁㐱音珍抱音巖渦音愚浯音吾埵音朶

張河間集

靈憲

歲星木精熒惑火精鎮星土精太白金精辰星水精也

劉熙釋名

釋天

五行者五氣也於其方各施行也

金禁也其氣剛嚴能禁制也

木冒也華葉自覆冒也

水準也準平物也

火化也消化物也亦言毀也物入中皆毀壞也

土吐也能吐生萬物也

晉書

律歷志

推五行用事日立春立夏立秋立冬者即木火金水始用事日也各減其大餘十八小餘四百八十三小分六命以紀算外各四立之前土用事日也

唐丘光庭兼明書

五行神

木神曰勾芒火神曰祝融土神曰后土金神曰蓐收水神曰元冥土神獨稱后者后君也位居中統領四行故稱君也或問曰據此后土是五行之神而漢代立后土祠於汾陽祀何神也答曰三代以前無此禮蓋出一時之制耳其祀當廣祀地神即如月令所祀皇地祇者也

五行配

春秋昭二十九年左傳曰少昊氏有四叔曰重曰該曰修曰熙實能金木及水使重為勾芒該為蓐收修及熙為元冥顓頊氏有子曰黎為祝融共工氏有子曰勾龍為后土此五子生為五行之官死後以之配祭五行之神也或問曰鄭康成于月令其神后土注云顓頊之子黎兼后土官孔穎達曰勾龍初為后土後轉為社神后土有闕黎則兼之者何也答曰康成失之于前穎達徇之於後皆非也按左傳曰勾龍為后土后土為社則是勾龍一人而配兩祭非謂轉為社神也月令土既是五行之神以勾龍配之正與左傳文合而康成以黎兼之亦何乖謬又問曰楚語曰顓頊命南正重司天火正黎司地黎既嘗司地何故不可配土乎答曰黎之司地兼其職爾非有功于土也若謂黎可配土則重亦可配天乎且黎為火正而康成猶用兼之配土豈勾龍土官乃不可以配土乎今依左氏勾龍配于兩祭不亦宜乎又問曰勾芒祝融之類皆是五行之名號為重黎之名皆是人鬼何故與之同稱乎答曰此五子能著其功施于人與鬼神相似故得與之同稱也亦猶皇帝天神王者德同于天故亦得稱皇帝此其義也

宋周子太極圖

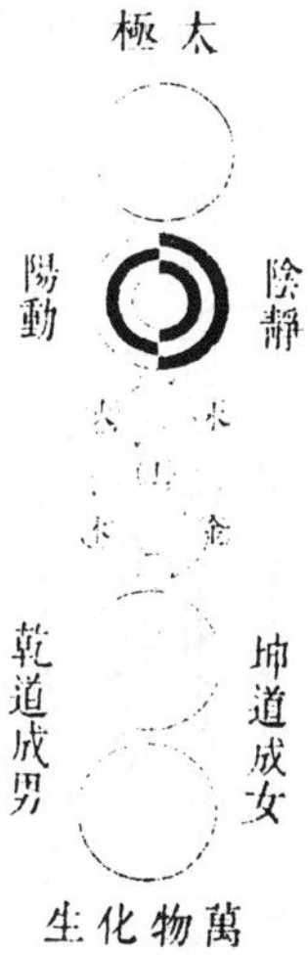

朱子曰〇此所謂無極而太極也所以動而陽靜而陰之本體也然非有以離乎陰陽也即陰陽而指其本體不雜乎陰陽而為言爾◎此〇之動而陽靜而陰也中〇者其本體也☾者陽之動也〇之用所以行也☽者陰之靜也〇之體所以立也☽者☾之根也☾者☽之根也╳㊋㊌㊏㊍㊎此陽變陰合而生水火木金土也乀者陽之變也丿者陰之合也㊌陰盛故居右㊋陽盛故居左㊍陽穉故次火㊎陰穉故次水㊏沖氣故居中而水火之乂

八交系乎上陰根陽陽根陰也水而木木而火火而土土而金金而復水如環無端五氣布而四時行也○◎×[火水][土][木金]五行一陰陽五殊二實無餘欠也陰陽一太極精粗本末無彼此也太極本無極上天之載無聲臭也五行之生各一其性氣殊質異各一其○無假借也♉此無極二五所以妙合而無間也○乾男坤女以氣化者言也各一其○而男女一太極也○萬物化生以形化者言也各一其性而萬物一太極也

無極而太極太極動而生陽動極而靜靜而生陰靜極復動一動一靜互爲其根分陰分陽兩儀立焉陽變陰合而生水火木金土五氣順布四時行焉

有太極則一動一靜而兩儀分有陰陽則一變一合而五行具然五行者質具於地而氣行於天者也以質而語其生之序則曰水火木金土以氣而語其行之序則曰木火土金水

五行一陰陽也陰陽一太極也太極本無極也五行之生也各一其性

五行具則造化發育之具無不備矣故又卽此而推本之以明其渾然一體莫非無極之妙而無極之妙亦未嘗不各具於一物之中也蓋五行異質四時異氣而皆不能外乎陰陽陰陽異位動靜異時而皆不能離乎太極至於所以爲太極者又初無聲臭之可言是性之本體然也天下豈有性外之物哉然五行之生隨其氣質而所稟不同所謂各一其性也各一其性則渾然太極之全體無不各具於一物之中而性之無所不在又可見矣

無極之眞二五之精妙合而凝乾道成男坤道成女二氣交感化生萬物萬物生生而變化無窮焉

魏了翁經外雜抄

五行所生

東方生風風生木木生酸酸生肝肝生筋筋在地爲木在體爲筋在藏爲肝在志爲怒南方生熱熱生火火生苦苦生心心生血血在地爲火在體爲脉在藏爲心在志爲喜中央生濕濕生土土生甘甘生脾脾生肉肉在地爲土在體爲肉在藏爲脾在志爲思西方生燥燥生金金生辛辛生肺肺生皮毛皮毛在地爲金在體爲皮毛在藏爲肺在志爲憂北方生寒寒生水水生鹹鹹生腎腎生骨髓骨髓在地爲水在體爲骨在藏爲腎在竅爲耳在志爲恐

張行成元包數義

五行配八卦

五行之數五十有五自三十六言之五行盈於八卦十九當閏數之物自七十二言之八卦盈於五行十七當運數之氣以八歸五氣類相從則乾兌爲金坤艮爲土震巽爲木坎爲水離爲火吉凶順逆占法由生故曰三十有六取數于乾坤五行八卦同符合契

性理會通

洪範皇極內篇

昔者聖人之原數也以決天下之疑以成天下之務以順性命之理析事辨物彰往察來是故天數五地數六五六者天地之中合也五爲五行六爲六氣陽性陰質五行之性曰木曰火曰土曰金曰水六氣之質曰胎曰生曰壯曰老曰死曰化木之質也曰楊柳曰梅李曰松柏曰竹葦曰禾麥曰草火之質也曰木火曰石火曰雷火曰油火曰蠱火曰燐火土之質也曰砂曰石曰玉曰土曰壤曰泥金之質也曰汞曰銀曰金曰銅曰鐵曰鉛水之質也曰澗水曰井水曰雨水曰溝渠曰陂澤曰湖海木之物也曰鮫鯉曰蛇曰龍曰鯉魴曰小魚曰鰍火之物也曰雞曰鳳曰雉曰鷹隼曰燕雀曰蟻蠓土之物也曰蟾蜍曰蠶曰人曰蜘蛛曰蚓曰鰻金之物也曰鹿曰馬曰麟曰虎曰獅曰毛蟲水之物也曰蟹曰鱉曰龜曰蝦曰蚌曰螺木之器也曰疏器門窻曰琴瑟曰規曰算篩曰耒耜曰網罟火之器也曰登器梯棚曰文書曰繩曰冠冕曰欂棹曰履蹋土之器也曰腹器筐筥曰圭璧曰量曰舟車曰盤盂曰棺椁金之器也曰方器斧鉞曰印節曰矩曰弓矢曰簡冊曰械校水之器也曰平器權衡曰輪磨曰準曰鏡匳曰研碓曰厠圂逆順者事之幾也吉凶者事之著也順而吉者木爲徵名爲科名爲恩赦爲婚姻爲產孕爲財帛火爲燕集爲朝覲爲文書爲言語爲歌舞爲燈燭土爲工役爲循常爲盟約爲田宅爲福壽爲墳墓金爲賜予爲按察爲更革爲軍旅爲錢貨爲刑法水爲交易爲遷移爲征行爲酒食爲田獵爲祭祀逆而凶者木爲鞭卮爲驚憂爲醜惡爲壓墜爲夭折爲產死火爲公訟爲顚狂爲口舌爲炙灸爲災焚爲震燬土爲反覆爲欺詐爲離散爲貧窮爲疾病爲死亡金爲征役爲罷免爲責降爲爭鬬爲傷損爲殺戮水爲盜賊爲囚獄爲徒流爲淫亂爲呪咀爲浸溺

五行植物屬圖

	一陽	二陽	三陽	一陰	二陰	三陰
木	楊柳	梅李	松柏	竹葦	禾麥	蕈
火	木火	石火	雷火	油火	蠱火	燐火
土	砂	石	玉	土	壤	泥
金	汞	銀	金	銅	鐵	鉛
水	澗水	井水	雨水	溝渠	陂澤	湖海

五行動物屬圖

	一陽	二陽	三陽	一陰	二陰	三陰
木	鯪鯉	蛇	龍	鯉魴	小魚	鰍
火	雞	雉	鳳鶴	鷹隼	燕雀	蛾蠓
土	蟾蜍	蠶	人	蜘蛛	蚓	鰻
金	鹿	馬	麟猴	虎	獺	毛蟲
水	蟹	鱉	龜	蝦	蚌	蠣

五行用物屬圖

	一陽	二陽	三陽	一陰	二陰	三陰
木	疏器 門廳	琴瑟	規	算篩	耒耜	網罟
火	登器 梯棚	文書	繩	冠冕	檯棹	履蹻
土	腹器 佳宮	圭璧	量	舟車	盤盂	棺椁
金	方器 斧鉞	印節	矩	弓矢	簡冊	械校
水	平器 權衡	輪磨	準	鏡匳	研碓	厠圂

五行事類吉圖

	一陽	二陽	三陽	一陰	二陰	三陰
木	徵名	科名	恩赦	婚姻	產孕	財帛
火	燕集	文書	朝覲	言語	歌舞	燈燭
土	工役	循常	盟約	田宅	福壽	墳墓
金	賜予	按察	更革	軍旅	錢貨	刑法
水	交易	遷移	征行	酒食	田獵	祭祀

五行事類凶圖

	一陽	二陽	三陽	一陰	二陰	三陰
木	雛瘧	驚憂	醜惡	壓墜	夭折	產死
火	公訟	顛狂	口舌	炙炎	災焚	震燬
土	反覆	欺詐	離散	貧窮	疾病	死亡
金	征役	罷免	責降	爭鬬	傷損	殺戮
木	盜賊	囚獄	徒流	淫亂	呪詛	淹溺

五行支干圖

	一陽	二陽	三陽	一陰	二陰	三陰
木	甲子 乙丑	甲寅 乙卯	甲辰 乙巳	甲午 乙未	甲申 乙酉	甲戌 乙亥
火	丙子 丁丑	丙寅 丁卯	丙辰 丁巳	丙午 丁未	丙申 丁酉	丙戌 丁亥
土	戊子 己丑	戊寅 己卯	戊辰 己巳	戊午 己未	戊申 己酉	戊戌 己亥
金	庚子 辛丑	庚寅 辛卯	庚辰 辛巳	庚午 辛未	庚申 辛酉	庚戌 辛亥
木	壬子 癸丑	壬寅 癸卯	壬辰 癸巳	壬午 癸未	壬申 癸酉	壬戌 癸亥

五行人體性情圖

	一陽	二陽	三陽	一陰	二陰	三陰
木	喜	魂	仁	臭	肝	筋
火	樂	神	禮	色	心	毛
土	慾	意	信	形	脾	肉
金	怒	魄	義	味	肺	骨
水	哀	精	智	聲	腎	皮

欽定古今圖書集成曆象彙編乾象典

第二十卷目錄

乾象典第二十卷

五行部總論一

禮記

禮運

播五行於四時和而后月生也是以三五而盈三五而闕

疏播爲播散五行金木水火土之氣於春夏秋冬之四時也金木水火各爲一行土無正位分寄四時故云播五行於四時

五行之動迭相竭也五行四時十二月還相爲本也

注竭猶負戴也言五行運轉更相爲始也疏春爲木王負戴於水夏爲火王負戴於木秋爲金王負戴於火冬爲水王負戴於金是也

黃帝素問

寶命全形論

岐伯曰木得金而伐火得水而滅土得木而達金得火而缺水得土而絕萬物盡然不可勝竭

五運行大論

帝曰寒暑燥濕風火在人合之奈何其於萬物何以生化岐伯曰東方生風風生木木生酸酸生肝肝生筋筋生心其在天爲元在人爲道在地爲化化生五味道生智元生神化生氣神在天爲風在地爲木在體爲筋在氣爲柔在藏爲肝其性爲暄其德爲和其用爲動其色爲蒼其化爲榮其蟲毛其政爲散其令宣發其變摧拉其眚爲隕其味爲酸其志爲怒怒傷肝悲勝怒風傷肝燥勝風酸傷筋辛勝酸南方生熱熱生火火生苦苦生心心生血血生脾其在天爲熱在地爲火在體爲脈在氣爲息在藏爲心其性爲暑其德爲顯其用爲躁其色爲赤其化爲茂其蟲羽其政爲明其令鬱蒸其變炎爍其眚燔焫其味爲苦其志爲喜喜傷心恐勝喜熱傷氣寒勝熱苦傷氣鹹勝苦中央生濕濕生土土生甘甘生脾脾生肉肉生肺其在天爲濕在地爲土在體爲肉在氣爲充在藏爲脾其性靜兼其德爲濡其用爲化其色爲黃其化爲盈其蟲倮其政爲謐其令雲雨其變動注其眚淫潰其味爲甘其志爲思思傷脾怒勝思濕傷肉風勝濕甘傷脾酸勝甘西方生燥燥生金金生辛辛生肺肺生皮毛皮毛生腎其在天爲燥在地爲金在體爲皮毛在氣爲成在藏爲肺其性爲涼其德爲清其用爲固其色爲白其化爲斂其蟲介其政爲勁其令霧露其變肅殺其眚蒼落其味爲辛其志爲憂憂傷肺喜勝憂熱傷皮毛寒勝熱辛傷皮毛苦勝辛北方生寒寒生水水生鹹鹹生腎腎生骨髓髓生肝其在天爲寒在地爲水在體爲骨在氣爲堅在藏爲腎其性爲凜其德爲寒其用爲闕其色爲黑其化爲肅其蟲鱗其政爲靜其令闕二字其變凝冽其眚冰雹其味爲鹹其志爲恐恐傷腎思勝恐寒傷血燥勝寒鹹傷血甘勝鹹五氣更立各有所先非其位則邪當其位則正

氣交變大論

黃帝問曰五運更治上應天朞陰陽往復寒暑迎隨眞邪相薄內外分離六經波蕩五氣傾移太過不及專勝兼并願言其始而有常名可得聞乎岐伯稽首再拜對曰昭乎哉問也是明道也此上帝所貴先師傳之臣雖不敏往聞其旨帝曰余聞得其人不教是謂失道傳非其人慢泄天寶余誠菲德未足以受至道然而衆子哀其不終願夫子保于無窮流于無極余司其事則而行之奈何岐伯曰請遂言之也上經曰夫道者上知天文下知地理中知人事可以長久此之謂也帝曰何謂也岐伯曰本氣位也位天者天文也位地者地理也通于人氣之變化者人事也故太過者先天不及者後天所謂治化而人應之也帝曰五運之化太過何如岐伯曰歲木太過風氣流行脾土受邪民病飧泄食減體重煩冤腸鳴腹支滿上

應歲星甚則忽忽善怒眩冒巔疾化氣不政生氣獨治雲物飛動草木不寧甚而搖落反脇痛而吐甚衝陽絕者死不治上應太白星歲火太過炎暑流行金肺受邪民病瘧少氣欬喘血溢血泄注下嗌燥耳聾中熱肩背熱上應熒惑星甚則胸中痛脇支滿脇痛膺背肩胛間痛兩臂內痛身熱骨痛而爲浸淫收氣不行長氣獨明雨水霜寒上應辰星上臨少陰少陽火燔焫水泉涸物焦槁病反譫妄狂越欬喘息鳴下甚血溢泄不已太淵絕者死不治上應熒惑星歲土太過雨濕流行腎水受邪民病腹痛清厥意不樂體重煩冤上應鎭星甚則肌肉萎足痿不收行善瘈脚下痛飲發中滿食減四支不舉變生得位藏氣伏化氣獨治之泉涌河衍涸澤生魚風雨大至土崩潰鱗見于陸病腹滿溏泄腸鳴反下甚而太谿絕者死不治上應歲星歲金太過燥氣流行肝木受邪民病兩脇下少腹痛目赤痛眥瘍耳無所聞肅殺而甚則體重煩冤胷痛引背兩脇滿且痛引少腹上應太白星甚則喘欬逆氣肩背痛尻陰股膝髀腨胻足皆病上應熒惑星收氣峻生氣下草木斂蒼乾凋隕病反暴痛胠脇不可反側欬逆甚而血溢太衝絕者死不治上應太白星歲水太過寒氣流行邪害心火民病身熱煩心躁悸陰厥上下中寒譫妄心痛寒氣早至上應辰星甚則腹大脛腫喘欬寢汗出憎風大雨至埃霧朦鬱上應鎭星上臨太陽雨冰雪霜不時降濕氣變物病反腹滿腸鳴溏泄食不化渴而妄冒神門絕者死不治上應熒惑辰星帝曰善其不及何如岐伯曰悉乎哉問也歲木不及燥乃大行生氣失應草木晩榮肅殺而甚則剛木辟著柔萎蒼乾上應太白星民病中淸胠脇痛少腹痛腸鳴溏泄涼雨時至上應太白星其穀蒼上臨陽明生氣失政草木再榮化氣迺急上應太白鎭星其主蒼早復則炎暑流火濕性燥柔脆草木焦槁下體再生華實齊化病寒熱瘡瘍疿胗癰痤上應熒惑太白其穀白堅白露早降收殺氣行寒雨害物蟲食甘黃脾土受邪赤氣後化心氣晩治上勝肺金白氣迺屈其穀不成欬而鼽上應熒惑太白星歲火不及寒迺大行長政不用物榮而下凝慘而甚則陽氣不化迺折榮美上應辰星民病胷中痛脇支滿兩脇痛膺背肩胛間及兩臂內痛鬱冒朦昧心痛暴瘖胷腹大脇下與腰背相引而痛甚則屈不能伸髖髀如別上應熒惑辰星其穀丹復則埃鬱大雨且至黑氣迺辱病鶩溏腹滿食飲不下寒中腸鳴泄注腹痛暴攣痿痺足不任身上應鎭星辰星元穀不成歲土不及風迺大行化氣不令草木茂榮飄揚而甚秀而不實上應歲星民病飧泄霍亂體重腹痛筋骨繇復肌肉瞤酸善怒藏氣舉事蟄蟲早附咸病寒中上應歲星鎭星其穀黅復則收政嚴峻名木蒼凋胷脇暴痛下引少腹善太息蟲食甘黃氣客於脾黅穀迺減民食少失味蒼穀迺損上應太白歲星上臨厥陰流水不冰蟄蟲來見藏氣不用白迺不復上應歲星民迺康歲金不及炎火迺行生氣迺用長氣專勝庶物以茂燥爍以行上應熒惑星民病肩背瞀重鼽嚏血便注下收氣迺後上應太白星其穀堅芒復則寒雨暴至迺零冰雹霜雪殺物陰厥且格陽反上行頭腦戶痛延及腦頂發熱上應辰星丹穀不成民病口瘡甚則心痛歲水不及濕迺大行長氣反用其化迺速暑雨數至上應鎭星民病腹滿身重濡泄寒瘍流水腰股痛發膕腨股膝不便煩冤足痿清厥脚下痛甚則胕腫藏氣不政腎氣不衡上應辰星其穀秬上臨太陰則大寒數舉蟄蟲早藏地積堅冰陽光不治民病寒疾于下甚則腹滿浮腫上應鎭星其主黅穀復則大風暴發草偃木零生長不鮮面色時變筋骨併辟肉瞤瘛目視䀮䀮物疎璺肌肉胗發氣幷鬲中痛於心腹黃氣迺損其穀不登上應歲星帝曰善願聞其時也岐伯曰悉乎哉問也木不及春有鳴條律暢之化則秋有霧露淸涼之政春有慘悽殘賊之勝則夏有炎暑燔爍之復其眚東其藏肝其病內舍胠脇外在關節火不及夏有炳明光顯之化則冬有嚴肅霜寒之政夏有慘悽凝冽之勝則不時有埃昏大雨之復其眚南其藏心其病內舍膺脇外在經絡土不及四維有埃雲潤澤之化則春有鳴條鼓拆之政四維發振拉飄騰之變則秋有肅殺霖霪之復其眚四維其藏脾其病內舍心腹外在肌肉四肢金不及夏有光顯鬱蒸之令則冬有嚴凝整肅之應夏有炎爍燔燎之變則秋有冰雹霜雪之復其眚西其藏肺其病內舍膺脇肩背外在皮毛水不及四維有湍潤埃雲之化則不時有和風生發之應四維發埃昏驟注之變則不時有飄蕩振拉之復其眚北其藏腎其病內舍腰脊骨髓外在谿谷踹膝夫五運之政猶權衡也高者抑之下者舉之化者應之變者復之此生長化成收藏之理氣之常也失常則天地四塞矣故曰天地之動靜神明爲之紀陰陽之往

復寒暑彰其兆此之謂也

五常政大論

黃帝問曰太虛寥廓五運迴薄衰盛不同損益相從願聞平氣何如而名何如而紀也岐伯對曰昭乎哉問也木曰敷和火曰升明土曰備化金曰審平水曰靜順帝曰其不及奈何岐伯曰木曰委和火曰伏明土曰卑監金曰從革水曰涸流帝曰太過何謂岐伯曰木曰發生火曰赫曦土曰敦阜金曰堅成水曰流衍帝曰三氣之紀願聞其候岐伯曰悉乎哉問也敷和之紀木德周行陽舒陰布五化宣平其氣端其性隨其用曲直其化生榮其類草木其政發散其候溫和其令風其藏肝肝其畏淸其主目其穀麻其果李其實核其應春其蟲毛其畜犬其色蒼其養筋其病裏急支滿其味酸其音角其物中堅其數八升明之紀正陽而治德施周普五化均衡其氣高其性速其用燔灼其化蕃茂其類火其政明曜其候炎暑其令熱其藏心心其畏寒其主舌其穀麥其果杏其實絡其應夏其蟲羽其畜馬其色赤其養血其病瞤瘛其味苦其音徵其物脈其數七備化之紀氣協天休德流四政五化齊修其氣平其性順其用高下其化豐滿其類土其政安靜其候溽蒸其令濕其藏脾脾其畏風其主口其穀稷其果棗其實肉其應長夏其蟲倮其畜牛其色黃其養肉其病否其味甘其音宮其物膚其數五審平之紀收而不爭殺而無犯五化宣明其氣潔其性剛其用散落其化堅斂其類金其政勁肅其候淸切其令燥其藏肺肺其畏熱其主鼻其穀稻其果桃其實殼其應秋其蟲介其畜雞其色白其養皮毛其病欬其味辛其音商其物外堅其數九靜順之紀藏而勿害治而善下五化咸整其氣明其性下其用沃衍其化凝堅其類水其政流演其候凝肅其令寒其藏腎腎其畏濕其主二陰其穀豆其果栗其實濡其應冬其蟲鱗其畜彘其色黑其養骨髓其病厥其味鹹其音羽其物濡其數六故生而勿殺長而勿罰化而勿制收而勿害藏而勿抑是謂平氣委和之紀是謂勝生生氣不政化氣迺揚長氣自平收令迺早涼雨時降風雲並興草木晚榮蒼乾凋落物秀而實膚肉內充其氣斂其用聚其動緛戾拘緩其發驚駭其藏肝其果棗李其實核殼其穀稷稻其味酸辛其色白蒼其畜犬雞其蟲毛介其主霧露淒滄其聲角商其病搖動注恐從金化也少角與判商同上角與正角同上商與正商同其病支發癰腫瘡瘍其甘蟲邪傷肝也上宮與正宮同蕭颸肅殺則炎赫沸騰眚于三所謂復也其主飛蠹蛆雉迺爲雷霆伏明之紀是謂勝長長氣不宣藏氣反布收氣自政化令迺衡寒清數舉暑令乃薄承化物生生而不長成實而稚遇化已老陽氣屈伏蟄蟲早藏其氣鬱其用暴其動彰伏變易其發痛其藏心其果栗桃其實絡濡其穀豆稻其味苦鹹其色玄丹其畜馬彘其蟲羽鱗其主冰雪霜寒其聲徵羽其病昏惑悲忘從水化也少徵與少羽同上商與正商同邪傷心也凝慘凓冽則暴雨霖霪眚于七其主驟注雷霆震驚沉黔淫雨卑監之紀是謂減化化氣不令生政獨彰長氣整雨迺愆收氣平風寒並興草木榮美秀而不實成而粃也其氣散其用靜定其動瘍涌分潰癰腫其發濡滯其藏脾其果李栗其實濡核其穀豆麻其味酸甘其色蒼黃其畜牛犬其蟲倮毛其主飄怒振發其聲宮角其病留滿否塞從木化也少宮與少角同上宮與正宮同上角與正角同其病飧泄邪傷脾也振拉飄揚則蒼乾散落其眚四維其主敗折虎狼淸氣迺用生政迺辱從革之紀是謂折收收氣迺後生氣迺揚長化合德火政迺宣庶物以蕃其氣揚其用躁切其動鏗禁瞀厥其發欬喘其藏肺其果李杏其實殼絡其穀麻麥其味苦辛其色白丹其畜雞羊其蟲介羽其主明曜炎爍其聲商徵其病嚏欬鼽衄從火化也少商與少徵同上商與正商同上角與正角同邪傷肺也炎光赫烈則冰雪霜雹眚于九其主鱗伏彘鼠歲氣早至迺生大寒涸流之紀是謂反陽藏令不舉化氣迺昌長氣宣布蟄蟲不藏土潤水泉減草木條茂榮秀滿盛其氣滯其用滲泄其動堅止其發燥槁其藏腎其果棗杏其實濡肉其穀黍稷其味甘鹹其色黅元其畜彘牛其蟲鱗倮其主埃鬱昏翳其聲羽宮其病痿厥堅下從土化也少羽與少宮同上宮與正宮同其病癃閟邪傷腎也埃昏驟雨則振拉摧拔眚于一其主毛顯狐狢變化不藏故乘危而行不速而至暴虐無德災反及之微者復微甚者復甚氣之常也發生之紀是謂啓敕土疎泄蒼氣達陽和布化陰氣迺隨生氣淳化萬物以榮其化生其氣美其政散其令條舒其動掉眩巔疾其德鳴靡啓坼其變振拉摧拔其穀麻稻其畜雞犬其果李桃其色青黃白其味酸甘辛其象春其經足厥陰少陽其藏肝脾其蟲毛介其物中堅外堅其病怒太角與上商同

上徵則其氣逆其病吐利不務其德則收氣復秋氣勁切甚則肅殺清氣大至草木凋零邪迺傷肝赫曦之紀是謂蕃茂陰氣內化陽氣外榮炎暑施化物得以昌其化長其氣高其政動其令明顯其動炎灼妄擾其德暄暑鬱蒸其變炎烈沸騰其穀麥豆其畜羊彘其果杏栗其色赤白玄其味苦辛鹹其象夏其經手少陰太陽手厥陰少陽其藏心肺其虫羽鱗其物脉濡其病笑瘧瘡瘍血流狂妄目赤上羽與正徵同其收齊其病痓上徵而收氣後也暴烈其政藏氣迺復時見凝慘甚則雨水霜雹切寒邪傷心也敦阜之紀是謂廣化厚德清靜順長以盈至陰內實物化充成煙埃朦鬱見于厚土大雨時行濕氣迺用燥政迺辟其化圓其氣豐其政靜其令周備其動濡積并稸其德柔潤重淖其變震驚飄驟崩潰其穀稷麻其畜牛犬其果棗李其色黅玄蒼其味甘鹹酸其象長夏其經足太陰陽明其藏脾腎其蟲倮毛其物肌核其病腹滿四支不舉大風迅至邪傷脾也堅成之紀是謂收引天氣潔地氣明陽氣隨陰治化燥行其政物以司成收氣繁布化洽不終其化成其氣削其政肅其令銳切其動暴折瘍疰其德霧露蕭飋其變肅殺凋零其穀稻黍其畜鷄馬其果桃杏其色白青丹其味辛酸苦其象秋其經手太陰陽明其藏肺肝其蟲介羽其物殼絡其病喘喝胷憑仰息上徵與正商同其生齊其病欬政暴變則名木不榮柔脆焦首長氣斯救大火流炎爍且至蔓將槁邪傷肺也流衍之紀是謂封藏寒司物化天地嚴凝藏政以布長令不揚其化凜其氣堅其政謐其令流注其動漂泄沃涌其德凝慘寒雰其變冰雪霜雹其穀豆稷其畜彘牛其果栗棗其色黑丹黅其味鹹苦甘其象冬其經足少陰太陽其藏腎心其蟲鱗倮其物濡滿其病脹上羽而長氣不化也政過則化氣大舉而埃昏氣交大雨時降邪傷腎也故曰不恆其德則所勝來復政恆其理則所勝同化此之謂也

六元正紀大論

帝曰五運氣行主歲之紀其有常數乎岐伯曰臣請次之

甲子甲午歲上少陰火中太宮土運下陽明金熱化二雨化五燥化四所謂正化日也其化上鹹寒中苦熱下酸熱所謂藥食宜也

乙丑乙未歲上太陰土中少商金運下太陽水熱化寒化勝復同所謂邪氣化日也災七宮濕化五清化四寒化六所謂正化日也其化上苦熱中酸和下甘熱所謂藥食宜也

丙寅丙申歲上少陽相火中太羽水運下厥陰木火化二寒化六風化三所謂正化日也其化上鹹寒中鹹溫下辛溫所謂藥食宜也

丁卯丁酉歲上陽明金中少角木運下少陰火清化熱化勝復同所謂邪氣化日也災三宮燥化九風化三熱化七所謂正化日也其化上苦小溫中辛和下鹹寒所謂藥食宜也

戊辰戊戌歲上太陽水中太徵火運下太陰土寒化六熱化七濕化五所謂正化日也其化上苦溫中甘和下甘溫所謂藥食宜也

己巳己亥歲上厥陰木中少宮土運下少陽相火風化清化勝復同所謂邪氣化日也災五宮風化三濕化五火化七所謂正化日也其化上辛凉中甘和下鹹寒所謂藥食宜也

庚午庚子歲上少陰火中太商金運下陽明金熱化七清化九燥化九所謂正化日也其化上鹹寒中辛溫下酸溫所謂藥食宜也

辛未辛丑歲上太陰土中少羽水運下太陽水雨化風化勝復同所謂邪氣化日也災一宮雨化五寒化一所謂正化日也其化上苦熱中苦和下苦熱所謂藥食宜也

壬申壬寅歲上少陽相火中太角木運下厥陰木火化二風化八所謂正化日也其化上鹹寒中酸和下辛凉所謂藥食宜也

癸酉癸卯歲上陽明金中少徵火運下少陰火寒化雨化勝復同所謂邪氣化日也災九宮燥化九熱化二所謂正化日也其化上苦小溫中鹹溫下鹹寒所謂藥食宜也

甲戌甲辰歲上太陽水中太宮土運下太陰土寒化六濕化五正化日也其化上苦熱中苦溫下苦溫藥食宜也

乙亥乙巳歲上厥陰木中少商金運下少陽相火熱化寒化勝復同邪氣化日也災七宮風化八清化四火化二正化度也其化上辛凉中酸和下鹹寒藥食宜也

丙子丙午歲上少陰火中太羽水運下陽明金熱化二寒化六清化四正化度也其化上鹹寒中鹹熱下酸溫藥食宜也

丁丑丁未歲上太陰土中少角木運下太陽水清化熱化勝復同邪氣化度也災三宮雨化五風化三寒化一正化度也其化上苦溫中辛溫下甘熱藥食宜也

戊寅戊申歲上少陽火中太徵火運下厥陰木火化二風化三正化度也其化上鹹寒中甘和下辛凉藥食宜也

己卯己酉歲上陽明金中少宮土運下少陰火風化清化勝復同邪氣化度也災五宮清化九雨化五熱化七正化度也其化上苦小溫中甘和下鹹寒藥食宜也

庚辰庚戌歲上太陽水中太商金運下太陰土寒化一清化九雨化五正化度也其化上苦熱中辛溫下甘熱藥食宜也

辛巳辛亥歲上厥陰木中少羽水運下少陽相火雨化風化勝復同邪氣化度也災一宮風化三寒化一火化七正化度也其化上辛凉中苦和下鹹寒藥食宜也

壬午壬子歲上少陰火中太角木運下陽明金熱化二風化八清化四正化度也其化上鹹寒中酸凉下酸溫藥食宜也

癸未癸丑歲上太陰土中少徵火運下太陽水寒化雨化勝復同邪氣化度也災九宮雨化五火化二寒化一正化度也其化上苦溫中鹹溫下甘熱藥食宜也

甲申甲寅歲上少陽相火中太宮土運下厥陰木火化二雨化五風化八正化度也其化上鹹寒中鹹和下辛凉藥食宜也

乙酉乙卯歲上陽明金中少商金運下少陰火熱化寒化勝復同邪氣化度也災七宮燥化四清化四熱化二正化度也其化上苦小溫中苦和下鹹寒藥食宜也

丙戌丙辰歲上太陽水中太羽水運下太陰土寒化六雨化五正化度也其化上苦熱中鹹溫下甘熱藥食宜也

丁亥丁巳歲上厥陰木中少角木運下少陽相火清化熱化勝復同邪氣化度也災三宮風化三火化七正化度也其化上辛凉中辛和下鹹寒藥食宜也

戊子戊午歲上少陰火中太徵火運下陽明金熱化七清化九正化度也其化上鹹寒中甘寒下酸溫藥食宜也

己丑己未歲上太陰土中少宮土運下太陽水風化清化勝復同邪氣化度也災五宮雨化五寒化一正化度也其化上苦熱中甘和下甘熱藥食宜也

庚寅庚申歲上少陽相火中太商金運下厥陰木火化七清化九風化三正化度也其化上鹹寒中辛溫下辛凉藥食宜也

辛卯辛酉歲上陽明金中少羽水運下少陰火雨化風化勝復同邪氣化度也災一宮清化九寒化一熱化七正化度也其化上苦小溫中苦和下鹹寒藥食宜也

壬辰壬戌歲上太陽水中太角木運下太陰土寒化六風化八雨化五正化度也其化上苦溫中酸溫下甘溫藥食宜也

癸巳癸亥歲上厥陰木中少徵火運下少陽相火寒化雨化勝復同邪氣化度也災九宮風化八火化二正化度也其化上辛凉中鹹和下鹹寒藥食宜也

凡此定期之紀勝復正化皆有常數不可不察故知其要者一言而終不知其要流散無窮此之謂也帝曰善五運之氣亦復歲乎岐伯曰鬱極迺發待時而作也帝曰請問其所謂也岐伯曰五常之氣太過不及其發異也帝曰願卒聞之岐伯曰太過者暴不及者徐暴者爲病甚徐者爲病持帝曰太過不及其數何如岐伯曰太過者其數成不及者其數生土常以生也帝曰其發也何如岐伯曰土鬱之發巖谷震驚雷殷氣交埃昏黃黑化爲白氣飄驟高深擊石飛空洪水迺從川流漫衍田牧土駒化氣迺敷善爲時雨始生始長始化始成故民病心腹脹腸鳴而爲數後甚則心痛脅䐜嘔吐霍亂飲發注下胕腫身重雲奔雨府霞擁朝陽山澤埃昏其迺發也以其四氣雲横天山浮游生滅怫之先兆金鬱之發天潔地明風清氣切大凉迺舉草樹浮煙燥氣以行霿霧數起殺氣來至草木蒼乾金迺有聲故民病欬逆心脅滿引少腹善暴痛不可反側嗌乾面塵色惡山澤焦枯土凝霜鹵怫迺發也其氣五夜零白露林莽聲悽怫之兆也水鬱之發陽氣迺辟陰氣暴舉大寒迺至川澤嚴凝寒雰結爲霜雪甚則黃黑昏翳流行氣交迺爲霜殺水乃見祥故民病寒客心痛腰脽痛大關節不利屈伸不便善厥逆痞堅腹滿陽光不治空積沈陰白埃昏暝而迺發也其氣二火前後太虛深玄氣猶麻散微見而隱色黑微黃怫之先兆也木鬱之發太虛

埃昏雲物以擾大風迺至屋發折木木有變故民病胃脘當心而痛上支兩脅鬲咽不通食飲不下甚則耳鳴眩轉目不識人善暴僵仆太虛蒼埃天山一色或氣濁色黃黑鬱若横雲不起雨而迺發也其氣無常長川草偃柔葉呈陰松吟高山虎嘯巖岫怫之先兆也火鬱之發太虛曛翳大明不彰炎火行大暑至山澤燔燎材木流津廣廈騰煙土浮霜鹵止水迺減蔓草焦黃風行惑言濕化迺後故民病少氣瘡瘍癰腫脅腹胸背面目四支䐜憤臚脹瘍痱嘔逆瘛瘲骨痛節迺有動注下溫瘧腹中暴痛血溢流注精液迺少目赤心熱甚則瞀悶懊憹善暴死刻終大溫汗濡元府其迺發也其氣四動復則靜陽極反陰濕令迺化迺成華發水凝山川冰雪焰陽午澤怫之先兆也有怫之應而後報也皆觀其極而迺發也木發無時水隨火也謹候其時病可與期失時反歲五氣不行生化收藏政無恆也帝曰水發而雹雪土發而飄驟木發而毀折金發而清明火發而曛昧何氣使然岐伯曰氣有多少發有微甚微者當其氣甚者兼其下徵其下氣而見可知也

關尹子

二柱篇

升者爲火降者爲水欲升而不能升者爲木欲降而不能降者爲金木之爲物鑽之得火絞之得水金之爲物擊之得火鎔之得水金木者水火之交也水爲精爲天火爲神爲地木爲魂爲人金爲魄爲物運而不已者爲時包而有在者爲方惟土始終之有解之者有示之者

八籌篇

水潛故蘊爲五精火飛故達爲五臭木茂故華爲五色金堅故實爲五聲土和故滋爲五味其常五其變不可計其物五其雜不可計

孔子家語

五帝

季康子問於孔子曰舊聞五帝之名而不知其實請問何謂五帝孔子曰昔丘也聞諸老聃曰天有五行水火金木土分時化育以成萬物其神謂之五帝古之王者易代而改號取法五行五行更王終始相生亦象其義故其生爲明王者死而配五行是以太皞配木炎帝配火黃帝配土少皞配金顓頊配水康子曰太皞其始之木何如孔子曰五行用事先起於木木東方萬物之初皆出焉是故王者則之而首以木德王天下其次則以所生之行轉相承也康子曰吾聞勾芒爲木正祝融爲火正蓐收爲金正元冥爲水正后土爲土正此五行之主而不亂稱曰帝者何也孔子曰凡五正者五行之官名五行佐成上帝而稱五帝太皞之屬配焉亦云帝從其號昔少皞氏之子有四叔曰重曰該曰修曰熙實能金木及水使重爲勾芒該爲蓐收修及熙爲元冥顓頊氏之子曰黎爲祝融共工氏之子曰勾龍爲后土此五者各以所能業爲官職生爲上公死爲貴神別稱五祀不得同帝康子曰如此之言帝王改號於五行之德各有所統則其所以相變者皆主何事孔子曰所尚則各從其所王之德次焉夏后氏以金德王色尚黑大事斂用昏戎事乘驪牲用元殷人用水德王尚白大事斂用日中戎事乘翰牲用白周人以木德王色尚赤大事斂用日出戎事乘騵牲用騂此三代之所以不同康子曰唐虞二帝所尚者何色孔子曰堯以火德王色尚黃舜以土德王色尚青康子曰陶唐有虞夏后殷周獨不配五帝意者德不及上古耶將有限乎孔子曰古之平治水土及播殖百穀者衆矣唯勾龍氏兼食於社而棄爲稷神易代奉之無敢益者明不可與等故自太皞以降逮于顓頊其應五行而王數非徙五而配五帝是其德不可以多也

漢董仲舒春秋繁露

五行對

河間獻王問溫城董君曰孝經曰夫孝天之經地之義何謂也對曰天有五行木火土金水是也木生火火生土土生金金生水水爲冬金爲秋土爲季夏火爲夏木爲春春主生夏主長季夏主養秋主收冬主藏藏冬之所成也是故父之所生其子長之父之所長其子養之父之所養其子成之諸父所爲其子皆奉承而續行之不敢不致如父之意盡爲人之道也故五行者五行也由此觀之父授之子受之乃天之道也故曰夫孝者天之經也此之謂也王曰善哉天經既得聞之矣願聞地之義對曰地出雲爲雨起氣爲風風雨者地之爲爲地不敢有其功名必上之於天命若從天氣者故曰天風天雨也莫曰地風地雨也勤勞在地名一歸于天非至有義其孰能行此故下事上如地事天也可謂大忠矣土者火之子也五行莫貴于土土之于四時無所命者不與火分功名木名春火名夏金名秋水名冬忠臣之義孝子之行

取之土土者五行最貴者也其義不可以加矣五音莫貴于宮五味莫美于甘五色莫盛于黃此謂孝者地之義也王曰善哉衣服容貌者所以說目也聲言應對者所以說耳也好惡去就者所以說心也故君子衣服中而容貌恭則目說矣言理應對遜則耳說矣好仁厚而惡淺薄就善人而遠僻鄙則心說矣故曰行意可樂容止可觀此之謂也

五行之義

天有五行一曰木二曰火三曰土四曰金五曰水木五行之始也水五行之終也土五行之中也此其天次之序也木生火火生土土生金金生水水生木此其父子也木居左金居右火居前水居後土居中央此其父子之序相受而布是故木受水而火受木土受火金受土水受金也諸授之者皆其父也受之者皆其子也常因其父以使其子天之道也是故木已生而火養之金已死而木藏之火樂木而養以陽水克金而喪以陰土之事天竭其忠故五行者乃孝子忠臣之行也五行之爲言也猶五行歟是故以得辭也聖人知之故多其愛而少嚴厚養生而謹送終就天之制也以子而迎成養如火之樂木也喪父如水之克金也事君若土之敬天也可謂有行人矣五行之隨各如其序五行之官各致其能是故木居東方而主春氣火居南方而主夏氣金居西方而主秋氣水居北方而主冬氣是故木主生而金主殺火主暑而水主寒使人必以其序官人必以其能天之數也土居中央爲之天潤土者天之股肱也其德茂美不可名以一時之事故五行而四時者土兼之也金木水火雖各職不因土方不立若酸鹹辛苦之不因甘肥不能成味也甘者五味之本也土者五行之主也五行之主土氣也猶五味之有甘肥也不得不成是故聖人之行莫貴于忠土德之謂也人官之大者不名所職相其是矣天官之大者不名所生土是矣

五行相勝

木者司農也司農爲姦朋黨比周以蔽主明退匿賢士絕滅公卿教民奢侈賓客交通不勸田事博戲鬬雞走狗弄馬長幼無禮大小相虜並爲寇賊橫恣絕理司徒誅之齊相是也行霸任兵侵蔡蔡潰遂伐楚楚人降伏以安中國木者君之官也夫木者農也農者民也不順如叛則命司徒誅其率正矣故曰金勝木

火者司馬也司馬爲讒反言易辭以譖愬人內離骨肉之親外疎忠臣賢聖旋亡讒邪日昌魯上大夫季孫是也專權擅勢薄國威德反以怠惡譖愬其羣臣切惑其君孔子爲魯司寇據義行法季孫自消墮費郈城兵甲有差夫火者大朝有邪讒熒惑其君執法誅之執法者水也故曰水勝火

土者君之官也其相司營爲神主所爲皆曰可主所言皆曰善諂順主指聽從爲比進主所善以快主意導主之邪陷主不義大爲宮室多爲臺榭彫文刻鏤五色成光賦斂無度以奪民財多發徭役以奪民時作事無極以奪民力百姓愁苦叛去其國楚靈王是也作乾谿之臺三年不成百姓罷弊而叛反其身弒夫土者君之官也君大奢侈過土大禮民叛矣其民叛其君窮矣故曰木勝土

金者司徒也司徒爲賊內得於君外驕軍士專權擅勢誅殺無罪侵伐暴虐攻戰妄取令不行禁不止將率不親士卒不使兵弱地削令君有恥則司馬誅之楚殺其司徒得臣是也得臣數戰破敵內得於君驕蹇不卹其下卒不爲使當敵而弱以危楚國司馬誅之金者司徒司徒弱不能使士衆則司馬誅之故曰火勝金

水者司寇也司寇爲亂足恭小謹巧言令色聽謁受賂阿黨不平慢令急誅誅殺無罪則司營誅之營蕩是也爲齊司寇太公封於齊問焉以治國之要營蕩對曰任仁義而已太公曰任仁義奈何營蕩對曰仁者愛人義者尊老太公曰愛人尊老奈何營蕩對曰愛人者有子不食其力尊老者妻長而夫拜之太公曰寡人欲以仁義治齊今子以仁義亂齊寡人立而誅之以定齊國夫水者執法司寇也執法附黨不平依法刑人則司營誅之故曰土勝水

五行相生

天地之氣合而爲一分爲陰陽判爲四時列爲五行行者行也其行不同故謂之五行五行者五官也比相生而間相勝也故謂治逆之則亂順之則法

東方者木農之本司農尚仁進經術之士道之以帝王之路將順其美匡救其惡執規而生至溫潤不知地形肥磽美惡立事生則因地之宜召公是也親入南畝之中觀民墾草發淄耕種五穀積蓄有餘家給人足倉庫充實司馬食谷司馬本朝也本朝者火也故曰木生火

南方者火也本朝司馬尚進賢聖之士上知天文其

形兆未見其萌芽未生昭然獨見存亡之機得失之要治亂之源豫禁未然之前執矩而長至忠厚仁輔翼其君周公是也成王幼弱周公相誅管叔蔡叔以定天下天下既寧以安君官者司營司營者土也故曰火生土

中央者土君官也司營尚信卑身賤體夙興夜寐稱述往古以厲生意明見成敗微諫納善防滅其惡絕原塞隙執繩而制四方至忠厚以信其君據義割恩太公是也應天因時之化威武強禦以成大理者司徒也司徒者金也故曰土生金

西方者金大理司徒也司徒尚義臣死君而衆人死父親有尊卑位有上下各死其事事不踰矩執權而伐兵不苟克取不苟得義而後行至廉而威質直剛毅子咠（疑是胥字）是也伐有罪討不義是以百姓附親邊境安寧寇賊不發邑無獄訟則親安執法者司寇也司寇者水也故曰金生水

北方者水執法司寇也司寇尚禮君臣有位長幼有序朝廷有爵鄉黨以齒升降揖讓般伏拜謁折旋中矩立而罄折拱則抱鼓執衡而藏至清廉平路遺不受請謁不聽據法聽訟無有所阿孔子是也爲魯司寇斷獄屯屯與衆共之不敢自專是死者不恨生者不怨百工維時以成器械器械既成以給司農司農者田官也田官者木故曰水生木

五行逆順

木者春生之性農之本也勸農事無奪民時使民歲不過三日行什一之稅進經術之士誕羣禁出輕繫去稽留除桎梏開閉闔通障塞恩及草木則樹木華美而諸草生恩及鱗蟲則魚大爲鱣鯨不見羣龍下如人君出入不時走狗試馬馳騁不反宮室好婬樂飲酒沈湎縱恣不顧政治事多發役以奪民時作謀增端以奪民財民病疥搔溫體足胻（去聲）痛咎及於木則茂木枯槁工匠之輪多傷敗毒水渰羣漉陂如魚咎蟲則魚不爲羣龍深藏鯨出見

火者夏成長本朝也舉賢良進茂才官得其能任得其力賞有功封有德出貨財振困乏正封疆使四方恩及於火則火順人而甘露降恩及羽蟲則飛鳥大爲黃鵠出見鳳凰翔如人君惑於讒邪內離骨肉外疏忠臣至殺世子誅殺不辜逐忠臣以妾爲妻棄法令婦妾爲政賜與不當則民病血壅腫目不明咎及於火則大旱必有火烖摘巢探鷇咎及羽蟲則蜚鳥不爲冬應不來梟鴟羣鳴鳳凰高翔

土者夏中成熟百種君之官循宮室之制謹夫婦之別加親戚之恩恩及於土則五穀成而嘉禾興恩及倮蟲則百姓親附城郭充實賢聖皆遷仙人降如人君好婬佚妻妾過度犯親戚侮父兄欺罔百姓大爲臺榭五色成光雕文刻鏤則民病心腹宛黃舌爛痛咎及於土則五穀不成暴虐妄誅咎及倮蟲倮蟲不爲百姓叛去賢聖放亡

金者秋殺氣之始也建立旗鼓把旄鉞以誅殘賊禁暴虐安集故動衆興師必應義理出則伺兵入則振旅以閑習之困於彼狩存不忘亡安不忘危修城郭繕牆垣審羣禁飾兵甲警百官誅不法恩及於金石則涼風出恩及於毛蟲則走獸大爲麒麟至如人君好戰侵陵諸侯貪城邑之賂輕百姓之命則民病喉咳嗽筋攣鼻仇塞咎及於金則鑄化凝滯凍堅不成四面張罔焚林而獵咎及毛蟲則走獸不爲白虎妄搏麒麟遠去

水者冬藏至陰也宗廟祭祀之始敬四時之祭禘祫昭穆之序天子祭天諸侯祭土閉門閭大搜索斷刑罰執當罪飭關梁禁外徙恩及於水則醴泉出恩及介蟲則黿鼉大爲靈龜出如人君簡宗廟不禱祀廢祭祀執法不順逆天時則民病流腫水張痿痹孔竅不通咎及於水霧氣冥冥必有大水水爲民害咎及介蟲則龜深藏黿鼉呴

治水五行

日冬至七十二日木用事其氣燥濁而清七十二日火用事其氣慘陽而赤七十二日土用事其氣溫濁而黃七十二日金用事其氣慘淡而白七十二日水用事其氣清寒而黑七十二日復得木木用事則行柔惠誕羣禁至於立春出輕繫去稽留除桎梏開閉闔通障塞存幼孤矜寡獨無伐木火用事則正封疆循田疇至於立夏舉賢良封有德賞有功出使四方無縱火土用事則養長老存幼孤矜寡獨賜孝悌施恩澤無興土功金用事則修城郭繕牆垣審羣禁飭甲兵警百官誅不法存長老無焚金石水用事則閉門閭大搜索斷刑罰執當罪飭關梁禁外徙無決池隄

治亂五行

火干木蟄蟲蚤出蚿雷蚤行土干木胎夭卵鳥蟲多傷金干木有兵水干木春下霜土干火則多雷金干火草木夷水干火夏雹木干火則地動金干土則五

穀傷有殃水干土夏寒雨霜木干土倮蟲不爲火干土則大旱水干金則魚不爲木干金則草木再生火干金則草木秋榮土干金五穀不成木干水冬蟄不藏土干水則蟄蟲冬出火干水則星墜金干水則冬大寒

五行變救

五行變至當救之以德施之天下則咎除不救以德不出三年大雷雨石木有變春凋秋榮秋大水春多雨此繇役衆賦斂重百姓貧窮叛去道多餓人救之者省繇役薄賦斂出倉穀賑困窮矣火有變冬溫夏寒此王者不明善者不賞惡者不絀不肖在位賢者伏匿則寒暑失序而民疾疫救之者舉賢良賞有功封有德土有變大風至五穀傷此不信仁賢不敬父兄淫佚無度宮室多營救之者省宮室去雕文舉孝悌恤黎元金有變畢昴爲回三覆有武多兵多盜寇棄義貪財輕民命重貨賂百姓趣利多姦軌救之者舉廉潔立正直隱武行文束甲械水有變冬濕多霧春夏雨雹此法令緩刑罰不行救之者憂囹圄案姦宄誅有罪蒐五日

五行五事

王者與臣無禮貌不肅敬則木不曲直而夏多暴風風者木之氣也其音角也故應之以暴風王者言不從則金不從革而秋多霹靂霹靂者金氣也其音商也故應之以霹靂王者視不明則火不炎上而秋多電電者火氣也其音徵也故應之以電王者聽不聰則水不潤下而春夏多暴雨雨者水氣也其音羽也故應之以暴雨王者心不能容則稼穡不成而秋多雷雷者土氣也其音宮也故應之以雷五事一曰貌二曰言三曰視四曰聽五曰思何謂也夫五事者人之所受命於天也而王所修而治民也故王者爲民治則不可以不明準繩不可以不正王者貌曰恭恭者敬也言曰從從者可從視曰明明者知賢不肖者分明黑白也聽曰聰聰者能聞事而審其意也思曰容容者言無不容恭作肅從作乂明作哲聽作謀容作聖何謂也恭作肅言王誠能內有恭敬之姿而天下莫不肅矣從作乂言王者言可從明正從行而天下治矣明作哲哲者知也王者明則賢者進不肖者退天下知善而勸之知惡而恥之矣聽作謀謀者謀事也王者聽則聞事與臣下謀之故事無失謀矣容作聖聖者設也王者心寬大無不容則聖能施設事各得其宜也

王者能欲則春氣得故肅肅者主春春陽氣微萬物柔易移弱可化於時陰氣爲賊故王者欽欽不以議陰事然後萬物遂生而木曲直也春行秋政則草木彫行冬政則雪行夏政則殺春失政則（有闕文）

王者能治則義立義立則秋氣得故義者主秋秋氣始殺王者行小刑罰民不犯則禮義成於時陽氣爲賊故王者輔以官牧之事然後萬物成熟秋草木不榮華金從革也秋行春政則華行夏政則喬行冬政則落秋失政則春天風不解雷不發

王者能知則知善惡知善惡則夏氣得故哲者主夏夏陽氣始盛萬物兆長王者不掩明則道不退塞而夏至之後大暑隆萬物茂育懷任王者恐明不知賢不肖分明白黑於時寒爲賊故王者輔以賞賜之事然後夏草木不霜火炎上也夏行春政則風行秋政則水行冬政則落夏失政則冬不凍冰五穀不藏大寒不解

王者無失謀然後冬氣得故謀者主冬冬陰氣始盛草木必死王者能聞事審謀慮之則不侵伐不侵伐且殺則死者不恨生者不怨冬日至之後大寒降萬物藏於下於時暑爲賊故王者輔之以急斷之以事水潤下也冬行夏政則蒸行春政則雷行秋政則旱冬失政則夏草木不實霜五穀疾枯

班固白虎通

五行

五行者何謂也謂金木水火土也言行者欲言爲天行氣之義也地之承天猶妻之事夫臣之事君也謂其位卑卑者親事故自周於一行尊於天也尚書一曰水二曰火三曰木四曰金五曰土水位在北方北方者陰氣在黃泉之下任養萬物水之爲言濡也陰化沾濡任生木木在東方東方者陰陽氣始動萬物始生木之爲言觸也陽氣動躍火在南方南方者陽在上萬物垂枝火之爲言委隨也言萬物布施火之爲言化也陽氣用事萬物變化也金在西方西方者陰始起萬物禁止金之爲言禁也土在中央者主吐含萬物土之爲言吐也何知東方生樂記曰春生夏長秋收冬藏土所以不名時地土別名也比於五行最尊故不自居部職也元命苞曰土之爲位而道在故大不預化人主不任部職五行之性或上或下何火者陽也尊故上水者陰也卑故下木者少陽金者少陰有中和之性故可曲可直從革土者最大包含

物將生者出者將歸者不嫌清濁爲萬物尚書曰水
曰潤下火曰炎上木曰曲直金曰從革土爰稼穡五
行所以二陽三陰何土尊尊者配天金木水火陰陽
自偶水味所以鹹何是其性也所以北方鹹者萬物
鹹與所以堅之也猶五味得鹹乃堅也木味所以酸
者何東方萬物之生也酸者以達生也猶五味得酸
乃達也火味所以苦何南方主長養苦者所以長養
也猶五味須苦可以養也金味所以辛何西方煞傷
成物辛所以煞傷之也猶五味得辛乃委煞也土味
所以甘何中央者中和也故甘猶五味以甘爲主也
尚書曰潤下作鹹炎上作苦曲直作酸從革作辛稼
穡作甘北方其臭朽者何北方水萬物所幽藏也又
水者受垢濁故臭腐朽也東方者木也萬物新出地
中故其臭羶南方者火也盛陽承動故其臭焦西方
者金也萬物成熟始復諾故其臭腥中央土也主養
故其臭香也月令曰東方其臭羶南方其臭焦中央
其臭香西方其臭腥北方其臭朽所以名之爲東方
者動方也萬物始動生也南方者任養之方萬物懷
任也西方者遷方也萬物遷落也北方者伏方也萬
物伏藏也少陽見寅寅者演也律中太族律之言率
所以率氣令生也卯者茂也律中夾鍾衰於辰辰震
也律中姑洗其日甲乙者萬物孚甲也乙者物蕃屈
有節欲出時爲春春之爲言偆偆動也位在東方其
色青其音角角者氣動耀也其帝太皞皞者大起萬
物擾也其神勾芒者物之始生其精青龍芒之爲言
萌也陰中陽故太陽見於巳巳者物必起律中仲呂
壯盛於午午物滿長律中蕤賓衰於未未味也律中

林鍾其日丙丁者其物炳明丁者強也時爲夏夏之
爲言大也位在南方其色赤其音徵徵止也陽度極
也其帝炎帝者太陽也其神祝融祝融者屬續其精
爲鳥離爲鸞故少陰見於申申者身也律中夷則壯
於酉酉者老物收斂律中南呂衰於戌戌者滅也律
中無射無射者無聲也其日庚辛庚者物更也辛者
陰始成時爲秋秋之爲言愁亡也其位西方其色白
其音商商者強也其帝少皞少皞者少斂也其神蓐
收蓐收者縮也其精白虎虎之爲言搏討也故太陰
見於亥亥者仰也律中應鍾壯於子子者孳也律中
黃鍾衰於丑丑者紐也律中大呂其日壬癸壬者陰
始任癸者揆度也時爲冬冬之爲言終也其位在北
方其音羽羽之爲言舒言萬物始孳其帝顓頊顓頊
者寒縮也其神元冥元冥者入冥也其精元武掩起
離體泉龜蛟珠蛤土爲中宮其日戊己戊者茂也己
抑屈起其音宮宮者中也其帝黃帝其神后土月令
云十一月律謂之黃鍾何中和之色鍾者動也言陽
氣動於黃泉之下動養萬物也十二月律謂之大呂
何大大也呂者拒也言陽氣欲出陰不許也呂之爲
言拒者旅抑拒難之也正月律謂之太族何太亦大
也族者湊也言萬物始大湊地而出也二月律謂之
夾鍾何夾者孚甲也言萬物孚甲種類分也三月謂
之姑洗何姑者故也洗者鮮也言萬物皆去故就其
新莫不鮮明也四月謂之仲呂何言陽氣極將彼故
復中難之也五月謂之蕤賓蕤者下也賓者敬也言
陽氣上極陰氣始賓敬之也六月謂之林鍾何林者
衆也萬物成熟種類衆多七月謂之夷則何夷傷則

法也言萬物始傷被刑法也八月謂之南呂何南者
任也言陽氣尚有任生薺麥也故陰拒之也九月謂
之無射何射者終也言萬物隨陽而終也當復隨陰
起無有終已十月謂之應鍾何鍾動也言萬物應陽
而動下藏也五行所以更王何以其轉相生故有終
始也木生火火生土土生金金生水水生木是以木
王火相土死金囚水休王所勝者死囚故王者休木
王火相何以知爲臣土所以死者子爲父報讎者也
五行之子愼之物歸母木王火相金成其火燋金金
生水水滅火報其理火生土土則害水莫能而禦五
行所以相害者天地之性衆勝寡故水勝火也精勝
堅故火勝金剛勝柔故金勝木專勝散故木勝土實
勝虛故土勝水也火陽君之象也水陰臣之義也臣
所以勝其君何此謂無道之君也故爲衆陰所害猶
紂王也是使水得施行金以益之土以應之欲溫則
溫欲寒則寒亦何從得害火乎曰五行各自有陰陽
木生火所以還燒其母何曰金勝木火欲爲木害金
金者堅強難消故母以遜體助火燒金此自欲成子
之義又陽道不相離故爲兩盛火死子乃繼之木王
所以七十二日何土王四季各十八日合九十日爲
一時王九十日土所以王四季何木非土不生火非
土不榮金非土不成水非土不高土扶微助衰歷成
其道故五行更王亦須土也王四季居中央不名時
五行何以知同時起丑乾義相生傳曰五行並起赴
各以名別陽生陰煞火中無生物水中反有生物何
生者以內火陰在內故不生也水火獨一種金木多
品何以爲南北陰陽之極也得其極故一也東西非

其極也故非一也水木可食金火土不可食何木者陽陽者施生故可食火者陰在內金者陰畜㐫故不可食火水所以殺人何水盛氣也故入而殺人火陰在內故殺人壯於水也金木微氣故不能自殺人也火不可入其中者陰在內也入則殺人矣水土陽在內故可入其中金木微氣也精密不可得入也水火不可加人功爲用金木加人功何火者盛陽水者盛陰者也氣盛不變故不可加人功爲人用金木者不能自成故須人加功以爲人用也五行之性火熱水寒有溫水無寒火何明臣可以爲君君不可更爲臣五行常在火乍亡何水太陰也刑者故常在金少陰木少陽微氣無變故亦常在火太陽精微人君之象象尊常藏猶天子居九重之內臣下衛之也藏於木者依於仁也木自主金須人取之乃成陰卑不能自成也木所以浮金所以沉何子生於母之義肝所以沉肺所以浮何有知者尊其母也一說木畏金金之妻庚受庚之化木者法其本柔可曲直故浮也肝法其化直故沉五行皆同義天子所以內明而外昧人所以外明而內昧何明天人欲相嚮而治也行有五時有四何四時爲時五行爲節故木王即謂之春金王即謂之秋土尊不任職君不居部故時有四也子不肯禪何法法四時火不興土而興金也父死子繼何法法木終火王也兄死弟及何法法夏之承春也善善及子孫何法法春生待夏復長也惡惡止其身何法法秋煞不待冬也主幼臣攝政何法法土用事於季孟之閒也子之復讎何法法土勝水水勝火也子順父臣順君妻順夫何法法地順天也男不離父母何法法火不離木也女離父母何法法水流去金也娶妻親迎何法法日入陽下陰也君讓臣何法法月三十日名其功也善稱君過稱己何法法陰陽共敘共生陽名生陰名煞臣有功歸于君何法法歸明于日也臣法君何法法金正木也子諫父何法法火揉直木也臣諫君不從則去何法法水潤下達于上也君子遠子近孫何法法木遠火近土也親屬臣諫不相去何法法水木枝葉不相離也父爲子隱何法法木之藏火也子爲父隱何法法水逃金也君有衆民何法法天有衆星也王者賜先親近後疎遠何法法天雨高者先得之也長幼何法法四時有孟仲季也朋友何法法水合流相承也父母生子養長子何法法木生木長大也子養父母何法法夏養長木此火養母也不以父命廢主命何法法金不畏土而畏火陽舒陰急何法法日行遲月行疾也有分土無分民何法法四時各有分而所生者通也若言東東方天下皆生也君一娶九女何法法九州象天之施也不娶同姓何法法五行異類乃相生也子喪父母何法法木不見水則憔悴也喪三年何法法三年一閏天道終也父喪子夫喪妻何法法一歲物有終始天氣亦爲之變也年六十閉房何法法六月陽氣衰也人有五藏六府何法法五行六合也人目何法法日月明也日照晝月照夜人目所不更照何法法目亦更用事也王者監二王之後何法法木須金以正須木以潤也明王先賞後罰何法法四時先生後煞也

北周衞元嵩元包

五行生成

五行之數一曰水二曰火三曰木四曰金五曰土此其生也六曰水七曰火八曰木九曰金十曰土此其成也凡五行生成之數五十有五肇于勿芒動于冥默物休咎於未形辨憂虞於既惑鬼出神入而變化無窮窮幽洞靈而生成不息體混茫之自然與天地而爲極實所謂微妙元通深不可測

南唐譚子化書

五行相濟相伐

道德者天地也五常者五行也仁發生之謂也故君于木義救難之謂也故君于金禮明白之謂也故君于火智變通之謂也故君于水信慤然之謂也故君于土仁不足則義濟之金伐木也義不足則禮濟之火伐金也禮不足則智濟之水伐火也智不足則信濟之土伐水也始則五常相濟之業終則五常相伐之道斯大化之往也

宋王臨川集

論議洪範傳

五行一曰水二曰火三曰木四曰金五曰土何也五行也者成變化而行鬼神往來乎天地之閒而不窮者也是故謂之行天一生水其於物爲精精者一之所生也地二生火其於物爲神神者有精而後從之者也天三生木其於物爲魂魂從神者也地四生金其於物爲魄魄者有魂而後從之者也天五生土其於物爲意精神魂魄具而後有意自天一至於天五五行之生數也以奇生者成而耦以耦生者成而奇其成之者皆五五者天數之中也蓋中者所以成物也道立於兩成於三變於五而天地之數具其爲十

也耦之而已葢五行之爲物其時其位其材其氣其性其形其事其情其色其聲其臭其味皆各有耦推而散之無所不通一柔一剛一晦一明故有正有邪有美有惡有醜有好有凶有吉性命之理道德之意皆在是矣耦之中又有耦焉而萬物之變遂至於無窮其相生也所以相繼也其相克也所以相治也語器也以相治故序六府以相克語時也以相繼故序盛德所在以相生洪範語道與命故其序與語器與時者異也道者萬物莫不由之者也命者萬物莫不聽之者也器者道之散時者命之運由於道聽於命而不知者百姓也由於道聽於命而知之者君子也道萬物而無所由命萬物而無所聽唯天下之至神爲能與於此夫火之於水妻道也其於土母道也故神從志無志則從意志致一之謂精唯天下之至精爲能合天下之至神精與神一而不離則變化之所爲在我而已是故能道萬物而無所由命萬物而無所聽也水曰潤下火曰炎上木曰曲直金曰從革土爰稼穡何也北方陰極而生寒寒生水南方陽極而生熱熱生火故水潤而火炎水下而火上東方陽動以散而生風風生木木者陽中也故能變能變故曲直西方陰止以收而生燥燥生金金者陰中也故能化能化故從革中央陰陽交而生濕濕生土土者陰陽沖氣之所生也故發之而爲稼斂之而爲穡曰者所以命其物爰者言於之稼穡而已潤者性也炎者氣也上下者位也曲直者形也從革者材也稼穡者人事也冬物之性復復者性之所故於水言其性夏物之氣交交者氣之時故於火言其氣陽極上陰極下而後各得其位故於水火言其位春物之形著故於木言其形秋物之材成故於金言其材中央人之位也故於土言人事水言潤則火熯土溽木敷金斂皆可知也火言炎則水洌土蒸木溫金淸皆可知也水言下火言上則木左金右土中央皆可知也推類而反之則曰後曰前曰東曰西曰北曰南皆可知也木言曲直則土圜金方火銳水平皆可知也金言從革則木變土化水因火革皆可知也土言稼穡則木之井洫火之爨冶木金之爲械器皆可知也所謂木變者何灼之而爲火爛之而爲土此之謂變所謂土化者何能熯能潤能敷能斂此之謂化所謂水因者何因甘而甘因苦而苦因蒼而蒼因白而白此之謂因所謂火革者何革生以爲熟革柔以爲剛革剛以爲柔此之謂革金亦能化而命之曰從革者何可以圜可以平可以銳可以曲直然非火革之則不能自化也是故命之曰從革也夫金陰精之純也是其所以不能自化也葢天地之用五行也水施之火化之木生之金成之土和之施生以柔化成以剛故木撓而水弱金堅而火悍悍堅而濟以和萬物之所以成也奈何終於撓弱而欲以收成物之功哉潤下作鹹炎上作苦曲直作酸從革作辛稼穡作甘何也寒生水水生鹹故潤下作鹹熱生火火生苦故炎上作苦風生木木生酸故曲直作酸燥生金金生辛故從革作辛濕生土土生甘故稼穡作甘生物者氣也成之者味也以奇生則成而耦以耦生則成而奇寒之氣堅故其味可用以耎熱之氣耎故其味可用以堅風之氣散故其味可用以收燥之氣收故其味可用以散土者沖氣之所生也沖氣則無所不和故其味可用以緩而已氣堅則壯故苦可以養氣脈耎則和故鹹可以養脈骨收則强故酸可以養骨筋散則不攣故辛可以養筋肉緩則不壅故甘可以養肉堅之而後可以耎收之而後可以散欲緩則用甘不欲則勿用也古之養生治疾者必先通乎此不通乎此而能已人之疾者葢寡矣

張子正蒙

參兩篇

木曰曲直能既曲而反申也金曰從革一從革而不能自反也水火氣也故炎上潤下與陰陽升降土不得而制焉木金者土之華實也其性有水火之雜故木之爲物水漬則生火然而不離也葢得土之浮華於水火之交也金之爲物得火之精於土之燥得水之精於土之濡故水火相待而不相害鑠之反流而不耗葢得土之精實於水火之際也土者物之所以成始而成終也地之質也化之終也水火之所以升降物兼體而不遺者也

動物篇

形也聲也臭也味也溫涼也動靜也六者莫不有五行之別同異之變皆帝則之必察者與

朱子全書

論五行

問前日先生答書云陰陽五行之爲性各是一氣所稟而性則一也兩性字同否曰一般又曰同者理也不同者氣也又曰他所以道五行之生各一其性節復問這箇莫是木自是木火自是火而其理則一先

生應而曰且如這箇光也有在硯蓋上底也有在墨上底其光則一也

氣之精英者爲神金木水火土非神所以爲金木水火土者是神在人則爲理所以爲仁義禮智信者是也

金木水火土雖曰五行各一其性然一物又各具五行之理不可不知康節却細推出來

天一自是生水地二自是生火生木只是合下便具得濕底意思木便是生得一箇軟底金便是生出得一箇硬底五行之說正蒙中說得好又曰木者土之精華也又曰水火不出於土正蒙一段說得最好不胡亂下一字

問黃寺丞云金木水火體質屬土曰正蒙有一說好只說金與木之體質屬土水與火却不屬土問火附木而生莫亦屬土否曰火自是箇虛空中物事問只溫熱之氣便是火否曰然

水火清金木濁土又濁

論陰陽五行曰康節說得法密橫渠說得理透邵伯溫載伊川言曰向惟見周茂叔語及此然不及先生之有條理也欽夫以爲伊川未必有此語蓋伯溫妄載某則以爲此語恐誠有之

陰以陽爲質陽以陰爲質水內明而外暗火內暗而外明橫渠曰陰陽之精互藏其宅正此意也

清明內影濁明外影清明金水濁明火日

陽變陰合初生水火水火氣也流動閃鑠其體尚虛其成形猶未定次生木金則確然有定形矣水火初是自生木金則資於土五金之屬皆從土中旋生出來

大抵天地生物先其輕清以及重濁天一生水地二生火二物在五行中最輕清金木復重于水火土又重于金木如論律呂則又重濁爲先宮最重濁商次之角次之徵又次之羽最後（以上語類）

陰陽之爲五行有分而言之者如木火陽而金水陰也有合而言之者如木之甲火之丙土之戊金之庚水之壬皆陽而乙丁己辛癸皆陰也以此推之健順五常之理可見（答黃商伯）

問一曰水二曰火三曰木四曰金五曰土竊謂氣之初溫而已溫則蒸溽蒸溽則條達條達則堅凝堅凝則有形質五者雖一有俱有然推其先後之序理或如此曰向見吳斗南說五事庶徵皆當依此爲序其言亦有理（答黃商伯）

問二氣五行造化萬物一闔一闢（闔[illegible]）是生所謂五行之氣即雷風水火之運耶又即二氣之參差散殊者耶先儒謂物物皆具則人之氣稟有偏重者謂之皆具可乎或謂雖物物皆具而就五行之中有得其多者有得其少者于此思之殊茫然未曉曰五行之氣如溫涼寒暑燥濕剛柔之類盈天地之間者皆是舉一物無不具此五者但其間有多少分數耳（答呂子約）

問以質而語其生之序則曰水火木金土而水木陽也火金陰也此豈就圖而指其序耶而水木何以謂之陽火金何以謂之陰曰天一生水地二生火天三生木地四生金一三陽也二四陰也（答林子玉）

問以氣而語其行之序則木火土金水而木火陽也金水陰也此豈即其運用處而言之耶而木火何以謂之陽金水何以謂之陰曰此以四時而言春夏爲陽秋冬爲陰（答林子玉　以上文集）

儲泳祛疑說

五行體象生克之性

談氏曰雨霽風晴非陽也陰之靜而斂也斂則清而明雲滃霧合非陰也陽動而變也變則濁而闇是故三春多雲霧而九秋多晴霽陰陽本然之體象也夏離火用事然暑氣酷而火焰滅火氣盛而火體衰也冬坎水用事然寒氣甚而水流涸水氣盛而水體衰也一氣之闔闢聚散於此可見北方屬水而土厚所以制水故不亢而害寒於南者水之氣非體也南方屬火而水盛所以制火使不亢而害熱於北者火之氣非體也梁與四序同水克火火克金置金於水火之間則相濟木克土土克水植木於水土之間則相資人爲乎天造也油水類也不克火而資火油出於木而木生火也灰木成也不克土而滋土灰化於火而火生土也火生於木而焚木金生於土而鋤土火燥而金剛也木克土而土養木土克水而水澤土木柔而土厚也五行生克之性有如此者不可不知

周密齊東野語

溫泉寒火

邵康節曰世有溫泉而無寒火昭德晁氏解云陰能順陽而陽不能順陰也水爲火爨則沸而熟物火爲水沃則滅矣晉紀瞻舉秀才陸機策之曰陰陽不調則大數不得不否一氣偏廢則萬物不能獨成今有溫泉而無寒火其故何也白虎殿諸儒講論班固纂爲白虎通五行篇亦曰有溫水無寒火然今湯泉往

往有之如驪山尉氏駱谷汝水黃山佛迹匡廬閩中等處皆表表在人耳目坡詩云自憐耳目隘未測陽陰故鬱攸火山烈觱沸湯泉注安能長魚鼈僅可燖狐兔朱氏晦庵詩云誰然丹黃𦦨爨此玉池水蓋或爲溫泉之下必有硫黃礬石故耳獨未見所謂寒火

按西京雜記載董仲舒曰水極陰而有溫泉火至陽而有涼𦦨又抱朴子曰水性純冷而有溫谷之湯泉火體宜熾而有蕭丘之寒𦦨又劉子從化篇曰水性宜冷而有華陽溫泉猶曰泉冷冷者多也火性宜熱而有蕭丘寒𦦨猶曰火熱熱者多也然則寒火亦有之矣特以耳目所未及故以爲無耳

欽定古今圖書集成曆象彙編乾象典

第二十一卷目錄

乾象典第二十一卷

五行部總論二

性理會通

五行

周子曰五行之序以質之所生而言則水本是陽之濕氣以其初動爲陰所陷而不得遂故水陰勝火本是陰之燥氣以其初動爲陽所揜而不得達故火陽勝蓋生之者微成之者盛生之者形之始成之者形之終也然各以偏勝也故雖有形而未成質以氣升降土不得而制焉木則陽之濕氣浸多以感於陰而舒故發而爲木其質柔其性暖金則陰之燥氣浸多以感於陽而縮故結而爲金其質剛其性寒土則陰陽之氣各盛相交相搏凝而成質以氣之行而言則一陰一陽往來相代木火金水云者各就其中而分老少耳故其序各由少而老土則分旺四季而位居中者也此五者序若參差而造化所以爲發育之具實並行而不相悖蓋質則陰陽交錯凝合而成氣則陰陽兩端循環不已質曰水火木金蓋以陰陽相間言猶曰東西南北所謂對待者也氣曰木火金水蓋以陰陽相因言猶曰東南西北所謂流行者也質雖一定而不易氣則變化而無窮所謂易也

程子曰動靜者陰陽之本也五氣之運則參差不齊矣

或曰五行一氣也其本一物耳曰五物也五物備然後生猶五常一道也無五則亦無道然而旣曰五矣則不可混而爲一也

朱子曰五行之序木爲之始水爲之終而土爲之中以河圖洛書之數言之則水一木三而土五皆陽之生數而不可易者也故得以更迭爲主而爲五行之綱以德言之則木爲發生之性水爲貞靜之體而土又包育之母也故木之包五行也以其流通貫徹而無不在也水之包五行也以其歸根反本而藏於此也若夫土則水火之所寄金木之所資居中而應四方一體而載萬類者也故孔子贊乾之四德而以貞元舉其終始孟子論人之四端而不敢以信者列序於其間蓋以爲無適而非此也

火中有黑陽中陰也水外黑洞洞地而中却明者陰中之陽也故水謂之陽火謂之陰亦得

得五行之秀者爲人只說五行而不言陰陽者蓋造這人須是五行方做得成然陰陽便在五行中所以周子云五行一陰陽也舍五行無別討陰陽處如甲乙屬木甲便是陽乙便是陰丙丁屬火丙便是陽丁便是陰不須更說陰陽而陰陽在其中矣或曰如言四時而不言寒暑耳曰然

問以質而語其生之序不是相生否只是陽變而助陰故生水陰合而陽盛故生火木金各從其類故在左右曰水陰根陽火陽根陰錯綜而生其端是天一生水地二生火天三生木地四生金到得運行處便水生木木生火火生土土生金金又生水水又生木循環相生又如甲乙丙丁戊己庚辛壬癸都是這箇物事

問木之神爲仁火之神爲禮如何見得曰神字猶云意思也且如一枝柴却如何見得他是仁只是他意思却是仁火那裏見得他是禮却是他意思是禮

問二氣五行造化萬物一闔一闢萬變是生所謂五行之氣卽雷風水火之運耶又卽二氣之參差散殊者耶先儒謂物物皆具則人之氣稟有偏重者謂之皆具可乎或謂雖物皆具而就五行之中有得其多者有得其少者於此思之殊茫然未曉曰五行之氣如溫涼寒暑燥濕剛柔之類盈天地之間者皆是舉一物無不具此五者但其間有多少分數耳

陰陽播而爲五行五行中各有陰陽甲乙木丙丁火春屬木夏屬火年月日時無有非五行之氣甲乙丙丁又屬陰屬陽只是二五之氣人之生適遇其氣有得淸者有得濁者貴賤壽夭皆然故有參差不齊如此

李氏希濂曰近見勉齋黃氏論五行多所未解其曰生之序便是行之序而以太極圖解氣質之說爲不然以洪範五行一曰二曰爲非有次第但言其得數之多寡以夏後繼以秋爲火能生金惟其能生是以能尅夫五行一也而以爲有生與行之異則誠若近於支離者然天地之間未有不以兩而化成者也以二氣言則互爲其根者氣也分陰分陽者質也以五行言則有形體而分峙於昭昭之間者其質也無形體而默運於冥冥之中者其氣也夫豈混然而無別哉故就質而原其生出之始則水火以陰陽之盛而居先木金以陰陽之穉而居後此質之序然也就氣而探其運行之常則木火以陽而居先金水以陰而居後此氣之序然也質雖以氣而成然其體一定而不可易氣雖行乎質之內而其用則循環而不可窮二者相須以成造化今必混而一之則是天地之間不過輪一死局而無經緯錯綜之妙其爲造化亦小矣此其一也五行之生同出於陰陽有則俱有誠若不可以次第言然水火者陰陽變合之初氣之至精且盛者也故爲五行之先水陰而根於陽火陽而根於陰故水又爲火之先也有水火而木金生焉木華而疎金實而固故木金次於水火而木又爲金之先也土則四者之所成終而成始也故次五焉易大傳自天一至地十以爲五位相得而各有合正指五行生成之數而言按之河圖可見而洪範五行亦以是爲次此河圖洛書所以相爲經緯也今必倒其次第而但以得多寡爲說則是以五行之質水木皆陽之所爲而無與乎陰火金皆陰之所爲而無與乎陽既乖生成之序復戾變合之旨所謂五行一陰陽者皆爲虛語矣然勉齋亦云初只是一箇水水煖後便是火此兩箇是母木是水之子金是火之子是四者之序亦未嘗無但所謂水煖後便是火與金是火之子亦未詳其義而恐其未安耳此其二也若火生金之說則尤不可曉若以相生爲序則曰木火土金水若以相尅爲序則當曰水火金木土未有其四以生相受而其一獨以尅相生也禮運曰播五行於四時周子亦曰五氣順布四時行焉是四時之內固備五行之氣也惟土無定位寄旺於四季辰未丑戌之月土之所旺也土旺則皆可以生金矣然辰未陽也戌丑陰也陽則生陰則成辰未固皆陽也春木之氣盛則土爲之傷夏火之氣盛則土爲之息故季夏本土旺之月而又加之以火則爲尤旺故能生金而爲秋此其相生之序豈不瞭然甚明也哉今但見夏之後便繼以秋思而不得其說遽斷之曰火能生金竊恐其爲疎矣月令以中央土繼於季夏之後素問於四時之外以長夏屬土皆是此意與十干之序脗合自炎黃以迄於今未之有改周子朱子蓋皆取之今一旦創立孤論以行其獨見愚恐其不合乎造化本然之體也

或問氣行於天質具於地則是有氣便有是質氣如是質便如是以氣而語其行之序則木火土金水以質而言其生之序則水火木金土氣之序如此質之序如此潛室陳氏曰五行始生謂太極流行之後自氣而成質自柔而成剛水最柔故居一火差剛故居次至木至金至土則浸堅剛故洪範與易言所生之序皆如此氣則成四時之序卽五行之序也

臨川吳氏曰十干十二支之名立而相配爲六十不知其所始世傳黃帝命大撓作甲子或然也漢之時術家以六十之四十八配周易八純卦之六爻謂之渾天納甲不過以寅卯二支爲木巳午二支爲火申酉二支爲金亥子二支爲水辰戌丑未四支爲土而已後世所謂納音者每支五行備而每行周乎十二支幹則否壬癸各二水而四金四木丙丁各二火而四土四水戊己各二土而四木四火庚辛各二金而四木四土甲乙各二木而四火四水四金焉予嘗謂納甲之五行猶先天之卦納音之五行猶後天之卦也且納音始於誰乎五行之上曰某水某火某土某金某木者又始於誰乎疑末世術家猥瑣之所爲也

蔡氏曰五行在天則爲五氣雨暘燠寒風也在地則爲五質水木火金土也天之五氣雨暘質也地之五

質水火氣也天交於地而雨暘爲質地交於天而水火爲氣二變而三不變者二得陰陽之正而三得陰陽之雜也故二能變而三不能變也五行二氣之分也二氣交感絪縕雜揉開闢動盪相生則水木火土金相尅則水火金木土出明入幽千變萬化四時之運生尅著焉自陰而陽也順自陽而陰也逆木之盛也水實生之金之成也火實制之順而生者易知逆而尅者難見曰伏焉曰伐焉土居其中因時致旺四序成功而無名稱焉其德至矣夫

御龍子集

　脣語

五行之生成非竟此而及彼天地之氣數非先五而後六天數五地數五果孰先而孰後耶故生不獨生五行各函其氣矣成不獨成五行各凝其質矣水火氣多而質少故生成居先金木質多而氣少故生成居後土氣質均當後水火而先金木因水以凝因火以堅斅之爲木結之爲金不其然乎

水木陽之生也火金陰之生也水陽稚故司冬木陽盛故司春火陰稚故司夏金陰盛故司秋水氣陽而質陰陰之性滋故水生木火氣陰而質陽陽之性烈故火不生金土也者氣陽而質陰者也故接火之陽而生金之陰

五行之初各一其生成二氣之互化也五行之布旋相爲生成一機之流通也人之初生也乾男坤女各形其形乎男女成而形氣合男則生乎女女則生乎男

火土合而生金匪土則金不生故丁庚之間有坤土木土合而生木匪土則木不育故癸甲之間有艮土若木之生火金之生水不假於土也取之木金而自足故巽木間乎乙丙乾金間乎辛壬後天之卦其於五行深耶

一陽稚故居北三陽盛故居東二陰稚故居南四陰盛故居西五陰陽會故居中此二氣由生之序也六老陰故爲水八少陰故爲木七少陽故爲火九老陽故爲金十者陰之終陽之始也故爲土陰因陽盛而漸退故自老而之少陽得中土以節宣故由少以之老此五氣之成所以異於生歟圖之一北三東陽氣之進由北而東也九南七西陽氣之退由南而西也陽始於北盛於東極於南伏於西九而變七則衰其四隅之陰各隨其偶而不離耳

書之一三五七九由北而東而中而南而西一三五水木土之所以生七九火金之所以成天之道也東北主生西南主成二四六八十由南而西而北而東而中二四火金之所以生六八十水木土之所以成地之道也西南主生東北主成中也者陰陽之會也故陽五繼三而起七陰十繼八而起二五者陽之盛也十者陰之極也觀其三七八二之間而天地生成之幾可從識矣

經濟文輯

　戴廷槐五行統論

余聞太史公歷書已謂黃帝建立五行起五部矣高辛命勾芒祝融蓐收元冥后土爲五正則治之者有顓頊伯禹列水火木金土與穀爲六府則修之者有常政箕子謂鯀陻洪水汨陳其五行而演九疇初一曰五行水曰潤下火曰炎上木曰曲直金曰從革土爰稼穡視禹所敘加備矣自是而後有以五行分屬天地者矣如天一生水地六成之地二生火天七成之天三生木地八成之地四生金天九成之天五生土地十成之是已有以五行分屬星緯者矣如歲星爲木熒惑爲火鎮星爲土太白爲金辰星爲水是已有以五行分屬支干者矣如甲乙寅卯木丙丁巳午火戊己辰戌丑未土庚辛申酉金壬癸亥子水是已有以五行分屬四時者矣如春屬木夏屬火夏季屬土秋屬金冬屬水是已有以五行分屬四方者矣如東方屬木南方屬火中央屬土西方屬金北方屬水是已有以五行分屬五常者矣如仁爲木禮爲火信爲土義爲金智爲水是已有以五行分屬五藏者矣如肝爲木心爲火脾爲土肺爲金腎爲水是已其他萬事萬物莫不各以五行分配然要之凡言五行者有二端曰木火土金水者以造化氣序之流行而言也曰水火木金土者以萬物生成之次第而言也何以明之五行之生也由微而著水質微故居先火漸著故次之然二物猶氣爾流動閃爍體虛而形未定者也至於木則著而實矣金則實而固矣故次於水火若土則該其全體故又次於木金此其生出之有序如此也則其本數只是一二三四五而已其六七八九十者無乃爲無用之物矣乎蓋造化之理一物兩體一二三四五者乃其生數之正六七八九十者乃其生數之副生者卽所成之端倪成者卽所成之結果如一變生木但以一隔五則成六故曰六化成之其實則一之一也二化生火但以二隔五則成七

故曰七變成之其實則二之一也餘皆倣此非旣生之後必得五行具足而始有以成之也以此又見五行之生不離中五之土以成形質是故水得土則源泉以出故一對五而成六也火得土則歸宿有方故二對五而成七也木得土則培植以厚故三對五而成八也金得土則滋凝以固故四對五而成九也土得土則積厚累博故五又得五而成十也是以自其相生者言之則水生木木生火火生土土生金金又生水自其相尅者言之則水尅火火尅金金尅木木尅土土又尅水蓋造化不可無生然一於生則無繇而裁制亦不可無尅然一於尅則亡繇而發育故相生者嗣續以不窮而相尅者亦循環以不已有母必能生子子必能爲母報讎之義焉如土尅水水之子木又尅土水尅火火之子土又尅水火尅金金之子水又尅火金尅木木之子火又尅金木尅土土之子金又尅木此必然之理也然世俗每以生尅制化並言生尅之理固若是矣所謂制者果何如耶蓋因五行內有生中之尅又有尅中之用何謂生中之尅也如木生火若火過盛則木反爲灰燼矣火生土若土過盛則火反被撲滅矣土生金若金過盛則土反無發生矣金生水若水過盛則金反見沉溺矣水生木若木過盛則水反爲壅滯矣此雖生而反忌者也何爲尅中之用也如水尅火若火過盛又喜水尅以成旣濟之功火尅金若金過盛又喜火尅以成煆煉之材金尅木若木過盛又喜金尅以成斐削之美木尅土若土過盛又喜木尅以成秀聳之勢土尅水若水過盛又喜土尅以成隄防之助此雖尅而反美者也夫生中有尅尅中有用斯則不拘於生尅之常而謂之制者矣由是觀之五行也者質具於地氣行於天或爲相生而又有生中之尅或爲相尅而又有尅中之生鼎兩間之物其孰能外之也哉橫渠張子獨云陽陷於陰爲水附於陰爲火木金者土之華實也其性有水火之雜故木水漬則生火然而不離蓋得土之浮華於水火之交也金得火之精於火之燥得水之精於水之濡故水火相持而不害爍之反流而不耗蓋得土之精實於水火之際也則是以金木爲水火土三者之所生而有矣近世王子衡又祖其說以爲天一生水等語乃緯書之辭儒者不當援以入經而謂水火者陰陽始化之妙物也故一化爲火日是也再化爲水雨露是也今曰天一生水地二生火戾於造化本然之妙矣又有地卽有土何至天五方言生土若尚未有土則天三生木地四生金將附於何所乎水火土天地之大化也金木者三物之所自生與人物所同出安可與之相配地闢而人物卽生金石之質必積久而後結恐其生必後於人物謂金之氣生人得乎若謂五行生人則觀之木津液血水也鑽燧氣火也皮之柔肉土也心之堅骨金也何異於人謂人生木不亦可乎至於分配支干乃半途立論無所本始甲乙丙丁子丑寅卯大撓作此以紀歲月日時非有所謂屬木屬水之說且五行之氣無則已矣有之則一日之內無不全體俱在安有今日爲木明日爲火又明日爲土爲金爲水乎何春止爲木夏止爲火秋止爲金冬止爲水乎何土惟旺於四季而餘月土氣卽滅絕乎方其一行主事而餘四行孰把持之孰酉停之而能退避相遜定分而不敢越耶子衡論辨雖多大都不過如此其闢世俗傅會牽合之說極爲詳盡精當矣愚竊謂五行若以其質而言則金與木乃水火土之所生而有也其與人物之生實然亡異各有種類各自完具謂其能生人物者非也不惟金木不能生人物雖火亦不能生人物也藉令能生火鼠火雞不常有也絕未見有火生人者也不惟火不能生人雖水止生魚鼈而已矣土止生禽獸草木而已矣亦未見有水土中生人者也不惟不能生人雖其自生亦有不可強通者如金之生水特以其爲火所煆煉而融流不知此融流之水能如源泉之混混乎吾見稍離於火卽凝而爲金矣豈有生水之理水之生木亦必藉土而後生若使無土水能自生乎或者以水生萍當之不知萍可以爲木乎以火無體也必以薪而爲體使無草木爲之薪且無火矣安得有灰燼而成土乎抑此灰燼之土果能凝結而成金乎且吾聞金多生於汝漢涪水麗水瀨潭沙渚之中則謂水之生金不亦可乎故欲論五行者以質而論決有不可強通者也若以其氣而論則造化之始惟有元氣之運行而已元氣分而爲二氣陽之氣濕是水也陰之氣燥是火也濕氣漸多感於陰而發舒是木也燥氣漸多感於陽而斂縮是金也二氣各盛交相傳合而成沖和是土也火水二物在五行之中最爲輕清木次之金又次之而土則最爲重濁矣此乃以氣而論其微著清濁之序謂其能爲生天生地生人生物之本亦何不可愚嘗有說曰天地未開未闢之先是爲水火生天地天地既開既闢之後是

爲天地生水火何以故彼元氣變化水火之氣升而爲天水之查滓火之燥結降而爲地此水火生天地也旣有天地觀之天焉日火也故陽燧可取火於日焉月水也故方諸可取水於月焉又觀之地焉山川出雲升而爲水矣山下出泉降而爲水矣剛者成石石中有火矣柔者爲木木中有火矣此天地生水火也旣生水火則金木亦生乎其間矣旣有五行則語其性也水主潤火主熯木主敷金主斂而土主溽語其氣也水爲冽火爲炎木爲濕金爲清而土爲蒸無一日而不流行於天地之間無一物而不取足於五者之用二月而靡草死三月而麰麥黃不可以爲木專王春而無金之主殺也八月而種菘九月而種麥不可以爲金專王秋而無水之主生也盛夏之時寸雲上騰大雨時行不可以爲水專王冬而夏之水反健旺也隆冬之時井氣皆溫田間野馬絪緼如故不可以爲火專王夏而冬之火未死絕也四物之質無土何附有生之類無土何依不可以土只寄王於四季各十八日也大抵五行爲造化之本吾雖不可以強探五行爲日用之常吾則不可以不修是故肅時雨若則水行修也乂時暘若則火行修也哲時燠若則木行修也謀時寒若則金行修也聖時風若則土行修也及施之有政時蓄洩通灌溉則水以潤下矣明鑽燧禁焚萊則火以炎上矣愼鼓鑄審五庫則金以從革矣順陰陽時斧斤則木以曲直矣辨疆理重農時則土以稼穡矣斯五行之政舉而六府之用成也聖賢之所重者惟此而已外是如五運五德休旺更始之談不過曆術家之事而六壬六甲太乙財官星數範圍皇極之術轉相滋溺怪誕又豈吾之所暇知也哉

章潢圖書編

五行分屬

蔡氏曰金木水火土五精之總也寒熱風燥濕五氣之聚也水以潤之火以燥之土以溽之木以敷之金以斂之此其以性言也水之冽也火之炎也木之溫也金之清也土之蒸也此其以氣言也水在下火在上土在中木在右金在左此其以位言也水之平也火之銳也土之圜也木之曲直也金之方也此其以形言也水則流火則革土則化木則變金則從革此其以才言也水井洫也火爨冶也木金器械也土爰稼穡也此其以事言也然則冬屬水而一陽生於冬夏屬火而一陰生於夏水生於北方陰位而陽已動火生於南方陽位而陰已形此水火之所以互根也春木秋金皆非陰陽始生之月故木生於陽之方陽金生於陰之方陰而陰陽無所生此金木之所以不互根也是五行之相生而尅相尅而生又非其變化無窮者乎

五行總論

五行之論固見於箕子洪範實兆於河圖洛書之位數焉蓋其見象於天也爲五行分位於地也爲五方行於四時也爲五德稟於人也爲五常播於律呂爲五音發於文章爲五色易曰五位史曰五材志曰五物醫曰五運其該局旣哉但相生則水木火土金相尅則水火金木土五者各有定質而氣則生於其質矣以相生言之亦謂其氣之相賫而生生不害焉耳非謂木出於水土出於火也一歲之間水生木木生火火生土土生金金又生水此固序之一定者而夏火不能生秋金故易之革卦上兌下離其卦辭曰革己日乃孚二爻辭曰己日乃革之己土之義素問於四時獨以長夏屬土亦此意也可見四季雖曰皆屬乎土然丑未陽也辰戌陰也丑月木將傷土惟未月火盛生土故季夏之土爲獨盛焉此其相生固然而相尅之義何居蓋木火金水各旺於四時而土爲沖氣則於四時無不在也秋金勁疾固所當制而夏火未退未免制伏太過故得季夏之土調和於中於以洩火之盛養金之微此金之所以不害於火也曆書所謂夏至三庚之後逢庚而三伏者言金之畏火也律書所謂由未而申比至於罰者言火之罰金也則其所謂尅之之義不卽此而在乎兌生之尅之循環不息固非以尅爲生亦非生而不尅陽雖生於仲冬而實盛於春夏陰雖生於仲夏而實盛於秋冬故自陰而陽則順木之成也水實生之自陽而陰則逆金之成也火實尅之孔子以治曆明時取諸革又曰天地革而四時成此之謂也五行之生尅變化無端不可測識惡可執一以論之哉

五行氣質

太極者二氣之統體五行者二氣之參差是五行也質根於地氣運於天天地合而絪緼雜揉參差不齊根陰根陽固循環之無端分陰分陽實一定之不易所以自氣成質木金陰陽之穉也水火陰陽之盛也土則陰陽之和也陰陽雖並行而不悖氣質本相須而不離雖以氣而語其行之序以質而語其生之序

古人論之詳矣實有不盡然者何也仰而觀之日月懸象天豈專於氣而無其質乎俯而察之水火互藏地豈專於質而遺其氣乎水生成於天地之一六火生成於天地之二七木生成於天地之三八金生成於天地之四九土生成於天地之五十生之者氣也成之者質也氣質何可離也故語其相生也氣之流行木溫火熱金凉水寒而土冲也然溫必變熱熱必變冲冲必變凉凉必變寒寒復變而爲溫此其生生自有不容已者語其相尅也寒氣至則熱氣消熱氣至則凉氣消凉氣至則溫氣消溫氣至則冲氣消冲氣至則寒氣消此殆不可專以氣質論也若其變化則又非一端順而言之甲乙木東丙丁火南戊己土中庚辛金西壬癸水北此五行之正也錯而言之甲己土乙庚金丙辛水丁壬木戊癸火孰非二氣之更革乎至於土得木則柔得火則剛金得火則流得水則止木得水則長得火則消火得木則生得水則死水得金則寒得火則煖五行參錯果可以一定拘之否也故雨暘寒燠風言其氣潤燥滲敷斂言其性上下左右中言其位宮商角徵羽言其聲靑黃赤白黑言其色尖圓方直曲言其象辛酸鹹苦甘言其味一二三四五言其數春夏秋冬言其時東南西北言其方其常五其變不可勝計而天地萬物何一非五行之運用哉但千變萬化其中亦自有不可易者水本沉也蘊而爲五精火本揚也達而爲五氣木本茂也華而爲五色金本堅也擊而爲五聲土本和也滋而爲五味物固不專夫五而亦不離夫五而二氣之運行其參差不齊有如此亦孰非太極之統體也雖然氣之與質固不相離而水火以氣用也木金以質用也惟其以質用也故金木之分不可使之合而合則不可使之分拘於質也若水火則卽其一而分之萬焉不見其有異同卽其萬而合之一焉不見其有彼此由其以氣用耳所以水自金生而水盛則金沉火自木生而火盛則木銷其實皆本之土土旺四季尤爲氣質之冲也論五行者必會而通之斯可矣況書齊七政撫五辰大要在乎裁成天地之道輔相天地之宜也而洪範九疇莫非五行之用要以攸叙乎彝倫此五行所以爲甚切也惡可視爲讖緯術數之學而莫之究心哉

五行之質根於地而其氣則運於天根於地者隨用而不窮運於天者參錯以成化此理之可推者也七政之齊書於舜典五辰之撫著在皐謨孟子亦有天時之說其來遠矣窮其本末不出乎陰陽兩端夫有氣斯有神有象斯有數變化紛紜何可勝紀然太極之妙無乎不在其流爲讖緯術數之學者艮由昧於至理而溺於偏見耳高明之士固宜知所決擇如洪範五行傳之類牽合附會誠無足取或乃幷與其所當信者而不之信至欲一例破除將無矯枉過正已乎

五行間色

五行之理有相生者有相尅者相生爲正色相尅爲間色正色靑赤黃白黑也間色綠紅碧紫流黃也水生木木色靑故靑者東方也木生火其色赤故赤者南方也火生土其色黃故黃者中央也土生金其色白故白者西方也金生水其色黑故黑者北方也此五行之正色也甲己合而爲綠則綠者靑黃之雜以木尅土故也乙庚合而爲碧則碧者靑白之雜以金尅木故也丙辛合而爲紅則紅者赤白之雜以火尅金故也丁壬合而爲紫則紫者赤黑之雜以水尅火故也戊癸合而爲流黃則流黃者黃黑之雜以木尅土故也此五行之間色也流黃一作驪黃

五行五物

鑽燧改火四時而五物焉朱子謂夏火大盛故再取此意料之言耳先王取火法五行也春行爲木楡柳色靑以象木也木生火夏行爲火棗杏色赤以象火也火生土季夏行爲土桑柘色黃以象土也土生金秋行爲金槐檀色白以象金也金生水冬行爲水柞楢色元以象水也四時平分而夏乃有二焉何也土位在中宮而寄王於四時季夏者土之中位故月令於仲夏之後列中央土素問謂之長夏是其說也統之則爲四時分之則爲五行五行各七十二日土分王於四時之末各分十八日合之亦七十二日總五行之七十二日合三百六十日而成一歲也

徐三重信古餘論

論五行

金木水火土其爲物者是凝聚之質氣則總爲陰陽謂之五行者陰陽之運行各因老少以自爲性而冲和者當在其中於是卽其順布生成之序而五行之位列性亦殊焉雖總此一氣而又非無所分別者故其流行化育渾成之內自有條分人物稟受二氣便自足此五者驗之法象形氣無不昭然可辨而識此蓋天地之氣自然有此參和而循環變合亦自然不

爽者所以完具不偏而能爲發育生成之本也
本一氣也由動靜而分陰陽由陰陽變合而生五行變合者陰陽二氣相承並運各於消長之間陽動主變陰靜主合初互根而爲水火已化成而爲土金木蓋二氣流行變化有此五者及旋生共濟而歲功物候皆由此成大要不出陰陽之妙用而爲太極顯行之實跡也夫論五行得氣雖分屬陰陽然二氣迭運不得相離故變皆是陽合皆是陰非獨成者但屈伸盛微氣自有別故五行各一其性
陽變而陰合者蓋造化獨陽則不生獨陰則不成陰陽是一氣之動靜動者變而靜者合之惟流行循環之間各由生而長長而盛漸有次第故其氣稍別其性各成而所生之質亦有不同焉然大段五行中又自有陰陽之殊蓋亦是變合之間二氣之分數又有剛柔盈縮界限也可知五行各性不外乎陰陽陰陽變合不出乎太極矣
太極之有陰陽以五行驗之益昭然矣蓋陰陽非判然兩體者若陰陽判然兩體則不能成五行惟一氣渾成而屈伸交感循環迭運各以生長盛衰而氣凝質具又皆不能離中氣以自成故水火木金與土並列爲五五者之中陰陽實無不皆在而總之則皆太極流行妙用也夫惟五行同體陰陽而太極又爲陰陽之總體故所生萬物莫不本於一而咸具此二五若判然爲陰爲陽則只有二氣而不能爲五太極亦截爲二體而不能爲二五之主如此則不成造化矣
五行之生各一其性譬如一鑊湯只火力進退之間便自有溫熱凉冷之異大要氣異則所稟以生者其性安得不各一其間一氣之體相生之序亦即可以此知之

坤輿圖說

四元行之序並其形

四元行不雜不亂蓋有次第存乎其間故得其所則安不得其所則強及其強力已盡自復歸於本所焉本所者何土下而水次之火上而氣次之此定序也其故有三一曰重輕重愛卑輕愛高以分上下重輕又有甚次之別因上之中有下下之中有上以分元行之四水輕於土氣重於火水在土之上氣在火之下然水以重言氣以輕言者較從其衆故也蓋水對一土曰輕對二火氣曰重氣對一火曰重對二水土則曰輕也以是知水必下而不上氣必上而不下矣二曰和情蓋情相和則近相背則遠假如乾冷成土濕冷成水水土以冷情相和故相近濕熱成氣濕冷成水水氣以濕情相和故亦相近乾熱成火濕熱成氣氣火以熱情相和故亦相近若背情之行相反則遠假如水冷而濕火熱而乾二情正背故以相遠問土火以乾情相和而極遠者以土火雖有相和之情重輕大異故權衡于二者之故可以定四行之序矣三曰見試蓋四行之序目前易試也火發爲焱常有從下至上尖殺之形四曰火形蓋不能安下而奮力以上必向極高是也氣偶入土水之中不得其安而欲上行在土爲地震爲山崩在水爲漚爲泡試强一毬至水底忽然突出是也水若騰在氣域必被強而不得安迨强力已盡自復歸于本所如成雨者以太陽薰蒸地溼爲雲雲稀屬氣故輕而浮雲密屬水故重而墜墜者復其本所也土入水必下至水底而後安夫四元行必圓其理有二一則宇宙之全正爲一球球以天與火氣水土五大體而成天體既圜則四元行之皆爲形圜也斷然矣一則四行皆在月天之下相切若有他形則火形之上或方或尖而不圜必于月天之下未能相切以致有空闕爲物性所不容矣四行之上既圜則其下亦然苟下有他形則周乎地者亦不圓矣地既無不圓則其相連之水與氣亦無不圓可知矣蓋凡物必圓而後能存如方則易散而毀矣以故非特天地與四元行皆圓至于人物肢體及草木果實無不皆圜也即如滴水而必成珠此固物合以存不欲散而毀也

五行部藝文一

郊祀志贊　漢書

漢興之初庶事草創唯一叔孫生略定朝廷之儀若迺正朔服色郊望之事數世猶未章焉至于孝文始以夏郊而張蒼據水德公孫臣賈誼更以爲土德卒不能明孝武之世文章爲盛太初改制而兒寬司馬遷等猶從臣誼之言服色數度遂順黃德彼以五德之傳從所不勝秦在水德故謂漢據土而克之劉向父子以爲帝出于震故包羲氏始受木德其後以母

傳子終而復始自神農黃帝下歷唐虞三代而漢得火焉故高祖始起神母夜號著赤帝之符旗章遂赤自得天統矣昔共工氏以水德間于木火與秦同運非其次序故皆不永由是言之祖宗之制蓋有自然之應順時宜矣究觀方士祠官之變谷永之言不亦正乎不亦正乎

洪範五行傳序　劉歆

伏羲氏繼天而王受河圖則而畫之八卦是也禹治洪水賜雒書法而陳之洪範是也聖人行其道而寶其眞降及于殷箕子在父師位而典之周既克殷以箕子歸武王親虛己而問焉故經曰惟十有三祀王訪于箕子王迺言曰烏呼箕子惟天陰騭下民相協厥居我不知其彝倫逌叙箕子乃言曰我聞在昔鯀陻洪水汨陳其五行帝乃震怒弗畀洪範九疇彝倫逌斁鯀則殛死禹迺嗣興天迺錫禹洪範九疇彝倫逌叙此武王問雒書于箕子箕子對禹得雒書之意也初一曰五行次二曰羞用五事次三曰農用八政次四曰叶用五紀次五曰建用皇極次六曰艾用三德次七曰明用稽疑次八曰念用庶徵次九曰嚮用五福畏用六極凡此六十五字皆雒書本文所謂天乃錫禹大法九章常事所次者也以爲河圖雒書相爲經緯八卦九章相爲表裏昔殷道弛文王演周易周道敝孔子述春秋則乾坤之陰陽效洪範之咎徵天人之道粲然著矣

五行志序　唐書

萬物盈于天地之間而其爲物最大且多者有五一曰水二曰火三曰木四曰金五曰土其用于人也非此五物不能以爲生而闕其一不可是以聖王重焉夫所謂五物者其見象于天也爲五星分位于地也爲五方行于四時也爲五德稟于人也爲五常播于音律爲五聲發于文章爲五色而總其精氣之用謂之五行自三代之後數術之士興而爲災異之學者務極其說至舉天地萬物動植無大小皆推其類而附之于五物曰五行之屬以謂人稟五行之全氣以生故于物爲最靈其餘動植之類各得其氣之偏者其發爲英華美實氣臭滋味羽毛鱗介文采剛柔亦皆得其一氣之盛至其爲變怪非常失其本性則推以事類吉凶影響其說尤爲委曲繁密蓋王者之有天下也順天地以治人而取材于萬物以足用若政得其道而取不過度則天地順成萬物茂盛而民以安樂謂之至治若政失其道用物傷夭民被其害而愁苦則天地之氣沴三光錯行陰陽寒暑失節以爲水旱蝗螟風雹雷火山崩水溢泉竭雪霜不時雨非其物或發爲氛霧虹蜺光怪之類此天地災異之大者皆生于亂政而考其所發驗以人事往往近其所失而以類至然時有推之不能合者豈非天地之大固有不可知者耶若其諸物種類不可勝數下至細微家人里巷之占有考于人事而合者有漠然而無所應者皆不足道語曰迅雷風烈必變蓋君子之畏天也見物有反常而爲變者失其本性則思其有以致而爲之戒懼雖微不敢忽而已至爲災異之學者不然莫不指事以爲應及其難合則旁引曲取而遷就其說蓋自漢儒董仲舒劉向與其子歆之徒皆以春秋洪範爲學而失聖人之本意至其不通也父子之言自相戾可勝歎哉昔者箕子爲周武王陳禹所有洪範之書條其事爲九類別其說爲九章謂之九疇考其說初不相附屬而向爲五行傳乃取其五事皇極庶徵附于五行以爲八事皆屬五行歟則至于八政五紀三德稽疑福極之類又不能附至俾洪範之書失其倫理有以見所謂旁引曲取而遷就其說也然自漢以來未有非之者又其祥眚禍痾之說自其數術之學故略存之庶幾深識博聞之士有以考而擇焉夫所謂災者被于物而可知者也水旱螟蝗之類是已異者不可知其所以然者也日食星孛五石六鷁之類是已孔子于春秋記災異而不著其事應蓋愼之也以爲天道遠非諄諄以諭人而君子見其變則知天之所以譴告恐懼修省而已若推其事應則有合有不合有同有不同至于不合不同則將使君子怠焉以爲偶然而不懼此其深意也蓋聖人愼而不言如此而後世猶爲曲說以妄意天此其不可以傳也故考次武德以來略依洪範五行傳著其災異而削其事應云

五行祿命葬書論　呂才

叙宅經曰易曰上古穴居而野處後代聖人易之以宮室蓋取諸大壯逮乎殷周之際乃有卜宅之文故詩稱相其陰陽書云卜惟洛食此則卜宅吉凶其來尚矣至于近代師巫更加五姓之說言五姓者謂宮商角徵羽等天下萬物悉配屬之行事吉凶依此爲法至于張王等爲商以趙姓爲角又非四聲相管其間亦有同是一姓分屬宮商復有複姓數字徵羽不別驗于經典本無斯說諸陰陽書亦無此語直是野

俗曰傳竟無所出之處雖按堪輿經云黃帝對于天老乃有五姓之言且黃帝之時不過姬姜數姓暨于後代賜族者多至如管蔡郕霍魯衛毛聃郜雍曹滕畢原酆郇並是姬姓子孫孔殷宋華向蕭亳皇甫並是子姓苗裔自餘諸國準例皆然因邑因官乃分枝葉未知此等諸姓是誰配屬宮商又檢春秋以陳衛及秦並同水姓齊鄭及宋皆爲火姓或承所出之祖或繫所屬之星或取所居之地亦非宮商角徵羽共相管攝此則事不稽古義理乖僻者也

論劉向災異五行志　宋儲泳

昔觀劉向災異五行傳後世以爲牽合天固未必以屑屑爲事然妖咎各以類至理不可誣若遽以牽合少之則箕子之五事庶徵相爲影響顧亦可得而議乎試以一身言之五行者人身之五官也氣應五臟五氣調順則百骸俱理一氣不應一病生焉然人之受病必有所屬太陽爲水厥陰爲木是也而太陽之證爲項強爲腰疼爲發熱爲惡寒其思雜然而並出要其指歸則一出于太陽之證也猶貌不恭而爲常雨爲狂爲惡也況五官之中或貌言之間兩失其正即素問所謂陽明厥陰之合病也其爲病又豈一端之所能盡哉以一身而察之則五事庶徵之應蓋可以類推矣劉向五行傳直指某事爲某證之應局于一端殆未察醫書兩證合病之理也後之人主五事多失其正受病蓋不止一證宜乎災異之互見迭出也苟以一證論之未爲得也夫冬雷則草木華蟄蟲奮人多疾疫一炁使然景星慶雲不生聖賢則產祥瑞象見于上則應在于下如虹蜺妖氣也當大夏而見則不能損物百物未告成也秋見則百穀用耗矣或入人家而能致火飲井則泉竭入醬則化水和氣致祥妖氣致異厥有明驗天道感物如響斯應人事感天其有不然者乎如風花出海而爲飄風山川出雲而爲時雨農家以霜降前一日見霜則知清明後一日霜止五日十日而往前後同占欲出秧苗必待霜止每歲推驗若合符節天道果遠乎哉感于此則應于彼有此象則有此數乃不易之理也

五行志序　金史

五行之精氣在天爲五緯在地爲五材在人爲五常及五事五緯志諸天文歷代皆然其形質在地性情在人休咎各以其類爲感應于兩間者歷代又有五行志焉兩漢以來儒者若夏侯勝之徒專以洪範五行爲學作史者多採其說凡言某徵之休咎則以某事之得失繫之而配之以五行謂其盡然其弊不免于傅會謂其不然肅時雨若蒙恆風若之類箕子蓋嘗言之金世未能一天下天文災祥猶在星埜之說五行休咎見于國內者不得他誘乃彙其史氏所書仍前史法作五行志至于五常五事之感應則不必泥漢儒爲例云

系包考　明孫珞

孫子問取六壬書觀之以宣節勞佚任京師時謂其與陰陽家說等耳今則辨其大指殊非陰陽家所同即夫系包之說乃京房之所不稽者焉其論五行一曰木其系包在巳其胎在午其養在未其生在申其沐浴在酉其冠帶在戌其臨官在亥其帝旺在子其衰老在丑其病在寅其死在卯其墓在辰於火則曰其系包在亥於木則曰其系包在申於金則曰其系包在寅凡巳申亥寅各稱系包之所蓋五行既墓矣其生也必有萌蘖焉故始有所系而繼之以胎蓋五行無絕理也陰陽書五行十二位以長生沐浴冠帶臨官帝旺衰病死墓絕胎養配於子丑十二辰爲五行之終始則其曰絕者謬甚矣或其系包二字之訛如帝虎亥豕則止訛本字此則合二字爲訛耳其弗諒矣乎黃帝經五行十二變曰生曰浴曰官曰臣曰君曰委曰病曰死曰藏曰止曰渾曰育蓋止者系包也渾者胎也育者養也古語有之曰人之府三焦丈夫以藏精女子以系包系包此胎之所以凝也其說尤較明著云

五行部藝文二 詩詞

觀物詩　宋邵雍

地以靜而方天以動而圓既正方圓體還明動靜權
靜久必成潤動極遂成然潤則水體具然則火用全
水體以器受火用以薪傳體在天地後用起天地先

水火吟　前人

水火得其御交而成既濟水火失其御焚溺可立至
不止水與火萬物盡如此只知用水火不知水火義

沁園春　　李道純

道曰五行釋曰五服儒曰五常刋仁義禮智信爲根本金木水火土在中央白虎青龍元龜朱雀皆自勾陳五主張天數五人精神魂魄意屬中黃　乾坤一五全彰會三五歸元妙莫量火二南方東三成五北元貞一西曰同鄉五土中宮合爲三五三五混融陰返陽通元士把鉛銀砂汞煉作金剛

欽定古今圖書集成曆象彙編乾象典

第二十二卷目錄

乾象典第二十二卷

五行部紀事

漢書律歷志太昊帝易曰庖犧氏之王天下也言庖犧繼天而王爲百王先首德始於木故爲帝太昊作罔罟以田漁取犧牲故天下號曰庖犧氏

炎帝易曰庖犧氏沒神農氏作言共工伯而不王雖有水德非其序也以火承木故爲炎帝教民耕農故天下號曰神農氏

史記歷書黃帝考定星歷建立五行起消息正閏餘

漢書律歷志黃帝易曰神農氏沒黃帝氏作火生土故爲土德與炎帝之後戰於阪泉遂王天下始垂衣裳有軒冕之服故天下號曰軒轅氏

玉堂鑑綱黃帝有熊氏命大撓探五行之情占斗綱所建於是始作甲子甲乙丙丁戊己庚辛壬癸謂之幹子丑寅卯辰巳午未申酉戌亥謂之枝枝幹相配以名日而定之以納音

漢書律歷志少昊帝考德曰少昊曰清清者黃帝之子清陽也是其子孫名摯立土生金故爲金德天下號曰金天氏

顓頊帝春秋外傳曰少昊之衰九黎亂德顓頊受之迺命重黎蒼林昌意之子也金生水故爲水德天下號曰高陽氏

帝嚳春秋外傳曰顓頊之所建帝嚳受之清陽元嚻之孫也水生木故爲木德天下號曰高辛氏

唐帝帝系曰帝嚳四妃陳豐生帝堯封於唐蓋高辛氏衰天下歸之木生火故爲火德天下號曰陶唐氏

左傳陶唐氏之火正閼伯居商丘祀大火而火紀時焉相土因之故商主大火

漢書律歷志虞帝帝系曰顓頊生窮蟬五世而生瞽叟瞽叟生帝舜處虞之嬀汭堯嬗以天下火生土故爲土德天下號曰有虞氏

伯禹帝系曰顓頊五世而生鯀鯀生禹虞舜嬗以天下土生金故爲金德天下號曰夏后氏

容齋隨筆禹貢敘治水以冀兗青徐揚荆豫梁雍爲次攷地理言之豫居九州中與兗徐接境何爲自徐之揚顧以豫爲後乎蓋禹順五行而治之耳冀爲帝都既在所先而地居北方實於五行爲水水生木木東方也故次之以兗青徐木生火火南方也故次之以揚荆火生土土中央也故次之以豫土生金金西方也故終於梁雍所謂彝倫攸敘者此也與鯀之汨陳五行相去遠矣此說予得之魏幾道

漢書律歷志成湯書經湯誓湯伐夏桀金生水故爲水德天下號曰商後曰殷

武王書經牧誓武王伐紂水生木故爲木德天下號曰周室

左傳昭九年夏四月陳災鄭裨竈曰五年陳將復封封五十二年而遂亡子產問其故對曰陳水屬也火水妃也而楚所相也今火出而火陳逐楚而建陳也妃以五成故曰五年歲五及鶉火而後陳卒亡楚克有之天之道也故曰五十二年

昭十七年冬有星孛於大辰西及漢梓愼曰往年吾見之是其徵也火出而見今茲火出而章必火入而伏其居火也久矣其與不然乎火出於夏爲三月於商爲四月於周爲五月夏數得天若火作其四國當之在宋衛陳鄭乎宋大辰之虛也陳大皡之虛也鄭祝融之虛也皆火房也星孛及漢漢水祥也衛顓頊之虛也故爲帝丘其星爲大水水火之牡也其以丙子若壬午作乎水火所以合也若火入而伏必以壬午不過其見之月

昭三十一年十二月辛亥朔日有食之是夜也趙簡子夢童子贏而轉以歌旦占諸史墨曰吾夢如是今而日食對曰六年及此月也吳其入郢乎終亦弗克入郢必以庚辰日月在辰尾庚午之日日始有謫火勝金故弗克

哀九年晉趙鞅卜救鄭遇水適火史墨曰盈水名也子水位也名位敵不可干也炎帝爲火師姜姓其後也水勝火伐姜則可

漢書郊祀志自齊威宣時騶子之徒論著終始五德之運及秦帝而齊人奏之故始皇采用之

史記秦始皇本紀始皇推終始五德之傳以爲周得火德秦代周德從所不勝方今水德之始改年始朝賀皆自十月朔衣服旄旌節旗皆上黑數以六爲紀

符法冠皆六寸而輿六尺六尺爲步乘六馬更名河
曰德水以爲水德之始剛毅戾深事皆決於法刻削
毋仁恩和義然後合五德之數於是急法久者不赦
漢書律歷志高祖皇帝著紀伐秦繼周木生火故爲
火德天下號曰漢
郊祀志文帝即位十三年魯人公孫臣上書曰始秦
得水德及漢受之推終始傳則漢當土德土德之應
黃龍見宜改正朔服色上黃丞相張蒼好律歷以爲
漢迺水德之時河決金隄其符也年始冬十月色外
黑內赤與德相應公孫臣言非是罷之明年黃龍見
成紀文帝召公孫臣拜爲博士與諸生申明土德草
改歷服色事
武帝本紀太初元年造太初曆以正月爲歲首色尚
黃數用五註五土數也
史記日者傳孝武時聚會占家問之某日可取婦乎
五行家曰可堪輿家曰不可建除家曰不吉叢辰家
曰大凶歷家曰小凶天人家曰小吉大乙家曰大吉
辯訟不決以狀聞制曰避諸死忌以五行爲主人取
於五行者也
漢書劉向傳上方精於詩書觀古文詔向領校中五
經祕書向見尚書洪範箕子爲武王陳五行陰陽休
咎之應向乃集合上古以來歷春秋六國至秦漢符
瑞災異之記推迹行事連傳禍福著其占驗比類相
從各有條目凡十一篇號曰洪範五行傳論奏之
後漢書荀爽傳延熹元年太常趙典舉爽至孝拜郎
中對策陳便宜曰臣聞之於師曰漢爲火德火生於
木木盛於火故其德爲孝其象在周易之離夫在地
爲火在天爲日在天者用其精在地者用其形夏則
火王其精在天溫暖之氣養生百木是其孝也冬時
則廢其形在地酷烈之氣焚燒山林是其不孝也故
漢制使天下誦孝經選吏舉孝廉夫喪親自盡孝之
終也今之公卿及二千石三年之喪不得即去殆非
所以增崇孝道而克稱火德者也
管輅別傳公明年十五瑯琊太守單子春請與相見
輅言學問微淺未能上引聖人之道陳秦漢之事但
欲論金木水火土鬼神之情耳子春言此至難而卿
更以爲易耶于是唱大論之端遂經于陰陽單稱歎
不已
六朝事迹冶城今天慶觀即其地也本吳冶鑄之所
因以爲名晉元帝太興初以王導疾久方士戴洋云
君本命在申而申地有冶金火相爍不利遂移冶城
于石頭城東以其地爲園
北齊書許遵傳遵高陽人明易善筮兼曉天文風角
占相逆測其驗若神齊高祖引爲館客芒陰之役謂
李業興曰彼爲火陣我爲木陣火勝木我必敗果如
其言
朝野僉載孫佺爲幽州都督五月北征李處郁諫曰
五月南方火北方水火入水必滅且殞若入咽百無
一全佺不從果沒八萬人
稿簡贅筆邵堯夫精於易數推往測來其驗如神其
母自江鄰幾家得此書出爲民妾而生堯夫嘗云其
學惟先丞相申公與司馬溫公二人可傳先丞相以
敏溫公以專敏皆以四木火土石爲四行謂金水皆
出於石也皇王帝霸爲四運易詩書春秋爲四經悉
符合以相配撰皇極經世其圖畫方圓二像或空其
中或以墨實之數亦皆四
續明道雜志邵雍字堯夫洛陽人也不應舉布衣窮
居一時賢士皆與之交游爲人豈弟和易可親而喜
以其學教人其學得諸易數謂今五行之外復有先
天五行其說皆有條理而雍用之可以逆知來事其
言屢驗
補筆談士人李忘其名嘉祐中爲舒州觀察支使能爲
水丹時王荊公爲通判問其法云以清水入土鼎中
其下以火燃之少日則水漸凝結如玉精瑩駭目問
其方則曰不用一切但調節水火之力毫髮不均即
復化去此坎離之粹也
畫鑒世言孫位畫水張南本畫火水火本無情之物
二公深得其理

五行部雜錄一

禮記禮運故人者其天地之德陰陽之交鬼神之會
五行之秀氣也疏人感五行秀異之氣故有仁義禮
知信是五行之秀氣也
故人者天地之心也五行之端也食味別聲被色而
生者也疏端猶首也萬物悉由五行而生而人最得
其妙氣明仁義禮智信爲五行之首也五行各有味
人則並食之五行各有聲人則含之皆有分別也五
行各有色人則被之以生也被色謂人含帶五色而

生者也五行有此三種最爲彰著而人皆稟之以生故爲五行之端者也

五行以爲質疏桓二年取郜大鼎是金也成十六年雨木冰是木也桓元年秋大水是水也宣十六年成周宣榭火是火也莊二十九年城諸及防是土也金木水火土即五行也

左傳水火金木土穀謂之六府註六者人之府藏也疏鑿鑽灼鍛鑄刻削耕墾播種則六者有無窮之用故謂之府藏

春秋元命苞掌圓法天以運動指五者法五行

河圖括地象天有五行地有五岳

古三墳山墳物君金物臣木物民土物陰水物陽火傳物君金金主利用物之君也物臣木木爲金所尅服故爲臣矣物民土土生萬類爲民矣物陰水水性潤下物之陰也物陽火火性炎上物之陽也

氣墳木氣生火氣長水氣育山氣止金氣殺

素問至眞要大論帝曰治寒以熱治熱以寒氣相得者逆之不相得者從之余以知之矣其于正味何如岐伯曰木位之主其寫以酸其補以辛火位之主其寫以甘其補以鹹土位之主其寫以苦其補以甘金位之主其寫以辛其補以酸水位之主其寫以鹹其補以苦又帝曰六氣之勝何以候之岐伯曰乘其至也清氣大來燥之勝也風木受邪肝病生焉熱氣大來火之勝也金燥受邪肺病生焉寒氣大來水之勝也火熱受邪心病生焉濕氣大來土之勝也寒水受邪腎病生焉風氣大來木之勝也土濕受邪脾病生焉

關尹子一宇篇無愛道愛者水也無觀道觀者火也無逐道逐者木也無言道言者金也無思道思者土也惟聖人不離本情而登大道心既未萌道亦假之

二柱篇愛爲水觀爲火愛執而觀因之爲木觀存而愛攝之爲金

四符篇精神水火也五行互生滅之其來無首其往無尾則吾之精一滴無存亡爾吾之神一欻無起滅爾惟無我無人無首無尾所以與天地冥

精者水魄者金神者火魂者木精主水魄主金金生水故精者魄藏之神主火魂主木木生火故神者魂藏之惟火之爲物能鎔金而銷之能燔木而燒之所以冥魂魄惟精在天爲寒在地爲水在人爲精神在天爲熱在地爲火在人爲神魄在天爲燥在地爲金在人爲魄魂在天爲風在地爲木在人爲魂惟以我之精合天地萬物之精譬如萬水可合爲一水以我之神合天地萬物之神譬如萬火可合爲一火以我之魄合天地萬物之魄譬如金之爲物可合異金而鎔之爲一金以我之魂合天地萬物之魂譬如木之爲物可接異木而生之爲一木則天地萬物皆吾精吾神吾魄吾魂何者死何者生

五行之運因精有魂因魂有神因神有意因意有魄因魄有精五行回環不已所以我之爲心流轉造化幾億萬歲未有窮極然核芽相生不知其幾萬株天地雖大不能芽空中之核雌卵相生不知其幾萬禽陰陽雖妙不能卵無雄之雌惟其來于我者皆攝之以一息則變物爲我無物非我所謂五行者孰能變之

衆人以魄攝魂者金有餘則木不足也聖人以魂運魄者木有餘則金不足也

火生土故神生意土生金故意生魄

鬼云爲魂鬼白爲魄於文則然鬼者人死所變云者風風者木白者氣氣者金風散故輕清輕清者上天金堅故重濁重濁者入地輕清者魄從魂升重濁者魂從魄降有以仁升者爲木星佐有以義升者爲金星佐有以禮升者爲火星佐有以智升者爲水星佐有以信升者爲土星佐有以不仁沉者木賊之不義沉者金賊之不禮沉者火賊之不智沉者水賊之不信沉者土賊之魂魄半之則在人間升魂爲貴降魄爲賤靈魂爲賢厲魄爲愚輕魂爲明重魄爲暗揚魂爲羽鈍魄爲毛明魂爲神幽魄爲鬼其形其居其識其好皆以五行契之惟五行之數參差不一所以萬物之多盈天地間猶未已也以五事歸五行以五行作五蟲可勝言哉譬猶兆龜數蓍至誠自契五行應之誠苟不至兆之數之無一應者

如桴扣鼓鼓之形者我之有也鼓之聲者我之感也桴已往矣餘聲尚存終亦不存而已矣鼓之形如我之精鼓之聲如我之神其餘聲者猶之魂魄知夫倐往倐來則五行之氣我何有哉

夫果之有核必待水火土三者具矣然後相生不窮三者不具如大旱大潦大塊皆不足以生物夫精水神火意土三者本不交惟人以根合之故能於其中橫見有事猶如術祝者能於至無中見多有事

魂者木也木根於冬水而華於夏火故人之魂藏於夜精而見於晝神

吸氣以養精如金生水吸風以養神如木生火所以假外以延精神漱水以養精精之所以不窮摩火以養神神之所以不窮所以假內以延精神

六七篇好仁者多夢松柏桃李好義者多夢兵刃金鐵好禮者多夢簠簋籩豆好智者多夢江湖川澤好信者多夢山岳原野役於五行未有不然者然夢中或聞某事或思某事夢亦隨變五行不可拘聖人御物以心攝心以性則心同造化五行亦不可拘

我身五行之炁而五行之炁其性一物借如一所可以取水可以取火可以生木可以凝金可以變土其性含攝元無差殊故羽蟲盛者毛蟲不育毛蟲盛者鱗蟲不育知五行互用者可以忘我

養五藏以五行則無傷也孰能病之歸五藏於五行則無知也孰能痛之

八籌篇即吾心中可作萬物蓋心有所之則愛從之愛從之則精從之蓋心有所結先凝爲水心慕物涎出心悲物淚出心愧物汗出無暫而不久無久而不變水生木木生火火生土土生金金生水相攻相尅不可勝數嬰兒蕊女金樓絳宮青蛟白虎寶鼎紅爐皆此物有非此物存者

管子四時篇東方曰星其時曰春其氣曰風風生木與骨南方曰日其時曰夏其氣曰陽陽生火與氣中央曰土土德實輔四時西方曰辰其時曰秋其氣曰陰陰生金與甲北方曰月其時曰冬其氣曰寒寒生水與血

子華子大道篇火宿于心炎上而排下其神躁而無準人之暴急以取禍者心使之也木宿於肝觸突于抵而銳其神狷束而無當人之樸戇以取禍者肝使之也金宿于肺硜訇而不屈磬而不能仰也其神鬬疎而無法人之訐決以取禍者肺使之也水宿于腎瑟縮以湊險其神伏而不發人之媕婀脂韋以取禍者腎使之也土宿于脾磅礴而不盡其滲漉也下注而不止其神好大而無功人之重遲澀訥以取禍者脾使之也火氣之喜明也木氣之喜達也金氣之喜辨也水氣之喜藏也土氣之喜發生也事心者宜以孝事肝者宜以仁事肺者宜以義事腎者宜以知事脾者宜以誠實而不詐五物宿於其所喜五事各施其所宜外邪之不入內究之不泄夫是之謂善完

文子上德篇金之勢勝木一刃不能殘一林土之勢勝水一掬不能塞江河水之勢勝火一酌不能救一車之薪

莊子外篇木與木相摩則然金與火相守則流

說劒篇制以五行

呂子名類篇二曰凡帝王者之將興也天必先見祥乎下民黃帝之時天先見大螾大螻黃帝曰土氣勝土氣勝故其色尚黃其事則土及禹之時天先見草木秋冬不殺禹曰木氣勝木氣勝故其色尚青其事則木及湯之時天先見金刃生於水湯曰金氣勝故其色尚白其事則金及文王之時天先見火赤烏銜書集於周社文曰火氣勝故其色尚赤其事則火代火者必將水天且先見水氣勝水氣勝故其色尚黑其事則水水氣至而不知數備將徙于土

處方篇金木異任水火殊事陰陽不同其爲民利則一也

越絕書木之勢勝金陰氣蓄積大盛水據金而死故金中有水如此者歲大敗八穀皆貴金之勢勝木陽氣蓄積大盛金據木而死故木中有火如此者歲大美八穀皆賤金木水火更相勝此天之三表者也不可不察又太陰三歲處金則穰三歲處水則毀三歲處木則康三歲處火則旱

史記封禪書作伏祠注四時代謝皆以相生而春木代水水生木也夏火代木木生火也冬水代金金生水也至秋則以金代火金畏于火故凡至庚日必伏

漢書五行志水之大數六火七木八金九土十故水以天一爲火二牡木以天三爲土十牡土以天五爲水六牡火以天七爲金四牡金以天九爲木八牡陽奇爲牡陰耦爲妃故曰水火之牡也火木之妃也於易坎爲水爲中男離爲火爲中女蓋取諸此也

禮樂志五行舞者本周舞也秦始皇二十六年更名曰五行也

律歷志協之五行則角爲木五常爲仁五事爲貌商爲金爲義爲言徵爲火爲禮爲視羽爲水爲智爲聽宮爲土爲信爲思又以陰陽言之太陰者北方北伏也陽氣伏于下於時爲冬冬終也物終藏乃可稱水潤下知者謀謀者重故爲權也太陽者南方南任也陽氣任養物於時爲夏夏假也物假大乃宣平火炎上禮者齊齊者平故爲衡也少陰者西方西遷也陰氣遷落物於時爲秋秋𪏆也物𪏆斂乃成孰金從革改更也義者成成者方故爲矩也少陽者東方東動也陽氣動物於時爲春春蠢也物蠢生迺動運木曲直仁者生生者圜故爲規也中央者陰陽之內四方

之中經緯通達迺能端直於時爲四季土稼穡蕃息信者誠誠者直故爲繩也五則揆物有輕重圜方平直陰陽之義四方四時之體五常五行之象厥法有品各順其方而應其行職在大行鴻臚掌之又五星之合於五行水合于辰星火合于熒惑金合于太白木合于歲星土合于塡星

淮南子原道訓其德優天地而和陰陽節四時而調五行

天文訓壬午冬至甲子受制木用事火烟青七十二日丙子受制火用事火烟赤七十二日戊子受制土用事火烟黃七十二日庚子受制金用事火烟白七十二日壬子受制水用事火烟黑七十二日而歲終又甲乙寅卯木也丙丁巳午火也戊己四季土也庚辛申酉金也壬癸亥子水也水生木木生火火生土土生金金生水子生母曰義母生子曰保子母相得曰專母勝子曰制子勝母曰困

本經訓天愛其精地愛其平人愛其情天之精日月星辰雷電風雨也地之平水火金木土也人之情思慮聰明喜怒也

主術訓夫火熱而水滅之金剛而火消之木强而斧伐之水流而土遏之唯造化者物莫能勝也

兵略訓奇正之相應若水火金木之代爲雌雄也

說林訓金勝木者非以一刃殘林也土勝水者非以一墣塞江也又粟得水溼而熱甑得火而液水中有火火中有水

泰族訓水火金木土穀異物而皆任

要略原人情而不言大聖之德則不知五行之差

京氏易略寅中有生火亥中有生木巳中有生金申中有生水丑中有死金戌中有死火未中有死木辰中有死水土兼於中又五行互用一吉一凶又吉凶之義始于五行

鹽鐵論通有篇大夫曰五行東方木而丹章有金銅之山南方火而交趾有大海之川西方金而蜀隴有名材之林北方水而幽都有積沙之地此天地所以均有無而通萬物也

論菑篇大夫曰文學言剛柔之類五勝相代生易明於陰陽書長于五行春生夏長故火生於寅木陽類也秋生冬死故水生於申金陰物也四時五行迭廢迭興陰陽異類水火不同器金得土而成得火而死金生於巳何說何言然乎

後漢書郎顗傳顗曰漢三百載計歷改憲三百四歲爲一德五德千五百二十歲五行更用王者隨天譬猶自春徂夏改靑服絳者也

風俗通義五伯篇三統者天地人之始道之大綱也五行者品物之宗也

論衡物勢篇或曰五行之氣天生萬物以萬物含五行之氣五行之氣更相賊害曰天自當以一行之氣生萬物令之相親愛不當令五行之氣反使相賊害也或曰欲爲之用故令相賊害賊害相成也故天用五行之氣生萬物人用萬物作萬事不能相制不能相使不相賊害不成爲用金不賊木木不成用火不爍金金不成器故諸物相賊相利含血之蟲相勝服相齧噬相啖食者皆五行氣使之然也曰天生萬物欲令相爲用不得不相賊害也則生虎狼蝮蛇及蜂蠆之蟲皆賊害人天又欲使人爲之用邪且一人之身含五行之氣故一人之行有五常之操五常之道也五藏在內五行氣俱如論者之言含血之蟲懷五行之氣輒相賊害一人之身胸懷五藏自相賊也一人之操行義之心自相害也且五行之氣相賊害含血之蟲相勝服其驗何在曰寅木也其禽虎也戌土也其禽犬也丑未亦土也丑禽牛未禽羊也木勝土故犬與牛羊爲虎所服也亥水也其禽豕也巳火也其禽蛇也子亦水也其禽鼠也午亦火也其禽馬也水勝火故豕食蛇火爲水所害故馬食鼠屎而腹脹曰審如論者之言含血之蟲亦有不相勝之効午馬也子鼠也酉雞也卯兔也水勝火鼠何不逐馬金勝木雞何不啄兔亥豕也未羊也丑牛也土勝水牛羊何不殺豕巳蛇也申猴也火勝金蛇何不食獼猴獼猴者畏鼠也嚙獼猴者犬也鼠水獼猴金也水不勝金獼猴何故畏鼠也戌土也申猴也土不勝金猴何故畏犬東方木也其星蒼龍也西方金也其星曰虎也南方火也其星朱鳥也北方水也其星元武也天有四星之精降生四獸之體含血之蟲以四獸爲長四獸含五行之氣最較著案龍虎交不相賊鳥龜會不相害以四獸驗之以十二辰之禽效之五行之蟲以氣性相刻則尤不相應凡萬物相刻賊含血之蟲則相服至於相啖食者自以齒牙頓利觔力優劣動作巧便氣勢勇桀若人之在世勢不與適力不均等自相勝服以力相服則以刃相賊矣夫人以刃相賊猶物以齒角爪牙相觸刺也力强角利勢烈牙長則能勝氣微爪短咮膽小距頓則畏服也人有勇

怯故戰有勝負勝者未必受金氣負者未必得木精也孔子畏陽虎郤行流汗陽虎未必色白孔子未必面青也鷹之擊鳩雀鴞之啄鵠雁未必鷹鴞生于南方而鳩雀鵠雁產于西方也自是觔力勇怯相勝服也一堂之上必有論者一鄉之中必有訟者訟必有曲直論必有是非非而曲者爲負是而直者爲勝亦或辯口利舌辭喩橫出爲勝或詘弱綴跲蹥蹇不比者爲負以舌論訟猶以劍戟鬬也利劍長戟手足健疾者勝頓刀短矛手足緩留者負夫物之相勝或以觔力或以氣勢或以巧便小有氣勢口足有便則能以小而制大大無骨力角翼不勁則以大而服小鵲食蝟皮博勞食蛇蝟蛇不便也蚊虻之力不如牛馬牛馬困於蚊虻蚊虻乃有勢也鹿之角足以觸犬獼猴之手足以搏鼠然而鹿制於犬獼猴服於鼠角爪不利也故十年之牛爲牧豎所驅長仞之象爲越僮所鉤無便故也故夫得其便也則以小能勝大無其便也則以彊服于羸也

順鼓篇春秋之義大水鼓用牲于社說者曰鼓者攻之也社土也五行之性水土不同以水爲害而攻土土勝水

論死篇水火燒溺凡能害人者皆五行之物金傷人木毆人土壓人水溺人火燒人

潛夫論卜列篇古有陰陽然後有五行五帝右據行氣以生人民載世遠乃有姓名敬民名字者蓋所以別衆猥而顯此人爾非以絕五音而定剛柔也今俗人不能推紀本祖而反欲以聲音言語定五行誤莫甚焉凡姓之有音也必隨其本生祖所王也太皞木精承歲而王夫其子孫咸當爲角神農火精承熒惑而王夫其子孫咸當爲徵黃帝土精承鎭而王夫其子孫咸當爲宮少皞金精承太白而王夫其子孫咸當爲商顓頊水精承辰而王夫其子孫咸當爲羽雖號百變音行不易

月令問答凡十二辰之禽五時所食者必家人所畜丑牛未羊戌犬酉雞亥豕而已其餘龍虎以下非食也春木王木勝土土王四季四季之禽牛屬季夏犬屬季秋故未羊可以爲春食也夏火王火勝金故酉雞可以爲夏食也季夏土王土勝水當食豕而食牛土五行之尊者牛五畜之大者四行之牲無足以配土德者故以牛爲季夏食也秋金王金勝木寅虎非可食者犬豕而無角虎屬也故以犬爲秋食也冬水王水勝火當食馬而禮不以馬爲牲故以其類而食豕也

數術記遺五行算以生兼生生變無窮注五行之法水元生數一火赤生數二木青生數三金白生數四土黃生數五今爲五行算色別九枚以五行色數相配爲算之位假令九億八千七百六十五萬四千三百二十一者則以白算配黃爲九億以青算配黃爲八千以赤算配黃爲七百以元算配黃算爲六十以一黃算爲五萬以一白算爲四千以一青算爲三百以一赤算爲二十以元算爲一也故曰以生兼生生變無窮

參同契賞罰應春秋昏明順寒暑爻辭有仁義隨時發喜怒如是應四時五行得其理

明知兩竅章金爲水母母隱子胎水爲金子子藏母胞

二土全功章黃土金之父流珠木之子水以土爲鬼土鎭水不起朱雀爲火精執平調勝負水盛火消滅俱死歸厚土金性不敗朽故爲萬物寶術士伏食之壽命得長久土游於四季守界定規矩金砂入五內霧散若風雨薰蒸達四肢顏色悅懌好髮白皆變黑齒落生舊所老翁復丁壯老嫗成姹女改形免世厄號之曰眞人

水火性情章推演五行數較約而不繁舉水以激火奄然滅光明日月相薄蝕常在朔望間水盛坎侵陽火衰離晝昏陰陽相飲食交感道自然名者以定情字者以性言金來歸性初乃得稱還丹

養性立命章九還七返八歸六居男白女赤金火相拘則水定火五行之初

流珠金華章五行錯王相據以生火性銷金金伐木榮三五與一天地至精

如審遭逢章五行相克更爲父母母含滋液父主稟與

男女相胥章金化爲水水性周章火化爲土水不得行

四者混沌章丹砂木精得金乃井金水合處木火爲侶四者混沌則爲龍虎龍陽數奇虎陰數偶肝青爲父肺白爲母腎黑爲子離赤爲女脾黃爲祖子五行始三物一家都歸戊己

魏劉邵人物志凡有血氣者莫不含元一以爲質稟陰陽以立性體五行而著形又若量其材質稽諸五物五物之徵亦各著於厥體矣其在體也木骨金筋

火氣土肌水血五物之象也又五常之別列爲五德是故溫直而擾毅木之德也剛塞而彊義金之德也愿恭而理敬水之德也寬栗而柔立土之德也簡暢而明砭火之德也雖體變無窮猶依乎五質

博物志石者金之根甲石流精以生水水生木木含火又舊洛陽字作水邊各漢火行也忌水故去水而加隹又魏於行次爲土水得土而流土得水而柔故復去隹加水變雒爲洛焉

禽經色合五行註倉鷹之屬以象東方木行朱鳥之屬以象南方火行黃鳥之屬應土行以象季夏白鷺之屬以象西方金行元鳥以象北方水行

搜神記大有五氣萬物化爲木清則仁火清則禮金清則義水清則智土清則思五氣盡清聖德備也木濁則弱火濁則淫金濁則暴水濁則貪土濁則頑五氣盡濁民之下也

劉子崇學篇金性苞水木性藏火故鍊金則水出鑽木而火生

隋書律歷志萬物人事非五行不生非五行不成非五行不滅

唐書天文志木金得天地之微氣其神治于季月水火得天地之章氣其神治于孟月故章道存乎至微道存乎終皆陰陽變化之際也

鍾呂傳道記論五行呂曰所謂五藏之氣而曰金木水火土所謂五行之位而曰東西南北中若此如何得相生相成而交合有時乎採取有時乎願聞其說鍾曰大道既判而生天地天地既分而列五帝東曰青帝而行春令於陰中起陽使萬物生南曰赤帝而行夏令於陽中生陽使萬物長西曰白帝而行秋令於陽中起陰使萬物成北曰黑帝而行冬令於陰中進陰使萬物死四時各凡十日每時下十八日黃帝生之若於春時助成青帝而發生若於夏時接序赤帝而長育若於秋時資益白帝而結立若於冬時制攝黑帝而嚴示五帝分治各主七十二日合而三百六十日而爲一歲輔弼天地以行於道青帝生子而曰甲乙甲乙東方木赤帝生子而曰丙丁丙丁南方火黃帝生子而曰戊己戊己中央土白帝生子而曰庚辛庚辛西方金黑帝生子而曰壬癸壬癸北方水見於時而爲象者木爲青龍火爲朱雀土爲勾陳金爲白虎水爲元武見於時而生物者乙與庚合春則有楡青而白不失金木之色辛與丙合秋則有棗白而赤不失金火之色乙與庚合夏末秋初有瓜青而黃不失水土之色丁與壬合夏則椹赤而黑不失水火之色癸與戊合冬則有橘黑而黃不失水土之色以類推求五帝相交而見於時者生在物者不可勝數呂曰五行在時若此五行在人如何鍾曰惟人者頭圓足方有天地之象陰降陽升有天地之機腎爲水心爲火肝爲木肺爲金脾爲土若以五行相生則水生木木生火火生土土生金金生水生者爲母受生者爲子若以五行相剋則水剋火火剋金金剋木木剋土土剋水剋者爲夫受剋者爲妻以子母言之腎氣生肝氣肝氣生心氣心氣生脾氣脾氣生肺氣肺氣生腎氣以夫妻言之腎氣剋心氣心氣剋肺氣肺氣剋肝氣肝氣剋腎氣腎者心之夫肝之母脾之妻肺之子肝者脾之夫心之母肺之妻腎之子心者肺之夫脾之母腎之妻肝之子肺者肝之夫腎之母心之妻脾之子脾者腎之夫肺之母肝之妻心之子心之見於內者爲脉見於外者爲色以舌爲門戶受腎之制伏而驅用於肺蓋以夫婦之理如此得肝則盛見脾則減蓋以子母之理如此腎之見於內者爲骨見於外者爲髮以兩耳爲門戶受脾之制伏而驅用於心蓋以夫婦之理如此得肺則盛見肝則減蓋以子母之理如此肝之見於內者爲筋見於外者爲爪以眼爲門戶受肺之制伏而驅用於脾蓋以夫婦之理如此見腎則盛見心則減蓋以子母之理如此肺之見於內者爲膚見於外者爲毛以鼻穴爲門戶受心之制伏而驅用於肝蓋以夫婦之理如此得脾則盛見腎則減蓋以子母之理如此脾之見於內爲藏均養心腎肝肺見於外者爲肉以脣口爲門戶呼吸定往來受肝之制伏而驅用於腎蓋以夫婦之理如此得心則盛見肺則減蓋以子母之理如此此是人之五行相生相剋而爲夫婦子母傳氣衰旺見于此矣呂曰心火也如何得火下行腎水也如何得水上升脾土也土在中而承火則盛莫不下剋於水乎肺金也金在上而下接火則損安得有生於水乎相生者遞相間隔相剋者親近難移是此五行自相損剋爲之奈何鍾曰五行歸原一氣接引元眞升舉而生眞水眞水造化而生眞氣眞氣造化而生陽神始以五行定位而有一夫一婦腎水也水中有金金本生水下手時要識水中金水本嫌土採藥後要得土歸水龍乃肝之象虎本肺之腎陽龍出於離宮陰虎生於坎位五行逆行氣傳子母自子至午乃曰陽

一時生陽五行顛倒液行夫婦自午至子乃曰陰中煉陽陽不得陰不成到底無陰而不死陰不得陽不生到底陰絕而壽長

論還丹呂曰所謂小還丹者何也鍾曰小還丹者本曰下元下元者五藏之主三田之本以水生木木生火火生土土生金金生水既相生也不差時候當生而引未生如子母之相愛也以火剋金金剋木木剋土土剋水水剋火既相剋也不失分度當剋而補未剋如夫婦之相合也又呂曰所謂七返還丹而九轉還丹者何也鍾曰五行生成之數五十有五天一地二天三地四天五地六天七地八天九地十一三五七九陽也共二十五二四六八十陰也共三十自腎爲始水一火二木三金四土五此則五行生之數也三陽而二陰自腎爲始水六火七木八金九土十此則五行成之數也三陰而二陽人身之中共有五行生成之道水爲腎而腎得一與六也火爲心而心得二與七矣木爲肝而肝得三與八矣金爲肺而肺得四與九矣土爲脾而脾得五與十矣

論朝元鍾曰一氣運五行五行運六氣先識者陰與陽陽有陰中陽陰有陽中陰次識者金木水火土而有水中火火中水木中金金中木木中火火中土

呂眞人本傳洞賓問水火龍虎曰身中有君火臣火民火眞火出於水中恍恍惚惚其中有物視之不可見取之不可得眞水生於火中杳杳冥冥其中有精見之不可留留之不可住腎水也水中有氣名曰眞火心火也火中生液名曰眞水以水生木腎氣足而肝氣生以絕腎之餘陰而氣過肝時即爲純陽藏眞一之木恍惚名眞龍以火剋金心液盛而肺液生以絕心之餘陽而液到肺時即爲純陰藏眞陽之氣杳冥名眞虎氣中取水水中取氣日得黍大歸於黃庭此大丹也

岑羲爲敬暉等論武氏宜削去王爵表帝王之曆數必應乎五行水盛則火衰木衰則金盛天地之運也必合乎四時春往則夏來暑退則寒集則知五行之數帝王不可違違之則宗社不安生人不理四時之序天地不能變變之則霜露不均水旱交錯

天隱子齋戒篇夫人稟五行之氣而食五行之物實自胞胎有形已呼吸精血豈可去食而求長生

譚子化書動靜相磨所以化火也燥濕相蒸所以化水也水火相勃所以化雲也湯盎投井所以化雹也飲水雨日所以化虹霓也小人由是知陰陽可以名五行可以役天地可以別構日月可以我作有開是言者必將以爲誕夫民之形也頭圓而足方上動而下靜五行運于內二曜明于外斯亦別構之道也

儒有講五常之道者分之爲五事屬之爲五行散之爲五色化之爲五聲俯之爲五嶽仰之爲五星物之爲五金族之爲五靈配之爲五味感之爲五情所以聽之者若醯雞之遊太虛如井蛙之浮滄溟莫見其鴻濛之涯莫測其浩渺之程日暮途遠無不倒行殊不知五常之道一也忘其名則得其理忘其理則得其情然後牧之以清靜棲之以杳冥使混我神氣符我心靈若水投水不分其清若火投火不間其明是謂奪五行之英盜五常之精聚之則一芥可包散之則萬機齊亨其用事也如酌醴以投器其應物也如懸鏡以鑒形于是乎變之爲萬象化之爲萬生通之爲陰陽虛之爲神明所以運帝王之籌策代天地之權衡則仲尼其人也

琥珀不能呼腐芥丹砂不能入燋金磁石不能取憊鐵元氣不能發陶爐所以大人善用五行之精善奪萬物之靈食天人之祿駕風馬之榮其道也在忘其形而求其情

續博物志自古帝王五運之次有二說鄒衍以五行相勝爲義劉向則以相生爲義漢魏共尊劉說又物理論云水土之氣升爲天

關氏易傳蓍不止法天地而已必以五行運於中焉

五代史司天考五行用事置四立之節而命之卽春木夏火秋金冬水用事之初也置四季之節各以維策加之卽土用事也

欽定古今圖書集成曆象彙編乾象典

第二十三卷目錄

乾象典第二十三卷

五行部雜錄二

宋史天文志天柱五星在東垣下一曰法五行

擊壤集觀物吟水雨霖火雨露土雨濛石雨雹水風涼火風熱土風和石風冽水雲黑火雲赤土雲黃石雲白水雷雯火雷虩土雷連石雷霹

路史五姓紀治在五方司五類注五行之象類

雲笈七籤黃庭遁甲緣身經五藏六府各有神主精稟金火氣諧水木又夫膽者乘陰之氣秉金之精故主於殺殺則悲故人之悲者金生於水目中墮淚也夫心主火膽主水火主辛水主苦所以人有疲者卽言辛苦故爲水火二氣相背則火得木而煎陰陽交爭水勝於火故目淚出

太上老君內觀經父母和合人受其生始一月爲胞精血凝也二月爲始形兆胚也三月陽神爲三魂動以生也四月陰靈爲七魄靜鎭形也五月五行分藏以安神也

老君說五戒老君曰在天爲五緯天道失戒則見災祥在地爲五岳地道失戒則百穀不成在數爲五行五數失戒則水火相薄金木相傷在治爲五帝五帝失戒則祚夭身亡在人爲五藏五藏失戒則性發狂又是五戒於此而順於彼故煞戒者東方木也受生氣尚於長養而人犯煞則肝受其害盜戒者北方水也太陰之精主於閉藏而人爲盜則腎受其殃婬戒者西方金也少陰之質男女貞固而人好婬則肺受其沴酒戒者南方火也太陰之氣物以之成而人好酒則心受其毒妄語戒者中央土德而人妄語則脾受其辱五德相資不可虧缺

元氣論夫一含五氣軟氣爲水水數一也溫氣爲火火數二也柔氣爲木木數三也剛氣爲金金數四也風氣爲土土數五也又至多莫若水至空莫若土至華莫若木至實莫若金至無莫若火又眞人云聖人知元氣起於子生於腎胞於巳胎於午故存於心息於火養於未土生於申金沐浴於酉冠帶於戌土宮榮於亥帝王於子水衰於土丑病於木寅死於震卯墓於巽辰墓卽葬也葬者藏也歸也終也元氣元始於水歸終於風藏風於土是謂歸魂是知土藏其風風藏其土土藏其水水藏其土土藏其火火藏其土土藏其木木藏其土土藏其金金藏其土木所以墓在未土金所以墓在丑上土能藏木金水火而土亦自歸於土故墓亦在辰土是謂還元返本歸根復命之道又若一身內外疾病之處以意存金木水火土五色相刻相生以意注之無不立愈

服五方靈氣法大指屬土食指屬火中指屬水無名指屬金小指屬木

谷神妙氣訣肝爲木宮心爲火宮肺爲金宮腎爲水宮脾爲土宮又夫木氣有所生火氣有所長金氣有所殺水氣有所滅何以明之春三月萬萌皆簇地而生是故知木氣有所生夏三月萬木皆成大故知火氣有所長秋三月萬物皆死故知金氣有所殺冬三月巢蟲蟄蟻動皆飛走故知水氣有所藏滅夫木氣有所生木榮有華而死者何自妻來女歸春三月木王甲名乙歸得金故亦有所遊夏三月有所長土有所生麥中死者何辛爲丙妻金氣出辛爲有所殺椹所以先青後赤至熟其黑者何生故先青後黑火生其氣赤熟黑者何丁爲壬妻丙名丁歸得水氣故令黑棗先白至熟而赤者何始入七月被金故白熟赤者辛爲丙妻爲庚名辛歸得火氣故令赤金氣有所殺至秋八月薺麥而生者何乙爲庚妻以得木氣故有所生乙爲庚妻以青入白爲縹夫五行更爲夫妻者何皆有威制故土欲東遊木往克之故戊嫁己爲甲妻木欲西遊金往伐之故甲嫁乙爲庚妻金欲南遊火往殺之故庚嫁辛爲丙妻火欲北遊水灌而滅之故丙嫁丁爲壬妻水欲南遊土往遏之故壬嫁癸爲戊妻矣夫五行有相刑滅毀或死者何木之穿土不毀火之燒金不滅木火者仁陽氣好生不殺金之伐木死木灌火死皆陰氣好貪故所刑皆死

大還丹祕契圖夫五行者水生木水銀也非世間水銀木生火朱砂也非世間朱砂火生土神氣化生非世間土土生金白金也非世間金金生水黑水也非世間水

道生旨神之靈是謂氣爲母神爲子道幹旣育萬物

成體子母既長不可同處須放其子之造化成其窟宅然母亦安矣神又須物引而離其母乃借水之兩點氣如腎之數神以陽光守而凝之然又慮水之盛兼五行不足無以成物而假土來克其水慮土克其水盡又假木來克其土慮木克其土盡又假金來克其木慮金克其木盡又假火來克其金火若克其金盡卽內以水救之是謂轉相生轉相制成物是謂人之眼眼者與天地合體五行足矣所以眼當中黑水也次黃土也次靑木也次白金也次亦火也其視明也五色既成陽神乃寄光於其上是謂神光爲眼之位屬肝者緣光明如日日出東方肝在東方而屬木故肝藏得而管之

夢溪筆談信州鉛山縣有苦泉流以爲澗挹其水熬之則成膽礬烹膽礬則成銅熬膽礬鐵釜久之亦化爲銅水能爲銅物之變化固不可測按黃帝素問有天五行地五行土之氣在天爲濕土能生金石濕亦能生金石此其驗也又石穴中水所滴皆爲鐘乳殷孽春秋分時汲井泉則結石花大滷之下則生陰精石皆濕之所化也如木之氣在天爲風木能生火風亦能生火蓋五行之性也又世之言五行消長者止是知一歲之間如冬至後日行盈度爲陽夏至後日行縮度爲陰二分行平度殊不知一月之中自有消長望前月行盈度爲陽望後月行縮度爲陰兩弦行平度至如春木夏火秋金冬水一月之中亦然不止月中一日之中亦然素問云疾在肝寅卯患申酉劇病在心巳午患子亥劇此一日之中自有四時也安知一刻一分一剎那之中無四時耶又安知十年百年一紀一會一元之間又豈無大四時耶又如春爲木九十日間當亹亹消長不可云三月三十日亥時屬木明日子時頓屬火也

論語拾遺性之必仁如水之必淸火之必明然方土之未去也水必有泥方薪之未盡也火必有烟土去則水無不淸薪盡則火無不明矣人而至於不仁則物有以害之也君子無終食之間違仁非不違仁也外物之害既盡心一而不雜未嘗不仁也

晁氏客話水土二行各兼信智

貴耳集鄭禆竈曰妃以五成註云陳顓頊之後故爲水屬火畏水故爲之妃火心星也水得妃而興陳則楚相妃合也五行各相配合得五而成五及鶉火火盛水衰

鼠璞桃者五行之精壓伏邪氣制百鬼

捫蝨新話李長吉嘗語余昔問羅疇老洪範金曰從革新義云能從能革而荆公洪範傳又云金性能從惟革者之所化二義不同未知孰是疇老云譬如釋迦十大弟子各說第一義二說皆通無可揀者余謂王氏之學率以一字一句較其同異而父子之論自不能一如此

揮麈後錄元符末崇信道教經營艮嶽客曰嶽有五焉今益其一在於五行數則差矣主人曰客不聞五行在天乃六氣

暇日記李誠明仲言堂屋前要不背二陽今人家作竹廊非也始冀爲水水生木則靑徐次之木生火則荆揚次之火生土兗豫次之土生金梁雍終焉此九州五行之序

容齋續筆木絕於申故神字之訓爲木自斃水土絕於巳故氾字之訓說文以爲窮瀆圯字之訓爲岸圮及覆火衰於戌故威爲滅金衰於丑故鈕爲鍵閉製字之義昭矣

容齋四筆六十甲子納音之說術家多不能曉原其所以得名皆從五音所生有條不紊端如貫珠蓋甲子爲首而五音始於宮宮土生金故甲子爲金而乙丑以陰從陽商金生水故丙子爲水而丁丑從之角木生火故戊子爲火徵火生土故庚子爲土羽水生木故壬子爲木而己丑辛丑癸丑各從之至於甲寅則納音起於商商金生水故甲寅爲水角木生火故丙寅爲火徵火生土故戊寅爲土羽水生木故庚寅爲木宮土生金故壬寅爲金而五卯各從之至甲辰則納音起於角角木生火故甲辰爲火徵火生土故丙辰爲土羽水生木故戊辰爲木宮土生金故庚辰爲金商金生水故壬辰爲水而五巳各從之宮商角既然惟徵羽不得居首於是甲午復如甲子甲申如甲寅甲戌如甲辰而五未五酉五亥亦各從其類

五行運化如甲己化眞土之類若推求其義無從可得蓋只以五虎元所生命之如甲己之年丙作首謂丙寅月建也丙屬火火生土故甲己化眞土乙庚之歲戊爲頭謂戊寅月建也戊屬土土生金故乙庚化眞金丙辛寄向庚寅去庚屬金金生水故丙辛化眞水丁壬壬位順行流壬屬水水生木故丁壬化眞木戊癸但向甲寅求甲屬木木生火故戊癸化眞火此二說皆得之莆田鄭景實頃在館中見魏幾道談五行納音亦然

朱子語類叔器問經世書水火土石石只是金否曰他分天地間物事皆是四如日月星辰水火土石雨風露雷皆是相配又問金生水如石中出水是否曰金是堅凝之物到這裏堅實後自拶得水出來

筍譜筍者竹之萌也竹根曰鞭鞭節之間乳贅而生者竹屬兼草而木借少陽之氣欸故初種根食土而下求乎母也母水也而潤下得水而生也及擢筍冒土而上愛乎子也子火也而炎上鑽竹而生火也

蠡海集雪爲陰之極全得水之成數雪花每每皆六出霜雪者雨露之凝結水從金生氣盈而見母是以霜雪色皆白也

雨露霜雪之化也金爲氣始天降氣是因其色而可知前言氣爲金金乃水之母氣盈而其色見亦此義也

北斗位北而得七爲火之成數南斗位南而得六爲水之成數此乃陰陽精神交感之義也

木強而金弱生氣升而發於聲金強而木弱殺氣降而見於形故春則雷鳴秋則霜隕

水味鹹水性然也而海水獨苦鹹蓋亢極而反之義也水極則反火乃爲鹹苦然遇土而煎熬爲鹽則純鹹矣是藉土以制其太過遂能復其本性云

禽獸之音偏於一故無智雖有智亦偏一巧舌縱多轉聲亦不具五音也人之音外配五行內應五藏各無欠缺故人萬物之靈也

人得五行之全故衆體具衆體具則無物不啖庶物得五行之偏故無純體無純體則芻者不豢豢者不芻食粒者不嗜肉嗜肉者不食粒

人稟五行之全故五音備物不能得五行之全必有所偏受

五藏之所主心主臭肝主色脾主味肺主聲腎主液肝之竅通於目故能視色脾之竅通於口故能知味腎之竅通於耳而耳能聽音聲者何也肺之竅通於鼻而鼻能嗅香臭者何也難經亦已嘗言之矣乃以金生於巳水生於申配之令思五行互氣死中有生之義存焉夫耳爲腎之竅屬子陽金死於子而陰金生鼻爲肺之竅屬酉陽火死於酉而陰火生是以耳雖腎竅而能司聽鼻雖肺竅而能司臭也心之竅通於舌雖心竅而津液生之則又心腎交媾水火旣濟陰陽升降之義存焉

馬蛃之蟲至秋而鳴秋之令金也蟲色綠木也金木相軋以爲聲然以兩股擊羽翼而鳴金木傍擊之謂也

五行之序有以木火土金水爲言者有以水火木金土爲言者一則取其相生之序一則取其天地始生之序世皆以金木水火土爲序而言者衆矣蓋金爲氣之母天體乾金也人肺管攝諸藏亦金也大言天地小言人身莫不先受乎氣故爲五行之先不亦宜乎萬物未嘗無對待故水次金水火陰陽之正也故又次木土爲萬物之基故又以爲終古人示人之意亦深切矣蓋物得氣方生故木次金旣生然後有陰陽故木火次木陰陽已備形質純全故土居其終

或問五行相生惟金生水難明蓋金者氣也水生於氣聚故金生水也又云天者金之體星者金之精氣降於天則爲雨氣出於地則爲泉天爲陽變化故或雨暘地爲陰守常故泉流不息

納音之說有一法見於內經論奧然其中亦欠詳備故復取其說而撮其長者以立一家之論蓋甲子爲取乙丑以爲妻隔八而生子陽生陽爲男陰生陰爲女也至壬申爲甲之男至癸酉爲乙之女壬申癸酉庚辰辛巳亦然自庚辰辛巳數三轉而向南爲戊子己丑火自戊子陽火隔八而生丙申男己丑陰火隔八而生丁酉女丙申丁酉至甲辰乙巳亦然又自甲辰乙巳數三轉而向東爲壬子癸丑木自壬子癸丑至庚申辛酉自庚申辛酉至戊辰己巳亦然又自戊辰己巳數三轉而向北爲丙子丁丑水自丙子丁丑至甲申乙酉自甲申乙酉至壬辰癸巳亦然又自壬辰癸巳數三轉而中央爲庚子辛丑土自庚子辛丑至戊申己酉自戊申己酉至丙辰丁巳亦然又自丙辰丁巳數三轉而向西則復爲金矣夫金爲氣之始金有聲聲宣氣是以樂必以金先之也人之身亦然肺經爲諸藏先是以有納音之意焉然五行各行三者三生萬物之義也氣生金金出鑛須火以成材火資木以驕焰木藉水而生榮五行皆賴土以成立故火木水土爲次序也

天一生水地二生火天三生木地四生金天五生土一二水火之生形具而質未全故水有乾涸火有灰燼其耗也速三四金木之生形質始具故木之枯朽金之剝蝕其耗也遲至五土而形質全備故亙古而無耗也

五行惟火無定著由木而見形依土而附質因金而顯性遇木而作聲

火隨五行而發見有陰陽之分焉陰則有形而無質陽則形質皆全備水土陰也巨海夜有火光曠野夜有燐火近之則方無乃有形無質者也金木陽也鑽研竹木而生戛擊金石而出皆能焚燎乃有形復有質形質全備者也故曰有陰陽之分焉

水火乃陰陽之極坎離之象著坎內含一陽生氣也故水中能容物離中含一陰死氣也故火中不容物

萬物之所以爲生者必由氣氣者何金也金受氣順行則爲五行之體逆行則爲五行之用順行爲五行之體者金生水水生木木生火火生土冬至起曆之元自冬而春春而夏夏而長夏長夏而歸於秋返本歸原而收斂也逆行爲五行之用者金出鑛而從革於火以成材成材則爲有生之用然火非木不生必循木以繼之木必依水以滋榮水必托土以止畜故木而水水而土是則四行之數土以定位故大撓作甲子分配五行爲納音蓋金能受聲而宣氣故也

生克制化古今膾炙人口然生克化皆易見獨制字則難明蓋制緣生中有克克中有用也凡生中有克者謂如木生火火盡則木爲灰燼火生土土盛則火被遏滅土生金土盛則遭其埋沒金生水水盛則必沉溺水生木木盛則又漂流蓋雖生而反忌此所謂生中有克凡克中有生者謂如木克土土厚則喜木克是爲秀茸山林土克水水盛則喜土克是爲撙節隄防水克火火盛則喜水克是爲旣濟成功火克金金盛則喜火克是爲煆煉成材金克木木盛則喜金克是爲斧斤斲削蓋因克以爲美此所謂克中有用故稱之曰制者乃不拘於生克之中也

昔聞先輩云金生水五金豈能生水乎蓋金即天星凡見天星則雨是以星應金金生水也予獨爲求盡夫金生水者金爲氣母在天爲星在地爲石天垂象地賦形故石上雲而星降雨天地氣交星者氣之精石者氣之形精氣合而水生焉又按天文志以星動搖而爲風雨之候石津濕而爲雨水之應此非金生水乃氣化之義歟五行以氣爲主是以五行之序金爲首也

六十花甲子者未知始於何人凡稱其姓名未審其實否或曰隻景或曰東方朔雖以爲信其有注釋亦未見親切不得其要領故也予因思之五行之中干支配合干寓其氣支寓其位斯理生焉是故甲乙爲氣之始丙丁爲氣之壯戊己爲氣之化庚辛爲氣之成壬癸爲氣之終子丑幽陰寅卯生發辰巳長養午未高明申酉死絕戌亥休息錯綜配合以成花甲子之名其間旁引側取又存乎權但歸於理不可一途而取也甲子乙丑海中金甲乙金氣之始子丑北方幽陰之鄉幼稚之金沉於水底故曰海中金壬寅癸卯金箔金壬癸金氣之終氣終則致用致用之金位於東方金氣死絕之地故曰金箔金庚辰辛巳白鑞金庚辛金之成寄托辰巳生養之地天干復連其色西方之行純乎得宜故曰白鑞金甲午乙未砂石金甲乙金氣之始午未南方離明火鄉弱金豈能勝旺火故曰砂石金壬申癸酉劒鋒金壬癸金氣之終成質之金位於西方旺地遂其肅殺之用故曰劒鋒金庚戌辛亥釵釧金庚辛金氣之成居於戌亥休息之鄉玩成其質以充其用故曰釵釧金壬子癸丑桑柘木壬癸木氣之終位於北方依傍母鄉得以滋養而茂榮故曰桑柘木庚寅辛卯松柏木庚辛木氣之終居於生發旺鄉挺然獨秀凌霜傲雪故曰松柏木戊辰己巳大林木戊己木氣之化居東南長養之方叢生競茂故曰大林木壬午癸未楊柳木壬癸木氣之終處於南維火位耗散與化空虛不實故曰楊柳木庚申辛酉石榴木庚辛木氣之成成於死絕之地體雖柔弱成氣有歸則子實繁多故曰石榴木戊戌己亥平地木戊己不急之化化臨長生休息之間得遂其性故曰平地木丙子丁丑澗下水丙丁水氣之壯下臨坎宮壯氣宣行源源不絕故曰澗下水甲寅乙卯大溪水甲乙水氣之始處乎生發山林之地注瀉無窮故曰大溪水壬辰癸巳長流水壬癸水氣之終辰巳長養東南水所奔赴無有休息故曰長流水丙午丁未天河水丙丁水氣之壯處乎南離高明之位水行天上故曰天河水甲申乙酉井泉水甲乙水氣之始加於長生母鄉來之不窮用之不竭故曰井泉水壬戌癸亥大海水壬癸水氣之終至於戌亥休息之所終聚不散故曰大海水戊子己丑霹靂火戊己火氣之化伏以坎水幽陰微而著變化不窮故曰霹靂火丙寅丁卯爐中火丙丁火氣之旺臨于長生母地得其所養故曰爐中火甲辰乙巳覆燈火甲乙火氣之始氣質微而稱弱位屬長養處乎風木之間雖明而不顯故曰覆燈火戊午己未天上火戊己火氣之化升于南離旺鄉威勢赫烈以遂炎上故曰天上火丙申丁酉山下火丙丁火氣之壯臨于西方衰降死絕而炎上之用退閒故曰山下火甲戌乙亥山頭

火甲乙火氣之始而居戌亥休息之鄉歸於無用猶野火然況戌亥久爲乾元貸首之上故曰山頭火庚子辛丑壁上土庚辛土氣之成位于子丑水土之交泥塗之類未能爲生育之用故曰壁上土戊寅己卯城頭土戊己土氣之化寅卯生發山林之傍効力故曰城頭土丙辰丁巳沙中土丙丁土氣之壯辰巳木火長養之間充極乾燥不能成稼穡之功故曰沙中土庚午辛未路傍土庚辛土氣之成氣充離明之地任載驅馳故曰路傍土戊申己酉大驛土戊己土氣之化氣化而得長生之位力勝厚重又申傳送故曰大驛土丙戌丁亥屋上土丙丁土氣之壯托于母墓休息而不用寓于乾貸之上故曰屋上土

五行納音乃取先天之數總筭天干地支陰陽雙位得其數而以五除之以餘而定五行古之洪範五行一水二火三木四金五土今用一爲火二爲土三爲木四爲金五爲水金木自然之聲不假施爲而得故從舊火爲地二之行水沃之而後有聲是以火居一土居二木居三金居四水居五此乃緣聲而取義也受者納也聲者音也故曰納音焉假如甲子乙丑金者甲得九子得九乙得八丑得八共三十四除去五六三十所餘者四故爲金丙寅丁卯火者丙得七寅得七丁得六卯得六共二十六除去五五二十五所餘者一故爲火戊辰己巳木者戊得五辰得五己得九巳得四共二十三除四五二十所餘者三故爲木庚午辛未土者庚得八午得九辛得七未得八共三十二除去五六三十所餘者二故爲土又如丙子丁丑水者丙得七子得九丁得六丑得八共三十數足五不用除也故爲水也餘做此

南北二政南有二而北有八者北從五行化氣以配五音而立五義者焉甲己化土宮而爲君君臨南面乙庚化金商而爲臣丙辛化水羽而爲物丁壬化木角而爲民戊癸化火徵而爲事臣民物事奉上承命安得不北面乎是以南政有二而北政有八況土爲萬物之祖而爲四行之主也夫

九月二十八日爲五顯之生辰蓋五顯者五行五氣之化也

竊嘗觀心字之爲義大有旨哉其爲象也左點以配木右點以配金在上之點微撓而尖銳以配火在下則曲勾而撓起以配水此四行豈不親切乎又況蒼龍白虎朱雀元武四神各司其位元武之神二物故在下之象爲最多腎亦二枚也土寄其間亦水土同行之義歟

陳顯微周易參同契序金者五行之極五行相生至金而極天一生水水生木木生火火生土土生金金最後生備五行之氣造化之功用全矣金之爲寶鎔之得水擊之得火其柔象木其色象土水火木土四性俱備歷萬年而不朽經百鍊而愈堅實剛健純陽之至寶也天得純陽故曰乾爲金一得純陽故曰金丹神得純陽故曰金仙

黃白如註金丹四百字眞土擒眞鉛眞鉛制眞汞鉛汞歸眞土身心寂不動眞土者身中之土也鉛汞者身中之水火也以土尅水則鉛可擒矣以水尅火則汞可制矣鉛水汞火皆爲眞土之擒制者何哉蓋緣身心俱合寂然不動而後火水土三者可以混融爲一此乃是採藥物歸爐鼎之內也

熊氏經說或問坎水離火各從其方則東木西金宜也震何以不爲木而巽爲木兌何以不爲金而乾爲金也曰坎離水火先後天居正位震爲雷則巽爲木巽木卽震木也兌爲澤則乾爲金乾金卽兌金也但以先天之象有雷澤而無金木故以雷澤表東西之正而旁近出金木焉巽猶或稱木乾爲天則不可以稱金僅於說卦言之說卦巽爲木爲風要亦爲風者其正而爲木者大象僅有大過升井鼎漸五卦至於兌則說卦亦未嘗言其爲金也

或問易象於五行有水火而無金木土何也金爲乾兌木有震巽土有艮坤一陰一陽各得二卦惟水火陰根陽陽根陰各止有坎離一卦乾坤純陽純陰太極之兩儀也坎陰中陽離陽中陰兩儀之四象也故易象止於天地水火雷風山澤而不必言金木土至於雷風山澤皆在下經惟乾坤坎離在上經之始終又非震巽艮兌比矣

禹謨六府卽洪範五行而加穀爲六者土爰稼穡也釋經者當以穀屬於土葛氏屬木之說非

五福六極共一疇是九疇本有十而藏其十敬用農用協用建用又用明用念用嚮用威用獨五行不言用故天數無十地數無一

李道純金丹或問或問何謂九還曰九乃金之成數還者還元之氣則是以性攝情而已情屬金情來歸性故曰九還又或問何謂七返曰七乃火之成數返者返本之義則是煉神還虛而已神屬火煉神返虛故曰七返又或問如何是火中有木曰從來神木出

意原以理言之水不能自潤須仗火蒸而成潤以法象言之火旺在午水受氣在午以此求之火中有木明矣若以一身言之則是氣中之液也又或問如何水中有火曰以理言之日從海出以水言之水旺在子火受胎在子以一身言之則是精中之氣也

俞琰易外別傳木德九氣火德三氣金德七氣水德五氣土德一氣自一生眞一眞因土出故萬物生成在土五行生成在一眞元之道皆一氣生也

鉛是汞藥汞是鉛精鉛本火體而金精汞本木體而木性

五方以中爲主五行以土爲主位居於中而有土德之尊故水得土則攢其形火得土則隱其明金得土而增色木得土而益其潤土無定形挨排四象五形既聚則八卦自然相會矣

一氣初判大道有形而列二儀二儀定位大道有名而分五常五常異地各守一方五方異氣各守一子青帝之子甲乙受之天眞木德之九氣赤帝之子丙丁受之天眞火德之三氣白帝之子庚辛受之天眞金德之七氣黑帝之子壬癸受之天眞水德之五氣黃帝之子戊己受之天眞土德之一氣自一生眞一眞生出土故萬物生成在土五行生成在一眞元之道皆一氣生也

一三五七九道之分而有數金木水火土道之變而有象東西南北中道之列而有位青白赤黃黑道之散而有質

天地有五帝比人有五臟也青帝甲乙木甲爲陽乙爲陰比肝之氣與液也黑帝壬癸水壬爲陽癸爲陰比腎之氣與液也黃帝戊己土戊爲陽己爲陰比脾之氣與液也赤帝丙丁火丙爲陽丁爲陰比心之氣與液也白帝庚辛金庚爲陽辛爲陰比肺之氣與液也凡春夏秋冬定時不同而心肺肝腎之旺有月

夫五行之內皆稟水火二品金木水土中皆有火火木金土中皆有水

井觀瑣言新安胡庭芳周易翼傳論五行生成之數謂五行之生皆不離乎中五之土以成形質天一生水一得五則成六是地六成之也地二生火二得五則成七是天七成之也天三生木三得五則成八是地八成之也地四生金四得五則成九是天九成之也天五生土五得五則成十是地十成之也一二三四五者生之序也六七八九十者皆因五而後得非眞藉六七八九十之數以成之也又云五行相克子必爲母報讎如土克水水之子木又克土水克火火之子土又克水火克金金之子水又克火金克木木之子火又克金木克土土之子金又克木循環相克無已今有人忘父母大讎而不報者可以觀諸此矣其持論甚新然報讎之說亦似太狹

五行有木而無草則草亦可謂之木洪範言庶草蕃蕪而不及木則木亦可謂之草

楊升庵集春夏秋冬堯典之四時也曲臺禮及唐六典有五時之衣則以木火金水分七十二日土無定位各寄四時之末十八日而中位在夏末秋初素問謂之長夏周禮改火季夏取桑柘之火是五時也又重爲春神曰勾芒黎爲夏神曰祝融勾龍爲中央神曰后土該爲秋神曰蓐收修與熙爲冬神曰元冥春夏中央秋之神皆一人而冬獨有二者蓋冬於方爲朔於卦爲習坎於臀有左右於器有權衡於物有龜蛇於色有元黑則官有修熙宜矣

丹鉛總錄洪範五行兆於龍馬之圖列於命箕之書其見象於天也爲五星分位於地也爲五方行於四時也爲五德稟於人也爲五常播於律呂爲五音發於文章爲五色易曰五位史曰五材志曰五物醫曰五運其該曷既哉羯朔據中土黃冠譸愚氓乃臆撰陰符厚誣軒帝名之曰五賊噫經以符名既已異矣符以陰名抑增異矣天其可以名賊乎人其可以見賊乎見賊其可以昌乎非寇謙之孽徒妖黨其孰爲此言乎有聖王出曷不以造言亂民之刑誅之而世號傳統繼聖之儒乃取而註之噫考亭之門何其無忠臣矣乎

漢世先儒說左氏皆以五靈配五方龍木也鳳火也麟土也白虎金也神龜水也其五行之序則木爇生火火炪生土土丱生金金滲生水水液生木五者修其母則致其子水官修龍至木官修鳳至火官修麐至土官修白虎至金官修神龜至故曰視明禮修麒麟來遊思睿信立白虎馴擾言從文成而神龜在沼聽聰正知而名川出龍貌恭體仁鳳皇鳴樹

五行漢書謂之五勝言交相勝也淮南子謂五度所謂音氣不戾八風詘伸不誤五度是也又謂之五殺所謂善用兵者持五殺以應是也陰符經竊其意而變其辭曰天有五賊見之者昌五賊卽五殺之說也陰符經之文李筌僞作或信以爲黃帝者無目者也其文尚不能望六韜三略之藩籬素問汲冢之萬一

而以軒轅之書視之有目者如是乎

五行以生出次序則曰木火水金土以播五行於四時之序言則曰水木火土金而俗稱金木水火土不知何序也

鑽燧改火四時五物焉朱子謂夏火太盛故再取此意料之言耳先王取火法五行也春行爲木榆柳色青以象木也木生火夏行爲火棗色赤以象火也火生土季夏行爲土桑柘色黃以象土也土生金秋行爲金槐檀色白以象金也金生水冬行爲水柞楢色元象木也四時平分而夏乃有二焉何也土位在中宮而寄王於四時季夏者土之中位故月令於仲夏之後列中央土素問謂之長夏是其說也統之則爲四時分之則爲五行五行各七十二日土分王於四時之末各分十八日合之亦七十二日總五行之七十二日合三百六十日而成一歲也

衆勝寡故水勝火也精勝堅故火勝金也剛勝柔故金勝木也專勝散故木勝土也實勝虛故土勝水也

象緯新編五行之生惟金生水爲難明蓋五金何能生水然不知金爲氣母在天爲星在地爲石星爲氣之精石爲氣之形水生於氣之聚也天地之氣交則石生雲而星降雨矣故有雨之夜星不見焉又按天文志以星動搖而爲風雨之候石津潤而爲雨水之應此非金生水而氣化之義歟五行以氣爲主是以五行之序以金爲首也

湛若水新論天地之初也至虛虛無有也無則微微化則著著化則形形化則實實化則大故水爲先火次之木次之金次之土次之天地之終也至塞塞者有也有則大大變而實實變而形形變而著著變而微微故土爲先金次之木次之火次之水次之微則無矣而有生焉有無相生其天地之終始乎

本草綱目梅花開於冬而實熟於夏得木之全氣故其味最酸肝爲乙木膽爲甲木人之舌下有四竅兩竅通膽液故食梅則津生焉類有感應也

石榴受少陽之氣而榮於四月盛於五月實於盛夏熟於深秋丹花赤實其味甘酸其氣溫濇具木火之象

長松茹退五行相生復能相尅天下好生而惡尅殊不知外生無尅外尅無生故達者知生生尅開死不惑知尅尅生開喜不盈

薛敬軒集五行有質有氣有性有事有味有色有聲天下萬物之理皆不出五行五行之氣循環無端動靜無始

遁生八牋正月立春木相春分木旺立夏木休夏至木廢立秋木死立冬木歿冬至木胎言木孕於水之中矣

立夏火相夏至火旺立秋火休秋分火廢立冬火囚冬至火死立春火歿春分火胎言火孕於木之中矣

立秋金相秋分金旺立冬金休冬至金廢立春金囚春分金死立夏金歿夏至金胎言金孕於火土之中矣

立冬水相冬至水旺立春水休春分水廢立夏水囚夏至水死立秋水歿秋分水胎言水孕於金矣

王文祿補衍五德主運篇木火土金水是爲五行其神謂之五帝古之王者易代改號取法五行五行更王始終相生亦象其義也五行用事先起於木木東方也屬巽巽爲風萬物之初皆出焉是故帝王則之首以木德王其次則以所生之行轉相承也所尚則各從其所王之德次焉

或曰五行人間用物六府增穀木類耳干支甲子紀時非可配生克也素問五運六氣泥哉余曰誠然每仰觀五星初昏卽見五色朗然不亂是五行之精也古今不改罔可僞爲則五行不可誣然五德運因天曆數攸値耶

日知錄先王之制樂也具五行之氣夫水火不可得而用也故寓火於金寓水於石匏氏爲鐘火之至也泗濱浮磬水之精也用天地之精以制器是以五行備而八音諧矣

淮南子五行子生母曰義母生子曰保子母相得曰專母勝子曰制子勝母曰困抱朴子引靈寶經謂支於上生下曰寶下生上曰義上克下曰制下克上曰伐上下同曰專以保爲寶以困爲伐今曆家承用之

姓之所從來本於五帝五帝之得姓本於五行則有相配相生之理晉嵇康論曰五行有相生故同姓不昏

五行部外編

拾遺記老聃在周之末居反景日室之山與世人絕跡惟有黃髮老叟五人或乘鴻鶴或衣羽毛耳出於頂瞳子皆方面色玉潔手握青筠之杖與聃共談天地之數及聃退跡爲柱下史求天下服道之術四海名士莫不爭至五老卽五方之精也

雲笈七籤老子中經胃神十二人五元之氣諫議大夫也牑中神五人太乙八人凡十三人合二十五人五行陰陽之神也又東方之神女名曰青腰玉女南方之神女名曰赤圭玉女中央之神女名曰黃素玉女西方之神女名曰白素玉女北方之神女名曰元光玉女左爲常陽右爲承翼此皆玉女之名也五行之道常以所勝好者爲妻故言甲己乙庚丙辛丁壬戊癸此皆夫妻會合之日也言肝膽木也木帝以中宮戊己素女爲妻他皆效此又丹田中赤者太陽之精也心火之氣也其外黑者太陰之精也腎水之氣也其左青者少陽之精也肝木之氣也其右黃者中和之精也脾土之氣也其上白者如銀盤而照覆之者少陰之精也肺金之氣也其中有五人卽五藏之太子五行之精神也

太上曲素五行祕符太上告後聖金闕帝君曰太上五行祕文與天地同生混仙萬眞總御神靈天無五行則三光不明地無五行則山崩嶽傾人無五行則身朽零故五行混合相須而生若有志心當尋眞名既受其法天地同根呼魂招魄保命役神修之九年克登上仙夫受曲素訣辭學上眞之道當知五行父母眞君內諱存以招魂名以制魄魂魄長存眞神總歸宮宅備守形身便得反於自知若此克遂遊宴玉清與炁合眞矣

欽定古今圖書集成曆象彙編乾象典

第二十四卷目錄

乾象典第二十四卷

七政部彙考一按經史言七政俱合日月五星故凡言五星者俱載此部中星辰部祇載經星不重見云

書經

虞書舜典

在璿璣玉衡以齊七政

傳七政謂日月五星各異政舜察天文齊七政以審己當天心與否疏七政其政有七於璣衡察之必在天者知七政謂日月與五星也木曰歲星火曰熒惑星土曰鎮星金曰太白星水曰辰星易繫辭云天垂象見吉凶聖人象之此日月五星有吉凶之象因其變動爲占得失由政故稱政也全解堯之曆象日月星辰命羲和之四子方且考四方之中星而已至舜考察日月之行加之以五緯之躔度然後其法加密日行一度月行十三度十九分度之七歲星日行千七百二十八分度之百四十五熒惑星日行一萬三千八百二十四分度之七千二百五十五太白辰星日各行一度鎮星日行四千三百二十分度之百四十五惟其七政之躔度其多寡長短之不同如此故必以璿璣玉衡然後立法無差忒矣而王氏云堯典言曆象舜典言璣衡者器也堯典言日月星辰此言七政七政者事也堯典所言皆道也於此所言皆器也事也此說殊不然夫堯典所謂曆象即舜典所謂璣衡也舜典所謂七政即堯典所謂日月星辰皆在其中矣豈有道與器與事之異哉集傳或問七政諸說如何三山陳氏曰日月五星在天之政也唐孔氏曰言吉凶各有異政得失由於君之政也王氏曰以人之所取正也葉氏曰七者所以正四時作萬事也曰陳說葉說主天而言但葉謂正四時作萬事則不然日月五星所以成歲功豈止正四時而已不若陳說爲當然猶未明故推其意而足之曰人有政耳天豈有政乎曰此但譬喻之辭猶曰五星謂之五緯星豈有緯乎以其變動異於經星故謂之緯北斗謂之天樞天豈有樞乎以其持造化之綱故謂之樞日月五星司天之政亦猶人之有政也故以政言之耳唐孔氏說亦有微意故附見之蔡傳在察也美珠謂之璿璣機也以璿飾璣所以象天體之轉運也衡橫也謂衡簫也以玉爲管橫而設之所以窺璣而齊七政之運行猶今之渾天儀也七政日月五星也七者運行於天有遲有速有順有逆猶人君之有政事也大全林氏曰璣衡以步七政之軌度時數兩不差焉故曰以齊日月五星在天有常度其災祥與政事相應故曰七政　陳氏經曰七者在天之政也君爲天與日月星辰之主君有缺政則日月薄食星辰變動安得而齊

詩經

鄭風女曰雞鳴篇

子興視夜明星有爛

朱註明星啓明之星先日而出者也

陳風東門之池篇

昏以爲期明星煌煌

昏以爲期明星晢晢

朱註明星啓明也煌煌大明貌晢晢猶煌煌也

小雅大東篇

東有啓明西有長庚有捄天畢載施之行

朱註啓明長庚皆金星也以其先日而出故謂之啓明以其後日而入故謂之長庚蓋金水二星常附日行而或先或後但金大水小故獨以金星爲言也行行列也言啓明長庚亦無實用但施之行列而已

爾雅

釋天

明星謂之啓明

註 太白星也晨見東方爲啓明昏見西方爲太白
疏 孫炎曰明星太白也出東方高三舍今曰明星昏出西方高三舍今曰太白郭云太白星也晨見東方爲啓明昏見西方爲太白然則啓明是太白矣詩小雅云東有啓明西有長庚不知是何星也或以在東西而異名或二者別星未能審也

史記

天官書

北斗七星所謂璇璣玉衡以齊七政

注 索隱曰馬融注尚書云七政者北斗七星各有所主第一曰主日法天第二曰主月法地第三曰命火謂熒惑也第四曰煞土謂填星也第五曰伐水謂辰星也第六曰危木謂歲星也第七曰罰金謂太白也日月五星各異故名曰七政也

察日月之行以揆歲星順逆

正義曰晉灼云太歲在四仲則歲行三宿太歲在四孟四季則歲行二宿二八十六三四十二而行二十八宿十二歲而周天索隱曰姚氏案天官占云歲星一曰應星一曰經星一曰紀星物理論云歲行一次謂之歲星則十二歲而星一周天也

曰東方木主春日甲乙

正義曰天官云歲星者東方木之精蒼帝之象也歲星農官主五穀天文志云春日甲乙四時春也五常仁五事貌也

其趨舍而前曰贏退舍曰縮

索隱曰趨音聚謂促也

以攝提格歲歲陰左行在寅歲星右轉居丑正月與斗牽牛晨出東方名曰監德色蒼蒼有光

索隱曰太歲在寅歲星正月晨出東方按爾雅歲在寅爲攝提格李巡云言萬物承陽起故曰攝提格格起也監德歲星在寅正月晨見東方之名

歲星出東行十二度百日而止反逆行逆行八度百日復東行歲行三十度十六分度之七率日行十二分度之一十二歲而周天出常東方以晨入於西方用昏單閼歲

索隱曰在卯也歲星二月晨出東方爾雅云卯爲單閼李巡云陽氣推萬物而起故曰單閼單盡也閼止也

歲陰在卯星居子以二月與婺女虛危晨出曰降入大有光

索隱曰降入歲星二月晨見東方之名其餘准此

執徐歲歲陰在辰星居亥以三月居與營室東壁晨出曰青章青章甚章

索隱曰爾雅辰爲執徐李巡云伏蟄之物皆振舒而出故曰執徐執蟄也徐舒也

大荒駱歲

索隱曰爾雅云在巳爲大荒駱姚氏云言萬物皆熾盛而大出霍然落落故曰荒駱也

歲陰在巳星居戌以四月與奎婁胃昴晨出曰跰踵熊熊赤色有光

徐廣曰跰踵一曰路嶂索隱曰天文志作路嶂字詁云嶂今作踵也正義曰跰白邊反踵之勇反

敦牂歲

索隱曰爾雅云在午爲敦牂孫炎云敦盛也牂壯也言萬物盛壯韋昭云敦音頓

歲陰在午星居酉以五月與胃昴畢晨出曰開明炎炎有光

徐廣曰開明一曰天津索隱曰天文志作啓明正義曰炎鹽驗反

叶洽歲

索隱曰爾雅云在未爲叶洽李巡云陽氣欲化萬物故曰協洽協和也洽合也

歲陰在未星居申以六月與觜觿參晨出曰長列昭昭有光

正義曰觜子斯反觿胡規反

涒灘歲歲陰在申星居未以七月與東井輿鬼晨出曰大音昭昭白

索隱曰爾雅云在申爲涒灘李巡云涒灘物吐秀傾垂之貌涒他昆反灘他丹反

作鄂歲

索隱曰爾雅云在酉爲作鄂李巡云作鄂皆物芒枝起之貌鄂音愕案下文云作作有芒則李巡解亦近天文志作詻音五格反與史記及爾雅並異

歲陰在酉星居午以八月與柳七星張晨出曰爲長王作作有芒

閹茂歲歲陰在戌星居巳以九月與翼軫晨出曰天睢白色大明

索隱曰爾雅云在戌曰閹茂孫炎云萬物皆蔽冒故曰閹茂閹蔽也茂冒也天文志作掩茂睢音吁唯反

大淵獻歲

索隱曰爾雅云在亥爲大淵獻孫炎云淵深也大
獻萬物於深謂蓋藏之於外也
歲陰在亥星居辰以十月與角亢晨出曰大章
徐廣曰一曰大星索隱曰天文志亦作大星
蒼蒼然星若躍而陰出旦是謂正平
困敦歲歲陰在子星居卯以十一月與氐房心晨出
曰天泉元色甚明
索隱曰爾雅云在子爲困敦孫炎云困敦混沌也
言萬物初萌混沌於黃泉之下
赤奮若歲
索隱曰爾雅云在丑爲赤奮若李巡云言陽氣奮
迅若順也
歲陰在丑星居寅以十二月與尾箕晨出曰天皓黫
然黑色甚明
索隱曰皓音昊漢志亦作昊黫音烏閑反
歲星一曰攝提曰重華曰應星曰紀星營室爲清廟
歲星廟也
察剛氣以處熒惑
徐廣曰剛一作罰索隱曰姚氏引廣雅熒惑謂之
執法天官占云熒惑方伯象司察妖孽則徐云察
罰氣爲是春秋緯文耀鉤云赤帝赤熛怒之神爲
熒惑位南方晉灼云常以十月入太微受制而出
行列宿司無道出入無常也
曰南方火主夏日丙丁
徐廣曰熒惑爲理外則理兵內則理政正義曰天
官志云熒惑爲執法之星其行無常主死喪大鴻
臚之象主甲兵大司馬之義司驕奢亂孽執法官
也其精爲風伯或童兒歌謠嬉戲也
法出東行十六舍而止逆行二舍六旬復東行自所
止數十舍十月而入西方伏行五月出東方
晉灼曰伏不見
心爲明堂熒惑廟也
曆斗之會以定塡星之位
索隱曰晉灼曰常以甲辰之元始建斗歲鎭一宿
二十八歲而周天廣雅曰塡星一名地侯文耀鉤
曰鎭黃帝含樞紐之精其體旋璣中宿之分也
曰中央土主季夏日戊己黃帝主德女主象也其一
名曰地侯主歲歲行十二度百十二分度之五日行
二十八分度之一二十八歲周天其色黃光芒音曰
黃鍾宮十爲文太室塡星廟天子之星也塡星出百
二十日而逆西行西行百二十日反東行見三百三
十日而入入三十日復出東方太歲在甲寅鎭星在
東壁故在營室
察日行以處位太白
索隱曰太白晨出東方曰啓明故察日行以處太
白之位韓詩云太白晨出東方爲啓明昏見西方
爲長庚又孫炎注爾雅亦以爲晨出東方高三丈
命曰啓明昏見西方高三舍命曰太白正義曰晉
灼云常以正月甲寅與熒惑晨出東方二百四十
日而入又出西方二百四十日而入入三十五日
而復出東方出以寅戌入以丑未天官占云太白
者西方金之精白帝之子上公大將軍之象也一
名殷星一名大正一名熒星一名官星一名梁星
一名滅星一名大囂一名大衰一名大爽徑一百
里天文志云其日庚辛四時秋也五常義也五事
言也春見東方以晨秋見西方以夕也
日西方秋司兵月行及天矢日庚辛主殺其出行十
八舍二百四十日而入入東方伏行十一舍百三十
日其入西方伏行三舍十六日而出其紀上元
正義曰其紀上元是星古曆初起上元之法也
以攝提格之歲與營室晨出東方至角而入與營室
夕出西方至角而入與角晨出入畢與角夕出入畢
與畢晨出入箕與畢夕出入箕與箕晨出入柳與箕
夕出入柳與柳晨出入營室與柳夕出入營室凡出
入東西各五爲八歲二百二十日
徐廣曰一云三十二日
復與營室晨出東方其大率歲一周天
索隱曰案上元是古曆之名言用上元紀曆法則
攝提歲而太白與營室晨出東方至角而入與營
室夕出西方至角而入凡出入東西各五爲八歲
二百二十日復與營室晨出東方大率歲一周天
也
其始出東方行遲率日半度一百二十日必逆行一
二舍上極而反東行行日一度半一百二十日入其
庳近日曰明星柔高遠日曰大囂剛
徐廣曰囂一作變
其始出西行疾率日一度半百二十日上極而行遲
日半度百二十日旦入必逆行一二舍而入其庳近
日曰太白柔高遠日曰大相剛出以辰戌入以丑未
其出東爲東入東爲北方出西爲西入西爲南方其
出不經天太白白比狼赤比心黃比參左肩蒼比參

右肩黑比奎大星
正義曰比類也
亢爲疏廟太白廟也太白大臣也其號上公其他名
殷星大正營星觀星宮星明星大衰大澤終星大相
天浩序星月緯大司馬位
察日辰之會以治辰星之位
正義曰晉灼云常以二月春分見奎婁五月夏至
見東井八月秋分見角亢十一月冬至見牽牛出
以辰戌入以丑未二旬而入晨候之東方夕候之
西方也索隱曰卽正四時以治辰星之位是也皇
甫謐辰星一名毚星或曰鉤星元命苞曰北方辰
星水生物布其紀故辰星理四時宋均曰辰星正
四時之法得與北辰同名也
曰北方水太陰之精主冬日壬癸
正義曰天官占云辰星北水之精黑帝之子宰相
之祥也一名細極一名鉤星一名爨星一名伺祠
徑一百里亦偏將廷尉象也天文志云其日壬癸
四時冬也五常智也五事聽也
是正四時仲春春分夕出郊奎婁胃東五舍爲齊仲
夏夏至夕出郊東井輿鬼柳東七舍爲楚仲秋秋分
夕出郊角亢氐房東四舍爲漢仲冬冬至晨出郊東
方與尾箕斗牽牛俱西爲中國其出入常以辰戌丑
未兔七命曰小正辰星天欃安周星細爽能星鉤星
索隱曰案廣雅云辰星謂之兔星則辰星之別名
兔或作毚也謂兔星凡有七名命者名也小正一
也辰星二也天欃三也安周星四也細爽五也能
星六也鉤星七也

其出東方行四舍四十八日其數二十日而反入於
東方其出西方行四舍四十八日其數二十日而反
入於西方其一候之營室角畢箕柳辰星之色春青
黃夏赤白秋青白冬黃而不明七星爲員官辰星廟
蠻夷星也

漢書

天文志

歲星曰東方春木於人五常仁也五事貌也
熒惑曰南方夏火禮也視也
太白曰西方秋金義也言也
辰星曰北方冬水知也聽也
填星曰中央季夏土信也思心也
太歲在寅曰攝提格歲星正月晨出東方石氏曰名
監德在斗牽牛甘氏在建星婺女太初歷在營室東
壁
在卯曰單閼二月出石氏曰名降入在婺女虛危甘
氏在虛危太初在奎婁
在辰曰執徐三月出石氏曰名青章在營室東壁甘
氏同太初在胃昴
在巳曰大荒落四月出石氏曰名路踵在奎婁甘氏
同太初在參罰
在午曰敦牂五月出石氏曰名啓明在胃昴畢甘氏
同太初在東井輿鬼
在未曰協洽六月出石氏曰名長烈在觜觿參甘氏
在參罰太初在注張七星
在申曰涒灘七月出石氏曰名天晉在東井輿鬼甘
氏在弧太初在翼軫
在酉曰作詻（爾雅作作噩）八月出石氏曰名長壬在柳七
星張甘氏在注張太初在角亢
在戌曰掩茂九月出石氏曰名天睢在翼軫甘氏在
七星翼太初在氐房心
在亥曰大淵獻十月出石氏曰名大皇在角亢始甘
氏在軫角亢太初在尾箕
在子曰困敦十一月出石氏曰名天宗在氐房始甘
氏同太初在建星牽牛
在丑曰赤奮若十二月出石氏曰名天昊在尾箕甘
氏在心尾太初在婺女虛危甘氏太初歷所以不同
者以星贏縮在前各錄後所見也其四星亦略如此
日有中道月有九行中道者黃道一曰光道光道北
至東井去北極近南至牽牛去北極遠東至角西至
婁去極中夏至至於東井北近極故晷短立八尺之
表而晷景長尺五寸八分冬至至於牽牛遠極故晷
長立八尺之表而晷景長丈三尺一寸四分春秋分
日至婁角去極中而晷中立八尺之表而晷景長七
尺三寸六分此日去極遠近之差晷景長短之制也
去極遠近難知要以晷景晷景者所以知日之南北
也日陽也陽用事則日進而北晝進而長陽勝故爲
溫暑陰用事則日退而南晝退而短陰勝故爲涼寒
也故日進爲暑退爲寒月有九行者黑道二出黃道
北赤道二出黃道南白道二出黃道西青道二出黃
道東立春春分月東從青道立秋秋分西從白道立
冬冬至北從黑道立夏夏至南從赤道然用之一決
房中道
注宋祁曰朱子文云房字當作於字蓋言月之行

其道雖多然皆決於日之中道也故其後云至月行則以晦朔決之又日日之所行爲中道月五星皆隨之也如此則一決於中道爲允

靑赤出陽道白黑出陰道日行不可指而知也故以二至二分之星爲候日東行星西轉冬至昏奎八度中夏至氐十三度中春分柳一度中秋分牽牛三度七分中此其正行也至月行則以晦朔決之日冬則南夏則北冬至於牽牛夏至於東井日之所行爲中道月五星皆隨之也

淮南子

天文訓

積陽之熱氣生火火氣之精者爲日積陰之寒氣爲水水氣之精者爲月

日者陽之主也是故春夏則羣獸除日至而麋鹿解月者陰之宗也是以月虛而魚腦減月死而蠃蛖膲

何謂五星東方木也其帝太皥其佐句芒執規而治春其神爲歲星其獸蒼龍其音角其日甲乙南方火也其帝炎帝其佐朱明執衡而治夏其神爲熒惑其獸朱鳥其音徵其日丙丁中央土也其帝黃帝其佐后土執繩而制四方其神爲鎭星其獸黃龍其音宮其日戊己西方金也其帝少昊其佐蓐收執矩而治秋其神爲太白其獸白虎其音商其日庚辛北方水也其帝顓頊其佐元冥執權而治冬其神爲辰星其獸元武其音羽其日壬癸太陰在四仲則歲星行三宿

注 仲中也四中謂太陰在卯酉子午四面之中

太陰在四鉤則歲星行二宿

丑鉤辰申鉤巳寅鉤亥未鉤戌謂太陰在四角

二八十六三四十二故十二歲而行二十八宿日行十二分度之一歲行三十度十六分度之七十二歲而周熒惑常以十月入太微受制而出行列宿司無道之國出入無常鎭星以甲寅元始建斗歲鎭行一宿日行二十八分度之一歲行十三度百一十二分度之五二十八歲而周太白元始以正月甲寅與熒惑晨出東方二百四十日而入入百二十日而夕出西方二百四十日而入入三十五日而復出東方出以辰戌入以丑未辰星正四時常以二月春分効奎婁以五月夏至効東井輿鬼以八月秋分効角亢以十一月冬至効斗牽牛出以辰戌入以丑未出二旬而入晨候之東方夕候之西方

張河間集

靈憲

文曜麗乎天其動者七日月五星是也周旋右回天道者貴順也近天則遲遠天則速行則屈屈則留回留回則逆逆則遲迫於天也行遲者覿於東覿於東屬陽行速者覿於西覿於西屬陰日與月此配合也攝提熒惑地侯見晨附於日也太白辰星見昏附於月也二陰三陽參天兩地故男女取焉

魏張揖廣雅

七曜行道

日月五星行黃道始營室東壁奎婁胃之陽入昴畢間行觜觽參之陰度東井輿鬼行柳七星張翼軫之陰入角間貫氐房出心尾箕之陰入斗牽牛間行須女虛危之陽復至營室

星

歲星謂之重星或謂之應星熒惑謂之罰星或謂之執法鎭星謂之地侯太白謂之長庚或謂之太囂辰星謂之鉤星免星或謂之鉤星

晉書

天文志

日爲太陽之精主生養恩德人君之象也

月爲太陰之精以之配日女主之象以之比德刑罰之義列之朝廷諸侯大臣之類

歲星曰東方春木於人五常仁也五事貌也又曰人主之象也又主福主大司農主齊吳主司天下諸侯人君之過主歲五穀

熒惑曰南方夏火禮也視也又曰熒惑主大鴻臚主死喪主司空又爲司馬主楚吳越以南又司天下羣臣之過司驕奢亡亂妖孽主歲成敗又爲理外則理兵內則理政爲天子之理也

塡星曰中央季夏土信也思心也一曰塡爲黃帝之德女主之象主德厚安危存亡之機司天下女主之過又曰天子之星也

太白曰西方秋金義也言也又曰太白主大臣其號上公也大司馬位謹候此

辰星曰北方冬水智也聽也主刑主廷尉主燕趙又爲燕趙代以北宰相之象亦爲殺伐之氣戰鬭之象亦曰辰星出入躁疾常主夷狄又曰蠻夷之星也亦主刑法之得失

凡五星有色大小不同各依其行而順時應節色變有類凡靑皆比參左肩赤比心大星黃比參右肩白

比狼星黑比奎大星

營室爲清廟歲星廟也心爲明堂熒惑廟也南斗爲文太室塡星廟也亢爲疏廟太白廟也七星爲員官辰星廟也五星行至其廟謹候其命

隋書

天文志

日循黃道東行一日一夜行一度三百六十五日有奇而周天行東陸謂之春行南陸謂之夏行西陸謂之秋行北陸謂之冬行以成陰陽寒暑之節

月者陰之精也其形圓其質清日光照之則見其明日光所不照則謂之魄故月望之日日月相望人居其間盡覩其明故形圓也二弦之日日照其側人觀其傍故半明半魄也晦朔之日日照其表人在其裏故不見也其行有遲疾其極遲則日行十二度强極疾則日行十四度半强遲則漸疾疾極漸遲二十七日半强而遲疾一終矣又月行之道斜帶黃道十三日有奇在黃道表又十三日有奇在黃道裏表裏極遠者去黃道六度二十七日有奇陰陽一終張衡云對日之衝其大如日日光不照謂之闇虛闇虛逢月則月食值星則星亡今曆家月望行黃道則值闇虛矣值闇虛有表裏深淺故食有南北多少

五星爲五德之主其行或入黃道裏或出黃道表猶月行之有陰陽也然出入無常不可以算數求也其東行曰順西行曰逆順則疾逆則遲通而率之終爲東行矣不東不西曰留與日相近而不見曰伏伏與日同度曰合木火土三星行遲夜半經天其初皆與日合度而後順行漸遲追日不及晨見東方行去日稍遠朝時近中則留留經旦過中則逆行逆行至夕時近中則又留留而又順先遲漸速以至於夕伏西方乃更與日合金水二星行速而不經天自始與日合之後行速而先日夕見西方去日前稍遠夕時欲近南方則漸遲遲極則留留而近日則逆行而合日在於日後晨見東方逆極則留留而後遲遲極去日稍遠旦時欲近南方則速行以追日晨伏於東方復與日合此五星合見遲速逆順留行之大經也昏旦者陰陽之大分也南方者太陽之位而天地之經也七曜行至陽位當天之經則虧昃留逆而不居焉此天之常道也三星經天二星不經天參天兩地之道也

古曆五星並順行秦曆始有金火之逆又甘石並時自有差異漢初測候乃知五星皆有逆行其後相承罕能察至後魏末淸河張子信學藝博通尤精曆數因避葛榮亂隱於海島中積三十許年專以渾儀測候日月五星差變之數以算步之始悟日月交道有表裏遲速五星見伏有感名向背言日行在春分後則遲秋分後則速合朔月在日道裏則日食若在日道外雖交不虧月望值交則虧不問表裏又月行遇木火土金四星向之則速背之則遲五星行四方列宿各有所好惡所居遇其好者則留多行遲見早遇其惡者則留少行速見遲與常數並差少者差至五度多者差至三十許度其辰星之行見伏尤異晨應見在雨水後立夏前夕應見在處暑後霜降前者並不見啓蟄立夏立秋霜降四氣之內晨夕去日前後三十六度內十八度外有木火土金一星者見無者不見後張胄元劉孝孫劉焯等依此差度爲定入交食分及五星定見定行與天密會皆古人所未得也

唐書

天文志

降婁元枵以負東海其神主於岱宗歲星位焉星紀鶉尾以負南海其神主於衡山熒惑位焉鶉首實沈以負西海其神主於華山太白位焉大梁析木以負北海其神主於恆山辰星位焉鶉火大火壽星豕韋爲中州其神主於嵩丘鎭星位焉

宋史

天文志

日爲太陽之精君之象日行一度一年一周天

月爲太陰之精女主之象一月一周天

凡月之行歷二十有九日五十三分而與日相會是謂合朔當朔日之交月行黃道而日爲月所掩則日食若日月同度于朔月行不入黃道則雖會而不食月之行在望與日對衝月入於闇虛之內則月爲之食所謂闇虛蓋日火外明其對必有闇氣大小與日體同此日月交會薄食之大略也

歲星爲東方爲春爲木於人五常仁也五事貌也主福主大司農主五穀主泰山徐青兗及角亢氐房心尾箕

熒惑爲南方爲夏爲火於人五常禮也五事貌也晉灼曰常以十月入太微受制而出行列宿司無道出入無常二歲一周天星經曰主霍山揚荊交州又與鬼柳七星又主大鴻臚又曰主司空爲司馬主楚吳越以南司天下羣臣之過失

填星爲中央爲季夏爲土於人五常信也五事思也常以甲辰元始之歲塡行一宿二十八歲而一周天星經曰主嵩山豫州又主東井

太白爲西方爲秋爲金於人五常義也五事言也常以正月甲寅與火晨出東方二百四十日而入入四十日又出西方二百四十日而入入三十五日而後出東方出以寅戌入以丑未也一年一周天星經曰主華陰山梁雍益州又主奎婁胃昴畢觜參又曰主大臣

辰星爲北方爲冬爲水於人五常智也五事聽也常以二月春分見奎婁五月夏至見東井八月秋分見角亢十一月冬至見牽牛出以辰戌入以丑未二旬而入晨候之東方夕候之西方也一年一周天星經曰主常山冀幷幽州又主斗牛女虛危室壁又曰主燕趙代主廷尉以比宰相之象

凡五星歲星色青比參左肩熒惑色赤比心大星鎭星色黃比參右肩太白色白比狼星辰星色黑比奎大星

凡五星與列宿相去方寸爲犯居之不去爲守兩體俱動而直曰觸離復合合復離曰鬬當東反西曰退芒角相及同舍曰合

凡五星之行古法周天之數如歲星謂十二年一周天乃約數耳晉灼謂太歲在四仲則行三宿在四孟四季則行二宿故十二年而行周二十八宿其說亦非夫二十八宿度有廣狹而歲星之行自有盈縮豈得以十二年一周無差忒乎唐一行始言歲星自商周迄春秋季年率百二十餘年而超一次因以爲常以春秋亂世則其行速時平則其行遲其說尤迂既乃爲後率前率之術以求之則其說自悖矣今約與曆法歲星五年行一百四十五分是每年行一次之外有餘一分積一百四十四年剩一次矣然則先儒之說安可信乎餘四星之行固無逆順中間亦豈無差忒一行不復詳言蓋亦知之矣

鄭樵通志

七曜

太白者白帝之子一名火政一名官星一名明堂一名太皡一名終星一名天相一名天浩一名序星一名梁星一名滅星一名大囂一名大爽餘俱與晉隋志同不復錄

乾象典第二十五卷

七政部彙考二

明陽瑪諾天問略

天有幾重及七政本位問答

問人居地上依其目力所及獨見一重自東而西一日一周耳今設十二重何徵曰萬物或靜或動靜者獨有一靜晃靜無動動者獨有一動是動無靜終古以來未有一息之內能動靜互現者也未有二動並出能此動東去彼動西行者也於其運動相反可知其體有同異矣今恆見日月五星列宿其運動各各相反便知所麗之天原非一重日月相反運動於朔望見之朔日月共躔一度望日月相違半周月每日自西而東行十三度有奇日每日約行一度五星所離日月列宿每日各異其相近相遠亦各時刻不同因知各有其本重所麗之天可證五星之有五重天也列宿諸星相近相遠終古恆同因知其所麗天終古恆同而可證其有第八重天也夫日月諸星本動之天皆自西而東也天左旋日月五星右行昔國先儒亦已晰之矣今衆目而視之日生於東沒於西月與諸星隨之以旋其自東而西者又昭昭然此必有一天焉爲之主宰爲之牽屬而日月諸星之天因之則九重天是也故自東而西者宗動天也自西而東者日月諸星之天也自西而東者日月諸星之本動也自東而西者日月諸星之帶動也明乎二動得天體也第九第十重天其說甚長宜有專書備論

十二重天圖

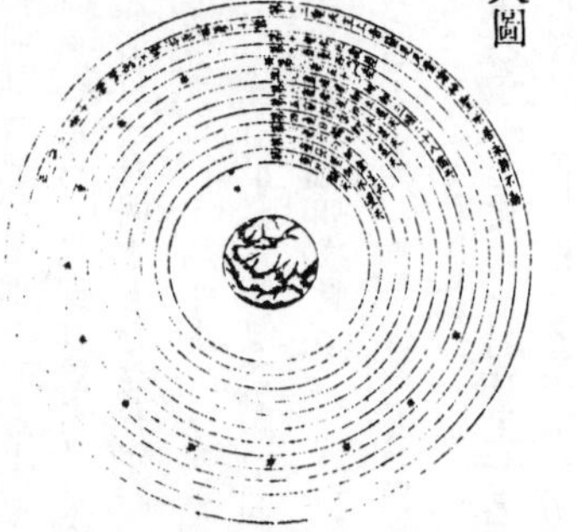

十二重天圖說

問既有十二重天敢問太陽何位曰自下往上在第四位七政之中也日得其中爲其本所光及餘政暄及下地故也爲其本所者七政之中日最貴尊貴尊之物得其中位一定之勢也光及餘政者是月無光恆借日之光以爲光試觀月之於日合則魄遠則弦對則望隨其近遠以爲明闇焉五星列宿亦復如是蓋日居其中適得上下照映也暄及下地者日光在中下濟萬物氣以暄之乃得調和若居最上則溫煖不及諸物難以滋生若居最下則燥熱太甚諸物受其暵損故日得中正中和之理萬物之宜也諸天本位可視右圖

土星圖

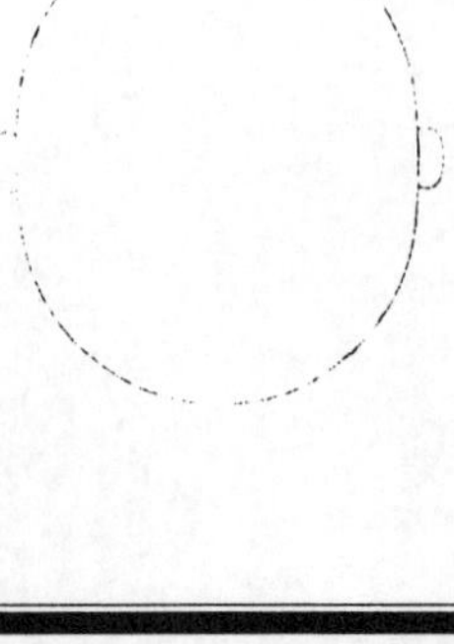

土星圖說

觀土星則其形如右圖圓似雞卵兩側繼有兩小星其或與本星聯體否不可明測也觀木星其四圍恆有四小星周行甚疾或此東而彼西或此西而彼東或俱東俱西但其行動與二十八宿甚異此星必居七政之內別一星也

羅雅谷五緯曆指

周天各曜序次

周天諸曜位置有高庳包函有內外去人有遠近何繇知之以其相食相掩知之凡相食相掩必參相直參相直必分三界人目爲此界所食所掩爲彼界則食之掩之者必在其中界也

第一最近爲太陰太陰在食日能掩他星他星不能掩太陰第二爲水星第三爲金星第四爲太陽第五爲火星第六爲木星第七爲土星第八爲恆星第九爲宗動天中世于恆星天上又增東西歲差一天南北歲差一天共爲十一重天

恆星本天在七曜天之上古今諸家之公論也試法有三

其一緯星能掩恆星恆星不能掩緯星

如唐高宗永徽三年正月丁亥歲星掩太微上將正月戊子熒惑掩右執法元武宗至大元年十一月戊寅太白掩建星之類

其二緯星有地半徑之差各去地有遠近而差有多寡恆星古今密測絕無地半徑差則以較緯星必爲極遠極高其視地球正爲一點

其三爲恆星天之本行極遲則當爲極高極遠

解曰諸星行天之能力必等行力既等而各所見之本行有遲有疾必所行之軌道有大有小故也月天甚近於地甚小故二十七日有奇而行一周恆星必六十餘年而行一度甚遲必甚大甚遠矣二者相因之勢也（因此論亦得諸星相距之高庳）

太陽在諸曜適中之處亦古今無疑試法有四

其一諸星受光於太陽若在甚高或甚庳即不能平分其光又太陽爲萬光之原其在衆星之中若君主在衆臣之中

其二日躔月離各曆指測筭太陽距地之遠爲地半徑者一千一百个有奇太陰距地之遠六十个有奇則月天與日天相距當一千个有奇其間不應空然無物當有星則金水兩星之天在其中矣若此外土木火三星其行甚遲其所行本天甚大故非日月兩天之間所能容受也

其三諸星之視差與地半徑差各各不等太陽之兩差不能多于太陰太白不能少于木星土星則當在其中處

其四中西曆家所立法數種種不同其同者有二一周天分二十八宿其距星合者二十七不合者獨觜宿耳二以七政隸于各日初日爲太陽日次爲太陰日三爲水星日四爲火星日五爲木星日六爲金星日七爲土星日也夫七政自上而下當首日次金水月土木火今云然者日分二十四時七政分屬焉周而復始今所指直日者各日之首時也如初日之首時爲太陽時次金星時三水星時四太陰時五土星時六木星時七火星時滿二十四時爲水星則次日之首時爲太陰矣故太陽之次日即爲太陰之日可見上古曆宗初立此法者知太陽在衆星之中處也

上三論古今無疑其不同者古曰五星之行皆以地心爲本天之心今曰五星以太陽之體爲心古曰各星自有本天重重包裹不能相通而天體皆爲實體今曰諸圈能相入即能相通不得爲實體古曰土木火星恆居太陽之外今曰火星有時在太陽之內

解曰用遠鏡見金星如月有晦朔弦望必有時在太陽之上有時在下又火星獨對衝太陽時其體大其視差較太陽爲大則此時庳于太陽水星木星土星不能以正論定其高庳但以遲行疾行聊可證之

七政序次古圖

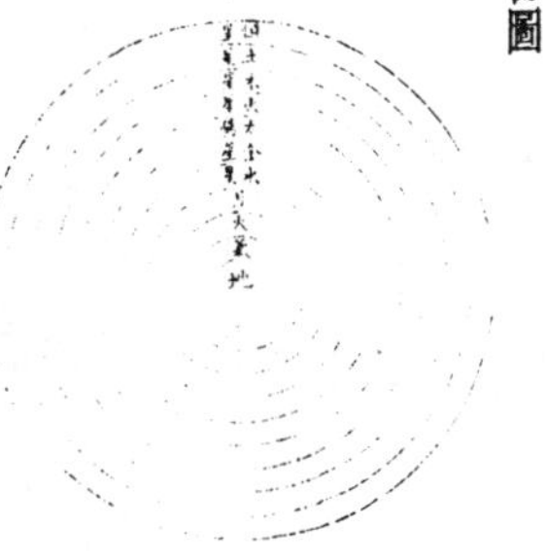

七政序次古圖說

古圖中心爲諸天及地球之心第一小圈內函容地球水附焉次氣次火是爲四元行月圈以上各有本名各星本天中又有不同心圈行小輪因論天爲實體不相通而相切

七政序次新圖

七政序次新圖說

新圖則地球居中其心爲日月恆星三天之心又日爲心作兩小圈爲金星水星兩天又一大圈稍截太陽本天之圈爲火星天其外又作兩大圈爲木星之天土星之天此圖圈數與古圖天數等第論五星行度其法不一

依新圖可見金星以太陽爲本天之心在上則得全光在下則無光也又可見火星對衝太陽時則庳于太陽皆與所見所測合又金木二星以太陽之平行爲木天之平行古今不異則三天之行皆繇一能動之力此能力在太陽之體中也

問金水二星既在日下何不能食日曰太陽之光大于金水之光甚遠其在日體不過一點是豈目力所及如用遠鏡如法映照乃得見之依本測法太陽之而大于太白之面一百餘倍辰星尤微

問古者諸家曰天體爲堅爲實爲徹照今法火星圈割太陽之圈得非明背昔賢之成法乎曰自古以來測驗所急追天爲本必所造之法與密測所得略無乖爽乃爲正法苟爲不然安得泥古而違天乎以事理論之大抵古測稍粗又以目所見爲準則更粗今測較古其精十倍又用遠鏡爲準其精百倍是以舍古從今良非自作聰明妄違迪哲

問金水二星其孰上孰下何從知之曰水星之天小于金星之天卽水星必在其內

水星在右距日二十餘度金星在右距日四十餘度

又曰太白行遲于水星之行則其軌道必大

金星次行約二十月而一周水星次行約四月而一周

問金星居兩弦段時卽與弦月不異辰星豈不當爾乎曰論理宜然特因體小出沒必于晨昏難見故未覺其盈虧消息耳

問土木火三星孰上孰下曰火星在日之衝其視差大于日之視差其體亦大密測密推知其庳于太陽過此以往其視差小于日之視差其體亦小推算所得又高于太陽若土木二星視差恆小于日必在日上無疑也又土木火三星行度不等遲行者必在上土星是也疾行者必在下火星是也行在遲疾之間則木星位置宜在火土之間矣此三星上下古今同論

土星三十年一周天木星十二年一周天火星二年一周天

定五星之平行率

測算各星平行得數如左

土星以五十九年（節氣戊天周年）又一日四分日之一弱行次行圈（卽歲行）五十七周（天周年會日五十七度對衡亦九十七次）行天周（氣節）二周又一度四十三分

木星以七十一年不及四日又六十分日之五十四行次行圈六十五周此積時間乃行本圈（天周戊節氣戊粗度）六周不及四度又五十〇分

火星以七十九年又三日六十分日之一十六行次行圈三十七周經周行四十二周又三度〇十分

上三星之中積年數（太陽行全天之周數）去減本星次行之周數其較爲星本行周天之數如土星五十九年減次行五十七周較二爲土星行全天二周

上三星者火木土也下二星者水金也

金星以八年不及二日又六十分日之一十八行次行圈五周其平行與太陽同

水星以四十六年又一日六十分日之二行次行圈一百四十五周平行與太陽同

以積年變日以天周化度得數如左

土星二萬一千五百五十一日一十八分（日六十分下同）行二萬〇五百二十〇度

木星二萬五千九百二十七日又三十七分行二萬三千四百〇〇度

火星二萬八千八百五十七日又五十三分行一萬三千三百二十〇度

金星二千九百一十九日又四十分行一千八百〇〇度

水星一萬六千八百〇二日又二十四分行五萬二千二百〇〇度

若以度爲實日數爲法而一得各星一日之細行

土星一日行（距太陽之行）〇度五十七分四十三秒四十一微四十三纖四十〇芒

木星一日行（距日）五十七分〇九秒〇二微四十六纖二十六芒

火星一日行二十七分四十一秒四十〇微一十九纖二十〇芒五十八末

金星一日行三十六分五十九秒二十五微五十三纖一十一芒二十八末

水星一日行三度〇六分二十四秒〇六微五十九纖三十五芒五十〇末

若太陽一日之平行去減各星一日之細行其較爲各星之平行得上三星之平行（下二星金水之平行與太陽等）

土星一日平行〇二分〇三秒一十三微三十一纖二十八芒五十一末

木星一日平行　四分五十九秒一十四微二十六纖四十六芒三十一末

火星一日平行三十一分二十六秒三十六微五十三纖五十一芒二十三末

有一日之平行可細推一時一分又推得一年之平行

土星一平年（三百六十五日）行三百四十七度二十三分〇〇四十六微有奇

木星一平年行三百二十九度二十五分二十一秒有奇

火星一平年行一百六十八度二十分半有奇

金星一平年行二百二十五度〇一分三十二秒有奇

木星一平年行全周外又五十三度五十六分四十二秒有奇

又以太陽行一年之全周去減各星之平行其較爲各星一年之經度

土星一平年經行十二度一十三分二十三秒五十六微有奇

木星一平年經行三十〇度二十〇分二十二秒五十一微有奇

火星一平年經行一百九十一度一十六分五十四秒二十二微有奇

依上行數先置曆元一數可列向後各年及日時之立成表

新星解

按古今曆學皆以在察璣衡齊政授時爲本齊之之術推其運行合會交食凌犯之屬在之之法則目見器測而已然而目力有限器理無窮近年西土有度數名家造爲窺甯遠鏡能視遠如近視小如大其理甚微其用甚大今述其所測有關七政者一二如左

土星旁小星圖

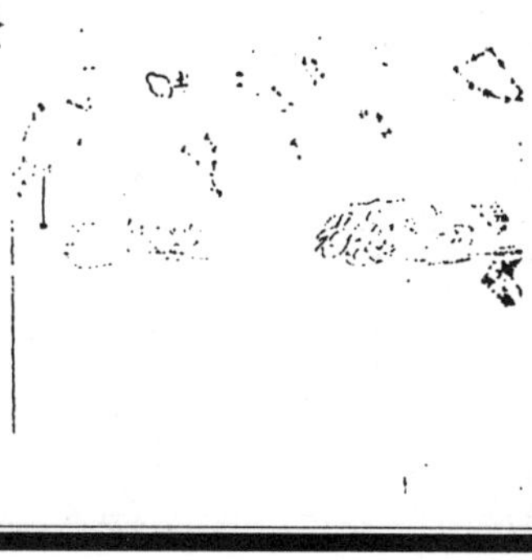

土星旁小星圖說

土星向來止見一星今用遠鏡見三星中一大星是土星之體兩旁各一小星係新星如圖兩新星環行于土星之上下左右有時不見蓋與土星體相食或曰土星非渾圓體兩旁有附體如耳以本軸運旋故時見圓時見長此土星之兩異行未定其率蓋本周極遲初見時至今年尚未滿一周天故也或曰時見三星相距有近有遠安得謂之合體二說不同未知孰是須久測乃知之

木星旁小星圖

木星旁小星圖說

木星目見一星今用遠鏡見五星木星爲心別有四小星常環行其上下左右時相近時相遠時四星皆在一方時一或二或三在一方餘在他方時一或二不見皆用遠鏡可測之初測者作此直線圖共九測一爲萬曆壬子年太陽在元枵初度辰時二爲癸丑年太陽在元枵二十六度子正時三爲木年次日寅初三刻四爲木年太陽在娵訾二十三度亥初刻五爲次日丑正刻六爲甲寅年太陽在大梁八度亥初一刻七爲木日子初刻八爲次日子正二刻九爲木日寅初刻依上測得其相距極近之圈半徑爲木星三徑用木星半徑爲法蓋無他物可與爲比次小星圈半徑爲木星四徑第三爲五徑第四爲十徑

木星順逆行圖

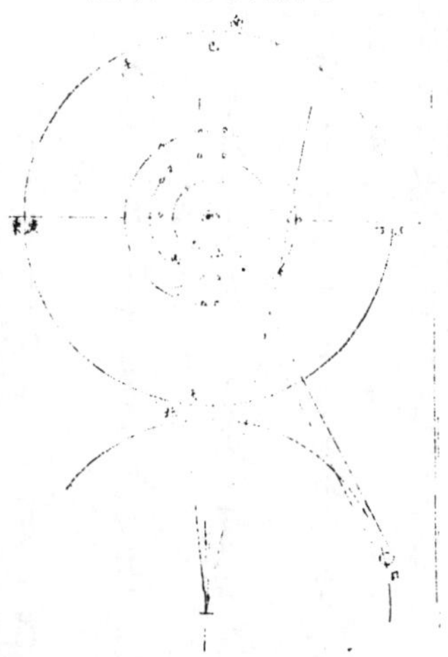

木星順逆行圖說

其行右旋在上順行在下逆行順者自西而東逆者自東而西近木星疾行距遠遲行順行與木星合則不見蓋木星食之逆行不食可知其環行也又木星爲其環行之心又環行之大圈平面不與木星之本道同面而四小星之各圈平面又不作一大圈平面蓋其高下不一在高者距南在下者距北

次圈線圖木星甲爲心作乙丙丁戊圈距心見上每圈爲一小星之軌道外圈從戊向丁己庚行餘倣此乙星行滿木周爲一百七十四刻丙星行一周爲三日五十三刻有奇丁星行一周爲七日十六刻戊星行一周爲十六日七十二刻弱皆從木星會合時起算不用距木星之極遠蓋衆星依本小輪行至左右爲留段不見其行無從得眞率也

又小星在甲己左右兩線內即隱不見木星掩之故也在甲壬左右兩線內亦隱不見蓋入木星之景故也設日所在如圖照木星生甲壬景所在因木星距日幾何得甲壬景所在今日恆見四時見三所不見者必在己或壬兩暗處

系木星全爲暗體小星之體亦自無光光借于日故入木星景如壬日所不見

四小星去木星遠見大近則木星光大能奪小星之光

問晨昏時比中夜見小星之光爲大何故曰晨昏之光朦朧之光也其光不大故能助日之光

又問遠鏡中若少離木星之體即不得見小星何故曰本星光助日以能分小星之體已上兩言聊以答問未知其正理安在俟詳求之

測四小星當于其較著時一爲木星與日衝照此時木星距地甚近一在本輪之最庳一晨昏時一月明時

金星旁無新星特其本體如月有朔望有上弦下弦

太陽四周有多小星用遠鏡隱映受之每見黑子其數其形其質體皆難歷論日以時多時寡時有時無體亦有大有小行從日徑往過來續明不在日體之內又不甚遠又非空中物此須多處多年多人密測之乃可不關人目之謬用器之缺詳見性理書中

又以遠鏡窺太陽體中見明點其光甚大

又日出入時用遠鏡見日體偏閒非全圓也其周如鋸齒狀然因其行無定率非厤家所宜詳亦解見性理

土星表所用諸率

最高行一年爲一分二十〇秒一十二微一千年行二十二度一十六分四十五秒一萬六千一百六十〇年滿一周

平行一平年爲一十二度一十三分三十五秒二十〇微

一日爲二分〇秒三十二微

一時爲五秒〇一微

一萬〇七百四十七日一十八時〇七分滿一周十二

九平年又一百四十二日一十八時〇七分

自行一年爲一十二度一十二分一十五秒

火星諸行率

火星最高行一年行一分十四秒五十二微以百年計之行二度四分四十七秒三十二微約千年行一十度四十七分五十六秒三十微

火星平行一日行三十一分二十七秒以百日計之行五十二度二十四分二十六秒以一年三百六十五日計之爲一百九十一度十七分〇八秒

火星滿周天之行以前二行計之爲六百八十六日十九小時四十二分十三秒

金星天以太陽爲心

本曆總論有七政新圖以太陽爲五緯之心然土木火三星在太陽上難徵今以金星測定無可疑

金星圖

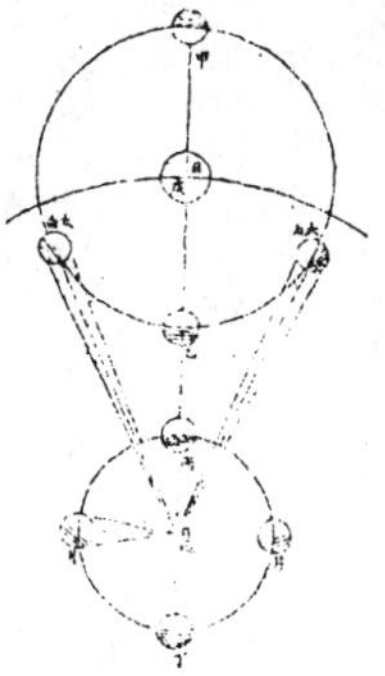

金星圖說

試測金星于西將伏東初見時用遠鏡窺之必見其體其光皆如新月之象或西或東光恆向日又于西初見東將伏時如前法窺之則見其光體全圓若于其留際觀之見其體又非全圓而有光有魄蓋因金星不旋地球如月體乃得齊見其光之盈縮故曰金星以太陽爲心如圖日在太陽人目之間爲丙則無光金星在太陽人目之間爲乙亦無光若地在戊日丁月之間則月光滿若太陽戊在金星甲地球之間則金星光滿若在左右則月及金星各有半光光之大小如按古圖不析其理雖千百世不能透其根也古者言太白在本輪上體小光盛在本輪下體大光淡在左右體不甚大而光甚盛今如圖解之在高于時爲望其體遠則見小全透其光故盛也在庳于時爲晦不可得見晦朔左右去地爲近則體見大哉生明故稍淡也在左右爲上下弦所見半體故不甚大遠近之間又見半光故甚盛也

又金星因歲輪于地時近時遠遠時顯其體小而光全若以遠鏡窺之難分別其或圓或缺之體在極遠左右數十度亦然若在中距者其光稍淡則遠鏡可略測其體之形然光芒銳利亦難明別爲眞體或爲虛映之光惟在極近數十度則光更淡又于地近其體顯大可明見之

凡金星爲遲行或逆行用遠鏡窺之可測其形體若更近見其體缺更大

金星諸行率

本天最高行每年一分二十二秒五十七微百年行二度十八分十六秒十二微約一萬六千餘年而滿一周

本天上平行如太陽三百六十五日二十三刻有奇而行滿一周

小輪上之行每日三十六分五十九秒有奇

一平年三百六十五日行七宮十五度一分五十秒計六百六十二日十四小時不及四分而滿一周

水星本天象

水星以太陽平行處爲本行之心卽以太陽之平行爲自行之平行如金星無二然其兩行之差非太陽兩行之差則必有自行本圈而載其次輪又此圈或圈上之行非平有高有低與他星等何以知其然耶日見其距太陽之大距度時有大小因知其次輪必有遠近也今以圖略解其所測于左次輪亦名伏見輪

水星次輪圖

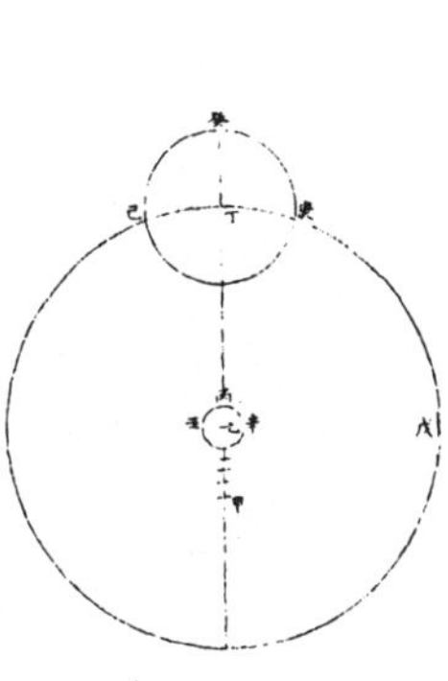

水星次輪圖說

古圖設甲爲地心任取甲乙某線分爲五平行又以乙爲心取甲乙線五分之一爲半徑作辛丙壬小圈名曰均圈又於小圈周上取丙點爲心作己丁庚戊大圈又作甲乙丁線爲兩心線取丁點作己癸庚圈是名水星次輪

木火土三星名曰歲輪金水不然蓋以其率非滿一年而所差復遠故名次輪又名伏見輪

行法甲丁線順天平行每年一周如太陽平行無二

其自戴乙點均輪心及丁次輪或伏見輪之心如丁心行丁庚戊本天圈一年一周其心在辛壬丙均輪上而行此本天之心有行之理獨水星如是而他星不然蓋他星有定兩心差之數不加不減故其歲輪心丁如所行之跡亦爲渾圓圈惟水星小輪心丁所行之跡有如卵形上寬下窄故曰己丁庚本圈之心於甲點時近時遠又時在乙甲線內或時在外如置丁心在兩心線上其行之心在辛極遠處丁心行本天一周必行辛壬丙小圈三次丁心在戊最低其行心在丙

凡丁心在本輪上平行一周即於小均輪上之行有三周本輪上行一度均輪上行三度

以一周與三次論之則知一度三度

水星平行率

水星一小時行七分四十六秒

一日行三度六分二十四秒

一平年行三全周外五十三度五十三分三十二秒

一閏年三全周外行五十七度三分五十六秒

一百一十五日二十一小時三分二十二秒行小輪一周

界說

七政凌犯曆家恆言顧有所以然之理未明其理未透其根則測無算難相符合惟明其所以然則先推後測無弗合者蓋七政之行有遲疾不等是以後先參錯其所呈象約有五種

一會聚界會聚者是彼此兩曜在黃道上同經度若月于太陽曰朔星于太陽曰合伏星于星曰凌曰犯

古占法二星相距七十內曰犯二星光相切曰凌若經緯度俱同在日月曰食星於星或月於星曰掩同經度有二或同黃道或同赤道在赤道同度謂之同升此謂同度但指黃道言也

二對照界對照者乃相距天周之半爲經度一百八十度月對日曰望經緯俱對曰月食星對日曰夕退統名曰衝照

月與土木火三星皆能於日對照亦能各相對照金水二星不然蓋其不離日之左右故於日不對照亦不相對照

三方照界方照者相距天周四之一即九十度也月距日曰上下弦他曜相距統名曰方照

四隅照界隅照者相距天周三之一乃一百二十度也亦名三角形照

五六合照界六合照者乃相距天周六之一即六十度也

以上諸照視諸曜之性情或相益或相損或相勝或相和象懸于天而宇下徵驗因之

五照圖

五照圖說

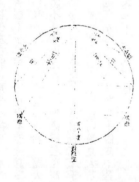

周圍爲黃道各分其照之界以相距之度著其名而照有先後先者順天數後者逆天數

諸曜伏見說

凡星會太陽時太陽光大勝於星光人目不能見星故曰伏

夕伏者星比太陽行遲合後太陽故夕初伏不見亦名西伏如土木火三星及金水二星逆行之時

晨伏者星比太陽行疾合先太陽故晨初伏不見亦名東伏

惟金水二星及月名晨伏上三星非晨伏

夕見者星比太陽行疾過合而先行故夕見亦曰西見

惟金水二星及月名夕見上三星非夕見

晨見者星比太陽行遲合後太陽故晨見亦名東見如土木火三星及金水逆行合太陽之後或初見或初不見之限

同升者是二星同過子午線或同出地平或同入地平

七政遲疾二行論

日月有遲有疾五星有遲疾兼有順逆星之逆行有限遲行無限蓋遲則不行而留今須求疾遲逆一日之行若干始可考其凌犯之行也

疾者何視行勝平行謂之疾平行勝視行謂之遲逆行實不能言疾蓋退未進之行也

太陽及諸政之行在本天最高極遲在其衝極疾何若凡物遠見小近見大如太陽一日平行一度此一

度近於人目則見大遠則小大小之分在人目之視角或天上所掩之分弧大則近小則遠太陽近則視行多遠則視行少遠者最高也近者最庳也

太陽疾行爲六十一分二十秒遲行爲五十七分

太陰疾行爲十五度十七分九秒遲行爲十一度一十九分四十九秒二十三微

土星順疾爲八分九秒逆疾五分十三秒

木星順疾爲十四分二十四秒逆疾七分四十四秒

火星順疾四十七分二秒逆遲三十五分十一秒

金星順疾一度十六分逆遲三十八分

木星順疾一度五十四分逆疾一度〇五分

五緯天各距地

求月距地之高其法有五又求太陽距地其法有三皆以地半徑爲度又各法因高差（亦名視差地半徑差等）或日月交食爲本

測恆星之遠借用五星之測略定土星之高并亦得恆星在上之高今因五緯無視差

土木二星甚遠其視差不過數秒如無差難測水星常在蒙氣中亦不能測火金或有視差然不足爲測其高之本說見下

欲測其高法有二算或用古圖或新圖各有本輪如左

五緯天距地圖

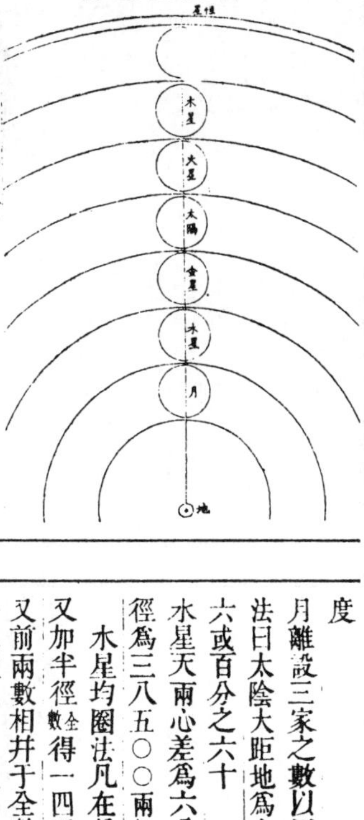

五緯天距地圖說

右古圖以地爲日月五星恆星諸天之心設諸曜各居一層天其厚內函有小輪（亦名歲輪）各層相切而無空又各層上下有兩面下內爲凹上外爲凸

各天之厚因函小輪其小輪于地有近有遠如兩心差之理則各天之厚爲小輪全徑及兩心差之倍分數

謂分數者蓋各有均圈于最高減距高去兩心差之幾分

圖上各天小輪比本天許小以指外有兩心差數本曆測各星小輪及兩心差定本天半徑皆爲十萬分若加小輪半徑及兩心差數必得其最高距地若干若減之則得最卑距地若干如圖

凡設一層天上面距地若干度（以地半徑爲一度）必得其次層下面距地之若干度蓋兩面中無空隙又設內面所距若干度及次層上下兩面距本心比例以三率法求之并可得其厚距地之度法曰依內面距本心多寡分數得度多寡則上距分之某數必亦可知其度

月離設三家之數以測定其距地之度今所爲第谷法曰太陰大距地爲六十地半徑有六十分之三十六或百分之六十

水星天兩心差爲六八二二（十萬分爲全本天半徑下同）小輪半徑爲三八五〇〇兩數并之

水星均圈法凡在最高不減其距地

又加半徑（全數）得一四五三二二乃水星最大距之數又前兩數相并于全數內減之得五四六七八乃極近之數也置極近數爲六十度有六十分之三十六乃月天極高數也以此度數或約爲五分之三乘極高之數以小距數除之得一六一乃水星天上面距地之度也

金星在水星上則其下面距地爲一六一（奇零不算）設金星兩心差爲三二〇八用其半因有均圈用其半他星倣此爲一六〇四小輪半徑爲七二二四八兩數并加于全數得大距數爲一七三八五二又兩數相并減于全數得二六一四八爲近距之數法以內面距度之數乘大距數以近距數除之得一〇七一乃金星外面距地之度數也

太陽有本法求其中距地得一一四十二地半徑諸家小異以求大距或用均圈或不用均圈兩法略差今不用只因太陽兩心差求之得近距爲一一〇一遠距爲一一八二

問太陽天內面切金星外面是也今因太陽本算其內面盈金星外面三十度兩算不合何也曰此測難求其密其較雖盈三十度以全數計之不及百分之

三數則小矣又曰所測定各天之數皆以日月星諸體之心爲測其體之厚未嘗入數必月及水星金星各數大略而後算始無差又曰所用之數乃新圖之數不謂各曜各麗一天而相切故其數于此論不合或曰星體到本天最高在此其天或仍厚幾許要未可知所定之數亦其大略而已

火星兩心差爲一九六〇取五分之三均圈心距地心爲三分不同心圈心距地心五分爲一一七六〇小輪極大半徑（有盈有縮故用大數）爲六五八〇〇兩數并之加于全數得遠大距爲一七七五六〇兩數并之減于全數得近小距爲二二四四〇用法以太陽大距數一一八二乘火星遠大距數以近距除之得九三五二乃火星外面距地之度數或木星天內面距地之數也

木星兩心差爲九一六〇用其半得四五八〇小輪半徑爲一九二九四兩數并加全數得一二三八七四乃木星遠大距數兩數并減于全數得小距數爲七六一二六依前法以內面乘大距以小距數除之得一五二一七乃木星上面距地之數或土星下面距地之度數也

土星兩心差爲一一六二八用其半得五八一四小輪心半徑爲一〇四二六兩數并加于全數得一一六二四〇乃土星大距數也若以前兩數并減于全數得小距數爲八三七六〇依前法乘除得二一一一七乃土星上面距地之數或恆星天距地之數也

右算皆用古圖以明今測之數然亞耳罷德于唐僖宗廣明右算得水星本天中距地爲一百一十五度金星中距爲六百一十八度火星中距爲四千五百八十四度木星中距一萬〇千四百二十三度土星中距爲一萬五千八百度恆星中距爲一萬九千度四各星距地及其體之視徑亦并可推其大小

用新圖算各星距地

新圖以地爲太陽太陰恆星所行之心別五緯以太陽爲本行之心又土木火三星以太陽所行之圈爲古法所謂年歲圈卽上所用法今非其眞因用本法又新圖不言各星各有一天而强星在本重之內但各所行之輪或相切或相割耳

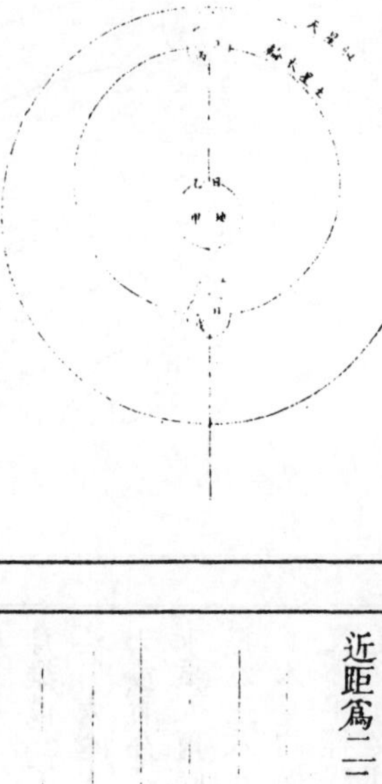

各星天距地圖

各星天距地圖說

土木火三星以太陽爲本行之心又因其心從太陽卽以太陽所行之輪爲人目所見每年各星之行欲知小輪于本天及兩心差各數比例則設太陽距地若干可得各星距地若干如圖設甲乙（日距地或小輪半徑）乙丙（星本天半徑爲全數）及丙丁（兩心之差）又設甲乙爲若干度依法可得乙丙丙丁各線之度并之得甲丁乃星距地之度也上三星之法無二今置土星各圈之數如上用三率法甲乙（小輪半徑）爲一〇四二六得距地爲一千一百四十二度（太陽中距度）今乙丙全數（本天半徑）得若干算得一〇九五三有奇又丙丁五八一四（兩心半差）得六三六以甲乙乙丙丙丁三線之數并之得一二九三二度或地半徑乃土星大距地之數也若于乙丙全數或乙戊半徑數內減去甲乙及戊己（與丙丁等）一七七八得九一七五乃土星近距數若求其中距地（引數爲三宮九宮）得一〇五五〇

木星用法如上求得大距度數爲六一九〇中距爲三九九〇近距爲五九一九

火星用法求得大距爲二九九八中距爲一七四五近距爲二二二

金水二星距地圖

金水二星距地圖說

金水二星因不圜地球其算法與上三星略不等如圖甲乙爲日距之線或小輪心距地之線乙丙爲小輪之半徑以乙甲加減得大小兩距之數

金星兩心差半之得一六〇四幷加小輪半徑得一七三八五二用法乙甲全數（本天半徑）得距地二四二二度今算乙丙分數得度爲八四三以加于甲丙得一九八五乃金星距地之度數也若減之得三百度乃近距之度也

雜論七政及恆星距地說

水星以法求之得大距度爲一六五九小距爲六二五度

以上因其度數可推各距地之里數蓋以地半徑爲度有一度之里數因可得各距之里數蓋地半徑爲二萬八千六百六十二里以各星距地之度乘之先用古圖數

月距地小數爲六十萬七千六百四十六里有奇大距數爲八十六萬七千里有奇此今古小異

水星小距數與太陰大距數等其大距數爲四百六十一萬二千三百二十八里

金星大距數爲三千〇六十七萬二千〇〇八里

太陽中距爲三千二百七十一萬六千〇一十六里大距爲二千三百八十六萬一千九百三十六里

火星大距數爲二萬六千七百九十一萬六千〇九十六里

木星大距數爲四萬三千五百八十五萬六千六百一十六里

土星大距數爲六萬〇四百九十五萬九千八百一十六里

恆星依法切土星上面則得其距地之數

若用新圖推算亦可得各星之里數

五星視差圖

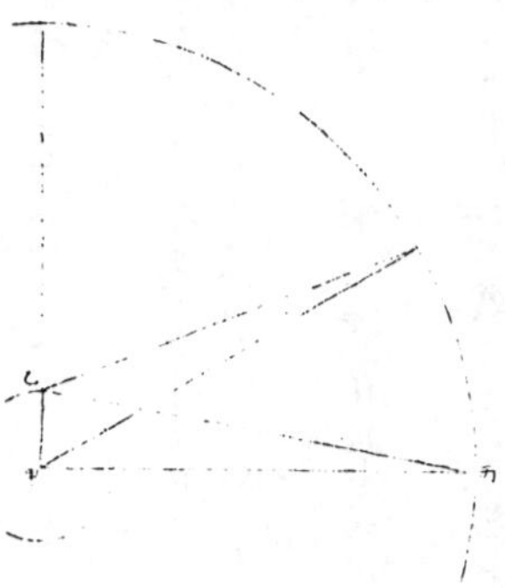

五星視差圖說（從地中起）

各星旣有距地之度數則可以視差之分數借日躔視差圖以明之甲地心乙人目內爲某星甲乙爲一度若知甲內邊之度則可得乙丙甲角乃視差角也

甲丙當全數甲乙爲切線

依古圖得各星視差如左

設星在地平求其視差地平以上若星更高其差更小在頂無

月近地視差

水星距遠視差爲二十一分

金星距遠視差與太陽距近差數等爲三分七秒

太陽中距爲三分大距爲二分五十四秒

火木土三星其視差皆不滿一分故不算

若用新圖日月各視差無二

金水二星中距與太陽爲近金星距遠視差爲二分弱極近距爲十一分水星大距亦爲二分小距爲六分

上三星之差亦微但火星在極近之距卽太陽之衝其差爲十五分蓋其道切割太陽之道而于地更近以上視差之數日月以外難測難定是以各家不合且不常用故不設表

五星體視實兩徑

測日月視徑實徑見月離及交食諸書皆有本論但日月體大可用儀器測定五緯體小測之爲難惟以人目所見或于日月相比以定其視徑後以近遠之數求其實徑大小相比等數

亞耳巴得其學本多祿某有曰水星中距地之時（本算）

得一百一十五度其視徑比太陽視徑如十五分之一卽天度周天三百六十度之度也之二分金星中距時本算爲六百一十八度其視徑爲太陽視徑十分之一卽天度之三分火星中距本算爲四千五百八十四度其視徑爲太陽視徑二十分之一卽天度之分半木星中距本算爲一萬〇四百二十三度其視徑爲太陽視徑十二分之一卽天度之二分半土星中距本算爲一萬五千八百〇〇度其視徑爲太陽視徑十八分之一卽天度之一分四十三秒

五星視實兩徑圖

五星視實兩徑圖說

又星高有視徑以法求實徑如圖甲人目地心無異乙庚太陽半視徑乙己某星半視徑其比例如乙己于乙庚若星在太陽如丙丁則其比例爲丙丁與丙戊丙戊當太陽視徑用法得丙丁天上度之幾分有丙丁分數則有本天周之分數因周與徑之比例甲丙半徑得地半徑若干則其周得若干以周之某分若干得各星比例半徑大小又以各星同類之分數求其容依法算得水星體比地球小爲一萬一千分之一分金星體小于地球爲三十六分之一分火星體大爲一地球又三分之一木星體比地球大爲八十一倍又曰九十五倍土星體大于地球爲七十九倍又曰九十一倍

用新圖求各星大小

新圖以太陽爲五星之心金水二星或在日上或在日下與古法大異

第谷曰水星視徑中距時一一五〇度爲二分〇十秒其實徑與地徑爲三與八則其體小於地球爲十九分之一于古法甚遠金星視徑中距時一一五〇度爲三十三分十五秒其實徑爲地球徑十一分之六則其容爲地球六分之一火星中距一七四五度視徑爲二分弱則其實徑爲地徑六十分之二十五强其體小于地球爲十三分之一弱木星中距三九九〇度視徑爲二分四十五秒其實徑于地爲十二與五則其體大于地球爲十四倍土星中距一〇五五〇度視徑爲一分五十秒其實徑爲二地球徑又十分之一則其體大于地球爲二十二倍

若欲以里數求各星之大則先求地球之容得里數次依各比例數求之

問古今兩數相懸何者爲確曰各有本論然以金星證之見其繞太陽亦有弦望之異覺新法爲準

五星光色

月以光以魄知其光非本體之光乃所借于太陽之光金星亦然蓋以遠鏡窺之見其體亦如月有光有魄故也他星覺無所倚然以相似之理論之亦可謂其光非自光乃如月與金星並借光于太陽者也

問五緯之光旣皆爲日光之分乃其色各不同者何也曰如鏡如水如金諸能發光之物咸受太陽之光而所發之光皆非一色蓋亦繇本體之色所染故也然則五星之色亦各爲本體之色從日光而發見耳五星本體之色從其各類本質及其面之平與不平或其體之虛實堅脆等勢所發

加利婁曰凡大光照某體能發光之類其所發之大光非全受本體之色而變爲他色如大光照黑體若鐵其所發之光爲紅色如火星以此西名火星亦謂之鐵星若照淡紅體其所發光色如木星木星紅銅色爲淡紅故木星亦名爲銅星若白體其發光色如土星若黃體其發光色如金星若青體其發光色如木星試以黑鐵等類煉之細閱其光色必如上

又曰星色非純從目審視可見乃知各星亦非純質也

五星時有顫動其理與恆星無異或空中浮氣之游移或自體閃爍如燭光之搖又或人目之缺

欽定古今圖書集成曆象彙編乾象典

第二十六卷目錄

七政部彙考二

明鄧玉函測天約說大圓名數　七政視差圖說

湯若望新法曆引五緯異行　五緯緯行　五星伏見

遠鏡說月面四及上下弦狀說　宿天河說　金星狀長上下　太陽木星體圖說　四星圓

木星說　土星長說

渾天儀說七政

天步眞原日月五星之性　日月五星之德

乾象典第二十六卷

七政部彙考二

明鄧玉函測天約說

大圜名數

問七政中復有上下遠近否曰有之月最近也何以知之有二驗其一能掩日五星也

月掩日而日爲食不待論也唐文宗泰和五年二月甲申月掩熒惑六年四月辛未月掩塡星於端門九年六月庚寅月掩歲星於太微武宗會昌二年正月壬戌月掩太白於羽林是月掩五星也

其二循黃道行二十七日有奇而周天餘皆一年以上是七政中最速也

問有度遲速以別遠近是則然矣太白辰星與日同一歲而周爲無遠近乎曰舊說或云日內月外相去遼絕不應空然無物則當在日天之下或云在日天之上二說皆疑了無確據若以相掩正之則大光中無復可見論其行度則三曜運旋終古若一兩術既窮故知從前所論皆爲臆說也獨西方之國近歲有度數名家造爲望遠之鏡以測太白則有時晦有時光滿有時爲上下弦計太白附日而行遠時僅得象限之半與月異理因悟時在日上故光滿而體微若地日星參直則不可見稍遠而稍在上則若既望之月也時在日下則晦三參直故晦稍遠而稍在下若復蝕之月體微而光爍爍然在旁故爲上下弦也辰星體小去日更近難見其晦明因其運行不異太白度亦與之同理

問熒惑歲星塡星孰遠近乎曰熒惑在歲塡星之內在日之外何者一爲其行黃道速於二星遲於日也歲星在其次外其行黃道速於塡星遲於熒惑也塡星在於最外其行黃道最遲也又恆星皆無視差七政皆有之以此明其遠近又最確之證無可疑者

問何爲視差曰如一人在極西一人在極東同一時仰觀七政則其躔度各不同也七政愈近人者差愈大愈遠者差愈小月最大日次之熒惑次之歲星又次之塡星最小幾於無有故知月最近塡星最遠也

七政視差圖

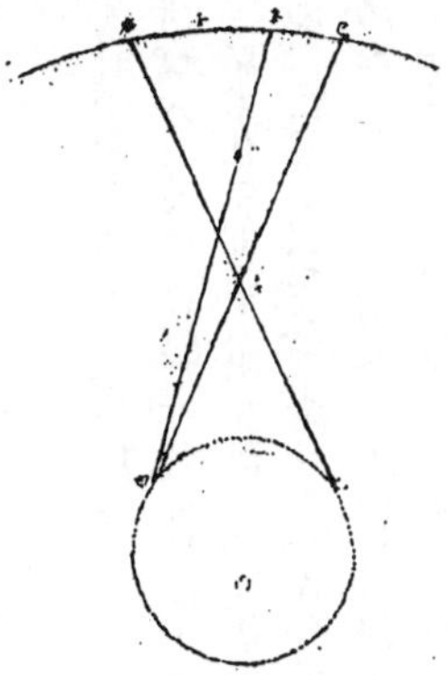

七政視差圖說

如上圖丙爲地甲爲東目乙爲西目甲望戊月在己度乙則在庚度甲望丁星在辛度乙則在壬度己庚差大則月去人近辛壬差小則星去人遠也

問東西相去既是極遠何以得同在一時仰觀七政曰此在一時一地亦可測之特緣算數所得雖可遽明故以東西權說若月食則亦東西同時兩地並測亦足諗知也

湯若望新法曆引

五緯異行

土木火金水五曜名爲緯星者謂其日有近南近北之行與恆星異也夫五緯之行各有二種其一爲本行如塡星約三十年行天一周日二分歲星約十二年一周天日五分熒惑將滿二年一周天日三十五分太白辰星皆隨太陽每年旋天一周各有盈縮各有加減分各有本天之最高與最衡即其最高又各有本行論其行界亦分四種非若回回曆總一最高也其二在於本行之外西法稱爲歲行蓋各星會太陽一次成一周也因此歲行之規亦各名小輪推知各星順逆留疾諸情故依新法圖五緯各有一不同心圈一均圈一小輪凡星在小輪極遠之所必合太陽其行順而疾其體見小凡在小輪極近之所其行逆而疾其體見大土木火行逆則衝太陽金水行逆夕伏而合行順晨伏而合其各順行轉逆逆行轉順之兩中界爲留留非不行乃際於極遲行之所也留段前後或順或逆皆有遲行其土木火行逆即衝太陽而金水則否者緣土木火之本天大皆以太陽爲心而包

地得與太陽衝而金水之本天雖亦以太陽為心而不包地不能衝太陽也金水不能衝太陽而能與之離金離太陽四十八度水離二十四度

五緯緯行

太陽之行因黃道斜交於赤道故其距赤道之緯南緯北也各二十三度有半以成二至是黃道者太陽之軌蹟也太陰本道又斜交於黃道最遠之距為五度以生陰陽二曆五星之道雖相距緯度各異而其斜絡黃道則與月道同理故皆借月道諸名名之其兩交之所亦謂正交中交其在南在北兩半周亦謂陰陽二曆審是而五星緯行庶可詳求矣蓋各本道外之歲行小輪恆與黃道為平行而又斜交於本道其上半恆在黃本二道中凡星躔於此則減本道之緯其下半恆在本道外星躔於此則加其緯然此小輪之緯向則恆不變如土星三十年行天一周其在正中二交之下必無緯度分十五年恆北十五年恆南耳凡衝太陽因在小輪下半即加本道緯度凡會太陽因在小輪上半即減緯度他星亦猶是也其或行近於地小輪加緯益多太白在夕伏合之際因其近地其緯幾及八度矣中曆不諳緯行之原一見金星在緯南北七八九度即訛謂本星失行豈非誣乎又中曆亦有五星南北緯行圖亦界以黃道本道似矣但其逆行之蹟恆作一斜方形此甚非也五緯不行直線安得方形以此新法圖分二種一設人在地仰觀天上進退諸行故於上三星衝太陽下二星夕伏時第作一僅似之圓形凡衝太陽如在本道交上則不作圓形即彷彿一之字形而已一各星近遠於地之圖要皆舊曆所未詳也

五星伏見

五星之光與日相較譬猶螢火之於庭燎光不止滅第為大光所奪人莫能睹耳舊曆亦曉此理故用黃道距度以定諸星伏見如謂太陽在降婁初度歲星在十五度即以為見限似矣然而諸星各有緯南緯北之分黃道有正斜升降之勢各宮不同何得泥距度以定限乎新法定限惟以地平為主緣地平障蔽日光能使星或伏或見耳夫日之下於地平其光漸殺所謂晨昏此晨昏光之久暫四時不等即冥漢等矣而星見時刻又自不等所以然者太陽由黃道而下地平或十度或十五度或至三十度行有奇原自不等而星在黃道南相距必多數度在北相距必少數度其限豈可泥乎大略土木火三星較太陽行遲行後太陽夕伏晨見金水二星順天東旋較太陽行疾行先太陽晨伏夕見逆行反是其與太陽遇也亦夕伏晨見太陰行較太陽更疾晨伏夕見至於金星之緯不及八度則凡逆行合太陽於壽星大火二宮而其緯又在北七度以上雖與日合其光不伏一日晨夕皆可見之水星之緯惟四度餘若其緯向南合太陽於壽星此後去離夕必不見合太陽於降婁此後去離晨必不見金合而不伏水離而不見此二故者渾儀解之他如恆星亦有夕伏晨見者一因黃道之經緯度一因其小大等第即為見伏之限故亦可推也

遠鏡說

月初四形圖

月上弦形圖

月初四及上弦形圖說

用遠鏡以觀太陰則見本體有凸而明者有凹而暗者蓋如山之高處先得日光而明也又觀月時試一目用鏡一目不用鏡則大小迥別焉

金星消長上下弦圖

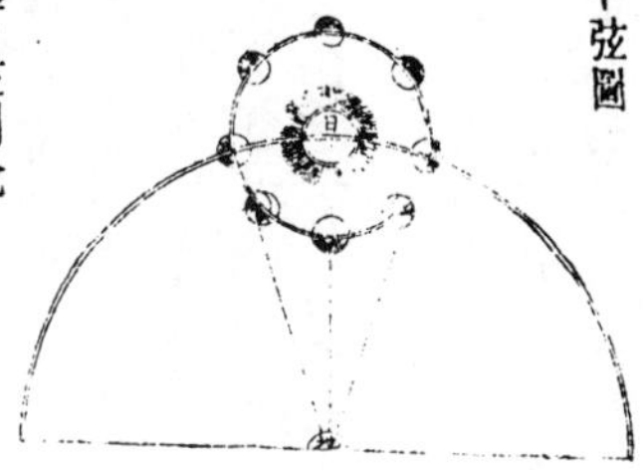

金星消長上下弦圖說

用遠鏡以觀金星則見有消長有上弦下弦如月焉其消長上下弦變易於一年之間亦如月之消長上下弦變易於一月之內又見本體間或大小不一則驗其行動周圍隨太陽者居太陽之上其光則滿居太陽之下其光則虧本體之大小以其居太陽左右之上下而別焉

太陽本體圖

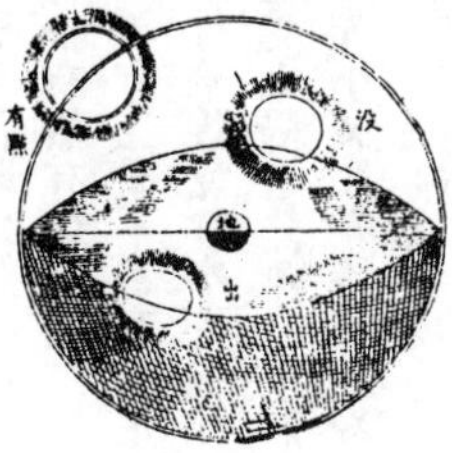

太陽本體圖說

用遠鏡以觀太陽之出沒則見本體非至圓乃似鷄鳥卵蓋因塵氣騰空遮蒙恍惚使之然也即此可知塵氣騰空高遠幾許若卯酉二時併見太陽邊體齟齬如鋸齒日面有浮游黑點點大小多寡不一相爲隱顯隨從必十四日方周徑日面而出前點出後點入迄無定期竟不解其何故也

四星隨木之圖

四星隨木圖說

用遠鏡以觀木星則見有四小星左右隨從護衛木君者四星隨木有規則有定期又有蝕時則非宿天之星明矣欲知其與木近遠幾何宜先究其經道圖處合下即驗矣

土星圖

土星圖說

用遠鏡以觀土星則見兩旁有兩小星經久漸益近土竟合而爲一如卵兩頭有二耳焉

渾天儀說

七政

七政別於恆星約有三緣恆星多閃爍七政否恆星彼此有定距未嘗自爲那移七政總無定距亦無合轍之行恆星一仰視間恍若深遠七政目之如近且各易爲辨別如金星隨太陽前後出沒最遠爲四十八度體大而光異他星晝或可見木星次之色雖同體與光少殺距日遠近無限火星小而暗紅熤熤顫動與金木體色各別土星體與火等色青而光滯行動最遲水星光耀似金星色稍紅體質獨小更近太陽前後焉

天步眞原

日月五星之性

論日月五星之性一爲本星之性一爲本星同各星之性其日月五星本星之性又或論其本性或論其

位次之性

論日月五星之性天下萬物之性有冷有熱有乾有濕天上之性亦有冷有熱有乾有濕

天上之性有二星善有二星不善有二星中等

不善者第一土星性冷性乾其冷更甚於乾

　雖太陽遠不能受太陽之熱離人遠熱不能到人行遲不能作熱光小又散亦不熱故冷凡物熱則乾土不熱何以乾因太冷故中乾

稱爲大禍主草木

　性冷無蟲故主草木

主人命六十八歲外主爲人性冷性漫不爽快心貪多謀難信主細民主人肝主土中鉛

不善者第二火星性熱性乾其乾更甚於熱

　離太陽近體又密故熱其光散如火受地之濕氣皆散故乾

稱爲小禍主人四十一歲外主人膽大顚狂主浮語喜反覆爭鬬主兵主黃痰在土中主鐵草木禽獸有毒者皆主之

第一善者木星性熱性濕其熱勝濕

　在土星火星之中離太陽相去不遠不近故熱光大多收地氣其熱不足以散之故濕

稱爲小福主人血主人命五十六歲外十二年主人聰明穩重性寬宏不慳吝主官府主師長主客商主人肺土中主錫

第二善者金星性熱性濕其濕勝熱

　去太陽近去人近光大故熱光大多收地氣故濕

主人命十四歲外八年稱爲大福主好色喜歡樂喜歌唱不耐勞苦主人腎土中主銅

中等第一水星性不熱不濕同太陽火星則極乾同土星則冷稱爲禍星同木星金星爲熱爲濕稱爲福星主人四歲至十四歲主人不穩重多浮好謀詐主賊主肺脘地中主水銀

中等第二太陰性冷性濕

　月無光借日光故冷離人近多收地氣其熱不足以散之故濕上弦下弦其濕更甚

滿時稱爲福星空時稱爲禍星主小兒到四歲時爲人不穩性浮好遊爲塘撥爲水手主人目睛主腦主髓主白痰主婦人月事地中主銀

太陽性熱性乾光大體大故熱故乾主人命二十二歲外一十九年主君王主人長命有福主賢良聰明得君寵性寬宏主人心主人脉地中主金與寶石

論日月五星之陰陽萬物之性濕多於熱者爲陰熱多於濕者爲陽土星木星火星太陽熱勝皆屬陽太陰金星濕勝皆屬陰水星同陽爲陽同陰爲陰

凡星日出時在地平上爲陽在地平下爲陰因得太陽之熱有多有少故分陰陽

論日月五星晝夜凡物熱勝於濕者爲晝濕勝於熱者爲夜太陽木星土星屬晝

　日光大木星熱故爲晝土甚冷以劑日木之熱使不傷物故皆屬之於晝

太陰金星火星屬夜

　月金濕大故屬夜火甚熱以劑月金之濕使不傷物故亦爲夜火星夜不傷物因有月金之性

水星早見屬晝晚見屬夜

論日月五星位次日月五星位次有三其一是各星經緯先論在天經星之性于後詳之

其二論四方從東地平至午圈其性俱濕俱熱而濕爲甚主人命至二十一歲從午圈至西地平其性俱熱俱乾而熱爲甚主人命至三十一歲從西地平至子時圈其性俱冷俱乾而乾爲甚主人命至五十歲從子時圈至東地平其性俱冷俱濕而冷更甚主人命五十歲外

其三論各星本圈土星火星在不同心最高爲濕爲冷在不同心最卑爲乾爲熱以三星本輪在太陽上金星水星在不同心最高爲熱爲乾在不同心最卑爲冷爲濕以三星本輪在太陽下

月在最高力强在最卑力弱

五星之行有速有遲遲者熱冷乾濕俱重速則輕減五星有不動時有退時退而往返旋繞其力加重不動時亦重

論日月五星會各星之性及東西其一同太陽其二同在天經星其三五星自相合

五星同太陽在太陽光下不能主事凡事皆太陽代之星善則善星惡則惡

　如土星在日光下土星不能傷人因太陽有土星之性太陽反能傷人

星在太陽光下離八度三十秒在太陽心離十七秒在太陽心不吉

月自朔至望屬太陽東自望至晦屬太陽西

太陰自朔至上弦爲濕爲熱上弦至望爲熱爲乾望至下弦爲熱爲冷下弦至晦爲冷爲濕所主之物皆

隨其性

如主人腦在上弦以前其腦爲濕爲熱之類

土星木星火星同太陽相會至相冲屬太陽東相冲至相會在小輪後半屬太陽西相冲至相會在小輪前半屬太陽東（此有四等）

曰會太陽後至第一位畱性極濕自第一位留後至冲太陽性熱自冲太陽後至第二位畱性乾自第二位留至再會太陽性冷

金星水星相會至冲屬太陽東相冲至會屬太陽西金水會太陽至第一位畱性潤自第一位逆行後至與太陽相會性多熱相會後至第二位留性多燥自第二位順行後復與太陽相會性冷

論日月五星相會有五其一相會其二離六十度其三離九十度其四離一百二十度爲合其五離一百八十度爲冲離九十（衝之半數）與衝皆凶而衝尤甚離六十度（合之半數）與合皆吉而合尤吉第一有權者相會同吉則吉同凶則凶

論日月五星在右者比左强論十二象在左者比右强

五星在前者名右（自白羊金牛順去）在後者名左（自白羊雙魚逆行）

會冲等有二其一正相遇一秒不異其一不正相遇

論本星光之半數

土星光十度木星光十二度火星光七度三十秒太陽光十七度金星光八度水星光七度太陰光十二度三十秒在天諸經星一等大者七度三十秒二等五度三十秒三等三度三十秒四等一度三十秒

不正相遇有二其一爲來者其一爲去者若二星來者性速去者性遲速者過遲者前行亦有二一爲逐其行一爲離其行

又一等二星俱順行一等二星俱退行一等順行者追退行者一等順行者離退行者

日月五星之權

日月五星之權有五一曰舍日舍獅子月舍巨蟹土舍磨羯寶瓶木舍人馬雙魚火舍白羊天蝎金舍金牛天秤水舍陰陽雙女乃第一有權

日寶瓶（寒熱）去月磨羯（冲本舍）土巨蟹獅子（熱寒）去木陰陽雙女（乾濕）去火天秤金牛（濕乾）去金天蝎白羊（乾濕）去水人馬雙魚（冷去熱水星之燥次于日）乃第一無權

二曰升日升白羊月升金牛土升天秤木升巨蟹火升磨羯金升雙魚水升雙女

日降天秤月降天蝎土降白羊木降磨羯火降巨蟹金降雙女水降雙魚

三曰分（三角形每相去一百二十度）火分屬熱屬乾白羊獅子人馬皆爲陽其官太陽木星亦爲陽（晝太陽木星夜木星太陽）主天下地方從西至北

土分屬冷屬乾金牛雙女磨羯皆爲陰其官太陰金星亦爲陰（夜太陰金星晝金星太陰）主天下地方從東至南

氣分屬熱屬濕陰陽天秤寶瓶皆爲陽其官土星水星亦爲陽（晝木星土星夜土星水星）主天下地方從東至北（中國在內）

土星在此有大權因此方土星上升

水分屬濕屬冷巨蟹天蝎雙魚皆爲陰其官火星金星太陰（火星爲主夜月幫火星晝金幫火星）主天下地方從西至南各星至其官處皆有權

四曰界

白羊	春分 清明	六度木 六	十二度金 六	二十度水 六	二十五度火 六	三十度土 五
金牛	穀雨 立夏	六度金 六	十四度水 六	二十二度木 八	二十七度土 五	三十度火 三
陰陽	小滿 芒種	六度水 六	十二度木 六	十七度金 五	二十四度火 七	三十度土 六
巨蟹	夏至 小暑	七度火 七	十三度金 六	十九度水 六	二十六度木 七	三十度土 四
獅子	大暑 立秋	六度木 六	十一度金 五	十八度土 七	二十四度水 六	三十度火 六
雙女	處暑 白露	七度水 七	十七度金 十	二十一度水 四	二十八度火 七	三十度土 二
天秤	秋分 寒露	六度土 六	十四度水 八	二十一度木 七	二十八度金 七	三十度火 二
天蝎	霜降 立冬	七度火 七	十一度金 四	十九度水 八	二十四度木 五	三十度土 六
人馬	小雪 大雪	十二度木 十二	十七度金 五	二十一度水 四	二十六度土 五	三十度火 四

冬至小寒　磨羯　七度水七　十四度木七
二十二度金八　二十六度土四
三十度火四
大寒立春　寶瓶　七度水七　十三度金六
二十度木七　二十五度火五
三十度土五
雨水驚蟄　雙魚　十二度金十二　十六度木四
十九度水三　二十八度火九
三十度土二

各星在界內吉星過又吉星起爲大福不吉星過又不吉星起爲大禍

大福
白羊七度　天蝎十五度
陰陽十五度　人馬九度
獅子二十度　寶瓶二十一度
雙女十四度　雙魚九度
天秤十二度

大禍
白羊二十六度　雙女三十度
金牛二十六度　人馬二十五度
陰陽二十五度　磨羯二十五度
雙女二十四度　雙魚三十度

五曰位如日在獅子木星人馬離一百二十度今二星相去亦一百二十度爲有位水星陰陽離日三十度今二星亦離三十度爲有位

土星離日三百度木星一百二十度火星九十度金六十度水三十度

曰要在前星在後若日在星後非此論月同論但要月在星後

以上二者或遇二遇三則主大權一不爲權

大權表

太陽大暑立秋獅子　太陰夏至小暑巨蟹
土星大寒立春寶瓶　木星小雪大雪人馬
火星霜降立冬天蝎　金星穀雨立夏金牛
水星處暑白露雙女

論天氣土星在舍冬至天寒夏至天溫木星在舍天晴氣爽小風火星在舍或熱或乾太陽在舍大熱有小雨天不冷不熱水星在舍天氣善變無三日不變月在舍有雨有雲常變

界主禍福之來時位主吉星加吉凶星減凶

五星快樂宮水星一宮東方卯上月三宮金五宮火六宮日九宮木十一宮土十二宮逆宮數

各星行有遲疾其實行大于平行者爲疾平行大于實行者爲遲平行與實行同者不遲不疾星疾行者力大

各星自最卑至最高皆爲上升自最高至最卑皆爲下降

土星木星火星與太陽相會時定在其小輪最高離日漸遲至相冲時定在其小輪最卑最卑至相會爲升相會至最卑爲降

金星水星與太陽相冲早從地平見定在其小輪最高與太陽相會晚在地平見定在其小輪最卑

月相會相冲在最高上弦下弦在最卑

日月五星自白羊而金牛爲順自白羊而雙魚爲退不行者爲留退行之初有留退行之後亦有留第一次留力大

日月五星之次權

日月自相近或自相離皆有能力

五星之行其一有一星與一星相近皆順行少疾者在後少遲者在前

如土星六度木星十二度卽木星前土星後

其二有一星與一星相近俱順行少疾者在前少遲者在後

其三有二星相近一星在前順行一星相近留

其四有二星相離一星在前順行一星在後留

其五兩星相近一星行疾者在前留不行待後遲行者行過前爲和

其六兩星相離疾行者在後乃退離而去爲惡

其七兩星相近疾行者在前留遲行者順行而來不能及在後

其八兩星相離疾行者在前遲行者順行在後留

日月五星之光其一有三星相近中有一星行疾能使後星之光移於前星

其二後兩星之光俱移前星

其三有三星一星疾行前行離二星之光

其四有三星一星前行疾行近三星之光

其五有三星中一星行遲前後二星行疾隔前後星之光不能相及

其六有三星同在一節或一氣內遲行者在前疾行者在後其中一星能加光力於遲行者

其七有二星相近將合有在前一星退行來二星之

中令不得合
其八有二星相近將合有在後一星進行來二星之
中令不得合
外八權一星在本舍二星在他星之舍三星在喜樂
宮四在他星喜樂宮五本星性軟別星性强六兩星
性皆强七一星軟第二星强八二星皆强
又九權其一二星固一星無他星來救禍福最緊
如二惡星環繞一善星則善皆變惡
其二星得他星之權
如在他星之舍或在他星之升
離他星或一百二十一百八十或九十六十能分他
星之權
其三星所在之方與別星不相會不在一百八十一自二十九十六十之內爲賤者軟者野者
其四星疾行者與遲行者將合未會而先與他星相
會爲虛費其行
其五星與他星將相冲或將相會遇流不能冲合亦
爲虛費其行
其六星離此星前去並無他星稱爲空虛此須第一天則在月
其七有星居其處其處全無木星大小能力爲至弱
之星
其八星屬陽又屬晝又在地平上其宮分又是陽或
星屬陰在地平下宮分又是陰亦爲一權
其九二星相合之方二星皆有大能有彼此相借之
權
其十或上等星得下等星之權或下等星得上等星
之權爲彼此相接

上下等有四一小輪在最高者爲上卑者爲下二緯
在北者爲上在南者爲下或同在北則以離黄道遠
者爲上同在南則以離黄道近者爲上三以在西行
遲者爲上四以近天頂者爲上

欽定古今圖書集成曆象彙編乾象典

第二十七卷目錄

七政部彙考四

乾象典第二十七卷

七政部彙考四

曆象圖說舊本

遠近次第圖

遠近次第圖說

地居天中與天度相應七政運行於天之內去地遠近不同最近地者月次日金水次火次木次土最遠恆星　以行之遲疾援之月速日金水遲火又遲木愈遲土最遲知彌近則速彌遠則遲也以象之高下測之火退望時體大光爍金水退伏則遂出日下月長掩日是亦其以次而近之證以理之陰陽推之火木土陽也在日之外金水月陰也在日之內有男女正位之義焉從前言七政共麗一天然屈子又云圜則九重孰營度之是必古有其說而自漢以下失之也今曆言天與九重說合蓋恆星七政幷宗動故爲九宗動者無星之天一氣旋運而爲衆動之宗者也所以知有此天者此天樞紐繫於太虛萬古不移而恆星天之極星則去樞紐之不動者較古以漸而遠二十八舍經緯因之亦有古今之異則是恆星自爲一天在此天之下與七政同也然此天者外貫軸於太虛而內根極於坤厚所以日月星辰潛移嘿運而兩極之在地平者無今古之殊觀足以悟其表裏之相應矣○朱子云離騷注解云有九天據某觀之只是九重蓋天運行有許多重數在內者較緩至第九重則轉得愈緊矣地在中央不動不是在下天包乎地其氣極急形氣相催緊束而成體但中間之氣稍寬所以容得許多品物也又曰蔡季通欲先論天行次及七政此猶未善要當先論太虛以見三百六十餘度一一定位然後論天行以見天度加損虛度之歲分歲分既定然後七政乃可齊爾○按朱子與橫渠皆主左旋之說惟動天旋急故近之者速遠之者遲愈遠則愈遲與前東行遲速之序正相反也曆家取籌筭之便儒者求義理之通譬如一盆之水急旋其邊則近邊者極速向內者漸遲中間沙土聚而不動是爲地體矣況以前陰陽之理推之日以外屬陽陽者動故行速以從天日以內屬陰陰者靜故行遲以應地是尤理之無可疑者所謂天度加損虛度之歲分尤與今恆星東行之說相似

本天高卑圖同七政理

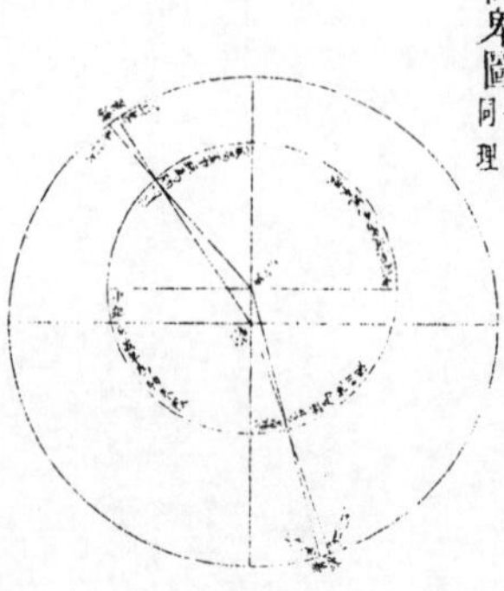

本天高卑圖說

七政各有本天而本天各有高卑不以地心爲心七政之行在最高則遠地視徑小覺行遲其差爲朒在最卑則近地視徑大覺行速其差爲朓○天有九重故七政各有本天然惟恆星以地心爲心七政之天則不以地心爲心者因其有大小遲疾知其有高卑因其有高卑知其不以地爲心也然用高卑之說則本天之行卽七政之行但月五星爲日所掣轉生次輪而無所謂小輪者不用高卑之說則有小輪又有

大輪詳見下章○日行有盈縮古法縮曆起夏至盈曆起冬至卽以二至爲盈縮之端而已新法則極盈極縮不必定於二至之度而歲有不同且曰日行原無盈縮人視之有盈縮爾行最高則離地遠而見其度小是以謂之縮也行最卑則離地近而見其度大是以謂之盈也又曰上古最高在夏至前今在夏至後由其說考之郭太史作曆時最高約與夏至同度今定在夏至後七度是其每歲移動之驗也蓋日之盈縮月之遲疾今統謂之高卑覜差月行遲曆爲月孛者月之最高處也而月孛一周行三度餘則日之最高安得定而不移乎但月孛之行也速而日高之動也微約六七十年而始行一度故古來推筭者未之覺以理揆之則月孛周天日高之行亦應周天特其數在千萬年之後未可以意斷爾五星之理亦然○授時曆立爲歲分消長之法謂上溯往古百年長一下推將來百年消一然自授時後至今實測歲分不惟無消而反長矣論者皆莫能明其故惟梅定九以爲根在最高之行其說曰授時立法之時最高卑正與二至同度而前此則在至前後此則在至後豈非高衝漸近冬至而歲餘漸消及其過冬至而東又復漸長乎然梅子之論止於此而不察言之余謂凡稽歲實者始冬至終冬至故消長皆以冬至一日言之若以全歲除補則無消長也蓋是日也日行最卑故最速最速故其晷周也不待刻分之滿也據此日以總全歲則若歲分之極消焉爾其前者向乎此爲漸消後者過乎此又漸長理勢然矣郭太史見往古之遞消而不察其端故謂消分往而不復又幸其時適爲消極也因而復長以使後人得知其誤而求其說假設歲實而起夏至吾知極消者必爲極長矣故曰以全歲除補而初無消長也○最高所以有行者緣輪心之東行已周而輪周之西轉未周也蓋心雖爲輪之樞機然心小而輪大故運動之勢中外略不相權而樞機之發遲速微不相應月孛之行最速者以月行最速也月行之速卽輪心之速輪心之東行速則輪周之西轉有不能追者而反覺其東去也多矣

七政本輪圖 以月爲例日及五星並同

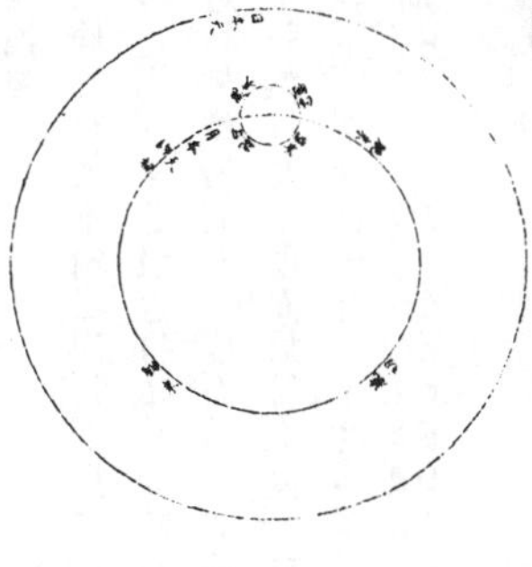

七政本輪圖說

以本天高卑求朒朓謂之不同心圈前圖本輪者有小輪在本天之周而七政行其上小輪之上半高於本天下半卑於本天人自地視之則成不同心之圈矣七政本天皆右移而七政在本輪周左旋故下半速而上半遲○此說則七政本天皆以地心爲心其所以有高卑者小輪之上下爲之也

高卑本輪異名同理圖 亦以月爲例

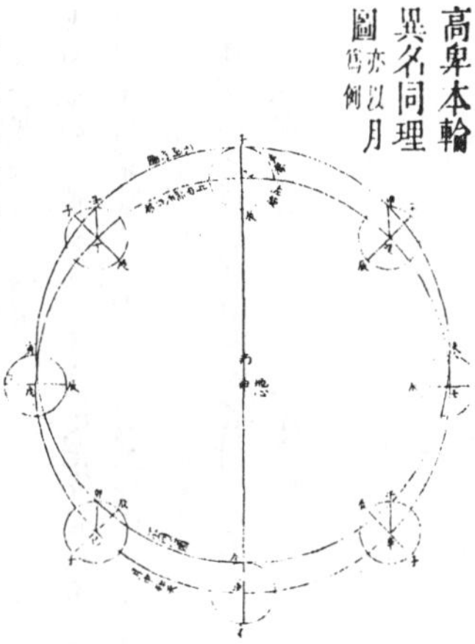

高卑本輪異名同理圖說

月中距天以地爲心本輪心乙行其上月又行於本輪之上月自輪頂最高子左旋行至丑輪心乙亦右移至丁月行至本輪底辰爲最卑心亦至庚月行本輪滿一周復至子心亦行中距滿一周復至乙以輪心右移之速能使輪周上月行之度變爲不同心之象日五星並同○七政本輪周左旋之度與輪心在本天周右移之度皆同數輪心自本天最高右移一度七政在輪周亦自小輪之最高左旋一度若以一線聯其環行之跡則成大圈而與地不同心故曰異名同理○二者法則同歸而理以本輪爲確蓋地在天中不動與太虛相應七政無與地不同心之理故七政之天皆同心也其行於本天而成輪象者逐動天之行勢使然也天圓而動日月五星亦圓而動論者喻之盤之珠丸雖隨盤轉而又自生環繞之形又喻之水之漩渦雖逐水流而又自作廻旋之勢既有環繞廻旋則其形勢或高或下而似與地不同心矣

月道交周圖

月道交周圖說

月道斜交黃道交初入黃道北至交半緯度極大乃向黃道行至交中出黃道南極於交半緯度又最大又向黃道行至交初而一周每周退天之度爲交差○黃鍾曆議云今書傳官本有圖爲圜規者九而重疊相錯先儒所傳九道蓋如此以理究之月道如今纏綫於彈丸上綫道雖重然止一縷往來未嘗斷絕果如九規則斷而不相屬此可見九行之說非也每一交之終退天一度餘凡二百四十九交有奇退天一周終而復始故舊曆所謂九道元人一之名曰白道○鄭世子以月道出入黃道之差等黃道交於赤道之差其說已當然以今曆之理揆之則月道之交差者月退也黃道之交差者恆星進也而日度不移此其所異也月之爲體最近其行度最著故推日星之理者自月始由其交周可知天日之有歲差矣由其遲疾可知日星之有贏縮矣由其月孛之行可知日最高之有移度矣由其倍離合日而又有遲疾加減之分可知五星之有歲輪矣

太陰次輪圖

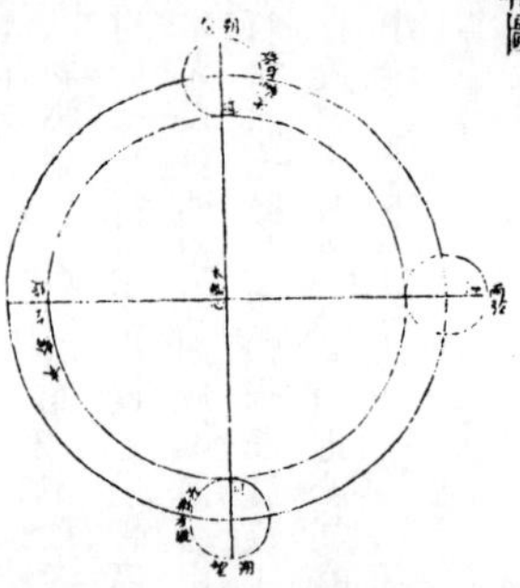

太陰次輪圖說

五星皆以次輪心行於本輪之周月則以次輪最近點行於本輪之周朔望起最近每本輪心離日一度則次輪最近行於本輪周亦一度而月在次輪則行兩度朔望至弦離日九十度而月行次輪一百八十度至最遠弦至朔望亦行一百八十度復至最近故一月行兩周所以知者高卑視徑遲疾視行皆至兩弦則其差倍增而朔望則平也

太陰高卑四限圖

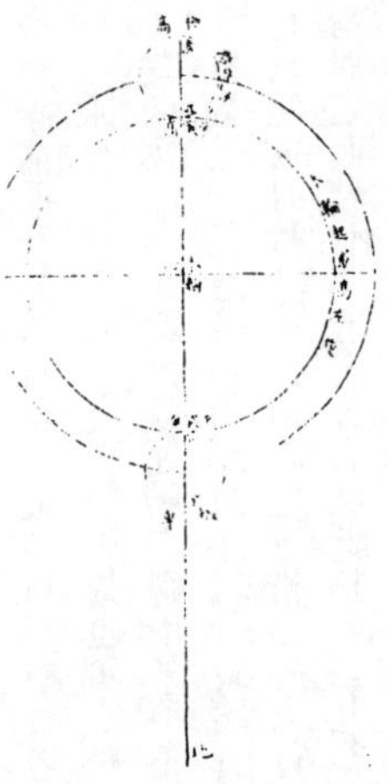

太陰高卑四限圖說

本輪最高又遇次輪最遠爲極高本輪最高遇次輪最近爲次高本輪最卑遇次輪最近爲次卑本輪最卑又遇次輪最遠爲極卑高則去地遠視徑小卑則去地近視徑大

太陰遲疾大差圖 亦分四限

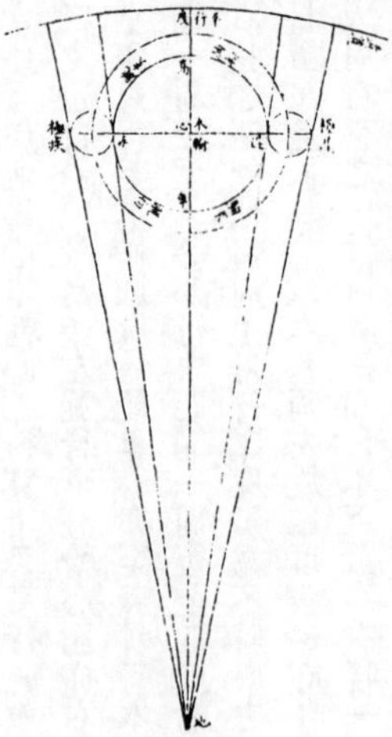

太陰遲疾大差圖說

自本輪最高行滿朒初九十度至留際遲積度五度奇自最卑行滿朓初九十度至留際疾積度亦五度奇是爲本輪上遲疾大差朔望用之若本輪行至留際又遇次輪之最遠則其遲疾各得七度四十分以爲大差兩弦用之是爲遲疾大差之四限

土星次輪圖

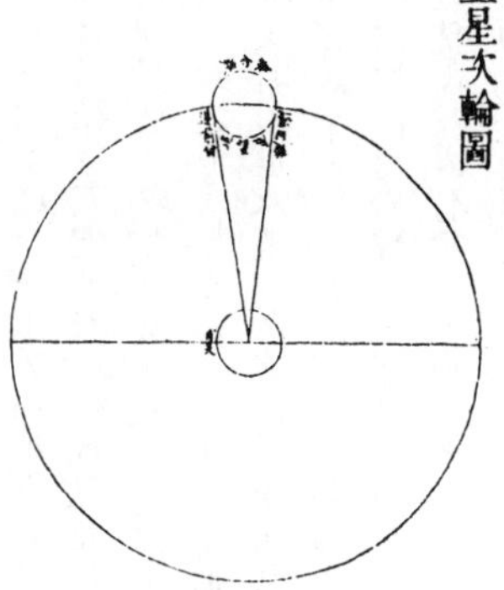

此就輪行最高處而周若轉行最卑處合望之理可反以三隅也木火金水四星皆然

木星次輪圖

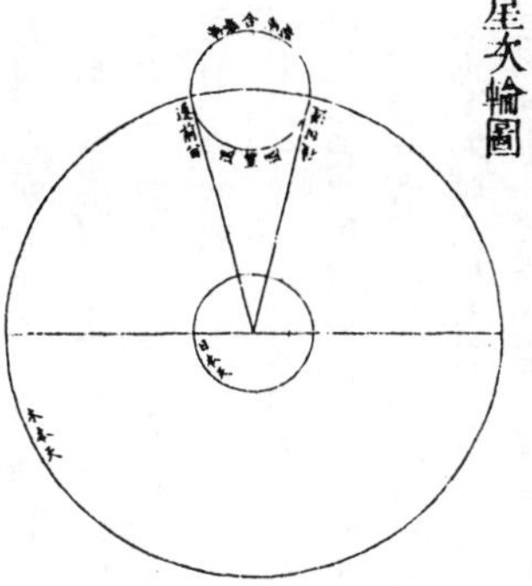

火星次輪圖

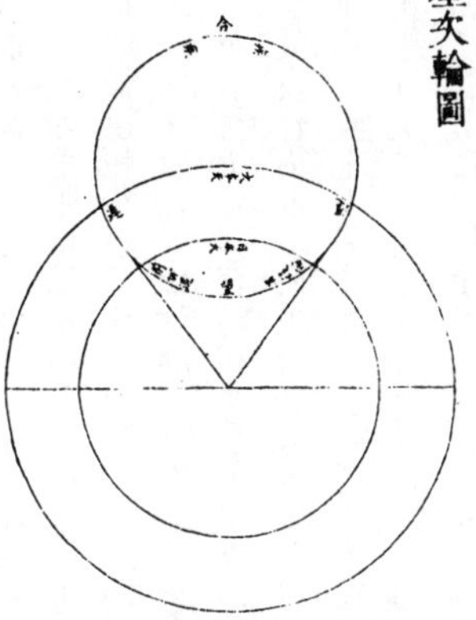

金星次輪圖

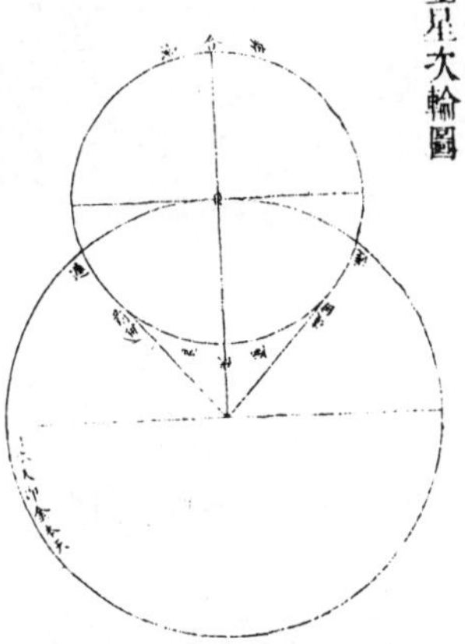

水星次輪圖

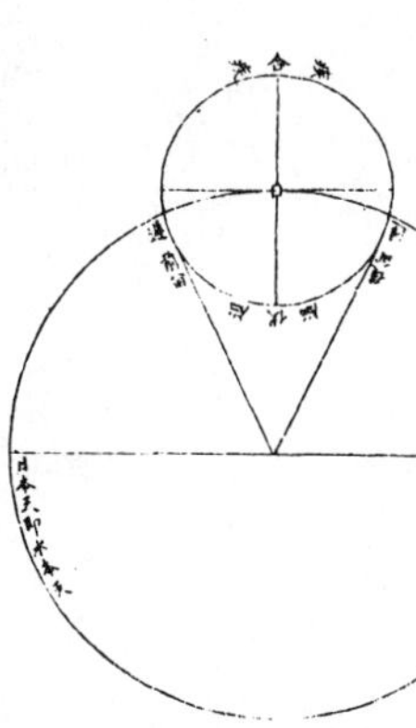

五星次輪圖說

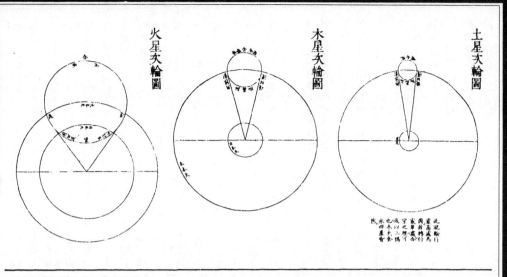

七政各有本天有本輪日五星行本輪而有朓朒盈縮曆是也月行本輪而有朓朒遲疾曆是也然惟太陽無次輪故本輪上行度卽爲日體月五星則本輪之周又有次輪故本輪上行度尚非月五星之體而次輪所行也○七政本天皆右移故本輪之心亦右移也（卽平行度）而七政本輪周行度皆左旋所以知者七政之縮曆遲曆皆輪上半而盈速下半也本輪左旋則次輪亦必從之左旋（卽星盈縮曆月遲疾曆）而月五星在次輪上仍皆右旋（輪周行卽月星行也）所以知者五星在次輪上半行反速下半則反遲留且退月雖無留退亦上速而下遲也　七政行天一周而本輪之朓朒亦一周七政從天者也月與日一合一望而次輪再周五星與日合望而次輪一周月星從日者也　本輪行度日金水歲一周月一歲十三周有奇火約二歲木約十二歲土約二十八歲皆一周（本輪心行天一周則宿度徧本輪周行度滿一周則朓朒齊）星行次輪土三百七十八日奇而一周木三百九十九日弱而一周火七百八十日弱而一周金五百八十四日弱而一周水一百一十六日弱而一周皆自合伏至合伏也惟月則十四日奇而一周朔至望望至朔皆得全周也五星次輪上行度與其離日之度同惟月則次輪上行度與其離日之度爲加一倍故名之倍離　七政本輪皆不能改易經度東行之向輪小故也太陽無次輪故有盈縮而無留退若太陰則有次輪矣何以亦無留退曰太陰次輪更小於本輪故但能加損本輪之遲疾而不能改易經度之東行五星則次輪皆大故遲疾甚明又能變經度東行之勢俾成留退矣○輪有遠近者在七政本輪則爲最高卑在土木火次輪則爲合日與衝日金水則爲順合與退合故高則在本輪遠卑則在本輪近五星合伏則在次輪遠土木火衝日金水退合則在次輪近皆以遠近於地心爲遠近也惟太陰不然凡言次輪遠近皆遠近於本輪之心非遠近於地心與五星異故高卑朓朒之極增數皆在兩弦而仍以本輪爲主遇最高則極高視徑加小遇最卑亦成極卑視徑加大遇遲限則極遲遇疾限亦極疾迥異

常測然而高卑極增之時遲疾反平遲疾極增之時高卑視差祇如中距兩輪相加勢使然也○土木火合伏後起最遠順輪心行故疾本輪西行則次輪心亦宜西行然本輪心自順本天東行本天度大本輪周度小只相折除則次輪心總爲東行矣中距漸遲入視星自上而下初不見其有動爲留至下半周逆輪心爲退最近與日衝近地而星體必大近中距自下而上又見爲留至上半周復順疾而再合金水環繞日體合伏起日上最遠退合在日下最近退合無緯度即入日而日中有黑子順逆遲留之理與土木火同大抵五星合伏必在次輪最遠退衝必在最近而火次輪體徑倍大退衝時因直入日天之內去地甚近也○五星本輪在本天之上則逐天行而西計輪心退天一度輪周亦西轉一度次輪在本輪之上則逐日躔而東計輪心離日若干度輪周亦東轉若干度梅子曰是皆氣所攝也本輪之周爲最高所攝故心雖右退而其左轉以向最高者不移也次輪之周爲日所攝故心雖左徙而其右轉以向日者不移也夫虛空之中一氣而已其動也一機而已安得盤桓交錯若是棼然哉曰凡皆理勢之自然也若前盤珠水沫之喻則珠之動也常循於其盤而勢必傾或鐵丸也而運慈石引之則又感於其類而勢必就沫之浮也雖有迴轉而勢常東之或遇漩渦焉則又爲之吞而勢必下究今夫天者盤也水也太陽之於星不啻慈鐵之呼吸渦流之茹納也故一氣之中羣象効焉一機之發衆動生焉然而兩輪雖周不離其天兩數加減不改平度變化而其道有常參差而其數有紀是亦可謂至賾至動而不可亂者矣

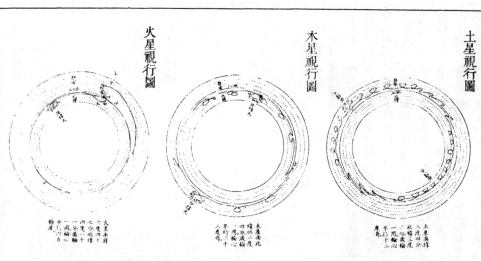

土星視行圖

土星南緯二度四分北緯三度二分歲輪一周輪心平行十二度奇

木星視行圖

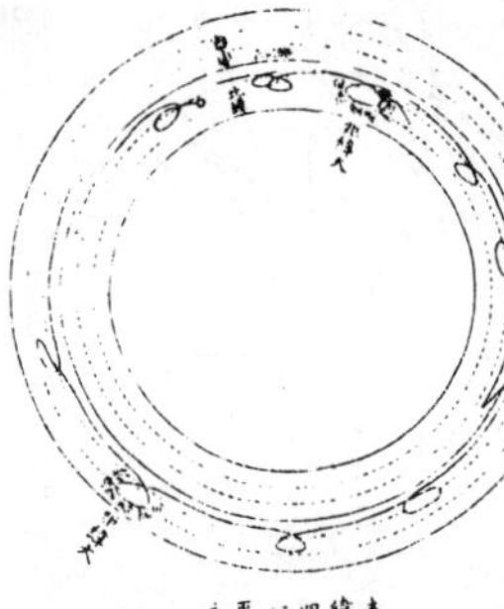

木星南北緯俱二度四分歲輪一周輪心平行三十六度奇

火星視行圖

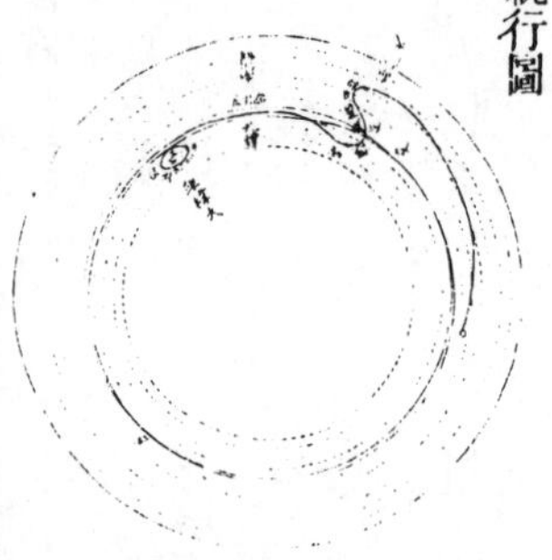

金星視行圖

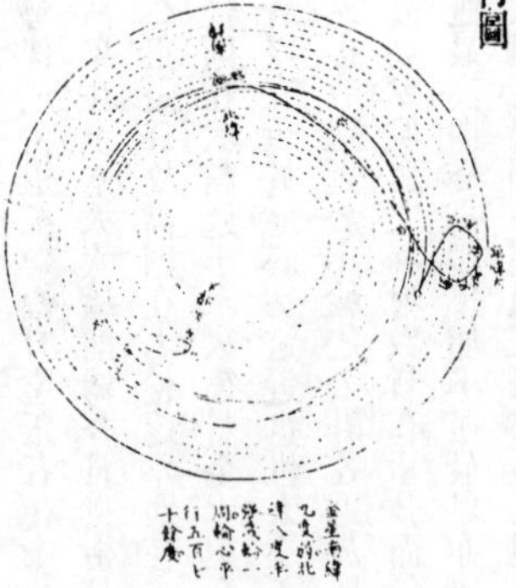

水星視行圖

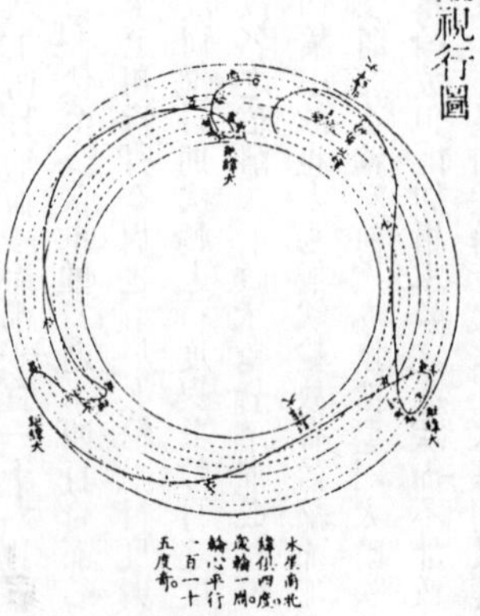

水星南北緯俱四度歲輪一周輪心平行一百一十五度奇

五星視行圖說

土木火合伏起順疾日前星後而晨見漸遠漸遲極而留將衝而逆既衝夕見逆極而留乃順遲行近日復疾再與日合而一周金水合伏亦起順疾日後星前而夕見漸遠漸遲極而留逆行就日而伏既乃晨見逆而極遠復留漸順遲行近日復疾再與日合而一周星道出入黃道與月同理雖有本輪次輪而人目所望但見一線遲運出入黃道也凡距黃緯度近交則小近半交則大合伏時小退衝退伏時最

大距黃最大緯度月南北五度少強土三度大木二度大火南六度半強北四度十一分金北八度半強南九度弱水南北四度凡在此以下爲變犯之界各周所行之實度不等土十二度半強木三十三度強火四百八度半強金五百七十五度半強水一百一十五度強○漢曆有遲速畱逆諸限後人又覺其疏而爲之段目裒序然於理莫能明也以今曆之說求之則星在次輪終古平行無遲無速其有遲速而又加有逆畱者皆視行也蓋星行上半輪在本天之外去地最遠與輪心俱逐日而東輪行而星亦行所謂輪行者輪心也所謂星行者輪周也故見爲疾漸下在兩旁盡處人自下望其勢徑直雖行而似不行然星雖不動而輪猶移也故見爲遲及入下半輪稍深輪東星西其數相除恰盡則見爲畱星之西行其數稍贏則見爲逆方星行下半輪正中時輪心尚向東行其度大星行大輪其度小安能除盡東行之數而反見贏乎不知測驗之理凡七政遠則見遲而度之大者小近則見疾而度之小者大當在下時去地最近其度雖小足與大度相除而猶過之也數適相等又見爲留轉至兩旁盡處又見爲遲漸入上半輪界又以漸而速是故順逆遲畱皆因人所見非星行實然而究其故則輪周之轉爲之也金水二星不經天者緣與日同天而其輪心行度又與日等故退伏而不退墨實則與三星之理無有不同○以其兩畱之限攷之前畱土近合後百一十四度木百二十六度火百六十三度金百六十七度水百四十四度後畱土二百四十六度木二百三十四度火百九十七度金百九十三度水二百一十六度兩畱之間則俱退行夫其兩畱之間闊狹度殊者蓋輪之東去遲星之西行速則兩數相除易盡而先畱輪之東去速星之西行遲則兩數相除難盡而後畱此闊狹之原也土木水皆輪遲而星速輪行土十二度奇木三十三度奇水則一百一十四度奇星行土三百七十八日奇木三百九十九日弱水一百一十六日弱故兩畱之間多火金皆輪速而星遲輪行火四百八度奇金五百七十五度奇星行火七百八十日弱金五百八十四日弱故兩畱之間少又前畱距合在本天最高則少最卑則多後畱在本天最高則多最卑則少所以然者在最高則次輪心逐本輪周西移而東行之度縮在最卑則順本輪周東過而度益贏縮則星度與之相除也易贏則星度與之相除也難與前論畱限闊狹者異原同歸也又凡人目仰眂遠則察見其兩際而近則窄土木水輪小故高而遠金火輪大故卑而近在最高則遠在最卑則近此其兩畱之視所以不同

九服見食圖

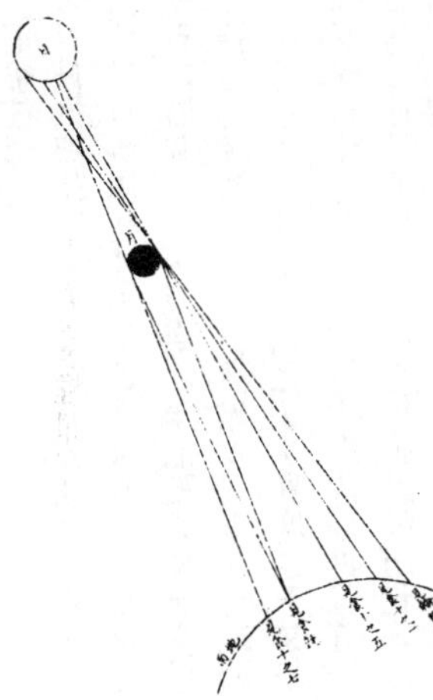

九服見蝕圖說

月魄掩日而日爲之蝕故正當月魄之下卽見蝕旣地平經緯漸差所見蝕分多寡遂異蓋由日高月下地偏則所見非經緯相合之一線漸視兩體空際而所掩漸覺其少故日蝕之分隨方不同非如月蝕普天同視也○黃鐘曆議云舊云月行內道在黃道之北蝕多有驗月行外道在黃道之南雖遇正交無由掩映蝕多不驗又云大之交限雖係內道若在人之交限之外類同外道日亦不食此說似而未盡假如夏至前後日食於寅卯酉戌之間人向東北西北而視之則外道食分反多於內道矣按內外道卽陰陽曆也月行陰曆爲內道則有北緯行陽曆爲外道則有南緯古法日食求差以赤道午線爲中則日食距中之度或大於象限故授時曆東西南北差有反減法黃鐘曆議之說蓋出於此今法以黃平限爲中可無此疑何則日食三差並以高下差爲根詳見後條黃平限恆居天頂之南而人居其北北高南下故能以北緯變南緯無南緯變北之理冬夏一也惟地近交廣極出地在二十三度以下黃平限有時在天頂之北則其時南緯可以變北耳南緯變北則外道食分反多惟此時爲然

日食三差圖

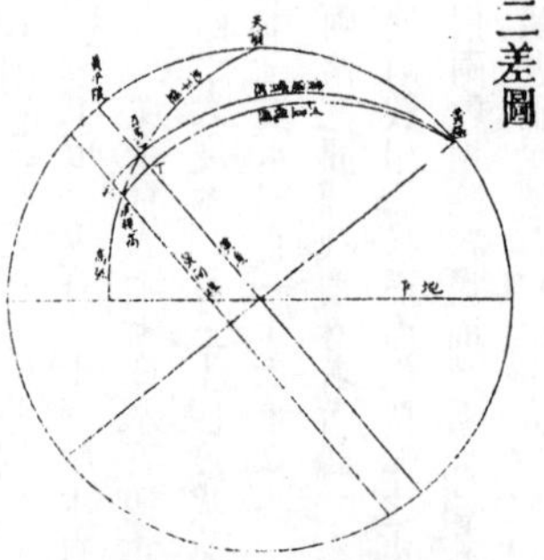

設太陰實高在乙視高在庚高弧上乙庚之距為高下差從黃極出經線至太陰實度乙又從黃極出經線至視度庚必過丁黃道上乙丁之距為東西差實度乙正當黃道視度庚在黃道南其距丁庚緯度與乙丙等為南北差

日食三差圖二

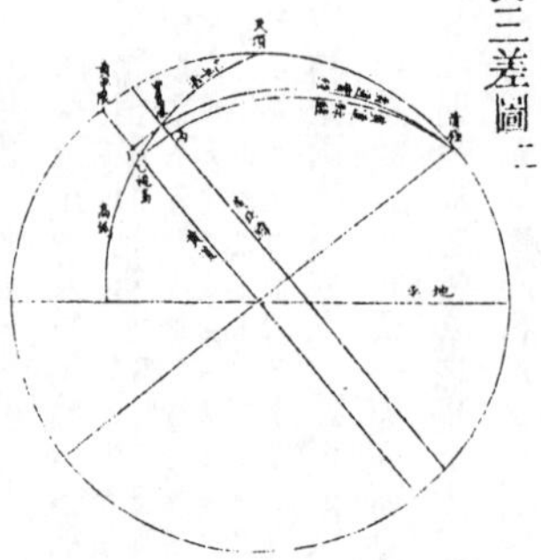

設太陰實高在庚視高在乙高弧上庚乙之距為高下差從黃極出經線二一過實高庚指黃道度丁一過乙不標度一為黃道丁乙之距為東西差與丙庚等實度庚在黃道北其緯度庚丁與丙乙等視度乙正當黃道無緯度丙乙為南北差與丁庚等

日食三差圖三

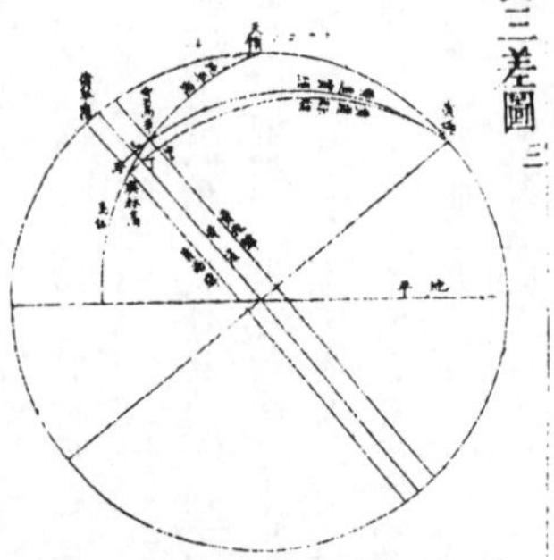

設太陰實高在甲視高在庚高弧上甲庚之距為高下差從黃極出經線二一過太陰實高甲至黃道乙乙為實度一過北極甲及黃道丁至太陰視度庚丁為視度黃道上乙丁之距為東西差與甲辛丙庚等月實緯辛在黃道北其距辛乙與甲丁等視緯庚在黃道南其距丁庚與乙丙辛甲庚丙南北差與辛丙等

日食三差圖說

推步日蝕爲曆法至要而至難即立法精微布算巧密而所推與所測往往不符蓋有東西差能變經度而交蝕之時刻遂有早晚南北差能變緯度而交蝕之分秒遂有淺深此兩差以高卑差爲本凡自地心指其實度之高及自地面覩之必在實度之下其差降高爲卑而象句股之有弦然後東西差與黃道平行而爲之句從黃極出經線過句弦以限南北差而爲之股極南則弦與股合而無東西差極東極西則弦與句合而無南北差也○地心地面之說古未有也新法謂地體正圓而正居大圜之中則地心即天心也凡曆家測驗自地平圈起初度升至九十度而爲天頂者皆正與地心相應而人所居則在地面穹窿而踞地心之上徒以體圓勢順目所環覩得覩大輿之半因以謂之地平若用以直天度則惟恆星大距地絕遠視地甚小可無推心面之差若日天則居七政之中月天則距地最近去日猶遠是以心面之間高下生焉高下之間南北東西異焉蓋有推得地心日食而地面不食者亦有地心未應食而地面旁睞反見食者於是東西之差則有時刻之早晚南北之差則有分數之淺深人但知里差之法爲加時分秒之由不知同一分域而地心地面原有兩差爲差之根也○地心之所見惟一而地面之所見隨處不同故日食三差生於地圓而九服見蝕生於三差也假令人居地心則東西南北之差無從可立而爲形一視矣故三差皆地面所生而遂有九服之各異北齊張子信謂日食有入氣差至唐長慶中宣明曆遂有氣刻時三差之法歷代因之郭守敬正其名曰東西差南北差今則以地圓之理著其所以然者

闇虛蝕限圖

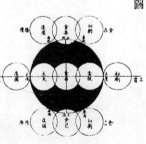

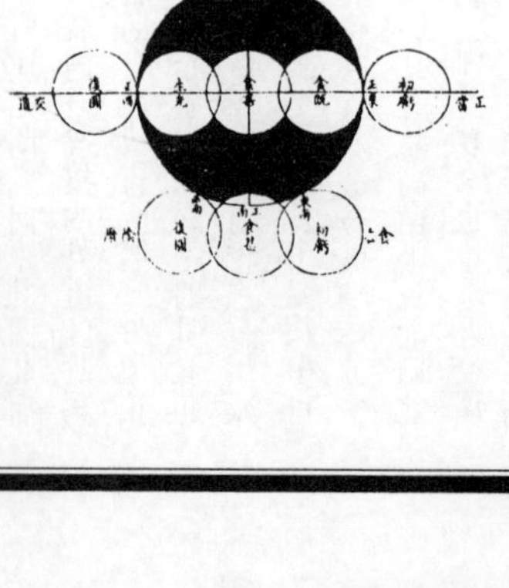

闇虛蝕限圖說

闇虛徑大於月約將三倍又各以去日遠近爲大小正當交道則蝕有五限月東輪切闇虛西輪爲初虧西輪齊爲食既中徑齊爲食甚東輪齊爲生光月西輪切闇虛東輪爲復圓偏而蝕於陰陽者分三限初虧食甚復圓起復方位與日蝕反日遲而月來揜之故起於西闇虛遲而月來就揜故起於東緯度多則蝕分少緯度少則蝕分多○古人指日中之暗爲闇虛鮑雲龍天原發微比於離坎中之陰陽宋濂謂月蝕爲地影之所隔魏文魁作曆測疑其說出於西域然南齊書已言之且漢張衡亦曰當

日之衝光常不合者蔽於地也是謂闇虛斯言甚明獨以為在星星微與今說異月近地星遠地日照地成影闇虛有盡不能及星也

里差時刻圖

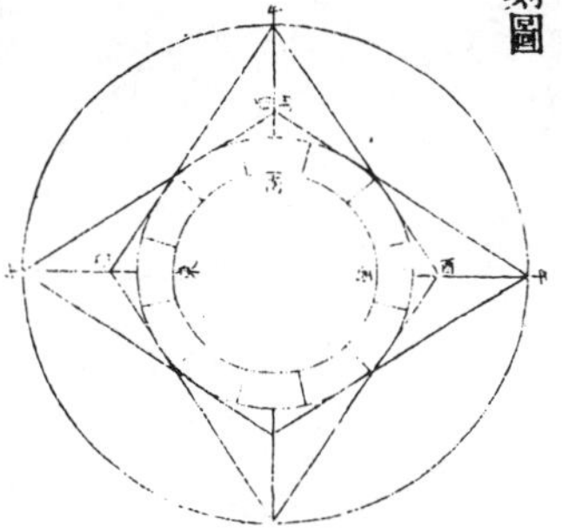

里差時刻圖說

北極高下殊而地有南北之緯差時刻早晚異而地有東西之經差測經差時刻者用月蝕月蝕普天同見而見之者西方覺早東方覺遲知相距幾何里即差幾何刻則推之四表莫不皆然蓋東之午南視為卯南之午西視為卯而東巳視為酉西之午南視為酉而東必以為子各據日輪南照為午而在左在右初不知時刻之潛移也○堯典分宅四方周官以日南日北日東日西參互測驗誠曆象之至要後世率就一隅立法故用之他方隔閡難通也耶律楚材創里差法郭守敬廢而不用雖分道測候而所定授時僅可行於大都元統强以用之江南止改其晝夜刻疎謬已甚其後都北平臺官一守元統之舊又襲南方之晷漏而不知變曆象之難明也如此

曆象圖說

各曜本天圖

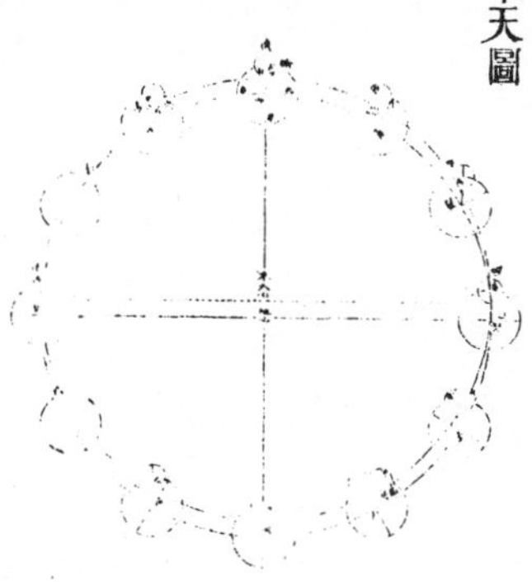

各曜本天圖說

各曜麗天本皆平行而累代測改未易合天者緣各居一重本天有高下遠近又各繫諸輪為運動之本古今推測漸就詳密本天為大圜度有不齊必加減而後均乃有第一輪圈名為均輪猶未均齊必有相濟乎均輪者則第二輪圈名為小輪而光體所在別有繫屬次輪詳後而後周行於小輪小輪心行於均輪均輪心行於本天順逆不齊牽引聯絡而適得均齊之度如圖未午丑子曰各曜本重之天天包地外以地心為心本重天上繫均輪高丙卑辛圈其心未在本重天向午右行均輪上繫小輪近遠圈其心高在均輪上向丙左行小輪上又繫光體之輪次輪詳後在小輪上自近向輪右行凡本重天之均輪心未至午三十度均輪上之小輪心高至甲亦三十度古法謂之入曆入轉限新法謂之平引數而光體之在小輪上近至次必六十度則加倍平引矣本重天未至巳六十度均輪高至乙亦六十度小輪近至輪則一百二十度本重天未至辰均輪高至丙皆九十度小輪近至遠則一百八十度本重天未至卯均輪高至丁皆一百二十度小輪近至左則二百四十度本重天未至寅均輪高至戊皆一百五十度小輪近至小則三百度本重天未至丑均輪高至卑皆一百八十度小輪近復至近則三百六十度此自最高起筭也本重天丑至子均輪卑至己皆三十度小輪近至圈則六十度本重天丑至亥均輪卑至庚皆六十度小輪近至上則一百二十度本重天丑至戌均輪卑至辛皆九十度小輪近至遠則一百八十度本重天丑至酉均輪卑至壬皆一百二十度小輪近至右則二百四十度本重天丑至申均輪卑至癸皆一百五十度小輪近至行則三百度本重天丑至未均輪卑至高皆一百八十度小輪近又至近則三百六十度此自最卑起筭也由此運行之跡而別成近次輪遠虛線本天形與本重天同大而偏高偏卑遂不以地為心而別有其本天心凡言遲速加減者以此本天為主以其輪圈各有大小其行各有左右多寡故遲速而生加減然大小左右多寡而實皆平行故加減而其度適

均此於無法中而有定法者也日月木火金其理皆同

本天加減圖

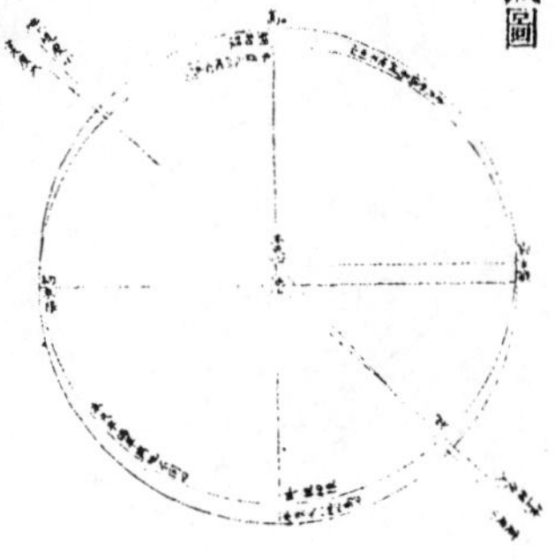

本天加減圖說

各曜本重天包於地外其中心卽地心也因均輪小輪上有高卑遠近而別成一虛線本天形偏高偏卑不能以地心爲心卽與本重天之心亦不相合矣最高起行遲爲朒限其差爲減最卑起行速爲朓限其差爲加夫各曜右轉今古平行何以有遲速耶蓋從高右行至朒此本天平行度也本天心出直線指其實度而地心出直線指其視度則實度本大而視度覺小矣必於所推平行實度之中減其大小之差而後得人目所見之度故高至卑半周謂之朒限從卑右行至朓亦本平行度也本天心出直線指其實度而地心出直線指其視度則實度本小而視度覺大矣必於所推平行實度之中加其大小之差而後得人目所見之度故卑至高半周謂之朓限又凡近最高左右之半周遠於地而行遲近最卑左右之半周近於地而行速朒初限之差固當減朒末限雖在朓半周漸消其朒而亦減朓初限之差固當加朓末限雖在朒半周漸消其朓而亦加此本天高卑而有加減之源也

太陰次輪圖一

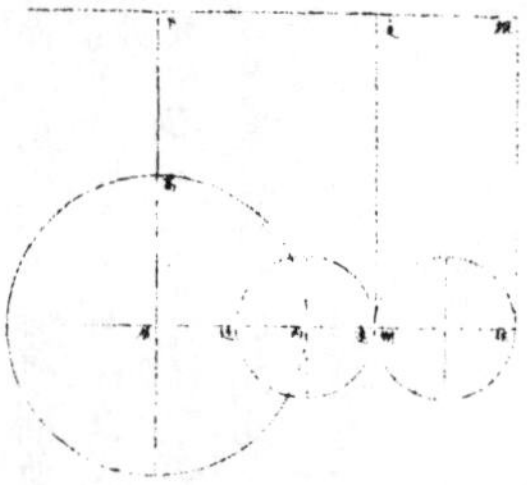

太陰次輪圖二

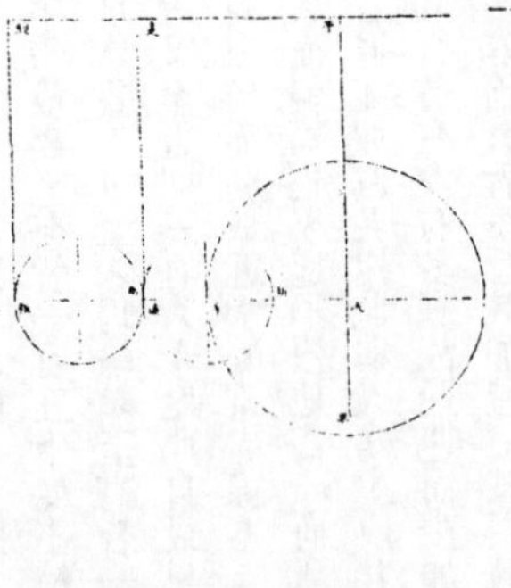

太陰次輪圖三

太陰次輪圖四

太陰次輪圖說

均輪之心行於本天小輪之心行於均輪此各曜之所同也乃各曜光體又行於次輪而次輪之心行於小輪惟太陰繫於小輪而行者不以次輪之心而以次輪之邊故其遲疾加減與各曜有不同者次輪起於距日之遠近亦各曜之所同也乃五星之次輪木火土與日一合而行一周金水與日再合而行一周惟太陰次輪與日一合而行再周故其遲疾加減與各曜尤有不同者次輪邊界從合朔起繫於小輪爲最近半周上弦而至遠矣一周復於近爲望又半周下弦而遠再周復於近而合朔矣次輪以此朔望點繫於小輪上右轉周行既倍於小輪心行於均輪之度而月體之行於次輪周者又一合朔而有再周由是均輪既有高卑小輪又有遠近次輪上復有朔望二弦而太陰之所在測其經度而有遲疾測其緯度而有出入測其光體周徑而有損益象數可徵皆古法之所未備如一圖均輪心行至辰小輪心自高行至丙各一象限次輪朔望點必自近至遠行一百八十度其平實之差爲一均數若月在次輪弦點則更有實經之差均二三當井於一均爲極大之減均也結古名遲疾差二圖均輪心行至戌小輪心自卑行至辛各一象限次輪朔望點必自近至遠行一百八十度其平實之差爲一均數若月在次輪弦點則更有實經之差當井於一均爲極大之加均也古名疾差三圖均輪心行至甲各三十度象限次輪朔望點在小輪上必自近至次行六十度其平實之差爲一均數若月在次輪自次向弦行至月則有實經之差當損其一均餘平經之差爲定減均也四圖均輪心行至亥小輪心自卑行至庚各六十度限次輪朔望點在小輪上必自近至上行一百二十度其平實之差爲一均數若月在次輪自上行至月則有實經之差當益其一均得平經之差爲定加均也

右對各曜本天全圖觀之

木星次輪圖

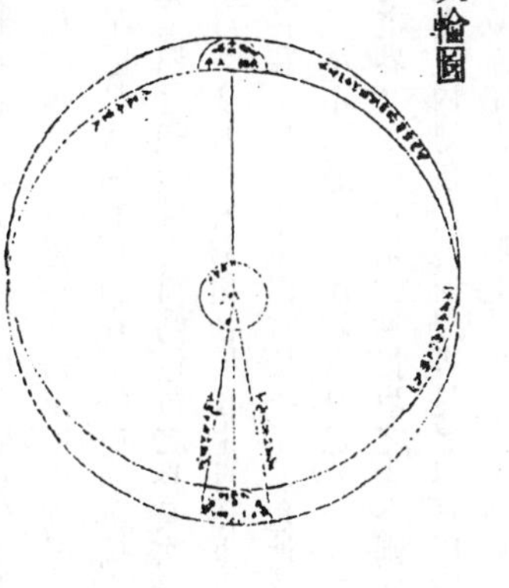

火星次輪圖

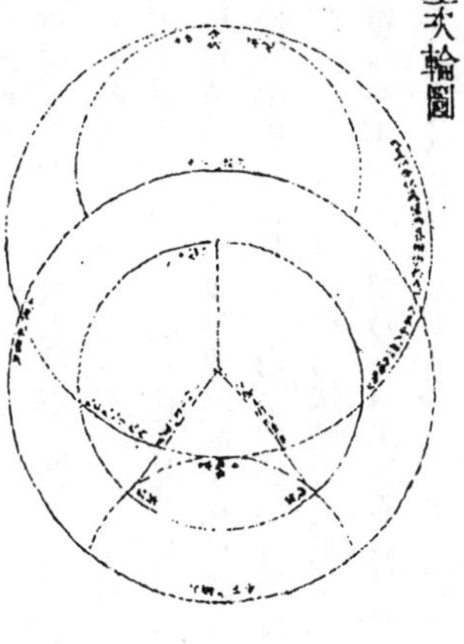

土星次輪圖

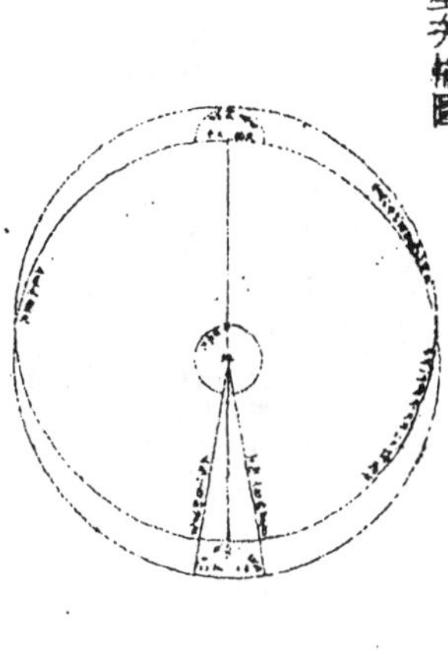

木火土次輪圖說

次輪本于距日之遠近凡星在次輪上半周最遠人自地見其與日合度而伏日行速而前進星行遲而在後則先日東出而晨見日愈進星愈後至次輪下半周之初人視星自上而下同于不行爲前留至次輪下半周最近人視星與日對衝而爲望至次輪下半周之末人視星自下而上又同于不行爲後留乃後日西入而夕見至次輪上半周復于最遠則日追及星而又合伏爲次輪之一周凡在次輪上半周爲順行爲疾行蓋次輪心在本重天右行而星在次輪亦右行也在次輪下半周爲遲行爲逆行蓋星雖循次輪順行而在下半周則逆次輪心而左故反見遲退也星行次輪無不順天右轉者而以日之疾行前進者較之則成左旋之勢用日星兩行之差爲次輪宮度故與金水次輪有別又前留之後後留之前爲逆行之界退望之前爲晨見之界退望之後爲夕見之界自合伏最遠至退望最近兩界相聯別成一本天形與本重天同大此木火土三星之所同也而火

在次輪前後留及退望時則本天直入太陽本天之內而近於地此火星之不同於木土者也又次輪與本天之比例俱有定數惟火星則時大時小且與日各在本天最高則見大在最卑則見小與目視相反此尤火星之大不同於各星者也

金星次輪圖

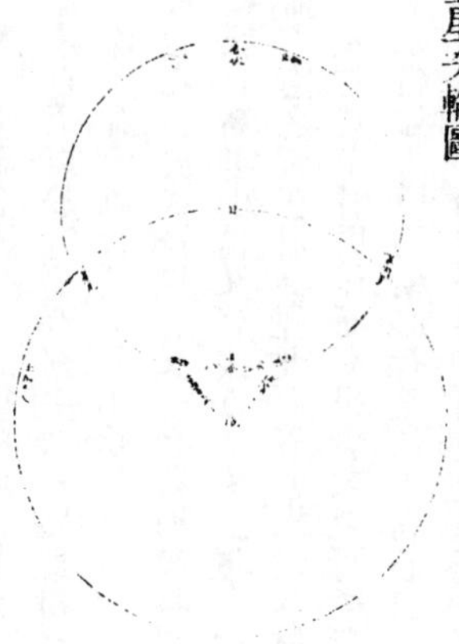

水星次輪圖

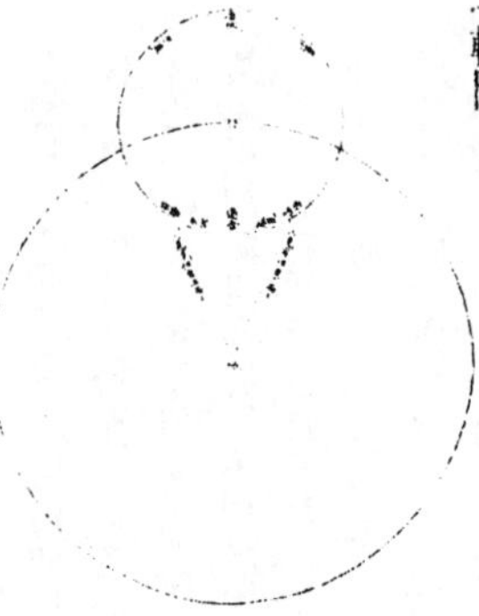

金水次輪圖說

金水本重天與太陽同大故太陽本天卽爲二星本天也次輪心行於本天而星行於次輪半在本天外半在本天內星自次輪最遠起人在地見其與日合度而伏星行速而前進則後日西入而夕見星愈前行至次輪下半周人視星自上而下同於不行爲前留至下半最近星又與日合度而伏過此又視星自下而上復同於不行爲後留乃先日東出而晨見至次輪上半周追及日於最遠而又合伏爲次輪之一周凡在次輪上半周爲順行爲疾行蓋輪心在本天右行而星在次輪亦右行也在次輪下半周爲遲行爲逆行蓋星雖循次輪右行而在下半周則逆輪心而向左也前留之後後留之前爲逆行之界又次輪一周星與日合度者再前爲順合星在上日在下也後爲退合日在上星在下也因次輪小不能包地故與木火土三星不同退合之前爲夕見之界退合之後爲晨見之界又太白晝見古無推步之術今測定次輪交入本天內則近於地而得晝見之界再以緯度南北加減而定晝見之期此又金星之不同於水星者也

水星本天圖

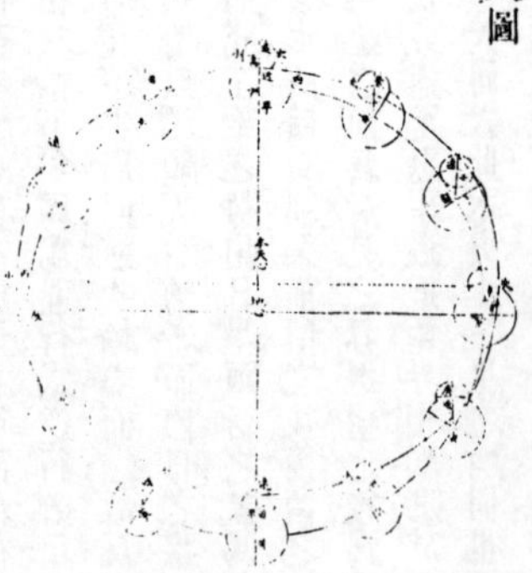

水星本天圖說

水星麗天平行右轉均輪小輪與各曜本無殊致惟光體所繫周行小輪者獨三倍於平引與各曜之二倍者不同小輪上之度二倍平引而與地不同心之本天雖有高卑而仍然一渾圓圈周也三倍平引而與地不同心之本天既有高卑又有長短而成上寬下窄之橢圓形其行度加減遂與各曜大異如圖未午丑子曰水星本重之天以地爲心本重天上繫均輪高卑圈　心未在本重天向午右行均輪上繫小輪近遠圈其心高在均輪上向丙左行小輪上又繫光體之輪次輪詳後在小輪上自近向次右行凡本重天之均輪心未至午均輪上之小輪心高至甲爲平引各行三十度而光體之在小輪上自近至次必九十度則三倍平引矣本重天未至巳均輪高至乙皆六十度小輪近至遠則一百八十度本重天未至辰均輪高至丙皆九十度小輪近至小則二百七十度本重天未至卯均輪高至丁皆一百二十度小輪近復至近則三百六十度本重天未至寅均輪高至戊皆

一百五十度小輪近至次（四百五十度去一全周餘）則九十度本重天未至丑均輪高至卑皆一百八十度小輪近至遠（五百四十度去全周餘）則一百八十度此自最高起算也本重天丑至子均輪卑至巳皆三十度小輪遠至小則九十度（若自本重天未起至子則均輪自近至小各二百一十度而小輪自近復於近又至小則六百三十度他倣此推）本重天丑至亥均輪卑至庚皆六十度小輪遠至近則一百八十度本重天丑至戌均輪卑至辛皆九十度小輪遠至次則二百七十度本重天丑至酉均輪卑至壬皆一百二十度小輪遠復至遠則三百六十度本重天丑至申均輪卑至癸皆一百五十度小輪遠至小（四百五十度去三百六十）則九十度本重天丑至未均輪卑至高皆一百八十度小輪遠至近（五百四十度去三百六十）則一百八十度此自最卑起算也由此運行之跡而別成近次遠小慮線本天形偏高偏卑不以地爲心又擴圓而上寬下窄遂別有其本天之心凡言遲速加減者以此本天爲主餘與各曜同理

水星本天加減圖

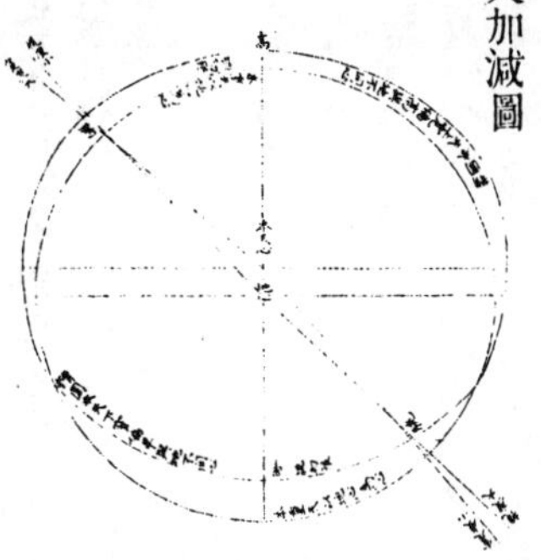

水星本天加減圖說

其理與各曜同從本天心出直線指其實度從地心出直線指其視度較其大小則加減之理自明此加減之數古法謂之盈縮遲疾差新法謂之第一加減均數是也又水星本天不爲整圓而爲擴圓前此未有言之者太西穆尼閣始以心行推測洵創獲矣但疑爲縱長形尚與天道未密今以小輪上三倍之行推定實爲橫闊擴圓云

各天遠近次第圖

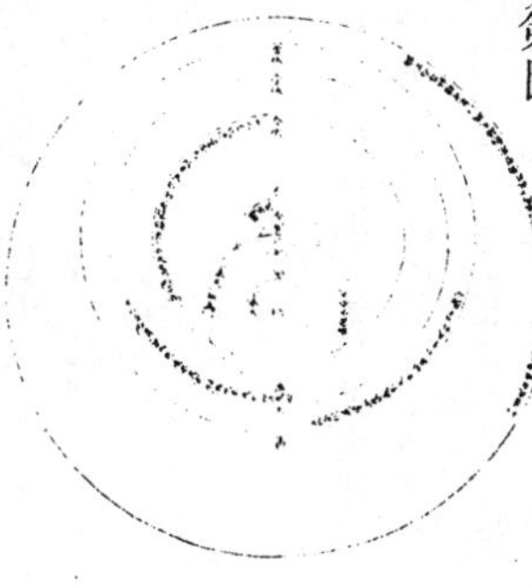

各天遠近次第圖說

古言天家七政與恆星共在一重天而錯雜下上於太虛說已踈矣後乃有九重天之說一月二水三金四日五火六木七土八恆星九宗動各曜之麗天猶木節之在板各天之次第猶葱本之相包審爾則在遠者不能近在近者不能遠其光體之大者無時而小小者無時而大何七體經時而小大而薄蝕凌犯之分秒有不同又凡五星在順合左右則光體見小在退望退合左右則光體見大可知各天遠近在均輪小輪所差尚少至次輪遠近遂生變差如火星天本在日天之外及退望左右則直入日天之內而甚近于地故所見光體大小懸殊因顯日月恆星之天皆以地爲心五星環繞向日時伏時見而其天直以太陽爲心然後各重天體遠近有序益證古志所載陵犯掩蝕之異多非信史試觀月天最近于地自日星以上月皆得而掩之古志所稱星入月而不見星爲月蝕星是也星入月而見星爲星蝕月非矣金水有時在日上若經緯合度而日掩星有時在日下若經緯合度而星掩日日中黑子是也自火木土以上金水皆得而掩之而謂互相掩者非矣火能掩木土而不能掩于木土木能掩土而不能掩于土土能掩恆星而不能掩木火以下諸曜其理同

欽定古今圖書集成曆象彙編乾象典

第二十八卷目錄

乾象典第二十八卷

七政部總論

北史

高允傳

允與司徒崔浩述成國記時浩集諸術士考校漢元以來日月薄蝕五星行度幷譏前史之失別爲魏曆以示允允曰善言遠者必先驗于近且漢元年冬十月五星聚于東井此乃曆術之淺事今譏漢史而不覺此謬恐後之譏今猶今之譏古浩曰所謬云何允曰按星傳金水二星常附日而行冬十月日旦在尾箕昏沒于申南而東井方出於寅北二星何因背日而行是史官欲神其事不復推之于理浩曰欲爲變者何所不可君獨不疑三星之聚而怪二星之來允曰此不可以空言爭宜更審之時坐者咸怪唯東宮少傅游雅曰高君長于曆當不虛言也後歲餘浩謂允曰先所論者本不經心及更考究果如君語以前三月聚于東井非十月也又謂雅曰高允之術陽源之射也衆乃歎服允雖明于曆數初不推步有所論說惟游雅數以災異問允允曰昔人有言知之甚難既知復恐漏泄不如不知也天下妙理至多何遽問此雅乃止

宋張子正蒙

參兩篇

地純陰凝聚于中天浮陽運旋于外此天地之常體也恆星不動純繫乎天與浮陽運旋而不窮者也日月五星逆天而行幷包乎地者也地在氣中雖順天左旋其所繫辰象隨之稍遲則反移徙而右耳間有緩速不齊者七政之性殊也月陰精反乎陽者也故其右行最速日爲陽精然其質本陰故其右行雖緩亦不純繫乎天如恆星不動金水附日前後進退而行者其理精深存乎物感可知矣鎭星地類然根本五行雖其行最緩亦不純繫乎地也火者亦陰質爲陽萃焉然其氣比日而微故其遲倍日惟木乃歲一盛衰故歲歷一辰辰者日月一交之次有歲之象也凡圜轉之物動必有機既謂之機則動非自外也古今謂天左旋此直至粗之論爾不考日月出沒恆星昏曉之變愚謂在天而運者惟七曜而已恆星所以爲晝夜者直以地氣乘機左旋於中故使恆星河漢因北爲南日月因天隱見太虛無體則無以驗其遷動于外也天左旋處其中者順之少遲則反右矣

朱子全書

天度

天最健一日一周而過一度日之健次于天一日恰好行三百六十五度四分度之一但比天爲退一度月比日大故緩比天爲退十三度有奇但曆家只算所退之度却云日行一度月行十三度有奇此乃截法故有日月五星右行之說其實非右行也橫渠曰天左旋處其中者順之少遲則反右矣此說最好書疏璣衡禮疏星回于天漢志天體沈括渾儀議皆可參考

曆法蔡季通說當先論天行次及七政此亦未善要當先論太虛以見三百六十五度四分度之一一定位然後論天行以見天度加損虛度之歲分歲分既定然後七政乃可齊耳

山堂考索

總論七政之運行

爰自混元之初七政運行歲序變易有象可占有數可推由是曆數生焉夫日月星辰有形而運乎上者也四時六氣無形而運乎下者也一有一無不相爲侔然而二者實相檢押以成歲功蓋日窮於次月窮於紀星回於天此有形之運于上而成歲者也五日爲候三候爲氣六氣爲時四時爲歲此無形之運于下而成歲者也混元之初日月如合璧五星如連珠

自此運行迨今未嘗復會如合璧連珠者何也葢七政之行遲速不同故其復會也甚難日之行天也一歲一周月之行天也一月一周歲星之周也常以十二年鎮星之周也以二十八年熒惑之周也以二年惟太白辰星附日而行或速則先日或遲則後日遲而後日昏見西方速而先日晨見東方要之周天僅與日同故亦歲一周天焉夫惟七政之行不齊如此此其難合也世之觀漢史者見其論太初曆之密日月如合璧五星如連珠而遂以爲五星聚于太初之元年殊不知此乃論太初曆之周密推原上至于混元之初其數之精無有餘分故有是言在太初之年實未嘗如合璧如連珠也何以言之五星之會常從鎮星五星之行鎮星最遲故諸星從之如會以曆考之漢高祖之元年五星聚於東井葢鶉首之次也自高祖元年至太初元年凡百有年也鎮星二十八年而一周當是之時鎮之周天葢以三周而復行半周有餘凡八次矣進在元枵之次安得有日月如合璧五星如連珠起于牽牛之初乎

熊氏經說

左傳襄昭間所言歲星與天官書及今曆家算木星各不同

襄二十八年春無冰梓愼曰今兹宋鄭其饑哉歲在星紀而淫於元枵注引襄十八年萇叔曰天道多在西北謂是年歲星在亥自襄十八年至二十八年行十一宮當在星紀如左氏之法是歲星午年在亥未年在戌申年在酉酉年在申戌年在未亥年在午子年在巳丑年在辰寅年在卯卯年在寅辰年在丑巳年在子襄十八年丙午據今曆家躔度約法則午年木星在辰依史記天官書則午年當在酉襄二十八年丙辰據今曆家躔度約法則辰年木星在午依史記天官書則辰年當在亥皆與左氏言歲星不同又如昭九年書夏四月陳災左傳鄭裨竈曰五年陳將復封封五十二年而亡歲及鶉火而陳卒亡故曰五十二年本注是年在星紀歲五及大梁而陳復封自大梁四年而及鶉火又曰周四十八年凡五及鶉火愚按昭公八年楚滅陳九年戊辰據今曆家躔度約法辰年木星在午依史記天官書則辰年當在亥左氏說歲星自爲一家昭九年戊辰歲在星紀正如襄二十八年丙辰歲在星紀所謂五十二年者當哀公十二年戊午不見陳亡是年楚公子結伐陳吳救陳未嘗亡也又如昭三十二年辛卯伐越史墨曰不及四十年越其有吳乎越得歲而吳伐之本注此年歲在星紀星紀吳越之分歲星所在其國有福按十二星木無吳止有越以左氏歲星例推之卯年當在寅而淫於星紀者也據今曆家算木星約法則卯年當在未依史記天官書則卯年當在子愚嘗觀天象而驗之則曆家所算木星乃歲星之昏見者也天官書所言歲星乃歲星之晨見者也各有其星在焉昏見者先他星而出晨見者後他星而入晦以寅年寅月卯年卯月（餘年依例）朝昏候之可見皆謂歲星惟左氏所言未知爲何星又如王猛克壺關之年當海西公太和五年庚午申引謂福德在燕趙秋謂天道在燕當時泰太史論彗星亦云尾箕燕分然午年歲星不在尾箕之分又如吳救陳伐晉言歲鎭守斗福德在吳當泰世祖建元十八年壬午亦不當在吳越之分此時所謂歲星與左傳午年在亥之例又不同必有至當之說以俟知天道者

荆川稗編

宋濂論月五星

宋濂楚客對曰宋子泛舟西上夜泊彭蠡褰篷而坐時長空無雲明月皎然孤照衆星璨列一一可數同舟有楚客者忽指月問曰日月一也此何有虧盈乎宋子曰不然也月圓如珠其體本無光借日爲光背日之半常暗同日之半常明其常明者正如望夕初無虧盈但月之去日度數有遠近人之觀月地勢有正偏故若有虧盈耳曰然則其有夜食奈何曰此爲地影之所隔也月上地中而日居下地影既隔則日光不照其隔或多或少故所食有淺有深葢地居天內如鷄子中黃其形不過與月同大地與月相當則其食既矣惟天之體冲混無際然其圍徑之數及去地幾千萬里巧算者亦可以推之也客曰月之爲說既聞命矣五星盈縮占者時有不合此何以無定論乎宋子曰五星從黃道內外而行考其盈縮則于分投距度最宜精審近代占天家于測景授時之法誠可謂度越前古至于星占則微有不同且如辛亥歲正月乙酉朔火當躔房五度彼則謂在房之一度二月辛巳火當入斗初度彼則謂在三月己巳正月己西金木始當同度彼則謂在乙巳其後驗之天象所失昭然若論水星距日之度盈縮之間終不踰二十三度半之外彼則謂正月癸卯水躔斗十九度在晨疾投中較之日躔虛六度已距二十七度此尤所未

解然天道未易言必得明理之儒如許衡者出正之可也客曰星曆之學儒者亦在所講乎宋子弗答趣侍史具衾入舟而寢

吳澄七政左旋說

草廬吳氏曰天與七政八者皆動今人只將天做硬盤却以七政之動在天盤上行古來曆家非不知七政亦左行但順行難算只得將其逆退與天度相直處算之因此遂謂日月五星逆行也譬如兩船使風皆趨北其一船行緩者見前船之快但覺自己之船如倒退南行然其實只是行緩趕前船不著故也今當以太虛中作一空盤却以八者之行較其遲速天行最速一日過了太虛空盤一度鎮星之行比天稍遲于太虛盤中雖略過了些子而不及于天積二十八箇月刻不及天三十度歲星之行比鎮星尤遲其不及于天積十二箇月與天爭差三十度熒惑之行比歲星更遲其不及於天積六十日爭差三十度太陽之行比熒惑又遲但在太虛之盤中一日行一周更無餘無欠比天之行一日不及天一度積一月則不及天三十度太白之行稍遲于太陽但有疾時遲疾相準則與太陽同辰星之行又稍遲于太白但有疾時遲疾相準則與太白同太陰之行最遲一日所及比天爲差十二三四度其行遲故退數最多今人多不曉以爲逆行則謂太陰之行最疾也今次其行之疾遲天一土二木三火四日五金六水七月八夫土木火其行之速過于日金水月其行之遲又不及日此其大率也

史伯璿七政逆天右轉說

書堯典朞三百有六旬有六日以閏月定四時成歲蔡氏傳曰天體至圓周圍三百六十五度四分度之一繞地左旋常一日一周而過一度日麗天而少遲故日行一日亦繞地一周而在天爲不及一度月麗天尤遲一日常不及天十三度十九分度之七朱子曰曆家只算所退之度却云日行一度月行十三度有奇此乃截法故有日月五星右行之說其實非右行也橫渠云天左旋處其中者順之少遲則反右矣此說最好問經星左旋緯星與日月右旋是否曰今諸家是如此說橫渠天左旋日月亦左旋看來橫渠之說極是只恐人不曉所以詩傳只載舊說晉天文志天圓地方天旁轉半在地上半在地下日月本東行天西旋入于海牽之以西如蟻行磨上磨左旋蟻右行磨疾蟻遲不得不西或疑儒者言日月每日不及天一度與十三度曆家言日月每日行一度與十三度有奇二說不同如儒者說則是日月每日左旋一周于天所行不到處纔一度與十三度耳如曆家說則是日月每僅右行到此一度與十三度其餘天體皆是所行不到之處其說相反愚謂不然二說雖相戾其實只一般蓋天體非但高則不動待日月自就上運行而已天亦是運動物事其行健又過于日月天是動物日月又是動物物動物天非有體也二十八宿與衆經星卽其體也此二十八宿與衆經星皆繞地左旋一晝一夜適一周而又過一度日月亦與之同運但不及其健則漸退而反似右耳其所退之界分卽日月所不及天之一度與十三度也是則日月雖日一晝一夜隨天旋轉一周于天然其歷天體每日只有此一度與十三度此一度與十三度卽曆家所謂右行之處也譬如有一大磨在此使三百六十五人環繞此磨而行磨非天此三百六十五人繞磨而行者天也又別使二人與三百六十五人之爲首行者從今日子時並肩起脚同行至明日子時皆適一周但此二人者其一人乃與三百六十五人之第二人並肩卽日也其一人乃與三百六十五人之第十四人並肩卽月也相去近遠日月如此是則以大磨視之此三等人固皆一周以二人與三百六十五人視之則此二者雖同與三百六十五人同行其實一人僅與三百六十五人之第一人相摩肩而過一人僅與三百六十五人之第一人至第十三人相摩肩而過此卽日月所實歷之天體也此卽儒者所謂日月不及天之一度與十三度也此卽曆家所謂日月右行之一度與十三度也初豈有二致哉但知儒者之論則是日月五星亦是天象不應獨與衆星相背而右轉故以左旋爲順耳右轉左旋說雖不同其實歷天體則皆共此一度與十三度非有二也不知精于論天者以爲何如姑志此以俟就正焉許益之尚書叢說有七政疑曰唐堯命羲和居四方者天象惟舉分至四中星而知日之所在又言以閏月定四時成歲而知月之所行典文簡古存其大法推步之術未詳西漢天文志始有日月東行天西轉而周髀家則有日月實東行而天牽西轉之說其論天轉如磨者則非論日月右行則是自是志天文者轉相祖述以爲定論言日月則五星從可知矣唐一行鑄渾天儀注水轉輪一晝一夜天西旋一周日行

一度月行十三度十九分度之七晦明朔望遲速有準然則二十八宿附天西去而爲經七政錯行而爲緯其說爲得之而文公詩傳亦猶是也蔡仲默傳堯典則曰天體至圓周三百六十五度而四分度之一繞地左旋一日一周而過一度日月麗天亦左旋日則一日繞地一周而在天爲不及一度月則尤遲一日不及天十三度十九分度之七積二十九日復有餘分而與日會合氣盈朔虛而閏生典謨之傳已經文公是正而公蓋詳之矣其意以爲日者陽之精其健當次於天月陰精也其行當緩月之行晝夜常過于日十三度有奇是陰速于陽不若七曜與天皆西轉則陰陽遲速爲合宜蓋亦祖橫渠先生之意其說可謂正矣然愚以古說較之其所可疑數有七而天左旋七政右逆則七政亦附著天體遲速雖順其性而西行則爲天所牽耳然所倚著各得循序若七政與天同西行恐錯亂紛雜似泛然無統一也日君道也月臣道也從東行則合朔後月先行既望則月在日後及再合朔是月之從日爲臣從君爲順若西行則日在月前至望再合朔必日行從月是君從臣爲逆二也大而一歲陰陽升降小而一月日月合朔此正天地生物之心而陰陽得此相會合以造就萬類者也以一歲之運陰盛乃生意收斂之時而品物流形彙胥壞之間曷嘗有一息間斷哉其所以盛陰否閉之時而生生猶不息者正以日月之合而輔助元氣之偏也然凡進者陽道也生道也退者陰道也死道也日月東行則月之進從日之進西行則月之退又符于日之退三也日月雖皆進行比天行不及則爲退星行無殊金水在太陽先後卒歲一周天爲最速次火次木惟土積重厚之氣入天體最深故比五星形最小行最遲而二十八歲一周天若七政皆西行則向謂遲者今反速向謂速者今更遲是金水最遲故一日只退一度而一歲一周天土行最速常及于天大約二十八日便不及天一度而二十八年然後周天四也星雖陽精然亦日之餘也以日之陽次于天且一日不及天一度星之陽不及遠甚而木十餘日土二十餘日始不及天一度是木土之精反過日遠矣五也星以退留遲疾伏疾遲留退段者有遲有速有順有逆也五政推步姑以歲星言之大約退九十三日而留留二十三日而遲疾伏共行百六十餘日而伏留而復退是行常五倍于退而退四倍于留之日然行乃其常而退乃其變也若西行則行爲退退爲行是五星進日甚少而退何其多與六也星家步星伏行最急疾行次急遲行爲緩留則不行退則逆而西此皆以星附著天體而言者也若七政隨天西行則天自天星自星不可附著天體附著則爲東行矣然則星家所謂遲疾伏皆爲最緩而不及天所謂留則不可言留乃行與之同健一日皆能過太陽一度至于所謂退乃更速過于天運矣七也由是言之則古法比蔡傳爲密于此不可無疑姑識于此以俟知者而問焉按許氏所疑凡七事大抵皆在于先儒左旋之說有所未信而以曆家右轉之說爲可信也其言似亦有理愚亦因此不能無疑于先儒之說夫先儒謂日一日不及天一度月一日不及天十三度十九分度之七五星雖行有遲速然亦皆是不及于天夫七政既皆隨天左旋則宜皆面西而背東非有意于退特以天運過速故七政不能進與天齊而不免退隨大後耳若然則其所不及于天之界分但依直而退可也譬猶二人同行其一足力健者既前進而過去其一足力弱者不能及之則亦但隨退其後而已夫何暇回顧其所退之步數使之循規蹈矩不失尺寸哉今則黃道循赤道之左右交出交入漸遠漸近一歲一周未嘗改易而月道又循黃道之左右出入遠近亦皆一月一變各有常度又如五星之運遲留伏逆各各不同而各有態度如此凡此其勢皆似違天而右轉者此豈回西背東無意於退而能各有條理若是哉所謂術業有專攻以夫子之聖而猶問禮問官豈老聃郯子之徒其智反過於聖人哉業專而已然則窮理盡性繼往開來固先儒之能事至於天文自是一家之傳恐曆家所言自有源流亦未可以先儒所學之大而小之也

王應電七政右旋說

今夫天左旋日月星辰皆西墜夫人而見之故謂七政皆從天左旋其似直截明快因謂昔人推步咸以七政右轉者止以退度數少易於推算之故說亦可通然細觀之則有大不通者四天地之化一順一逆以成化功故律左旋而同右轉河圖主順而洛書主逆故七政逆天而行若皆左旋是有順無逆何以示凶吉而成化工此不可之一然猶曰此書生常談渾渾未足以判案夫君道逸主於無爲故日一日行一度歲一周天故經天者以日爲主臣道勞主於代君故月一日行十三度一月一周天故以月之一周天

而命之爲一月若謂日月每日皆一周日不及天一度月不及天十三度是日勞月逸元首叢脞而股肱惰耶此不可之二也天下物理金水之行爲最疾水一日千里五金在世無頃刻停因命錢曰泉火次之四時而改木又次之一歲而彫惟土爲不動故金水附日歲一周天火二歲一周天木歲居一辰十二歲而一周故謂之歲土歲居一宿二十八歲而一周天故曰填一音震取其以填靜爲體一音田取其以填塞爲用也今曰皆從天左旋是金水一歲而不及天之一周火星二歲而不及天之一周木星十二歲而不及天之一周土星二十八歲而不及天之一周是應速者反遲應遲者反速矣且右旋則以所進而名爲日爲月爲歲爲填左旋則以所退而名爲日月歲填其義與名何乃不經若是耶此不可之三也語云善言天者必有驗於人人稟天地五行之氣而生術家凡立命于天二十八宿度數各有所屬安命之度而過五星之左行者則其人必悖逆一生作事顛倒其正大順利之人必值五星之右行者也設若以左旋爲順右旋爲逆則豈人之立命皆值五星逆行而間值其順者且值其順者何反凶而値其逆者反吉邪此不可之四也言天者尚詳之

劉氏雜志

論七政

日輪大月輪較小日道近天在外月道近人在內故日食既時四面猶有光溢出可見月輪小不能盡掩日輪也日月合朔時月常在內未有日在內者故月食日也日月相望則日食月者月雖含日光以圓于望時然微相參差則光圓恰相衝射則日反食之如點燈者正當爐炭炎熾之尖所衝射則燈反不然矣此曆所謂暗虛言月爲日所暗而非日之實體暗之乃日之虛衝耳蓋二曜各有所行之道如二人各行水陸之逕朔望則一人由陸者在橋上一人由水者在橋下稍相先後亦不食適相對當乃食矣日行道周天如循環月行道亦周天如循環兩環相搭有兩交處一處謂之天首一處謂之天尾天尾爲計天首爲羅至于木火土金水五星不由日道亦不由月道各自有道木星八十三年而七周天與日合者七十六火星七十九年而四十二周天與日合者三十七土星五十九年而二周天與日合者五十七金水二星雖隨日一年一周天然金星八年而合于日者五水星四十六年而合于日者一百四十五其遲速離合以宰萬類之生成司千代之起伏俯視人寰奚異夫甕蚋禪虱之聚散緣嘬也奈何欲以私意仰干之哉孛生于日月之行遲速有常度最遲之處即孛也故謂之月孛孛六十二年而七周天炁生于閏二十八年十閏而炁行一周天炁孛皆有度數無光象故與羅計同謂之四餘并七政爲十一曜也

七政部藝文

齊七政賦 以明主法天用齊七政爲韻 宋周渭

天之垂象兮無臭無聲君之立德兮赫赫明明將同符而合矩在璿璣于玉衡故運彼四時寒燠隨其建指齊其七政有道感于無情故使黎民於變萬物由庚神不祕其福地不愛其禎原其天斯覆兮地斯載播群芳而作主日陽德兮月陰靈俾五星而爲輔諒無私於照燭或任晦于烟雨國風可仰守官方贊于羲和人力不侔杖策已疲于夸父夫能文者政乃不乏示寰瀛之大法運天者道在于乾占日月之初躔既推歷以生律亦鉤深而索元徒觀其如璧之合如珠之聯甲子不迷符太初之朔旦精意以享同肆類于昊天七政匪差萬邦攸共採石氏之經聽疇人之頌遠而望也粲粲映非雲之雲默而識之昭昭爲非用之用歲在木而循度鎭居中而不攜熒惑無犯于奮若太白莫陵于攝提將不盈而不縮豈乍高而乍低故我后所以引唐堯而作式指虞舜而思齊動于天兮德有一麗於天兮曜有七四海以之升平千箱以之充實豈比見暈珥適背之狀語怪變雲氣之質非訓俗以齊人徒廢時而亂日客有從筆硯而未達懷忠信而待命望蓂于朝階知如春之聖政竊昧談天之辯庶俾觀象之詠

七政總叙 明章潢

七政者肇于虞書至漢劉歆張衡雅善星理厥術尤精歆曰太極運三辰五星于上元氣轉三統五行于下三辰合于三統五行合于五星三辰五星而相經緯也衡曰文曜麗乎天其動者七爲日月五星故曰

七政皆緯又曰日陽精宗也月陰精宗也五星五行宗也日行黃道月與五星皆出入黃道也是故聖人有作齊七政以立元測圭箭以候氣明九道以步月交遲速以推星考黃道之邪正辨天勢之升降而交蝕詳焉噫明乎此其于王政也視諸掌乎夫先王之以時齊七政也非曰文也以時作息保和也辨類稜先幾也齊象器定制也裁成範圍贊化也推衍德運明統也是以人神式序天地官也故日月合璧五星聯珠數之値不得已也非所以爲祥然王者道吉丁辰亦可慶焉日月之會是謂合朔會之極不得已也非所以爲沴然聖人扶陽抑陰必謹候焉春秋傳曰先王之正時也履端于始舉正于中歸餘于終又曰龍見而戒事火見而致用水昏正而栽日至而畢凡此皆以欽若其道者也

七政部紀事

路史遂人氏指天以布躔而齊七政

詩說靈臺文王遷都於豐作靈臺以齊七政奏倖雍周公述之以訓嗣王

魏書禮志太和二年旱帝親祈皇天日月五星於苑中祭之夕大雨遂赦京師三年上祈於北苑又禱星於苑中

隋書李士謙傳有客問三教優劣士謙曰佛日也道月也儒五星也

續酉陽雜俎天寶中處士崔元微春夜獨處三更後有女子姓石名阿措來言曰諸女伴皆住苑中每歲多被惡風所撓但求處士每歲歲日與作一朱幡上圖日月五星之文於苑東立之則免難矣元微許之乃拜而去至日立幡東風振地折樹飛沙而苑中繁花不動

七政部雜錄

爾雅釋天星紀斗牽牛也註斗牽牛者日月五星之所終始故謂之星紀

春秋感精符人主含天光據璣衡齊七政操八極故君明聖人道得正則日月光明五星有度

春秋運斗樞天文地理各有所主北斗有七星天子有七政也

春秋說題辭天文以七列精以五故嘉禾之滋莖長五尺五七三十五神盛故連莖三十五穗以成盛德禾之極也

河圖始開圖天地開闢元曆名月首甲子冬首日月五星俱起牽牛

漢書律歷志日月如合璧五星如連珠

晉書天文志東咸西咸在房心北日月五星之道也又東方角二星爲天關其間天門也其內天庭也故黃道經其中七曜之所行也

抱朴子君道篇畫法創制則炳若七曜麗天而不以愛惡曲其情

唐書天文志易五月一陰生而雲漢潛萌於天稷之下進及井鉞間得坤維之氣陰始達於地上而雲漢上升始交於列宿七緯之氣通矣

翠氣經天無言以七曜垂文

夢溪筆談日之在天月對則虧五星對則逆行避之莫敢當其對又太衡者日月五星所出之門戶天之衡也

容齋三筆尚書舜典以齊七政孔安國本注謂日月五星也而馬融云七政者北斗七星各有所主第一主日第二主月第三曰命火謂熒惑也第四曰煞土謂填星也第五曰伐水謂辰星也第六曰危木謂歲星也第七曰剽金謂太白也日月五星各異故曰七政尚書大傳一說又以爲七政者謂春秋冬夏天文地理人道所以爲政也人道正而萬事順成三說不同然不若孔氏之明白也

王逵蠡海集七政麗乎天七竅在乎首七政之見在於極之南七竅之用在於面之前黃道經南天以行七政傾於前也故人之鞠躬亦向前

雁生北方秋自北而南春自南而北蓋歷七政所行以順其情

枝山前聞上嘗以尚書咨汝羲和節蔡沈註誤命禮部改正當時禮部劄付言書傳曰凡前元科舉尚書專以蔡傳爲主考其天文一節已自差謬謂日月隨天而左旋今仰觀乾象甚爲不然夫日月五星之麗天也除太陽人目不能見其行于列宿之間其太陰與五星昭然右旋何以見之當天清氣爽之時指一宿爲主使太陰居列宿之西一丈許盡一夜則太陰

過而東矣蓋列宿附天舍次而不動者太陰過東則其右旋明矣天左旋者隨天體也右旋者附天體也必如五星右旋爲順行左旋爲逆行其順行之日常多逆行之日常少若如蔡氏之說則逆行多而順行少豈理也哉若不改正有誤方來今後學尙書天文一節當依朱氏詩傳十月之交註文爲是

麓澤長語周天三百六十五度然天體無定占中星以知方位天行健而不息如磨之旋自東運而南而西西而北北而東以爲昏明寒暑二儀運而出沒五緯隨而起伏列舍就之隱見炎夏天道南行日出于寅入于戌陽盛于陰也日影隨短窮冬北行日出于辰入于申陰盛于陽也日影隨長春秋天道行于正中日出于卯入于酉陰陽平也日影隨停南爲明都天體所見也日月五星至是則明北爲幽都天體所隱也日月五星至是則晦日月五星至北都而晦非天入于地也若天入于地則日月隨之地中爲日月所照安得爲幽都哉此說與渾天不同然亦不爲無理故著之

丹鉛總錄日月木火土金水謂之七政亦曰七曜今術家增入月孛紫炁羅睺計都四餘星爲十一曜計生于天尾羅生于天首孛生于月炁生于閏蓋日月行道如兩環兩環相交一處曰天首一處曰天尾天尾爲計天首爲羅月之行遲速有常度遲之處卽孛也炁生于閏二十八年十閏而炁行一周天炁孛皆有度數無光象故與羅計同謂之四餘今七政曆亦有四餘躔度

乾象典第二十九卷

日月部彙考一

易經

離卦

日月麗乎天

豐卦

日中則昃月盈則食

繫辭上傳

縣象著明莫大乎日月

大全 進齋徐氏曰天文煥爛皆懸象著明也而莫大乎日月

繫辭下傳

日月之道貞明者也

大全 程子曰日月常明而不息故曰貞明

又

日往則月來月往則日來日月相推而明生焉

大全 臨川吳氏曰因日之往而有月之來因月之往而有日之來二曜相推以相繼則明生而不匱

書經

周書洪範

日月之行則有冬有夏

疏 日月之行四時皆有常法變冬夏爲南北之極故舉以言之日月之行冬夏各有常度喻人君爲政大小各有常法張衡蔡邕王蕃等說渾天者皆云周天三百六十五度四分度之一天體圓如彈丸北高南下北極出地上三十六度南極入地下三十六度北極去南極直徑一百二十二度弱其依天體隆曲南極去北極一百八十二度彊正當天之中央南北二極中等之處謂之赤道去南北極各九十一度春分日行赤道從此漸北夏至赤道之北二十四度去北極六十七度去南極一百一十五度日行黑道從夏至以後日漸南至秋分還行赤道與春分同冬至行赤道之南二十四度去南極六十七度去北極一百一十五度其日之行處謂之黃道又有月行之道與日道相近交路而過半在日道之裏半在日道之表其當交則兩道相合交去極遠處兩道相去六度此其日月行道之大略也

詩經

邶風日月章

日居月諸出自東方

傳 日始月盛皆出東方

周禮

春官

馮相氏冬夏致日春秋致月

訂義 王昭禹曰日爲陽而實故致於長短極之時月爲陰而闕故致於長短不極之時 鄭康成曰冬至日在牽牛景丈三尺夏至日在東井景尺五寸此長短之極極則氣至冬無愆陽夏無伏陰春分日在婁秋分日在角而月弦於牽牛東井亦以其景知氣至否 陸佃曰黃道北至東井南至牽牛東至角西至婁夏至日在東井而北近極則晷短而表景尺五寸冬至日在牽牛而南遠極則晷長而表景丈三尺春分日在婁秋分日在角而中於

極星則晷中而表景七尺三寸夫日陽也陽用事則日進而北晝進而長陽升故爲溫爲暑陰用事則日退而南晝退而短陰勝則爲涼爲寒若日失節於南則晷過而長爲常寒失節於北則晷退而短爲常燠此四時致日之法也月之九行在東西南北有青白赤黑之道各二而出於黃道之旁立春春分月循行青道而春分上弦在東井立冬冬至北旋黑道立夏夏至南從赤道古之致月不在立而常在二分不在二分之望而常在弦者以月入八日與不盡八日得陰陽之正平故也然日之與月陰陽尊卑之辨若君臣然觀君居中而逸臣旁行而勞臣近君則威損遠君則勢盛威損與君異勢盛與君同月遠日則光盛近日則光缺未望則出西既望則出東則日有中道月有九行之說蓋足信也

以辨四時之敘

訂義 鄭鍔曰辨字本亦作辯說者謂見景之至否可以辯說其晷刻以正閏餘使四時之敘無有差忒

黃氏曰夏至日景極長冬至日景極短春秋分平日景平則日亦平致言長短與平各至其數四時之氣定矣於是而置閏所謂以閏月定四時成歲也

禮記

月令

季冬之月日窮於次月窮於紀

註 次舍也紀會也 疏 日窮於次者謂去年季冬日次於元枵從此以來每引移次他辰至此月窮盡還次元枵月窮於紀者去年冬季月與日相會於元枵自此以來月與日相會在於他辰至此月窮盡還復會於元枵

易緯

稽覽圖

日春行東方青道曰東陸

夏日月行東南赤道曰南陸

天有十二分以日月之所躔也

管子

四時

日掌陽月掌陰

漢書

天文志

日有中道月有九行中道者黃道一曰光道光道北至東井去北極近南至牽牛去北極遠東至角西至婁去極中夏至至於東井北近極故晷短立八尺之表而晷景長尺五寸八分冬至至於牽牛遠極故晷長立八尺之表而晷景長丈三尺一寸四分春秋分日至婁角去極中而晷中立八尺之表而晷景長七尺三寸六分此日去極遠近之差晷景長短之制也月有九行者黑道二出黃道北赤道二出黃道南白道二出黃道西青道二出黃道東立春春分月東從青道立秋秋分西從白道立冬冬至北從黑道立夏夏至南從赤道然用之一決房中道

註 宋祁曰朱子文云房字當作於字蓋言月之行其道雖多然皆決於日之中道也

淮南子

天文訓

積陽之熱氣生火火氣之精者爲日積陰之寒氣爲水水氣之精者爲月

日者陽之主也是故春夏則羣獸除日至而麋鹿解月者陰之宗也是以月虛而魚腦減月死而蠃蛖膲

日月者天之使也

日爲德月爲刑月歸而萬物死日至而萬物生

劉熙釋名

釋天

日實也光明盛實也

月缺也滿則缺也

光晃也晃晃然也亦言廣也所照廣遠也

景境也明所照處有境限也

晷規也如規畫也

曜耀也光明照耀也

揚雄方言

日月運行

躔歷行也日運爲躔月運爲逡

白虎通

日月

天左旋日月五星右行何日月五星比天爲陰故右行右行者猶臣對君也含文嘉曰計日月右行也刑德放日月東行而日行遲月行疾何君舒臣勞也日日行一度月日行十三度十九分度之七感精符曰三綱之義日爲君月爲臣也日月所以懸晝夜者何助天行化照明下地故易曰懸象著明莫大乎日月日之爲言實也常滿有節月之爲言闕也有滿有闕

也所以有闕何歸功於日也八日成光二八十六日轉而歸功晦至朔旦受符復行故援神契曰月三日成魄也所以名之爲星何星者精也據日節言也一日一行適行一度一日夜爲一日剩復分天爲三十六度周天三百六十五度四分度之一日月徑千里也所以必有晝夜何備陰陽也日照晝月照夜日所以有長短何陰陽更相用事也故夏節晝長冬節夜長夏日宿在東井出寅入戌冬日宿在牽牛出辰入申月大小何天道左旋日月東行日日行一度月日行十三度月及日爲一月至二十九日未及七度卽三十日者過行七度日不可分故月乍大小明有陰陽故春秋曰九月庚戌朔日有食之十月庚辰朔日有食之此三十日也又曰七月甲子朔日有食之八月癸巳朔日有食之此二十九日也月有閏餘何周天三百六十五度四分度之一歲十二月日過十二度故三年一閏五年再閏明陰不足陽有餘也故讖曰閏者陽之餘

魏張揖廣雅

日月

朱明曜靈東君日也夜光謂之月日御謂之羲和月御謂之望舒

吳徐整長曆

日月徑

衆陽之精上合爲日日徑千里周圍三千里下於天七千里

月徑千里周圍三千里下於天七千里

晉書

天文志

天旁轉如推磨而左行日月右行隨天左轉故日月實東行而天牽之以西沒

五代史

司天考

日食起虧自西月食起虧自東其食分少者月行陽道則日食偏南月食偏北陰道則日食偏北月食偏南此常數也立春後立夏前食分多則日食偏南月食偏北立秋後立冬前食分多則日食偏北月食偏南此黃道斜正也陽道交前陰道交後食分多則日食偏南月食偏北陽道交後陰道交前食分多則日食偏北月食偏南此九道斜正也

張子正蒙

參兩篇

日質本陰月質本陽故於朔望之際精魄反交則光爲之食矣

虧盈法月於人爲近日遠在外故月受日光常在於外人視其終初如鉤之曲及其中天也如半璧然此虧盈之驗也

月所位者陽故受日之光不受日之精相望中弦則光爲之食精之不可以二也

明羅雅谷交食曆指

界說

凡物體能隔他物之象使不至目則爲暗體若以體之一面受光而光復透射出於彼面則爲微體（如玻瓈水精是也）○日所司存惟光惟色而色又隨光發見故解微體必以通光解暗體必以其能隔他象如月掩日而日全食若爲之晦恆星皆見爾時太陽在外體質明顯又堅密無比光力甚厚乃爲月體所隔不能映見微光可證月乃全非微體而全爲暗體○微體有二通明之極全無隔礙者爲甚微雖則透光而微雜昏蒙者爲次微

光在本體爲原光其出而顯他物之象爲照光○日有原光地與月皆借之爲光者照光也謂顯他物之象者因他物之勢隨施隨受有原先後無時先後也非如寒熱燥濕之類漸及於物力盡而止

原光以直徑發照爲最光因而旁及者爲次光○日光正照以直線至於物體則爲最光有物隔之旁周映射則生次光如雲之上日體所照最光也雲之下不復見日而猶有光是次光也

滿光者原光之全體所發少光者原光之半體所發○日未全出地平上所生光爲少光全升在上則生滿光日食時未全食則存少光旣以復圓卽得滿光

景之四周有最光遶之卽景爲次光○以景爲明者誤也以影爲暗者亦誤也稱景爲明暗之中庶幾近之蓋全無光乃爲暗今至夜子初人在地景至深之中去最光極遠而近目之物尚能別識卽見景中猶存微光不失爲次光也

最光所不及爲初景次光所不及則爲次景○景與光幷行光漸微景漸厚故次景與最光相反若初景卽次光也

最光全不及之處則爲滿景若受正照之微光卽爲缺景○景與光正相反無景之極則爲滿光無光之極則爲滿景

光景圖

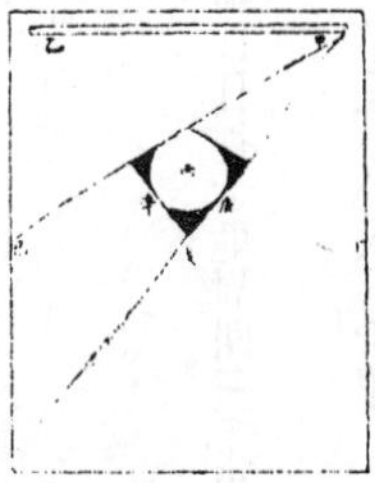

光景圖說

假如甲乙爲施光之物丙爲暗球從甲出正照之光過丙球左右其切丙之界者得甲戊及甲己從乙出光又得乙戊及乙丁其庚戊辛爲最光全不及之處則滿景也若庚戊辛戊以外則甲乙光體之多分漸照之至乙丁甲己乃全光之界卽自戊至丁至己丙球之景漸薄以趨于盡矣

太陽光照月及地

日月地三球體大小不等地爲靜體日月則有諸種行度則有高庳內外其去地去人遠近不等法當以大小之比例及其相遠相近之比例推其施光受光之體勢乃得景之體勢因而得交食之體勢蓋交食者生于景景生于光不尋其本而求其末無法可得其說五章

明暗兩體相等圖

明暗兩體相等圖說

一曰有兩球於此一爲暗體一爲明體而小大等卽明者以半而施光暗者以半面受光○如圖甲爲明球乙爲暗球小大等卽其從丙丁及戊己各與甲乙線爲直角而丙丁與戊己等卽甲丙甲丁乙戊乙己與甲庚乙辛皆以半徑相等而丙庚丁半球與戊辛己半球亦相等今於明球之旁從丙從丁出兩切線至暗球之旁戊己戊己與丙丁爲平行線卽丙戊與丁己亦平行線也又因丙戊乙及丁己乙俱爲直角卽戊丙甲及己丁甲亦俱直角卽丙戊丁己線不能割兩球而止切兩周於丙於戊於丁於己其所抱爲丙庚丁爲戊辛己是甲乙兩球之各半也若日月地三球相等而月與地皆以半面受太陽之光如上所說則定朔日食半地面宜皆見之安得復有南北不等食分望日太陰全食時纔食旣卽生光安得復有食甚時刻及旣內分今皆不然可見三球無相等之球

明體大暗體小圖

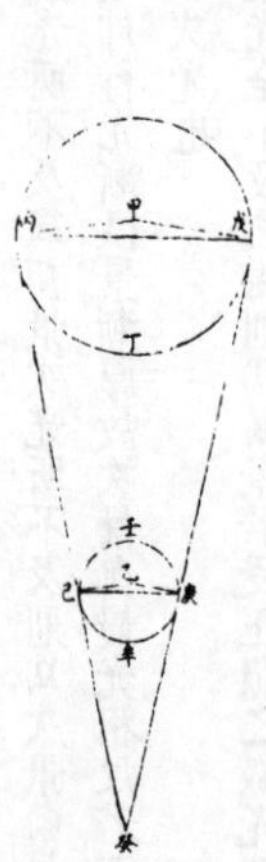

明體大暗體小圖說

二曰明體大暗體小則施光以小半受光以大半○如圖甲爲明球乙爲暗球作兩切線爲丙己爲戊庚從四切點作橫線爲丙戊爲己庚甲旣大球卽己丙戊爲銳角丙己庚角爲鈍角如曰不然或皆爲直角卽庚戊丙戊庚己亦皆直角兩切線必平行而乙球與甲球等必不然也或己丙戊反爲鈍角而丙己庚反爲銳角卽兩切線不能相交于癸又不然也今以兩切線相交于癸明己丙戊爲銳角丙己庚爲鈍角卽于丙丁戊弧內作負圈角必鈍角矣于己壬庚內作負圈角必銳角矣故丙丁戊施光者不及半圈己壬庚受光者又不止半圈也因此推知太陽照地及太陰必各照其大半而暗體所隔之日光漸遠又漸斂漸進以趨于一處卽景居暗球之背不得不爲角體之形矣又因此推求望日先後人目所見太陰受日之光不長不消者久之而後生魄此爲何故蓋亦因月體以大半受光小半入于人目光不輒轉而魄未遽見故未望時已見全光已望後猶未失全光也

明體小暗體大圖

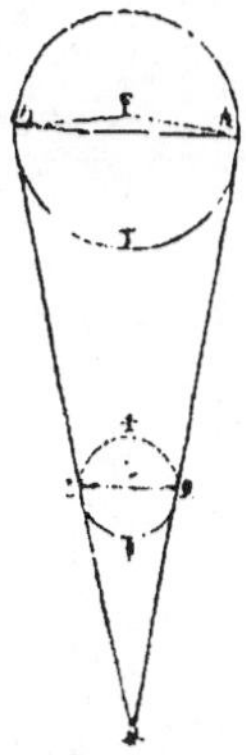

明體小暗體大圖說

三日明體小暗體大則施光以大半受光以小半○如前圖反論之可明太陰何以照地而地何反隔日之光也

大施小受圖

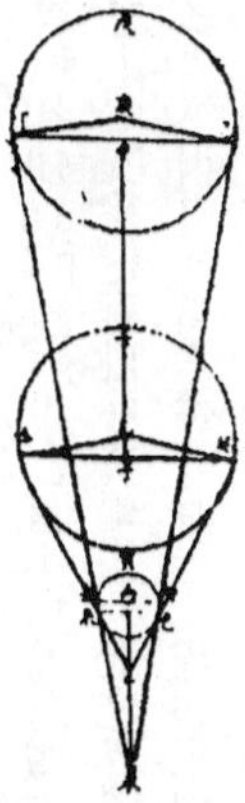

大施小受圖說

四日大施小受愈相近則施者之小半愈小受者之大半愈大○如圖丙爲小暗球甲與乙皆大明球作庚未直線過三球心以交於左右切線其乙球之兩切線交于午甲球之兩切線交于未卽庚未長于乙午而庚丁未與乙辛午兩角庚丁與乙辛兩線皆相等則庚未線與庚丁線之比例大于乙午與乙辛而丁庚未角大于辛乙午角也又庚未線過三球之心必截丁己辛癸兩線爲兩平分而庚甲丁乙子辛兩形內之甲與子皆爲直角則其餘庚丁兩角幷乙辛兩角幷皆等一直角卽兩幷率等兩幷率之甲庚丁角大于子乙辛角各減之所存庚丁甲角必小于乙辛子角矣次以庚丁甲及乙辛子不等之兩角各減庚丁未及乙辛午相等之兩直角所存甲丁未角更大于子辛午角又丁戊己弧內作負圈角必等于甲丁未角辛壬癸弧內作負圈角必等于子辛午角辛壬癸弧之負圈角旣小于丁戊己弧之負圈角則辛壬癸弧必大于丁戊己弧夫辰寅巳與辛壬癸相似之弧也丑寅卯與丁戊己亦相似之弧也大小圈左右各有切線其切點過分圈之線其所分大小圈分各相似其大小兩弧各相似卽辰寅巳弧亦大於丑寅卯弧可見明球在近比在遠者尤能照小暗球之多分也○因此推知日全食而視爲大者日體去月體遠故也日全食而視爲小者日體去月體近故也何以分遠近日與月俱有自行圈與地不同心其行於自行圈之上下爲最高最庳則爲距地之遠近因生景之大小也日既全食矣又何以分大小月掩日至旣有時晝晦恆星皆見鳥飛鳥棲此爲全食而大月在日內從中掩蔽雖至食旣而北四圍日光皆見曆家謂之金環此爲全食而小矣若然者日與月與地相去或遠或近之所繇生也

小施大受圖

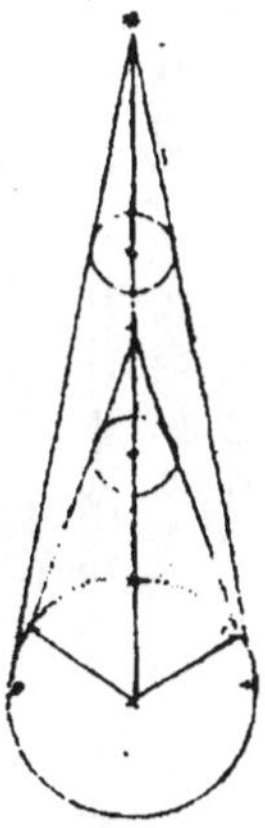

小施大受圖說

五日小施大受愈相遠則施者之大半加小受者之小半漸大○如圖甲乙皆爲小明球丙爲大暗球乙去丙遠于甲作各切線過三球心之直線皆如前文從暗球心丙至各切點作丙丁丙己丙庚丙辛各半徑得丙丁爲丁壬之垂線丙庚爲庚癸之垂線而丁與庚皆爲直角丙丁與丙庚兩線又等則丙癸線與丙庚半徑之比例大于丙壬與丙丁而丙庚癸角又大于丙丁壬角也依顯丙辛癸角亦大于丙己壬角

以幷前率爲庚丙辛合角亦大於丁丙已合角而其弧庚戊辛必大於丁戊己可見小明球照大暗球愈遠愈照其多分也今依本圖設丙爲地外切線（癸辛也）以內爲地景（日光過丙大球所出景）甲乙兩小球爲月體其兩小球之小大旣等則同以外切線爲外光之界或爲內景之界惟因月體循本輪行時若上周如乙則去地遠時居下周如甲則去地近以是月食之分數有多有寡月居影厚處如甲左右則食多月居影薄處如乙左右則食寡故曰月食有多寡者亦相距或遠或近之所由生也

景之處所

凡光以直線照物體其無光之處則有景之處也欲於交食時求影所在理不異此蓋月與地能出景者不在其受光之面或其左右必於受光反對之面日光不照之地在日食則爲月景之處在月食則爲地景之處矣說二章

光景相反圖

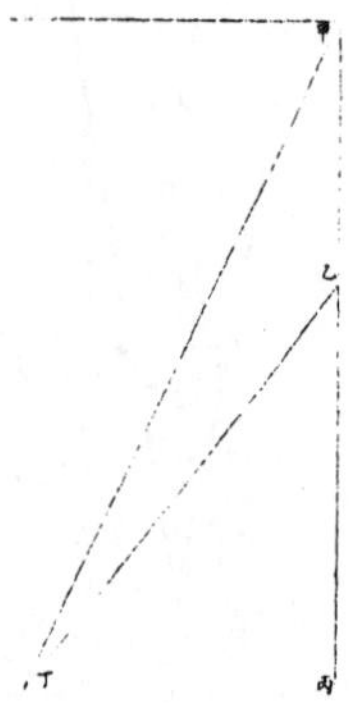

光景相反圖說

一曰景與光所居正相反○暗體得光于此面射影于彼面是景之中心與原光之心暗體之心參相對如一直線則暗體隔光于景使原光之心恆居一線之末界其正相反之彼界其景之心在焉如日不然設原光在甲其照及乙乙爲暗體隔光生景據云景不射丙（丙者與甲正相對之處）爲甲乙丙直線而斜射丁則乙甲丁者角也有角則有幾何凡幾何皆分之無窮能出直線至于無數而皆至乙丁邊夫甲旣爲原光之體其所照必以直線出之（試者依界足以爲證）卽乙丁皆在受光之地何自能爲乙暗體之景乎因此明景與光正在相反之兩界論暗體者其受光之面必向光所出之原界其生景之面必向景所射之彼界亦正相反也論日與月獨至兩交之處而有食亦依此理

體動景移圖

體動景移圖說

二曰明暗兩體任一運動景隨之移○試以暗體移動其所借之光隨處不一卽所生之景亦隨處不一蓋景與光旣如一直線卽暗體所居定爲景之末界如直線之首首移而線尚不移則是曲線非直線也又試以明體移動設甲爲明體乙爲暗體乙丙爲影則甲乙丙如一直線如日明體甲移至丁丁仍照乙而乙倘射景至丙則丁乙丙猶直線也有是理乎問太陽照室僅通隙光光照牆壁奕奕顫動太陽旣自順行牆隙仍無遷變則此顫動爲從何來或者光與景未必定爲直線而能微作曲勢乎曰西古博物者亞利斯多言空中嘗有浮埃輕而不墜微而不顯莊周氏謂之野馬或亦稱爲白駒幽室之內原光旣微交光反厚卽顯此物在于光中紛入沓出能亂光景之界使目視景絪縕浮動而疑非景動乃景之界線爲浮埃所亂致使其然也更以氣爲證今觀太陽出地地面以上多生蒙氣氣在日體與人目之間卽見日之光界亦如顫動非獨日也日中晴朗切視地面光耀閃爍如波浪然熾炭在鑪炭之四周火光煜煜亦如顫動凡若此者一皆緣氣而生在日在地在炭固無顫動之理是以景必繫於暗體如輪必繫於樞軸光上景卽下光東景卽西必相對也無相就也故太陽照地其光繞地一周則景在其相衝之界亦繞天一周蓋日光從其本天直射至於地面而景在地之彼面亦直射至于月天第日體常依黃道中線則地景亦常依黃道中線而月行常出入黃道中線之內外是以月體與地景不得恆相遇合大都不合

時多合時少故日月不食時多食時少以此

景之作用

月與地若各以其景相酧報然如月望則地景隔日光令月不受照有時失滿光有時全失光也至月朔則月體隔日光令地不受照有處射滿影有處罟少光而已說三章

一曰月食于地景○月食在望緣日月相對其理明矣獨謂闇虛爲地景者或致疑焉今解之月對日受光藉非日月之間有不通光之實體爲其映蔽則何繇阻日光之直照若天體及空中之火空中之氣皆通明透徹不能作障使月失光也即金水二星亦是實體有時居日月之間然其景俱不及地況能過地及月乎則知能掩月者惟有地體一面受光一面射景而月體爲借光之物入此景中無能不食半進而半食矣全進而全食矣

二曰日食者月掩之○恆言月在内去人近日在外去人遠故定朔時月體能掩日光是已第金水二星亦皆時在日内又皆不通光之實體水星雖小金星則大於月也何獨月能食日乎曰二星雖有時在日内則去人甚遠遠則視徑見小不能掩日百分之一二而日光甚盛所虧百之一二非目力所及且二星比月去日更近所出鋭角之景更短不能及地面也若月體之大雖不及太白而去地甚近去日甚遠一指足蔽泰山又何疑乎由此言之求一實不通光之體全掩日體者惟月爲能又自西而東不及三十日而周其行度較干諸天最爲疾速故每望定朔皆同經度皆能有食其不食者繇距度不及交耳

三曰因景之徑生多變易○月以距度廣狹爲食分多寡一因去交有遠有近去黃道中線有正有偏一因入地景有淺有深故也今論其全食者而大小遲疾猶多變易曾非一定蓋日在月行本天月在小輪相距遠近往往不等日距月近較距遠時更照月體之多分從月體出景更短其景至地更小則日雖全食月體見小歷時亦速也日與地亦然以兩體相距之遠近爲地景之大小使月食時入于地景在其近末之鋭分則闇虛之體見小食分少歷時速皆因三體之相距遠近以生大小遲疾地景月景皆無一定之徑致令隨時變易如此○若月景地景二徑之小大又自不等故日食盡於食既而月則食既以後尚有既内餘分蓋地景大於月景故兩食皆全其虧復遲疾無能不異矣又月食天下皆同日食則否日食則此地速彼地遲此地見多彼地見少此地見偏南彼地見偏北無不異也月食則凡居地面者目所共見其食分大小同虧復遲疾同經歷時刻同唯所居不同子午線者則見食之時刻先後不同耳蓋月一入景失去借光更無處可見其光也又槩論天下日食應多于月食爲二徑折半其近交時加以南北視差易相逮及故論一方則日食應少于月食爲月食其見日食因地故

日月食合論

日食與月食不同勢食日謂之障食食月謂之藏食何謂障食日爲諸光之宗月與星皆從受光焉月之食日非眞食日也定朔則地與月與日自下而上爲一線相參直月本暗體今在日與地之間以暗體之上半受光于日以下半射景於地如屏蔽然特能下掩人目而不能上侵日體日之原光自若也是故人見爲食而實非食也何謂藏食定望則日月相對日光正照之月體正受之人目正視之若于此際經度相及適及兩交日與地與月亦爲一線相參直而地在日與月之間地既暗體以其半體受光于日以其半體射景于月若月體全入于景中則純爲晦魄必待出于景際然後蘇而生明如沒而復出者然是則可謂眞食也總之日月兩曜若同行一道之上則每朔每望無不食矣日月地三體若并不居一直線則末無食矣惟各行於一道時及於兩交故日與月皆隔五月而一食或六月而一食歲歲大率有之不食者半食於夜日食則此方所見他方所不見耳其食也日體恆居一直線之此界其彼界則月體地體壘居爲月居末界即月面之日光食於地景矣地居末界即地面之日光食於月景矣

日月交食總圖

日月交食總圖說

如上圖甲爲地己爲日卯辰圈爲黃道乙丙爲白道其大距（兩距之故遠）五度弱二分丁戊爲兩交（卽龍頭龍尾亦名羅睺計都）論月食日照地球其光自庚辛至地切兩旁過之而復合于壬自甲至壬角體之形爲地景地景之心恆隨太陽而行黃道中線若離處去兩交遠二徑折半小于兩道之距度分月行本道從旁相過不能逮及則不食矣若正過于兩交或交之左右二徑折半大于二道之距度分則兩相涉入月爲之食其食分多寡在距度廣狹距度廣狹在去交遠近也論日食則人目所見恆在地面推得實會仍須推其視會若僅據實會則是地心之見食非地面之見食凡有無多寡加時先後悉皆乖失矣如圖丁爲月或正居于兩交或在交之左右日月二徑之各半合之小于距度分則月能掩日日爲之食不然則不食也所謂實會視會兼推則合者地面所見推食于地平以上至天頂之正中則獨推實會便爲視會自此以外地面所見先後大小遲疾漸次不同如閩人在地面癸依丁月之徑適滿太陽之庚辛徑則見爲全食若人在地面子依丁月之徑乃見兩切線所至爲己寅則月掩太陽止于己庚半徑見爲半食矣大凡日欲食時月不能離黃道一度強自此以上無緣相涉故定朔之日有食時少無食時多也

太陽本行圖

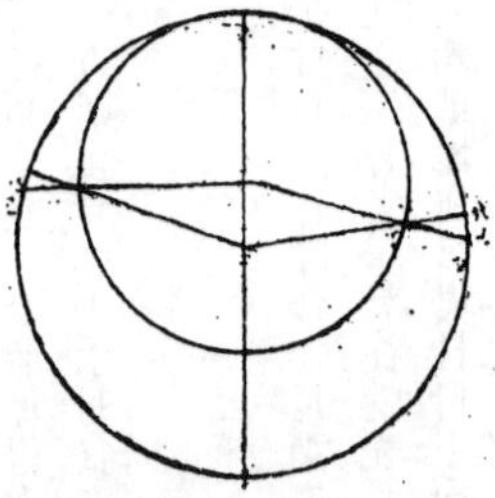

太陽本行圖說

甲爲地球在天心其大小之比例雖可計算略言之則地之與天若尺土之與大地也如圖外大圈爲黃道與地同心內圈爲太陽本天其心在乙乙之離地心依第谷算爲全數十萬分之三千五百八十四約之爲百分之三有半也其最高今時在鶉首宮六度爲丙太陽右行從辛過丙一周天而復于辛爲三百六十五日二十三刻三分四十八秒是謂歲實任躔某宮某度分皆以地心甲爲主而地心所出直線至戊黃道指爲太陽之實行其平行則又以本圈之乙心爲主故人在地所測之實行時速時遲而太陽因最高在北任分本圈則北爲大半故北六宮之日數多於南六宮幾八日有奇也

依此見求太陽之躔度必用兩法一者定其本行如隨乙丁己直線窺之從乙心見黃道上之己點二者定其實行如隨甲丁戊窺之乃從地心見黃道上之戊點先得其平行又以加減求實行而平實之差爲戊己弧以甲丁乙三角形求之卽得也其自丙過秋分至庚兩行之差必減平行而得實行自庚過辛春分至丙則加于平行而得實行若用表則從丙最高起算或從庚最庳起算至日體之本度爲引數以求加減之度

太陰朔望本行圖

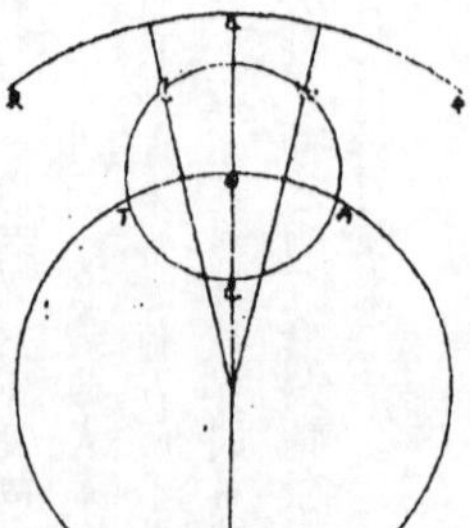

太陰朔望本行圖說

月離之術依歌白泥論有本圈有本輪有次輪本輪之心依本圈之邊滿一轉卽次輪之心依本輪之邊得兩轉故朔望時月體皆在次輪之最近最近者近於本輪之心也因是不用次輪但以放近處爲界得間圈月離曆指謂爲本輪之內圈此可名朔望之小輪也

假如丙丁戊爲太陰朔望時之本圈則與地同心（因無差故設爲月心）本輪爲乙丙丁其心在本圈之邊甲右距日

得每日十二度一十一分其最高在乙最庳在己月體又居次輪之邊左行自乙至丙而己而丁謂之引數最外有黃道爲辛庚若從地心出直線上至黃道而次輪心正居此線之上則所指者爲太陰之平行度分也又從地心出直線上至黃道而月體正居此線之上則所指者爲太陰實行度分也凡月轉或在高或在庳正當一宮初度乙也或七宮初度己也則平行即是實行過此必有兩行之差則以差數加減于平行度分得其實行度分又月在乙丙己半轉則以減得之若在己丁乙半轉則以加得之以在朔望故平實行相距之極大差不過四度五十八分二十七秒甲丙甲丁是也過此爲兩弦之差則更少與交食無與月離曆詳之若用不同心圈論則幷不用此本輪其加減平行度分而得實行度分理則一也○因日月以平實分本行故平朔平望時兩體未必正相合正相對凡實會之或先或後日月各以其平行直線相遇而合爲一直線則是中會

實會中會視會

測天約說言日月之行有隅照相距三之一有方照相距四之一有六合照相距六之一然悉無交食而獨相會朔也亦名合會相對望也亦名照會則能有食故本篇所論者止于相會相對也抑會者總名也細言之有實會有中會有視會三者皆爲推步之原故言交食之術必先言相會相對言相會相對之理必從實會中會始

實會中會以地心爲主

實會者以地心所出直線上至黃道者爲主而日月五星兩居此線之上則實會也即南北相距非同一點而總在此線正對之過黃極圈亦爲實會蓋過黃極圈者過黃道之兩極而交會于黃道分黃道爲四直角者也則從旁視之雖地心各出一線南北異緯從黃極視之即見地心所出二線東西同經是南北正對如一線也是故謂之實會若月與五星各居其本輪之周地心所出線上至黃道而兩本輪之心俱當此線之上則爲月與五星之中會日無本輪本行圈與地爲不同心兩心所出則有兩線此兩線者若爲平行線而月本輪之心正居地心線上則是日與月之中會也蓋實會既以地心線射太陰之體爲主則此地心線過小輪之心謂之中會矣若以不同心圈之平行線論之因日月各有本圈即本圈心皆與地心即黃道心有相距之度分即日月循各本圈之周右行所過黃道經度必時時有差與地不同心故也　其從地心出直線過日月之體上至黃道此所指者爲日月之實行度分也設從地心更出一平行直線與本圈心所出直線偕平行而上至黃道此所指者爲日月之平行度分也蓋太陽心線與地心一線平行太陰心線亦與地心一線平行恆時多不相遇至相遇時兩地心線合爲一線則是日月之中相會若太陽實行之直線與太陰實行之直線合爲一線則是日月之實相會合會望會皆有中有實其理不異

實會中會圖一

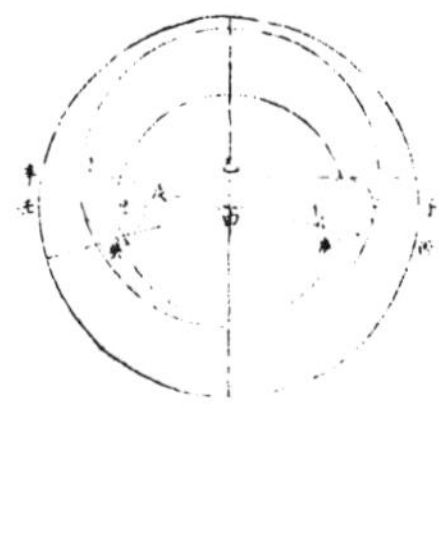

實會中會圖二

實會中會圖說

先依小輪法作圖甲爲地心亦爲黃道心亦爲太陰本圈心太陰與地同心者爲用本輪故蓋本輪周即太陰圈心繞地心之兩其理一也乙爲太陽本圈心與地不同心太陽在丁太陰在戊甲戊丁線直至黃道圈得辛指日月實相會之度如太陽在丁太陰亦在甲辛直線上爲庚而此線至黃道圈得丙即指日月實相望之度若太陰在癸與太陽不同一線之上乃過月本輪之心己而至黃道壬此直線所指則日月中相會之度也如月在庚從地心出平行

線甲子與甲壬太陽平行爲一線而至黃道子亦指日月中相望之度矣

次依不同心圈法如後圖黃道與太陽之本圈皆同前獨太陰無本輪而易爲本圈其心與地心不同在甲乃在丙此亦以日月並居一直線爲實會如太陽在丁太陰在本圈之邊戊地心所出甲戊丁線至辛則所指爲實會而正對月體至黃道寅則所指爲實望若中會中望則以平行線爲主蓋甲壬爲地心所出直線既借太陽本圈心所出過日體之直線乙丁爲平行線又借太陰本圈心所出過月體之直線丙庚爲平行線則是兩借行之直線合爲一甲壬而至黃道故所指者爲日月中相會之度也其至相對之黃道上爲癸則所指者爲日月中相望之度設過此交會之時太陰在丑則月圈心出者爲丙丑線地心出者爲甲己線兩線自借爲平行而甲壬與乙丁自借爲平行甲壬甲己不得合爲一線矣故地心所出之兩借行線能合爲一甲壬者必指中交之度爲日月相會之共界也

見食隨地異時

月食分數天下皆同第見食時刻隨地各異何也人各就所居之地目力所及者則見月食而各所居地皆以子午正線爲主若其地同居一子午線者（南北地緯雖異東西地經則同）則所見月食之分數遲速皆同也若地易子午線則時刻并易矣所以然者時刻早晚因太陽行度隨人所居各以見日出入爲東西爲卯酉卽以日中爲南爲子午而平分時刻故月食時必本地之日未東升或已西沉乃得見之若在其晝時刻不可得見也天啓三年九月十五夜望月食順天府及南北同經之地則初虧在酉初一刻一十二分食甚在戌初初刻復圓在戌正二刻一十三分各算外高麗及其同經之地卽初虧在酉末戌初而西洋意大里亞諸國日尚在天頂爲午正則不見月食以里差推之西洋之初虧在巳正三刻四分食甚在午正一刻七分復圓在未初三刻一十分各算外雖月入晝七分五十六秒所居宮度彼此遠近皆同而以里差故彼地彼時太陽在午正二十二分太陰反在子正二十二分食甚正在日中何從見之今壬申年九月十五日夜望月食初虧在卯初三刻則陝西四川等處得見南京山東等近海東境不可得見也秦蜀之子午異于東方之子午故

今以順天府推算本食因定各省直之食時宜先定各省直視順天子午線之里差幾何後以其所差度數化爲所差時刻每一度應得時四分向東以加于順天推定時刻向西則減乃可得各省直見食時刻也若日食則其食分多寡加時早晚皆係視差東西南北悉無同者必須隨地考北極高下差其距度隨地測子午正線差其經度乃可定其日見器測之視時定子午術見西測食略中法于當身所居日見器測考定一月食之時刻與先所定他方之月食時刻較算或兩地兩人同測一月食彼此較算乃以所差時刻得所差度分也

前順天府所推月食時刻并具各省直先後差數因未得諸方見食確數無從遽定地之經度但依廣輿圖計里畫方之法略率開載耳既而合報多相合者然非甄明之輩躬至其地測極高下見食早晚終未敢以耳聞臆斷勒爲成書也左方所記政所謂略率開載者欲求決定當俟異日故稱約加約減焉

南京應天府及福建福州府約加四分（凡一十五分爲一刻）

山東濟南府約加五分

山西太原府約減一刻〇九分

湖廣武昌府河南開封府約減一刻

陝西西安府廣西桂林府約減二刻〇四分

浙江杭州府約加十二分

江西南昌府約減一十分

廣東廣州府約減一刻〇五分

四川成都府約減三刻〇七分

貴州貴陽府約減二刻〇八分

雲南雲南府約減四刻〇八分

欽定古今圖書集成曆象彙編乾象典

第三十卷目錄

乾象典第三十卷

日月部彙考二

明湯若望新法曆引

交食

凡日月之行二十九日有奇而東西同度謂之會朔至若日行在黃道近交人視爲與日同經同緯是人目與日月相參直而月魄正隔日光於人目則爲日食日食者非日失其光光爲月掩耳凡太陰距太陽百八十度而正與之衝謂之望若當衝時月行近於兩交必入地景而爲闇虛此乃日月同在一線而地居其中間日光爲地所阻不能射照月體則月失其光而爲月食此日月二食者躔度有恆持籌推步分秒確然而曆家各法之疏密於此更難掩也試言其略黃白二道相交之二所名正交中交凡日月行及二交爲同度同度則有食矣然而論交又須論限及交而在限內則食限外則不食此不可不審也顧限度諸方不一蓋太陽於諸方之地平高度不同而陰陽二曆之各限亦異論煖帶下之地二曆互相受變如白道向南極半周有時在天頂及黃道之中勢必反謂爲陰曆白道向北半周是時在黃道外勢必反謂爲陽曆故其下日食之限莫得而定之也他域更近于北必陰曆限多陽曆限少更近于南必陽曆限多陰曆限少比如京師近北約算陽曆八度陰曆二十一度則知日月相會凡在陽曆近二交八度在陰曆近二交二十一度其下必見日食而過此限以往則否卽北可以推南莫不以遠近分多寡矣然而二曆食限之度有異者其故蓋在月輪月輪比日最近于地而月又小于地人目見月之所又在地面而不在地心故以月天論地平雖天與地球皆爲平分直過其心而人在地面高所以視天地之兩界則似地球與月天非平分也少半在上多半在下而差約一度故以本法推算月已出正地平其于人目所視之地平尚少一度此其較謂之視差蓋惟月在天頂正地平與視地平之極皆以一直線合于天頂無有視差過此左右不免有差愈遠天頂愈近地平差必愈甚夫視差無他恆降下月體數十分耳設令日月同度同在近交之南又因同度並在正地平上高二十度則太陽于視地平爲十九度五十八分祇降二分太陰于視地平爲十九度直降一度矣而日月二差之較爲五十八分故以算論雖二曜同高同度而人目視之太陰恆下于太陽一度弱不掩日光則不食若二曜在地平上高七十度則太陽無視差太陰視差止二十分其降于太陽亦止二十分勢必相切或至掩數分而成食若二曜在交北又當以太陰算在太陽之上庶因視差所降而掩陽光以爲食也顧此二地平之差又分二類一加減交食分數謂之氣差一加減時刻謂之時差曆算之艱且劇莫過于此所最當究心者也

日食之全與不全其故有二一由天上之行一由食時地平上高弧之度故均一食也有見全食者有見食多寡不等者有全不見食者就南北論見食地界設如北京見全食其南北各距四十五度之地爲萬一千有餘里皆見有食然而多寡不等就東西論各距六十度爲萬五千有餘里各見食而分數多寡亦不等焉卽月食時刻南北亦有不同而東西爲甚也

渾天儀說

太陽及太陰本行合宗動之驗

太陽爲時日之原一日約東行一度于黃道爲正而于赤道恆爲斜或在兩道之交或北上或南下絕無定居故無一定之時此四季所繇以變易也迨加以宗動卽見其出沒之廣不一晝夜之長短有變如日在降婁初度爲春分則出正東沒正西晝與夜皆等自此以往漸斜去赤道北出沒較前爲廣矣晝長而

夜短至夏至爲最矣乃從夏至而退行一度其出其沒其晝其夜與前所得等漸退行漸與前等惟過秋分而太陽行赤道南則于前後相對宮度有定比例彼之所廣此之所狹彼之所長此之所短若相背而馳者然

太陰依本行隨黃道約二十九日有奇而與太陽會故并論宗動則出沒之廣在地平上下之時皆從赤道緯做太陽爲則且無本光借光于日因體厚不能透所借之光故依本行距日遠近不等有時顯全光有時少顯其光只至正相望而食于地景止相會而能自以其體掩日原光又依宗動使下地視之時有先後方位各異茲行本論聊述一二如此

求日月食之原

日月地三體必并居一直線上始有食蓋日體恆居一直線之初界而彼界則月體地體疊居焉如月體居界末則月面之日光食于地景地體居界末則地上之日光食于月景月體厚不能透光故但太陽本行恆依黃道中線而地居天之中心一爲日光所照則此面受光彼面必生景雖所射景與日正對亦不能越黃道之中線以爲規也乃太陰本行多在黃道內外大端距日與地所居之直線遠則朔望無食惟出入黃道之處與日與地相參直在一線上則朔望必食試于渾儀考之設太陰在陰黃道北陽曆黃道南距兩交甚遠太陽在何宮度使轉太陰本圈與日體會爲朔或正對爲望從而視之必日月不能與地並居一直線無緯度若修太陰至正交或中交不拘得何宮度與日相會或相望必日月地之體並居一直線本朔望時雖欲不食不可得也

測食

似食實食說

人恆言日食月食矣輒槩混焉不知月實食日則似食而實非食也何者日爲諸光之宗未無虧損月星皆借光焉朔則月與日爲一線月正會于線上而在地與日之間月本厚體厚體能隔日光于下于是日若無光而光實未嘗失也惡得而謂之食望則日月相對而日光正照之月體正受之人目正視之月光滿矣此時若日月正相對如一線而地體適當線上則在日與月之間而地亦厚體厚體隔日光于此面而射影于彼面月在影中實失其所借之光是爲食也然其食特地與月之失日光耳而其光之失因光在地面與月體之上地與月互相遮掩耳日固自若也總之日也月也地也使三體並不居一直線則更無食矣若食則日體恆居一直線之界末而彼界則月體地體疊居焉月體居界末則月面之日光食于地影矣地體居界末則地之日光食于月影矣

日食月食辯

夫日食與月食固自有異蓋月食天下皆同而日食則否日食此地速彼地遲此地見多彼地見少此地見偏南彼地見偏北無有相同者也而月食則凡地而見之者大小同焉遲速同焉經候同焉唯所居不同子午線者則時刻不同矣蓋月一入影失其借光更無處可見其光也

因食而知日月地大小之別

問日體甚大于月與地何徵曰昔有人嘆世人止憑肉目不求物理嘗設喻曰日出地時設有駿馬疾馳從日始露至全現亦可馳四里縱令日行與馬等速則四里而僅見其全則全體之徑亦必四里矣今駿馬一晝夜所馳于地幾何最速不過全圍百分之一也而太陽日一周焉則其行之疾莫擬也是則馬之四里日之行幾千萬里矣日體之大即此微可知也且日月體之大小即食可辨蓋凡物之有形象者若空中無所障礙則其體之全體之分無不出其本象于一直線而至乎界之一點此凡物皆然不拘方圓稜角等形如有物體于此其基址即物體也其界點則線之銳角所至而入人目者也凡實體出銳角影者照體必大乎實體否則其光不能照實體之全面而使對面銳影之盡處仍聚合而有光也今欲驗日大乎月可視日食月居日前而掩其光是時月邊尚有光是日體在外而其象之入人目非近來自月體乃遠來自日體也其線既爲角形則從月體至日體更爲廣大是其角形之銳從日來日爲一點而中間能包月體有餘則日體之大于月體復奚疑哉今欲知日體大乎地者觀諸月食可知月之食地居日前而生角影掩月體也當月食時月體近乎地則入闊影遠乎地則入銳影愈遠愈銳以聚于一點若此者孰不信日體之大於地體也設謂日體與地體均則地影大小均爲無窮盡之等影若曰地體大乎日體則地影必益遠益大爲無窮盡之大影其影既遠不獨食諸天之星必且食諸星之天矣則每遇望時月體詎能移于大影之外乎由此益信月體之小乎地球也蓋地影益遠益銳而月食居此影或有全

而久者則月徑更小於影而影小於地故月體地球之大小從可知矣

曆象圖說

日月合朔圖

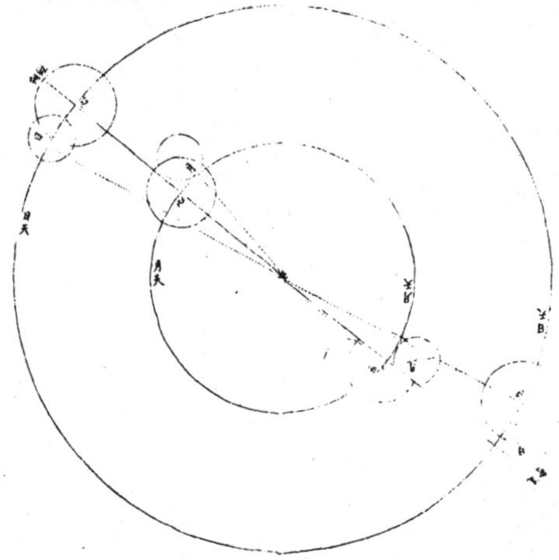

日月合朔圖說

日月本天俱包地外而日遠月近二天懸殊又有均輪小輪高卑遠近遂與地心不得自地心出線上指日月本天兩均輪心相參直爲經朔此止就本天之平度而約其泛會之日分也自地心出線上指日月兩體徑中心相參直爲合朔此用均輪小輪上之加減而定其實會之日分也弦望加時星曜同度其理做此

日蝕諸象圖

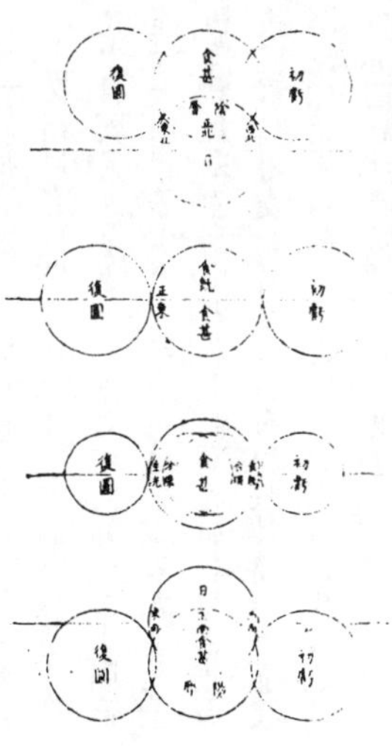

月蝕諸象圖

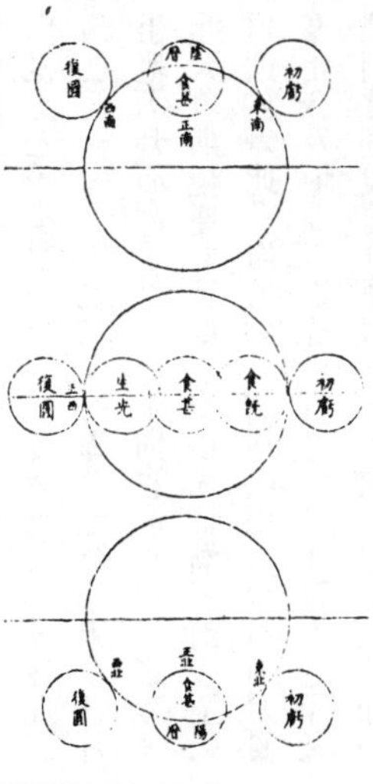

交蝕諸象圖說

日月之蝕皆月之行度使然日天高而在外月天卑而在內周遶大地相距遠近時刻不同合朔而月在日下則月體掩日定望而月與日衝則地隔日光故日蝕者月本暗而來掩之也月蝕者月入景而不得借光也月來掩則日爲主而人目所見者卽得日光之虧復月入景則景爲主而人目所見者反得月體之盈虧此始終方位之所以異也日爲主而月來掩之故虧起日體之西而復于東在陽曆則所食偏南在陰曆則所蝕偏北景爲主而月來就掩故虧起月體之東而復于西在陽曆則所蝕偏北在陰曆則所蝕偏南又日月體徑約略相似實則日大而月小日蝕至既每顯金環不既者分爲三限月東輪切日西輪曰初虧月中徑齊日中徑曰蝕甚月西輪切日東輪曰復圓蝕既者分爲五限初虧蝕甚之間兩西輪齊曰蝕既蝕甚復圓之間兩東輪齊曰生光金環者分爲七限蝕既蝕甚之間環光自微至著曰合環蝕甚生光之間環暈全而復缺曰分環此日蝕之始終也月徑小於景徑二倍半有奇每蝕既之後月行暗中爲時頗久不蝕既者分爲三限月東輪切景西輪曰初虧兩中徑齊曰蝕甚月西輪切景東輪曰復圓蝕既者分爲五限初虧蝕甚之間兩西輪齊曰蝕既蝕甚復圓之間兩東輪齊曰生光此月蝕之始終也總之月行甚遲經度緯度與日相交相距是生薄蝕故日月之蝕皆由月之行度使然也

日月地半徑視差圖

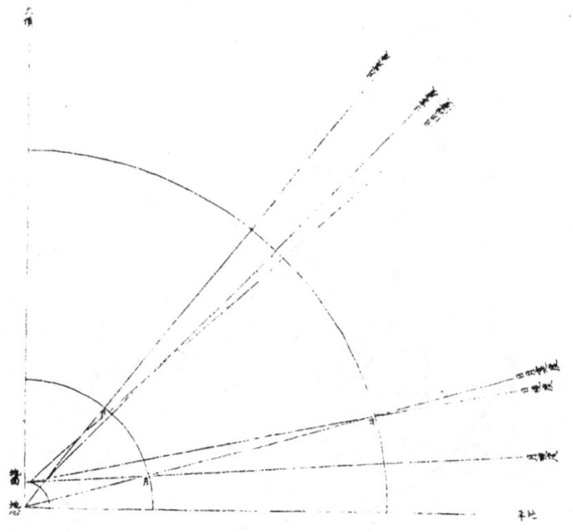

日月地半徑視差圖說

曆法屢經修改而漸密然測候之時較推步之數往往未盡合者古人但知以天定度未悟以地合天也地居天中雖云微渺然析其廣輪則周圍數萬里計其直徑則中邊亦萬餘里人物環居其上目力止憑地面所見而天行樞軸在心立法必以地心爲準故其差數一生於地勢焉有地心有地面相距爲一半徑於是從地心而推日月實度所在又從地面而得日月視度所在此一端也一生於天體焉有日天有月天遠近各與地半徑爲比例于是日天遠而實度與視度之差少月天近而視度與實度之差多此二端也又一生于地上之高度焉有地平有天頂日月出地漸升而高于是近地平則實度與視度之差多近天頂則視度與實度之差少大抵漸高漸少至天頂則無差此三端也如下圖地心出直線指日月實度相合及地面出直線指日之視度在實度之下又指月之視度亦在實度之下而并在日視度之下日天遠而月天近故差不同如此上圖地面出直線指日月視度相合及地心出直線指日之實度在視度之上又指月之實度亦在視度之上而并在日視度之上日天月天遠近不同故差不同如此又上圖高而近天頂視差少下圖卑而近地平視差尤多此差恆降高爲卑測高度者必于測高內加其時之差而後得實高推交會者必于實會加減其時之差而後得視會此差爲薄蝕凌犯之至要而皆地半徑之所生亦曰地半徑視差亦曰高卑差

日月部總論

易經

豫卦

天地以順動故日月不過而四時不忒

大全厚齋馮氏曰日月之行景長不過南陸短不過北陸故分至啓閉不差其序以順陰陽之氣而動也

繫辭上傳

日月運行一寒一暑

又

陰陽之義配日月

禮記

樂記

煖之以日月

疏萬物之生必須日月煖煦之

祭義

日出於東月生於西陰陽長短終始相巡以致天下之和

哀公問

公曰敢問君子何貴乎天道也孔子對曰貴其不已如日月東西相從而不已是天道也

孔子閒居

日月無私照

宋邵子皇極經世

觀物外篇

日朝在東夕在西隨天之行也夏在北冬在南隨天之交也天一周而超一星應日之行也春酉正夏午正秋卯正冬子正應日之交也日以遲爲進月以疾爲退日月一會而加半日減半日是以爲閏餘也日一大運而進六日月一大運而退六日是以爲閏差也日行陽度則贏行陰度則縮賓主之道也月去日則明生而遲近日則魄生而疾君臣之義也陽消則生陰故日下而月西出也陰盛則敵陽故日望而月東出也天爲父日爲子故天左旋日右行日爲夫月爲婦故日東出月西生也日月相食數之交也日望月則月食月掩日則日食猶水火之相尅也

冬至之月所行如夏至之日夏至之月所行如冬至之日

朱子全書

天文

月無盈闕人看得有盈闕蓋晦日則月與日相疊了至初三方漸漸離開去人在下面側看見則其光闕至望日則月與日正相對人在中間正看則其光方圓

問月本無光受日而有光季通云日在地中月行天上所以光者以日氣從地四旁周圍空處迸出故月受其光先生曰若不如此月何緣受得日光方合朔時日在上月在下則月面向天者有光向地者無光故人不見及至望時月面向人者有光向天者無光故見其圓滿若至弦時所謂近一遠三只合有許多光又云月常有一半光月似水日照之則水面光倒射壁上乃月照也

曆象之說謂日光以望時遙奪月光故月食日月交會日爲月掩則日食然聖人不言月蝕日而以有食爲文者闕于所不見

日食是爲月所掩月食是與日爭敵月饒日些子方好無食

日月食皆是陰陽氣衰徽廟朝曾下詔書言此定數不足爲災異古人皆不曉曆之故

楊子雲云月未望則載魄于西既望則終魄于東其遡于日乎先生舉此問學者是如何衆人引諸家註語古註解載作始魄作光溫公皆非是皆不合久之乃曰只曉得箇載字便都曉得載者如加載之載如老子云載營魄左氏云從之載正是這箇載字諸家都亂說只有古註解云月未望則光始生于西面以漸東滿既望則光消虧于西面以漸東盡此兩句略通而未盡此兩句盡在其遡于日乎一句上蓋以日爲主月之光也日載之光之終也日終之載猶加載之載又訓上如今人上光上采色之上 蓋初一二間時日落于酉月是時同在彼至初八九日落在酉則月已在午至十五日相對日落于酉而月在卯此未望而載魄于西蓋月在東日則在西日載之光也及日與月相去愈遠則光漸消而魄生少間月與日相蹉過日却在東月却在西故光漸至東盡則魄漸復也當改古注云日加魄于西面以漸東滿日復魄于西面以漸東盡其載也日載之其終也日終之皆繫于日又說秦周之士貴賤拘肆皆繫于上之人猶月之載魄終魄皆繫于日也故曰其遡于日乎其載其終皆向日也溫公云當改載魄之魄作朏都是曉揚子雲說不得故欲如此改老子所謂載營魄便是如此載營魄抱一能無離乎一便是魄抱便是載蓋以火養水也魄是水以火載之營字恐是熒字光也古字或通用不可知或人解作經營之營亦得又曰又云昨夜說終魄于東終字亦未是昨夜說終作盡蓋光漸消而復其魄也 蓋終魄亦是日光加魄于東而終之也以上語類

問日月陰陽之精氣向時所問殊覺草草所謂終古不易與光景常新者其判別如何非以今日已昳之光復爲來日將升之光固可略見大化無息而不資于已散之氣也然竊嘗觀之日月虧食隨所食分數則光沒而魄存則是魄常在而光有聚散也所謂魄者在天豈有形質耶或乃氣之所聚而所謂終古不易者耶曰日月之說沈存中筆談中說得好日食時亦非光散但爲物掩耳若論其實須以終古不易者爲體但其光氣常新耳然亦非但一日一箇蓋頃刻不停也答呂子約文集

天度

天道與日月五星皆是左旋天道日一周天而常過一度日亦日一周天起度端終度端故比天道常不及一度月行不及十三度十九分度之七今人却云月行速日行遲此錯說也但曆家以右旋爲說取其易見日月之度耳

天行至健一日一夜一周天必差過一度日一日一夜一周恰好月却不及十三度有奇只是天行極速日稍遲一度月又遲十三度有奇耳因舉陳元滂云只似在圓地上走一人過急一步一人差不及一步又一人甚緩差數步也

或問天道左旋自東而西日月右行則何如曰橫渠說日月皆是左旋說得好蓋天行甚健一日一夜周三百六十五度四分度之一又進過一度日行速健次于天一日一夜周三百六十五度四分度之一正恰好比天進一度則日爲退一度二日天進二度則日爲退二度積至三百六十五日四分日之一則天所進過之度又恰周得本數而日所退之度亦恰退盡本數遂與天會而成一年月行遲一日一夜三百六十五度四分度之一行不盡比天爲退了十三度有奇進數爲順天而左退數爲逆天而右曆家以進數難算只以退數算之故謂之右行且曰日行遲月

行速

問或以爲天是一日一周日則不及一度非天過一度也曰此說不是若以爲天是一日一周則四時中星如何解不同更是如此則日日一般却如何紀歲把甚麼時節做定限若以爲天不過而日不及一度則趲來趲去將次午時便打三更矣因取禮記月令疏指其中說早晚不同及更行一度兩處曰此說得甚分明其他曆書却不如此說蓋非不曉但習而不察更不去子細檢點而今若就天裏看時只是行得三百六十五度四分度之一若把天外來說則是一日過了一度蔡季通嘗有言論日月則在天裏論天則在太虛空裏若去太虛空裏觀那天自是日月滾得不在舊時處了又曰天無體只二十八宿便是天體日月皆從角起天亦從角起日則一日運一周依舊只到那角上天則一周了又過角些子日日累上去則一年便與日會蔡仲默天說亦云天體至圓周圍三百六十五度四分度之一繞地左旋常一日一周而過一度日麗天而少遲故日行一日亦繞地一周而在天爲不及一度積三百六十五日九百四十分日之二百三十五而與天會是一歲日行之數也月麗天而尤遲一日常不及天十三度十九分度之七積二十九日九百四十分日之四百九十九而與日會十二會得全日三百四十八餘分之積又五千九百八十八如日法九百四十而一得六不盡三百四十八通計得日三百五十四九百四十分日之三百四十八是一歲月行之數也歲有十二月月有三十日三百六十日者一歲之常數也故日與天會而多五日九百四十分日之二百三十五者爲氣盈月與日會而少五日九百四十分日之五百九十二者爲朔虛合氣盈朔虛而閏生焉故一歲閏率則十日九百四十分日之八百二十七三歲一閏則三十二日九百四十分日之六百單一五歲再閏則五十四日九百四十分日之三百七十五十有九歲七閏則氣朔分齊是爲一章也此說也分明

問經星左旋緯星與日月右旋是否曰今諸家是如此說橫渠說天左旋日月亦左旋看來橫渠之說極是只恐人不曉所以詩傳只載舊說或曰此亦易見如以一大輪在外一小輪載日月在內大輪轉急小輪轉慢雖都是左轉只有急有慢便覺日月似右轉了曰然但如此則曆家逆字皆著改做順字退字皆著改做進字

天一日周地一遭更過一度日即至其所趕不上一度月不及十三度天一日過一度至三百六十五度四分度之一則及日矣與日一般是爲一期

天最健一日一周而過一度日之健次於天一日恰好行三百六十五度四分度之一但比天爲退一度月比日大故緩比天爲退十三度有奇但曆家只算所退之度却云日行一度月行十三度有奇此乃截法故有日月五星右行之說其實非右行也橫渠曰天左旋處其中者順之少遲則反右矣此說最好書疏璣衡禮疏星回于天漢志天體沈括渾儀議皆可參考

天左旋日月亦左旋但天行過一度日只在此當卯而卯當午而午某看得如此後來得禮記說暗與之合

晉天文志論得亦好多是許敬宗爲之日月隨天左旋如橫渠說較順五星亦順行曆家謂之緩者反是急急者反是緩曆數謂日月星所經歷之數

問日是陽如何反行得遲如月曰正是月行得遲問日行一度月行十三度有奇曰曆家是將他退底度數爲進底度數天至健故日常不及他一度月又遲故不及天十三度有奇且如月生于西一夜一夜漸漸向東便可見月退處問如此說則是日比天行遲了一度月比天行遲了十三度有奇曰曆家若如此說則算著那相去處度數多今只以其相近處言故易算閒季通云西域有九執曆却是順算

天日月星皆是左旋只有遲速天行較急一日一夜繞地一周三百六十五度四分度之一而又進過一度日行稍遲一日一夜繞地恰一周而于天爲退一度至一年方與天相值在恰好處是謂一年一周天月行又遲一日一夜繞地不能匝而于天常退十三度十九分度之七至二十九日半強恰與天相值在恰好處是謂一月一周天月只是受日光月質常圓不曾缺如圓毬只有一面受日光望日日在酉月在卯正相對受光爲盛天積氣上面勁只中間空爲日月來往地在天中不甚大四邊空有時月在天中央日在地中央則光從四旁上受于月其中昏暗便是地影望以後日與月行便差背向一畔相去漸漸遠其受光面不正至朔行又相遇日與月正緊相合日便蝕無光月或從上過或從下過亦不受光星亦是受日光但小耳北辰中央一星甚小謝氏謂天之機

亦略有意但不似天之樞較切

曆家言天左旋日月星辰右行非也其實天左旋日月星辰亦皆左旋但天之行疾如日天一日一周更攙過一度日一日一周恰無贏縮以月受日光爲可見月之望正是日在地中月在天中所以日光到月四畔更無虧欠惟中心有少黶翳處是地有影蔽者爾及日月各在東西則日光到月者止及其半故爲上弦又減其半則爲下弦逐夜增減皆以此推地在天中不爲甚大只將日月行度折算可知天包乎地其氣極緊試登極高處驗之可見形氣相推緊束而成體但中間氣稍寬所以容得許多品物若一例如此氣緊則人與物皆消磨矣以上語類

問天有黃赤二道沈存中云非天實有之特曆家設色以計日月之行耳夫日之所由謂之黃道史家又謂月有九行黑道二出黃道北赤道二出黃道南白道二出黃道西青道二出黃道東井黃道而九如此即日月之行其道各異況陽用事則日進而北晝進而長陰用事則日退而南晝退而短月行則春東從青道夏南從赤道秋西從白道冬北從黑道日月之行其不同道又如此然每月合朔不知何以同度而會于所會之辰又有或蝕或不蝕及其行或高而出黃道之上或低而出黃道之下或相近而偪或差遠而不相値則皆不蝕如何曰日月道之說所引皆是日之南北雖不同然皆隨黃道而行耳月道雖不同然亦常隨黃道而出其旁耳其合朔時日月同在一度其望日則日月極遠而相對其上下弦則日月近一而遠三如日在午則月或在卯或在酉之類是也故合朔之時日月之東西雖同在一度而月道之南北或差遠于日則不蝕或南北雖亦相近而日在內月在外則不蝕此正如一人秉燭一人執扇相交而過一人自內觀之其兩人相去差遠則雖扇在內燭在外而扇不能掩燭或秉燭者在內而執扇者在外則雖近而扇亦不能掩燭以此推之大略可見此說在詩十月之交篇孔疏說得甚詳李迂仲引證亦博可并檢看當得其說答廖子晦文集

性理會通

日月

程子曰日月之爲物陰陽發見之尤盛者也

日月之在天猶人之有目目無背見日月無背照也

天地日月一也月受日光而日不爲之虧然月之光乃日之光也

日月薄蝕而旋復者不能奪其常也

或問日月有定形還自氣散別自聚否曰此理甚難曉究其極則此二說歸于一也問月有定魄而日遠於月月受日光以人所見爲有盈虧然否曰日月一也豈有日高于月之理月若無盈虧何以成歲蓋月一分光則是魄虧一分也

問日食有常數者也然治世少而亂世多豈人事乎曰天人之理甚微非燭理明其孰能識之曰無乃天數人事交相勝負有多寡之應耶曰似之未易言也

朱子曰月體常圓無闕但常受日光爲明初三四是日在下照月西邊明人在這邊望只見在弦光十五六則日在地下其光由地四邊而射出月被其光而明月中是地影月古今人皆言有闕惟沈存中云無闕

程子謂日月只是氣到寅上則寅上自光氣到卯上則卯上自光者亦未必然既曰日月則自是各有一物方始各有一名星光亦受於日但其體微爾日月薄蝕只是二者交會處二者緊合所以其光掩沒在朔則爲日蝕在望則爲月蝕

邵康節謂日太陽也月太陰也星少陽也辰少陰也辰非星也又曰辰弗集於房房者舍也故十二辰亦謂之十二舍上辰字謂日月也所謂三辰北斗去辰爭十二來度日蝕是日月會合處月合在日之下或反在上故蝕月蝕是日月正相照伊川謂月不受日光意亦相近蓋陰盛亢陽而不少讓陽故也又曰日月會合故初一初二月全無光初三漸開方微有弦上光是哉生明也開後漸亦光至望則相對故圓此後復漸相近至晦則復合故暗月之所以虧盈者此也

曆家舊說月朔則去日漸遠故魄死而明生既望則去日漸近故魄生而明死至晦而朔則又遠日而明復生所謂死而復育也此說誤矣若果如此則未望之前西近東遠而始死之明當在月東既望之後東近西遠而未死之明却在月西矣安得未望載魄於西既望終魄於東而遡日以爲明乎故惟近世沈括之說乃爲得之蓋括之言曰月本無光猶一銀丸日耀之乃光耳光之初生日在其傍故光側而所見纔如鉤日漸遠則斜照而光稍滿大抵如一彈丸以粉塗其半側視之則粉處如鉤對視之則正圓也近歲王普又補其說月生明之夕但見其一鉤至日月相

望而人處其中方得見其全明必有神人能凌倒景傍日月而往參其間則雖弦晦之時亦復見其全明而與望夕無異耳以此觀之則知月光常滿但自人所立處視之有偏有正故見其光有盈有虧非既死而復生也若顧兔在腹之問則世俗桂樹蛙兔之傳其惑人矣或者以爲日月在天如兩鏡相照而地居其中四傍皆空水也故月中微黑之處乃鏡中大地之影略有形似而非眞有是物也斯言有理足破千古之疑矣

或問弦望之義曰上弦是月盈及一半如弓之上弦下弦是月虧了一半如弓之下弦又問是四分取半否曰如二分二至也是四分取半因說曆家謂紓前縮後近一遠三以天之圍言之上弦與下弦時日月相看皆四分天之一

問月中黑影是地影否曰前輩有此說看來理或有之然非地影乃是地形倒去遮了他光耳如鏡子中被一物遮住其光故不甚見也蓋日以其光如月之魄中間地是一塊實底物事故光照不透而有此黑暈也問日光從四邊射入月光何預地事而礙其光曰終是被這一塊實底物事隔住故微有礙耳

問月受日光只是得一邊光日月相會時日在月上不是無光光都載在上面一邊故地上無光到得日月漸漸相遠時漸漸擦挫月光漸漸見於下到得望時月光渾在下面一邊望後又漸漸光向上去

問自古以日月之蝕爲災異如今曆家卻自預先算得是如何曰只大約可算亦自有不合處曆家有以爲當蝕而不蝕者有以爲不當蝕而蝕者

問月蝕如何曰至明中有暗處其暗至微望之時月與之正對無分毫相差月爲暗處所射故蝕雖是陽勝陰究竟不好若陰有退避之意則不相敵而不蝕矣

或問日蝕之變精于數者皆于數十年之前知之以爲人事之所感召則天象亦當與時盈虧潛至陳氏曰日月交會日爲月掩則日蝕日月相望月與日亢則月蝕自是行度分道到此交加去處應當如是曆家推算專以此定疎密本不足爲變異但天文才遇此際亦爲陰陽厄會于人事上必有災戾故聖人畏之側身修行庶幾可弭災戾也

西山眞氏曰月太陰也本有質而無光其盈虧也以受日光之多少月之朔也始與日合越三日而明生八日而上弦其光半十五日而望其光滿此所謂三五而盈也既望而漸虧二十三日而下弦其虧半三十日而晦其光盡此所謂三五而闕也方其晦也是謂純陰故魄存而光泯至日月合朔而明復生焉

魯齋許氏曰天地陰陽精氣爲日月星辰日月不是有輪郭生成只是至精之氣到處便如此光明陰精無光故遠近隨日所照日月行有度數人身血氣周流亦有度數天地六氣運轉亦如是到東方便是春到南方便是夏行到處便主一時日行十二時亦然萬物都隨他轉過去便不屬他

臨川吳氏曰古今人率謂月盈虧蓋以人目之所視者言而非月之體然也月之體如彈丸其遡日者常明常明則常盈而無虧之時當其望也日在月之下而月之明向下是以下之人見其光之盈及其弦也日在月之側自下而觀者僅得見其明之半于是以弦之月爲半虧及在晦也日在月之上而月之明亦向上自下觀者悉不見其明之全於是以晦之月爲全虧儻能飛步太虛傍觀于側則弦之月如望乘凌倒景俯視于上則晦之月亦如望月之體常盈而人之目有所不見以目所不見而遂以爲月體之虧可乎知在天有常盈之月則知人之曰盈曰虧皆就所見而言耳曾何損于月哉

鄭瑗井觀瑣言

辯論管窺

平陽史氏伯璿亦近代博考精思之士然揣摩太甚反成傅會所著管窺外編其持論多無一定之見如論月食既疑先儒月爲日中暗處所射之說而主張衡暗虛之說以爲暗虛只是大地之影矣復疑影當倍形如此則月光常爲地影所蔽失光之時必多而謂對日之衝與太陽遠處往往自有幽暗之象在焉既謂天大地小地遮日之光不盡日光散出地外而月常受之以爲明是本沈括月本無光日耀之乃光之言矣復謂月與星皆是有光但月體半光半晦月常面日如臣主敬若此其光所以有盈虧之異論日月之運既主橫渠天與日月皆左旋之說而謂日月與天同運但不及其健則漸退而反右矣復自背其說而有二人同行之喻謂曆家右轉之說自有源流未可以先儒所學之大而小之凡此等處屢言屢變乍彼乍此進退皆無所據

劉氏雜志

日月輪

日輪大月輪較小日道近天在外月道近人在內故日食既時四面猶有光溢出可見月輪小不能盡掩日輪也日月合朔時月常在內未有日在內者故月蝕日也日月相望則日蝕月者月雖資日光以圓于望時然微相參差則光圓恰相衝射則日反蝕之如點燈正當爐炭炎熾之尖所衝射則燈反不然矣此曆所謂暗虛言月爲日所暗而非日之實體暗之乃日之虛衝爾蓋二曜各有所行之道如二人各行水陸之塗朔望則一人由陸者在橋上一人由水者在橋下稍相先後亦不蝕適相對當乃食矣日行道周天如循環月行道亦周天如循環兩環相搭有兩交處一處謂之天首一處謂之天尾天尾爲計天首爲羅

荊川稗編

僧德孺日月周天論

天地者陰陽之氣也日月陰陽之精而放乎天地以行者也日陽道也君子之象也其卦離離爲火火從日也故日出而火事作日中而火盛日入而火事息爲火陽屬也然火爲水妃反屬乎陰蓋離之爲卦一陰居中而正位是陽須陰以成者也觀夫日中之景如鷄如烏者鷄酉物也酉西方也四時爲秋五行爲金西陰方也秋商呂也金殺氣也烏之色黔黔爲黑黑之質爲陰陰死氣也故火之爲用爲熯爲焚爲烹煎爲飪熟無或萌生之道焉惟無生也屬陰明矣然火之燬物燼餘歸土土能生物生生不窮是陰極而反乎陽也故離日之火爲陽也亦明然非假乎陰不能自成也月陰道也小人之道也其卦坎坎爲水水從月也故月出而海潮生月正而海潮平月沒而海潮汐矣水陰屬也然水能勝火反屬乎陽蓋坎之爲卦一陽居中以正位是二陰以從陽者也觀夫月中之景如兎如蟾者蟾兎卯物也卯東方也四時爲春五行爲木東陽方也春角律也木仁德也兎非耦生非耦則奇奇陽數也兎蟾之色白白之質爲陽陽生氣也故水之用爲潤爲滋爲脊澤爲涵濡無或非生之道焉惟能生也屬陽明矣然水之瀦物液以成木木能生火火燼無餘是陽亢而反屬乎陰也故坎月之水爲陰也亦明然不藉乎陽無以資生也蓋陰陽也日月也體相生也用相須也苟乖戾焉則陽爲瘵陽陰爲癡陰二氣弗交日月歲時之功弗成天地生成之道廢矣日之行也舒以遲軌循三道日躔一度迺三百六十五度四分度之一盈三百有六旬有六日之期以一歲乃一周天以分至而定四時分也者陰陽二氣之中也至也者陰陽二氣之復也時之爲言實也序也候也實則不虛也序則不悖也候而有微也故由日而旬旬而月月而晦晦而歲歲功其成君子之道備矣月之行也舒數以疾輔汰九道日踰十二度有奇僅三十日而迪心危畢張之紘必一月而一周天以弦望而紀三旬弦也者日月二景之中也望也者日月二景之會也旬之爲言宣也溥也始也宣溢日之陽也溥歷乎九達也日終于十而始于一也故由日而旬旬而月月而歲歲功其成小人之道飭矣日之以分至而定四時也子爲十二辰之首故日至子而一陽生日南至南至者少陽發軔南陸晷馴於長按轡安行稅駕於北陸也陽之生也孳基於子紐誘於丑引申於寅冒茂於卯至卯而春始分分者陽德正中中而壯壯而大大而振迅於辰盛駃於巳至巳而陽老矣醞而成者卦爲純乾陽之極也物極必反矣午爲十二辰之中也日中必昃故日至午而一陰生日北至北至者少陰發軔北陸晷短以疾倍道兼行稅駕於南陸也陰之生也咢吐於午昧曖於未凴陳於申宿留於酉而秋始分分者陰德方中中亦大大而鬱勃於戌凝閡於亥至亥而陰老矣結而爲寒卦爲重坤陰之極也一陽復生君子之道長矣斯則日馭一歲周天之行也月之弦望之紀三旬也朔爲一月之首故月建朔而朏於東月南至南至者太陰遇少陽之未光發軔南陸漸得陽輝益而輪滿稅駕於北陸也月之耀也縮朒於朔生明于三八日而上弦弦則日洎月光交半矣弦而半半而增日耿月華輻輪浸廣十有四日爲幾幾望也日月相望光合輪圓陽資陰滿之極也滿招損矣望爲一月之中也月盈則虧故光西垂月北至北至者少陰失太陽之秒光發軔北陸漸遠陽輝偏刓而缺稅駕于南陸也朏盛將傾生魄于三八日而下弦弦則日背月光去半矣弦而半半而損日月背馳輪輻奇袤至二十有九爲晦晦灰頹也陽燼而殘陰老而羸陰失陽助之極也極亦久矣朓生于西小人之道消矣斯則月轂一月一周天之行也請詳論之日之經于天也猶織者之有經焉蓋日以二十八宿三百六十五度四分度之一娩三百六旬六日之算十有二月之紀循三道中軌布爲一歲周天之大經既經矣未有不須緯以成者也故月之緯乎天猶織者之緯焉

蓋月以朓朒弦望之程歷心危畢張之次三旬三十日小大之策曲折十二周天之緯以緯日抒一歲周天之經共成報歲之功譬之織者之運梭緯經積絲而忽而分而寸而尺而丈幅幀縝緻以成一機之功者焉亦猶君子布政於上小人用命於下以叶濟一代隆平之治也然日駕遲驅歲天一周四時行焉體君之道逸而爲尊者也月馭捷馳月旬三始十有二周以佐時成歲體臣之道勞而處卑者也雖日月以三旬一周天之象爲夫朔之朒日之冬至之候也上弦而分中春分之候也望而魄日之夏至之候也下弦而分中秋分之候也彼春之分也日在卯卯茂也四陽用壯百物暢茂人徒見其品彙繁蕪枝幹疎達殊不知物壯則老而成熟隕穫之漸隨之是陽壯之時陰已用事故不待午而始生特至午而發露之耳亦猶君子之措百爲小人日用其中而不知也彼秋之分也月在酉酉斂也四時用傷百物揫斂人徒見其葉萎黃落條枝槎枿殊不知去故就新而勾萌甲拆之漸隨之是則强陰之時陽已停毒故不待子而始生特至子而奮迅之耳亦猶小人決眜于外君子運籌于中也吾故曰陰陽也日月也不可須臾離也可離君子小人朋黨之論與也

史伯璿論日月食

詩十月之交篇日有食之晦朔日月之合東西同度南北同道則月掩日而日爲之食望而日月之對同度同道則月亢日而月爲之食按月掩日而日食之說易曉月亢日而月食之說難曉先儒有謂日之質本陰陰則中有闇處望而對度對道則月與日亢爲日中闇處所射故蝕此橫渠之意卽詩傳之所本也其說尤可疑夫日光外照無處不明縱有闇在內亦但自闇於內而已又安能出外射月使之失明乎惟張衡之說似易曉衡謂對日之衝其大如日日光不照謂之闇虛闇虛逢月則月蝕值星則星亡今曆家望月行黃道則值闇虛矣值闇虛有表裏淺深故蝕有南北多少按暗虛之說無以易矣但曰其大如日則恐大不止此蓋月蝕有歷兩三箇時辰者若闇虛大只如日則蝕安得如此久今天文家圖闇虛之象可以容受三四箇月體有初蝕蝕旣蝕甚之分可見闇虛之大不止如日而已但不知對日之衝何故有暗虛在彼愚竊以私意揣度恐暗虛只是大地之影非他物也蓋地在天之中日麗天而行雖天大地小地遮日之光不盡日光散出地之四外而月常得受之以爲明然凡物有形者莫不有影地雖小於天而不得爲無影旣曰有影則影之所在不得不在對日之衝矣蓋地正當天之中日則附乎天體而行故日在東則地之影必在西日在下則地之影必在上月旣受日之光以爲光若行值地影則無日光可受而月亦無以爲光矣安有不食者乎如此則暗虛只是地影可見旣是地則其大不止如日又可見矣不然則日光無所不照暗虛旣曰在對日之衝何故獨不爲日所照乎臆度之言無所依據姑記于此將俟有道而就正焉

章潢圖書編

論日月所歷

日之行于天也歷一晝夜而周乎東西歷春夏秋冬而周乎南北月之晝夜周乎東西者不及乎日而一月之間則東西南北莫不周焉故二十七日有奇與天會二十九日有奇與日會歷十二辰而月建一周歲乃成焉月亦何其勞歟蓋日天道也君道也夫道也月地道也臣道也妻道也易于坤之卦爻曰利牝馬之貞曰先迷後得主曰或從王事無成有終曰地道無成而代有終也是故知坤則知月矣知乾坤則知日月矣豈特知日月哉凡兩間之陰陽消息莫不知之矣故易字爲日月之象

欽定古今圖書集成曆象彙編乾象典

第三十一卷目錄

乾象典第三十一卷

日月部藝文一

日月如合璧賦（以應候不差如璧之合為韻）　唐韋展

國家纂弘天統紹啓王跡獵英華於百代漱芳潤於六籍於是闡睿曆於疇人鏡元象之氷釋察運行之盈縮見分度之損益五星同舍狀自叶於連珠兩曜集晨候不愆於合璧是知陰陽卷舒日月居諸時會而乍離乍合順行而匪疾匪徐徵於顓頊之法考以軒轅之書百靈以之肅若四海由其晏如惟上元之歲時和氣茂惟南至之辰日月來就望烏兔之交集瞻斗牛而既覯璧惟圓制象其圓正之形玉以貞稱表此貞明之候可以襲承天意可以敬授人時覯臺之瑞斯驗馮相之言不欺方見仲尼無得而踰矣乃知潘夏何足以當之臨楚山豈和氏而能識入秦野非相如之見持且夫日者尊而有常月者謙而不雜每有德而昭感必效靈而允答分則列照於三無聚則和光於六合徒觀夫炳煥可嘉毫釐靡差珥作如虹之氣披為旁達之華映彼仙娥有似夫佩而比德吐茲王字更疑乎瑜不掩瑕然則天垂象兮至明曆為功兮可久重之斯實理本輕之則為亂首是以堯君之所懲勸將永代而遵守顧惟愚懵竊覯嘉應鈎深索隱雖無瞽史之才頌德歌功敢借詩人之興

日月如合璧賦（以天地交泰日月貞明為韻）　賈餗

格天之功兮不宰而成麗天之象兮乃合其明躔次無差乃可立圭以辨禎符既叶必俟重璧而呈於是曜陰魄騰陽精將周旋而一體異遠近之相傾時也萬類昭融四方清泰激朝暉之杲杲發夜色之藹藹懸異象于人間吐榮光于天外挺連城之價誰敢指瑕居匹夫之懷非同賈害金烏共色玉兔增鮮麗萬室兮瑤臺共美泛千林兮瓊樹爭妍變芳流于斜漢疊圓影于遙天落照西沉若欲抵于昧谷澄暉東上又如返于虞泉熒煌異質燭耀非一抱珥之彩潛銷如圭之容闇失于以表元象明陰騭瑞至德于堯年契昌期于漢日懿其經紀不忒明宵有程聯彩徘徊似有求于潘子雙形宛轉若可賜于虞卿既同道以賂合亦相推而運行見乎天則一人有慶比於王則百度惟貞別今馮相觀祲而罔愆羲和敬授而無闕將冥照於幽昧在宣精于日月是以靈符必集休祐可包不縮不盈自契于三年之閏無偏無黨何憂乎十月之交豈止合釆呈姿和光效異陵珠星而掩觵逗洛水而增媚東西並耀疑夾鏡于長空昇降相沿異藏珍于厚地然後操觚進牘賦邦家之盛事

採日月華贊　宋蘇軾

每日採日月華時不能誦得古人呪語以意撰數句云

我性眞有是身本空四大合成與天地通如蓮芭蕉萬竅玲瓏無道不入有光必容曈曈太陽凡火之雄湛湛明月衆水之宗我爾法身何所不充不足則取有餘則供取予無心惟道之公各忘其身與道俱融

日升月恆賦　明姚希孟

猗璇圖之高揭兮垂兩曜于萬方抱赤精而含素輝兮受鼓鞲于陰陽共中天以炳靈兮分宵旦之行藏麗八極而環四維兮永終古以耀芒維光華之烜爛

兮寧初纔其可量望澄鮮于霄漢兮眺晶瑩之未央或自潛以垂曜兮或由晦而作章驟熹微而欲吐兮忽騰踴以翺翔想曈曨之方旭兮與積艸而弓張驚蒼穹之散彩兮劈混沌以呈祥掣羣晴使愕眙兮恍衆志其怔惶乃若金支藹開翠旂未卷玉宇深沈銀河灩瀲曦光催建章之蒇雞瞑色止長門之御輦又有丹鳳樓頭元菟城角朝霞薄曉霧以流金碧海照青天而成轂東升之烏共晨雉而朝飛南栖之鵲伴昏鴉而夜啄于是火珠吐燧和璧藏鉤起咸池而拭浴倚瑤臺以紆眸驅飈軸于扶桑之嶺轉冰輪于疏圃之陬其晝舒也駕赭驎驂朱蚪羣眞絳節以前麾百神赤幘而鳴蹕其夜明也弭素螭控玉驪緱嶺吹笙而度曲霓裳振袂以揚謳乃夫綺疏繡幕乍白乍紅海山樓閣可闢可封自晻曀而晃耀又靉靆而玲瓏每烘窻而射牖且窺簾以映櫳阿房曉鏡盡作胭脂之色昭陽夜宴疑在水晶之宮吾不知其圓規闕玦與夫入西出東但見蓄之無垠攬之靡窮方積微以成鉅亦由纖而啓洪總爲熾之始壯之萌而未可以乘除消息卜度于其中于是陳犧罍擊鼉鐘酬以三雅之爵佐以九成之鏞仰天喁喁祝吾君之千萬年與日升月恒而俱無終也而吾甘爲聖世之華封因曲終而奏曰勉矣廣漠承太淸兮維日與月環貞明兮慮中而昃虧盈兮譬之茀蘇盛則傾兮豈惟筲斗畏滿羸兮皇矣吾后五福軿兮舜壽堯年莫與京兮泰階肇開六符迎兮占厥運會時方亨兮初陽麗空晴曄瑩兮淸光半璧含珠英兮月闕其華日藏精兮將來景爍瀰八紘兮厚蓄徐昌悠久成兮小臣獻賦喜起賡兮惟繁星之粲天借迭曜以分榮兮願我王其介福臣且爲卷阿之鳳鳴兮

日月部藝文二詩

玉牒辭　夏大禹

祝融司方發其英沐日浴月百寶生

三光篇　晉傅元

三光垂象表天地有晷度聲和音響應形立影自附素日抱元烏明月懷靈兔

月生　唐劉猛

月生十五前日望光彩圓月滿十五後日畏光彩瘦不見夜光色一觽成暗酒匣中苔背鏡光短不照空不惜補明月慙無此良工

雜言　司空圖

烏飛飛兔蹶蹶朝來暮去驅時節女媧祇解補青天不解煎膠黏日月

夕陽　鄭谷

夕陽秋更好瀲瀲蕙蘭中極浦明殘雨長天急遠鴻僧窻留半榻漁舸透疎篷莫恨淸光盡寒蟾即照空

日月無情　徐夤

日月無情也有情朝升夕沒照均平雖催前代英雄死還促後來賢聖生三尺靈烏金借耀一輪飛鏡水饒淸憑誰染斷東溟路龍影蜷光兔運生

日月吟　宋邵雍

月明星自稀日出月亦微既有少正卯豈無孔仲尼

羲娥謠　楊萬里

中秋夜宿辟邪市詰朝早起曉星已上日欲出而月未落光景萬變蓋天下奇觀也作羲娥謠以記之

羲和夢破欲啓行紫金畢逋啼一聲聲從天上下人世千郵萬落雞爭鳴素娥西征未歸去籢弃銀盤浣風露一丸玉彈東飛來打落桂枝雪毛兔誰將紅錦幕半天赤光絳氣貫山川須臾却駕丹砂轂推上寒空碾蒼玉詩翁已行十里强羲和早起道無雙

自集慶路入正大統途中偶吟　元文宗

穿了氁衫便著鞭一鉤殘月柳梢邊二三點露滴如雨六七箇星猶在天犬吠竹籬人過語雞鳴茅店客驚眠須臾捧出扶桑日七十二峰都在前

日夕觀山　許有壬

林慮千仞翠巖巖卷畫工夫在暮嵐徙倚崇臺觀未足紅輪西北月東南

二鬼　明劉基

憶昔盤古初開天地時以土爲肉石爲骨水爲血脉天爲皮崐崘爲頭顱江海爲胃腸嵩岳爲背膂其外四岳爲四肢四肢百體咸定位乃以日月爲兩眼循環照燭三百六十骨節八萬四千毛竅勿使淫邪發洩生瘡痍兩眼相逐走不歇天帝愍其勞逸不調生病患申命守以兩鬼名曰結璘與鬱儀鬱儀手捉三

足老鴉脚蹋踏火輪蟠九蟠吅嚼五色若木英身上五色光陸離朝發暘谷暮金樞清晨還上扶桑枝揚鞭驅龍扶海若蒸霞沸涙煎魚鼈煇熀焜燿啓幽暗燠眗草木生芳蕤結璘坐在廣寒桂樹根漱噬桂露芬香菲啖服白兎所擣之靈藥跳上蟾蜍背脊騎揺光弄影蕩雲漢閃奎爍壁葩花摘手摘桂樹子撒入大海中散與蚌蛤爲珠璣或落岩谷間化作珣玗琪人拾得吃者胷臆生明暈內外星官各職職惟有兩鬼兩眼晝夜長相追有物來掩犯兩鬼隨即揮刀鈹禁制蝦蟇與老鴉低頭屏氣服役使不敢起意爲奸欺天帝憐兩鬼暫放兩鬼人間嬉一鬼乘白狗走向織女黃姑磯槌河鼓養兩旗跳下皇初平牧羊羣烹羊食肉口吻流膏脂卻入天台山呼龍喚虎聽指麾東岩鑿石取金卯西岩掘土求瓊蕤岩窗洞君石梁折鶩起五百羅漢半夜撥刺衝天飛一鬼乘白豕從以青羊青兎赤鼠兒便從閣道出西清入少微浴咸池身騎靑田鶴去採靑田芝仙都赤城三十六洞主騎鸞驂鳳來陪隨神魃清唱毛女和長烟梟梟飄熊旂蚩廉吹笙虎擊筑罔象出舞奔馮夷兩鬼自從天上別別後道路阻隔不得相聞知忽聞寒山子往來說因依兩鬼各借問始知相去近不遠何得不一相見敘情詞情詞不得敘焉得不相思相思人間五十年未抵天上五十炊忽然宇宙變差異六月落雪冰天逵黿鼉上山作窟穴蛇頭生角角有岐鰐魚掉尾斫折巨鼇脚蓬萊宮倒水沒楣攙搶枉矢爭出逞妖怪或大如甕盎或長如蝼蛇光爍爍形䨴䨴叫鹿豕呼熊羆蝙蝠吳回翔魅魑天帝左右無扶持蚑蟯蚤蝨蠅蚋蜞嗜膚咂血圖飽肥攫攫不可揮筋節解折兩眼瞎不辨妍與媸兩鬼大惕傷身如受榜笞便欲相約討藥與天帝醫先去兩眼翳使識靑黃紅白黑便下天潢天一水洗滌盤古腸胃心腎肝肺脾却取女媧所摶黃土塊改換耳目口鼻牙舌眉然後請軒轅邀伏羲風后力牧老龍吿泰山稽命魯般詔工倕使豐隆役黔巖礪斧鑿具鑪鎚取金蓐收伐材尾箕修理南極北極樞斡運太陰太陽機檄名皇地示部署岳瀆神受約天皇埋生鳥必鳳凰勿生梟與鴟生獸必麒麟勿生豺與狸生鱗必龍鯉勿生虺與蟺生甲必龜貝勿生蝓與蜞生木必松楠生草必蕣葵勿生鉤吻含毒斷人腸勿生枳棘草利傷人肌螟蝗害禾稼必絶其蟊蝨虎狼妨畜牧必遏其孕孳啓迪天下蠢蠢氓悉蹈禮義尊父師奉事周文公魯仲尼曾子與孔子思敬習書易禮樂春秋詩履正直屏邪欹引頑嚚入規矩雍雍熙熙不凍不餒避刑遠罪趨祥祺謀之不能行不意天帝錯怪恚謂此是我所當爲眇眇末兩鬼何敢越分生思惟㕭㕭向瘖肓洩漏造化微急詔飛天神王與我捉此兩鬼拘囚之勿使在人寰做出妖怪奇飛天神王得天帝詔立名五百夜叉帶金繩將鐵網尋蹤逐跡莫放兩鬼走逸入巘巇五百夜叉箇箇口吐火搜天括地走不疲吹風放火烈山谷不問杉柏樗櫟蘭艾蒿芷蕭茅芙燔焱熨灼無餘遺搜到九萬九千九百九十九仞幽徑底捉住兩鬼眼睛光活如琉璃養在銀絲鐵柵內衣以文采食以糜莫教突出籠絡外踏折地軸傾天維兩鬼亦自相顧笑但得不寒不餒長樂無憂悲自可等待天帝息怒解猜惑依舊天上作伴同遊戲

古詩　王景

明月出天東團團歷東井不因朝陽輝何以散光景中涵古桂華期與天地永本體無盈虧清明乃其性常恐中天雲翳此山河影有如濁木珠棄置誰復省長風一埽蕩恆若冰鑑炯白玉十二樓照耀蓬萊境

詠懷　何景明

北陸無淹晷歲邁陰已長攝衣起中夜凜凜悲嚴霜明月麗高隅繁霜縱以橫徘徊仰天漢悅彼參與商形影永乖隔萬里徒相望

月夜登上方絶頂　王寵

大道無端倪人世如蟻蝨泠然御風行天路非所術曌舒稍西傾東海已吐日山川兩照耀金波中蕩潏仙人夜行遊巖坐汎寶瑟吐故餐晨霞乘露采芝术巉巉金庭山中有煉藥室却笑尚子平寧須婚嫁畢

小遊仙　桑悅

白雲爲被彩霞氈高枕常凌倒景眠却怪兩燈常下照不知日月麗中天

日月部選句

楚屈原天問日月安屬

漢賈誼惜誓建日月以爲蓋兮載玉女於後車

劉向九歎引日月以指極兮少須臾而釋思

揚雄長楊賦西壓月窟東震日域

魏武帝省西曹令日出於東月盛於東

曹植慰子賦日晼晚而既沒月代照而舒光

王粲寡婦賦日晻曖兮不昏明月皎兮揚暉

晉陸機豪士賦日罔中而弗昃月何盈而不闕又演

連珠准月臬木不能加涼晞日引火不必增輝
阮籍大人先生傳佩日月以舒光兮登徜徉而上浮
木華海賦大明鑣轡於金樞之穴翔陽逸駭於扶桑
之津
陶潛閒情賦日負影以偕沒月媚景於雲端
宋謝莊月賦日以陽德月以陰靈
謝靈運江妃賦升月隱山落日映嶼
梁蕭綱銅博山香爐賦吐圓舒於東岳匿丹曦於西
嶺又答湘東王書曜靈旣隱繼之以朗月
何遜七召踆烏始照宦槐遽而欲舒顧兎纔滿庭英
紛而就落
陶弘景尋山誌日負山以共隱月披雲而出山
唐盧士開日月如合璧賦顯曜相向圓明比象麗重
光於一軌開混茫而精爽又和陰陽而二儀交泰辨
分至而九服融朗
宋蘇轍黃樓賦送夕陽之西盡導明月之東出
明王思任泰山記吾登月觀日落如車有日之觀吾
登日觀月掛如船有月之觀雖不兩得亦未兩失也
李流芳焦山小記孟陽云吾儕信宿茲山每於夕陽
登嶺眺望落景尚爛於西浦望舒已升于東溆琥珀
琉璃和合成界熠燿恍惚不可名狀
張京元西湖小記湖心亭雄麗空闊時晚照在山倒
射水面新月掛東所不滿者半規金盤玉餅重輪交
網不覺狂叫欲絕
虞帝卿雲歌日月光華旦復旦兮
八伯歌日月光華弘于一人
帝乃載歌日月有常星辰有行

許由箕山歌日月運照靡不記睹
周漁父歌日月昭昭乎寖已馳又日已夕兮予心憂
悲月已馳兮何不渡爲
漢書郊祀歌月穆穆以金波日華耀以宣明
蔡琰胡笳十八拍日月居諸在戎壘又日月無私兮
曾不照臨又日東月西兮徒相望
魏武帝詩明明日月光何所不光照
晉傅元詩昭昭朝時日皎皎晨明月
宋謝靈運詩我行乘日垂放舟候月圓又夕慮曉月
流朝忌曛日馳
謝惠連詩落日隱櫚楹升月照簾櫳
唐李白詩窺日畏銜山促酒喜得月
宋范成大詩斜陽稍滿地片月早中天
元張養浩詩古今不卷江山畫日月長開宇宙窻
張翥詩新月半天分落照斷雲千里附歸風
明祝允明詩曜靈爍神燭望舒衛九行

日月部紀事

竹書紀年註伊摯將應湯命夢乘船過日月之傍
左傳成公十六年晉楚遇于鄢陵呂錡夢射月中之
占之曰姬姓日也異姓月也必楚王也及戰射共王
傷目
山陵雜記始皇壙周廻七百步下周三泉刻玉石爲
松柏以明月珠爲日月
漢書匈奴傳單于朝出營拜日之始生夕拜月其坐
長左而北向日舉事常隨月盛壯以攻戰月虧則退
兵
洞冥記元封四年修彌國獻駮騾高十尺毛色赤斑
皆有日月之象
三國吳志孫破虜吳夫人傳注初夫人孕而夢月入
懷旣而生策及權在孕又夢日入其懷以告堅曰昔
妊策夢月入我懷今也又夢日入我懷何也堅曰日
月者陰陽之精極貴之象吾子孫其興乎
談藪齊松滋令蘭陵蕭叡明母患積年叡明晝夜祈
禱時寒凍叡明下淚凝結如筯額上叩血成冰不溜
忽有一人以石函授之曰此能治太夫人病叡明跪
而受之忽然不見以函奉母中惟三寸絹丹書爲日
月字母病卽愈
古鏡記隋汾陰侯生天下奇士也王度常以師禮事
之臨終贈度以古鏡大業八年四月一日太陽虧度
時在臺直晝臥廳閣覺日漸昏諸吏告度以日蝕甚
整衣時引鏡出自覺鏡亦昏昧無復光色度以寶鏡
之作合於陰陽光景之妙不然豈以太陽失曜而寶
鏡亦無光乎怪歎未已俄而光彩出日亦漸明比及
日復鏡亦精朗如故自此之後每日月薄蝕鏡亦昏
昧大業九年正月朔旦有一僧行乞而至度家弟勣
見之僧曰貧道受明錄祕術頗識寶氣檀越宅上每
日常有碧光連日絳氣屬月此寶鏡氣也貧道見之
兩年矣今擇良日故欲一觀勣出之僧跪捧欣躍謂
勣曰此鏡有數種靈相皆當未見但以金膏塗之珠
粉拭之舉以照日必影徹牆壁行之無不獲驗
朝野僉載唐長安二年九月一日太陽食盡默啜賊
到幷州至十五日夜月蝕盡賊並退盡

五國故事僞漢先主以治宮室爲務琢水精琥珀爲日月列于東西玉柱之上

嬾眞子洛中郜康節先生術數既高而心術亦自過人所居有圭竇甕牖圭竇者牆上鑿門上銳下方如圭之狀甕牖者以敗甕口安於室之東西用赤白紙糊之象日月也

暇日記邵先生堯夫雍於所居作便坐曰安樂窩兩旁開牕曰日月牖

世說補王介甫嘗見舉燭因言佛書有日月燈光明佛燈光豈得配日月呂吉甫曰日昱乎晝月昱乎夜燈光昱乎晝夜日月所不及其用無差別介甫大以爲然

桯史承平時國家與遼歡盟文禁甚寬輅客者往來率以談謔詩文相娛樂元祐間東坡寔膺是選遼使素聞其名思以奇困之其國舊有一對曰三光日月星凡以數言者必犯其上一字於是徧國中無能屬者首以請于坡坡唯唯謂其介曰我能而君不能亦非所以全大國之體四詩風雅頌天生對也盍先以此復之介如言方共歎愕

道山清話劉貢父一日問蘇子瞻老身倦馬河堤永踏盡黃槐綠槐影非閣下之詩乎曰然貢父曰是日影耶月影耶子瞻曰竹影金鎖碎又何嘗說日月也二公大笑

遼史太宗本紀以大聖皇帝宴寢之所號日月宮因建日月碑

耶律乙辛傳乙辛父迭剌家貧服用不給部人號窮迭剌乙辛幼慧黠嘗牧羊至日昃迭剌視之乙辛熟寢迭剌觸之覺乙辛怒曰何遽驚我適夢人手執日月以食我我已食月啗日方半而覺惜不盡食之迭剌自是不令牧羊

明通紀傳信錄元主嘗名一術士問以國祚對云國家千秋萬歲不必深慮除日月並行乃可憂耳大明兵興而元亡蓋日月並行乃明字隱語也此術士亦神奇矣惜遺其名

洪武元年八月十五上夜夢當天兩日月齊出諸雪雜亂紛飛倏爾底定上謂徐達曰此夢何解徐達曰陛下夢兩日月齊出卽大明明字諸雪雜亂紛飛卽張陳等賊擾亂我中原我明命將出師一鼓而擒之卽倏爾底定此吉兆也

王世貞遊洞庭兩山記太湖五百里中爲山大小七十二兩洞庭者冠之前是汪中丞伯要余往弗果居九年而秋九月余與弟敬美謀挾從季瞻美曹甥子念李生時養以遊買湖船抵石公躡磴而上至其巓憩焉日且息虞淵矣大於紫金鉦冉冉垂墮僅餘一線迴光射波波尚爲沸起霞綃霓旌之屬扈於後者半猶亙空少選月從東上初爲鉤俄忽爲玦爲金鉦其色正黃規不及日十之一波得之蕩而爲長燈熤熤不定返顧隝中百棟如晝湖中外諸峯盡出其猫鼠小島汨沒不定念吾生平所見亡踰者急呼酒酹之

日月部雜錄

易經乾文言夫大人者與天地合其德與日月合其明

恆彖日月得天而能久照

豐彖日中則昃月盈則食

書經周書泰誓嗚呼惟我文考若日月之照臨

秦誓我心之憂日月逾邁若弗云來

詩經邶風柏舟篇日居月諸胡迭而微

日月篇日居月諸照臨下土疏言日以照晝月以照夜故得同曜齊明而照臨下土以興國君視外治夫人視內政亦同德齊意以治理國事也朱注莊姜不見答於莊公故呼日月而訴之也

日居月諸下土是冒

雄雉篇瞻彼日月悠悠我思

唐風蟋蟀篇日月其除又日月其邁又日月其慆傳慆過也

小雅天保篇如月之恆如日之升傳恆弦升出也箋月上弦而就盈日始出而就明

杕杜篇日月陽止箋十月爲陽

小明章昔我往矣日月方除疏日月方欲除陳生新二月之中也

昔我往矣日月方奧傳奧煖也

周禮春官司常日月爲常訓義胡伸曰太常王之旗也周以日月爲常日往月來未嘗以止惟其無常可以爲常者道也鄭鍔曰有取於制字之意日月得天而能久照王者之道萬世有常而不易也

冬官考工記輈人輪輻三十以象日月也注輪象日

月者以其運行也日月三十日而合宿
儀禮覲禮禮日於南門外禮月與四瀆于北門外
禮記曲禮名子者不以國不以日月
禮器爲朝夕必放於日月又大明生於東月生於西此陰陽之分夫婦之位也
郊特牲旂十有二旒龍章而設日月以象天也
祭義郊之祭大報天而主日配以月又祭日於壇祭月於坎以別幽明以制上下祭日於東祭月於西以端其位
經解天子者與日月並明明照四海而不遺微小
昏義天子之與后猶日之與月陰之與陽相須而後成者也
鄉飲酒義設介僎以象日月
易乾鑿度雷木震日月出入門者日出震月入於震澤金水兌日月往來門月出澤日入於澤
詩含神霧日月揚光者人君之象也
春秋感精符人主父天母地兄日姉月注兄日於東郊姉月於西郊
孝經援神契天地至貴精不兩明注天精爲日地精爲月
三墳書山墳象君日又象臣月
形墳日天中道月大夜明又日地闇宮月地斜曲又陽形日天日昭明地日景隨日月從朔山日沉西川日流光雲日蔽霧氣日昏部又陰形月天月淫地月伏輝日月代明山月升騰川月東浮雲月藏宮氣月冥陰又日山危峰月山斜巔又日川湖月川曲池又日雲赤曇月雲素雯又日氣晝闔月氣夜圓

素問八正神明論岐伯曰天溫日明則人血淖液而衛氣浮故血易寫氣易行天寒日陰則人血凝泣而衛氣沉月始生則血氣始精衛氣始行月郭滿則血氣實肌肉堅月郭空則肌肉減經絡虛衛氣去形獨居是以因天時而調血氣也
管子牧民篇如日如月唯君之節
白心篇化物多者莫多於日月
形勢解日月昭察萬物者也天多雲氣蔽蓋者衆則日月不明人主猶日月也羣臣多姦立私以擁蔽主則主不得昭察其臣下臣下之情不得上通故姦邪日多而人主愈蔽故曰日月不明天不易也
版法解日月之明無私故莫不得光聖人法之以燭萬民故能審察則無遺善無隱姦無遺善無隱姦則刑賞信必刑賞信必則善勸而姦止故曰參於日月
家語子路對夫子曰由願赤羽若日白羽若月
莊子逍遙遊堯讓天下於許由曰日月出矣而爝火不息其於光也不亦難乎
在宥篇廣成子曰自而治天下雲氣不待族而雨草木不待黃而落日月之光益以荒矣
齊物論至人神矣乘雲氣騎日月
天運篇日月其爭於所乎
山木篇孔子圍於陳蔡大公任往弔之曰子其昭昭乎如揭日月而行故不免也
揚子修身篇日有光月有明三年不目日視必盲三年不目月精必朦
墨子兼愛中篇昔者文王之治西土若日若月乍光于四方卽此言文王之兼愛天下之博大也譬之日月兼照天下之無有私也
呂子愼大覽察今篇審堂下之陰而知日月之行陰陽之變
審分覽勿躬篇羲和作占日尚儀作占月又聖王之德融乎若月之始出極燭六合而無所窮屈昭乎若日之光變化萬物而無所不行
史記龜策傳六曰日月龜
淮南子天文訓麒麟鬭而日月蝕
地形訓東方川谷之所注日月之所出又西方高土川谷出爲日月入焉
精神訓日中有踆烏而月中有蟾蜍
繆稱訓日不知夜月不知晝日月爲明而弗能兼也
詮言訓天有明不憂民之晦也百姓穿戶鑿牖自取照焉
兵略訓輪轉而無窮象日月之運行又處于堂上之陰而知日月之次序
大戴禮誥志日歸於西起明於東月歸於東起明於西
褚先生集龜策列傳日爲德而君於天下辱於三足之烏月爲刑而相佐見食於蝦蟆
白虎通五行篇人目何法法日月明也日照晝月照夜人目所不更照何法法目亦更用事也
論衡說日篇日晝行千里夜行千里麒麟晝日亦行千里然則日行舒疾與麒麟之步相類似也月行十三度十度二萬里三度六千里月一旦夜行二萬六千里與晨鳧飛相類似也
張衡靈憲日匹火月匹水火則外光水則含影

參同契乾坤設位章坎戊月精離己日光日月爲易
剛柔相當
君臣御政章日合五行精月受六律紀
養性立命章陽神日魂陰神月魄
男女相胥章坎男爲月離女爲日日以耀德月以智
光月受日化體不虧傷陽失其契陰侵其明晦朔薄
蝕掩冒相傾
獨斷天子父事天母事地兄事日姊事月常以春分
朝日於東門之外訓人民事君之道也秋夕夕月於
西門之外別陰陽之義也
抱朴子金丹篇岷山丹法道士張蓋蹹精思於岷山
石室中得此方也其法鼓冶黃銅以作方諸以承取
月中之水以水銀覆之致日精火其中長服之不死
備闕篇日月不能摘光于曲穴
尚博篇俗士多云今日不及古日之熱今月不及古
月之朗
博喻篇日月挾蟲鳥之瑕不妨麗天之景
廣譬篇日月不能私其耀以就曲照之惠
驗蔽篇羲和昇光以啓旦望舒耀景以灼夜
詰鮑篇景星摛光以佐望舒之耀冠日含采以表羲
和之晷
博物志東方少陽日月所出山谷清其人佼好 又西
方少陰日月所入其土窈冥其人高鼻深目多毛
荊州記巴陵南有青草湖周迴百里日月出沒其中
世說支道林曰北人看書如顯處視月南人學問如
牖中窺日
時人目夏侯太初朗朗如日月之入懷

于司州至吳興印渚中歎曰非唯使人情開滌亦覺
日月清朗
水經注自三峽七百里中兩岸連山略無闕處重巖
疊嶂隱天蔽日自非停午夜分不見曦月
元包既濟水火胥納陰陽不襍日之交月之合
未濟水火相北陰陽忒月之虧日之蝕
酉陽雜俎天狐九尾金色役于日月宮有符有醮日
可洞達陰陽
提羅迦樹花見日光卽開拘尼陁樹花見月光卽開
雲仙雜記胡陽白壇寺幡刹日中有影月中無影不
知何故因號怯夜幡
元眞子濤之靈篇日月之體有大小諸星之位有廣
狹若以遠近論小大稽夫日也失之於炎凉若以炎
凉而語遠近稽夫日也失之於小大乃知無遠近之
異旁視仰觀人目自爾夫以百尺之竿戴乎盤臥之
立之近遠適等而大小不同信目之有夷險矣在乎
東西不熾者諒褒照而不正自此地之陰氣得昇耳
又日月有合璧之元死生有循環之端定合璧之元
者知薄蝕之交有時達循環之端者知死生之會有
期是故月之掩日而光昏月度而日耀日之對月而
明奪違對而月朗是故死之換生而魂化死過而生
來生之忘死而識空失忘而死見然則月之明由日
之照者也死之見由生之知者也非照而月之不明
矣非知而死之不見矣且薄蝕之交不能傷日月之
體死生之會不能變至人之神體不傷故日月無薄
蝕之憂神不變故至人無死生之恐者矣
長安志結璘樓七聖紀曰鬱華赤文與日同居結璘

黃文與月同居鬱華日精結璘月精又太上黃庭內
景玉經曰高奔日月吾上道鬱儀結璘善相保梁丘
子注曰鬱儀奔日之仙結璘奔月之仙六典作結鄰
未知從何字
漁樵對問日者月之形也月者日之影也
易潛虛醜友也日月相友羣倫以明
隸臣也月不日不能以光
雲笈七籤東華眞人服日月之象男服日象女服月
象一日不廢使人聰明五藏生華
凡入山思日在面前月在腦後凡暮臥思日在面上
月在足後赤氣在內白氣在外凡欲從人各思日月
覆身而往當無所畏
銷珠者服日之精左目日也水玉者食月之精右目
月也食日之精可以長生緣茲上天上謁道君食月
之精以養腎根白髮復黑齒落更生
東坡志林玉川子作月蝕詩以謂蝕月者月中之蝦
蟆也梅聖俞作日蝕詩云食日者三足烏也此固俚
說以寓其意也然戰國策曰日月煇煇於外其賊在
於內則俚說亦尚矣
愛日齋叢抄范氏吳船錄記嘉州王波渡云蜀中稱
尊老者爲波又有所謂天波月波日波者皆尊之稱
此王波蓋王老或王翁也
蠡海集月爲陰主乎水日爲陽主乎氣月行至於子
午之位則極盛故潮汐生焉日行至於子午之位則
極盛故寒暑甚焉
容齋隨筆文士爲文有矜夸過實雖韓文公不能免
如石鼓歌極道宣王之事偉矣至云孔子西行不到

秦倚撫星宿遺羲娥陋儒編詩不收拾二雅褊迫無委蛇是謂三百篇皆如星宿獨此詩如日月也二雅褊迫之語尤非所宜言今世所傳石鼓之詞尚在豈能出吉日車攻之右安知非經聖人所刪乎

容齋續筆莊子外物篇利害相摩生火甚多衆人焚和月固不勝火於是乎有隤然而道盡注云大而闇則多累小而明則知分東坡所引乃曰郭象以爲大而闇不若小而明陋哉斯言也爲更之曰月固不勝燭言明于大者必晦於小月能燭天地而不能燭毫釐此其所以不勝火也然卒之火勝月耶月勝火耶予記朱元成萍洲可談所載王荆公在修撰經義局因見舉燭言佛書有日月燈光明佛燈光豈足以配日月乎呂惠卿曰日煜乎晝月煜乎夜燈煜乎日月所不及其用無差別也公大以爲然蓋發言中理出人意表云予妄意莊子之旨謂人心如月湛然虛靜而爲利害所薄生火熾然以焚其和則月不能勝之矣非論其明闇也

茅亭客話二十四化各有一大洞或深廣千里五百里其中有日月飛精謂之伏辰之根下照洞口與人間無異

捫蝨新話須彌山在四天下之中山項名忉利天四天王所居山如腰鼓當山腰日月圍繞照四天下更爲晝夜此禹本紀所謂日月相隱避爲光明者也

江漢叢談柳子厚述舊詩云衰榮困莫莢盈缺幾蝦蟆用日月事而不明言日月

野客叢談潘子眞詩話云陸賈新語曰邪臣蔽賢猶浮雲之障日月也太白詩總爲浮雲能蔽日長安不見使人愁蓋用此語余觀孔融詩曰讒邪害公正浮雲翳白日曹植詩曰悲風動地起浮雲翳日光傅元詩曰飛塵污清流浮雲蔽日光史記龜筴傳曰日月之明蔽于浮雲枚乘詩曰浮雲蔽白日游子不顧返此皆祖離騷雲容容而在下杳冥冥兮羌晝晦之意注雲氣冥冥使晝日昏暗諭小人之蔽賢也東方朔七諫亦曰浮雲蔽晦兮使日月乎無光又曰何氾濫之浮雲兮蔽此明月顧皓日之顯行兮雲蒙蒙而蔽之皆指讒邪害忠良之意苻堅時趙整歌亦曰不見雀來入燕室但見浮雲蔽白日

脉望諸天日月爲飛精諸洞日月爲伏根人間日月爲明輪若吞明輪者爲仙蓋服日月光華各有法能潤五藏澤顏容東方甲乙之地乃日月所出之門戶地祇於此旦望迎送鬱儀結璘之神

宿有房日兎畢月烏丹書云日烏月兎謂日月之交也兎自日屬所謂月中兎者月中日光也借此以喻神入炁中猶日光照入月內乃以兎屬月以爲法象金丹四旨字內日魄玉兎脂月魄金烏髓是正言之耳注者反迂其說可笑哉

御龍子集日東月西根離坎也離虛坎實抱坤乾也日其坤精之宅耶台乎陽而流光月其乾精之宅耶成乎陰而不同受其光

日之稱烏其畢之來乎月之稱兎其房之往乎房離而畢坎其氣化有象耶

烏其性夫慈耶母之道兎其性夫健耶父之道其取類深乎造化之自然耶後世之强名耶

日月其不麗乎天也麗則不離離則貳月之掩日月離天矣胡不貳

陽健而陰緩日疾而月遲也日月右行乎右則陽緩而陰健矣性耶

日者以五星之行右曰順左曰逆而別進退遲速焉是蟺子逆沿磨石也天之體確如堅石耶不則何帶右行者俱左耶

月行九道太陰之性其多岐乎而總之不遠于黃道陰避陽而不能離乎陽也歟

見聞搜玉宋太祖詠月詩曰未離海底千山暗纔到中天萬國明又初日詩欲出未出光赫赫千山萬山如火發一輪頃刻上天衢逐退羣星與殘月後人以爲明太祖詩誤矣

滇行紀略滇南最爲善地日月與星比別處倍大而更明

胡敬齋集程朱說日月各不同程子言日月乃陰陽氣之盛處運行不息行到子上則光在子行到午上則光在午本無一定之形象月虧盈之說以爲月近日則威損而氣衰故光虧月遠日則勢盛而氣盛故光盈朱子用先儒之言以日月有一定之形影如丸如毬乃陰陽之精運行不息日速月遲是以或近或遠月受日光體魄常全受光常滿本無死生虧盈乃人見之則有正側不同正則見其光全側則見其光缺日月近則人在下見其側遠則人在中間見其正會而正交則月掩日而日蝕望則正對則日射月而月蝕二說不同朱子近是以書之旁死魄哉生明論之則程子亦有理

邵二泉集日行於天之內故天舒於日數也月行于

日之內故曰掩於月亦數也數微於象人得而推之亦得而見之然理行於氣人得而與焉不得而見也是故陰不能勝陽其常也故當食不食於數爲變於理爲常陽不能勝陰其變也故當蝕不蝕於數爲常於理爲變故曰十月之交交言數也又曰彼月而微此日而微微言氣也

來瞿唐集或問宋儒以月本無光受日之光以爲光程子邵子朱子張子皆如是說而今獨以爲非受日光何也曰此正未達造化大頭腦而有此新巧之說也蓋天地既有此陰陽就有往來有生死有盛衰有寒暑有長短有常變此必然之理數也況月乃陰精既屬陰則月之中有昏黑之狀者此定理也有盈有虧者亦定理也孔子曰懸象著明莫大乎日月日自爲日月自爲月豈有月受日光之理哉至若望日酉時日月固相對矣至于半夜日在地之中月在天之中有許大山河大地相隔月豈能受日之光乎譬如置一鏡于桌上置一鏡于桌下乃以桌上之光受桌下之光雖三尺之童亦不信也朱子乃以地在天中不甚大四邊空有時月在天中央則光從四旁上受于月蓋朱子篤信之過信沈存中之言爾既然地不甚大月在天中央日在地中央光從四旁上可以受于月宜乎月之光夜夜滿矣何以十七十八月卽缺哉且月本有圓缺聖人已先說矣如曰天道虧盈而益謙此聖人之言也曰中則昃月盈則蝕此聖人之言也天秉陽垂日星地秉陰竅于山川和而后月生也是以三五而盈三五而缺此聖人之言也哉生明既生魄旁死魄此聖人之言也聖人明說生說死說盈說缺乃不信經而信沈存中之言何哉朱子又以經星緯星亦受日光如說二星亦受日光則當每月三十初一初二月缺將盡之時星亦當缺其光而不見矣何以星常常如此明也看來朱子說日蝕並月受日光皆信曆家之言耳

偶談陽而陰者日乎故能獨照而不能納形陰而陽者月乎故能納形而不能獨照

丹鉛總錄甘氏曰日一星在房之西氐之東日者陽精之宗也爲雞二足爲烏三足雞在日中而烏之精爲星以司太陽之行度日生於東故於是位焉月一星在昴畢間故昴畢之間爲天街黃道之所經也月者陰精之宗也爲兔四足爲蟾蜍三足兔在月中而蟾蜍之精爲星以司太陰之行度月生于西故於是在焉日精在氐房月精在畢昴自司其行度而氐房昴畢乃黃道之所經不得而司之

范育曰日出於卯卯之屬爲兔而兔之宅乃在月中月出于酉酉之屬爲鷄而鷄之宅乃在日中是謂陰陽之精互藏其宅

劉禹錫生公講堂詩高坐寂寥塵漠漠一方明月可中亭山谷須溪皆稱其可字之妙按佛祖統紀載宋文帝大會沙門親御地筵食至良久衆疑日過中僧律不當食帝曰始可中耳生公乃曰白日麗天天言可中何得非中遂舉箸而食禹錫用可中字本此蓋卽以生公事詠生公堂非杜撰也彼言白日可中變言明月可中尤見其妙

日月部外編

山海經大荒東經東海之外大荒之中有山名曰大言日月所出

大荒之中有山名曰合虛日月所出

大荒之中有山名曰明星日月所出

大荒之中有山名曰鞠陵于天東極離瞀日月所出名曰折丹東方曰折來風曰俊處東極以出入風

大荒之中有山名曰猗天蘇門日月所生

東荒之中有山名曰壑明俊疾日月所出

有女和月母之國有人名曰鳧北方曰鳧來之風曰狻是處東極隅以止日月使無相間出沒司其短長注言鳧主察日月出入不令得相間錯知景之短長

大荒西經有國名曰淑士有人名曰石夷來風曰韋處西北隅以司日月之長短注言察晷度之節

大荒之中有方山者上有青樹名曰柜格之松日月所出入也

大荒之中有山名曰豐沮玉門日月所入

大荒之中有龍山日月所入

大荒之中有山名曰日月山天樞也吳姖天門日月所入

大荒之中有山名曰鏖鏊鉅日月所入者

大荒之中有山名曰常陽之山日月所入

大荒之中有山名曰大荒之山日月所入

起世經日天宮殿正方如宅遙看似圓一面兩分皆天金成一面一分天頗梨成有五種風吹轉而行一持二住三隨順轉四波羅呵迦五將行月天宮殿純以天銀天青琉璃而相間錯二分天銀一分天青琉

璃亦爲五風攝持而行

洞冥記黃安坐一神龜廣二尺人問子坐此龜幾年矣對曰昔伏羲始造網罟獲此龜以授吾吾坐龜背已平矣此蟲畏日月之光二千歲即一出頭

拾遺記帝堯登位有巨査浮于西海羽人棲息其上羣仙含露以漱日月之光

瀛洲懸火精爲日刻黑玉爲烏以水精爲月青瑤爲蟾兎于地下爲機棙以測昏明不虧弦望

雲笈七籤黃氣陽精三道順行經曰日陽之精德之長也縱廣二千三十里金物水精暈於內流光照於外其中有城郭人民七寶浴池池生青黃赤白蓮花人長二丈四尺衣朱衣之服其花同衰同盛日行有五風故制御日月星宿遊行皆風梵其綱金門之上日之通門也金門之內有金精冶鍊之池在西關左之分故立春之節日更鍊魄於金門之內耀其光於金門之外四十五日乃止順行之洞陽宮洞陽宮日之上館也立夏之日止於洞陽宮吐金冶之精以灌於東井之中沐浴於晨暉收八素之氣歸廣寒之宮也月暉之圍縱廣一千九百里白銀瑠璃水精映其內城郭人民與日宮同有七寶浴池八騫之林生乎內人長一丈六尺衣青色之衣常以一日至十六日採白銀瑠璃鍊於炎光之冶故月度盈則光明比十七日至二十九日於騫林樹下採三氣之華拂日月之光也秋分之日月宿東井之地上廣靈之堂乃沐浴於東井之池以鍊日魂明八朗之芒受陽精日暉吐黃氣於下池諸天人悉採玉樹之華以拂日月之光月以黃氣灌天人之容故秋分是天人會月之日也

老子歷藏中經日月者天地之司徒司空也日姓張名表字長史月姓文名中字子光

西王母夫人兩乳者萬神之精氣陰陽之津汋也左乳下有日右乳下有月

西王母宇偃昌在日爲日月左目爲日右目爲月兩目神六人日月精也

裴君傳太素眞人敎裴君二事爲眞人之法曰旦視日初出之時臨目閉氣十息因又咽日光十過當存令日光夜使入口中即而吞之畢仍存青帝君從日光中來在我之左次存赤帝君從日光中來在我之右次存白帝君從日光中來在我之背次存黑帝君從日光中來在我之左手上次存黃帝君從日光中來在我之右手上五帝都來乃又存陽燧絳雲之車駕九龍從日光中來到我之前仍與五君共載而奔日也裴君止于空山之上修行精思一年之中髣髴形象二年之中五帝俱乘日形見在左右三年之中終日而言語笑樂五年之中五帝日君遂與裴君驂乘飛龍之車東到日窟之天東蒙長丘大桑之宮八極之城登明眞之臺坐希琳之殿授裴君以揮神之章九有之符食青精日粘飲雲碧元腴于是與五帝日君日日而遊此所謂奔日之道也日中亦有五帝一曰日君太上隱書中篇曰子欲爲眞當存日君駕龍驂鳳乘天景雲東遊希林遂入帝門精思仍得要道不煩名山清靈列位眞官乃執鬱儀文第二事爲眞人之法日夕覩月臨目閉氣九息因又咽月光九過當存月光使入口中即而吞之畢仍存青帝夫人從月光中來在我之左次又存赤帝夫人從月光中來在我之右次又存白帝夫人從月光中來在我之背次又存黑帝夫人從月光中來在我左手上次又存黃帝夫人從月光中來在我右手上五帝夫人都來乃又存流鈴飛雲之車駕十龍從月光中來到我之前仍存五夫人共載而奔月也裴君止于空山之上修行精思一年之中髣髴姿容二年之中五夫人遂俱乘月形見在左右三年之中並共笑樂言語九年之中五帝月夫人遂與裴君共乘飛龍之車西到六嶺之門八絡之丘協晨之宮八景之城登七靈之臺坐太和之殿授裴君流星夜光之章十明之符食黃琬紫精之粘飲月華雲膏於是與五夫人夕夕共遊此所謂奔月之道也月中亦有五帝夫人外經云日君月夫人者是少有髣髴也太上隱書中篇曰子欲昇天當存月夫人駕十飛龍乘我流鈴西到六嶺遂入帝堂精思乃見上朝天皇乃執結璘章裴君白日精思對日存日中五帝君夜則精思對月存月中五夫人五年之中日月精神並到共乘飛龍上遊太元

珍珠船東華眞人服日月之象男服日象女服月象日夜不廢使人聰明五藏生華太虛眞人曰以月五日夜半存日象在心中日從口入使照一心之內

欽定古今圖書集成曆象彙編乾象典

第三十二卷目錄

乾象典第三十二卷

日部彙考

易經

說卦傳

離爲火爲日

大全節齋蔡氏曰內暗外明者火與日也離內陰外陽故爲火爲日

禮記

月令

孟春之月日在營室

注日月會於諏訾而斗建寅之辰也陳注營室在亥諏訾之次

仲春之月日在奎

陳注奎在戌降婁之次

季春之月日在胃

陳注胃在酉大梁之次

孟夏之月日在畢

陳注畢在申實沈之次

仲夏之月日在東井

陳注東井在未鶉首之次

季夏之月日在柳

陳注柳在午鶉火之次

孟秋之月日在翼

陳注翼在巳鶉尾之次

仲秋之月日在角

陳注角在辰壽星之次

季秋之月日在房

陳注房在卯大火之次

孟冬之月日在尾

陳注尾在寅析木之次

仲冬之月日在斗

陳注斗在丑星紀之次

季冬之月日在婺

陳注女在子元枵之次

爾雅

釋地

觚竹北戶西王母日下謂之四荒

注觚竹在北北戶在南西王母在西日下在東疏北戶者即日南郡是也顏師古曰言其在日之南所謂北戶以向日者日下者謂日所出處其下之國也

又

岠齊州以南戴日爲丹穴

疏戴值也言去中國以南北戶以北值日之下其處名丹穴

又

東至日所出爲太平西至日所入爲大蒙

疏即淮南子云日出扶桑入于蒙汜是也

書緯

考靈曜

仲春仲秋日出于卯入于酉仲夏日出于寅入于戌

仲冬日出于辰入于申日光照四十萬六千里

淮南子

天文訓

日出於暘谷浴於咸池拂於扶桑是謂晨明登於扶桑之上爰始將行是謂朏明至于曲阿是謂旦明臨于曾泉是謂蚤食次于桑野是謂晏食臻于衡陽是謂禺中對于昆吾是謂正中靡于鳥次是謂小還至于悲谷是謂餔時廻于女紀是謂大還經于虞淵是謂高舂頓于連石是謂下舂爰止羲和爰息六螭是謂懸車薄于虞淵是謂黃昏淪于蒙谷是謂定昏日入崦嵫經于細柳入虞淵之汜曙于蒙谷之浦日西垂景在樹端謂之桑榆行九州七舍有五億萬七千三百九里

魏張揖廣雅

日

日名耀靈一名朱明一名東君一名大明一名陽烏初出爲旭日昕曰晞日溫曰煦日在午曰亭午在未曰昳日晚曰旰日將落曰晡又曰薄暮日光曰景日景曰晷日氣曰晛日西落光反照于東謂之反景在上曰反景在下曰倒景日初出曰朝暾曰寅賓日斜曰曬日御曰羲和

吳徐整長曆

日徑

衆陽之精上合爲日徑千里周圍三千里下于天七千里

晉書

天文志

日爲太陽之精主生養恩德人君之象也

刻漏經

定太陽出沒法

正月出乙入庚方二八出兔入鷄塲三七發甲入辛地四六生寅入犬藏五月生艮歸乾上仲冬出巽入坤方惟有十與十二月出辰入申仔細詳

隋書

天文志

日循黃道東行一日一夜行一度三百六十五日有奇而周天行東陸謂之春行南陸謂之夏行西陸謂之秋行北陸謂之冬行以成陰陽寒暑之節

明陽瑪諾天問略

日天本動及日距赤道度分問答

赤道則第十一重宗動天之分中也周天三百六十度去南極九十度去北極亦九十度爲赤道所謂天之中而其南北二極天之極也黃道則第四重日天之分中也周天三百六十度南北亦各距九十度爲黃道所謂日天之中也日天本動自西而東其南北二極離宗動天赤道之極二十三度半黃道以南以北離赤道二十三度半爲冬夏至黃道以東以西與赤道相交爲春秋分

黃赤道二分二至圖

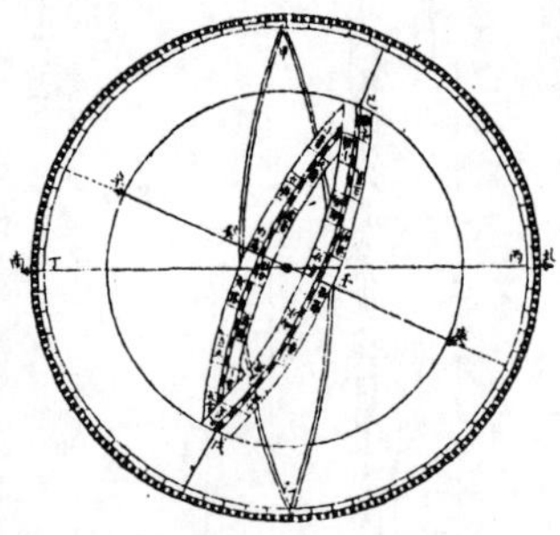

黃赤道二分二至圖說

如右圖甲乙爲赤道宗動天之中丙丁爲赤道南北二極己戊爲黃道日天之中庚辛爲黃道南北二極日天庚辛二極離宗動天丙丁二極各二十三度半日天己戊黃道離宗動天甲乙赤道二十三度半而爲冬夏至黃道赤道相交於壬癸而爲春秋分宗動天自東而西一日一周因而帶動其下十重諸天亦自東而西一日一周日一日約行一度一歲一周故自戊冬至至壬春分爲九十度九十日自壬春分至己夏至自己夏至至癸秋分自癸秋分至戊冬至亦然略論三百六十五日有奇一周天也宗動天自東而西一日一周卽此周日之間日之自西而東自行一度人只見其自東而西左旋而已初不見其右行者何也以其外動之自東而西者甚疾內動之自西而東者甚遲故也然而因其近遠天頂可以證之春分以後日過赤道北而上秋分以後日過赤道南而下其上其下非日有偏行緣與宗動天不同極耳試看上圖庚辛爲日天之極若日輪在戊冬至以至壬春分漸上以至己夏至亦上過己夏至至癸秋分卽下至戊冬至亦下上下由於本天之極原離赤道之極二十三度半故日輪居本天之中亦離赤道南北二十三度半而春秋分必相交乃知氣不參差無以成化時不寒暑無以合亭物不錯雜無以生文儻日天二極與宗動天同則日動恆在赤道下絕無距度安得有東西運行之異以行變化而稱貞觀貞明之體哉

日輪正居日天之中日天動而日輪亦動日天運行

之一周如於宗動天畫一道焉所謂黃道也終古如是故日輪恆躔黃道一道不出入於南北界非如月五星之出入於十二度内也其上下四時各有定度不稍前後也黃道周天三百六十度分爲四分每分九十度爲四象限又一象限分六分每分十五度爲一節氣共二十四節氣

日輪遠近分寒暑圖

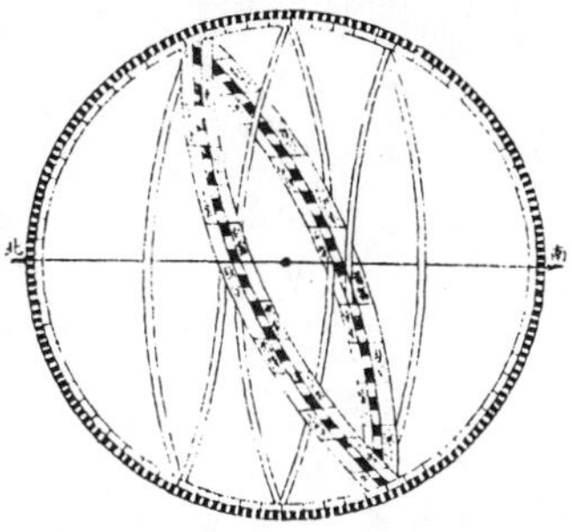

日輪遠近分寒暑圖說

如右圖自冬至至春分則周天象限也分得九十度每節氣十五度則六節氣也自春分至夏至自夏至至秋分自秋分至冬至亦然日輪躔冬至初度至九十度在赤道外而最遠於天頂故自立冬至立春皆寒而冬至在其九十度之中故其寒尤甚自立春至立夏因日漸近赤道而稍近於天頂故其時暖於冬至涼於夏至正交赤道謂春分也自立夏至立秋因日在赤道上而夏至則最近於天頂故其時甚熱自立秋至立冬日漸下而離天頂其時稍冷於夏至甚暖於春分亦交赤道所謂秋分也夫春秋分皆躔二道之交其離天頂同則其成寒暑宜亦同緣春日陰氣塞滿大地日光雖照難成溫熱秋日陽氣焦灼無所不暴日輪雖下難成寒氣故春秋二季日離天頂並同而寒暑不同也

日自春分至夏至行九十度爲六節氣自夏至至秋分亦然四象限雖各行九十度而其距赤道之緯度則非九十度游移不出二十三度半也故九十度爲黃道自東而西之度數而二十三度半爲黃道距赤道南北之度數也蓋春秋分日日躔二道之交過春分日離赤道向夏至而漸遠赤道過此則又漸近赤道矣自秋分至冬至自冬至至春分亦然

二十四氣日輪距赤道遠近圖

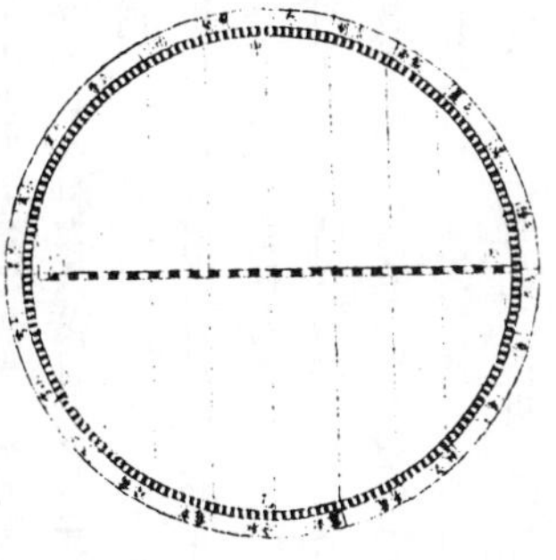

二十四氣日輪距赤道遠近圖說

如右圖甲乙爲赤道丙丁爲冬夏二至距赤道二十三度半假如日輪在春分則於赤道無距度自春分至清明則日行十五度而其距度非十五度乃六度十九分也自立夏至小滿此十五日之間其遠非六度而爲四度也自芒種至夏至亦非四度而爲一度弱也故近交差多近至差少而其差非同也欲知每節氣及每日日躔黃道距赤道幾何度分依上圖可得焉假如清明初日日距赤道度分上是清明初度下是白露初度兩界相對次用一線或界尺隱取兩界循直線視所當丙丁線度分得六度因知清明白露初日日距赤道六度也又清明五日處暑十日其離甲乙赤道亦同故撿取清明五度處暑十度爲兩界次依法視於丙丁得七度强卽其距度也餘倣此

日蝕問答

問日蝕所以日日蝕非日失其光乃月掩其光也月之大在日天之下朔時月輪正過日輪之下南北同緯東西同緯故掩其光若有失之耳

月正當日下見食圖

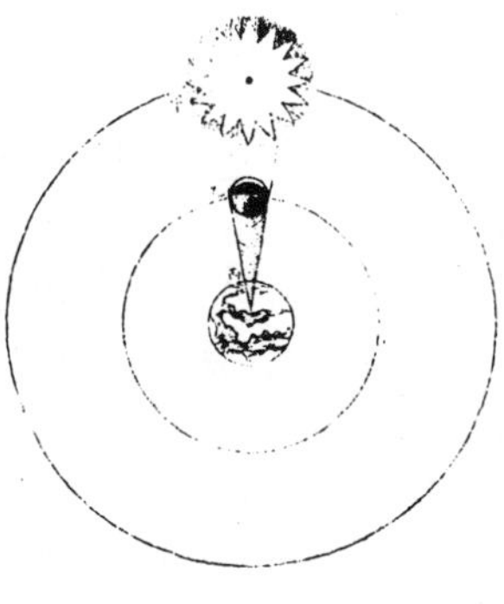

月正當日下見食圖說

如右圖甲爲日乙爲月丙爲人居地面月輪隔在其中使日光不能照地面而人目不能見日輪也因知日食非各處共有之或一處見食別處見光或一處全食別處半食皆因隨地異也嘗實國先時一年日食司天言當幾分草澤言當幾分後卒如草澤言說者以爲算法疎密使然實不爾也

月不正當日下不盡見食圖

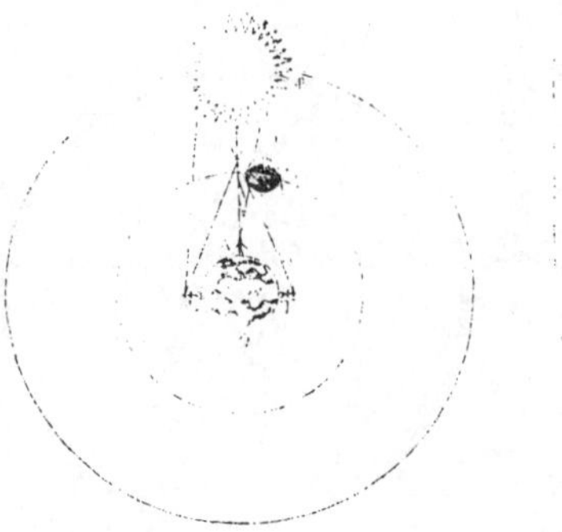

月不正當日下不盡見食圖說

如右圖丙地而乙月輪甲日輪居丁者正見月丁日故見全食居戊者斜見月于日故見半日食居己者不見月于日故全不見食如欲得日食時刻最準先須得七政經緯度及正斜視法不然卽交食分數測驗躔度悉不可算悉不可定故吾國曆家窮究此理以爲曆準別有備論今特略言食理也試觀居房內者房中有燭以照四方若于東方有掩光者必坐東者不見其光而坐南北西方者得光也各方如是如滅其光則居諸方內者四方見燭無光矣與食同理也若月食則所食全缺分秒萬人萬目共作是觀別無同異與日不同

問日蝕由于月掩其光凡每朔時日月同度又正過其下宜皆得食今不盡然何也曰日躔惟一黃道終古無出其外也月于黃道有時在南在北故月道半出黃道北半出黃道南而爲南北二交吾國所謂龍頭龍尾是也朔時若月在二交之外或南或北與日非經緯同度不能掩日光也南北爲經東西爲緯凡是朔日經度必同如更同緯度適在二交之上乃能掩其光而食耳

日月同經度不同緯度不食圖

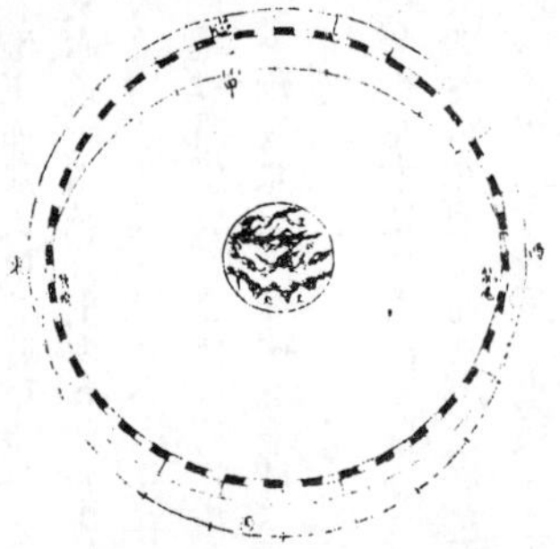

日月同經度不同緯度不食圖說

如右圖月道交黃道于龍頭龍尾甲爲月道在黃道南丙在北試使月朔時在龍頭則經緯同度月正過日輪之下掩其光而食焉如朔時月在甲黃道之南日乃在乙黃道之上而緯不同度則日在北月在南矣故不食也

問日食若因月天在日天之下則水星金星天亦在日天之下而不見掩其光月天在金水二星之下月亦宜掩其光而金水有食如日矣今其食不顯何也曰水星金星雖正過日輪之下而有與日同度時然金星大于水星而日大于金星一百倍二星之體比日體甚小豈能掩其光而使人不見日也吾國曆家遇金水二星與日同度恆見日輪中有黑點以星體不能全掩日體故也月輪正過二星之下亦宜掩其星光使人不見今不顯其食如日者非月不能掩之乃二星之光甚微其體甚小故不明顯也

問天地渾儀說曰地球大于金星三十六倍又二十七分之一大于月輪三十八倍又三分之一是金星大于月輪也夫月輪能掩日光則金星更大亦何不掩日光乎曰凡物以形相掩非惟論其大小又當計其遠近蓋人目視物之時自目至物之體射兩直線爲直角形故愈近于目其物雖小而徑愈大愈遠于目其物雖大而徑愈小

金星在月上不揜日光圖

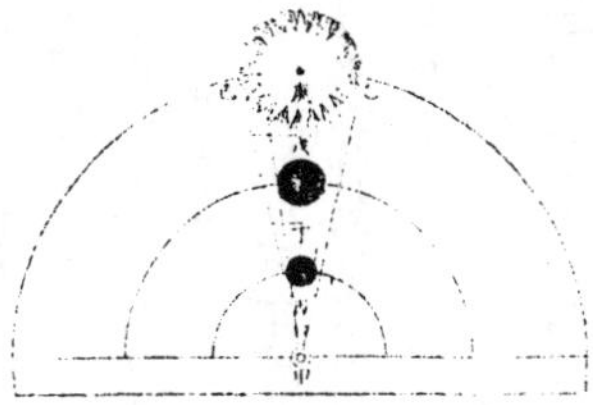

金星在月上不揜日光圖說

如右圖甲爲人目庚爲物體甲乙甲己爲人目所射兩直線則徑愈近愈小愈遠愈大故戊大于丁而丁大于丙也試以人手隔目手愈近于目則愈揜物體矣是故金星雖大于月乃在月天之上去人目甚遠故不能揜日光也月雖小于金星乃在金星天之下去人目最近故能揜日光也此其理也

問日大於月固矣日輪較地球不知其大有幾曰吾國曆家著明此理有論甚廣測七政高下及大小之度分有器甚準日大于地一百六十五倍又八分之三欲徵之宜知圓光照圓體之影也圓光若照圓體同大其影廣恆等而無窮若照圓體更大其影漸大而亦無窮若照圓體更小其影漸小而有盡

日輪大于地光影漸小圖

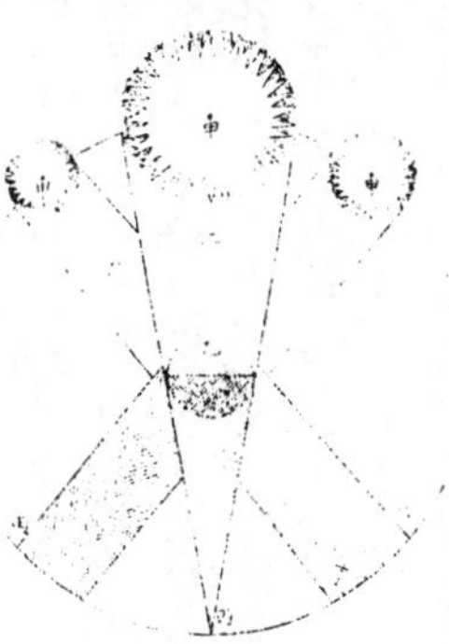

日輪大于地光影漸小圖說

試觀右圖甲爲圓光乙爲圓體丙爲體影第一圖甲圓與乙圓體相等丙影亦等無窮盡矣第二圖甲圓光大於乙圓體丙影漸小而有盡矣第三圖甲圓光小於乙圓體丙影漸寬大而亦無窮矣太陽照地之時地影非恆等亦非漸大譬之物影其爲漸小而有盡如第二圖也則以日輪圓光大於地形也地之影漸銳而小至有盡爲甚明也凡星月無光借日之光太陽照及其體則光生焉不然則否儻日與地等地或更大焉則其影爲無窮之影宜射踰直過諸星之天必見諸星有食焉者矣今惟地體甚小銳影有盡不到諸星之天故日光無礙照及木火土以及列宿諸天而諸星恆明光無朦也其地影之盡可過第一第二重天至第三重天而不及第四重天所以月因地影得食而諸星不食也地球一周三百六十度每度二百五十里日天一周亦三百六十度其每一度有數萬餘里為吾國曆家有器量得日天之度每半度爲日一全徑因知其圓形亦得數萬餘里而非地形可比譬如山高二十餘里上有人焉居下者視之如小鳥也日天之高自地而至太陽中心相離一千六百萬餘里今視日輪如小車輪猶之二十里高山視人如鳥矣

問太陽早晚出入時近於地平見大午時近於天頂見小何也曰地球懸於空際居中無著其四際離天諸方同一無近遠也以理論之其在東西出入方也太陽離地凡一千六百萬餘里矣而人立地面或自東視西或自西視東半徑幾一萬五千里爲以一千六百萬餘里又加以一萬五千里人之視日宜小也日在午方從下視上止一千六百萬餘里人之視日宜大也今宜小而反大宜大而反小者此非由于地之遠近也濕氣使然也蓋夜中水氣恆上騰氣行空中悉成濕性濕以太陽自下而上映帶而來見漾焉蓬勃焉人望之以爲如是其大耳若太陽當空浮翳盡掃無所映隔頂體明淨較之旦暮爲小凡月與諸星見于地平必有濕氣障隔隔時所見亦必大于午時試觀水中所見或石或木必大于水外者皆濕性之勢也

問人在地面視東視西者半徑各得一萬五千里豈以人之所立恰在地中乎曰地是圓體人之所立無論遠近中邊從其所立分之各得一半

晝夜時刻隨北極出地各有長短問答

問晝夜長短不一時刻亦異何也曰晝夜長短由于太陽及南北極出入地平也北極出地卽夏至晝長夜短冬至晝短夜長南極出地反是其時勢異也爲此夏至爲彼冬至故晝短夜長爲此冬至爲彼夏至

故晝長夜短南北二極與地平則其地晝夜恆平故晝夜長短由於太陽及極出入地也南北爲緯度東西爲經度各一周三百六十度人在地面凡居經度一帶之內者其晝夜長短恆同其日出入及晝夜時刻則異蓋經度之自東而西者人之所居或東或西雖各不同而緯度之三十度者皆爲三十度四十度者皆爲四十度也此同緯度者也若緯度之異者自赤道以至極下其晝夜長短各異矣

人居地四圍各以天頂日輪爲時早晚圖

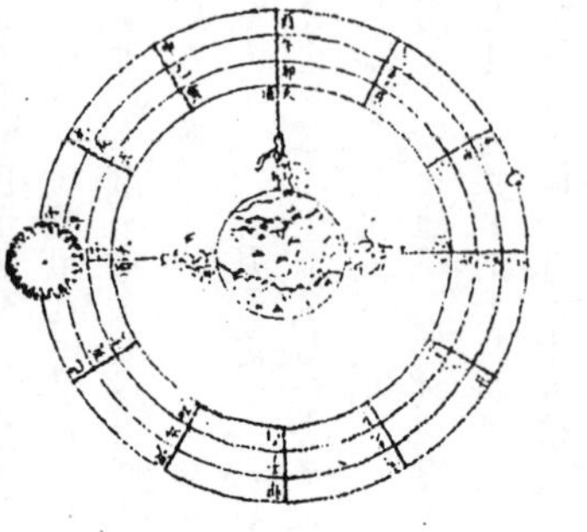

人居地四圍各以天頂日輪爲時早晚圖說

如右圖地爲圓體懸於空際上下四旁皆有人居四方之人各以所居子午線爲午時太陽在東方甲居東方者爲午時日輪在其天頂故也乙居西方者卽爲卯時日輪至天頂須三時故也丙亦居西方者卽爲子時以日輪至天頂須六時故也諸地相去自東而西莫不皆然地球自南而北三百六十度一周每一度二百五十里日輪每刻平行天度三度四十五分如兩地相去九百三十七里半則相隔爲一刻相去七千五百里則相隔爲一時因知居東方者若得午時自此遞漸往西卽爲巳爲辰爲卯爲寅爲丑爲子天下自東而西時刻各異各以日輪到本處子午線爲午正初刻晝夜長短恆同者葢以北極出地多寡定爲時刻多少所以自東而西一帶但經度相同地方其離北極皆同則晝夜長短亦同

羅雅谷日躔曆指

春秋兩分時太陽之本度

曆法家古來有公論二端其一曰凡動而有法者三一自上而下如土石等重物以地心爲界（爲界者象至地心而）二自下而上如氣火等輕物以月天爲界此二動自行必成直線名爲直動三循環行一周至元界如天行一周成全圓名爲周動也三者而外皆名無法之動

其二曰凡天體及七政恆星等必平行不平行則推步之術無從可立無從可用矣然而人目所見各有遲疾順逆時時遷革百千萬年無一平行者又何也曆家因此推求悟有不同心之圈及諸小輪等雖有彼此前後多互異之說總之欲得其不平行之故而又不失其平行之恆理不得不然耳

太陽之公動其理不一如屬宗動天而定晝夜之時之類今略論其本行曰太陽旣爲周動又必平行則人目所見經歷歲月日時悉宜平等則從天正春分至秋分又從秋分至春分平分一歲其日亦宜平等乃從春分晝夜平至秋分歷一百八十六日有奇而平從秋分晝夜平至春分歷一百七十八日有奇而平所差八日有奇安得謂之平行又人目所見太陽之體冬至則大夏至則小見大去人必近見小去人必遠又冬至月食小於夏至之食葢大光之體愈遠其景愈長愈大月過地景之時愈多故如時多者景大景大則光體必遠旣兩有冬夏遠近又安得謂之周動且漸遲漸速漸大漸小非驟然遷變卽又日日刻刻皆非平行也今欲明遲速之故而又不失其平行欲明大小之故而又不失其周動將何說以處於此

太陽本行圖

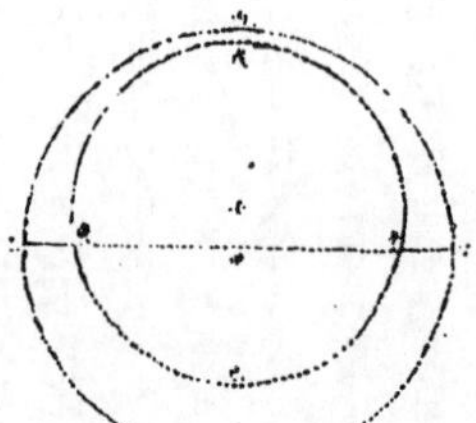

太陽本行圖說

如圖甲爲地心乙丙丁爲宗動天庚己辛戊爲日輪本天庚辛爲春秋兩分戊己爲冬夏兩至若兩圈爲同心者卽庚戊辛半周辛己庚半周所得圈分必等今不等必緣不同心故人目不在太陽本天之心壬而在宗動天之心甲則日行本輪天恆平行而人目所見者庚戊辛所經之日多於辛己庚所以冬縮而夏贏也日在戊去甲遠在己去甲近故冬大而夏小也

鄧玉函測天約說

太陽篇從本體論

論太陽之形象本是圓體○圓有面有體太陽之爲圓而舉目即是不待言矣其爲圓體何從知之曰凡物未有有面無體者太陽之爲物大矣知其必有體也凡自然生者初生者無物不圓太陽之生亦本自然自無雕琢初生則然自無遷變又諸體中圜爲最尊以太陽較天下有形之物亦是最尊知其必爲圓體也

論太陽之大○欲知物大先知其徑徑有二一爲視徑視徑者人目所視也舊云太陽之徑一度近來測驗實止半度

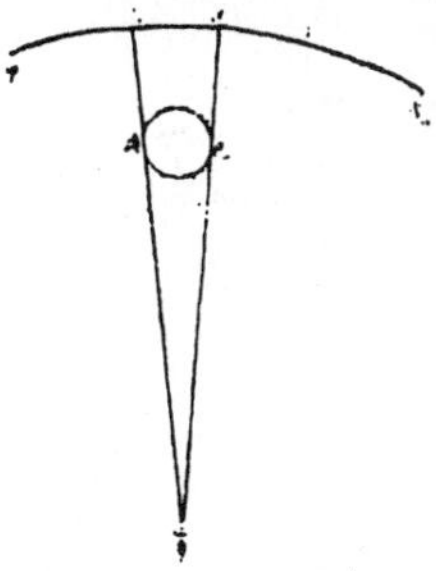

太陽之大視徑半度圖

太陽之大視徑半度圖說

如上圖甲乙丁丁戊爲宗動天內拟而之三度入從辛視太陽之己庚徑于天度僅得丙丁不滿乙丁之一度約如乙丙者七百二十則滿黃道周故知視徑爲半度也

一爲本徑欲知本徑先論其去地之遠太陽去地有時近有時遠折取中數則以地全徑爲度里數太多難計故以地徑之里數爲其尺度也地之周約九萬里其全徑約三萬里

二十四其地徑自乘之得五百七十六是太陽去地之中數也

其比例云地之徑與太陽去地之半徑若一與五百七十六也

既知其視徑又得其去地之遠因以割圓術求其本徑得太陽之容大于地之容一百餘倍也

論太陽之光○日爲大光六合之內無微不照有不透明之物隔之則生影地在天中體小于日故影漸遠漸殺以至于盡其影之長不至太陽之衝

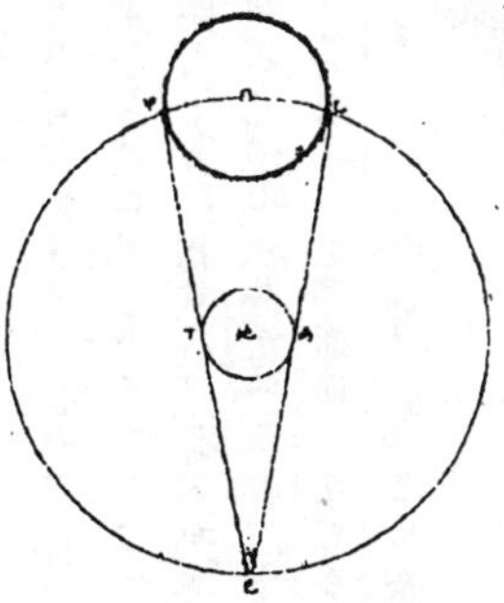

論太陽之光圖

論太陽之光圖說

如右圖甲乙爲日丙丁爲地其景至戊而止不至己太陽面上有黑子或一或二或三四而止或大或小恆於太陽東西徑上行其道止一線行十四日而盡前者盡則後者繼之其大者能減太陽之光先時或疑爲金水二星考其遲度則又不合近有望遠鏡乃知其體不與日體爲一又不若雲霞之去日極遠特在其面而不審爲何物

從運動論

太陽之動有二其一與黃赤道比論其一與地平比論

與黃赤道比論○如從冬至一點起算行天一日一周明日不在冬至即此一圈作螺旋一周次日復然迄夏至點行一百八十餘周而通作一螺旋線也第冬至線與次日一周線相離甚近以次漸遠迄春分而甚遠過此漸近迄夏至而甚近過此又漸遠如是循環無窮耳

又冬至初日之線其螺圈甚小次日漸大至春分甚大過此漸小迄夏至而甚小如是小大循環者何也爲緯圈中冬夏至皆小圈赤道爲大圈故也從冬至迄夏至此爲成歲之半矣若從夏至迄冬至亦作螺旋行每日一周百八十餘日通作一螺旋線但此線非復前線而別作一線每日與前線作一交耳此爲成歲之全也

太陽一歲運動作二十四螺旋圈圖

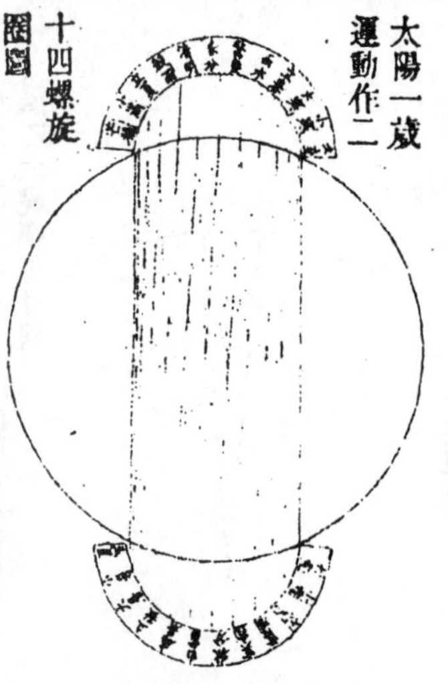

太陽一歲運動作二十四螺旋圈圖說

如圖作螺旋圈不能爲三百六十作二十四以明其意已上所說螺旋線是太陽之體理實作如是運動無可疑者但螺旋則無法之線也以此測候亦復無法可立故天官家別用他術如下文

測候之術○如用春分起算初日從初點循赤道行迄一周是爲一日明日即不在赤道而在其第二圈又不直距于初點而東西相去爲黃道之一長度其南北距度即不及一度也此一周即爲赤道之一距等圈矣太陽恆在黃道下行故無黃道之廣度至第三日復作第三距等圈與次日同凡九十日行黃道九十度即于赤道旁作九十距等圈其第九十則夏至圈夏至圈去春分圈止二十三度半故太陽之行亦如是而止此九十距等線以當全螺線之半也用此術則從夏至迄秋分亦有九十距等線其線即春夏距等之原線矣

至秋分即復行赤道一日無距度距圈與前春分日所行同線相對其兩對處則有極分交圈以爲之限也自春迄秋二分之間行一百八十度黃道長度與赤道之距度其數皆等從秋分而後每日作一距等圈其第九十則冬至圈也凡諸距度圈皆交于黃道獨二至之兩圈切于黃道爲其行至是盡矣其兩盡處則極至交圈爲之限也秋分迄冬至亦二十三度半與其迄夏至等故其間距等圈與其迄夏至之距等圈亦等從冬至以後亦依前所行距等原線以迄春分而歲成矣

太陽之行恆在黃道下無廣度亦恆在兩至之內故兩至之內皆爲太陽所行之道而太陽每日行一度弱故兩至間之距等圈凡一百八十二有奇每一圈歲兩經焉如此術即分太陽所行爲二路其一分計每日所行各行于赤道似圈皆在兩赤道極之間其二總計每歲所行皆行于黃道在兩黃道極之間其一日一周于黃道爲一長度于赤道上不及一上度此一上度弱者名爲黃道一日之升度黃道之升度每宮與赤道不等故每日黃道之升度一一不等

螺旋合術與黃赤分術比論

論合術則自東而西每日不及一度故云日遲論分術則自西而東每日循黃道行一度故云日疾其實一也但螺旋于理甚合而無法可推分術則分數易明其間即有參差不能及一微一纖非儀象可測故曆家專用分術如滋法也以便推步

與地平比論

太陽至地平上爲出爲明從東而西沒於地平下爲入爲晦

論正球春分日太陽出于東方行赤道赤道即東西圈漸升至頂極即至南北圈爲極高之弧此地平以上之半晝分也亦謂之東半晝弧午正後漸降至地平謂之西半晝弧東西合則爲全弧行盡全弧爲一晝

其一日之中地平上凡有表即得影日出則爲無窮之西影漸短至頂僅得一點

或云是爲無影安得一點不知無表即無影若令表離于地平即有與表等大之影

午正後影漸長至地平復爲無窮之東影日既入地平下則有朦朧分一名昏度一名黃昏行地平之低度十八後此爲夜

低度者非黃道赤道之度乃地平之緯度也在下故名低度在上名高度

太陽與地平比論第一圖

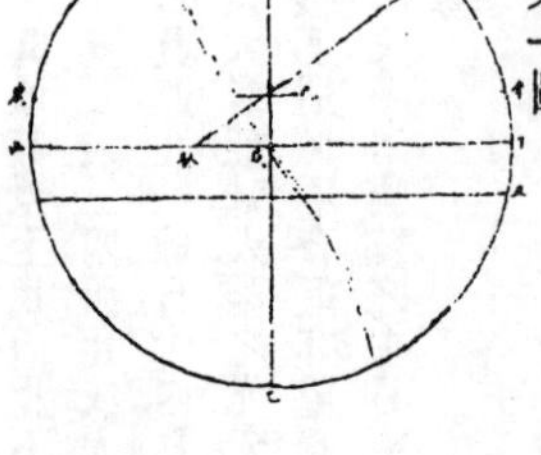

太陽與地平比論第一圖說

如上圖甲乙爲赤道即東西圈丙甲丁爲南北圈甲高九十度滿一象限己戊爲表日出辛表端影在庚至壬影在癸至庚則在辛也至甲止一點丙丁即地平低度十八至于丑而止

日至于南北圈下爲半夜迨近地平下十八低度復爲朦朧分

一名晨度一名昧旦一名黎明一名昧爽

凡黎明將盡日將出地平上有雲則爲朝霞黃昏之始日初入地平上有雲則爲晚霞所以赤色者爲日光返照如火出烟本是黑色與火並見即黑見烟不見火即爲紅烟矣

問日出入則大日中則小何故曰地居天中日周其外因於太陽如受燔炙恆出熱氣是名清蒙之氣此氣之厚去地不能甚遠日出入時人目衡視積氣甚多如物在水中其體大於本體故出入時日形似大非果大也至日中時以垂線照地人直視之積氣甚少日不受蒙則似小矣若出入時或深紫或微紅或似長圓亦皆是氣之厚薄疎密所爲也

其春分次日太陽離赤道即不出於東西圈之初度而在其偏北之闕度

即地平之經度不言度者以別於黃道緯度也

其相去也與其日之距度等

爲正球則赤道與地平爲直角故也欹球則否

太陽既偏北則其表影亦偏南其晝分與初日等其南北圈下之極高弧則稍減於九十度又次日則闕度愈大極高弧愈小以迄夏至其闕爲二十三度有奇其高弧爲六十三度有奇從赤道南迄冬至亦如之其方之晝與夜恆等何者赤道與地平爲直角即一切經緯圈其隱見恆相半故

太陽與地平比論第二圖

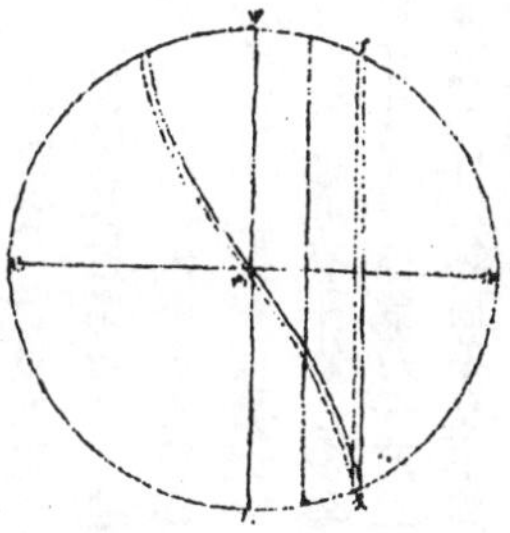

太陽與地平比論第二圖說

如上圖甲乙爲赤道即東西圈春分日日從此道行次日以後漸向丁戊行甲至丁乙至戊各二十三度有奇庚至丁其高弧六十六度有奇

論欹球一歲中獨春秋分兩日得晝夜平何者是其日太陽在赤道下赤道與地平皆大圈交而相分即所分之圈分相等若赤道距等圈大小不等以地平分之其圈分上下皆不等

太陽與地平比論第三圖

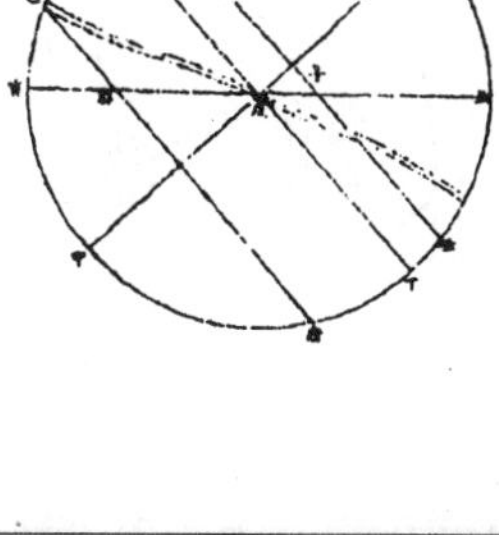

太陽與地平比論第三圖說

如上圖甲乙爲南北極丙丁爲赤道丑寅爲地平春秋分兩日日在戊爲黃赤道之交則地平上下圈分等過春分日漸北如至辛壬距等圈則丑寅地平分晝夜于子過秋分日漸南如至己庚距等圈則地平分晝夜于癸上下皆不等又一歲之中凡兩晝之距兩至等則其晝分之長短亦等凡兩晝之距兩分等即一在赤道南一在赤道北其距度等而此日之晝與彼日之夜等

凡球愈欹極愈高即高至（不日多夏至而日高至遇南北言之）之日愈長凡正球之南北闕度等欹球則否

凡正球之二至日中時其高下極相等欹球則否日中時其二至一甚高一甚低

論平球則以半年爲一晝以半年爲一夜何者北極與頂極合即赤道與地平亦合故九十距等圈從赤道迄一至皆在地平上其在下亦如之也其表恆作無窮及最長影不作短影每日爲一周亦作十二時或二十四但百八十周恆在晝耳

論朦朧（早爲晨分暮爲昏分或并曰朧昏或名曰朦曰朦影朦度）

太陽在二點二點之距一至等其朦亦等何者去至等則同在一距等圈上故

若二點之距一分等其朦不等孰大孰小近于上極者則大遠則小

北極出地處則北六宮之朦大于南六宮南極出地處反是

北極出地處太陽在北六宮愈近夏至朦愈大迄夏至極大過夏至漸小南方近冬至愈大迄冬至則極大過冬至漸小北極出地處迄冬至不極小極小者在赤道冬至之間南方迄夏至不極小極小者在赤道夏至之間

太陽在北六宮愈北朦愈大

平球之處其太陽入地低度不過二十三去朦度之十八未遠也故其晨昏最長一年之中明多於晦幾乎不夜

正球上兩點在赤道南北其距赤道等其朦亦等其距赤道不等其朦亦不等愈大愈遠赤道者愈大故二至之朦甚大二分之朦甚小

問欹球北極出地處之朦夏至極大而冬至不極小極小者在赤道冬至之間然則安在曰此在秋分之後特隨地不同皆在分後至前不在其日也如北極出地四十度春分則六刻三十三分夏至八刻六十分秋分六刻三十三分冬至則七刻最小者六刻二十六分有奇在寒露之中候五日也

湯若望新法曆引

日軌

太陽之行黃道也論其積歲平分之數新法以天度計爲五十九分八秒有奇所謂平行度分是也然平行齊而實行則周非齊矣冬盈而夏縮矣所以然者蓋緣黃道圈與日輪天不同心而黃道之心卽地球心是日輪天與地球不同心也心旣不同則日行距地近遠不等距近卽行疾疾則所行之度過于平行而爲盈每冬月一日計行一度一分有奇以較平行爲縮每夏月一日計行五十七分有奇以較平行則盈二分矣距遠卽行遲遲則所行之度不及平行而縮二分矣盈縮相差若此豈可謂之齊乎終歲之間但逢最高限最卑限二日平實二行度數惟一此外兩行之較日日不等新法因其或過或不及也故有加分減分謂之加減差蓋以有恆率之平行爲根而以加減差定之然後差而不差非齊而齊矣至論太陽之入某宮次以分節氣也亦有平實二算蓋算平行十五日二十一刻有奇爲一節氣乃一歲二十四平分之一耳若用躔度之日以算則冬夏不齊冬一節氣爲十四日八十四刻有奇夏一節氣爲十五日七十二刻有奇總由夏遲冬疾故其差如此皆非舊曆之所解也

太陽天距地極遠之點謂之最高極近之點謂之最高衝（亦名最卑）此二點者乃盈縮二行之界古法於冬夏二至謂其恆在一點其實非也按古今諸測皆各不齊古測最高在夏至前數度今則在後六度矣以此推知一年之內太陽自行四十五秒也

測食

日食在朔月體掩之

問月在日前能掩日光金水二星亦在日前又皆實體且水星雖小而金星則大于月何獨以食屬月乎曰二星于人甚遠不能掩日百分之一二而日光漸盛卽蔽百分之一二人亦不覺且二星去日甚近去地甚遠所出銳角之影亦甚短決不能及地面若夫月體雖不及太白之大然去地近去日遠一指足蔽泰山又何疑乎由此言之求一實體之能全掩日又從西而東過之甚疾唯月爲能蓋月之右旋比諸天更速且必至合朔方食則日食於月決然之理也

曆象圖說

日蝕三差圖

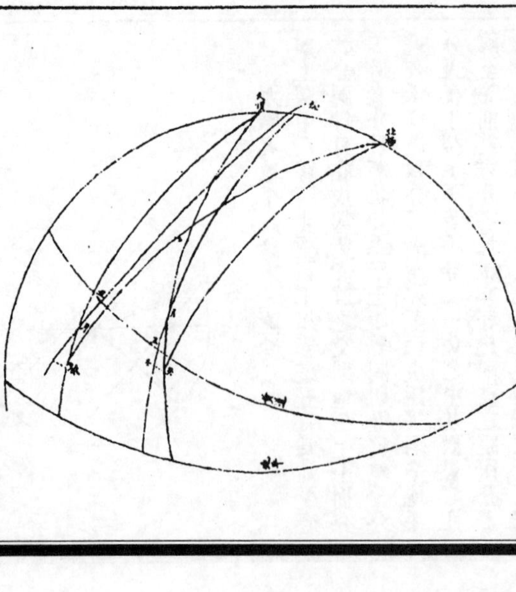

日蝕三差圖說

一南北差能變緯度而使蝕分有多少一東西差能變經度而使加時有早晚皆以高卑差爲本卽地中經視差也三差共成一勾股形高卑差其弦南北差其股東西差其勾云如地心指實高于月而地面視高在癸則月癸卽高卑差此差以天頂爲宗月距黃道丑爲實緯度因高卑差而視緯變爲丑壬則月壬卽南北差此差以黃道極爲宗從黃道極定實經度于丑而至壬因高卑差而視經變而至癸則壬癸爲東西差卽黃道上弧度也推三差以差角爲本如月下至地平爲高度而以月距天頂之餘高度與月距黃道極爲兩腰而天頂距黃道極爲對角之底所得之差角與壬月癸角爲交角其度等以差角之正線取東西差以差角之餘線取南北差而差角之餘角名高度交分則以月距天頂與月距中限爲兩腰而中限高度爲對角之底所得之角卽差角之餘故取南北東西差與差角相反推差角又以極至交圈交於子午圈之角爲本如月距天頂又距黃道極則先有北極之交角以北極距天頂與北極距黃道極爲兩腰而黃道極距天頂爲對角之底卽有午位黃道之交角以月午位與午位黃道距天頂爲兩腰而月距天頂爲對角之底得此極交分而後可求差角得差角而後可求三差用加減交食之分秒時刻乃與所推所測之地人目所見相合故謂之視會此古來曆術未發之奧義也

曆象圖說舊本

九服見蝕圖

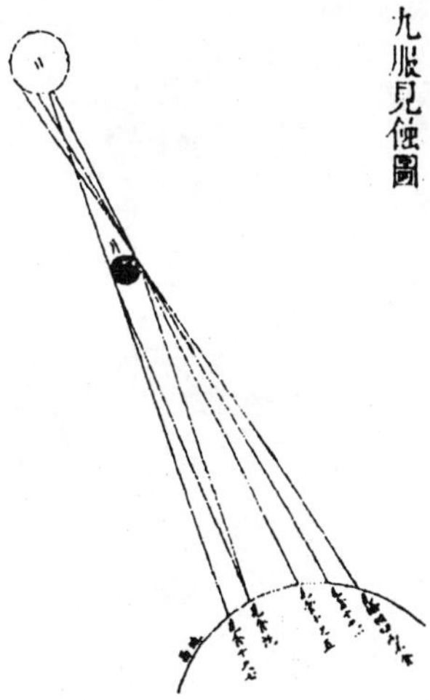

九服見蝕圖說

月魄掩日而日爲之蝕故正當月魄之下卽見蝕旣地平經緯漸差所見蝕分多寡遂異蓋由日高月下地偏則所見非經緯相合之一線漸視兩體空際而所掩漸覺其少故日蝕之分隨方不同非如月蝕普天同視也○黃鐘曆議云舊云月行內道在黃道之北蝕多有驗月行外道在黃道之南雖遇正交無由掩映蝕多不驗又云天之交限雖係內道若在人之交限之外類同外道日亦不食此說似而未盡假如夏至前後日食於寅卯酉戌之間人向東北西北而視之則外道食分反多於內道矣按內外道卽陰陽曆也月行陰曆爲內道則有北緯行陽曆爲外道則有南緯古法日食求差以赤道午線爲中則日食距中之度或大於象限故授時曆東西南北差有反減法黃鐘曆議之說蓋出於此今法以黃平限爲中可無此疑何則日食三差並以高下差爲根詳見後條黃平限恆居天頂之南而人居其北北高南下故能以北緯變南緯無南緯變北之理冬夏一也惟地近交廣極出地在二十三度以下黃平限有時在天頂之北則其時南緯可以變北耳南緯變北則外道食分反多相變非爲然

日食三差圖一

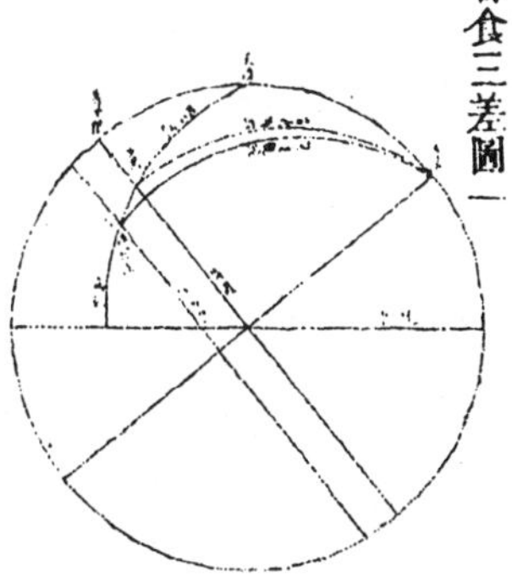

日食三差圖二

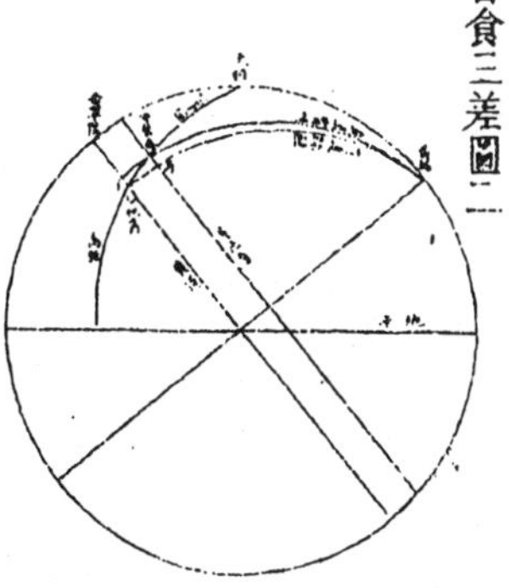

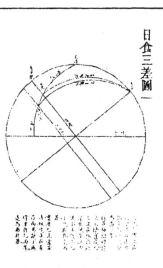

日食三差圖三

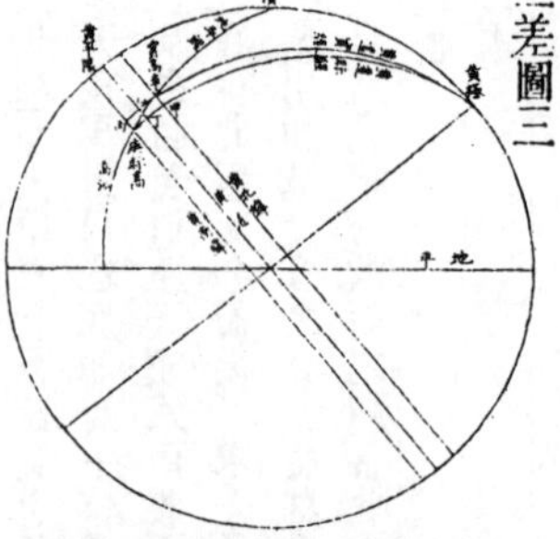

設太陰實高在辛。視高在庚。高弧上辛庚之距爲高下差。從黃極出經線二。一過太陰實高度辛。至黃道乙。乙爲實度。一過北緯中及黃道丁。至太陰視高度庚。丁爲視度。黃道上乙丁之距爲東西差。與甲辛丙庚等。月實緯辛。在黃道北。其距辛乙與甲丁等。視緯庚在黃道南。其距丁庚與乙丙等。甲庚爲南北差。與辛丙等。

日食三差圖說

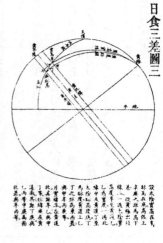

推步日蝕爲曆法至要而至難卽立法精微布算巧密而所推與所測往往不符蓋有東西差能變經度而交蝕之時刻遂有早晚南北差能變緯度而交蝕之分秒遂有淺深此兩差以高卑差爲本凡自地心指其實度之高及自地面觀之必在實度之下其差降高爲卑而象句股之有弦然後東西差與黃道平行而爲之句從黃極出經線遇句弦以限南北差而爲之股極南則弦與股合而無東西差極東極西則弦與句合而無南北差也○地心地面之說古未有也新法謂地體正圓而正居大圜之中則地心卽天心也凡曆家測驗自地平圈起初度升至九十度而爲天頂者皆正與地心相應而人所居則在地面穹隆而踞地心之上徒以體圓勢順目所環觀得覩大輿之半因以謂之地平若用以值天度則惟恆星天距地絕遠視地甚小可無推心面之差若日天則居七政之中月天則距地最近去日猶遠是以心面之間高下生焉高下之間南北東西異焉蓋有推得地心日食而地面不食者亦有地心未應食而地面旁睞反見食者於是東西之差則有時刻之早晚南北之差則有分數之淺深人但知里差之法爲加時分秒之由不知同一分域而地心地面原有兩差爲差之根也○地心之所見惟一而地面之所見隨處不同故日食三差生於地圓而九服見蝕生於三差也假令人居地心則東西南北之差無從可立而萬形一觀矣故三差皆地面所生而遂有九服之各異北齊張子信謂日食有入氣差至唐長慶中宣明曆遂有刻氣時三差之法歷代因之郭守敬正其名曰東西差南北差今則以地圓之理著其所以然者

欽定古今圖書集成曆象彙編乾象典

第三十三卷目錄

乾象典第三十三卷

日部總論

王充論衡

說日篇

儒者曰日朝見出陰中暮不見入陰中陰氣晦冥故沒不見如實論之不出入陰中何以效之夫夜陰也氣亦晦冥或夜舉火者光不滅焉夜之陰北方之陰也朝出日入所舉之火也火夜舉光不滅日暮入獨不見非氣驗也夫觀冬日之出入朝出東南暮入西南東南西南非陰何故謂之出入陰中且夫星小猶見日大反滅世儒之論竟虛妄也儒者曰冬日短夏日長亦復以陰陽夏時陽氣多陰氣少陽氣光明與日同耀故日出輒無障蔽冬陰氣晦冥掩日之光日雖出猶隱不見故冬日日短陰多陽少與夏相反如實論之日之長短不以陰陽何以驗之復以北方之星北方之陰日之陰也北方之陰不蔽星光冬日之陰何故猶滅日明由此言之以陰陽說者失其實矣實者夏時日在東井冬時日在牽牛牽牛去極遠故日道短東井近極故日道長夏北至東井冬南至牽牛故冬夏節極皆謂之至春秋未至故謂之分或曰夏時陽氣盛陽氣在南方故天舉而高冬時陽氣衰天抑而下高則日道多故日長下則日道少故日短也日陽氣盛天南方舉而日道長月亦當復長案夏日長之時日出東北而月出東南冬日短之時日出東南月出東北如夏時天舉南方日月當俱出東北冬時天復下日月亦當俱出東南由此言之夏時天不舉南方冬時天不抑下也然則夏日之長也其所出之星在北方也冬日之短也其所出之星在南方也問曰當夏五月日長之時在東井東井近極故日道長今案察五月之時日出于寅入於戌日道長去人遠何以得見其出於寅入於戌乎日東井之時去人極近夫東井近極若極旋轉人常見之矣使東井在極旁側得無夜常爲晝乎日晝行十六分人常見之不復出入焉儒者或曰日月有九道故曰日行有近遠晝夜有長短也夫復五月之時晝十一分夜五分六月晝十分夜六分從六月往至十一月月減一分此則日行月從一分道也歲日行天十六道也豈徒九道或曰天高南方下北方日出高故見入下故不見天之居若倚蓋矣故極在人之北是其效也極其天下之中今在人北其若倚蓋明矣日明旣以倚蓋喻當若蓋之形也極星在上之北若蓋之葆矣其下之南有若蓋之莖者正何所乎夫取蓋倚於地不能運立而樹之然後能轉今天運轉其北際不著地者觸礙何以能行由此言之天不若倚蓋之狀日之出入不隨天高下明矣或曰天北際下地中日隨天

而入地地密障隱故人不見然天地夫婦也合爲一體天在地中地與天合天地并氣故能生物北方陰也合體并氣故居北方天運行於地中乎不則北方之地低下而不平也如審運行地中鑿地一丈轉見水源天行地中出入水中乎如北方低下不平是則九川北注不得盈滿也實者天不在地中日亦不隨天隱天平正與地無異然而日出上日入下者隨天轉運視天若覆盆之狀故視日上下然似若出入地中矣然則日之出近也其入遠不復見故謂之入運見于東方近故謂之出何以驗之繫明月之珠于車蓋之橑轉而旋之明月之珠旋邪人望不過十里天地合矣遠非合也今視日入非入也亦遠也當日入西方之時其下民亦將謂之日中從日入之下東望今之天下或時亦天地合如是方天下在南方也故日出于東方入于北方之地日出北方入于南方各于近者爲出遠者爲入實者不入遠矣臨大澤之濱望四邊之際與天屬其實不屬遠若屬矣日以遠爲入澤以遠爲屬其實一也澤際有陸人望而不見陸在察之若望日亦在視之若入皆遠之故也太山之高參天入雲去之百里不見埵塊夫去百里不見太山況日去人以萬里數乎太山之驗則既明矣試使一人把大炬火夜行于道平易無險去人不一里火光滅矣非滅也遠也今日西轉不復見者非入也問曰天平正與地無異今仰觀天觀日月之行天高南方下北方何也曰方今天下在東南之上視天若高日月道在人之南今天下在日月道下故觀日月之行若高南下北也何以驗之卽天高南方之星亦當高今視南方之星低下天復低南方乎夫視天之居近者則高遠則下焉極北方之民以爲高南方爲下極東極西亦如此焉皆以近者爲高遠者爲下從北塞下近仰視斗極且在人上匈奴之北地之邊陲北上視天天（云有下字）復高北下南日月之道亦在其上立太山之上太山高去下十里太山下夫天之高下猶人之察太山也平正四方中央高下皆同今望天之四邊若下者非也遠也非徒下若合矣儒者或以旦暮日出入爲近日中爲遠或以日中爲近日出入爲遠其以日出入爲近日中爲遠者見日出入時大日中時小也察物近則大遠則小故日出入爲近日中爲遠也其以日出入爲遠日中時爲近者見日中時溫日出入時寒也夫火光近人則溫遠人則寒故以日中爲近日出入爲遠也二論各有所見故是非曲直未有所定如實論之日中近而日出入遠何以驗之以植竿于屋下夫屋高三丈竿于屋棟之下正而樹之上扣棟下抵地是以屋棟去地三丈如旁邪倚之則竿末旁跌不得扣棟是爲去地過三丈也日中時日正在天上猶竿之正樹去地三丈也日出入邪在人旁猶竿之旁跌去地過三丈也夫如是日中爲近出入爲遠可知明矣試復以屋中堂而坐一人一人行於屋上其行中屋之時正在坐人之上是爲屋上之人與屋下坐人相去三丈矣如屋上人在東危若西危上其與屋下坐人相去過三丈矣日中時猶人正在屋上矣其始出與入猶人在東危與西危也日中去人近故溫日出入遠故寒然則日中時日小其出入時大者日中光明故小其出入時光暗故大猶晝日察火光小夜察之火光大也既以火爲效又以星爲驗晝日星不見者光耀滅之也夜無光耀星乃見夫日月星之類也平旦日入光銷故視大也儒者論日旦出扶桑暮入細柳扶桑東方地細柳西方野也桑柳天地之際日月常所出入之處問曰歲二月八月時日出正東日入正西可謂日出於扶桑入於細柳今夏日長之時日出於東北入於西北冬日短之時日出東南入於西南冬與夏日之出入在於四隅扶桑細柳正在何所乎所論之言猶謂春秋不謂冬與夏也如實論之日不出于扶桑入于細柳何以驗之隨天而轉近則見遠則不見當在扶桑細柳之時從扶桑細柳之民謂之日中之時從扶桑細柳察之或時爲日出入若以其上者爲中旁則爲旦夕安得出于扶桑入細柳儒者論曰天左旋日月之行不繫于天各自旋轉難之曰使日月自行不繫于天日行一度月行十三度當日月出時當進而東旋何還始西轉繫于天隨天四時轉行也其驗若蟻行于磑上日月行遲天行疾天持日月轉故日月實東行而反西旋也

或問日月天皆行行度不同三者舒疾驗之人物爲以何喻曰天日行一周日行一度二千里日晝行千里夜行千里麒麟晝日亦行千里然則日行舒疾與麒麟之步相類似也月行十三度十度二萬里三度六千里月一旦夜行二萬六千里與晨鳧飛相類似也天行三百六十五度積凡七十三萬里也其行甚疾無以爲驗當與陶鈞之運弩矢之流相類似乎天行已疾去人高遠視之若遲蓋望遠物者動若不動

行若不行何以驗之乘船江海之中順風而驅近岸則行疾遠岸則行遲船行一實也或疾或遲遠近之視使之然也仰視天之運不若麒麟負日而馳皆暮而日在其前何則麒麟近而日遠也遠則若遲近則若疾六萬里之程難以得運行之實也

儒者說曰日行一度天一日一夜行三百六十五度天左行日月右行與天相迎問日月之行也繫著于天也日月附天而行不直行也何以言之易曰日月星辰麗乎天百果草木麗于土麗者附也附天所行若人附地而圓行其取驗若蟻行于磑上焉

問曰何知不離天直自行也如日能直自行當自東行無為隨天而西轉也月行與日同行皆附天何以驗之驗之以雲雲不附天常止于所處使不附天亦當自止其處由此言之日行附天明矣問曰日火也火在地不行日在天何以為行曰附天之氣行附地之氣不行火附地地不行故火不行難曰附地之氣不行水何以行曰水之行也東流入海也西北方高東南方下水性歸下猶火性趨高也使地不高西方則水亦不東流難曰附地之氣不行人附地何以行曰人之行求有為也人道有為故行求古者質朴鄰國接境雞犬之聲相聞終身不相往來焉難曰附天之氣行列星亦何以不行曰列星著天天已行也隨天而轉是亦行也難曰人道有為故行天道無為何行曰天之行也施氣自然也施氣則物自生非故施氣以生物也不動氣不施氣不施物不生與人行異日月五星之行皆施氣焉

儒者曰日中有三足烏月中有兔蟾蜍夫日者天之火也與地之火無以異也地火之中無生物天火之中何故有烏火中無生物生物入火中燋爛而死焉烏安得立夫月者水也水中有生物非兔蟾蜍也兔與蟾蜍久在水中無不死者日月毀于天螺蚌汨于淵同氣審矣所謂兔蟾蜍者豈反螺與蚌邪且問儒者烏兔蟾蜍死乎生也如死久在日月燋枯腐朽如生日蝕時既月晦常盡烏兔蟾蜍皆何在夫烏兔蟾蜍日月氣也若人之腹臟萬物之心膂也月尚可察也人之察日無不眩不能知日審何氣通而見其中有物名曰烏乎審日不能見烏之形通而能見其足有三乎此已非實且聽儒者之言蟲物非一日中何為有烏月中何為有兔蟾蜍儒者謂日蝕月蝕也彼見日蝕常于晦朔晦朔月與日合故得蝕之夫春秋之時日蝕多矣經曰某月朔日有蝕之日有蝕之者未必月也知月蝕之何諱不言月說日蝕之變陽弱陰強也人物在世氣力勁強乃能乘凌案月晦光既朔則如盡微弱甚矣安得勝日夫日之蝕月蝕也日蝕謂月蝕之月誰蝕之者無蝕月也月自損也以月論日亦如日蝕光自損也大率四十一二月日一食百八十日月一蝕蝕之皆有時非時為變及其為變氣自然也日時晦朔月復為之乎夫日當實滿以虧為變必謂有蝕之者山崩地動蝕者誰也或說日食者月掩之也日在上月在下障于日之形也日月合相襲月在上日在下者不能掩日日在上月在日下障于日月光掩日光故謂之食也障于月也若陰雲蔽日月不見矣其端合者相食是也其合相當如襲辟者日既是也日月合于晦朔天之常也日食月掩日光非也何以驗之使日月合月掩日光其初食崖當與旦復時易處假令日在東月在西月之行疾東及日掩日崖須臾過日而東西崖初掩之處光當復東崖未掩者當復食今察日之食西崖光缺其復也西崖光復過掩東崖復西崖謂之合襲相掩障如何

儒者謂日月之體皆至圓彼從下望見其形若斗筐之狀狀如正圓不如望遠光氣氣不圓矣夫日月不圓視若圓者人遠也何以驗之夫日者火之精也月者水之精也在地水火不圓在天水火何故獨圓日月在天猶五星五星猶列星列星不圓光耀若圓去人遠也何以明之春秋之時星賁宋都就而視之石也不圓以星不圓知日月五星亦不圓也

儒者說日及工伎之家皆以日為一禹貢山海經言日有十在海外東方有湯谷上有扶桑十日浴沐水中有大木九日居下枝一日居上枝淮南書又言燭十日堯時十日並出萬物焦枯堯上射十日以故不並一日見也世俗又名甲乙為日甲至癸凡十日日之有十猶星之有五也通人談士歸于難知不肯辨明是以文二傳而不定世兩言而無主誠實論之且無十焉何以驗之夫日猶月也日而有十月有十二乎星有五五行之精金木水火土各異光色如日有十其氣必異今觀日光無有異者察其小大前後若一如審氣異光色宜殊如誠同氣宜合為一無為十也驗日陽遂火從天來日者大火也察火在地一氣也地無十火天安得十日然則所謂十日者殆更自有他物光質如日之狀居湯谷中水時緣據扶桑禹益見之則紀十日數家度日之光數日之質刺徑千

里假令日出是扶桑木上之日扶桑木宜覆萬里乃能受之何則一日徑千里十日宜萬里也天之去人萬里餘也仰察之日光眩耀火光盛明不能堪也使日出是扶桑木上之日禹益見之不能知其爲日也何則仰察一日目猶眩耀況察十日乎當禹益見之若斗筐之狀故名之爲日夫火如斗筐望六萬之形非就見之即察之體也由此言之禹益所見意似日非日也天地之間物氣相類其實非者多海外西南有珠樹焉察之是珠然非魚中之珠也夫十日之日猶珠樹之珠也珠樹似珠非眞珠十日似日非實日也淮南見山海經則虛言眞人燭十日妄紀堯時十日並出且日火也湯谷水也水火相賊則十日浴于湯谷當滅敗焉火燃木扶桑木也十日處其上宜燋枯焉今浴湯谷而火不滅登扶桑而枝不燋不枯與今日出同不驗于五行故知十日非眞日也且禹益見十日之時終不以夜猶以晝也則一日出九日宜留安得俱出十日如平旦日未出且天行有度數日隨天轉行安得留扶桑枝間浴湯谷之水乎留則失行度行度差跌不相應矣如行出之日與十日異是意似日而非日也此下所言與日無涉今刪之

唐丘光庭兼明書

日遠近

列子云孔子出行逢二小兒爭論日之遠近其一兒曰日初出近日中遠何以知之初出大日中小非近大而遠小乎其一兒曰初出遠日中近何以知之初出涼日中熱非遠涼而近熱乎各以此理質諸仲尼仲尼笑而不答明曰按天形如彈丸陽城土圭得地之中則日之初出與日之中遠近均也初出大日中小者凡物平視之則大仰視之則小此乃視之有異耳初出涼日中熱者天氣不施故也初出之時中國在日之西故涼也日中之時中國當日之下故熱也易曰天道下濟而光明地道卑而上行則孔子知之矣或曰孔子知之何爲不答也答曰仲尼祖述堯舜憲章文武其道大德何曾與小兒街談巷議乎又六合之外非關教化者仲尼棄而不論故子路問事鬼神與死皆不答也且孔子纂易道以默入索而不知日之遠近乎以其輕問故笑而不答或問曰子云陽城土圭得地之中何爲東海近而西海遠也答曰地傾東南垂入于海今之海岸求其海際以人之所見謂之近耳

明章潢圖書編

日遠近大小說

日乃太陽之精貞明不息而其體質本無增損但象一也方其東升及將西沉時乃覺其象頗大甚赤至中天則覺其象小而色稍淡何也光一也方其升于東方但覺其光尚隱而物皆無影其質尚暗而光不爍日及將西沉亦猶是也惟中天則大明朗照質亦洞然而人不敢仰視何也氣一也夏則朝暮涼而午漸熱冬則朝暮寒而午稍溫又何也以予言之其始精氣舒斂之不齊乎嘗觀諸火矣炭之方灼也其體色赤而其質暗故其光亦不遍及其昭明有融而氣燄爍人則其色反淡矣是故朝升暮沉由于陽氣翕聚故其象之大也色之赤也光之隱而質之暗也人皆可以目而對之猶方然之炭其燄尚內聚而未之散也若中天之時則陽氣已盡發散故覺其象小色淡光顯質朗而不敢凝眸仰視猶火炭炎炎外爍而其內外洞明有如此耳胡可盡歸于天體之遠近也否則近故大而赤矣何爲其早暮涼而人可對以目也遠故小而淡矣何爲其午反熱而人不敢仰也況一日之間由旦而晝由晝而暮人皆得而見之而何其不同一至此哉然萬古此日也試於一日之間即其象而觀之自有不待辨者矣

天地陰陽之精氣聚於日月果信日月之精氣本有斂而有散也其精氣散則熱斂則涼其精氣斂則覺其形質大散則覺其形質小非日月有小大也而小大涼熱亦不以遠近言也一精氣之斂散爲之耳知此則所謂日初出大如車蓋及日中則如盤盂此不爲遠者小而近者大乎所謂初出滄滄涼涼及其日中如探湯此不爲近者熱而遠者涼乎皆可以斂散決之矣

日初出時見日大宜當熱而尚寒涼者陰凝而陽未勝也日中天時見日小宜寒涼而反漸煖漸熱者陽積盛而陰已消也申未熱愈于午者陽尤積盛故也廣海多熱由冬日南行正當戴日之下故熱溯夏寒夏日西北行溯北而當陰山之背處日光斜及故寒由此觀之南北寒熱亦由於日也

日爲衆陽之宗故其煖熱之氣皆出乎日也涼寒則日氣之不及處爾日漸長故煖日極長則熱矣日漸短故涼日極短則寒矣暖則陽氣之盛也而極則斯熱涼則陰氣之盛也而極則斯寒

日在地上時多故地熱而井水寒也日在地上時少

故地寒而井水溫也

日部藝文一

十日贊　晉郭璞

十日並出草木焦枯羿乃控弦仰落陽烏可謂洞感天人懸符

日賦　唐李邕

惟元氣之播儀式景曜之騰烈倚崇蓋而西轉駿流光之東馳豈盈縮兮彌歲亦畏愛兮異節暾淑色而布穌赫炎氛而生熱所謂純精至高至明燭龍照灼以首事踆烏奮迅而演成開天地之可目爲帝王之我兄文思以之寅餞神武以之揭行是以節朝有政逮昃未餐揚暉而四方動色霽景而萬物聳觀豁雲霧之凝暗解雪霜之沍寒願揮戈兮再晝俟傾藿兮長安至若瑞氣浮烟休徵抱戴乍出海而融朗忽飛天而光大千里發乎主明五色見于時泰將閉閣兮未言豈覆盆兮貽悔則有懷人惆悵酌醴獻酬冥一醉兮千日渴一日兮三秋昔定鼎兮卜洛彼昇天兮上遊處立觀於溟渤遂測景于嵩丘借如夸父棄策奔走何益夫子重陰道業所欽歎遲遲之春日阻悠悠之宿心惜落照于崇木重遙思于竹林粵若飛箭易及長繩難駐知息影之未寧喜傾蓋之相遇始曝書兮多暇復炙背兮成趣見蘭蕙之有暉想桃李之可樹別有誓以期皦至以憂長既中時而必彗亦後甲而見陽與聖人兮齊明宜君子兮借光卜在地而古吉說通夢而亭昌匪直燭之滅私行之惟則若御車之有輪豈搏空之無翼固幹運兮誰使諒周行而不息重光起于一人合璧旋于八極觀乎翠萍生實赤羽從軍儻一綿之欲授曷三餘之敢聞夕沒銜于鐖巘朝隮夾于火雲何白駒之激急致華髮之繽紛若乃江湖積氣霧雨經時莓苔連於枕石泥潦汨于川坻仰蒼蒼而不見俟杲杲而常欺將遺慼兮安適每沉冥兮自悲借如謫居海上門息人間有哀猿兮斷續無飛鳥兮往還事塡膺于瘴癘情滿目于雲山未回光于東闕猶屈指于南蠻乃舉手而歌曰披雲覩日兮日則明就日瞻雲兮心若驚日爾一日兮何道時哉幾時兮此生

日賦　李嶠

仲春上日率公卿大夫朝日于東郊祗祀畢太史進曰大日統七紀周旋天地國家災祥之至也惟唐文明日德不愆今陛下又親設弟禮天下煥爛上日朕不足以配日然國經在乎上爾卽可之於日有昇叫使朕聞之乎太史曰臣聞天高無程日爲大明天爲至陽日爲陽精則日于天爲子象也在人爲主在天爲日其高明一也日之初將出兮東方霍爌烘煌地外洩光陰冥含明閃閃熒熒火炬縱横漸高如懸或若輓上于天而傍倚諸山海水血色龍魚騰翻上浮焦烟創業之象也日之中聚筱成珠攢創成輪青天而白白雲而赤葩葩奕奕曾不得定目太虛爲之晃惑萬物依乎地無不自識太平之象也春之日蔥蘢通朧霍爍晴空赫爲大笑滿天地喜江風晴起錦文出水采錯爛斑花樹之間新蕊粉融萬姝無煙一拂雕梁嬌嚴溢乎殿堂績壁連光溫筱生旁仁恩之象也夏之日烘形金勃六合焚炙風不能爲氣天地變色不勝其猛乍搖紫影所照之穴化爲火井草木如燒而未乾焦杲池如炊若將涌沸炎威逼人疑欲附地或透入室壁潛蒸簟席威怒之象也其于小則草芥游蟲戶網隙塵各示其容其爲大則東而引千萬里不見其近出西而引千萬里不見其遠及將暮也爍乎而低濳乎而頹忽乎變容赤蓋下空埃塵濛籠渾渾黃黃漸無精光黯黯殷顏不啚山巔卽墜乎窮泉丹霞染雲筱筱半天暝陰夕寫脊蔚霮對餘光無采晳明乎千里之外烏鵲尚鳴新月已生長夜自淸今昔頓成良可悲乎夫日之不永也甚矣人之言卯比及看已可食人之言午比及看已欲昃是故聖人寸陰而惜願陛下朝覩之思創業之難暮覩之感淪革之易春夏覩之調喜怒之節中覩之將偃乎太平之地又何求焉臣又聞之聖人爲君日祥屢臻五色騁騁天地同文皆弱之代吞蝕不暇列宿不沒晝而爲夜可不務乎故天有日不能自靈日有光不能自明待聖人而明之也

日賦　王捧珪

杲杲太陽昇自扶桑既移晷而高下亦候時而短長其沒也天地爲之黯色其出也遠近爲之生光及夫

春景初動寒威始歛煦百川以冰開煖千林而花發行乎赤道應其朱明煎綠潭而水沸爛青雲而火生於斯之時誠可畏也既而暑退涼進煙歸霧返懸淨影以悠揚度斜暉而踠晚送秋景之已末屬冬陰之方盛融晴雪而曨朗曝晨霜而溫映於斯之時誠可愛也故能明以成象高以臨空有形必鑒無幽不通在七政雖掎其長照萬物不競其功抱三足之靈烏挂五彩之輕虹魯陽揮戈而三舍漢皇握鏡而再中曜凝霜而輕白帶飛霞而濟紅皎分潔務守團圓不虧缺曈兮曨暮落西山朝海東誰復知其動靜安能察其始終徒美其秀質上浮流光下濟不擇好惡不遺巨細葵藿向之傾心旂常畫以增麗匪杖策之能及豈長繩之可繫至若螢火聚然魚燭蒔熱明月高映繁星遂列爭散彩以炫晃競騰暉以照晰見白日之一臨總光沉而影滅則知赫然作色無物不憚溫然爲容有情皆玩終而復始既明且煥自非造化之至精焉能作羣生之壯觀

寅賓出日賦（以大明在天以時授爲韻）　王儲

惟天爲大兮堯實則之命羲和而馭日俾出納而從時舉歲首以平分既中星鳥及宵衣而敬導始見嵎夷所以示農功之有序叶君德于無私我國家克定三元光臨四海纂唐虞之舊說崇德禮而斯在將衆正以履端奉天時而不改繇是春官蔵事太史作程天子居青陽之左个覽萬物之初生始昭宣于東作終協贊于西成杲杲臨空無幽而不燭遲遲鑒下有蟄而皆驚伊兆人分地之利我聖上則天之明淑氣載揚暢禽魚而共躍融風乍扇迨葵藿而咸傾庶績其凝三農式就高臺紀于雲物大野陳其蒐狩畢嚮化以觀光亦順時而敬授歲如何其歲既登節盈縮兮日有恆歲如何其歲將起兆發生兮日之始符本順而無逆得禎祥而所以原夫君比德于日日麗光乎天撫有萬方每朝君于歲始照臨庶物故出日于春前煦百泉而冰泮薰九陌而蒼然合璧表無爲之化垂雲示有慶之年信惟貞而惟一示無黨而無偏容有藏器俟時畀躬思泰遇乾坤之訢合視日月之光大莫不向春景以自娛沐堯風而未賴

寅賓出日賦（以大明在天以時授爲韻）　獨孤授

古先哲王允釐內外雖庶政之咸敘在司天而爲大所以叶乎上下所以察乎交會其職廢而時令則乖其職修而黎人永賴歲既陽止春風作矣惟特羲仲奉若天紀候暘谷之初昇揆農功之當起寅賓克展守而勿失耒耜乃修視其所以觀乎旭日之漸也麗蒼穹而曜晶按黃道而徐行萬物發春仁氣良由茲始四方仰照陽德協于離明盈縮必循夫晷度職司寧闕其將迎木位值于扶桑初杲杲以出土宵潤于南畝且澤澤其耕故王者重焉官不虛授考之曆象則象是用貞準之田農則農靡僭候惟帝典之明微示人有常惟日官之無改永代斯在平秩乎下以播百穀欽若乎上以刑四海慎爾有司惟其敬之是將邁景德于太皥俟神功于女夷玉燭開耀金烏效延致人和而歲美無亂日而廢時況吾君承乾元化昭宣敘三光以著象乘六龍而御天經紀不忒職官維賢分命之事象曲成之道令觀寅賓之出日端稼穡兮大田願聆舜弦歌唐年因耒光之可就與羲馭而廻旋

寅賓出日賦（以大明在天以時授爲韻）　袁同直

日爲天經春爲歲始貞三農而允協于度調四時而不僭于理徵其所出導其所以升黃道而萬化融出青方而百工起所以放勳欽明羲仲是司協和天意敬授人時闕其職則孽生斯廢行其典乃庶績咸熙日曉色曈曨清光杳靄垂大明于有截察幽深于無外守晦明之度數順躔次之交會合一德而無私位三光而稱大煦育無偏陰陽氣宣應律管而初變暖林花而未鮮興農功于煥室發耒耜于原田既陶陶以受歲亦欣欣而樂天則知日以陽爲德君以政爲恆陽虧則物無仰照政失則年川不登視寅賓之有則知平秩之方弘瞻彼渤海日之所在出扶桑而吐暉泛暘谷而浴彩貞明宇宙協順時候將度敬而專其所職豈出納而輕其所授我國家獻歲發生舒勾遂萌啓大田于東作紀斯箱于西成君德與日德俱遠道光與月光齊明將授官而守職俾萬祀而爲程

寅賓出日賦（以大明在天以時授爲韻）　周謂

陶唐氏欽若日出資授人時乃命羲仲往哉汝司紀寅賓而建始旋照燭兮無私暘谷初昇退羣冥于仄陋扶桑適上分萬象于毫釐日之爲德也均日之爲功也大作朝夕之程準見乾坤之交泰無遠無近幽而必通惟植惟生罔不咸賴出于東兮示發生之所在傾于西兮觀光靈之不改必將表歲以務穡豈獨陵虛而賦彩爾其孟陬叶月太簇和聲農祥正而土膏咸動庶績凝而百度惟貞于以秩東作于以望西成塗足沾體勉穡夫與田畯布和施令樂國泰而君

明豈不以五行班序七曜宣精者哉則有三足呈祥重暉降祉瑞聖斯應爲光有以遠色杲杲非童子之辨焉浮彩昭昭惟仲尼之揭矣爰考休徵圖牒與能旣煦育之無外同寅賓而有恆寅者導也惟人之導陽寅者敬也唯人之敬授涼難踰而可仰參地載而天覆觀其煜熠動川澄明麗天消漉漉之殘雪斂藹藹之輕烟齋東君于楚客祀岱嶽于漢年願捧圖稱瑞以相宜

日浴咸池賦 以瀛海增輝金烏發色爲韻　柳喜

海日赫赫出暘谷以騰輝過咸池而浴色宛轉波動迴還影側昭晰兮泉源漸沸掩映兮津涯乍黑紅光下射疑萍實之欲沉赤氣上浮訝林雲之不息當其玉漏未盡金波正凝背崦嵫而六龍騁鶩望穹蒼而三足飛騰經厚地而休光暫匿逝巨浸而暖氣潛烝當晷度之未至信輝赫之徒增泊夫旦夜欲闌繁星漸沒轉紅輪于沙礫潛朱輝於溟渤映龍川之華動照天壇而秀發遠岸燭耀而乍明長波蹙縮而未歇觀其蕩水府滌踆烏重輪輝煥而增潤雙翼翩翻而盡濡勢動雲端運規規而未止影搖波底潛赫赫而不渝逝矣莫及皦然可望照層樓於圻岸寫蛟室于溟漲由是發五色煥九闕歷渤澥而羲和整馭映島嶼而光耀傍飛岩浪沸騰瀧洗貞明之質洪漣瀰漫難留畏愛之輝時也天地漸分雲霞屢改遠細柳而已遠拂扶桑而猶在聊將出地辭潤澤于波瀾從此麗天布輝華于寰海旣而迴出岔岑高懸萬尋杲杲而光無停晷炎炎而色欲流金始素波而將滌絛黃道而是臨信終古而不昧長曜景於天心

日中烏賦 以輝光映出俟跡在中宵韻　康僚

相彼烏矣超然莫同不振羽于域上自呈形于日中儀鳳背愬信五色而都混高天已及豈三年之始沖懿此生成貫乎今昔東西必隨于運動昇降寧離于赫奕俯黃人而更助金光映王宇而偏疑烏跡旣乃騰陵霄漢披拂雲霓那楚幕而堪處匪霜臺之足棲分明而不似籠中固非仙鶴髣髴而還如鏡裏豈是山鷄曷九雛之莫對乃三足而常在黑羽雖同于不黔白頭詎得而終待始來何地誰見入于重輪爰止何年孰可聞于眞宰徒訝其煒煒煌煌形標翼張縱橫弄色宛轉和光風起而遙疑飛動煙含而杳若潛藏足令人子開窺因寄情于反哺日官頻測空懷望于殊祥嘉其靄爾無匹泉然斷出鳴琴安得寫其啼流火焉能變其質復不知見也何期隱也奚歸有咸池兮飲不飲有蟠桃兮依不依誰使梯航景象沐浴光輝炫晃乎淸晝優游乎翠微靡顧稻粱志士留之而莫得無猜彈射夸父驚之而不飛客有指寥廓之儀形訪前時之歌詠且彼素姿神異赤羽輝映不爲陰驚之符蓋本陽精之命今仁風已扇孝理方盛烏之靈兮得不降休而瑞聖

野人獻日賦 以和悅日光情意君字爲韻　歐陽玭

昔宋有野人負日之暄兮獻君不知天下流光以所見爲未見不信人開委照以所聞爲未聞當其愛景稍融農民乍悅謂國內有無謂山前自別恐弱水之光遽失慮扶桑之影將滅于是耒耜潛棄耘鉏暫輟指天路而貢誠適君門兮效節紅輪在上無欺皎爾之心赤羽相隨可驗昭然之說乃曰臣生于隴之畔長于隴之旁朝播其穀暮植其桑絲不得上體粟不得充腸以藿爲食以蓑爲裳體凍乎雪骨寒乎霜因取適于中野遂潛舒于太陽煦不厭暄不忘而恐率土之尊未識民間之樂一氓之賤敢私天外之光所以貢其所知陳其所覩願日之彩致于君之館願日之輝及于君之宇南畝而徧無寸澤猶稅于身東方而幸有餘明敢忘于主主乃憫其甚樸嘉其至誠一則嘆于驕逸一則念及黎氓安知萬室豪家更有追歡之意六宮長夜仍多縱樂之情嗟夫人各有生生而有異爾豈不以種植爲業通租爲事上或逼于很政下或臨于虎吏汲汲爲心營營爲意遂使朝光不辨誰知勞者之情暖景爲祥忍奪生民之利乃知貴之逸者有之何稼穡而能知賤之至者不一則陽和而豈失彼徒見其夕入而因忘其曉出三尺之童子猶嗤何以日而獻日

羿射九日賦 以當書控弦九烏潛退爲韻　周鉞

伊祁氏之有天下也十日並出或明或晦不唯差乎曆象抑亦紊乎覆載留一陽永照俾九日潛退羿操弓而進挾矢而前曰彼赫赫縣縣如珠之連爍我下土曁我上元今當盡臣術之微妙協君德之昭宣于是和容體正審固心虔張六鈞之在手期九烏之應弦弓旣無雙矢唯用九一發而弦上靈激再發而空中雷吼三發而輪震乾坤四發而輝流星斗五發六發而煜煜霞散七發八發而離離電走九矢皆中訝妖氛之忽無一曜高懸望邪明而何有蓋帝所惡天所嫌始騰凌而翕赩倏掩擪而殄殲貫忘歸而自消難彰變化落園陵而盡死永契沉潛瑞景將明彤弓

尚發百辟仰觀乎黃道孤光下燭乎淸晝莫不出藝之就神之授崑燭滅而平權衡昇運正而分刻漏然後職羲和之任司掌御之圖位寅賓于東極宅昧谷于西嵎故得萬國謳歌迎觀重輪之日九天寥亮長飛三足之烏則知道濟會而發必中神自通而何再捨鏡四海而弓能張亘萬古而誰敢當設使堯德不聖羿技不臧則蒼蒼茫茫終亂紀綱又安得廓六合定三光故曰天無二日民無二王

登天壇山望海日初出賦以題為韻　闕名

客有曉躡稜層高山獨登覽煙嵐之忽斂見海日之初昇赫彩旁照炎光上騰影乍搖而滿目霞碎波不動而長空血凝由是倚危磴立天壇夜色既啓炎精始團赤氣上煥于雲路朱輪乍碾于波瀾照耀一海之中剖開萍實分明百丈之外洗出金盤浩渺無涯曈曚在望高居崢嶸之頂下視赫曦之狀焚爇巨浸浮沉奔浪陽烏浴羽而截飛羲和按轡而直上不沉乎泉將麗乎天爍雲濤而有曜類庭燎而無烟赫赫光滿規規質圓纔湧出于溟渤之底已見盡乎巖嶺之巔所以躋高峰翫丹彩明暗既分昇沉斯在望若木之初出疑杳上于天河想陰火之潛照見倏燒于滄海出水未遠騰輝已殷託高跡于巉崒之際指大明于顧盼之間湧上扶桑謂蟠桃之有蕊照出仙島疑燭龍之映山歘赫滿空淵渟沃日當銀漢而炫晃泛金波以洋溢巨鯨之冥目霍張洪爐之鑄鏡飛出及登乎軌度射破氛霧洗光華而不濕衝塵埃而寧汚倚九天而照臨見百川之奔赴故遊者徙倚遐望徘徊久駐因物屬詞媿升高而能賦

海日照三神山賦以輝耀相燭珠庭象然為韻　紇干俞

海日飛光神山之陽流一氣于天表自三峯而景彰龍車迴馳麗于高而特異金闕互映混其彩以交相原夫出巨浸以貞明狹崇岡而久照當崚極之離立滅塵氛而引耀遂使授人之曆分乎命以正其方涉海之倫駭乎目以觀其微遲隱見于危壁藹晶熒以遠嶠披道接靈之府含華蘊粹之仙秉至陽而不極體元氣于自然駭景克存訝魯陽揮戈于在側騰精獨往疑羲和弭節于其巔于以繫時于焉絕俗幽莫可辨明之所燭異景暫凝乎地首奇峯載列于鼎足影搖林樹漸昇桑野之躔色動鯨波尚想甘泉之浴且霞標建其南服日觀揭其東隅雖照臨之等類亦重深之道殊豈若丹極赫以戒晨仙宮朗而增煥方運行而不息乃曈曨而未旰森瓊樹之離離曳羽衣之燦燦此日而御惟山有輝諒難徵于紀牒思載瞻乎海沂彼或棲眞方丈必期乎悠久如將處代崦嵫且懼于浸微是以養志忘形馳軿以寧福地無阻元門寢扃誓將越渤澥陵杳冥仰無私之照窮不死之庭願參光而有待庶羣仙兮是聽

登大壇山望海日初出賦以海日生殘夜為韻　王起

山惟隱天海則孕日日將昇而轉麗山望遠而無失青崖直上覺亭亭而漸高碧浪遙分覩杲杲之初出將以測晷度窮節汩豈能獨媚東南之隅空呈畏愛之質而已哉當其陰兔傾晨鷄鳴捫葛藟陟崢嶸挺身于重巘肆目于八紘天地廓烟雲清赫彼巨浸吐茲炎精映曈曨而有竟燭浩淼而方呈彩射空中謂陰火乍出色浮波上疑萍實初生皦爾下土煥乎上徵觸高濤而暫滅泛輕浪而還明曙色漸分晨光未改濛汜拂浪扶桑浴彩將黃道以麗天必靑方而浮海豈韜映之為美實照臨而有待是知望莫遠乎日域登莫峻乎天壇彼以離而取象此以艮而居安考之則陰陽有度察之則溟漲無端況乎銀漢落金波殘將東方而自出俾下土而式觀三足翩翩若刷乎渤澥重輪輝煥如歷乎波瀾映嵎夷而未定拂若木而將升紅彩下沉照波中之鱗甲朱光上溢射雲表之峯巒誠變化之相詭諒始終之莫殫洎夫出溟渤照戎夏昇九天辭午夜羲和整轡而直上葵藿傾心而皆仰亦何必登日觀之峯而後望神明之舍

冬日可愛賦　席夔

冬實窮節日為至陽節窮而栗冽凝慘陽至而焜燿舒光方傷竹彫松之嚴物無不懼覩麗天出地之旭愛何可忘觀其昇曦朗以自東蕩沉陰于有北不赫矣以難向諴溫然而可卽依巢之鳥感微煦而和鳴帶雪之林假餘光而改色所以就之稱堯帝之聖比之成晉臣之德彼谷隱巖居之子無衣無褐之人照臨遵夫和氣偃曝得夫天眞慘怛潛收慼慼之容咸華溫仁遠被熙熙之化斯淳故得廓開曀霾洞達遐微融液冰渚依稀雪嶠散九陌以無氛委千門以通照彼繩樞甕牖既臨砌而樂我無私雖熊席狐裘亦含爐而欣夫有曜且四月歌其烈烈雨雪苦其瀌瀌既飄風而忽至何見晛而聿消豈若儲精在于宣明舒德本乎洪暢異春晝暄妍之色無夏天赫曦之狀微溫椒寢之中稍暖秦樓之上是知時當惻慘物鮮其歡非愛景而斯出處窮冬而固難遽次不留志士

徒爭于短晷輝光可附小人寧怨于祁寒故曰太上化人德之爲貴咸欣欣而可悅不炎炎以求畏當垂煦嫗之仁以釋幽陰之氣所以賦冬日之事歌德政之謂

冬日可愛賦　齊映

閉天地成四時者元冬麗乎天明萬方者白日至若斗杓移指寒氣入律霜凋冰以凝沍風落木兮蕭颼始承乾以運行乃宅巽而是出明在地上望杲杲于扶桑光搖水中疑泛泛而萍實故日出暘谷衆人熙熙苦寒者自我而煥若即幽者自我而明之將所鑒而並鑒故無私而不私懿夫吾君之威可畏可愛象嚴凝以神武配耀靈于光大是以愚智必仰賴者也又如殘夜猶昧破積陰以重光晨霜止繁濟與民于附火聖人納諫亦替否而獻可同彼大象發陽明以自東觀乎道經體人庶而居左君法日也申文明于九重臣諫君也扇和氣于三冬故時以泰歲以豐方夔龍而並鶩與步驟而追蹤

夏日可畏賦　賈嵩

赫爾陽精當朱仲兮厥狀難明杲杲而威稜四序炎炎而火烈羣生九野飛塵破氛昏而下燭六龍銜耀亙大地而橫行其初也陰魄落彼大明生灸踆烏涸洵以飛來蒼龍黯黯而光死輾烟霞而炎駕旁轉洞寰海而紅輪徐起烟勃乎扶桑之津鼎沸乎咸池之水八紘疑火井之内六合若炎丘之裏路岐難處傷哉行役之人稼穡堪憂嗟爾耕耘之子始驚出地漸見摩天曈曨逾盛翕赩彌宜赫曦而光碎波濤血殷江海蓬勃而氣蒸林鬱歊起山川然則居上克明當中益熾想羲氏於執熱當亢龍之用事照丘陵而恐是焦元蒸壟畝而皆成赤帝仰之者目眩精耄處之者神昏體悖草木爲之生烟峯巒以之減翠千里無雲炎風不聞木而棲者翕其翼泉而躍者伏其羣不黨黎吡有異恩覃之士無私蠻貊終同炎德之君可流金而爍石可焦頭而爛額浩浩兮坌紅埃融融兮過虛碧遂使無生禪子愛其孤鶴片雲休影逸人戀此幽松古柏斯則昔卿執法于前代魯史立言于往昔於戲猛以濟威剛而馭下牧于外而寇亂咸戢升于朝而諂諛斯寡如夏日之赫焉孰云不足畏也

秋陽賦　宋蘇軾

越王之孫有賢公子宅于不土之里而詠無言之詩以告東坡居士曰吾心皎然如秋陽之明吾氣肅然如秋陽之清吾好善而欲成之如秋陽之堅百穀吾惡惡而欲刑之如秋陽之隕羣木夫是以樂而賦之子以爲何如居士笑曰公子何自知秋陽哉生于華屋之下而長遊于朝廷之上出擁大蓋入侍帷幄著至於溫寒至於涼而已矣何自知秋陽哉若子者乃眞知之方夏潦之淫也雲蒸雨泄雷電發越江湖爲一后土冒沒舟行城郭魚龍入室菌衣生于用器蛙蚓行於几席夜違濕而五遷晝燎衣而三易是猶未足病也耕于三吳有田一廛禾已實而生耳稻方秀而泥蟠溝塍交通牆壁頹穿面垢落塈之塗目泫濕薪之烟釜甑其空四鄰悄然鸛鶴鳴于戶庭婦宵興而永歎計無食其幾何矧有衣于窮年忽釜星之雜出又燈花之雙懸清風西來鼓鐘其鏜奴婢喜而告予此雨止之祥也早作而占之則長庚澹其不芒矣浴于暘谷升于扶桑曾未轉盼而倒景飛于屋梁矣方是時也如醉而醒如瘖而鳴如痿而起行如還故鄉初見父兄公子亦有此樂乎公子曰善哉吾雖不身履而可以意知也居士曰日行于天南北異宜赫然而炎非其虐穆然而溫非其慈且今之溫者昔之炎者也云何以夏爲盾而以冬爲衰乎吾儕小人輕慍易喜彼冬夏之畏愛乃羣狙之三四自今知之可以無惑居不障戶出不御笠暑不言病以無忘秋陽之德公子拊掌一笑而作

日賦　吳淑

日實也人君象之而臨極者也爾乃懸象著明至陽之精赫奕流珠之狀皎然連璧之形杲杲始出旭旭初昇或委照于窮桑之邑或淪光于不夜之城既說有冠亦云抱珥神號鬱儀火傳陽燧行度惟一在天無二或見踆烏或書王字既入而息在中爲市升咸池而濯秀奄六螭而息轡元端而朝東郊以祭掌十煇于眡祲夢三分于魏帝既仲夏而末于火亦季冬而窮于次徒聞鼓缶于大耋詎見翻車之壯士嘉黃琬之捷對偉晉明之幼慧或夾赤烏而垂讖或貫白虹而驚異爾乃觀五色氣重光對昆吾而臨烏次入細柳而出扶桑爲學聞師曠之喻入懷爲漢武之祥比畏愛于衰盾賦興亡于夏商若夫長留反景都廣無晷瞻寅賓以東出歷虞泉而西靡仰夫反照觀乎麗天同晷既聞于萬里周圍亦說于三千爾其升明星而景秀逼崦嵫而光戢揭之既見於仲尼捧之亦傳于程立秦皇過海將觀其東出周穆駕駿欲見其西入爾其晞光景之暆暆矚晷度之遲遲爲君父夫

兕之象測寒暑陰風之宜豈見流金而鑠石唯觀樹表而陳圭若乃陽事不得謫見于斯庶人走嗇夫馳伐鼓用幣擊柳縈絲共抑陰而助陽終吏也而仰之是知火氣之精陽能之母稱曜靈而號大明照四方而臨下土蝕因麟鬬行同驥步揮戈既見于魯陽棄杖復聞于夸父羿曾見射羲嘗爲御或說再中或云亭午美葵藿之傾依傷桑榆之遲暮至若出蘇門升溫源乍喜披雲還欣負暄張重對漢明之問宣父屈童子之言若夫浴甘泉出暘谷旣揚光于日觀亦分華于若木及夫戴丹穴入太蒙迴女紀而大遷經離石而下舂斯皆光景之非盛未若比王道之當中

日方升賦　明李維楨

維此曜靈實涵陽德代玉鑑以相摩運璇穹而罔息夕韜光于濛汜早委照于扶桑其爲狀也曈曈兮曨曨蒼蒼兮凉凉况彼鳧飛方奮翩于碧洛類茲驥步才騁足于康莊吐溟渤之洪濤游鱗駭以深潛臨岱宗之巍觀宿鳥驚而爭騖遠而望之紅葩爍爛玉井蓮花之初發迫而察之朱盤的皪楚江萍實之半渡斂積霧于千峯文騰赤烏映朝霞之五采象出金烏覺曙天鷄遞吁音于翠落欣暘威鳳嘒清吭于蒼梧重輪表瑞駕羲驂而容與兩珥呈祥綏仙佩以翩翩蚌甲新分目炫火齊之色蜃樓肇啓枝懸若木之暾葵傾心而待景叟攘臂以迎暄羣蒙漸晰萬物含輝影未遍于八紘虛閶枝逐次始行于三舍豈借戈揮星啓明以前導雪晛晛而咸消夜且齊山罷飯牛之浩歎曦迴蜀郡聞林犬之爭吠望長安而尚遠離蓬島以非遙待漏求衣宸極寢未央之問耕田鑿井康衢播出作之謠學士清嚴輒未過于倍四幽人曠逸竿甫見于函三童子何知聚車輪而構辯宣尼非聖攬去轡以增愁于時杓藏珠斗浪卷銀河北闕流丹收曉箭之沉沉東方生白集委佩之磋磋鷄鳴而起太史獻三號之戒蟲飛如薨賢妃進再告之規測土圭而未至徹庭燎以何施上觚稜而棲神爵抱罼華而蕩罘罳彩絢黃金之榜晴曬赤羽之旗燭龍兮漸轉白馬兮如馳乃有穆穆皇皇濟濟鏗鏗法乾之健秉日之精服三光之衮抗二曜之旌撫大寶御瑤京始出震而四方炳煜繼向離而萬國昭明周宗式燕露晞杞棘漢殿宏開掌動金莖家抱就堯之幸人懷愛趙之情覆盆者藹藹而承耀晞髮者陶陶以向榮蓋聞陽道貴長天心忌盈是以易晉君子之德惟云出地詩誦明王之福取譬如升書若四時首寅賓于暘谷禮將百順報鞠于初晨當質明而事始際旭旦而鴈鳴朝歌迴墨子之轍大采暢敬姜之名儻寸陰之靡惜願莫繫于長繩

日方升賦　沈一貫

於赫大明麗天健行盥東溟以濯曜軔扶桑而初征碧落展蒼茫之景璇霄流沆瀣之精矯矯陽烏擊海水三千而奮翼轔轔火馭指天衢九萬而馳衡助青陽之戒煕回寒光以將爚斗一南而天下春旣萬象于焉而生輝鷄三號而澤中應故羣迷以之而皆覺華月收璧影之陸離躔奎避珠光之錯落玉繩罷紫瑤斗已酌雖黎旭之始分而陰霾之已鑠魑魅魍魎望月而宵犇象罔宵荒待時而晨作昏煜兮含輝燿爍兮吐煌拂拂兮凉凉其爲體也後天惟一度而輝燭於大荒其爲時也出地僅咫尺而宣耀於無疆其始出焉若夜光火齊不假采於丹雘懸黎結綠非繪色於銀黃其少進焉若千爟萬炬協要期而並舉九章五采井麗景而咸章謝元宴駕東皇揚祝融麗鉤芒遒乘南陸馳節天閶斯時也杖何策於夸父戈何揮於魯陽蔀何所用其豐繩何所施其長騰躍於雲景之上容與於東隅之方若太極之混沌始判而將分如元氣之泱漭方流而未央飛懸陰而現瑞奮初威以顯芒首黃道之遐征徑紫庭而抗行蓋月馭之所不能追而雲螭之所不敢當也故蓬海瀛洲依之而生氣神州赤縣瞻之以舒祥煬河濆而冰釋灼岱岳而春敷賁草木則生機潛回於根荄暨鱗羽則淑氣活潑於游翔睎周於冰天柱海貫胸肼趾之都胥遍於窮髭極幕圓臚方趾之鄉瞭巧壤而不穢照嘒所而彌章大何遠而不屆小何微而不彰物何匿而不覩人何居而不卬若乃異域同明稱長安之獨近八表齊照譚化國之爲長熹微雲霞之掌璀璨龍鳳之牀湛露晞兮萬年枝佳氣靄兮白玉堂蓋邦畿取日輪之象而太陽乃天子之光宜昊穹之所以睠顧之煌煌也故百草無情有傾心之葵藿雖羽毛末品生朝陽之鳳皇騁音可以獻天子入夢則占見君王是以仰堯文之煥者就之而取其象歌周雅之盛者頌之而願其升也於戲維豐維崇雖始生也無得而踰旣中旣盈卽當天也有時而昃故大人繼之以照四方君子法之以昭明德吸精醇吐氛慝慮逝波之遂東戒馳駒之臨隙與日月而俱新敷光天而罔極

日方升賦　王家屏

伊高天之泬漻覆萬有而無垠炳赤熛以成象揭陽烏之威神滌素魄於靈淵麗昭質於蒼旻蓋乘乾而獨運亙終古以若新方其金鋪寂閟玉漏迢巡新月競皎庭燎未陳爾乃韜精襲釆閟汶汶睾恍惚以奧密握靜一於洪鈞逮夫夜星微晨光發華鋪鏗宵鼓揭關乃扶搖馭沓輪囷突屼駕神岳之將將拂海濤之汩汩則有陽侯執轡豐隆先驅馮夷捧蓋后羿揚麾擁雲旗之縹緲駢霞光之陸離遠而望之氤氳朣朧如神龍之瞪目迫而察之灼爍照爛擬朱鏡之呈規朗朝旭于始旦燭萬象而生曦嘒三五以失色即晻靄何能蔽之屬大明之當天驚幽魅以騰走奪燐燭于螢囊闢冥蒙于蔀斗于斯之時魚鑰既啓九關洞開旌旗辨色羣臣畢來乃有容成步晷羲仲察表太史書雲雞人唱卯燭丹陛以輝煌映玉墀其窈窕螭頭抱影而蠻跜金莖動色而腰傀信沆瀣之未晞光崛夷之初皎此我大君順天時以聽政迫宵衣之遐覩者也乃若離明溥徧照臨八荒三農出作九市開埸士晨起而披吟工夙興以勵勤行旅沾乎多露女紅鍼于東方凡含和而飲氣孰不感惕于青陽爾其掛影千山分暉萬壑東自海邦西暨戎幕南盪朱垠北涵元漠莫不氛祲掃滅和煦磅礴洵九有之混茫盡耿光之灼爚斯時也天子方且鑒于日邁法乎天行圖愼終于有俶奮初征于精明問何其以視朝儆同夢于雞鳴體惜陰于夏禹法待旦于周成則使遲遲舒景與聖德乎並進熙熙泰運同國祚之方興乃大小臣工咸負暄而思獻頌天保之恆升豈不受億萬之仰戴起三五之登閎者哉亂曰離離海嶠開光霽兮照臨下土闢雍暟兮雲夜綺錯邈瞻眄兮麗于扶桑達無際兮高朗令終光不替兮

秋日懸清光賦　唐文獻

有趨炎公子方弭蓋于廣原乍停驂于曲畛于時衆芳歇槁葉殞對霽景之蕭森迴鳴飈以淒緊悄兮恍兮歎無愁而不盡揚清大夫過而揖之曰先生其類宋玉之愁乎且四時皆天之行而何悲此凜秋是未知炎炎者易滅而降降者不可以久留請賦秋日令先生釋煩襟洗塵眸焉若夫祝融解馭蓐收司絕霜禽應令風篁協節寒潭潦收淪池波滅槭高梧之森森萎芳蘭之茁茁時維清旻載肅涼夜未央聆天雞兮咿喔起金鵶兮扶桑既熒熒而閃閃亦熿熿而煌煌驟六螭之逸足散九道之輪光奄昒昕而始旦哢陽鶵乎垂芒寒商助其清暉閶闔翼以高翔爾其蟬露乍晞鷹風未競柔祇若拭圓靈似鏡睇九陌之無氛儼八埏乎朗映銅鉦挂兮崇蓋明玉宇輝兮澄江淨既乃禪于午位宅是離宮埽涼煙之曖莽占灝氣之玲瓏晃朗乎傾玉壺之萬壑熠焰乎紛匹練于長空既合璧以生潤亦抱珥而有融雖金行肅殺乍回光于凋柳而奔駒迅疾猶委照于疎桐影霞天兮孤鶩流江瀨兮離鴻揮魯戈兮返舍候漢瑞兮再中半規乍沒霽曀不封駕西崑之餘映恍大地其銀鎔于是庭飄沆瀣砌冷鳴蛩瞻皓月何纖纖借藻景之朣朧緊澄暉乎宵晝維大明兮始終若其連觀蜿蜒周除寥皋朱戶葳蕤丹楹爽塏鸞墮粉於蓮房燕飄香於蘭茝爾乃緣隟通煇乘虛炫彩雲屏非暗綺疏不礙景謝玉虛光搖碧海縱點綴以微雲亦曜靈之無改遂使菊圃散一叢之金桂苑飛千林之采暐若具腓芳菲若在亦有綠雲遍野黃茂盈阡多黍多稌甫田大田斯箱擊穀祖賓虔肩發御禀開百廛肅當維時朗旭高懸出農畯於畊胝滋我稼之穎堅歌堯日兮烟晃樂舜畝兮有年若夫榆關晝開羽書不歇壯士荷戈將軍載旆草枯胡騎露冷鳴笳發聽邊馬兮有歸心俄翔陽兮挂清樾爍彼凋弧燿茲元鉞揚我師之景炎蕩游氛于窮髮指杲曜以長驅志慨慷而吞戎竭又有林泉曠士嘉遯逸人偶塵圭綬終懷隱淪茲日兮何日幽蘭兮可紉美山川之映帶思故國之鱸蓴爰尋荔服爰謝蘅輪豈太清乎可滓庶比潔於秋旻於是又爲歌曰秋容淡兮秋宇寒秋日霽威兮清可餐安得繫之長繩兮永盤桓趨炎于迺咨然而喪懷然而服相與長嘯乎秋林願永矢其弗告

日方升賦　徐顯卿

翳大明之炳燿兮旭昊靈之輝煌鬱儀始朏於暘谷兮朝暾乍昇乎扶桑肅賓寅以瞻晞兮晃洞明而徜徉晨雞振羽而咿喔兮金烏奮翮而飛翔命羲和其攬御兮詔馳晷於東皇敻九霄之寥廓兮控六螭而天行爾其咸池初浴渤澥汪洋晃晃旺旺涼涼湯湯恍龍窟金輪之湧出儼鮫宮火燄之飄颻少焉昇駕於曲阿之次駐蹕於曆泉之旁漸晨晞以曈曨覺曙靄之彌光望舒促列宿以避景啓明率餘曜而韜芒玉衡隱約其低度瑤華慘澹而含章陋燭龍銜炬之餘輝眇螢燎燐照之微茫乃若登乎桑野之通衢臨乎衡陽之雲房焱烜烜而赫赫愈昭昭而煌煌乾坤爲之開朗宇宙爲之揮揚山嶽錦覆而增輝草木

衣被而燾光炎帝鞭景以驅馳祝融捧馭而劻勷澔澔涆涆其勢方長而不可遏也爍爍奕奕其威方熾而莫敢當也凜兮若后羿挽强弓而方張沛兮若神禹疏九河而始決其防魯陽何假於揮戈夸父徒倚而徬徨吁嗟乎彼日之方升兮有類乎君德之方剛當春秋之鼎盛兮正年富而力强膺穹昊以踐祚兮繼大明而普照乎萬方初出震以御宇兮炳重離而臨八荒效彼蒼而秉陽德兮乃奮然獨攬乎乾綱載道德以爲之車兮執禮儀而爲之纁翼翼乎緝熙而媲美周文兮駸駸乎敬聖而日躋殷商追重華之文明兮峻德配乎陶唐遠聲色貨利若浮雲之過太虛兮何祲氛之能妨斥讒諂嬖佞若翳霾之蝕太陽兮何暈珥之足傷仁育若春暉之煥品彙兮義正若秋陽之曝冰霜禮樂備而天地官兮治化隆而經緯彰光四表以格上下兮炳六符而奠元黃二氣和調兮若雨若暘百穀旅登兮多畬多秔麒麟負瑄以遊苑兮威鳳朝陽而蹌蹌臻大道於栗陸兮登至治於炎黃茲君道之發軔兮在謨謀乎巖廊如天步之伊始兮允有賴於明良象大明之初升兮正方興未艾而不可量誶曰瞻彼日兮方熾方昌肆君德兮彌進彌臧日之升兮天錫祥君繼照兮際明良宗社鞏固兮如陵如岡宜民宜人兮俾壽俾康亶天道之與君德兮亙萬古如一日並照無疆

欽定古今圖書集成曆象彙編乾象典

第三十四卷目錄

乾象典第三十四卷

日部藝文二 詩

升天行 魏陳思王植

扶桑之所出乃在朝陽谿中心陵蒼昊布葉蓋天涯
日出登東榦既夕沒西枝願得紆陽轡迴日使東馳

日升歌 晉傅元

東光昇朝陽羲和初攬轡六龍並騰驤逸景何晃晃
旭日照萬方皇德配天地神明鑒幽荒

日 前人

湯谷發清耀九日棲高枝願得並天御六龍齊玉轡

日　張載

十日出湯谷弭節馳萬里經天曜四海倏忽潛濛汜

詠日　前人

白日隨天迴皦皦圓如規踴躍湯谷中上登扶桑枝

白日歌　齊張融

序曰懸象著明莫大于日月而彼日月不能不謝固知無準衰爲盛之終盛爲衰之始故爲白日歌

白日白日舒天昭暉數窮則盡盛滿則衰

詠朝日　王融

團團出天外煜煜上層峯光隨浪高下影逐樹輕濃

詠日應令　劉孝綽

弭節馳暘谷照檻出扶桑園葵亦何幸傾葉奉離光

詠日　李鏡遠

始臨東嶽觀俄升若木枝萍實詎儔彩合扇且慙規
北林耿初曜圓牕鑒早曦照庭餘雪盡映簷溜滴垂
徘徊匝花樹煜爚滿春池柳陰裁靡靡簾影復離離
會泉豈亭舍桑榆忽在斯迴戈安得中長繩不可羈
冲情愛景落清宴借光馳溫暉徒已荷深心竊自知

小窻詩　陳後主

煬帝昏酒嘗遊吳公宅雞臺忽與陳後主相遇後主復書數十篇帝止記小窻及寄侍兒碧玉詩

午醉醒來晚無人夢自驚夕陽如有意偏傍小窻明

詠日華　徐陵

朝暉爛曲池夕照滿西陂復有當晝景江上鑠光儀
時從高浪歇乍逐細波移一在雕梁上詎比扶桑枝

詠日應趙王教　北周康孟

金烏升曉氣玉檻漾晨曦先汎扶桑海返照若華池
洛浦全開鏡衡山半隱規相懽承愛景共惜寸陰移

朝日歌　隋闕名

扶木上朝暾嵫山呈暮景寒來游晷促暑至馳輝永
時和合璧耀俗泰重輪明執圭盡昭事服冕罄虔誠

賦得秋日懸清光賜房元齡　唐太宗

秋露凝高掌朝光上翠微參差麗雙闕照耀滿重闈
仙馭隨輪轉靈烏帶影飛臨波無定彩入隙有圓暉
還當葵藿志傾葉自相依

賦得白日半西山　同前

紅輪不暫駐烏飛豈復停岑霞漸漸落溪陰寸寸生
藿葉隨光轉葵心逐照傾晚烟含樹色棲鳥雜流聲

奉和詠日午詩　褚亮

曦車且亭午浮箭未移暉日光無落照樹影正中闈
草萎看稍靡葉燥望疑稀晝寢慙經笥暫解入朝衣

前題　虞世南

高天淨秋色長漢轉曦車玉樹陰初正桐圭影未斜
翠蓋飛圓彩明鏡發輕花再中良表瑞共仰璧暉賒

詠日　李嶠

旦出扶桑路遙升若木枝雲間五色滿霞際九光披
東陸蒼龍駕南郊赤羽馳傾心比葵藿朝夕奉堯曦

詠日詩　董思恭

滄海十枝暉元圃重輪慶舜華發晨楹菱彩翻朝鏡
忽遇驚風飄自有浮雲映更也人皆仰無待揮戈正

賦得秋日懸清光　王維

寥廓涼天靜晶明白日秋圓光含萬象碎影入閒流
迥與青冥合遙同江甸浮晝陰殊衆木斜影下危樓
宋玉登高怨張衡望遠愁餘輝如可託雲路豈悠悠

省試夏日可畏（一作張播詩）　丘爲

赫赫溫風扇炎炎夏日徂火威馳迥野畏景爍遙途
勢矯翔陽翰功分造化爐禁城千品燭黃道一輪孤
落照頻空簟餘暉卷夕梧如何倦遊子中路獨踟躕

日出入行　李白

日出東方隈似從地底來歷天又復歷西海六龍所舍安在哉其始與終古不息人非元氣安得與之久徘徊草不謝榮於春風木不怨落於秋天誰揮鞭策驅四運萬物興歇皆自然羲和羲和汝奚汨沒於荒淫之波魯陽何德駐景揮戈逆道違天矯誣實多吾將囊括大塊浩然與溟涬同科

西閣曝日　杜甫

凜冽倦元冬負暄嗜飛閣羲和流德澤顓頊愧倚薄
毛髮具自和肌膚潛沃若太陽信深仁衰氣欻有託
欹傾煩注眼容易收病腳流離木杪猨翩躚山顛鶴
明知苦聚散哀樂日已作即事會賦詩人生忽如昨
古來遭喪亂聖賢盡蕭索胡爲將暮年憂世心力弱

反照　前人

反照開巫峽寒空半有無已低魚復暗不盡白鹽孤
荻岸如秋水松門似畫圖牛羊識童僕既夕應傳呼

羅浮夜半見日詩　劉禹錫

陰陽迭用事乃俾夜作晨咿喔天雞鳴扶桑色昕昕
赤波千萬里擁出黃金輪

賦得冬日可愛　陳諷

寒日臨清晝寥天一望時未消埋徑雪先暖讀書帷
屬思光難駐舒情影若遺晉臣曾比德謝客昔言詩

散彩寧偏照流陰信不追餘輝如可就迴燭幸無私

前題　庾承宣

宿霧開天霽寒郊見初日林疎照逾遠冰輕影微出
豈假陽和氣暫忘元冬律愁抱望自寬羈情就如失
欣欣事幾許曈曈狀非一傾心儻知期良願自兹畢

短歌行　張籍

青天蕩蕩高且虛上有白日無根株流光暫出還入
地催我少年不須臾與君相逢不寂寞衰老不復如
今樂玉卮盛酒置君前再拜願君千萬年

日出行　李賀

白日下崑崙發光如舒絲徒照葵藿心不照遊子悲
折折黃河曲日從中央轉暘谷耳曾聞若木眼不見
奈何鑠石胡爲銷人羿彎弓屬矢那不中足令久不
得奔詎教晨光夕昏

負冬日　白居易

杲杲冬日出照我屋南隅負暄閉目坐和氣生肌膚
初似飲醇醪又如蟄者蘇外融百骸暢中適一念無
曠然忘所在心與虛空俱

短歌行　前人

曈曈太陽如火色上行千里下一刻出爲白晝入爲
夜團團轉如珠住不得住不得可奈何爲君舉酒歌短
歌歌聲苦詞亦苦四座少年君聽取今夕未竟明夕
催秋風纔往春風回人無根蔕時不駐朱顏白日相
隳頹勸君且強笑一面勸君且強飲一杯人生不得
長歡樂年少須臾老到來

日南長至詩　獨孤鉉

玉曆頒新律凝陰發一陽輪輝猶惜短圭影此偏長
躔度經南斗光流盡北堂乍疑同戶耀可愛逗林黃
積雪銷微煦初萌動早芒更升臺上望雲物已昭彰

望早日　朱慶餘

窻下聞雞後蒼茫映遠林纔分天地色便禁虎狼心
是處程途遠何山洞府深此時堪佇望萬象豁塵襟

落照一作耿緯詩　馬戴

照耀天山外飛鴉幾共過微紅拂秋漢片白透長波
影促寒汀薄光殘古木多金霞與雲氣散漫復相和

夕陽　陸龜蒙

渡口和帆落城邊帶角收如何茂陵客江上倚高樓

夕陽　鄭谷

夕陽秋更好潋潋蕙蘭中極浦明殘雨長天急遠鴻
僧窻留半榻漁艇透踈篷莫恨清光盡寒蟾即照空

曉日　韓偓

天際霞光入水中水中天際一時紅直須日觀三更
後首送金烏上碧空

夕陽　李中

影未沈山水面紅遙天雨過促征鴻魂銷舉子不回
首閒照槐花驛路中

賦得秋江晚照　徐鉉

落日照平流晴空萬里秋輕明動楓葉點的亂沙鷗
曬網魚梁靜鑾簦稻穗收不教行樂倦冉冉下城樓

秋日懸清光　陶拱

秋至雲容斂天中日景清懸空寒色淨委照曙光盈
泫泫看彌上輝輝望最明烟霞輪乍透葵藿影初生
鑒下應無極升高自有程何當迴盛彩一爲表精誠

日華川上動　石殷士

曙霞攢旭日浮景弄晴川晃耀層潭上悠揚極浦前
岸高時擁媚波遠共澄鮮萍實空隨浪珠胎不照淵
早暄依曲渚微動觸輕漣孰假咸池望幽情得古篇

落日山照耀　闕名

裴回空山下婉娩殘陽落圓影過峯巒半規入林薄
餘光澈羣岫亂彩分重壑石鏡共澄明巖光同照灼
棲禽去杳杳夕煙生漠漠此境誰復知獨懷謝康樂

擬古　僧皎然

日出天地正煌煌闢晨曦六龍驅羣動古今無盡時
夸父亦何愚競走先自疲飲乾咸池水折盡長桑枝
渴死化爝火嗟嗟徒爾爲空留鄧林在摧折令人嗤

落日　齊己

晚照背高臺殘鐘殘角催能銷幾度落已是半生來
吹葉陰風發漫空暝色迴因思古人事更變盡塵埃

初日詩　宋太祖

欲出未出光邋遢千山萬山如火發須臾走向天上
來趕却殘星趕却月

夕陽　錢維演

遠色連高樹迴光射迥樓自翻歸鴈影更急思蟲愁
煙暝長先隔霞烘久未收華燈知可繼惟照洞房幽

夕照　歐陽修

夕照留歌扇餘輝上桂叢霞光晴散錦雨氣晚成虹
燕下翻池草烏驚傍井桐無憀照湘水丹色映秋楓

日出　孔平仲

仲冬十一月我行赴高密路出東海上晨起駭初日
騰騰若車輪只向平地出較于昔所見得此十之七
蟾蜍尚弄影皎皎橫參畢輝光一迸散夜氣掃若失

扶桑想可到俗慮苦難訖壯觀曾未厭側欸流景疾

落日馬上　秦觀

日落荒阡白霧深紫騮嘶顧出疎林回頭已失來時路杳杳金盤墮翠岑

日出引　曹勛

雲冥冥風淒淒綺疏未白鷄已啼角聲纔斷闕朱扉闕朱扉詠朝日君王劍珮朝諸侯赫赫明明光萬國

負暄　劉子翬

宵寒臥增裯晝寒起增衣何如負暄樂高堂日暉暉引光扉盡闔追影榻屢移妙趣久乃酣瞑目潛自知初如擁紅爐凍粟消頑肌漸如飲醇醪暖力中融怡欠伸百骸舒爬搔隨意爲稍囘驕佚氣頓改酸寒姿薰然沐慈仁天恩豈予私願披橫空雲四海同熙熙矯首望扶桑傾心效園葵

金山觀日出　陸游

繫船浮玉山清晨得奇觀日輪擘水出始覺江而寬遙波蹙紅鱗翠靄開金盤光彩射樓塔丹碧浮雲端詩人窘筆力但詠秋月寒何當羅浮望湧海夜未闌

晨鐘動雷池望日　張栻

浮氣列下陳天淨澄秋容朝暾何處升彷彿認微紅須臾眩衆釆闔開九重金鉦忽湧出晃蕩浮雙瞳乾坤豁呈露羣物光芒中誰知雷池景乃與日觀同徒傾葵藿心再拜御曉風

夕陽　宇昭

向夕江天迥微微接水平帶帆歸極浦隨客上荒城雲外借看落山西鳥過明何人對幽怨苒苒敗莎幷

日觀峯　金蕭貢

半夜東風攪鄧林三山銀闕杳沉沉洪波萬里兼天湧一點金烏出海心

日出　宋无

金烏搖上浪如堆萬象分明海色開遙望扶桑岸頭近小舟撑出柳陰來

日出入行　元林景英

朝出扶桑來暮入虞淵去何不緩驅百歲一朝暮

鳳皇山望朝日　達溥化

滄海全吳當百二坐臨溟渤鬱陶開日含金霧天邊出潮捲銀河地底來雲淨定山浮砥柱天高秦望見蓬萊東南檣櫓年多少獨向江頭一愴懷

詠日　明太祖

東頭日出光始出逐盡殘星幷殘月蒼然一轉飛中天萬國山河皆照著

迎日詞　孫炎

鳳炙兮麟脯瑤席兮桂俎樂萬舞兮如雲吹笙竽兮龍二女千子子載以輿六蒼虬歷天衢雲濛濛兮夜未艾執長轡兮久相待

夕陽　林鴻

抹野銜山影欲收光浮雁背去悠悠高城半落催鳴角遠浦初沈促繫舟幾處閨中開繡戶何人江上倚朱樓淒凉獨有咸陽陌芳草相連萬古愁

前題　周鼎

白頭人愛夕陽紅短葛凉生綠樹風別浦帆歸天遠近乳雅巢滿屋西東比鄰酒熟開招飲故舊書來喜折封珍重曲闌干外月又分清影照衰容

落景村　史鑑

羲和駕騤驌杳杳經天衢向夕迫崦嵫弭節少躊躇餘光爛未收冉冉下桑榆歸雲棲遠岫暝煙生廢墟野雉鴝中林牛羊下城隅回風忽復來灌木吹笙竽野老耦耕倦盥濯歸茅廬曳杖數雞豚引水灌畦蔬達人尙眞意寫圖聊自娛天機宛流動匪爲形似拘

雞鳴篇　薛蕙

雞初鳴日東御月徘徊招搖下雞再鳴日上馳登蓬萊闕九閶雞三鳴東方旦六龍出五色爛

夕陽　蔡復一

夕陽欲下山一半戀流水短笛牛羊歸餘光照童子

冬日何可愛　胡翰

冬日何可愛夏日何可畏矯首問羲和羲和不停轡寒燠相代更天運自有常但惜愛日短不及畏日長

日部選句

屈原離騷吾令羲和弭節兮望崦嵫而勿迫又折若木以拂日兮聊逍遙以相羊

九歌暾將出兮東方照吾檻兮扶桑

天問出自湯谷次于蒙汜自明及晦所行幾里又角宿未旦曜靈安藏又日安不到燭龍何照羲和之未揚若華何光又羿焉彃日烏焉解羽

遠遊恐天時之代序兮曜靈曄而西征又朝濯髮于湯谷兮夕晞余身兮九陽

九辯願皓日之顯行兮雲蒙蒙而蔽之
招魂十日代出流金鑠石些
大招青春受謝白日昭只
漢劉向九歎日杳杳以西頽兮路長遠而窘迫又日
暾暾其西舍兮陽炎炎而復顧
揚子太元經盛哉日乎丙明離章五色淳光
魏曹植與吳質書日不我與曜靈急節又思欲抑六
龍之首頓羲和之轡折若木之華閉濛汜之谷
晉左思蜀都賦羲和假道於峻坂陽烏回翼乎高標
張協七命衝飇發而迴日
陶潛閒情賦日負影以偕沒
梁江淹恨賦方架黿鼉以爲梁巡海右以送日
陶弘景答謝中書書夕日欲頽沈鱗競躍
唐楊炯渾天賦天鷄曉唱靈烏晝踆扶桑臨于大海
若木照于崑崙太平太蒙所以司其出入南至北至
所以節其寒溫龍山銜燭不能擬其光景夸父棄策
無以方其駿奔
鄭錫日中有王字賦三陽並列契乾體以成三一氣
貫中表聖人之得一
李程日五色賦寰宇廓清景氣澄霽浴咸池于天末
拂若木于海裔非煙捧于圓象蔚矣錦章餘霞散于
重輪煥然綺麗
崔護日五色賦乘虛散彩狀朝烟之曖空緣隙通暉
若晴虹之入戸燦爛同曜元黃交映彙藻繪千金輪
聚雲霞于寶鏡
滕邁二黃人守日賦異體同心雙形合力如左右之
司局似扶持而受職樂天成象豈殊連璧之文就日

無私特比鑄金之色所以煥人寰彰土德高尋罔差
其晷度迴鶩靡愆于頃刻
蔣防登天壇望海日初出賦山有極天崇崒冠羣嶽
而首出下壓溟渤之碕岸平視扶桑之初日天光海
上曈曈而曉色已分人代夢中促促而寒更未畢客
有愛此早景登茲崇山候東方之昏黑據中頂之孱
顏俄而陽開陰閉翕絶廻還曳晨光于莽蒼之外走
狂電于溟濛之間高焰忽興瀾汗而洪濤血赤半規
猶隱洪形而青帝朱殷及其旋轉將昇雖盱萬狀散
五彩而錦章已出照三山而鼎足相向杲杲茲始規
規滿望火輪上碾燒碧落之氣埃金汁下融躍紅爐
之波浪又躔次一道暉華四布赫曦而六合貞明吞
納而百川奔赴
熊曜琅琊臺觀日賦泰門之東天地一空直見曉日
生于海中赤光浮浪如沸如鑠驚濤連山前拒後却
圜觀上下隱見寥廓焜煌天垂若吞巨壑當扶桑洶
湧于雲光陽德出麗于乾剛汗漫翕納將吞六合冲
融青冥遙浸大明羲和守馭夸父上征眩轉心目蒼
黃性情傾地輿而通水府吸天蓋而駭長鯨
宋蘇軾日喻生而眇者不識日問之有目者或告之
曰日之狀如銅盤扣盤而得其聲他日聞鐘以爲日
也或告之曰日之光如燭捫燭而得其形他日揣籥
以爲日也日之與鐘籥亦遠矣而眇者不知其異以
其未嘗見而求之人也道之難見也甚于日而人之
未達也無以異于眇達者告之雖巧譬善道亦無以
過于盤與燭也自盤而之鐘自燭而之籥轉而相之
豈有既乎故世之言道者或即其所見而名之或莫

之見而意之皆求道之過也
漢李尤詩年歲晚暮時已斜安得壯士翻日車
秦嘉詩曖曖白日引曜西傾
古樂府日出東南隅照我秦氏樓
晉左思詩皎天舒白日靈景耀神州
張協詩朝霞迎白日丹氣臨暘谷翳翳結繁雲森森
散雨足
張載詩朱光馳北陸浮景忽西沈
宋鮑照詩君不見城上日今暝沒盡去明朝復更出
謝靈運詩行觴奏悲歌永夜繫白日
梁簡文帝詩踈槐未合影仄日暫留光
陳後主詩日光朝杲杲照耀東京道
唐太宗詩藿葉隨光轉葵心逐照傾
虞世南詩綠楊斜日青山淡晚烟又初日明燕館
新溜滿梁池
駱賓王詩朝榮旭日照青樓遲暉麗色滿皇州
盧照鄰詩飛泉如散玉落日似懸金
王灣詩海日生殘夜江春入舊年
王維詩大漠孤烟直長河落日圓
李白詩吳歌楚舞歡未極青山猶銜半邊日又金大
之西白日所沒
杜甫詩寒日外澹薄長風中怒號又野日荒荒白溪
流泯泯清又寒風踈草木旭日散雞豚又羲和鞭白
日少昊行清秋
李賀詩誰揭賴玉盤東方發紅照又炎炎紅鏡東方
開暈如車輪上徘徊啾啾赤帝騎龍來
方干詩未明先見海底日良久遠雞方報晨

宋蘇軾詩坐看暘谷浮金暈遙想錢塘涌雪山

陸游詩凍雲傍水封梅蕚嫩日烘窻釋硯冰

金元好問詩渴虹下飲玉池水睨日横分蒼嶺霞

元張翥詩驚沙撲面黑野日映人黄

明梁有譽詩燭龍騰遐輝離照亙天衢室隙受餘光徒能耀一隅

日部紀事

通鑑前編黄帝命羲和占日

拾遺記帝嚳之妃鄒屠氏之女也常夢吞日則生一子凡經八夢則生八子

異苑諏訾氏生而髮與足齊墮地能言及爲高辛帝室夢日而生八子皆賢世號八元

書經虞書堯典分命羲和宅嵎夷曰暘谷寅賓出日平秩東作注寅敬賓禮接之如賓客也出日方出之日蓋以春分之旦朝方出之日而識其初出之景也分命和仲宅西曰昧谷寅餞納日平秩西成注餞禮送行者之名納日方納之日也蓋以秋分之莫夕方納之日而識其景也

呂子愼大覽桀爲無道湯令伊尹往視曠夏聽於末嬉末嬉言曰今昔天子夢西方有日東方有日兩日相與鬭西方日勝東方日不勝伊尹以告湯湯發師從東方出於國西以進未接刃而桀走

拾遺記傅說賃爲赭衣者舂於深巖以自給夢乘雲繞日而行筮得利建侯之卦歲餘湯以玉帛聘爲阿衡也

周禮地官大司徒以土圭之法測土深正日景以求地中日南則景短多暑日北則景長多寒日東則景夕多風日西則景朝多陰日至之景尺有五寸謂之地中

秋官司烜氏以夫遂取明火于日訂義鄭康成曰夫遂陽遂也賈氏曰以取火于日名陽遂猶取火於木爲木遂也

禮記玉藻天子元端而朝日于東門之外注春分之禮也端當爲冕元衣而冕服

侍兒小名錄周昭王二十四年東甌獻二女一曰延娟一曰延娛此二人辯口麗辭巧善歌笑步塵無跡行日中無影

晏子景公病水臥十數日夜夢與二日鬭不勝晏子朝公曰夕者夢與二日鬭而寡人不勝我其死乎晏子對曰請召占夢者出於閨使人以車迎占夢者至曰曷爲見召晏子曰夜者公夢二日與公鬭不勝公曰寡人死乎故請君占夢是所爲也占夢者曰請反其書晏子曰毋反書公所病者陰也日者陽也一陰不勝二陽公病將已以是對占夢者入公曰寡人夢與二日鬭而不勝寡人死乎占夢者對曰公之所病陰也日者陽也一陰不勝二陽公病將已居三日公病大愈公且賜占夢者占夢者曰此非臣之力晏子教臣也公召晏子且賜之晏子曰占夢者以占之言對故有益也使臣言之則不信矣此占夢之力也臣無功焉公兩賜之曰以晏子不奪人之功以占夢者不蔽人之能

左傳鄷舒問於賈季曰趙衰趙盾孰賢對曰趙衰冬日之日也趙盾夏日之日也注冬日可愛夏日可畏

戰國策衛靈公近雍疸彌子瑕二人者專君之勢以蔽左右復塗偵謂君曰昔日臣夢見君君曰子何夢曰夢見竈君忿然作色曰吾聞夢見人君者夢見日今子曰夢見竈君而言君也有說則可無說則死對曰日幷燭天下者也一物不能蔽也若竈則不然前之人煬則後之人無從見也今臣疑人之有煬於君者也是以夢見竈君君曰善於是因廢雍疸彌子瑕而立司空狗

列子湯問篇孔子東游見兩小兒辯鬬問其故一兒曰我以日始出時去人近而日中時遠也一兒以日初出遠而日中時近也一兒曰日初出大如車蓋及日中則如盤盂此不爲遠者小而近者大乎一兒曰日初出滄滄涼涼及其日中如探湯此不爲近者熱而遠者涼乎孔子不能決也兩小兒笑曰孰謂汝多知乎

楊朱篇昔者宋國有田夫常衣緼黂音焚僅以過冬暨春東作自曝于日不知天下之有廣廈隩室綿纊狐貉顧謂其妻曰負日之暄人莫知者以獻吾君將有重賞里之富室告之曰昔人有美戎菽甘枲莖芹萍子者對鄉豪稱之鄉豪取而嘗之蜇于口慘于腹衆哂而怨之其人大慚子此類也

拾遺記漢太上皇遊鄷沛山中有人歐冶劒上皇解匕首投于爐中俄而烟焰衝天日爲之晝晦

史記封禪書文帝時新垣平言臣候日再中居頃之日卻復中於是始更以十七年爲元年

漢書外戚傳孝景王皇后武帝母也生三女一男男方在身時王夫人夢日入其懷以告太子太子曰此貴徵也

漢武內傳景帝夢神女捧日以授王夫人夫人吞之十四月而生武帝

漢書元帝本紀建昭元年秋八月有白蛾群飛蔽日

郊祀志七曰日主祠成山成山斗入海最居齊東北陽以迎日出

晉巫祠東君注師古曰東君日神也

崔豹古今注漢明帝爲太子樂人作歌詩四章以贊太子之德其一曰日重光

後漢書張重傳重字仲篤明帝時舉孝廉帝曰何郡小吏對曰臣日南吏帝曰日南郡人應向北看日對曰臣聞鴈門不見壘鴈爲門金城郡不見積金爲郡臣雖居日南未常向北看日

何皇后紀靈帝王美人數夢負日而行四年生皇子協

烏桓傳烏桓以穹廬爲舍東開向日

黃琬傳琬字子琰早而辯慧祖父瓊初爲魏郡太守建和元年正月日食京師不見而瓊以狀聞太后詔問所食多少瓊思其對而未知所況琬年七歲在傍曰何不言日食之餘如月之初瓊大驚卽以其言應詔而深奇愛之

風俗通趙仲舉爲大將軍粱冀從事中郎將冬月坐庭中向日解衣裴捕虱已因傾臥厥形悉表露將軍夫人襄城君云不潔淸當亟推問將軍嘆曰是趙從事絕高士也他事若此非一也

魏文帝拜日東郊詔漢氏不拜日於東郊而旦夕常於殿下東面拜日煩褻似家人之事非事天郊神之道也

晉書樂志後漢正旦天子臨德陽殿受朝賀舍利從西方來戲于殿前激水化成比目魚跳躍嗽水作霧翳日

談藪魏文帝爲王時夢日墜地分爲三己得一分而內懷中

三國魏志程昱傳昱少時嘗夢上太山兩手捧日昱私異之以語荀彧及兗州反賴昱得完三城於是彧以昱夢白太祖太祖曰卿終當爲吾腹心昱本名立太祖乃加其上日更名昱也

蜀志秦宓傳吳遣使張溫來聘溫曰日生於東乎宓曰雖生於東而沒於西

晉書明帝本紀明皇帝諱紹字道畿元皇帝長子也幼而聰哲爲元帝所寵異年數歲嘗坐置膝前屬長安使來因問帝曰汝謂日與長安孰遠對曰長安近不聞人從日邊來居然可知也元帝異之明日宴羣僚又問之對曰日近元帝失色曰何乃異間者之言乎對曰舉目則見日不見長安由是益奇之

太寧二年六月王敦將舉兵內向帝密知之乃乘巴滇駿馬微行至于湖陰察敦營壘而出有軍士疑帝非常人又敦正晝寢夢日環其城驚起曰此必黃鬚鮮卑奴來也帝母荀氏燕代人帝狀類外氏鬚黃敦故謂帝云於是使五騎物色追帝帝亦馳去馬有遺糞輒以水灌之見逆旅賣食嫗以七寶鞭與之曰後有騎來可以此示也俄而追者至問嫗嫗曰去已遠矣因以鞭示之五騎傳玩稽留遂久又見馬糞冷以爲信遠而止不追帝僅而獲免

王戎傳戎幼而穎悟神彩秀徹視日不眩

劉元海載記元海父豹妻呼延氏魏嘉平中祈子於龍門夜夢旦所見魚變爲人左手把一物大如半雞子光景非常授呼延氏曰此是日精服之生貴子寤而告豹豹曰吉徵也自是十三月而生元海

劉聰載記母張夫人初聰之在孕也張氏夢日入懷寤而以告元海曰此吉徵也愼勿言十五月而生聰焉

林邑國傳去南海三千里其俗皆開地戶以向日

南燕錄慕容德字元明皝之少子皝每對諸宮人言婦人姙娠夢日入懷必生天子公孫夫人方姙夢日入臍中獨喜而不敢言

拾遺記樂浪之東有背明之國來貢其方物言其鄉在扶桑之東見日出于西方

丹鉛總錄宋文帝大會沙門親御地筵食至良久衆疑日過中僧律不當食帝曰始可中耳生公乃曰白日麗天天言可中何得非中遂舉箸而食

魏書高句麗傳高句麗者出於夫餘自言先祖朱蒙朱蒙母河伯女爲夫餘王閉於室中爲日所照引身避之日影又逐既而有孕生一卵大如五升夫餘王棄之與犬犬不食棄之與豕豕又不食棄之於路牛馬避之後棄之野衆鳥以毛茹之夫餘王割剖之不能破遂還其母其母以物裹之置於暖處有一男破殼而出及其長也字之曰朱蒙其俗言朱蒙者善射也夫餘人以朱蒙非人所生將有異志請除之王不

聽命之養馬朱蒙每私試知有善惡駿者減食令瘦駑者善養令肥夫餘王以肥者自乘以瘦者給朱蒙後狩于田以朱蒙善射限之一矢朱蒙雖矢少殪獸甚多夫餘之臣又謀殺之朱蒙母陰知告朱蒙曰國將害汝以汝才略宜遠適四方朱蒙乃與烏引烏違等二人棄夫餘東南走中道遇一大水欲濟無梁夫餘人追之甚急朱蒙告水曰我是日子河伯外孫今日逃走追兵垂及如何得濟於是魚鼈並浮爲之成橋朱蒙得渡魚鼈乃解追騎不得渡朱蒙遂至普述水遇見三人其一人著麻衣一人著納衣一人著水藻衣與朱蒙至紇升骨城遂居焉號曰高句麗因以爲氏焉

世宗本紀世宗宣武皇帝母曰高夫人初夢爲日所逐避於牀下日化爲龍繞己數匝寤而驚悸既而有娠太和七年閏四月生帝於平城宮

皇后傳孝文昭皇后高氏幼曾夢在堂內立而日光自窻中照之灼灼而熱后東西避之光猶斜照不已如是數夕后自怪之以白其父颺颺以問遼東人閔宗宗曰此奇徵也貴不可言颺曰何以知之宗曰夫日者人君之德帝王之象也光照女身必有恩命及之女避猶照者主上來求女不獲已也昔有夢月入懷猶生天子況日照之徵此女將被帝命誕育人君之象也遂生世宗

謝綽宋拾遺錄袁愍孫世祖時出爲海陵守夢日墮身上尋而追還典機密

南史齊高帝紀始帝年十七時嘗夢乘青龍上天西行逐日

劉祥傳褚彥回入朝以腰扇鄣日祥從側過曰作如此舉止羞面見人扇鄣何益

梁武帝紀皇妣張氏常夢抱日已而有娠遂產帝帝生而有異光狀貌殊特項有浮光身映日無影

雲笈七籤梁陶弘景傳吳荆牧陶濬七代孫名弘景字通明丹陽秣陵人也母初娠夢日精在懷并二天人降手執金香爐覺語左右曰當孕男子非凡人也然恐無後及生標異幼而聰識成而博達

南史陳武帝本紀武帝嘗游義興館于許氏夢天開數尺有四朱衣捧日而至納諸口既覺腹內猶熱心甚喜焉

陳文帝本紀太清初帝夢兩日鬭一大一小大者光滅墜地色正黃其大如斗帝三分取一懷之

北齊書後主本紀母胡皇后夢於海上坐玉盆日入裙下遂有娠天保七年五月五日生帝於并州邸

南史蠕蠕國傳其國能以術而致風雪前對皎日後則泥潦橫流故其戰敗莫能追及

輟耕錄開元時高太素隱商山起六逍遙館各製一銘其三爲冬日初出銘曰折膠墮指夢想負背金鑼騰空映簷白醉見淸異錄樓攻媿胥取白醉二字以銘閣

唐書李程傳程字表臣襄邑恭王神符五世孫也擢進士宏辭賦日五色造語警拔士流推之程爲翰林學士學士入署常視日影爲候程性嬾日過八磚乃至時號八磚學士

北夢瑣言李相程以日五色賦擢第爲河南尹日試舉人浩虛舟行卷中有日五色賦李相大驚慮掩其美伸覽之次伏其才麗至末韻侵曉水以芒動俯寒山而秀發李相大咍曰李程賦且在瑞日何爲到夜秀發由是浩賦不能凌邁

唐書賈循傳循從子隱林爲永平兵馬使嘗入衞屬朱泚難率衆扈行在德宗見隱林偉其貌問家世答曰故范陽節度副使循臣從父也帝異之引至臥內以手板畫地陳攻守計即奏曰臣嘗夢日墜以首承之帝曰非朕耶乃令糾察行在

雲仙襍記元稹爲翰林承旨朝退行鐘廊時初日映九英梅隙光射稹有氣勃勃然百僚望之曰豈腸胃文章映日可見乎

韓愈刺潮州嘗暑中出張皂蓋而歸喜曰此物能與日輪爭功豈細事耶

柳宗元答韋中立論師道書僕往聞庸蜀之南恆雨少日日出則犬吠

雲仙雜記鄧寅廬墓墳土未乾日影爲之不移

宣室志楊炎未仕時夢陟高山巔仰見瑞日在咫尺舉手捧之解者曰此登相位而輔人君之祥後果叶

鄭光會昌六年夢自御大車中載瑞日光燭天地自執轡行通衢中月餘拜尚書淄青節度

徐鉉稽神錄僞吳毛貞輔累爲邑宰應選之廣陵夢吞日既寤腹猶熱以問侍御史楊廷式楊曰此夢至大非君所能當若以君而言當得赤烏場官也果如其言

五代史契丹貴日每月朔旦東向而拜日

遼史太祖本紀太祖母宣簡皇后蕭氏夢日墮懷中有娠乃生帝

庚溪詩話藝祖皇帝嘗有詠日詩曰未離海底千山暗纔到天中萬國明大哉言乎撥亂反正之心見於此詩矣又竊聞上微時客有詠初日詩者語雖工而意淺陋上所不喜其人請上詠之卽應聲曰太陽初出光赫赫千山萬山如火發一輪頃刻上天衢逐退羣星與殘月蓋本朝以火德王天下及上登極僭竊之國以次削平混一之志先形于言規模遠矣

宋太祖時王師圍金陵唐使徐鉉來朝盛稱其主秋月之篇爲天下傳誦太祖大笑曰寒士語吾不道也吾微時自秦中歸醉臥田間覺而日出有句云未離海底千山暗纔到中天萬國明鉉大驚上殿稱壽

話腴藝祖微時日詩云欲出未出光辣撻千山萬山如火發須臾走向天上來趕卻殘星趕卻月國史潤飾之云未離海底千山黑才到天心萬國明文氣卑弱不如元作

宋史寧宗本紀寧宗母曰慈懿皇后李氏光宗爲恭王慈懿夢日墜於庭以手承之已而有娠乾道四年十月丙午生於王邸

后妃傳李賢妃眞定人乾州防禦使英之女也太祖聞妃有容德爲太宗聘之開寶中封隴西郡君太宗卽位進夫人生皇女二人皆早亾次生楚元王佐妃嘗夢日輪逼己以裾承之光耀遍體驚而悟遂生眞宗

苗訓傳訓河中人善天文占候之術仕周爲殿前散員右第一直散指揮使顯德末從太祖北征訓視日上復有一日久相摩盪指謂楚昭輔曰此天命也夕次陳橋太祖爲六師推戴訓皆預白其事既受禪擢爲翰林天文

揮麈前錄太平興國六年詔遣王延德白勳使高昌雍熙元年延德等叙其行程來上云歷樓子山無居人行砂磧中以日爲占旦則背日暮則向日日下則止又行望月亦如之

高昌卽西州也地無雨雪而極熱每盛暑人皆穿池爲穴以處飛鳥羣萃河濱或起飛卽爲日氣所爍墜而傷翼

夢溪筆談熙寧六年有司言日當蝕四月朔上爲徹膳避正殿一夕微雨明日不見日蝕百官入賀是日有皇子之慶蔡子正爲樞密副使獻詩一首前四句曰昨夜薰風入舜韶君王未御正衙朝陽輝已得前星助陰沴潛隨夜雨消其叙四月一日避殿皇子慶誕雲陰不見日蝕四句盡之當時無能過之者

聞見前錄海妙言嘗觀仁宗二十許歲時祀南郊回坐金輦中日初出面色與金光相射眞天人也因以記之

聞見後錄客有云昔罷兗州掾曹與一二友人祠岱嶽因登絕頂行四十里宿野人之廬前有藥竈地多鬼箭天麻元參之類約五鼓初各杖策而東僅一二里至太平頂叢木中有眞廟東封壇遺址擁褐而坐以伺日出久之星斗漸稀東望如平地天際已明其下則暗又久之明處有山數峰如臥牛車蓋之狀星斗盡不見其下尚暗初意日當自明處出又久之自大暗中日輪湧出正紅色騰起數十丈半至明處卻半有光全至明處卻全有光其下亦尚暗日漸高漸變色度五鼓三四點也

辟寒晁堯民端仁嘗得冷疾無藥可治惟日中炙背遂愈

侯鯖錄東坡嘗言鬼詩有佳者誦一篇云流水涓涓芹吐芽織烏西飛客還家深村無人作寒食殯宮空對棠梨花嘗不解織烏義王性之少年博學問之乃云織烏日也往來如梭之織

鐵圍山叢談冠禮肇於古國初草昧未能行因循至政和始講焉是時淵聖皇帝猶未入儲宮也初以皇長子而行冠禮於是大子御文德殿百僚在位命官行三加禮是日方樂作行事而日爲之重輪也

傳燈錄有老僧見日影透窻間百丈惟政師曰窻就日耶日就窻耶

家世舊聞楚公使遼歸攜所得貔至京師先君言猶記其狀如大鼠而極肥腯甚畏日偶爲隙光所射輒死

宋濂處州神仙宅碑處士之州並城三里有山曰少微山之下有觀曰紫虛宋南渡後仙翁章思廉自遂昌紫極壽光宮來隱觀中蓬首垢面日初升輒東向吐納凝然澄坐久之絕粒形神分合人莫測其變幻

道山清話何斯舉作黃綿襖子歌其序言正月大雨雪十日不已既晴鄰里相呼負日曰黃綿襖子出矣

名畫錄杜子瓌者成都人也擅於賦采拂淡偏長唯攻佛像王蜀時于龍華泉東禪院畫毗盧佛據紅日輪乘碧蓮花座每誇同輩某粧此圓光如日初出淺深瑩然無筆玷之迹

金史宣宗本紀貞祐元年閏月戊辰朔拜日于仁政殿自是每月吉爲常

宗室傳爽封榮王改太子太師顯宗長女鄭國公主下嫁烏古論誼賜宴慶和殿爽坐西向迎夕照面發赤似醉上問曰卿醉耶對曰未也臣面迎日色非酒紅也上悅

元史世祖昭睿順聖皇后傳世祖帽舊無前簷帝因射日色炫目以語后后卽益前簷帝大喜遂命爲式

石抹也先傳石抹也先者遼人也其祖庫烈兒誓不食金祿率部落遠徙年九十夜得疾命家人候日出則以報及旦沐浴拜日而卒

楊奐傳奐母嘗夢東南日光射其身旁一神人以筆授之已而奐生其父以爲文明之象因名之曰奐

鐵哥术傳王方以絳蓋郭日而坐及聞野里术議事喜見顏色稱善久之旣退撤其蓋送之十里

土哈傳欽察國去中國三萬餘里日暫沒卽出

異域志沙彌茶國向無人至者祖葛尼曾到因立文字其國係日西沒之地至晚日入聲若雷霆國王每於城上聚千人吹角鳴鑼擊鼓混雜日聲不然則小兒驚死

已瘧編莫月鼎者道士也嘗與客遊西湖烈日熱甚莫曰吾借一傘遮陰乃向空噓氣忽黑雲一片隨而覆之

列朝詩集梵琦字楚石小字曇曜象山人族姓朱氏母夢日墮懷中而生襁褓中有神僧見之曰此兒佛日也他日當振揚佛法照曜濁世因以曇曜字之九歲趙文敏公見而異之爲鬻僧牒得度得法於徑山元叟端和尚帝師錫號曰佛日普照慧辯禪師

明外史陳友定傳張士誠以書幣徵故左司員外郎楊乘於松江乘具酒醴告祖禰顧西日晴明曰人生晩節如是足矣夜分自經死

已瘧編洪武中有胡僧善相見袁庭禮欲授其術乃令袁視日久之雜以黑白豆令揀之袁目不眩遂以其術傳之

楊愼游點蒼山記嘉靖庚寅約同中谿李公爲點蒼之游二月壬戌至鶴頂寺松竹蔭軒洱波在席相與趺坐酌酒時夕陽已沈西山缺處猶露日影紅黃一綫本細末寬自山而下直射洱波僧曰此卽鴛浦夕陽也餘波皆碧獨此處日光湧金時有鴛鴦羣浴今則網罟太密此景時有時無不常然也曰但觀于湧金流采已自勝耳癸巳北渡兩澗乃至無爲寺聞北岡有元世祖駐蹕臺後人屋之方至其處大雨忽至遂趨屋下避雨軒窻洞豁最堪遊目則見滿川烈日農人刈麥予曰異哉何晴雨相兼也中谿曰此點蒼十景之一所謂晴川秧雨者是也每歲五月溪上日日有雨田野時時放晴故刈麥揷秧兩無所妨世傳觀音大士授記而然

甲乙剩言余嘗宿絕頂光相寺于時早秋曉起遠望寒冽不減嚴冬爲體戰齒鬭不能止時寺雞三號耳殘月猶在遠見西極荒垂有一點尖明若火光者因以問僧僧云此天竺雪山爲初日所照也始亦未信頃之日出而此山隱隱炫燿天際已而日色徧滿大千則山光不復明矣但見一粉堆耳

潘之恒當湖記悠然亭北曰鸚鵡洲而弄珠展其北余以仲冬閏月平旦登樓日出東方當九溪之南首白沃最北口也日初出吐半規與水中影合而成璧出水面則爲連環而浮光萬點政如倒景

宛署雜記燕都女子七月七日以椀水暴日下各自投小鍼浮之水面徐視水底日影或散如花動如雲細如綫觕如椎因以卜女之巧

欽定古今圖書集成曆象彙編乾象典

乾象典第三十五卷

日部雜錄

易經離九三日昃之離不鼓缶而歌則大耋之嗟凶

說卦傳雨以潤之日以晅之大全蔡氏曰潤則物滋晅則物舒二者皆長物之功也

詩經邶風苦葉篇雝雝鳴鴈旭日始旦朱注旭日初出貌昏禮納采用鴈親迎以昏而納采請期以旦

衞風定之方中篇揆之以日作於楚室

伯兮篇其雨其雨杲杲出日

王風君子于役篇日之夕矣羊牛下來

齊風東方之日篇東方之日兮

檜風羔裘篇日出有曜

豳風七月篇春日載陽又春日遲遲

小雅天保篇如日之升註升出也日始出而就明

四月篇秋日淒淒又冬日烈烈

大雅公劉篇既景迺岡相其陰陽

禮記曾子問天無二日土無二王

爾雅釋山山西曰夕陽山東曰朝陽

左傳仲尼曰鮑莊子之知不如葵葵猶能衞其足註葵傾葉向日以蔽其根

易乾鑿度日離火宮正中而明二陽一陰虛內實外明天地之目萬形經曰太陽順四方之氣古聖曰燭龍行東時肅清行西時溫暵行南時大暇行北時嚴殺順太陽實元煖暵萬物形以爲離燭龍四方萬物嚮明承惠煦德實而遲重聖人則象月即輕疾日即凝重天地之理然也

稽覽圖日者陽德之母也

尚書考靈耀日有九光光照四極又日出於列宿之外萬有餘里

春秋內事陽燧見日則然而爲火

孝經援神契日中則光溢又日神五色明照四方

三墳書山墳象君日

形墳日天中道又日地圜宮又陽形日天日照明地日景隨日月從朔山日沉西川日流光雲日蔽霧氣日昏部又日月代明又日山危峰又日川湖又日雲赤晏又日氣晝闇

管子四時篇南方曰日其時曰夏其氣曰陽陽生火與氣其德施舍修樂其事號令賞賜賦爵受祿順鄉謹修神祀量功賞賢以動陽氣九暑乃至時雨乃降五穀百果乃登此謂日德日掌賞賞爲暑

樞言篇道之在天者日也其在人者心也

家語楚王過江得萍實大如斗赤如日剖而食之甜如蜜

范子計然日者寸也寸者制萬物陰陽之長短也又日者火精也火者外景主晝居晝而爲明處照而有光又日者行天日一度終而復始如環無端

尸子聖人以日光盈尺光滿天下聖人居室而所燭彌綸六合又聖人身猶日也夫日圓尺光盈天地聖人之身小其所燭遠矣又火在井中不能燭遠日在足下不可以視近君子於國也猶天之有日也不高則不明視不尊則不遠

韓非子龜嚥日氣而壽故養生者服日華所以效之

呂子有始篇白民之南建木之下日中無影呼而無響蓋天地之中也

漢書西域傳自條支乘水西行可百餘日近日所入云烏弋地暑熱莽平

賈誼新書修政語湯曰學聖王之道譬其如日靜居而獨思譬其若火夫舍學聖之道而靜居獨思譬其若去日之明於庭而就火之光於室也然可以小見不可以大知

周文王問於鬻子曰君子將入其職則其於民何如對曰君子將入其職則其於民也旭旭然如日之始出也既入其職則其於民也暯暯然如日之正中也既去其職則其於民也暗暗然如日之已入也故君子將入而旭旭者義先聞也既入而暯暯者民保其福也既去而暗暗者民失其教也文王曰受命矣

韓詩外傳桀謂伊尹曰吾有天下猶天之有日也

淮南子說山訓拘囹圄者以日爲修當死市者以日爲短日之修短有度也有所在而短有所在而修也則中不平也

主術訓冬日之陽夏日之陰萬物歸之而莫使之然

說苑師曠對晉文公曰少而學者如日出之光壯而

學者如日中之光老而學者如炳燭夜行

揚子五百篇赫赫乎日出之光羣目用之也渾渾乎聖人之道羣心用之也

太元經曰一北而萬物生日一南而萬物死

參同契汞日爲流珠青龍與之俱

張衡靈憲日者陽精之宗積而成烏象烏而有三趾陽之類其數奇

日宣明于晝納明于夜

說文日實也太陽之精不虧从口一象形曈曨日欲明也晻日行曨曨也昫日出溫也昕日將出也昭日明也暘日出也昌日光也昇日上也晷日景也普日無色也晧日出也晛日見也晵日無光也暘日覆雲暫見也暗日無光也昳日昃也旭日旦出皃暱日近也昃日西在西方時側也

劉歆三統歷說三五相包而生天統之正始施于子半日萌色赤地統受之于丑初日肇化而黃至丑半日牙化而白人統受之于寅初日孽成而黑至寅半日生成而青

後漢書袁紹傳公孫瓚曰曠若開雲見日何喜如之

劉陶傳陶上疏曰臣敢吐不時之義于諱言之朝猶冰霜見日必至消滅

應劭漢官儀泰山東南巖名日觀日觀者雞一鳴時見日始欲出長三丈

抱朴子廣譬篇曰不入則燭不明

博物志削木令圓舉以向日以艾於後承其影則得火

古今注鶺鴒嘗向日而飛

世說扶南蕉一丈三節見日即消

劉子遇不遇篇春日麗天而隱者不照

北史崔浩傳時方士祁纖奏立四王以日東西南北爲名欲以致禎吉除災異詔浩與學士議之浩曰先王建國以作藩屏不應假名其福夫日月運轉周歷四方京師所居在於其內四王之稱實奄邦畿名之則逆不可承用

酉陽雜俎仙藥炎山夜日

續博物志日有九道故考靈曜云萬世不失九道鄭注引河圖帝覽嬉云黃道一青道二出黃道東赤道二出黃道南白道二出黃道西黑道二出黃道北日春東從青道夏南從赤道秋西從白道冬北從黑道

全唐詩話黃蘗山僧希運曰上乘之印唯是一心更無別法心體一空萬緣俱寂如大日輪升于虛空其中照耀淨無纖埃

元眞子鸑鷟篇日之耀昭然曰煌煌乎陽陽乎皦晶晶乎之熒熒乎皦杲杲曈曈炎炎赫赫光天照地流金鑠石其孰能大乎吾之大乎皦

遼史禮志拜日儀皇帝升露臺設褥向日再拜上香門使通閤使或副應拜臣僚殿左右階陪位再拜皇帝升坐奏牓訖北班起居畢時相已下通名再拜不出班奏聖躬萬福又再拜各祗候宣徽已下橫班同諸司閤門北面先奏事餘同教坊與臣僚同

方物略記素花碧葉浮秀波面日中則向日入還斂

注右朝日蓮花色或黃或白葉浮水上翠厚而澤形如菱花差大開則隨日所在日入輒斂而自藏於葉下若葵藿向太陽之比

歸田錄寇萊公在中書與同列戲云水底日爲天上日未有對而會楊大年適來白事因請其對大年應聲曰眼中人是面前人一坐稱爲的對

易潛虛昧二爻日匿其光俟于東方日匿其光日未曜也

昭六爻日麗于天萬物粲然日麗于天無不照也

夢溪筆談退之城南聯句首句曰竹影金鎖碎所謂金鎖碎乃日光耳非竹影也

東坡志林菱芡皆水物菱寒而芡暖者菱開花背日芡開花向日故也

物類相感志凡日無光則日烏不見日烏不見則飛鳥隱竄

觀日玉大如八寸鏡明徹如琉璃映日觀見日中宮殿皎然分明

西溪叢語柳子厚詩云空齋不語坐高舂薛能詩云隔江遙見夕陽舂或云見舂米大非也淮南子云日至于虞淵是謂高舂注云虞淵地名高舂時始戌民碓舂時也至于連石是謂下舂注云連石西山名言將暝下民悉舂故曰下舂

漢制攷夒柳注書曰分命和仲度西曰柳穀疏濟南伏生書傳文度亦居也柳者諸色所聚日將沒其色赤兼有餘色故云柳穀

野客叢談王子年拾遺記云傅說賃爲赭衣者舂於深巖以自給夢乘雲繞日而行筮得利建侯之卦歲餘湯以玉帛聘爲阿衡夫湯所聘者伊尹而傳說起于高宗之世相去二十餘世而此言湯時傅說無乃誤乎

齊東野語曰謎云晝時圓寫時方寒時短熱時長又云東海有一魚無頭亦無尾除去脊梁骨便是這個謎

袁安臥負暄命兒搔背曰甚快人意趙勝負暄風櫩候樵牧之歸故杜詩云負暄候樵牧又云負暄近牆壁又西閣曝日云凜冽倦元冬負暄嗜飛閣又云毛髮且自和肌膚潛沃若太陽信深仁衰氣欻有託欲傾煩注眼容易收病腳樂天負日詩云杲杲冬日出照我屋南隅負暄閉目坐和氣生肌膚初似飲醇醪又如蟄者蘇外融百骸暢中適一念無曠然忘所在心與虛空俱此皆深知負暄之味者也冬日可愛眞若可持獻者晁端仁嘗得冷疾無藥可治惟日中炙背乃愈周邦彥嘗有詩云冬曦如村釀奇溫止須臾行行正須此戀戀忽已無余嘗於南溪作小閣名之曰獻日軒幕以白油絹通明虛白盎然終日四體融暢不止須臾而已適有客戲余曰此所謂天下都綿襖者相與一笑後見何斯舉黃綿襖子歌序曰正月大雨雪十日不已既晴鄰舍相呼負日曰黃綿襖子出矣乃知古已有此語然王立之亦嘗名日爲大裘軒謝無逸爲識詩曰小人拙生事三冬臥無帳忍寒東窗底坐待朝曦上徐徐晨光熙稍稍血氣暢薰然四體和恍若醉春釀此法祕勿傳不易車百輛君胡得此法開軒亦東向蘇公名大裘意豈在萬丈但觀名軒心人人如挾纊陶隱居清異錄載開元時高太素隱商山起六逍遙館各製一銘其三曰冬日初出銘曰折膠墮指夢想負背金鑼騰空映檐白醉樓攻媿嘗取白醉二字以名閣陳進道爲賦詩攻媿次之云處世難獨醒時作映檐醉年少足裘馬安知老夫味天慷與日帽且復供酒事禱君幸一遊得此更慙愧向來六逍遙特書見清異君家老希夷相求諒同氣曲身成直身朝寒俄失記醉中知其天不飲乃同意書生暫奇溫難語純綿麗

雲麓漫抄史記龜策傳孔子曰日爲德而君天下辱於三足之烏月爲刑而相佐見食於蝦蟆盧仝月蝕詩蓋用此事淮南子堯時十日並出堯命羿仰射中其九日日中九烏皆死又山海經黑齒之北曰暘谷居水中有扶木九日居下枝一日居上枝皆戴烏春秋元命苞云陽成於三故日中有三足烏

王氏談錄公言舊嘗得句云槐杪青蟲縋夕陽因思昔人似未曾道後閱杜少陵詩有云青蟲懸就日尤歎其才思無所不周也

暇日記彭澤縣在江東岸山崦中必無東日但有西照

昨夢錄猛火油者聞出於高麗之東數千里日初出之時因盛夏日力烘石極熱則出液他物遇之即爲火惟眞琉璃器可貯之

鷄林類事方言日曰姮

纈古纂編淮南子曰日經于泉隅是謂高舂頓于連石是謂下舂故梁元帝遊後園詩斜景落高舂又納凉詩高舂斜日下唐薛能詩陷溪遙見夕陽舂皆本淮南子也已上皆吳氏漫錄云余按高舂二字古人用者多矣今附益之南史陳本紀云求衣昧旦仄食高舂柳子厚詩越絕孤城千萬峰空齋不語坐高舂李義山詩碧瀘隨轉笠紅燭近高舂皆以日景爲言也訂之注釋未暝時上光蒙舂曰上舂欲暝時下光蒙舂曰下舂豈晚日近昏之候乎

譚苑醍醐梁元帝纂要云日在午曰亭在未曰昳王仲宣詩山岡有餘映謂日昃也謝靈運詩曉聞夕飆急晚見朝日暾此語殊有變互凡風起必以夕此云曉聞夕飆卽杜子美之喬木易高風也晚見朝日倒景反照也孟郊詩南山塞天地日月石上生高峰夕駐景深谷夜光明皆自謝詩翻出

金史太祖本紀天輔元年十二月宋使登州防禦使馬政以國書來其略日日出之分實生聖人

薛瑄道論觀日影之漸移卽造化之密移可知矣

世說補遠公在廬山中雖老講論不輟弟子中或有惰者遠公曰桑榆之光理無遠照但願朝陽之暉與時並明耳高足之徒皆肅然增敬

書肆說鈴觀之無端察之無狀日出東沒入乎西陂劉辰翁曰日之出東入西蓋極天下東西之地矣一上林何遂有是哉甚矣長卿之誕也愚謂不然嘗記兒時隨王父夜宿洞庭見日出東方從湖面上起日落西方從湖面上沒大一洞庭耳豈遂盡天下東西之地而予親見其出沒若在湖中然則日出東沒入乎西陂此正上林陂沼之晝不當以爲誕也

來瞿唐集或問日之行一日一周天如此山河大地縱飛亦不能周天或者以日爲驥步驥不過日行千里耳安能周天縱一時行一萬里一日十二時地之體豈止十二萬里哉自古聖賢皆不能窮之不知何以能周天也曰此正論造化者當默識其大頭腦也既理會得大頭腦則其間左來右去開竅自然通矣

蓋日月皆此地陰陽所發之精英也旣爲所發之精英則不離乎地矣安能不周天乎試將一枝燭置于竹筒內放在廳中間棹上廳之燭照去瓦上有一圓光卽譬之日也將手把竹筒一斜側少傾斜間瞬息過了廳此日周天之義也何以驗日月爲地陰陽之精英余遊峨眉山欲見佛光連日陰雨山中將住一月矣僧曰此光亦難遇如將發光之時前一夜必有大風吹撼屋動則次日有光矣果一夜風發屋動次日天開霽晴明僧曰此當以日影驗之日照屋影到某處卽有光矣果至其時日射厓下之光石卽有霧如綿平鋪二三十里僧家謂之銀色世界信乎銀色世界也俄而空中兩道白毫挺出霧中卽有一光如蠕蝀紅綠相間圓如月五七丈寬地之精英于此可驗此則一山之精英也若日月則九州萬國之精英苾芻指爲佛光世人安得不惑哉朱子說峩眉山看佛光以五更看五更看者非佛光也僧家謂之聖燈滿天飛蓋腐葉之類

鶩噪偶談佛居大地之陰西域也日必後照地皆西傾木皆西流也故言性以空孔子居大地之陽中國也日必先照地皆東傾水皆東流也故言性以實意者亦地氣有以使之然歟佛得性之影儒得性之形是以儒以明人佛以明鬼

丹鉛總錄易曰日入地中明夷邵子云日入地中構精之象後人遂謂日晝行天上夜入地中丘長春曰輕淸者上騰爲天重濁者下凝爲地萬物有形重濁皆附於地三光輕淸悉上於天旣上於天如何却沈於地乎且星隕於地而化爲石古今有之星墜於地猶化爲石况地下乎夫二十八宿周天均布太陽逐日會合逐月遷移一歲之終經歷周徧且如日在箕斗箕斗在天河日入地時星河皆入地耶日獨入地而星河只在天耶若道星河皆入地則七八月間河漢尤顯日正東西出沒初夜則河漢東北西南向曉則東南西北是知河漢不入地而隨天運行若日入地時與箕斗坼破箕斗行天上而日轉地中天上空虛而行疾地中結實而行遲大地懸隔如何向曉東方出時却得恰好與箕斗相會而同行天上乎大上日月常無出沒人間當有出沒此間東方日出時西向千里之外猶未萬里之外猶居北斗直西午夜北斗之北初沒子丑寅卯周天輪次遞遷而去未嘗暫止北斗斡運昭然可見而强稱入地有何義旨明夷之卦文王拘於羑里失勢之象何足爲據右丘長春所論如此愚按明夷日入地中乃是假象明理如大在山中之類邵子構精之說元儒已譏其褻大山此觀之長春之識卓矣

古傳言羿射日落九烏最難射一日落九烏言射之捷也而後世不得其說者遂以爲九日矣流俗謬說而傳怪文士衒名而騁奇異哉

寒蘂膚見蜀之犬吠日越之犬吠雪少史子曰夫犬一也而一則吠日一則吠雪何也以其見與不見耳

二餘贅筆漢封禪記云泰山東山名曰日觀雞一鳴時見日始出近閱島夷志云琉球國有大崎山極高峻夜半登之望暘谷日出紅光燭天山頂爲之俱明又宋學士集云補怛洛迦山在東大洋海中鶏利號遙見東方日出輪赤如火流光熠海波閃爍不定唐人詩云海岸夜深嘗見日非虛語也

脉望經世書云天之神棲于日人之神發于目

遵生八牋保叔塔頂觀海日保叔塔遊人罕登其巔能窮七級四望神爽初秋時夜宿僧房半五鼓起登絕頂東望海日將起紫霧氤氳金霞漂蕩有天光彩狀若長橫疋練圍走車輪或作虎豹超驤鸞鶴飛舞五色鮮豔過目改觀瞬息幻化變遷萬狀頃焉暘谷吐火千山影赤金輪浴海閃爍熒煌火鏡浮空曈曨輝映丹焰炯炯彌天流光赫赫動地斯時惟啓明在東晶丸燦爛衆星隱隱不敢爲顏矣長望移時令我目亂神駭陡然狂呼聲振天表忽聽箬報鳴鶏樹喧宿鳥大地雲開露華影白回顧城市嚚塵萬籟滾滾生動空中新涼逼人凜乎不可留也下塔閉息斂神迷目尚爲雲霞眩彩

太平淸話茶見日而味奪墨見日而色灰

楊文驄畫江行十二幅小記江中日落放舟泊孤洲灘上時日銜山矣明霞射彩與水光相盪急走筆圖之此畫中夸父也

王立程天台山記華頂矗萬山間獨表于諸峯他山如蓮花瓣附之當雲斂空霽晨起看旭日于溟渤中忽湧金丸大可十餘頃

字彙早日在甲上曰早昒音挑日晦也昊音臺日光也旰日始出也昂插上聲日光照也暾音吞日欲出也昫音訥日入色也昨音五日當午而盛明爲昨昀音云日出也又日光昁音貝日不明貌昐音分日光也昳音夫日也映音決日食色昩音擬日昳也昡日光昢日出貌昤音陵日光也昧音末日中不明也昇

音便日光貌䁐音蟬旦也昏音低日下也晊音叨日色昱古文是字日中爲正昖音浴日行也昱日光也昳音經日昃晆音暄日氣晃日光耀也晗音虛日始出貌晗音茗日暗也脩音叨日色昬音亩日照烘烘上聲日欲明晏日出清濟爲晏晈音使日光也晆音梗日高也又日光晘還上聲日出貌昌音扶日光也晩晩本字日在西方也晛日氣晞將旦時日之光氣始升于上晧日出貌晇音非日色也晀音六日暗也晲音擬日昳也晸日出貌晭音周日光暘音釋日無光晻日無光也睫音妾日欲沒也暄日煖也暉日光也暡土平聲日陰也暌音奎日入也㬡音瑩日出也暐音委日光也㬨音簡陰且日明曰㬨瞎音遙日光也曀音播日色也曄音溫日暖也㬤日在癸上曰㬥暆音上聲日氣㬥也曀音盎日無光也曊翁上聲日不明貌曣音氣日氣也暹音纖日光升也曨音莽日無光曗音韋日光也曒日始出貌曒音坳日出貌曥音態日月無光也曦音曆日不明也曈曨日出貌又日欲明貌曖日不明貌曔音孕日暉也曚日未明也曜日光也曛日欲入也曣音宴日出無雲曦日光也曨音驢日色又日照也曧音融日正也曮音儼日無光也曬炎上聲日曬謂之曬曨音零日光也曭音列日落也

日部外編

山海經南山經漆吳之山無草木多博石無玉處于海東望丘山其光載出載入是惟日次註可以爲博碁石神光之所潛燿是日景之所次舍

西山經又西二百里曰長留之山其神白帝少昊居之是神也主司反景

又西二百九十里曰泑山神蓐收居之是山也西望日之所入其氣員神紅光之所司也

西南三百六十里曰崦嵫之山註日沒所入山也

海外西經女丑之尸生而十日炙殺之在丈夫北以右手鄣其面十日居上女丑居山之上

海外北經夸父與日逐走入日渴欲得飲飲于河渭河渭不足北飲大澤未至道渴而死棄其杖化爲鄧林

海外東經黑齒國爲人黑食稻啖蛇一赤一青在其傍一曰在豎亥北爲人黑手食稻使蛇其一蛇赤下有湯谷湯谷上有扶桑十日所浴在黑齒北居水中有大木九日居下枝一日居上枝

大荒東經大荒之中有山名曰孽搖頵羝上有扶木柱三百里其葉如芥有谷曰溫源谷湯谷上有扶木一日方至一日方出皆載於烏

大荒南經東南海之外甘水之間有羲和之國有女子名曰羲和方日浴於甘淵羲和者帝俊之妻生十日註羲和蓋天地始生主日月者也故生十子各以日名名之

大荒北經大荒之中有山名曰成都載天有人珥兩黃蛇把兩黃蛇名曰夸父后土生信信生夸父夸父不量力欲追日景逮之於禺谷將飲河而不足也將走大澤死于此

淮南子本經訓堯之時十日並出焦禾稼殺草木而民無所食猰貐鑿齒九嬰大風封豨修蛇皆爲民害堯乃使羿誅鑿齒於疇華之野殺九嬰於凶水之上繳大風於青丘之澤上射十日而下殺猰貐斷修蛇於洞庭擒封豨於桑林萬民皆喜置堯以爲天子

博物志夏桀之時費昌之河上見二日在東者爛爛將起在西者沉沉將滅若疾雷之聲昌問於馮夷曰何者爲殷何者爲夏馮夷曰西夏東殷於是費昌徙族歸殷

列子穆王駕八駿之乘西觀日之所入處

拾遺記周穆王八龍之駿四名超影逐日而行

起世經日天宮殿正方如宅看遙似圓一面兩分皆天金成一面一分天頗黎成有五種風吹轉而行一持二住三隨順轉四波羅阿迦五將行

淮南子覽冥訓魯陽公與韓搆難戰酣日暮援戈而撝之日爲之退三舍

拾遺記越王句踐使工人以白馬白牛祠昆吾之神採金鑄之以成八劍之精一名揜日以之指日則光晝暗

續博物志老君其母曾見日精下落如流星飛入口中有娠七十二歲而生于陳國渦水李樹下剖左腋而生長一十二尺

燕丹子燕太子丹質于秦王遇之無禮急欲求歸秦王謬與誓曰使日再中天雨粟乃得歸太子仰天歎之日爲再中天雨粟秦王不得已遣之

三齊略記秦始皇作石橋于海上欲過海看日出處有神人驅石去不速神人鞭之皆流血今石橋猶赤色

洞冥記帝觧闇海元落之席散明天發日之香香出胥池寒國地有發日樹言日從雲出雲來掩日風吹樹枝拂雲開日光也亦名開日樹

又有喜日鷄至日出時銜翅而舞又名舞日鷄

黄憲外史扶桑之野有鳥曰搖光感日之精千歲一孕其形如龜是感于日也

拾遺記宛渠國夜燃石以繼日光此石出燃山其土石皆自光澈抑之則碎狀如粟一粒輝映一堂

北極之外有巨魚吸日而星雨皆墜

孝養國魚吸日之光冥然則暗如薄蝕矣

三齊略記不夜城在陽廷東南蓋古有日夜出此城以不夜名異之也

法苑珠林日宮殿中有閻浮檀金以為妙輦舉高十六由旬方八由旬莊嚴殊勝天子及眷屬在彼輦中以天五欲具足受樂日天子身壽五百歲子孫相承皆於彼治宮殿住持滿足一劫日天身光出照於輦輦有光明復照宮殿光明相接出已照耀遍四大洲及諸世間日天身輦及宮殿有一千光明五百光明傍行而照五百光明向下而照日天宮殿常行不息六月北行於一日中漸移北向六拘盧舍未曾暫時離於日道六月南行亦一日中漸移南向六拘盧舍不差日道日天宮殿六月行時月天宮殿十五日中亦行爾許

豚望乂靖天師與司馬承禎寢見其額上有日如錢大光耀人席

雲南通志唐時楊都師創洱河東羅荃寺寺前有田四十畝每栽秧約三日傭者戲師曰若能繫日當為畢栽師默念呪田栽既而日方昳傭歸始知已歷三晝矣

雲笈七籤黄氣陽精三道順行經曰日陽之精德之長也縱廣二千三十里金物水精暈于內流光照于外其中有城郭人民七寶浴池池生青黄赤白蓮花人長二丈四尺衣朱衣之服其花同衰同盛日行有五風故制御日月星宿遊行皆風梵其綱金門之上日之通門也金門之內有金精冶鍊之池在西關左之分故立春之節日更鍊魄於金門之內耀其光於金門之外四十五日乃止順行之洞陽宮洞陽宮日之上館也立夏之日止於洞陽宮吐金冶之精以灌於東井之中沐浴於晨暉收八素之氣歸廣寒之宮也

日中赤氣上皇真君諱將軍梁字高騫爽此位號尊祕經雖無存修之法而云知者不死當宜行事之始心存以知不得輒呼

日中青帝諱圓常無字昭龍韜衣青玉錦帔蒼華飛羽帬建翠芙蓉晨冠

日中赤帝諱丹虛峙字綠虹映衣絳玉錦帔丹華飛羽帬建丹符靈明冠

日中白帝諱浩鬱將字迴金霞衣素玉錦帔白羽飛華帬建浩靈芙蓉冠

日中黑帝諱澄增停字元綠炎衣元玉錦帔黑羽飛華帬建元山芙蓉冠

日中黄帝諱壽逸阜字飈暉像衣黄玉錦帔黄羽飛華帬建芙靈紫冠

日中五帝魂精內神名珠景赤童

皇上四老道中君曰皇上四老眞人在日中無影呼日名為九曜生常乘明玉之輪轉宴於日中也廣霞者玉清天中山名乃九日之所出日帝之所司也

皇初紫元君曰皇初紫元之天常有暉暉之光鬱鬱如薄霞焉乃九日之所出有如一日之照耳

徵元者日中之神名曰玉賢天中或呼日為徵元也

九天真人呼日為濯耀羅三天真人呼日為圓光蔚太素天中呼日為眇景泰清天中仙人呼日為太明太極天中呼日為圓明東華真人呼日為紫曜明亦名元珠亦謂始暉亦謂太明亦謂鬱儀

聞見後錄嘉祐末年京師麻家巷有聚小學者李道太學生湯保衡嘗與之遊一日保衡至道學舍有一道士形貌恢偉鬚髯怪異言語如風狂人與道相接保衡見而異之叩請道士乃曰請以某日會於某地保衡曰諾如約而往道士見之曰但舉目視日十日必有所見可復會于某地保衡歸依所教視日視既久目不復眩至十日乃覩日中有人形細視之見道士在日中形貌宛然保衡復往會道士道士曰何所見保衡曰見天師在日中道士曰可復歸再視日百日外復有所見可再相會于某地愼勿洩也保衡如教視之家人以為風狂問之不答逾百日乃見已形亦在日中與道士立保衡乃會道士具談之道士曰可教矣乃為授以符籙可以攝制鬼神其道士不復見

癸辛雜識揚州趙都統舟至東萊殊不可進滯留凡數月嘗于舟中見日初出海門時有一人通身皆赤眼色純碧頭頂大日輪而上日漸大人漸小凡數月所見皆然

賓槓記海濱北有勒題國人皆衣羽毛無翼而飛行日無影

欽定古今圖書集成曆象彙編乾象典

第三十六卷目錄

乾象典第三十六卷

月部彙考一

易經

說卦傳

坎爲水爲月

大全進齋徐氏曰內明外暗者水與月也坎內陽外陰故爲水爲月　潘氏曰月者水之精也

書經

周書武成

惟一月壬辰旁死魄越翼日癸巳

蔡注一月建寅之月不曰正而曰一者商建丑以十二月爲正朔故曰一月也死魄朔也二日故曰旁死魄翼明也大全王氏曰翼輔也以此日爲主則明日爲輔翼此日者故以明日爲翼日

又

厥四月哉生明

蔡注哉始也始生明月三日也

又

既生魄

蔡注生魄望後也大全問生明生魄如何朱子曰日爲魂月爲魄魄是黯處魄死則明生書所謂哉生明是也老子所謂載營魄載如人載車車載人之載月受日之光魂加于魄魄載魂也明之生時大盡則初二小盡則初三月受日之光常全人望在下却在側邊了故見其盈虧不同　新安陳氏曰諸家多謂生魄望後也而不察既字以望與既望例之則哉生魄十六日既生魄十七日也

洪範

王省惟歲卿士惟月

傳卿士各有所掌如月之有別蔡注卿士之失得其徵以月

又

庶民惟星星有好風星有好雨日月之行則有冬有夏月之從星則以風雨

蔡注月行東北入于箕則多風月行西南入于畢則多雨

康誥

惟三月哉生魄

蔡注始生魄十六日也

名誥

惟二月既望

蔡注日月相望謂之望既望十六日也

又

惟丙午朏

蔡注朏月出也三日明生之名

詩經

小雅漸漸之石篇

月離于畢俾滂沱矣

箋　月離陰星則雨

禮記

禮運

播五行於四時和而後月生也是以三五而盈三五而闕

注　陳　月之盈虧由于日之遠近四序順和日行循軌而後月之生明如期望而盈晦而死無朓朒之失也　大全　長樂陳氏曰三五者數之所變故數之至於三五則為五行生數之極而月所以盈又積之至於三五則為五行成數之極而月所以闕也

鄉飲酒義

月者三日則成魄三月則成時

疏　月者三日則成魄者謂月盡之後三日乃成魄魄謂月輪生傍有微光也此謂月明盡之後而生魄非必月三日也若初以前月大則月二日生魄前月小則三日乃生魄

書緯

考靈耀

晦而月見西方謂之朓朔而月見東方謂之側匿

春秋緯

元命苞

陰精為月日行十三度

呂子

圜道

月躔二十八宿

後漢書

律曆志

日月相推日舒月速當其同謂之合朔舒先速後近一遠三謂之弦相與為衡分天之中謂之望以速及舒光盡體伏謂之晦

張河間集

靈憲

日譬猶火月譬猶水火則外光水則含景故月光生於日之所照魄生於日之所蔽當日則光盈就日則光盡衆星被耀因水轉光當日之衝光常不合者蔽於他也是謂暗虛在星星微月過則食

劉熙釋名

釋天

月缺也滿則缺也

晦灰也火死為灰月光盡似之也

朔蘇也月死復蘇生也

弦月半之名也其形一旁曲一旁直若張弓施弦也

望月滿之名也月大十六日月小十五日日在東月在西遙相望也

許慎說文

月

月闕也太陰之精朏月未盛之明周書曰丙午朏朓晦而月見西方謂之朓朒朔而月見東方謂之縮朒

朔月一日始蘇也霸月始生霸然也承大月二日承小月三日周書曰哉生霸

魏張揖廣雅

月行九道

立春春分東從青道二出黃道東交于房二度中立夏夏至南從赤道二出黃道南交于七星四度中立秋秋分西從白道二出黃道西交于胃十二度中立冬冬至北從黑道二出黃道北交于虛二度中四季之月還從黃道

月

夜光謂之月月御謂之望舒

吳徐整長曆

月徑

月徑千里周圍三千里下於天七千里

宋書

天文志

月生三日日入而月見西方至十五日日入而月見東方將晦日未出乃見東方

隋書

天文志

月者陰之精也其形圓其質清日光照之則見其明日光所不照則謂之魄故月望之日日月相望人居其間盡覩其明故形圓也二弦之日日照其側人觀其傍故半明半魄也晦朔之日日照其表人在其裏故不見也其行有遲疾其極遲則日行十二度强極疾則日行十四度半强遲則漸疾疾極漸遲二十七日半强而遲疾一終矣又月行之道斜帶黃道十三日有奇在黃道表又十三日有奇在黃道裏表裏極遠者去黃道六度二十七日有奇陰陽一終張衡云對日之衝其大如日日光不照謂之闇虛闇虛逢月

則月食值星則星亡今曆家月望行黃道則值闇虛矣值闇虛有表裏深淺故食有南北多少

宋史

天文志

月爲太陰之精女主之衆一月一周天

凡月之行歷二十有九日五十三分而與日相會是謂合朔當朔日之交月行黃道而日爲月所揜則日食若日月同度于朔月行不入黃道則雖會而不食月之行在望與日對衝月入于闇虛之內則月爲之食

元史

曆志

日平行一度月平行十二度十九分度之七一晝夜之間先日十二度有奇歷二十九日五十三刻復追及日與之同度是爲經朔

性理會通

王可大象緯新編

月之晦朔弦望曆於日之義也月會日而明盡故曰晦初離日而光蘇故曰朔月與日相去四分天之一如弓之張故曰弦月與日相去四分天之二相對故曰望

陽瑪諾天問略

月天爲第一重天及月本動問答

問太陰在何重天曰第一重天最近于地者是也吾徵之日食由于月揜其光且恆見月體能揜木與金星則月天必居其下矣依表景之理亦可徵也立表取景光體遠于地面得景短光體近于地面得景長今西國曆家以表景測驗日月高下日輪高于地平五十度月輪亦高于地平五十度然而所得日光表景則短月光表景則長也

日月表景長短圖

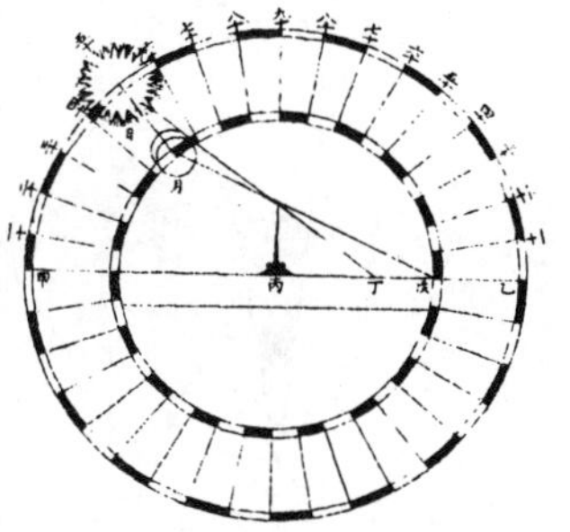

日月表景長短圖說

如右圖甲乙爲地平丙爲表視日輪高于地平五十度月輪亦高五十度卽日光從表端至丁月光從表端至戊戊影長于丁影明也是知月天必在其下而近于地面也

月天南北二極各離宗動天之極二十三度半與日天同故月行亦交黃道而其躔黃道非如日輪也日輪恆行黃道一路月輪之路非一乃出入黃道南北五度故中國曆家曰月有九道其出入相交處謂之龍頭龍尾詳見前日食圖月本動自西而東每日約行十三度有奇朔時日月同度至第三日及第四日卽見月輪在日輪之東至上弦離太陽九十度望日正相對百八十度半周天非月行最疾何能離日如是乎然其自東而西日月諸星其動並同無有疾遲以其皆爲宗動天所帶故也

問月光每日不同何故曰月體及諸星之體與本天之體一也第天體透光如玻璨而月與星之體堅凝不能透光耳故日光全照月天天體直透不能發光月星堅凝不透故耀日光而發照焉徵之朔日及上下弦可知也月體無光恆借太陽之光故日光照及其體則明不及其體則暗如使月本有光則近于日遠于日其光恆一絕無消長矣今朔則月全無光上弦漸長下弦漸消必借于日明也日天在上月天在下日光在月恆照半體朔日日月同度月正居日之下日光獨照其向上之半不照其向下之半人居地上獨能見其無光之下半而不見其有光之上半故朔之日視月全無光也過朔日則月東行而漸離于日日輪在西月亦受光于西愈近于日日光愈照其上面愈遠于日日光愈照其下面以離太陽有遠近故其光無時不消長也

月受日光地上見晦朔弦望圖

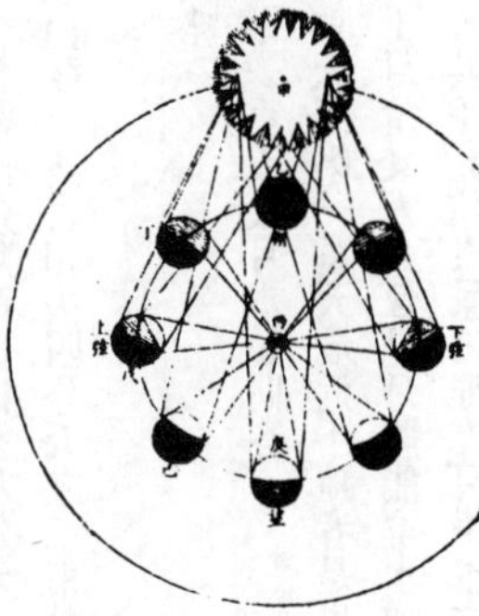

月受日光地上見晦朔弦望圖說

如右圖甲爲日輪在上乙爲月輪在下丙爲地上目力所及以視月光見月輪在乙正居日下日光全照向上半體而向下半體日所不及者絕無光焉故朔日則月全無光月在丁雖日光皆照其半然大半居天內目力獨見其小分也月在戊在己亦然月在庚乃正相對於日輪日光全照其向下之半目力得見而其向上者無光人目俱所不及焉故望日月光滿全也過望日後目力漸不能及月光漸消以至無光焉

月食問答

問望日月與日正對則月光當滿圓矣然而或全無光或一分有光一分無光其故何也曰地毬懸于十二重天之中央如鷄卵黃在青之中央故日由西照地地必有景射東照東必有景射西夫日輪恆在黃道上若遇望日而月輪亦在黃道上與日正對望則地毬障隔日月之間月輪必入地景之內太陽不能照之故失光而食矣漸出地景之外太陽能照之乃漸復得原光也若渾然相對全失光若一分對一分不對對者失光不對者否矣因知月輪失光而食悉由于地景也

月食由地影所蔽圖

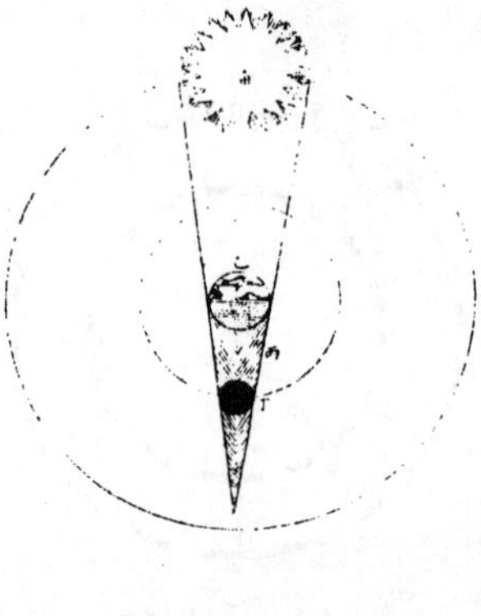

月食由地影所蔽圖說

如右圖甲爲日輪乙爲地毬丙爲地影丁爲月輪即見日月正對故月輪全居地影之內而居地上者視月無光月無光則食也

問日輪值望必與月正相對相對月必過地影過影必當每望食矣今月之遇食不過什一焉地影之說毋乃礙乎曰日輪恆行黃道上不出入內外地體之影正對于日亦必在黃道上不出入內外焉月輪惟行龍頭龍尾之上得行黃道故望時月輪適當龍頭龍尾適過地影之內則食若出黃道內外或南或北地影不便不能食即食亦分秒不同此望日日月雖對而亦不能常食也

問日月正對則相遠必百八十度半周天也故月在地平上日必居其下日在地平上月必居其下然有月食而日月皆在地平上則月食非由地影矣何也曰從古至今凡月食皆以望日爲限其相遠必半周天不然不食也月食時日月俱在地平上者或日在西以將入月在東以始出或月入而日出也夫月將出而日將入其視月在地平者非月全出也則海水或濕氣所影映也蓋地平傍近恆有濕氣淸微如煙或空中對月輪偶有輕薄白雲或値當海水皆能令月影映于其內而目力所成宛一月焉此視法之理也固有別論今試于空盤若盤底內置一錢人漸遠于盤或八步或十餘步盤內之錢已不見矣令斟水滿盤即仍八步或十餘步而錢忽見之何也所視非錢體也錢影也然則地平之見月非月體也月影也

問月食時刻不同或所食時長或時短何也曰月食長短由于地體之影及月輪之行也月天之內別有小輪以帶月爲帶月輪此小輪之動與月天之本動非同一也乃月天行自西而東小輪其上半周行自東而西其下半周行自西而東故月輪近遠于地心恆異也月輪若居小輪之下必近于地若居小輪之上必遠于地也地景漸銳而有盡其愈近于地愈寬愈至于銳愈狹若月行小輪之下所經影界寬故食久若行小輪之上所經影界狹故食暫也小輪之說及其上半周何得行自東而西其下半周自西而東

別有正論

月食時刻長短圖

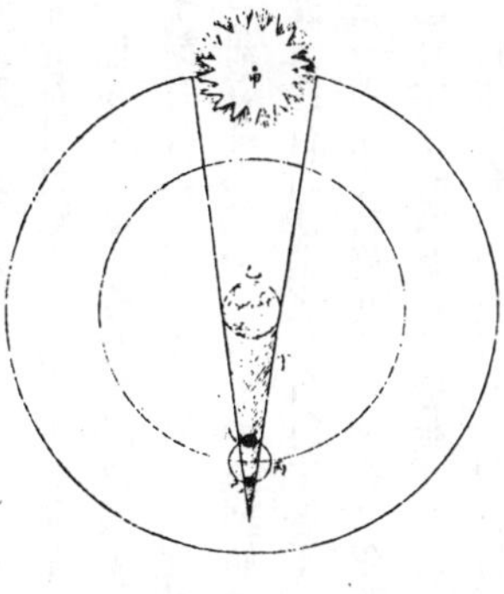

月食時刻長短圖說

如右圖甲爲日輪乙爲地形丙爲小輪丁爲地影漸銳故影寬于戊而狹于己月行地影之內在戊小輪之下必久于在己在己小輪之上必速於在戊故其時刻長短異也因知二食之時刻長短由于地影及月輪之行也

朔日既過月光漸長望日以後其光漸消則月行地平上其光非同也蓋月輪每日自西而東約行十三度朔日以後每日離日輪亦十三度故朔日日輪入地平而月在日東十三度爲二刻未入地也次日又離十三度以至于望月與日正相對故日入地下而月出地上也望日以後月漸近于日以至合璧爲因知居地面者其有月光朔日以後每日多三刻望日以後每日少三刻欲知每日多寡試觀左圖第一上圈月自初一日至第三十日也第二中圈月在地上每日有光幾刻也第三內圈一刻之分也假如初六日欲知日入以後月光照地幾何刻分視上圈第六日即得第二圈六日正下十九刻與三圈三分

朔後月光長望後月光消時刻早晚及光多寡圖

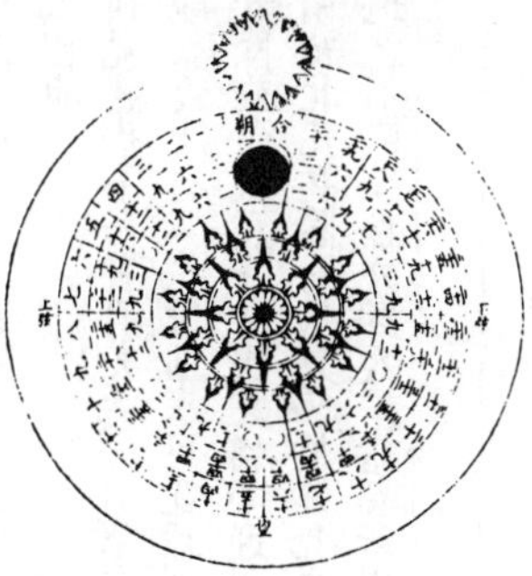

朔後月光長望後月光消時刻早晚及光多寡圖說

問既朔日以後月光漸長又每日離日輪十三度則第二日日入地平月在日東十三度遠則月高於地平亦十三度遠自第二日以後宜無不見月光者乃今之見光或在朔後二日或在三日或在四日其不同何也曰其故由於地平及黃道也人居地面而以見月光者必月輪在地平上高十二度方可得見不然則否蓋月之度數有離日輪之度有離地平之度月光之見否由於離地平之高低不由於離日輪之遠近也故黃道交於地平不同有斜相交有正相交朔時日月同度若其同度在於斜交之宮則居地面者遲見月光也若在于正交之宮則速見其光也

合朔後三四日見月光圖

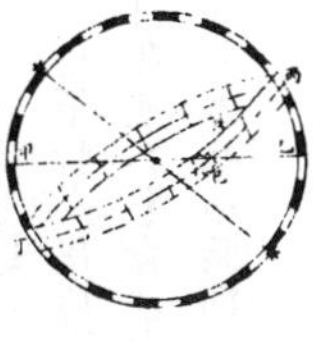

合朔後二日即見月光圖

合朔後三四日見光與第二日見光圖說

視右二圖甲乙爲地平丙丁爲黃道戊爲月輪在地平上已爲日輪將入地平第一圖乃甲乙地平斜相交於丙丁黃道戊月輪雖離己日輪十三度或十五度乃其高於地平非十二度故合朔之次日其月雖離日輪十三餘度因未至地平十二度高故居地面者第二日不能見其光或在第三第四日之間也第二圖甲乙地平乃正相交於黃道戊月輪之離日輪及地平並同也故均爲行十三度而其第二日已高

於地平十二度故得即見月光云又月因有遡順行亦有離太陽遲速逆行時必遲離太陽順行時必速離太陽此其故也

湯若望新法曆引

太陰

太陰之行參錯不一推步籌算爲力倍艱苟或分秒乖違交食豈能密合故必細審其行度所以然而後可立法致用也蓋月較諸曜本旋之外行復多種第一曰平行一日十三度有奇但此行之界凡四一界是從某宮次度分起算此界定而不動二界爲本天之最高此非定界每日自順天右行七分有奇是月距本天最高一日爲十三度三分有奇也故其平行二十七日三十刻有奇爲一周已復于宮次元度又必再行二十二刻有奇爲二十七日五十三刻始能及于本天之最高此行新法謂之月自行中曆于此周謂之轉周滿一周謂之轉終其最高則行八年有奇而周天謂之月孛三界爲黃白二道相交之所所謂正交中交此界亦自有行乃逆行也自東而西每日三分有奇則月平行距正交一日爲十三度十三分有奇至二十七日二十七刻減交行之一度二十三分得二十七日十五刻有奇月乃回于元界曆謂之交終四界是與太陽去離太陽一日約行一度則太陰距太陽爲十二度十分有奇至二十九日五十三刻有奇遂及太陽復與之會曆謂朔策是也凡上四行總歸第一平行其第二行曰小輪每一朔內行滿輪周二次每日爲二十四度有奇若以不同心圈論此即太陰中距圈也因有此行復生第二損益加減分云第二者蓋于朔望所用加減分外再加再減故也此行中曆所無以上太陰諸行新法定爲軌轍不外三者均圈一不同心圈一小輪一然不同心圈與小輪名異而理實同曆家貪以推算兩用互推所得之數正等也

月道惟一古謂月行九道者乃白道正交行及四正陰陽二曆各異命之因有八名加以公名共有九耳非真有九道也白道兩交黃道論最遠之距謂爲五度此係二曆未甚大差之數新法測得凡朔望外相距皆過五度上下二弦則爲五度一十七分三十秒推知二道相交之角非定而不動者要其廣狹之行恆以十五日爲限也

合朔後月夕西見遲疾不一甚有差至三日者其故有三一因月視行度視行爲疾段則疾見遲段則遲見一因黃道升降或斜或正正必疾見斜必遲見一因白道在緯南緯北凡在陰曆疾見陽曆遲見也此外又有極出地之不同朦朧分與炁差諸異所以遲疾難齊也

測食

月食爲地影所隔

問月食必在于望因日月相對之故其說明矣至謂地影隔之而食竊有疑焉日月對日而受其光苟日月之間非有不通光之實體爲之障蔽則必不能阻日光之照月體無論空中之火空中之氣與夫天體不能掩月即金水二星雖居日月之間其影俱不及地况能過地而及月乎則知能掩日者惟有地體一面受光一面射影而月體爲借光之物入此影中安得不食而半進則半食全進則全食矣

月體當食尚有光色

問無光之月一入地影遂全失其借光也然食時尚有依稀可見之光天文家每視食月之色預言食之徵驗若人以日切牆屋掩其未食之光體而獨視其既食之爲體其光尚明于星也蓋物之可見必借外光不獨能見物體且更能發越物色也月既在地影即失借光安得尚有色乎曰月體雖食尚有微光今直以影爲明者誤也以影爲暗者亦誤也稱影爲明暗之中者庶爲近之蓋日所正照爲最光明有物隔之而四傍之氣映射或對面之光反照雖無最光明亦有次光明也如一室之外爲最光明一室之內爲次光明也雲之上爲最光明雲之下爲次光明也直至所隔愈深去光愈遠幷次光明亦漸微微而又微以至絲毫無光乃爲暗耳夫人與地近日與地遠人居地此面日在地彼面至夜子時人在地影至濃之中近物尚能別識何况月在地影至銳之處次光明正盛其有光色又何疑乎且人在極暗則月光雖微視之反覺明也

因食知月體不通光

問月體受光而返照之必不通光如銅鐵鏡蓋通光則不能受日光而反照他物亦不能掩日而生影也曰鏡之設譬似矣而尚未盡夫鏡之照物而反生之象其大小遠近必與物體相當然後可以鏡喻月今觀鏡之面有突如球有平如案有窪如釜惟平者所生之象乃與物體相當若如釜者所生物象必倍于物體如球者所生物象必小于物體矣試以球鏡照遠物而人又從遠視之則物象必倍小嘗持球鏡照

太陽之體其小如星倘月體如球鏡欲其反生太陽之象烏可得乎又問合朔後月之下半未受日光而月體微光比諸星更顯若不通明則此光又從何生且觀其掩日而日全食時月之邊際覺稍明于月之中心似中間厚處難通而薄處稍可通透乎曰前既言月在地影最中處乃天光映照之明若合朔時則有光之天與月體最爲切近而日光上照月體約有大半四邊豈得無光或言月既非極通光如玻瓈或半通光如玉石特因在後之物其體質不明故不能映見在後之物乎曰試觀日食甚之時天光盡黑星體亦現爾時太陽在後體質最爲明顯何以不能映見絲毫可知月體絕不通光也或言在月後之物必更堅密于月者然後能照見若較月更通徹即不能見乎曰若然日體在月後堅密不亞于月而亦不能見可言日體爲通徹乎又凡目所注必須有色及所照之光此二者必不通徹之體乃能受之則月體從可推矣

因食而知月有小輪

問月有小輪何所據乎抑因其食而證其有乎曰天文家究心殫思屢經測驗月食悉見夫食屢居本圜之極遠其日屢居本圜一處則生影不得不盡一也然食時之分數有多有寡多則月居影厚處寡則月居影薄處必有小輪爲月體居之因其極而動時居輪上則去地面遠時居輪下則去地面近也

問月既有小輪如五星者則其停居順行退行亦宜若五星然今獨未見何也曰夫月行隨其本圜之疾故不言其停居退行只言其行速行遲也速者因其居小輪之下隨本圜之動自西而東遲者因其居小輪之上隨其自動自東而西逆本圜之自西而東故也

問月體既居小輪隨輪而動則無本動若論其體之圓則宜自能動何如曰有謂月中影象是地體厚處所映者謂月體通光處日光射而達之不得返照者又謂月體中自有高卑如山谷者種種異說然此影象恆俯對地面而人恆仰見之不側不移則月體有本動明矣其動因乎本極而逆乎小輪行之迅速與小輪並速也影象之明恆下垂之安得謂月輪無本動乎

鄧玉函測天約說

太陰篇從本體論

論太陰之形象○本是圓體與太陽同雖有晦朔弦望不害爲圓

論太陰之大○太陰去人時近時遠折取中數八其地半徑自之得六十四半徑爲三十二全徑是太陰去地之中數也

其視徑去人愈近愈大愈遠愈小折取中數亦得半度與太陽等

其本徑則小於地球地之容大於月約三十倍也

論太陰之光○本自無光受光於太陽故本球之光恆得半以上因太陽之體大於其體故

月受日光圖

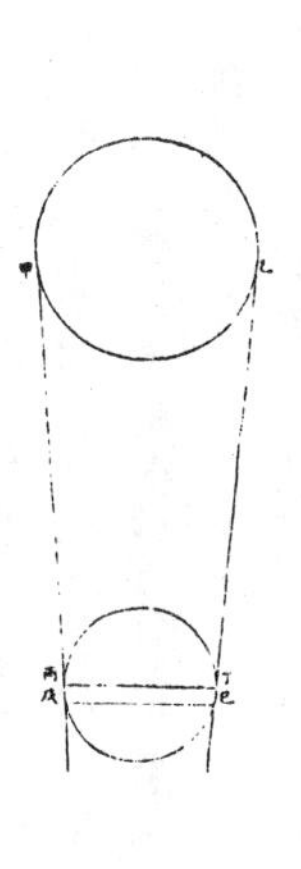

月受日光圖說

如上圖甲乙爲日丙丁爲月徑因日大故受光至於戊己

太陰面上黑象有二種其一今人人所見黑白異色者是其二小者則日日不同非遠鏡不能見也

從運動論

太陰之運動有二其一一日一周隨宗動天行與六曜同公動也其二循白道

白道月之本道一名月道

日行十三度有奇迄二十七日有奇而一周本動也

因太陽同行二十七日有奇則過周二十七度有奇故又二日有奇乃及於日而與之會

白道不與黃道同線而兩交於黃道

兩交名正交中交亦名天首天尾亦名龍頭龍尾

亦名羅計

兩半交去黃道五度有奇故每行一周在黃道下者二交初交中是也

欽定古今圖書集成曆象彙編乾象典

第三十七卷目錄

月部彙考二

乾象典第三十七卷

月部彙考二

羅雅谷月離曆指

月離各種行度

月離行度與日躔異日躔恆依黃道其行度三而已隨宗動天西行一也自行二也最高行三也若月離則有七種行度如左

一曰隨行隨行者自東而西依宗動天一日一周七政恆星共繇之其起算之界爲子正初點或午正初點與太陽同

二曰平行一名本行平行者月之本天自西而東日平行一十三度有奇二十七日有奇而行天一周其界有二一以太陽爲界從合朔起算每日去離太陽若干度分以命太陰之本行度分累積之一以宮次節氣爲界

宮次如降婁大梁等節氣如春分秋分等

從各初點起算每日去離若干以命太陰之本行度分累積之此行謂之交周滿一周爲交終其初交曰正交其次交曰中交其行各及半曰正半交曰中半交○其兩界命兩種行度分異名同理

三曰自行

一名本輪舊名小輪也因小輪非一故改命之自行者太陰之行不平不順有時疾有時遲既而紛紜無憑布度古曆因想近月四周有一本輪太陰既隨本天循交道即白道東行右旋又依此輪自東而西左旋一日行十三度有奇二十七日有奇而行輪一周此亦平行也而與交道平行參錯不一所以下土視之時疾時遲矣因其疾遲以別於交道之行故彼名平行此名自行也既曰自行本輪則疾時與交行相合遲時與交行相背亦宜如五緯之法有逆行度分此獨言遲不言逆者月行甚疾但見其遲不見其逆也此周謂之轉周滿一周爲轉終分四象限首限曰正轉二限曰正半轉亦曰本輪之最高三限曰中轉四限曰中半轉亦曰本輪之最庳曰最高衝或省曰高衝行最高極遲行最庳極疾也

最高最庳之一周又名不同心圈其與本輪異名同理

四曰次輪次輪者太陰之最高既依白道行則月離最高時其距地心之遠近宜等迨測之則時時不等古曆又想本輪之周復有一次輪循本輪左旋月在次輪之上循周右旋也此法古曆所未有以意命之其行次輪一周名爲入轉終也四分之則爲小四象第一名正初象第二名正半象第三名中初象第四名中半象也

五曰交行交行者從測候見太陰行白道古法月有九行殊謬元授時曆廢不用獨言白道交周是也一名月道

出入黃道約五度有奇不行黃道中線

何名黃道中線七政恆星皆循黃道行而六曜皆有出入如太白最遠出入約六度故黃道左右廣十二度名爲黃道帶而太陽獨行其最中故名中線也黃道一名躔道

而兩交於中線兩交之點一名正交亦曰羅睺一名中交亦曰計都兩交之行自東而西與他行異亦名羅計行度也

六曰又次輪古來無有也萬曆間西史第谷測候極密得太陰行兩小輪其一本輪其一次輪其各兩半時兩小輪各有正半中半之兩均數與實測之度分往往未合故知次輪而外當有又次一輪此之爲數微眇難分其於曆法未關損益故無暇及也

七曰面輪面輪者太陰既依本輪又依次輪各周行即月面宜恆向次輪心下土所見時時旋轉須當不一若之何終古恆如是故當復有本行使面恆下向

也此亦未關疎密不復備著

日月視徑大小圖

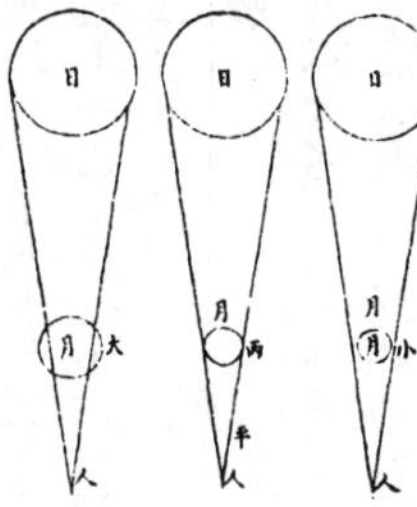

日月視徑大小圖說

古史記日食既者或言晝晦恆星皆見鳥棲獸宿或月不盡掩日有金環

如中圖月全掩日即其似徑與日似徑等此則食既於東生光於西既與甚同時不移晷也如右圖月體不足掩日則有金環月之似徑爲小如三圖則食既以後更有食甚久而生光月之似徑爲大所以然者日在最高月在本輪最卑日高故視徑小月卑故視徑大則掩日有餘也日在最卑月在最高日之視徑大月小則掩日不足也俱在最高俱在最卑故兩視徑等則掩日適足也

日月之視徑與實徑大小絕異

是其徵有七凡視徑（與似徑同）時見大時見小必非其實也視也一徵也即有時等而日在上去人遠月在下去人近則日之實徑必大月必小二徵也月掩日下土所見九服各異如此方此時日全食南北相去四五度（二百五十里爲一度）即不見全食東西同時亦不見全食是則月入地球爲小地視日亦小月視日更小三徵也地景短不能食熒惑何況歲星已上則地小於日月過地景則食食時見月小於地景則更小於日四徵也七政各有性情能力施暨下土其勢略等乃其視行有疾有遲行遲者其天周大人見爲遲本行自疾所以然者遠故也近者行疾其天周小如舟行大水遠見行遲近見行疾因是能力所施近而疾者其見功亟遠而遲者其見功緩五徵也月距日九十度其光過半圈則發光之體大受光之體小六徵也因上推月距地爲地全徑者三十日距地爲地全徑者六百〇五則日比月天其大（算開）約二十倍日本天半度月本天半度則其比例爲一與二十七徵也

月天視七政天爲小去人最近

曷知之以交食知之凡言食者物在於彼有他物隔焉或虧或蔽則謂之食所食者必遠能食者必近也所食者必在外能食者必在內也以球論則內近心者必小外遠心者必大也試觀月掩日日爲之食日外月內不待言矣月掩恆星星爲之食星外月內不待言矣獨月與五星曆家言有時星食月有時月食星亦未然也夫星固未始有在月下者也歷稽古史多言月食五星而不言五星食月斯著明已

求月之實徑圖

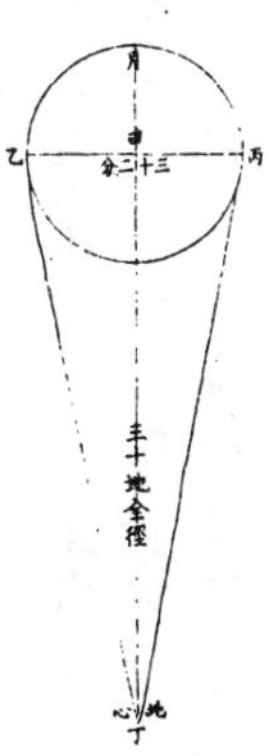

求月之實徑圖說

測月之實徑用地徑古法也今依歌白泥衛月平（兩圜際）距地度爲三十地全徑又四之一其視徑三十二分二十八秒推算如左

如圖丁爲地心乙甲丙爲月徑三十二分丁甲爲月距地三十地全徑成甲丁丙三角形有角有邊求乙丙得千分地全徑之二百七十六弱爲月全徑約之得月一地三倍有半強若以周徑法求之則七（徑也）與二十一（周也）若六十〇半地徑（月天之半徑）與月天之周依

法算得一百九十地徑又七之一以三百六十(天周平度)而一得一度爲三十六分地徑之一十九次以六十分爲一率(六十分一度也)三十六之一十九爲二率三十二分爲三率求得二千一百六十分地徑之六百三十六約得二十四之七或三有半之一同上率

若用月五限數所得大數同上零數小異不足算

定月實徑里數

天度里差古今不一今約定南北二百五十里而差一度以天周三百六十乘之得九萬里求徑得二萬八千六百四十八里以日十數(地一日五又百之四十三)乘地徑之里數得日之實徑爲二十五萬五千五百六十五里月之實徑爲地徑千分之二百七十六以乘地徑之里數得七千九百〇七里

總論月天象數

分別太陰象數凡爲球體者四第一與第二爲表裏皆與地同心第一球之大圈(一名中圈一名展圈)爲白道白道與黃道兩交而分爲斜角兩交之處一曰正交一曰中交第二球者復球也復球以外大球以內函兩小輪焉小輪之大者爲第三球名曰本輪亦曰自行輪輪之徑爲兩大球之距小輪之小者爲第四球名曰次輪

月行九道圖

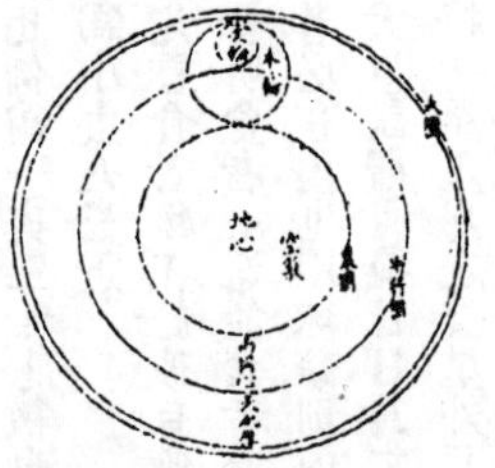

月行九道圖說

如圖外大圈白道也又名月天大圈(包他輪其中)又名斜圈(斜交于黃道)亦名交周亦名龍頭龍尾之圈正交爲龍頭中交爲龍尾本圈兩交黃道其兩交點時時遷運

亦名九道

一白道也在黃道之四方皆有內外并黃道爲九焉元以來不用此術

表裏二天中含小輪一體左旋(如宗動天行與七政道行)小輪從之一日行三分一十秒四十七微一平年(三百六十五日)行一十九度一十九分四十三秒凡六千八百九十三日有奇而一周

黃白道極圈圖

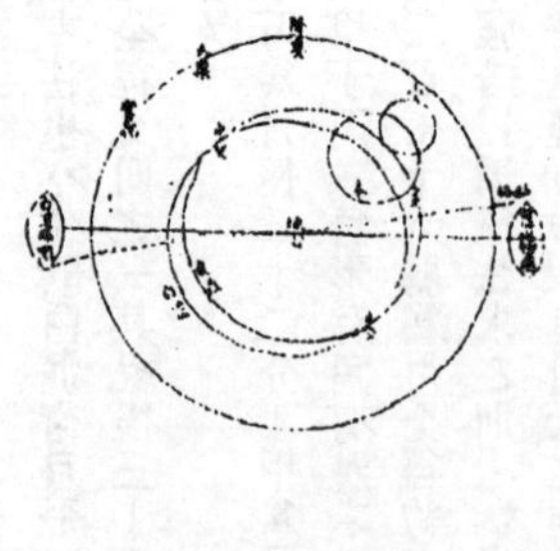

黃白道極圈圖說

四球合體總名曰月本天其南北二極距黃道二極各五度有奇

上論黃白道相距或內或外最遠者五度有奇

夫黃道行天不以黃道極爲樞而以赤道極爲樞故黃道極去赤道極二十三度有奇而環行名曰黃道極圈月道行天不以白道極爲樞而以黃道極爲樞故白道極去黃道極五度有奇而環行名曰白道極圈

如上圖圖有兩黃道其外則外天黃道或曰天或宗動任意取之

月本天中自有三行一曰交行二曰本輪自行三曰次輪自行三行各有軌轍其轍跡安在在其大圜平面也何謂大圜平面如本天白道爲大圜(球之腰圈最大)從白道判本球爲二即所判之處爲兩大平面而交行在其周本輪次輪行皆在其面也

兩交一名正交一名中交月在正交向黃道內行九十度謂之正半交此半周謂之陰曆過半周爲中交

向黃道外行九十度謂之中半交此半周謂之陽曆過半周而復於正交爲交終西曆謂之龍頭龍尾蓋兩道間成蟠曲之形腹粗末細有若蟲蛇非謂有龍食月如俚俗之說也又謂之登降之交月行黃道內自南之北漸高於地平則言升行黃道外自北之南漸向地平則言降或稱外內或稱上下其義一也若羅睺計都之名非古曆所有疑出於九執唐人再用九執曆僧一行寫之而未盡陳元景爭之而不得獨兩交猶仍其譯言耳

月平行圈圖

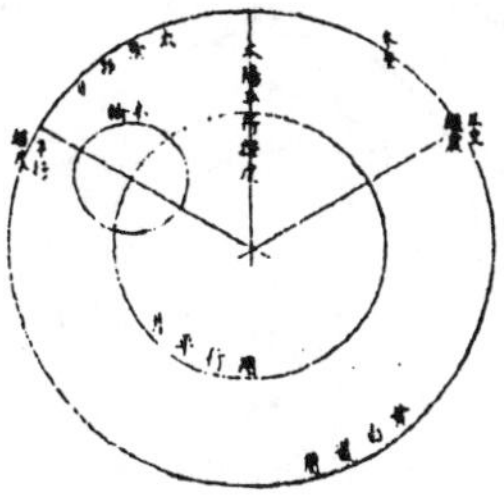

月平行圈圖說

平行圈者太陰全天表裏二球之中圈也與地同心爲本輪心平行之軌道故名負小輪圈其行順七政右旋（自星紀至元枵也）其界有三

第一以節氣爲界如冬至春分等（或以宮次）一日行一十三度一十分三十五秒○一微爲月之距節平行分（此右旋一行）滿一周得二十七日三十○刻一十三分○五秒爲交終

第二以太陽經度爲界太陽平行經度日五十九分○八秒二十○微月之日行多太陽之日行少以少減多得一日之相距一十二度一十一分二十三秒四十九微滿一周又逐及於日爲朔策

或會望策○太陰距太陽行二十七日有奇而一周其間太陽亦行二十七度有奇則太陰行一周外又二十七度有奇而逐及於日與之會共爲二十九日有奇也

第三以正交爲界正交逆行（左旋）太陰順行（右旋）一向左一向右兩相違背故距交一行謂之雜行兩行相并正交行三分一十一秒太陰行一十三度十分三十五秒得一十三度一十三分四十六秒

月自行輪周圖

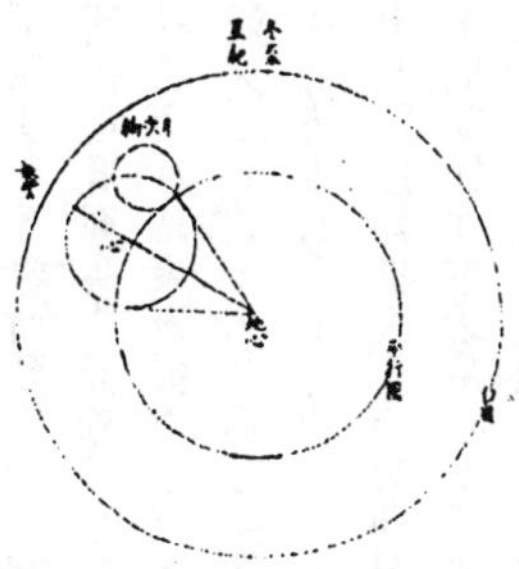

月自行輪周圖說

自行輪周爲次輪心平行之軌道（即本輪）次輪行於本輪周左旋（與七政逆行以本輪之最高爲界）初逆行（向左約九十轉度圈際轉初）順行（向右至半周過最庳圈際轉中）復逆行如圖月在次輪周從地心作兩線切本輪周也（月在本輪上半周兩切線外日逆下半周兩切線內日順）若月在心線（從地心過本輪心是爲本輪之最庳）兩行（平行自行）度分等若在心線前或後兩度（視經度平行度）必不等次輪心從最高算日行一十三度三分五十三秒五十六微爲轉度分而一周爲轉終度分也（二十七日五十二刻一十一分五十四秒爲次輪心從最高行一周而復于故處）

月次輪圖

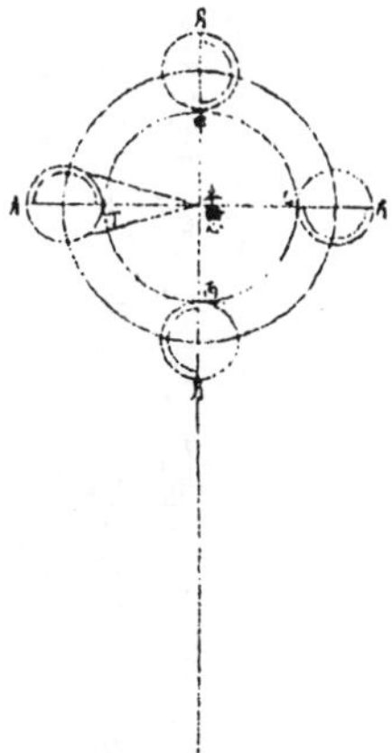

月次輪圖說

次輪者月體所行之軌道其界向本輪心爲最近界之衝爲最遠試以一線聯兩心線即其界矣（如圖甲丙乙丁線）月體在次輪近地心半周即月體逆經度行而順本輪行若在其遠地心半周即月體順經度行而逆本輪行從本輪心出兩線切次輪兩旁即定本輪心第二均加減之界○如上測月行諸論以定朔望則用一自行之均數足矣爲朔望時月體必在本輪內甲乙丙丁圈上故也去離朔望宜用兩均數自朔至

望望至朔必行次輪一周而復故月實行距太陽一百八十度行次輪一周三百六十度而次輪周之日行度必倍於距太陽之日行度每日得二十四度二十四分四十七秒三十微行一周爲一十四日七十三刻七分有奇半月之率也（天上周圍不論大小皆平分三百六十度）凡月行距日九十度（兩弦）次圜周行半周在次輪最遠而距平行經度爲極遠如上圖小輪上之月體所臕爲視行平行之極大差〇因上兩小輪行度在本輪有最高最卑在次輪有最近最遠定爲自行之四限

月次輪高卑遠近圖

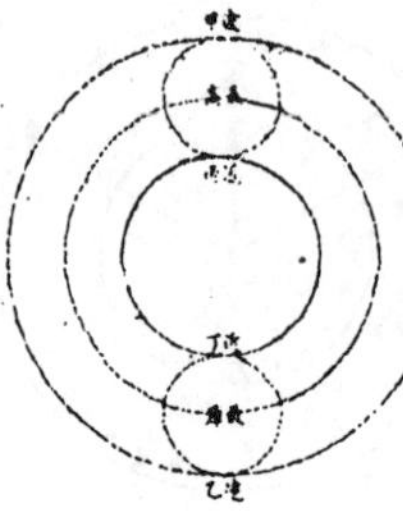

月次輪高卑遠近圖說

凡月在次輪之最遠（遠近以去本輪心論）次輪心又在本輪之最高則月距地心爲極遠圖爲甲月在次輪之最遠次輪心在本輪之最卑則月距地心爲極近爲乙若在次輪最近本輪最高則爲次遠爲丙在次輪最近本輪最卑則爲次近爲丁因此四限屢變視行之勢也惟朔望時月恆在次輪之最近

論太陰晦朔伏見

太陰晦朔伏見古今立論疎密迥殊漢儒洪範傳曰晦而月見西方謂之朓（亦曰朓）朓者政緩所致朔而月見東方謂之側匿側匿者政急所致夫晦在朔後晦失也朔在晦前朔失也曆則失之而歸咎于政誣甚矣唐曆家以晦日之晨月見東方因立進朔之法使月隱晦晨明藏朔夕此則鉤索未能而妄生遷變使月有兩朔食乃在晦將誰欺乎宋元史皆非之頗爲辨晰然未能縷形其所以然也夫月距晦朔見有疾遲因乎天度因乎地度卽此方近處合朔于亥子之交而甲日之晨乙日之夕兩見微明亦時有之此之進退將安往焉況海以南數千里則有甲晨乙夕終歲恆見者況以北數千里則有朔在午中朝暮皆見者亦將使晨隱夕藏其可得乎今法若時若地應速應遲皆從籌筭可密推用儀器可指數先事可豫言臨時可確按又何庸轉移避就爲也以此備述所繇微之度數如下論

問太陰合朔以後恆以三日見於西方亦有二日者其在晦以前亦如之何故曰是其因有三〇一因赤道上之黃道升降度有正有斜正升則斜降斜升則正降正升斜降者秋半周六宮（秋分左右各三宮）是也斜升正降者春半周六宮（春分左右各三宮）是也（皆論斜球非正平球）正升者赤道之升度多黃道之升度少正降者赤道之降數多黃道之降數少斜升斜降則反是

凡南極出地者與上論悉相反

若太陰離正降六宮則朔後疾見若離斜降六宮則朔後遲見其在晦前亦如之離正升六宮則遲隱離斜升六宮則疾隱也

月行黃道斜升正升圖

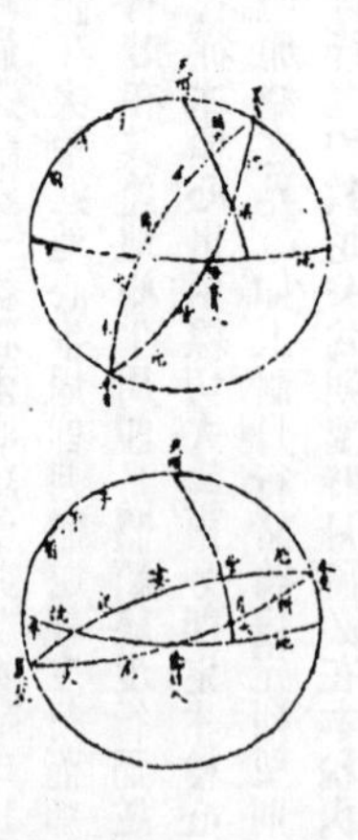

月行黃道斜升正升圖說

如二圖各有子午圈有地平有極出地等有黃道宮次二圖上圖月離大梁爲正降宮次距太陽十五度日入月在地平上爲十三度半卽能見下圖月離大火爲斜降宮次距太陽十五度日入月在地平上爲十度卽不能見一也

月視行遲疾圖

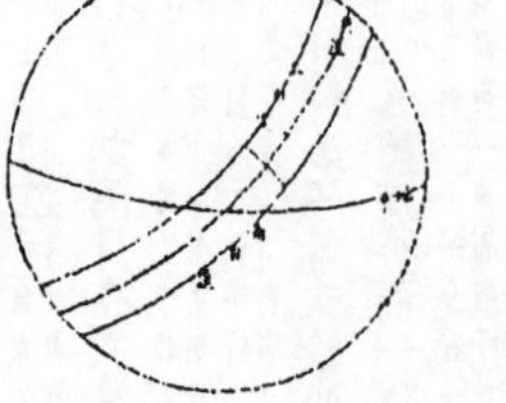

月視行遲疾圖說

一因白道南北如圖設月距黃道五度距太陽皆十五度而緯分南北

日月各有一日所行之軌道即赤道距等圈也今如圖設黃道左右五度各一圈交於距等月在焉兩月各至地平其弧有大小則入地有先後人見有遲速

若在北即入地後黃道疾見若在南即入地先黃道遲見二也○一因月視行度若視行爲遲段則朔後見月遲爲疾段則朔後見月疾三也○右第一因月之見界以十五度爲限其疾者朔後一日又四分日之一而見也若三因并合又不待此如合朔在亥子間則甲日太陽未出亦見東方乙日太陽已入亦見西方何以徵之設月在黃道北五度太陽躔實沈一十五度本地北極高四十度即晝長（甲之日也）五十九刻（日九十六刻）加一日刻（甲之夜乙之日）共一百五十五刻（甲晨至乙夕）於時月行約得二十三度平分之（合朔前後）得一十一度半以加實沈十九度（日躔也）得實沈二十六度半是乙日日入時月之距日經度也以減十五度得實沈三度半是甲日日未出月之距日經度也日躔實沈十五度其斜升五十三度一十三分月離實沈二度半又北距五度其斜升三十六度半日月兩升度相減得一十六度四十三分爲甲日之晨日月赤道上出地平之差（月先日後）變時爲月出四刻半而日出得見月東方也乙日太陽正降爲九十五度月離實沈二十六度半其正降爲一百一十三度兩降度相減得一十八度爲乙日之夕日月赤道上入地平之差（日先月後）變時爲日入五刻而月入得見月西方也○若日躔冬至月離黃道南推日月出入之差不過八度變時爲二刻則不見

一系凡極出地愈高愈疾見因斜升度之差爲多否則遲見

二系極甚高朔後數日不見

三系月距黃道南五度若極出地六十二度月盡夜不見

四系極甚高合朔在午正則一日之間晨見東方夕見西方如極高五十二度躔離度同上推得日月升降差一十二度時爲三刻皆在月見界之內

五系既定月之見界爲距日十二升度亦可推遲見之日數如極出地四十度日躔降婁月南距五度推得兩斜升差爲一十二度即得月距日之經度爲四十度月行當三日有奇則朔後三日有奇而見月西方晦前亦如之

三因之外又有兩因一曰朦朦分（即晨昏度一名昧爽黃昏）日入地平下一十八度爲朧朧之末分因升降有正斜斜又有大小則月距日十二度有時得見有時不得見一曰氣清濁差如同是子正時有時見極微之星有時不得見四五等之星氣則使之其在月也亦然

論月體

月體爲圓球何以知之凡圓體於諸體中爲最尊如天如日月星如地亦於萬象中爲最尊故應圓凡物之初體皆圓（如核如卵如胎）諸大象皆始造時之初體故應圓又月之體半爲明半爲魄其明魄之界時爲弦直線時爲弧曲線若果平體何從得生弧線且既爲平面日照之宜全體發光如平面之鏡一向日即全鏡發光也月爲不然則非平面○試以人目居中置一燭東方稍遠置一球西方稍近相參直即見球全受光次不動目燭獨移球西南隅即見球大半爲明小半爲魄更移球正南必明魄各半其界爲直線更移得魄大明小更移正東必見全魄燭爲太陽目爲地爲人球爲太陰以近遠日爲光大小其明魄界半周之間爲直線者一而已餘皆弧線也

論其體質非清非純虛實雜也故能映光不能透光能發光不能迴光何謂透光如水如玻璃水晶金剛石皆純清故能透光不止映光非惟不能迴光亦且不能發光何謂迴光如明鏡爲全實故能迴光不止發光非惟不能透光亦且不能映光月皆不然而虛實疎密介在其間故能映能發也○然則何似稍似於雲雲掩日月皆能映光質薄則光顯質厚則光微早日未出夕日已入照雲成霞霞照下土虹霓之屬本因雲氣而成光采是爲發光體實則光大體虛則光小月實似之獨雲之映光多發光少月之映光少發光多此爲異耳

論月駁

月面不純一色如斑駁然昔人以爲山河大地之景不然也山河大地之體東西不等云何月中之景時時不變乎然則如何此有二說

月駁圖

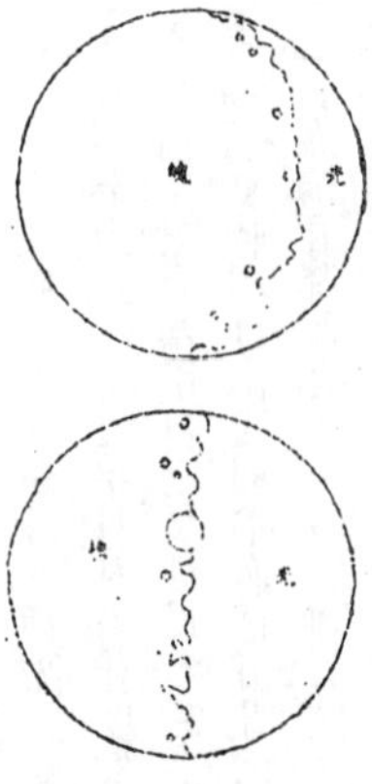

月駁圖說

一日月本圓體特其體中疎密虛實不得純一不能如鏡光合體廻返所受之光第因其本質所至自爲發光密實處發光大虛疎處發光微

如金剛石勝玻璨玻瓈勝水其質疎密虛實不等故

凡大光明中間有弱光可指則日大光中之駁點也如大赤霞中間有淡紅可指則日大赤中之駁點也是故名爲月駁也一日月體如地球實處如山谷土田虛處如江海日出先照高山光甚顯次及田谷江海漸微如人登大高山視下土崇卑其明昧互相容也試用遠鏡窺月生明以後初日見光界外別有光明微點如海中島嶼然次日光長魄消

日漸遠明漸生如人上山漸遠漸見所未見則見初日之點或合于大光或較昨加大或魄中更生他點（如日出地先照山顛次照平疇等）以光先後知月面高卑此其微已

論月光

太陽爲萬光之原本其體至實光大小因體虛實如煉鐵之光大于煉炭之光鐵體實于炭也

其質極純（質不純者光亦不純則不能大）其體爲全球曲面凡發光者不論曲面直面必須順平若凹凸之面不能發大光稍有偏欹光則相奪亦不能大

故在大圖中爲大光之獨體月及經緯諸星之光皆從稟受爲（月借日光古語則然）何以明之如月食甚時地球隔太陽之光露光極微目所難見一也日食甚時月在日與人目之間月之下魄不受日光人目見之則爲黑色二也

問月既無光乃兩食甚時亦有淡光此爲何故曰體實無光而能受光而能發光兩食之時不受日光而經緯諸星亦能映照相受相發因生微光矣

月光有二一爲對日而發光名曰正光一爲日光不至而從所受之處相映發爲微光名曰次光

月受日光大半圖

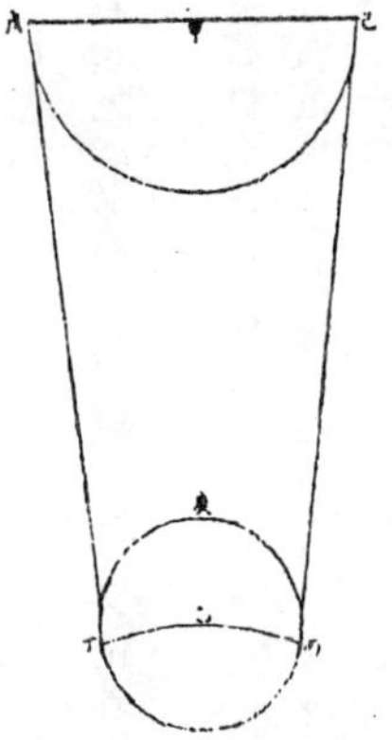

月受日光大半圖說

問月近日人見光小遠日人見光大何故曰月合朔時外大半受光

日體大月體小則日必照月之大半

人自下土止視其內小半則無光既而生明所見漸大至一象限則已見其受光之大半故漸遠漸大也

何謂日照月之大半如圖甲爲日乙爲月戊丁己丙兩光線切月體從丙從丁向乙作兩垂線成戊丁乙己丙乙兩直角則丁乙丙兩線不成一直線何者凡一直線截平行兩線其內兩角并與兩直角等反之若兩直線不平行卽一端漸近一端漸遠其漸近內兩角必大于兩直角今設丁丙兩直角則丁乙丙不能以一直線與乙爲角若從乙心作徑線必在丁丙兩點之上則丁庚丙必月周之大半矣

月近日受光之分大遠日受光之分小

月體自無運動易知之人所恆見斑駁之象終古不易

月近日受光分大遠日受光分小圖

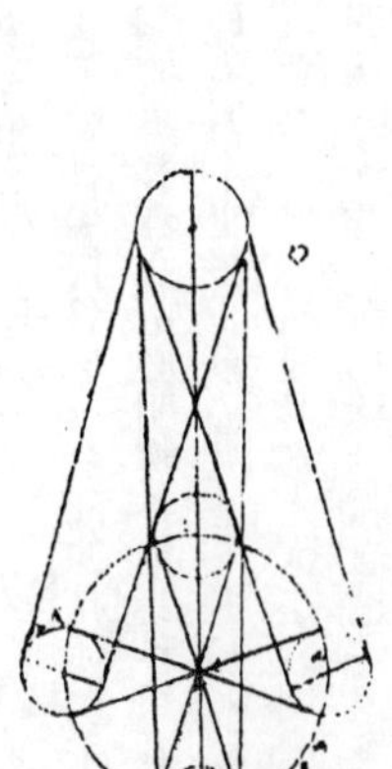

月近日受光分大遠日受光分小圖說

月朔時上大半爲明下小半爲魄月望時上小半爲魄下大半爲明兩弦各明魄半也如圖甲爲日乙丙丁戊爲月本天人在地爲己月或上或下恆半爲明半爲魄從人目作視線自見月距日近光小距日遠光大

從生明以後漸長生魄以後漸消

人止見月體之小半人目一點也從點作兩線切一圈兩切線之內弧必圈之小半（如圖）

如上言日照月得大半人見月得小半則定望前後各數刻月猶能發全光滿大半之限然後魄生而光減非若晦朔之間一瞬卽生明也

月去地有高卑人目所視有遠近圖

月去地有高卑人目所視有遠近圖說

問日照月人見月各幾何數曰日月去地去人各有高卑近遠不等古法分月體周爲三百六十度折中推得日照月爲一百八十一度六分度之一人目見月爲一百七十八度四分度之一日照地爲一百八十○度二十五分半

月體地球其周分爲三百六十度與天等

如圖甲爲日乙爲月己爲地日月之視徑約等（月在最高）（日在最高）人目在戊則戊丙戊丁兩視線定見月之丙庚丁弧從月心乙向丙向丁作乙丙乙丁兩垂線成乙丁戊丙斜方形從乙戊平分之作乙丁戊直角形有丁戊乙角一十五分四十○秒

日月視徑並約爲三十一分二十秒

卽丁乙戊角必八十九度四十四分二十○秒其丁庚爲見月之半弧倍之得一百七十九度二十八分四十○秒

若月徑爲二十八分則所見弧之小餘三十二分

若月徑爲三十三分則小餘二十七分

因上圖推合朔時日照丙辛丁弧丙辛丁者丙庚丁之餘也是爲一百八十　度三十一分二十○秒

用日距地之數及其比例推得日照地爲一百八十度二十五分二十八秒

月上下弦前後人所視有曲直線圖

月上下弦前後人所視有曲直線圖說

問月生明後其光曲抱月體至上弦下弦明魄之界則爲直線望前望後明魄之界又爲弧曲之線何故

日月本球體人目所見似爲平面其理正如平儀然儀之子午圈可當月周皆大圈也儀之極分交圈可當上下弦明魄之界皆直線也儀之時圈可當太陰每日距太陽漸長漸消明魄之界皆弧曲線也凡儀上大圈皆分球爲兩平分其全見者獨子午圈耳他諸圈皆半見半在儀之彼面彼面者在月則爲上半球也（人所不見半）儀曲線（卽時線）本是大圈斜絡於球止見其半故爲不等撱圈之半

人視之爲撱圈漸消漸長故不等

月面中明魄界之弧曲線本亦大圈因其斜絡止見爲半亦不等撱圈之半也

其與平儀本理未能全合者儀上圈皆分球爲兩平分此依上言月受光者大半不受者小半則明魄之照界別成一小圈爲大圈之距等而非月球之中圈中圈必大圈也分球爲兩平分

人目所見之界其直線則距等圈之似直線（本是圈也人視爲直）其弧曲線則亦距等搚圈之半也以此之故朔後三四日新月之兩端能過半周之界

月光日所照與人所見時各不同圖

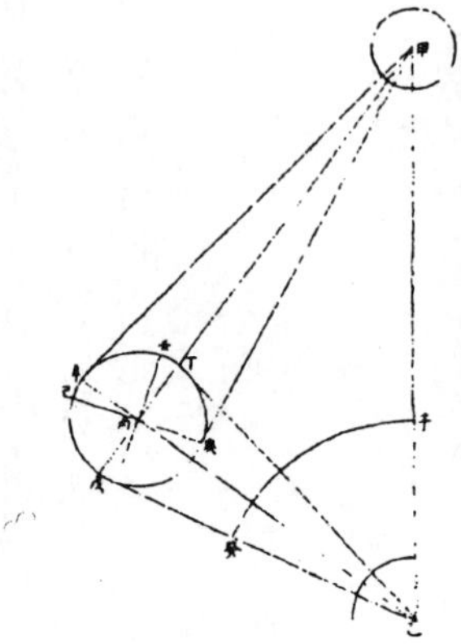

月光日所照與人所見時各不同圖說

問月行每日去離太陽約十二度等也然朔前後光魄消長之分數少兩弦前後消長之分數多望前後復少人於定望前後一二日見月光如不易何故曰月體本圜面之上必有兩圈皆爲明魄之界一爲日所照之界一爲人所見之界兩圈於定朔時相合爲一（照與見相反）定望時亦合爲一（照與見相同）過朔望漸相離

如兩交圈結於兩極漸展漸離相離之處若黃赤二道之距遠度也

兩界圈之距間則人所見月體有光之分也以此推之人目所見爲球之正面如平儀之極分交圈也兩界合圈在球之側面如平儀之子午圈也初日相離距度若干人側視之則見少如時圈之近子午度分等人側視之則見狹兩弦時距度亦若干人平視之則見多如時圈之近極分圈度分等人平視之則見廣也故朔望之消長非少而見少兩弦之消長非多而見多也如圖甲爲日乙爲地丙爲月丁丙戊庚爲人所見月之半己丙庚丁爲日所照月之半丁庚爲兩界之距間卽本時人見月體有光之面也

從目日及月心作甲乙丙三角平面平分月體則己丁庚戊爲圜面

甲乙丙角形有甲乙（日距地心）約一千二百地半徑有乙丙（月距地心）約六十地半徑又有甲乙丙角爲月距日之度（試作癸子弧卽得乙角之度）求丙甲乙角設月距日之乙角爲四十度算得一度五十五分以幷四十度得四十一度五十五分又引長乙丙戊甲丙辛外角卽與丁丙庚角等

庚丁壬丁壬辛皆四分之一各減共用之丁壬其兩餘等

甲丙辛外角與相對之兩內角等卽丁庚弧亦與兩內角等則月距日四十度人所見月體有光之分約得四十二度

言約者未定之辭也如上論月體明魄兩界圈似大圈而實距等圈則有差又約月距地爲六十地半徑然時多時少日距地爲一千二百地半徑亦時多時少又月經度距日四十度或在南或在北亦有差是故約言之

若測得月體明魄兩界之比例可推月距日之度卽上圖說反用之

每日月面光界圖

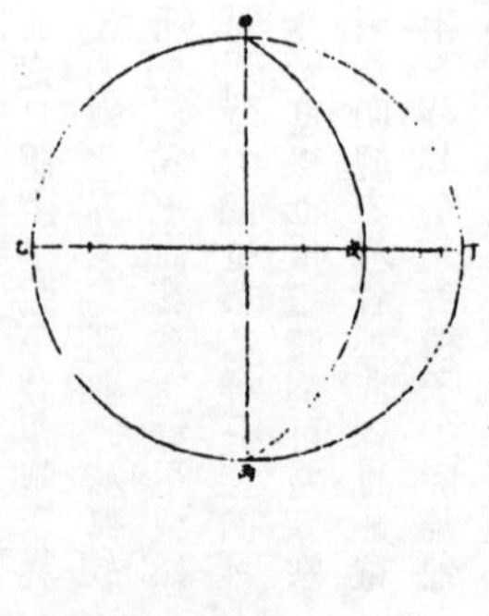

每日月面光界圖說

欲圖某日之月光界先求月距太陽若干度分次依上法求月面半徑上明魄界若干度分從兩極

月面上兩極定爲過白道兩極之大圈線或與白道爲直角

作搚圈之半乃本日所見月面有光之界也若未至九十度光作角形若過九十度作未成圓形如圖甲丙爲月之兩極丁戊爲明魄之界甲戊丙線爲本日之月光界甲戌丙丁爲兩角之形甲戌丙乙爲未成

圓形

用上法推凡日光界爲全徑
十分之一距日二十六度
十分之二距日四十度半
十分之三距日六十度
十分之四距日七十二度半
十分之五距日九十度弦也
十分之六距日一百〇七度半
十分之七距日一百二十度
十分之八距日一百三十五度半
十分之九距日一百五十四度
滿十分距日一百八十度望也
以上數依目測爲定若推算當求月高卑求白道緯度當有微差

月望光色中邊有淺深圖

月望光色中邊有淺深圖說

問月望時中心光色稍淺四周光色特深何故曰月體圓中心體一分發光一分四周體三分發光一分一分者所受日光少故發光淺三分者所受日光多故發光深如圖甲爲月體乙爲目見月之角從角分爲十分中一分見月周一十一度有奇旁一分見月周二十五度有奇

曆象圖說

太陰次輪圖一

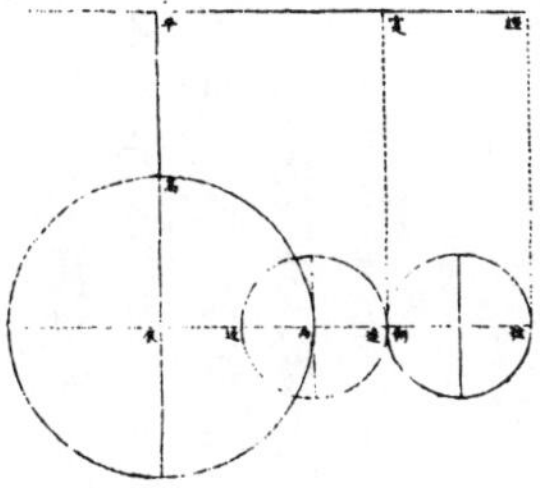

太陰次輪圖二

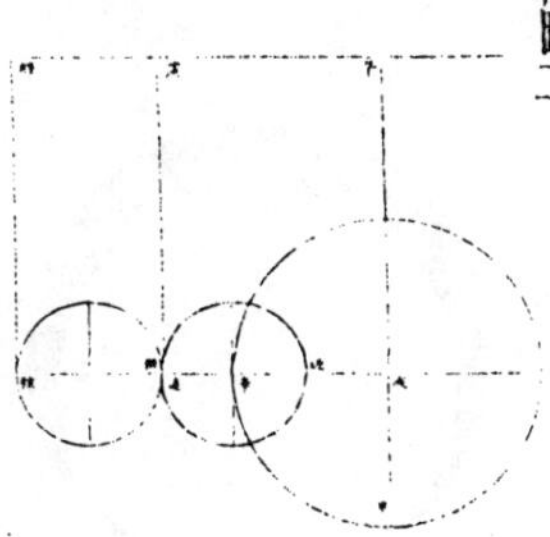

太陰次輪圖三

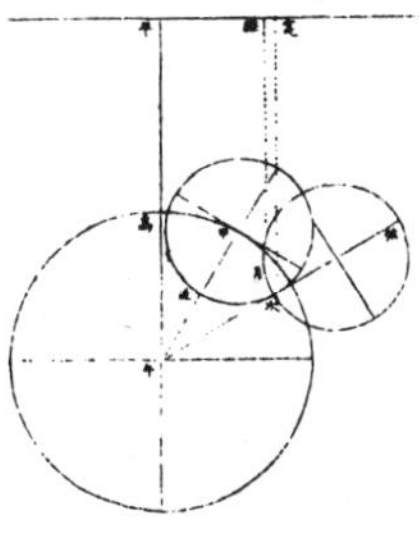

太陰次輪圖四

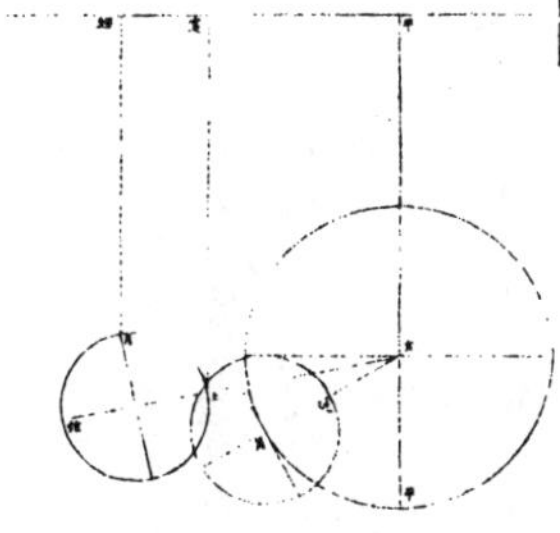

太陰次輪圖說

均輪之心行于本天小輪之心行于均輪此各曜之所同也乃各曜光體又行于次輪而次輪之心行于小輪惟太陰繫于小輪而行者不以次輪之心而以次輪之邊故其遲疾加減與各曜有不同者次輪起于距日之遠近亦各曜之所同也乃五星之次輪木火土與日一合而行一周金水與日再合而行一周惟太陰次輪與日一合而行再周故其遲疾加減與各曜尤有不同者次輪邊界從合朔起繫于小輪爲

最近半周上弦而至遠矣一周復於近爲望又半周下弦而遠再周復於近而合朔矣次輪以此朔望點繫於小輪上右轉周行既倍於小輪心行於均輪之度而月體之行於次輪周者又一合朔而有再周由是均輪既有高卑小輪又有遠近次輪上復有朔望二弦而太陰之所在測其經度而有遲疾測其緯度而有出入測其光體周徑而有盈損象數可徵皆古法之所未備如一圖均輪心行至辰小輪心自高行至丙各一象限次輪朔望點必自近至遠行一百八十度其平實之差爲一均數若月在次輪弦點則更有實經之差均二二當井於一均爲極大之減均也古名遲疾差二圖均輪心行至戌小輪心自卑行至辛各一象限次輪朔望點必自近至遠行一百八十度其平實之差爲一均數若月在次輪弦點則更有實經之差當井於一均爲極大之加均也古名疾差三圖均輪心行至午小輪心自高行至甲各三十度朒初限次輪朔望點在小輪上必自近至次行六十度其平實之差爲一均數若月在次輪自次向弦行至月則有實經之差當損其一均餘平經之差爲定減均也四圖均輪心行至亥小輪心自卑行至庚各六十度朓初限次輪朔望點在小輪上必自近至上行一百二十度其平實之差爲一均數若月在次輪自上行至月則有實經之差當益其一均得平經之差爲定加均也

晦朔弦望圖

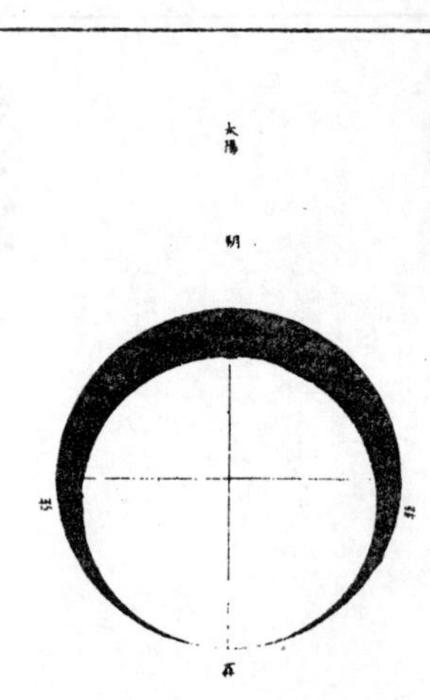

晦朔弦望圖說

月借日光故與日同度則人見其相合而晦自朔後漸遠於日而生明與日近一遠三則半明半晦爲上弦與日對度則全體皆明爲望自此漸追及日而生魄迨與日遠三近一又半明半晦爲下弦及再追及日而與之合度則又一晦明矣

曆象圖說舊本

月道交周圖

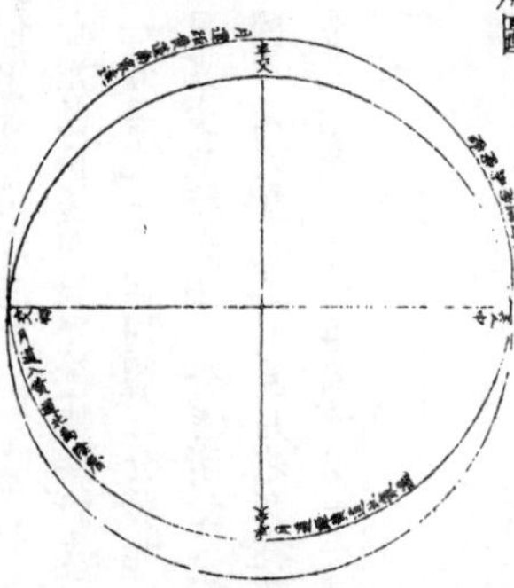

月道交周圖說

月道斜交黃道交初入黃道北至交半緯度極大乃向黃道行至交中出黃道南極於交半緯度又最大又向黃道行至交初而一周每周退天之度爲交差○黃鐘曆議云今書傳官本有圖爲圜規者九而重疊相錯先儒所傳九道蓋如此以理究之月道如今纏線於彈丸上線道雖重然止一縷往來未嘗斷絕果如九規則斷而不相屬此可見九行之說非也每一交之終退天一度餘凡二百四十九交有奇退天一周終而復始故舊曆所謂九道元人一之名曰白道○鄭世子以月道出入黃道之差譬黃道交於赤道之差其說已當然以今曆之理揆之則月道之交差者月退也黃道之交差者恆星進也而日度不移此其所異也月之爲體最近其行度最著故推日星之理者自月始由其交周可知天日之有歲差矣由其遲疾可知日星之有盈縮矣由其月孛之行可知日最高之有移度矣由其倍離合日而又有遲疾加減之分可知五星之有歲輪矣

太陰次輪圖

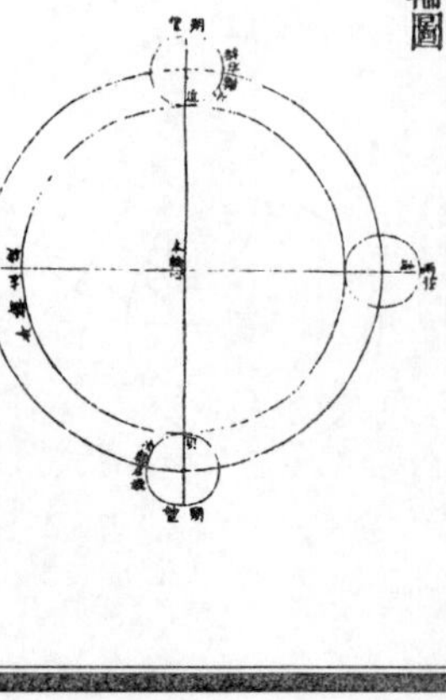

太陰次輪圖說

五星皆以次輪心行於本輪之周月則以次輪最近點行於本輪之周朔望起最近每本輪心離日一度則次輪最近行於本輪周亦一度而月在次輪則行兩度朔望至弦離日九十度而月行次輪一百八十度至最遠弦至朔望亦行一百八十度復至最近故一月行兩周所以知者高卑視徑遲疾視行皆至兩弦則其差倍增而朔望則平也

太陰高卑四限圖

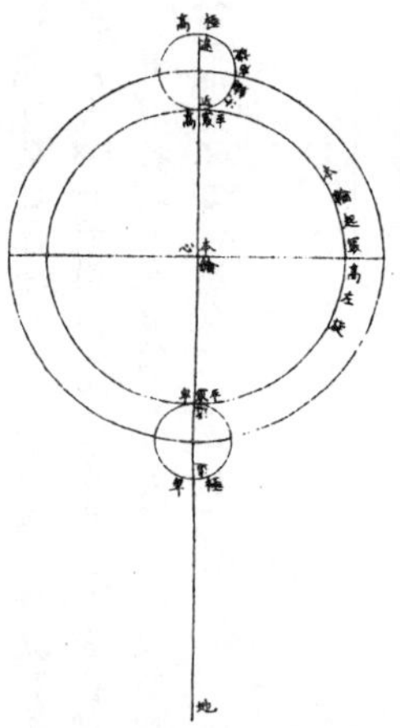

太陰高卑四限圖說

本輪最高又遇次輪最遠爲極高本輪最高遇次輪最近爲次高本輪最卑遇次輪最近爲次卑本輪最卑又遇次輪最遠爲極卑高則去地遠視徑小卑則去地近視徑大

太陰遲疾大差圖 亦分四限

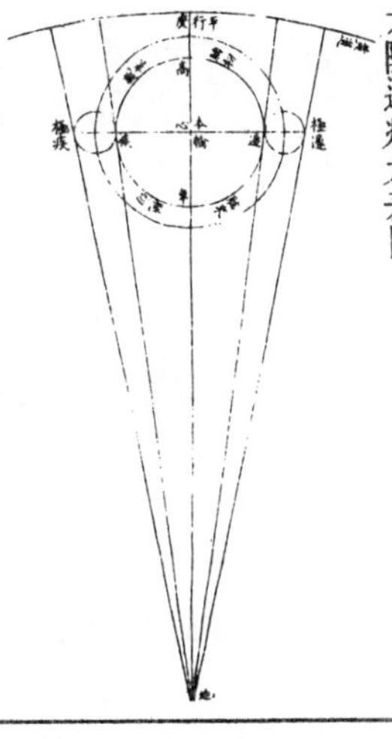

太陰遲疾大差圖說

自本輪最高行滿朒初九十度至酉際遲積度五度奇自最卑行滿朓初九十度至酉際疾積度亦五度奇是爲本輪上遲疾大差朔望用之若本輪行至酉際又遇次輪之最遠則其遲疾各得七度四十分以爲大差兩弦用之是爲遲疾大差之四限

闇虛蝕限圖

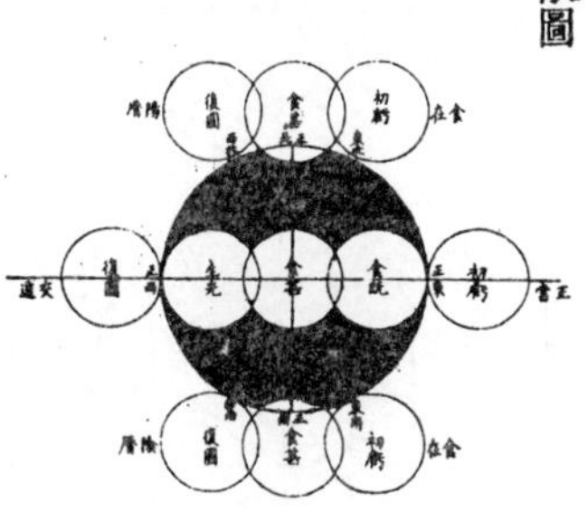

闇虛蝕限圖說

闇虛徑大於月約將三倍又各以去日遠近爲大小正當交道則蝕有五限月東輪切闇虛西輪爲初虧西輪齊爲食既中徑齊爲食甚東輪齊爲生光月西輪切闇虛東輪爲復圓偏而蝕於陰陽者分三限初虧食甚復圓起復方位與日蝕反日遲而月來掩之故起於西闇虛遲而月來就掩故起於東緯度多則蝕分少緯度少則蝕分多○古人指日中之暗爲闇虛鮑雲龍天原發微比於離坎中之陰陽宋濂謂月蝕爲地影之所隔魏文魁作曆測疑其說出於西域然南齊書已言之且漢張衡亦曰當日之衝光常不合者蔽於地也是謂闇虛斯言甚明獨以爲在星星微與今說異月近地星遠地日照地成影闇虛有盡不能及星也

里差時刻圖

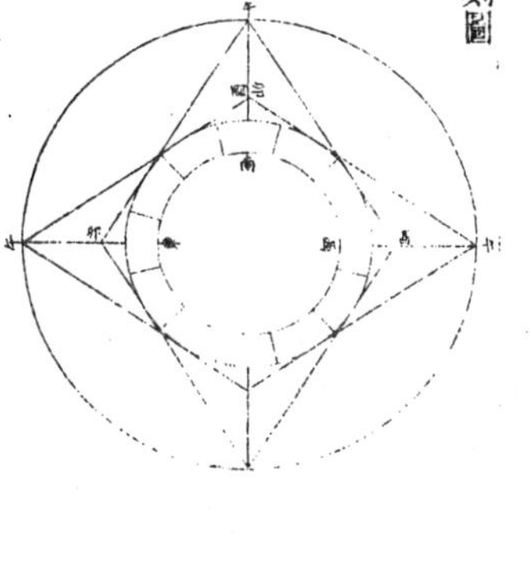

里差時刻圖說

北極高下殊而地有南北之緯差時刻早晚異而地有東西之經差測經差時刻者用月蝕月蝕普天同見而見之者西方覺早東方覺遲知相距幾何里卽差幾何刻則推之四表莫不皆然蓋東之午南視爲卯南之午西視爲卯而東已視爲酉西之午南視爲酉而東必以爲子各據日輪南照爲午而在左在右初不知時刻之潛移也○堯典分宅四方周官以日南日北日東日西參互測驗誠曆象之至要後世率就一隅立法故用之他方隔閡難通也耶律楚材創里差法郭守敬廢而不用雖分道測候而所定授時僅可行於大都元統强以用之江南止改其晝夜刻疎謬已甚其後都北平臺官一守元統之舊又襲南方之晷漏而不知變曆象之難明也如此

欽定古今圖書集成曆象彙編乾象典

第三十八卷目錄

乾象典第三十八卷

月部總論

揚子

五百篇

月未朢則載魄於西既朢則終魄於東其遡於日乎

注遡迎也

唐丘光庭兼明書

辨月桂

代人謂及第人謂折月桂者明曰昔者郄詵射策登第天子問之曰卿自以爲何如對曰臣以爲桂林之一枝崑山之片玉今人謂爲折月桂何其謬歟且月中無地安得有桂蓋以地影入于月中似樹形耳

性理會通

天文

朱子曰月體常圓無闕但常受日光爲明初三四是日在下照月西邊明人在這邊望只見在弦光十五六則日在地下其光由地四邊而射出月被其光而明月中是地影月古今人皆言有闕惟沈存中云無闕

月無盈闕人看得有盈闕蓋晦日則月與日相疊了至初三方漸漸離開去人在下面側看見則其光闕至朢日則月與日正相對人在中間正看見則其光方圓

曆家舊說月朔則去日漸遠故魄死而明生既朢則去日漸近故魄生而明死至晦而朔則又遠日而明復生所謂死而復育也此說誤矣若果如此則未朢之前西近東遠而始死之明當在月東既朢之後東近西遠而未死之明却在月西矣安得未朢載魄於西既朢終魄於東而遡日以爲明乎故惟近世沈括之說乃爲得之蓋括之言曰月本無光猶一銀丸日耀之乃光耳光之初生日在其傍故光側而所見纔如鉤日漸遠則斜照而光稍滿大抵如一彈丸以粉塗其半側視之則粉處如鉤對視之則正圓也近歲王普又補其說月生明之夕但見其一鉤至日月相朢而人處其中方得見其全明必有神人能凌倒景傍日月而往參其間則雖弦晦之時亦復見其全明而與朢夕無異耳以此觀之則知月光常滿但自人所立處視之有偏有正故見其光有盈有虧非既死而復生也若顧兎在腹之問則世俗桂樹蛙兎之傳其惑久矣或者以爲日月在天如兩鏡相照而地居其中四傍皆空水也故月中微黑之處乃鏡中大地之影略有形似而非眞有是物也斯言有理足破千古之疑矣

或問弦朢之義曰上弦是月盈及一半如弓之上弦下弦是月虧了一半如弓之下弦又問是四分取半否曰如二分二至也是四分取半因說曆家謂紓前縮後近一遠三以天之圍言之上弦與下弦時日月相看皆四分天之一

問月本無光受日而有光蔡季通云日在地中月行天上所以光者以日氣從地四傍周圍空處迸出故月受其光曰若不如此月何緣受得日光方合朔時日在上月在下則月面向天者有光向地者無光故人不見及至朢時月面向人者有光故見其圓滿若至弦時所謂近一遠三只合有許多光又曰月常有

一半光月似水日照之則水面光倒射壁上乃月照也

問月中黑影是地影否曰前輩有此說看來理或有之然非地影乃是地形倒去遮了他光耳如鏡子中被一物遮住其光故不甚見也蓋日以其光如月之魄中間地是一塊實底物事故光照不透而有此黑暈也問日光從四邊射入月光何預地事而礙其光曰終是被這一塊實底物事隔住故微有礙耳

問月受日光只是得一邊光曰日月相會時日在月上不是無光光都載在上面一邊故地上無光到得日月漸漸相遠時漸擦挫月光漸漸見于下到得望時月光渾在下面一邊望後又漸漸光向上去

問月蝕如何曰至明中有暗虛其暗至微望時月與之正對無分毫相差月爲暗虛所射故蝕雖是陽勝陰畢竟不好若陰有退避之意則不相敵而不蝕矣

西山眞氏曰月太陰也本有質而無光其盈虧也以受日光之多少月之朔也始與日合越三日而明生八日而上弦其光半十五日而望其光滿此所謂三五而盈也既望而漸虧二十三日而下弦其虧半三十日而晦其光盡此所謂三五而闕也方其晦也是謂純陰故魄存而光泯至日月合朔而明復生焉

魯齋許氏曰天地陰陽精氣爲日月星辰日月不是有輪郭生成只是至精之氣到處便如此光明陰精無光故遠近隨日所照日月行有度數人身血氣周流亦有度數天地六氣運轉亦如是到東方便是春到南方便是夏行到處便主一時日行十二時亦然萬物都隨他轉過去便不屬他

臨川吳氏曰古今人率謂月盈虧蓋以人目之所覩者言而非月之體然也月之體如彈丸其遡日者常明常明則常盈而無虧之時當其望也日在月之下而月之明向下是以下之人見其地之盈及其弦也日在月之側自下而觀者僅得見其明之半于是以弦之月爲半虧及其晦也日在月之上而月之明亦向上自下而觀者悉不見其明之全于是以晦之月爲全虧倘能飛步太虛傍觀于側則弦之月如望乘凌倒景俛視于上則晦之月亦如望月之體常盈而人之目有所不見以目所不見而遂以爲月體之虧可乎知在天有常盈之月則知人之曰盈曰虧皆就所見而言耳曾何損于月哉

荊川稗編

史伯璿月星不受日光辨

史氏曰天問夜光何德死而又育厥利惟何而顧兔在腹集註答曰云云惟近世沈括之言曰月本無光猶一銀丸日耀之乃光耳光之初生日在其傍故光側而所見纔如鉤日漸遠則斜照而光稍滿大抵如一彈丸以粉塗其半側視之則粉處如鉤對視之則正圓也云云性理會元文公曰緯星是陰中之陽經星是陽中之陰蓋五星皆是土木火土金水之氣上結而成却受日光經星却是陽氣之餘凝結者亦受日光但經星則閃爍開闔其光不定緯星則不然縱有芒角其本體之光亦自不虧按沈氏之說愚竊有所未曉者夫集註又曰或者以爲日月在天如兩鏡相照而地居其中四旁皆空水也此乃實見非臆度之論但曰月本無光日耀之乃光如此則日光必照著月月乃有光耳若日光爲物所遮隔照不著月則月乃無以爲光乎今或者既曰日月在天如兩鏡相照而地居其中則是日月之行不免隔地之時若日光爲地體所障月體爲地影所蔽則月必無日光可受又將何以爲光乎愚嘗以此爲月食之說終是不慊于心何者蓋地體甚大若謂其有影則凡物之影必倍於形地之與水豈無十萬里之廣厚則對日之衝其影又當倍此以天度言之一度纔二千六百三十二里有餘耳九行與黃道近者只在一度間極遠者不過六度便以六度計之不過一萬五千七百九十二里有餘而已而地與水之影在對日之衝者乃有一二十萬里之廣大可以遮六七十度不知月行人在此影中日光亦能照及之否故謂地爲無影則可若不免有影政恐月若本自無光須待日耀之乃光則爲地影所蔽失光之時豈一夕二夕而已今則月自生明之後無夕不光雖有時而食亦不過一時之頃而已不知又何說也又按文公星亦受日光之說朱子又嘗言天地間本無光光皆是日之光故月與星有光者皆是受日之光以爲光亦此意也愚亦有所未達者夫既曰月與星皆受光則月之生明必在合朔之第三日是時月去日已三四十度矣然始生之明不過一線之微耳漸增以至於半而弦漸增至于滿而望望後漸虧以至于晦亦然無明生頓滿之理也今經星緯星近日遠日光皆圓滿皆無以漸者姑以金星言之金星附日而行自距合後進在日前只去日十八度便夕見西方或退在日後亦只去日十八度便晨見東方是時去日如此之近皆一

見便滿不如月之生明有漸亦不知此何說也愚竊以意度之夫星去日雖近而光亦滿不如月之生明有漸則似乎星自有光不待受日光以爲光者星若果自有光烏知月之不亦自有光乎若月之所以有魄者蓋日月與星雖總謂之三光而陰陽大小則異焉是故日爲太陽猶四象之老陽六十四卦之乾卦是純乎陽之象也月爲太陰猶四象之老陰六十四卦之坤卦是純乎陰之象也日純乎陽故其光獨盛而其體四面皆光月純乎陰故光不及日其體半光而半晦光乃其面晦乃其背卽所謂魄爾日全體光而月半體光者陽全陰半之意也至於星則陰陽合體而不純矣文公謂緯星是陰中之陽經星是陽中之陰陰中之陽陽中之陰猶四象之少陽少陰六十四卦中凡陰陽合體之六十二卦是不純乎陽不純乎陰之象也不純乎陰故其光皆全不如月之半明半晦不純乎陽故其光雖全而不如日之獨盛也三光之體不同恐或如此星既本自有光則近日遠日光皆圓滿不必致疑可也獨月之近日遠日而光有盈虧之異則未得其說竊以爲日君象月臣象臣主敬君故月常面日而不敢背此其光所以生而滿自滿而虧皆以漸而進退也此卽沈氏彈丸以粉塗半側視對視之說但彼主日耀之光此主月自有光爲異耳至于日君月臣臣主敬君月常面日之說何以知其然耶曰以九行與黃道離合遠近之勢而知之也觀九行與黃道相交相去之勢則知月之光月既不敢當日道而行又不敢去日道太遠遠去不過六度而已甚則日失中道則月亦變行月于行之常變皆不違乎日如此此非臣敬君之意而何如此則常面日而不敢背亦何足怪乎既曰月自有光則地影遮隔之疑可釋矣然則日月有時而食何也曰月常面日魄乃其背則朔月掩日而日食亦自與先賢之說不相背但望月之食則張衡所謂對日之衝有暗虛者月若望行黃道則適與之値故爲所掩而食耳曰然則對日之衝何故有暗虛在彼曰天象所有有非人所能盡知者對日之衝與太陽遠處往往常自有幽暗之象在焉其大如日與日同運亦未可知也既不能凌倒景傍日月以目擊其實則只當以古人此說爲據而已尚何言哉鑿說謬妄豈曰可信疑不敢蓄姑筆于此以俟知道云爾或疑在易坎爲水又爲月水光在內可以鑑形于內而不可以照物于外故月之體如水之黑非受日光則無以照物于外今曰月自有光則與水異矣曰日月在天之象也豈可以爲盡同于地之水火哉假如日月盡同于水火則合朔日或食日之時火何以不熄水何以不燥而日月尚得兩無恙乎況辰星明謂之水星其體尚不如水之黑而自有光則月自有光又何可疑之有

張行成論月行

觀物張氏曰日月冬至以後行陽度而漸長夏至以後行陰度而漸短雖以陽臨陰爲客之體亦不敢自肆也諸曆家說月一日至四日行最疾日夜行十四度餘五日至八日行次疾日夜行十三度餘自九日至十九日其行遲日行十二度餘二十日至二十三日行又小疾日夜行十二度餘二十四日至晦行又太疾日夜行十四度餘以一月均之則日得十三度十九分度之七也遠日則明生而行遲近日則魄生而行疾有君臣之義焉

月部藝文一

月賦　　漢公孫乘

月出皦兮君子之光鵾鷄舞于蘭渚蟋蟀鳴于西堂君有禮樂我有衣裳猗嗟明月當心而出隱懸巖而似鉤蔽修堞而分鏡既少進以增輝遂臨庭而高映炎日匪明皓璧非淨躔度運行陰陽以正文林辯囿小臣不佞

月賦　　宋謝莊

陳王初喪應劉端憂多暇綠苔生閣芳塵凝榭悄焉疢懷不怡中夜乃淸蘭路肅桂苑騰吹寒山弭蓋秋坂臨濬壑而怨遙登崇岫而傷遠于時斜漢左界北陸南躔白露曖空素月流天沈吟齊章殷勤陳篇抽毫進牘以命仲宣仲宣跪而稱曰臣東鄙幽介長自丘樊昧道懵學孤奉明恩臣聞沈潛既義高明既經日以陽德月以陰靈擅扶桑于東沼嗣若英于西冥引元兎于帝臺集素娥于后庭朒朓警闕朏魄示冲順辰通燭從星澤風增華台室揚彩軒宮委照而吳業昌淪精而漢道融若夫氣霽地表雲斂天末洞庭

始波木葉微脫菊散芳于山椒鴈流哀于江瀨升清質之悠悠降澄暉之藹藹列宿掩縟長河韜映柔祇雪凝圓靈水鏡連觀霜縞周除冰淨君王乃厭晨歡樂宵宴收妙舞弛清縣去燭房即月殿芳酒登鳴琴薦若乃涼夜自淒風篁成韻親懿莫從羈孤遞進聆皋禽之夕聞聽朔管之秋引于是絃桐練響音容選和徘徊房露惆悵陽阿聲林虛籟淪池滅波情紆軫其何託愬皓月而長歌歌曰美人邁兮音塵闕隔千里兮共明月臨風歎兮將焉歇川路長兮不可越歌響未終餘景就畢滿堂變容迴遑如失又稱歌曰月既沒兮露欲晞歲方晏兮無與歸佳期可以還微霜霑人衣陳王曰善乃命執事獻壽羞璧敬佩玉音服之無斁

初月賦　唐王泠然

觀乎皎皎新月含虛驚闕伺海蛤而齊生候階蓂而俱發既與物而盈偃亦隨時而興歇故其清光未滿斜輪半空依稀破鏡髣髴懸弓離畢墜雨繞暈生風散微華于粉壁集輕照于蘭叢爾其狀也皎皎的的鏡丹霄而灼爍鮮鮮綿綿點清漢而連娟逢輕雲而暫蔽雜華星而共妍感邊城之羈客監珠箔之嬌絃思閨女之披幌弄舟人于叩舷若乃斷山風入中天氣清雲徹暮景霞開晚晴望穎陽之西落見微月之孤生出烟郊而漫漫映江浦之亭亭疑碧臺以光淨度青樓以色明雖余情之斯得停搴攬而不盈俄而涼夜未殘低輪半傾墜斜光于森木落餘照于嚴城臨玉墀而不見望亭闕而杳冥余亦何爲者感在空庭

月臨鏡湖賦以風靜湖滿輕波不動爲韻　陸贄

月配陽含虛而明湖止水體柔而平光無不臨故麗天並耀清可以鑒因取鏡表名月包陰以成象水稟月而爲精兩氣相合實不入而疑入二美交映伊本淸而又淸色皎潔而秋天愈靜波演漾而背風乍輕類泗濱之磬見疑合浦之珠明至明洞幽至清無垢同元澤無遠不遍等達人以虛而受滿不可恃望之足戒以虧盈形或未分鑒之則辨其妍醜輕靄不起纖塵莫過沉璧彩而爲鏡碎金輝以成波皓質未判空聞川鶴之唳杳風乍度暗傳蓮女之歌萬象皆總湛清光而不動極望靡窮凝虛皓而如空照同心千里之外洞游鱗百丈之中櫂影乍浮如上天邊之漢桂華不定多因蘋末之風白晝誠窮殘夜將短臨遠峰而欲落沉餘景而猶滿月之德也朗而迴水之性也柔而靜照有餘輝光無匿影滿而將缺顧兔自殊於太陽導之則流無禽豈同於舊井原夫德無不應理必相符湖以柔而藏月月因朗而彰湖不私其明明則有裕無逆于物物乃不孤異投珠而按劍等藏冰而耀壺惟水月之叶美與君子而同塗

玉鉤賦以常觸正輕故無朓朒爲韻　張仲素

月以陰德玉聞夜光伊在天而成象沓如鉤而可望每映樓而皎皎類照廡之煌煌隱見以時兮不愆其候虧全有節兮此惟其常當其霽景方晚清飈既涼瑩迢遞之初魄出西南之一方韜皎皎之輝尚潛元兔呈纖纖之狀詎假白狼剝乃就盈之姿曲成是愜從三讓而載吐表四序之克協侔雕瓊之異象契舒蓂之數葉臨洞房之內猶隔瑣牕隱遙城之隅乍明粉堞觀夫媚霜烟挂遼敻悟如珪之有始知合璧之將聖既麗天而作則亦順辰而爲政彎環而素彩未流蕭散而丹霞始淨所以增思婦之獨愁發詩人之典詠豈止生彼海瀣煥乎天經況于玉以比德復如鉤而效靈落魚浦之間偏宜泛影垂朱簾之側宛似分形思其迴出隴陰漸登雲路每因躔而進晷亦就新而去故沉澄寥之空碧麗柔明之微素昌娥眉之足儔豈玉璜之能踰然而合其道也則圓景不渝順其化也而盈缺或殊當未光之時所明若昧自哉生之外其有如無且色依微于林表晦見西方之謂朓光掩映于暘谷朔出東隅以爲朒今異此而守度諒君明而臣肅故其賦玉鉤之輝輝誠可增金波之穆穆

破鏡飛上天賦以青天流魄玉戶失傾爲韻　李程

何新月之嬋娟如破鏡之上天微茫而桂樹猶短髣髴而菱花不全皓色滅去清光獨懸謂是云非開玉匣而長在自無而有指金波而未圓象則陵虛名何責實伊酷似其素影若同分于麗質莫測潛化空驚迴出憐此夕以孤飛念誰家而暗失況夫微明海澨遠挂關山感重輪而易缺思鞶帶而莫攀姮娥掩色娉女分顏意迢遞而難明半牛象外豈別離之可贈餘在人間霽景澄寂沉寥凝碧匪迴輝而照膽徒向晦而淪魄洞房未掩過臺上而不歸斜漢欲低入牕中而猶隔亦何辨夫鎔于火化鷩彼陰靈比孤光于珪白喻片影之銅青遙空絢練遠色晶熒爽氣共浮豈彩霞之能掩芳塵不到非素手之所經觀夫漸倚上元迫于下土瞻吳牛之能喘對孤鸞之欲舞徵碎

質以委地有方輝而竟戶哉生之後從一氣以裁成埋照之時豈五金而能補正當殘夜偏稱高秋含烟不隱泛水如流苟孕明于眞宰非稟質于人謀似逃秦殿聊上庾樓疑熠熠以從華類纖纖而若鉤異彼樅奩掩茲遊燭方應候以戲珠不鑒容以銷玉坐惜雲曙行愁漏促暈猶未合無陳方士之灰點不可磨空負先生之局

長安玩月詩序　歐陽詹

月可玩玩月古也謝賦鮑詩朓之庭前亮之樓中皆玩月也貞元十二年甌閩君子陳可封遊于秦寓于永崇里華陽觀予與鄉人安陽邵楚長濟南林蘊潁川陳詡亦旅長安秋八月十五日夜詣陳之居修厥玩事月之爲玩冬則繁霜大寒夏則蒸雲大熱雲蔽月霜侵人蔽與侵俱害乎玩秋之于時後夏先冬八月于秋季始孟終十五于夜又月之中稽于天道則寒暑均取于月數則蟾兔圓況埃壒不流大空悠悠嬋娟徘徊桂華上浮昇東林入西樓肌骨與之疎凉神氣與之清冷四君子悅而相謂曰斯古人所以爲玩也既得古人所玩之意宜襲古人所玩之事作玩月詩云八月三五夕舊嘉蟾兔光斯從古人好共下今宵堂素魄皎孤凝芳輝紛四揚徘徊林上頭泛灩天中央皓露助流華輕飈佐浮凉清冷到肌骨潔白盈衣裳惜此苦宜玩攬之非可將含情顧廣庭願勿沉西方

長安雪下望月記　舒元輿

今年子月月望長安重雪終日玉花攪空舞下散地予與友生喜之因自所居南行百許步登崇岡上青龍寺門門高出絕寰埃宜寫目放抱今之日盡得雪境日既夕爲寺僧道深所留遂引入堂中初夜有皓影入室室中人咸謂雪光射來復開門偶立見瓦雲駮盡太虛眞氣如帳碧玉有月一輪其大如盤色如銀凝照東方輾碧玉上征不見轍迹至乙夜帖懸天心予喜方雪而望舒復至乃與友生出大門恣視直前終南開千疊屏風張其一方東原接去與藍巖驪巒群瓊含光北朝天宮宮中有崇闕洪觀如甃珪璺璐出空橫虛此時定身周目謂六合八極作我虛室峩峩帝城白玉之京覺我五藏出濯清光中俗埃落地塗然寒膠瑩然鮮著徹入骨肉衆骸躍舉若生羽翎與神仙人遊雲天汗漫之上沖然而不知其足猶蹋寺地身猶求世名二三子相視亦不知嚮之從何而來今之從何而遁不諱言不譊聲復根還始認得眞性非天借靜象安能輔吾浩然之氣若是耶且冬之時凝沍有之矣若求其上月下雪中零清霜如今夕或寡某以其寡不易會而三者俱白故序之耳

月賦　宋吳淑

惟彼陰靈三五闕而三五盈流素彩而冰靜湛寒光而雪凝顧兔騰精而夜逸蟾蜍絢彩以宵驚容仙桂之托植仰天星而助明乍喜哉生還欣始盈經八日而光就歷三月而時成呂錡射之而占姓闞澤夢之而見名若夫西郊坎壇秋分夕祭類在水故應于潮義在陰故符于禮取象后妃視義卿士故以爲上天之使人君之姊瞻瑞彩於重輪共清光于千里爾其遊西園之飛蓋騁東鄙之妍詞會稽愛庭中之景陸機攬堂上之輝圓光似扇素魄如圭同盛衰于蛤蟹等盈闕于珠龜暈合而漢圍未解影圓而虜騎初來若乃珥戴爲瑞朏魄示冲爲地之理作陰之宗降祥符于漢室通吉夢于吳宮覩爪牙而爲咎見側匿而爲凶觀其素景流天方輝入戶婦順苟或不修王后爲之擊鼓物惟徐孺之說竊見揚雄之賦彌關山而布影入廊櫳而積素厭御兮維何望舒兮纖阿垂藹藹之澄輝弄穆穆之金波聞感精之女狄傳竊藥之嫦娥皎兮麗天昭然離畢應魚腦而無差驗階蓂而靡失亦有畫蘆灰而暈缺捧陰燧而輝流擣凷白兔喘見吳牛乍認蛾眉遙驚玉鉤得不薦鳴琴而滅華燭翫清質之悠悠

記徐州對月　蘇軾

僕在徐州王子立子敏皆館於官舍而蜀人張師厚來過二生方年少吹洞簫飲酒杏花下明年余謫黃州對月獨飲嘗有詩云去年花落在徐州對月酣歌美清夜今日黃州見花發小院閉門風露下蓋憶與二王飲時也張師厚久已死今年子立復爲古人哀哉

月賦有序　汪莘

余少時讀謝希逸月賦見其徵引陳熟比興寒窘大抵拙於文而乏於理竊嘗以爲恨至今取而再三觀之皆不能易少時所見因援其平生所得於月者假唐太宗房元齡問對而爲之賦云

太宗與秦府十八學士講道於瀛洲之上於時宮壺漏稀月色如晝憑欄四顧河山若繡太宗慨然謂元齡曰夫月何自生哉元齡稽首而對曰臣聞月生於坎水主內光在坎則隱因離則彰其闇處陰其闕隨

陽魂生震始魄露巽旁二少分上下之弦兩純括晦望之囊八卦相禪爲月紀綱觀于卦畫其義可詳青者月魂黑者月魄出扶桑而五彩暨中天而迴白此月之變也皆陰陽之相客太宗曰月之義既聞之矣然則月之運行如何元齡曰其始也一氣茫然有物潛珍兩儀洞開望之如神于是清風龍翔而啓塗丹霞鳳翥而扶輪提白晝于既暝歘東皇于未晨按行于二十八舍周流于三百六旬出天入地自秋徂春橫碧落而孰禦歷黃道而常新斗車爲之低昂列宿爲之逡巡此月之行也臣又嘗縱觀焉大何天之不罩廣何地之不籠高何崖之不挂幽何谷之不逼使夫山海之間共此燈而發蒙霍然如攬白霓之駕恍然如泛驪龍之宮若乃襯珠闕而泫露鎭貝闕而含風藹玉圃之生烟鬱瑤林之攄虹亂芙渠之萬頃繪松柏之千重餘輝半抹于城樓曉色欲拂于天東紛金章而玉佩雜天馬而雲驄咸謁帝而待漏殷殷乎長樂之鐘雖然此陛下之月也臣請爲陛下言士民之月臣爲布衣隻劍孤琴出遊四方歸憩家林其觀于月也有不知所以獨舞與不知所以長吟者矣方其射西山而散彩委曲浦而遺陰過銀沙而瑟瑟度金礫而駁駁逐行舟而上下與高浪而浮沉因蒲帆而舒卷隨桂楫而淺深入霜雪而英華秀發混蘆荻而蹤跡難尋散千林而無定影鎭九淵而有常心或出晚霽而疑于清曉或當晨現而訝于黃昏或顚倒于山光水影或披豁于地宿天根或坐臣于偃竹之牕或挽臣於落梅之村或送臣于小橋或迎臣于柴門或帶苔紋而粘屐齒或移花影而泛清樽太宗曰噫士民之月不亦樂哉然則月之德性何如元齡避席而辭曰大哉陛下之問臣不足以與此太宗曰卿其勿辭元齡乃言曰月之德性至矣妙矣惜乎賦家者流未有能聲條振理者也夫太極肇判天一生水天一之精凝爲月體仰射天外下徹水底洞照八荒晃不知其首尾碎之自圓撓之自止執之若遠覗之復邇體有盈虛性無生死胡爲而虧胡爲而盈臣以是知生死之故鬼神之情然猶不足以言知月臣愛月者也疇昔之夜嘗夢焉弄月于雲葉之表釣月于浪花之端種月于林泉之下布月于天地之間臣有其志而未遂也太宗乃掀虯鬚躍龍顏大笑而曰卿之志朕知之矣酌以樽彝食以鼎鼐牽牛正中再拜而退

賓月堂賦　林景熙

南鴈蕩葉君堂于山之陽野蔌盈俎春醪在觴索居無朋欲飲誰相俄有客自天東駕五雲而來水佩金裳冰姿玉質初流光于簷楹忽散彩于庭闥不由介儐竟造几席主人見而異之曰噫嘻此佳賓也揖與同坐清寒襲肌于是撤觴與俎挹沆瀣以爲醴攜斗柄而酌之匪曳裾而投轄意炯炯以相依主人謂賓曰古稱孟嘗三千珠履勢交何常合散如市生死翟門喜怒廉里太行之山灩澦之水陶潛所以息交劉勝因而掃軌乃若高照萬古渺視九寰不翻覆于雲雨豈遷變于燠寒對之可以增雙眸之碧卽之可以洞寸心之丹若子者予所樂賓恨相見之晚也賓冉冉促膝若復于主曰當今非但主擇賓賓亦擇主尼父所主必非衛疽宗元亦客辱于王伾開閤設醴入幕何爲黃金之臺徒觀美五花之館空遺嗤自開闢以至于今閱人多矣知愚好醜淳澆臧繆伏意度情靡有遺照乃若持玉斧兮抉河漢以爲文斫丹桂兮梯層飈而絕塵斯靈府中自具廣寒清虛也而不然者豈予所屑賓峨眉秋影昔白之賓今賓子乎南樓夜色昔亮之賓今賓子乎主人聞賓言再拜謝顧影復自笑曰嘗聞天地間萬物之逆旅往過來續寓形幾何吾方擾擾焉身自爲賓又安能賓夫賓也雖然是當有耿耿者留天地間萬古唯道不朽天所以高地所以厚象緯所以著明誰賓主之夫豈以有限之形而欲結無窮之交哉言未既天鷄咿喔斗轉河低賓不答去亦不辭第見斜光回薄林鳥驚棲主人舉手招賓賓已在西山之西

月軒序　明　莊杲

安仁艾君叔明號月軒夫月也有詩人之月有文人之月有詩顚酒狂之月有自得性天之月韓昌黎盛山十二詩序謂追逐雲月文人之月也杜子美詩謂思家步月青霄立詩人之月也李太白捉月采石而其詩又謂醉起步溪月詩顚酒狂之月也黃山谷謂周茂叔人品甚高其人如光風霽月自得于性天者之月也夫詩文人之月無所眞得無所眞見口耳之月也詩顚酒狂之月醉生夢死之月也惟周茂叔之月寂乎其月之體感乎其月之用得夫性天之妙而見夫性天之眞自有不知其我之爲月而月之爲我也所謂曾點之浴沂孔子之老安少懷二程子之吟風弄月傍柳隨花朱紫陽之千葩萬蕊爭紅紫者是已蓋與天地萬物爲一體者也上下與天地同流者

也所謂聖賢之月也叔明之月果何月哉叔明深于地理學每以蔡牧堂自負非得地理之性天者不能嗟夫人之性天何往不在牧堂之性天豈異于叔明之性天叔明之性天豈異于茂叔之性天哉叔明于吾茂叔之性天不知果眞得否也叔明往來余溪山雨閣最久要之當亦有得也人凡有叩叔明之性天于靑囊者不以曾楊廖賴之專而眎叔明可已凡厚叔明者有詩月軒而某于叔明尤厚遂爲之引

月賦有序　馮時可

癸未秋夕馮子獨坐延首東望月耿踈林少焉涼風滕之直入余戶岑寂無聊萬慮塡膺踢天蹐地偶東鄰沈生攜酒過勞吐崢嶸之論驅愁思於乇外頓令宇宙若闢遂相與賡酧不覺金樞之西矣沈生乃唱韻即席賦焉

紫霞韜日紺宇流月孤蟾漸騰六螭自沒飛鏡花搖修蛾影越的的寒池冉冉叢樾萬穎金射一輪銀揭炯濯肺肝光鑑毛髮其德維何示沖譽闕代明扶桑育靈溟渤榮悴參差明照無別漢宮如霜楚臺似雪絕纓陸離墮釵蹩躠三星欲沈九微未徹皓彩佐豔幽光爭潔班姬獨臥飛燕初訣庭柳葳蕤階螢明滅蘭膏坐凝桂影自孑西園蓋飛南皮席設炮炙參差酒闌樂闋與文如雲縱橫稱傑玉壺素心相爲照晰潘生恨羈謝監懷闊思入鴈群身濡魚沫顧影自憐攬轡欲怛若乃壯夫寄命弦筈雲陣祁連星旗鞅鞨秋入銅鐎寒侵犀札蒼茫月上積光稾秸思婦深閨腸轉車轄嬋娟入帷愁來難刷合如三五離如二八亦有征人深夜攬轡銀漢曳空長煙冪地旌心自懸蓬驛未夬清質忽覿骨驚神悸龍馬上都笙竽甲第金埒銅池擷芳矚麗雲卷夕鱗霧消輕翳圓魄徐昇瀲灩天際妖姬豔童歌容舞袂秦鉤遺歡漢珠賞變陶陶永夕指空爲誓明妃遠去趙王初徙都尉降北敬通歸里孤舟仙客空山廢士悢新戀故迫生憐死黃葉辭秋搖風忽起愁規自對抆血相覗情條靡靡形骸頓委別有招提震旦是倚摩尼夜出照我濁世光侵倉磬清傍佛几五禪明慮七覺蕩滓水月成觀何愁何喜噫嘻人生忽如逆旅畏途多艱苦海無涘牛喘猶餘鮫淚幾許僕本恨人矧逢秋序霜隕枯梢露凝叢楚沉寒中夜息籟幽渚寥寥鴈飛淒淒蟲語四顧無人纖阿爲侶萬端崒來千載獨佇遙懇長想重嗟累涕東鄰有生焚枯酌醴仰天大笑謂予款啓翹然男子一何泥泥我攀壘舒萬象如洗發吾皓志祛我塵慮飛廉爲車結璘爲御烈缺長鞭欃槍高翥歷天捎星萬里一去夕禽秋引轉淒爲豫僕始神王浮白相飫軼埃滅暈月亦予助土豹殷聲天鷄催曙耀靈一起光含明茹吁嗟月德孰爲昇與照而本空晦而逾著慘舒盈缺道無常處惟予與月相知其庶李白何問謝莊何譽

西湖月觀　陳仁錫

甲寅居堯峯登妙高吸太湖手賚寶雲泉自龍洞下琅玕夾流水侵予枕簟深夜鳥啼四更吐月游魚欲躍假寐未遑曉煙如抹風急雨來四山瞑合汎石湖楞伽間十里嵐光天長水遠以此貪戀家山唯西湖舊游小草未削初夏日長簡付劂氏嘗謂游山水如睡臥記述如作夢當其夢時好醜皆夢一經改竄情事倍佳無乃非昔夢耶既編補帆爲裙月觀留作湖上一夢

初四月紀

癸丑秋八月暮維舟棕毛塲步石函做見湖光逕櫂斷橋保叔一峯送影湖面紅衣落盡遠水一枝藕花泊妓依稀太守昔年西泠橋下問水雲寬窄落日銜山波波擁紅巒夾綠陰斜入外湖靑蒼異狀騰踐短矣月乍鉤草欲碧一半勾留逆鑑上下極愛雷峯蒼立

初五月紀

自溜水橋觀慶忌塔昔要離誘入吳因風勢以矛鉤其冠而刺之葬此咸淳間怪物浮水若鐵棺然其西鄰侯橋石函入下湖問趙宋諸貴人墅僅餘花園老卒歌一篇耳寶所山奔水導逆以海潮余坐落星石漱一勺泉下大佛寺萬柳成幕橋左斷寶雲山之東宋家花如錦曰錦塲及上秋陽臺淒神寒骨海風四起月到望湖亭誦前人語西湖深靚空闊納光景而涵烟霏湧衍而不迫紆徐以成文陰晴之中各有奇態酒空急抵昭慶岸沽酒

初六月紀

汎曉湖及湖巒光盡紫海雲未斷出寶佑橋（卽段橋）紅袖靑旗總宜（園名）涵碧（橋名）彷彿覩之孤山歸立長烟初淡山水未深余觀第三橋碑不祀鄰侯今與白蘇處士四曰四賢祠然范文正張忠定朱徽國不宜入耶其巔歲寒岩樂天就四照爲竹閣而麗農樓快雪閣萃其勝南陸宣公祠又南六一泉東坡先生惠勤上人哭歐陽公處也孤山飯罷送客上湧金門泊藕莊

飲雷峯下南屏披峻壁翠落蓮花洞口久之乃歸臯亭諸山飛翥如亂雲補兩湖之缺斗折蛇行與燈明滅在孤山語處士曰有是哉處于清濁之間歐焉蘇焉范焉白焉參寥焉慧勤焉甚之而韋后焉賈似道焉

初七月紀

殘醉未醒閉戶作句客作竹就飲沚塘蕭條夜深與客過溜水橋月漸低急放舟十錦塘月影半浸湖如擎寶幢卽之微縮斜下如懸指漸一指片指俄落寒潭光經時不散桂輪自水中央的皪兩峯高處月在天而半在水而圓比于山高月小余進一籌矣

初八月紀

行唐刺史九里松下長茸風雷江濤夜合隔林先作雨昔吳說書額高宗揮數十幅不能及天矯作勢萬乘辟易松旁麯院宋取金沙澗水釀官酒由合澗上北自靈隱南自天竺登北高峯山起欲出畦跨富春控餘杭局結錢塘突爲峯鷄鳴見日升盤三十六灣而陟西望羅刹遙接海邑郡城飛來峯樹自崖谷擢起根生石上翠毿蒙羃鳥悅山客開洞曰龍泓宋丁翰之月夜集鷲處問靈隱浦惟流泉淙淙跨澗一樓亭冷泉于巖面寺暗林香靑林洞之北昔人長嘯集猿呼曰猿父爲建飯猿臺逐侶出雲呼兒歸洞最宜向包氏山房一聽猿啼松落三竺之勝亘數里自飛來轉寺後如伏虯飛鳳稽留峯介大竺之中遙響飛空歸流欲瀉大悲泉流講堂下空巖懸乳幽淙嶺在其東南深鬱巉巖草叢石瘦仰天一線至捫壁嶺左逼障右臨溪而活沙塲滑善崩上天門湖海一色矣自錦堤歸忙上保叔塔觀落日山高峯蔽略見紅霞數道到寺門海日蒼黃倒影余乃自梅花嶼之北婆娑深樹旋下客舟斷橋賓月忽被孤山一角水底影破則狂叫月旣下偕琴僧過第三橋道人臥呼之不出龍王廟後一水臺攀而上彈雙清一曲水靜夜寒游魚不出波淺舟閣一夜凍湖心笑前人行過畫橋天忽曉誰似我中流自在須臾漁燈影綠樹數峯欲靑雲起如煙易小艇傍湖心亭杲杲日出

初九月紀是夜雨是日觀百妓會禮十廟湖心亭看日出故亦書月

錢塘門百妓會十萬人家市聲到海皆成紅霧俄見飛騎者八石榴裙擁始由鎭海樓上子胥廟山自天日翔舞而東瀦于鳳凰薄湖掠江左折吳山汎介海門昂首穹脊掉尾內向道士曰晉天福江水溢寶逵呪止之夢偉人曰員聞命矣余笑曰豈有地老天荒數千年怒不少殺而擊山破岸者哉所至前瞰江後俯湖則三官廟最風搖泉韻淅淅出石罅視之旣靜其聽始遠則靑衣洞最雲開山露雨過竹涼高見滄溟則雲居菴最巖竇窈窱秀石玲瓏鶴髮龍骨蹣跚其頂壽藤怪蔓闕四字干霄之木根不土荄寒泉滴瀝乍繁乍細羮石篝燈十宿洞中不能言去則瑞石山紫陽菴最昔人云石者山之骨相也吾獨取夫怪怪奇奇者爲彼固化工之所深寶也譬之于士亦豈以狂狷爲非材也哉峭削陵空白露夜滴則橐駝峯雪風洞最若夫三折肱而陵霄則眞人殿庭一樹最蓋仙窟云丁野鶴蟬蛻鬚眉尙奕奕永樂問御書招張三丰不至今塑三像祀之生立臥余謂夜靜何人吹鳳管三丰臥也霜林葉盡羣峯出三丰立也肯與冷泉作主一百日不用二十四考書中書三丰坐也

初十月紀

泊岳墳三橋三騎驕嘶綠楊白衣躍上捷如飛兔爲浮數白巳送客湧金門淸波遠煙一片紅粉銷歸何處中流忽聽客呼遂上其舟又是一番泡影矣

十一月紀

鎭海樓之南爲寶山誦子瞻詩野客歸時山月上棠梨葉亂暝禽呼及同秦仲二子游云平明巳報百吏散意卽其几席湖山簿書魚鳥處也元妙觀問洞賓題蕉處一龕煙火而巳白馬廟折而西曰七寶山少游夢天女求贊維摩像處昔雲闍黎居山坡入方丈小院見其隱几低頭讀書與之語漠然不對蓋不出十五年矣後贈以詩有讀書常閉戶客至不舉頭句余謂作吏如子瞻可以游釋如雲闍黎可以從吏游

十二月紀

淸波門折而東南曰鳳凰山左江右湖千山軒翥其麓爲萬松嶺唐宋州治卽錢王故宮云宋遜大內碧瓦鱗次植日本松作觀堂三茅觀鐘鳴觀堂之鐘應之則鵲與山背芙蓉閣風帆沙鳥一溪通小西湖亭曰淸漣萬松入蟠介亭諸勝皆列皇城之外江干皆禁籞紹興福解陳修表葱嶺金堤不日復廣輪之大太山玉牒何時淸封禪之塵高宗手書懸壁然淳熙問孝宗及皇太子朝上皇德壽宮爲汎湖觀潮亦盛事云嗟乎韋后不挽欽宗之輪而一日存誓嗤于道人及乳母抱度宗行廊廡手粘一塔影歎宋家無復生氣弔閻貴妃詩南宋可憐無故主西山空自夢朝雲悲夫自梵天寺而北折而西爲勝果禪寺臨江寀

凡南連秦望東亙吳山笑語落富陽月巖最善中秋淸輝滿隙如合璧左爲中峯宋殿前司營在其右石筍林立錢日排衙白塔小竹石壁夾道古石衙云雨散雲收虹殘水照歸由湧金喚渡得月柳州亭白雲滿川飛浮來往水皆縹碧

十三月紀

參寥泉舊在孤山徙築于此有泉出寺後仍名參寥焉西爲宋布衣岳琚祠又西爲錦塢其巔初陽臺葛洪吸日月于此鶩颿作危隥勢峯拔地削立數千百尺龍爪挐攫鐫洗萬古如新每作雨崖鐵色紫陽先生嘗提舉浙東法得祀祀其下葛嶺之上舊招賢寺白樂天詩雖在人間人不識與君名作紫陽花子瞻入壽星院悟前身曾到此昔似道婉儀彌遠架廊壘礎而趙紫芝與葛仙翁並墓其下不知後人如何作眼寇萊公集妓賞綾千段蒨桃獻詩萊公默然及貶嶺南道杭州桃疾曰葬我天竺山下樂天拈花爲喻子瞻拈身爲喻蒨桃拈織爲喻皆老禪也又聞坡公仇池筆記杭人喜食鵝日屠百湖上夜歸百鵝皆號若有所訴嘉靖間侍御令巡官日報屠鵝之數日屠一千三百有奇噫坡倅杭時戲語酒食地獄高穀繼之獄爲一空今鵝獄亦宜空矣晚上湧金酒舟歸自昭慶步月曲港湖草屛委聽小橋流澗立斷橋湖舟不行穿瑪瑙寺抵石函橋皆作響湖水空明荇藻交横

十四月紀

從野堂諸君子與偕儀伯季生元暉君翰修止曰放星芝子懸約余由昭慶寺後取徑桑堤山閣樹罔西湖如豔妝山陰如翠幃深處此中蘭湯浴罷時也月皎甚移席廣庭山如碁布瞰巖而峙爲態舒緩草木蒙籠空青微出飛鳥時歸紛紛點石儀伯歌與偕和出門四山如畫風露浩然行一里至渡頭返曉起讀行卷唱吳琚海門飛上明月

十五月紀是日觀潮

浙潮銀山雪屋有頭數丈或曰浙去潮近赭龕兩山横鎖江口衝突飆激他江去潮遠湧水而已余觀潮兵馬司前目逆海門兩山嚙合士女雜浪花中日下吞玉抹烟屛如鷺一行憩萬松嶺絶巘左一亭秀出巖阿俯湖瀕海西湖雷峯如坐如臥松濤峻絶若斷齶透迤表忠觀讀子瞻所書記余謂千古絶得意之文其次謀止高麗王獻金塔疏莊嚴有體二文並得之湖文章有神矣古云胷中無萬卷書眼中無天下奇山川未必能文縱能亦兒女語耳坐靈芝寺門即錢王祠水流寂寂俄見紫雲萬重荇藻鷗鳧皆染絳色數聲鐘磬千頃筌筏放舟錦堤樓舫齊垂楊亂拂紅妝吳姬半醉淸謳陵于波上櫂湖心亭吳越勝人各集豔姬嬌兒未幾歌漸杳月影在地繽紛殊狀余乃偕客自六一泉步西泠橋選樹四橋以下湖光深靚漁不張燈金沙灘口微聞木魚五橋更籌亂六橋淨慈鳴鐘堤有行人還第三橋保叔昭慶鐙鉦相答行十二里而天曉遠烟微出海面

十六月紀

由延祥觀眺竹閣故基移自孤山昔人祀樂天以杭妓故園沉紅昵綠樂天去後倩妓傳詩耳西爲宋洪忠宣祠又西鳳林寺鳥窠談禪處也余笑白蘇兩公日與湖上人家雜處不辨官長湖光瀲灩如几案間物烏窠猶向樂天愁心火相構識浪不停豈其胷中著一西湖耶棲霞嶺下弔岳武穆王閟新碑獄卒隗順負屍踰城至九曲叢祠潛瘞之以玉環砌樹雙橘識焉今井祠云其又西張憲墓夜闌飲垂虹橋須臾移第二橋斜望西泠孤山霞起空山響木魚海天欲紅是夜游裏六橋

十七月紀

仙姑山入靑芝塢觀魚玉泉寺泉漑千頃靈鷲寺在其後北爲法華山而西溪奈亭則法華之分支也自行春橋出蒼烟老木間爲九里松余與客品松選奇輒狂呼林谷浪花仰激琮琤谺谽其南爲仙芝嶺而合澗橋峙飛來峯路口冷泉一亭淸輝如昔偶憶樂天招韜光入城光不赴答詩及黃紙詔下僧徒悵望歎逹官不下山山僧不入城便是淸凉世界始從峋嶁山房山半峯高百盤泉數十折長松夾道引竹流泉散如飛雨豈紅茸紫芽能敎月下碧天哉菴有金蓮池純陽殿觀滄海日出堦前秀靈草芙蓉數朶開屋薄老楓落紅滿地世外春秋草木自寒煖塑像絶佳仙自塗抹雲氣自此陟風篁嶺林窨深沉流淙活活自龍井而下四時不絶嶺故叢薄荒密元豐中辨才淬治潔楚坡云天竺已幽阻風篁更盤紆者也片雲石之上曰獅子峯高出羣岫可瞰江滸天竺諸峯嶔繡如畫辨才送子瞻過嶺有過溪嶺辨才老焉曰歸隱橋語坡云與子成二老來往亦風流曰二老巖其下宋陳剛中墓建炎議恢復與張子韶等七人共謫詩云同日七人俱去國何時萬里許還家蓋足壯也片雲與衆二亭梵池構石彈碁流水龍井大樾幽

古石鑑平開閒花寂草延緣其傍鳥韻相答水東出茅家埠入湖古人云西湖之西浙江之北風篁嶺之上深山亂石之間盤幽宅阻嶺之左右大率多泉者也其左爲神運石龍井之上爲老龍井人烟曠絕一泓寒碧盃大海塊長江西湖如鬚髮諸峯膝行匐伏僅見天目翔舞一帶人家茫茫烟雲海氣烟霞石屋十里桂花撲人游裾道旁狼藉亂挿枝頭士女賤如土巳薄暮道太子灣西玉岑赤山之間患因澗鐵欅鎖蛟高麗王子導澗中水甃池轉輪邑如藍獅象含雲氣定香橋至四橋月上全湖金紫垂虹奐渡抵昭慶

十八月紀

九溪十八澗僻江干游屐鮮至古無味者九溪在老龍井之南其西爲十八澗蓋烟霞嶺之西溪環者九水出江而北遶龍井十八澗則徑通五雲山雲棲寺昔柳子厚記楚山石曰以慰夫賢而辱于此者又曰其氣之靈不爲偉人而獨爲是物故楚之南少人而多石余怪其言若杭固多名人卽賢而辱于此者豈在石下哉是日也憩漾碧軒金蓮數畝有鳴榔載紅裙曉渡鷲破白鷗徐行定香橋張伯雨搆水軒夾赤山浴鵠溪水下烟霞嶺卽山左麓闢犖确爲徑杭越諸峯江湖海門在指掌洞口水樂泉自頂下山之窪伏流飛注水波皺而聲漸激東坡詩慣見山僧已厭聽惟餘海月空留照熙寧問鄭獬名其洞云旁小築幽絕水樂洞在烟霞石屋之上惠因澗北爲于忠肅墓蒼松一帶間以踈篁自六通入定光寺飲卓錫泉出麥嶺有冰雪堂冉經龍井歷九溪峯窮水盡白雲自開山如落雁蹲鴻每一澗舁口相呀蹄股交峙岸之突而出者水瀠之如蒼龍蛻骨環數小橋峯若起若斷草樹蔽翳巖下磈磈多千年積雪有門半掩竹數畝法雲泉自嶺下凝乳花泉甚白皮閣數楹小龕坐臥佛石居焉出沒烟霏間而光影在澗出復尋澗往山容舒卷澗分近遠履平地如深洞陵高則作岑筑聲麓漸平潮泥浸野田江尚蔽顧洶湧作遠勢出六和塔則越山樹木人家影江而方候潮乘間入虎跑泉宋學士以僧披法衣焚咒久之泉乃出爲作記不審南岳童子遣虎移泉視性空權力何如哉出六和塔口初由月輪望潮頭余從橋上觀自六和至白塔嶺立峯際自越出窮潮頭九折天風吹海立壁赭龕迫入富陽銀龍砰砯右望則大山蔽江一面直掠而上猛過西陵潮頭漸隱目送數十里外知是嚴灘氣始平江舟盡泊六和口魚麗朝蹴起一江秋雪余乃赴客招且暮以炬上慈雲嶺其南爲龍山自天目分支沿江而東局結于此望太極亭八卦田王伯安書院伯安寄汝中盛稱天眞之樂以此至湧金輿人呼渡余不可中途異風作湖爲推浪絕行舟道錢塘門月上

十九月紀

客邀上青翰舫抵湧金燈火遶問水亭晚渡極喧榜其亭云平沙木月三千項畫舫笙歌十二時余笑云只有六時耳那得有十二時夜訪小蓬萊飲極酣臥舫排簾拾斷橋殘月

二十月紀

曉入靈芝寺爲錢王故苑憩彭祖菴故宋聚景樓前學士橋鐵嶺諸山之水出錢塘門輸委西湖必經橋下其傍仙姥墩姥採百花釀酒仙後十餘年賣酒洞庭云南屏山羅漢室錢王夢十八巨人隨行一僧手像五百尊而化去宋表五山淨慈其一丞相鄭淸之記雙井理宗書額古車輦經行處也蓮花洞口居然一亭湖山在睫萬工池千年古樹交柯積蔭旁激洞石如砰雷宋乾淳舊賞曰小蓬萊在雷峯塔畔故內侍甘昇園峯類削雲喬木欒櫨槎于石脅有理宗御愛松由藕花居而出林亭幽雅兩山岸湖皆饒別搆北山雜市廛中如石函橋石确水劉居人架木幾不辨山水南屏一望垂楊蕭疎可愛余又臥青翰舫居荇藻中以此酣適之味令人意遠折問水亭而南爲孫忠烈祠宿舫中四更高嘯月臺晨起掠草滿湖長堤如烟雨微見保叔峻嶒湖面

二十一月紀

櫂昭慶看錦堤走馬堤盡一亭出憩金沙灘西湖以諸泉勝泉以龍井勝故金沙一帶皆流泉遂境第三橋歸追月玉蓮亭宋競渡奪標所笑此游春水梅花輸一著耳然當以九溪十八澗勝之應爲西湖樹我一標

怨曉月賦　夏完淳

美人二八兮卷珠箔明月三五兮流華閣迴飈動兮玉櫳寒索河橫兮露華薄林驪騷而烏啼沙皚皚而雁落懷耿耿兮獨不寐恨盈盈兮將誰託卷翠被而疑妝掩蓮帳而淸酌蚖膏銷兮銀缸蘭爐灰兮瑤筐憐玉腕兮相思苦怨愁人兮知夜長何望舒之元轡流淸景而遙光乍徘徊而入戶忽朦朧其在梁既宛

轉其倰幕復飄飖而去牀玉壺寂寞銀箭丁當夢回遠塞淚滿空房萬里關山之月千家砧杵之霜度七襄之不夜斷九折之迴腸望門前之烏柏焚帳底之胡香懸夜光而盈室徂清夜兮未央逗瑤波而微見澹荒荒其映牆銀河渡兮漏永玉斗轉乎雲間荒雞鳴而尚戢宿鳥翔而復還天將曙而漠漠夜若歲其茫茫獨搴錦帳靜撫雕闌仰視月兮髣髴弄清質之潺湲隱朦朧兮玉鏡隔烟霧兮紅顏澹參差其欲下蹇微茫其未安衰芙蓉兮江上落梧桐兮井欄忽衆星之零亂獨孤月之徵含宛瑤華而若漢映瓊田而苦寒風蕭蕭兮雲漫漫寒烟古兮木葉乾按瓊笙兮爲誰響抱銀箏兮不忍彈思蕩子兮行路難念征夫兮衣裳單明月入地兮夜在天夫君悠悠兮何時還

欽定古今圖書集成曆象彙編乾象典

第三十九卷目錄

月部藝文二詩

乾象典第三十九卷

月部藝文二 詩

古諺

月麗于畢雨滂沱月麗于箕風揚砂

泛湖歸出樓中望月　宋謝惠連

日落泛澄瀛星羅遊輕橈憩榭面曲汜臨流對廻潮
輟策共駢筵並坐相招要哀鴻鳴沙渚悲猿響山椒
亭亭映江月飂飂出谷飈斐斐氣羃岫泫泫露盈條
近矚袪幽蘊遠視蕩諠囂晤言不知罷從夕至清朝

玩月城西門廨中　鮑照

始見西南樓纖纖如玉鉤末映東北墀娟娟似蛾眉
蛾眉蔽珠櫳玉鉤隔鎖窻三五二八時千里與君同
夜移衡漢落徘徊帷戶中歸華先委露別葉早辭風
客遊厭苦辛仕子倦飄塵休澣自公日宴慰及私辰
蜀琴抽白雪郢曲發陽春肴乾酒未闋金壺啓夕淪
廻軒駐輕蓋留酌待情人

奉和月下　齊王融

雕雲度綺錢香風入珠網獨知此夜月依遲慕神賞

望月　梁簡文帝

流輝入畫堂初照上梅梁形同七子鏡影類九秋霜
桂花那不落團扇與誰妝空聞北牕彈未舉西園觴

前題　同前

今夜月光來正上相思臺可憐無遠近光照悉徘徊

水月　同前

圓輪既照水初生亦映流溶溶如漬璧的的似沈鉤
非關顧兔沒豈是桂枝浮空令誰雅識還用喜騰猴
萬累若消蕩一相更何求

華月　同前

兔絲生雲夜蛾影出漢時欲傳千里意不照十年悲

關山月　元帝

朝望清波道夜上白登臺月中有桂樹流景自徘徊
寒沙逐風起春花向霧開夜長無與晤衣單誰為裁

望江中月影　同前

澄江涵皓月水影若浮天風來如可泛流急不成圓
奉鉤斷復接和璧碎還聯裂紈依岸草斜桂逐行船
卽此春江上無俟百枝然

望新月　蕭綸

霜氛含月影靄露下南樓霧濃光若畫雲駛影疑流

應王中丞思遠詠月　沈約

月華臨靜夜夜靜滅氛埃方暉竟戶入圓影隙中來
高樓切思婦西園遊上才網軒映朱綴應門照綠苔
洞房殊未曉清光信悠哉

望秋月　前人

望秋月秋月光如練照曜三爵臺徘徊九華殿九華
玳瑁梁華榱與璧璫以茲雕麗色持照明月光凝華
入黼帳清輝懸洞房先過飛燕戶却映班姬牀桂宮
嫋嫋落桂枝早寒淒淒凝白露上林晚葉颯颯鳴鴈
門早鴻離離度湛秀質兮似規委清光兮如素照愁
軒之蓬髮影金堦之輕步居人臨此笑以歌別客對
之傷且慕經衰圃映寒叢凝清夜帶秋風隨庭雪以
偕素與池荷而共紅臨玉墀之皎皎含霜靄之濛濛
蹦天衢而徙度轢長漢而飛空隱巖崖而半出隔帷
幌而纔通散朱庭之奕奕入青瑣而玲瓏寒階悲寡
鶴沙洲怨別鴻文姬泣胡殿昭君思漢宮余亦何為
者淹留此山東

效阮公詩　江淹

宵月輝西極女圭映東海佳麗多異色芬葩有奇采
綺縞非無情光陰命誰待不與風雨變長共山川在
人道則不然消散隨風改

和望月　庾肩吾

桂殿月偏來留光引上才圓隨漢東蚌暈逐淮南灰
渡河光不濕移輪轍詎開此夜臨清景還承終宴杯

和徐主簿望月　前人

樓上徘徊月牕中愁思人照雪光偏冷臨花色轉春
星流時入暈桂長欲侵輪願以重光曲承君歌扇塵

望新月示同羈　何遜

初宿長淮上破鏡出雲明今夕千餘里雙蛾映水生
的的與沙靜灩灩逐波輕望鄉皆下淚非我獨傷情

望秋月　蕭子範

河漢東西陰清光此夜出入帳華珠被斜筵照寶瑟
霜慘庭上蘭風鳴簷下橘獨見傷心者孤燈坐幽室

望月有所思　劉孝綽

秋月始纖纖微光垂步簷朧朧入牀簟髣髴鑒窻簾
簾螢隱光息簾蟲映光纖玉羊東北上金虎西南昃
長門隔清夜高堂夢容色如何當此時懷情滿胷臆

林下映月　前人

明明三五月垂影當高樹攅柯半玉蟾裛葉彰金兔
茲林有夜坐嘯歌無與晤側光聊可書含毫且成賦

望月　前人

輪光缺不半扇影出將圓流光照漭瀁波動映淪漣

侍宴賦得龍沙宵明月　劉孝威

鵲飛空繞樹月輪殊未圓嫦娥望不出桂枝稍隱殘
落照移樓影浮光動塹瀾櫪馬悲笳吹城烏啼塞寒
傳聞機杼妾愁余衣服單當秋絡已脆銜啼織復難
斂眉雖不樂舞劍强爲歡請謝函關吏行當封一丸

在縣中庭看月　劉瑗

移榻坐庭陰初弦時復臨侍兒能勸酒貴客解彈琴
柏葉生罇內桃花出髻心月光移數尺方知夜已深

新月　前人

仙宮雲箔捲露出玉簾鉤清光無所贈相憶鳳凰樓

詠秋月　虞羲

影麗高臺端光入長門殿初生似玉鉤裁滿如團扇
泛灩浮陰來金波時不見儻遇賞心者照之西園宴

和繆郎視月一作虞騫詩　何子朗

清夜未云疲珠簾聊可發泠泠玉潭水映見蛾眉月
靡靡露方垂暉暉光稍沒佳人復千里餘影徒揮忽

江上望月　鮑泉

客行鉤始懸此夜月將弦川澄光自動流駛影難圓
蒼蒼隨遠色瀁瀁逐漪漣無因轉還汎同首眷前賢

蕩婦高樓月　王臺卿

空庭高樓月非復三五圓何須照牀裏終是一人眠

舟中望月　朱超

大江闊千里孤舟無四鄰唯餘故樓月遠近必隨人
入風先遶暈排霧急移輪若教長似扇堪拂豔歌塵

月重輪行　戴暠

皇基屬明兩副德表重輪重輪非是暈桂滿自恆春
海珠含更減階蓂翳且新婕妤比團扇曹王譬洛神
浮川疑瀁璧入戸類燒銀從來看顧兔不曾聞鬬麟
北堂豈盈手西園偏照人

關山月二首　陳後主

秋月上中天迥照關城前暈缺隨灰減光滿應珠圓
帶樹還添桂銜峯乍似弦復教征戍客長怨久連翩

二

戍邊歲月久恆悲望舒耀城遙接暈高澗風連影搖
寒光帶岫徙冷色含山峭看時使人憶爲似嬌娥照

前題二首　徐陵

關山三五月客子憶秦川思婦高樓上當窻應未眠
星旗映疎勒雲陣上祁連戰氣今如此從軍復幾年

二

月出柳城東微雲掩復通蒼茫縈白暈蕭瑟帶長風
羌兵燒上郡胡騎獵雲中將軍擁節起戰士夜鳴弓

前題　陸瓊

邊城與明月俱在關山頭焚烽望別壘擊斗宿危樓
團團婕妤扇纖纖秦女鉤鄉園誰共此愁人屢益愁

前題　張正見

巖前度月華流彩映山斜暈逐連城璧輪隨出塞車
唐蓂遙合影秦桂遠分花欲驗盈虛理方知道路賒

薄帷鑒明月　前人

長河上桂月澄彩照高樓分簾疑碎璧隔幔似垂鉤
窻外光恆滿帷中影暫流豈及西園夜長隨飛蓋遊

關山月　江總

兔月半輪明狐關一路平無期從此別復欲幾年行
映光書漢奏分影照胡兵流落今如此長戍受降城

賦得三五明月滿　前人

三五兔輝成浮陰冷復輕隻輪非戰反團扇少歌聲
雲前來往色水上動搖明況復高樓照何嗟攬不盈

關山月　阮卓

關山陵漢開霜月正徘徊映林如璧碎侵塞似輪摧
楚師隨晦盡胡兵逐暖來寒笳將夜鵲相亂晚聲哀

明月子　謝燮

杪秋之遙夜明月照高樓登樓一迴望望見東陌頭
故人眇千里言別歷九秋相思不相見望望空離憂

關山月　賀力牧

重關斂暮烟明月下秋前照石疑分鏡臨弓似引弦

霧暗迷旗影霜濃溼劍蓮此處離鄉客遙心萬里懸

前題　北周王褒

關山夜月明秋色照孤城影虧同漢陣輪滿逐胡兵
天寒光轉白風多暈欲生寄言亭上吏遊客解鷄鳴

詠月贈人　前人

月色當秋夜斜暉映薄帷上弦如半璧初魄似蛾眉
渡雲光忽駛中天影更遲高陽懷許掾對此益相思

舟中望月　庾信

舟子夜離家開舲望月華山明疑有雪岸白不關沙
天漢看珠蚌星橋視桂花灰飛重暈闕蓂落獨輪斜

望月　前人

夜光流未曙金波影尚賒照人非七子含風異九華
蓂新半璧上桂滿獨輪斜乘舟聊可望無假逐仙槎

新月　前人

鄭環唯半出秦鈎本獨懸若教臨酒影堪言照弩弦

暮秋望月示學士各釋愁應教　隋徐儀

碣石寒光遠闕二字秋色高長洲正下葉曲岸已飛濤
君王悵晚節延佇謁神皐復屬西園夜輕輦暫遊遨
遊遨未云賞蒼茫孤月上枝間影合離波上光來往
此夕未央宮應照仙人掌掌高明轉淨夜深留瞻想
處處敞高扃流照滿珠庭重輪入雅曲合璧應祥經
燦爛浮珠網參差間玉星山幽有芳桂林靜發新蓂
蓂開布帝城分枝共月明斜暉漸西落彌復軫歸情
驂駕且來遊聖藻命舒愁詢芻以蠲病參妙本難酬
良史稱天閼因時命應劉楚王追緑兕齊后出青丘
馳原落雲翼截水曳吞舟無勞子虛咤卽事可忘憂

臥痾喜霽開扉望月簡宮內知友　庾抱

秋雨移弦望疲痾倦苦辛忽對荆山璧委照越吟人
高高侵地鏡皎皎徹天津色麗班姬篋光潤洛川神
輪輝池上動桂影隙中新懷賢雖不見忽似暫參辰

遼城望月　唐太宗

元菟月初明澄輝照遼碣映雲光暫隱隔樹花如綴
魄滿桂枝圓輪虧鏡彩缺臨城却影散帶暈重圍結
駐蹕俯九都佇觀妖氛滅

月晦　同前

晦魄移中律凝暄起麗城罩雲朝蓋上穿露曉珠呈
笑樹花分色啼枝鳥合聲披襟歡眺望極目暢春情

關山月　鮑君徽

高高秋月明北照遼陽城塞迴光初滿風多暈更生
征人望鄉思戰馬聞鼙驚朔風悲邊草胡沙暗虜營
霜凝匣中劍風憊原上旌早晚謁金闕不聞刁斗聲

前題　盧照鄰

塞垣通碣石虜障抵祁連相思在萬里明月正孤懸
影移金岫北光斷玉門前寄言閨中婦時看鴻鴈天

江中望月　前人

江水向涔陽澄澄寫月光鏡圓珠溜徹弦滿箭波長
沈鈎搖兔影浮桂動丹芳延照相思夕千里共霑裳

明月引　前人

洞庭波起兮鴻鴈翔風瑟瑟兮野蒼蒼浮雲捲靄明
月流光荆南兮趙北碣石兮瀟湘澄清規于萬里照
離思于千行橫桂枝于西第繞菱花于北堂高樓思
婦飛蓋君王文姬絕域侍子他鄉見胡鞍之似練知
漢劍之如霜試登高而騁目莫不變而迴腸

望月懷遠　張九齡

海上生明月天涯共此時情人怨遙夜竟夕起相思
滅燭憐光滿披衣覺露滋不堪盈手贈還寢夢佳期

秋夕望月　前人

清迥江城月流光萬里同所思如夢裏相望在庭中
皎潔青苔露蕭條黃葉風含情不得語頻使桂華空

秋山望月酬李騎曹　李嶠

愁客坐山隈懷抱自悠哉况復高秋夕明月正徘徊
亭亭出迴岫皎皎映層臺色帶銀河滿光含玉露開
淡雲籠影度虛暈抱輪迴谷邃凉陰靜山空夜響哀
寒催數鴈過風送一螢來獨軫離居恨遙想故人杯

月　前人

桂滿三五夕蓂分二八時清輝飛鵲鑑新影學蛾眉
皎潔臨疏牖玲瓏鑒薄帷願言從愛客清夜幸同嬉

中秋月二首　前人

盈缺青冥外東風萬古吹何人種丹桂不長出輪枝

二

圓魄上寒空皆言四海同安知千里外不有雨兼風

和康五庭芝望月有懷　杜審言

明月高秋迥愁人獨夜看暫將弓並曲翻與扇俱團
露濯清輝苦風飄素影寒羅衣一此鑒頓使別離難

詠月　董思恭

北堂未安寢西園聊騁望玉戶照羅帷朱軒明綺障
別客長安道思婦高樓上所願君莫違清輝時可訪

秋夜望月　姚崇

明月有餘鑒羈人殊未安桂含秋樹晚波入夜池寒
灼灼雲枝淨光光草露溥所思迷所在長望獨長歎

關山月　崔融

月生西海上氣逐邊風壯萬里度關山蒼茫非一狀
漢兵開郡國胡馬窺亭障夜夜聞悲笳征人起南望

秋月　駱賓王

雲披玉繩淨月滿鏡輪圓裛露珠暉冷陵霜桂影寒
漏彩含踈薄浮光漾急瀾西園徒自賞南飛終未安

望月有所思　前人

九秋凉風肅千里月華開圓光隨露湛碎影逐波來
似霜明玉砌如鏡寫珠胎晚色依關近邊聲雜吹哀
離居分照耀怨緒共徘徊自繞南飛羽空忝北堂才

翫初月　前人

忌滿光先缺乘昏影暫流既能明似鏡何用曲如鉤

和元舍人萬頃臨池翫月戲爲新體　沈佺期

春風搖碧樹秋霧卷丹臺復有相宜夕池淸月正開
玉流含吹動金魄度雲來熠爚光如沸翩翾景若催
半環投積草碎璧聚流杯夜久平無煥天晴皎未隤
鏡將池作匣珠以岸爲胎有美司言暇高興獨悠哉
揮翰初難擬飛名豈易陪夜光珠在握了了見沉灰

明月　李如璧

三五月華流炯光可憐懷歸郢路長逾江越漢津無
梁遙遙永夜思茫茫昭君失寵辭上宮蛾眉嬋娟臥
氈穹胡人琵琶彈北風漢家音信絕南鴻昭君此時
怨豈工可憐明月光朦朧節既秋兮天向寒沅有漪
兮湘有瀾沅湘紛合淼漫漫洛陽才子憶長安可憐
明月復團團逐臣戀主心愈恰棄妻思君情不薄已
悲芳歲徒淪落復恐紅顏坐銷鑠可憐明月方照灼
向影傾身比葵藿

詠月　一作沈佺期詩又作宋之問詩　康庭芝

天使下西樓光含萬里秋臺前疑挂鏡簾外似懸鉤
張尹將眉學班姬取扇儔佳期應借問爲報在刀頭

奉同賀監林月淸酌　王灣

華月當秋滿朝軒假興同淨林新霽入窺院小凉通
碎影行筵裏搖花落酒中淸宵照愁意併此助文雄

春江花月夜　張子容

林花發岸口氣色動江新此夜江中月流光花上春
分明石潭裏宜照浣紗人

璧池望秋月　前人

凉夜窺淸沼池空水月秋滿輪沈玉鏡半魄落銀鉤
蟾影隨輕浪菱花渡淺流漏移光漸潔雲斂色偏浮
似璧悲三獻疑珠怯再投能持千里意來照殿西頭

春江花月夜　張若虛

春江潮水連海平海上明月共潮生灩灩隨波千萬
里何處春江無月明江流宛轉遶芳甸月照花林皆
似霰空裏流霜不覺飛汀上白沙看不見江天一色
無纖塵皎皎空中孤月輪江畔何人初見月江月何
年初照人人生代代無窮已江月年年祇相似不知
江月待何人但見長江送流水白雲一片去悠悠靑
楓浦上不勝愁誰家今夜扁舟子何處相思明月樓
可憐樓上月徘徊應照離人粧鏡臺玉戶簾中卷不
去擣衣砧上拂還來此時相望不相聞願逐月華流
照君鴻鴈長飛光不度魚龍潛躍水成文昨夜閒潭
夢落花可憐春半不還家江水流春去欲盡江潭落
月復西斜斜月沉沉藏海霧碣石瀟湘無限路不知
乘月幾人歸落月搖情滿江樹

東溪玩月　王維

月從斷山口遙吐柴門端萬木分空霽流陰中夜攢
光連虛象白氣與風露寒谷靜秋泉響巖深靑靄殘
淸澄入幽夢破影抱空巒恍惚琴牕裏松溪曉思難

關山月　儲光羲

一鴈過連營繁霜覆古城胡笳在何處半夜起邊聲

同從弟銷南齋玩月憶山陰崔少府　王昌齡

高臥南齋時開帷月初吐淸輝淡水木演漾在牕戶
冉冉幾盈虛澄澄變今古美人淸江畔是夜越吟苦
千里其如何微風吹蘭杜

江中對月　劉長卿

空洲夕煙斂對月秋江裏歷歷沙上人月中孤渡水

三言喜皇甫曾侍御見過南樓玩月　顏眞卿

喜嘉客闢前軒天月淨水雲昏眞卿鴈聲苦蟾影寒聞
哀浥滴椒欒陸羽歡宴處江湖間皇甫曾卷翠幕吟嘉句
恨淸光留不住李萼高駕動淸角催指歸華重徘徊淸晝
露欲晞客將醉猶宛轉照深意陸士修

五言玩初月重送李侍御聯句　前人

春溪與岸平初月出溪明張薦瑩彩寒仍潔金波夜轉
淸李萼孤光遠近滿練色往來輕眞卿望望隨蘭棹依依
出柳城淸晝

賦得海上生明月　李華

皎皎中秋月團團海上生影開金鏡滿輪抱玉壺淸
漸出三山上將陵一漢橫素娥嘗藥去烏鵲遶枝驚
照水光偏白浮雲色最明此時堯砌下蓂莢自將榮

月下有懷　孟浩然
秋空明月懸光彩露霑濕驚鵲棲未定飛螢捲簾入
庭槐寒影疎鄰杵夜深急佳期曠何許望望空佇立

關山月　李白
明月出天山蒼茫雲海間長風幾萬里吹度玉門關
漢下白登道胡窺青海灣由來征戰地不見有人還
戍客望邊邑思歸多苦顏高樓當此夜歎息未應閒

古朗月行　前人
小時不識月呼作白玉盤又疑瑤臺鏡飛上青雲端
仙人垂兩足桂樹何團團白兔擣藥成問言誰與餐
蟾蜍蝕圓影大明夜已殘羿昔落九烏天人清且安
陰精此淪惑去去不足觀憂來其如何悽愴摧心肝

把酒問月　前人
青天有月來幾時我今停杯一問之人攀明月不可
得月行卻與人相隨皎如飛鏡臨丹闕綠烟滅盡清
輝發但見宵從海上來寧知曉向雲間沒白兔擣藥
秋復春嫦娥孤棲與誰鄰今人不見古時月今月曾
經照古人古人今人若流水共看明月皆如此唯願
當歌對酒時月光長照金樽裏

靜夜思　前人
牀前明月光疑是地上霜舉頭望明月低頭思故鄉

峨眉山月歌　前人
峨眉山月半輪秋影入平羌江水流夜發清溪向三
峽思君不見下渝州

挂席江上待月有懷　前人
待月月未出望江江自流倏忽城西郭青天懸玉鉤
素華雖可攬清景不同遊耿耿金波裏空瞻鳷鵲樓

月下吟　前人
金陵夜寂涼風發獨上高樓望吳越白雲映水搖空
城白露垂珠滴秋月月下沉吟久不歸古來相接眼
中稀解道澄江淨如練令人長憶謝玄暉

初月　前人
玉蟾離海上白露濕花時雲畔風生爪沙頭水浸眉
樂哉絃管客愁殺戰征兒因絕西園賞臨風一詠詩

雨後望月　前人
四郊陰靄散開戶半蟾生萬里舒霜合一條江練橫
出時山眼白高後海心明爲惜如團扇長吟到五更

峨眉山月歌送蜀僧晏入中京　前人
我在巴東三峽時西看明月憶峨眉月出峨眉照滄
海與人萬里長相隨黃鶴樓前月華白此中忽見峨
眉客峨眉山月還送君風吹西到長安陌長安大道
橫九天峨眉山月照秦川黃金獅子乘高座白玉麈
尾談重玄我似浮雲殢吳越君逢聖主遊丹闕一振
高名滿帝都歸時還弄峨眉月

觀作橋成月夜舟中有述還呈李司馬　杜甫
把燭橋成夜迴舟客坐時天高雲去盡江迥月來遲
衰謝多扶病招邀屢有期異方乘此興樂罷不無悲

玩月呈漢中王　前人
夜深露氣清江月滿江城浮客轉危坐歸舟應獨行
關山同一照烏鵲自多驚欲得淮王術風吹暈已生

月夜　前人
今夜鄜州月閨中只獨看遙憐小兒女未解憶長安
香霧雲鬟濕清輝玉臂寒何時倚虛幌雙照淚痕乾

一百五日夜對月　前人
無家對寒食有淚如金波斫卻月中桂清光應更多
仳離放紅蕊想像嚬青蛾牛女謾愁思秋期猶渡河

月圓　前人
孤月當樓滿寒江動夜扉委波金不定照席綺逾依
未缺空山靜高懸列宿稀故園松桂發萬里共清輝

八月十五夜月二首　前人
滿目飛明鏡歸心折大刀轉蓬行地遠攀桂仰天高
水路凝霜雪林棲見羽毛此時瞻白兔直欲數秋毫

二
稍下巫山峽猶銜白帝城氣沈全浦暗輪側半樓明
刁斗皆催曉蟾蜍且自傾張弓倚殘魄不獨漢家營

十六夜玩月　前人
舊挹金波爽皆傳玉露秋關山隨地闊河漢近人流
谷口樵歸唱孤城笛起愁巴童渾不寢半夜有行舟

十七夜對月　前人
秋月仍圓夜江村獨老身捲簾還照客倚杖更隨人
光射潛虬動明翻宿鳥頻茅齋依橘柚清切露華新

江月　前人
江月光於水高樓思殺人天邊長作客老去一霑巾
玉露溥清影銀河沒半輪誰家挑錦字燭滅翠眉嚬

江邊星月二首　前人
驟雨清秋夜金波耿玉繩天河元自白江浦向來青
映物連珠斷緣空一鏡升餘光隱更漏況乃露華凝

二
江月辭風纜江星別霧船雞鳴還曙色鷺浴自晴川
歷歷竟誰種悠悠何處圓客愁殊未已他夕始相鮮

月　前人
天上秋期近人間月影清入河蟾不沒擣藥兔長生
只益丹心苦能添白髮明干戈知滿地休照國西營
初月　前人
光細弦欲上影斜輪未安微升古塞外已隱暮雲端
河漢不改色關山空自寒庭前有白露暗滿菊花團
月　前人
四更山吐月殘夜水明樓塵匣元開鏡風簾自上鉤
兔應疑鶴髮蟾亦戀貂裘斟酌姮娥寡天寒耐九秋
前題　前人
斷續巫山雨天河此夜新若無青嶂月愁殺白頭人
魍魎移深樹蝦蟆動半輪故園當北斗直指照西秦
前題　前人
萬里瞿塘月春來六上弦時時開暗室故故滿青天
爽合風襟靜高當淚臉懸南飛有烏鵲夜久落江邊
前題　前人
併照巫山出新窺楚水清羇棲愁裏見二十四迴明
必驗升沈體如知進退情不違銀漢落亦伴玉繩橫
新月　錢起
入夜天西見蛾眉冷素光潭魚驚釣落雲鴈怯弓張
隱隱臨珠箔微微上粉牆更憐三五夕仙桂滿輪芳
裴迪南門秋夜對月　前人
夜來詩酒興月滿謝公樓影閉重門靜寒生獨樹秋
鵲驚隨葉散螢遠入煙流今夕遙天末清光幾處愁
賦得浦口望斜月送皇甫判官　前人
起見西樓月依依向浦斜動搖生淺浪明滅照寒沙
水渚猶疑雪梅林不辨花送君無可贈持此代瑤華

望初月簡于吏部　顧况
泬寥中秋夜坐見如鉤月始從西南升又欲西南沒
全移河上影暫透林間缺縱待三五時終爲千里別
拜新月一作李端詩　耿湋
開簾見新月便卽下堦拜細語人不聞北風吹裙帶
秋月　戎昱
江干入夜杵聲秋百尺疎桐挂斗牛思苦自看明月
苦人愁不是月華愁
對月答袁明府　戴叔倫
山下孤城月上遲相留一醉本無期明年此夕遊何
處縱有清光知對誰
關山月　李端
露濕月蒼蒼關頭榆葉黃迴輪照海遠分彩上樓長
水凍頻移幕兵疲數望鄉只應城影外萬里共胡霜
前題　司空曙
蒼茫明月上夜久光如積野漠冷胡霜關樓宿邊客
隴頭秋露暗磧外寒沙白唯有故鄉人霑裳此聞笛
和崔中丞中秋月　張南史
秋夜月偏明西樓獨有情千家看露濕萬里覺天清
映水金波動銜山桂樹生不知飛鵲意何用此時驚
月　前人
月月暫盈還缺上虛空生溟渤散彩無際移輪不歇
桂殿入西秦菱歌映南越正看雲霧秋卷莫待關山
曉沒天涯地角不可尋清光永夜何超忽
行見月　王建
月初生居人見月一月行月行一年十二月強半馬
上看圓缺百年歡樂能幾何在家見少行見多不緣

衣食相驅遣此身誰願長奔波篋中有帛倉有粟豈
向天涯走碌碌家人見月望我歸正是道上思家時
十五夜望月　前人
中庭地白樹棲鴉冷露無聲濕桂花今夜月明人盡
望不知秋思在誰家
月映清淮流　徐敞
遙夜淮彌淨浮空月正明虛無含氣白凝澹映波清
見底深還淺居高缺復盈處柔知坎德持潔表陰精
利物功難並和光道已成安流方利涉應鑒此時情
秋閨月　權德輿
三五二八光如練海上天涯人共見不知何處玉樓
前乍入深閨玳瑁筵露濃香逕和愁坐風動羅帷照
獨眠初捲珠簾看不足斜抱箜篌未成曲稍映粧臺
臨綺窻遙知不語淚雙雙此時愁望知何極萬里秋
天同一色靄靄遙分陌上光迢迢對此閨中憶早晚
歸來歡蒸同可憐歌吹月明中此夜不堪腸斷絕願
隨流影到遼東
初秋月夜中書宿直因呈楊閣老　前人
欹枕直廬暇風蟬迎早秋沈沈玉堂夕皎皎金波流
對掌喜新命分曹諧舊遊相思玩華彩因感庾公樓
關山月　楊巨源
蒼茫臨故關迢遞照秋山萬里平蕪靜孤城落葉閒
露濃棲雁起天遠戍兵還復映征西府光深組練間
翫月喜張十八員外以王六祕書至　韓愈
前夕雖十五月長未滿規君來晤我時風露渺無涯
浮雲散白石天宇開青池孤質不自憚中天爲君施

翫翫夜遂久亭亭賭將披况當今夕圓又以嘉客隨
惜無酒食樂但用歌嘲爲

和崔舍人詠月二十韻　前人

三秋端正月今夜出東溟對日猶分勢騰天漸吐靈
未高蒸遠氣半上𢧐孤形赫奕當躔次虛徐度杳冥
長河晴散霧列宿曙分螢浩蕩英華溢蕭疎物象泠
池邊臨倒照簷際送橫經花樹參差見皐禽斷續聆
牖光窺寂寞砧影伴娉婷幽坐看侵戶閒吟愛滿庭
輝斜通壁練彩碎射沙星清潔雲間路空涼水上亭
淨堪分顧兔細得數浮萍山翠相凝綠林煙共冪靑
過隅驚桂側當午覺輪停屬思摛霞錦追歡罄縹缾
郡樓何處望隴笛此時聽右掖連台座重門限禁扃
風臺觀滉瀁冰砌步青熒獨有廣庠客無由拾落蓂

中秋夜臨鏡湖望月　陳羽

鏡裏秋宵望湖平月彩深圓光珠入浦浮照鵲驚林
瀲蕩光還碎嬋娟影不沈遠時生岸曲空處落波心
迴徹輪初滿孤明魄未侵桂枝如可折何惜夜登臨

奉和中書崔舍人八月十五日夜翫月二十韻　劉禹錫

暮景中秋爽陰靈既望圓浮精離碧海分照接虞淵
迥見孤輪出高從倚蓋旋二儀含皎澈萬象共澄鮮
整御當西陸舒光麗上弦從星變風雨順日助陶甄
遠近同時望晶熒此夜偏運行調玉燭潔白應金天
曲沼疑瑤鏡通衢若象筵逢人盡冰雪遇景即神仙
引素吞銀漢凝清洗綠煙皐禽警露下鄰杵思風前
水是還珠浦山成種玉田劍沉三尺影燈罷九枝然
象外形無跡寰中影有遷稍當雲闕正未映斗城懸
靜對揮宸翰閒臨襞彩牋境同牛渚上宿在鳳池邊
興掩尋安道詞勝命仲宣從今紙貴後不復詠陳篇

和李相公平泉潭上喜見初月　前人

家山初見月林壑悄無塵幽境此何夕清光如爲人
潭空破鏡入風動翠蛾嚬會向瑣窻望追思伊洛濱

八月十五日夜玩月　前人

天將今夜月一遍洗寰瀛暑退九霄淨秋澄萬景清
星辰讓光彩風露發晶英能變人間世翛然是玉京

洞庭秋月行　前人

洞庭秋月生湖心層波萬頃如鎔金孤輪徐轉光不
定遊氣濛濛隔寒鏡是時白露三秋中湖平月上天
地空岳陽樓頭暮角絕蕩漾已過君山東山城蒼蒼
夜寂寂水月逶迤繞城白蕩槳巴童歌竹枝連檣估
客吹羌笛勢高夜久陰力全金氣肅肅開星躔浮雲
野馬歸四裔遙望星斗當中天天雞相呼曙霞出斂
影含光讓朝日日出喧喧人不閒夜來清景非人間

新月　盧仝

仙宮雲箔卷露出玉簾鉤清光無所贈相憶鳳凰樓

月三十韻　元稹

蓂葉標新朔霜豪引細輝白眉驚半隱虹勢訝全微
涼魄潭空洞虛弓鴈畏威上弦何汲汲佳色轉依依
綺幕殘燈斂妝樓破鏡飛玲瓏穿竹樹岑寂思屏幃
坐愛規將合行看望已幾絳河冰鑑朗黃道玉輪巍
迥照偏瓊砌餘光借粉闈泛池相皎潔壓桂共芳菲
的的當歌扇娟娟透舞衣殷勤入懷什懸欵墮雲圻
素液傳烘盞鳴琴薦碧徽椒房深肅肅蘭路靄霏霏
翡翠通簾影琉璃瑩殿扉西園筵瑇瑁東壁射蛜蝛
老將占天陣幽人釣石磯荷鋤元亮息回櫂子猷歸
迢遞同千里孤高淨九闈從星作風雨配日麗旌旗
麟闕昇徒設蠅聲豈浪譏司存委卿士新拜出郊畿
今古雖云極虧盈不易違珠胎方夜滿清露忍朝晞
漸減姮娥面徐收楚練機卞疑雕璧碎潘感竟牀稀
指佞辭班女潛波蔽虙妃氛埃誰定滅蟾兔杳難希
須遣圓明盡良嗟造化非如能付刀尺別爲創璿璣

禁中月　白居易

海上明月出禁中清夜長東南樓殿白稍稍上宮牆
淨落金塘水明浮玉砌霜不比人間見塵土污清光

客中月　前人

客從江南來來時月上弦悠悠行旅中三見清光圓
曉隨殘月行夕與新月宿誰謂月無情千里遠相逐
朝發渭水橋暮入長安陌不知今夜月又作誰家客

宿藍溪對月　前人

昨夜鳳池頭今夜藍溪口明月本無心行人自回首
新秋松影下半夜鐘聲後清影不宜昏聊將茶代酒

江樓月　前人

嘉陵江曲曲江池明月雖同人別離一宵光景潛相
憶兩地陰晴遠不知誰料江邊懷我夜正當池畔望
君時今朝共語方同悔不解多情先寄詩

山中問月　前人

爲問長安月誰教不相離昔隨飛蓋處今照入山時
借助秋懷曠留連夜臥遲如歸舊鄉國似對好親知
松下行爲伴溪頭坐有期千巖將萬壑無處不相隨

中秋月　前人

萬里清光不可思添愁益恨繞天涯誰人隴外久征

戍何處庭前新別離失寵故姬歸院夜沒蕃老將上樓時照他幾許人腸斷玉兔銀蟾遠不知

初入香山院對月　前人

老住香山初到夜秋逢白月正圓時從今便是家山月試問清光知不知

關山月　長孫佐輔

淒淒還切切戍客多離別何處最傷心關山見秋月關月竟如何由來遠近過始經元菟塞終繞白狼河忽憶秦樓婦流光應共有已得並蛾眉還知攬纖手去歲照同行比翼復連形今宵照獨立顧影自煢煢餘輝漸西落夜夜看如昨借問映旄旗何如鑒帷幕拂曉朔風悲蓬驚鴈不飛幾時征戍罷還向月中歸

潭上喜見新月　李德裕

簪組十年夢園廬今夕情誰憐故鄉月復映碧潭生皓彩松上見寒光波際輕還將孤賞意暫寄玉琴聲

上陽宮月　鮑溶

水北宮城夜柝嚴宮西新月影纖纖受環花幌小開鏡移燭瑤房皆捲簾學織機邊娥影靜拜新衣上露華沾合裁班扇思行幸願託涼風篋笥嫌

月華臨靜夜　姚合

長空埃壒滅皎月華臨邑正秋將半光鮮夜白深九霄晴更徹四野氣難侵靜照遙山出孤明列宿沈高人應不寐鶯鵲復何心漏盡東方曉佳期何處尋

秋月懸清輝　蔣防

秋月沿霄漢亭亭委素輝山明桂花發池滿夜珠歸入牖人偏攬臨枝鵲正飛影連平野靜輪度曉雲微晶晃浮輕露徘徊映薄帷此時千里道延望獨依依

關山月　顧非熊

海上清光發邊營照轉淒深閨此宵夢帶月過遼西

中秋月　張祜

碧落桂含姿清秋是素期一年逢好夜萬里見明時絕域行應久高城下更遲人間繫情事何處不相思

十六夜月　朱慶餘

昨夜忽已過冰輪始覺虧孤光猶不定浮世更堪疑影落澄江海寒生靜路岐皎然銀漢外長有衆星隨

月　杜牧

三十六宮秋夜深昭陽歌斷信沈沈唯應獨伴陳皇后照見長門望幸心

長安夜月　前人

寒光垂靜夜皓彩滿重城萬國盡分照誰家無此明古槐疎影薄仙桂動秋聲獨有長門裏蛾眉對曉晴

鶴林寺中秋夜翫月　許渾

待月東林月正圓廣庭無樹草無煙中秋雲盡出滄海半夜露寒當碧天輪彩漸移金殿外鏡光猶挂玉樓前莫辭達曙殷勤望一墮西巖又隔年

霜月　李商隱

初聞征鴈已無蟬百尺樓高水接天青女素娥俱耐冷月中霜裏鬭嬋娟

新月　趙嘏

玉鉤斜傍畫簷生雲匣初開一寸明何事最能悲少婦夜來依約落邊城

月中雲居寺上方　溫庭筠

虛閣披衣坐空堦踏葉行衆星中夜少圓月上方明靄盡無林色喧餘有澗聲祇應愁恨事還逐曉光生

關山月　翁綬

徘徊漢月滿邊州照盡天涯到隴頭影轉銀河寰海靜光分玉塞古今愁笳吹遠戍孤烽滅鴈下平沙萬里秋況是故園搖落夜那堪少婦獨登樓

月成弦　陸龜蒙

孤光照還沒轉益傷離別妾若是嫦娥長圓不教缺

月中桂　張喬

與月長洪濛扶踈萬古同根非生下土葉不墜秋風每以圓時足還隨缺處空影高群木外香滿一輪中未種青霄日應虛白兔宮何當因羽化細得問神功

秋霽豐德寺與元貞師詠月　唐彥謙

露冷風輕霽魄圓高樓更在碧山巔四溟水合疑無地八月槎通好上天黯黯星辰環紫極喧喧朝市匝蒼煙夜深獨與巖僧話羣動消聲舉世眠

京兆府試殘月如新月　鄭谷

榮落何相似初終卻一般猶疑和夕照誰信墮朝寒水木輝華別詩家比象難佳人應誤拜棲鳥反求安屈指期輪滿何心謂影殘庾樓清賞處吟徹曙鐘看

客中月　于鄴

離家凡幾宵一望一寥寥新魄又將滿故鄉應漸遙獨臨彭蠡水遠憶洛陽橋更有乘舟客淒然亦駐橈

登樓望月二首　劉闢

圓月當新霽高樓見最明素波流粉壁丹桂拂飛甍下瞰千門靜旁觀萬象生梧桐窗下影烏鵲檻前聲嘯逸劉琨興吟資庾亮情遊人莫登眺迢遞故鄉程

二

皎潔三秋月巍峩百丈樓下分征客路上有美人愁

帳卷芙蓉帶簾褰玳瑁鉤倚窻情渺渺憑檻思悠悠未得金波轉俄成玉筯流不堪三五夕夫壻在邊州

賦新月　繆氏子

初月如弓未上弦分明挂在碧霄邊時人莫道蛾眉小三五團圓照滿天

月映淸淮流　闕名

淮月秋偏靜含虛夜轉明桂花窺鏡發蟾影映波生澹灎輪初上徘徊魄正盈遙塘分草樹近浦寫山城桐柏流光逐蠙珠濯景淸孤舟方利涉更喜照前程

拜新月　張夫人

拜新月拜月出堂前暗魄深籠桂朱弓未引弦拜新月拜月粧樓上鸞鏡未安臺蛾眉已相向拜新月拜月不勝情庭前風露淸月臨人自老望月更長生東家阿母亦拜月一拜一悲聲斷絕昔年拜月逞容儀如今拜月雙淚垂回看衆女拜新月却憶閨中年少時

望月 一作張瑛詩　劉雲

天漢凉秋夜澄澄一鏡明山空猿屢嘯林靜鵲頻驚

月　薛濤

魄依鉤樣小扇逐漢機圓細影將圓質人間幾處看

望秋月　釋皎然

家家望秋月不及秋山望山心萬境長寂寥夜夜孤明我山上海人皆云生海東山人自謂出山中憂虞歡樂皆占月月本無心同不同自從有月山不改古人望盡今人在不知萬世今夜時孤月將誰更相待

南樓望月　前人

夜月家家望亭亭愛此樓纖雲溪上斷疎柳影中秋漸映千峯出遙分萬派流關山誰復見應獨起邊愁

與盧孟明別後宿南湖對月　前人

南湖生夜月千里滿寒流曠望煙霞盡淒凉天地秋相思路渺渺獨夢水悠悠何處空江上徘徊送客舟

待山月　前人

夜夜憶故人長敎山月待今宵故人至山月知何在

溪上月　前人

秋水月娟娟初生色界天蟾光散浦溆素影動淪漣何事無心見虧盈向夜禪

八月十五夜翫月　棲白

尋常三五夜不是不嬋娟及至中秋滿還勝別夜圓清光凝有露皓魄爽無煙自古人皆望年來又一年

欽定古今圖書集成曆象彙編乾象典

第四十卷目錄

月部藝文三 詩

乾象典第四十卷

月部藝文三 詩

後池對月應制韻限此字兒 宋盧多遜

太液池邊看月時好風吹動萬年枝誰家玉匣新開鏡露出清光些子兒

殘月 寇準

光隨春漏細影共夕烟流若近明河沒還疑墮玉鉤

中秋月 王禹偁

何處見清輝登樓正午時莫辭終夕看動是隔年期冷濕流螢草光凝睡鶴枝不禁鷄唱曉輕別下天涯

秋夜對月 楊億

孤雲飛龍首灝氣滿區中警鶴仙盤外圓蟾浴殿東浦寒珠有淚巖迥桂生風星彩沈榆莢霜華襲桂叢光搖銀燭亂影射玉壺空露館迷秦甸冰臺接魏宮繞枝驚暗鵲促杼思陰蟲更想離居恨迴腸幾處同

八月十四日夜月 范仲淹

光華豈不盛賞宴尚遲遲天意將圓夜人心待滿時已知千里共猶訝一分虧來夕如澄霽清風不負期

明月謠　前人

明月在天西初如玉鉤微一夕增一分堂堂有餘輝不掩五星耀不礙浮雲飛徘徊河漢間秀色若可餐清風起叢桂白露生階蘭高樓望君時爲君拂金徽奏以堯舜音此音與天稀明月或有聞顧我亦依依

同花祕閣賦八月十四夜月　孫復

月有萬古光人有萬古心此心良可歌憑月爲知音銀漢無聲露暗垂玉蟾初上欲圓時清樽素瑟宜先賞明夜陰晴未可知

內直對月寄子華舍人持國廷評　歐陽修

禁署沉沉玉漏傳月華雲表溢金盤纖埃不隔光初滿萬物無聲夜向闌蓮燭燒殘愁夢斷蕙爐熏歇覺衣單水精宮鎖黃金闕故比人間分外寒

六月十四夜飛蓋橋翫月　前人

天形積輕清水德本虛靜雲收風波止始見天水性澄光與粹容上下相涵映乃於其兩間皎皎挂寒鏡餘輝所照耀萬物皆鮮瑩矧夫人之靈豈不醒視聽而我於此時翛然發孤詠紛昏忻洗滌俯仰恣涵泳人心曠而閒月色高逾迥惟恐清夜闌時時瞻斗柄

中秋松江新橋對月和柳令之作　蘇舜欽

月晃長江上下同畫橋橫絕冷光中雲頭灩灩開金餅水面沉沉臥彩虹佛氏解爲銀色界仙家多住玉華宮地雄景勝言難盡但欲追隨御曉風

新晴山月　文同

高松漏疎月落影如畫地徘徊愛其下夜久不能寐怯風池荷卷病雨山果墜誰伴予苦吟滿林啼絡緯

步月　前人

掩卷下中庭月色皓如水秋氣涼滿襟松陰密鋪地百蟲催夜去一鴈領寒起靜念忘世紛誰同此佳味

和鮮于子駿鄆州新堂月夜　蘇軾

明月入華池反照池上堂堂上隱几人心與水月涼風螢已無跡露草時有光起觀河漢流步屧響長廊名都信繁會千指調絲簧先生病不飲童子爲燒香獨作五字詩清絕如韋郎詩成月漸側皎皎兩相望

江月五首 并引　前人

嶺南氣候不常吾嘗云菊花開時乃重陽涼天佳月即中秋不須以日月爲斷也今歲九月殘暑方退既望之後月出愈遲然予嘗夜起登合江樓或與客遊豐湖入栖禪寺扣羅浮道院登逍遙堂逮曉乃歸杜子美云四更山吐月殘夜水明樓此殆古今絕唱也因其句作五首仍以殘夜水明樓爲韻

一更山吐月玉塔臥微瀾正似西湖上湧金門外看冰輪橫海闊香霧入樓寒停鞭且莫上照我一杯殘

二

二更山吐月幽人方獨夜可憐人與月夜夜江樓下風枝久未停露草不可藉歸來掩關臥唧唧蟲夜話

三

三更山吐月棲烏亦驚起起尋夢中遊清絕正如此驅雲掃眾宿俯仰迷空水幸可飲吾牛不須遣洗耳

四

四更山吐月皎皎爲誰明幽人赴我約坐待玉繩橫野橋多斷板山寺有微行今夕定何夕夢中遊化城

五

五更山吐月窗迥室幽幽玉鉤還掛戶江練卻明樓星河淡欲曉鼓角冷知秋不眠翻五詠清切變蠻謳

妬佳月　前人

狂雲妬佳月怒飛千里黑佳月了不嗔曾何汙潔白爰有謫仙人舉酒爲三客今夕偶不見汍瀾念風伯無煩風伯來彼也易滅沒支頤少待之寒空淨無跡粲粲黃金槃獨照一天碧玉繩慘無輝玉露洗秋色浩瀚玻璃盞和光入胷臆使我能永延約君爲莫逆

八月十六夜翫月　孔平仲

團團冰鏡吐清輝今夜何如昨夜時只恐月光無顯晦自緣人意有盈虧風磨露洗非常潔地闊天高是處宜百尺曹亭吾獨有更教玉笛倚闌吹

坐久月初上　蘇頌

高軒微雨過初夕涼風生几坐正幽寂雲間月華明移榻向寒階遙望孤蟾清所思故人遠對此傷予情

和馮中丞中秋夜月　劉安上

捲盡浮雲見碧虛初傳更漏滴銅壺入秋爽氣迥然別此夜冰輪何處無共想姮娥依桂魄獨憐飛鵲繞庭梧西園飲散歸來早不用紅紗照路隅

邀月亭　黃裳

迎暉不覺一日盡邀月又會三人間未言期約緣巖畔且共歌舞情樽間霜輪皎皎無今古世途擾擾多新故今月曾經照古人古人問月今何處百年光景行復催有月可邀能幾回雙巖遶士不須說始見迎暉復邀月

秋月廻文 李彌遠

霜盤玉隱倒闌金迴水秋天碧野侵光掩半扉寒夜末影分疎竹翠烟深長空遠岫歸雲掩古木高風浥露沉涼夜客愁應夢楚荒城曉角夜悲吟

十十夜對月 朱弁

病骨怯風露愁懷厭甲兵人居絕域久月向此宵明輪仄初經漢光分半隱城遲遲不肯下應識異鄉情

步月謠 曹勛

太清天宇清且高皎然冰鑑懸層霄絳河水淺閬風息蟾光度景搖金鰲仙人縱駕遊八極鳳簫歌吹鳴嘈嘈星宮月殿風馬遠珠華露濕旌旆偃還虛按轡窺塵寰波裏三山銀浪卷

高樓月 前人

高樓月倒影入闌干人眠綺窻影月在青雲端相攀不可得空成簾幕寒

月夜述懷 朱熹

皓月出林表照此秋牀單幽人起晤歎桂香發窻間高梧滴露鳴散髮天風寒抗志絕塵氛何不棲空山

瑤娥曲 趙汝鐩

一二三四月如眉積累如梳截半規玉斧晝夜修不徹修伐圓鏡當空垂十眉有樣列象几梳裁春冰鏡涵水瑤娥匲起拂菱花掃黛插鬟雲繞指斂袂亭亭天上妝環珮隱體璆琳鏘驂鸞跨鶴舞仙譜子登彈璈飛瓊鼗天風颼飀冷到骨銀河澎浪濺羅襪一輪千古廣寒深折盡桂花應白髮

關山月 嚴羽

今夜關山月偏能照馬鞍盧龍征戍客圓缺幾回看遙想金閨裏應悲玉露寒黃沙三萬里何日是長安

對月 金周昂

月近天河白秋深夜氣清蛛絲仍隱見兔杵正分明欹帽中宵落孤舟幾處行清風殊未發樹穩鵲休驚

邊月 前人

邊月弓初滿山城角尚孤中天看獨立末夜與誰俱未覺風生暈空懷斗轉隅含情知白兔欲下更踟躕

中元夜祭太乙罷對月 趙秉文

今夕知何夕白露涵秋空褰衣踏明月如在瓊瑤宮細數秋兔毫桂樹何玲瓏當年誰所種翳此天公瞳清光知人意飛影入杯中流霞酌不盡清光清無窮我欲遡白雲一訪東坡翁扁舟下赤壁此樂將無同疇昔縞衣仙化作羽衣童酒酣邀我去鶴背聆松風

春月 呂中孚

柳塘漠漠暗啼鴉一鏡晴飛玉有華好是夜闌人不寐半庭寒影在梨花

中秋之夕封生仲堅衞生行之攜酒與詩見過各依韻以答二首 段成己

萬籟聲沉暮靄收長河瀉浪洗清秋遙天千里淡如水明月一輪光滿樓隨意傾銀成勝賞誰家橫玉調新愁可憐白首蟾宮客羞對嫦娥說舊遊

二

夜涼河漢靜無聲澄澈天開萬里晴蟾吐寒光呈皎潔桂排疎影甚分明良宵可喜故人共醉語那知鄰舍鶯一片詩魂招不得九霄直與月俱清

題東山翫月圖 元黃庚

斜陽紅盡暮雲碧一片天光涵水色海濤湧出爛銀盤千里嬋娟共今夕主人領客登東山踏碎寒光看秋液星河倒影浸空明露華漙玉夜氣清馮夷激水水欲立海若辟易大吳驚孤舟卷帆泊煙嶼古木撼壑生秋聲憑高人在金鰲背閒看潮生烟渚外老龍翻海雲氣寒長鯨卷雪浪花碎茫茫萬頃滄浪中屹立孤峰鎖蒼翠山巔掃石羅尊罍賓主傳杯不放杯騷客掀髯賦詩去山童踏水攜琴來劇談浩飲不知醉仰天長笑歡顏開倒著接䍦欲起舞乾坤清氣入肺腑天邊風生空四時眼底江山自千古謝安躡屐遊東山袁宏登舟宴牛渚庾亮南樓今在不坡仙赤壁知何許滿眼往事轉頭空千年人物俱塵土人生光景若湍流霜痕易點雙鬢秋胸中勿著塵俗事眉間休鎖利名愁我輩適意在行樂古人所以秉燭遊月山追憶舊遊處盡寫風流入縑素我來見畫如見景想像高唐猶可賦諸君後會應可期雲萍合散今何之安得扁舟溯川去日與杖履相追隨登山把酒醉明月共看此語歌此詩

采石月題蛾眉亭 陳孚

昔年李白身翻然袖裏明月飛上天剛風吹度瑤圃前雪兔跳落千丈泉白今已去八百年明月猶向江中圓我行萬里擁使旃柳根偶繫東歸船三生似結明月緣銀光射牖窺我眠夜深忽夢羽衣仙神如碧洛浮疎蓮脚踏赤鯨跨紫烟問月何在搖玉鞭聳身忽滅雲翩翩覺來試鼓朱絲絃起誦國風月出篇開篷視月月滿川魚龍吐浪聲濺濺

望月得聲字 楊載

老君臺上涼如水坐看冰輪轉二更大地山河微有

影九天風露寂無聲蛟龍並起承金榜鸞鳳雙飛載玉笙不信弱流三萬里此身今夕到蓬瀛

和歐陽南陽月夜思　揭傒斯

月出照中園鄰家猶未眠不嫌風露冷看到樹陰圓

秋江釣月圖歌并序　陳泰

秋谷李平章所善客鄱陽葉天文隱居不仕其行卷曰秋江釣月圖同年魯伯昭闕里吉思贈之以詩屬余次韻

青蘿斷岸苔如髮天清水落魚龍窟中有江南漫浪翁獨棹秋江釣明月秋江月白芙蕖深扣舷夜和江神吟不須槎上泛牛斗瓊樓玉宇空人心千年白石今可煑一掬泉香擣雲母富貴知君已厭看翠黛紅妝夢中舞人間月色儘風波聞道君家月最多我亦扁舟下彭蠡到門相訪定如何

題延月樓　許謙

崦嵫稅駕紅塵息玉鏡飛空天地白嬋娟先得何處多齊雲聳翥高百尺清光無私照寰海舉頭千里明長在主人欲擅四時秋夜夜掀簾爲延待人生見月幾圓缺今昔人殊同此月人迷夢覺月晦明終古相摩寧暫歇倚闌清笑酒莫遲銅壺催曉輪易欹

待月壇　陳樵

憶昔待月錢塘秋眼寒桂樹枝相樛桂枝半蠹花不實折之不得令人愁帝鄉幽燕邈吳越還向山中弄明月聞道君家待月壇壇空風露何漫漫便欲因之蹴寥廓倒騎玉蟾飛廣寒廣寒宮殿殊清絕素蛾嬋娟皎如雪笑指桂樹對我言留取高枝待君折待君折須幾時明年八月會相見付與天香第一枝

月灣釣者歌　丁復

月灣釣者天與閒長弓釣魚明月灣黃昏坐到月上山天低月高人未還月圓在天半在水明月灣頭人所喜先生月灣家窯邏坐釣明月那可已波神起笑弄明月月滿波心魚撥剌柔櫓搖月寒餌沒爛月錦鱗魚上出得魚叩月喚鄰家煮魚和月吞香霞舉杯月來金滿花酒光蕩月天無涯杯痕倒瀉月入腹月與惱人清不足杯空仰天月照目顧影翩憐月孤獨夜深月冷霜滿天勸月不飲月乃延留杯傀月坐月前月謂汝飲天之祿呼童就月卽更酌月故憐人月不落月在憂來無處著但恐尊空月相却豈不知曹老瞞明月可掇憂無端豈不聞嚴家灘漢月不滿羊裘寒非熊辭月就西伯夜夜渭川空月白不如明月灣頭客釣月取魚賒酒喫忽自笑把酒問月者何如古人今人月在諸金尊照月長不虛胡爲捉月騎鯨魚青溪好月連江湖廻環九曲月若鋪我今亦願爲月灣釣者徒磯頭展席爲月沽酒後耳熱醉舞明月歌嗚嗚

新月行　葛邏祿迺賢

江南小兒不識愁新月指作白銀鉤家人見月更歡喜卷簾喚我登高樓三年留滯金華裏滾滾黃塵馬頭起一番見月一番愁歸心夜逐東流水在家不厭賤與貧出門滿眼多故人誰念天涯遠近客只有新月能相親

對月　劉致

涼宵在前墀佳月墮我側此月如此心曠朗一片白開樽起相娛佳月卽佳客月如感知己爲我好顏色此時還獨醒奈此月明夕

水中月　謝宗可

晴波淺月月波浮玉兔京生萬頃流丹桂影沉江浦夜白蓮光浴海天秋鮫人泣龍珠猶濕龍女妝殘鏡未收應是廣寒眠不得水晶宮裏夜深遊

壽峯翫月　洪希文

素娥准敕六丁擎下照塵寰似水晶河漢無雲天萬里溪山不夜月三更蓬萊弱水何曾隔玉宇瓊樓無此明今夜壽峯峯絕頂與君端坐細推評

明月　李序

明月入高樓流光何漫漫佳人一寸心千里如素練浮光玉露起華渚浮雲散光輝長若斯君心不相見

中秋廣陵對月　張翥

散盡浮雲月在東白蕉衫冷小庭空星河夜影尊罍裏城郭秋聲鼓吹中落葉有光時墜露鳴蛩無響不含風此生五十三回見只遣嫦娥笑禿翁

冰蟾爲金齊賢賦　前人

老蟾素魄稟金精千歲玻璃幻結成明水夜零陰燧凍丹書秋滿玉芝生腹凝寒露藏盧白影入銀河浴太淸擬問嫦娥乞靈藥與君騎向廣寒行

瓊臺夜月　曹文晦

萬仞臺端接絳霄秋風吹夢度金橋素娥獨倚白銀闕羽客雙吹紫玉簫清氣逼人凡骨換孤光入酒醉魂消繡襦甲帳今何在誰爲文生一見招

中秋對月　劉倩玉

十年對月干戈裏忍向尊前更浩歌光滿又逢新節序影微難驗舊山河霓裳猶記開元曲桂籍空懷進

士科矯首廣寒宮闕近欲將消息問嫦娥

月色　徐舫

誤踼瑤階一片霜侵鞵不濕映衣凉照來雲母屏無跡穿入水晶簾有光雪影半隐能共白梅花千樹只多香故人疑似見顏色殘夜分明在屋梁

奔月巵歌　楊維楨

神犀然光射方諸海水拆裂雙明珠大珠飛上玉兎臼小珠亦奔銀蟾蜍千年太陰鍊成魄豈識妖蟆吞喫厄剢胎乃墮歡伯計玉斧椎開桃扇核茅山外史海上來拾得海上稱奇哉按劒或爲龍鬼奪擲手自戲仙人杯雄雷雌電繞丹屋顧兎清光吞在腹醒來不記墨淋漓塵世隨風散珠玉鐵崖仙客氣如虹金橋銀橋遊月宮素娥飲以白玉醴羽衣起舞千芙蓉居然月宮化鮫室坐見月中清淚滴我方醉臥玉兎旁但覓大斗酌天漿不用白兎長生藥不用千年不死方

關山月　錢惟善

落落漢時月蕭蕭古戰場揚輝子卿節逐影細君裝高映玉關外低沉青海旁不似閨中夜祇照繡鴛鴦

八月十五夜風雨後見月有懷　前人

天柱峰高月華碧自古人間風雨隔飄然欲探蟾窟遊萬里陰霾妒良夕元雲忽開黃道明顧兎涵秋抱冰魄嫦娥偷藥長少年桂子霏霏羽衣濕飛仙挾我陵太清萬丈寒光湛虛白美人不來空夜凉白苧歌闌露花積

客邸中秋對月　朱希晦

去年中秋秋月圓浩歌對酒清無眠煙霏滅盡人境寂仰看明月懸中天今年客裏中秋月靜挹金波更清絕可憐有月客無酒不照歡娛照離別夜闌淅淅西風凉月中老桂吹天香悠然長嘯動歸興坐久零露沾衣裳浮世悲歡何足數庾樓赤壁俱塵土風流已往明月來山色江聲自今古

月中桂　貝怡然

霜風吹老桂婆娑輪滿旁枝長漸多萬古秋香懸宇宙一株晴影照山河雲間銜子無黃鶴天上看花有素娥折向人間應不識九重清露濕鳴珂

掬水月在手　鄭奎妻

銀塘水滿蟾光吐嫦娥夜夜馮夷府蕩漾明珠若可捫分明兎影如堪數美人自挹濯春葱忽訝冰輪在掌中女伴臨流笑相語指尖擎出廣寒宮

愛月夜眠遲　前人

香肌半彈金釵卸寂寂重門深鎖夜素魄初離碧海端清光已透珠簾罅徘徊不語倚闌干斗轉參橫風露寒小娃低語喚歸寢猶過薔薇架後看

新月　明太祖

誰將玉爪指長空萬里山河一樣同映水有鈎魚怯釣銜山無箭鶴疑弓清光未放雲霄外素影遙分宇宙中輪滿待逢三五夜九州四海照無窮

前題　袁凱

既從碧雲上復傍綺牕移願得長如此教人學畫眉

中秋翫月張校理宅得南字　高啓

八月望夜天如藍海色卷霧山收嵐玉盤元沉龍窟底忽起萬丈誰能探初來空中光尚濕霜娥寒餐風鬔鬖人言一年此最好金精水氣秋相涵小星盡去大星在芒角欲吐敢與參天將洗眼照下土喫食肯縱妖蟆貪穿深窺暗不遺隙罔兩忌影逃巖嵌前年客中憶見之家人怨別方喃喃荒山不知佳節至垂首凭案尋書蟫但怪流輝入敗戶油燈失燄留孤龕起行陰林不用炬剝啄獨叩峰西菴蚪蛇亂路心膽悸怪影走石皆楓楠卽呼道人共載酒放舟直下芙蓉潭翻翻驚鵲落樹杪吹笛正和烏飛南今年在舍反寂寞暗室困臥如僵蠶乾愁無端負良夜月固不言我則慙人無賢愚競翫賞況我清景性所耽忽憶諸君隔河水持被就宿聆高談爲呼老婢掃庭宇一席盤飣梨與柑江城重閉萬家寂樓鼓近聽纔撾三空階淒其覺露泫處牖窈窕疑烟含婆娑欲留月伴影素鸞西下煩停驂明宵復出已難似動別經歲嗟何堪尊前此月又此客世所難遇心應諳關山幾處未解兵擊柝不寐愁丁男南鄰歌舞北鄰哭月雖同照異苦甘何人爲我揮天戈乾坤多難俱平戡行者得還居者樂清光所及恩皆覃懸知此願未易遂憂來舉盞從沉酣須臾衆散曉蟲急古桂吹落自毿毿

夜起觀月　前人

一春夜多雨今宵初月明隐開幽夢覺起憶故園行露下花微委煙中鳥忽鳴誰同賞清景惆悵倚前楹

新月　楊基

光斜鏡露邊影沒眉鋪黛香煙隔院來知有佳人拜

湖中翫月　張紳

銀波千頃照神州此夕人間別是秋地與樓臺相上下天隨星斗共沉浮一塵不向空中住萬象都於物外求醉吸清華遊碧落更於何處覓瀛洲

丙午中秋與徐左司王山人高記室同過張文學宅看月　徐賁

商飈吹秋天如藍出戸圓月生東南衆星次第斂芒角獨有桂影垂毿毿澄光無私照應徧不間汚澤兼清潭氷輪軋軋上銀漢玉龍左右驂兩驂須臾當天嬋魄正八表洞覩明湘涵自憐下界苦迫塞未得變化同蒼蟫遙思海上看更好水氣顥顥雲無曇鮫人機室仰盧照綃絲薄袖抽氷蠶孕珠老蚌濯波出吸納華采爭呀呥山河大地影倒入嗟此尺璧何由含曾聞月乃七寶合坳處修補須斤鑿又聞嫦娥竊靈藥直欲不死眞貪婪如此怪事各有說理或有之幽莫探化橋擲杖本幻戲茲事何故推難諳分明以術誑人主不即加誅誠癡憨今宵貴家盛開宴奔走席上羅女男清弦脆箜樂正作金尊玉斝情方酣羈愁誰念獨居者家無隙地惟書龕南鄰庭院未爲廣較之我處殊差堪便攜濁酒扣門去肴核瑣細無煩擔移牀露坐共邀月更呼故友來清談諸君豪邁總名士長材落落皆楩柟詞鋒出硎賭快利鈍斧寧敢儕長鑱曾奇每能斡造化語峭似可欺巖嵌我今結托豈偶爾內切自喜忘其慚當歌且用脫邊幅買酒奚問隨珥簪爲君起舞明月下兩袖拂鬢風鬑鬖佳節與人既不惡暢懷痛飲心所甘緣知樂景不易遇匪曰嗜好成淫躭此月一去又一載坐看直待雞號三

新月　周豈

稍向天邊落初從雲底生徒然似鉤曲能得幾時明

中秋奉東宮旨賦月歌　林溫

玉蟾夜涼宮漏永風動梧桐委金井海門推出明月來影浸氷壺秋萬頃銀漢迢迢星宿稀萬象不敢爭光輝關河千里共今夕毋使零露沾人衣小臣年年山海客獨倚山窻看月白今年來對禁城秋鳳閣龍樓天咫尺王門賓客一何多承恩自憐雙鬢皤愧無長才比希逸一笑其如秋月何

鴛湖舟中翫月　胡奎

團團三五月挂在鴛湖東方舟汎流光坐我青天中低頭看月月在水倒影姮娥呼不起三更露下苧袍涼怳然濯足銀河裏城南斗酒眞珠紅與月共醉鮫人宮醒來月下不知處張帆且趁清明風

中秋對月　易恆

一覽清輝萬里過百年秋興此時多鮫童袂薄遺珠淚織女機寒濕鳳梭鶴語不知人是否烏啼數問夜如何江湖莫動魚龍寂應有淒涼及釣蓑

和大兄八月十四夜月　陳緝

桂老金爲粟蟾孤玉作團明朝應更好此夜不勝寒弟妹他鄉共關山幾處看南飛有烏鵲未得一枝安

東山待月歌　練子寧

天風吹桂香夜久露華結清興誰與同停杯待明月明月須臾海上來青天一望無塵埃人看明月皎如昨月照人間知幾回人生何用嗟與嘆月本無心尚圓缺玉兔搗藥能長生不管麻姑鬢如雪月既照我飲我且爲月歌舉杯勸月月亦喜清泉歷亂揚金波願把紫鸞笙雙吹向寥廓直上蓬萊第一峰坐聽霓裳奏仙樂

中秋不見月　解縉

吾聞廣寒八萬三千修月斧暗處生明缺處補不知七寶何以修合成孤光洞徹乾坤萬萬古三秋正中夜當午佳期不擬姮娥偎酒杯狼籍燭無輝天上人間隔風雨玉女莫乘鸞仙人休伐樹天柱不可登虹橋在何處帝閽悠悠叫無路吾欲斬蛤蟆磔冥兔坐令天宇絕纖塵世上青霄粲如故黃金爲節玉爲輅縹緲鸞車爛無數水晶簾外河漢橫氷壺影裏笙歌度雲旗盡下飛元武青鳥銜書報王母但期歲歲奉宸遊來看霓裳羽衣舞

蘆溝曉月　梁潛

疎星寥落曉寒淒月色沙光入望迷野戍連雲塞見鴈人家隔水遠聞雞波間素彩涵秋淨天際清光映樹低馬上曾驚殘夢斷鐘聲遙度禁城西

中秋對月　童軒

吟倚南樓思爽然蟾光飛上一輪圓九霄滿露漙金鏡萬頃澄波泛白蓮雲母屏開秋似練水晶簾捲夜如年何因得步臨皐下喚起坡仙共泛船

客中對月　丘濬

萬里思歸客傷心對月華欲憑今夜影囘照故園花

闕墩秋月　李東陽

庾亮樓前月正明謝公墩上雨初晴清光照我雙吟鬢此夜懷人萬里情隔竹流螢看不見繞枝飛鳥宿還驚天涯一望鄉心切腸斷秋山笛裏聲

黃昏步溪上見烟月可愛　張琦

明月在天烟在溪烟中看月無光輝沙禽熟眠潮未響野火歷亂船初歸天邊楊柳誰家樹烟月相含不知數此時幽景記不眞莫是江南夢歸路

泊雲陽江頭玩月　何景明

扁舟泊沙岸皓月出翠嶺開窻鑒清輝照我孤燭冷高林散疎光遠渚接餘景縱橫銀漢迴三五玉繩耿弦望幾更易客行尚殊境佳期邈山嶽端坐令人省

十三夜對月　前人

閒居愛明月良節復與俱金魄麗秋闈皓彩揚雲衢澄空斂霜煙清颷蕩中區徘徊廣庭內改席臨方除顧景怵衷慮與心念居諸天道遞消長戒之在須臾懷謙可久安盛滿豈攸居孰云質靡盈所貴光不渝

十四夜同清溪子對月　前人

林塘枉佳客待月欣舉觴今夕勝昨夕已見生東方離離絳霄側冉冉素雲揚踰時灝氣徹縣耀天中央仰視渺難即忽覺在我旁清池含微波左右挹流光月行固當圓人會何能常與子各鄉域邂逅臨此堂良時不屢值明月安可忘醉歌答末夕和我窈窕章

十六夜月　前人

日夕城煙斂列宿出復多開軒望明月展席流素波員輝雖少虧猶能遍天涯單車不為樂念遠徒咨嗟美人越崇京高樓結綺霞浮雲暮長征何由覩光華迅颷萬里至霜露日以加坐憂桂枝歇委落同泥沙清輝苟相照豈慮天路遐

明月篇　前人

長安月離離出海嶠遙見層城隱半輪漸看阿閣銜初照瀲灩黃金波團圓白玉盤青天流景披紅蕊白露含輝汎紫蘭紫蘭紅蕊西風起九衢夾道秋如水錦幌高褰香霧開瑣闈斜映輕霞舉霞沈霞落天宇開萬戶千門月明裏月明皎皎陌東西柏寢岧嶢望不迷侯家臺榭光先滿戚里笙歌影乍低濯濯芙蓉生玉沼娟娟楊柳覆金堤鳳凰樓上吹簫女蟋蟀堂中織錦妻別有深宮閉深院年年歲歲愁相見金屋螢流長信階綺櫳燕入昭陽殿趙女通宵侍御牀班姬此夕悲團扇秋來明月照金徽榆黃沙白木逶迤征夫塞上憐行影少婦窻前想畫眉上林鴻鴈書中恨北地關山笛裏悲書中笛裏空相憶幾見盈虧淚沾臆紅閨貌減落春華玉門腸斷逢秋色春華秋色遞如流東家怨女上粧樓流蘇帳捲初安鏡翡翠簾開自上鉤河邊織女期七夕天上嫦娥奈九秋七夕風濤還可渡九秋霜露迴生愁九秋七夕須臾易盛年一去真堪惜可憐揚彩入羅幃可憐流素凝瑤席未作當壚賣酒人難邀隔坐援琴客客心對此歎蹉跎烏鵲南飛可奈何江頭商婦移舡待湖上佳人挾瑟歌此時憑闌垂玉筋此時滅燭斂青蛾玉筋朱顏苦緘怨緘怨含情不能吐麗色春妍桃李蹊遲輝晚媚菖蒲浦與君相思在二八與君相期在三五空持夜被貼鴛鴦空持燰玉鸞鷀青衫泣掩琵琶絃銀屏忍對箜篌語箜篌再彈月已微穿廊入闥靄斜輝歸心日遠大刀折極目天涯破鏡飛

月　前人

片月中秋近輝光一歲無天清驚塞鴈夜冷落楓烏不寢知宵永無言對景孤更深何處沒萬里墮江湖

十七夜月　前人

更深月復明揚秀青雲端浮颷倏以寂長川靜波瀾徘徊廣除下日露棲崇蘭仰見城西樓迴光照文軒樓中織綺女延頸獨哀歎哀歎未終已素河橫西山逝魄不長望玉貌寧久妍君毋吝光惠使我芳歲闌

月　徐禎卿

故園今夜月迢遞向人明只自懸清漢那知隔鳳城氣兼風露發光遍曙烏驚何事江山外能催白髮生

待月　王九思

避月樓何迥憑闌興起予目窮千里外月上二更餘素影流雲漢清輝透綺疏聊將太白句把酒問蟾蜍

明月篇　王廷相

明月漾金波盈盈隔絳河桂殿飄香迥兔宮丸藥多七襄機冷停織女九重簾捲覷嫦娥嫦娥嫦娥織女時同伴天上人間願相見團團流影銅龍樓娟娟含輝紫宸殿滄溟躍出水晶盤萬戶千門作意看石鯨秋動昆明沼玉虎宵吟金井闌漢帝金莖瑤液凍寶家雲閣紫簫寒君不見三千宮闕光窈窕月華冷浸長門道翠輦不來春已殘金扉未啓花先老此時班姬雙淚垂此時陳后寸心悲蛾眉曲曲徒爭豔玉貌盈盈欲待誰蛾眉玉貌成消歇別殿深宮羞對月屏開翡翠素塵欺被掩鴛鴦芳爵滅金屋何時更來往紈扇此生長離別空令圓魄入金闈空令蟾彩照羅帷紅杳冷落難成寐悄殺啼烏半夜飛長安思婦上高樓見月偏驚枕簟秋寒衣未寄清霜塞獨夜深閨玉筋流闌中絡緯宵唧唧朝下裁縫暮仍織征人遠戍在龍城作得戎衣長歎息與君結髮方及笄不謂少年成獨棲迴文織就空傳恨團扇粧成卻掩啼鴻銜尺素君可聞寶帳蘭烟徒自薰今年且對長安月明年願作巫山雲又不見七貴樓臺連上苑五侯甲第開金館洞裏看花春杳冥池上聞鶯朝晼晚畫舸風迴紫烟滅蘭臺月上香霞捲秦女吹簫雲霧變越娥拂

舞錦斕斑龍鬚席上九鸞下玳瑁簾中雙燕閒簾開
翠幕黃金屏含嬌含態鬭娉婷夜夜芙蓉人似玉朝
朝蘭莚酒如澠新年相贈同心結元夕爭懸長命燈
不道人間有失路惟知天上會雙星月明光光恆在
天人生豈得長相憐憂愁抑鬱春生草富貴繁華東
逝川休言橐焰陵百代休言嬌寵無時改鳳凰拋却
萬年枝睢鳩囿下長生海風流梟那片時春飛燕不
來宮草新謫看靡苑荒臺曲月夜精靈夢著人

同沈石田先生吳門載酒泛月二首　孫一元

望望蒼茫裏開雲度野田山空偏愛月木闊不分天
酒酸初侵夜星河半在船白袍江海上樗散自年年

二

微茫風日暮歸鳥下青田瞑色遙吞樹波容澹寫天
豚魚不吹浪萍葉故迎船笑殺鴟夷子浮家不計年

中秋同何大復望月二首　韓邦靖

燕地中秋月仍看此度明照人愁白髮爲客嘆浮名
空闊無霄漢清光接禁城中原有戰士今夕最關情

二

令節他鄉酒關山獨夜情看花秋露下望月海雲生
碧漢通槎近朱樓隔水明南飛有鴻鴈作意向人鳴

月　胡纘宗

萬里長安月秋來的的明願將通夜白流照水西營

中秋禁中對月　楊愼

漢家臺殿號明光月滿秋高夜未央銀箭金壺催漏
水仙音法曲獻霓裳路車天遠鸞聲靜宮扇風多雉
影涼千里可憐同此夕美人迢遞隔西方

舟中閱唐詩紀事王起李紳張籍令狐楚於白
樂天席上賦一字至七字詩以題爲韻遂效其
體爲花風月雪四首宋人名一七令　前人

月霜凝冰潔三五圓二八缺玉作乾坤銀爲宮闕如
鏡復如鉤似環仍似玦蘭閨少婦添愁榆塞征人怨
別漢家今夕影娥池穆穆金波歇未闋

明月篇　前人

桂樹生銀漢菱花掛玉臺山明姑射雪川靜海童埃
北戶燭龍蟄南枝烏鵲來清光殊窈窕流影自徘徊
樓上盈盈女樽前灩灩杯孤桐不須薦錦瑟正相催

十四夜月　林炫

今夜揚州月清光已勝前遙升滄海外先到客亭邊
雲度同飄忽風來一灑然細聽金粟影猶少半分圓

十四夜對月聯句　馬汝驥

移席臨廣除陳沂待景窺遙漢雲色漸離披汝驥天光忽
零亂哉生倏幾望文徵明流火復秋半冰紈裁未齊沂
奩鏡懸如判蓂吐露承華汝驥桂開星掩燦湧波金欲
滿徵明凌風玉時散仰貪首倦回沂俯逼神應憚蚌水
下銅盤汝驥蛟涎溢璃觀川容窈窕接河影依稀斷空
明析微毫沂縹緲挾飛翰鳴砧城闕寒汝驥吹笛關山
旦感此良夜娛徵明惜彼西園歎沂

對月　黃佐

江月初成鏡山城獨倚樓徘徊如作客浩蕩更隨舟
陌上清光滿樽前爛漫遊豈知離別後對爾轉添愁

十五夜舟中對月　陳大濩

水國人初靜江村月漸高九天開霧色百里見秋毫
與已懷鱸鱠官猶滯馬曹孤舟對清夜湖海思滔滔

十二夜與張子同玩感述　王愼中

高旻蕩浮翳仲冬淑氣清良夜何未央憩坐臨前楹
舒景揚雲端皓魄委廣庭灝英鮮瑤席華彩麗雕欞
稍稍風露重微微河漢明眷茲泰宇寬展席諧芳朋
撫景遺俗迫卽事寡氛嬰豈惟祛煩積亦以湛心靈
戒盈君子德和光達士情葆曜貞有孚養晦善自名

江上翫月　范欽

萬里空江月孤舟日夜看關山何處是烏鵲不勝寒
氣逼銀河轉光含玉露團踟躕瞻斗極髣髴辨長安

對月　顧存仁

清光此夕爲誰秋關月能禁故國愁何處笛聲吹不
斷臥看北斗挂城樓

中秋對月　朱瑞登

林塘客萃止待月欣舉觴今夕勝昨夕已見生東方
澄空斂煙霧彌覺清輝揚初猶樹杪俄頃天中央
徘徊臨廣除白露沾衣裳弦望信有度明晦何能常
良時不屢值對此宜樂康毋容外物累長近君子光

十五夜月　劉鳳

明月照滄海清輝盈此時似規流素魄持粉儷新姿
波瀉淪河影榆寒露鵲枝與君同萬里無那獨含思

玉河堤見新月　朱曰藩

垂楊東下轉金溝忽訝纖纖並馬頭班殿未秋寧似
扇秦樓初晚正如鉤雙蛾映水遙傳恨一掬當窗不
攬愁設道南州歌蕙艸薄情元不爲封侯

仲冬對月數宴答子約　皇甫汸

冬煖因恆霽宵遊及望舒弓形雲際引桂魄露中疎

樓戀鳷鵲後思深蟋蟀餘清光能幾度再滿歲將除

十月十五夜月　前人

清溪月仍滿空山歲欲闌入林無葉礙映水覺池寒
遠道心千里高樓思萬端誰能三五夜長及盛年看

對月　李先芳

碧天如洗月皎皎九陌行人跡如埽遊子天涯正寂
寥堦下草蟲啼不了凉風吹月夜將闌年年相見在
長安笛中欲和關山曲却恐他鄉白雪寒

擬薄帷鑒明月　孫艮器

暈瀉深閨影帷中悵獨眠隔簾鉤並曲入手鏡俱圓
初疑含薄霧翻似拂輕烟離別經秋暮盈虧自歲年

宿長春祠夜半朱君叩榻呼起視月　徐渭

長春明月夜闌干起視當眉尺五間千里林光俱浸
水一杯江氣亦浮山似聞隔岫吹長笛欲喚眞官語
大還忽憶廣寒清冷甚有人孤佩響珊珊

松際月　沈倬

清風湖上來徐徐入松下風吹松子落拾之欲盈把
月出松際雲清光滿離舍

長安明月篇　屠隆

長安明月正秋宵桂樹扶疎香不銷初懸碧海生華
屋漸轉朱城隱麗譙白露玉盤流素液丹霞寶鏡拂
輕綃明浮漢殿凉仙掌暗入秦樓濕紫簫魄滿中秋
天浩蕩光圓三五夜迢遙參差玉葉披香樹宛轉金
波太液橋披香太液紛相屬玉葉金波寒皺皺萬戸
平臨不夜城六街盡在清涼國洞庭湖中木葉稀姑
蘇臺上城烏宿宓妃鼓瑟湘江頭神女弄珠漢水曲
朱絃的的泛崇蘭翠袖娟娟映修竹既從天漢掩疎
星亦與君王代銀燭君王對此秋漫漫龍樓魚鑰開
長安閃閃鴛鴦香霧繞溶溶鳷鵲玉華凉風飄綽約
雙鬟女花近葳蕤七寶欄新出蛾眉描正似圓來嬌
面借同看昭陽粉黛生香煖長信梧桐照影寒飛燕
單衫初舞罷班姬雙淚欲啼乾自以光輝薦寒煖每
逢佳節助悲歡有時照入空閨裏蕭瑟流黃夜驚起
能于瓦上白如霜復遣牀前凉似水情到鸞箋淚萬
行夢回鴛帳人千里有時照向邊塞頭黃沙茫茫白
草秋已傷長夜吹邊篴又奈寒光照戍樓歸與三秋
度遼水愁心一夜滿并州古來一片長安月對之萬
種人情別月圓月缺如循環秋去秋來無斷絕遂令
皎皎地上霜都作星星鬢邊雪從他人世換春秋不
向中天數圓缺且因光景及芳年乘興先開歌舞筵
同酬綵筆邀希逸自舉金杯呼謫仙佳會于人既不
易良宵顧影亦堪憐興來坐到星河曉醉後還揮明
月篇最愛霓裳羽衣曲乘風便欲問嬋娟

春夜篇　沈瓚

東江灩灩東流水江上徐看月輪起天末青山隱若
屏搖金疊翠波光裏波光斜映復斜飛何處無茲明
月輝既看北里青絲騎復照南城錦字機南城北里
遙相望皎月明燈兩相向寶樹帷懸辟惡香蘭堂半
是流蘇帳此時誰解怯春寒此際誰憐春夜闌王孫
笑作金丸擲少婦疑將玉鏡看呼酒壚頭歡未已洗
妝樓上夢應殘只聞笛裏關山月不識人間行路難
深閨別有相思苦舊歡渺若河山阻一夜煙銷鸚鵡
洲三春雲斷鴛鴦浦悞人碧草徒自芳受露紅蘭為
誰吐一生一死人情見半開半落桃花片不向青陽
擬合歡直須黃土追柔豔的的星河乍欲移沉沉明
月夜何其憑將塞上春歸鴈却寄閨中尺素辭閨中
尺素何所有俛首自言離別久賤妾羞看故苑花狂
夫浪折青門柳即看花柳秋復春那得容顏故復新
錦衾剩有雙飛燕明鏡惟餘一尺塵爲問春流幾時
歇爲問春光幾時缺今宵纔是可憐宵此夜應名可
憐月那堪寂寞可憐人况復婆娑可憐節江水東流
無盡時江月年年照離別

秋江月　韓上桂

秋江月月在秋江如可掇秦時曾照玉龍堆漢世常
穿金鳳闕鳳闕清輝映畫樓風生洲渚錦帆秋白雲
一去迷前浦江水東迴逐月流月光一何皎客愁一
何悄玉盤滅沒波盈盈彩袖飄颻蘇小小揚子江頭
見月光華堂寶燭奪輝煌魚龍寂寞金波冷烏鵲依
微玉樹凉濯濯芙蓉雙帶斷怯怯鴛鴦比翼狂比翼
鴛鴦自成匹獨眠孤婦不勝泣春去秋來恨幾時月
圓月缺嗟何及錦帳蕭條可奈秋惜芳人倚木蘭舟
金閨草閣還同照紈扇蛾眉一樣愁幾度霜寒聽暮
笳况堪羌笛落梅花江城大地三千里江月斜懸四
五家良人幾戍交河北妾夢空驚海上槎海上槎歎
秋月任爾團團比玉容胡不雙雙對元髮千門萬戸
竟能爲七寶三窺望空絕姮娥既老不嫁人吳公持
斧何時歇徒有無情桂樹香不見同心連理結以茲
感歎滅朱妍誰分輕盈襯繞蟬翡翠樓前鉤獨上珊
瑚案上鏡虛懸拚無藥物能奔托拚無服食可神仙
東家流水西家挹南陌栽花北陌搴曉漏銅樓雞欲

歇此時不見秋江月秋江月落影沉沉美人一笑千黃金人生百年難百歲何處雙心共一心雙心雙意徒爲爾願逐流光赴蒙汜蒙汜雖沉猶有囘獨無人故可重來思君不見憐秋月化作朝雲暮雨臺

秋月感懷　王衡

水國高秋倍闇然凉風天末想娟娟黃花耐擁南樓展紅樹相看牛渚船白社避巢將客燕平林抱葉未歸蟬那堪子夜烏啼盡荻岸楓城夢裏煙

中秋　馬任遠

斗酒持螯漏幾更西風妒月片雲生氤氳不盡來還去點綴無端暗復明乍見餘光分翠竹尚流微影落金觥誰家唱出關山調徙倚胡牀聽遠聲

月　林世璧

玉露晴初墜天河迥欲流誰憐今夜月還似去年秋影逐寒雲起光緣暮杵留關山千萬里偏照漢家樓

西樓月下送陸長康　盛鳴世

分散歡娛地斑騅送陸郎烏啼白門夜月上一樓霜揚子分衣帶明河接淚行大刀重有約團扇莫相忘

盱江對月　范汭

新月出江干郵亭獨倚闌別家如昨日二十一囘看

冬夜見新月　秦鎬

霜天約略一鉤斜半挂平蕪半遠沙照向兩鄉偏是缺不知圓處落誰家

月下　傅汝舟

月明坐空山不覺石苔冷猿嘯搖藤蘿亂我松桂影

虞山對月有懷　張明弼

昨我別君時初月似君眉君言此後如相思遙指月光以爲期還愁月向君邊滿長懸缺月照妾帷我今獨宿虞山下可有圓輝伴君夜他人告我只一月茅山虞山月不別豈有我處似規圓却到君邊同玉缺始知君今見我客中波我亦對君幃前雪君我遙遙相處心千里百里一輪結月光今月光君應知我腸願君梯我上月旁手書相思字俾君兩相望不然但使君一月我一月各分一月樓兩鄉或令我上弦君下弦封蟾劃兎各生光何忍共此徑尺明同心同意成殊方殷勤告月求月助寒鵲徙枝天欲曙明月無言向西去

寒月　陳子龍

苦霧江潭合明雲天際開河流凝碧落霜影拂樓臺魚海逢歸鴈龍沙寄折梅漢家餘故壘未夜照蒼苔

月　邢昉

偶聽烏啼漏未殘小池氷合夜深寒最憐一片霜天月已是誰家十度看

七月十八夜坐見月　吳懋謙

冉冉生明月清輝白露濃有情窺旅帳無語度疎鐘影落吳江樹光連江上峯我生似黃鵠何處稅行蹤

和看月　前人

江上懸新月天涯得酒人萬山羣籟息一夕此杯眞積素光搖漢陵霄影絕塵淹留話無盡哀角起傷神

秋月　潘氏

園亭當水中兩岸蘆花雪夜深人未眠碧水蕩秋月

中秋後一日　王氏

宇碧淨秋煙清闌思渺然如何今夜月不似昨宵圓

關山月　商景蘭

秋月開金鏡浮雲散碧空風吹榆戍北露溼柳城東影滿驚巢鵲光沈起塞鴻秦關今夜色應與漢宮同

中秋對月　趙彩姬

月從今夜滿秋向此時分莫惜金尊數淸光喜共君

賦得霜上月　朱無瑕

夜色凉如水霜華共月明誰招青女出來伴素娥行

關山月二首　闕名

關山片月迥含秋萬古長懸青海頭愁殺淸光照沙磧秦時白骨未曾收

二

古塞蕭蕭白草腓漢家營裏月光輝可憐空學蛾眉影夜夜關山照鐵衣

欽定古今圖書集成曆象彙編乾象典

第四十一卷目錄

乾象典第四十一卷

月部藝文四 詞

望江南 隋煬帝

湖上月偏照列仙家水浸寒光鋪枕簟浪翻晴影走金蛇偏稱泛靈槎　光景好輕彩望中斜清露冷侵銀兔影西風吹落桂枝花開宴思無涯

月宮春 前蜀毛文錫

水晶宮裏桂花開神仙探幾回紅芳金蕊繡重臺低傾瑪瑙杯　玉兔銀蟾爭守護姮娥姹女戲相偎遙聽鈞天九奏玉皇親看來

望漢月 宋柳永

明月明月明月何事乍圓還缺恰如年少洞房人暫會依前離別　小樓憑檻處正是去年時節千里清光又依舊奈夜永厭厭人絕

水調歌頭 蘇軾

明月幾時有把酒問青天不知天上宮闕今夕是何年我欲乘風歸去又恐瓊樓玉宇高處不勝寒起舞弄清影何似在人間　轉朱閣低綺戶照無眠不應有恨何事長向別時圓人有悲歡離合月有陰晴圓缺此事古難全但願人長久千里共嬋娟

念奴嬌 黃庭堅

斷虹霽雨淨秋空山染修眉新綠桂影扶疏誰便道今夕清輝不足萬里青天姮娥何處駕此一輪玉寒光零亂爲人偏照醽醁　年少隨我追涼晚尋幽徑遶張園森木醉倒金荷家萬里難得尊前相屬老子平生江南江北最愛臨風曲孫郎微笑坐來聲噴霜竹

南歌子 秋月 東堂賦 毛滂

庭下新生月憑君把酒看亦須直待素團圓恰似那人眉樣秀彎環　冷射鴛鴦瓦清欺翡翠簾數枝煙竹小橋寒漸見風吹疏影過闌干

清平樂 元夕 前人

東風桂影低拂姮娥鏡裏妝寒酥粉瑩越恁十分端正　素光行處隨人柳邊照見青春一片笙簫何處花陰定有遺簪

眉嫵 新月 王沂孫

漸新痕懸柳澹彩穿花依約破初暝便有團圓意深深拜相逢誰在香逕畫眉未穩料素娥猶帶離恨最堪愛一曲銀鉤小寶簾挂秋冷　千古盈虧休問謾磨玉斧難補金鏡太液池猶在淒凉處何人重賦清景故山夜永試待他窺戶端正看雲外山河還老盡桂花影

念奴嬌　朱希眞

插天翠柳被何人推上一輪明月照我藤牀凉似水飛入瑤臺銀闕露冷笙簫風清環珮玉鎖無人掣閒雲收盡海光天影相接　誰信有藥長生素娥新煉就飛霜液雪擊碎珊瑚爭似看仙桂扶疎奇絕洗盡凡心滿身清露冷浸蕭蕭髮明朝塵世記取休向人說

前調 秋月　周紫芝

冰輪飛上正金波翻動玉壺新綠風帽還欹清露滴凜凜微生寒粟白玉樓高水晶簾捲十里堆瓊屋千山人靜怒龍聲噴斷竹　夜久斗落天高銀河邈對瀉冷懸雙瀑此地人間何處有難買明珠千斛弄影人歸錦袍何在更誰知鴻鵠素光如練滿天空掛寒玉

倒犯 秋月　周邦彥

霽景對霜蟾乍昇素烟如掃千秋夜縞徘徊處漸移深窈何人正弄孤影蹁躚西窗悄冒露冷貂裘玉斝邀雲表共寒光飲清醥　淮左舊遊記送行人歸來山路窮駐馬望素魄印遙碧金樞小愛秀色初娟好念漂浮綿綿思遠道料異日宵征必定還相照奈何人自老

一斛珠 中秋月　張掄

光輝皎潔古今但賞中秋月尋思豈是月華別都爲人間天上氣清澈　廣寒想望嵯峨闕琤琤玉杵聲奇絕何時賜我長生訣飛入蟾宮折桂餌丹雪

念奴嬌 月詞應制　曾覿

素颷漾碧看天衢穩送一輪明月翠水瀛壺人不到比似世間秋別玉手瑤笙一時同色小按霓裳疊天津橋上有人偷記新闋　當日誰幻銀橋阿瞞兒戲一笑成癡絕肯信羣仙高宴處移下水晶宮闕雲海塵清山河影滿桂冷吹香雪何勞玉斧金甌千古無缺

玉樓春 中秋閏月　侯寘

今秋仲月逢餘閏月姊重來風露靜未勞玉斧整蟾宮又見冰輪浮桂影　尋常經歲睽佳景閱月那知還賞詠庾樓江闊碧天高遙想飛觴清夜永

月華清 秋夜對月　洪瑹

花影搖春蟲聲吟葉九霄雲幕初捲誰駕冰蟾擁出桂輪天半素魄映青瑣窗前皓彩散畫闌干畔凝盼見金波滉漾分輝鵲殿　況是風柔夜暖正燕子新來海棠微綻不似秋光只照離人腸斷恨無奈利鎖名韁誰爲惜舞裙歌扇吟翫怕銅壺催曉玉繩低轉

南歌子 新月　前人

柳浪搖晴沼荷風度晚簷碧天如水印新蟾一鉤清光斜露玉纖纖　寶鏡微開匣金鉤半押簾西樓今夜有人歡應傍妝臺低照畫眉尖

瑞鶴仙 鄉城見月　蔣捷

紺煙迷雁跡漸碎鼓零鐘街喧初息風檠背寒壁放冰蜍飛到蛛絲簾隙瓊魂暗泣念鄉關霜蕪似織謾將身化鶴歸來忘却舊遊端的　歡極蓬壺蕖浸花院梨溶醉連春夕柯雲罷弈櫻桃在夢難覓勸清光乍可幽窗相伴休照紅樓夜笛怕人間換譜伊涼素娥未識

念奴嬌 詠月　范瑞臣

玉樓絳氣捲霞綃雲浪飛空蟾魄人世江山驚照耀烟靄巃峯千尺陸海蓬壺銀花星斗點破琉璃碧有人吟笑紫荷香滿晴陌　況是東府君侯西清別騎樽俎開華席邀遲飛輪催杖履入對耆黎仙客襦袴歌謠昇平風露挼取金蓮側梅花吹動滿城依舊春色

前調　前人

尋常三五問今宵何夕嬋娟多勝天闕雲收崩浪靜深碧琉璃千頃銀漢無聲冰輪直上桂濕扶疎影綸巾玉塵庾樓無限清興　誰念江海飄零不堪回首驚鵲南枝冷萬點蒼山何處是修竹吾廬三徑香霧雲鬟清輝玉臂醉了愁重醒參橫斗轉轆轤聲斷金井

前調　李邴

素光練淨映秋山隱隱修眉橫綠鳷鵲樓高天似水碧瓦寒生銀粟萬丈斜暉奔雲湧霧飛過盧仝屋更無塵氣滿庭風碎梧竹　誰念鶴髮仙翁當年曾共賞紫岩飛瀑對影三人聊痛飲一洗離愁千斛斗轉參橫翩然歸去萬里騎黃鵠滿天霜曉叫雲吹斷橫玉

前調　姚孝寧

素娥睡起駕冰輪碾破一天秋綠醉倚高樓風露下
凜凜寒生肌粟橫管孤吹龍吟風勁雪浪翻銀屋壯
遊回首會稽何限修竹　今夜對月依然樽前須快
瀉山頭鳴瀑吸此清光傾肺腑洗我明珠千斛只恐
嬋娟明年依舊衰鬢先成鵠舉杯相勸爲予且掛團
玉

前調　韓駒

海天向晚漸霞收餘綺波澄微綠木落山高眞箇是
一雨秋容新沐喚起姮娥撩雲撥霧駕此一輪玉桂
華疎淡廣寒誰伴幽獨　不見弄玉吹簫樽前空對
此清光堪掬霧鬢風鬟何處問雲雨巫山六六珠斗
爛斒銀河清淺影轉西樓曲此情誰會倚風三弄橫
竹

婆羅門引　望月　金元好問

素蟾散彩九秋風露發清妍嫦娥儘有情緣畱著盈
盈三五永夜照凭肩看晚妝臨鏡若箇嬋娟　尋常
月圓恨都向舊時偏幾度郵亭枕上茅店尊前珠明
玉秀算一日相看一日仙人共月長似今年

八犯玉交枝　拾寶山觀月上　元仇遠

滄島雲連綠瀛秋入暮景却沉洲渚無浪無風天地
白聽得潮生人語擎空孤柱翠依高閣憑虛中流蒼
碧迷烟霧唯見廣寒門外青無重數　不知是水是
山不知是樹漫漫知是何處倩誰問凌波輕步漫凝
睇乘鸞秦女想庭曲霓裳正舞莫須長笛吹愁去怕
喚起魚龍三更噴作前山雨

小重山　詠月　明劉基

始映西軒似玉鉤相應容不得一些愁娟娟斜倚鳳
凰樓窺朱戶半含羞　今夜正悠悠玉池金岸側是
瀛洲人間天上一般秋銀潢水何事獨西流

菩薩蠻　梨花夜月　楊基

水晶簾外涓涓月梨花枝上層層雪花月兩模糊隔
簾看欲無　月華今夜黑全見梨花白花也笑姮娥
讓他春色多

落梅風　中秋望月應制　解縉

嫦娥面今夜圓下雲簾不著羣仙見拌今宵倚闌不
去眠看誰過廣寒宮殿

摸魚兒　平湖秋月　瞿佑

望西湖斷雲收雨長天秋水一色姮娥捧出黃金鏡
照我清尊瑤席風浪息想此際驪龍熟睡鮫人泣吹
殘短笛對香霧雲鬟清輝玉臂今夕是何夕　凭闌
處聽盡更籌漏刻人間此景難得滿身風露颼颼冷
何用水晶屏隔君莫惜君不見坡仙樂事俱塵迹扁
舟二客向赤壁重遊山高水落孤鶴夢中識

鳳凰臺上憶吹簫　秋月　馬洪

淡淡秋容澄澄夜影涓涓月掛梧桐愛簫聲縹緲簾
影玲瓏彩鳳銜書未至玉宇淨香霧空濛涼如水翠
苔凝露琪樹吟風　怱怱年華暗換嗟舊歡成夢芳
鬟飛蓬想清江泛鷁紫陌遊驄應念佳期虛負贈素
彩感慨相同凝情久誰家擣衣砧杵丁東

鷓鴣天　秋月　文徵明

灩灩溶溶缺又盈秋清寒重轉分明玉關羈雁年年
度桂殿寒潮夜夜生　積玉氣溢金精照人離別更
多情長風不斷吹秋色何處江樓有笛聲

月中行　本意　楊慎

月華靜夜思悠哉夜靜滅氛埃窺人不待畫堂開圓
影隙中來　小軒蛛綴香塵滿重門掩簾滴金苔洞
房未曉且徘徊清漏不須催

望江南　月　前人

明月好流影浸亭臺金界三千隨望遠雕闌十二逐
人來只是欠傳杯

浣溪沙　新月　葉小紈

纖影黃昏到小樓弱雲扶住柳梢頭捲簾依約見簾
鉤　粧鏡試開微露匣蛾眉學畫半含愁清光先自
映波流

月部選句

楚屈原離騷前望舒使先驅兮
天問夜光何德死而又育厥利維何顧兔在腹
漢司馬相如子虛賦陽子驂乘纖阿爲馭　又長門賦
衆鷄鳴而愁予兮起視月之精光
魏曹植愁思賦歸室解裳兮步庭前月光照懷兮星
依天
阮籍清思賦太陰潛乎後房兮明月耀乎前庭
晉摯虞思遊賦軼望舒以陵厲兮羌神漂而氣浮　又

擾龜兔於月窟兮詰姮娥於蓐收

潘岳秋興賦月朣朧以含光兮露淒淸以凝冷

夏侯湛秋夕哀賦尋修廡之飛檐覽明月之流光又秋可哀賦月翳翳以隱雲時朧朧以投光映前軒之疎幌照後帷之閒房

陶潛閑情賦月媚景於雲端

宋周祇月賦二氣理化精者能鏡陽得一以朗旦月代終而夕映其狀也氣瑩潔而昭遠質明潤而貞虛弱不廢照淸不激汙

謝靈運怨曉月賦臥洞房兮當何悅滅華燭兮弄曉月昨三五兮既滿今二八兮將缺浮雲褰兮收泛灩明舒照兮殊皎潔墀除兮鏡鑑房櫳兮澄澈

謝莊悅曲池賦步東池兮夜未央臥西牕兮月向山

傅亮感物賦聆蜻蛚於前廡鑒朗月於房櫳

齊謝朓七夕賦盈多露之藹藹升明月之悠悠

梁簡文帝阻歸賦上月斜臨寒松遙直

元帝對燭賦月似金波初映空雲如玉葉半從風又蕩婦秋思賦秋何月而不淸月何秋而不明况乃倡樓蕩婦對此傷情又漏刻銘月桂宵輝

蕭統銅博山香鑪賦吐圓舒於東岳又十二月啓秋風振響鶉鷲子夏之衣夜月流輝鵲繞將軍之樹

沈約郊居賦風騷屑於園林月籠連於池竹

江淹別賦月上軒而飛光又秋帳含茲明月光又秋月如珪

丘遲還林賦階伺禽飛窻高月度

吳均八公山賦挂皎月而常圓雲望空而自布

何遜七名地不寒而蕭瑟月無雲而曠朗

陶弘景尋山誌月披雲而出山

陳徐陵裴使君墓誌鮮雲藹藹披王安之衣明月圓圓似班姬之扇

沈炯太極殿銘璧月宵懸卿雲晝聚

隋盧思道勞生論候南山之朝雲覽北堂之明月

唐李白春夜宴桃李園序開瓊筵以坐花飛羽觴而醉月

楊謙月映淸淮流賦月至明而不阻遐邇淮至淸而可鑒毫髮故澄澈而相暉况埃壒而初歇泛灩多象朣朧交映類藏冰之在玉壺如臨水之懸明鏡引淸潤而介若自潔和素光而終然不競千里伴孤舟而浮百丈動纖鱗之泳

潘炎月重輪賦光泛皎潔之斜漢色映闌干之北斗金波耀景非懸闞澤之名璧彩揚輝不入士衡之手理殊吳夢符炳漢謠浮桂花於日道環水鏡於丹霄

歐陽詹秋月賦上迢迢之霄漢掩列列之恆星出江山之磅礴豁閭闔之崢嶸又白鶴翩翻不分其色寒泉灑落空聞其聲又益池亭之寂寂增氣候之颼颼起離家之遠恨生去國之繁憂何處而不見何人而不愁豈謂征客懷歸徘徊於黃榆之塞佳人怨別蕭條於紅粉之樓

侯喜漣漪濯明月賦謂元濤之弄珠將投進退訝方流之有玉欲獻還延又漏永更遙空見浮沉之狀星移漢轉無聞出沒之聲

趙蕃月中桂樹賦映澄澈之素彩逗葳蕤之冷光杳杳低枝拂孤輪而挺秀依依密樹侵滿魄而含芳又亘雲路委天衢弱質中植纖條外扶亂彩時搖起飛飛之驚鵲澄波靡隔掩歷歷之高榆又夾餘霞而暫丹經斜漢而彌白臨紫極而天香不散指北斗而仙花可摘又素色不彫自挺雪霜之外淸陰迥泛類移霄漢之中

蔣防姮娥奔月賦振瓊鏘佩雜珠露之珊珊雲帔花冠渡銀河之耿耿又想泛金波詎假琴高之鯉將搖桂魄寧因禦寇之風

徐晦海上生明月賦瀇滃湰洞雪翻煙弄水族將蟾影交馳浪花與桂枝相送

王淮瑤臺月賦素月霄凝寒空迥徹照瓊樹以增麗煥瑤臺而共潔遠而望也浮皎晶之精光近而察焉帶巍峩之積雪美其淸瑩互映絢練相鮮洞玉砌以周設對金波而正圓增構參差迥出林巒之表光輝照燭遐同崑閬之前

楊眞弘月中桂樹賦天邊無風孕香氣而不散草上有露泛花光而若浮異夫高謝地靈妙融眞宰籠元兔以不動映素娥而如在太陽讓美收若木之餘暉列宿懷慚掩白榆而沉彩

鄭遙初月賦金壺稍滴銀漢將流暗鵲驚夜寒蛩送秋天淸暈滅露白光浮臨皓壁而添粉映珠簾而半鉤纖光潤海重明表蜑的的飛上娟娟未落銜破鏡而飛斜抱彎弓而勢却又明月照高樓賦垂輪簾外疑鉤勢之重懸透影牕中若鏡光之開照

白行簡新月誤驚魚賦纖纖之月兮濯影淸流淠淠之鱗兮妄意懸鉤乍見之而深入復幾焉而誤遊

李灌華月照方池賦天開圓月水淨方塘月則桂花初滿水則蘋風不揚徘徊委照瀲灩交光素魄將臨

合浦之珠乍吐清漣同映玉壺之冰始藏又前臨不
測姮娥下入於河宮永望長空明鏡上騰於天步
紘于俞玉鉤賦日云暮矣月出之光始如鉤而可辨
亦方蛾而乍揚太陰表精知就盈之所漸司曆紀候
見哉生之有常又上迷山桂之叢稍懸階蓂之莢沉
碧水以輝動挂珠簾而影接孤懸亳野狠銜虛貴於
殷年迴燭汾陰鼎見方慚於漢葉高凝雪映朗若冰
淨懷遠戍於虛弓望征人於破鏡又披霧纔昇綃幕
誤傳於盈手流天未滿瑣牕徒訝其分形
韋琮月明星稀賦伊圓光之未呈覯列象之繁星忽
昇輪以委照齊掩縟而韜精天宇無雲意姮娥之可
覩金波出海覺婺女之迷明又星沉四裔月麗中央
以合璧之華彩掃連珠之衆光有北微分於辰極維
南屢失於昊蒼奕奕三台旣慚容於出沒熒熒五緯
亦具體而微茫又離離兮弄影如晦皎兮澄明不
流萬家盈手之時望牛女而纔見千里同心之際美
烏鵲而追遊
無名氏月照寒泉賦莫明匪月莫清匪泉月經天而
燭地泉帶地而澄天素波洞出清影孤懸氣涵滾於
一色輪照底而雙圓圓如日麗淨若霜凝寶鏡出匣
玉壺開冰搖清吹而灩灩淡碧空而澄澄度淺沙則
清影遲漫漱菌石則光波沸騰
漢蘇武詩燭燭晨明月
卓文君白頭吟皎若雲間月
蔡琰詩胡風夜夜吹邊月
古樂府月穆穆以金波又昭昭素月明光輝燭我牀
古詩明月皎夜光促織鳴東壁又三五明月滿四五

蟾兔缺又明月何皎皎照我羅牀幃又拳拳月初生
又明月照高樓想見餘光輝又破鏡飛上天又兩頭
纖纖月初生
魏武帝詩月明星稀烏鵲南飛
文帝詩明月皎皎照我牀又丹霞夾明月又俯視清
水波仰看明月光
曹植詩明月澄清影又明月照高樓流光正徘徊
嵇康詩閒夜肅清朗月照軒又皎皎亮月麗於高閣
阮籍詩薄帷鑒明月清風吹我衿又明月耀清輝
晉張華詩晨月照幽房又明月耀清景曨光照元墀
傅元詩明月不能常盈又清風何飄颻微月出西方
又閒夜微風起明月照高臺
何劭詩秋風乘夕起明月照高樹閑房來清氣廣庭
發暉素
陸機詩安寢北堂上明月入我牖照之有餘輝攬之
不盈手又朗月照閑房
潘岳詩皎皎窻中月照我室南端
左思詩明月出雲崖皦皦流素光
郭璞詩晦朔如循環月盈已復魄
曹毗詩夜靜清響起天清月暉澄又冬夜清且永皓
月照堂陰
湛方生詩夜悠悠而難極月皦皦而停光
陶潛詩秋月揚明輝又白日淪西河素月出東嶺遙
遙萬里輝蕩蕩空中景
古辭氣清明月朗又夜長不得眠明月何灼灼又碧
樓冥初月又明月照桂林又明月天邑高又開窻秋
月光又明月耀秋輝又天高星月明又涼風開窻寢

斜月垂光照又仰頭看明月寄情千里光
宋文帝詩弦月升初光又升月照東垂
南平王鑠詩羅帳延秋月又明月照高樓又高軒遲
夕月又明月流素光
孝武帝詩褰幕蕩暄氣入夜漸流清微微風始發曖
曖月初明
顏延之詩朏魄雙交月氣參變又姮娥棲飛月
謝靈運詩天高秋月明又暝還雲際宿弄此石上月
又月弦光照戶又明月照積雪又亭亭曉月映又明
月在雲間又月就雲中墮
謝惠連詩皎皎天明月又宵月皓中閨又亭亭映江
月
鮑照詩朗月出東山照我綺牕前又碧樓含夜月又
宵月向掩扉
王僧達詩廣庭揚月波
湯惠休詩明月照高樓含君千里光
鮑令暉詩鳴弦慚夜月又明月何皎皎垂幌照羅茵
齊王融詩清月冏將曙又璧門涼月舉又池蓮照曉
月又春江夜明月又往復還經天月
謝朓詩霜月始流砌又秋月滿華池又月陰洞野邑
又軒廣月容開又明月流皎鏡又臺迥月難中又山
中上芳月又西戶月光入
江奐詩菱江及初月
陸厥詩鴈起宵未央雲間月將落照屋梁兮影徘徊
承露盤兮光照灼
石道慧詩昊穹出明月
釋寶月詩浮雲中斷開明月

梁武帝詩圓魄當虛闥清光流思筵又南牕北牖桂
月光又明月懸洞房
簡文帝詩月光臨戶駛又秋豫照漢月又隙月依枝
度又月輝橫射枕又祇恐多情月旋來照妾牀又浮
雲似帳月如鉤又夕波照孤月又迴月臨牕度又月
送可憐光又欲待華池上明月吐清光又河淨月應
來又開牕引月輝又青山銜月規
元帝詩丸兔城南月似蛾又月華似璧星如佩流影
澄明玉堂內又却月半山空又瀟湘夜月圓又蛾月
漸成光又星稀月稍上又池水浮明月又昆明夜月
光如練又日暮徙倚渭橋西正見流月與雲齊
沈約詩明月如規方襲予
江淹詩秋至明月圓又月出照園中又華月照芳池
又秋月映簾櫳懸光入丹墀又佪佪秋月明又月華
始徘徊又團團明月陰又宵月輝西極又湛湛明月
光又月華為誰來又三五月如鏡
柳渾詩流月搖輕陰又明月懸高樹
庾肩吾詩夜月奪燈光又月起吳山北又月皎疑非
夜又姮娥隨月落
吳均詩閒房肅已靜落月有餘輝又別離未幾日高
月三成弦又天清明月亮又疎峰時吐月又璧月滿
瑤池又曉月山頭下又夜月窺牕下又練練波中月
又水中千丈月又朧朧樹裏月又雨至月離畢又明
月落河濱
何遜詩初月波中上又空庭秋月華又秋月照沙溆
又簾中看月影又秋月如團扇又永夜看初月又違
鄉已信次江月初三五又斜月半庭空又月色臨牕

樹又月出未成光又月映清淮流又新月霧中生又
竹葉響南牕月光照東壁又閨閣行人斷房櫳月影
斜
蕭子範詩簾月度斜輝又天月廣庭輝
蕭子暉詩月色思空閨
王訓詩月落簷西暗
劉孝綽詩月光隨浪動
劉孝威詩月麗姮娥影又月纖張敞畫
劉孝先詩夜樓明月弦
劉邈詩簷花照初月
宗夬詩臥見雲間月
費昶詩閶闔下重關丹墀吐明月
鮑泉詩新月麗新輝
褚翔詩月如弦上弩
王臺卿詩皎皎雲間月
何眞南詩脊花曙月落
戴暠詩山頭看月近
鄧鏗詩閨中日已暮樓上月初華樹陰緣砌上窗影
向牀斜
陳後主詩山空明月深又明月照高臺又小婦初粧
點同眉對月鉤又弄月當宵楹又初月似愁眉又亭
亭秋月明
陰鏗詩花月分牕進又新月迴中明
徐陵詩簾前初月照
張正見詩金樓鏡月斜又關山度曉月又月逐桂香
來又舟移歷浦月又月下姮娥落又月影帶河流
江總詩皎皎新秋明月開又新月半輪空

祖孫登詩月明光正來
北周王襃詩低望月如弓又殘月半山低又半月類
城形
庾信詩夜月照心明又今夜長門月應如晝日明又
新月動金波又殘月如初月又月光如粉白
隋楊素詩惟有孤城月徘徊獨臨映
盧思道詩初月正如鉤懸光入綺樓又欲知妾心無
劇已明月流光滿帳中
薛道衡詩月冷疑秋夜又京洛重新年復屬月輪圓
雲間璧獨轉空裏鏡孤懸又月映班姬扇又斜月尚
徘徊
牛弘詩澄輝燭地域流耀鏡天儀曆草隨弦長珠胎
逐望虧
虞世基詩落月漸虧弦
諸葛穎詩月色含江樹
王胄詩月淨閨偏冷
孔德紹詩月斜山半陰
崔信明詩月彩落江寒
明餘慶詩弓月曉逾明
柳莊詩庭陰月上鉤
王衡詩餘月罷牕東
唐太宗詩皎月澄輕素又弦虛半月弓又初月照宵
幃
元宗詩桂月先秋冷又月銜花綬鏡
則天皇后詩桂魄朗圓輝
褚亮詩曆天登皎月流照滿中天
杜正倫詩闕名徒上月

楊師道詩兔月今宵朏後庭
許敬宗詩初月上銀鉤
虞世南詩早秋炎景暮初弦月彩新
上官儀詩鵲飛山月曙蟬噪野風秋
盧照鄰詩明月流客思白雲迷故鄉又方池開曉色
圓月下秋陰又江月夜臨空
張九齡詩清秋發高興涼月復閒宵光逐露華滿情
因水鏡搖又夜雨塵初滅秋空月正圓又思君如滿
月夜夜減清輝
楊炯詩水流銜砌咽月影向窻懸
宋之問詩皓月吐層岑又漾漾潭際月飂飂杉上風
又晚泊投楚鄉明月清淮裏又桂子月中落天香雲
外飄又殘月蚌中開
王勃詩野煙含夕渚山月照秋林
李嶠詩暗花臨戶發殘月下簾欹
蘇頲詩松梢半吐月
駱賓王詩閒庭落景盡疎簾夜月通又殘月上虛輪
又峨眉山上月如眉又殘月窺窻覩帨色又落月抱
寒光又谷靜風聲徹山空月色深又流星疑伴使低
月似依營又漢月似刀環又十步庭芳斂三秋隴月
圓
劉希夷詩晴看石瀨光無數曉入寒潭浸不流
陳子昂詩微月生西海幽陽始代昇圓光正東滿陰
魄已朝凝又微月在西軒又殘月迴臨邃
張說詩海月倦行舟又落花朝滿岸明月夜披林又
倚櫂攀岸篠憑船弄波月又山門送落照湖口昇微
月又佩勝芳辰日漸暖然燈美夜月初圓又雲峯吐

月白石壁淡烟紅
李澄之詩夜月明虛帳秋風入擣衣
崔頌詩江上懸曉月往來虧復盈
李林甫詩秋天碧雲夜明月懸東方皓皓林際色稍
稍林下光桂花澄遠近璧彩散池塘鴻雁飛難度關
山曲易長
張漸詩朗月照簾幌清夜有餘姿又歎息孤鸞鳥傷
心明鏡前
儲光羲詩雲開北堂月庭滿南山陰又獨見海中月
照君池上樓
王昌齡詩秦時明月漢時關萬里長征人未還又依
依殘月下簾鉤
常建詩明月照人苦又夜久潮侵岸天寒月近城
劉長卿詩家貧惟好月空媿子猷過又露濕湖色曉
月照海門秋又新月愁嬋娟又已是洞庭人猶看灞
陵月又月影隨波流又月出波上時人歸渡頭宿又
嬋娟湘江月千載空蛾眉
崔曙詩雲輕歸海疾月滿下山遲
孟雲卿詩太空流素月三五何明明
李白詩捲簾見月清興來疑是山陰夜中雪又黃鶴
西樓月長江萬里情又却下水晶簾玲瓏望秋月又
月出魯城東明如天上雪又昨玩西城月青天垂玉
鉤又何處夜行好明月白笴陂山光搖積雪猿影挂
寒枝又天借一明月飛來碧雲端故鄉不可見腸斷
正西看又舞愛月留人又郢門一爲客巴月三成弦
又江行幾千里海月十五圓又江寒早啼猨松暝已
吐月又寒月搖清波流光入窻戶又明月看欲墮當

窻懸清光又夜懸明鏡青天上獨照長門宮裏人又
落月低軒窺燭盡又秋月照沙明又何處我思君天
台綠蘿月又琴彈松裏風杯勸天上月又長安一片
月萬戶擣衣聲又黃鶴樓西月長江萬里情又簫聲
咽秦娥夢斷秦樓月
韋應物詩郡齋有佳月園林含清泉又寧知故園月
今夕在茲樓又散彩疎群樹分規澄素流
岑參詩水烟晴吐月又那知故園月也到鐵關西
李嘉祐詩月照洞庭波
高適詩湍上急流聲若箭城頭殘月勢如弓
杜甫詩新月出不高眾星尚爭光又雲掩初弦月香
傳小樹花又落月照屋梁猶疑見顏色又中天懸明
月令嚴夜寂寥又露從今夜白月是故鄉明又相逢
成夜宿隴月向人圓又白沙翠竹江村暮相送柴門
月色新又星垂平野闊月湧大江流又薄雲巖際宿
孤月浪中翻又山虛風落石樓靜月侵門又泥留虎
鬭跡月掛客愁村又飛星過水白落月動沙虛又峽
雲常照夜江月會兼風又縈隱素月垂文練又疎燈
自照孤帆宿新月猶懸雙杵鳴又更深不假燭月朗
自明船又今朝雲細薄昨夜月清圓又行雲星隱見
疊浪月光芒又寒冰爭倚薄雲月遞微明
賈至詩月明湘水白霜落洞庭乾
錢起詩昨夜明月滿中心如鵲驚又好風能自至明
月不須期又暗月稀星裏又含毫意不淺微月上簾
櫳又齋月懸琪樹明星映碧堂
張繼詩暗滴花莖露斜輝月過城又遠客辭家月再
圓

郎士元詩月到上方諸品靜又林映蛾眉片月斜又故人江樓月永夜千里心

皇甫冉詩渚烟空翠合灘月碎光流又山晚雲初雪汀寒月照霜又浦外野風初入戶牕中海月早知秋

耿湋詩月高城影盡又遙夜重城掩清宵片月新

戎昱詩秋宵月色勝春宵萬里天涯靜寂寥

于良史詩掬水月在手

王武陵詩石門吐明月竹木涵清光

李端詩江風轉日暮山月滿潮寒又歸螢入草盡落月映窗沉又素魄近成班女扇清光遠似庾公樓嬋娟更稱憑高望皎潔能傳自古愁

權德輿詩客心宜靜夜月色淡新秋影落三湘水詩傳八詠樓何窮對酒望幾處捲簾愁又動搖隨積水皎潔滿晴天

王建詩一院落花無客醉半窗殘月有鶯啼

韓愈詩新月迎宵掛

王涯詩洞房今夜月如練復如霜為照離人恨亭亭到曉光

歐陽詹詩中宵天色淨片月出滄洲皎潔臨孤島嬋娟入亂流

柳宗元詩新月玉鉤吐

劉禹錫詩今宵帝城月一望雪相似遙想洛陽城清光正如此又塵中見月心亦閑況是清秋仙府間凝光悠悠寒露墜此時立在最高山又影透衣香潤光凝歌黛愁斜輝猶可玩移宴上西樓又月高微暈散雲薄細鱗生又潭空破鏡入風動彩蛾牽

呂溫詩三五窮荒月還應照北堂廻身向暗臥不忍見團光

張籍詩幽光落水塹淨色在霜枝

盧仝詩天涯娟娟嫦娥月三五二八盈又缺

元稹詩春月雖至明終有靄靄光不似秋冬色逼人寒帶霜纖粉澹虛璧輕烟籠半牀分輝間林影餘照上虹梁又遠樹懸金鏡深潭倒玉幢委波添淨練洞照滅凝釭闌咽沙頭市玲瓏竹岸窗又金鳳臺前波漾漾玉鉤簾下影沉沉

李賀詩天上分金鏡人間望玉鉤又老兔寒蟾泣天色雲樓半開壁斜白玉輪軋露濕團光鸞珮相逢桂香陌又簾外月光吐簾內樹影斜又曉月當簾掛玉弓又遙嵐破月懸又月午樹立影又蟾光掛空秀又江上團團帖寒玉又新桂如蛾眉又月眉謝郎妓又殘月傾簾鉤又何處偏傷萬國心中天夜久高明月

白居易詩元和九年秋八月月上弦又鳳凰池上月送我過商山又步月憐清景眠松愛綠陰

楊衡詩曉月當窗白

顧非熊詩新月對愁生

章孝標詩長安夜夜家家月幾處笙歌幾處愁

張祜詩雲歸秋水闊月出夜山深又西江江上月遠遠照征衣

裴夷直詩清洛半秋懸璧月

杜牧詩半破前峰月又簾月滿堂霜又笛吹孤戍月

李商隱詩簾開最明夜簟卷已涼天流處水花急吐時雲葉鮮又月中桂樹高多少試問西河斫樹人

劉得仁詩露洗微埃盡光濡是物清

馬戴詩積陰開片月爽氣集高秋

薛能詩西塞長雲盡南湖片月斜

李群玉詩水光籠草樹練影掛樓臺皓曜迷鯨目晶熒失蚌胎又朦朧南溟月洶湧出雲濤下射長鯨眼遙分玉兔毫又盈手水光寒不溢流天素彩靜無風

賈島詩月向南臺見秋霖洗滌餘出逢危葉落靜看衆峰疎又月色四時好秋光君子知

溫庭筠詩月色澹白涵春空又階前細月鋪花影又江月隨人處處圓又一室故山月又雞聲茅店月又樓前澹月連江白

劉滄詩寒色滿窗明枕簟清光凝露拂煙蘿

李頻詩月過秋霖後光應夜夜清一回相憶起幾度獨吟行河漢東西直山川遠近明

于武陵詩涼天生片月竟夕伴孤舟

方干詩涼宵煙靄外三五玉蟾秋又泉澄寒魄瑩露滴冷光浮又野渡波搖月

秦韜玉詩初出海濤疑尚濕漸來雲路覺偏清

唐彥謙詩霧靜不容元豹隱冰生惟恐夏蟲疑又丹桂影空蟾有露綠槐陰在鵲無枝

韓偓詩洞庭湖上清秋月月皎湖寬萬頃霜玉椀深沉潭底白金杯細碎浪頭光

褚載詩星斗離披煙靄收玉蟾蜍耀海東頭

張蠙詩一千二百如輪夜浮世誰能得盡看

殷文圭詩滿衣冰彩拂不落遍地水光凝欲流華岳影寒清露掌海門風急白潮頭

胡玢詩桂根寧有土光外更無空

陳陶詩好看如鏡夜莫笑似弓時

徐鉉詩今夕拜新月沉沉禁署中玉繩疎間彩金掌

靜無風
蕭彧詩麗漢金波滿當筵玉斝傾因思頻聚散幾復換虧盈
翁宏詩漏光殘井甃缺影背山椒
花蕊夫人詩樓西凉月洞金盆
宋劉筠詩屬玉東西館琉璨左右屏梁園休賦雪隋苑漫飛螢 又 綺牕分皎皎芸閣共亭亭
范仲淹詩雲端開玉葉海內起金盤燕席迥宵雅京波入座寒
蘇麟詩近水樓臺先得月向陽花木易為春
歐陽修詩山霞坐未斂池月來亭亭 又 簾捲黃昏月上弦 又 明月靜松林千峰同一色 又 晚月漸虧弦 又 城頭暮鼓休催客更待橫江弄月歸
梅堯臣詩已洗浮埃天外靜忽生圓月樹頭明
王安石詩竹月緣堦貼碎金 又 河漢欹斜月墜空 又 登臨更欲邀元亮披寫還能擬惠休 又 江月轉空為白晝 又 山月入松金破碎 又 月移花影上闌干 又 追隨落日盡還生點綴浮雲暗又明
范純仁詩影亂林篩玉光長隙透星
蘇軾詩新月如佳人出海初弄色娟娟到湖上瀲瀲搖空碧 又 落月澹孤燈 又 娟娟雲月稍侵軒 又 落月挂柳如懸珠 又 雲細月娟娟 又 月明委靜照 又 夢斷月窺樓 又 明月誰分上下池 又 素月流天掃積陰 又 娟娟峨眉月 又 尾角月上弦 又 連娟缺月黃昏後 又 明月入戶尋幽人 又 明月魄復吐 又 殘月幾人行 又 勸君且吸杯中月
張耒詩織月過林清
陳師道詩簾疎分細細江淨共娟娟 又 江月向人明
唐庚詩月來冷處白 又 月色到秋苦
李綱詩明月照清溪影落千尋碧輕風皺微瀾蕩漾搖金色 又 纖月挂瓊鉤
曾幾詩遠分巖際松楓樹復亂洲前蘆荻花
劉子翬詩凉月未出出浮雲半空白徘徊步軒牕宛若待佳客
范成大詩雨餘弦月上塵界本清凉
陸游詩月入疎林間庭戶爍珠璧 又 牕光淡月痕 又 離海月盈丈寒光萬里明衆星斂將盡一鏡獨徐行
楊萬里詩一梳寒月印青天
王十朋詩遙天月吐鉤
翁卷詩光逼流螢斷寒侵宿鳥驚
徐璣詩山低月落遲
趙汝燧詩灘月碎光流
劉學箕詩西山遠挂月一眉淡淡寒輝生綺戶
葉茵詩來夕九秋半月同心跡清已知千里共祇欠一分明
朱淑眞詩寂寂海棠枝上月照人清夜欲如何 又 月上樓頭天似洗 又 天際月懸鉤 又 霜月照人悄
靈星夫人詩玉兔步虛碧冰輪碾太清廣寒宮有路桂子落無聲
元文宗詩一鉤殘月柳梢邊
黃庚詩光搖珠箔梧桐月
安熙詩新月穿雲出未高
張養浩詩江空孤月白 又 月色蟲邊苦 又 半牕春夢子規月
虞集詩赤壁江深孤月小
薩都剌詩皓月飛間鏡
方瀾詩月仄半樓明
盧琦詩天高秋月落
倪瓚詩罷盡溪亭月當牕影更妍
明陳汝言詩客館一牕月故鄉千里愁
王逌詩月從今夜滿人在異鄉看
童軒詩九霄清露溥金鏡萬頃澄波泛白蓮
徐貞卿詩看月生西浦穿雲度北牕高棲有羈羽照影不成雙
嚴訥詩影落山精鏡光寒織女梭林烏驚漢漢花露靜輝輝
皇甫汸詩影落巢雲盡凉生楚樹微
王應辰詩灩灩影分金鏡彩纖纖形帶漢鉤明
沈弘之詩客裏光相對閨中影自寒
陸弼詩纖月西樓已可望鴈聲斷處一痕霜微紛露葉光猶淡初上風簾氣自凉 又 客中良夜秋三五水底青天月一雙
李延昰詩星疎懸海嶠風細駐林端
王野詩晚煙生浦淡秋月出江孤 又 峰銜形似缺江動影難安

欽定古今圖書集成曆象彙編乾象典

第四十二卷目錄

乾象典第四十二卷

月部紀事

通鑑前編黃帝命常儀占月

竹書紀年帝顓頊高陽氏母曰女樞見瑤光之星貫月如虹感己於幽房之宮生顓頊於若水

外紀堯之時有草生蓂曰蓂莢十五之前日生一葉十五之後日落一葉小餘則一葉厭而不落觀之可以知旬朔故又名曆草

拾遺記舜於寶露壇下起月館以望夕月東方朔作寶甕銘曰寶雲生於露壇祥風起于月館

竹書紀年主癸之妃曰扶都見白氣貫月意感以乙日生湯號天乙

周禮秋官司烜氏以鑒取明水于月 註 鑒鏡屬取水者也世謂之方諸

左傳晉楚遇于鄢陵呂錡夢射月中之退入于泥占之曰姬姓日也異姓月也必楚王也

荀子解蔽篇夏首之南有人焉曰涓蜀梁其為人也愚而善畏明月而宵行俯見其影以為伏鬼也仰視其髮以為立魅也背而走比至其家者失氣而死

三輔黃圖滄池在長安城中武帝鑿以玩月其旁起望鵠臺以眺月

洞冥記武帝於望鵠臺西起俯月臺臺下穿池廣千尺登臺以眺月影入池中使仙人乘舟弄月影因名影娥池亦曰眺蟾臺影娥池中有遊月船觸月船

前漢書匈奴傳單于舉事常隨月盛壯以攻戰月虧則退兵

元后傳后母魏郡李氏任政君在身夢月入其懷及壯大婉順得婦人道嘗許嫁未行所許者死後東平王聘政君為姬未入王薨父禁獨怪之使卜數者相政君當大貴不可言

兒世說徐穉九歲嘗月下戲人語之曰若令月中無物當極明耶曰不然譬如人眼中有瞳子無此必不明

拾遺記任末年十四時學無常師負笈不遠險阻或依林木之下編茅為菴削荊為筆尅樹汁為墨夜則映星望月暗則縛麻蒿以自照觀書有合意者題其衣裳以記其事

晉書天文志順帝時張衡制渾象於殿上室內星中出沒與天相應因其關戾又轉瑞輪蓂莢于階下隨月虛盈

會稽先賢傳闞澤字德潤在母胞八月叱聲震外年十三夢見名字炳然在月中

侍兒小名錄孫亮作琉璃屏風甚薄而瑩徹每於月下清夜舒之

拾遺記太始十年有浮支國獻望舒草其色紅葉如荷近望則如卷荷遠望則如舒荷團團似蓋亦云月出則葉舒月沒則葉卷植于宮中因穿池廣百步名曰望舒荷池愍帝之末移入胡胡人將種還胡中至今絕矣池亦填塞

香案牘晉太康中田宣隱于鳴石巖下葉風霜月拊石自娛

晉書庾亮傳亮鎮武昌諸佐史殷浩之徒乘月登南樓不覺亮至將起避之亮曰諸君且住老子於此興復不淺

劉琨傳琨在晉陽嘗為胡騎所圍數重城中窘迫無計琨乃乘月登樓清嘯賊聞之皆悽然長嘆中夜奏胡笳賊又流涕歔欷有懷土之切向曉復吹之賊並棄圍而走

謝朗傳朗子重字景重明秀有才名為會稽王道子驃騎長史嘗因侍坐於時月夜明淨道子歎以為佳重率爾曰意謂乃不如微雲點綴道子因戲重曰卿居心不淨乃復強欲滓穢太清耶

王徽之傳徽之嘗居山陰夜雪初霽月色清朗四望皓然獨酌酒詠左思招隱詩忽憶戴逵逵時在剡便夜乘小船詣之經宿方至造門不前而反人問其故徽之曰本乘興而來興盡而反何必見安道耶

袁宏傳宏字彥伯侍中猷之孫也父勖臨汝令宏有逸才文章絕美曾為詠史詩是其風情所寄少孤貧以運租自業謝尚時鎮牛渚秋夜乘月與左右微服泛江會宏在舫中諷詠聲既清會辭又藻拔遂駐聽久之遣問焉答云是袁臨汝郎誦詩即其詠史之作也尚傾率有勝致即迎升舟與之譚論申旦不寐自

此名譽曰茂
顧愷之傳愷之義熙初爲散騎常侍與謝瞻連省夜
於月下長詠瞻每遙讚之愷之彌自力忘倦瞻將眠
令人代己愷之不覺有異遂申旦而止
世說王曇首歌謝公欲聞之而王乃名家少年無由
得聞後公出東府上山作妓樂遇曇出庾家墓竹中
作一曲於時秋月王因舉頭看北林卒曲而去諸妓
白謝曰此乃王郎歌也
後燕錄建始元年正月大赦天下三月太史丞梁延
年夢月化爲五白龍夢中占之曰月臣也龍君也月
化爲龍當有臣爲君寤而告人曰國符其將盡乎
南史褚淵傳淵嘗聚袁粲舍初秋涼夕風月甚美彥
回援琴奏別鵠之曲王彧謝莊並在粲坐撫節而歎
曰以無累之神合有道之器宮商暫離不可得已
南齊書江泌傳泌字士清濟陽考城人也父亮之員
外郎泌少貧晝日斫屧夜讀書隨月光光斜則握卷
升屋睡極墮地則更登
世說許掾嘗詣簡文爾夜風恬月朗乃作曲室中語
襟情之詠偏是許之所長辭寄清婉有逾平日簡文
雖素契此遇尤相咨嗟不覺造膝共叉手語達於將
旦既而曰元度才情故未易多有許
南史梁元帝紀初武帝夢眇目僧執香爐稱托生王
宮既而帝母在采女次侍始褰戶幔有風回裾武帝
意感幸之采女夢月墜懷中遂孕
齊諧記會稽趙文韶爲東宮扶侍坐清溪中橋與尚
書王叔卿家隔一巷秋夜佳月悵然思歸倚門唱西
夜烏飛聲甚哀怨

北史齊武明后傳武明皇后婁氏天保初尊爲皇太
后凡孕六男二女皆感夢孕魏二后並夢月入懷
續高僧傳北齊釋曇遷常感心疾專憑三寶不以醫
術縈情夜夢月落入懷擘而食之脆如冰片甚詆香
美覺龍所苦痊復
女紅餘志陳後主爲張貴妃麗華造桂宮於光昭殿
後作圓門如月障以水晶後庭設素粉罘罳庭中空
洞無他物惟植一桂樹樹下置藥杵臼使麗華恆馴
一白兔麗華被素袿裳梳凌雲髻插白通草蘇朵子
靸玉華飛頭履時獨步於中謂之月宮帝每入宴樂
呼麗華爲張嫦娥
唐書袁朗傳其先雍州長安人父樞仕陳爲尚書左
僕射朗在陳爲祕書郎江總尤器之後主聞其才詔
爲月賦一篇灑然無留思後主曰謝莊不得獨美於
前矣
北史郭榮傳榮少與隋文帝親狎帝嘗與夜坐月下
文帝受禪引爲內史舍人
隋書柳䛒傳䛒拜祕書監封漢南縣公帝退朝之後
便命入閤言宴諷讀終日而罷帝每與嬪后對酒時
逢興會輒遣命之至與同榻共席恩若友朋帝猶恨
不能夜召於是命匠刻木偶人施機關能坐起拜伏
以像於䛒帝每在月下對酒輒令宮人置之於座與
相酬酢而爲歡笑
唐詩紀事宋之問貶黜放還至江南遊靈隱寺夜月
極明長廊行吟曰鷲嶺鬱岧嶢龍宮鎖寂寥久不能
續有老僧點長燈問曰少年夜久不寐何耶之問曰
偶欲題此寺而興思不屬僧曰何不云樓觀滄海日

門對浙江潮之問愕然訝其遒麗遲明更訪之則不
復見寺僧有知者曰此駱賓王也
大唐新語高宗乾封初封禪岱宗李敬直上言封禪
須用明水以實罇彝按淮南子云方諸見月則津爲
水注云方諸陰燧大蛤是也磨拭令熱以向月則水
生詔令試之自人定至夜半得水四五斗便差送太
山以供用
酉陽雜俎武攸緒天后從子隱居服赤箭茯苓晚年
肌肉始盡目有紫光晝見星月
開元天寶遺事蘇頲與李乂對掌文誥元宗顧念之
深也八月十五夜于禁中直宿諸學士翫月備文酒
之宴時長天無雲月色如晝蘇曰清光可愛何用燈
燭遂使撤去
傳信記明皇嘗坐朝以手指上下按其腹朝退高力
士進曰陛下向來數以手指按其腹豈非聖體小不
安耶上曰非也吾昨夜夢遊月宮諸仙娛以上清之
樂寥亮清越殆非人間所聞也酣醉久之合奏諸樂
以送吾歸其曲淒楚動人杳杳在耳吾回以玉笛尋
之盡得之矣坐朝之際慮忽遺忘故懷玉笛時以手
指上下尋非不安力士再拜賀曰非常之事也願陛
下爲臣一奏之其聲寥寥然不可名言也力士又再
拜且請其名上笑言曰此曲名紫雲回遂載於樂章
今太常刻石在焉（按諸書載元宗遊月宮事凡數處惟此條近理故列於此餘入外編）
雲仙雜記正月十五夜元宗於常春殿張臨光宴奏
月分光曲
瑯嬛記元宗與玉真恆于皎月之下以錦帕裹目在
方丈之間互相捉戲謂之捉迷藏

本事詩天寶末元宗嘗乘月登勤政樓命梨園弟子歌數闋有唱李嶠詩者云富貴榮華能幾時山川滿目淚沾衣不見秖今汾水上惟有年年秋雁飛時上春秋已高問是誰詩或對曰李嶠因淒然泣下不終曲而起曰李嶠眞才子也

開元天寶遺事明皇八月十五夜與貴妃臨太液池憑欄望月不盡帝意不快遂勑令左右於池西別築百尺高臺與吾妃子來年望月後經祿山之兵不復置焉

連昌宮辭注明皇幸上陽宮夜新翻一曲明夕正月十五日潛遊忽聞酒樓上有笛奏前夕所翻曲大駭密捕笛者詰之自云其夕於天津橋上翫月聞宮中奏曲愛其聲遂以爪畫譜記之卽長安少年李謩也

瑯嬛記張說于元宵名諸姬共宴苦於無月夫人以雞林夜明簾懸之炳于白日夜半月出惟說宅無光簾奪之也

唐書李白傳白懇求還山帝賜金放還白浮遊四方嘗乘月與崔宗之自采石至金陵著宮錦袍坐舟中旁若無人

一統志世傳李白過采石在水中捉月

劍俠傳唐大曆中有崔生者其父與蓋天之勳臣一品者熟使往省一品疾一品命紅綃送出院妓立三指又反掌者三然後指胷前小鏡子云記取餘更無言生歸神迷意奪時家中有崑崙磨勒顧瞻郎君曰心中有何事如此抱恨不已但言當爲郎君釋解遠近必能成之生遂白其隱語勒曰有何難會立三指者一品宅中有十院歌妓此第三院耳反掌三者數十五指以應十五日之數胷前小鏡子十五夜月圓如鏡令郎君來耳

唐書盧仝傳仝居東都韓愈爲河南令愛其詩厚禮之仝自號玉川子嘗爲月蝕詩以譏切元和逆黨愈稱其工

雲溪友議陸郎中暢早耀才名輦轂不改於鄉音山齋玩月詩曰野性平生惟好月新晴半夜覩嬋娟起來自擘書窗破恰漏清光落枕前

酉陽雜俎長慶中有人翫八月十五夜月光屬于林中如匹布其人尋視之見一金背蝦蟆疑是月中者工部員外郎周封嘗說此事忘人姓名

唐書崔咸傳咸拜右散騎常侍祕書監太和八年卒咸素有高世志造詣嶄邃間游終南山乘月吟嘯至感慨泣下

酉陽雜俎翟天師名乾祐峽中人嘗於江岸與弟子數十玩月或曰此中竟何有翟笑曰可隨吾指觀弟子中兩人見月規半天瓊樓金闕滿焉數息間不復見

醴泉尉崔汾仲兄居長安崇賢里夏月乘凉於庭際疎曠月色方午風過覺有異香頃聞南垣土動簌簌崔生意其蛇鼠也忽覩一道士大言曰大好月色崔驚懼遽走道士緩步庭中年可四十風儀清古良久妓女十餘排大門而入輕綃翠翹艷冶絕世有從者具香茵列坐月中崔生疑其狐媚以枕投門闔警之道士小顧怒曰我以此差靜復貪月色初無延佇之意敢此麤率

三水小牘趙知微有道術皇甫元眞等師事之咸通庚寅中秋自朔霖霪至望元眞謂同門生曰堪惜良宵而値苦雨知微忽命侍童曰可備酒果登天柱峰玩月衆竊有不然者旣出門長天朗淨皓月如晝捫蘿援篠吟飲山巔至寒蟾隱於遠岑方歸山舍旣各就榻而淒風飛雨宛然

北里志進士李文遠渭渥之弟今改名澣其年初舉乘醉同詣俞洛眞文遠一見不勝愛慕時日已抵晚新月初升因戲文遠題詩曰引君來訪洞中仙新月如眉拂戶前領取嫦娥攀取桂便從陵谷一時遷

全唐詩話沈彬字子文高安人也天性狂逸好神仙之事少孤西遊以三舉爲約嘗夢著錦衣踏月而飛識者言雖有虛名不入月矣

雲仙雜記孫顧夜行橫塘見池中大魚映月吸水移時不去顧異之明日汰池中惟有一大鯉身已五色

瑯嬛記月華夢月輪墜於粧臺忽大悟自幼聰慧組織倚靡不習而能獨未嘗誦書自此搦管便有所得其爲古文詞妙絕當時

五代史李茂貞傳茂貞居岐以寬仁愛物民頗安之嘗以地狹賦薄下令搉油因禁城門無內松薪以其可爲炬也有優者誚之曰臣請并禁月明茂貞笑而不怒

大定錄高若拙善詩從誨辟於幕下嘗作中秋不見月云人間雖不見天外自分明從誨覽之謂賓佐曰此詩雖好不利於己將來但恐喪明後果如其言

陸游南唐書李貽業好飲酒折簡招親友曰今夕佳月能相過乎比客集貽業已大醉指酒壺曰本用相待酒興忽來自飲之矣

焚椒錄懿德皇后蕭氏爲北面官南院樞密使惠之少女母耶律氏夢月墜懷已復東升光輝照爛不可仰視漸升中天忽爲天狗所食驚寤而后生時重熙九年五月己未也母以語惠惠曰此女必大貴而不得令終

后山詩話太祖夜幸後池對新月置酒問當直學士爲誰曰盧多遜召使賦詩請韻曰些子兒其詩云太液池邊看月時好風吹動萬年枝誰家玉匣開新鏡露出清光些子兒太祖大喜盡以坐間飲食器賜之

清異錄徐鉉或遇月夜露坐中庭但爇香一炷其所親私别號伴月香

臨溪詩話蓬萊公七月十四日生魏野詩云何時生上相明日是中元李文定公迪八月十五日生于黔中作中秋八月詩以獻僅數百言皆以月況文定其中句有蟾輝吐光有萬種我公蟠屈爲心胷老桂根株撼不折我公得此爲清節孤輪碾空周復圓我公得此爲機權餘光燭物無洪細我公得此爲經濟終篇大率皆如此雖造語粗淺亦豪爽也

茅亭客話綿州羅江縣羅璝山有羅璝洞昔羅眞人名璝修道上昇之所也其洞凡有水旱疾癘禱之靈無不應太平興國五年庚辰歲中秋彩霧輕烟月光如晝香風瑞氣瀰漫山谷四遠村民登層巒而望之唯聞音樂環珮之聲遲明但見車轍之跡

宋史后妃傳眞宗劉皇后其先家太原後徙益州爲華陽人祖延慶在晉漢間爲右驍騎大將軍父通虎捷都指揮使嘉州刺史從征太原道卒后通第二女也初母龐夢月入懷已而有娠遂生后

魏野傳野字仲先陝州陝人也世爲農母嘗夢引袂於月中承兔得之因有娠遂生野及長嗜吟咏不求聞達

談苑晏元獻公留守南郡王君玉時已爲館閣校勘公特請於朝以爲府簽判賓主相得日以賦詩飲酒爲樂嘗遇中秋陰晦齋廚夙爲備公適無命既至夜君玉密使人伺公曰已寢矣君玉亟爲詩以入曰只在浮雲最深處試憑絃管一吹開公枕上得詩大喜即索衣起徑召客治具大合樂至夜分果月出遂樂飲達旦前輩風流固不息然幕府有嘉客風月亦如人意也

錢氏私志岐公在翰苑時中秋有月上問當直學士是誰左右以姓名對命小殿對設二位名來賜酒公至殿側侍班俄頃女童小樂引步輦至宣學士就坐公奏故事無君臣對坐之禮上云天下無事月色清美與其醉聲色何如與學士論文若要正席則外廷賜宴正欲略去苛禮放懷飲酒公固請不已再拜就坐上引謝莊賦李白詩美其才又出御製詩示公公嘆仰聖學高妙每起謝必勅內侍扶掖不令下拜夜漏下三鼓上悅甚令左右宮嬪各取領巾裙帶或團扇手帕求詩內侍舉牙牀以金鑲水晶硯珊瑚筆格玉管筆皆上所用者於公前來者應之略不停綴都不蹈襲前人盡出一時新意仍稱其所長如美貌者必及其容色人人得其歡心悉以進呈上云豈可虛辱須與學士潤筆遂各取頭上珠花一朵裝公幞頭簪不盡者置公服袖中宮人旋取針線縫聯袖口宴罷月將西沈上命撤金蓮燭令內侍扶掖歸院翌日問學士夜來醉否奏云雖有酒不醉到玉堂不解帶便上牀取幞頭在面前抱兩公服袖坐睡恐失花也都下盛傳天子請客

杭州府志月桂峯在武林山宋僧遵式序云天聖辛卯秋八月十五夜月有濃華雲無纖翳天降靈實其繁如雨其大如豆其圓如珠其色有白者黃者黑者殼如芡實味辛識者曰此月中桂子好事者播種林下一種即活

遯齋閒覽余尚書靖慶曆中知桂州州境窮僻處有林木延袤數十里每至月盈之夕輒有笛聲發於林中甚清遠土人云聞之已數十年終不詳其何怪也公遣人尋之見其聲自一大柏中出乃伐取以爲枕聲如期而發公甚寶惜凡數年公之季弟欲窮其怪命工解視之但見木之文理正如人月下吹笛之像雖善畫者不能及重以膠合之則不復有聲矣

避暑錄歐陽公作平山堂每暑時輒凌晨攜客往游取荷花千餘朵插百許盆與客相間遇酒行即遣妓取一花傳客以次摘其葉盡處則飲酒往往侵夜載月而歸

聞見後錄王荆公步月中山蔣頴叔爲發運使過之傳呼甚寵荆公意不悅頴叔喜談禪荆公有詩云怪見傳呼殺風景不知禪客夜相投按李義山雜纂殺風景門月下傳呼用此事

宋史范純仁傳純仁字堯夫其始生之夕母李氏夢兒墮月中承以衣裾得之遂生純仁

陸佃傳佃字農師越州山陰人居貧苦學夜無燈映月光讀書躡屩從師不遠千里

容齋五筆王定國訪東坡公於彭城一日櫂小舟與顏長道攜盼英卿三子游泗水南下百步洪吹笛飲酒乘月而歸坡時以事不得往夜著羽衣佇立黃樓上相視而笑以爲李太白死世間無此樂三百餘年矣定國既去逾月復與參寥師泛舟洪下追憶曩游作詩曰輕舟弄水買一笑醉中蕩槳肩相磨歸來笛聲滿山谷明月正照金叵羅

宋史王素傳素子鞏有儁才長於詩從蘇軾游軾守滁州鞏往訪之與客游泗水登魋山吹笛飲酒乘月而歸軾待之于黃樓上謂鞏曰李太白死世無此樂三百年矣

東坡志林徐州時冬夜解衣欲睡月色入戶欣然起行念無與樂者遂至承天寺尋張懷民亦未寢相與步于中庭庭下如積水空明水中蘋藻交橫蓋竹柏影也何夜無月何處無竹柏但少閒人如吾兩人爾

己卯上元余在儋耳有老書生數人來過曰良月佳夜先生能一出乎予欣然從之步城西入僧舍歷小巷民夷雜揉屠酤紛然歸舍已三鼓矣舍中掩關熟寢已再鼾矣放杖而笑孰爲得失問先生何笑蓋自笑也然亦笑韓退之釣魚無得更欲遠去不知走海者未必得大魚也

東坡詩話觀月詩暮雲收盡溢清寒銀漢無聲轉玉盤此生此夜不長好明月明年何處看余十八年前中秋夜與子由觀月彭城作此詩以陽關歌之今復此夜宿於贛上方遷嶺表獨歌此曲聊復書之以識一時之事殊未覺有今昔之悲懸知有他日之喜也

後山詩話蘇公居潁春夜對月王夫人曰春月可喜秋月使人愁耳公謂全未及也遂作詞曰不似秋光只與離人照斷腸老杜云秋月解傷神語簡而益工也

晁補之石幹墓誌銘幹晝夜誦讀貧無燭至梯屋就月讀書

鐵圍山叢談桂林有韓生嗜酒自云有道術人初不大聽重之也一日欲自桂過明同行者二人俱止桂林郊外僧寺而韓生亦來夜不睡自抱一籃持匏杓出就庭下衆共往視之則見以杓酌取月光作傾瀉入籃狀爭戲之曰子何爲乎韓生曰今夕月色難得我懼他夕風雨倘夜黑留此待緩急爾衆笑焉明日取視之則空籃弊杓如故衆益哂其妄及舟行至邵平共坐江亭上各命僕辦治殺膳多市酒期醉適會天大風俄日暮風益亟燈燭不得張坐上墨黑不辨眉目矣衆大悶一客忽念前夕事戲嘲韓生曰子所貯月光今安在寧可用乎韓生爲撫掌而對曰我幾忘之微子不克發我意即狼狽走從舟中取籃杓而一揮則白光燎焉見于梁棟間如是連數十揮一坐遂盡如晴夜月色瀲灩秋毫皆覩衆乃大呼痛飲達四鼓韓生者又酌取而收之籃夜乃黑如故始知韓生果異人也

玉澗雜書癸卯七月十二日夜天氣稍涼月色如霜雪余寓居溪堂當苕霅兩溪之會適自山中還葛得卿亟相過因同泛舟掠白蘋亭度甘棠橋至魚樂亭少留步而叩門呼莫彥平尚未寢天無片雲夜氣澄徹星斗爛然俯仰上下微風時至毛髮森動莫居三面臨水爲城中居地之勝夾徑老柳參天百餘尺環以蓮蕩人行柳影荷氣中時聞跳魚潑剌水上復拉彥平刺舟逆水而上月正午徐行抵南郭門而還魯卿得華亭客餉白酒色如鍾乳持以飲我旋呼兵以小舟吹笛相尾道旁居人聞笛聲亦有起而相應者酒盡抵岸已四鼓矣因謂魯卿安知袁宏牛渚李太白采石亦復過此乎古今勝事但以流傳爲美誦味不暇不知古人亦人耳其所登覽不在天上而不能自營之而況其他然今夕之景海內非無而有湖之地此樂非吾三人亦不能也

今歲中秋初夜微陰不見月吾與周子集適自山中還是時暑猶未退相與散髮披衣坐溪上二更後雲始解三更遂洞澈澄爽月色正午溪面如鏡平月在波間不覺水流意甚瀟然並溪居人樓閣相上下時聞飲酒歌呼雜以簫鼓計人人皆以得極所欲爲至樂然不過有狂藥淫聲不失此時節耳安知吾二人眞有此月乎世多言李太白以醉入水捉月溺死此談者好奇之過太白對月能作今人不見古時月今月曾經照古人之句意氣本自超出宇宙對影三人雖醉豈復狂惑至此因舉寒山頌吾心如秋月碧潭清皎潔無物堪比倫教我如何說四海今夕共爲中秋不知有一人能作此公見處否雪竇禪師初住洞庭翠峰寺道未甚行從學者無幾寺在太湖中所謂東山者嘗有詩云太湖四萬八千頃月在波心說向誰固自已有津梁斯道之意然月一也寒山以爲無物可比而不可說雪竇以爲無人可說而不可說可說乎不可說乎吾不能奈靜聊復造此一重公案

葉夢得夜游西湖紀事張景修與予同爲郎夜宿尚

書新省之祠曹廳步月庭下爲予言嘗以九月望夜過錢塘與詩僧可久泛湖時落銀傍山松檜參天露下葉間疑疑有光微風動湖水滉瀁與林葉相射可久清癯坐不勝寒索衣無所有乃以空米囊覆其背自謂平生得此無幾因作詩紀之云山風獵獵釀寒威林下山僧見亦稀怪得題詩無俗語十年肝膈湛清輝

花月新聞建炎二年春揚州一士人緩步出西隅遙見紅暈如赤環自地吐出徐行入觀有機數張經以素絲女子四五輩組織重花交葉之內成字數行第一行之首曰李易稍空次又有一人姓名如此以十數乃問之曰織此何爲對曰登科記也到中秋時候知之是歲高宗車駕南巡揚都貢士雲集至八月始唱名放榜第一名曰李易其下甲乙之次無一差易始悟初春所睹蓋蟾宮云

西溪叢語李紳題天衣寺詩殿湧全身塔池開半月泉此泉隱於巖下雖月圓池中只見其半最爲佳處紹興初愚禿法聰遂鑿開巖上易名爲滿月泉甚可惜也

杭州府志德朋鹽官顧氏子守璋弟子也紹興十八年入徑山禮眞歇了禪師夜宿山下眞歇夢雙月入寺詰朝白衆頃之朋至相與問答機鋒峻密因以杵通竹節有聲豁然開悟世號竹筒和尚

老學庵筆記愼伯筠夜待潮于錢塘江沙上露坐設大酒榼對月獨飲意象傲逸吟嘯自若

乾淳歲時記中秋禁中是夕有賞月延桂排當夜深天樂直徹人間

乾淳起居注淳熙九年八月十五日駕過德壽宮起居太上留坐至樂堂進早膳畢上皇曰今日中秋天氣甚清夜間必有好月色可少留看月了去上恭領聖旨晚宴香遠堂待月初上簫韶齊舉縹緲相應如在霄漢既入座樂少止太上召小劉貴妃獨吹白玉笙霓裳中序上自起執玉杯奉兩殿酒并以壘金嵌寶注椀杯柈等賜貴妃侍宴官開府曾覿恭上壺中天慢一首云素飈颺碧看天衢穩送一輪明月翠水瀛壺人不到比似世間秋別玉手瑤笙一時同色小按霓裳疊天津橋上有人偷記新闋當日誰幻銀橋阿瞞兒戲一笑成癡絕肯信羣仙高宴處移下水晶宮闕雲海塵清山河影滿桂冷吹香雪何勞玉斧金甌千古無缺上皇曰從來月詞不曾用金甌事可謂新奇賜金束帶紫番羅水晶注椀一副上亦賜寶盞古香至一更五點還內是夜隔江西興亦聞天樂之聲

癸辛雜識德壽宮有橋乃中秋賞月之所橋用吳璘所進階石甃之瑩徹如玉以金釘校檔下皆千葉白蓮花御几御榻至于瓶爐酒器皆用水精爲之水南岸皆宮女童奏清樂水北岸皆教坊樂工吹笛者至二百人

劉會孟嘗作月詩六言云霓裳聲裏一擷如今是第幾輪赤壁黃樓都在古今多少愁人爲人所許幾殆

太平清話呂東萊富犀帶一圍文理縝密中有一月影過望則見蓋犀牛望月之久故感其影于角

桯史逆曦未叛時嘗歲校獵塞上一日夜歸笳鼓競奏轔轔雜襲曦方垂鞭四視時盛秋天宇澄霽仰見月中有一人焉騎而垂鞭與己惟肖問左右所見皆符殊以爲駭嘿自念曰我當貴月中人其我也揚鞭而揖之其人亦揚鞭乃大喜異謀繇是益決德夫兄至蜀安大資丙與之醼親言之夫妄心一萌舉目形似此正與投楮天池者均耳月妖何尤

湧幢小品紹定間舒岳祥讀書館中中秋月色皎然聞瓦上聲如撒雹甚怪之其祖拙齋啓門視之乃曰此月中桂子也我嘗得之天台山中呼童子就西庭中拾得二升大如豫章子無皮色白如玉有紋如雀卵其中有仁嚼之作芝麻氣味囊之雜菊花作枕清芬襲人其收拾不盡散落甎隙者旬輒出樹子葉柔長經冬猶秀尋徙植盆中久之失其所在

深雪偶談山谷中秋詩云寒藤花木被光景深山大澤皆龍蛇蓋本左氏深山大澤實生龍蛇用事誠有據景趣似差乏爾然未失爲佳坡公月夜與客飲酒杏花下詩杏花飛簾散如春明月入戸尋幽人褰衣步月踏花影炯如流水涵青蘋流水青蘋之喻景趣盡矣前人未嘗道獨杏花影下洞簫聲中著此句辱爾及志林所記徐州時冬夜解衣欲睡月色入戸欣然起行念無與樂者遂至承天寺尋張懷民亦未寢相與步中庭庭下如積水空明水中蘋藻交橫蓋竹柏影也何夜無月何處無竹柏但少閒人如吾兩人爾使施前句於斯時豈非稱歟淳祐初僧友自南嘗從天竺歸隱溪之南岡余月夕偶步訪之小庵迎吹時佛燈猶在啓關奐若既而侶行溪間篙小舟自拜龍巖順流東下誦坡谷詩徘徊久之舍舟登岸借僧裘禦寒而返縷指二十霜矣嘗感舊有詩昔年訪月

寒溪頭霜高酒劣稜生裘溪倡輟寢從吾幽共移不繫漁人舟斷崖老木紛金虬又如蘋藻涵清流鶴骨浸煩風露愛妙語滿地無人收蓋指二公詩與自南師既亡余亦就老悵前遊之不能踐也

中州集道陵中秋賞月瑞光樓名趙渢文孺對御賦詩以清字爲韻詩云秋氣平分月正明藥珠宮闕對蓬瀛已驅急雨銷殘暑不遣微雲點太清簾外輕風飄桂子夜深涼露滴金莖聖朝不奏霓裳曲四海歌謳卽樂聲道陵讀至落句大加賞異手酌金鍾以賜且字之曰文孺以此鍾賜汝作酒直士林榮之

歲華紀麗譜八月十五日中秋玩月舊宴於西樓望月於錦亭今宴於大慈寺

金嬀別傳李嘉謨以鄉役部發歲運至元都嘗夜對月獨歌曰萬里倦行役秋來瘦幾分因看河北月忽憶海東雲夜靜聞鄰婦有倚樓泣者明日訪其家則宋舊宮人金德淑也因過叩之德淑曰客非昨暮悲歌人乎李答曰昨所歌詩實非己作有同舟人自杭來每吟此句故能記之爾德淑泣曰此亡宋昭儀黃惠清寄汪水雲詩我亦宋宮人也昭儀舊同供奉極相親愛今各流落異鄉彼且爲泉下人矣夜聞君歌其詩不勝悽感因言當日吾輩皆有詩贈水雲乃自舉所作望江南詞歌畢又泣下

元氏掖庭記己酉仲秋之夜武宗與諸嬪妃泛月于禁苑太液池中月色射波池光映天綠荷含香芳藻吐秀游魚浮鳥競戲群集于是畫鷁中流蓮舟夾持舟上各設女軍居左者冠赤羽冠服斑文甲建鳳尾旃執泥金畫戟號曰鳳隊居右者冠漆朱帽衣雪氅裘建鶴翼旃執涯粉雕戈號曰鶴團又綵帛結成採菱採蓮之舟輕快便捷往來如飛當其月麗中天彩雲四合帝乃開宴張樂薦蜻翅之脯進秋風之鱠酌元霜之酒啗華月之糕令宮女披羅曳縠前爲八展舞歌賀新涼一曲帝喜謂妃嬪曰昔西王母宴穆天子于瑤池人以爲古今莫有此樂也朕今與卿等際此月圓共此佳會液池之樂不減瑤池也惜無上元夫人在坐不得聞步元之聲耳有駱妃者素號能歌趨出爲帝舞月照臨而歌曰五華兮如織照臨兮一色麗正兮中域同樂兮萬國歌畢帝悅其以月喩己賜八寶盤玳瑁盞諸妃各起賀酒半酣菱舟進鮮紫角玉心之奇山聳而至蓮艇奉實絳房金的之異陵疊而來由是下令兩軍水擊爲戲風旋雲轉戟刺戈橫戰既畢軍中樂作唱龍歸洞之歌而還

凝香兒本都下官妓也以才色選入宮遂充才人帝嘗中秋夜泛舟禁池香兒著瑣里綠蒙之衫服玉河花藥之裳以小艇蕩漾于波中舞婆娑之隊歌弄月之曲其詞云蒙衫兮藥裳瑤環兮瓊璫泛予舟兮芳渚擊予楫兮徜徉明皎皎兮水如鏡弄蟾光兮捉娥影露溥溥兮氣清風颼颼兮力勁月一輪兮高且圓華彩發兮鮮復妍願萬古兮每如此予同樂兮終年帝復置酒於天香亭爲賞月飲香兒復易服趨亭前衣絳綃方袖之衣帶雲肩迎風之組執千昂鸞縮鶴而舞乃歌曰天風吹兮桂子香來閶闔兮下廣寒塵不揚兮玉宇淨萬籟冥兮金堦涼元槳兮進酒兔霜兮爲侑舞亂兮歌狂君飲兮一斗雞鳴沈兮夜未央樂有餘兮過霓裳吾君吾王兮壽萬歲得與秋香月色兮酬酹平樽觴歌畢帝笑曰昔唐明皇遊月宮見女娥數十著素衣歌舞於樹下朕今酌醲醴對才人歌香桂長秋曲可謂繒絳娥唱小搖金調者矣邀香風於屛圍呼華月以入座衆譁俱寂絲竹交奏人間之樂當不減天上

元氏掖庭記癸巳秋順帝乘龍船泛月池上池起浮橋三處每處分三洞洞上結綵爲飛樓樓上置女樂橋以木爲質飾以錦繡九洞不相直達

元史月魯不花傳月魯不花就試江浙鄉闈中其選居右榜第一方揭曉試官夢月中有花象已而果符其名人以爲異

瑯嬛記張牧過點蒼山拾一圓石徑寸明于水晶映月視之則有綠樹陰陰下有一女子坐繩牀觀白兔搗藥兔不停杵樹葉若風動女子亦時時以手拂鬢髻或微笑意其爲嫦娥也一夕名客看月出以視之忽躍入空中明于月不知所之

明通紀懿文太子生太孫頂顱頗偏太祖撫之曰半邊月兒知其不克終及讀書甚聰穎一夕懿文與之侍側太祖命咏新月懿文詩曰昨夜嚴陵失釣鉤何人移上碧雲頭雖然未得團圓相也有清光遍九州太孫詩曰誰將玉指甲掐破碧天痕影落江湖裏蛟龍不敢吞太祖覽之不悅蓋未得團圓影落江湖裏皆非吉兆也

見聞搜玉方正學偕葉夷仲輩夜登巾山絕頂飲酒望月劇談千古竟夕不眠因曰昔蘇子瞻與王定國諸公登桓山吹笛飲酒乘月而歸以爲太白死三百年無此樂矣斯樂又子瞻死三百年後所無也諸君

皆大笑

解縉集成祖于中秋夜開宴賞月月爲雲掩命解縉賦詩縉遂口占落梅風一調云嫦娥面今夜圓下雲簾不著群仙見拌今宵倚闌不去眠看誰過廣寒宮殿成祖覽之歡甚又賦長歌成祖益喜同縉飲至夜半月復明朗浮雲盡散成祖笑曰卿眞奪天手段也

藝苑卮言崔子鍾好劇飲嘗至五鼓踏月長安街席地坐李文正以元相朝天偶過早遙望之曰非子鍾耶崔便趨至輿旁揖曰吾師得少佳乎李曰佳便脫衣行觴火城漸繁始分手別

吳寬遊東湖記東湖在長洲邑東南周可六七十里成化己丑歲予與玉汝同試禮部歸及秋過其家午飲畢汝器亟命舟泛湖入夜始還則月色如晝水波若空尊俎之間歌聲相發有杜子美渼陂之樂

都穆游終南山記癸酉八月予以使事寓秦會舊僚田君有年約以中秋翫月終南山中出城南門而秀才費樟復陪以行經樊川登牛頭寺離牛頭南行四十里至終南山翫月上寺寺有方池名曰仰天跨以石梁於茲宵翫月爲宜張筵池上而浮雲滓空衆頗弗懌予戲謂之曰昔人詩不有絃管吹開之句乎命小閣黎取笙簫雜奏之倏焉雲開月朗則皆大笑謂予言之不妄也

明外史孝宗張皇后傳后母金夢月入懷而生后

農田餘話古人無畫葡萄者吳僧溫日觀夜于月下視葡萄影有悟出新意似飛白書體爲之酒酣興發以手潑墨然後揮墨迅于行草收拾散落頃刻而就如神甚奇特也

列朝詩集顧瑛字華玉吳縣人在浙物色孫太初不可得稍聞輒道衣幅巾放舟湖上幾行求得之月下有舟泊斷橋下一僧一鶴一童子煮茗笑曰此必太初也移舟就之遂往還無間

楊慎游點蒼山記嘉靖庚寅約同中谿李公爲點蒼之游二月辛酉自龍尾關窺天生橋夜宿珠海寺候龍關曉月兩山千仞中虛一峽如排闥然落月中懸其時天在地底中谿與予各賦一詩詩成而月猶不移眞奇觀也

丹鉛總錄滇中詩人蘭廷瑞楊林人也題嫦娥奔月圖曰竊藥私奔計已窮藁砧應恨洞房空當時射日弓猶在何事無能近月中

列朝詩集徐霖字子仁其先姑蘇人徙金陵七歲能詩武帝南巡伶人臧賢進其詞翰名見行宮試除夕詩百韻及應制詞曲皆立就上屢稱善嘗午夜乘月幸其家夫婦蒼黃出拜上命置酒家無供具以蔬筍鮭菜進御上大喜爲之引滿酣暢而去

甲乙剩言人多言方子振少時嗜奕嘗于月下見一老人謂方曰孺子喜奕乎誠喜明當俟我唐呂觀中明日方往則老人已在老人怒曰爾謂與長者期而遲遲若此乎當于詰朝更期于此方念之曰圯上老人意也方明日五鼓而往觀門未啓斜月猶在老人俄翩然曳杖而來曰孺子可與言奕矣因布局于地與對四十八變每變不過十餘著耳由是海內遂無敵者

袁宏道吳郡諸山記虎丘去城可七八里凡月之夜遊人往來紛錯如織而中秋爲尤勝每至是日置酒交衢間從千人石上至山門櫛比如鱗檀板丘積樽罍雲瀉分曹部署競以歌喉相鬬雅俗既陳妍媸自別已而明月浮空石光如練一切瓦釜寂然停聲屬而和者纔三四輩一簫一寸管一人緩板而歌比至夜深月影橫斜荇藻凌亂則簫管板亦不復用一夫登場四座屏息音若細髮響徹雲際余吏吳兩載登虎丘者六最後與江進之方子公同登遲月生公石上歌者聞令來皆避匿去余因謂進之曰甚哉烏紗之橫皁隸之俗哉他日去官有不聽曲此石上者如月今余幸得解官稱吳客矣虎丘之月不知尚識余言否耶

去胥門十里而得石湖上方踞湖上其觀大於虎丘乙未秋杪會與小修江進之登峰看月藏鉤肆謔令小青奴罰盡至夜半始歸歸而東方白矣

遊德山記甲辰八月十四日發舟孟溪十五夕看月馬湖湖與洞庭接水光千里平生看月此爲雄快

李流芳吳中小記虎丘中秋遊者尤盛予初十日到郡連夜遊虎丘月色甚美遊人尚稀風亭月榭間以紅粉笙歌一兩隊點綴亦復不惡今年春中與無際舍姪偕訪仲和於此夜半月出無人相與趺坐石臺不復飲酒亦不復談以靜意對之覺悠然神與清景俱往也

予往遊石湖由徵村取徑而下落日泊舟湖心待月出方命酒孟陽魯生繼至方舟露坐劇飲至夜半而還蓋十年無此樂矣

嘗夜至虎山月初出攜榼坐橋上小飲湖山寥廓風露浩然眞異境也居人亦有來遊者三五成隊或在

山巔或依水湄從月中相望錯落掩映歌呼笑語都
疑人外

胡引嘉遊虎丘記己酉北上抵吳閶遊虎丘丘之勝以石石如削成膚理剝落如凍廚之鱗裂石之勝以林木蔭翳月穿其中掩映襟袖漾若蔆藻徃時登丘木脫日午一覽幾盡無復餘興自謂於此中無緣矣今流連末夜登涉徃還了無倦色停杯味月翛然有舞雩三兩與點之意始知此丘之勝以石以林又以得月而奇也

陶允嘉西山紀遊余遊燕數矣未獲爲西山之觀甲寅夏復來長安適姻友章不凡給以舁人佐以行廚遂決策往焉於九月廿日拉王董父偕行至碧雲寺就方丈宿焉是夜颸靜宇澄空庭月朗皓然如晝中夜起視如在冰壺余怯寒以紅被裹身僵立月下董父笑戲之曰似一渡江達摩矣寢而復起如是者再語窺今古嘗讀孟浩然松月夜窻虛之句固深喜其命句之工猶未得其逼眞之妙丁巳冬寓歷山官署短牆外松柏森森夜深月出東山之上影映窻間高眠臥榻見枝榦縱橫清輝照耀雖畫工不能描其巧懷愁不寐之人覩此景象淒清在念幽恨關心慨世路之多艱哀浮生之若寄撫景興懷又將何以爲情耶

東谷贅言華暘有狂生初知押韻一夕乘酣訪鄰曲隱翁見主人庭中月色如晝梅花盛開乃朗誦宋人詩曰窻前一樣梅花月添箇詩人便不同蓋自負也主人亦朗誦宋人詩曰自從和靖先生死見說梅花不要詩蓋恐其作詩唐突梅花狂生忿主人嘲己肆詬而去

天啓宮詞注乾清宮丹陛下有老虎洞洞背爲御街洞中甃石成壁可遍往來帝嘗於月夕率內侍賭迷藏潛匿其內

欽定古今圖書集成曆象彙編乾象典
第四十三卷目錄
月部雜錄
月部外編

乾象典第四十三卷

月部雜錄

易經小畜上九既雨既處尚德載婦貞厲月幾望君子征凶程傳月望則與日敵矣幾望言其盛將敵也不已則將盛于陽而凶矣於幾望而爲之戒曰婦將敵矣君子動則凶也幾望將盈之時若已望則陽已消矣尚何戒乎

歸妹六五帝乙歸妹其君之袂不如其娣之袂良月幾望吉程傳月望陰之盈盈則敵陽矣幾望未至於盈也五之貴高常不至於盈極則不亢其夫乃爲吉也

中孚六四月幾望馬匹亡无咎大全方氏曰月幾望不處盈也以陰居陰履柔處正不敢敵陽此人臣功業已盛而不敢居其盛者故爲月幾望之象

書經周書洪範四五紀一曰歲二曰月大全臨川吳氏曰月自合朔至來月合朔凡二十九日六辰有奇月與日一會也以晦朔弦望定月之大小是爲一月之紀

詩經齊風雞鳴章匪東方則明月出之光

東方之日章東方之月兮彼姝者子在我闥兮

陳風月出章月出皎兮佼人僚兮又月出皓兮佼人懰兮又月出照兮佼人燎兮

小雅天保章如月之恆朱注恆弦也月上弦而就盈大全孔氏曰八日九日月體大率正半昏而中似弓之張而弦直謂之上弦此取漸進之義故云上弦不言望

禮記鄉飲酒義讓之三也象月之三日而成魄也陳注劉氏曰以月魄思之望後爲生魄然人未嘗見其魄蓋以明盛則魄不可見月魄之可見惟晦前三日之朝月自東出明將滅而魄可見朔後三日之夕月自西將墮明始生而魄可見過此則明漸盛而魄不復可見矣蓋明讓魄則魄現明不讓魄則魄隱

易乾鑿度月坎也水魄聖人畫之二陰一陽內剛外柔坎者水天地脈周流無息坎不平月水滿而圓水傾而昃坎之缺也月者闕水道聖人究得源脈淵涉淪漣上下無息在上曰漢在下曰脈潮爲滄隨氣曰濡陰陽礴礉爲雨也月陰精水爲天地信順氣而潮潮者水氣來往行險而不失其信者也

尚書考靈耀月合地統

詩推度災月三日成魄八日成光蟾蜍體就穴鼻始萌

春秋感精符月太陰之精海蚌食其光生珠

春秋孔演圖蟾蜍月精也

春秋元命苞月之爲言闕兩設以蟾蜍與兔者陰陽雙居明陽之制陰陰之倚陽

禮斗威儀政太平則月圓而多輝政昇平則月清而明又政頌平則赤明政和平則黑明政象平則白明

又君乘土而王其政平則月圓而多暈

洛書甄耀度月者陰之精地之理

三墳書山墳象臣月

形墳月天夜明又月地斜曲又陰形月天月淫地月伏輝日月代明山月升騰川月東浮雲月藏宮氣月冥陰又月山斜巔又月川曲池又月雲蒸雯又月氣夜圓

管子四時篇北方曰月其時曰冬其氣曰寒寒生水與血其德淳越溫怒周密其事號令修禁徙民令靜止地乃不泄斷刑致罰無赦有罪以符陰氣大寒乃至甲兵乃強五穀乃熟國家乃昌四方乃備此謂月德月掌罰罰爲寒

關尹子五鑑篇紛紛想識皆緣有生曰想曰識譬如犀牛望月月形入角特因識生始有月形而彼眞月初不在角胷中之天地萬物亦然知此說者外不見物內不見情

文子上德篇月望日奪光陰不可以承陽

范子月者尺也尺者紀度而成數也

尸子使星司夜月司時猶使雞司晨也

呂子精通篇月也者羣陰之本也月望則蚌蛤實羣陰盈月晦則蚌蛤虛羣陰虧夫月形乎天而羣陰化乎淵

勿躬篇聖王之德融乎若月之始出極燭六合而無所窮屈

淮南子天文訓積陰之寒氣爲水水氣之精者爲月又月者陰之宗也是以月虛而魚腦減月死而蠃蛖膲又方諸見月則津而爲水

墜形訓蛤蟹珠龜與月盛衰
覽冥訓畫隨灰而月暈闕注以蘆草灰圍畫缺其一
面則月暈亦缺于上
方諸取露於月
說林訓明月之光可以遠望而不可以細書又百星
之明不如一月之光
揚子修身篇三年不目月精必矇
十洲記冬至後月養魄于廣寒宮
新論箕麗于月而飄風起又將以權決為本卒以齊
力為先是以列宿滿天不及朧月形不一光不同也
論衡濤之起也隨月盛衰小大滿損不齊同如子胥
為濤子胥之怒以月為節也
風俗通義吳牛望見月則喘使之苦于日見月怖喘
矣按太平御覽云云按風俗通今本條
張衡靈憲月者陰精之宗積而成獸象兔陰之類其
數耦
參同契聖人上觀章三日出為爽震庚受西方八日
兌受丁上弦平如繩十五乾體就盛滿甲東方蟾蜍
與兔魄日月氣雙明蟾蜍視卦節兔者吐生光七八
道已訖屈折低下降十六轉受統巽辛見平明艮直
于丙南下弦二十三坤乙三十日東北喪其朋節盡
相禪與繼體復生龍壬癸配甲乙乾坤括始終七八
數十五九六亦相應四者合三十陽氣索滅藏
魏志管輅傳注輅謂石苞曰三五盈月清耀燭夜可
以遠望及其在晝明不如鏡
晉書天文志北極五星第一星主月太子也
博物志兔舐毫望月而孕口中吐子

禽經鵝睇月注伏月卵則向月取其氣助卵也
郭璞省刑疏月者屬坎羣陰之府所以照察幽情以
佐太陽精者也
抱朴子俗有見遊雲西行而謂月之東行又月初生
如破環又今月不及古月之朗
西京雜記漢掖庭有月影臺
古今注漢明帝時太子舍人作歌詩四章以贊太子
之德二曰月重輪
虞喜安天論俗傳月中仙人桂樹今視其初生見仙
人之足漸已成桂樹後生
拾遺記暾月獸形似豹飲金泉之液食銀石之髓夜
噴白氣其光如月軒轅時獲焉
南史謝莊傳孝武問顏延之曰謝希逸月賦何如答
曰美則美矣但莊始知隔千里兮共明月帝召莊以
延之答語語之莊應聲曰延之作秋胡詩始知生為
久離別沒為長不歸帝撫掌竟日
謝弘微傳弘微孫朏朏文子謐不妄交接門無雜賓
有時獨醉曰入吾室者但有清風對吾飲者惟當明
月
世說劉尹云清風朗月輒思元度
唐書儀衛志大橫吹部有節鼓二十四曲二十一對
月
張志和傳陸羽嘗問孰為往來者對曰太虛為室明
月為燭與四海諸公共處未嘗少別也何有往來
王琚射經左手輪指坐腕弝弓箭如懷中吐月之勢
法苑珠林依立世阿毘曇論有云云何黑半云何白
半由日黑半由日白半日恆逐月行一日相近四萬

八千八十由旬日日相離亦復如是若相近時日月
圓被覆三由旬又一由旬三分之一以是事故十五
日月被覆則晝是日黑半圓滿日日離月亦四萬八
千八十由旬月日日開三由旬又一由旬三分之一
以是事故十五日月則開淨圓滿世間則名白半圓
滿日月若最相離行是時月圓世間則說白半圓滿
日月若共一處是名合行世間則說黑半圓滿若日
隨月後行日光照月光月光麤故被照生影此月影
還自翳月是故見月後分不圓以是事故漸漸掩覆
至十五日覆月都盡隨後行時是名黑半若日在月
前行日日開淨亦復如是至十五日具足圓滿在前
行時是名白半智度論云一月或三十日半或三十
日或二十九日半或二十七日半有四種月一者日
月二者世間月三者月月四者星宿月日月者三十
日半世間月者三十日月月者二十九日加六十二
分之三十星宿月者二十七日加六十分之二十一
閏月者從日月世間月二事中出是名十三月或十
三月名一歲是歲三百六十六日周而復始
酉陽雜俎昆吾陸鹽周十餘里無水自生末鹽月滿
則如積雪味甘月虧則如薄霜味苦月盡則全盡
雲溪友議尉遲匡塞上曲云夜夜月為青塚鏡年年
雪作黑山花
摭言裴鉶婚蕭楚公女問名未幾便擢進士第羅隱
以一絕刺之詩曰細看月輪還有意信知青桂近嫦
娥
雲仙雜記皇甫湜稱韓愈文曰穿天心出月脇
虞松方春以謂握月擔風且留後日吞花臥酒不可

過時

書譜纖纖乎似初月之出天涯

續博物志月上下弦之時觸醬輒壞里俗忌之

高誘注淮南子云方諸大蛤熟摩拭令熱以向月則水生許慎說文曰諸珠也方石也

日月蝕而私者生兒則多疾日月晦朔弦望而私者生兒則愚癡瘖瘂

朱草狀如小桑栽長三四尺枝葉皆丹汁如血朔望生落如蓂莢周而復始

宋史天文志天柱五星主晦朔晝夜之職

周敦頤傳敦頤字茂叔黃庭堅稱其人品甚高胸懷灑落如光風霽月又程顥曰自再見周茂叔後吟風弄月以歸有吾與點也之意

墨客揮犀黃魯直使予對句曰呵鏡雲遮月對曰啼妝露著花

六一詩話蘇子美新橋對月詩所謂雲頭豔豔開金餅水面沈沈臥彩虹者時謂此橋非此句雄偉不能稱也

嬾眞子今之僧尼戒牒云知月黑白大小及結解夏之制皆五印度之法也中國以月晦爲一月而天竺以月滿爲一月唐西域記云月生至滿謂之白月月虧至晦謂之黑月又其十二月所建各以所直二十八宿名之如中國建寅之類是也故夏三月自四月十六日至五月十五日謂之額沙茶月卽鬼宿名也自五月十六日至六月十五日謂之室羅伐拏月卽柳星名也自六月十六日至七月十五日謂之婆達羅鉢陁月卽翼星名也黑月或十四日或十五日月有大小故也中國節氣與印度遞爭半月中國以二十九日爲小盡印度以十四日爲小盡中國之十六日乃印度之初一日也然結夏之制宜如西域記用四月十五日乃屬逝瑟吒月乃印度四月盡日也

雲笈七籤喻月精法凡月初出時月中時月入時向月立正不息八通仰頭喻月精八咽之令陰氣長婦人喻之陰精益盛子道通

夢溪筆談北齊向子信候天文凡月前有星則行速星多則尤速月行自有遲速定數然遇行疾曆其前必有星如子信說亦陰陽相感自相契耳按此說似謬月前無星行之遲速難見有星則見之星多愈易見耳乃謂陰陽相感殊不如七政之行千載不容差謬也

後山談叢中秋陰暗天下如一中秋無月則兔不孕蚌不胎蕎麥不實兔望月而孕蚌望月而胎蕎麥得月而秀世兔皆雌惟月兔雄爾故望月而孕

毛詩名物解說文曰太陰之精象形古文作[illegible]內象蟾杜之形故夕從月半見而林罕以爲象其未有蟾桂之狀也釋名曰月闕也言滿則復缺也朔月初之名也朔蘇也月死後蘇生也晦月盡之名晦死也死爲灰月光盡似之也禮曰大明生於東月生於西蓋朔而月出西序夕見莫也故王者早見曰朝莫見曰夕義取諸此所謂朝夕放於日月者也至望然後出於東方夕見尚書大傳以爲晦而月見西方謂之朓朔而月見東方謂之朒蓋言異也詩曰東方之日兮彼姝者子在我室兮在我室兮履我卽兮東方之月兮彼姝者子在我闥兮在我闥兮履我發兮履禮也而日月之盛皆在東方故詩舉以刺襄而言男女淫奔不能以禮化也蓋君無失道如東方之日以禮卽我故彼姝者子在我室兮也臣無失道如東方之月以禮發我故彼姝者子在我闥兮也詩曰如日之升如月之恆恆上弦也字或作緪蓋宜以緪爲正升言有降而無降恆言有盈而無虧也書曰哉生明又曰哉生魄說者以謂朔後月明生而魄死望後月明死而魄生故書以朏望生明生魄紀月甲子紀日也揚子曰未望則載魄於西既望則終魄於東其遡於日乎此言士之或貴或賤或肆或拘其在上與之如何而已風俗通曰吳牛望月而喘言使之苦於日矣是故見月而喘蓋傷食驚於虛疲牛望而喘物之憚怯見似而驚有如此者屈子曰懲於羹者吹虀此之謂也舊說積陽之氣生火火氣之精爲日積陰之氣生水水氣之精爲月故陽燧取火於日方諸取水於月易曰離爲日坎爲月其以此乎

彥周詩話作詩押韻是一巧中秋夜月詩押尖字數首之後一婦人詩云蚌胎光透殼犀角暈盈尖

春渚紀聞王荊公言月中彷彿有物乃山河影也至東坡先生亦有正如大圓鏡寫此山河影妄言桂兔蟆俗說皆可屏之句以二先生窮理盡性固當無可議者然尚有未盡解處今以半鏡懸照物像則全而見之月未滿則中之物像亦只半見何也

東坡先生云中秋月明則是秋必多兔野人或言兔無雄者望月而孕信斯言則木蘭詩云雌兔眼迷離雄兔脚撲朔何也

東京夢華錄中秋夜貴家結飾臺榭民間爭占酒樓翫月絲簧鼎沸近內庭居民夜深遙聞笙竽之聲宛若雲外

本草拾遺江東諸處每至四五月後嘗於衢路拾得桂子大如貍豆破之辛香故老相傳是月中下也北方獨無者非月路也

蠡海集太陰之行與日同宮爲晦朔對宮爲望日明晝月明夜初一初二日月同於卯時出卯宮至酉時日月俱沒於酉位故月夜行於地下出地下日稍近則不能明也初三初四卯時月到寅宮自寅加卯遞數至申位逢酉故月生於申初五初六卯時月到丑宮自丑加卯遞數至未位逢酉故月生于未初七初八初九卯時月到子宮自子加卯遞數至午位逢酉故月生於午初十十一卯時月到亥宮自亥加卯遞數至巳位逢酉故月生於巳十二十三卯時月到戌宮自戌加卯遞數至辰位逢酉故月生於辰十四十五十六卯時月到酉宮自酉加卯遞數至卯位逢酉故月生於卯十七十八卯時月到申宮自申加卯遞數至寅位逢酉故月死於申十九二十卯時月到未宮自未加卯遞數至丑位逢酉故月死於未二十一二十二二十三卯時月到午宮自午加卯遞數至子位逢酉故月死於午二十四二十五二十六卯時月到巳宮自巳加卯遞數至亥位逢酉故月死於巳二十七二十八二十九卯時月到辰宮自辰加卯遞數至戌位逢酉故月死於辰三十日卯時月到卯宮自與日近故月全死與日會而爲晦矣是以初一二卯時出初三四辰時出初五六巳時出初七八九午時出初十十一未時出十二三申時出十四五六酉時出十七八戌時出十九二十亥時出二十一二三子時出二十四五六丑時出二十七八九寅時出三十日亦卯時出也蓋月出地上則明卯酉分地中卯酉上爲出地卯酉下爲入地日生於東月生於西其此之謂歟

諺云月如仰瓦不求自下月如張弓少雨多風蓋月有九行月行八道青白赤黑各二道皆出入於黃道之中故曰九行道不中而過南則爲陽道道不中而過北則爲陰道行陽道則旱行陰道則潦月借日爲光月生如仰瓦則行陰道如張弓則行陽道也明矣

揮塵餘話延福宮曲燕記上命近侍取茶具親手注湯擊拂少頃白乳浮醆面如疎星澹月

容齋隨筆世俗多言李太白在當塗采石因醉泛舟於江見月影俯而取之遂溺死故其地有捉月臺予按李陽冰作太白草堂集序云陽冰試弦歌於當塗公疾亟草藁萬卷手集未修枕上授簡俾爲序又李華作太白墓誌亦云賦臨終歌而卒乃知俗傳良不足信蓋謂與杜子美因食白酒牛炙而死者同也

西溪叢語杜甫月詩云塵匣元開鏡風簾自上鉤乃用沈雲卿月詩臺前疑掛鏡簾外自懸鉤

月盈於朔望消於朏魄虛於上下弦息於輝朒

讀書雜鈔月三日而成魄朱氏曰魄者月之有體而無光處也故書言哉生明旁死魄皆謂月二三日月初生時也凡言既生魄皆謂月十六日月始闕時也鄉飲酒義兩言月三日而成魄則是漢儒專門陋學未嘗讀尚書者之言耳疏知其謬而曲徇之故既言月明盡而生魄又言月二三日而生魄何相戾之甚邪

搜采異聞錄酉陽雜俎天咫篇載月星神異數事其命名之義取國語楚靈王曰是知天咫安知民則之說其紀月中蟾桂引釋氏書言須彌山南面有閻扶樹月過樹影入月中或言月中蟾桂地影也空處水影也予記東坡鑒空閣詩云明月本自明無心孰爲境挂空如水鑑寫此山河影我觀大瀛海巨浸與天末九州居其間無異蛇盤鏡空水兩無質相照但耿耿妄云桂兔蟆俗語皆可屛正用此說其詩在集中題爲和黃秀才鑒空閣予遊南海西歸之日泊舟金利山下登崇福寺有閣枕江流標爲鑒空正見詩牌揭其上蓋當臨賦處也

月盈至滿謂之白分月虧至晦謂之黑分白前黑後合爲一月又曰日隨月後行至十五日覆月都虧是名黑半日在月前行至十五日俱足圓滿是名白半

癸辛雜識明皇游月宮一事所出亦數處異聞錄云開元中明皇與申天師洪都客夜遊月中見所謂廣寒清虛之府下視王城崔巍若萬頃琉璃田翠色冷光相射炫目素娥十餘舞於廣庭音樂清麗遂歸製霓裳羽衣之曲唐逸史則以爲羅公遠而有擲杖化銀橋之事集異記則以爲葉法善而有潞州城奏玉笛投金錢之事幽怪錄則以爲游廣陵非潞州事要之皆荒唐之說不足問也

全唐詩話裴交泰長門怨云自閉長門經幾秋羅衣濕盡淚還流一種蛾眉明月夜南宮歌吹北宮愁范攄曰近日舉場詩尤新章孝標對月云長安一夜千家月幾處笙歌幾處愁有類乎裴交泰

徐彥伯爲文多變易求新以月兔爲魄兔進士效之謂之澀體

吹劍錄月與日並明皆天子所敬事而詞人墨客以姮娥之說吟謔嘲弄極其褻狎至云一二初三四蛾眉天上安待奴年十五正面與君看

雞林類事方言月曰契黑隆切

謝翱月泉游記月泉在浦江縣西北二里故老云其消長視月之盈虧由朔至望投梯其間泉逡浸浮梯而上動盪芹藻若江湖之浮舟攤於下岸視舊痕不減毫髮由望至晦置竹井傍以常所落淺深爲候隨月之大小畫痕竹上當其日之數曰而測之水之落痕與石約如竹之畫視發開滯萍枯青相半殆類水退人家日蒸氣濕牆壁故在而浮槎游枅棲泊樹石隱隱可記

瑯嬛記八九月中月輪外輕雲時有五色下黃每值此則急呼女子持針線小兒持紙筆向月拜之謂之乞巧

玉堂漫筆日所行謂之黃道本無道況色乎曆家入算姑以色標識之黃色之中日道居中故也月行青朱白黑者春木夏火秋金冬水四方色也傳曰朱道一出黃道南蓋指南陸而名之不曰赤而曰朱何也赤道分南北之中古今不易南陸稱朱所以避之也黃道出入於赤道之內外赤道橫而黃道斜斜長於橫故黃道爲之增若赤道居中黃道旁出旁狹於中故黃道爲之減此自然之數也

日行黃道月行九道日月行相去最遠者二十四度最近者六度青道二出黃道東朱道二出黃道南白道二出黃道西黑道二出黃道北此其交也必由於黃道而出入故兼而言之曰九道也

月行黃道內謂之陰曆行黃道外謂之陽曆東方青龍七宿謂之東陸西方白虎七宿謂之西陸南方朱雀七宿謂之南陸北方元武七宿謂之北陸總之二十八宿而天體周矣日行舒月行速當其同度謂之合朔舒先速後近一遠三謂之弦相與爲衡分天之中謂之望以速及舒光盡體伏謂之晦

凡日月無光曰薄虧毀曰蝕虹蜺曰暈氣在日上曰戴旁對曰珥半環在旁向曰抱背曰背

月光生於日之所照魄生於日之所蔽當日則光盈就日則光盡此張衡靈憲生魄生明之說也嘉靖戊戌九月望在十六十四日晨入朝有事於太廟見月西墜而闕處向東南此時日在寅宮矣廿二日晨起見月闕正向西周髀步日自東而南而西而北穹天所論日繞辰極沒西而還東不出入地中恐亦有理也

林泉隨筆余嘗遊婺州之屬邑曰浦江其地有泉名曰月泉其水晦日則涸月生明則漸瀉出未望則長既望則滿

丹鉛總錄月中嫦娥其說始於淮南及張衡靈憲其實因常儀占月而誤也古者羲和占日常儀占月皆官名也見於呂氏春秋春秋左傳有常儀靡即常儀氏之後也後訛爲嫦娥以儀娥音同耳周禮注儀娥二字古皆音俄易小象以失其義叶信如何也詩以樂且有儀叶在彼中阿太元以各遵其儀叶不偏不頗史記徐廣注音儀船作俄漢碑凡蓼莪皆作蓼儀則嫦娥爲常儀之誤無疑矣每以語人或猶未信予曰小說載杭州有杜拾遺廟有村學老題爲杜十姨遂作女像以配劉伶人皆知笑不知常儀之爲嫦娥即拾遺之爲十姨也

納甲之說京房易傳有之魏伯陽參同契曰三日出爲爽震庚受西方八日兌受丁上弦平如繩十五乾體就盛滿甲東方十六轉受統巽辛見平明艮直于丙南下弦二十三坤乙三十日東北喪其朋節盡相禪與繼體復生龍壬癸配甲乙乾坤括始終其疏云震象三日月出于庚兌象上弦月見于丁乾象望日月滿于甲巽象十六日月虧于辛艮象下弦月消于丙坤象晦日月沒于乙此指二八月晝夜均平之時若以曆法言則晝夜有長短若晝短日沒于申則月合于申望于寅矣若晝長日沒于戌則月合于戌望于辰矣十二月之中三日之月未必盡見庚十五日之月未必盡見甲合朔有先後則上下弦未必盡在八日二十三日望晦未必盡在十五三十日也又虞翻易傳曰日月懸天成八卦象三日暮震象月出庚八日兌象月見丁十五日乾象月盈甲壬十六日旦巽象月退辛二十三日艮象月消丙三十日坤象月滅乙癸晦夕朔旦則坎象水流戊日中則離象火就己戊己土位而象見于中納甲之說虞氏比參同契爲備而坎離戊己始有歸著故詳記之

蔣應旂桐柏山志重巖盤石品峙常有光如月號石月

耄餘襍識望夕之月月受陽光光正滿故望夕之陽潮至子時而滿子爲陽之生氣也晦夕之月月還陰魄魄正滿故晦夕之陰潮至午而滿午爲陰之生氣也

簷曝偶談胡文穆記李白二帖其一乘興踏月西入酒家不覺人物兩忘身在世外其二夜來月下臥醒花影零亂滿人衿袖疑如濯魄於冰壺也其三樓虛月白秋宇物化於斯憑闌身世飛動把酒自忘此興何極非太白不能道

蓬窗續錄朐䏰夔州地名音屈忍或以為蚯蚓也夔多此物故名或又曰蚌也兩字皆從月是物月之精也旁何忍者月如何如刀環而是物生也

滇行紀略滇南望後至二十日月猶圓滿

李流芳題西湖臥遊冊孤山夜月圖曾與印持諸兄弟醉後泛小艇從西泠而歸時月初上新堤柳枝皆倒影湖中空明摩盪如鏡中復如畫中久懷此胸臆壬子在小築忽為孟陽寫出真是畫中矣

馬之駿黃山凌歊臺記黃山巔為凌歊臺雲斂月出前視羣山後視大江田畦村落俱白了了月被山為薄雪殘粉如美人處輕容中既不礙觀而轉益其嫵

王思任遊太湖洞庭記太湖如月洞庭諸山覘之明月中之桂影也

考槃餘事春秋二候天氣澄和人亦中夜多醒萬籟咸寂月色當空橫琴膝上時作小調亦可暢懷

書蕉太白生于蜀之昌明縣青蓮鄉昌明今之彰明也讀書縣南之匡山鄭谷送人入蜀詩雪下文君沽酒市雲藏李白讀書山後竟終於采石病革猶以詩草託友人捉月之說流傳誤矣

巖棲幽事小兒發願云願明月長圓終夕如晝余曰善哉雖然使人終無息肩期矣于鄴詩不云乎白日若不落紅塵應更多

玉笑零音潮汐之盛縮因月之盈虛古語如是誰則驗之吾觀于魚腦之光減而信之矣蓋魚鰕水畜也水者月之液月者水之精陰氣之以類相感者也

本草綱目海月蛤類也似半月故名

藜牀瀋餘長安婦女有好事者曾侯家覩綵箋曰一輪初滿萬戶皆清若乃狎處衾幃不惟辜負蟾光竊恐嫦娥生妒涓於十五十六二宵聯女伴同志者一茗一爐相從卜夜名曰伴嫦娥凡有冰心佇垂玉允朱門龍氏拜啓

農田餘話朱子曰歸根本老氏語畢竟無歸這箇何曾動此性只是天地之性當初不是自彼來入此亦不是自性而復歸如月影在一盆水裏除了盆水便無了豈是這月影又飛上天去歸那月裏哉

維園鉛摘宋永亨異聞錄云謂人心如月湛然虛靜而為利害所薄生火熾然以焚其和則月不能勝之矣非論其明闇也

居山雜志山最宜月四山無人一輪在雲開下照空谷樹影參錯極可游

寒檠膚見昔李白把酒問月庾亮乘樓咏月謝惠對酒醉月是三子者其果有獨得之趣而見道之深邪少史子曰噫是皆適興於一時玩情於旦夕醉生夢死抑何望其觀物理而見道之深也哉然惟孟子容光之照周子光霽之懷程子吟弄之趣朱子秋寒冰月之句茲固觀之以理而說之以心者若夫寫景岳陽模像滕閣蘭亭醉翁之遊赤壁黃州之説皆能收景物之熙明悉造化之情狀而感慨忘情若羽化而不能自已謂之玩物可也謂之善觀物不可也謂之適情可也謂之見道則未也噫今之人非惟不能觀物亦且不能玩物非惟不能見道抑且不能適情佳時勝景不易得也華華碌碌患得患失殆無虛日殊不知青鬢易皓朱顏難售童冠相偕風浴惟時與點之意吾何獨不然

女紅餘志東陽詩云圓魄始降晨離嗣之光倏忽石火猶遲君何不來徒有相思

天工開物凡蚌孕珠即千仞水底一逢圓月中天即開甲仰照取月精以成其魄中秋月明則老蚌尤喜甚若徹曉無雲則隨月東升西沒轉側其身而映照之

凡玉映月精光而生故國人沿河取玉者多于秋間明月夜望河候視玉璞堆聚處其月色倍明亮

遵生八牋三生石談月中竺後山鼎分三石居然可坐傳于澤公三生遺跡山僻景幽雲深境寂松陰樹色蔽日張空人罕遊賞炎天月夜煮茗烹泉與禪僧詩友分席相對覺何[illegible]狀談禪說偈滿空孤月露色清輝四野輕風樹分涼影儼然人在冰壺直欲談空玉宇寥寥巖壑竟是仙都最勝處矣忽聽山頭鶴唳溪上雲生便是駕我仙去俗抱塵心蕭然冰釋恐[illegible]來去此是即再生五濁慾界

勝果寺月巖望月勝果寺左山有石壁削立中穿一竇圓若鏡然中秋月滿與隙相射自竇中望之光如金璧秋時當與詩朋酒友賡和清爽更聽萬壑江聲滿空海色自得一種世外玩月意味

脈望每朔旦之前月與日會于箕斗之鄉箕斗為艮艮卦陰侵陽也號曰鬼路月每至此而失其明故曰

喪明有若世人順行陰陽五行生老病死寒暑代謝也

帝城景物略幼兒見新月曰月芽兒卽拜篤篤祝乃歌曰月月月拜三拜休教兒生疥

八月十五日祭月其祭果餅必圓分瓜必牙錯瓣刻之如蓮花紙肆市月光紙繪滿月像趺坐蓮華者月光徧照菩薩也華下月輪桂殿有兎杵而人立擣藥臼中紙小者三寸大者丈緻工者金碧縝紛家設月光位于月所出方向月供而拜則焚月光紙徹所供散家人必遍

金聲與友人書月色滿地爛若塗霜深更推戶闃無人跡良夜勝情此爲奇絕

日知錄日食月揜日也月食地揜月也今西洋天文說如此自其法未入中國而已有此論隆文裕金臺紀聞曰嘗聞西域人筭日月食者謂日月與地同大若地體正揜日輪上則月爲之食南城萬實月食辯曰凡黃道平分各一百八十二度半强對衝處必爲地所隔望時月行適當黃道交處與日正相對則地隔日光而月爲之食矣按其說亦不始于近代漢張衡靈憲曰當日之衝光常不合者蔽于地也是謂闇虛在星星微月過則食載後漢天文志中俗本地字有譌作他者遂疑別有所謂闇虛而致紛紛之說

靜樂李鑑習西洋之學述其言曰月本無光借日之照以爲光耀至望日與地日爲一綫月見地不見日不得借光是以無光也或曰不然會有一年月食之時當在日沒後乃日尚未沈而出地之月已食矣東月初升西日未沒人兩見之則地固未嘗遮日月也

何以云見地不見日乎答曰子所見者非月也月之影也月固未嘗出地也何以驗之今試以一文錢置虛器中前之卻之不見錢形矣卻貯水令滿而錢見則知所見者非錢也乃錢之影也日將落時東方蒼蒼涼涼海氣升騰猶夫水然其映而升之亦月影也如必以東方之月爲眞月則是以水面之錢爲眞錢也然乎否乎又如漁者見魚浮水面而投叉刺之必稍下于魚乃能得魚其浮于水面者魚之影也舟人刺篙其半在水視之若曲焉此皆水之能映物也然則月之受隔于地又何疑哉

今人謂十五爲月半蓋古經已有之儀禮士喪禮月半不殷奠禮記祭義朔月月半君巡牲周禮大司樂王大食三侑注大食朔月月半以樂侑食時也晉溫嶠與陶侃書尅後月半大舉然亦有以上下弦爲月半者劉熙釋名弦月半之名也其形一旁曲一旁直若張弓施弦也望月滿之名也月大十六日小十五日日在東月在西遙相望也是則所謂月半者弦也禮經之所謂月半者望也弦曰半以月體而言之也望曰半以日數而言之也

昌平州志八月中秋祭月設果品香楮乘月歡飲成里率以瓜餅等物相餽俗名團圓節

平谷縣志八月十五日夕設瓜果於庭院坐待月華祭畢群飲爲樂謂之賞月

遵化州志中秋日祭月以瓜果繪廣寒宮式候月出拜祭

永平府志中秋占月爲雲蔽來年燈節必雪

撫寧縣志中秋日陳瓜果祭月光其設酒饌燕飲曰圓月

衡水縣志中秋親友於尊長佃田賃房者於主家各餽送月餅瓜果酒殽謂之瓶月

淄川縣志中秋皓月臨空碧天如水友朋歡讌竟夜爲常

襄垣縣志八月十五日邀親友夜飲玩月謂之團圓會

太原府志明月泉在五臺山中人傳以紗帛障日下視或見月在水中

常熟縣志八月望日以月餅相餽遺遊人操舟集湖望月

松江府志中秋食月餅登樓臺賞月觀鶴宋朱純三山詩序注云華亭每中秋夜有仙鶴下不多見也

如皋縣志中秋夜設瓜果餅餌祀月兒女羅拜作月餅相餉好事家登船設雅座玉簫金管淸謳達旦如白下秦淮故事

通州志中秋以瓜餅餽節折桂賞月候月栖至天曉

浙江通志處州府遂昌縣西月山狀如月與瑞牛山相望俗呼爲犀牛望月

金華府志浦江縣明月泉在縣西二里其泉視月盈虛爲消長宋時疏爲曲池築亭以備遊觀攜觴合於泉上元改爲月泉書院

新城縣志中秋月光則魚少若雲重則來歲元宵多市

湖廣通志常德府明月池在沅江縣東二十里水淸徹陰晦時池中有月涓涓可人

雲夢縣志八月十五日爲月夕親友以月餅相餽貽

中宵讌集候賞月華

應山縣志中秋閒里無他務木綿花出紡織之聲與砧杵相雜多就月下至夜分士人多舉酒吟哦

蘄州志中秋設高案以貼金大餅焚香秉燭祭月畢切分親黨

巴陵縣志中秋坊閒設酒具瓜餅賞月觀月華見之則吉以月之明暗卜江魚之有無

上杭縣志中秋兒女於月下設果餅膜拜致詞號請月姑置筐於盤神降則筐自舉爲剝啄聲審其數以卜災祥

建寧府志八月中秋夜置酒玩月食月餅近有掛旛燈乞嗣月宮者

海澄縣志中秋餽遺有月餅月果餅圓如三尺月厚徑寸而高起皆蟾輪桂殿兔杵人立或吳質倚樹或姮娥竊藥精緻奪目

英德縣志八月中秋酌桂樽剝熟蕷爲大餅以象璧月又十五夜謂之太陰還元宵焚香守夜

四會縣志中秋設果餅望月而拜致詞謂之請月姑

雲南通志鶴慶府石明月在劍川州治南一百三十里崖壁上白石如輪至夜木田相映皎若月然

大理府太和縣洱海月在下關五更時月落已盡水中猶現一輪惟十一月見之

臨安府通海縣半月池在縣城南月圓月缺俱映半輪

月部外編

山海經大荒西經大荒之中有山名曰日月山天樞也吳姖天門日月所入有女子方浴月帝俊妻常羲生月十有二此始浴之

遁甲開山圖女狄暮汲石鈕山下泉水中得月精如雞子愛而含之不覺而吞遂有娠十四月生夏禹

張河間集靈憲羿請無死之藥於西王母姮娥竊之以奔月將往枚筮之於有黃有黃筮之曰吉翩翩歸妹獨將西行逢天晦芒無驚無恐後且大昌姮娥遂託身於月是爲蟾蜍

三餘帖嫦娥奔月之後羿晝夜思惟成疾正月十四夜忽有童子詣宮求見曰臣夫人之使也夫人知君懷思無從得降明日乃月圓之候君宜用米粉作丸團團如月置室西北方呼夫人之名三夕可降耳如期果降復爲夫婦如初今言月中有嫦娥大謬蓋月中自有主者乃結璘非嫦娥也

銷夏河東項曼都好道學仙去家三年而反曰去時有數仙人將上天離月數里而止月之旁其寒淒淒

拾遺記越王八劍三名轉魄以之指月蟾兔爲之倒轉

十洲記方朔云臣學仙者耳非得道之人曾隨師主履行北至朱陵扶桑蜃海冥夜之丘純陽之陵始青之下月宮之閒

洞冥記炎洲仙山有遠飛雞朝往夕還銜月中桂實於南土故北方無桂南方當月路江東諸處每於路衢得

珍珠船君思晉人正月十五夜坐室中遣兒視月中有異物否兒曰今年當水月中有人被蓑帶劍思出視之曰非水也將有兵月中人乃帶甲仗矛耳果如其言

西域記婆泥斯國有三獸塔劫初有狐猿兔異類相悅時天帝釋化一老夫詣三獸求食於是狐銜鯉猿採果俱來惟兔空還自傷卑劣乃投火充餐時老夫收取燋兔歎謂狐猿曰吾感其心不泯其迹寄之月輪傳乎後世咸言月中之兔因斯而有

法苑珠林如起世經云佛告比丘月天子宮殿縱廣正等四十九由旬四面垣牆七寶所成月天宮殿純以天銀天青琉璃而相間錯二分天銀清淨無垢光甚明曜餘之一分天青琉璃亦甚清淨表裏映徹光明遠照亦爲五風攝持而行月天宮依空而行亦有無量諸天宮殿引前而行恆受快樂於此月殿亦有大輦青琉璃成輦高十六由旬廣八由旬月天子身與諸天女在此輦中以天種種五欲功德和合受樂隨意而行彼月天子身壽五百歲子孫相承皆於彼治然其宮殿住於一劫彼月天子身分光明照彼青輦其輦光明照月宮殿宮殿光照四大洲彼月天子有五百光向下而照有五百光旁行而照是故月天名千光明亦復名爲涼冷光明又何因緣月天宮殿漸漸現邪佛答此月三因緣一背相轉二青身諸天形服瓔珞一切悉青常半月中隱覆其宮以隱覆故月漸而現三從日天宮殿有六十光明一時流出障彼月輪以是因緣漸漸而現復何因緣是月宮殿圓淨滿足亦三因緣故令如是一爾時月天宮殿而相轉出二青色諸天一切皆青當半月中隱於十五日

時形最圓滿光明熾盛譬如於多油中然火熾炬諸小燈明皆悉隱翳如是月宮十五日時能覆諸光三復次日宮殿六十光明一時流出障月輪者此月宮殿十五日時圓滿具足於一切處皆離翳障是時日光不能隱覆復何因緣月天宮殿於黑月分第十五日一切不現此月宮殿於黑月分十五日最近日宮由彼日光所覆翳故一切不現復何因緣名爲月耶此月宮殿於黑月分一日已去乃至月盡光明威德漸漸減少以此因緣名之爲月西方一月分爲黑白月初一日至十五日名爲白月十六日已去至於月盡名爲黑月此方通攝黑月合爲一月也復何因緣月宮殿中有諸影現此大洲中有閻浮樹因此樹故名閻浮洲其樹高大影現月輪又瑜伽論云出大海中有魚鼈等影現月輪故其內有黑相現依西國傳云過去有兔行菩薩行天帝試之索肉欲食捨身火中天帝愍之取其焦兔置於月內令未來一切衆生舉目瞻之知是過去菩薩行慈之身

龍城錄開元六年上皇與申天師道士鴻都客八月望日夜因天師作術三人同在雲上遊月中過一大門在玉光中飛浮宮殿往來無定寒氣逼人露濡衣袖皆濕頃見一大宮府榜曰廣寒清虛之府其守門兵衛甚嚴白刃粲然望之如凝雪時三人皆止其下不得入天師引上皇起躍身如在烟霧中下視王城崔巍但聞清香靄鬱視下若萬里琉璃之田其間見有仙人道士乘雲駕鶴往來若遊戲少焉步向前覺翠色冷光相射目眩極寒不可進下見有素娥十餘人皆皓衣乘白鸞往來舞笑於廣陵大桂樹之下又聽樂音嘈雜亦甚清麗上皇素解音律熟覽而意已傳頂天師亟欲歸三人下若旋風忽悟若醉中夢迴爾夜上皇欲再求往天師但笑謝而不允上皇因想素娥風中舞袖編律成音製霓裳羽衣舞曲自古洎今清麗無復加於是矣

潄石閒談明皇中秋夜羅公遠擲杖化爲銀橋請遊月宮見廣寒庭女群仙舞問是何曲曰霓裳羽衣帝記其聲回遂製其曲舞

楊太眞外傳云羅公遠天寶初侍元宗八月十五日夜宮中翫月曰陛下能從臣月中游乎乃取一枝桂向空擲之化爲一橋其色如銀請上同登約行數十里遂至大城闕公遠曰此月宮也有仙女數百素練寬衣舞於廣庭上前問曰此何曲也曰霓裳羽衣也上密記其聲調遂回橋却顧隨步而滅旦諭伶官象其聲調作霓裳羽衣曲

集異記明皇八月望夜與葉法善同遊月宮還過潞州城上俯視城郭悄然而月色如晝法善因請上以玉笛奏曲時玉笛在寢殿中法善命人取之旋頃而至曲奏既夜以金錢投城中而還旬餘潞州奏是夜有天樂臨城兼獲金錢以進

艅艎日疏盧杞未第時遇仙姬曰麻氏以葫蘆如二斗瓮令杞乘之騰入霄漢至一處曰水晶宮見太陰夫人問三事曰公有仙相能居此宮乎能爲地仙時一到此乎能爲中國宰相乎公願何事曰願爲宰相夫人悵然遣還

酉陽雜俎長慶初山人楊隱之在郴州常尋訪道者有唐居士土人謂百歲人楊謁之因留楊止宿及夜呼其女曰可將一下弦月子來其女遂帖月於壁上如片紙耳唐即起祝之曰今夕有客可賜光明言訖一室朗若張燭

太和中鄭仁本表弟不記姓名常與一王秀才遊嵩山捫蘿越澗境極幽夐遂迷歸路將暮不知所之徙倚間忽覺叢中鼾睡聲披榛窺之見一人布衣甚潔白枕一襆物方眠熟即呼之曰某偶入此徑迷路君知向官道否其人舉首略視不應復寢又再三呼之乃起坐顧曰來此二人因就之且問其所自其人笑曰君知月乃七寶合成乎月勢如丸其影日爍其凸處也常有八萬二千戶修之予即一數因開襆有斤鑿數事玉屑飯兩裹授與二人曰分食此雖不足長生可一生無疾耳乃起二人指一支徑但由此自合官道矣言已不見

宣室志太和中有周生者有道術中秋夜會月色方瑩謂坐客曰我能挈月置之懷袂因命虛一室取筯數百條繩而駕之曰我將梯取此月俄見天地曛晦因開室曰月在某衣中因以手舉衣懷中出月寸許一室盡明寒入肌骨

酉陽雜俎舊言月中有桂有蟾蜍故異書言月桂高五百丈下有一人常斫之樹創隨合人姓吳名剛西河人學仙有過謫令伐樹釋氏書言須彌山南面有閻扶樹月過樹影入月中或言月中蟾桂地影也空處水影也此語差近

續幽怪錄唐韋固旅次宋城見老人向月檢書問囊中赤繩彼云以繫夫婦足雖仇家異域此繩繫不可易君妻乃鄰比陳嫗之女固見抱三歲女陋刺於稠人中傷眉後十四年相州刺史王泰妻以女容貌端麗眉間常貼花鈿逼問曰妾郡守之猶子父卒於宋

城幼時乳母抱之爲賊所刺痕尚在

雲笈七籤月姓文名申字子光

月中黃氣上皇神母諱曜道支字玉薈條

月中夫人魂精內神名曖蕭臺摽

月中青帝夫人諱隱娥珠字芬豔嬰衣青華瓊錦帔翠龍鳳文飛羽帬

月中赤帝夫人諱逸寥無字婉筵靈衣丹蘂玉錦帔朱華鳳落飛羽帬

月中白帝夫人諱靈素蘭字鬱連華衣白珠四出龍錦帔素羽鸞章飛華帬

月中黑帝夫人諱結連翹字淳厲金衣元琅九道雲錦帔黑羽龍文飛華帬

月中黃帝夫人諱清營襟字炅定容衣黃雲山文錦帔綠羽鳳華繡帬註已上五夫人頭並頹三角髻髮垂之至腰

月中樹名騫樹一名藥王凡有八樹得食其葉者爲玉仙玉仙之身洞徹如水精瑠璃焉

虛谷閒抄蜀中有一道人賣自然羹人試買之椀中二魚鱗鬣腸胃皆具鱗間有黑紋如一圓月味如澹水食者旋剔去鱗腸其味香美有問魚上何故有月道人從椀中傾出皆是荔枝仁初未嘗有魚并月則笑而急走回顧云蓬萊月也不識明年時疫食羹人皆免道人不復見

瑯嬛記九天先生降王方平宅書尺牘遺龍女曰汝謫以來月輪周闕減一寸矣更減其半汝得復還本處幸自努力方平問故先生對月屈指曰自垂象以來至黃帝時減若干自黃帝以至唐堯又減若干自唐堯以至三代漸減至今則愈減矣減之又減以至于無則天地毀不但是也卽世間聲色滋味莫不漸減如人自少至老精神消損頃刻不停亦復如是非日變而月化也人皆不覺以眞人觀之若日影過庭分毫不差耳時八月十五日也

快雪堂漫錄虞長孺祖母今年八十一矣嘗云年三四十時秋夜露坐庭中見有三人挨月而過異之急呼長孺伯母同觀伯母出遲僅見其二須臾俱入月中矣親語陳季象爲余述之

欽定古今圖書集成曆象彙編乾象典

第四十四卷目錄

乾象典第四十四卷

星辰部彙考一 按周天星象雖多而其位次各有所統大抵以三垣二十八宿為主而諸座附之丹元子步天歌所分雖不必確有所見而其位次相近使人便於仰觀不可易矣然星有古有而今無者如八穀器府之類有古無而今增者不可勝舉前代於此並未言及惟新法於新增無名之星圖之必詳其度數遠近廣狹錙銖不爽故今圖皆據新法而列步天歌及恆星表於前圖考則仍按經緯子史等書列於後但此所載止於經星而緯星行度則詳見於七政部云

紫微垣一

隋丹元子步天歌中垣北極紫微宮北極五星在其中大帝之座第二珠第三之星庶子居第一號曰為太子四為后宮五天樞左右四星為四輔天乙太乙當門路左樞右樞夾南門左八右七十有五上少宰分上少弼上少衛分少丞數前連左樞共八星後邊門東大贊府少尉上輔少輔繼上衛少衛上丞比以及右樞共七星兩藩營衛於斯至陰德門裏兩黃聚尚書以次其位五女史柱史各一星御女四星天柱五大理兩黃陰德邊勾陳尾指北極顛勾陳六星六甲前天皇獨在勾陳裏五帝內座後門是華蓋并杠十六星杠作柄象華蓋形蓋上連連九个星名曰傳舍如連丁垣外左右各六珠右是內階左天廚階前八星名八穀廚下五个天棓宿天牀六星兩樞外內廚兩星左樞對文昌斗上半月形依稀分明六个星文昌之下曰三師太尊只向中台明天牢六星太尊邊太陽之守四勢前一个宰相太陽側更有三公柄西偏杓下元戈一星圓大理四星斗裏暗輔星近著太陽淡北斗之宿七星明第一主帝為樞精第二第三璇璣是第四名權第五衡開陽搖光六七名搖光左三號天槍

新法曆書紫微垣圖

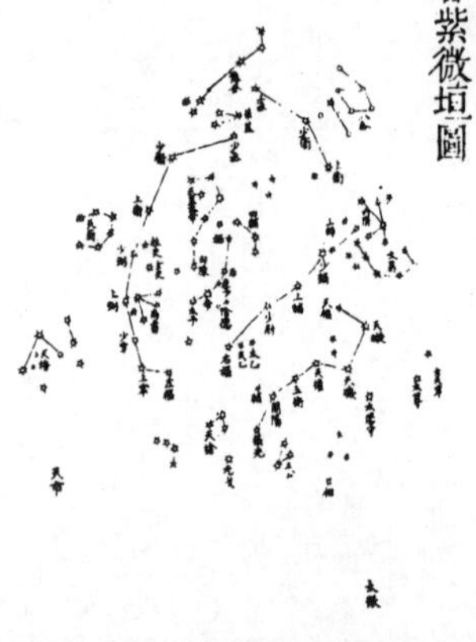

紫微垣恒星表

星名	黃道經度分	黃道緯度分	向	赤道經度分	赤道緯度分	向	等	宮
帝星 火金	○七 四十	七十二 五十二	北	二百二二 五十六	七十五 五十一	北	二	鶉火
太子 金火	一十五 ○四	七十五 二十四	北	二百三一 二十六	七十三 二十六	北	三	同
庶子 金火	○三 一十七	七十一 二十三	北	二百十七 一十	七十七 一十九	北	六	同
后宮 火金	二十七 四十三	七十 一十八	北	二百十三 三十二	七十九 四十五	北	六	鶉首
天樞 北極亦名天樞	○七 五十八	六十七 二十	北	一百九九 一十八	八十六 四十	北	六	同
近黃極六 增	○六 四十九	八十六 五十三	北	二百六五 二十九	六十九 ○七	北	四	鶉火
天樞西 增 即文昌八	○四 二十一	四十七 五十五	北	一百五十 四十九	六十四 二十四	北	六	同
天樞南八 增	○四 ○一	五十七 五十五	北	一百○四 ○○	八十一 一十四	北	六	鶉首
四輔一 火金	二十六 五十三	六十三 五十五	北	六十一 二十	八十七 ○八	北	六	實沈
二								
三								
四								
天乙 木土	二十九 四十	六十五 一十八	北	二百○五 ○六	六十六 三十	北	五	鶉火
太乙								
左樞 土	二十九 四十五	七十一 ○四	北	二百二九 一十	六十四 一十	北	三	鶉尾
上宰 土	二十二 五十二	七十四 一十二	北	二百三八 四十九	五十 ○七	北	三	壽星
少宰 土	○八 一十八	七十八 三十二	北	二百四四 三十三	六十二 三十二	北	三	同
上弼 土	二十七 一十五	八十四 四十六	北	二百五六 三十六	六十六 一十	北	三	鶉尾
少弼 木	○六 ○○	八十三 三十	北	二百七八 四十一	七十二 一十三	北	四	實沈
上衛 土木	二十七 五十六	七十五 二十七	北	三百○四 四十九	七十六 二十四	北	四	大梁
少衛 土木	二十四 四十六	六十四 二十八	北	三百五一 二十八	七十五 二十七	北	三	同
少丞八 金土	○六 三十八	五十三 三十七	北	三十七 ○○	七十二 五十	北	六	實沈
大贊府								
右樞 水	○二 三十四	六十六 三十六	北	二百○九 一十	六十六 ○五	北	二	鶉尾
少尉 土	一十 四十九	六十一 三十三	北	一百八三 四十三	七十一 四十九	北	三	鶉火
上輔 土	○五 ○一	五十七 ○七	北	一百六六 四十七	七十一 二十七	北	三	同
少輔 金土	二十三 二十三	五十一 三十	北	一百四一 三十	七十一 四十八	北	六	鶉首
上衛 木土	○○ 五十三	四十五 三十	北	九十一 ○三	六十八 五十七	北	六	同
少衛六 土	一十八 二十六	四十二 五十六	北	六十九 ○○	六十五 四十五	北	六	實沈
上丞七 土	○二 四十一	四十五 一十	北	四十一 一十	六十四 一十一	北	六	同
少弼外九 增	一十五 四十一	八十三 ○五	北	二百八九 五十五	七十 五十	北	四	大梁
十 增	二十 ○四	八十 三十八	北	二百九十 二十四	七十二 四十二	北	四	同
少輔北九 增 亦名陰德二	二十一 五十二	五十八 ○八	北	一百五十 二十五	七十七 ○○	北	六	鶉首
陰德一								

二			
尚書一			
二 土	二十四十八十一十八四三八	北二百五三○五六十四十五六	北五鶉尾
三 土	二十四十八十四十八五一二	北二百二十六十四九五五二十	北五同
四 土	○○八一八十	○五北二百一十六十四七九九三十	北三同
五			
女史 水土	○六五十八十八三	○五北二百六七○○七十二十三一	北四鶉首
柱史 土	○五五十八十四十四四八	北二百三十七十七六四○七一	北四實沈
御女			
天柱			
大理			
勾陳大一 火金	二十二十六十三六六	○二北○七二十八十一十七四	北二實沈
二 火金	二十五十六十五十五九九一	北二百九二○五八十一十六九	北四同
三 火金	○三四十七十七三	五十北二百六二四八十三十二八	北四鶉首
四 火金	二十五十七十一二五○○	北二百四十七十五十三九七八九	北四同
五			
六 火金	一十二十六十二十七二	北三百四十八十一十四四四二五	北六實沈
勾陳上七 金土	○七四十六十四十五七三	北三百四十八十一十四一二九	北六同
八 金土 增	二十五十六十四四九○三	北三百二十八十四十○七三六七	北六同
九 火金	二十一十二八七十四十二	北三百○一○四八十五○五	北六同
勾陳北十 火金 增	二十一十七十三十五五七九	北二百四十七十四十四六二六三	北五鶉首
六甲			
天皇大帝 火金	十三十六十五八	○四北二百四十八十一十三七五四二	北六實沈
五帝內座			
華蓋一 金土	○五二十四十五八	○七北四十二○五六十二十七二	北六實沈
二 金土	○五○四四十二十九七	北四十四十六十四十七八五	北六同
三			

四			
五			
六			
七			
杠			
傳舍一 金土	二十二十五十二一二○九	北一十二○五六十四十九四	北六大梁
二 金土	二十四十五十一十二四六三	北一十九三十六十四十六五	北六同
三	二十七○八四十二十二六	北三十四十六六六十○一	北五同
四			
五			
六			
七			
八			
九			
傳舍四	一十五十五十四十九一二八	北一十五○八六十六一十	北六大梁
內階一 火	一十八○○四十○三	北一百四十六十四十十九五五	北四鶉首
二 火	一十三十四十五十七三三六	北一百二十六十二十二一四五七	北四同
三 火	一十三十四十二十六四二	北一百二十○○六十六一十	北五同
四 火	二十一十四十三十四三二	北一百三十○○六十三十二七	北五同
五 火	二十二十四十五五五○三	北一百三五○六六十四十四二	北四同
六 火	二十二十四十六三一三十	北一百二十六十三三四○八	北五同
天廚一 木	一十五十八十四十二二九	北二百十六十八八二七○三	北三降婁
二 木	二十○七八十五十七四	北二百一十六十五十九三五八八	北四同
三 木	二十一十七十二十八九五	北二百二十六十二十九七九二	北三同
四 木	二十五十八十五十八六一一	北二百三十六十八九九五○三	北四娵訾
五 木	一十四十七十一十五四八	北三百十六十五十六一	北四降婁
六			

天廚南 水 增	○一十七十三十七七二	北二百一十六十四十九九八三一	北五降婁
天廚南七 木 增	○○三十七十六一○七	北三百二十四十六十五十八八	北三大梁
八穀一 火水	二十三十四七三十五十	北八十二○二五十一十四二	北四實沈
二 火水	二十○一三十一十四二五	北八十五十五十三十八五四	北六同
三 金土	一十五十三十七一七二十	北七十二十四六十○○	北六同
四 金土	一十○八四十一十八三	北七十二十六十五十二三	北六同
五			
六			
七			
八			
八穀五	一十七四十三十五五十	北七十四十五十二十八	北六實沈
天棓一 木	○四三十七十一十八八五	北二百十五十十六一五	北四析木
二 木	○六四十七十二十八五一	北二百二十五十六十五九	北三同
三 木	一十二十八十二十九六	北二百五十六六七	北四同
四 木	二十四十七十七五	北百七五一十○八	北三同
五 木	四十十一十四九	北百六四十六八	北三同
天棓西六 增	十七十十九六七	北百五四一五十四七	北四大火
天棓南七 增	○七十十十九	北百五九四十六九	北六析木
八 增	三十七四十	北百六一四十六九	北六同
九 增	十七○五八	北百八四十七九	北同
天牀			
內廚			
文昌一 火	十三十	北四百十五六十五十八	北五鶉首
二 火	一一四十	北四百十五四十六十四十	北四鶉火
三 火	○四二八六十	北四百一三十五五四五十	北四同
四 火	○○五五四五十	北三百五○六五十二十	北三同
五 火	七十三十十三十	北三十百○○五十七一十	北五鶉首

六 火	二十四十三十○六	北	一百四十五十四十	北五	同
文昌南七 火 增	○二○四四十	北	一百二十五十一十	北六	鶉火
三師一	一十四十四十五十	北	一百五十六十五十	北四	鶉首
二	二十○八四十四十	北	一百一十六十三十	北四	同
三	二十○六五十三十	北	一百一十七十三十	北五	同
三師南四 增	一十一十四十一十	北	一百三十六十五十	北六	同
五 增	一十二十四十三十	北	一百○三六十一十	北六	同
六 增	三十四十四十五十	北	一百一十六十四十	北六	同
天牢一 火	一十二十三十○一	北	一百一十四十○七	北五	鶉火
二					
三					
四					
五					
六					
太陽守一 火	二十一十四十三十	北	一百二十四十四十	北四	鶉火
勢					
相 火	六十四十四十	北	一百一十一十	北六	鶉尾
相北二 增	六五十四十四十	北	一百五十十	北六	同
三	六四十四十	北	一百二十五十二十	北六	同
三公一	一十二十四十○	北	一百二十四十四十	北六	同
二	一十二十四十二十	北	一百五十四十三十	北六	同
三	二十五四十一十	北	二百五十四十二十	北六	同
元戈 木土	一四十五四十	北	一百二十四十四十	北四	壽星
元戈北二 增	一十一十六十四十	北	一百三十四十一十	北六	同
三	一十五十六十五十	北	二百一十四十一十	北六	同
天理					
輔星					

天樞 火	○九五十四四十	北	一百○四六十四十	北二	鶉火
天璇 火	一十○七四十○四	北	一百三十五十二十	北二	同
天璣 火	二十○八四十○七	北	一百二十五十四十	北二	同
天權 火	二十四十五十三十	北	一百○八五十○六	北二	同
玉衡 火	○三三十五十一十	北	一百○五五十○九	北二	鶉尾
開陽 火	一十二十五十二十	北	一百一十五十一十	北二	同
搖光 火	二十三十五十二十	北	二百一十五十二十	北二	同
天槍一 火土	二十三十五十五十	北	二百五十五十二十	北四	同
二 火土	二十五十五十	北	一百四十五十四十	北四	同
三 火土	六十○五	北	二百五十五十	北四	同

圖考

紫微垣

按星經闕

按史記天官書中宮天極星環之匡衞十二星藩臣皆曰紫宮

註索隱曰春秋元命苞曰紫之言此也宮之言中也言天神運動陰陽開閉皆在此中也宋均又以爲十二宮中外位各定總謂之紫宮也

按漢書天文志同

按晉書天文志紫宮垣十五星其西蕃七東蕃八在北斗北一曰紫微大帝之坐也天子之常居也主命主度也一曰長垣一曰天營一曰旗星爲蕃衞備蕃臣也

按隋書天文志同

按宋史天文志紫微垣東蕃八星西蕃七星在北斗北左右環列翊衞之象也一曰大帝之坐天子之常居也主命主度也東蕃近閶闔門第一星爲左樞第二星爲上宰三星曰少宰四星曰上弼一曰上輔五星曰少弼一曰少輔六星爲上衞七星爲少衞八星爲少丞或曰上丞其西蕃近閶闔門第一星爲右樞第二星爲少尉第三星爲上輔第四星爲少輔第五星爲上衞第六星爲少衞第七星爲上丞

石氏云東西兩蕃總十六星西蕃亦八星一右樞二上尉三少尉四上輔五少輔六上衞七少衞八少丞上宰一星上輔二星三公也少宰一星少輔二星三孤也此三公三孤在朝者也左右樞上少丞疑丞輔弼四鄰之謂也尉二星衞四星六軍大副尉四尉將軍也

按觀象玩占紫微宮垣十五星東西列以衞北極爲蕃屏之臣東蕃八星西蕃七星在北斗之北太乙之常居主宮也一曰長垣一曰天營一曰旗星南兩蕃兩星之間如開閉之象者謂之閶闔門

按管窺輯要北極雖名中宮實居子位對午方北辰自下而上出地凡七十五度蓋南極北高南下天體上下側旋故以東北爲中初非嵩高之中也觀天者先定中元所在然後二十八宿之半出半沒玩候之

昏中旦中可識矣東蕃近門第一星曰左樞亦曰左驂去極二十七度半入房一度第二星曰上宰去極二十八度入尾一度第三星曰少宰去極二十六度入尾四度第四星曰上弼去極二十四度入箕三度第五星曰少弼去極一十六度入斗十二度第六星曰上衞去極一十五度入女七度半第七星曰少衞去極一十六度入奎四度第八星曰少丞去極闕西蕃近門一星曰右樞亦曰右驂去極二十一度入尾八度第二星曰少尉去極一十八度半入軫九度第三星曰上輔去極一十五度半入翼四度第四星曰少輔去極一十六度半入柳初度第五星曰上衞去極一十九度半入參八度第六星曰少衞去極一十八度半入昴九度第七星曰上丞去極二十度入胃初度

北極五星

爾雅釋天北極謂之北辰

注 北極天之中以正四時 疏 極中也辰時也居天之中人望之在北因名北極斗杓所建以正四時故云北辰論語云爲政以德譬如北辰是也

按星經闕

按史記天官書中宮天極星其一明者太一常居也旁三星三公或曰子屬

注 索隱曰姚氏案春秋元命苞云宮之爲言宣也宮氣立精爲神垣又文耀鉤曰中宮大帝其精北極星含元出氣流精生一也爾雅云北極謂之北辰又春秋合誠圖云北辰其星五在紫微中楊泉物理論云北極天之中陽氣之北極也極南爲太陽極北爲太陰日月五星行太陰則無光行太陽則能照故爲昏明寒暑之限極也又春秋合誠圖云紫微大帝室太一之精也正義曰泰一天帝之別名也劉伯莊云泰一天神之最尊貴者也三公三星在北斗杓東又三公三星在北斗魁西並爲大尉司徒司空之象主變出陰陽主佐機務 按晉書以大星爲帝旁三星爲太子庶子后妃外此別有太乙三公諸星而太史公若合爲一矣注之所引皆晉書之太一三公非北極相連之五星也竊以史遷家世星官而所載若此豈非星學各受師說不妨疑則傳疑歟紫極中宮象之尊貴所傳異辭既難定論其他米鹽凌雜知未可膠柱鼓瑟矣

按漢書天文志同

按晉書天文志北極五星鉤陳六星皆在紫宮中北極北辰最尊者也其紐星天之樞也天運無窮三光迭耀而極星不移故曰居其所而衆星拱之第一星主月太子也第二星主日帝王也亦太乙之座謂最赤明者也第三星主五星庶子也

按隋書天文志北極辰也其紐星天之樞也賈逵張衡蔡邕王蕃陸績皆以北極紐星爲樞是不動處也祖暅以儀準候不動處在紐星之末猶一度有餘 按隋志與晉志所載正同惟多此數語其餘不復重錄後倣此

按宋史天文志北極五星在紫微宮中北辰最尊者也其紐星爲天樞天運無窮三光迭耀而極星不移故曰居其所而衆星拱之樞星在天心四方去極各九十一度賈逵張衡蔡邕王蕃陸績皆以北極紐星爲樞是不動處在紐星之末猶一度有餘今清臺則去極四度半第一星主月太子也二星主日帝王也亦太乙之坐謂最赤明者也第三星主五行庶子也

乾象新書曰第三星主五行第四星主諸王第五星爲後宮閽云北極五星初一曰帝次二曰后次三曰妃次四曰太子次五曰庶子四曰太子者最赤明者也後四星勾曲以抱之者帝星也太公望以爲北辰以爲耀魄寶以爲帝極者是也或以勾陳口中一星爲耀魄寶非是

按觀象玩占北極五星在紫微宮中一曰天樞一曰北辰天之最尊星也其紐星天之樞也天運無窮三光迭耀而極星不移故曰居其所而衆星拱之其第一星主月太子也第二星主日帝王也亦爲太乙之座爲最明而赤者也第三星主五行庶子第四星后宮也第五星天樞也張衡云二星並爲後宮北極主出度

按曆學會通紫微北辰也衆星拱之天運無窮三光迭耀而極星不移第一星主月太子第二星最明者天皇大帝北辰之正位第三星主五行庶子第四星主日第五星不動者天之柱爲天心也

按管窺輯要北極第四星爲后主第五星爲天樞張衡云五星并爲后宮謂第四第五之二星自唐以來曆家以儀象考測南北極之正實去極星之北一度半蓋中原地勢之度數也宋仁宗皇祐中以銅儀管候天不動處猶在樞星之末一度餘朱文公語錄曰向來人說北極便是北辰皆只說北極不動至本朝人方去推得是北極只在北辰邊頭而極星依舊動沈括云大中不動遠極星三度有餘祖暅謂極星去天中猶一度有餘其考究尚爲未審候天者六千里差十五度常以天中爲北蓋以極星常居天中也謂天常北傾可也謂極星偏西則不然北極不於坎乾

而於艮丑以艮東北萬物之所以成終而成始也紐星爲第一而志反以爲第五不以紐星爲帝而以從極之赤明者爲帝此當辨鉤陳口中一星即大帝之座不當遂指爲天皇大帝然則北極五星之辨如何聞之師云天樞紐星在四輔中者是謂天皇大帝其神曰燿魄寶此是也故初一曰帝次二曰后次四曰太子乃其赤明者也次五曰庶子更詳之凡帝星見處最多蓋中垣紫微天子之大內也帝常居焉上垣太微天子之正朝也帝常聽政則居焉下垣天市天子畿內之市也每一歲帝一臨焉凡建國中爲王宮前朝而後市蓋取諸三垣也大角爲天王之座春王正月新政居焉心之大星爲天皇正位蓋人者天地之心而天子也人之主故以爲名也北斗第一星爲天子之象言其臨御之柄也其天皇天乙太乙言帝之神也北極言帝之德也一說北極非北辰蓋無星不動處爲辰就此空處經星隨天左轉日月與金木水火土五緯右轉有似環向而歸即北極一星亦是就近環繞者

四輔

按星經四輔四星抱北極樞星主君臣禮儀主政萬機輔弼佐理萬邦之象輔佐北辰而出入授政也

按史記天官書漢書天文志俱不載

按晉書天文志抱北極四星曰四輔所以輔佐北極而出度授政也

按隋書天文志同

按宋史天文志四輔四星又名四弼在極星側是曰帝之四鄰所以輔佐北極而授政也去極星各四度一名中斗或以爲後宮非是

按觀象玩占四輔四星抱北極之樞所以輔佐北極而出度授政張衡曰四輔爲輔臣之位主贊萬機

按管窺輯要四輔四黑星各去極四度抱極樞

天一

按星經天一星在紫微宮門外右星南爲天帝之神主戰鬬知吉凶

按史記天官書紫宮前列直斗口三星隨北端兌若見若不曰陰德或曰天一

注正義曰天一一星疆閶闔外天帝之神主戰鬬知人吉凶按天一一星陰德二星天官疑其爲一

按漢書天文志同

按晉書天文志天一一星在紫宮門右星南天帝之神也主戰鬬知人吉凶者也

按隋書宋史天文志俱同

按觀象玩占天一一星在紫微閶闔門中右星之南主戰鬬又主天道知人吉凶

按管窺輯要天乙一星去極二十度半入亢一度半在紫微宮門右天帝之神主承天運化治十二將司戰鬬知人吉凶司寒暑往來之機秋收冬藏之候十二將者一貴人二騰蛇三朱雀四六合五勾陳六青龍七天空八白虎九太常十元武十一太陰十二太后又按星經云天乙一星主王者之即位澂清考天乙在天爲天帝神在朝爲最尊諸侯即今總督十二團營者管十二大將軍司戰鬬今之戎政似與此合

太一

按星經太一一星在天一南半度天帝神主十六神知風雨水旱兵馬饑饉疾病災害天一星入軫十度去北辰十五度半太一星去北辰十一度

按史記天官書中宮天極星其一明者太一常居也

按漢書天文志同

按晉書天文志太一一星在天一南相近亦天帝之神也主使十六神知風雨水旱兵革饑饉疾疫災害所在之國也

按隋書天文志同

按宋史天文志太一一星在天一南相近一度亦天帝神也

按管窺輯要太乙一星去極二十一度入亢半度在天乙南亦天帝之神也主承天運化使十六神知風雨水旱兵革饑饉疾疫災害春秋合誠圖云紫微大帝實太乙神精正議云太乙天帝之別名列伯莊云太乙天神之最尊貴者宋太平興國六年楚芝蘭言按太乙神皆天之尊神行五宮四十五年一移二百二十五年而一周天十六神一子地主二丑陽德三艮和德四寅呂申五卯高叢六辰太陽七巽大炅八巳大神九午大威十未天道十一坤大武十二申武德十三酉太簇十四戌陰主十五乾陰德十六亥大義又曰太乙主十神一五福二君基三臣基四民基五九炁六大遊七小遊八四神九天乙十地一澂清考六壬一書用十二神暗避子午卯酉四宮太乙一書用十六神多添乾坤巽艮四宮兩書自有分別者星經云天乙太乙主王即位太乙先知主客勝負至誠如神所以首出庶物也太乙除五宮不居其八宮每三年一移至二十四年一周天若天目行十六神

陽局遇朝乾坤重一算陰局遇艮巽重一算每十八年一周從天目算起至太乙之前止得主算之數乾坤艮巽坎離震兌八宮爲正神戌亥丑寅辰巳未申八宮爲間辰陰德與乾各一數離二數艮三數高叢四數太蔟六數大武與坤各七數坎八數巽九數太乙天目在陽算得偶爲和在陰算得奇爲和所謂陽者坎艮震巽北與東二方也所謂陰者離坤兌乾南與西二方也自陰德至辰爲居天內自巽至戌爲居天外

陰德

按星經陰德二星以太陰在尚書西主天下綱紀陰德遺周給惠賑財之事

按史記天官書紫宮前列直斗口三星隨北端兌若見若不曰陰德或曰天一隨書安

注索隱曰文耀鉤云陰德爲天下綱宋均以爲陰行德者道常也正義曰星經云陰德二星在紫微宮內尚書西主施德惠者故贊陰德遺惠周急賑撫又云陰德中宮女主之象按陰德星天一星史遷兼二星故云或曰天一

按漢書天文志北作比端作耑兌作銳

按晉書天文志尚書西二星曰陰德陽德言主周急賑撫

按隋書天文志同

按宋史天文志陰德二星巫咸圖有之在尚書西甘氏云陰德外坐在尚書右陽德外坐在陰德右太陰太陽入垣翊衛也天官書則以前列直斗口三星隨比耑銳若見若不曰陰德謂施德不欲人知也主周急賑撫

按觀象玩占陰德二星在紫微宮內尚書之西主周急賑卹行德施惠或曰二星一曰陰德一曰陽德爲天綱主一正經

按管窺輯要陰德二星黑距東去極十九度半入房三度在尚書西主施德惠又爲女主之象在左樞之北五尚書之西舊在少尉之左非也主施恩赦君德以仁爲主也又爲女主之象隋志尚書西二星曰陰德曰陽德主周急賑撫則又分爲二座矣非也史記云前列直斗口三星隨北端銳若見若否曰陰德或曰天乙更評之

尚書

按星經五尚書在東南維主納言夙夜諮謀事也

按史記天官書漢書天文志俱不載

按晉書天文志門內東南維五星曰尚書主納言夙夜諮謀龍作納言此之象也

按隋書天文志同

按宋史天文志尚書五星在紫微東蕃內大理東北晉志在東南維一云在天柱右稍前主納言夙夜諮謀龍作納言之象也

按觀象玩占尚書五星在紫微垣內東南維八座大臣之象

女史

按星經女史一星在柱下史北掌記禁中傳漏動靜主時要事也

按史記天官書漢書天文志俱不載

按晉書天文志柱史北一星曰女史婦人之微者主傳漏故漢有侍史

按隋書宋史天文志俱同

按觀象玩占女史一星在柱史北婦官之微者主傳漏記漢時有侍史是其象也張衡曰婦官主記宮禁動靜之事

柱下史

按星經柱下史在北辰東主左右史記過事也

按史記天官書漢書天文志俱不載

按晉書天文志極東一星曰柱下史主記過左右史此之象也

按隋書天文志同

按宋史天文志柱史一星在北極東主記過左右史之象一云在天柱前司上帝之言動

按觀象玩占柱史一星在北極東近尚書主左右紀君之過古有左右史此其象也一曰圖書之所藏也

御女

按星經御女四星在鉤陳北主天子八十一御女妃也

按史記天官書漢書天文志俱不載

按晉書天文志鉤陳北四星曰御女宮八十一御妻之象也

按隋書天文志同

按宋史天文志御女四星在大帝北一云在勾陳腹一云在帝座東北御妻之象也

按觀象玩占御女四星在紫微宮內鉤陳之北八十一御妻之象也一曰御女宮主儀禮侍衛宴寢

按管窺輯要御女四黃星距南去極一十三度半入

牛一度在勾陳北御妻之象

天柱

按星經天柱五星在紫微宮內近東垣主建敎等二十四氣也

按史記天官書漢書天文志俱不載

按晉書天文志東垣下五星曰天柱建政教懸圖法

按隋書天文志天柱建政敎懸圖法之所也常以朔望日懸禁令於天柱以示百司周禮以正歲之月懸法象魏之類也

按宋史天文志天柱五星在東垣下一云在五帝左稍前主建政教一曰法五行主晦朔晝夜之職

按觀象玩占天柱五星在紫微宮中華杠左旁近東垣北隅主建政敎法禁又主晦朔晝夜之職周禮以正歲之月示法象魏其象也

按曆學會通天柱建政教常以朔望日懸禁令於天柱以示百司

按管窺輯要天柱五黑星距西南去極一十三度入尾初度在華蓋左旁法五行主晦朔晝夜以知天之次序馮相氏會天位敘四時也測度在內之事故中宮天柱主推步

大理

按星經大理二星在宮門內主刑獄事也

按史記天官書漢書天文志俱不載

按晉書天文志宮門左星內二星曰大理主平刑斷獄也

按隋書天文志同

按宋史天文志大理二星在宮門左一云在尚書前主平刑斷獄

按觀象玩占大理二星在紫微宮垣門之左近陰德平獄之官也

鉤陳

按星經鉤陳六星在五帝下爲後宮大帝正妃又主天子六軍將軍又主三公

按史記天官書中宮後句四星末大星正妃餘三星後宮之屬也

注索隱曰句曲也援神契云辰極橫后妃四星端大妃光明又按星經以後句四星名爲四輔其句陳六星爲六宮亦主六軍與此不同也（按句陳六星史遷所載略其二小星非以四輔爲句陳也）

按漢書天文志同

按博雅妃星謂之天堂

按晉書天文志鉤陳六星在紫宮中後宮也大帝之正妃也大帝之帝居也

按隋書天文志同

按宋史天文志勾陳六星在紫宮中五帝之後宮也大帝之正妃也大帝之帝居也樂緯曰主後宮巫咸曰主天子護軍荊州占主大司馬或曰主六軍將軍或曰主三公三師爲萬物之母六星比陳象六宮之化其端大星曰元妃餘星乘之曰庶妾在北極配六輔

注甘氏曰鉤陳在辰極左是爲鉤陳衛六宮將軍或以爲後宮非是勾陳口中一星爲陽德天皇大帝內座或即以爲天皇大帝非是

按觀象玩占鉤陳六星在紫微宮中之下大帝之所居也巫咸曰鉤陳者天子護衛將軍水官也六星爲六軍一曰鉤陳爲法宮天子之正妃故爲萬國之母而象六宮之位其端大星爲元妃餘星乘之爲庶妾荊州占曰鉤陳天子之司馬也主三公三師

按曆學會通勾陳主後宮天帝正妃萬物之母則六宮也明大者曰正妃又曰太后女主餘者妃妾

按管窺輯要勾陳六星屬土象坤故其數六天子親軍護於前將軍之象也主六軍大司馬巫咸曰主天子護軍卽不當以爲後宮又不當以爲正妃矣隋志悞耳勾陳六星在華蓋下乃上帝之後宮也三宮九嬪侍櫛於此又云六星土象坤數六也班固曰周以勾陳之位蓋土居五行中而四時之氣備勾陳居龍龜虎鶉中而四方毛羽鱗甲之蟲無不統所以爲中宮之衛距大星去極六度半入壁六度

六甲

按星經六甲六星在華蓋之下杠星之旁主分陰陽而配於節候出入故在帝座旁所以布政敎而授農時也

按史記天官書漢書天文志俱不載

按晉書天文志華蓋杠旁六星曰六甲所以分陰陽而配節候故在帝旁所以布政教而授農時也

按隋書宋史天文志俱同

按管窺輯要六甲六黑星距南去極一十五度入奎四度在華蓋杠旁出則省視入則審察宜布政治敎化敬授春耕夏耘秋收冬藏之時分理陰陽造化紀八節七十二候

第四十五卷目錄

星辰部彙考二

乾象典第四十五卷

星辰部彙考二

紫微垣二

天皇大帝

按星經天皇大帝一星在鉤陳中央也不記數皆是一星在五帝前坐萬神輔錄圖也其神曰耀魄寶主御群靈也

按史記天官書漢書天文志俱不載

按晉書天文志鉤陳口中一星曰天皇大帝其神曰耀魄寶主御羣靈執萬神圖

按隋書天文志同

按宋史天文志天皇大帝一星在鉤陳口中其神曰耀魄寶主御群靈執萬神圖大人之象也

按觀象玩占天皇大帝一星在鉤陳口中其神曰耀魄寶主出命符以授天子主五禮御羣靈秉萬機握神圖其星常隱隱不明

按曆學會通天皇大帝一星黑色鉤陳口中稍微者是其神曰耀魄寶主御天下羣靈河洛之命皆稟焉

按管窺輯要此星爲大帝之座不遂指爲天皇大帝其星隱而不見王者聰明睿智而不敢用其聰明故冕旒蔽目黈纊蔽耳去極八度半入室一十一度在鉤陳口

五帝內座

按星經五帝內座在華蓋下覆帝座也五帝同座也

按史記天官書漢書天文志俱不載

按晉書天文志華蓋下五星曰五帝內座設敘順帝所居也

按隋書宋史天文志俱同

按觀象玩占五帝內座五星在紫微宮華蓋下鉤陳之上斧扆之象所以備宸居者

按曆學會通五帝內座各順方位之色爲五帝之神

按管窺輯要五帝座五黑星距中大星去極一十二度半入室六度在華蓋下爲斧扆象

華蓋

按星經華蓋十六星在五帝座上扛九星爲華蓋之柄也上七星爲庶子之官

按史記天官書漢書天文志俱不載

按晉書天文志大帝上九星曰華蓋所以覆蔽大帝之座也蓋下九星曰扛蓋之柄也

按隋書天文志大帝上九星曰華蓋蓋所以覆蔽大帝之座也又九星直曰扛

按宋史天文志華蓋七星扛九星如蓋有柄下垂以覆大帝之座也在紫微宮臨鉤陳之上

按觀象玩占華蓋七星扛九星共十六星在鉤陳上所以覆蔽大帝之座荊州占曰正上扛蓋者名曰扛星次蓋大星爲母中央爲身母星下二寸者妻子也其下有一小星

按曆學會通華蓋七星下九星名扛卽蓋之柄偃蓋大帝共十六星狀如傘蓋

按管窺輯要華蓋十六黑星其七爲蓋距中大星去極二十六度入婁四度其九爲扛蓋之柄距南第一星去極一十四度半入婁十一度在鉤陳上所以覆蔽大帝之座主文章

傳舍

按星經傳舍九星在華蓋奚仲北近天河主賓客之館

按史記天官書漢書天文志俱不載

按晉書天文志傳舍九星在華蓋上近河賓客之館

按隋書天文志同

按宋史天文志傳舍九星在華蓋上近河賓客之館主北使入中國

按觀象玩占傳舍九星在紫微宮外華蓋上近河戍賓客之館舍也主備奸使一曰水官也

按管窺輯要傳舍九黑星距西第四星去極二十八度入胃五度在華蓋上近河賓客之館亦爲驛亭蘇鶚曰傳者以木爲之長一尺五寸書符其上又以一版偕封以御史印章所以爲信乘傳者依乘符傳而行若今之使者持節耳師古者以車謂之傳車後有置單馬謂之驛騎

內階

按星經內階六星在文昌北階爲明堂頭

按史記天官書漢書天文志俱不載

按晉書天文志文昌北六星曰內階天皇之階也

按隋書天文志同

按宋史天文志內階六星在文昌東北天皇之階也一曰上帝幸文館之內階也

按觀象玩占內階六星在紫微垣外文昌之北天皇之階也主明堂

按曆學會通內階大階之屬

天廚

按星經天廚六星在紫微東北維近傳舍北百官廚今光祿廚象之

按史記天官書漢書天文志俱不載

按晉書天文志紫微垣東北維外六星曰天廚主盛饌

按隋書天文志同

按宋史天文志天廚六星在扶筐北一曰在東北維外主盛饌今光祿廚也

按觀象玩占天廚六星在紫微垣外天子百官之廚也主御膳

按曆學會通天廚造饌百宰之所

八穀

按星經缺史記天官書漢書天文志俱不載

按晉書天文志五車西八星曰八穀主候歲

按隋書天文志同

按宋史天文志八穀八星在華蓋西五車北一曰在諸王西武密曰主候歲豐儉一稻二黍三大麥四小麥五大豆六小豆七粟八麻甘氏曰八穀在宮北門之右司親耕司候歲司尚食

按觀象玩占八穀八星在紫微西蕃之外五車之北華蓋之西主候歲豐凶土官也一主稻二主黍三主大麥四主小麥五主大豆六主小豆七主粟八主麻

天棓

按星經天棓五星入氐一度去北辰二十八度

按史記天官書紫宮右五星曰天棓

註索隱曰天棓五星主棓人石氏星讚云備非常之變也正義曰天棓五星天子先驅所以禦兵

按漢書天文志紫宮右四星曰天棓

按晉書天文志天棓五星在女牀北天子先驅也主分爭與刑罰藏兵亦所以禦兵亦所以禦難也槍棓皆所以備非常也

按隋書宋史天文志俱同

按觀象玩占天棓五星在紫微垣外女牀東北天子之先驅所以禦難備非常也主禁暴防不虞又主爭訟

天牀

按星經天牀六星在宮門外聽政之前亦主寢宴會燕息

按史記天官書漢書天文志俱不載

按晉書天文志門外六星曰天牀主寢舍解息燕休

按隋書天文志同

按宋史天文志天牀六星在紫微垣南門外主寢舍解息燕休一曰在二樞之間備幸之所也

按觀象玩占天牀六星在紫微閶闔門外天子寢息燕休之所也

內廚

按星經內廚二星在西北角主六宮飲食后妃第宴飲廚府也

按史記天官書漢書天文志俱不載

按晉書天文志西南角外二星曰內廚六宮之飲食后妃夫人與太子宴飲

按隋書天文志同

按宋史天文志內廚二星在紫微垣西南外主六宮之內飲食及后妃夫人與太子燕飲

按觀象玩占內廚二星紫微垣外西南角宮內飲食之府也一曰后夫人飲食之廚也

按曆學會通內廚六宮內飲食廚爲太子妃后飲宴

文昌

按周禮春官大宗伯以槱燎祀司中司命飌師雨師

訂義賈氏曰先鄭以司中是三台司命是文昌今三台與文昌皆有司中司命故後鄭不從武陵太守星傳云文昌宮六星一上將二次將三貴相四司命五司中六司祿又云三台名天柱上台司命爲太尉中台司中爲司徒下台司祿爲司空天府若祭天之司民司祿而獻民數穀數則受而藏之

訂義鄭鍔曰攷小司寇之職孟冬祀司民獻民數于王王拜受之以圖國用則祭司民獻民數小司寇之職春官司祿之職缺其祭司祿之神或同司民之祭歟司民軒轅之角星司祿文昌宮之星又云下台爲司祿祿之言穀也

按星經文昌六星如半月形在北斗魁前天府主營計天下事其六星各有名六司法大理

按春秋文耀鉤魁戴匡六星曰文昌宮爲六府按文耀鉤與史記載互異

按史記天官書斗魁戴筐六星曰文昌宮一曰上將二曰次將三曰貴相四曰司命五曰司中六曰司祿注索隱曰文耀鉤云文昌宮爲天府孝經援神契云文者精所聚昌者揚天紀輔拂並居以成天象故曰文昌宮春秋元命苞云上將建威武次將正左右貴相理文緒司祿賞功進士司命主災咎司中主佐理也

按漢書天文志斗魁戴筐六星曰文昌宮一曰上將二曰次將三曰貴相四曰司命五曰司祿六曰司災

按晉書天文志文昌六星在北斗魁前天之六府也主集計天道一曰上將大將軍建威武二曰次將尚書正左右三曰貴相太常理文緒四曰司祿司中司隸賞功進德五曰司命司怪太史主滅咎六曰司寇大理佐理寶所謂一者起北斗魁前近內階者也

按隋書天文志同

按宋史天文志文昌六星在北斗魁前紫微垣西

按觀象玩占文昌六星在紫微垣外北斗魁前如筐形天之六府也主集計禍福明天道經緯天下天官書曰斗魁戴筐六星曰文昌六司之會計也起北斗魁前近內階第一星爲上將主建威武二星曰次將主正左右三星爲貴相主理文緒四星曰司命主賞功進德五星曰司中主文過謫咎六星曰司祿主佐理大寶黃帝占曰文昌者天府之離宮也

按曆學會通文昌在北斗魁前天之六司主集計天道第一曰大將軍主建威武第二曰次將主尚書左右丞第三曰貴相主太常卿均禮樂第四曰司祿主賞罰功能第五曰司命司怪主占風雲氣候第六曰司法主刑法

三師

按星經闕史記天官書漢書天文志俱不載

按晉書天文志杓南三星及魁第一星西三星皆曰三公主宣德化調七政和陰陽之官也

按隋書天文志同

按宋史天文志三公三星在北斗杓南及魁第一星西一云在斗柄東爲太尉司徒司空之象在魁西者名三師皆主宣德化調七政和陰陽之官也

按觀象玩占三公三星在北斗魁西主燮理陰陽彌成機務又曰三公三星在斗柄南亦曰三師主宣德化調七政和陰陽皆天子之輔臣也

按曆學會通三師星即三公之位在北斗魁西主調七政宣德化和陰陽

天牢

按星經天牢六星在北斗魁下貴人牢

按史記天官書漢書天文志俱不載晉書天文志同

按隋書天文志天牢六星在北斗魁下貴人之牢也主愆過禁暴淫

按宋史天文志天牢六星在北斗魁下貴人之牢也主繩愆禁暴甘氏云賤人之牢也

太陽守

按星經太陽守在相西北王大臣將備天下不虞事入張十三度去北極四十五度

按史記天官書漢書天文志俱不載

按晉書天文志太陽守一星在相西大將大臣之象也主戒不虞設武備

按隋書天文志同

按宋史天文志太陽守一星在相星西北斗第三星西南大將大臣之象主設武備以戒不虞一曰在下台北太尉官也在朝少傅行大司馬者

按觀象玩占太陽守一星在大相西大臣大將之象所以守衛天之宮備守諸門主武備戒不虞

勢星

按星經闕史記天官書漢書天文志俱不載

按晉書天文志太陽守西北四星曰勢勢腐刑人也

按隋書天文志同

按宋史天文志勢四星在太陽守西北一曰在璣星北勢腐刑人也主助宣王命內常侍官也

按曆學會通勢四星在太陽守西北閹臣之象

相星

按星經相星在北極斗南總領百司掌邦教以佐帝王安撫國家集衆事冢宰之佐入翼一度去北辰三十一度

按史記天官書漢書天文志俱不載

按晉書天文志相一星在北斗南相者總領百司而掌邦教以佐帝王安邦國集衆事也

按隋書天文志同

按宋史天文志相一星在北斗第四星南總百司集衆事掌邦典以佐帝王一日在中斗文昌之南在朝少師行太宰者

按觀象玩占相一星在北斗南天之丞相也所以總

領百官以佐帝王安邦國主衣服文章

三公 按三公三師兩座異名而象占則一故不妨於重見

按星經三公三星在斗柄東和陰陽齊七政以敎天下人

按史記天官書漢書天文志俱不載

按晉書天文志杓南三星及魁第一星西三星皆曰三公主宣德化調七政和陰陽之官也

按隋書天文志同

按宋史天文志三公三星在北斗杓南及魁第一星西一云在斗柄東爲太尉司徒司空之象主宣德化調七政和陰陽之官也

按觀象玩占三公三星在北斗魁西主燮理陰陽彌成機務又曰三公三星在斗柄南亦曰三師主宣德化調七政和陰陽皆天子之輔臣也

元戈

按星經元戈一星在招搖北一名臣戈入氐一度去北辰四十二度

按史記天官書杓端有兩星一外爲盾天鋒

注 晉灼曰外遠北斗也在招搖南一名元戈

按漢書天文志同

按晉書天文志招搖北一星曰元戈

按隋書天文志元戈一星在招搖北所主與招搖同

按宋史天文志天戈一星又名元戈在招搖北主北方

按觀象玩占元戈一星在北斗杓端招搖之北一曰天戈主北方

天理

按星經天理四星在北斗杓中主貴人牢爲執法官

按史記天官書在斗魁中貴人之牢

注 孟康曰傳曰天理四星在斗魁中貴人牢名曰天理索隱曰樂叶圖云天理貴人牢宋均曰以理牢獄也

按漢書天文志同

按晉書天文志魁中四星爲貴人之牢曰天理也

按隋書宋史天文志俱同

按觀象玩占天理四星在北斗魁中執法之官決獄之職貴人之牢坐咸日水官也主司三公糾責臣

輔星

按星經輔星像親近大臣

按史記天官書輔星明近輔臣親彊斥小疏弱

注 孟康曰在北斗第六星旁正義曰大臣象也

按漢書天文志同

按晉書天文志輔星傳乎開陽所以佐斗成功丞相之象也

按隋書天文志輔星傳乎開陽所以佐斗成功也又曰主危正矯不平又曰丞相之象也

按宋史天文志北斗第九星曰輔星在第六星左常見漢志主井州晉志輔星傳乎開陽所以佐斗成功丞相之象也其色在春青黃在夏赤黃秋爲白黃冬爲黑黃

按曆學會通輔一星附北斗柄第六星近密大臣之位

北斗

按春秋運斗樞天文地理各有所主北斗有七星天子有七政也北斗七星所謂琁璣玉衡以齊七政杓攜龍角衡殷南斗魁枕參首是謂帝車運於中央臨制四鄉分陰陽建四時均五行移節度定諸紀皆繫於斗第一天樞第二琁第三璣第四權第五衡第六開陽第七搖光第一至第四爲魁第五至第七爲杓合而爲斗居陰布陽故稱北斗

按星經北斗星謂之七政天之諸侯亦爲帝車魁四星爲琁璣杓三星爲玉衡齊七政斗爲人君號令之主出號施令布政天中臨制四方第一名天樞爲土星主陽德亦曰政星也是太子象第二名琁主金刑陰女主之位主月及法第三名璣主木及禍亦名金星第四名權主火爲伐爲天理伐也第五名衡主水爲煞助四時旁煞有罪第六名闓陽主木及天下倉庫五穀第七名搖光主金亦爲應星樞入張一度去北辰十八度衡去極十五度去辰十一度

按史記天官書北斗七星所謂琁璣玉衡以齊七政杓攜龍角衡殷南斗魁枕參首用昏建者杓杓自華以西南夜半建者衡衡殷中州河濟之間平旦建者魁魁海岱以東北也斗爲帝車運於中央臨制四鄉分陰陽建四時均五行移節度定諸紀皆繫於斗

注 索隱曰文耀鉤云斗者天之喉舌玉衡屬杓魁爲琁璣整長曆云北斗七星星間相去九千里其二陰星不見者相去八千里也尚書琁作璿馬融云璿美玉也璣渾天儀可轉旋故曰璣衡其中橫筩以璿爲璣以玉爲衡蓋貴天象也鄭元註大傳云渾儀其中筩爲琁璣外規爲玉衡者是也尚書大傳云七政謂春秋冬夏天文地理人道所以爲

政也人道正而萬事順成又爲融注尚書云七政者北斗七星各有所主第一曰主日法天第二曰主月法地第三曰命火謂熒惑也第四曰煞土謂塡星也第五曰伐水謂辰星也第六曰危木謂歲星也第七曰罰金謂太白也孟康曰傳曰斗第七星法太白主杓斗之尾也尾爲陰又其用昏昏陰位在西方故主西南斗第一星法於日主齊也魁斗之首首陽也又其用在明陽與明德在東方故主東北齊分正義曰杓東北第七星也華華山言北斗昏建用斗杓星指寅也杓華山西南之地也衡北斗衡言北斗夜半建用斗衡指寅殷當也斗衡黃河濟水之間地也北斗旦建用斗魁指寅海岱代郡也言魁星主海岱之東北地也隨三時所指有前三建也

按漢書天文志同

按淮南子天文訓日冬至則斗北中繩日夏至則斗南中繩帝張四維運之以斗月徙一辰復反其所正月指寅十二月指丑終而復始

本經訓取焉而不損酌焉而不竭莫知其所由出是謂瑤光瑤光者資糧萬物者也

注瑤光謂北斗杓第七星也居中而運歷指十二辰擿起陰陽以殺生萬物也一說瑤光和氣之見者也

按大戴禮夏小正六月初昏斗柄正在上五月大火中六月斗柄正在上此見斗柄之不當在心也

七月斗柄縣在下則旦

按後漢書天文志注星經曰璇璣者謂北極星也玉衡者謂斗九星也玉衡第一星主徐州常以五子日候之甲子爲東海丙子爲琅邪戊子爲彭城庚子爲下邳壬子爲廣陵凡五郡第二星主益州常以五亥日候之乙亥爲漢中丁亥爲永昌己亥爲巴郡蜀郡牂牁辛亥爲廣漢癸亥爲犍爲凡七郡第三星主冀州常以五戌日候之甲戌爲魏郡勃海丙戌爲安平戊戌爲鉅鹿河間庚戌爲淸河趙國壬戌爲恆山凡八郡第四星主荆州常以五卯日候之乙卯爲南陽己卯爲零陵辛卯爲桂陽癸卯爲長沙丁卯爲武陵凡五郡第五星主兗州常以五辰日候之甲辰爲東郡陳留丙辰爲濟北戊辰爲山陽泰山庚辰爲濟陰壬辰爲東平任城凡八郡第六星主揚州常以五巳日候之乙巳爲豫章辛巳爲丹陽己巳爲廬江丁巳爲吳郡會稽癸巳爲九江凡六郡第七星主豫州常以五午日候之甲午爲潁州壬午爲梁國丙午爲汝南戊午爲沛國庚午爲魯國凡五郡第八星主幽州常以五寅日候之甲寅爲元菟丙寅爲遼東遼西漁陽庚寅爲上谷代郡壬寅爲廣陽戊寅爲涿郡凡八郡第九星主幷州常以五申日候之甲申爲五原鴈門丙申爲朔方雲中戊申爲西河庚申爲太原定襄壬申爲上黨凡八郡璇璣玉衡占色春靑黃夏赤黃秋白黃冬黑黃

按博雅北斗七星一爲樞二爲璇三爲璣四爲權五爲衡六爲開陽七爲瑤光樞爲雍州璇爲冀州璣爲靑兗州權爲徐揚州衡爲荆州開陽爲梁州瑤光爲豫州

按晉書天文志北斗七星在太微北七政之樞機陰陽之元本也故運乎天中而臨制四方以建四時而均五行也魁四星爲璇璣杓三星爲玉衡又曰斗爲人君之象號令之主也又爲帝車主乎運動之義也又魁第一星曰天樞二曰璇三曰璣四曰權五曰玉衡六曰開陽七曰瑤光一至四爲魁五至七爲杓樞爲天璇爲地璣爲人權爲時玉衡爲音開陽爲律瑤光爲星石氏云第一曰正星主陽德天子之象也二曰法星主陰刑女主之位也三曰令星主中禍四曰伐星主天理伐無道五曰殺星主中央助四旁殺有罪六曰危星主天倉五穀七曰部星亦曰應星主兵又一主天二主地三主火四主水五主土六主木七主金又曰一主秦二主楚三主梁四主吳五主燕六主趙七主齊

按隋書天文志同

按宋史天文志北斗七星在太微北杓攜龍角衡殷南斗魁枕參首是爲帝車運於中央臨制四海以建四時均五行移節度定諸紀乃七政之樞機陰陽之元本也魁第一星曰天樞正星主天又曰樞爲天主陽德天子象其分爲秦漢志主徐州二曰璇法星主地又曰璇爲地主陰刑女主象其分爲楚漢志主益州三曰璣爲人主火爲令星主中禍其分爲梁漢志主冀州四曰權爲時主水爲伐星主天理伐無道其分爲吳漢志主荆州五曰玉衡爲音主土爲殺星主中央助四方殺有罪其分爲燕漢志主兗州六曰闓陽爲律主木爲危星主天倉五穀其分爲趙漢志主揚州七曰瑤光爲星主金爲部星爲應星主兵其分爲齊漢志主豫州又曰一至四爲魁魁爲璇璣五至

七爲杓杓爲玉衡是爲七政第八曰彌星在第七星右不見漢志主幽州第九曰輔星在第六星左常見漢志主幷州其色在春青黄在夏赤黄秋爲白黄冬爲黑黄

按觀象玩占北斗七星在紫微垣外大微垣北七政之樞機陰陽之本元也魁第一星曰天樞二星曰璇三星曰璣四星曰權五星曰衡六星曰開陽七星曰搖光一至四爲魁亦曰璇璣五至七爲杓亦爲玉衡杓指龍角衡中南斗魁枕參首樞爲天璇爲地璣爲人權爲時衡爲音開陽爲律瑤光爲呂又爲帝車運乎中央而臨制四方以建四時均五行定綱紀爲號令之主

天槍

按星經天槍三星在北斗柄東主天鋒武備在紫微宮右以御也

按史記天官書紫宮左三星曰天槍

注索隱曰詩緯云天槍三星主槍人石氏星贊云備非常之變也正義曰天子先驅所以禦兵

按漢書天文志同

按晉書天文志天槍三星在北斗杓東一曰天鉞天之武備也故在紫宮之左右所以禦難也

按隋書宋史天文志俱同

按觀象玩占天槍三星在北斗搖光之旁一曰天鉞天之武備以守衛紫宮金星也

欽定古今圖書集成曆象彙編乾象典

第四十六卷目錄

乾象典第四十六卷

星辰部彙考三

太微垣

隋丹元子步天歌上元天庭太微宮昭昭列象布蒼穹端門只是門之中左右執法門西東門左皂衣一謁者以次即是烏三公三黑九卿公背傍五黑諸侯卿後行四箇門西主軒屏五帝內座於中正幸臣太子并從官烏列帝後從東定郎將虎賁居左右常陳郎位居其後常陳七星不相誤郎位陳東一十五兩面宮垣十星布左右執法是其數宮外明堂布政宮三個靈臺候雲雨少微四星西南隅長垣雙雙微西居北門西外接三台與垣相對無兵災

新法曆書太微垣圖

太微垣恒星表

星名	黃道經度	分	黃道緯度	分	向	赤道經度	分	赤道緯度	分	向	等	宮
西上相 金水土	○六	○四	一十四	二十	北	一百六十三	三十三	二十二	三十四	北	二	鶉尾
西次相 金水土	○九	一十三	○九	四十二	北	一百六十四	三十四	一十七	○七	北	三	同
次將 金水	一十二	二十二	○六	○七	北	一百六十六	○五	一十二	三十七	北	三	同
上將 金水	一十三	三十二	○一	四十	北	一百六十五	二十八	○八	○一	北	四	同
右執法 火水	二十一	五十五	○○	四十三	北	一百七十二	五十一	○三	五十二	北	三	同
上相西六 增 金土	○三	三十七	一十二	五十三	北	一百六十四	二十二	二十	○八	北	五	同
次相南七 增 金水土	○九	三十一	○七	五十一	北	一百六十四	六	一十五	一十九	北	六	同
東上相 金水	○四	五十九	○二	五十	北	一百八十五	四十一	○○	三十七	北	三	壽星
東次相 金水	○六	一十八	○八	四十一	北	一百八十九	一十三	○五	二十二	北	三	同
東次將 水土	○四	四十七	一十六	一十六	北	一百九十九	五十	一十二	五十九	北	三	同
東上將 水土	○三	五十三	二十二	三十	北	一百九十二	四十九	一十九	○二	北	五	同
左執法 火水	二十九	三十九	○一	二十五	北	一百八十五	一十	○一	二十七	北	四	鶉尾
次將東六 增	○八	四十八	一十六	四十四	北	一百九十四	三十	一十一	二十二	北	六	壽星
七	一十四	三十	一十二	四十一	北	一百九十四	二十一	○七	二十八	北	五	同
謁者 金水	二十八	○九	○五	○○	北	一百八十八	一十	○五	一十九	北	六	鶉尾
三公一	一十九	二十八	四十九	○○	北	一百九十六	二十七	四十七	四十五	北	六	同
二	一十八	二十四	四十九	二十七	北	一百九十五	五十九	四十八	二十一	北	六	同
三	二十六	○五	四十八	一十一	北	二百○七	五十	四十四	二十六	北	六	同
三公北四 增	一十六	二十五	五十二	二十五	北	一百九十七	一十七	五十一	三十八	北	六	同
九卿一 火木	○○	一十六	一十三	三十七	北	一百八十五	五十一	一十二	二十三	北	五	壽星
二 火木	○二	一十五	一十一	三十七	北	一百八十六	四十三	○九	四十八	北	六	同
三 火木	○一	四十四	一十一	二十六	北	一百八十五	四十八	○八	五十六	北	六	同
五諸侯												
內屏一 火木	一十八	○七	○六	○七	北	一百七十一	三十	一十	二十	北	五	鶉尾
二 火木	一十八	五十六	○四	三十七	北	一百七十一	三十六	○八	四十	北	五	同
三 金水	二十二	三十	○八	三十四	北	一百七十六	三十三	一十一	五十	北	五	同
四 金水	二十二	二十一	○六	一十	北	一百七十五	二十六	○八	四十三	北	五	同
內屏南五 增	二十三	二十七	○三	二十三	北	一百七十五	一十三	○五	四十五	北	六	同
五帝座 金木土	一十六	二十六	一十二	一十八	北	一百七十二	三十	一十六	四十	北	一	同
二												
三												
四												
五												
幸臣												
太子	一十三	四十五	一十七	一十九	北	一百七十二	○八	二十二	一十九	北	四	鶉尾
從官												
郎將 水土	二十四	四十	三十六	一十	北	一百八十八	二十六	二十九	三十八	北	四	鶉尾
虎賁 金土	○五	一十七	一十六	四十七	北	一百六十三	四十八	一十四	五十八	北	五	同
常陳一 火	一十八	○七	四十	○六	北	一百八十八	三十一	四十八	四十	北	二	同
常陳西二 火	一十二	三十九	四十	三十	北	一百八十四	○○	四十三	二十	北	五	同
郎位一 水土	一十八	四十一	二十八	二十五	北	一百八十一	五十四	三十六	一十二	北	三	同
二 水土	二十九	○五	二十七	二十四	北	一百八十一	五十二	二十九	○七	北	四	同
三 水土	一十九	○一	三十七	二十	北	一百八十二	○一	二十九	一十一	北	四	同

四 水土	一十四十 九二	二十○七 七	北	一百二十 八一三	二十四十 八六	北	四	同
五 水土	一十四十 八八	二十五十 五一	北	一百三十 八十六	二十○八 八	北	四	同
六 水土	一十一十 九二	二十○七 六	北	一百二十 八一五	二十○二 八	北	四	同
七 水土	一十二十 八四	二十三十 三	北	一百一十 七九七	二十○三 六	北	四	同
八 水土	二十三十 一三	二十一十 五六	北	一百○二 八三	二十二十 六六	北	四	同
九 水土	二十一十 一五	一十五十 四六	北	一百三十 八二八	二十一十 六五	北	四	同
十 水土	二十一十 三五	二十○二 四	北	一百○○ 八四	二十三十 四五	北	四	同
十一								
十二								
十三								
十四								
十五								
明堂一 金水土	一十二十 六	○○三十 三	南	一百一十 六七二	○四五十 三	北	五	鶉尾
二 金水土	一十五十 九	○三○三	南	一百二十 六九七	○一一十 四	北	四	同
三 金水土	一十一十 九三	○五四十 一	南	一百五十 六七二	○○五十 六	南	五	同
明堂南四 增 金水土	一十一十 六六	○七三十 九	南	一百二十 六四四	○一三十 六	南	四	同
靈臺一 火土	○九二十 一	○二三十	北	一百二十 六一五	○九一十 九	北	四	同
二 火土	○八五十 三	○○○九	南	一百二十 六十七	○八四十 三	北	五	同
三 火土	○九四十 三	○二二十 九	南	一百一十 六十九	○五三十 九	北	五	同
少微一								
二 火木	○○二十	一十三十 六	北	一百四十 五八九	二十四十 六四	北	五	鶉尾
三								
四 火木	○○三十 七	一十一十 七	北	一百二十 五六五	二十五十 六	北	六	鶉尾
少微西五 增	二十四十 六五	一十四十 七	北	一百五十 五五	二十○五 九	北	五	鶉火
長垣一								
二 火木	○二二十 九	○五五十 六	北	一百三十 五六九	一十一十 六	北	六	鶉尾
三 火木	○四二十 八	○二五十	北	一百二十 五七一	一十三十 二四	北	六	同

四								
上台一 火	三十一十 六九	二十一十 九六	北	一百三十 二六二	四十三十 九	北	三	鶉首
二 火	二十三十 七三	二十三十 八八	北	一百五十 二七	四十三十 八六	北	三	同
中台三 火	一十二十 四	二十五十 九二	北	一百三十 四八	四十四十 四三	北	四	鶉火
四 火	一十二十 五八	二十四十 八五	北	一百一十 四九	四十一十 三九	北	四	同
下台五 火	○一一十 八	二十一十 六四	北	一百三十 六四二	三十一十 五二	北	四	鶉尾
六 火	○一五十 九	二十五十 四四	北	一百一十 六四四	三十五十 三二	北	四	同
上台南七 增	一十二十 八	二十一十 二五	北	一百五十 十三八	四十二十 四七	北	六	鶉首
中台南八 增 火	一十一十 九八	二十○四 五	北	一百二十 五一二	三十三十 八八	北	四	鶉火
九 火	二十二十	三十五十 四	北	一百三十 五二二	三十○○ 八	北	四	同
十 火	二十四十 三	二十二十 一八	北	一百二十 五四五	三十四十 三	北	四	同
十一 火	三十三十 二	二十四十 四	北	一百五十 五十四	二十○四 二	北	四	同
十二 火	二十四十 五二	二十五十 四八	北	一百○三 五八	三十一十 六六	北	四	同
十三 火	○八三十 三	二十四十 二	北	一百三十 三七九	三十○三 八	北	四	同

圖考

太微垣

按星經執法四星在太陽守西北主刑獄之人又爲刑政之官助宣王命內常侍官也按太微垣左右執法各一星而此所載四星且又在太陽守西北恐非太微之執法凡星古有而今無者不一姑附於此以備參考

按史記天官書南宮朱鳥權衡衡太微三光之庭匡衛十二星藩臣西將東相南四星執法中端門左右掖門

注索隱曰宋均云太微天帝南宮也春秋合誠圖曰太微主法式陳星十二以備武患也

按漢書天文志同

按博雅太微房謂之明堂

按晉書天文志太微天子庭也五帝之座也十二諸侯府也其外蕃九卿也一曰太微爲衡衡主平也又爲天庭理法平辭監升授德列宿受符諸神考節舒情稽疑也南蕃中二星間曰端門東曰左執法廷尉之象也西曰右執法御史大夫之象也執法所以舉刺凶姦者也左執法之東左掖門也右執法之西右掖門也東蕃四星南第一星曰上相其北東太陽門也第二星曰次相其北中華東門也第三星曰次將其北東太陰門也第四星曰上將所謂四輔也西蕃四星南第一星曰上將其北西太陽門也第二星曰次將其北中華西門也第三星曰次相其北西太陰門也第四星曰上相亦曰四輔也

按隋書天文志同

按宋史天文志太微垣十星乾象新書十星東西各五在翼軫北其西蕃北星爲上相南門右星爲右執法

按觀象玩占太微宮垣十星在翼軫之北天子之庭上帝之所治一曰天庭一曰保天五帝之座十二諸侯之府其外蕃九卿也軒轅爲權太微爲衡衡者主平之器理法平辭命功授德列宿之所受符諸神之所考節舒情稽疑順時施化以應天下之所也巫咸曰太微土官也黃帝占曰太微東西蕃各四星南北列西蕃南端第一星爲上將北間爲太陽西門門北一星爲次將北間爲中華西門門北一星爲次相北間

爲太陰西門北間一星爲上相東蕃四星亦南北列南端第一星爲上相北間爲太陽東門門北一星爲次相北間爲中華東門門北一星爲次將北間爲太陰東門門端一星爲上將其南蕃兩星東西列西星爲右執法東星爲左執法兩執法之間爲端門右執法門西爲右掖門左執法東間爲左掖門右執法御史大夫之象左執法廷尉之象主刺奸去惡

按曆學會通太微在翼軫北天子正宮也將相三公之府九卿十二諸侯之司也

按賢相通占上將主武臣次將主從副武職左執法主舉刺奸兇上相主正品宰相

謁者

按星經闕史記天官書漢書天文志俱不載

按晉書天文志左執法東北一星曰謁者主贊賓客

按隋書天文志同

按宋史天文志謁者一星在左執法東北主贊賓客辨疑惑乾象新書在太微垣門內左執法北

三公

按星經闕史記天官書漢書天文志俱不載

按晉書天文志謁者東北三星曰三公內坐朝會之所居也

按隋書天文志同

按宋史天文志三公三星在謁者東北內坐朝會之所居也乾象新書在九卿南

按觀象玩占三公三星在太微宮謁者東北三公之內座朝會所居也所以輔德謀事

按曆學會通三公在執法東三公九卿內侍內省之職

九卿

按星經闕史記天官書漢書天文志俱不載

按晉書天文志三公北三星曰九卿內坐治萬事

按隋書天文志同

按宋史天文志九卿三星在三公北主治萬事今九卿之象也乾象新書在內五諸侯南

按觀象玩占九卿三星在太微宮中三公之北九卿朝會之內座也主治萬事

五諸侯

按星經闕

按史記天官書太微三光之廷門內六星諸侯

注正義曰內五諸侯五星列在帝庭又云諸侯五星在東井北河主刺舉戒不虞又曰理陰陽察得失一曰帝師二曰帝友三曰三公四曰博士五曰太史此五者爲天子定疑議也

按漢書天文志同

按晉書天文志九卿西五星曰內五諸侯內侍天子不之國也

按隋書天文志同

按宋史天文志內五諸侯五星在九卿西內侍天子不之國也乾象新書在郎位南

按觀象玩占五諸侯五星在太微宮中九卿之西天子畿內之諸侯也主刺奸

按曆學會通五諸侯在卿西內侍天子百辟之象

內屏

按星經闕史記天官書漢書天文志俱不載

按晉書天文志屏四星在端門之內近右執法屏所以壅蔽帝庭也

按隋書宋史天文志俱同

按觀象玩占內屏四星在太微門中五帝座南近右執法所以壅蔽帝廷也主執法刺舉

按曆學會通屏四星在五帝座南近於執法別善惡

五帝座

按星經闕

按史記天官書太微三光之廷其內五星五帝坐

注索隱曰詩含神霧云五精星坐其東蒼帝坐神名靈威仰精爲青龍之類也正義曰黃帝坐一星在太微宮中含樞紐之神四星夾黃帝坐蒼帝東方靈威仰之神赤帝南方赤熛怒之神白帝西方白招矩之神黑帝北方叶光紀之神五帝並設神靈集謀者也

按漢書天文志同

按晉書天文志黃帝坐在太微中含樞紐之神也四帝星夾黃帝坐東方蒼帝靈威仰之神也南方赤帝赤熛怒之神也西方白帝白招矩之神也北方黑帝叶光紀之神也

按隋書天文志同

按宋史天文志內五帝坐五星內一星在太微中黃帝坐含樞紐之神也四帝星夾黃帝坐四方各去二度東方蒼帝靈威仰之神也南方赤帝赤熛怒之神也西方白帝白招矩之神也北方黑帝叶光紀之神也

按觀象玩占五帝座五星在太微宮中其中星黃帝

座中央含樞紐之神也四帝座夾黄帝座其東一星爲青帝座東方青帝靈威仰之神也南一星爲赤帝座南方赤帝赤熛怒之神也西一星爲白帝座西方白帝白招矩之神也北一星爲黑帝座北方黑帝叶光紀之神也五帝之座天子之位

按曆學會通黄帝在太微宮中天子之正位四帝擁黄帝各順其方

幸臣

按星經闕史記天官書漢書天文志俱不載

按晉書天文志帝坐東北一星曰幸臣

按隋書天文志同

按宋史天文志幸臣一星在帝坐東北常侍太子新書在太子東

按觀象玩占幸臣一星在帝座北太子之侍臣也

太子

按星經闕史記天官書漢書天文志俱不載

按晉書天文志五帝坐北一星曰太子帝儲也

按隋書宋史天文志俱同

按觀象玩占太子一星在幸臣西帝坐北天子之儲貳也

從官

按星經闕史記天官書漢書天文志俱不載

按晉書天文志太子北一星曰從官侍臣也

按隋書宋史天文志俱同

按觀象玩占從官一星在太子西北侍從之臣也

按曆學會通從官幸臣各一侍從太子之官

郎將

按星經闕

按史記天官書太微三光之庭後聚一十五星蔚然曰郎位傍一大星將位也

注　索隱曰宋均云爲群郎之將帥也正義曰郎將一星在郎位東北所以爲武備今之左右中郎將

按漢書天文志同

按晉書天文志郎將一星在郎位北主閲具所以爲武備也

按隋書天文志同

按宋史天文志郎將一星在郎位北主閲具以爲武備也若今之左右中郎將新書曰在太微垣東北

按觀象玩占郎將一星在郎位東北武衛之臣主閲武備

按曆學會通郎將左右爲外御亦主武備郎將之官

虎賁

按星經闕史記天官書漢書天文志俱不載

按晉書天文志武賁一星在太微西蕃北下名南靜室旄頭之騎官也

按隋書天文志同

按宋史天文志虎賁一星在下台星南一曰在太微西蕃北下名南靜室旄頭之騎官也

按觀象玩占虎賁一星在太微西蕃之外上相之西下台之南旄頭之騎官也主宿衛侍從

按曆學會通虎賁侍衛之官

常陳

按星經闕史記天官書漢書天文志俱不載

按晉書天文志常陳七星如畢狀在帝坐北天子宿衛武賁之士以設强禦也

按宋史天文志同

按觀象玩占常陳七星如畢在郎位北天子之宿衛也主備强禦難

郎位

按星經闕

按史記天官書太微三光之庭其內五星五帝座後聚一十五星蔚然曰郎位

注　索隱曰漢書作哀烏則哀烏蔚然皆星之貌狀其星昭然所以象郎位也正義曰郎位五星在太微中帝座東北周之元士漢之光祿中散諫議此三署郎中是今之尚書郎

按漢書天文志太微三光之廷其內五星五帝坐後聚十五星曰哀烏郎位

按晉書天文志郎位十五星在帝坐東北一曰依烏郎府也周官之元士漢官之光祿中散諫議議郎三署郎中是其職也郎主衛守也

按隋書天文志郎位十五星在帝座東北一曰依烏郎位也或曰今之尚書郎也郎位主守衛也

按宋史天文志同

按觀象玩占郎位十有五星依烏然在太微帝座東北周官之元士漢官之光祿中散諫議郎三署郎中是其職也張衡曰今之尚書郎也

按曆學會通郎位一十五星在垣內帝座東北守衛之司周官之元士漢之光祿中散臺省

明堂

按星經闕史記天官書漢書天文志俱不載

按晉書天文志太微西南角外三星曰明堂天子布政之宮

按隋書宋史天文志俱同

按觀象玩占明堂三星在太微垣外西南陬天子布政之宮也主宗祀先王朝覲萬國

靈臺

按星經闕史記天官書漢書天文志俱不載

按晉書天文志明堂西三星曰靈臺觀臺也主觀雲物察符瑞候災變也

按隋書天文志同

按宋史天文志靈臺三星在明堂西神之精明曰靈四方而高曰臺主觀雲物察符瑞候災變也

少微

按星經闕

按史記天官書太微三光之廷廷藩西有隋星五曰少微士大夫

註 索隱曰宋均云南北爲隋隋謂垂下也春秋合誠圖云少微處士位又天官占云一名處士星也

按漢書天文志太微三光之庭庭藩西有隨星四名曰少微士大夫

按晉書天文志少微四星在太微西士大夫之位也一名處士亦天子副主或曰博士官一曰主衞掖門南第一星處士第二星議士第三星博士第四星大夫

按隋書宋史天文志俱同

按觀象玩占少微四星在太微西南北列士大夫之位也一曰處士木官也主賓賢才弼教化一曰主衞掖門南第一星爲處士第二星爲議士第三星爲博士第四星爲大夫

按曆學會通少微處士卿士太史之官

長垣

按星經闕史記天官書漢書天文志俱不載

按晉書天文志少微南四星曰長垣主界域及契丹

按隋書天文志同

按宋史天文志長垣四星在少微星南主界域及北方

按觀象玩占長垣四星在少微南西北列主邊界城邑及北方疆域

三台

按周禮春官大宗伯以槱燎祀司中司命

訂義 賈氏曰先鄭以司中是三台司命是文昌今三台與文昌皆有司中司命故後鄭不從武陵太守星傳云文昌宮六星一上將二次將三貴相四司命五司中六司祿又云三台名天柱上台司命爲太尉中台司中爲司徒下台司祿爲司空

天府若祭天之司民司祿而獻民數穀數則受而藏之

訂義 鄭鍔曰下台爲司祿祿之言穀也易氏曰司祿三能之第六星

按春秋元命苞危東六星兩兩而比曰司空

按星經闕

按史記天官書魁下六星兩兩相比者名曰三能

註 蘇林曰能音台索隱曰案漢書東方朔願陳泰階六符孟康曰泰階三台也台星凡六星六符六星之符驗也應劭引黃帝泰階六符經曰泰階者天子之三階上階上星爲男主下星爲女主中階上星爲諸侯三公下星爲卿大夫下階上星爲士下星爲庶人

按漢書天文志同

按晉書天文志三台六星兩兩而居起文昌列抵太微一曰天柱三公之位也在人曰三公在天曰三台主開德宣符也西近文昌二星曰上台爲司命主壽次二星曰中台爲司中主宗室東二星曰下台爲司祿主兵所以昭德塞違也又曰三台爲天階太乙躡以上下一曰泰階上階上星爲天子下星爲女主中階上星爲諸侯三公下星爲卿大夫下階上星爲士下星爲庶人所以和陰陽而理萬物也

按隋書天文志同

按宋史天文志三台六星兩兩而居起文昌列抵太微上台上星主兗豫下星主荆揚中台上星主梁雍下星主冀下台上星主青下星主徐上台二星在柳北其北星入柳六度中台二星其北入張二度下台二星在太微垣西蕃北其北星入翼二度武密書三台屬鬼又屬柳屬張乾象新書上台屬柳中台屬張下台屬翼

按觀象玩占三台六星兩兩而居一曰三能一曰三衡一曰三奇一曰天柱一曰天階一曰泰階三公之位諸侯大夫之象上台起文昌中台對軒轅下台抵太微上台曰太尉司命爲孟中台曰司徒司中爲仲下台曰司空司祿爲季黃帝占曰泰階天之三階上階上星爲天子下星爲女主中階上星爲諸侯三公

下星爲卿大夫下階上星爲士下星爲庶人主和陰陽理萬物又曰三台大間中相去十有六度爲平過爲大不及爲損小間中相去半度爲平過爲奢不及爲迫又曰三台爲天階太乙躡以上下春秋元命苞曰三能主開德宣符故六星爲六符西近文昌二星曰上台爲司命主壽中二星曰中台爲司中主宗室東二星曰下台爲司祿主兵一曰上台上星主兗豫下星主荆揚中台上星主梁雍下星主冀州下台上星主青州下星主徐州巫咸曰三能土官也主爵祿

天市垣

隋丹元子步天歌下元一宮名天市兩扇垣牆二十二當門六箇是市樓門右兩星是車肆兩箇宗正四宗人宗星一雙亦依次帛度兩星屠肆前候星偏在帝座邊帝座一星常光明四箇微茫宦者星以次兩星名列肆斗斛帝前依其次斗是五星斛是四垣北九個貫索星索口橫著七公成天紀恰是七公形數著分明多兩星紀北三星名女牀此座還依織女旁魏趙九河中山繼齊吳越兮徐宿當東海與燕及南海宋國分明在左裴河中河間晉鄭周秦蜀巴兮梁楚求韓地右當垣十一天市宮中仔細歌

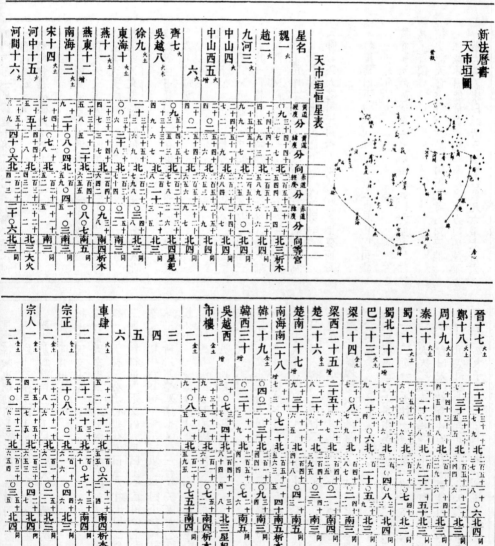

新法曆書　天市垣圖

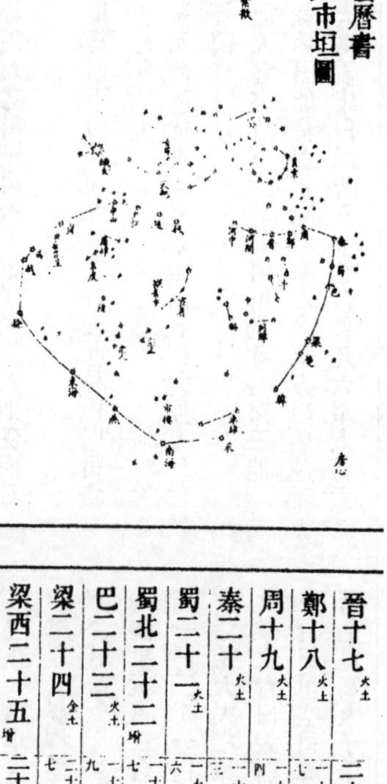

天市垣恒星表

星名	黃道經度	分	黃道緯度	分	向	赤道經度	分	赤道緯度	分	向	等	宮
魏一 火	〇九	三十二	四十七	四十七	北	二百五四	五十四	二十五	二十四	北	三	析木
趙二 火	一十四	四十五	四十九	二十三	北	二百五八	五十九	二十六	二十六	北	四	同
九河三 火	一十九	五十九	五十一	一十七	北	二百六二	五十五	二十八	〇一	北	四	同
中山四 火	二十七	四十二	五十二	一十九	北	二百六八	二十四	二十八	四十七	北	四	同
中山西五 火 增	二十四	〇二	五十三	四十六	北	二百六五	五十三	二十九	五十九	北	四	同
六 火	二十四	〇一	五十二	四十七	北	二百六五	五十六	二十九	二十七	北	四	同
齊七 火	〇九	五十三	四十五	五十三	北	二百七七	二十八	二十二	二十六	北	四	星紀
吳越八 火木	一十四	三十九	三十六	一十七	北	二百八二	一十	一十三	二十五	北	三	同
徐九 火土	一十	三十三	二十六	五十九	北	二百七九	二十八	〇三	四十八	北	三	同
東海十 火土	〇〇	三十六	二十	二十八	北	二百七十	三十四	〇二	五十二	南	三	同
燕十一 火土	二十四	三十七	一十三	四十七	北	二百六四	四十二	〇九	三十八	南	四	析木
燕東十二 增	二十五	三十八	一十五	二十	北	二百六五	四十五	〇八	〇七	南	五	同
南海十三 火土	一十九	二十	〇八	〇四	北	二百五九	〇四	一十五	〇三	南	三	同
宋十四 火土	一十二	四十七	〇七	一十八	北	二百五二	二十一	一十五	一十一	南	三	同
河中十五 火	二十五	五十	四十二	四十八	北	二百四三	三十二	二十二	二十二	北	三	大火
河間十六 火	二十六	五十九	四十	〇六	北	二百四一	二十三	二十	〇六	北	三	同
晉十七 火土	二十	三十	三十七	一十九	北	二百三七	五十一	一十八	〇六	北	四	同
鄭十八 火土	一十七	三十	三十五	二十五	北	二百三四	五十四	一十六	二十二	北	三	同
周十九 火土	一十四	四十五	二十四	一十八	北	二百三二	一十九	一十六	四十二	北	三	同
秦二十 火土	一十三	一十	二十八	五十八	北	二百三九	二十	一十一	五十	北	三	同
蜀二十一 火土	一十六	五十三	二十五	二十六	北	二百二一	三十二	〇七	四十一	北	二	同
蜀北二十二 增	一十七	一十二	二十六	二十六	北	二百三二	〇四	〇八	三十三	北	四	同
巴二十三 火土	一十九	一十	二十四	〇六	北	二百三三	一十	〇五	三十九	北	三	同
梁二十四 金土	二十七	〇八	二十七	一十九	北	二百三八	四十七	〇二	四十二	南	三	同
梁西二十五 增	二十	五十	一十六	二十七	北	二百三二	四十五	〇二	一十二	南	四	同
楚二十六 金土	二十八	二十	一十六	一十一	北	二百三九	四十五	〇三	四十三	南	三	同
楚南二十七 增	二十九	三十	一十六	一十五	北	二百四十	四十八	〇四	一十三	南	五	同
南海南二十八 增	一十七	一十三	〇七	一十	北	二百五六	五十三	一十五	四十	南	五	析木
韓二十九 金土	〇四	〇二	一十一	三十	北	二百四四	一十一	〇九	三十四	南	三	同
韓西三十 增	〇二	二十	一十三	一十九	北	二百四一	五十四	〇七	二十六	南	五	同
吳越西 增	一十三	〇七	三十七	四十	北	二百八十	四十四	一十四	三十八	北	三	星紀
市樓一 金土	一十九	三十六	一十五	一十九	北	二百六十	一十二	〇七	五十二	南	四	析木
二 金土	一十九	〇八	一十五	一十八	北	二百五九	二十五	〇七	五十	南	四	同
三												
四												
五												
六												
車肆一 火土	一十五	一十二	二十	二十一	北	二百五五	〇六	一十二	二十四	南	四	析木
二	二十	一十一	二十	三十五	北	二百六十	〇七	一十二	三十六	南	四	同
宗正一 金土	二十	〇八	二十八	〇一	北	二百六一	一十六	〇四	四十六	北	三	同
二 金土	二十一	二十八	二十六	一十一	北	二百六二	一十二	〇二	五十二	北	三	同
宗人一 金土	二十四	五十三	二十七	五十五	北	二百六五	三十三	〇四	二十七	北	四	同
二 金土	二十五	〇一	二十六	二十三	北	二百六五	三十四	〇三	五十五	北	四	同

三	金土	二十一十 五六	二十 四 五十北	二百四十 六五三	〇一 二十	北四	同
四	金土	二十二十 六一	三十 六 一十北	二百四十 六六四	〇二四十	北四	同
宗人南	增	二十五十 四八	一十五十 九七 北	二百一十 六五七	〇三 九	南三	同
宗星一	火	三十 〇九 五	四十三十 三三 北	二百二十 七七八	二十 一十 八	北四	星紀
二	火	四十 〇九 一	四十 〇五 一 北	二百四十 七七	一十五十 七六	北四	同
帛度一	火水	二十二十 三三	四十 四十 三 北	二百 六五	三十 一十 七	北四	析木
二	火水	二十五十 五三	四十 四十 二 北	二百五十 六六二	一十一十 九六	北四	同
屠肆一	火水	〇一 五十 三	四十一十 五五 北	二百三十 七五	二十四十 一四	北四	星紀
屠肆二	火水	二十三十 五八	四十 四十 四 北	二百四十 六六	三十 一十 一	北五	析木
候星	金土	一十一十 七三	三十五十 五七 北	二百三十 五九五	一十四十 二八	北三	析木
候星	金土 增	二十五十 六四	三十 〇三 二 北	二百二十 六七一	一十三十 四二	北四	同
帝座	金土	一十五十 一三	三十二十 七三 北	二百二十 五四五	一十五十 四七	北三	同
宦者							
列肆一							
二	金土	〇〇 二十 六	四十 三 北	二百 〇五 〇二 四	五	北四	析木
斗星							
斛星一		〇五 二	二十 六 北	二百 四九二	二十五十	北四	析木
二		〇六 九	二十五十 一六 北	二百 五	〇二十〇一	北四	同
三							
四							
貫索一	金水	〇七 〇二	一十 四三 北	二百四十 二九四 八	〇〇	北二	大火
二	金水	〇四 〇〇	四十 〇八 六 北	二百一十 八四	三十 一十 五	北四	同
三	金水	〇三 二三十	四十 二十 八五 北	二百五十 八七	二十 一十 九	北五	同
四	金水	〇六 九	五十 〇 北	二百二十 一六	二十	北六	同
五	金水	〇九 八	四十 四 三 北	二百三十 七六	一十 一十	北四	同
六	金水	一十四十 八	四十五十 四二 北	二百三十 三二	二十 一十 七七	北四	同
七	金水	一十五十 三五	四十 六 一十北	二百二十二十 三五六八	〇一	北四	同
八	金水	二十二十 三五	四十二十 八四 北	二百 三六	〇四 三十 一十 三	北六	同
九	金水						
貫索北十	增	〇二 五十 八	五十 〇〇 四 北	二百一十 三一九	三十五十 七四	北四	大火
貫索南十一	增	二十五十 八	三十一十 八二 北	二百二十 三一五	二十 五十 四	北五	同
十二		一十四十 四八	二十 〇七 九 北	二百五十 三三	二十 〇七 一	北三	同
十三		一十三十 五三	二十二十 七九 北	二百五十 三二五	一十二十 九	北四	同
十四		一十五十 六五	四十二十 二七 北	二百二十 三六六	二十五十 八	北四	同
七公一	火	一十四十 二八	六十 〇〇 八 北	二百三十 四五	四十二十 八八	北五	同
二	火	〇九〇七	六十九十 五五 北	二百一十 四二	四十一十 七三	北四	同
三	火	〇六二十	六十五十 二一 北	二百一十 三九六	四十五十 五五	北四	同
四	火	〇二 五十 二	六十 一十 六 北	二百五十 三四六	四十二十 二	北四	同
五	水土	二十二十五十 六九	五十 七六 北	二百五十 一八九	四十一十 八	北四	壽星
六	水土	二十五十 七五	五十二十 三七 北	二百三十 七五	三十四十 八二	北四	同
七	水土	二十五十 七三	四十 九 〇二 北	二百 二五 〇八	二十四十 四四	北三	同
七公西八	增 水土	一十 〇七 九	五十 四六 北	二百 〇三	四十五十 一四	北三	同
七公西九	增	〇三〇六	六十二十 四三 北	二百四十 三七五	四十 〇五 七	北四	大火
天紀一							
二	火	二十二十九十 六五	一十 北	二百五十 四六二	二十 二十	北三	大火
三	火	〇三〇九 三	五十 二十 北	二百二十 五一四	一十 三十 一二	北三	析木
四							
五							
六							
七							
八							
九	火	二十一十 三九	六十 四十 七 北	二百五十 六五四	二十 二十 七一	北三	析木
女牀一	火	〇六 四十 五	五十三十 九八 北	二百二十 五五八	二十一十 七六	北四	同
二	火	〇七 二十 九	六十 一十 二 北	二百一十 五六	三十四十 七五	北四	同
三	火	一十一十	六十 一十 四 北	二百四十 五七四	三十三十 七三	北四	同
女牀西四	增 木	〇二十	五十 一十 六 北	二百 〇三 五一	三十三十 四二	北五	同
五	木	〇三十	五十 三十 八 北	二百三十 五二二	三十三十 六八	北五	同
六	火	二十三十 三二	六十 二十 三 北	二百三十 四七三	一十四十 九一	北三	大火
七	火	一十 〇三 八	六十一十 三四 北	二百三十 四五六	四十一十 三四	北四	同
八	火	一十五十 六五	六十 二十 二九 北	二百三十 四四二	四十四十 二四	北五	同

圖考

天市垣

按星經天市垣五十六星在房心北主權衡一名天旗門左星入尾一度去北辰九十四度也

按史記天官書旗中四星曰天市

注正義曰天市二十二星房心東北主國聚市交易之所一曰天旗

按漢書天文志同

按晉書天文志天市垣二十二星在房心東北主權衡主聚衆一曰天旗庭主斬戮之事也

按隋書天文志同

按宋史天文志天市垣二十二星在氐房心尾箕斗內宮之內東蕃十一星南一曰宋二曰南海三曰燕四曰東海五曰徐六曰吳越七曰齊八曰中山九曰九河十曰趙十一曰魏西蕃十一星南一曰韓二曰楚三曰梁四曰巴五曰蜀六曰秦七曰周八曰鄭九曰晉十曰河間十一曰河中象天王在上諸侯朝王王出阜門大朝會西方諸侯在應門左東方諸侯在

應門右其率諸侯幸都市也亦然一曰在房心東北王權衡主聚衆又曰天旗庭主斬戮事

按觀象玩占天市垣二十二星在房心東北一曰天府一曰長城天子之市也主權衡主聚衆一曰天旗庭天子之旗幟主斬戮之事又曰天市者都市也天下之所會也石氏曰天市垣二十二星主四方邊門左一星宋也次衛次燕次東海次徐次泰山次齊次河中次趙次魏次中山次河間右一星韓也次楚次巴次梁蜀次秦次鄭次晉

按曆學會通天市垣天之都市

市樓

按星經市樓六星在市門中主闤闠之司今市曹官之職

按史記天官書旗中四星曰天市中六星曰市樓

按漢書晉書天文志俱不載

按隋書天文志天市垣市中六星臨箕曰市樓市府也主市價律度其陽爲金錢其陰爲珠玉

按宋史天文志同

按觀象玩占市樓六星在天市中臨箕星之上天子之市府也主司闤闠市價律度

按曆學會通市樓主貿市

車肆

按星經東肆二星在宮門門垣左星之西主市易價直之官東肆疑車字之訛

按史記天官書漢書晉書天文志俱不載

按隋書天文志市門左星內二星曰車肆主衆貨之區

按宋史天文志車肆二星在天市門中主百貨乾象新書在天市垣南門偏東

按觀象玩占車肆二星在天市中南門內主車駕又爲衆貨之區主百貨

按曆學會通車市市中車馬人物

宗正

按星經宗正二星在帝座東南主宗正卿大夫

按史記天官書漢書天文志俱不載

按晉書天文志宗正二星在帝座東南宗大夫也

按隋書天文志同

按宋史天文志宗正二星在帝座東南宗大夫也武密曰主司宗得失之官乾象新書在宗人西

按觀象玩占宗正二星在天市帝座東南宗正大夫之象也又曰宗正帝宗也主宗人又主百物之名品類于市

宗人

按星經宗人四星在宗正東主司享先人

按史記天官書漢書天文志俱不載

按晉書天文志宗人四星在宗正東主錄親疏享祀

按隋書天文志不載宋史天文志與晉志同

按觀象玩占宗人四星在宗正東主恩享宗正小宗之象宗人大宗之象也

宗星

按星經宗二星在侯東主宗室爲帝血脈之臣

按史記天官書漢書天文志俱不載

按晉書天文志宗星二在候星東宗室之象帝輔血脈之臣也

按隋書天文志同

按宋史天文志宗星二星在候星東宗室之象帝輔血脈之臣乾象新書在宗人北

按觀象玩占宗星二星在宗人東北候星之東主先人祀享主別親疏宗室之象也

帛度

按星經帛度二星在宗星東北主平量也

按史記天官書漢書晉書天文志俱不載

按隋書天文志宗星東北二星曰帛度東北二星曰屠肆各主其事

按宋史天文志帛度二星在宗星東北主度量買賣平貨易者乾象新書在屠肆南

按觀象玩占帛度二星在天市中宗星東北主度量平貨交易

屠肆

按星經屠肆二星在帛度北主屠煞之位也

按史記天官書漢書晉書天文志俱不載

按隋書天文志宗星東北二星曰帛度東北二星曰屠肆各主其事

按宋史天文志屠肆二星在帛度東北主屠宰烹殺乾象新書在天市垣內十五度

候星

按星經候星在市東主輔臣陰陽法官入箕三度去北辰七十二度

按史記天官書漢書天文志俱不載

按晉書天文志候一星在帝座東北主伺陰陽也

按隋書宋史天文志俱同

按觀象玩占候一星在天市中帝座東北土官也主候陰陽伺遠國以知謀微又主時變貨財

帝座

按星經帝座一星在市中神農所貴入尾十五度去北辰七十一度

按史記天官書漢書天文志俱不載

按晉書天文志帝坐一星在天市中候星西天庭也

按隋書天文志同

按宋史天文志帝坐一星在天市中天皇大帝外座也

按觀象玩占帝坐一星在天市垣中候星之西天庭也人主之象巫咸曰帝坐一星神農所居石氏曰天位也天之貴神張衡曰帝座者帝王之位也帝座有五一在北極一在紫微一天市一大角一心中央皆王者所居

宦者

按星經宦官四星在帝座西南侍帝之傍入尾十二度

按史記天官書漢書天文志俱不載

按晉書天文志宦者四星在帝座西南侍主刑餘之人也

按隋書宋史天文志俱同

按觀象玩占宦者四星在帝座西南帝旁之閹人也

按曆學會通宦者爲侍臣

列肆

按星經列肆二星在斛西北主貨珍寶金玉等也

按史記天官書漢書天文志俱不載

按晉書天文志斛西北二星曰列肆主寶玉之貨

按隋書天文志同

按宋史天文志列肆二星在斛西北主貨金玉珠璣

按觀象玩占列肆二星在斛星西北主市貨

斗星

按星經斗五星在宦星西南主稱量度入尾十度

按史記天官書漢書晉書天文志俱不載

按隋書天文志斗五星在宦者南主平量

按宋史天文志斗五星在宦者南主平量乾象新書在帝座西

按觀象玩占斗五星在天市中宦者西南主平量

斛星

按星經斛四星在北斗南主斛食之事

按史記天官書漢書晉書天文志俱不載

按隋書天文志市樓北四星爲天斛主量者也

按宋史天文志斛四星在斗南主度量分銖算數一曰在市樓北名天斛

貫索

按星經貫索九星在七公前爲賤人牢牢口一星爲門右星入尾一度去北辰五十五度也

按史記天官書有句圜十五星屬杓曰賤人之牢

注 索隱曰詩紀曆樞云賤人牢一曰天獄又樂叶圖云連營賤人之牢宋均以爲連營貫索星也

按漢書天文志同

按晉書天文志貫索九星在七公前賤人之牢也一曰連索一曰連營一曰天牢主法律禁暴強也牢口一星爲門欲其開也

按隋書天文志同

按宋史天文志貫索九星在天市垣北與晉志同者不重載

按觀象玩占貫索九星在天市垣外七公之前一曰連索一曰連營一曰天圉亦謂之天牢賤人之牢也主繩奸律暴其口北開爲牢戶中央大星牢監也

七公

按星經七公七星在招搖東氐北爲天相主三公七政善惡星西入氐四度去北辰四十九度

按史記天官書漢書天文志俱不載

按晉書天文志七公七星在招搖東天之相也三公之象主七政

按隋書宋史天文志俱同

按觀象玩占七公七星在招搖東橫列貫索之口天之輔相主疑議石氏曰三公廷尉之象主執法別善惡之官其上星上公也次星中公也下星下公也

天紀

按星經天紀九星在貫索東主九卿萬事綱紀掌理怨訟西入尾五度去北辰五十一度

按史記天官書不載

按漢書天文志紀星散者山崩不即有喪天紀屬貫索

按晉書天文志天紀九星在貫索東九卿也主萬事之紀理怨訟也

按隋書天文志天紀九星在貫索東九卿也九河主萬事之紀理怨訟也

按宋史天文志天紀九星在貫索東九卿之象萬事綱紀主獄訟

按觀象玩占天紀九星在貫索東九卿也又爲九河一曰天緯主紀萬事理冤獄

按曆學會通天紀九星主天心九卿萬事之綱紀

女牀

按星經女牀三星在天紀北主後宮生女事侍帝及皇后入箕一度去北辰五十三度

按史記天官書漢書天文志俱不載

按晉書天文志女牀三星在紀北後宮御也主女事

按隋書天文志同

按宋史天文志女牀三星在天紀北後宮御女侍從官也主女事

按觀象玩占女牀三星在天紀北后宮女御也爲嬪妾所居之宮主侍從宮官

欽定古今圖書集成曆象彙編乾象典

第四十七卷目錄

星辰部彙考四

乾象典第四十七卷

星辰部彙考四

角宿

清丹元子步天歌角兩星南北正直著中有平道上天田總是黑星兩相連別有一烏名進賢平道右畔獨淵然最上三星周鼎形角下天門左平星雙雙橫於庫樓上庫樓十星屈曲明樓中柱有十五星三三相聚如鼎形其中四星別名衡南門樓外兩星橫

新法曆書角宿圖

角宿恒星表

星名	黃道經度 分	黃道緯度 分	向	赤道經度 分	赤道緯度 分	向	等	宮
角宿一 金火	一十八 三十九	○一 五十九	南	一百九六 二十六	○九 ○九	南	一	壽星
二 水土	一十五 四十六	○八 一十	北	一百九七 三十九	○一 一十九	北	三	同
角宿東三 增 金土	一十八 二十二	○三 一十一	北	一百九八 ○九	○四 一十七	南	六	同
四 金火	二十 ○七	○一 ○○	南	一百九八 一十	○八 四十七	南	六	同
五 金火	一十八 二十	○○ 一十	北	一百九六 五十八	○七 ○三	南	六	同
平道一 金木	一十三 ○○	○一 四十五	北	一百九二 三十六	○三 三十一	南	四	同
二 金木	二十一 三十三	○一 四十六	北	二百 三十三	○六 一十八	南	六	同
天田一 金木	一十五 ○九	一十二 三十五	北	一百九八 四十八	○五 三十七	北	六	同
二 水土	二十二 三十四	一十三 ○八	北	二百○五 四十四	○三 二十三	北	五	同
天田南三 增 水土	二十二 ○一	○九 四十一	北	二百○三 五十七	○○ 二十三	北	六	同
四 水土	一十九 二十	○八 三十	北	二百○一 ○三	○○ 一十七	北	五	同
進賢一 金木	○九 五十二	○二 二十四	北	一百九十 ○一	○一 四十九	南	六	同
進賢南二 增	○七 ○一	○三 二十五	南	一百八五 ○五	○五 五十六	南	五	同
三	一十一 ○二	○三 二十二	南	一百八八 四十五	○七 二十七	南	五	同
四	一十四 三十一	○三 一十三	南	一百九二 ○六	○八 四十二	南	五	同
周鼎一	二十九 二十二	三十 四十六	北	一百九三 五十一	二十九 五十九	北	四	鶉尾
二	二十八 一十三	三十一 四十二	北	一百九二 二十三	二十九 二十八	北	四	同
三	二十八 三十八	二十八 三十二	北	一百九一 ○二	二十六 三十一	北	五	同
天門一	一十七 三十六	○七 五十一	南	一百九三 ○八	一十四 一十	南	五	壽星
二	二十 五十八	○六 一十六	南	一百九六 五十六	一十四 ○○	南	五	同
天門南三 增	一十九 五十八	○九 一十六	南	一百九四 四十七	一十六 二十三	南	五	同
平星一 金木	二十一 四十七	一十三 四十三	南	一百九四 五十五	二十一 一十三	南	三	同
二 金木	○四 五十	一十七 四十	南	二百○六 一十	二十九 四十	南	四	大火
平星西三 增 金木	一十九 四十七	一十四 三十七	南	一百九二 二十二	二十一 一十四	南	六	壽星
庫樓一 金木	○九 二十	二十三 三十	南	二百○二 四十五	四十五 四十四	南	三	大火
二 金木	一十四 一十	二十五 一十五	南	二百十二 三十一	四十 ○二	南	三	同
三 金木	○七 ○○	二十二 三十	南	二百○六 一十七	三十四 五十六	南	三	同
四 金木	○○ 三十	二十七 三十	南	一百九七 ○五	三十七 ○五	南	四	同
五 金木	○○ 二十	二十七 三十	南	一百九一 五十三	四十六 一十六	南	五	同
六 金木	二十七 一十	四十 ○○	南	一百八五 五十五	四十六 五十	南	三	壽星
七 金木	二十六 二十	四十 二十	南	一百八四 四十五	四十六 四十五	南	三	同
八 金木	二十四 ○○	四十一 ○○	南	一百八一 ○三	四十六 二十三	南	五	同
九								
十								
庫樓西九 增	二十七 三十	二十五 四十	南	一百九十 ○八	三十四 一十八	南	三	壽星
衡一 金木	○四 四十	二十八 二十	南	二百 五十七	三十九 ○三	南	四	大火
二 金木	○五 二十	二十九 二十	南	二百○一 ○○	四十 三十五	南	四	同
三 金木	○六 三十	二十八 ○○	南	二百三 ○一	三十九 五十	南	四	同
四 金木	○七 四十	二十六 三十	南	二百○五 ○二	三十八 五十一	南	四	同
柱一 金木	○一 五十	二十二 四十	南	二百○一 二十八	三十二 一十六	南	五	同
二 金木	○○ 三十	二十 三十	南	二百 三十五	三十 四十	南	四	同
三 金木	○一 二十	二十 ○○	南	二百○一 三十七	三十 三十一	南	五	同
四 金木	○一 三十八	二十八 五十	南	二百○二 四十	二十九 一十五	南	五	同
五 金木	○九 三十	二十二 二十	南	二百○八 三十五	三十五 三十七	南	四	同
六 金木	一十 三十	二十三 四十五	南	二百○九 二十四	三十七 一十七	南	四	同
七 金木	○九 ○○	三十一 ○○	南	二百○四 ○○	四十三 二十六	南	五	同
八 金木	○七 五十	三十 二十	南	二百○三 一十	四十二 二十四	南	六	同
九								
十 金木	○三 三十	三十三 五十	南	一百九六 三十二	四十三 五十	南	五	大火
十一								
十二								
十三								

十四							
十五							
南門一 金木	○九四十	四十四十五	南	一百二十九七七	五十二	二十南四	大火
二 金木	二十九四十一	四十一十	南	二百四十二一二	五十九	三十南一	月

圖考

角宿

按爾雅釋天壽星角亢也

注 數起角亢列宿之長故曰壽星 疏 十二次之分壽星鄭也壽星角亢也者言壽星之次値角亢之宿也

按國語辰角見而雨畢

注 辰角大辰蒼龍之角星名也見者朝見東方建戌之初寒露節也雨畢者殺氣日盛雨氣盡也

按星經角二星爲天門壽星金星春夏爲火秋冬爲木蒼龍角也東方首宿南左角名天津蒼色爲列宿之長北右角爲天門黃色中間名天關左主天田右主天祇十三度八月日在北南去北辰九十一度凡日月五星皆從天關行此爲黃道其角南二度爲太陽道角宿北二度爲陰道角宿直指辰卽是耕種文爲農官

按史記天官書左角李右角將

注 索隱曰李卽理法官也故元命苞云左角理物以起右角將率而動又石氏云左角爲天田右角爲天門也

按漢書天文志同

按晉書天文志東方角二星爲天關其間天門也其內天庭也故黃道經其中七曜之所行也左角爲天田爲理主刑其南爲太陽道右角爲將主兵其北爲太陰道蓋天之三門猶房之四表

按隋書天文志同

按宋史天文志漢永元銅儀以角爲十三度而唐開元游儀角二星十二度舊經去極九十一度今測九十三度半距星正當赤道其黃道在赤道南不經角中今測角在赤道南二度半黃道復經角中卽與天象合景祐測驗角二星十二度距南星去極九十七度在赤道外六度與乾象新書合今從新書爲正 與晉隋志同者不重錄後倣此

按觀象玩占角二星爲天關蒼龍角也其間天門其內天庭黃道經其中日月五星之所由也一曰維首一曰天陳一曰天相一曰天田金星也主造化萬物布君威信兩角之間陽氣所升左角爲理主刑其南三尺曰太陽道一作五尺右角爲將主兵其北三尺爲太陰道一亦作五尺蓋天之三門猶房之四表也角星直指辰卽是耕始以爲農官

按賢相通占角宿爲天關三光之馳道左蒼右黃

平道

按星經平道二星在角間主道路之官

按史記天官書漢書天文志俱不載

按晉書天文志左右角間二星曰平道之官

按隋書天文志同

按宋史天文志平道二星在角間主平道之官武密曰天子八達之衢主輗軏

按觀象玩占平道二星在左右角間天子國中八達之衢也主道路

天田

按星經天田二星在角北主天子畿內地左對疆界城邑邊塞

按史記天官書漢書天文志俱不載

按晉書天文志角二星左角爲天田爲理主刑其南爲太陽道

按隋書天文志角北二星曰天田

按宋史天文志天田二星在角北主畿內封域武密曰天子籍田也

按觀象玩占天田二星在左角北天子畿內躬耕供祭祀之籍田也主畿內封疆

進賢

按星經進賢一星在平道西垣卿相薦舉逸士學官之職也

按史記天官書漢書天文志俱不載

按晉書天文志平道西一星曰進賢主卿相舉逸才

按隋書宋史天文志俱同

按觀象玩占進賢一星在平道西太微東主舉逸搜賢

周鼎

按星經周鼎三星狀如鼎足星在攝提大角西主神鼎

按史記天官書漢書天文志俱不載
按晉書天文志攝提西三星曰周鼎主流亡
按隋書天文志同
按宋史天文志周鼎三星在角宿上主流亡乾象新書引郟鄏定鼎事以周衰秦無道鼎淪泗水其精上爲星李太異曰商巫咸星圖已有周鼎蓋在秦前數百年矣
按觀象玩占周鼎三星在攝提西南國之神器也

天門

按星經天門二星在左角南主天門侍宴應對之所
按史記天官書漢書天文志俱不載
按晉書天文志天門二星在平星北
按隋書天文志同
按宋史天文志天門二星在平星北武密曰在左角南朝聘待客之所
按觀象玩占天門二星在左角南平星之北天子朝聘賓客之所也
按曆學會通天門在角北天子宴樂之處

平星

按星經缺史記天官書漢書天文志俱不載
按晉書天文志平星二星在庫樓北平天下之法獄事廷尉之象也
按隋書天文志同
按宋史天文志平星二星在庫樓北角南主平天下法獄廷尉之象也
按觀象玩占平星二星在左角庫樓北大理卿位主正法平獄訟
按曆學會通平星在角南正紀綱平獄訟

庫樓

按春秋文耀鉤軫南衆星曰天庫
按星經庫樓星二十九星庫樓十五柱十五星衡四星在角南軫東南爲器府東一曰文陣兵車之府西入軫一度去北辰四十九度昏中西去北辰八十九度
按史記天官書軫南衆星曰天庫樓庫有五車
按漢書天文志同
按晉書天文志庫樓十星其六大星爲庫南四星爲樓在角南一曰天庫兵甲之府也旁十五星三三而聚者柱也中央四小星衡也主陳兵
按隋書宋史天文志俱同
按觀象玩占庫樓十星在角南其六大星爲庫南四星爲樓一曰天庫金官也星爲兵車之府庫中十五星三三而聚者柱也中央四小星衡也主陳兵

南門

按星經闕
按史記天官書亢爲疏廟主疾其南北兩大星曰南門
注正義曰南門二星在庫樓南天之外門
按漢書天文志同
按大戴禮夏小正四月初昏南門正南門者星也歲再見壹正蓋大正所取法也
十月初昏南門見南門者星名也及此再見矣
按晉書天文志南門二星在庫樓南天之外門也主守兵
按隋書宋史天文志俱同
按曆學會通南門在庫樓南天子外門主守兵禁

亢宿

隋丹元子步天歌亢四星恰似彎弓狀大角一星直向上折威七子亢下橫大角左右攝提星三三相連鼎足形折威下左頓頑星兩箇斜安黃色精頑下二星號陽門色若頓頑直下存

新法曆書亢宿圖

亢宿恒星表

星名	黃道經度 分	黃道緯度 分	向	赤道經度 分	赤道緯度 分	向	等	宮
亢宿一 金水	二十一十 九四	○二五十 八	北	二百一十 ○八	○八二十 七	南	四	壽星
二 金水	二十一十 八二	一十○三 一	北	二百○六 一十	○○三十 二	南	五	同
三 金水	二十三十 八二	○七一十 九	北	二百○六 ○九	○四○八	南	四	同
四 金水	○一四十 五	○○三十 二	北	二百四十 ○九六	一十三十 一七	南	四	大火
亢宿西五 增	二十○七 五	○二二十 五	北	二百二十 ○二五	○六四十 九	南	六	壽星
亢宿東五 金水 增	○○一十 五	十四十 八	北	二百一十 十二五	○○三十 一	南	四	大火
六 金水	○四五十 三	○九四十 九	北	二百五十 十五七	○三五十 五	南	四	同
折威								
大角 大木	一十○三 九	三十○三 一	北	二百四十 ○九七	二十○八 一	北	一	壽星
右攝提一 水土	一十○五 四	二十○九 八	北	二百一十 ○四三	二十一十 八	北	三	同
二 水土	一十四十 二八	二十三十 六三	北	二百二十 ○二五	一十一十 九八	北	四	同
三 水土	一十○○ 四	二十一十 五四	北	二百五十 ○二四	一十四十 七	北	四	同
左攝提一 水土	二十五十 七	二十五十 七七	北	二百五十 十五三	一十二十 五三	北	三	同
二 水土	二十三十 六七	三十二十 八	北	二百五十 十五四	一十○六 八	北	四	同
三 水土	二十三十 七四	三十二十 二二	北	二百○○ 十七	一十三十 八四	北	四	同
左攝提北四 水土 增	二十一十 八五	三十五十 三二	北	二百三十 十八三	二十四十 五	北	四	同
頓頑								
陽門一 金水	一十二十 三	一十一十 八五	南	二百四十 十四五	三十○八 三	南	四	大火
二 金水	一十五十 四	二十五十	南	二百二十 十五	三十○○ 六	南	四	同

圖考

亢宿

按禮記月令仲夏之月昏亢中

按星經亢四星名天府一名天庭總領四海名火星春夏水秋冬金

按史記天官書亢爲疏廟主疾

注索隱曰元命苞云亢四星爲廟庭文耀鉤爲疏廟宋均以爲疏外也廟或爲朝也正義曰聽政之所也

按漢書天文志亢爲宗廟主疾

按晉書天文志亢四星天子之內朝也總攝天下奏事聽訟理獄錄功者也一曰疏廟主疾疫

按隋書天文志同

按宋史天文志亢宿四星漢末元銅儀十度唐開元游儀九度舊去極八十九度今九十一度半景祐測驗亢九度距南第二星去極九十五度

按觀象玩占亢四星爲天庭爲疏廟爲天子之府其下八尺爲日月五星中道火星也主統領四海總天下之政奏事錄功聽訟理獄海中占曰亢者天帝廟宮天子內朝主享祀主疾

按賢相通占亢爲天子內庭爲宗廟主占疾疫

大角

按星經大角一星天棟在攝提中主帝座入亢三度半去北辰五十九度也

按史記天官書大角者天王帝廷

注索隱曰援神契云大角爲坐候宋均云坐帝坐也正義曰大角一星在兩攝提間人君之象也

按漢書天文志大角者天王帝坐廷

按博雅大角謂之棟星

按晉書天文志大角者天王座也又爲天棟正經紀也

按隋書天文志同

按宋史天文志大角一星在攝提間天王坐也又爲天棟正經紀也

按觀象玩占大角一星在攝提間天王之棟梁亦爲天子之座一曰天格一曰天棟一曰天幢主正紀綱

折威

按星經折威七星在亢南主詔獄斬殺邊將死事

按史記天官書漢書天文志俱不載

按晉書天文志亢南七星曰折威主斬殺

按隋書天文志同

按宋史天文志折威七星在亢南主斬殺斷軍獄

按觀象玩占折威七星在亢南下天子執法官也主斷獄

攝提

按星經攝提六星在角亢東北主九卿爲甲兵攝紀綱建時節

按史記天官書大角者天王帝廷其兩旁各有三星鼎足句之曰攝提攝提者直斗杓所指以建時節故曰攝提格

注晉灼曰如鼎之句曲索隱曰元命苞云攝提之爲言提攜也言能提斗攜角以接於下也正義曰攝提六星夾大角大臣之象恆直斗杓所指紀八節察萬事者也

按漢書天文志同

按晉書天文志攝提六星直斗杓之南主建時節伺禨祥攝提爲楯以夾擁帝座也主九卿

按隋書天文志同

按宋史天文志攝提六星左右各三直斗杓南主建時節伺禨祥其星爲楯以夾擁帝座主九卿

按觀象玩占攝提六星在亢北直柄之南一曰環樞一曰天樞一曰闕丘一曰治法一曰三老一曰天鈇一曰天獄一曰天盾一曰天武一曰天兵主建時節伺禨祥輔帝座又主九卿大臣之象形如鼎足

頓頑

按星經頓頊二星在折威東南主治獄官拷囚情狀察眞僞也 按諸史志無頓頊星名疑即頓頑故入於此

按史記天官書漢書天文志俱不載

按晉書天文志頓頑二星在折威東南主考囚情狀察詐僞也

按隋書宋史天文志俱同

按觀象玩占頓頑二星在折威東南獄官也主考察情僞

按曆學會通頓頑獄中之吏獄官也

陽門

按星經陽門二星在庫樓東北隘塞外寇盜之事

按史記天官書漢書天文志俱不載

按晉書天文志庫樓東北二星曰陽門主守隘塞也

按隋書天文志同

按宋史天文志陽門二星在庫樓東北主守隘塞禦

按觀象玩占陽門二星在庫樓東北主邊塞險要

氐宿

隋丹元子步天歌氐四星似斗側量米天乳氐上黑一星世人不識稱無名一箇招搖梗河上梗河橫列三星狀帝席三黑河之西亢池六星近攝提氐下衆星騎官出騎官之衆二十七三三相連十欠一陣車氐下騎官次騎官之下三車騎天輻兩星立陣旁將軍陣裏振威霜

新法曆書氐宿圖

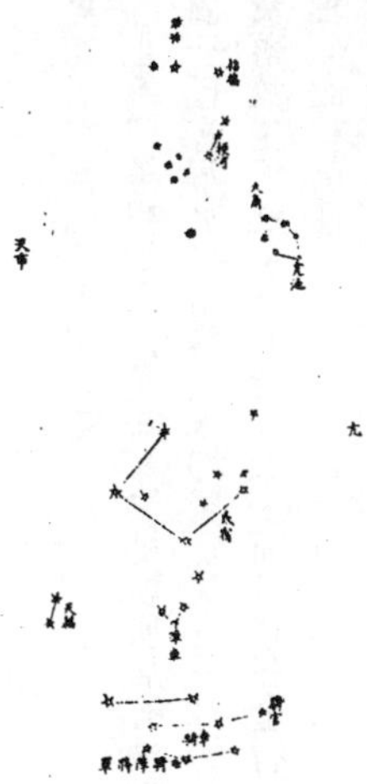

氐宿恒星表

星名	黃道經度分	黃道緯度分	向	赤道經度分	赤道緯度分	向	等	宮
氐宿一 水木	○九五十 四	○○二十 六	北	二百二十 十七九	一十二十 四五	南	二	天火
二 水	一十五十 五	○一四十 八	南	二百四十 二二八	一十二十 八二	南	三	同
三 水木	一十五十 九六	○四二十 八	北	二百四十 二八三	一十三十 三	南	三	同
四 火土	一十一十 四一	○八三十 五	北	二百一十 二四七	○七五十 七	南	二	同
氐宿內五 火土 增	一十○四	○八一十 九	北	二百一十 二十七	○六五十 九	南	四	同
六 水木	一十五十 二	○一一十 四	北	二百四十 二十五	一十三十 四五	南	五	同
七 水木	一十四十 六二	○二五十 九	北	二百○六 二五	一十○二 四	南	六	同
八 水	○九○五	○一五十 五	北	二百二十 十七	一十四十 二六	南	五	同
天乳								
招搖 水土	一十二十 三九	四十三十 九四	北	二百五十 十四二	三十三十 九二	北	三	壽星
梗河一 水土	二十五十 二三	四十四十	北	二百一十 十七二	二十四十 八一	北	三	同
二 水土	一十三十 八九	四十一十 二一	北	二百三十 十四九	三十二十 一四	北	四	同
三 水土	一十四十 七一	四十三十 二六	北	二百○六 十四	三十○六 二	北	四	同
梗河東四 水土 增	二十三十 八四	四十一十 四	北	二百二十 二一二	二十一十 六九	北	五	同
五	○○○三	四十三十 一	北	二百五十 二二	二十一十 六九	北	五	大火
六 水土	二十一十 八六	四十一十 二六	北	二百○八 二二	二十三十 八	北	五	壽星
七 水土	二十六十 九九	四十五十 一五	北	二百○三 二三	二十四十 七五	北	六	同
八 水土	二十五十 九七	四十○六 五	北	二百四十 二四二	三十三十 四	北	五	同
九 水土	二十○○ 九	四十一十 六	北	二百三十 二四一	三十五十 一	北	四	同
帝席								
亢池								
騎官一 火土	一十五十 八	二十○○ 四	南	二百二十 十八三	一十四十 七	南	三	大火
二 火土	二十○八 一	三十一十 一五	南	二百○○ 二二	三十二十 八三	南	四	同
三 火土	二十三十 五	二十○○ 一	南	二百三十 二七六	三十三十 八	南	四	同
四 火土	二十二十 四	二十一十 五	南	二百○八 二四	四十○○ 三	南	四	同

星					等	
五	二十三十 一	二十〇〇 七 南	二百〇〇 三十	四十五十 三 六 南	五	同
六 火土	一十二十 九	二十五十 四 南	二百三十 十八	四十〇八 一 南	五	同
七 火土 師車騎大星	二十一十 二	二十〇〇 九 南	二百五十 十九二	四十〇〇 六 南	二	同
八 火土	二十〇〇 六	二十三十 八 南	二百四十 二四四	四十四十 六 南	五	同
九 火土 師車騎	二十〇〇 五	三十〇〇 南	二百三十 二二八	四十四十 七 四 南	五	同
十 火土	一十二十 三	三十二十 一 南	二百二十 〇八七	四十二十 五 南	五	同
十一 火土	一十一十 三	三十〇〇 南	二百〇〇 〇九	四十一十 四 五 南	四	同
十二 火土	一十二十 四	二十二十 九 南	二百三十 一十三	四十四十 三 九 南	四	同
十三 火土 師領大星	一十一十 七 七	二十一十 九 南	二百〇〇 十四	四十四十 四 南	三	同
十四至二十七						
陣車一 火水	一十五十 五	三十〇七 七 南	二百五十 二十六	二十五十 三 五 南	三	大火
二 火土	一十四十 八	一十三十 一 南	二百五十 二二五	二十〇三 八 南	四	同
三 火土	一十五十 七	一十〇〇 南	二百二十 二二七	二十四十 六 四 南	四	同
車騎						
天輻一 火土	二十三十 二	〇八一十 南	二百四十 二七五	二十二十 六 南	四	同
二 火土	二十二十 三	〇九四十 南	二百二十 二八五	二十五十 七 五 南	四	同
騎陣將軍 火土	二十四十 六	三十一十 三 南	二百〇八 二三	五十二十 一 南	五	同

圖考

氐宿

按禮記月令季冬之月旦氐中

按爾雅釋天天根氐也

注 角亢下繫於氐若木之有根故氐一名天根

按國語天根見而水涸本見而草木節解

注 天根氐亢之間涸竭也謂寒露之後五日天根朝見水潦盡竭也月令仲秋水始涸本氐也謂寒露之後十日陽氣盡草木之枝節皆理解也

按星經氐四星爲天宿宮一名天根二名天符木星春夏木秋冬水主皇后妃嬪前二大星正妃後二左右

按史記天官書氐爲天根主疫

注 正義曰星經云氐四星爲露寢聽朝所居合城圖云氐爲宿宮也索隱曰宋均云疫疾也三月榆莢落故主疾疫也然此時物雖生而日宿在奎行毒氣故有疾疫

按漢書天文志同

按晉書天文志氐四星王者之宿宮后妃之府休解之房前二星適也後二星妾也

按隋書天文志同

按宋史天文志氐宿四星爲天子舍室后妃之府休解之房前二星適也後二星妾也又爲天根主疫漢永元銅儀唐開元游儀氐宿十六度去極九十四度景祐測驗與乾象新書皆九十八度

按觀象玩占氐四星曰天根爲天子宿宮休解之房后妃之府一曰天府土星也主皇后妃嬪前二星主正妃後二小星主左右媵妾其北二尺爲日月五星中道氐又主徭役

天乳

按星經天乳星在氐北主甘露十五度十二中西南星去北辰九十六度北件屬前項天乳別 按此條疑有闕誤

按史記天官書漢書晉書天文志俱不載

按隋書天文志亢池北一星曰天乳主甘露

按宋史天文志天乳一星在氐東北當赤道中

按觀象玩占天乳一星在氐北主雨露

招搖

按星經招搖星在梗河北主邊兵入氐二度去北辰四十一度

按史記天官書杓端有兩星一內爲矛招搖

注 孟康曰近北斗者招搖招搖爲天矛晉灼曰更河三星天矛天鋒招搖一星耳索隱曰案詩紀歷樞云更河中招搖爲胡兵宋均曰招搖星在更河內

按漢書天文志同

按晉書天文志梗河北一星曰招搖一曰矛楯主胡兵招搖與北斗杓間曰天庫

按隋書宋史天文志俱同

按觀象玩占招搖一星在梗河北次北斗杓端一曰常陽一曰天庫一曰天矛主兵又爲矛盾之象主夷

按曆學會通招搖主敵人又曰矛楯

梗河

按星經梗河三星梗在大角帝座北主天子鋒又主兵及喪

按史記天官書漢書天文志俱不載

按晉書天文志帝席北三星曰梗河天矛也一曰天鋒主胡兵又爲喪

按隋書天文志同

按宋史天文志梗河三星在帝席北天矛也一曰天鋒主北邊兵又主喪

按觀象玩占梗河三星在大角北主矛鋒以備天子不虞一曰天盾一曰天鋒天之劍戟主誅罰

按曆學會通梗河天第

帝席

按星經帝席三星在大角北

按史記天官書漢書天文志俱不載

按晉書天文志大角北三星曰帝席主宴獻酬酢

按隋書宋史天文志俱同

按觀象玩占帝席三星在大角北天子燕樂獻酢之所也

亢池

按星經亢池六星在亢北主度送迎之事

按史記天官書漢書晉書天文志俱不載

按隋書天文志亢北六星曰亢池亢舟航也池水也主送往迎來

按宋史天文志亢池六星在亢宿北亢舟也池水也主渡水往來送迎

按觀象玩占亢池六星在亢北主泛舟迎送渡水之事一曰伐津

按曆學會通亢池渡水迎送舟船津道

騎官

按星經騎官二十七星在氐南主天子騎虎賁賁諸侯之族子弟宿衛天子三衛之象

按史記天官書房南衆星曰騎官

按漢書天文志同

按晉書天文志騎官二十七星在氐南若天子武賁主宿衛

按隋書天文志同

按宋史天文志騎官二十七星在氐南天子虎賁也主宿衛

按觀象玩占騎官二十七星在氐南天子宿衛騎士一曰輕騎金官也主守禦防不虞

按曆學會通騎官天子宿衛禁兵

陣車

按星經陣車三星在氐南主革車兵車

按史記天官書漢書天文志俱不載

按晉書天文志陣車三星在騎官東北革車也

按隋書天文志同

按宋史天文志陣車三星在氐南一云在騎官東北革車也

按觀象玩占陣車三星在氐南革車之象

車騎

按星經車騎三星在騎官南總領車騎行軍之事

按史記天官書漢書天文志俱不載

按晉書天文志騎官南三星車騎之將也

按隋書天文志同

按宋史天文志車騎三星在騎官南總車騎將主部陳行列

按觀象玩占車騎三星在騎官南金官也爲都車馬之將主步陳行列

天輻

按星經天福三星在房西主乘輿之官也

按史記天官書漢書天文志俱不載

按隋書天文志房西二星南北列曰天輻主乘輿之官若禮巾車公車之政主祠事

按宋史天文志天輻二星在房西斜列主乘輿若周官巾車官也一作天福

按觀象玩占天輻二星在房西騎陣之東主鸞駕

騎陣將軍

按星經車騎將軍星在騎官東南主車騎將軍之官

按史記天官書漢書天文志俱不載

按晉書天文志騎官東端一星曰騎陣將軍騎將也

按隋書天文志同

按宋史天文志將軍一星騎將也在騎官東南總領車騎軍將部陣行列

按曆學會通騎陣將軍統押禁兵之首領

欽定古今圖書集成曆象彙編乾象典

第四十八卷目錄

星辰部彙考五

乾象典第四十八卷

星辰部彙考五

房宿

隋丹元子步天歌房四星直上主明堂鍵閉一星斜向上鉤鈐兩箇近其旁罰有三星直鍵上兩咸夾罰似房狀房下一星號爲日從官兩星日下出

新法曆書房宿圖

房宿恒星表

星名	黃道經度分	黃道緯度分	向	赤道經度分	赤道緯度分	向	等	宮
房宿一 火土	二十七四十八	○五十	南	二百一十四	十九四八	南	三	大火
二 火土	十八○七	○八二十八	南	二百四十二	二十八	南	四	同
三 金土	二十七十九五	○一五○五	北	二百五十五九	十四八	南	二	同
四 火土	二十二十七	○一五五十	南	二百二十四七	二十三十	南	三	同
鍵閉 金土	二十二十九七	○一四二十	北	二百三十七八	十八	南	四	同
鉤鈐 金土	二十八三十	○○四十	北	二百一十六九	九十四十	南	五	同
二	──			──				
罰星								
東咸一 金	○三○五二十		北	二百四十五	十三十	南	五	析木
二 金	○二○○三二十		北	二百四十四七	十	南	五	同
三 金	○一二十○一四十		北	二百九	十八五十	南	五	同
四 金	○一○○五四十		北	二百九五四十	十二	南	四	同
東咸東五 增 金	○三四十○○四十		北	二百九十三十	十七	南	五	同
西咸一 水	二十十○四○四		北	二百四十四五十	七十	南	四	大火
二 水	二十三十○三		北	二百一十五	三十	南	四	同
三 水	二十一十○六		北	二百二十一三	○七	南	四	同
四 水	二十十○四○九		北	二百五十一十七	十	南	四	同
西咸西七 增 水火	九十五十○二一		北	二百○二	三十	南	四	同
八 水	一十○九○八○七		北	二百○二○八	五十	南	四	同
西咸北九 增	二十四十一十		北	二百五十九○二		南	五	同
日 水	四十○二		北	二百一十八	十九十七	南	四	同
日北六 增	二十十○七		北	二百一十○五		南	四	同
從官一	七十○○三十		南	二百九十二		南	四	同
二	八二十○○五十		南	二百四十十		南	四	同

圖考

房宿

按爾雅釋天天駟房也大辰房心尾也

注龍爲天馬故房四星謂之天駟龍星明者以爲時候故曰大辰疏房一名天駟天文志曰房爲天府曰天駟國語曰月在天駟是也大辰房心尾之總名也辰時也春秋昭十七年冬有星孛於大辰是也

按尚書旋璣鈐房爲明堂主布政

按國語農祥晨正

注農祥房星也晨正謂立春之日晨中於午也

駟見而隕霜

注駟天駟房星也隕落也謂建戌之中霜始見

按星經房四星名天府管四方一名天旗二名天駟三名天龍四名天馬五名天衡六爲明堂是火星春夏水秋冬火房爲四表表三道日月五星常道也上第一星名爲右服次將其名陽環上道二星名右驂上相其名中道三名左服次將其名下道四名左驂上相總四輔

按史記天官書東宮蒼龍房心房爲府曰天駟其陰右驂

注索隱曰爾雅云天駟房也詩紀歷樞云房爲天馬主車駕宋均云房既近心爲明堂又別爲天府及天駟也正義曰房星君之位亦主左驂亦主良馬故爲駟王者恆祠之是馬祖也

按漢書天文志東方蒼龍房心房爲天府曰天駟

按晉書天文志房四星爲明堂天子布政之宮也亦

四輔也下第一星上將也次次將也次次相也上星上相也南二星君位北二星夫人位又爲四表中間爲天衢爲天關黃道之所經也南間曰陽環其南曰太陽北間曰陰間其北曰太陰亦曰天駟爲天馬主車駕南星曰左驂次左服次右服次右驂亦曰天廐又主開閉爲蓄藏之所由也

按隋書天文志同

按宋史天文志漢永元銅儀唐開元游儀房宿五度舊去極百八度今百十度半景祐測驗房距南第二星去極百十五度在赤道外二十三度乾象新書在赤道外二十四度

按觀象玩占房宿四星曰天駟總管四方一曰天旗一曰天市一曰天龍一曰天倉一曰天表一曰天衡一曰天府木星也甘氏曰房爲明堂政布之宮也石氏曰房爲四輔其北上第一星上相也次二星次相也次三星次將也南下第四星上將也南二星爲君位北二星爲夫人位房又爲四表中間爲天衢大道亦謂之天闕黃道所經日月五星之所行也南二星爲陽環亦曰陽間其南爲太陽道北二星爲陰間亦曰陰環其北爲太陰道又曰房爲天馬亦天駟主車駕其南爲左驂次上爲左服北二星爲右驂次下爲右服又爲天廄主啓閉蓄藏之所

鍵閉

按星經鍵閉星在房東北主管籥

按史記天官書東宮蒼龍房心房爲府曰天駟其陰右驂北一星曰牽

註正義曰說文云牽車軸耑鍵也兩穿相背也星經云鍵閉一星在房東北掌管籥也

按漢書天文志同

按晉書天文志鍵閉一星在房東北鉤鈐主關籥

按隋書天文志鍵閉一星近鉤鈐主關籥

按宋史天文志同

按觀象玩占鍵閉一星在房東北主管籥開閉之官

鉤鈐

按星經鉤鈐二星主法去房宿七寸第一名天健二名天宮籥開藏去北辰一百四度半

按史記天官書東宮蒼龍房心房爲府曰天駟其陰右驂旁有兩星曰鈐

註索隱曰元命苞曰鉤鈐兩星以閑防神府闓舒爲主鉤距以備非常也

按漢書天文志同

按晉書天文志房北二小星曰鉤鈐房之鈐鍵天之管籥主閉鍵天心也

按隋書宋史天文志俱同

按觀象玩占鉤鈐二星在房東近左服右驂兩星之間天子之服心喉舌也

罰星

按星經罰三星在東西咸下南北而列主受金罰贖市布租也

按史記天官書漢書晉書天文志俱不載

按隋書天文志東咸西三星南北列曰罰星主受金贖

按宋史天文志罰三星在東西咸正西主受金罰贖

按觀象玩占罰三星在東咸正西南北列上誅罰一曰主贖刑

東咸西咸

按星經東咸四星在房東北主防淫佚星南入心二度去北辰一百三度西咸四星在氐東主治淫佚南星入氐五度去北辰九十三度

按史記天官書漢書天文志俱不載

按晉書天文志東咸西咸各四星在房心北日月五星之道也房之戶所以防淫佚也

按隋書天文志同

按宋史天文志東咸西咸各四星東咸在心北西咸在房西北日月五星之道也爲房之戶所以防淫佚也

按觀象玩占東咸四星西咸四星皆在房星之北日月五星之道也一曰大明爲房之戶常爲帝側之屏以表障后宮防奸私

日星

按星經闕史記天官書漢書晉書天文志俱不載

按隋書天文志房中道一星曰日

按宋史天文志日一星在房宿南太陽之精主昭明令德

按觀象玩占日一星在房中道太陽之精也主明德

從官

按星經巫官二星在房西南主醫巫之職也按諸史志無巫官疑即從官故入於此

按史記天官書漢書天文志俱不載

按晉書天文志從官二星在積卒西北

按隋書天文志同

按宋史天文志從官一星在房宿西南主疾病巫醫

按觀象玩占從官二星在積卒西北房宿東南主天子疾病巫醫

按曆學會通從官主天下疾病巫醫人

心宿

隋丹元子步天歌心三星中央色最深下有積卒共十二三三相聚心下是

新法曆書心宿圖

心宿恒星表

星名	黃道經度	分	黃道緯度	分	向	赤道經度	分	赤道緯度	分	向	等	宮
心宿一 火木	○二	三十四	○三	五十五	南	二百三十三	九八	二十四	三十四	南	四	析木
二 火木	○四	三十六	○四	二十七	南	二百四十四	一三	二十五	三十	南	一	同
三 火木	○六	○六	○五	五十	南	二百一十四	三八	二十七	一十	南	四	同
心宿南四 火木 增	○一	一十	○六	三十八	南	二百三十二	七九	二十六	五十六	南	五	同
五	○一	五十	○六	四十	南	二百一十三	八三	二十七	○八	南	五	同
積卒一 火土	○○	一十七	一十	○○	南	二百三十三	三四	三十六	四十八	南	四	同
二 火	○○	四十五	一十	二十	南	二百三十三	四八	三十五	一十九	南	四	同

圖考

心宿

按書經虞書堯典日永星火以正仲夏

蔡注 火謂大火夏至昏之中星也

按詩經召南小星嘒彼小星三五在東

毛傳 嘒微貌小星衆無名者三心五噣四時更見 箋 衆無名之星隨心噣在天猶諸妾隨夫人以次序進御於君也心在東方三月時也噣在東方正月時也如是終歲列宿更見

唐風綢繆三星在天

朱注 三星心也在天昏始見於東方建辰之月也 大全 鄭氏曰昏而不見則嫁之候今見在天則三月末是不得其時 安成劉氏曰心宿之象三星鼎立故因謂之三星凡三星者非止心之一宿而知此詩爲心宿者蓋春秋之初辰月末日在畢昏時日淪地之酉位而心宿始見於地之東方此詩男女既過仲春之月而得成婚故適見心宿也

三星在隅

朱注 隅東南隅也昏見之星至此則夜久矣

三星在戶

朱注 戶必南出昏見之星至此則夜分矣

豳風七月七月流火

朱注 七月斗建申之月夏之七月也流下也火大火心星也以六月之昏加於地之南方至七月之昏則下而西流矣

按禮記月令季夏之月昏火中

按爾雅釋天大辰房心尾也大火謂之大辰

注 大火心也在中最明故時候主焉 疏 大火大辰之次名也李巡云大火蒼龍宿心以候四時

按左傳心爲大火

按國語火見而淸風戒寒

注 謂霜降之後淸風先至所以戒人爲寒備也

火之初見期於司里

注 期會也致其築作之具會於司里之官

按尚書考靈耀主夏者火昏中可以種黍菽

按星經心三星中天王前爲太子後爲庶子火星也春夏木秋冬水一名大火二名大辰三名鶉火

按史記天官書東宮蒼龍房心心爲明堂大星天王前後星子屬

注 索隱曰文燿鈎云東宮蒼帝其精爲龍春秋說題辭云房心爲明堂天王布政之宮鴻範五行傳曰心之大星天王也前星太子後星庶子

按漢書天文志同

按大戴禮夏小正五月初昏大火中大火者心也心中種黍菽糜時也九月內火內火也者大火大火也者

心也

按晉書天文志心三星天王正位也中星曰明堂大子位爲大辰主天下之賞罰前星爲太子後星爲庶子

按隋書天文志同

按宋史天文志漢永元銅儀唐開元游儀心三星皆五度去極百八度景祐測驗心三星五度距西第一星去極百十四度

按觀象玩占心三星爲大火一曰大辰一曰大司空一曰天相火星也心爲明堂中央大星天王正位其北四尺爲日月五星中道前星爲太子後星爲庶子星贊曰心爲天王故置積卒以爲衞心者木中火故其色赤爲天之關梁

積卒

按星經積卒星十二在氐東南西入氐十三度去北辰一百二十四度

按史記天官書漢書天文志俱不載

按晉書天文志積卒十二星在房心南主爲衞也

按隋書天文志同

按宋史天文志積卒十二星在房西南五營軍士之象主衞士掃除不祥

按觀象玩占積卒十二星在房星西南一曰衞士金官也所以衞暴守衞明堂掃除不祥

按曆學會通積卒掃除糞穢不祥

尾宿

隋丹元子步天歌尾九星如鉤蒼龍尾下頭五點號龜星尾上天江四橫是尾東一個名傳說傳說東畔一魚子尾西一星是神宮所以列在后妃中

新法曆書尾宿圖

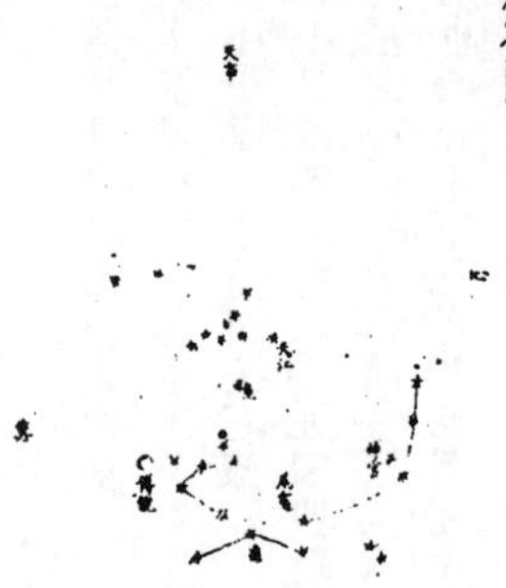

尾宿恒星表

星名	黃道經度 分	黃道緯度 分	向	赤道經度 分	赤道緯度 分	向	等	宮
尾宿一	一十〇七	一十〇〇 五	南	二百四十 四五七	三十五十 六二	南	四	析木
二 火水	〇九五十	一十〇〇 一	南	二百二十 四六	三十五十 二二	南	三	同
三 水火	一十二十 一	一十四十 八	南	二百三十 四六五	四十三十 五	南	四	同
四 水火	一十三十 六	一十三十 九	南	二百〇〇 五三	四十〇二 二	南	三	同
五 水火	一十三七 九	一十五十 八	南	二百五十 五六	四十四十 一	南	二	同
六 水火	二十五七 一	一十四十 六	南	二百四十三 五九七	三十五十 九四	南	三	同
七 火土	二十二十	一十一十 五	南	二百〇六 五	三十一十 八七	南	三	同
八 火月	二十五十 八	一十二十 三	南	二百二十 五六八	三十一十 六九	南	三	同
九 火月	一十二十 八	一十三十 三	南	二百五十 五五一	三十二十 六六	南	四	同
龜一 金水	一十〇〇 二	三十二十 三	南	二百一十 四四七	五十一十 二五	南	五	同
二 金水	一十三十 六	三十一十 四	南	二百二十 四九五	五十四十 六三	南	四	同
三 金水	一十二十 六	六十二十 三	南	二百二十 四九五	五十五十 五二	南	四	同
四 金水	一十一十 二	三十一十 四	南	二百一十 四三一	五十〇三 六	南	四	同
五								
天江一 金	一十二十 四	〇二二十 四	南	二百四十 五二六	二十五十 四二	南	三	析木
二 金	一十〇五 六	〇一三十 二	南	二百四十 五四三	二十一十 四九	南	四	同
三 金	一十三十 七	〇〇一十 五九	南	二百二十 五六七	二十二十 三五	南	五	同
四 金土	一十五十 七	〇〇五十 九八	南	二百五十 九六	二十五十 三六	南	五	同
天江北五 增	一十四十 六	〇〇二十 六	南	二百三十 五五五	二十一十 三一	南	四	同
六	一十四十 四	〇二一十 六二	北	二百四十 五三四	二十二十 八	南	三	同
天江東七 增	二十〇八 二	〇四二十 二	北	二百四十 六一二	一十五十 八八	南	六	同
傳說	二十三十 二	一十一十 三五	南	二百五十 六十五	三十三十 六二	南	氣	同
魚 金土	一十五十 六	〇六一十	南	二百〇一 五五	二十〇一 九	南	五	同
神宮一 金土	二十三十 一	一十〇〇 八	南	二百〇五 四七	四十〇一	南	三	同

圖考

尾宿

按禮記月令孟春之月日尾中

按左傳龍尾伏辰

注　龍尾尾星也日月之會曰辰日在尾故尾星伏不見

按星經龍尾九星爲後宮第一星后次三夫人次九嬪次嬪妾一名后族水星也二風后三天雞四天狗五太廟

按史記天官書尾爲九子曰君臣斥絕不和

注 索隱曰宋均云屬後宮場故得兼子子必九者取尾有九星也元命苞云尾九星箕四星爲後宮之場也正義曰尾爲析木之津於辰在寅燕之分野尾九星爲後宮亦爲九子星近心第一星爲后妃次三星並爲夫人次三嬪末二星爲妾

按漢書天文志同

按晉書天文志尾九星後宮之場妃后之府上第一星后也次三星夫人次星后嬪妾第三星傍一星名曰神宮解衣之內室尾亦爲九子

按隋書天文志同

按宋史天文志尾宿九星爲天子後宮亦主后妃之位上第一星后也次三星夫人次星嬪妾也亦爲九子漢末元銅儀尾宿十八度唐開元游儀同舊去極百二十度一云百四十度今百二十四度景祐測驗亦十八度距西行從西第二星去極百二十八度在赤道外二十二度乾象新書二十七度

按觀象玩占尾九星蒼龍尾也一曰天雞一曰析木一曰天狗一曰風后一曰太廟亦曰太司空一曰龍獵一曰九子水星也尾爲後宮后妃之府其北十尺爲日月五星中道其上第一星主后次二星主夫人又次三星主九嬪次三星主媵妾其第二星爲后族旁一小星相去一寸曰神宮天子解衣之內室也尾又主八風箕尾之間謂之九江口故尾星又曰九江主水

龜星

按星經天龜六星在尾南漢中主卜吉凶入尾十二度去北辰一百四十一度

按史記天官書不載

按漢書天文志龜鼈星不居漢中川有易者

按晉書天文志龜五星在尾南主卜以占吉凶

按隋書宋史天文志俱同

按觀象玩占龜五星在尾南漢中一曰連珠主贊神明定吉凶

天江

按星經天江四星在尾北主太陰星南入尾六度去北辰一百十一度

按史記天官書天潢旁江星

注 正義曰天江四星在尾北主太陰也

按漢書天文志同

按晉書天文志天江四星在尾北主太陰

按隋書宋史天文志俱同

傅說

按左傳天策焞焞

注 天策傅說星時近日星微焞焞無光耀也

按星經闕史記天官書漢書天文志俱不載

按晉書天文志傅說一星在尾後傅說主章祝巫官也

按隋書天文志傅說一星在尾後傅說主章祝巫官也章請號之聲也主王后之內祭祀以祈子孫廣求後嗣詩云克禋克祀以弗無子此其象也

按宋史天文志傅說一星在尾後河中章祝官也一曰後宮女巫也司天王之內祭祀以祈子孫左氏傳天策焞焞卽此星也

按觀象玩占傳說一星在尾後河中主祝章爲後宮祈神明保子孫春秋元命苞曰傅說主祝章巫官也章請號之聲也一曰傅說女巫也主王宮之內祭祀祝祠鬼神祈禱子嗣詩云克禋克祀以弗無子此其象也

魚星

按星經天魚一星在尾後河中主雲雨理陰陽

按史記天官書漢書天文志俱不載

按晉書天文志魚一星在尾後河中主陰事知雲雨之期也

按隋書宋史天文志俱同

按觀象玩占魚一星在尾後河中一曰據星一曰蒙星主雲霓識陰事知雲雨之期

按曆學會通魚在河中知雲雨風氣狀如雲

神宮

按星經闕史記天官書漢書天文志俱不載

按晉書天文志尾第三星旁一星名曰神宮解衣之內室

按隋書宋史天文志俱同

按觀象玩占神宮一星在尾宿第二星旁爲附座解衣之內室也

箕宿

隋丹元子步天歌箕四星形狀似簸箕箕下三星名木杵箕前一粒是糠皮

新法曆書箕宿圖

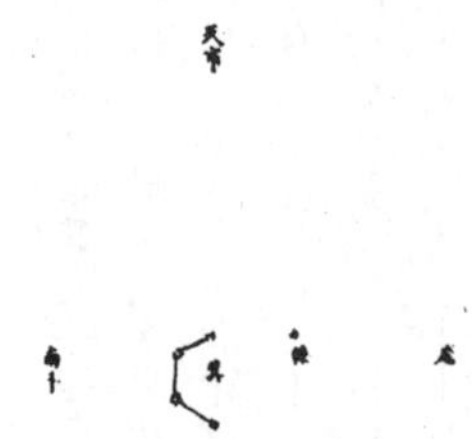

箕宿恒星表

星名	黃道經度	分	黃道緯度	分	向	赤道經度	分	赤道緯度	分	向	等	宮
箕宿一 火月	二十五	四十三	〇六	三十	南	二百六五	〇三	二十九	五十七	南	三	析木
二 火木	二十九	〇〇	〇六	三十	南	二百六八	五十一	三十	〇〇	南	三	
三 火木	二十九	二十	一十	五十	南	二百六九	一十七	三十四	二十	南	三	
四 土木	二十七	三十	一十三	三十	南	二百六七	〇〇	三十七	〇〇	南	三	
杵一 金水	一十九	〇〇	二十二	四十	南	二百五五	二十六	四十五	三十七	南	五	
二 金水	一十七	三十	二十六	三十	南	二百五二	四十五	四十九	一十七	南	四	
三												
杵東三 金水	二十一	四十	二十五	四十五	南	二百五八	三十二	四十八	五十六	南	四	
糠 金土	一十	五十	〇四	一十九	南	二百六十	二十	二十九	〇二	南	五	

圖考

箕宿

按詩經小雅巷伯哆兮侈兮成是南箕

朱註哆侈微張之貌南箕四星二爲踵二爲舌其踵狹而舌廣則大張矣大全安成劉氏曰箕星常見於南方故謂南箕

大東維南有箕不可以簸揚

維南有箕載翕其舌

朱註南箕不可以簸揚糠粃而引其舌反若有所吞噬也

按爾雅釋天析木謂之津箕斗之間漢津也

注即漢津也箕龍尾斗南斗天漢之津梁疏十二次之分析木燕也析木之津箕斗之次名也孫炎曰析別水木以箕斗之間是天漢之津也劉炫謂是天漢即天河也天河在箕斗二星之間箕在東方木位斗在北方水位分析水木以箕星爲隔隔河須津梁以渡故謂此次爲析木之津也不言析木而言析木者此次自南而盡北故依此次而名析木也郭云箕龍尾斗南斗天漢之津梁以四方皆有七宿各成一形東南成龍形西方成虎形皆南首而北尾南方成鳥形北方成龜形皆西首而東尾箕在蒼龍之末故云龍尾斗至南方即見故云南斗昭八年左傳曰今在析木之津國語曰日在析木之津者是也按經典但有析木之津無析木謂之津今定本有謂字因注云即漢津也誤矣

按詩紀曆樞箕爲天口主出氣

按星經箕四星主後別府二十七世婦八十一御女爲相天子后也亦爲天漢九江口主梁在漢邊金星春夏金秋冬土

按史記天官書箕爲敖客曰口舌

注索隱曰宋均云敖調弄也箕以簸揚調弄爲象有去去來來客之象也詩云維南有箕載翕其舌又詩緯云箕爲口主出氣是箕謂爲敖客行譎諂也正義曰箕主八風亦后妃之府也

按漢書天文志同

按晉書天文志箕四星亦後宮妃后之府亦曰天津一曰天鷄主八風又主口舌主客蠻夷戎貊

按隋書天文志同

按宋史天文志漢永元銅儀箕宿十度唐開元游儀十一度舊去極百十八度今百二十度景祐測驗箕四星十度距西北第一星去極百二十三度

按觀象玩占箕四星曰天津一曰天漢主津梁一曰風口一曰風星主八風一曰狐星狐貉一曰天鷄主時一曰天陣金星也又爲女相主口舌又曰天后后宮之別府也其北六尺爲日月五星中道又主蠻夷

戎勤

杵星

按星經杵三星在箕南主杵臼舂米事星北入箕一度去北辰一百四十三度

按史記天官書漢書天文志俱不載

按晉書天文志杵三星在箕南杵給庖舂

按隋書宋史天文志俱同

按觀象玩占杵三星在箕南木官也主舂臼之用

糠星

按星經闕史記天官書漢書天文志俱不載

按晉書天文志糠一星在箕南杵西北

按隋書天文志糠一星在箕舌前杵西北

按宋史天文志同

按觀象玩占糠一星在箕口前主簸揚給犬豕糠粃

欽定古今圖書集成曆象彙編乾象典

第四十九卷目錄

乾象典第四十九卷

星辰部彙考六

斗宿

隋丹元子步天歌斗六星其狀如北斗魁上天建六相守天弁河中建上九斗下圓安十四星雖然名鼈貫索形天雞建背雙黑星天籥柄前八黃精狗國四方雞下生天淵十星鼈東邊更有兩狗斗魁前農家丈人斗下眠天淵色黃狗色元

新法曆書斗宿圖

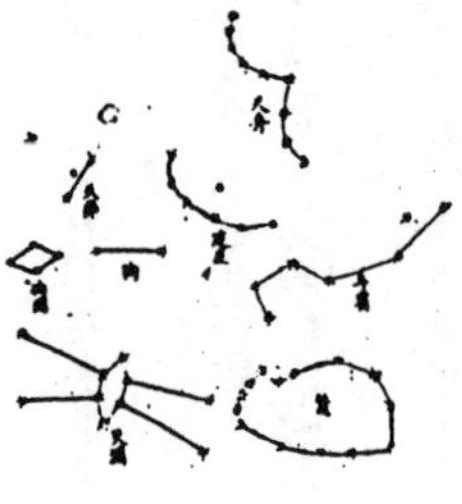

斗宿恒星表

星名	黃道經度	分	黃道緯度	分	向	赤道經度	分	赤道緯度	分	向	等	宮
斗宿一 大日	○五	○三	○三	五十	南	二百七五	三十九	二十七	一十五	南	五	星紀
二 大土	○二	一十一	○二	○○	南	二百七一	一十七	二十五	三十	南	四	同
三 大木	二十八	○五	○二	二十八	北	二百六七	五十八	二十一	○三	南	四	析木
四 金木	○七	一十四	○三	三十一	南	二百七八	○五	二十六	四十三	南	四	星紀
五 金木	○九	○○	○四	三十	南	二百八十	○二	二十七	四十三	南	四	同
六 金木	○七	四十	○六	四十五	南	二百七八	四十六	三十	○二	南	三	同
建星一 大日	○八	二十	○一	四十五	北	二百七八	五十七	二十二	三十	南	四	同
二 大日	○九	五十一	○○	五十九	北	二百八十	三十八	二十二	一十	南	四	同
三 大日	一十一	○六	○一	三十一	北	二百八一	五十三	二十一	三十五	南	四	同
四 金木	一十三	○七	○三	○七	北	二百八三	五十五	一十九	四十五	南	六	同
五 金木	一十四	一十八	○四	一十七	北	二百八五	○○	一十八	三十	南	四	同
六 金木	一十四	三十四	○六	一十	北	二百八五	○一	一十六	三十六	南	五	同
建星南七 增 大日	○六	三十	○○	四十五	北	二百七七	○○	二十二	三十七	南		同
天弁一 火木	一十二	○九	一十七	四十一	北	二百八一	三十六	○五	二十一	南	三	同
二 火木	一十二	五十二	一十六	五十七	北	二百八十	三十	○六	一十一	南	四	同
三												
四												
五												
六												
七												
八												
九												
鼈一 金木	○○	三十	二十一	三十	南	二百七十	四十二	四十五	○一	南	四	星紀
二 金木	○三	○○	二十一	○○	南	二百七三	五十八	四十四	二十一	南	五	同
三 金木	○四	三十	二十	三十	南	二百七五	五十七	四十三	四十六	南	五	同
四 金木	○六	一十	二十	○○	南	二百七七	五十八	四十三	一十	南	四	同
五 大土	○七	三十	一十八	三十	南	二百七九	三十四	四十一	三十二	南	五	同
六 大土	○八	四十	一十七	一十	南	二百八十	五十五	四十	一十三	南	四	同
七 大土	○八	一十	一十六	○○	南	二百八十	四十七	三十九	一十	南	四	同
八 大土	○七	五十	一十五	二十	南	二百七九	三十二	三十八	三十六	南	四	同
九 大土	○六	三十	一十五	五十	南	二百七八	○三	三十九	○○	南	六	同
十 大土	○六	○○	一十四	五十	南	二百七七	二十三	三十八	○五	南	六	同
十一 大土	○三	一十	一十四	四十	南	二百七三	五十四	三十八	○○	南	五	同
十二 大土	○一	○○	一十五	五十	南	二百七一	一十六	三十九	二十	南	五	同
十三 大土	○○	三十	一十八	三十	南	二百七十	三十九	四十二	○○	南	五	同
十四												
天雞一	一十九	三十二	○五	○八	北	二百九十	二十二	一十七	○五	南	六	星紀
二	一十九	四十七	○一	二十五	北	二百九一	○七	二十	四十	南	六	同
天雞東三 增	二十三	一十六	○五	一十二	北	二百九三	五十九	一十六	二十四	南	六	同
天籥												
狗國一 金土	一十九	○○	○四	五十	南	二百九一	○七	二十六	五十九	南	五	星紀
二 金土	一十九	五十	○四	五十	南	二百九二	○八	二十六	五十一	南	五	同
三 金土	一十九	五十	○五	五十	南	二百九二	一十八	二十七	四十九	南	五	同
四 金土	二十	五十	○六	三十	南	二百九三	三十三	二十九	○七	南	五	同
天淵一 土木	○九	○○	二十三	○○	南	二百八二	○三	四十六	○○	南	二	同
二 土木	○八	二十	一十八	○○	南	二百八十	三十	四十一	○五	南	二	同
三 土木	一十八	四十	一十三	三十	南	二百九二	二十三	三十五	三十五	南	三	同
四 土木	一十八	○○	二十	一十	南	二百九二	五十七	四十二	○七	南	三	同
五												
六												
七												
八												

九		
十		
狗一 土木	一十四十六九 二〇八南 〇 十二十五 十四 十	南六星紀
二 土木	一十四十二 一五十南 八西 百五十四 十 四十	南五 同
狗西三 增	一十二十〇二三十南 八 百 十五 十二十	南五 同
農丈人		

圖考

斗宿

按詩經小雅大東維北有斗不可以挹酒漿

維北有斗西柄之揭

疏 按二十八宿連四方爲名者唯箕斗井壁四星而已皆者室之外院箕在南則壁在室東故稱東壁鄭稱參傍有玉井則井星在參東故稱東井推此則箕斗並在南方之時箕在南而斗在北故言南箕北斗也 注 朱 箕斗二星以夏秋之間見於南方云北斗者以其在箕之北也或曰北斗常見不隱者也南斗柄固指西北斗而西柄則亦秋時也言北斗既不可挹酒漿而西揭其柄反若有所挹取於東也

按爾雅釋天星紀斗牽牛也

注 牽牛斗者日月五星之所終始故謂之星紀 疏 十二次之分星紀吳越也星紀斗牛之次也左傳曰歲在星紀是也

按星經南斗六星主天子壽命亦云宰相爵祿之位巫咸氏云木星春夏木秋冬水一名天斧二名天闕三名天機

按史記天官書南斗爲廟

注 正義曰南斗六星在南也

按漢書天文志同

按晉書天文志北方南斗六星天廟也丞相太宰之位主褒賢進士稟授爵祿又主兵一曰天機南二星魁天梁也中央二星天相也北二星天府庭也亦爲壽命之期也將有天子之事占於斗

按隋書天文志同

按宋史天文志北方南斗六星天之賞祿府主天子壽筭爲宰相爵祿之位傳曰天廟也丞相太宰之位褒賢進士稟授爵祿又主兵一曰天機南二星魁天梁也中央二星天相也北二星天府廷也又謂南星者魁星也北星杓也第一星曰北亭一曰天開一曰鐵鑕石申曰魁第一主吳二會稽三丹陽四豫章五廬江六九江漢永元銅儀斗二十四度四分度之一唐開元游儀二十六度舊去極百十六度今百十九度景祐測驗亦二十六度距魁第四星去極百二十二度

按觀象玩占南斗六星曰天廟一曰天正一曰天闕一曰天機一曰天府一曰天庫一曰天司元武之首丞相太宰之位木星也主天子壽命之期主酌量政事稟受爵祿將有天子之事占之於斗日月五星貫之爲中道其南首二星曰魁爲天庫又爲天梁主褒賢進士中二星爲天相主爵祿北尾二星曰杓爲天府主壽命第一星主吳第二星主會稽第三星主丹陽第四星主豫章第五星主廬江杓尾第六星主九江

建星

按禮記月令仲春之月旦建星中

疏 昏旦中星皆舉二十八宿此云建星中以建星近斗度多星體廣不可的指故舉建以定其中也

孟秋之月昏建星中

按星經建六星在南斗北天之都關三光道也主司七曜行得失十一月甲子冬至大應治政之宿所起也星入斗七度去北辰一百十三度 此條疑有闕文

按史記天官書南斗爲廟其北建星建星者旗也

注 正義曰建六星在斗北臨黃道天之都關也斗建之間七曜之道亦主旗輅

按漢書天文志同

按晉書天文志建星六星在南斗北亦曰天旗天之都關也爲謀事爲天鼓爲天馬南二星天庫也中央二星市也鈇鑕也上二星旗跗也斗建之間三光道也

按隋書天文志同

按宋史天文志建六星在南斗魁東北臨黃道一曰天旗天之都關爲謀事爲天鼓爲天馬南二星天庫也中二星市也鐵鑕也上二星爲旗跗斗建之間三光道也主司七曜行度得失十一月甲子天正冬至大曆所起宿也

按觀象玩占建六星在南斗背下臨黃道一曰天旗一曰天關巫咸曰土星也爲天之都關爲謀事爲天鼓又爲天馬南二星天庫也中二星天市也鈇鑕也

上二星旗跗也爲天之府庭斗建之間三光之道陰陽始終之門七政所起律曆之原本也是爲上古十一月甲子天正大曆所起之宿

按賢相通占建星六星天子之都梁關津主三光日月五星行曆得失

天弁

按星經天弁九星在建近河爲市官之長主市易也

按史記天官書漢書天文志俱不載

按晉書天文志天辨九星在建星北市官之長以知市珍也

按隋書天文志天弁九星在建星北市官之長也主列肆闤闠若市籍之事以知市珍也

按宋史天文志天弁九星一作辨在建星北市官之長主列肆闤闠市籍之事以知市珍也

按觀象玩占天弁九星在建星北入河中市官之長也主列闤闠市籍之事主商賈賦稅

按曆學會通天弁入河中辨別珍寶市中之老吏

鼈星

按星經天鼈十五星在斗南主太陰水蟲右入斗一度去北辰一百二十七度

按史記天官書不載

按漢書天文志鼈星不居漢中川有易者

按晉書天文志鼈十四星在南斗南鼈爲水蟲歸太陰

按隋書天文志同

按宋史天文志鼈十四星在南斗南主水族

按觀象玩占鼈十四星在南斗南水蟲也常居漢中主水族

天雞

按星經天雞二星在狗國北主異鳥

按史記天官書漢書天文志俱不載

按晉書天文志狗國北二星曰天雞主候時

按隋書天文志同

按宋史天文志天雞二星在牛西一曰在狗國北主異鳥一曰主候時

天籥

按星經天籥七星在斗杓第二星西主關籥開閉

按史記天官書漢書天文志俱不載

按晉書天文志天籥八星在南斗杓西主關閉

按隋書天文志同

按宋史天文志天籥八星在南斗杓第二星西主開閉門戶

按觀象玩占天籥八星在南斗杓西主鎖鑰開閉

狗國

按星經狗國四星在建東南主鮮卑烏丸

按史記天官書漢書天文志俱不載

按晉書天文志建東南四星曰狗國主鮮卑烏丸沃且

按隋書天文志同

按宋史天文志狗國四星在建星東南主三韓鮮卑烏桓玁狁沃且之屬

按觀象玩占狗國四星在建星東徼外之國主三韓鮮卑烏桓玁狁之屬

天淵

按星經天泉十星在鼈東一曰天海主灌溉溝渠之事也

按史記天官書漢書天文志俱不載

按博雅天淵謂之紐茲又謂之三淵

按晉書天文志九坎間十星曰天池一曰三池一曰天海主灌溉田疇事

按隋書天文志同

按宋史天文志天淵十星一曰天池一曰天泉一曰天海在鼈星東南九坎間又名太陰主灌溉溝渠

按觀象玩占天淵十星在鼈星東南一曰天海一曰太陰主灌溉又主海中魚鼈

狗星

按星經狗二星在斗魁前主卿臣

按史記天官書漢書天文志俱不載

按晉書天文志狗二星在南斗魁前主吠守

按隋書宋史天文志俱同

按觀象玩占狗星有二在南斗魁前主守禦

按曆學會通狗守御門

農丈人

按星經農丈人一星在斗南主農官正政司農卿等之職

按史記天官書漢書天文志俱不載

按晉書天文志農丈人一星在南斗西南老農主稽也

按隋書天文志同

按宋史天文志農丈人一星南斗西南老農主稼穡者又主先農農正官

[illegible]占農丈人一星在斗西南箕星之東老農也主稼穡一曰主歲豐耗

牛宿

隋丹元子步天歌牛六星近在河岸頭頭上雖然有兩角腹下從來欠一脚牛下九黑是天田田下三三九坎連牛上直建三河鼓鼓上三星號織女左旗右旗各九星河鼓兩畔右邊明更有四黃名天桴河鼓直下如連珠羅堰三烏牛東居四箇輦道四漸臺輦道漸臺在何許欲得見時近織女

新法曆書牛宿圖

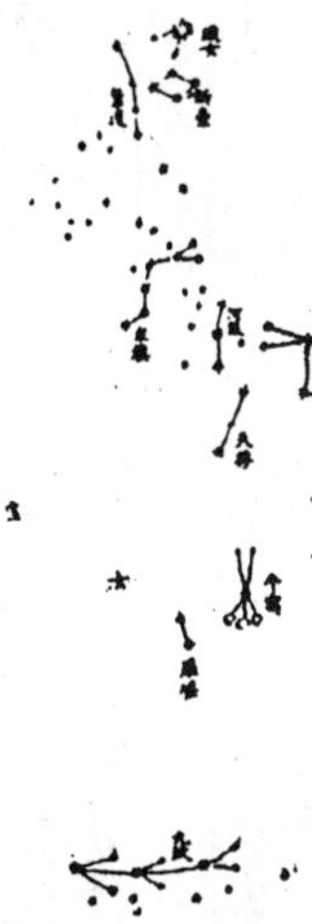

牛宿恒星表

星名	黃道經度	分	黃道緯度	分	向	赤道經度	分	赤道緯度	分	向	等	宮
牛宿一 金火	二十八	五十四	○四	四十一	北	三百	○三	一十五	五十四	南	三	星紀
二 金火	二十八	四十一	○七	○三	北	二百九十九	一十二	一十三	三十七	南	三	同
三 金火	二十七	三十一	○七	一十六	北	二百九十七	五十六	一十三	二十九	南	六	同
四 金火	二十九	二十	○○	四十九	北	三百○一	一十五	一十九	三十五	南	氣	同
五 金火	○○	○四	○○	二十八	北	三百○一	五十三	一十九	四十八	南	氣	元枵
六 金火	三十	○○	○一	二十	北	三百○一	五十	一十八	五十六	南	六	星紀
牛宿東七 增	二十九	一十四	○六	五十三	北	二百九十九	五十四	一十三	三十九	南	六	同
牛宿西八 增	二十七	三十六	○○	二十四	北	二百九十九	二十五	二十一	二十	南	氣	同
天田												
九坎一 土	二十九	二十	二十二	二十	南	三百○七	二十八	四十二	○七	南	三	星紀
二 土	○二	三十	二十二	一十	南	三百十一	○九	四十一	一十	南	三	元枵
三 土	○五	二十	二十一	○○	南	三百十四	一十一	三十九	一十四	南	三	同
四 土	○三	二十	二十	五十	南	三百十一	四十五	三十九	三十八	南	五	同
五												
六												
七												
八												
九												
河鼓一 火木	二十七	一十六	二十六	五十	北	二百九十四	一十七	○五	三十五	北	三	星紀
二 火木	二十六	三十二	二十九	二十二	北	二百九十三	一十三	○七	五十八	北	一	同
三 火木	二十五	四十九	三十一	一十八	北	二百九十二	○五	○九	四十六	北	三	同
河鼓東四 增 火木	二十六	三十二	三十一	五十九	北	二百九十二	三十六	一十	三十二	北	五	同
五 火木	二十五	一十五	三十	五十五	北	二百九十一	五十	○九	○○	北	六	同
六 火木	二十七	一十六	二十七	○九	北	二百九十六	三十三	○六	二十一	北	六	同
織女一 金水	○九	四十二	六十一	四十八	北	二百七十五	五十三	三十八	三十三	北	一	同

星名	黃道經度	分	黃道緯度	分	向	赤道經度	分	赤道緯度	分	向	等	宮
二 金木	一十三	三十七	六十二	二十七	北	二百七十八	一十	三十九	二十	北	五	同
三 金木	一十二	四十九	六十	二十六	北	二百七十七	五十三	三十七	一十八	北	五	同
左旗一 金火	○一	五十五	三十九	一十三	北	二百九十五	三十五	一十八	三十	北	四	元枵
二 金火	二十八	一十八	三十八	五十九	北	二百九十二	四十三	一十七	四十一	北	五	星紀
三 金火	二十五	五十四	三十八	五十三	北	二百九十	五十二	一十七	一十三	北	四	同
四 金火	二十六	○二	三十八	一十八	北	二百九十	五十八	一十六	四十一	北	四	同
五												
六												
七												
八												
九												
左旗北五 增 金火	二十八	五十四	三十九	五十一	北	二百九十三	○二	一十八	三十九	北	六	星紀
六 金火	○○	三十六	四十二	四十三	北	二百九十三	四十	二十一	四十	北	四	元枵
七 金火	○一	五十九	四十四	○二	北	二百九十四	二十八	二十三	一十	北	四	同
八 金火	二十四	二十	四十六	○三	北	二百八十八	一十八	二十四	一十	北	四	星紀
九 金火	二十六	○七	四十九	○二	北	二百八十九	○○	二十七	一十七	北	三	同
十 金火	二十九	四十三	五十	四十二	北	二百九十一	○四	二十九	二十三	北	五	同
右旗一 火木	二十一	四十	二十八	四十七	北	二百八十九	○二	○六	四十一	北	四	同
二 火木	二十二	三十七	二十六	三十五	北	二百九十	一十六	○四	三十九	北	五	同
三 火木	一十八	二十四	二十四	五十六	北	二百八十六	四十二	○二	二十九	北	三	同
四 火木	一十七	二十三	二十二	○○	北	二百八十六	○四	○○	三十三	南	四	同
五 火木	二十	四十一	二十五	一十	北	二百八十九	二十二	○一	五十三	南	三	同
六 火木	一十九	四十	一十四	二十八	北	二百八十九	一十一	○七	四十五	南	三	同
七												
八												
九												
右旗東七 增 火木	二十五	一十三	二十一	三十八	北	二百九十三	二十二	○○	○七	北	三	星紀

八 火木	二十四十一十四十（九五八八）	北	二百五十一（九七八）	○一五十（二）	南三	同
天桴						
羅堰一 金火	○三二十一○三二十（二五）	北	三百二十七（四九）	一十一十（六三）	南六	元楔
二 火	○二一十○○五十（九）	北	三百三十（○四）	一十四十（八六）	南五	同
三						
漸臺一 金水	二十三十五十二十（六四九六）	北	二百三十一（八十二）	三十三十（六一）	北四	星紀
二 金水	十四十五十○五（三六）	北	二百二十一（七九一）	一十三十○一（三）	北五	同
三 金水	二十一十五十○六（二五八）	北	二百四十（八二三）	三十四十（五二）	北五	同
四 金水	二十三十五十○六（六四五）	北	二百一十（八一五）	三十一十（二四）	北三	同
漸臺南五 增 金水	一十二十五十一十（三七五六）	北	二百○七（七九）	二十一十（五）	北六	同
六 金水	一十四十五十三十（六三四二）	北	二百二十（八一四）	三十四十（一四）	北五	同
輦道一 金水	二十五十六十四十（四六六）	北	二百二十（八五）	三十三十（八五）	北五	同
二 金水	二十二十五十四十（五五九一）	北	二百五十（八五三）	三十三十（七三）	北五	同
三						
四						
五						

圖考

牛宿

按詩經小雅大東睆彼牽牛不以服箱

朱注 牽牛星名服駕也箱車箱也

按禮記月令季春之月旦牽牛中

仲秋之月昏牽牛中

按爾雅釋天何鼓謂之牽牛

注 今荊楚人呼牽牛星為檐鼓檐者荷也 疏 李巡云何鼓牽牛皆二十八宿名也孫炎曰何鼓之旗十二星在牽牛北也或名為何鼓亦名牽牛如此文則牽牛何鼓一星也如李巡孫炎之意則二星今不知其同異也

按星經牽牛六星主關梁工異主大路中主牛木星春夏木秋冬火中央火星為政始日月五星行起於此八度八月昏中氐中去北辰一百十度

按史記天官書牽牛為犧牲

注 正義曰牽牛為犧牲亦為關梁其北二星一曰即路一曰聚火又上一星主道路次二星主關梁

按漢書天文志同

按晉書天文志牽牛六星天之關梁主犧牲事其北二星一曰即路一曰聚火又上一星主道路次二星主關梁次三星主南越

按隋書天文志同

按宋史天文志漢永元銅儀以牽牛為七度唐開元游儀八度舊去極百六度今百四度景祐測驗牛六星八度距中央大星去極百十度半

按觀象玩占牛六星曰牽牛一曰天鼓木星也亦曰天關為關梁主犧牲之事陽氣始於牽牛日月五星常貫之為中道中央大星七政之始七曜之行起於此其上二星一曰積路一曰聚火主道路次二星主關梁又次二星主南夷其中大星主牛

天田

按星經天田九星在牛東南主畿內田苗之職

按史記天官書漢書天文志俱不載

按晉書天文志天田九星在牛南

按隋書天文志同

按宋史天文志天田九星在斗南一曰在牛東南天子畿內之田

九坎

按星經九坎九星在牛南主溝渠水泉流通西入斗四度去北辰一百二十六度

按史記天官書漢書天文志俱不載

按晉書天文志九坎九星在牽牛南坎溝渠也所以導達泉源疏盈瀉溢通溝洫也

按隋書天文志同

按宋史天文志九坎九星在牽牛南主溝渠導引泉源疏瀉盈溢又主水旱

按觀象玩占九坎九星在天田南水官也主水旱之事黃帝占曰九坎主溝渠通水泉瀉盈溢

河鼓

按爾雅釋天何鼓謂之牽牛

注 今荊楚人呼牽牛星為檐鼓檐者荷也 疏 李巡云何鼓牽牛皆二十八宿名孫炎曰何鼓之旗十二星在牽牛北也或名為何鼓亦名牽牛如此文則牽牛何鼓一星也如李巡孫炎之意則二星今不知其異同也

按星經河鼓三星中大星為大將軍左星為左將軍右為右將軍

按史記天官書牽牛為犧牲其北河鼓河鼓大星上將左右左右將

注 索隱曰爾雅云何鼓謂之牽牛孫炎云何鼓之旗十二星在牽牛北故或名河鼓為牽牛也正義曰河鼓三星在牽牛北主軍鼓蓋天子之將軍中

央大星大將軍其南左星左將軍其北右星右將軍所以備關梁而拒難也自昔傳牽牛織女七月七日相見此星也

按漢書天文志同

按晉書天文志河鼓三星在牽牛北天鼓也主軍鼓主鈇鉞一曰三武主天子三將軍中央大星爲大將軍左星爲左將軍右星爲右將軍左星南星也所以備關梁而距難也設守阻險知謀徵也

按隋書天文志同

按宋史天文志河鼓三星在牽牛西北主天鼓蓋天子及將軍鼓也一曰三鼓主天子三軍中央大星爲大將軍左星爲左將軍右星爲右將軍左星南星也所以備關梁而拒難也設守險阻知謀徵也

按觀象玩占河鼓三星在牽牛北一曰天鼓一曰三武一曰三將軍中央大星大將軍左星左將軍右星右將軍左星南星右星北星也巫咸曰金官也主軍鼓主斧鉞主外國主軍喜怒所以備關梁設險禦難

按曆學會通河鼓天軍之鼓中央大星曰大將軍左右小將軍亦名牽牛星左右旗爲河鼓旗表

織女

按詩經小雅大東跂彼織女終日七襄

朱注 跂隅貌織女星名在漢旁三星跂然如隅也七襄傳曰反也箋云駕也謂更其肆也蓋天有十二次日月所止舍所謂肆也經星一晝一夜左旋一周而有餘則終日之間自卯至酉當更七次也

按星經織女三星在天市東端天女主瓜果絲帛收藏珍寶及女變入二十七（句有脫字）去北辰五十二度

按史記天官書婺女其北織女天女孫也

注 正義曰織女三星在河北天紀東天女也主果蓏絲帛珍寶索隱曰荊州占云織女一名天女天子女也

按漢書天文志同

按大戴禮夏小正七月初昏織女正東鄉十月織女正北鄉則旦織女星名也

按晉書天文志織女三星在天紀東端天女也主果蓏絲帛珍寶也

按隋書天文志同

按宋史天文志織女三星在天市垣東北一曰在天紀東天女也主果蓏絲帛珍寶陶隱居曰常以十月朔至六七日晨見東方

按觀象玩占織女三星在天市垣東一曰東橋一曰天女天帝之女也主經緯布帛絲枲之事又主瓜果主收藏珍寶制衣裳成文繡天之水官也星足常向扶筐牽牛亦常向織女之足一曰大星爲母后二小星爲女子石氏曰織女之道與貫索相直郗萌曰常以冬十月視織女晨出東方

左右旗

按星經闕

按史記天官書東宮蒼龍房心東北曲十二星曰旗

注 正義曰兩旗者左旗九星在河鼓左也右旗九星在河鼓右也皆天之鼓旗所以爲旌表

按漢書天文志同

按晉書天文志旗九星在牽牛北即天鼓之旗所以爲旌表也左旗九星在鼓左旁

按隋書天文志同

按宋史天文志左旗九星在河鼓左旁右旗九星在牽牛北河鼓西南天之鼓旗旌表也主聲音設險知敵謀

按觀象玩占左旗九星在河鼓之左右旗九星在河鼓之右河鼓之旗也主設備知敵謀

天桴

按星經天桴四星在左旗南北列主漏刻天鼓

按史記天官書漢書天文志俱不載

按晉書天文志旗端四星南北列曰天桴鼓桴也

按隋書天文志同

按宋史天文志天桴四星在牽牛東北橫列一曰在左旗端鼓桴也主漏刻武密曰主桴鼓之用

按曆學會通天桴四時擊鼓知更漏

羅堰

按星經羅堰二星在牛東

按史記天官書漢書天文志俱不載

按晉書天文志羅堰九星在牽牛東岠馬也以壅蓄水潦灌溉溝渠也

按宋史天文志羅堰三星在牽牛東岠馬也主堤塘壅蓄水潦以灌溉也

按觀象玩占羅堰三星在牛宿東主堤塘以蓄水灌溉一曰拒馬之象主渠堰

輦道

按星經輦道五星屬織女西足主天子遊宮嬉樂之道也

按史記天官書漢書天文志俱不載

按晉書天文志織女西足五星曰輦道王者嬉遊之道也漢輦道通南北宮其象也

按隋書天文志同

按宋史天文志輦道五星在織女西主王者嬉遊之道漢輦道通南北宮其象也

漸臺

按星經漸臺四星屬織女東足主晷漏律呂陰陽事

按史記天官書漢書天文志俱不載

按晉書天文志織女東足四星曰漸臺臨水之臺也主晷漏律呂之事

按隋書天文志同

按宋史天文志漸臺四星在織女東南臨水之臺也主晷漏律呂事

女宿

隋丹元子步天歌女四星如箕主嫁娶十二諸國在下陳先從越國向東論東西兩周次二秦雍州南下雙雁門代國向西一晉中韓魏各一晉北輪楚之一國魏西屯楚城南畔獨燕軍燕西一郡是齊鄰齊北兩邑平原君欲知鄭在越下存十六黃星細區分五個離珠女星上敗瓜之上瓠瓜生兩個各五瓠瓜明天津九個彈弓形兩星入牛河中橫四個奚仲天津上七個仲側扶筐星

新法曆書女宿圖

女宿恒星表

星名	黃道經度	分	黃道緯度	分	向	赤道經度	分	赤道緯度	分	向	等	宮
女宿一 水土	○七	一十二	○八	一十	北	三百○六	五十五	一十	五十	南	四	元枵
二 水土	○七	五十二	○八	一十九	北	三百○八	一十一	一十	二十	南	五	同
三 水土	○八	五十三	一十一	○六	北	三百○八	二十六	○七	二十	南	六	同
四 水土	○八	○五	一十二	一十三	北	三百○七	一十八	○六	三十	南	六	同
女宿南一 增	○八	○○	○三	三十三	北	三百○九	三十	一十四	五十七	南	六	同
二 增	一十一	一十四	○四	五十	北	三百一十二	一十四	一十二	五十一	南	五	同
越 火	○二	一十	○六	五十八	南	三百○六	○二	二十六	三十	南	六	同
周一 火	○七	四十一	○三	○一	南	三百一十一	五十	二十一	二十	南	五	同
二												
秦一 火	○八	四十四	○○	二十九	南	三百一十一	五十	一十八	四十三	南	五	元枵
二												
代一 火	一十二	三十	○一	一十七	南	三百一十五	二十一	一十八	二十一	南	五	元枵
二												
晉 火	一十二	二十三	○六	二十九	南	三百一十六	三十六	二十三	二十六	南	六	元枵
韓 火	○九	四十六	○四	二十五	南	三百一十三	二十五	二十二	○八	南	六	同
魏 火	○七	五十四	○四	二十七	南	三百一十一	二十六	二十二	四十二	南	六	同

星名	黃道經度	分	黃道緯度	分	向	赤道經度	分	赤道緯度	分	向	等	宮
楚 火	○六	三十六	○八	○八	南	三百一十一	一十	二十六	三十四	南	六	同
燕 火	一十一	四十八	○六	五十六	南	三百一十六	一十七	二十三	五十九	南	五	同
齊	○二	五十一	○九	○二	南	三百○七	一十五	二十八	二十四	南	六	同
越												
鄭												
離珠												
敗瓜一 火土	○八	五十五	二十九	○八	北	三百○三	五十	一十	○二	北	三	元枵
二 火土	一十一	一十	二十八	五十三	北	三百○四	五十八	一十	○二	北	六	同
三 火土	○九	四十一	三十	四十二	北	三百○四	○九	一十一	四十六	北	六	同
四 火土	一十一	○五	三十	四十一	北	三百○五	二十三	一十二	○六	北	六	同
五 火土	一十	○五	二十七	三十四	北	三百○五	二十一	○八	五十一	北	六	同
瓠瓜一 火土	一十一	一十九	三十二	○八	北	三百○五	○三	一十三	三十四	北	三	同
二 火土	一十二	一十四	三十三	○五	北	三百○五	三十三	一十四	四十一	北	三	同
三 火土	一十四	○○	三十二	○○	北	三百○七	二十二	一十四	○三	北	三	同
四 火土	一十四	一十五	三十二	四十七	北	三百○七	二十	一十四	四十七	北	三	同
五 火土	一十	四十	三十二	○九	北	三百○四	三十	一十三	一十六	北	五	同
天津一 金水	一十九	四十八	五十七	一十	北	三百○二	二十五	三十九	○二	北	三	同
二 金水	一十一	一十六	六十四	二十八	北	二百九十三	三十六	四十四	二十九	北	三	同
三 金水	二十三	一十三	六十三	三十七	北	三百	三十七	四十五	三十六	北	四	同
四 金水	○○	一十七	五十九	五十六	北	三百○七	一十五	四十三	五十九	北	二	娵營
五 金水	○○	五十五	五十四	五十九	北	三百一十五	四十	三十九	四十九	北	四	同
六 金水	○三	二十七	五十	三十三	北	三百一十五	○○	三十六	三十	北	四	同
七 金水	○一	五十三	四十八	一十	北	三百一十五	○八	三十三	五十五	北	四	同
八 金水	二十八	○六	四十四	四十四	北	三百一十四	○○	二十九	三十八	北	三	元枵
九 金水	二十二	三十三	四十九	二十六	北	三百○七	四十九	三十三	二十八	北	三	同
天津內十 增 金水	二十四	四十一	五十一	四十一	北	三百○八	一十九	三十五	一十	北	四	同
天津西十一 增 金水	○七	五十六	五十四	一十九	北	三百○九	四十五	三十四	一十三	北	四	同

星名		黃道經度		黃道緯度		等	備
天津北十二	金水 增	二十五十六十一十 四八四七	北	三百一十四十三十 一十六二	北	四	同
十三	金水 增	〇三三十六十四十 三五	北	三百二十四十〇二 六八	北	五	娵訾
奚仲一	金水	一十四一六十四十 二四九二	北	一百五十四十三十 七一二九	北	四	元枵
二	金水	一十二三十七十三十 五一一	北	一百五十四十 九十二	北	四	同
三	金水	一十〇〇七十五十 三	北	二百四十五十四十 八七二九	北	四	同
四							
扶筐一	木	二十五十七十五十 四四七七	北	二百五十五十一十 七八五五二	北	五	星紀
二	木	二十五十七十五十 七九二	北	二百四十五十五十 七六六三	北	五	同
三	木	一十二十八十五十 七一三	北	二百四十五十四 七四八二	北	五	同
四	木	〇九五十六十五十 二四	北	二百五十五十〇六 八一二九	北	四	元枵
五							
六							
七							

圖考

女宿

按禮記月令孟夏之月旦婺女中

按星經須女四星主布帛爲珍寶藏一名婺女天女

水星春夏水秋冬火

按史記天官書婺女

註索隱曰爾雅云須女謂之務女或作婺字正義曰須女四星亦曰婺女天少府也南斗牽牛須女皆爲星紀於辰在丑越之分野而斗牛爲吳之分野也須女賤妾之稱婦職之卑者主布帛裁製嫁娶

按漢書天文志同

按博雅嬃女謂之婺女

按晉書天文志須女四星天之少府也須賤妾之稱婦職之卑者也主布帛裁製嫁娶

按隋書天文志同

按宋史天文志漢末元銅儀以須女爲十一度景祐測驗十二度距西南星去極百五度在赤道外十四度

按觀象玩占女四星曰須女一曰婺女天之少府也一曰天少女一曰天少府一曰臨官水星也主布帛爲珍寶庫藏其下九尺爲日月五星中道須女者賤妾之稱婦職之卑者也故又主嫁娶知婦工

十二國

按星經越一星在婺女之南鄭一星在越星南趙二星在鄭之南齊二星在越星南周二星在越星東楚二星在魏星南燕一星在楚星南秦二星在周星東南魏二星在韓星北韓一星在晉星北晉一星在代星北代二星在秦星南

按史記天官書漢書晉書天文志俱不載

按隋書天文志九坎東列星北一星曰齊齊北二星曰趙趙北一星曰鄭鄭北一星曰越越東二星曰周周東南北列二星曰秦秦南二星曰代代西一星曰晉晉北一星曰韓韓北一星曰魏魏西一星曰楚楚南一星曰燕

按宋史天文志十二國十六星在牛女南近九坎各分土居列國之象九坎之東一星曰齊齊北二星曰趙趙北一星曰鄭鄭北一星曰越越東二星曰周周東南北列二星曰秦秦南二星曰代代西一星曰晉晉北一星曰韓韓北一星曰魏魏西一星曰楚楚南一星曰燕

按曆學會通十二國星應十二州

離珠

按星經離珠五星在女北主藏府以御後宮西入女一度去北辰九十四度也

按史記天官書漢書天文志俱不載

按晉書天文志離珠五星在須女北須女之藏府女子之星也

按隋書天文志同

按宋史天文志離珠五星在須女北須女之藏府女子之星也又曰主天子旒珠后夫人環珮

按觀象玩占離珠五星在須女北主后宮之府后夫人珮環之飾巫咸曰離珠女子之星也石氏曰離袿衣也珠環珮玉珠也后夫人之盛飾也主進王后之衣服

按曆學會通離珠女子之星後宮之庫藏

敗瓜

按星經敗瓜五瓜南

按史記天官書漢書晉書天文志俱不載

按隋書天文志匏瓜旁五星曰敗瓜主種

按宋史天文志敗瓜五星在匏瓜星南主修瓜果之職

按曆學會通敗瓜瓠瓜天子園內之屬

匏瓜

按星經瓜瓠五星在離珠北敗瓜五瓜南瓜瓠入女一度去北辰七十一度

按史記天官書匏瓜有青黑星守之魚鹽貴

注　索隱曰荆州占云匏瓜一名天鷄在河鼓東正義曰瓠瓜五星在離珠北天子果園

按漢書天文志同晉書天文志不載

按隋書天文志瓠瓜五星在離珠北主陰謀主後宮主果食

按宋史天文志匏瓜五星在離珠北天子果園也其西背星主後宮

按觀象玩占瓠瓜五星在離珠北一曰天雞一曰天瓠主后宮主司中以和五味又主陰謀一曰瓠瓜主掌瓜果

天津

按星經天津九星在虛北河中主津瀆津梁知窮危通濟度之官西入牛二度去北辰四十九度也

按史記天官書王良旁有八星絕漢曰天潢

注　索隱曰元命苞曰潢主河渠所以度神通四方宋均云天潢大津也津湊也主計度也

按漢書天文志王梁旁有八星絕漢曰天横

按晉書天文志天津九星横河中一曰天漢一曰天江主四瀆津梁所以度神通四方也

按隋書天文志同

按宋史天文志天津九星在虛宿北横河中一曰天漢一曰天江主四瀆津梁所以度神通四方也

按觀象玩占天津九星在虛女之北横河中一曰天潢一曰潢中一曰江星一曰格星一曰玉柱一曰横星一曰天漢主河梁以度百神通四方

奚仲

按星經奚仲四星在天津北帝王東宮之官也

按史記天官書漢書晉書天文志俱不載

按隋書天文志天津北四星如衞狀曰奚仲古車正也

按宋史天文志奚仲四星在天津北主帝車之官

按觀象玩占奚仲四星在天津北天子之車正也

扶筐

按星經扶筐七星在天柱東主桑蠶之事

按史記天官書漢書天文志俱不載

按晉書天文志天棓東七星曰扶筐盛桑之器主勸蠶也

按宋史天文志扶筐七星爲盛桑之器主勸蠶也一曰供奉后與夫人之親蠶

按觀象玩占扶筐七星在紫微宮東藩之外近天廚主採桑勸蠶又主藏蓄出入知息耗

乾象典第五十卷

星辰部彙考七

虛宿

隋丹元子步天歌

虛上下各一如連珠命祿危非虛上呈虛危之下哭泣星哭泣雙雙下壘城天壘團圓十三星敗臼四星城下橫白西三個離瑜明

新法曆書虛宿圖

虛宿恒星表

星名	黃道經度 分	黃道緯度 分	向	赤道經度 分	赤道緯度 分	向	等	宮
虛宿一 水土	一十一十八四	〇八四十二	北	三百十八〇〇	〇七〇九	南	三	元枵
二 火木	一十五十七六	三十一十三	北	三百一十十四八	〇三四十六	北	四	同
司命								
司祿一	二十五十二二	一十二十五三	北	三百一十二十三	〇〇三十七	北	六	元枵
二								
司危一 火木	二十一十八	二十〇六一	北	三百一十十六	〇五一十八	北	四	元枵
二								
司非一 火木	一十一十八七	二十一十五六	北	三百〇八十三	〇八四十四	北	四	元枵
二 火木	一十一十九八	二十五十四二	北	三百〇〇十四	〇八三十五	北	四	同
哭星								
泣星一 水土	二十〇八八	〇三三十	北	三百一十二九七	〇九三十六	南	四	元枵
二 水土	二十五十五四	〇二四十六	北	三百一十二七	一十三十六	南	四	同
天壘城一 土木	一十〇一九	〇六〇一	北	三百二十十九九	〇九二十八	南	五	同
二 土木	二十一十七	〇四一十七	北	三百一十二一三	一十四十三	南	六	同
三 土木	一十三十八七	〇二二十二	北	三百一十二十五	一十〇二三	南	五	同
四								
五								
六								
七								
八								
九								
十								
十一								
十二								
十三								
天壘城南十三增	二十五十	〇〇一十五	南	三百二十二二九	一十〇四五	南	五	元枵
十四	二十三十九	〇〇一十	南	三百〇四二三	一十五十四	南	六	同
敗臼一	一十二十二三	二十〇五三	南	三百三十二二六	三十一十九三	南	三	同
二	一十二十三三	二十〇〇五	南	三百三十二四四	四十四十二	南	四	同
三								
四								
離瑜一	〇五一十	一十〇〇六	南	三百五十十一七	三十二十四一	南	四	元枵
二	〇五一十	一十五十四	南	三百三十十一五	三十一十三五	南	四	同
三								

圖考

虛宿

按書經虞書堯典宵中星虛以殷仲秋

注北方元武七宿之虛星秋分昏之中星

按禮記月令季秋之月昏虛中

按爾雅釋天元枵虛也顓頊之虛虛也北陸虛也

注虛在正北北方黑色枵之言耗耗亦虛意顓頊水德位在北方虛星之名凡四 疏 元枵虛之次名也郭云虛在正北北方黑色枵之言耗亦虛意然則以色黑而虛耗故名其次元枵按襄二十八年左傳云春無冰梓慎曰今茲宋鄭其饑乎歲在星紀而淫於元枵以有時菑陰不堪陽蛇乘龍龍宋鄭之星也宋鄭必饑元枵虛中也枵耗名也土虛而民耗不饑何爲北方三次以元枵爲中元枵次有三宿又虛在其中以水位在北顓頊居之故謂元枵虛星爲顓頊之虛也昭十年左傳云鄭裨竈言於子產曰今茲歲在顓頊之虛是也虛星又謂之北陸孫炎曰陸中也北方之宿虛爲中也昭四

年左傳云古者日在北陸而藏冰杜注云陸道也陸之爲中爲道皆無正訓各以意耳要以虛爲北方中星宿是日行之道故謂之北陸虛星之名凡四元枵也虛也顓頊之虛也北陸也

按尚書考靈耀主秋者虛昏中可以種麥

按星經虛二星主廟堂哭泣金星春夏水秋冬金一名元枵二名顓頊三名大卿亦名臨官

按史記天官書北宮元武虛危危爲蓋屋虛爲哭泣之事

注 正義曰虛二星危三星爲元枵於辰在子齊之分野虛主死喪哭泣事又爲邑居廟堂祭祀禱祝之事亦天之冢宰主平理天下覆藏萬物索隱曰姚氏案荊州占以爲其宿二星南星主哭泣

按漢書天文志同

按晉書天文志虛二星冢宰之官也主北方邑居廟堂祭祀祝禱事又主死喪哭泣

按隋書天文志同

按宋史天文志虛宿二星爲虛堂冢宰之官也主死喪哭泣又主北方邑居廟堂祭祀祝禱事宋均曰危上一星高旁兩星下似蓋屋也蓋屋之下中無人但空虛似乎殯宮主哭泣也漢末元銅儀以虛爲十度唐開元游儀同舊去極百四度今百一度景祐測驗距南星去極百三度在赤道外十二度

按觀象玩占虛二星曰元枵一曰顓頊一曰北陸一曰天節一曰臨官一曰卿中一曰中宮水星也虛爲廟堂爲天子冢宰之官主死喪哭泣墳墓祭祀主天子諒闇之事主北方又主黃鍾律呂其下九尺爲日月五星中道又主風雲將有死喪哭泣葬祭之事則占於虛

司命司祿司危司非

按星經司命司祿司危司非各二星在虛北司祿次司命北司危次司祿北司非次司危北各主天下壽命爵祿安泰危敗是非之事

按史記天官書危東六星兩兩相比曰司空

注 正義曰危東兩兩相比者是司命等星也司空惟一星耳又不在危東恐命字誤爲空也司命二星在虛北主喪送司祿二星在司命北主官司危二星在司祿北主危亡司非二星在危北主愆過皆冥司之職

按漢書天文志危東六星兩兩而比曰司寇

按晉書天文志不載

按隋書天文志虛北二星曰司命北二星曰司祿又北二星曰司危又北二星曰司非司命主舉過行罰滅不祥司祿增年延德故在六宗之祀司危主驕佚亡下司非以法多就私此條疑有訛字

按宋史天文志司命二星在虛北主舉過行罰滅不祥又主死亡司祿二星在司命北主增年延德又主掌功賞食料官爵司危二星在司祿北主驕失正下又主樓閣臺榭死喪流亡司非二星在司危北主司候內外察愆九主過失乾象新書命祿危非八星主天子已下壽命爵祿安危是非之事

按觀象玩占司命二星在虛北主舉過行罰滅除不祥主百鬼主生死司祿二星在司命北主爵祿主延年增壽司危二星在司祿北主驕失以正下主察驕逸司非二星在司危北主祇多私主伺察內外過失八星皆冥官之職主天子以下至於庶人壽命爵祿安危是非之事制天下死生之命福善禍淫皆其所司

按曆學會通司命掌死喪司祿掌祿料司危掌市中樓閣宗廟司非伺候內外察愆

哭星泣星

按星經哭二星在虛南主死哭之事泣二星在哭星東已上並主死悲泣之事

按史記天官書漢書天文志俱不載

按晉書天文志虛南二星曰哭哭東二星曰泣泣哭皆近墳墓

按隋書天文志同

按宋史天文志哭二星在虛南主哭泣死喪泣二星在哭星東

按觀象玩占哭二星在虛南主號哭泣二星在哭東危南主怨泣

按曆學會通哭泣大臣之象主哭泣事

天壘城

按星經天壘十三星如貫索狀在哭泣之南主北方丁零匈奴之事也

按史記天官書漢書天文志俱不載

按晉書天文志泣南十三星曰天壘城如貫索狀主北方丁零匈奴

按隋書天文志同

按宋史天文志天壘城一十三星在泣南圜如大錢形若貫索主鬼方北邊丁零類所以候興敗存亡

按觀象玩占天壘城十有三星形如貫索在哭泣星南主北方丁零匈奴鬼方之類所以候其興敗存亡也

敗臼

按星經敗臼四星在虛危南主政治西南入女十三度去北辰一百三十一度

按史記天官書漢書晉書天文志俱不載

按隋書天文志敗臼四星在虛危南知凶災

按宋史天文志敗臼四星在虛危南兩兩相對主敗亡災害

按觀象玩占敗臼四星在北落師門之南主凶災

按曆學會通敗臼庶人之星

離瑜

按星經離瑜三星在秦代東南北列主王侯衣服

按史記天官書漢書晉書天文志俱不載

按隋書天文志秦代東三星南北列曰離瑜離圭衣也瑜玉飾皆婦人之服星也

按宋史天文志離瑜三星在十二國東乾象新書在天壘城南離圭衣也瑜玉飾皆婦人見舅姑衣服也

按觀象玩占離瑜三星在十二國東主婦人服飾離圭衣也瑜玉飾也

危宿

隋丹元子步天歌危三星不直舊先知危上五黑號人星人畔三四杵臼形人上七烏號車府府上天鉤九黃晶鉤下五鵶字造父危下四星號墳墓墓下四星斜虛梁十個天錢梁下黃墓傍兩星名蓋屋身著烏衣危下宿

新法曆書危宿圖

危宿恒星表

星名	黃道經度分	黃道緯度分	向	赤道經度分	赤道緯度分	向	等	宮
危宿一 水土	二十一十 八三	一十一四十 二	北	三百四十 二六一	〇二二十 五	南	三	元枵
二 水土	〇一三十 九	十二十 六五	北	三百五十 一七二	〇四二十 六	北	四	娵訾
三 火木	二十四十 六五	二十〇八	北	三百三十 二一二	〇八十	北	三	元枵
危宿西八 增 水土	〇〇〇九	十四十 五三	北	三百四十 二六六	〇三十 八	北	五	娵訾
人星一	二十一十 五四	三十二十 三一	北	三百一十 十六七	十一十 八二	北	四	元枵
二	二十一十 九	三十一十 六一	北	三百二十 十八七	二十〇二 二	北	四	同
三	二十五 九三	二十〇〇 九	北	三百四十 二一九	一十三十 五五	北	四	同

四	—	—	—	—	—	—	—	—
五	—	—	—	—	—	—	—	—
杵一 火水	一十二十 四六	四十〇二	北	三百二十 八	二十二十 三	北	四	娵訾
二	—	—	—	—	—	—	—	—
三	—	—	—	—	—	—	—	—
臼一 火水	〇三 六	四十三十四十 六三	北	三百五十 二一五	二十〇二 四	北	四	娵訾
二 火水	〇九 三	十三十一十 四九	北	三百一十 二七九	二十三十 三六	北	四	同
三 火水	〇五〇三 八	二十〇〇	北	三百一十 二二三	二十三十 五四	北	四	同
四	—	—	—	—	—	—	—	—
車府一	—	—	—	—	—	—	—	—
二 金水	一十五十五十 二七	三十	北	三百五十 十六	四十一十 五六	北	四	娵訾
三	—	—	—	—	—	—	—	—
四 金水	〇六 五	一十五十三十 六六	北	三百一十 十二五	四十三十 二九	北	四	娵訾
五	—	—	—	—	—	—	—	—
六	—	—	—	—	—	—	—	—
七	—	—	—	—	—	—	—	—
車府南六 增 金水	〇五 七	十五十二十 一一	北	三百四十 十五九	二十五十 七七	北	四	娵訾
天鉤一 土木	〇〇	一七十 四 〇〇	北	三百四十六十 二五五	十五十 三	北	四	降婁
二 土木	二十四十 九四	七十四十 一九	北	三百二十 〇九四	六十 一	北	四	娵訾
三 土木	〇七 六	十六十五十 八四	北	三百〇五 十九	六十二十	北	三	降婁
四 土木	一十〇九 九	六十四十 五二	北	三百一十 二八九	六十三十 二三	北	五	同
五 土木	二十一十 八七	六十三十 二五	北	三百〇五 三九	六十〇〇 四	北	四	同
六 土木	〇五 三	二十六十四十 一五	北	三百〇〇 四五	六十〇〇 五	北	五	大梁
七	—	—	—	—	—	—	—	—
八	—	—	—	—	—	—	—	—
九	—	—	—	—	—	—	—	—
造父一 土木	一十〇二 四	五十四十 八六	北	三百一十 三五四	五十一十 六五	北	四	降婁

二	土木	二十二十	一六十三十	北	三百五十一九五	五十七○五	北	五	同
三	土木	○八一十六	九五十五十九	北	三百三十三十四	五十三十四四	北	四	同
四	土木	○八五十二	六十○三一	北	三百三十二九四	五十二十六	北	四	同
五	土木	一十五十三	六十一十五	北	三百二十五九	六十○一	北	五	同
六	土木	○五一十	六十○○四	北	三百三十六	五十四十六九	北	五	同
按造父五星表作六疑他星誤入									
墳墓一	木	○一三十三	○八一十八	北	三百三十十七	○三一十二	南	三	娵訾
二	木	○三二十八	一十三十一	北	三百三十一五	○○三十八	南	五	同
三	木	○三四十六	○八五十三	北	三百二十二七	○一五十三	南	四	同
四	金土	○五一十六	○八一十	北	三百四○五	○二○○	南	四	同
虛梁一		○四一十五	○四○九	北	三百三十三四五	○六○七	南	四	娵訾
二									
三									
四									
天錢一	土	一十三十六	一十一十五五	南	三百一十二四五	三十二十五	南	四	元枵
二	土	一十一十三	一十三十六	南	三百五十二十三	三十四十三	南	四	同
三	土	一十二十二	一十一十八	南	三百五十二十	三十三十四二	南	四	同
四	土	二十三十三	一十三十九	南	三百○三三二	二十二十	南	五	同
五	土	二十三十二	一十一十五	南	三百一十三十三	二十二十八	南	五	同
六	土	二十一十	一十三十四	南	三百三十二七六	三十二十八	南	四	同
七	土	二十○○二	二十二十一	南	三百二十三二	三十一十四三	南	四	同
八	土	二十三十五	二十一十五	南	三百二十三六五	三十五十三三	南	四	同
九	土	二十○○七	二十三十一	南	三百三八○五	三十三十三四	南	四	同
十									
蓋屋一	水土	二十五十六九	○九一十二	北	三百二六○二	○三五十五	南	五	元枵
二									

圖考

危宿

按禮記月令仲夏之月旦危中

孟冬之月昏危中

按星經危三星主宮室祭祀土星春夏水秋冬火

按史記天官書北宮元武虛危危爲蓋屋

注索隱曰宋均云危上一星高旁兩星隋下似乎蓋屋也正義曰蓋屋二星在危南主天子所居宮室之官也危爲架屋自有星恐文誤也

按漢書天文志同

按晉書天文志危三星主天府天市架屋

按隋書天文志危三星主天府天庫架屋

按宋史天文志危宿三星在天津東南爲天子宗廟祭祀又爲天子土功又主天府天市架屋受藏之事漢末元銅儀以危爲十六度唐開元游儀十七度舊去極九十七度距南星去極九十八度在赤道外七度

按觀象玩占危三星曰天府一曰天市土星也主墳墓宮室祭祀主架屋天子廟堂也又爲百姓之市其南下九尺爲日月五星中道虛危者天子禮堂亦爲冢宰之官主天下死喪哭泣之事

人星

按星經人五星在危北主天下百姓

按史記天官書漢書晉書天文志俱不載

按隋書天文志車府東南五星曰人星主靜衆庶柔遠能邇一曰臥星主防淫

按宋史天文志人五星在虛北車府東如人形一曰主萬民柔遠能邇又曰臥星主夜行以防淫

按觀象玩占人五星在車府東如人形主萬民一曰臥星主防淫土官也一曰人星主靜安衆庶柔遠能邇

按曆學會通人星如人形狀主奸人巧舌

杵臼

按星經杵臼星在人傍主春軍糧臼四星在杵下

按史記天官書杵臼四星在危南

注正義曰杵臼三星在丈人星旁主軍糧臼星在南主春

按漢書天文志同晉書天文志不載

按隋書天文志車府南三星內折東南四星曰杵臼主給軍糧

按宋史天文志杵三星在人星東一在臼星北主春軍糧臼四星在杵星下一在危東

按觀象玩占杵三星在人星東主春糧臼四星在杵星南

車府

按星經車府七星在天津東近河主官車之府也

按史記天官書漢書晉書天文志俱不載

按隋書天文志天津東近河邊七星曰車府主車之官也

按宋史天文志車府七星在天津東近河東西列主車府之官又主賓客之館

按觀象玩占車府七星在天津東近河首抵司非尾指天鉤主官車之府賓客之館也

天鉤

按星經鉤九星在造父西河中

按史記天官書不載

按漢書天文志句星信則地動極後有四星名曰句星按史記有後句四星蓋指句陳星也此云極後與晉志所載不同然所占地動則天鉤之九星極後四輔無地動之占

按晉書天文志造父西河中九星如鉤狀曰鉤星直則地動

按隋書天文志同

按宋史天文志鉤九星在造父西河中如鉤狀星直則地動一曰主輦輿服飾

按觀象玩占鉤星九星一曰天鉤在紫微東蕃之外傳舍之東造父之北主輿服法式

造父

按星經造父五星在傳舍南主御之官

按史記天官書漢書天文志俱不載

按晉書天文志傳舍南河中五星曰造父御官也一曰司馬或曰伯樂

按隋書天文志同

按宋史天文志造父五星在傳舍南一曰在騰蛇北御官也一曰司馬或曰伯樂主御營馬廐馬乘轡勒

按觀象玩占造父五星在傳舍南河中御馬之官也一曰西橋一曰司馬一曰伯樂

按曆學會通造父主御天子御官也

墳墓

按星經墳墓四星在危下主山陵悲慘事

按史記天官書漢書天文志俱不載

按晉書天文志墳墓四星屬危之下主死喪哭泣爲墳墓也

按隋書天文志同

按宋史天文志墳墓四星在危南主山陵悲慘死喪哭泣大曰墳小曰墓

按觀象玩占墳墓四星綴危星下如墓形主山陵喪葬之事

按曆學會通墳墓主兆域以明葬喪之禮

虛梁

按星經虛梁四星在危南主園陵寢廟非人居處

按史記天官書漢書天文志俱不載

按晉書天文志蓋屋南四星曰虛梁園陵寢廟之所也

按隋書天文志虛梁四星在蓋屋南主園陵寢廟非人所處故曰虛梁

按宋史天文志虛梁四星在危宿南主園陵寢廟禱祝非人所處故曰虛梁一曰宮宅屋幃帳寢

按觀象玩占虛梁四星在危南主山陵寢廟鬼神之祠非人所處故謂之虛梁

按曆學會通虛梁主國家丘陵禱祠

天錢

按星經天錢十星在虛梁南主錢財庫聚天下財物庸調之藏司今左右庫藏是也

按史記天官書漢書天文志俱不載

按晉書天文志北落西北有十星曰天錢

按隋書天文志同

按宋史天文志天錢十星在北落師門西北主錢帛所聚爲軍府藏

按觀象玩占天錢十星在北落師門西主錢帛庫

按曆學會通天錢主賞罰

蓋屋

按星經蓋屋二星在危宿之南主宮室之事也

按史記天官書漢書天文志俱不載

按晉書天文志危南二星曰蓋屋主治宮室之官也

按隋書天文志同

按宋史天文志蓋屋二星在危宿南九度主治宮室

按觀象玩占蓋屋一星在危南天子治宮室之官也

室宿

隋丹元子步天歌室兩星上有離宮出繞室三雙有六星下頭六個雷電形壘壁陣次十二星十二兩頭大似升陣下分布羽林軍四十五卒三爲䕫軍西四星多難論仔細歷歷看區分三粒黃金名鈇鉞一顆真珠北落門門東八魁九個子門西一宿天綱是雷傍兩星土公吏室上騰蛇三十二

新法曆書室宿圖

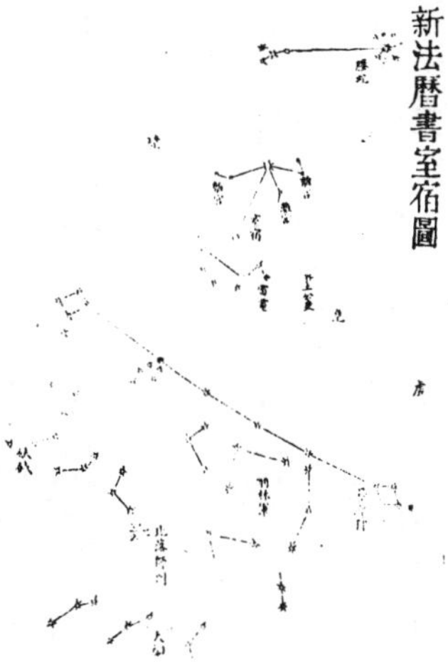

室宿恒星表

星名	黄道經度	分	黄道緯度	分	向	赤道經度	分	赤道緯度	分	向	等	宮
室宿一 火水	一十八	二十	一十九	二十六	北	三百四十一	三十四	一十三	一十五	北	二	娵訾
二 火水	二十四	二十	三十一	○八	北	三百四十一	二十九	二十六	○五	北	二	同
離宮三 火水	一十七	五十三	二十八	四十九	北	三百三十七	一十二	二十一	三十八	北	四	同
四 火水	一十九	一十七	一十九	二十五	北	三百三十七	五十九	二十二	三十八	北	四	同
五 火水	二十	三十四	三十五	○八	北	三百三十六	二十六	二十八	一十九	北	三	同
六 火水	一十九	四十八	三十四	二十五	北	三百三十六	○五	二十七	二十二	北	三	同
七 火水	二十五	五十六	二十五	三十五	北	三百四十五	三十七	二十一	四十五	北	六	同
八 火水	二十七	二十九	二十四	五十一	北	三百四十七	一十七	二十一	四十一	北	六	同
室宿西九 增	一十五	三十八	二十三	一十六	北	三百三十七	三十七	一十五	四十四	北	四	同
雷電一	一十三	○七	一十五	四十四	北	三百三十八	一十五	○七	五十二	北	六	同
二 火水	一十六	○三	一十七	四十七	北	三百三十五	四十五	○八	五十五	北	三	同
三 火水	一十二	四十八	一十八	二十九	北	三百三十七	○三	二十	一十八	北	五	同
四												
五												
六												
雷電南四 增	一十三	二十三	一十四	三十一	北	三百三十九	○九	○六	五十二	北	六	娵訾
壘壁陣一 火	一十四	四十八	○四	四十八	南	三百一十八	三十七	二十	五十七	南	四	元枵
二 火	一十六	二十	○四	四十九	南	三百二十	三十	二十	二十	南	五	同
三 土木	一十六	三十七	○二	二十六	南	三百一十九	五十八	一十	一十三	南	三	同
四 土木	一十八	二十三	○二	一十九	南	三百二十一	一十七	一十	四十七	南	三	同
五 土木	一十三	一十六	○二	○○	南	三百二十六	三十五	一十五	三十六	南	四	同
六 水	○○	一十六	○一	一十	南	三百二十六	四十	一十	三十	南	五	娵訾
七 土木	○六	一十七	○○	二十	南	三百二十八	一十八	○九	三十	南	四	同
八 土木	二十	○一	○一	○○	南	三百三十四	四十七	○八	○○	南	五	同
九	二十二	三十	○二	四十	南	三百五十四	○七	○五	一十八	南	四	同
十	二十三	四十五	○二	三十	南	三百五十五	一十四	○四	四十七	南	四	同
十一	二十三	四十	○五	二十	南	三百五十六	一十八	○七	二十五	南	四	同
十二	一十二	○○	○五	五十	南	三百五十四	五十八	○八	一十五	南	四	同
羽林軍一 水土	一十三	三十	○四	○○	南	三百二十七	一十	一十七	三十	南	六	元枵
二 水土	一十七	一十九	一十	四十九	南	三百二十一	二十	一十一	二十四	南	五	同
三 土	一十五	四十	一十六	一十五	南	三百二十四	○二	一十八	一十五	南	四	同
四 水土	○○	○三	○五	四十	南	三百二十四	○七	一十六	五十	南	六	娵訾
五 水土	○○	一十三	○九	五十八	南	三百二十六	二十	二十	四十八	南	六	同
六 金土	○三	四十五	○八	一十	南	三百二十八	四十三	一十七	四十七	南	三	同
七 金土	○三	二十八	○五	三十七	南	三百二十七	二十七	一十五	三十	南	五	同
八 土木	○九	二十三	○一	一十四	南	三百三十一	二十七	○九	一十三	南	六	同
九 土木	○一	四十	○二	四十九	南	三百四十一	四十二	○九	四十一	南	六	同
十 土木	一十	○六	○三	五十九	南	三百四十四	○六	一十	○七	南	五	同
十一 土木	一十四	三十	○四	一十	南	三百四十七	二十	一十	○九	南	五	同
十二 土木	一十八	三十	○四	四十五	南	三百四十四	五十	一十	三十六	南	五	同
十三 土木	一十二	三十	一十	一十九	南	三百五十	○六	一十六	一十	南	五	同
十四 土木	一十五	○一	一十三	二十	南	三百五十	四十九	一十三	三十	南	五	同
十五 土木	一十二	[illegible]	一十四	[illegible]	南	[illegible]	[illegible]	一十九	[illegible]	南	五	同
十六 土木	一十四	○九	一十五	七	南	[illegible]	[illegible]	二十	[illegible]	南	六	同
十七 土木	一十五	○七	一十六	[illegible]	南	[illegible]	[illegible]	二十六	[illegible]	南	六	同
十八 附鈇鉞 土木	○八	一十八	一十四	四十五	南	三百四十五	四十八	一十	○六	南	五	同
十九 附鈇鉞 土木	○八	四十四	一十五	三十	南	三百四十六	二十	二十	一十六	南	五	同
二十 附鈇鉞 土木	一十	一十三	一十六	三十一	南	三百四十八	二十四	二十	五十九	南	五	同
二十一 土木	○四	四十八	一十四	二十六	南	三百四十	二十	二十	一十	南	五	同
二十二 土木	○四	二十五	一十五	四十	南	三百四十二	二十六	二十四	二十七	南	五	同
二十三 土木	○三	四十	一十五	二十	南	三百四十一	五十五	二十四	五十七	南	五	同
二十四	一十八	○○	一十五	三十	南	三百五十五	一十五	一十八	一十九	南	四	同
二十五	二十	○○	一十四	二十	南	三百五十七	一十六	一十三	四十	南	四	同
二十六	二十	一十	一十八	一十五	南	三百五十八	三十一	二十六	三十	南	四	同
二十七至四十五　按羽林軍第四星至二十六星止表在娵訾宮又作一至二十三似複今改正												
鈇鉞　見上羽林軍十八至二十												
北落師門 土	二十八	三十五	二十一	○○	南	三百三十九	○四	三十一	二十三	南	一	元枵
八魁												
天綱												
土公吏一	○六	五十一	二十一	五十	北	三百三十二	五十	一十一	二十	北	四	娵訾
二												
螣蛇一 金水	一十八	四十三	六十二	五十三	北	三百一十五	四十五	五十一	一十六	北	四	娵訾
二 金水	一十八	二十三	六十	四十	北	三百一十七	三十八	四十九	三十一	北	四	同
三 金水	二十四	一十三	五十七	一十九	北	三百二十四	二十八	四十八	三十八	北	四	同
四	二十五	五十五	五十一	三十九	北	三百二十七	一十	五十六	一十七	北	六	降婁
五	二十五	五十七	五十一	○八	北	三百五十四	○四	五十五	二十六	北	六	同
六	二十五	○二	四十九	二十五	北	三百五十五	○四	五十三	二十四	北	六	同
七 金	○九	五十	四十七	五十	北	三百一十九	四十	四十八	四十	北	四	同
八 金	一十二	○九	四十一	四十四	北	三百五十	三十二	四十	○○	北	四	同
九 金	一十四	四十六	四十二	○八	北	三百五十二	三十一	四十三	三十六	北	五	同
十 金	一十三	一十	四十三	五十	北	三百四十九	五十二	四十四	○九	北	四	同
十一至二十二												
螣蛇南十一 增 金	○三	○○	四十四	○○	北	三百四十一	二十	四十	四十	北	三	降婁

圖考

室宿

按詩經鄘風定之方中作于楚宮

朱註定北方之宿營室星也此星昏而正中夏正十月也於是時可以營制宮室故謂之營室大全安成劉氏曰夏正十月建亥春秋時十二月也農事已畢可以興作而人君居必南面故亥月昏時見定星當南方之午位因記此星爲每歲營作之候又因號爲營室此葢成周以後之制上考唐虞之時定星以戌月昏中歲久而差至周時定星始以亥月昏中逮今日此星又以子月昏中矣

按爾雅釋天營室謂之定娵觜之口營室東壁也

注定正也作宮室皆以營室之中爲正營室東壁星四方似口因名云疏十二次之分娵訾衛也營室一名定詩鄘風云定之方中作于楚宮鄭箋云定星昏中而正於是可以營制宮室故謂之營室娵訾室壁之次壁居南則在室東孫炎曰娵訾之次則口開方營室東壁四方似口故因名也由其營室與東壁相成故得正四方襄三十年左傳云歲在娵訾之口是也

按國語日月底於天廟

註天廟營室也孟春之月日月皆在營室

按星經營室二星主軍糧離宮上六星主隱藏木星春夏火秋冬水一名宮二名室

按史記天官書營室爲淸廟曰離宮閣道

注索隱曰元命苞云營室十星挻陶精類始立紀綱包物爲室又爾雅云營室謂之定郭璞云定正也天下作宮室皆以營室中爲正也正義曰營室七星天子之宮亦爲元宮亦爲淸廟主上公亦天子離宮別館也

按漢書天文志同

按博雅營室謂之豕韋

按晉書天文志營室二星天子之宮也一曰元宮一曰淸廟又爲軍糧之府及土功事

按隋書天文志同

按宋史天文志營室二星天子之宮一曰元宮一曰淸廟又爲軍糧之府主土功事一曰室一星爲天子宮一星爲太廟爲王者三軍之廩故置羽林以衛又爲離宮閣道故有離宮六星在其側一曰定室詩曰定之方中也漢永元銅儀營室十八度唐開元游儀十六度舊去極八十五度景祐測驗十六度距南星去極八十五度在赤道外六度

按觀象玩占室二星曰營室一曰定星一曰元宮一曰淸廟一曰元冥一曰天宮一曰天庫一曰休官天子之宮軍糧之府木星也主宗廟主三軍廩實及土工事其下九尺爲日月五星中道其上六星兩兩而居曰離宮后妃六宮之位爲宮掖永巷或曰營室二星上一星爲天子宮下星爲太廟故立羽林軍以衛之將有土工之事占於營室

離宮

按星經營室二星主軍糧離宮上六星主隱藏

按史記天官書營室爲淸廟曰離宮閣道

注正義曰營室七星亦主天子離宮別館也按此以離宮室宿爲一

按漢書天文志同

按晉書天文志離宮六星天子之別宮主隱藏休息之所

按隋書天文志同

按宋史天文志離宮六星兩兩相對爲一坐夾附室宿上星天子之別宮也主隱藏止息之所

按觀象玩占離宮六星兩兩而居室宿左右天子之別宮也主隱藏休息之所一曰離宮后妃六宮之位爲宮掖永巷

雷電

按星經雷電六星在室西南主興雷電也

按史記天官書漢書晉書天文志俱不載

按隋書天文志室南六星曰雷電

按宋史天文志同

壘壁陣

按星經缺

按史記天官書軍西爲壘或曰鉞

注正義曰壘壁陳十二星横列在營室南天軍之垣壘

按漢書天文志同

按晉書天文志壘壁十二星在羽林北羽林之垣壘也主軍衛爲營壅也

按隋書天文志同

按宋史天文志壘壁陣一作壁壘十二星在羽林北羽林之垣壘主天軍

按觀象玩占壘壁陣十有二星在室壁南横列其中四星兩端各四星四方羽林軍壘也主天子軍營

羽林軍

按星經羽林軍星四十五星壘壁十二星並在室南主翊衛天子之軍西入室五度去北辰一百三十三度也

按史記天官書虛南有衆星曰羽林天軍

注 正義曰羽林三十五星三三而聚散在壘壁南天軍也亦天宿衛主兵革

按漢書天文志同

注 虛危營室陰陽始終之處際會之間恒多姦邪故設羽林爲軍衛

按晉書天文志羽林四十五星在營室南一曰天軍主軍騎又主翼王也

按隋書天文志同

按宋史天文志羽林軍四十五星三三而聚散出壘壁之南一曰在營室之南東西布列北第一行主天軍軍騎翼衛之象

按觀象玩占羽林軍四十五星三三而居散在壘壁之南一曰材官一曰天南庫一曰單于軍衛之象也主翼王宮巫咸曰羽林爲天軍水官也主守衛天子之宮故在壁室之南

鈇鉞

按星經鈇鑕三星在八魁西北一名斧鉞主斬刈亂行誅誑詐僞人

按史記天官書漢書晉書天文志俱不載

按隋書天文志八魁西北三星曰鈇質一曰鈇鉞

按宋史天文志斧鉞三星在北落師門東芟刈之具也主斬芻藁以飼牛馬

按觀象玩占鈇鉞三星亦曰鈇鑕在羽林軍西主斬殺

北落師門

按星經北落師門一星在羽林軍西主候兵入危九度去北辰一百二十度

按史記天官書羽林旁有一大星爲北落

注 正義曰北落師門一星在羽林西南天軍之門也長安城北落門以象此也主非常以候兵

按漢書天文志同

按晉書天文志北落師門一星在羽林西南北者宿在北方也落天之藩落也師衆也師門猶軍門也長安城北門曰北落門以象此也主非常以候兵

按隋書宋史天文志俱同

按觀象玩占北落師門一星在羽林軍西南天軍之門也主候非常落者蕃落也

按曆學會通北落師門主北方番部之主

八魁

按星經八魁九星在北落東南主獸之官

按史記天官書漢書天文志俱不載

按晉書天文志北落東南九星曰八魁主張禽獸

按隋書天文志同

按宋史天文志八魁九星在北落東南主捕張禽獸之官也

按觀象玩占八魁九星在北落師門東南主設機穽張禽獸之官

按曆學會通八魁主張羅網捕禽之官亦爲五方之人

天綱

按星經天綱一星在北落西南主天繩張漫野宿所用也

按史記天官書漢書天文志俱不載

按晉書天文志北落西南一星曰天綱主武帳

按隋書天文志同

按宋史天文志天綱一星在北落西南一曰在危南主武帳宮舍天子游獵所會

按乾象新書又有天綱一星在危宿南入危八度去極百三十二度在赤道外四十一度晉隋志及諸家星書皆不載止載危室二宿間與北落師門相近者近世天文乃載此一星在鬼柳間與外廚天紀相近然新書天綱雖同在危度其說不同今姑附於此

按觀象玩占天綱一星在北落師門西南主武帳官舍天子弋獵之所

按曆學會通天綱北落下將帥統押又爲中原天子游獵之舍

土公吏

按星經土吏三星在室西南主備設司過農事

按史記天官書漢書晉書天文志俱不載

按隋書天文志室西南二星曰土功吏主司過度

按宋史天文志土功吏二星在壁宿南一曰在危東北主營造宮室起土之官按在室西南二星名土公吏在壁宿南者名土公宋志以壁宿南二星爲土公吏而無土公疑誤故兩載之以備參考

按觀象玩占土公吏二星在營室西南主備設司過失

騰蛇

按星經騰蛇二十三星在室北枕河主水蟲頭入室一度去北辰五十度也

按史記天官書漢書天文志俱不載

按晉書天文志騰蛇二十二星在營室北天蛇也主水蟲

按隋書天文志同

按宋史天文志騰蛇二十二星在室宿北主水蟲居河濱

按觀象玩占騰蛇二十二星在室北河濱若盤蛇之狀一曰天蛇蛇之牡也與龜黿交水蟲之長也主水族水中蟲皆屬焉

按曆學會通騰蛇如盤蛇之狀居河中天蛇也主木蟲風雨

壁宿

隋丹元子步天歌壁兩星下頭是霹靂霹靂五星橫著行雲雨次之口四方壁上天廐十圓黃鐵鑕五星羽林傍土公兩星壁下藏

新法曆書壁宿圖

壁宿恒星表

星名	黃道經度	分	黃道緯度	分	向	赤道經度	分	赤道緯度	分	向	等	宮
壁宿一 火水	○四	○一	一十二	三十五	北	三百五十八	三十四	一十二	四十九	北	二	降婁
二 火木	○九	一十	二十五	四十二	北	三百五十七	二十	二十六	四十五	北	二	同
霹靂一 金土	二十三	二十五	○九	○四	北	三百四十一	一十五	○一	五十	北	四	娵訾
二 金土	一十六	一十四	○七	一十八	北	三百四十四	三十	○一	一十六	北	四	同
三 金土	二十	○五	○九	○三	北	三百四十七	一十九	○四	二十	北	五	同
四 金木	二十二	二十	○七	一十四	北	三百五十	○二	○三	二十六	北	五	同
五 金木	二十七	一十五	○六	二十四	北	三百五十五	○四	○四	四十九	北	五	同
霹靂北六 增 金土	一十七	五十四	○八	五十五	北	三百四十五	二十三	○三	二十四	北	六	同
雲雨一 金木	一十七	四十四	○四	二十七	北	三百四十六	五十八	○○	四十六	北	五	同
二 金土	二十一	二十八	○三	二十五	北	三百五十	四十	○○	○六	北	五	同
三												
四												
天廐一 金	一十六	○九	三十三	二十	北	三百五十九	三十三	三十六	一十九	北	四	降婁
二 金	一十六	三十	二十	一十五	北	○○	二十一	三十五	四十七	北	五	同
三 金	一十五	二十一	三十一	三十三	北	三百五十九	五十二	二十四	二十六	北	五	同
四												
五												
六												
七												
八												
九												
十												
鐵鑕												
土公一 金木	二十八	五十	○七	二十七	北	三百九九	五十七	○六	一十	北	六	娵訾
二 金木	○二	五十二	○五	二十八	北	○○七	十	○六	○九	北	六	降婁

圖考

壁宿

按禮記月令仲冬之月昏東壁中

按星經東壁二星主文章圖書也土星春夏金秋冬土一名天衢

按史記天官書漢書天文志俱不載

按晉書天文志東壁二星主文章天下圖書之祕府也

按隋書天文志東壁二星主文章天下圖書之祕府也主土功

按宋史天文志漢永元銅儀東壁二星九度舊去極八十六度景祐測驗壁二星九度距南星去極八十五度

按觀象玩占壁二星曰東壁一曰天街一曰天池一曰天梁圖書之府土星也主文章亦主土功與室共為天之四輔其南九尺為日月五星中道

霹靂

按星經霹靂五星在雲雨北主天威擊劈萬物

按史記天官書漢書晉書天文志俱不載

按隋書天文志土公西南五星曰霹靂

按宋史天文志霹靂五星在雲雨北一日在雷電南一日在土功西主陽氣大盛擊碎萬物

按觀象玩占霹靂五星在土公南主興雷奮電

雲雨

按星經雲雨四星在雷電東主雨澤萬物成之

按史記天官書漢書晉書天文志俱不載

按隋書天文志霹靂南四星曰雲雨

按宋史天文志雲雨四星在雷電東一云在霹靂南主雨澤成萬物

按觀象玩占雲雨四星在霹靂東南主雨澤成萬物

按曆學會通雲雨霹靂電並爲陰陽氣擊作風雨之應

天廄

按星經天廄十星在壁北主天子馬坊廄苑之官也

按史記天官書漢書天文志俱不載

按晉書天文志東壁北十星曰天廄主馬之官若今驛亭也主傳令置驛逐漏馳鶩謂其行急疾與晷漏競馳也

按隋書宋史天文志俱同

按觀象玩占天廄十星在東壁北狀如錢天馬之廄也主傳舍

鐵鑕

按星經闕史記天官書漢書晉書隋書天文志俱不載

按宋史天文志鐵鑕五星在天倉西南刈具也主斬芻飼牛馬

按步天歌壁宿下有鐵鑕五星晉隋志皆不載隋志八魁西北三星曰鐵鑕又曰鐵鉞其占與步天歌室宿內斧鉞略同恐即是此誤重出之

按觀象玩占鐵鑕五星在羽林軍東天倉西門芟刈之具也主斬芻食牛馬

按曆學會通鐵鑕主拒難刀斧之用

土公

按星經土公二星在壁南主營造宫室起土之官等類也

按史記天官書漢書晉書天文志俱不載

按隋書天文志壁南二星曰土公

按宋史天文志土功吏二星在壁宿南一曰危東主營造宫室起土之官（按壁宿南二星名土公室西南二星名土功吏宋志合而爲一疑誤兩載之以備參考）

欽定古今圖書集成曆象彙編乾象典目錄

第五十一卷目錄

乾象典第五十一卷

星辰部彙考八

奎宿

隋丹元子步天歌

奎腰細頭尖似破鞋一十六星繞鞋生外屏七烏奎下橫屏下七星天溷明司空右畔土之精奎上一宿軍南門河中六個閣道形附路一星道傍明五個吐花王良星良星近上一策名

新法曆書奎宿圖

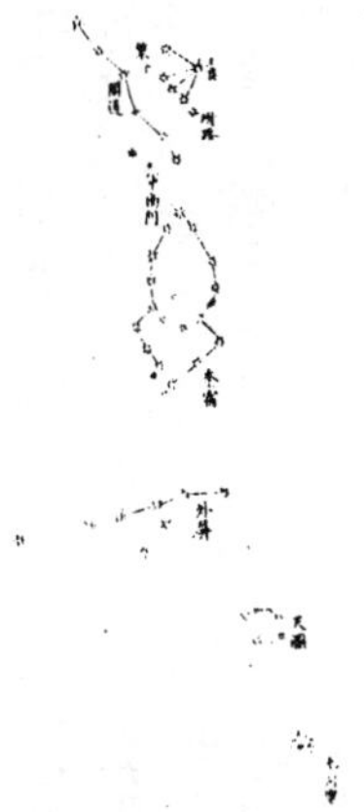

奎宿恒星表

星名	黃道經度 分	黃道緯度 分	向	赤道經度 分	赤道緯度 分	向	等	宮
奎宿一 金	一十七 一十七	一十五 五十八	北	〇九 二十五	二十二 五十	北	五	降婁
二 金	二十五 二十	一十七 四十八	北	〇六 五十七	二十 〇九	北	四	同
三 金火	一十七 二十七	二十 一十四	北	〇七 三十四	二十五 三十四	北	六	同
四 金	一十五 四十八	二十 〇四	北	〇四 四十四	二十七 一十九	北	四	同
五 金	一十六 四十三	一十四 二十	北	〇四 五十四	二十八 五十	北	三	同
六 金	一十七 三十	一十七 〇七	北	〇四 一十八	二十一 三十七	北	五	同
七 金	一十二 五十九	二十二 三十	北	〇七 二十	二十九 〇一	北	四	同
八 金	二十四 三十	三十 二十四	北	〇九 〇〇	二十七 一十九	北	四	同
九 金	一十五 二十二	一十五 五十九	北	一十二 一十二	三十 四十	北	二	同
十 火	一十二 二十八	一十二 〇〇	北	一十二 四十二	二十九 一十七	北	六	同
十一 火	一十二 一十二	二十 四十二	北	一十二 五十四	二十八 〇七	北	五	同
十二 火	一十四 一十四	一十八 二十二	北	一十四 四十九	二十六 三十五	北	六	同
十三 火	二十二 四十一	一十七 一十六	北	一十五 一十	二十五 一十九	北	五	同
十四 火	二十一 二十二	一十五 三十	北	二十三 三十	二十二 二十九	北	五	同
十五 火	一十八 二十六	一十二 二十二	北	一十二 五十八	二十八 二十六	北	六	同
十六 火	一十八 三十	一十二 一十一	北	一十一 四十二	二十九 二十四	北	五	同
奎宿內十七 增 火	一十二 〇四	一十二 〇三	北	一十 四十六	二十九 四十八	北	六	同
十八 金火	一十九 四十六	二十 五十五	北	一十二 五十四	二十六 五十七	北	六	同
十九 金火	一十八 三十	一十七 一十四	北	〇九 〇二	二十五 〇四	北	六	同
奎宿南二十 增 火	一十九 一十二	一十二 一十八	北	一十二 五十五	二十 〇六	北	六	同
二十一 火	一十八 一十二	一十二 一十二	北	一十四 二十	二十七 四十五	北	六	同
外屏一 土火	〇八 五十九	[illegible]	北	〇七 二十二	〇五 一十四	北	四	同
二 土木	一十二 一十二	〇一 〇六	北	二十 五十五	〇五 五十四	北	四	同
三 土木	一十四 四十二	〇〇 五十八	北	一十 〇七	〇六 四十一	北	四	同
四 土木	一十七 一十六	三 三	南	一十七 一十九	〇四 一十四	北	五	同
五 土木	一十 一十九	〇四 四十	南	一十九 二十四	〇三 二十八	北	五	同
六 土木	一十二 一十二	〇七 五十六	南	一十二 二十四	〇一 一十	北	五	同
七 火木	一十四 一十二	〇九 〇五	南	一十五 四十	〇〇 五十六	北	三	同
外屏南八 增 土水	一十二 四十八	〇一 三十	南	一十二 一十	〇三 四十二	北	六	同
九 土水	一十四 〇九	〇四 二十	南	一十四 四十二	〇一 三十	北	六	同
天溷一 金土	〇三 〇〇	一十 四十	南	〇七 二十六	〇九 二十	南	五	同
二 金土	〇二 〇〇	一十 四十	南	〇七 二十一	一十 〇一	南	五	同
三 金土	〇〇 四十	一十 〇〇	南	〇五 五十六	一十 五十六	南	五	同
四 金土	〇〇 二十	一十四 〇〇	南	〇六 〇六	一十二 五十六	南	五	同
五								
六								
七								
土司空								
軍南門 金	〇一 一十九	一十六 二十	北	一十 〇五	四十五 一十九	北	五	大梁
閣道一 金土	一十七 〇二	四十八 五十四	北	一十九 四十九	五十六 三十九	北	四	同
二 金土	一十九 二十七	四十七 二十九	北	二十 〇六	六十一 四十七	北	三	同
三 金土	一十二 四十四	四十六 一十二	北	一十五 二十八	五十八 二十六	北	三	同
四 金土	〇六 二十八	四十二 〇七	北	一十二 二十五	五十二 〇九	北	四	同
五 金土	二十九 五十五	四十 一十五	北	〇七 〇〇	四十九 〇〇	北	六	降婁
六 金土	一十七 一十九	二十九 二十六	北	〇六 〇四	四十六 一十二	北	六	同
閣道中七 增 金土	〇五 二十九	四十二 二十八	北	一十 五十三	五十三 〇五	北	五	大梁
八 金土	一十二 二十一	四十四 五十八	北	一十八 〇九	五十七 一十六	北	六	同
九 金土	一十 一十三	四十五 〇五	北	一十四 一十五	五十六 一十七	北	六	同
閣道西十 增 金土	一十八 二十	四十二 二十六	北	〇五 一十二	四十八 二十八	北	六	降婁
十一 金土	一十六 一十八	一十八 〇九	北	〇六 〇七	四十四 五十七	北	六	同
附路	二十九 五十八	四十四 四十二	北	〇四 二十一	五十一 五十	北	四	同
王良一 金土	一十九 五十九	四十二 一十五	北	一十七 二十七	五十六 四十九	北	三	同

二 金土	〇七 二十五十一十（九二四）	北〇三〇五 六十五十（二二）	北四	大梁
三 金土	〇五〇一 四十（七） 〇五	北〇五 五十五十二十（一六五）	北四	同
四 金土	〇二 四十四十三十（一六六）	北〇四 五十五十三十（五四二）	北五	同
五 金土	二十三十四十三十（九三五八）	北〇二 五十五十二十（五二八）	北五	降婁
策星 金土	〇八 五十四十四十（一八六）	北〇八 四十五十四十（四八二）	北三	大梁
策西一 金土 增	〇七 一十四十三十（五七二）	北〇八 四十五十一十（六七二）	北六	同

圖考

奎宿

按禮記月令季夏之月旦奎中

按爾雅釋天降婁奎婁也

註 奎爲溝瀆故名降 疏十二次之分降婁魯也降婁奎婁之次名也孫炎曰降下也奎爲溝瀆故稱降也按襄三十年左傳云鄭公孫揮與裨竈晨過伯有氏其門上生莠子羽曰其莠猶在乎於是歲在降婁降婁中而旦裨竈指之曰猶可以終歲歲不及此次也已及其亡也歲在娵訾之口其明年乃及降婁是也

按孝經援神契奎主文章蒼頡效象洛龜曜書丹青垂萌畫字宋均注曰奎星屈曲相鉤似文字之畫蒼頡視龜而作書則河洛之應與人意所惟通矣

按星經缺

按史記天官書奎曰封豕爲溝瀆

註 正義曰奎天之府庫一曰天豕亦曰封豕主溝瀆西南大星所謂天豕目

按漢書天文志奎曰封豨爲溝瀆

按晉書天文志奎十六星天之武庫也一曰天豕亦曰封豕主以兵禁暴又主溝瀆西南大星所謂天豕目亦曰大將

按隋書天文志同

按宋史天文志漢永元銅儀以奎爲十七度唐開元游儀十六度舊去極七十六度景祐測驗同

按觀象玩占奎有十六星一曰封豕一曰天豕一曰天庫一曰天邊金星也奎爲天之武庫其下九尺爲日月五星中道西南大星謂之天豕目亦爲大將又爲女令石氏曰奎主庫兵兵禁不時故置將軍以領之奎又主溝瀆故將有陂池江河之事皆占於奎

外屏

按星經缺史記天官書漢書晉書天文志俱不載

按隋書天文志奎南七星曰外屏

按宋史天文志外屏七星在奎南主障蔽臭穢

按觀象玩占外屏七星在奎南以蔽天溷

天溷

按星經闕史記天官書漢書晉書天文志俱不載

按隋書天文志屏南七星曰天溷厠也屏所以障之也

按宋史天文志天溷七星在外屏南主天厠養猪之所一曰天之厠溷也

按曆學會通天溷主糞穢天子之溷厠

土司空

按星經闕史記天官書漢書晉書天文志皆不載

按隋書天文志天溷南一星曰土司空主水土之事故又知禍殃也

按宋史天文志土司空一星在奎南一曰天倉主土事

按觀象玩占土司空一星奎南地官也主水土

軍南門

按星經闕史記天官書漢書天文志俱不載

按晉書天文志天將軍南一星曰軍南門主誰何出入

按隋書天文志同

按宋史天文志軍南門在天大將軍南天大將軍之南門也主誰何出入

按觀象玩占軍南門一星天大將軍西南主伺兵出入

按曆學會通軍南門主出入定亂

閣道

按星經闕

按史記天官書紫宮後六星絕漢抵營室曰閣道

註 索隱曰絕度也抵屬也樂叶圖云閣道北斗之輔石氏云閣道六星神所乘也正義曰閣道六星在王良北飛閣之道天子欲遊別宮之道

按漢書天文志紫宮後十七星絕漢抵營室曰閣道

按晉書天文志閣道六星在王良前飛道也從紫宮至河神所乘也一曰閣道星天子遊別宮之道也

按隋書天文志閣道六星在王良前飛道也從紫宮至河神所乘也閣道主道里天子遊別宮之道也亦曰閣道所以扞難滅咎也一曰王良旗一曰紫宮旗亦所以爲旌表而不欲其動搖旗星者兵所用也

按宋史天文志閣道六星在王良前飛道也從紫宮至河神所乘也一曰主輦閣之道天子遊別宮之道也

按觀象玩占閣道六星在王良前從紫宮至河中王良旗也一曰紫宮旗水官也主扞難滅咎又曰天子御道神所乘主道路又主天子遊別宮之道

附路

按星經闕史記天官書漢書天文志俱不載

按晉書天文志傅路一星在閣道南旁別道也

按隋書天文志傅路一星在閣道南旁別道也備閣道之敗復而乘之也一曰太僕主禦風雨亦遊從之義也

按宋史天文志附路一星一作傅在閣道南旁別道也一曰在王良東主太僕主禦風雨

按觀象玩占附路一星在閣道南旁別道也所以備閣道之敗缺一曰伯樂主掃除主禦風雨一曰太僕象也一曰附路以通道備不虞

王良

按星經王良五星在奎北河中爲御馬官漢中四星天駟旁一星名王良主疾及路爲天橋主急兵也

按史記天官書漢中四星曰天駟旁一星曰王良王良策馬車騎滿野

注索隱曰元命苞云漢中四星曰騎一曰天駟也春秋合誠圖云王良主天馬也正義曰王良五星在奎北河中天子奉御官也其動策馬則兵騎滿野

按漢書天文志漢中四星曰天駟旁一星曰王梁

按晉書天文志王良五星在奎北居河中天子奉車御官也其四星曰天駟旁一星曰王良亦曰天馬其星動爲策馬車騎滿野亦曰梁爲天橋主禦風雨水道

按隋書天文志同

按宋史天文志王良五星在奎北居河中天子奉車御官也其四星曰天駟旁一星曰王良亦曰天馬星動則車騎滿野一曰爲天橋主禦風雨水道

按觀象玩占王良五星在奎北河中一曰天津一曰王濟漢中四星謂之天駟旁一星曰王良主天馬又主津梁主禦風雨水道一曰天橋天子在車度水之官也

策星

按星經策一星在王良前爲天子僕策御馬西入壁半度去北辰四十二度

按史記天官書王良策馬車騎滿野

注正義曰策一星在王良前主天子僕也占以動搖移易在王良前或居馬後則爲策馬策馬而兵動也按本文無策星註詳晉之

按漢書天文志同

按晉書天文志王良前一星曰策星王良之御策也主天子之僕在王良旁若移在王良前居馬後是謂策馬則車騎滿野

按隋書天文志同

按宋史天文志策一星在王良北天子僕也主執策御

按觀象玩占策一星王良前天子僕也主執御又主天子兵馬金官也

按曆學會通策星天子之僕今之黃門

婁宿

隋丹元子步天歌婁三星不勻在一頭右更左更烏夾婁天倉六個婁下頭天庾三星倉東脚婁上十一將軍侯

新法曆書婁宿圖

婁宿恒星表

星名	黄道經度 分	黄道緯度 分 向	赤道經度 分	赤道緯度 分 向	等	宮
婁宿一 火土	二十八四十六	○八二十九北	二十五一十	十八四十九北	四	降婁
二 火土	十八○○	○七○九北	十一十	十七二十北	四	同
三 火	○二二十九	九五十七北	十八十一	十一四十北	三	大梁
婁宿南四 增 火	○二○四	○九十北	六十五十	二十二十四北	六	同
五 土	○二五十七	○七十北	十八十一	十九二十七北	六	同
六 水土	○三四十三	○五四十二北	十七一十	十九一十九北	六	同
七 增	二十八二十	○五二十四北	十四二十	十五五十七北	五	降婁
右更一 火	二十○○	○九四十北	十六十八	十七一十七北	五	同
二 火	十九十	○五十北	十七十五十七	十五一十北	四	同
三 火	十九二十	○一五十北	十九十五	一十十北	五	同
四 火	二十五三十	○一三十九北	二十九	一十二十北	五	同
五 土木	二十五十	○三○○南	十五十	○六十北	五	同
左更一 火	○九五十八	○一○七北	十七一十	十五五十四北	六	大梁
二 火	○九四十六	○一三十南	五十七	十二十北	六	同
三 火	○八五十	○○七十南	○六十六	四十北	六	同
四 火	○九○九	○四○一北	五四十二十八	○○北	六	同
五 火	○八五十九	○六○七北	四三十二十	九二十十北	六	同
左更東六 增 金	三二十	○四○九北	九三十三十五	九五十北	五	同
七 火	十五四十	○一二十北	十八五十七	六十二十北	六	同
天倉一 金土	十五四十六	二十○一南	○○九	一十五十南	三	娵訾
二 金土	○六二十五	十五五十六南	十七五十	一十一十南	三	降婁
三 金土	十○六五	十七四十南	一十	十一南	三	同
四 金土	十六四十八	二十九南	十七一十	二十二四十南	三	同
五 金土	十二四十八	十五○一南	十五四十	十七五十五南	四	同
六 金土	十四一十二	○四南	十五二十七	十四五十南	四	同
天倉內七 增 金土	十五二十八	二十五五十南	十七四十	一十四○七南	五	同
天庾						
天大將軍一 金	○九○一	二十七四十七北	二十五三十	四十六二十北	二	大梁
二 金	○九三十六	十六五十北	二十五十	十八四十一五十北	五	同
三 金	○七一十五	十五二十二北	十八五十一	十六四十一四十北	四	同
四 金	○五三十	三十北	十八四十八	十三四十二八北	五	同
五 金	○五二十九	二十八五十九北	二十五十	四十二十北	五	同
六 金	○三四十六	十七五十五北	十九四十四	十八四十二北	五	同
七 水	○五○三	二十三三十五北	十七三十五	十四北	五	同
八 水	○七一十三	二十三北	二十六五十八	三十三一十四北	四	同
九 水	○八二十二	十九二十九北	二十八三十七	三十二四十三北	五	同
十 水	○八二十一	十八五十七北	二十八五十二	三十二○八北	四	同
天大將軍西十一 增 金	○四○○	三十四三十北	十六五十九	五四十○二北	五	同
十二 水	○二四十二	十六一五十北	二十三一十七	二十七五十四北	四	同

圖考

婁宿

按禮記月令季冬之月昏婁中

按星經闕

按史記天官書婁爲聚衆

注正義曰婁三星爲苑牧養犧牲以共祭祀亦曰

聚衆

按漢書天文志同

按晉書天文志婁三星爲天獄主苑牧犧牲供給郊祀亦爲興兵聚衆

按隋書天文志同

按宋史天文志漢末元銅儀以婁爲十二度唐開元游儀十二度舊去極八十度景祐測驗婁宿十二度距中央大星去極八十度在赤道內十一度

按觀象玩占婁宿三星曰天獄一曰密宮一曰國市一曰天廟庫上星也主犧牲宗廟五祀苑牧故置天倉以養之婁聚也故又主興兵聚衆之事其下九尺爲日月五星中道星經曰婁者天獨祿車萬物之所藏收也

左更右更

按星經闕史記天官書漢書晉書天文志俱不載

按隋書天文志婁東五星曰左更山虞也主澤藪竹木之屬亦主仁智婁西五星曰右更牧師也主養牛馬之屬亦主禮義二更秦爵名也

按宋史天文志右更五星在婁西秦爵名主牧師官左更五星在婁東亦秦爵名山虞之官主山澤林藪竹木蔬果之屬亦主仁智

按觀象玩占左更五星婁東山虞也主山澤林藪右更五星婁南牧師官也主養牧牛馬皆秦爵名也左更主仁右更主禮

天倉

按星經闕史記天官書漢書天文志俱不載

按晉書天文志天倉六星在婁南倉穀所藏也

按隋書天文志同

按宋史天文志天倉六星在婁宿南倉穀所藏也待邦之用

按觀象玩占天倉六星婁南主倉庫之藏大司農之事

按曆學會通天倉倉官也

天庾

按星經闕史記天官書漢書天文志俱不載

按晉書天文志天倉南四星曰天庾積廚粟之所也

按隋書天文志同

按宋史天文志天庾四星在天倉東南主露積

按觀象玩占天庾三星在天倉東南主露積亦爲積粟之屋場圃之所

天大將軍

按星經闕史記天官書漢書天文志俱不載

按晉書天文志天將軍十二星在婁北主武兵中央大星天之大將也

按隋書天文志天將軍十二星在婁北主武兵中央大星天之大將也外小星吏士也

按宋史天文志天大將軍十一星在婁北主武兵中央大星天之大將也外小星吏士也

按觀象玩占天大將軍十一星婁北金官也天之將帥中央大星大將軍也其餘小吏士也

按曆學會通天大將軍用武兵中之統領

胃宿

隋丹元子步天歌胃三星鼎足河之次天廩胃下斜四星天囷十三如乙形河中八星名大陵陵北九箇天船名陵中積尸一箇星積水船中一黑精

新法曆書胃宿圖

胃宿恒星表

星名	黄道經度 分 黄道緯度 分	向	赤道經度 分 赤道緯度 分	向	等	宮
胃宿一	一十四十六 一十一十六	北	五二十三十六 六十四十○五	北	四	大梁
二	一二十○三 二十四	北	七三十五十四十	北	三	同
三	三十一十四 一十二十六	北	六二十五二十七 一十三十九	北	四	同
胃宿西四 增	一十八五十 一十五十	北	四三十五二十五 二十六十	北	五	同
天廩一 火土	八十二十 ○五七五十	南	七四十○八 一十三十	北	五	同
二 火土	七十五十 ○七九二十	南	七四十二十 一十○二	北	六	同
三 火土	六十四十 ○八五十	南	六四十四四十 ○八九十	北	四	同
四 火土	五一十五十九 ○九二十	南	六四十二十六 ○七九三十	北	四	同
天廩東五 增 土	七一十五十六 ○九五三十	南	八四十六 ○九○八○二	北	六	同
六 金月	二十○九 ○八四十	南	五十五十九 ○九九十	北	五	同
七 土火	二十二十 十三十	南	八五十二十 ○四五十	北	六	同
八 增	四二十四十 ○四三十	南	五十九十五 一十	北	四	同
天囷一 金土	○九一十 十三十七	南	四十五十三 ○二九十	北	二	同
二 金土	十○八四 三十	南	四十五 ○一 ○一九五十	北	五	同
三 金土	○九四五十 ○七五十	南	九三十五十八 ○七二十	北	四	同
四 金土	○六三十 ○五六	南	六三十 ○一 ○八七一十	北	四	同
五 金土	八二十五十三 ○四九一十	南	八二十一十 ○七○四	北	四	降婁
六 金土	○二七十 ○五三十	南	三十○○ ○七○三	北	四	大梁
七 金土	○三三十 ○九一十	南	四三十○八 ○三八五十	北	四	同
八 金土	○四七十一十 ○三	南	六三十○三 ○一七三十	北	三	同
九 金土	○二五二十四十二十	南	五三十十 ○一二十	南	三	同
十 金土	六二十四十四十	南	九二十五十八 ○三四二十	南	四	降婁
十一						
十二						
十三						
大陵一 金土	八一十五十四 三十九 ○二	北	九二十 ○九五十四 一十七	北	六	大梁
二 金土	二十三十四 十七	北	六三十五 二十五十○九	北	五	同
三 金土	一十五十六 三十六	北	四十四十二 四十八	北	四	同
四 金土	十九十六 一十○四	北	四十九 十四十四十	北	四	同
五 金土	十○ 二十	北	四十○四九 三十八	北	三	同
六 金土	二十五十四 二十五十四	北	四十四 十八十○三	北	五	同
七 金土	一十九四十 二十一	北	四十二十七 十二十二	北	四	同
八 金土	一十六九十 二十五十	北	六十五十六 四十五	北	四	同
大陵西九 增 金土	九十八二十一三十五二十	北	四十九十七四十九三十	北	四	同

積尸星十 金土	二十四十 八三	二十三十 一五	北三十五十 八三	二十○四 八	北四 同
天船一 金土	二十三十 三三	三十二十 七九	北三十一十 六一	五十二十 四三	北四 同
二 金土	三十五十 四	三十三十 四	北三十三十 九四	五十○三 二	北三 同
三 金土	二十四十 六	三十○五	北四十二十 四六	四十二十 八九	北二 同
四 金土	二十三十 八七	一十五十 七五	北四十五十 七二	四十五十 六九	北五 同
五 金土	二十三十 九八	二十一十 七四	北四十一十 九	四十三十 六二	北三 同
六 金土	○四一十 八	二十一十 六一	北五十二十 五	四十四十 六	北五 同 沈
七 金土	○五三十 七	二十三十 六九	北五十五十 六二	四十二十 七五	北四 同
八 金土	○六三十 七	二十二十 八三	北五十三十 七八	四十一十 九八	北五 同
積水九 金土	○二五十 五	一十三十 九一	北五十一十 二	四十三十 九三	北五 同
天船西十 金土 增	一十二十 七八	二十五十 七九	北四十○八 八	四十三十 六九	北五 大梁
天船南十一 金土 增	○六二十 三	二十三十 四五	北五十二十 八六	四十三十 九四	北六 實沈
天船內十二 金土 增	○四三十 五八	二十五十 八	北五十四十 四三	四十一十 九七	北四 同

圖考

胃宿

按星經闕

按史記天官書胃爲天倉

注正義曰胃三星昴七星畢八星爲大梁於辰在酉趙之分野胃主倉廩五穀之府也

按漢書天文志同

按晉書天文志胃三星天之廚藏主倉廩五穀府也

按隋書天文志同

按宋史天文志漢永元銅儀胃宿十五度景祐測驗十四度

按觀象玩占胃三星曰大梁一曰天中府一曰天庫一曰密官金星也胃星者五穀之府天之廚藏主倉粟收藏積聚萬物又主討捕誅殺葅醢之事其南下九尺爲日月五星中道

天廩

按星經闕史記天官書漢書天文志俱不載

按晉書天文志天廩四星在昴南一曰天宿主蓄黍稷以供饗祀春秋所謂御廩此之謂也

按隋書天文志同

按宋史天文志天廩四星在昴宿南一曰天㣲主蓄黍稷以供享祀春秋所謂御廩此之象也又主賞功掌九穀之要

按觀象玩占天廩四星在昴南主蓄黍稷供享祀一曰天倉主廩藏會計

按曆學會通天廩主蓄積芻犧牲亦主倉廩

天囷

按星經闕史記天官書漢書晉書天文志俱不載

按隋書天文志天囷十三星在胃南倉廩之屬也主給御糧也

按宋史天文志天囷十三星如乙形在胃南倉廩之屬主給御廩粢盛

按觀象玩古天囷十有三星在胃南主糧儲庫藏

大陵

按星經闕史記天官書漢書天文志俱不載

按晉書天文志大陵八星在胃北亦曰積京主大喪也

按隋書天文志大陵八星在胃北陵者墓也大陵卷舌之口曰積京主大喪也

按宋史天文志與晉志同

按觀象玩占大陵八星在胃北主喪又主陵墓

積尸

按星經闕史記天官書漢書天文志俱不載

按晉書天文志大陵中一星曰積尸

按隋書宋史天文志俱同

按觀象玩占積尸一星大陵中陵墓尸也主死喪

天船

按星經闕史記天官書漢書天文志俱不載

按晉書天文志大陵北九星曰天船一曰舟星所以濟不通也

按隋書天文志天船九星在大陵北居河中一曰舟星主度所以濟不通也亦主水旱

按宋史天文志天船九星在大陵北河之中天之船也主通濟利涉

按觀象玩占天船九星在大陵北河中一曰舟星一曰天更主濟渡又主水旱常居漢中天將軍兵船也

積水

按星經闕史記天官書漢書天文志皆不載

按晉書天文志天船中一星曰積水候水災

按隋書宋史天文志俱同

昴宿

隋丹元子步天歌昴七星一聚實不少阿西月東各一星河下五黃天陰名陰下六烏芻藁營營南十六天苑形河裏六星名卷舌舌中黑點天讒星礪石舌旁斜四丁

新法曆書昴宿圖

昴宿恒星表

星名	黃道經度	分	黃道緯度	分	向	赤道經度	分	赤道緯度	分	向	等	宮
昴宿一 火月	二十四	四十七	〇四	〇〇	北	五十一	二十一	二十二	五十六	北	三	大梁
二 火月	二十三	三十七	〇四	一十一	北	五十	〇六	二十	四十七	北	五	同
三 火月	二十四	二十六	〇四	〇二	北	五十	五十六	二十一	五十	北	六	同
四 火月	二十五	一十	〇三	五十五	北	五十一	四十五	二十三	五十六	北	五	同
五												
六												
七												
天阿												
月星 土水	二十八	一十四	〇一	一十二	北	五十五	四十六	一十	〇〇	北	五	大梁
天陰一 金	一十五	三十八	〇一	四十七	北	四十二	三十八	一十八	一十六	北	四	同
二 金	一十六	四十七	〇二	五十	北	四十三	一十一	一十九	三十七	北	五	同
三 金	一十八	一十四	〇二	三十六	北	四十五	〇〇	一十九	四十九	北	六	同
四												
五												
芻藁												
天苑一 土	一十八	四十	三十三	一十四	南	五十	一十二	一十四	三十五	南	三	大梁
二 土	一十五	四十六	二十一	〇九	南	五十二	〇九	一十三	一十六	南	四	同
三 土	一十五	三十	二十八	四十七	南	五十一	一十	一十	四十八	南	三	同
四 土	一十三	〇八	二十七	四十七	南	四十八	五十三	一十	四十四	南	三	同
五 土	〇八	二十九	二十五	五十九	南	四十四	三十四	一十	二十	南	三	同
六 土	〇三	三十	二十四	二十四	南	三十九	四十五	一十	二十九	南	三	同
七 金土	二十八	三十五	二十八	一十七	南	三十六	二十一	一十五	一十	南	四	降婁
八 土	二十六	三十	二十二	一十	南	三十六	一十九	一十九	五十七	南	四	同
九 土	一十七	二十	三十四	五十	南	二十八	四十一	二十二	一十	南	四	同
十 土	〇〇	二十	二十八	三十	南	四十	五十九	二十	二十九	南	四	大梁
十一 土	〇五	一十	二十八	一十	南	四十五	四十二	一十	四十五	南	四	同
十二 土	〇八	五十	二十八	〇〇	南	四十八	三十二	二十	〇〇	南	四	同
十三 土	二十	四十	四十一	三十	南	五十	五十六	二十	五十二	南	四	同
十四 土	二十	五十	四十二	三十	南	五十	二十	二十四	四十七	南	四	同
十五 土	一十	三十	四十二	二十	南	五十四	一十五	二十五	二十五	南	四	同
十六 土	二十六	〇〇	四十	二十	南	五十六	〇六	二十四	五十	南	四	同
天苑西十七 金增 亦名芻藁	一十四	二十五	二十七	一十	南	二十二	〇〇	一十四	一十四	南	四	降婁
十八 金土 亦名芻藁	二十四	五十五	二十八	三十一	南	三十三	三十八	一十七	〇七	南	四	同
十九 金土 亦名芻藁	二十八	一十一	二十五	五十八	南	三十五	二十八	一十三	三十九	南	三	同
天苑北二十 上增	〇五	五十九	一十三	五十八	南	四十	〇三	〇九	〇六	南	四	大梁
廿一 土	〇一	五十	二十三	一十五	南	三十七	一十七	〇九	二十四	南	四	同
卷舌一 金土	二十八	三十四	一十二	〇六	北	五十	〇六	四十一	二十二	北	四	同
二 金土	〇〇	二十一	一十九	〇四	北	五十三	一十五	三十八	五十四	北	三	實沈
三 金土	二十九	四十七	一十四	五十四	北	五十四	〇一	三十四	四十二	北	五	大梁
四 金土	二十五	五十六	一十二	〇八	北	五十	〇七	二十一	〇〇	北	四	同
五 金土	二十七	五十九	一十	一十八	北	五十二	三十六	三十	二十四	北	三	同
天讒六 金土	二十七	二十三	一十二	四十	北	五十	四十五	三十	五十六	北	六	同
卷舌東七 增 金土	〇二	〇〇	一十八	〇〇	北	五十五	二十五	三十八	一十五	北	六	實沈
八 增 金土	〇八	二十四	一十八	五十六	北	六十二	四十七	四十	二十五	北	五	同
礪石一 土水	〇〇	〇九	〇七	五十五	北	五十六	〇三	二十七	五十八	北	五	同
二 土水	〇〇	二十七	〇五	一十六	北	五十七	〇四	二十五	二十七	北	六	同
三 土水	〇二	五十七	〇三	五十七	北	五十九	五十八	一十	四十六	北	五	同
礪石內四 增 上水	〇二	四十九	〇五	四十六	北	五十九	二十七	二十六	一十八	北	五	同

圖考

昴宿

按書經虞書堯典日短星昴以正仲冬

蔡注西方白虎七宿之昴星冬至昏之中星

按詩經召南小星嘒彼小星維參與昴

按爾雅釋天大梁昴也西陸昴也

注昴西方之宿別名旄頭[illegible]分大梁趙也大梁昴之次名也昴西方之宿名也昴又謂之西陸昭四年左傳云古者日在北陸而藏冰西陸

朝覿而出之又十一年傳云歲及大梁蔡復楚凶是昴星之名凡三

按尚書考靈耀主冬者昴昏中可以收斂也

按大戴禮夏小正四月昴則見

按星經闕

按史記天官書昴曰髦頭胡星也爲白衣會

注正義曰昴七星爲髦頭胡星亦爲獄事

按晉書天文志昴七星天之耳目也主西方主獄事又爲旄頭胡星也昴畢間爲天街天子出旄頭罕畢以前驅此其義也黃道之所經也

按漢書天文志同

按隋書天文志同

按宋史天文志漢永元銅儀昴宿十二度唐開元游儀十一度舊去極七十四度景祐測驗昴宿十一度距西南星去極七十一度

按觀象玩占昴七星曰旄頭一曰天器一曰天獄一曰天廚一曰天路木星也昴爲天耳目又爲白衣聚主兵喪主口舌奏對主獄事其下九尺爲日月五星中道中二星爲天街陰陽之所分

天阿

按星經闕按史記天官書漢書天文志俱不載

按晉書天文志天高西一星曰天河主察山林妖變

按隋書天文志同

按宋史天文志天河一星一作天阿在天廩星北晉志在天高星西主察山林妖變

按觀象玩占天阿一星胃東昴西主察山林妖變

月星

按星經闕史記天官書漢書晉書天文志俱不載

按隋書天文志天街西一星曰月

按宋史天文志月一星在昴宿東南蟾蜍也主日月之應女主臣下之象又主死喪之事

按觀象玩占月一星在昴東女主大臣之象主太陰亦主死喪

天陰

按星經闕史記天官書漢書晉書天文志俱不載

按隋書天文志畢柄西五星曰天陰

按宋史天文志天陰五星主從天子弋獵之臣

按觀象玩占天陰五星畢西主密謀主從天子遊獵之臣

芻藁

按星經闕

按史記天官書胃爲天倉其南衆星曰廥積

注如淳曰芻藁積爲廥也正義曰芻藁六星在天苑西主積藁草者

按漢書天文志同

按晉書天文志不載

按隋書天文志天苑西六星曰芻藁以供牛馬之食也一曰天積天子之藏府也

按宋史天文志芻藁六星在天苑西一曰在天囷南主積藁之屬一曰天積天子之藏府

按觀象玩占芻藁六星天苑西主積草供牛馬食一曰天積天子藏府也

天苑

按星經闕

按史記天官書參西有句曲九星三處羅一曰天旗二曰天苑

按漢書天文志同

按晉書天文志天苑十六星昴畢南天子之苑囿養獸之所也

按隋書天文志天苑十六星在昴畢南天子之苑囿養禽獸之所也主馬牛羊

按宋史天文志天苑十六星在昴畢南如環狀天子養禽獸之苑

按觀象玩占天苑十六星昴畢南如環狀天子畜牧之苑金官也主畜牧犧牲

卷舌

按星經闕史記天官書漢書天文志俱不載

按晉書天文志卷舌六星在昴北主口語以知佞讒也

按隋書天文志同

按宋史天文志卷舌六星在昴北主樞機智謀一曰主口舌語以知讒佞

按觀象玩占卷舌六星在昴北主利口一曰主樞機

天讒

按星經闕史記天官書漢書天文志俱不載

按晉書天文志卷舌中一星曰天讒主巫醫

按隋書宋史天文志俱同

礪石

按星經闕史記天官書漢書晉書天文志俱不載

按隋書天文志諸王西五星曰礪石

按宋史天文志礪石四星在五車星西主百工磨礪

鋒刃亦主倏伺

按觀象玩占礪石四星在五車北主磨礪鋒刃

欽定古今圖書集成曆象彙編乾象典

第五十二卷目錄

乾象典第五十二卷

星辰部彙考九

畢宿

隋丹元子步天歌畢恰似丫乂八星出附耳畢股一星光天街南星畢背傍天節耳下八烏幢畢上橫列六諸王王下四皂天高星節下國圓九州城畢口斜對五車口車有三柱任縱橫車中五個天潢精潢畔咸池三黑星天關一星車脚邊參旗九個參車間旗下直建九斿連斿下十三烏天園九斿天園參脚邊

新法曆書畢宿圖

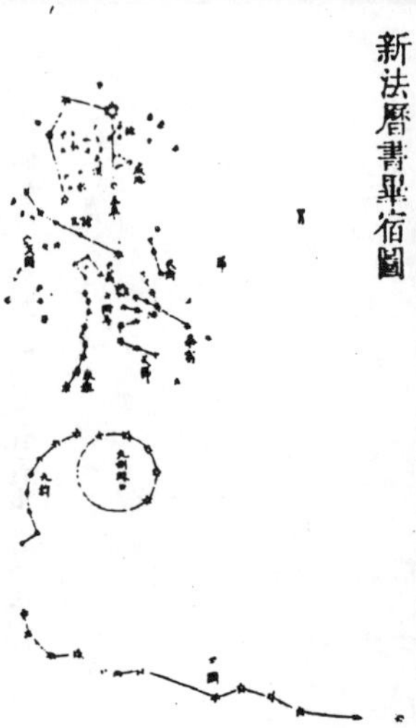

畢宿恒星表

星名	黃道經度	分	黃道緯度	分	向	赤道經度	分	赤道緯度	分	向	等	宮
畢宿一 火	○三	一十六	○二	三十七	南	六十	四十五	一十八	一十八	北	三	實沈
二 火	○○	二十五	○五	四十七	南	五十九	三十九	一十四	四十一	北	三	同
三 火	○一	四十	○四	○二	南	六十	二十四	一十六	三十七	北	三	同
四 火	○二	四十五	○五	五十三	南	六十一	五十二	一十五	一十六	北	四	同
五 火	○四	三十六	○五	三十一	南	六十三	四十	一十五	四十二	北	一	同
六 火	二十五	二十四	○八	○三	南	五十五	○四	一十一	二十二	北	四	大梁
七												
八												
附耳星 火	○五	一十八	○六	一十八	南	六十四	三十二	一十五	○四	北	五	實沈
天街一 土木	○三	○一	○○	三十五	北	六十	五十	二十一	二十四	北	四	同
二 土木	○○	五十二	○○	四十七	南	五十八	五十七	一十九	三十七	北	六	同
天街北三 增 土木	○三	一十七	○一	○四	北	六十一	○○	二十一	五十六	北	五	同
天節一 火	○二	○五	○六	五十七	南	六十一	二十五	一十三	四十九	北	五	同
二 火	○三	五十一	○七	○五	南	六十三	一十二	一十四	○二	北	五	同
三 火	二十九	四十六	○六	三十三	南	五十九	○○	一十三	四十六	北	五	大梁
四 土	○二	二十二	○八	四十一	南	六十二	○一	一十三	一十一	北	五	實沈
五 土	○四	三十二	○九	三十二	南	六十四	二十一	一十一	四十四	北	五	同
六 土	○三	三十四	一十一	四十八	南	六十三	四十八	○九	二十一	北	五	同
七 土	○○	三十三	一十二	○一	南	六十	五十二	○八	四十六	北	六	同
八												
天節西八 增土	二十八	二十二	一十二	一十四	南	五十八	五十二	○七	五十六	北	四	大梁
九 土	二十四	四十二	一十四	三十一	南	五十六	一十六	○三	五十九	北	四	同
諸王一 火木	二十三	二十一	○四	○六	北	八十二	四十四	二十七	二十八	北	四	實沈
二 火木	二十	一十五	○二	二十八	北	七十九	一十一	二十五	三十七	北	四	同
三 火木	二十八	二十七	○二	四十	北	七十七	○八	二十五	三十九	北	五	同

星名	黃道經度	分	黃道緯度	分	向	赤道經度	分	赤道緯度	分	向	等	宮
四 火木	○六	五十八	○○	四十	北	六十五	○○	二十二	一十二	北	五	同
五												
六												
諸王南五 增火木	二十	一十八	○一	○六	北	八十一	三十一	二十四	一十三	北	四	實沈
六 火木	二十	二十	○一	○○	北	七十九	二十三	二十四	一十	北	五	同
七 火木	一十七	一十九	○一	二十	南	七十六	二十九	二十	二十一	北	六	同
天高一 火木	一十一	二十七	○一	五十	南	七十	○九	二十	二十四	北	四	同
二 火木	○八	三十五	○三	四十	南	六十七	二十七	一十八	一十二	北	六	同
三 火木	一十五	二十六	○一	○四	南	七十四	三十九	二十一	四十一	北	六	同
四												
天高內四 增火木	一十二	三十七	○二	三十一	南	七十一	三十五	一十九	五十四	北	六	實沈
五 火木	一十一	二十	○二	○○	南	七十	○四	二十	一十四	北	六	同
九州一 土 亦名芻藁	二十四	○三	三十	二十五	南	五十八	三十九	一十	四十一	南	五	大梁
二 土	二十四	一十六	二十七	三十二	南	五十八	三十	○七	四十九	南	四	同
三 土	二十六	○○	二十六	○○	南	五十九	三十八	○六	○○	南	四	同
四 土	二十八	○九	二十五	○三	南	六十一	二十	○四	三十九	南	五	同
五 土	○一	三十八	二十五	一十二	南	六十四	二十七	○四	○九	南	四	實沈
六												
七												
八												
九												
九州內六 土	二十七	○○	二十七	○○	南	六十	四十四	○六	四十六	南	四	大梁
七 土	二十五	二十一	二十八	○九	南	五十九	二十四	○八	一十三	南	四	同
九州西八 增土	一十六	四十八	一十八	二十六	南	四十九	三十	○○	○五	南	四	同
九 土	二十	三十	二十二	四十五	南	五十三	五十九	○四	○三	南	四	同
五車一 火木	一十一	二十八	一十	二十二	北	六十八	一十八	三十二	三十七	北	四	實沈
二 火木	一十六	三十九	二十三	五十二	北	七十二	○八	四十五	二十二	北	二	同

星名	屬	黃道經度	黃道緯度	赤道經度	赤道緯度	星等	
三	火木	二十一十（六 五）	一十二十（一 八）	八十一十（三）	四十五十（四）	北二	同
四	火木	二十一十（五）	一十四十（四 八）	北八十二十（四 二）	三十一十（七 四）	北四	同
五	火木	一十二十（七 三）	〇五二十	北七十四十（七 三）	一十一十（八 四）	北二	同
西柱六	火木	一十三十（三 二）	二十五十（二）	北六十四十（八 二）	一十四十（一）	北四	同
七	火木	一十二十（三 九）	〇九一十（八）	北六十一十（九 二）	四十二十（九）	北四	同
八	火木	一十一十（四 三）	一十一十（八 二）	北七十〇六	四十三十（五）	北四	同
東柱九	火木	二十三十（二 五）	一十四十（五 二）	北八十四十（九）	三十五十（八 九）	北五	同
十	火木	二十四十（二 七）	一十四十（五 三）	北八十五十（七）	二十〇一（九）	北五	同
十一	火木	二十五十（三 八）	一十四十（三 九）	北八十二十（一 六）	三十〇九（七）	北六	同
南柱十二	火木	二十五十（八 七）	〇八五十（一）	北七十〇七（七）	三十五十	北五	同
五車內十三	火木 增	二十〇二（七）	二十一十（五）	北七十二十（四 八）	二十〇五（四）	北六	同
五車北十四	火木 增	二十四十（四 八）	二十二十（七 七）	北八十四十（二 五）	五十五十	北五	同
五車西十五	火木 增	一十二十（三 三）	一十〇三（五）	北六十二十（八 八）	二十一十（七 六）	北五	同
十六	金土	一十二十（七）	一十五十（四 一）	北六十一十（三）	四十四十（五 三）	北五	同
十七	金土	一十五十（四）	〇二（四）	北六十五十（六）	〇三	北五	同
五車東十八	火木 增	一十五十（七）	〇五五十	北八十一十（七）	二十四十（九）	北四	同
天潢一	火木	一十一十（七 五）	一十一十（八 四）	北七十四十（八）	一十四十	北六	同
二	火木	一十一十（六）	一十五十（六）	北七十〇八	一十四十（九）	北五	同
三	火木	一十二十（五 一）	一十二十（五 九）	北七十五十（八）	一十五十（七 六）	北五	同
四	火木	一十三十（七 二）	〇四一十（四）	北七十五十	二十五十（六 八）	北六	同
五							
咸池							
天關	火木	一十二十（九 五）	〇二（四）	北七十五十（八 一）	二十五十（三）	北三	實沈
天關南一	火木 增	二十二十	〇六二十	南七十五十（九 七）	一十五十（六 一）	北五	同
二	火木	二十二十	〇七四十	南八十〇三	一十三十（五 二）	北五	同
參旗一	土木	〇八一十（六）	〇八一十（七）	南六十五十（七）	一十三十（五）	北四	同
二	土木	〇九一十	〇九〇七	南六十五十（八 五）	一十五十（三 四）	北四	同

星名	屬	黃道經度	黃道緯度	赤道經度	赤道緯度	星等	
三	土木	〇八三十	一十〇六	南六十三十（八 四）	一十五十	北六	同
四	土木	〇八二十（四）	一十二十（六）	南六十三十（八 七）	〇九二十（九）	北四	同
五	土木	〇七一十（二）	一十〇四（三）	南六十三十（七 三）	〇八四十（一）	北四	同
六	土木	〇六四十（六）	一十二十（五 七）	南六十三十（七 一）	〇六一十（五）	北四	同
七	土木	〇六五十（六）	一十五十（六）	南六十五十（七 三）	〇四五十（六）	北四	同
八	土木	〇七二十（一）	二十〇二	南六十四十（八 七）	〇一四十（九）	北四	同
九	土木	〇八二十	二十五十（六）	南六十五十（九）	〇一〇三	北四	同
參旗東十	木土 增	一十五十（三 九）	一十四十（一 五）	南七十〇二（四）	二十五十（三）	北六	同
十一	木土	一十五十（一 六）	一十〇八（三）	南七十一十（二 一）	〇九一十（七）	北六	同
十二	木土	一十二十（一 三）	一十二十（四 四）	南七十四十（一 九）	〇七五十（七）	北六	同
九斿一	土	〇四〇九	二十三十（五 四）	南六十四十（六 六）	〇四〇六	南四	同
二	土	〇五五十（三）	二十五十（七 二）	南六十四十（八 一）	〇六〇七	南五	同
三							
四							
五							
六							
七							
八							
九							
天園一	土	一十〇八（七）	五十〇〇	南八十二十五十（八 一）	五十（九）	南四	娵訾
二	土	一十五十（九 八）	五十四十（六 五）	南二十二十五十（四 九 六）	四十	南四	同
三	土	二十〇八（四）	五十〇〇（九 五）	南一十四十（九）	一十五十五十	南四	同
四	土	〇一一十	五十五十（二 七）	南三十三十五十	二十	南三	降婁
五	土	〇九〇三	五十一十（四 五）	南一十四十（五 五）	一十	南三	同
六	土	一十四十（五 八）	四十四十（四）	南四十一十（三）	四十一十（五）	南三	同
七	土	〇三一十	五十〇〇（二）	南五十一十一十（六）	〇六	南四	大梁
八	土	〇六一十	五十三十（三）	南五十一十四十（三 四 六）	四十	南四	同
九	土	〇九一十（三）	五十〇〇	南五十四十三十三十（四 八 五 八）		南四	同
十	土	一十一十（七）	五十一十（三）	南六十三十三十（四 三）	五十（七）	南四	同
十一	土	一十三十（九）	五十五十（三）	南六十二十三十（二 四 四）	〇〇	南四	同
十二	土	二十二十（六）	五十四十（一 五）	南六十二十二十三十（六 四 九 四）		南四	同
十三	土	二十三十（五）	五十二十	南六十〇〇（六）	三十四十（一）	南四	同

圖考

畢宿

按詩經小雅大東有捄天畢載施之行

朱註天畢畢星也狀如掩兎之畢言其無實用但施之行列而已

漸漸之石月離于畢俾滂沱矣

朱註離月所宿也月離畢將雨之徵也大全朱子曰畢是漉魚的叉網漉魚則其汁淋漓而下若雨然畢星名義蓋取此今畢星上有一柄下開兩叉形亦類畢故月宿之則雨

按禮記月令孟秋之月旦畢中

按爾雅釋天濁謂之畢

註掩兎之畢或呼爲濁因星形以名疏畢西方之宿名一名濁詩小雅云有捄天畢毛傳云捄畢貌畢所以掩兎特牲饋食禮曰宗人執畢鄭注云畢狀如叉蓋爲其似畢星取名焉然則掩兎祭器之畢俱象畢星爲之但掩兎之畢施網爲異爾

按星經闕

按史記天官書畢曰罕車爲邊兵主弋獵

注　正義曰畢八星曰罕車爲邊兵主弋獵其大星曰天高一曰邊將四夷之尉也

按漢書天文志同

按晉書天文志畢八星主邊兵主弋獵其大星曰天高一曰邊將主四夷之尉也

按隋書天文志同

按宋史天文志漢永元銅儀畢十六度舊去極七十八度景祐測驗畢宿十七度距畢口北星去極七十七度

按觀象玩占畢八星附耳一星又曰罕車主邊兵弋獵田狩之事一曰天耳一曰天戶一曰虎戶一曰濁一曰天都尉主制候四方一曰天空水星也又爲天獄主伺鬼方之動靜察奸謀以備外患故直衛地之陽以爲四夷之候立附耳以譏不詳又主街市主陰雨大之雨師也其北上七尺爲日月五星中道畢主山河以南中國也中國於四海內則在東南爲陽昴畢之間謂之天街陰陽兩界之所分畢爲陽國昴爲陰國畢左股大星曰天高爲邊將主捕奸宄通外域察不詳

按隋書宋史天文志俱同

附耳

按星經闕

按史記天官書畢爲罕車爲邊兵主弋獵其大星旁小星爲附耳

注　正義曰附耳一星屬畢大星之下次天高東南隅主爲人主聽得失伺愆過

按漢書天文志同

按晉書天文志附耳一星在畢下主聽得失伺愆邪

天街

按星經闕

按史記天官書昴畢間爲天街其陰陰國陽陽國

注　索隱曰元命苞云畢爲天階爾雅云大梁昴孫炎云畢昴之間日月五星出入要道若津梁正義曰天街二星在畢昴間主國界也街南爲華夏之國街北爲夷狄之國孟康曰陰西南坤維河山以北國陽河山以南國

按漢書天文志同

按晉書天文志昴西二星曰天街三光之道主伺候關梁中外之境

按隋書天文志同

按宋史天文志天街二星在昴畢間一曰在畢宿北爲陰陽之所分大象占近月星西街南爲華夏街北爲外邦又曰三光之道主伺候關梁中外之境

按觀象玩占天街二星昴畢間黃道所經陰陽之所分也主國界畢以東曰街南爲夏昴以西曰街北爲夷天街在其中爲日月五星中道水官也

天節

按星經闕史記天官書漢書天文志俱不載

按晉書天文志畢附耳南八星曰天節主使臣之所持者也

按隋書天文志同

按宋史天文志天節八星在畢附耳南主使臣持節宣威四方

按觀象玩占天節八星附耳南使人所持主宣德威行四方

按曆學會通天節主使臣遠方宣揚帝化

諸王

按星經闕史記天官書漢書天文志俱不載

按晉書天文志五車南六星曰諸王察諸侯存亡

按隋書宋史天文志俱同

按觀象玩占諸王六星五車天潢南蕃屏王室又主朝會主諸侯存亡

按曆學會通諸王王室姪孫之象

天高

按星經闕史記天官書漢書天文志俱不載

按晉書天文志坐旗西四星曰天高臺榭之高主遠望氣象

按隋書天文志同

按宋史天文志天高四星在坐旗西乾象新書在畢口東北臺榭之高主望八方雲霧氛氣今仰觀臺也

按觀象玩占天高四星諸王南參旗西北齋戒之門一曰望氣之臺主視氛祲天高爲占候陰陽之本

九州殊口

按星經闕史記天官書漢書天文志俱不載

按晉書天文志天節下九星曰九州殊口曉方俗之官通重譯者也

按隋書宋史天文志俱同

按觀象玩占九州殊口九星在天節南主九土重譯殊方異俗一曰句風主聚議一曰主水中船舶之市

按曆學會通九州殊口能曉會九土方俗之語

五車

按星經闕

按史記天官書西宮咸池曰天五潢五潢五帝車舍火入旱金兵水水中有三柱柱不具兵起

注索隱曰案元命苞曰咸池主五穀其星五者各有所職咸池言穀生於水含秀含實主秋垂故一名五帝車舍言以車載穀而販也正義曰五車五星三柱九星在畢東北天子三兵車舍也西北大星曰天庫主太白秦也次東北星天獄主辰燕趙也次東曰天倉主歲衛魯也次東南曰司空主鎮楚也次西南曰卿主熒惑魏也

按漢書天文志同

按晉書天文志五車五星三柱九星在畢北五車者五帝車舍也五帝坐也主天子五兵一曰主五穀豐耗西北大星曰天庫主太白主秦次東北星曰獄主辰星主燕趙次東星曰天倉主歲星主魯衛次東南星曰司空主填星主楚次西南星曰卿星主熒惑主魏三柱一曰三泉

按隋書天文志五車五星三柱九星在畢北三柱一曰三泉一曰休一曰旗

按宋史天文志五車五星三柱九星在畢宿北五帝坐也又五帝之車舍也主天子兵起又主五穀豐耗一車主蕡麻一車主麥一車主豆一車主黍一車主稻米西北大星曰天庫主太白秦分及雍州主豆東北一星曰天獄主辰星燕趙分及幽冀主稻東南一星曰天倉主歲星魯分徐州衛分并州主麻次東南一星曰司空主填星楚分荆州主黍粟次西南一星曰卿主熒惑魏分益州主麥天文錄曰太白其神令尉辰星其神風伯歲星其神雨師熒惑其神豐隆填星其神雷公三柱一曰天淵一曰天休一曰天旗

按觀象玩占五車五星三柱九星共十四星在畢東北五神之外座也一曰天倉西北端一大星曰天庫為天將軍主秦主太白神曰令尉次東星曰天獄主燕趙主辰神曰風伯次東星曰天倉主魯衛主歲星神曰雨師次東南星曰司空主楚主填星神曰雷公西南星曰卿主韓魏主熒惑神曰豐隆星有變則各以所主占之三柱鼎足而居一曰休格一曰旗一曰三泉五車者天子兵車舍也主天子五兵郗萌曰五車一名咸池一曰五潢一名重華巫咸曰五車天子水官主五兵又主輕車石氏曰五車天庫星主豆天獄星主稻大倉主麻司空主黍卿主麥

按曆學會通五車為大臣邊將五兵五穀

天潢

按春秋文耀鉤天潢五星五帝車舍也

按星經闕

按史記天官書西宮咸池曰天五潢五潢五帝車舍

按天官書雖有天潢之名乃以五車為五潢未及五車中之五星也

按漢書天文志同

按晉書天文志五車中五星曰天潢

按隋書天文志同

按宋史天文志天潢五星在五車中主河梁津渡

按觀象玩占天潢五星五車中天池也一曰五潢主渡人神通四方

咸池

按春秋文耀鉤咸池五星五帝車舍也

按春秋佐助期咸池主五穀

按星經闕

按史記天官書西宮咸池曰天五潢五潢五帝車舍

注正義曰咸池三星在五車中天潢南魚鳥之所托也 按天官書以咸池即五車不分為二

按漢書天文志同

按晉書天文志天潢南三星曰咸池魚囿也

按隋書天文志同

按宋史天文志咸池三星在天潢南主陂澤池沼魚鼈鳧鴈

按觀象玩占咸池三星在五車中天潢南一曰潢池一曰潢龍一曰天淵一曰天井水蟲之囿也主陂池又主五穀

按曆學會通咸池魚雀之官

天關

按星經闕史記天官書漢書天文志俱不載

按晉書天文志天關一星在五車南亦曰天門日月之所行也主邊事主關閉

按隋書宋史天文志俱同

按觀象玩占天關一星五車南畢西北天門也主關塞在黃道中七政所由

參旗

按星經闕

按史記天官書參西有句曲九星三處羅一曰天旗

注正義曰參旗九星在參西天旗也指麾遠近以從命者王者斬伐當理則天旗曲直順理

按漢書天文志同

按博雅天弓謂之參旗

按晉書天文志參旗九星在參西一曰天旗一曰天弓主司弓弩之張候變禦難

按隋書天文志同

按宋史天文志參旗九星一曰天旗一曰天弓司弓弩候變禦難

按觀象玩占參旗九星五車西一曰天旗金官也一曰天弓主弓弩候變禦難

按曆學會通參旗天弓弩天子使用之弓矢

九游

按星經闕

按史記天官書參西有句曲九星三處羅一曰天旗二曰天苑三曰九游

註 正義曰九游九星在玉井西南天子之兵旗所以導軍進退

按漢書天文志同

按晉書天文志參西南九星曰九游天子之旗也

按隋書天文志同

按宋史天文志九游九星在玉井西南一曰在九州殊口東南北列主天下兵旗又曰天子之旗也

按觀象玩占九游九星玉井西南天子旗也一曰天旗一曰司曲主司五星之過主統九州導軍進退

按曆學會通九游天子之兵旗

天園

按星經闕史記天官書漢書天文志俱不載

按晉書天文志苑南十三星曰天園植果菜之所也

按隋書宋史天文志俱同

按觀象玩占天園十三星起天苑南屈曲横列植果菜之所也

按曆學會通天園天子菜果之園

觜宿

隋丹元子步天歌觜三星相近作參藥觜上座旗直指天尊卑之位九相連司怪曲立座旗邊四鳥大近井鉞前

新法曆書觜宿圖

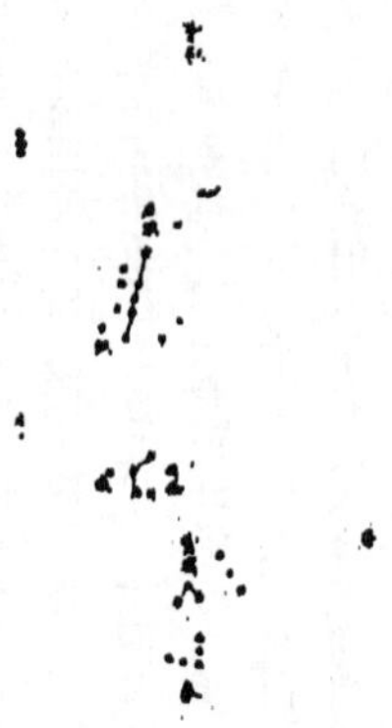

觜宿恒星表

星名	黃道經度	分	黃道緯度	分	向	赤道經度	分	赤道緯度	分	向	等	宮
觜宿一 火木	一十八	三十五	一十三	二十六	南	七十八	四十三	〇九	三十八	北	四	實沈
二 火木	一十八	三十	一十三	五十四	南	七十八	四十二	〇九	一十	北	五	同
三 火木	一十八	五十六	一十四	〇五	南	七十九	〇九	〇九	〇一	北	五	同
觜宿南四 增 火木	一十七	一十	一十七	二十二	南	七十七	四十二	〇五	三十五	北	五	同
觜宿東五 火木	二十五	二十八	一十四	五十一	南	八十五	二十六	〇八	三十六	北	四	同
座旗												
司怪一 土木	二十四	二十一	〇二	二十六	北	八十三	四十三	二十五	二十九	北	四	實沈
二 土木	二十五	四十五	〇〇	一十三	南	八十五	二十四	二十三	一十二	北	四	同
三 土木	二十五	四十五	〇三	一十二	南	八十五	三十二	二十二	一十二	北	五	同
四 土木	二十三	三十二	〇三	一十二	南	八十三	一十五	二十	〇六	北	五	同

圖考

觜宿

按禮記月令仲秋之月日觜觿中

按史記天官書參為白虎小三星隅置曰觜觿為虎首主葆旅事

註 如淳曰關中俗謂桑榆蘖生為葆晉灼曰葆菜也野生曰旅今之饑民採旅生也索隱曰姚氏案宋均云葆守也旅猶軍旅言佐參伐以斬除凶也

正義曰觜觿爲虎首主收斂葆旅事也葆旅野生之可食也

按漢書天文志同

按晉書天文志觜觿三星爲三軍之候行軍之藏府主葆旅收斂萬物

按隋書天文志同

按宋史天文志漢永元銅儀唐開元游儀皆以觜觿爲三度舊去極八十四度景祐測驗觜宿三星一度距西南星去極八十四度在赤道內七度

按觀象玩占觜宿三星曰觜觿白虎之首也爲三軍之候行軍之藏府金星也主葆旅收斂萬物亦爲刀鉞斬刈之事一曰天貨主寶貨其北上三尺爲日月五星中道內主梁外主巴漢

座旗

按星經闕史記天官書漢書天文志皆不載

按晉書天文志司怪西北九星曰坐旗君臣設位之表也

按隋書宋史天文志俱同

按觀象玩占座旗九星司怪西北主別君臣尊卑之位

司怪

按星經闕史記天官書漢書天文志俱不載

按晉書天文志東井鉞前四星曰司怪主候天地日月星辰變異及鳥獸草木之妖

按隋書宋史天文志俱同

按觀象玩占司怪四星在井鉞前主候天地日月星辰山川禽獸草木龍虵之變

按曆學會通司怪定陰陽占風雲氣候察天地草木之怪

參宿

隋丹元子步天歌參總有七星觜相侵兩肩雙足三爲心伐有三星足裏深玉井四星右足陰屏星兩扇井南襟軍井四星屏上吟左足四星天厠名厠下一星天屎沉

新法曆書參宿圖

參宿恒星表

星名	黃道經度	分	黃道緯度	分	向	赤道經度	分	赤道緯度	分	向	等	宮
參宿一 土木	一十七	一十四	二十三	三十八	南	七十八	一十九	〇	四十一	南	二	實沈
二 土木	一十八	一十七	二十四	二十	南	七十九	二十二	一	三十一	南	二	同
三 土木	一十九	三十	二十五	二十二	南	八十	三十一	〇二	一十三	南	二	同
四 火水	二十三	三十五	一十六	〇六	南	八十三	四十八	〇七	一十七	北	一	同
五 土木	一十五	四十六	一十六	五十三	南	七十六	一十九	〇五	五十八	北	二	同
六 土木	二十一	一十二	三十三	〇八	南	八十二	三十二	〇九	五十	南	三	同
七 土木	一十一	四十	三十一	一十二	南	七十三	一十一	〇八	四十五	南	一	同
參宿內八 增 土木	二十九	〇二	二十六	〇一	南	八十	〇八	〇二	五十二	南	四	同
九 土木	二十	〇八	二十一	五十八	南	八十	五十一	〇一	一十四	北	五	同
十 土木	一十九	二十	一十九	一十八	南	七十九	五十五	〇三	五十一	北	五	同
十一 土木	一十八	〇三	一十九	三十七	南	七十八	四十四	〇三	二十六	北	六	同
十二 土木	一十七	〇九	一十九	五十三	南	七十七	五十四	〇三	〇六	北	六	同
參宿西十三 增 土木	一十五	五十七	二十	〇九	南	七十六	四十九	〇二	四十四	北	五	同
十四 土木	一十四	五十七	一十九	四十	南	七十五	五十	〇三	〇六	北	六	同
十五 土木	一十二	二十一	二十	〇八	南	七十三	三十七	〇一	二十三	北	四	同
十六 土木	一十五	二十	一十一	二十三	南	七十六	二十一	〇一	二十六	北	五	同
十七 土木	一十四	二十二	二十三	三十二	南	七十五	四十一	〇〇	四十六	南	五	同
十八 土木	一十五	〇八	二十四	〇六	南	七十六	二十七	〇一	一十二	南	六	同
十九 土木	一十五	〇一	二十五	二十七	南	七十六	三十	〇二	四十八	南	三	同
二十 土木	二十二	四十八	二十一	三十九	南	八十三	一十九	〇一	四十一	北	五	同
廿一 土木	二十四	三十二	二十二	五十七	南	八十四	五十九	〇〇	二十八	北	五	同
廿二 土木	二十九	〇七	二十九	二十一	南	八十九	一十三	〇五	五十九	南	四	同
參宿東廿四 增	〇三	〇六	一十九	四十九	南	九十二	一十九	〇六	一十七	南	四	鶉首
廿五	〇二	四十九	二十八	〇四	南	九十二	三十三	〇四	四十	南	五	同

按參宿西表在實沈宮至廿二止
參宿東表在鶉首宮作廿四起疑有闕訛

星名		度數	
伐一	土木	二十五十二十一十南七十一十一十○五○六南五	實沈
二	土木	一十四十二十四十南七十一十○五十南三	同
三	土木	一十五十二十一十南七十二十○六十南三	同
四	土木	一十四十二十二十南八十一十○七十南五	同
伐南五	土木 增	一十四十三十十南七十三十○七十南四	同
六	土木	一十二十三十○南七十二十○八十南五	同
玉井一	土	一十○三十三十南七十五十○九十南四	同
二	土	○八○二十五十南七十五十○七十南五	同
三	土	一十○五二十五十南七十二十○五十南三	同
四	土	一十三十二十五十南七十五十○七一十南四	同
屏星一	水土	一十一十三十○四南七十一十一十三十南五	同
二	水土	○六四十四十○○南七十二十二十五十南四	同
軍井一	水土	一十三十三十三十南七十四十一十○七南五	同
二	水土	一十四十三十五十南七十○三二十南五	同
三	水土	一五十三十一十南七十四十一十南六	同
四	水土	一十三十三十一十南七十三十三十南五	同
厠星一	水土	一十一十四十○六南七十○六一十○六南三	同
二	水土	一十三十四十五十南七十○六十○四南三	同
三	水土	一十四十四十五十南八十一十一十十南三	同
四	水土	二十五十四十一十南八十五十二十五十南三	同
厠北五	水土 增	三十五十二十一十南八十二十一十五十南四	同
六	水土	一十五十二十四十南八十○一十○四南四	同
七	水土	二十四十二十二十南八十二十一十一十南四	同
天屎	金	一十二十五十三十南八十一十一十南四	同

圖考

參宿

按詩經召南小星嘒彼小星維參與昴

按禮記月令孟春之月昏參中

按尚書旋璣鈐參爲大辰主斬刈

按星經闕

按史記天官書參爲白虎三星直者是爲衡石其外四星左右肩股也

注 孟康曰參三星白虎宿中西直似稱衡正義曰參主斬刈又爲天獄主殺罰其中三星橫列者三將軍東主後將軍西南門右足主偏將軍故軒轅氏占之以北曰左肩主左將軍西北曰右肩主右將軍東南曰左足應七將也

按漢書天文志同

按大戴禮夏小正正月初昏參中蓋記時也云斗柄縣在下言斗柄者所以著參之中也

三月參則伏伏者非忘之辭也星無時而不見我有不見之時故曰伏

五月參則見參也者牧星也故盡其辭也

八月參中則旦

按爾雅紫宮參伐謂之大辰參謂之實沈

按晉書天文志參十星一曰參伐一曰大辰一曰天市一曰鈇鉞主斬刈又爲天獄主殺伐又主權衡所以平理也又主邊城爲九譯故不欲其動也參白獸之體其中三星橫列三將也東北曰左肩主左將西北曰右肩主右將東南曰左足主後將軍西南曰右足主偏將軍故黃帝占參應七將中央三小星曰伐天之都尉也主鮮卑之國

按隋書天文志同

按宋史天文志漢宋元銅儀參八度舊去極九十四度景祐測驗參宿十星十度右足入畢十三度

按觀象玩占參七星伐三星曰參伐七星爲虎身伐爲虎尾觜爲虎首共爲白虎主西方一曰大辰一曰天市一曰鍾龍金星也亦曰主鈇鉞秉斬刈刑罰又爲天獄主殺伐又爲天尉主邊城九譯及鮮卑之國七星爲七將軍其中三星橫列爲衡主平理前二大星曰左右股又謂之左右肩爲左右前將軍後二大星曰左右足右足爲偏將軍左足爲後將軍中三星爲大將軍乃爲三將也七星皆主邊兵其左肩北二尺爲日月五星中道

伐星

按星經闕

按史記天官書參爲白虎三星直者是爲衡石下有三星兌曰罰爲斬艾事

注 孟康曰在參間上小下大故曰銳晉灼曰三星少斜列無兌形正義曰罰亦作伐春秋運斗樞云參伐事主斬艾

按漢書天文志同

按晉書天文志參中央三小星曰伐天之都尉也主鮮卑之國

按隋書宋史天文志俱同

按觀象玩占伐三星參中天之都尉也主邊城九譯及鮮卑之國主斬刈

玉井

按晉書天文志玉井四星在參左足下主水漿以給廚
按隋書宋史天文志俱同
按觀象玩占玉井四星參右足下水官也主水泉給廚
按曆學會通玉井軍出行之水泉

屏星

按星經闕史記天官書漢書晉書天文志俱不載
按隋書天文志屏二星在玉井南屏爲屏風
按宋史天文志屏二星一作天屏在玉井南一云在參右足
按觀象玩占屏星二星在玉井南爲屏風障厠主疾病

軍井

按星經闕史記天官書漢書天文志俱不載
按晉書天文志玉井東南四星曰軍井行軍之井也軍井未達將不言渴名取此也
按隋書天文志同
按宋史天文志軍井四星在玉井東南軍營之井主給師濟疲乏
按觀象玩占軍井四星玉井南軍中井也主給軍爨又主水旱

天厠

按星經闕
按史記天官書參爲白虎其南有四星曰天厠
注正義曰天廁四星在屏東主溷也
按漢書天文志同晉書天文志不載
按隋書天文志天廁四星在屏東溷也主觀天下疾病
按宋史天文志廁四星在屏星東一曰在參右脚南主溷
按曆學會通廁主溷又主腰之下疾

天矢

按星經闕
按史記天官書廁下一星曰天矢
按漢書天文志同晉書天文志不載
按隋書天文志天矢一星在廁南
按宋史天文志天屎一星在天廁南
按觀象玩占天屎一星廁南主候吉凶

欽定古今圖書集成曆象彙編乾象典

第五十三卷目錄

星辰部彙考十

乾象典第五十三卷

星辰部彙考十

井宿

隋丹元子步天歌井八星橫列河中淨一星名鉞井邊安兩河各三南北正天罇三星井上頭罇上橫列五諸侯侯上北河西積水欲覓積薪東畔是鉞下四星名水府水位東邊四星序四瀆橫列南河裏南河下頭是軍市軍市團圓十三星中有一個野雞精孫子丈人市下列各立兩星從東說闕丘兩個南河東丘下一狼光蓬茸左邊九個彎弧弓一矢擬射頑狼胷有個老人南極中春秋出入壽無窮

新法曆書井宿圖

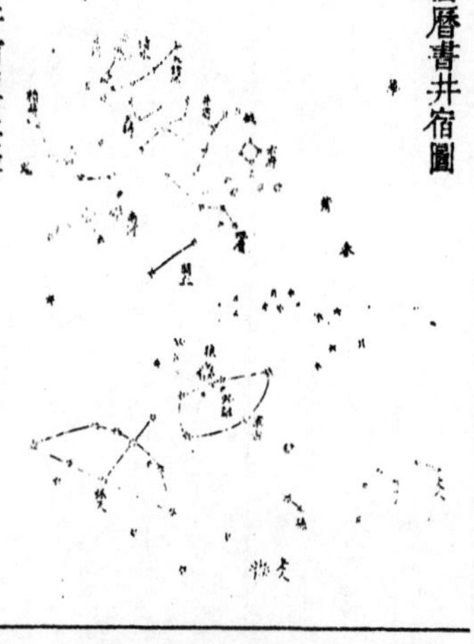

井宿恒星表

星名	黃道經度	分	黃道緯度	分	向	赤道經度	分	赤道緯度	分	向	等	宮
井宿一 金水	〇〇	〇八	〇〇	五十三	南	九十	〇七	二十二	三十八	北	三	鶉首
二 金水	〇一	三十七	〇三	〇八	南	九十二	四十四	二十	一十七	北	四	同
三 金水	〇三	五十四	〇六	四十九	南	九十四	〇二	一十六	一十九	北	二	同
四 金水	〇五	五十三	一十	〇九	南	九十五	五十二	一十三	一十五	北	四	同
五 土	〇四	四十五	〇二	一十二	北	九十五	一十七	二十五	四十	北	三	同
六 水	〇六	四十七	〇一	一十二	南	九十七	一十五	二十二	〇九	北	六	同
七 土	〇九	四十九	〇二	〇七	南	一百〇二	二十	二十一	〇〇	北	三	同
八 土	一十三	三十六	〇五	四十一	南	一百〇四	二十七	[illegible]	[illegible]	北	四	同
鉞 金木	二十八	一十六	〇〇	五十八	南	八十八	〇七	二十二	三十二	北	四	實沈
南河一 火木	一十七	一十二	一十二	五十一	南	一百〇六	五十五	〇九	四十	北	六	鶉首
二 火水	一十七	〇三	一十三	三十四	南	一百〇六	四十二	〇八	五十八	北	三	同
三 火木	二十	四十二	一十五	五十七	南	一百〇九	五十八	〇六	〇五	北	一	同
北河一 水	一十三	五十二	〇九	四十二	北	一百〇五	五十	三十二	二十九	北	五	同
二 水	一十五	〇四	一十	〇二	北	一百〇七	四十四	三十二	三十八	北	二	同
三 火	一十八	〇六	〇六	三十八	北	一百一十	三十八	二十八	五十五	北	二	同
北河南四 增 火	一十七	二十八	〇七	二十四	北	一百一十	〇〇	二十九	四十四	北	五	同
五 火	一十四	三十三	〇六	〇一	北	一百〇六	三十四	二十八	四十三	北	六	同
天罇一 火	一十三	四十	〇二	五十六	北	一百〇五	一十七	二十五	四十五	北	六	同
二 土	一十三	一十九	〇〇	一十四	南	一百〇四	二十二	二十二	三十八	北	三	同
三 火	〇九	〇一	〇一	三十一	北	九十九	五十六	二十四	二十二	北	六	同
五諸侯一 火	〇五	五十五	一十	五十八	北	九十七	〇五	三十四	一十八	北	五	同
二 火	一十	一十七	〇七	四十三	北	一百〇一	五十七	三十	四十四	北	四	同
三 火	一十三	四十七	〇五	四十三	北	一百〇五	一十七	二十八	三十一	北	四	同
四 火	一十六	一十	〇五	一十	北	一百〇七	五十一	二十七	四十三	北	五	同
五 火	二十	〇五	〇五	四十四	北	一百一十二	四十六	二十七	四十四	北	五	同
積水	—	—	—	—	—	—	—	—	—	—	—	—
積薪 火	一十八	二十九	〇三	〇三	北	一百一十	二十九	二十五	一十六	北	四	同
積薪南二 增 金木	一十七	二十五	〇五	五十二	南	一百〇八	〇二	一十六	三十五	北	六	同
三 金木	一十八	二十九	〇三	四十八	南	一百〇九	二十九	一十八	二十九	北	六	同
四 金木	一十九	五十三	〇二	四十二	南	一百一十	〇一	一十九	二十三	北	六	同
五 金木	二十一	五十一	〇〇	五十七	南	一百一十三	二十四	二十	四十九	北	六	同
水府一 土木	二十七	四十七	〇九	一十五	南	八十七	四十五	一十四	一十五	北	四	實沈
二 土木	二十六	四十四	〇八	四十四	南	八十六	四十	一十四	四十四	北	四	同
三 土木	二十七	四十五	〇七	二十一	南	八十七	四十	一十六	〇九	北	六	同
四 土木	二十八	三十二	〇七	一十九	南	八十八	二十八	一十六	一十二	北	六	同
水府南五 增 土木	二十八	五十四	一十一	三十	南	八十九	〇一	一十二	〇五	北	六	同
水位一	一十七	〇五	〇九	四十六	南	一百〇七	一十	一十二	四十五	北	六	鶉首
二	二十一	二十	一十	[illegible]	南	一百一十一	一十八	一十九	三十	北	五	同
三	二十五	二十七	〇七	〇五	南	一百一十六	一十三	一十四	〇八	北	五	同
四	二十七	一十五	〇二	一十五	南	一百一十八	四十七	一十八	二十六	北	四	同
水位東五 增 金	二十八	三十六	〇一	〇四	南	一百一十九	二十	一十九	三十一	北	五	同
六	二十九	〇七	一十	九	南	一百一十九	〇六	一十八	一十	北	四	同
四瀆一	〇九	四十	一十一	四十五	南	九十九	四十二	一十	二十	北	六	同

星名	度分	宮
二	五十 南 八十 北五	同
三	○ 南 八 北四	同
四	○一 南 ○四 北四	同
四瀆南五 增	○三 南 ○五 北五	同
軍市一 金	○二六 南 五十 南二	同
二 金	○七二十 三十 南 八 南九	同
三 金	十五十 三十 南 二十 南九	同
四 金	四十 南 四十 南五	同
五 金	○六○○ 三十 南 ○六 南五	同
野雞六 金	六 南 五十 南五	同
七	○六 三十 南 ○九 南五	同
軍市東八 增上	一十 南 南五	同
軍市南九 增土	二三十 南 ○九 南三	同
十 土	五 南 四十 南四	同
十一 土	○四二十 南 三十 南四	同
野雞十二 按軍市十三星野雞一星共合作十二星從舊	○七三十 五十 南 三十 南五	同
孫一 金	○二四十 南 南四	鶉首
二 金	○二二十 三十 南九十 ○二 南四	同
孫南三 增金	二十 五十 南 南四	實沈
子一 金	四十 四十 南 南四	同
二 金	二十二十 四十 南 二十 南二	同
子東三 增金	四十 三十 南 三 南四	同
丈人一 金	十二十 四十 南 南二	同
二 金	三十 三十 南八十二十 南四	同
闕丘一	○七二十 南 ○五 北四	鶉首
二	四 南 五 北四	同

星名	度分	宮
闕丘東三 增	二十二十 三十○○ 南 ○八○八 南五	同
天狼星 大木	○八 三十 南 十 南一	同
狼星北一 增	五十 南 十 南四	同
三 金	五十 南 南五	同
四 金	○三 南 ○七 南三	同
五 金	三十 南一百○五 南四	同
弧矢一 土	○六三十 三十 南 五十 ○ 南二	鶉火
二 土	南 南三	鶉首
三 土	三十 南 南三	同
四 土	○六 南 ○○ 南三	鶉火
五 土	○○ 南 南三	同
六 土	南 ○五 南三	鶉首
七 金	南 南三	同
八 金	二十 一十 南 一十 南四	同
九 金	二十 四十 南 南三	同
弧矢內十 增土	五十 南 ○○ 南四	同
十一 增土	○○四十 五十 南 一十 ○○ 南四	鶉火
十二 土	四十 南 南四	鶉首
十三 土	○五二十 五十 南 南四	鶉火
十四 土	二十 ○○ 南 ○ 南四	鶉首
十五 土	○○一十 ○○ 南 南四	鶉火
弧矢北十六 增土	四十 三十 南 南四	鶉首
弧矢內十七	○一三十 三十 南 ○七 南五	鶉火
弧矢北十八 增土	○一四十 四十 南 二十五十 南五	同
弧矢南一 增上	○八五十 南 南二	同
二 土	○三三十 三十 南 南五	同
三 土	○四四十 南 南四	同

星名	度分	宮
四 土	○七五十 南 南四	同
五 土	三十 二十 南 南二	同
六 土	○九三十 六十○○ 南 四十 南五	同
七 土	二十 二十 南 四十 南五	同
八 土	三十 四十 南 南五	同
九 土	四十 ○○ 南 ○六 南五	同
老人 土	○八三十 ○○ 南 南一	鶉首
老人北二 增	二十二十 五十 南一百 ○六 南三	同
三	十三十 四十 南 南三	同

圖考

井宿

按書經虞書堯典日中星鳥以殷仲春 蔡傳 星鳥南方朱鳥七宿唐一行推以鶉火爲春分之中星也 大全 唐孔氏曰星鳥總與七宿以象言也

按尚書帝命期春鳥星昏中以種稷

按星經闕

按史記天官書南宮朱鳥權衡東井爲水事 註 索隱曰元命苞云東井八星主水衡也正義曰東井八星鉞一星輿鬼四星爲質一星爲鶉首於辰在未皆秦之分野黃道所經爲天之亭候主水衡事法令所取平也

按漢書天文志同

按博雅東井謂之鶉首

按晉書天文志南方東井八星天之南門黃道所經天之亭候主水衡事法令所取平也

按隋書天文志同

按宋史天文志漢永元銅儀井宿三十度唐開元游

儀三十三度去極七十度景祐測驗亦三十三度距西北景去極六十九度

按觀象玩占東井八星曰天府一曰東陵一曰天井一曰天關一曰天門一曰天渠一曰天亭一曰天候一曰天齊一曰天池水星也主水泉亦爲天之南門日月五星貫之爲中道主酒食女主之象主諸侯帝戚三公之位爲天之亭候水衡法令之所取平也

鉞星

按星經闕

按史記天官書東井爲水事其西曲星曰鉞

按漢書天文志東井西曲星曰戉

按晉書天文志鉞一星附井之前主伺奢淫而斬之

按隋書宋史天文志俱同

按觀象玩占鉞一星附井口第一星邊主伺淫奢者而斬之

南北河

按星經闕

按史記天官書鉞北北河南南河兩河天闕間爲關梁

註　正義曰南河三星北河三星分夾東井南北置而爲戒一曰陽門亦曰越門北河北戒一曰陰門亦爲塞門兩戒間三光之常道也

按漢書天文志同

按晉書天文志南河北河各三星夾東井一曰天高天之關門也主關梁南河曰南戍一曰南宮一曰陽門一曰越門一曰權星主火北河曰北戍一曰北宮一曰陰門一曰塞門一曰衡星主水兩河戍間日月五星之常道也

按隋書宋史天文志俱同

按觀象玩占南河三星北河三星分夾東井一曰天高一曰天亭天之關門主關梁南河曰南戍一曰南宮一曰南紀一曰陽門一曰南關又爲越門北河曰北戍一曰北宮一曰北紀一曰陰門一曰北關又爲塞門南河戍爲權主火一曰南戒北河戍爲衡主水一曰北戒

按曆學會通南北兩河地之關門南北兩界

天罇

按星經闕史記天官書漢書天文志俱不載

按晉書天文志五諸侯南三星曰天罇主盛饘粥以給貧餒

按隋書天文志同

按宋史天文志天罇三星在五諸侯南一曰在東井北罇器也主盛饘粥以給貧餒

按曆學會通天罇主罇罍天子酒器

五諸侯

按星經闕史記天官書漢書天文志俱不載

按晉書天文志五諸侯五星在東井北主刺舉戒不虞又曰理陰陽察得失亦曰主帝心一曰帝師二曰帝友三曰三公四曰博士五曰太史此五者常爲帝定疑議

按隋書天文志同

按宋史天文志五諸侯五星在東井北主斷疑刺舉戒不虞理陰陽察得失

按觀象玩占五諸侯五星在東井東北近北河一曰帝師二曰帝友三曰三公四曰博士五曰太史主爲天子定疑土官也主刺舉戒不虞又扶顛危發奸摘伏之事

積水

按星經闕史記天官書不載

按漢書天文志積水在北戍東北

按晉書天文志積水一星在北河西北水河也所以供酒食之正也

按隋書宋史天文志俱同

按觀象玩占積水一星北河北一名聚水漿美水以給天子酒官

按曆學會通積水水官供給酒食之司也

積薪

按星經闕史記天官書不載

按漢書天文志積薪在北戍西北

按晉書天文志積薪一星在積水東北供庖廚之正也

按隋書宋史天文志俱同

按觀象玩占積薪一星積水東聚薪也以給享祀供庖廚

按曆學會通積薪外廚烹宰庖廚之官

水府

按星經闕史記天官書漢書天文志俱不載

按晉書天文志東井西南四星曰水府主水之官也

按隋書天文志同

按宋史天文志水府四星在東井西南水官也主隄塘道路梁溝以設堤防之備

按觀象玩占水府四星東井西南水官也主設隄備水

按曆學會通水府天子宮內水官

水位

按星經闕史記天官書漢書天文志俱不載

按晉書天文志水位四星在積薪東主水衡

按隋書天文志水位四星在東井東主水衡

按宋史天文志水位四星在積薪東一曰在東井東北主水衡

按觀象玩占水位四星東井東西南列主水衡泄淫溢水官也星贊曰水位四星瀉溢流石氏曰衡平象水水平而後流

四瀆

按星經闕史記天官書漢書天文志俱不載

按晉書天文志東井南垣之東四星四瀆江河淮濟之精也

按隋書宋史天文志俱同

按觀象玩占四瀆四星東井南軒轅東江河淮濟之精

軍市

按星經闕史記天官書漢書天文志俱不載

按晉書天文志軍市十三星在參東南天軍貿易之市使有無通也

按隋書天文志同

按宋史天文志軍市十三星狀如天錢天軍貿易之市有無相通也

按觀象玩占軍市十三星如錢狀在參東南天軍貨物之市水官也

野鷄

按星經闕史記天官書漢書天文志俱不載

按晉書天文志野鷄一星主變怪在軍市中

按隋書宋史天文志俱同

按觀象玩占野鷄一星軍市中主知變怪廣伏奸又曰野鷄大將也主屯營軍之號令警急設備

按曆學會通野鷄在軍市中掌野外之禽鳴則天下野鷄盡雊亦曰知夜晨鳴則凡鷄始鳴也

子孫

按星經闕史記天官書漢書天文志俱不載

按晉書天文志丈人東二星曰子子東二星曰孫

按隋書天文志同

按宋史天文志子二星在丈人東主侍丈人側孫二星在子星東以天孫侍丈人側相扶而居以孝慈

按觀象玩占子二星丈人東孫二星子東皆所以侍丈人而扶持之

丈人

按星經闕史記天官書漢書天文志俱不載

按晉書天文志軍市西南二星曰丈人

按隋書天文志同

按宋史天文志丈人二星在軍市西南主壽考悼耄矜寡以哀窮人

按觀象玩占丈人二星軍市南國之老臣也又曰主壽考而哀孤窮也

按曆學會通丈人是民之父子孫侍之

闕丘

按星經闕

按史記天官書兩河天闕間爲關梁

注 正義曰闕丘二星在河南天子之雙闕諸侯之兩觀亦象魏縣書之府

按漢書天文志同

按晉書天文志南河南二星曰闕丘主宮門外象魏也

按隋書天文志同

按宋史天文志闕丘二星在南河南天子雙闕諸侯兩觀也

按觀象玩占闕丘二星南河東天子之象魏

天狼

按星經闕

按史記天官書參東有大星曰狼

注 正義曰狼一星參東南狼爲野將主侵掠

按漢書天文志同

按晉書天文志狼一星在東井東南狼爲野將主侵掠

按隋書宋史天文志俱同

按觀象玩占狼一星井東南主殺掠一曰夷將一曰天陵主南夷主盜賊金官也

弧矢

按禮記月令仲春之月昏弧中

疏 昏旦中星皆舉二十八宿此云弧星中以弧星近井度多星體廣不可的指故舉弧以定其中也

按星經闕

按史記天官書狼下有四星曰弧直狼

注正義曰弧九星在狼東南天之弓也以伐叛懷遠又主備賊盜知姦邪弧矢向狼

按漢書天文志同

按晉書天文志弧九星在狼東南天弓也主備盜賊常向於狼

按隋書天文志同

按宋史天文志弧矢九星在狼星東南天弓也主行陰謀以備盜常屬矢以向狼

按觀象玩占弧矢九星天狼東南天弓也以備盜賊狼為奸寇弧司其非故常注矢以伺狼一曰弧矢主備非常

按曆學會通弧主天子弓以備盜賊矢主羽箭

老人

按星經闕

按史記天官書狼比地有大星曰南極老人見治安不見兵起常以秋分時候之於南郊

注晉灼曰比地近地也正義曰老人一星在弧南一曰南極為人主壽命延長其應常以秋分之昬見於丙春分之夕見於丁

按漢書天文志同

按晉書天文志老人一星在弧南一曰南極常以秋分之旦見於景春分之夕沒於丁

按隋書宋史天文志俱同

按觀象玩占老人一星弧矢南一曰南極老人主壽考去疾疫除毒氣一曰壽星巫咸曰老人木官也

鬼宿

隋丹元子步天歌鬼四星四方似木櫃中央白者積尸氣鬼上四星是爟位天狗七星鬼下是外廚六星柳星次天社六星弧東倚社東一星是天紀

新法曆書鬼宿圖

鬼宿恒星表

星名	黃道經度分	黃道緯度分	向	赤道經度分	赤道緯度分	向	等	宮
鬼宿一 火日	〇〇三十 三	〇〇四十 八	南	一百三十一十 廿二六	二十一十 九九	北	五	鶉火
二 火日	〇〇一十 二	〇一三十 二	北	一百四十二十 廿二四	二十四十 一二	北	五	同
三 火日	〇二三十	〇三〇八	北	一百二十一十 廿五三	一十四十 二六	北	四	同
四 火日	〇三三十 一	〇〇〇四	南	一百五十一十 廿五二	一十二十 九	北	四	同
積尸氣 火日	〇二二十	〇一一十 四	北	一百四十二十 廿四八	二十五十 四	北	氣	同
爟一 水火	二十五十 六	〇四二十 九	北	一百一十一十 二十	二十五十 五五	北	五	鶉首
二	—	—		—	—			
三	—	—		—	—			
四	—	—		—	—			
爟南二 金木 增	二十一十 四九	〇一一十 六	北	一百二十一十 十六二	二十三十 二六	北	五	鶉首
天狗一 土	二十〇〇 七	五十三十 一	南	一百一十一十 十	三十四十 五	南	四	鶉火
二 土	三十三十 七	五十四十 五	南	一百〇九 廿八	三十三十 九二	南	四	同
三 土	二十二十 五	五十一十 七	南	一百〇四 廿六	四十二十	南	四	同
四 土	二十三十 一	五十三十 一	南	一百〇九 廿六	三十一十 四六	南	四	同
五 土	二十四十	四十〇〇 九	南	一百四十 廿六	二十二十 六	南	四	同
六 土	二十二十 九	四十二十 三	南	一百〇五 廿八	二十一十 六	南	四	同
七 土	二十二十	四十三十 三	南	一百五十二十 廿八二	二十三十 六五	南	四	同
外廚一	〇三三十 三	二十〇八 三	南	一百四十 二十	〇二五十 九	南	三	同
二	一十二十 四	二十二十 四九	南	一百三十 廿六二	五三	南	四	同
三	—	—		—	—			
四	—	—		—	—			
五	—	—		—	—			
外廚南三 增	〇四二十 九	三十〇七 二	南	一百二十一十 十九五	〇三 二	南	四	鶉火
四	〇四五十	三十三十 八	南	一百一十一十 十八三	一十 八九	南	四	同
五	一十一十 四	三十五十 一	南	一百一十一十 廿六	三十 九	南	六	同
六	一十一十 九	三十一十 六八	南	一百二十一十 廿七一	一十六 〇	南	四	同
天社一 土	二十二十	六十五十 三	南	一百三十四十 十九七	二十 五三	南	三	同
二 土	〇〇二十	六十一十 五	南	一百二十四十 廿六四	一十 五	南	四	鶉尾
三 土	〇六三十	六十四十 五	南	一百三十五十 廿六四	一十 七	南	三	同
四 土	一十二十 七	六十五十 九	南	一百五十五十 三一三	一十 四	南	二	同
五 土	二十二十 二	六十五十 二	南	一百五十五十 三七二	二十 二	南	三	同
六 土	二十二十 九	六十一十 五	南	一百五十 四	五十	南	三	同
天社北七 增 土	二十四十 二	五十五十 五	南	一百二十一十 廿九七	二十 二	南	三	同
八 土	〇〇三十 八	六十〇〇	南	一百二十四十 廿七五	八	南	四	同

天社西十增	〇三〇〇 三	六十〇〇	南	一百二十四十 〇九八 二	四十	南四	鶉火
按天社北表在鶉尾宮至八止天社西表在鶉火宮作十起疑有闕訛							
十一	一十二十	六十四	三十南	一百二十四十 十三四 四	〇八	南六	同
天社南十二增	二十五十 九	六十四十 九	南	一百三十五十 十九六 二	〇四	南二	同
天紀	〇六二十 三	五十三十 五	南	一百一十四十 三四三	四十	南二	鶉尾

圖考

鬼宿

按星經闕

按史記天官書輿鬼鬼祠事

注 正義曰輿鬼四星主祠事天田也主視明察姦謀東北星主積馬東南星主積兵西南星主積布帛西北星主積金玉

按漢書天文志同

按博雅輿鬼謂之天廟

按晉書天文志輿鬼五星天目也主視明察姦謀東北星主積馬東南星主積兵西南星主積布帛西北星主積金玉隨變占之中央星爲積尸

按隋書天文志同

按宋史天文志漢永元銅儀輿鬼四度舊去極六十八度景祐測驗輿鬼三度距西南星去極六十八度

按觀象玩占鬼四星曰輿鬼一曰天目主視明察奸爲朱雀頭眼一曰天鈇鑕主誅殺一曰天廟主祠事一曰天訟一曰天匱一曰天壙主疾病死喪土星也其中爲日月五星中道其東北星主積馬東南星主積兵西南星主積布帛西北星主積金玉有變則占其所主其中央白色如粉絮者謂之積尸氣

積尸氣

按星經闕

按史記天官書輿鬼鬼祠事中白者爲質

注 晉灼曰輿鬼五星其中白者爲質正義曰輿鬼中一星積尸一名質主喪死祠祀

按漢書天文志同

按後漢書天文志註輿鬼五星天府也黃帝占曰輿鬼天目也朱雀頭也中央星如粉絮鬼爲變害故言一名天尸斧鉞或以病亡或以誅斬火尅金天以制法郗萌曰輿鬼者參之尸也弧射狼誤中參左肩舉尸之東井治喪尸輿鬼故曰天尸鬼之爲言歸也

按晉書天文志輿鬼五星天目也中央星爲積尸主死喪祠祀事一曰鈇鑕主誅斬

按隋書天文志同

按宋史天文志積尸氣一星在鬼宿中孛孛然入鬼一度半去極六十九度在赤道內二十二度主死喪祠祀一曰鐵鑕主誅斬

按觀象玩占鬼中央白色如粉絮者謂之積尸氣一曰天尸主死喪祠祀一曰鐵鑕主刑罰主誅斬如雲非雲如星非星見氣而已

爟星

按星經闕

按史記天官書南宮朱鳥權衡

注 正義曰權四星在軒轅尾西主烽火備警急

按漢書天文志同

按晉書天文志軒轅西四星曰爟爟者烽火之爟也邊亭之警候

按隋書天文志軒轅西四星曰權權者烽火之權也邊亭之警候

按宋史天文志爟四星在鬼宿西北一曰在軒轅西主烽火備邊亭之警急

按觀象玩占爟四星在軒轅西亦曰烽爟主烽火備警急

按曆學會通爟主烽火備急行邊庭掌四時火變

天狗

按星經闕史記天官書漢書天文志俱不載

按晉書天文志狼北七星曰天狗主守財

按隋書宋史天文志俱同

按觀象玩占天狗七星在狼北鬼宿西南橫河中以守賊也

外廚

按星經闕史記天官書漢書天文志俱不載

按晉書天文志柳南六星曰外廚

按隋書天文志同

按宋史天文志外廚六星爲天子之外廚主烹宰以供宗廟

按觀象玩占外廚六星祭祀烹宰之屠也

按曆學會通外廚即烹鷄魚宰猪羊之所

天社

按星經闕史記天官書漢書天文志俱不載

按晉書天文志弧南六星爲天社昔共工氏之子句

龍能平水土故祀以配社其精爲星

按隋書宋史天文志俱同

按觀象玩占天社六星弧東南社郊也

按曆學會通天社祝祠之官

天紀

按星經闕史記天官書漢書天文志俱不載

按晉書天文志外廚南一星曰天紀主禽獸之齒

按隋書宋史天文志俱同

按觀象玩占天紀一星外廚南主知禽獸歲齒凡所烹宰不殺幼不殺孕故處外廚之門

按曆學會通天紀知禽獸歲齒應天子御馬醫獸之吏

柳宿

隋丹元子步天歌柳八星曲頭垂似柳近上三星號爲酒享宴大酺五星守

新法曆書柳宿圖

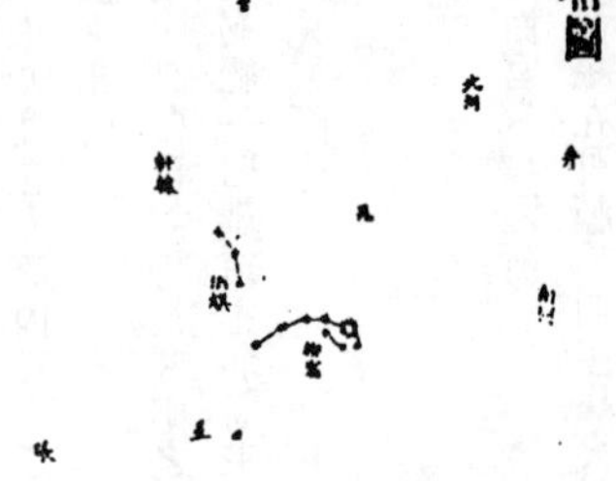

柳宿恒星表

星名	黃道經度	分	黃道緯度	分	向	赤道經度	分	赤道緯度	分	向	等	宮
柳宿一 金土	○五	○九	一十二	二十七	南	一百廿四	三十七	○六	五十八	北	四	鶉火
二 金土	○六	○三	一十四	三十七	南	一百廿四	四十八	○四	三十八	北	五	同
三 金土	○七	○九	一十四	一十七	南	一百廿五	五十六	○四	四十四	北	四	同
四 金土	○七	一十一	一十一	○八	南	一百廿六	五十二	○七	四十二	北	四	同
五 金土	○七	四十六	一十一	二十六	南	一百廿七	一十	○七	一十一	北	五	同
六 金土	○九	二十四	一十一	○一	南	一百廿八	四十九	○七	二十	北	四	同
七 金土	一十二	一十五	一十一	○六	南	一百三十一	三十三	○六	三十二	北	六	同
八 金土	一十五	○五	一十三	○五	南	一百三十三	四十三	○三	五十二	北	四	同
酒旗一 金水	一十八	一十八	○○	一十六	北	一百四十	五十	一十五	四十	北	五	同
二 火木	一十六	二十七	○三	一十	南	一百三十七	四十九	一十二	五十八	北	四	同
三 木	一十六	二十五	○五	四十三	南	一百三十七	○三	一十	三十三	北	五	同
酒旗西四 火木 暗	一十三	○○	○五	四十	南	一百三十三	四十六	一十	三十三	北	四	同
五 火木	一十	五十九	○五	三十六	南	一百三十一	五十	一十二	一十八	北	五	同
六 火木	○八	二十七	○五	○八	南	一百廿九	三十	一十三	一十六	北	三	同
七	○七	一十一	○一	五十四	南	一百廿九	二十	一十六	四十四	北	六	同
八	○五	五十	○七	四一	南	一百廿六	三十三	一十一	五十二	北	六	同

圖考

柳宿

按詩經召南小星嘒彼小星三五在東 傳 嘒微貌小星衆無名者三心五噣四時更見 箋 衆無名之星隨心噣在天猶諸妾隨夫人以次序進御於君也心在東方三月時也噣在東方正月時也如是終歲列宿更見

按禮記月令季秋之月旦柳中

按爾雅釋天咮謂之柳柳鶉火也 注 咮朱鳥之名鶉鳥名火屬南方 疏 十二次之分鶉火周也柳南方之宿名南方七宿共爲朱鳥之形柳爲朱鳥之口故名咮咮卽朱鳥之口也鶉火柳之次名也鶉卽朱鳥也火屬南方行也因其次爲鶉火

按左傳咮爲鶉火 疏 咮謂柳也春秋緯文耀鉤云咮謂鳥陽七星爲頸宋均註云陽猶首也柳謂之咮咮鳥首也七星與咮體相接連故也咮星爲大之候故於十二次咮爲鶉火也

按星經闕

按史記天官書柳爲鳥注主草木 注 索隱曰按漢書天文志注作喙爾雅云鳥喙謂之柳孫炎云喙朱鳥之口柳其星聚也以注爲柳星故主草木也正義曰柳八星星七星張六星爲鶉火於辰在午皆周之分野柳爲朱鳥咮天之廚宰主尚食和滋味

按漢書天文志柳爲鳥喙主草木

按晉書天文志柳八星天之廚宰也主尚食和滋味又主雷雨

按隋書天文志柳八星天之廚宰也主尚食和滋味又主雷雨若女主驕奢一曰天相一曰天庫一曰注又主木功

按宋史天文志柳宿八星天之尉宰也主尚食和滋味又主雷雨爾雅曰味謂之柳柳鶉火也又主木功一曰天庫又爲鳥喙主草木漢永元銅儀以柳爲十四度唐開元游儀十五度舊去極七十七度景祐測驗柳八星一十五度距西頭第三星去極八十三度

按觀象玩占柳八星爲朱鳥喙一曰天相二曰天庫一曰注亦作味一曰天大將軍一曰八臣一曰天廚主御膳酒食倉庫和鼎實以享宗廟又主雷雨主工匠主草木火星也一曰土星其北六尺爲日月五星中道

酒旗

按星經缺史記天官書漢書天文志俱不載

按晉書天文志軒轅右角南三星曰酒旗酒官之旗也主饗宴飲食

按隋書宋史天文志俱同

按曆學會通酒旗造酒之官

星宿

隋丹元子步天歌星七星如鉤柳下生星上十七軒轅形上頭四個名內平平下三星名天相星下天稷橫五靈

新法曆書星宿圖

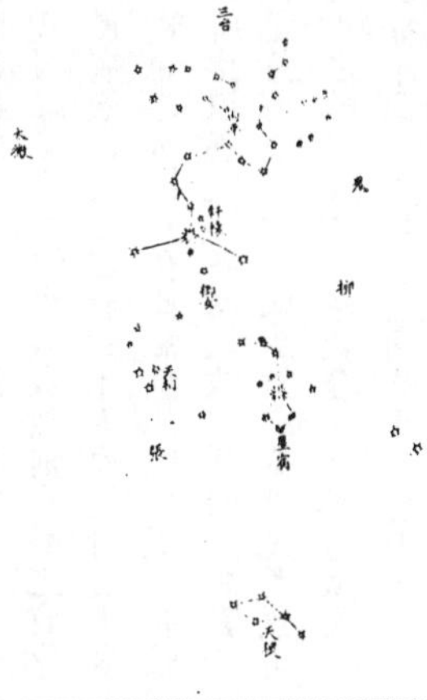

星宿恒星表

星名	黃道經度	分	黃道緯度	分	向	赤道經度	分	赤道緯度	分	向	等	宮
星宿一 金土	二十二	〇九	二十二	二十四	南	一百三七	二十一	〇六	五十七	南	一	鶉火
二 金土	二十七	一十六	一十六	四十六	南	一百三七	二十八	〇二	一十	南	五	同
三 金土	二十五	三十五	一十	〇〇	南	一百三八	一十六	〇〇	二十	北	五	同
四 金土	二十七	二十四	一十八	一十	南	一百四十二	一十	〇〇	二十二	北	四	同
五												
六												
七												

星名	黃道經度	分	黃道緯度	分	向	赤道經度	分	赤道緯度	分	向	等	宮
星宿西五 金土 增	二十三	一十九	一十四	四十五	南	一百四十六	四	〇四	〇四	南	六	鶉火
軒轅一 火土	〇〇	〇五	一十四	四十一	北	一百二十九	一十四	二十	四十	北	四	同
二 火土	〇二	二十二	二十	五十	北	一百十六	二十九	二十五	四十	北	四	同
三 火土	〇五	二十	一十	〇五	北	一百五十二	一十八	一十五	十	北	四	同
四 火七	〇六	四十七	一十五	五十	北	一百四十五	一十	五	四十四	北	三	同
五												
六												
七 火土	一十	〇五	一十	二十	北	一百四十五	三十五	二十七	四十五	北	四	鶉火
八 火土	一十四	〇七	五十	二	北	一百三十七	二十二	二十三	四十八	北	四	同
九 火土	一十二	〇九	五十八	四十	北	一百四十六	一十	二十五	三十	北	三	同
十 火土	一十一	二	一十二	二十	北	一百五十二	一十七	二十	五十	北	四	同
十一 火土	二十二	二	二十	五十	北	一百五十八	四十五	二十六	一十	北	三	同
十二 火土	二十二	二	〇八	二十七	北	一百四十九	一十	二十四	三十	北	二	同
十三 金土	二十四	三	〇四	五十二	北	一百四十六	一十八	二十三	五十	北	三	同
十四 火土	四十	四	〇〇	二十七	北	一百四十七	〇八	一十四	十七	北	一	同
十五 火木	一十〇三	九	〇三	四十七	南	一百四十三	一十	一十六	十	北	四	同
十六	〇一	一十	〇〇	〇八	北	一百五十七	十	一	十二	北	四	鶉尾
御女十七 火木	二十〇九	四	〇三	五十五	南	一百四十五	〇六	〇九	五十	北	四	鶉火
軒轅南十八 火木 增	二十一	五	〇一	二十六	南	一百四十六	五十	一十	五十	北	五	同
軒轅西十九 火木 增	二十	〇七	〇〇	〇一	北	一百四十四	二十	四	一十	北	四	同
二十 火木	二十	四十七	〇二	一十	北	一百四十五	五十	六	〇三	北	六	同
廿一 火木	一十六	三十	一十七	四十	北	一百四十九	六	一十	十	北	六	同
廿二 火木	一十五	五十	〇四	四十八	南	一百三七	〇七	四	十	北	六	同
廿三 火木	〇八	〇〇	〇五	二十	北	一百五十九	十	五	二十	北	六	同
廿四 火木	〇一	〇七	一十	二十	北	一百五十八	十	一〇〇	十	北	五	同
內平一	一十三	四十五	一十二	五十三	北	一百五十四	十	七	七十	北	四	同
二												

三							
四							
天相一	○二三十六	一十○○	南一百三十四八八	○四六	一十	南三	鶉尾
二							
天稷							

圖考

星宿

按禮記月令季春之月昏七星中

孟冬之月旦七星中

按星經闕

按史記天官書七星頸爲員官主急事

註 索隱曰宋均云頸朱鳥頸也員官喉嚨也物在喉嚨終不久留故主急事也正義曰七星爲頸一名天都主衣裳文繡主急事

按漢書天文志同

按晉書天文志七星一名天都主衣裳文繡又主急兵盜賊

按隋書天文志同

按宋史天文志景祐測驗七星七度距大星去極九十七度

按觀象玩占七星一曰天都一曰員官一曰大廷實爲赤帝府位於午主衣裳黼黻文繡是爲朱雀之頸周禮鳥旟七旒以象鶉火謂七星也一曰天御一曰注候一曰津橋后妃御女之位亦爲賢士又爲烽亭主急兵守盜賊水星也一曰火星其右星北上十三尺爲日月五星中道

軒轅

按周禮春官天府若祭天之司民司祿而獻民數穀數則受而藏之

訂義 鄭鍔曰攷小司寇之職孟冬祀司民獻民數于王王拜受之以圖國用則祭司民獻民數小司寇之職春官司祿之職闕其祭司祿之神或同司民之祭歟司民軒轅之角星司祿文昌宮之星又云下台爲司祿祿之言穀也故穀數則司祿之官掌之小司寇獻之王受之而登于天府天府受而藏之守寶鎭之所賴者在此故也然民數天所付穀數天所生以養人王者奉天牧民民穀之數藏于天府宜矣必祭司民司祿然後獻蓋司民者致司命死生之神司祿者主年穀登凶之神每歲孟冬民數登下穀數多寡皆已可知于是登其所司之神然後獻其數天府之官藏之謂夫自是而後有民以守邦有穀以養民祖廟之守藏可謂守而不失矣易氏曰攷之天文志司民爲軒轅角其十七星之兩角有大民小民

秋官小司寇孟冬祀司民獻民數于王王拜受之以圖國用而進退之

訂義 鄭鍔曰軒轅之角有大民小民之星其神實主民說者謂春官祭之然春官天府但受其數耳司民之官言司寇及孟冬祀司民之日獻其數則司民之祀正司寇之所主明矣先王以爲民之登耗必有神主之故每歲孟冬物成之時使司寇祀之亦以刑者所以馭民而民之多寡皆本乎刑之繁省故也

按星經闕

按史記天官書南宮朱鳥權衡權軒轅軒轅黃龍體前大星女主象旁小星御者後宮屬

註 孟康曰形如騰龍索隱曰援神契曰軒轅十二星后宮所居石氏星讚以軒轅龍體主后妃也正義曰軒轅十七星在七星北黃龍之體主雷雨之神後宮之象也陰陽交感雷激爲電和爲雨怒爲風亂爲霧凝爲霜散爲露聚爲雲氣立爲虹蜺離爲背璚分爲抱珥二十四變皆軒轅主之其大星女主也次北一星夫人也次北一星妃也其次諸星皆次妃之屬女主南一小星女御也左一星少民后宗也

按漢書天文志同

按博雅軒轅謂之路寢

按晉書天文志軒轅十七星在七星北軒轅黃帝之神黃龍之體也后妃之主士職也一曰東陵一曰權星主雷雨之神南大星女主也次北一星夫人也屏也上將也次北一星妃也次將也其次諸星皆次妃之屬也女主南小星女御也左一星少民后宗也右一星太民太后宗也

按隋書宋史天文志俱同

按觀象玩占軒轅十七星在七星北黃帝之神黃龍之體一曰東陵一曰權星一曰昏昌主雷雨之神又爲後宮后妃之舍典六宮之內政以弼太微刑南國

南端明星女主也毋后也北六尺一星夫人也屏也上將也又北六尺一星次夫人也妃也次將也又北六尺一星次妃也其次皆衆妃也女主南三尺一小星女御也西南丈所一星曰太民太后宗也東南丈所一星曰少民皇后宗也軒轅爲女主之庭一曰天柱土官也張衡曰軒轅如龍之體以主雷雨合陰陽震爲雷激爲電和爲雨怒爲風亂爲霧凝爲霜散爲露聚爲雲浮爲虹蜺離爲背璚分爲抱珥皆軒轅主之石氏曰軒轅中央土神黃帝舍也

內平

按星經闕史記天官書漢書天文志俱不載

按晉書天文志權北四星曰內平平罪之官明刑罰

按隋書天文志同

按宋史天文志內平四星在三台南一曰在中台南執法平罪之官

按觀象玩占內平四星中台南軒轅北執法平罪之官也

天相

按星經闕史記天官書漢書天文志俱不載

按晉書天文志酒旗南三星曰天相丞相之象也

按隋書天文志同

按宋史天文志天相三星在七星北一曰在酒旗南丞相大臣之象

按觀象玩占天相三星酒旗南大臣之象主爵位及五色作服之事

天稷

按星經闕史記天官書漢書天文志俱不載

按晉書天文志稷五星在七星南稷農正也取乎百穀之長以爲號也

按隋書天文志同

按宋史天文志天稷五星在七星南農政也取百穀之長以爲號

按觀象玩占天稷五星七星南農正也取百穀之長以爲號主百穀

按曆學會通天稷農人之具

欽定古今圖書集成曆象彙編乾象典

第五十四卷目錄

星辰部彙考十一

乾象典第五十四卷

星辰部彙考十一

張宿

隋丹元子步天歌張六星似軫在星傍張下只有天廟十四之星冊四方長垣少微雖向上數星倚在太微傍太尊一星直上黃

新法曆書張宿圖

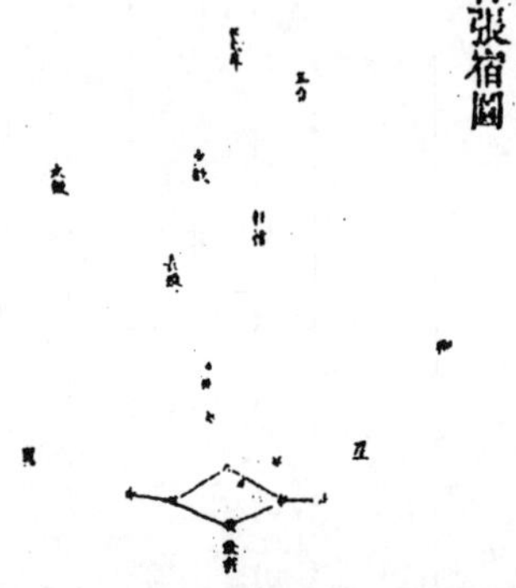

張宿恒星表

星名	黃道經度分	黃道緯度分	向	赤道經度分	赤道緯度分	向	等	宮
張宿一 金	〇〇三十 二	二十一十 六二	南	一百三十 四三三	一十二十 三	南	五	鶉尾
二 金	〇四一十 四	二十二十 一五	南	一百二十 四八二	〇九五十 九	南	四	同
三 金	〇九五十 五	二十三十 四八	南	一百〇六 五二	一十五十 四六	南	四	同
四 金	一十〇五 三	二十三十 六一	南	一百二十 五五	一十〇三 五	南	五	同
五 金土	二十三十 七五	一十三十 六四	南	一百四十 四十四	一十三十 九	南	四	鶉火
六							一	
張宿內六 增 金	〇三一十 一	二十一十 三三	南	一百四十 四六六	一十一十 九	南	五	鶉尾
張宿西七 增 金土	二十四十 九九	二十三十 一九	南	一百二十 四四六	〇八四十 四	南	四	鶉火
八 金土	二十〇七 四	三十三十	南	一百二十 三六九	一十二十 五	南	三	同
天廟								
太尊 火	二十五十 二六	三十一十 五四	北	一百一十 六一	四十三十 六六	北	四	鶉火

圖考

張宿

按尚書考靈耀主春者張昏中可以種稷

按星經闕

按史記天官書張素爲廚主觴客

註 索隱曰素嗉也爾雅云鳥張嗉郭璞云鳥受食之處也正義曰張六星六爲嗉主天廚飲食賞賚觴客

按漢書天文志張嗉爲廚主觴客

按博雅張謂之鶉尾

按晉書天文志張六星主珍寶宗廟所用及衣服又主天廚飲食賞賚之事

按隋書天文志同

按宋史天文志漢永元銅儀張宿十七度唐開元游儀十八度舊去極九十七度景祐測驗張十八度距西第二星去極一百三度

按觀象玩占張六星爲天府一曰御府一曰天昌實爲朱鳥之嗉火星也主天廟明堂御史之位金玉珍寶宗廟所用之物天子內官衣服遠方貢物之庫主天廚賞賚飲食之事又主長養萬物其北十三尺爲日月五星中道

天廟

按星經闕史記天官書漢書天文志俱不載

按晉書天文志張南十四星曰天廟天子之祖廟也

按隋書宋史天文志俱同

太尊

按星經闕史記天官書漢書天文志俱不載

按晉書天文志中台之北一星曰太尊貴戚也

按隋書宋史天文志俱同

按觀象玩占太尊一星亦名天尊中台之北貴戚也

翼宿

隋丹元子步天歌翼二十二星大難識上五下五横著行中心六個恰似張更有六星在何處三三相連張畔附五個黑星翼下遊欲知名字是東甌

新法曆書翼宿圖

翼宿恒星表

星名	黃道經度	分	黃道緯度	分	向	赤道經度	分	赤道緯度	分	向	等	宮
翼宿一 金水	一十八	二十六	二十二	四十一	南	一百六十	二十八	一十六	二十一	南	四	鶉尾
二 金水	一十五	一十四	二十二	四十九	南	一百五十七	五十五	一十四	一十六	南	四	同
三 金水	二十四	〇六	一十九	二十九	南	一百六十六	二十八	一十五	二十九	南	四	同
四 金水	二十一	三十四	一十七	二十五	南	一百六十五	一十九	一十一	三十八	南	四	同
五 金水	二十五	一十八	一十四	〇九	南	一百七十	一	一十	〇五	南	五	同
六 金水	二十五	一十	一十三	一十	南	一百六十六	二十二	〇八	七	南	四	同
七 金水	二十三	二十五	一十一	一十六	南	一百六十九	二十八	〇七	四十四	南	四	同
八 金水	二十八	五十三	一十八	一十六	南	一百七十一	三十	一十六	一十七	南	四	同
九 金水	〇〇	五十六	一十六	〇二	南	一百七十四	一十九	一十五	〇二	南	四	壽星
十 金水	二十三	二十四	二十五	三十六	南	一百六十四	一十三	二十一	〇九	南	四	鶉尾
十一 金水	二十四	一十二	三十	一十七	南	一百六十一	五十四	二十五	二十	南	五	同
十二至二十二												
東甌												

圖考

翼宿

按禮記月令孟夏之月昏翼中

按春秋元命苞翼宿主南宮之羽儀文物聲名之所豐茂爲樂庫爲天倡先王以賓于四門而列天庭之備主俳倡近太微而爲尊

按星經闕

按史記天官書翼爲羽翮主遠客

註正義曰翼二十二星軫四星長沙一星轄二星合軫七星皆爲鶉尾于辰在巳楚之分野翼二十二星爲天之樂府又主外夷亦主遠客

按漢書天文志同

按晉書天文志翼二十二星天之樂府主俳倡戲樂又主外夷遠客負海之賓

按隋書天文志同

按宋史天文志漢永元銅儀翼宿十九度唐開元游儀十八度舊去極九十七度景祐測驗翼宿一十八度距中行西第二星去極四百度

按觀象玩占翼二十二星曰化宮一曰天都市一曰天陈一曰天旗土星也是爲朱雀之翼爲天之樂府主和五音調六律五樂八佾以御天宮實爲南宮之羽儀文物聲名之所豐茂主三公化道文籍及蠻夷遠客負海之賓俳優狄鞮戲娛之事其北十三尺爲日月五星中道

東甌

按星經闕史記天官書漢書天文志俱不載

按晉書天文志翼南五星曰東甌蠻夷星也

按隋書天文志同

按宋史天文志東甌五星在翼南蠻夷星也天文錄曰東甌東越也今永嘉郡永定縣是也

按觀象玩占東甌五星翼南主東越及穿匈越裳諸國蠻夷之星也

按曆學會通東甌東越南蠻三夷之君

軫宿

階丹元子步天歌軫四星恰與翼相近中間一箇長沙子左轄右轄附兩星軍門兩黃近翼是門西四箇土司空門東七烏青丘子青丘之下名器府器府之星三十二以上便是太微宮黃道向上看取是

新法曆書軫宿圖

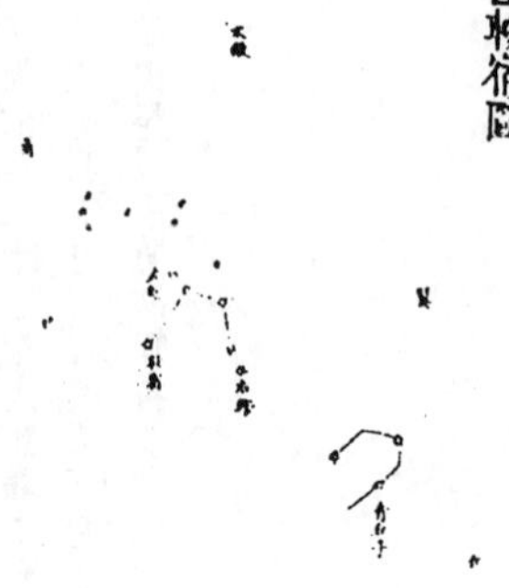

軫宿恒星表

星名	黃道經度分	黃道緯度分	向	赤道經度分	赤道緯度分	向	等	宮
軫宿一	〇五三十六六	一十二十四五	南	一百二十七九三	一十三十五	南	三	壽星
二	〇六三十一	一十三十九九	南	一百四十七七八	二十三十二	南	四	同
三	〇八一十八	一十〇七二	南	一百四十八二	一十二十四四	南	三	同
四	一十一十二二	一十五十七九	南	一百四十八三六	二十一十一八	南	三	同
右轄五	〇七〇	二十四十一六	南	一百一十七七七	二十四十二	南	四	同
長沙	〇八三十七	一十一十八四	南	一百二十八十一	二十〇六	南	五	同
左轄	〇八四十四	一十二十一八	南	一百二十八三二	一十〇一四	南	五	同
軍門								
土司空								
青丘一	〇三三十一	三十二十	南	一百二十六九四	二十五十九	南	四	壽星
二	〇五五十	三十一十四	南	一百五十六九三	三十一十三五	南	四	同
三	〇七三十一	三十四十	南	一百〇八七二	三十四十一八	南	三	同
四至七								
器府								

圖考

軫宿

按禮記月令仲冬之月旦軫中

按星經闕

按史記天官書軫爲車主風

注索隱曰宋均云軫四星居中又有二星爲左右轄車之象也軫與巽同位爲風車動行疾似之也

正義曰軫四星主冢宰輔臣又主車騎亦主風

按漢書天文志同

按博雅軫謂之鳥孥

按晉書天文志軫四星主冢宰輔臣也主車騎主載任有軍出入皆占於軫又主風主死喪

按隋書天文志同

按宋史天文志漢宋元銅儀以軫宿爲十八度舊去極九十八度景祐測驗亦十八度去極一百度

按觀象玩占軫四星曰天車主車騎任載盜賊之事戰伐之用亦爲喪車輭轜之象主死喪四星爲天輔冢宰之官主察殃咎知凶咎水星也主風其右星北上十三尺爲日月五星中道

長沙

按星經闕

按史記天官書軫爲車主風其旁有一小星曰長沙星

注正義曰長沙一星在軫中主壽命

按漢書天文志同

按晉書天文志長沙一星在軫之中主壽

按隋書天文志同

按宋史天文志長沙一星在軫宿中入軫二度去極五百度主壽命

按觀象玩占軫中一星曰長沙爲棺木主壽命又主四亡

左轄右轄

按星經闕史記天官書漢書天文志俱不載

按晉書天文志轄星傅軫兩傍主王侯左轄爲王者同姓右轄爲異姓

按隋書宋史天文志俱同

按觀象玩占軫東一小星曰左轄主同姓諸侯西一小星曰右轄主異姓諸侯一曰北星曰轄南星曰轄皆去軫七寸一曰轄去軫五寸舊去軫一尺

軍門

按星經闕史記天官書漢書天文志俱不載

按晉書天文志土司空北二星曰軍門主營候豹尾威旗

按隋書天文志同

按宋史天文志軍門二星在青丘西一曰在土司空

北大子六宮之門主營候設豹尾旗

按觀象玩占軍門二星青丘西天子六軍之門也主營候

土司空

按晉書天文志青丘西四星曰土司空主界域亦曰司徒

按星經闕史記天官書漢書天文志俱不載

按隋書宋史天文志俱同

按觀象玩占土司空四星軍門南主土工主九域地界正疆理辨風土均職貢來遠人

按曆學會通土司空即土工之長史主南海君亦曰九域地界主領

青丘

按星經闕史記天官書漢書天文志俱不載

按晉書天文志青丘七星在軫東南蠻夷之國號也

按隋書宋史天文志俱同

按觀象玩占青丘七星軫東南主東方三韓之國南夷蠻貊之星也

按曆學會通青丘主南蠻君長

器府

按星經闕史記天官書漢書天文志俱不載

按晉書天文志軫南三十二星曰器府樂器之府也

按隋書宋史天文志俱同

按觀象玩占器府三十二星軫南樂器之府主音樂律呂

按曆學會通器府掌絲竹之官

西步天歌

按新法三垣二十八宿所統諸座與丹元子不同新增諸星亦中法所無故附歌及表於後以備參考

紫微垣

垣高先論極出地　北向須尋不動處
欲知眞極本無星　列宿皆旋斯獨異
近極小星强名極　后宮庶子遙相類
帝星最明太子次　連極五星作斜勢
帝下陰德橫兩烏　極下四輔承四細
勾陳七星中甚明　離極三度認最易
勾陳柄曲勾更曲　勾內微星天皇帝
太子上有無名星　下方左樞少宰備
上宰少弼與上弼　少衛上衛連少丞
其中五位皆明朗　上下衛丞弼次明
右邊右樞與左對　太乙天乙顯微精
少尉上輔次少輔　上衛少衛共上丞
右弼之內五尚書　一微一顯三潛行
尚書之後小明二　左柱右女皆史稱
上少丞間曰華蓋　四黑兩兩遮北門
弼外六星名天棓　其曲似斗雜氣星
扶筐四星三略暗原屬女　天廚五星長方形
二巨三小近少衛　後有一顆無能名
六星仰承名天鉤原屬危　迤北第三光獨熒
河中六星名造父　三暗三微錯雜陳
三隅纍纍曰王良原屬奎　尖角一珠微遜明
良傍一顆名爲策原屬奎　策後八星閣道稱原屬奎
三暗下連奎宿角　二巨二細與策親
附路一顆王良下原屬奎　適當壁宿上端停
王良策星并閣道　內有五箇光耀均
五顆四在河虛處　一條閣道穿河身
閣道盡處名傳舍　六星隱現斜直形
右下七星名北斗　天槍三星斗柄親
三公三點與槍類　斗柄之傍隱輔星
天理四星斗內隱　三師小星少輔鄰
文昌六星如半月　東角下星光更清
師月之間名內階　六星微茫兩旋分
八穀九星一最著　已盡紫微垣內星

太微垣

北斗四星南向軫　翼軫之北太微垣
垣中最巨五帝座　帝傍小星四點攢
座前四黑內屏遮　座後三小橫斜安
正中稍明爲太子　右後幸臣左從官
謁者一黑在屏左　九卿三點三公三
座隅數點名郎位　一簇聯輝珠人綰
郎將微星位之左　更與周鼎三小連原屬角
位上常陳三可見　二微在上一巨懸
三公三小輿下應　相亦同之斗柄前原屬紫微垣
座北一點太陽守原屬紫微垣　太尊天牢守右邊原屬紫微垣
左垣執法上次相　次上將星五位聯
右垣執法上次將　次上相星亦復然
虎賁一星左垣末　少微曲四虎西肩
長垣亦四曲且暗　上與少微相後先
三點靈臺一稍白　正當右將長垣間
右前三小稱明堂　左外一小名進賢原屬角
靈明之際一珠隱　微茫可見難名言

天市垣

房心尾箕宿之北　天市名垣列兩行
中有明星稱帝座　候星一位在其傍
階下四微名宦者　宗正雙星俱並光
一顆無名宗之類　宗人四小入天潢
前左一細名車肆　市樓二小逼河上
後左連二名帛度　屠市連珠共帛長
宗星二小在帛左　下與東齊相頡頏
列肆二星右垣內　斗五斛四皆微茫
左垣之星首稱宋　南海與燕爲鴈行
東海徐州吳越齊　中山九河趙魏疆
右垣之星首稱韓　楚梁巴蜀秦周鄭
鄭晉河間與河中　星體微異光皆揚
右上圜八名貫索　索上七公首射芒
左北曲九稱天紀　紀上三星號女牀
中山之顛名織女（原屬牛）　一巨二細三隅張
其左四黑是輦道（原屬牛）　道前四顆漸臺方（原屬牛）

角宿

角宿兩星南最巨　中間平道黑星二
左右九點無名星　天田二小角上對
其頂正向搖光星　角下天門兩黑是
平星兩白不甚平　庫樓七星展屏似
屏內五小名平衡　屏間六小作三柱
樓下馬腹三星明（古無）　南門小星當腹處

亢宿

亢宿四星兩端黑　左邊無名附兩粒
亢上大角懸明珠　角上懸戈與斗直（原[illegible]）
懸戈斜帶梗河三（原屬氐）　惟有南星光欲滴
角東四星左攝提　垂下一星芒熠熠
角西四星右攝提　逸北第三獨異色
角下四小曰亢池（原屬氐）　形如方勝欹斜立
亢下遙遙此頡頏　四星微遜陽門白
庫樓東角右來侵　南門最明近南極

氐宿

氐宿四明側斗形　無名五點雜來侵
上與七公明耀對（見天市垣）　類公北有招搖星
兩星上與元戈友（見紫微垣）　下左復與貫索親（見天市垣）
索外無名多纍纍　直下正當大市秦
氐下二小陣車是　天輻亦與車同輪
平三平二皆車騎　一明二暗騎將軍

房宿

謗傳夏夜有星象　儼如巨人冠進賢
口鼻四星即房宿　二三頗明下闇然
當頭一點鉤鈐是　鈐畔一微鍵閉言
頭上雙星近者日　冠前曲四是西咸
冲冠三暗稱爲罰　冠後四黑名東咸
當服兩點積卒是（原屬心）　稍前相似名從官

心宿

更有心三最明顯　中巨傍微當背肩

尾宿

接心是尾九點曲　卓如衣角飄風前
神宮一星尾內坐　傅說獨立尾之尖
天江六點當河際　魚星一黑浮江邊
龜星有五三略見　西去三星河外緣
巨人側身向西北　其上正當天市垣

箕宿

箕星有四明相等　大口如箕正向西
當前一點糠星黑　何年簸向河之湄

斗宿

箕北六星名斗宿　北斗相方柄不如
斗下曲圜十三點　形肖其名簡似龜
天淵四微隨所向　狗國小方淵上圍
國外雙鳥名曰狗　其傍相似立天雞
斗背六星稱作建　下五微星若仰盂
河中九點天弁斜　兩籥中高若髻堆

牛宿

牛宿六星大小半　一巨居中上下齊
牛上三星是河鼓　中間一巨三之魁
鼓下四星天桴臥（表無）　鼓傍各豎左右旗
左旗曲七星皆小　右旗亦七三揚輝
牛前二小名羅堰　堰上瓠瓜四粒珠（原女）
瓠下五星名敗瓜（原屬女）　一粒等瓠餘並微
天津如弓跨河七　二明四小一更皷
天津之下十三小　總屬無名不必疑

女宿

女宿三微一稍白　非方非斜形不倅
右方數起趙與越　周楚鄭齊燕一流
並楚爲秦並周代　鄭星方在魏之頭
魏韓相並晉齊楚　十星皆晦此舒眸
下爲九坎四可見（原屬牛）　平衡三白微難求
離瑜三點均且直（原屬虛）　坎下四微散不收

虛宿

虛宿兩星南最明　南下圍三天壘城
城下四星壁壘陣原屬室　五顆獨有四顆親
壁陣東行十三點　彼端亦作小方形
陣頭之下天錢繞原屬尾　稀微四點圓難成
錢下二箇名敗臼　臼下雙珠莫可名
虛東一小名司命　司危司非虛上承
人星只有三星確原屬危　六星車府射天津原屬尾
府上騰蛇六閣一原屬室　兩尾八星遙對分

危宿

危宿三星若磬折　中間一點光微奪
危上微光蓋屋名　屋西三星墳墓接
三箇晦明各自異　四小虛梁墓左貼
墓下雙烏哭泣臨原屬虛　一同土公墳後歇原屬壁
十二横遮壘壁南　羽林軍士縱横列原屬室
軍前統御有天綱原屬室　北落師門光更烈
危端臼杵四星懸　其南敗臼半邊缺

室宿

室宿兩箇光耀同　無名一箇頂中冲
室傍雙星共三座　或小或大皆離宮
雷霆六星惟右大　霹靂曲五半朦朧原屬壁
雲雨平方四點小原屬壁　鈇鉞三小羽林中
上頭直與騰蛇接　其下復與火鳥逢

壁宿

壁宿二明與室似　其上三星圍天廐
廐上一顆附路稱原屬奎　其中正與王良對原屬奎
陣上雙烏有土公　火鳥十星兩翼細古無

奎宿

奎宿十六連勝形　東北一星芒獨異
奎尖上與閣道通　奎下七星外屏樹
屏間五點不甚明　兩箇揚輝屏盡處
六箇天倉遶曲屏原屬婁　天溷二黑倉右附
溷下一明土司空　鐵鎖五小倉前地原屬壁
水委三星南極横古無　其左一星最明巨

婁宿

婁三不均光甚均　上疎下密雜星臨
右更左更各五點　並若懸弧兩翼分
當頭數點懸弧似　其名總曰大將軍
弧中一派光殊顯　弧背一黑軍南門原屬奎
天庾三點天倉下　芻藁六星左獨明原屬昴

胃宿

胃宿三星聚一隅　無名兩點胃之餘
胃下左吏四點小　更西天廩四星除
天囷十三圜一狀　右下三星光頗殊
曲環十六當天苑原屬昴　北顯南微正背西
更有天園十三點原屬畢　東征五小勢尤奇
大陵遶八中更朗　當陵之中名積尸
天船雜七與陵背　船中積水看欲無

昴宿

昴宿七星天讒下　亂落圓珠一簇奇
其上六箇名卷舌　天讒一點舌尖居
天阿點附天陰上　天陰五星皆隱微
昴東孤月光如晦　礪石四小拱舌疲
廩囷積米堪飽胃　讒河西去致横屍

畢宿

畢宿八星如小網　左角一珠光獨朗
珠邊一顆名附耳　天節九小畢居上
九州殊域畢之南　團圓七點依稀像
畢上天街三箇斜　街上五車截河往
五車皆明左右巨　天潢九星小中放
潢傍三柱柱各三　河中細密如指掌
車中横六名諸王　天高四小斜方狀
下垂九點曰參旗　旗下九斿與旗倣

觜宿

觜宿三小當參上　觜上天關一顆招原屬畢
司怪四星明晦半　水府相同莫混瞧原屬井

參宿

參宿七星明燭宵　兩肩兩足三爲腰
參伐下垂三四點　玉井四星右足交
玉井下方曰軍井　屏星二點井南標
四顆厠星屏左立　屎星一點厠下抛
丈人子孫各連二原俱屬井　老人最巨南望遙

井宿

井宿八星形似井　座旗六黑垂其頂原屬觜
旗東五小皆無名　貼旗斜下四星整
左斜五點五諸侯　其上北河兩明並
河上一顆名積水表無　河左斜方爟星命原屬鬼
河下一微名積薪　南河似與北河證
水位四小若仰盂　上下數顆難考訂
井下四星名四瀆　闕丘之一與河映
天狼最巨當其南　一矢加弧一矢剩

野雞一白軍市傍　老人獨向天南炳
弧矢十星儀張弧　內外無名難究竟

鬼宿

鬼宿四星方似櫃　中間一白積尸氣
其下五小爲外廚　五隅五小居其內

柳宿

柳宿曲八名垂柳　其上無名三點繫
酒旗斜三宿上飄　其上却與文昌對
天狗盤七當其南鬼原屬　天社七橫星頗巨鬼原屬

星宿

星宿七星大小異　中間一巨首尾細
垂頭曲尾如蚓形　其上一白名天紀鬼原屬
紀下天稷五箇星表無　南隅一顆與紀類

張宿

張宿六星芒甚小　中如方勝兩角弔
軒轅大星當其顛星原屬　一十五星龍夭矯
小方內屏轅上居星原屬　轅下御女一星杳
宿端天相有三星星原屬　向右一顆光頗皎
三台三座上九明原屬太微垣　相與鷹行行大道
台北二小名天牢見紫微垣　一點太尊牢左照見紫微垣

翼宿

翼宿微星二十二　上橫五星下無異
東甌五小在其南表無　青丘三箇翼下寄
丘南馬尾橫三星中無　上端一箇尤明巨

軫宿

軫宿四珠不等方　長沙一黑中間藏
左右二轄肩之附　一顆無名南向光

南極諸宿滕曆書及儀象志

烏喙西七星古無　附白西一星外增一星古無
海石西五星古無　孔雀西十八星古無
飛魚西七星　夾白西三星
三角形西三星外增二星
蛇腹西四星　鶴西十二星
金魚西五星　十字架西四星
異雀西十二星　蛇首西四星
南船西五星　蜜蜂西四星
海山西六星　小斗西九星
蛇尾西七星古無

補歌

南極諸星中未志　壁奎之下烏喙是
烏喙朗朗七星明　其上即是鶴十二表屬室
喙東十八孔雀星　異雀十二近南極
孔雀之上即波斯見牛宿　三角形七房心次
蜜蜂四星三角東　軫翼盡頭架十字
小斗九星南船南　南船五星海州識
南船左右十一星　海石五星海山六
附白夾白黃極邊　夾白三星附白一
金魚五尾七飛魚　蛇首蛇腹星各四
欲知蛇尾又七星　上邊即是婁奎壁
此星原非見界星　利氏西來始能述
經天該中亦未言　今據曆書爲補足

新增諸星表

星名	黃道經度	分	黃道緯度	分	向	赤道經度	分	赤道緯度	分	向	等	宮
馬腹一金木	○七	四十	四十三	○○	南	一百九四	○○	五十三	三十	南	二	大火
二金木	○九	○○	四十三	四十五	南	一百九四	五七	五十四	四十三	南	三	同
三金木	一十五	三十	四十五	二十	南	二百	○八	五十八	二十五	南	二	同
火鳥一增	○一	二十三	三十二	三十	南	三百四七	五十	四十	四十七	南	五	娵訾
二	○○	○三	三十六	五十	南	三百四九	一十五	四十五	一十八	南	五	同
三	二十八	三十八	四十	○○	南	三百五十	二十	四十八	三十三	南	四	元枵
四	○三	四十三	四十一	五十	南	三百五六	二十八	四十八	○六	南	四	娵訾
五	○六	四十	四十	○○	南	三百五七	五十六	四十五	二十三	南	三	同
六	○八	一十九	四十四	一十	南	○二	五十七	四十八	一十二	南	四	同
七	○五	五十八	四十五	五十	南	○二	一十五	五十	二十四	南	四	同
八	○六	○三	四十六	四十	南	○三	三十二	五十一	○六	南	四	同
九	○六	五十八	四十五	三十	南	○二	五十六	四十九	四十七	南	四	同
十	一十二	四十八	四十七	四十	南	○九	五十二	四十九	一十八	南	四	同
水委一增金木	○八	一十二	五十九	○○	南	一十八	五十二	五十九	三十八	南	一	同
二	○五	二十三	五十五	○○	南	一十一	三十一	五十七	五十五	南	四	同
三	○二	○八	五十二	五十	南	○六	○五	五十七	二十七	南	四	同
馬尾一金木	二十四	○○	四十六	一十	南	一百七七	四十九	五十	○五	南	二	壽星
二金木	二十四	四十	四十六	四十五	南	一百七七	五十六	五十一	二十七	南	四	同
三金木	二十二	二十三	四十九	三十	南	一百七二	一十六	五十二	四十	南	二	同
四金木	二十	二十三	五十	○○	南	一百七十	○一	五十二	一十五	南	四	同
馬尾西五增金木	一十二	二十三	四十八	二十	南	一百六六	○六	四十七	五十三	南	四	同
烏喙一增	○四	四十八	四十五	○○	南	三百二七	五十四	六十一	二十六	南	二	元枵
二	○五	一十八	五十一	○○	南	三百三五	五十九	六十六	三十七	南	四	同
三	一十四	五十二	五十六	五十	南	三百五六	二十八	六十七	一十四	南	三	同
四	一十三	五十八	五十四	四十五	南	三百九	四十六	六十六	一十九	南	四	同

五	二十〇三九十四十	南〇〇五十六十二十	南二	同
六	一十三二十六十	南〇七〇三六十〇六	南四	同
七				
鶴一（增）	一十五十三十	南二百五十四十二十	南二	
二	一十三十五十	南三百〇九四十一十	南二	同
三	一十三十四十二十	南三百二十五十〇二	南五	同
四	一十一十四十一十	南三百二十五十五十	南四	同
五	二十〇三四十二十	南三百一十五十五十	南四	同
六	二十二十三十三十	南三百〇九四十四十	南四	同
七	三十五十三十四十	南三百三十四十四十	南五	同
八	一十二十四十五十	南三百五十五十四十	南二	同
九至十二				
孔雀一（增）	二十三十四十三十	南二百一十六十五十	南四	析木
二	二十〇三二十二十	南二百二十六十四十	南五	同
三（增）	〇〇五十三十三十	南二百二十六十五十	南五	星紀
四	〇五四十二十四十	南二百二十六十四十	南五	同
五	〇一四十四十一十	南二百一十七十二十	南四	同
六	〇六三十四十三十	南二百一十六十一十	南四	同
七	一十四十五十〇〇	南二百二十七十三十	南四	同
八	一十四十四十五十	南二百二十六十五十	南四	同
九	一十〇三四十三十	南二百二十六十五十	南四	同
十	一十二十四十一十	南二百三十六十二十	南六	同
十一	二十一十三十〇五	南二百四十五十一十	南三	同
十二	二十五十四十一十	南二百一十六十四十	南四	同
十三至十八				
異雀一（增）	二十二十四十三十	南二百一十六十一十	南六	析木
二	一十四十四十四十	南二百二十七十一十	南五	同

三	一十五十五十一十	南二百一十七十〇〇	南六	同
四	一十〇七六十三十	南二百〇六八十一十	南六	同
五	一十五十六十一十	南二百四十八十二十	南五	同
六	一十〇八六十〇〇	南二百一十七十二十	南六	同
七	〇八四十五十	南一百一十七十	南六	同
八至十二				
波斯一（增）	一十一十二十一十	南二百二十五十一十	南六	星紀
二	一十二十二十四十	南二百四十一十一十	南五	同
三	一十四十三十〇〇	南二百〇五五十二十	南六	同
四	一十一十三十二十	南二百一十五十四十	南四	同
五	〇〇四十三十〇〇	南二百二十一十五十	南四	元枵
六	二十三十三十三十	南二百五十六十三十	南六	星紀
七	〇三二十三十〇〇	南二百二十九十〇二	南四	元枵
八	〇五一十〇六	南一百一十四十二十	南四	同
九	〇四二十二十二十	南一百四十九十五十	南四	同
三角形一（金木）	〇六一十四十五十	南一百二十六十四十	南二	析木
二（金木）	〇八五十四十二十	南二百十六十二十	南二	同
三（金木）	一十一十四十〇〇	南一百一十六十一十	南二	同
三角形內四（增　金木）	〇七五十四十〇八	南二百二十六十三十	南五	同
東五（增　金木）	一十〇三四十四十	南二百二十六十一十	南五	同
蜂一（增）	一十五十五十一十	南一百二十六十三十	南五	大火
二	一十二十五十一十	南二百三十六十一十	南六	同
三	二十三十五十三十	南一百〇〇七十〇八	南六	同
四	二十五十五十四十	南一百二十六十四十	南六	同
十字一（增　金木）	〇六〇〇四十一十	南一百〇〇五十五十	南四	同
二（金木）	〇二二十五十〇一	南一百二十五十二十	南二	同
三（金木）	〇六四十五十四十	南一百二十六十〇六	南二	同

四（金木）	〇二三十五十四十	南一百三十六十二十	南二	同
小斗一（增）	二十五十六十二十	南一百二十七十五十	南六	同
二	〇〇二十六十一十	南一百〇七七十三十	南六	析木
三	〇〇二十六十五十	南一百四十七十一十	南六	同
四	二十四十六十三十	南一百〇七七十四十	南六	大火
五	〇〇〇三七十四十	南一百四十八十二十	南六	析木
六	二十三十七十五十	南二百一十七十二十	南六	大火
七	二十二十七十一十	南一百三十七十五十	南六	同
八至九				
南船一	一十五十六十四十	南一百五十五十四十	南四	壽星
二	一十四十六十四十	南一百一十一十一十	南四	同
三	二十二十六十五十	南一百二十六十一十	南四	同
四（增）	〇三五十六十五十	南一百五十六十二十	南四	大火
五	二十二十七十〇六	南一百一十六十〇〇	南三	壽星
海石一（增）	一十五十七十〇〇	南一百二十五十三十	南三	鶉尾
二	〇一〇三六十四十	南一百〇三五十四十	南三	壽星
三	〇七五十六十二十	南一百〇七五十五十	南五	同
四	一十二十六十五十	南一百二十六十五十	南五	同
五	二十五十六十〇〇	南一百〇八六十一十	南四	同
海山一	二十三十五十三十	南一百一十五十一十	南五	同
二	一十四十五十一十	南一百二十五十一十	南四	同
三	一十五十五十四十	南一百五十五十五十	南五	同
四	二十四十五十一十	南一百三十五十〇九	南四	同
五（增）	〇〇二十九十三十	南一百四十六十〇八	南四	大火
六	〇六五十五十四十	南一百五十六十三十	南四	同
夾白一				
二（增）	一十〇三八十三十	南八十四十七十五十	南五	星紀

三	〇〇二十八十三六四十南八十一十六十三十五六九八南四元枵
附白一增	〇四四十七十三六三十南五十一十七十六五三五十南四同
金魚一	〇六二十七十三六〇〇南六十一十九五十一十六八南四大梁
二	二十〇三八十三十三四五南八十三〇〇六十一五十南四同
三	〇一二十八十一十三八五南八十八〇〇四六十五十六南五實沈
四增	二十〇八七七八十〇〇南九十三十六十七四七五十南五壽星
五	
飛魚一	一十二十七十七三二三十南一百五十六十三十三三一五二南五壽星
二	一十三十七十二五四十南一百二五一十六十五〇二南六同
三	二十二十七十三十二三七五南一百一十六十廿二九八〇九南六同
四增	〇五三十七十四十三六五南一百廿五五十七十〇二南六大火
五	〇五五十八十三三二十南一百二十六十〇六九九五十南五同
六七	
蛇首一增	〇六二十六十二十三四五南二十三十六十四十六五三八南二娵訾
二	一十三十二八七十〇〇南四十二十六十三十六四七南四同
三	一十一十七十二十一三一五南四十五十六十二三五四十南四同
四	〇一〇八七十五十南三十八二十六十二十八七南四同
蛇腹五	二十五十七八七十二十南三十一十六十六二九二十南五元枵
六	二十四十六十二十四三七五南二十一十六十二十七五九三南五同
七	二十四十六十三四〇〇南二十六三十六十九〇〇南五同
八	〇六五十六十八四三十南〇八五十七十五十四四二南五同
蛇尾九增	二十四十六十五八四三十南三百五十七十一十五九六九六南四星紀
十	一十四十五十八九九四十南三百廿九〇〇七十九一十南五同
十一	一十二十五十四十五三七五南三百五十七十十五五八五十南六同
十二	一十二十五十三三五五十南三百二十七十四十〇六四七二南五同
十三	一十一十六十四十二三二五南三百五十八十廿八八三三十南五同
十四	〇七五十六十八四二十南三百廿八〇七八十一十六六南五同
十五	〇四五十六十三三五十南三百〇三四十八十五十六二南五同

欽定古今圖書集成曆象彙編乾象典

第五十五卷目錄

星辰部彙考十二

乾象典第五十五卷

星辰部彙考十二

周禮

春官

保章氏以星土辨九州之地所封封域皆有分星

注星土星所主土也封猶界也訂義劉執中曰角亢氐兗州房心豫州尾箕幽州斗牛女揚州虛危青州室壁并州奎婁胃徐州昴畢冀州觜參益州井鬼雍州柳星張三河翼軫荊州　薛氏曰星土之說不明舊矣有爲北斗之說者以爲七星主九州若雍屬魁星冀屬樞星兗青屬機星徐揚屬權星荊屬衡星梁屬開星豫屬搖星之類是也有爲五行之說者以爲十二次主九州若降婁元枵主於岱歲星位焉鶉首實沈主於華太白位焉之類是也以今攷之則不然星土蓋分星之十二次分屬九州十二次雖分十二土然合而言之爲九州而已成周盛時諸侯封域棊布九州大者百里次者七十里小者五十里附庸小國又不能五十里者固不容皆有分星之次大率所封之分星皆以九州舉之自春秋之時不明九州之星土即分星之所次至韓趙魏三家分晉而堪輿之說起初分十二諸侯上配天文十二次彼戰國時強者陵弱大者并小其分疆錯壤離連互數千里然俟奪去取初無定論果能盡合于天文之度乎況星紀于天文在東北乃以當東南之吳越鶉首于天文在東南乃以當西北之嬴秦周都關河天地之中而鶉火則南方之次齊都營丘實負東海而元枵則北方之次止分十二國猶不當天地之度況乎國千八百欲盡以天文分星槩之邪先儒謂九州中諸國分星其書亡矣堪輿雖有郡國所入度非古數也謂堪輿非古數是也謂亡其分星之書則未之思矣豈知諸國之分星即分其九州之星土其爲分星乎吾固謂十二次之星麗于九州則爲星土分于天下諸侯則爲分星何則青州之星土則元枵也齊之分星屬焉揚州之星土則星紀也而吳越之分星屬焉以至兗之壽星荊之鶉尾皆星土而爲鄭與楚之分星雍之鶉首冀之大梁皆星土而爲秦與趙之分星若夫梁州之實沈其地入于雍豫則星土亦分于雍豫而爲豫之分星徐州之降婁其地入于青兗則星土亦分于青兗而爲魯之分星今以傳論之左傳昭公十年有星出于婺女鄭裨竈曰今茲歲在顓帝之墟姜氏任氏實守其地釋云顓帝之墟謂元枵也則知元枵爲齊之分星而青州之星土也左傳昭公三十二年夏吳伐越晉史墨曰不及四十年越其有吳乎越得歲而吳伐之必受其凶釋云歲在星紀故知星紀爲越之分星揚州之星土也爾雅云析木謂之津箕斗之間漢津也釋云箕龍尾斗南斗天漢之津梁爲燕分而幽之星土也左傳襄公九年曰陶唐氏之火正閼伯居商丘祀大火而火紀時焉故商主大火宋爲商之後故知大火爲宋分而豫州之星土也昭公十七年星孛于大辰及漢梓愼曰漢水祥也衛顓頊之墟故爲帝丘其星爲大水此娵訾爲衛之分星而冀州之星土也襄公二十八年梓愼

曰歲在星紀淫于元枵蛇乘龍龍宋鄭之星故知壽星爲鄭分而豫州之星土也鄭語周史曰楚重黎之後黎爲高辛氏火正則知鶉尾爲楚之分左傳昭元年鄭子產曰遷實沈于大夏主參唐人是因知實沈爲晉分而幷州之星土也皆分星之見于書傳可攷也然諸國之封域既列于九州之內則諸國之分星即九州之星土尚何泥于北斗五行之說乎

禮記

月令

季冬之月星回于天

注 二十八宿隨天而行每日雖周天一匝而早晚不同至此月而從其故處與去年季冬早晚相似故云回于天

左傳

昭公七年

日月之會是謂辰故以配日

注 一歲日月十二會所會謂之辰

春秋緯

元命苞

昴畢間爲天街散爲冀州分爲趙國立爲常山牽牛流爲揚州分爲越國立爲楊山軫星散爲荊州分爲楚國荊之爲言強也陽盛物堅其氣急悍也虛危之精流爲青州分爲齊國立爲萊山天弓星流爲徐州別爲魯國徐之言舒也言陰牧內安詳也五星流爲兗州兗之言端也言隄精端故其氣纎殺鉤鈐星別爲豫州豫之爲言序也言陰陽分布各得處也東井鬼星散爲雍州分爲秦國得東井動深之萌其氣險也觜參流爲益州益之言隘也謂物類並決其氣急切決列也箕星散爲幽州分爲燕國營室流爲幷州分爲衞國井之爲言誠也精舍交井其氣勇抗誠信也

說題辭

星之爲言精也陽之榮也陽精爲日日分爲星故其字日下生爲星

洛書緯

甄耀度

嶓冢山上爲狼星武關山爲地門上爲天高星主囹圄荆山爲地雌上爲軒轅星大別爲地理以天合地以通三危山在鳥鼠之西南上爲天苑星汶山在崑崙東南爲地乳上爲天麇星汶山之地爲井絡帝以會昌神以建福上爲天井星桐柏爲地穴鳥鼠同穴山之幹也上爲掩畢星熊耳山地門也精上爲畢附耳星

越絕書

列國分野

韓故治今京兆郡角亢也

鄭故治角亢也

燕故治今上谷漁陽右北平遼東莫郡尾箕也

越故治今大越山陰南斗也

吳故治西江都牛須女也

齊故治臨淄今濟北平原北海郡淄川遼東城陽虛危也

衞故治濮陽今廣陽韓郡營室壁也

魯故治泰山東溫周固水今魏東奎婁也

梁故治今濟陰山陽濟北東郡畢也

晉故治今代郡常山中山河間廣平郡觜也

秦故治雍今內史也巴郡漢中隴西定襄太原安邑東井也

周故治雒今河南郡柳七星張也

楚故治郢今南郡南陽汝南淮陽六安九江廬江豫章長沙翼軫也

趙故治邯鄲今遼東隴西北地上郡鴈門北郡清河參也

星經

天棓

天棓五星在女牀東北主忿爭刑罰以禦王難備非常入箕八度去北辰十二度春夏火秋冬水主八風之始一名析木

天維

天維三星在尾北斗杓後

天海

天海十星在壁西南 已上三星諸史志所不載始附于此以備參考

史記

天官書

角亢氐兗州房心豫州尾箕幽州斗江湖牽牛婺女揚州虛危青州營室至東壁幷州奎婁胃徐州昴畢冀州觜觿參益州東井輿鬼雍州柳七星張三河翼軫荆州七星爲員官辰星廟蠻夷星也

二十八舍主十二州斗秉兼之所從來久矣秦之疆也候在太白占于狼弧吳楚之疆候在熒惑占於鳥

衡燕齊之疆候在辰星占于虛危宋鄭之疆候在歲星占於房心晉之疆亦候在辰星占于參罰及秦并吞三晉燕代自河山以南者中國中國于四海內則在東南為陽陽則日歲星熒惑塡星占于街南畢主之其西北則胡貉月氏諸衣旃裘引弓之民為陰陰則月太白辰星占於街北昴主之

紫宮房心權衡咸池虛危列宿部星此天之五官坐位也為經不移徙大小有差闊狹有常

漢書

天文志

凡天文在圖籍昭昭可知者經星常宿中外官凡百一十八名積數七百八十三星皆有州國官宮物類之象

地理志

秦地於天官東井輿鬼之分野也其界自弘農故關以西京兆扶風馮翊北地上郡西河安定天水隴西南有巴蜀廣漢犍為武都西有金城武威張掖酒泉敦煌又西南有牂牁越巂益州皆宜屬焉自井十度至柳三度謂之鶉首之次秦之分也

魏地觜觽參之分野也其界自高陵以東盡河東河內南有陳留及汝南之召陵㶏彊新汲西華長平潁川之舞陽郾許傿陵河南之開封中牟陽武酸棗卷皆魏分也

周地柳七星張之分野也今之河南雒陽穀城平陰偃師鞏緱氏是其分也自柳三度至張十二度謂之鶉火之次周之分也

韓地角亢氐之分野也韓分晉得南陽郡及潁川之父城定陵襄城潁陽潁陰長社陽翟郟東接汝南西接弘農得新安宜陽皆韓分也及詩風陳鄭之國與韓同星分焉鄭國今河南之新鄭本高辛氏火正祝融之虛也及成皋滎陽潁川之崇高陽城皆鄭分也自東井六度至亢六度謂之壽星之次鄭之分野與韓同分

趙地昴畢之分野趙分晉得趙國北有信都眞定常山中山又得涿郡之高陽鄚州鄉東有廣平鉅鹿清河河間又得勃海郡之東平舒中邑文安東州成平章武河以北也南至浮水繁陽內黃斥丘西有太原定襄雲中五原上黨上黨本韓之別郡也遠韓近趙後卒降趙皆趙分也鴈門于天文別屬燕

燕地尾箕分野也武王定殷封召公于燕其後三十六世與六國俱稱王東有漁陽右北平遼西遼東西有上谷代郡鴈門南得涿郡之易容城范陽北新城故安涿縣良鄉新昌及勃海之安次皆燕分也樂浪元菟亦宜屬焉自危四度至斗六度謂之析木之次燕之分也

齊地虛危之分野也東有甾川東萊琅邪高密膠東南有泰山城陽北有千乘清河以南勃海之高樂高城重合陽信西有濟南平原皆齊分也

魯地奎婁之分野也東至東海南有泗水至淮得臨淮之下相睢陵僮取慮皆魯分也

宋地房心之分野也今之沛梁楚山陽濟陰東平及東郡之須昌壽張皆宋分也

衛地營室東壁之分野也今之東郡及魏郡黎陽河內之野王朝歌皆衛分也

楚地翼軫之分野也今之南郡江夏零陵桂陽武陵長沙及漢中汝南郡盡楚分也

吳地斗分野也今之會稽九江丹陽豫章廬江廣陵六安臨淮郡盡吳分也

粵地牽牛婺女之分野也今之蒼梧鬱林合浦交阯九眞南海日南皆粵分也

淮南子

天文訓

星辰者天之期也虹蜺彗星者天之忌也天有九野九千九百九十九隅去地五億萬里五星八風二十八宿五官六府紫宮太微軒轅咸池四宮天阿何謂九野中央曰鈞天其星角亢氐東方曰蒼天其星房心尾東北曰變天其星箕斗牽牛北方曰元天其星須女虛危營室西北方曰幽天其星東壁奎婁西方曰昊天其星胃昴畢西南方曰朱天其星觜嶲參東井南方曰炎天其星輿鬼柳七星東南方曰陽天其星張翼軫

太微者太乙之庭也紫宮者太乙之居也軒轅者帝妃之舍也咸池者水魚之囿也天阿者羣神之闕也四宮者所以為司賞罰太微者主朱鳥紫宮執斗而左旋

星分度角十二亢九氐十五房五心五尾十八箕十一四分一斗二十六牽牛八須女十二虛十危十七營室十六東壁九奎十六婁十二胃十四昴十一畢十六觜嶲二參九東井三十三輿鬼四柳十五星七張翼各十八軫十七凡二十八宿也

星部地名角亢鄭氐房心宋尾箕燕斗牽牛越須女

吳虛危齊營室東壁衞奎婁魯胃昴畢魏觜觽參趙東井輿鬼秦柳七星張周翼軫楚

張河間集

靈憲

天有兩儀以儛道中其可覩樞星是也謂之北極在南者不著故聖人弗之名焉

地有山嶽以宣其氣精種爲星星也者體生於地精成於天列居錯跱各有逌屬紫宮爲皇極之居太微爲五帝之廷明堂之房大角有席天市有坐倉龍連蜷於左白虎猛據於右朱雀奮翼於前靈龜圈首於後黃神軒轅於中六擾既畜而狠蚖魚鼈罔有不具在野象物在朝象官在人象事於是備矣

衆星列布其以神著有五列焉是爲三十五名一居中央謂之北斗動變挺占實司王命四布於方爲二十八宿

中外之官常明者百有二十四可名者三百二十爲星二千五百而海人之占未存焉微星之數蓋萬一千五百二十庶物蠢蠢咸得繫命不然何以總而理諸夫三光同形有似珠玉神守精存麗其職而宣其明及其衰神歇精斁於是乎有隕星然則奔星之所墜至則石文曜麗乎天

劉熙釋名

釋天

星散也列位布散也

宿宿也星各止宿其處也

魏張揖博雅

宿度

東方七宿七十五度南方七宿百一十二度西方七宿八十度北方七宿九十八度四分度之一四方凡三百六十五度四分度之一一度二千九百三十二里二十八宿間相距積一百七萬九百一十三里徑三十五萬六千九百七十里

星

角亢鄭氏房心宋尾箕燕斗牽牛婺女吳虛危齊營室東壁衞奎婁魯胃昴畢趙觜參魏東井輿鬼秦柳七星張周翼軫楚

吳徐整長曆

星徑

大星徑百里中星五十小星三十里北斗七星間相去九千里皆在日月下

星者元氣之英水精也

晉書

天文志十二次度數

班固取三統歷十二次配十二野其言最詳又有費直說周易蔡邕月令章句所言頗有先後魏太史令陳卓更言郡國所入宿度今附而次之

自軫十二度至氐四度爲壽星於辰在辰鄭之分野屬兗州

費直周易分野壽星起軫七度蔡邕月令章句壽星起軫六度

自氐五度至尾九度爲大火於辰在卯宋之分野屬豫州

費直起氐十一度蔡邕起亢八度

自尾十度至南斗十一度爲析木於辰在寅燕之分野屬幽州

費直起尾九度蔡邕起尾四度

自南斗十二度至須女七度爲星紀於辰在丑吳越之分野屬揚州

費直起斗十度蔡邕起斗六度

自須女八度至危十五度爲玄枵於辰在子齊之分野屬青州

費直起女六度蔡邕起女二度

自危十六度至奎四度爲娵訾於辰在亥衞之分野屬并州

費直起危十四度蔡邕起危十度

自奎五度至胃六度爲降婁於辰在戌魯之分野屬徐州

費直起奎二度蔡邕起奎八度

自胃七度至畢十一度爲大梁於辰在酉趙之分野屬冀州

費直起婁十度蔡邕起胃一度

自畢十二度至東井十五度爲實沈於辰在申魏之分野屬益州

費直起畢九度蔡邕起畢六度

自東井十六度至柳八度爲鶉首於辰在未秦之分野屬雍州

費直起井十二度蔡邕起井十度

自柳九度至張十六度爲鶉火於辰在午周之分野屬三河

費直起柳五度蔡邕起柳三度

自張十七度至軫十一度爲鶉尾於辰在巳楚之分

野屬荆州
費直起張十三度蔡邕起張十二度
州郡躔次
陳卓范蠡鬼谷先生張良諸葛亮譙周京房張衡並云
角亢氐鄭兗州東郡入角一度東平任城山陰入角六度泰山入角十二度濟北陳留入亢五度濟陰入氐一度東平入氐七度
房心宋豫州潁川入房一度汝南入房二度沛郡入房四度梁國入房五度淮陽入心一度魯國入心三度楚國入房四度
尾箕燕幽州涼州入箕中十度上谷入尾一度漁陽入尾三度右北平入尾七度西河上郡北地遼西東入尾十度涿郡入尾十六度渤海入箕一度樂浪入箕三度元菟入箕六度廣陽入箕九度
斗牽牛須女吳越揚州九江入斗一度廬江入斗六度豫章入斗十度丹陽入斗十六度會稽入牛一度臨淮入牛四度廣陵入牛八度泗水入女一度六安入女六度
虛危齊青州齊國入虛六度北海入虛九度濟南入危一度樂安入危四度東萊入危九度平原入危十一度菑川入危十四度
營室東壁衞并州安定入營室一度天水入營室八度隴西入營室四度酒泉入營室十一度張掖入營室十二度武都入東壁一度金城入東壁四度武威入東壁六度燉煌入東壁八度
奎婁胃魯徐州東海入奎一度瑯琊入奎六度高密入婁一度城陽入婁九度膠東入胃一度
昴畢趙冀州魏郡入昴一度鉅鹿入昴三度常山入昴五度廣平入昴七度中山入昴一度清河入昴九度信都入昴三度趙郡入畢八度安平入畢四度河間入畢十度眞定入畢十三度
觜參魏益州廣漢入觜一度越巂入觜三度蜀郡入參一度犍爲入參三度牂牁入參五度巴郡入參八度漢中入參九度益州入參十度
東井輿鬼秦雍州雲中入東井一度定襄入東井八度鴈門入東井十六度代郡入東井二十八度太原入東井二十九度上黨入輿鬼一度
柳七星張周三輔弘農入柳一度河南入七星三度河東入張一度河內入張九度
翼軫楚荆州南陽入翼六度南郡入翼十度江夏入翼十二度零陵入軫十一度桂陽入軫六度武陵入軫十度長沙入軫十六度

唐書

天文志

初貞觀中淳風譔法象志因漢書十二次度數始以唐之州縣配焉而一行以爲天下山河之象存乎兩戒北戒自三危積石負終南地絡之陰東及太華逾河並雷首底柱王屋太行北抵常山之右乃東循塞垣至濊貊朝鮮是謂北紀所以限戎狄也南戒自岷山嶓冢負地絡之陽東及太華連商山熊耳外方桐柏自上洛南逾江漢攜武當荆山至于衡陽乃東循嶺徼達東甌閩中是謂南紀所以限蠻夷也故星傳謂北戒爲胡門南戒爲越門河源自北紀之首循雍州北徼達華陰而與地絡相會並行而東至太行之曲分而東流與涇渭濟瀆相爲表裏謂之北河江源自南紀之首循梁州南徼達華陽而與地絡相會並行而東及荆山之陽分而東流與漢水淮瀆相爲表裏謂之南河故于天象則弘農分陝爲兩河之會五服諸侯在焉自陝而西爲秦涼北紀山河之曲爲晉代南紀山河之曲爲巴蜀皆負險用武之國也自陝而東三川中岳爲成周西距外方大伾北至于濟南至于淮東達鉅野爲宋鄭陳蔡河內及濟水之陽爲邶衞漢東濱淮水之陰爲申隨皆四戰用文之國也北紀之東至北河之北爲邢趙南紀之東至南河之南爲荆楚自北河下流南距岱山爲三齊夾右碣石爲北燕自南河下流北距岱山爲鄒魯南涉江淮爲吳越皆負海之國貨殖之所阜也自河源循塞垣北東及海爲戎狄自江源循嶺徼南東及海爲蠻越觀兩河之象與雲漢之所始終而分野可知矣于易五月一陰生而雲漢潛萌于天稷之下進及井鉞間得坤維之氣陰始達于地上而雲漢上升始交于列宿七緯之氣通矣東井據百川上流故鶉首爲秦蜀墟得兩戒山河之首雲漢達坤維右而漸升始居列宿上觜觿參伐皆直天關表而在河陰故實沈下流得大梁距河稍遠涉陰亦深故其分野自漳濱卻負恆山居北紀衆山之東南外接髦頭地皆河外陰國也十月陰氣進踰乾維始上達于天雲漢至營室東壁間升氣悉究與內規相接故自南正達于西正得雲漢升氣爲山河上流自北正達于東正得雲漢降氣爲山河下流陬訾在雲漢升降中居水行正位故其

分野當中州河濟間且王良閣道由紫垣絕漢抵營室上帝離宮也內接成周河內皆豕韋分十一月一陽生而雲漢漸降退及艮維始下接于地至斗建間復與列舍氣通于易天地始交泰象也踰析木津陰氣益降進及大辰升陽之氣究而雲漢沈潛于東正之中故易雷出地曰豫龍出泉爲解皆房心象也星紀得雲漢下流百川歸焉析木爲雲漢末派山河極焉故其分野自南河下流窮南紀之曲東南負海爲星紀自北河末派窮北紀之曲東北負海爲析木負海者以其雲漢之陰也唯陬訾內接紫宮在王畿內河濟間降婁元枵與山河首尾相遠鄰顓頊之墟故爲中州負海之國也其地當南河之北北河之南界以岱宗至于東海自鶉首踰河戒東曰鶉火得重離正位軒轅之祇在焉其分野自河華之交東接祝融之墟北負河南及漢蓋寒燠之所均也自析木紀天漢而南曰大火得明堂升氣天市之都在焉其分野自鉅野岱宗西至陳留北負河濟南及淮皆和氣之所布也陽氣自明堂漸升達于龍角曰壽星龍角謂之天關于易氣以陽決陰夬象也升陽進踰天關得純乾之位故鶉首直建巳之月內列太微爲天庭其分野自南河以負海亦純陽地也壽星在天關內故其分野在商亳西南淮水之陰北連太室之東自陽城際之亦巽維地也夫雲漢自坤抵艮爲地紀北斗自乾攜巽爲天綱其分野與帝車相直皆五帝墟也究咸池之政而在乾維內者降婁也故爲少昊之墟叶北宮之政而在乾維外者娵訾也故爲顓頊之墟成攝提之政而在巽維內者壽星也故爲太昊之墟布太微之政而在巽維外者鶉尾也故爲列山氏之墟得四海中承太階之政者軒轅也故爲有熊氏之墟木金得天地之微氣其神治于季月水火得天地之章氣其神治于孟月故章道存乎至微道存乎終皆陰陽變化之際也若微者沈潛而不及章者高明而過亢皆非上帝之居也斗杓謂之外廷陽精之所布也斗魁謂之會府陽精之所復也杓以治外故鶉尾爲南方負海之國魁以治內故娵訾爲中州四戰之國其餘列舍在雲漢之陰者八爲負海之國在雲漢之陽者四爲四戰之國降婁元枵以負東海其神主于岱宗歲星位焉星紀鶉尾以負南海其神主于衡山熒惑位焉鶉首實沈以負西海其神主于華山太白位焉大梁析木以負北海其神主于恆山辰星位焉鶉火大火壽星豕韋爲中州其神主于嵩丘鎮星位焉近代諸儒言星土者或以州或以國虞夏秦漢郡國廢置不同周之興也王畿千里及其衰也僅得河南七縣今又天下一統而直以鶉火爲周分則疆埸舛矣七國之初天下地形雌韓而雄魏魏地西距高陵盡河東河內北固漳鄴東分梁宋至于汝南韓據全鄭之地南盡潁川南陽西達虢略距函谷固宜陽北連上地皆綿亙數州相錯如繡考雲漢山河之象多者或至十餘宿其後魏從大梁則西河合于東井秦拔宜陽而上黨入于輿鬼方戰國未滅時星家之言屢有明效今則同在畿甸之中矣而或者猶據漢書地理志推之是守甘石遺術而不知變通之數也又古之辰次與節氣相係各據當時曆數與歲差遷徙不同今更以七宿之中分四象中位自上元之首以度數紀之而著其分野其州縣雖改隸不同但據山河以分爾須女虛危元枵也初須女五度餘二千三百七十四秒四少中虛九度終危十二度其分野自濟北東踰濟水涉平陰至于山茌循岱岳衆山之陰東南及高密又東盡萊夷之地得漢北海千乘淄川濟南齊郡及平原渤海九河故道之南濱于碣石古齊紀祝淳于萊譚寒及斟尋有過有鬲蒲姑氏之國其地得娵訾之下流自濟東達于河外故其象著爲天津絕雲漢之陽凡司人之星與羣臣之錄皆主虛危故岱宗爲十二諸侯受命府又下流得婺女當九河末派比于星紀與吳越同占營室東壁娵訾也初危十三度餘二千九百二十六秒一太中營室十二度終奎一度自王屋太行而東得漢河內至北紀之東隅北負漳鄴東及館陶聊城又自河濟之交涉滎波濱濟水而東得東郡之地古邶鄘衛凡胙邢雍共微觀南燕昆吾豕韋之國自閣道王良至東壁在豕韋爲上流當河內及漳鄴之南得山河之會爲離宮又循河濟而東接元枵爲營室之分奎婁降婁也初奎二度餘千二百一十七秒十七少中婁一度終胃三度自蛇丘肥成南屆鉅野東達梁父循岱岳衆山之陽以負東海又濱泗水經方輿沛留彭城東至于呂梁乃東南抵淮並淮水而東盡徐夷之地得漢東平魯國琅邪東海泗水城陽古魯薛邾莒小邾徐郯鄫鄅邳邿任宿須句顓臾牟遂鑄夷介根牟及大庭氏之國奎爲大澤在娵訾下流當鉅野之東陽至于淮泗婁胃之墟東北負山蓋中國膏腴地百穀之所阜也胃得馬牧之氣與冀之北土同占胃昴

畢大梁也初胃四度餘二千五百四十九秒八太中昴六度終畢九度自魏郡濁漳之北得漢趙國廣平鉅鹿常山東及淸河信都北據中山眞定全趙之分又北逾衆山盡代郡鴈門雲中定襄之地與北方羣狄之國北紀之東陽表裏山河以蕃屏中國爲畢分循北河之表西盡塞垣皆髦頭故地爲昴分冀之北土馬牧之所蕃庶故天苑之象存焉觜觿參伐實沈也初畢十度餘八百四十一秒四之一中參七度終東井十一度自漢之河東及上黨太原盡西河之地古晉魏虞唐耿揚霍冀黎郇與西河戎狄之國西河之濱所以設險限秦晉故其地上應天闕其南曲之陰在晉地衆山之陽南曲之陽在泰地衆山之陰陰陽之氣并故與東井通河東末樂芮城河北縣及河曲豐勝夏州皆東井之分參伐爲戎索爲武政當河東盡大夏之墟上黨次居下流與趙魏接爲觜觿之分東井輿鬼鶉首也初東井十二度餘二千一百七十二秒十五太中東井二十七度終柳六度自漢三輔及北地上郡安定西自隴坻至河右西南盡巴蜀漢中之地及西南夷犍爲越巂益州郡極南河之表東至牂牁古秦梁豳芮豐畢駘杠有扈密須庸蜀羌髳之國東井居兩河之陰自山河上流當地絡之西北輿鬼居兩河之陽自漢中東盡華陽與鶉火相接當地絡之東南鶉首之外雲漢潛流而未達故狼星在江河上源之西弧矢犬鷄皆徼外之備也西羌吐蕃吐谷渾及西南徼外夷人皆占狼星柳七星張鶉火也初柳七度餘四百六十四秒七少中七星七度終張十四度北自滎澤滎陽並京索暨山南得新鄭密縣至外方東隅斜至方城抵桐柏北自宛葉南暨漢東盡漢南陽之地又自雒邑負北河之南西及函谷逾南紀達武當漢水之陰盡弘農郡以淮源桐柏東陽爲限而申州屬壽星古成周虢鄭管鄶東虢密滑焦唐隨申鄧及祝融氏之都新鄭爲軒轅祝融之墟其東鄙則入壽星柳在輿鬼東又接漢源當商洛之陽接南河上流七星係軒轅得土行正位中岳象也河南之分張直南陽漢東與鶉尾同占翼軫鶉尾也初張十五度餘千七日九十五秒二十二太中翼十二度終軫九度自房陵白帝而東盡漢之南郡江夏東達廬江南部濱彭蠡之西得長沙武陵又逾南紀盡鬱林合浦之地自沅湘上流西達黔安之左皆全楚之分自富昭象龔繡容白廉州已西亦鶉尾之墟古荆楚鄖鄀羅權巴夔與南方蠻貊之國翼與咮張同象當南河之北軫在天關之外當南河之南其中一星主長沙逾嶺徼而南爲東甌靑丘之分安南諸州在雲漢上源之東陽宜屬鶉火而柳七星張皆當中州不得連負海之地故麗于鶉尾角亢壽星也初軫十度餘八十七秒十四少中角八度終氐一度自原武管城濱河濟之南東至封丘陳留盡陳蔡汝南之地逾淮源至于弋陽西涉南陽郡至于桐柏又東北抵嵩之東陽中國地絡在南北河之間首自西傾極于陪尾故隨申光皆豫州之分宜屬鶉火古陳蔡許息江黃道柏沈賴蓼須頓胡防弦厲之國氐涉壽星當洛邑衆山之東與亳土相接次南直潁水之間曰太昊之墟爲亢分又南涉淮氣連鶉尾在成周之東陽爲角分氐房心大火也初氐二度餘千四百一十九秒五太中房二度終尾六度自雍丘襄邑小黃而東循濟陰界于齊魯右泗水達于呂梁乃東南接太昊之墟盡漢濟陰山陽楚國豐沛之地古宋曹郕滕茅郜蕭葛向城偪陽申父之國商亳負北河陽氣之所升也爲心分豐沛負南河陽氣之所布也爲房分其下流與尾同占西接陳鄭爲氐分尾箕析木津也初尾七度餘二千七百五十秒二十一少中箕五度終南斗八度自渤海九河之北得漢河閒涿郡廣陽及上谷漁陽右北平遼西遼東樂浪元菟古北燕孤竹無終九夷之國尾得雲漢之末派龜魚麗焉當九河之下流濱于渤碣皆北紀之所窮也箕與南斗相近爲遼水之陽盡朝鮮三韓之地在吳越東南斗牽牛星紀也初南斗九度餘千四十二秒十二太中南斗二十四度終女四度自廬江九江負淮水南盡臨淮廣陵至于東海又逾南河得漢丹陽會稽豫章西濱彭蠡南涉越門訖蒼梧南海逾嶺表自韶廣以西珠崖以東爲星紀之分也古吳越群舒廬桐六蓼及東南百越之國南斗在雲漢下流當淮海間爲吳分牽牛去南河寖遠自豫章迄會稽南逾嶺徼爲越分島夷蠻貊之人聲教所不曁皆係于狗國云

舊唐書

天文志

游儀初成太史所測二十八宿等與經同異狀角二星十二度赤道黃道度與古同舊經去極九十一度今則九十三度半星經云角去極九十一度距星正當赤道其黃道在赤道南不經角中今角在赤道南二度半黃道復經角中卽與天象符合亢四星九度

舊去極八十九度今九十一度半氐四星十六度舊去極九十四度今九十八度房四星五度舊去極一百八度今一百一十度半心三星五度舊去極一百八度今一百一十一度尾九星十八度舊去極一百二十度（一云一百四十一度）今一百二十四度箕四星十一度舊去極一百一十八度今一百二十度南斗六星二十六度舊去極一百一十六度今一百一十九度牽牛六星八度舊去極一百六度今一百四度危虛二星十度舊去極一百四度今一百一度北星舊圖入虛宿今測在須女九度危三星十七度舊去極九十七度今九十七度北星舊圖入危宿今測在虛六度半室二星十六度舊去極八十五度今八十三度東壁二星九度舊去極八十六度今八十四度奎十六星十六度舊去極七十六度（一云七十度）今七十三度東壁九度奎十六度此錯以奎西大星爲距即損壁二度加奎二度今取西南大星爲距即奎壁各不失本度婁三星十三度舊去極八十度今七十七度昴七星十一度舊去極七十四度今七十二度畢八星十七度舊去極七十八度今七十六度觜觿三度舊去極八十四度今八十二度畢赤道與黃道度同觜赤道三度黃道三度其二宿俱當黃道斜虛畢有十六度尚與赤道度同觜總三度黃道損加一度此即承前有誤今測畢有十七度半觜觿半度並依天正參十星舊去極九十四度今九十三度東井八星三十三度舊去極七十度今六十八度輿鬼五度舊去極六十八度今古同也柳八星十五度舊去極七十七度（一云七十九度）今八十度半柳合用西頭第三星爲距比來錯取第四星今依第三星爲正七星十度舊去極九十一度（一云九十三度）今九十三度半張六星十八度舊去極九十七度今一百度張六星中央四星爲朱鳥咮外二星爲翼比來不取膺前爲距錯取翼星即張加三度半七星欠二度半今依本經爲定翼二十二星十八度舊去極九十七度今一百三度軫四星十七度舊去極九十八度今一百度文昌舊三星在鬼四星在井今五星在柳一星在鬼一星在井北斗魁第一星舊在七星一度今在張十三度第二星舊在張二度今在張十二度半第三星舊在翼二度今在翼十三度第四星舊在翼八度今在翼十七度太第五星舊在軫八度今在軫十度半第六星舊在角七度今在角四度少第七星舊在亢四度今在角十二度少天關舊在黃道南四度今當黃道天江舊在黃道外今當黃道天囷舊在赤道外今當赤道三台上台舊在井今測在柳中台舊在七星今在張建星舊去黃道北半度今四度半天苑舊在昴畢今在胃昴王良舊五星在壁今四星在奎一星在壁外屛舊在觜今在畢宿雲雨舊在黃道外今在黃道內七度雷電舊在赤道外五度今在赤道二度霹靂舊五星並在赤道外四度今四星在赤道內一星在外土公吏舊在赤道外今在赤道內六度虛梁舊在黃道內四度外屛舊在黃道外三度今當黃道八魁舊九星並在室今五星在壁四星在室長垣舊當黃道今在黃道北五度軍井淮經在玉井東南二斗半天桴舊在黃道北今當黃道天高舊在黃道外今當黃道狗國舊在黃道外今當黃道羅堰舊當黃道今在黃道北

開元十二年詔太史交州測景使者大相元太云交州望極纔出地二十餘度以八月自海中南望老人星殊高老人星下環星燦然其明大者甚衆圖所不載莫辨其名大率去南極二十度以上其星皆見乃古渾天家以爲常沒地中伏而不見之所也

天文之爲十二次所以辨析天體紀綱辰象上以考七曜之宿度下以配萬方之分野仰觀變謫而驗之於郡國也傳曰歲在星紀而淫於元枵姜氏任氏實守其地及七國交爭善星者有甘德石申更配十二分野故有周秦齊楚韓趙燕魏宋衛魯鄭吳越等國張衡蔡邕又以漢郡配焉自此因循但守其舊文無所變革且懸象在上終天不易而郡國沿革名稱屢遷遂令後學難爲憑准貞觀中李淳風撰法象志始以唐之州縣配焉至開元初沙門一行又增損其書更爲詳密既事包今古與舊有異同頗裨後學故錄其文著於篇

須女虛危元枵之次子初起女五度

二千三百七十四分少

中虛九度終危十二度其分野自濟北郡東踰濟水涉平陰于山茌

漢太山郡山茌縣屬齊州西南之界

東南及高密

漢高密國今在密州北界自此以上元枵之分

又東盡東萊之地

漢之東萊即及膠來國今爲萊州登州也

得漢之北海千乘淄川濟南齊郡

今爲淄青齊等州及濟州東界

及平原渤海盡九河故道之南濱于碣石
今爲德州棣州滄州其北界自九河故道之北屬
析木分也
營室東壁陬訾之次亥初起危十三度
二千九百二十六分太
中室十二度
五百五十二十一半
終奎一度其分野自王屋太行而東盡漢河內之地
今爲懷州各衞所之西境
北負彰鄴東及館陶聊城
漢地自黎陽內黃及鄴魏武安東至館陶元城皆
屬魏郡自頓丘三城武陽東至聊城皆屬東郡今
爲相魏衞州
東盡漢東郡之城
漢東郡清河西南至白馬濮陽東至東河須昌濱
濟至於鄆城今爲滑州濮州鄆州其須昌濟東之
地屬降婁非豕韋也
奎婁及胃降婁之次戌初起奎二度
一千二百一十七少
中婁一度
一千八百八十三
終胃三度其分野南屆鉅鹿東逹梁父以負東海又
東至于呂梁乃東南抵淮水而東盡于徐夷之地
東爲降婁之次
得漢東平魯國
漢東平國在任城平陸今在兗州
奎爲大澤在陬訾之下流濱于淮泗東北負山爲婁

胃之墟盖中國膏腴之地百穀之所阜也胃星得馬
牧之氣與冀之北土同占
昴畢大梁之次畢酉初起胃四度
二千五百四十九分太
中昴六度
一百七十四分半
終畢九度其分野自魏郡濁漳之北得漢之趙國廣
平鉅鹿常山東及清河信都北據中山眞定
今爲洺趙邢恆定冀貝深八州又分相魏博之北
界與瀛州之西全趙之分
入北盡漢代郡鴈門雲中定襄之地與北方羣狄之
國皆大梁分也
觜觿參伐實沈之次也申初起畢十度
八百四十一十五太
中參七度
一千五百二十六
終井十二度其分野得漢河東郡
今爲蒲絳晉州又得澤州及慈州界也
及上黨
今爲澤潞儀沁也
太原
今爲幷汾州
盡西河之地
今爲隰州石州嵐州西涉河得銀州以北也
西河戎狄之國皆實沈分也
今河東郡末樂芮城河北縣及河曲豐勝夏州皆
爲實沈之次河東之分也

參伐爲戎索爲武政故殷河東盡大夏之墟上黨次
居下流與趙魏相接爲觜觿之分
東井輿鬼鶉首之次也未初起井十二度
二千一百七十二十五太
中井二十七度
二千八百二十八一半
終柳六度其分野自漢之三輔及北地上郡安定西
自隴抵至河右西南闕巴蜀漢中之地及西南夷犍
爲越嶲益州郡極南河之表東至牂牁皆鶉首分也
三首之分得禹貢雍梁二州其郡縣易知故不詳
載
狼星分野在江河上源之西弧矢犬雞皆徼外之象
今西羌吐蕃吐谷渾及西南徼外夷皆狼星之象
柳星張鶉火之次午初起柳七度
四百六十四七少
中柳星七度
一千一百三
終張十四度其分野北自滎澤滎陽並景索暨山南
行新鄭密縣至於方陽
方陽之南得漢之穎川郡翟崇高郟城襄城南盡
鄴縣今爲闕汝唐仙四州界又漢南陽郡北自宛
葉南盡漢東申隋之地大抵以淮源桐柏東陽爲
限今之唐州隨州屬鶉火申州屬壽星
又自洛邑負河之南西及函谷南紀逹武當漢水之
陰盡弘農郡
漢弘農盧氏陝縣今爲虢陝二州上洛商洛爲商
州丹水爲均州宜陽沔池新安陸渾今屬洛州

古三周虢鄭管鄶東密滑焦唐申鄧皆鶉火分也及
祝融氏之都
新鄭爲祝融氏之墟屬鶉火其東鄙則入壽星舊
說皆在函谷非也
柳星與鬼之東又接漢源故殷商洛之陽接南河之
上流星上係軒轅得土行之正位中嶽象也故爲河
南之分張星直河南漢東與鶉尾同占
翼軫鶉尾之次巳初起張十五度
一千七百九十五二十二少
中翼十二度
二千四百六十一八半
終軫九度其分野自房陵白帝而東盡漢之南郡
南郡巫縣今在蘄州秭歸在四夷陵在陝州襄夔
郢申在襄郢界餘爲荆州
江夏
江夏竟陵今爲復州安鄂縣沔黃五州皆漢江夏
界
東達廬江南郡
漢廬江之尋陽今在江州於山河之像宜屬鶉尾
也
濱彭蠡之西得漢長沙武陵桂陽零陵郡
零陵今爲首州永州桂陽今爲柳州大抵自沅湘
上流西通黔安之左皆楚之分也
又逾南紀盡鬱林合浦之地
鬱林縣貴州定林縣今在廉州合浦縣今爲桂州
今自富昭蒙龔繡容白罕八州以西皆屬鶉尾之
墟也

荆楚郢郡羅權巴夔與南方蠻貊殷河南之南其中
一星主長沙國逾嶺徼而南皆東甌青丘之分
今安南諸州在雲漢上元之東宜屬鶉火
角亢壽星之次辰初起軫十度
八千七十四半
中角八度
千百五十三十
終氐一度其分野自原武管城濱河濟之南東至封
丘陳留盡陳蔡汝南之地逾淮源至於弋陽
漢陳留郡自封丘陳留巳東皆入大火之分漢汝
南今爲豫州西華南項城縣今爲陳州汝陰縣今
在潁州弋陽縣在光州
西涉南陽郡至於桐柏又東北抵嵩之東陽
漢南陽郡舂陵湖陽蔡陽後分爲舂陵郡後魏以
爲南荆州今有舊義陽郡在中國之東界今爲申
州按中國地終在河南北河之間故申隨光三州
皆屬禹貢豫州之分宜屬鶉火壽星非南方負海
之地
古陳蔡隨許皆屬壽星分也氐星涉壽星之次故其
分野殷雒邑衆山之東與亳土相接
氐房心大火之次也卯初起氐二度
一千四百一十九五太
中房二度
二千八百五一半
終尾六度其分野得漢之陳留縣自雍丘襄邑小黃
而東循濟陰界于齊魯右泗水達於呂梁乃東南抵
淮西南接太昊之墟盡濟陰山陽楚國豐沛之地

濟陰縣之定陶冤句乘氏今在東郡大抵曹宋徐
亳及鄆州西界皆屬大火分
自商亳以負北河陽氣之所升也爲心分自豐沛以
負南河陽氣之所布也爲房分故其下流皆與尾星
同占西接陳鄭爲氐星之分
尾箕析木之次也寅初起尾七度
二千七百五十二十一少
中箕星五度
三百七十六十七
終斗八度其分野自渤海河之北盡河間涿郡廣陽
國
漢渤海郡浮陽今爲淸池縣屬滄州涿郡之饒陽
今屬瀛州涿縣良鄉與廣陽國薊縣今在幽州
及上谷漁陽右北平遼東樂浪元菟
漁陽在幽州右北平在白狼無終縣隋代爲漁陽
郡古孤竹國後置北平郡今爲平州遼東在無慮
縣即周禮醫無閭山樂浪在朝鮮縣元菟在高句
驪縣今皆在東夷也
古之北燕孤竹無終及東方九夷之國皆析木之分
也得雲漢之末流北紀之所窮也箕與南斗相近故
其分野在吳越之東
南斗牽牛星紀之次也丑初起斗九度
一千四十二二十二太
中斗二十四度
一千七百八半
終女四度其分野自廬江九江負淮水之南盡臨淮
廣陵至於東海

野廬壽和濠揚皆屬星紀也

又逾南河得漢丹陽會稽豫章郡西濱彭蠡南涉越州盡蒼梧南海

又逾嶺表自韶廣封梧藤羅雷州南及珠崖自北以東爲星紀其西皆屬鶉尾之次

古吳越及東南百越之國皆星紀分也南斗在雲漢之流當淮海之間爲吳分牽牛去南河寖遠故其分野自豫章東達會稽南逾嶺徼爲越分島夷蠻貊之人聲教之所不洎皆係于狗國

李淳風刊定隨大志國頗爲詳悉所住郡邑多依用其後州縣又隸管屬不同但據山河以分耳

李石續博物志

十二辰躔次

丑爲星紀初斗十二度終於婺女七度子爲元枵初婺女八度終於危十五度亥爲娵訾初危十六度終於奎四度戌爲降婁初奎五度終於胃六度酉爲大梁初胃七度終於畢十一度申爲實沈初畢十二度終於井十五度未爲鶉首初井十六度終於柳八度午爲鶉火初柳九度終於張十七度巳爲鶉尾初張十八度終於軫十一度辰爲壽星初軫十二度終於氐四度卯爲大火初氐五度終於尾九度寅爲析木初尾十度終於斗十一度

欽定古今圖書集成曆象彙編乾象典

第五十六卷目錄

乾象典第五十六卷

星辰部彙考十三

宋沈括補筆談

論星辰

天事以辰名爲多皆本於辰巳之辰今略舉數事十二支謂之十二辰一時謂之一辰一日亦謂之一辰日月辰謂之三辰北極謂之北辰大火謂之大辰五辰有辰星五行之時謂之五辰書曰撫於五辰是也已上皆謂之辰今攷子丑至於戌亥謂之十二辰者左傳云日月之會是謂辰一歲日月十二會則十二辰也日月之所舍始於東方蒼龍角亢之星起於辰故以所首者名之子丑戌亥之月既謂之辰則十二支十二時皆子丑戌亥則皆謂辰無疑也一日謂之一辰者以十二支言也以十二干言之謂之今日以十二支言之謂之今辰故支干謂之日辰日月星謂之三辰者至於辰而畢見以其所首者名之故皆謂之辰四時所見有早晚至辰則四時畢見故辰加日爲晨謂始日出之時也星有三類一經星北極爲之長二舍星大火爲之長三行星辰星爲之長故皆謂之辰北辰居其所而衆星拱之故爲經星之長大火天生之座故爲舍星之長辰星日之近輔遠乎日不過一辰故爲行星之長

王應麟地理通釋

星土

鄭司農說星土以春秋傳曰參爲晉星商主大火國語曰歲之所在則我有周之分野之屬是也康成謂九州諸國中封域於星亦有分焉其書亡矣堪輿雖有郡國所入度非古數也今其存可言者十二次之分也星紀吳越也元枵齊也娵訾衛也降婁魯也大梁趙也實沈晉也鶉首秦也鶉火周也鶉尾楚也壽星鄭也大火宋也析木燕也此分野之妖祥主用客星彗孛之氣爲象孔氏曰星紀在於東北吳越實在東南魯衛東方諸侯遙屬戌亥之次又三家分晉方始有趙而韓魏無分趙獨有之漢書地理志分郡國以配諸次其地分或多或少鶉首極多鶉火甚狹徒以相傳爲說其源不可得聞於其分野或有妖祥而爲占者多得其效蓋古之聖哲有以度知非後人所能測也陳氏曰九州十二域或繫之北斗或繫之二十八宿或繫之五星雍主魁冀主樞青兗主璣揚徐主權荆主衡梁主開陽豫主搖光此繫之北斗者也星紀吳越元枵齊娵訾衛降婁魯大梁趙實沈晉鶉首秦鶉火周鶉尾楚壽星鄭大火宋析木燕此繫之二十八宿者也歲星主齊吳熒惑主楚越鎭星主王子太白主大臣辰星主燕趙代此繫之五星者也然吳越南而星紀在丑齊東而元枵在子魯東而降婁在戌東西南北相反而相屬何耶先儒以爲古者受封之日歲星所在之辰其國屬焉觀春秋傳凡言占相之術以歲之所在爲福歲之所衝爲災故師曠梓愼裨竈之徒以天道在西北而晉不害歲在越而吳不利歲淫元枵而宋鄭饑歲弃星紀而周楚惡歲在豕韋而蔡禍歲及大梁而楚凶則古之言星次者未嘗不視歲之所在也梓愼曰龍宋鄭之星也宋大辰之虛也陳大皥之虛也鄭祝融之虛也皆火房也衛高陽之虛也其星爲大水以陳爲火則大皥之木爲火母故也以衛爲水則高陽水行故也子產曰遷閼伯于商丘主辰商人是因故辰爲商星遷實沈於大夏主參唐人是因故參爲晉星然則十二域之所主亦若此也易氏曰在諸侯則謂之分星在九州則謂之星土九州星土之書亡矣今其可言者十二國之分考之傳記䄍祥所應亦有可証而不誣者昭十年有星出於婺女鄭裨竈曰今茲歲在顓頊之墟姜氏任氏實守其地釋者以顓頊之墟爲元枵此元枵爲

齊之分星而青州之星土也昭三十二年吳伐越晉史墨曰越得歲而吳伐之必受其凶釋者以爲歲在星紀此星紀爲越之分星而揚州之星土也昭元年鄭子產曰成王滅唐而封大叔焉故參爲晉星實沈爲參神此實沈爲晉之分星而并州之星土也襄九年晉士弱曰陶唐氏之火正閼伯居商丘相土因之故商主大火此大火爲宋之分星而豫州之星土也昭十七年星孛及漢申須曰漢水祥也衞顓頊之墟故爲帝丘其星爲大水此娵訾爲衞之分星而冀州之星土也襄二十八年春無冰梓慎曰歲在星紀而淫於元枵蛇乘龍宋鄭之星此壽星爲鄭之分星而亦豫州之星土也鄭語周史曰楚重黎之後也黎爲高辛氏火正此鶉尾爲楚之分星而荆州之星土也爾雅曰析木謂之津釋者謂天漢之津梁爲燕此析木爲燕之分星而幽州之星土也以至周之鶉火秦之鶉首趙之大梁魯之降婁無非以其州之星土而爲其國之分星所占裁祥其應不差然亦有可疑者武王伐殷歲在鶉火伶州鳩曰歲之所在我有周之分野蓋指鶉火爲西周豐岐之地今乃以當洛陽之東周何也周平王以豐岐之地賜秦襄公而其分星乃謂之鶉首又何也如燕在北而配以東方之析木魯在東而配以西方降婁秦居西北而鶉首次於東南吳越居東南而星紀次於東北此皆稽之分野有不合者賈氏以爲古者受封之月歲星所在之辰恐不其然若謂受封之辰則春秋戰國之諸侯以之占妖祥可也後世占分野而妖祥亦應豈皆古者受封之辰乎此堪輿之書雖足攷古而言郡國所入之度則非古之法理道要訣云周季上配天象有十三國呂氏云十二次蓋戰國言星者以當時所有之國分配之唐氏云子產言封實沈於大夏主參封閼伯於商丘主辰則辰爲商丘分參爲大夏分其來已久非因封國始有分野若以封國歲星所在卽爲分星則每封國自有分星不應相土因閼伯晉人因實沈矣又漢魏諸儒辰次度各用當時曆數與歲差遷徙亦非天象度數之正惟唐一行下觀山河兩戒上考雲漢之終始斗柄之內外以定分星之次更以七宿之中分四象中位自上元之首以度數紀之而著其分野最得天象之正

性理會通

天文

辰天壤也每一辰各有幾度謂如日月宿於角幾度卽所宿處爲辰

羣書備考

分野

周禮保章氏以星土辨九州之地所封之域各有分星左氏謂熒惑守心宋景禳其咎實沈爲祟晉侯受其殃妖祥驗於分星蓋古有之但星經散亡已久獨漢地志載分野爲始詳而鄭康成引十二次之分以相屬大率因之按晉天文志言班固取三統曆十二次配十二野其言最詳又有費直周易分野蔡邕月令章句所言頗有先後魏太史令陳卓更分繫二十八宿而言郡國所入宿度其言爲尤詳自今觀之壽星陳也大火宋也析木燕也星紀吳越也元枵齊也娵訾衞也降婁魯也大梁趙也實沈晉也鶉首秦也鶉火周也鶉尾楚也然其間相配者少相反者多幷在北而娵訾在北荆在南而鶉尾在南此其躔次相配可考也若正東元枵在北雍正西鶉首在南揚在東南而星紀在北冀在北而大梁在正西此其躔次相反可疑者也國語伶州鳩曰昔武王伐商歲在鶉火周分又曰歲之所在卽我分野賈公彥取之遂誣以古者封國之年歲星所在以爲之屬鄭樵謂此則主祀之意非因封國始有分星唐一行謂分星有山河脉絡之兩戒雲漢升沉之四維認而識之可以見其相配鄭樵取之遂謂其區處分野如指諸掌近世蘇平仲又指其疏遠而謂分野分星古不謂地又引有分星而無分野之言以証其不必盡泥然以史冊觀之四星聚牛女而晉元王吳四星聚觜參而齊祖王魏彗星掃東井而苻堅亡秦熒星見箕尾而慕容德復燕此皆分野之驗而未可盡略者也大抵一行之說勝諸家焉其最不可曉者莫如容齋謂娵訾屬衞屬井衞本受封河內其郡邑皆在冀兗之間於井州了不相干而井州之下所列郡名乃安定天水等六郡自繫涼州耳又魏分晉地與益州亦不相關而雍州爲秦其下乃列雲中等郡又屬幷幽耳此則李淳風不明地理之誤也他若天市垣有列國星二十二起宋至河中牛女下又有十二國星東起越西至鄭五車五星其次舍在畢宿星書以爲主秦趙燕等七國北斗七星其次舍自張而角星書以爲主秦楚七國此非其各有所屬而不容誣者耶

管窺輯要

分野

角亢氐分野今之開封河南汝寧是也
房心今南京之徐州
尾箕燕幽州卽今之順天北京保定河間永平遼東
朝鮮
斗牛女今之南京江浙福建廣西梧州
虛危當青州今山東之濟南東昌青州登萊州
室壁今河南之衛輝彰德懷元北京之大名
奎婁當古之徐州今山東之兗州
胃昴畢今北京之眞定順德廣平山西大同
觜參今之山西太原平陽遼州沁洛澤貴宣慰程番
井鬼卽今之陝西四川雲貴之宣慰程番
柳星張今之河南洛陽南陽湖之鄖陽襄之均州光
化谷城棗陽德之隨州應山
翼軫今之湖廣廣東廉州川之夔州貴之銅仁黎平
廣西
周天易覽
二十八宿分野
角
十一至一兗州之滋濟曹單魚金鄉滕城嶧泗寧
曲阜
亢　初度入卯
九至一兗州之費沂壽穀平汶鄆鉅嘉鄒
氐
十六至一徐沛
房　二度入寅
五至一鹽城清河沭桃安東
心

五至一淮安宿邳贛海
尾
十六至一順天永平保定及河間之西鄙州縣
箕　四度三十分入丑
三至一河間近海州縣　十至四山海遼藩
斗
十二十四至二十一福建　十四至八浙江
二十至十五江西
七至一南直江南州縣　二至一貴州
牛　一度二分入子
一至七廣東海北七府
女
十至九東昌府聊博冠茌
八至二濟南府　一廣東瓊州
虛
九至五青州北縣　四至一東昌之朝邑范
縣及濮州臨清高唐之屬縣
危　一度八十分入亥
十五至十一萊州　十至四登州
一至三青州之南州縣
室　十一度七十分入戌
十六七懷慶　十四五衛輝
十二三彰德　十一至九歸德
八至一開封
壁
九至六大名府　五至一汝寧府
奎

十六至一鳳陽
婁　二度二分入酉
十二至九滁州　八至一廬州
胃
十四至十一順德　十至一眞定
昴　五度一十三分入申
十一至五大同府　四至一廣平府
畢
十六至八平陽府　七至一太原府
觜
二至一潞安府
參　九度入未
九至一潞安府
井　二十九度九十分入午
三十一至二十九貴州　二十八至二十一雲南
二十至十四川　九至一陝西
鬼
二至一貴州
柳
十一至十南陽府　九至一河南府
星　七度九十分入巳
六至一南陽
張
十六至十一德安　十至五襄陽
四至一鄖陽
翼　十一度三十二分入辰
十九十八貴州　十七六四川

十五承天　十二三四黃州
十一漢陽　九十武昌
七八永州　六衡州
五常德　四寶辰
三長沙　二岳州
一荊州
軫
十九至三廣西　二至一廣州府

天步眞原

在天經星星等

論各星大小一等十五星二等四十五星三等二百八十星四等四百七十四星五等二百一十六星六等五十星

星光

論各星之光光極大靜白者木星之性光大黃白者金星之性黃白有光不大者太陰之性色紅有光或不甚光者火星之性光精明稍紅者太陽之性不光明者土星之性如雲氣者水星之性

天星共四十八象十二象在黃道十五象在黃道以南二十一象在黃道以北在南者有十二象中國不見

星權

各星之權第一星大者權大

第二色精光者權大作事物明白不暗昧

第三色不甚光者作事物昏暗不明白光密密不散者作事物穩當長久光動搖者星如狼喜作亂作人不平

第四正在黃道內太陽經過極有大權

第五離黃道三度在黃道南其權在南在黃道北其權在北

第六離黃道三度至五度太陰火星嘗到

第七黃道七度至八度金星能到其權小

經星之權論十二所在一在黃道內二在黃道三度至八度因與五星相會三離黃道在北在北邊有能四離赤道在北五在本國頭上與項近者其力更大六各星之經同五星之經七離冬至夏至同五星一體八出地平或入地平同五星能加五星之力九有五星同各星午時圈其力大十各星自出地平十一自入地平十二五星照其光其力爲歉

星性之用

各星有土星之性皆屬冷屬乾下雪雹壞人命有木星之性生風有福能救人命有火星之性大熱雷電風暴瘟疫有太陽之性亦熱亦生風有金星之性屬濕屬冷有水星之性無定性同土卽冷木生風火亂天氣有月性海中亂浪湧

陽瑪諾天問略

星

問月借日光光有消長乃諸星之光恒見滿圓而無消長何也曰諸星與月其借日光不同月天在日天之下月受其光近遠一異消長不同諸星之天居日天之上日光照星恒照其下面雖或近或遠於日而其下面恆有光故居地上者視星恆有光也

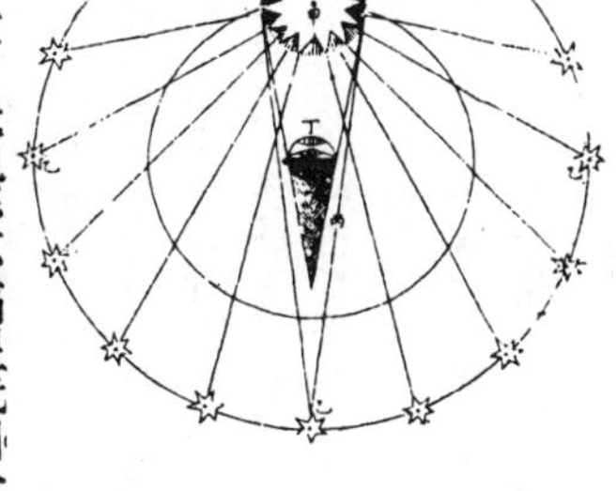

諸星天在日上亦受日光地影不隔星光圖

諸星天在日上亦受日光地影不隔星光圖說

如右圖甲爲日輪乙爲諸星之天居日天之上丁爲地形丙爲地影卽見日光恆照諸星下面而居地上者恆見其下面有光且月食由於地影地影之銳有盡不及諸星之天故諸星之光不朦也

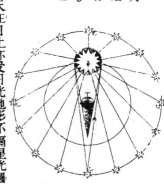

湯若望遠鏡說

一利用於仰觀

用以觀列宿天諸星較之平時不啻多數十倍而且界限甚明也卽如昴宿數不止於七而有三十多鬼宿中積尸氣觜宿中北星天河中諸小星皆難見者用鏡則瞭然矣又如尾宿中距星及神宮北斗中開陽及輔星皆難分者用鏡則見相去甚遠焉是宿天諸星借鏡驗之算之相去幾何絲毫不爽因之而觀察星宿本相星宿所好星宿正度偏度於修曆法尤爲要切

積尸氣圖

觜宿內小星圖

新法表異

恒星

恒星一名列星亦名經星云恒者謂其象終古不易也云經者以別於五緯南北行之義其數甚夥莫能窮盡就中有光體渺微非目可及非儀可測者略而不錄其在等第之內已經新法測定者南北二極共一千七百二十有五星稽其大小分爲六等第一等大星如五帝座織女類者一十有七二等如帝星開陽類者五十有七三等如太子少衛類者八十有五四等如上將柱史類者三百八十有九五等如上相虎賁類者三百二十有三六等如天皇大帝后宮類者三百九十有五此皆有名之星計共一千一百六十六餘皆無名者矣至於天漢斜絡天體古昔多謬解邇來窺以遠鏡知是無算小星接攢一帶卽如積尸氣等亦小星攢聚以成第非人目所能辨遂作如是觀耳小者不足論論其大者古曆以周天諸星分爲三垣二十八宿各定有名位座次每座每宿星數多寡不齊顧其所謂宿者蓋取七曜經行止宿之義且用以便測筭經度又爲其各能主施德也西古曆亦列二十八舍所定二十八距星皆與中古脗合第觜距西用天關爲小異耳此二十八宿者各以一字命名分注每日之下內以房虛星昴爲屬太陽之日心危畢張爲屬太陰之日此外五緯各屬四宿每以七日爲期每日各爲一宿西曆亦然星之命名多係借義非可過泥虛名便謂實有其驗比如貫索一星中以其象圜囹名以貫索西以其象冠冕一吉一凶全由人意豈天星實然乎至謂諸星性情不同專施互異是又理所必然不得槩置勿論也

恒星東移

恒星以黃極爲極故各宿距星行度時近赤極亦或時遠赤極蓋行漸近極卽赤極所出過距星線漸密而其本宿赤道弧較小行漸遠極卽過距星線漸疎其本宿赤道弧則漸大此由二道各極不同非距星有異行或易位也卽如觜宿距星漢測距參二度唐測一度宋測一度迄半度元測五分今測之不啻無分且侵入參宿二十四分此其明驗也然其故至今日始明又未時所定十二宮次各在某宿度今皆不然正因恒星有本行宿度已東移十餘度矣舊法未諳故所算日月五星過宮俱多舛錯新法改正

繪星大備

舊法繪星僅依河南見界卽中國所見之星亦未全備新法周天皆有不但全備中國見界而已又新法所定二十八宿先後大小俱合天象其分恒星大小有六等之別前此未聞又依各星光測各星性爲天文占驗大用亦新法所創有也

春明夢餘錄

分野

分野之說以中國之九州應上天之十二次丑星紀吳越也子元枵齊也亥娵訾衛也娵訾一名豕韋戌降婁魯也酉大梁趙也申實沈晉也未鶉首秦也午鶉火周也巳鶉尾楚也辰壽星鄭也卯大火宋也寅析木燕也按晉語云實沈之墟晉人是居周語云歲在鶉火我有周之分野左襄九年商主大火昭元年參爲晉星襄二十八年龍宋鄭之星又曰以害鳥帑周楚惡之則分野之說其來已久然星紀在東北而吳越實在東南魯宋鄭相去甚邇而分爲四次且娵訾降婁戌亥之次也而魯衛屬之三家分晉始有趙何以大梁獨屬趙韓魏不聞漢書地理分郡國以配諸次其地分或多或少鶉火極多鶉首甚狹徒相傳未聞源委於其分野或有妖祥古者多效皆聖哲度知非後人所能測也周官九州分野角亢氐兗州房心豫州尾箕幽州斗牛女揚州虛危青州室壁并州奎婁胃徐州昴畢冀州觜參益州井鬼雍州柳星張

三河翼軫荊州

明一統志

分野京師尾箕昴畢室壁

順天府　尾箕　　保定府　尾箕參昴畢
河間府　尾箕　　真定府　昴畢
順德府　昴　　廣平府　昴
大名府　室壁　　永平府　尾
延慶州　尾　　保安州　尾
萬全都司　尾今宣德府

南京斗牛房心

應天府　斗　　鳳陽府　斗
蘇州府　斗　　松江府　斗
常州府　斗　　鎮江府　斗
廬州府　斗　　安慶府　斗
揚州府　斗牛　　淮安府　斗牛
太平府　斗　　寧國府　斗牛
池州府　斗　　徽州府　斗
廣德州　斗　　和州　斗
滁州　斗　　徐州　房心

山西昴畢觜參井

太原府　參井　　平陽府　觜參
大同府　昴畢　　潞安府　參井
汾州　參　　遼州　參井
沁州　參　　澤州　觜參

山東箕尾虛危室奎婁

濟南府　危　　兗州府　奎婁
東昌府　危室　　青州府　虛危
登州府　危　　萊州府　危
遼東都司　箕尾

河南角亢氐房心室壁柳張

開封府　角亢　　歸德府　房心
彰德府　室壁　　衛輝府　室壁
懷慶府　室壁　　河南府　柳
南陽府　張　　汝寧府　角亢氐
汝州　心

陝西井鬼翼軫

西安府　井鬼　　鳳翔府　井鬼
漢中府　井鬼翼軫　　平涼府　井鬼
鞏昌府　井鬼　　臨洮府　井鬼
慶陽府　井鬼　　延安府　井鬼
寧夏衛　井鬼　　寧夏中衛　井鬼
洮州衛　井　　岷州衛　井鬼
河州衛　　靖虜衛
陝西都司　井鬼

浙江斗牛女

杭州府　斗　　嘉興府　斗
湖州府　斗牛　　嚴州府　牛女
金華府　斗牛　　衢州府　牛女
處州府　斗　　紹興府　牛女
寧波府　牛女　　台州府　牛女
溫州府　斗牛女

江西斗牛

南昌府　斗　　饒州府　斗
廣信府　斗　　南康府　斗
九江府　斗牛　　建昌府　斗
撫州府　斗　　臨江府　斗
吉安府　斗　　瑞州府　斗
袁州府　斗　　贛州府　斗
南安府　斗

湖廣翼軫

武昌府　翼軫　　漢陽府　翼軫
承天府　翼軫　　襄陽府　翼軫
鄖陽府　翼軫　　德安府　翼軫
黃州府　翼軫　　荊州府　翼軫
岳州府　翼軫　　長沙府　翼軫
寶慶府　軫　　衡州府　翼軫
常德府　翼軫　　辰州府　翼軫
永州府　翼軫　　靖州　軫
郴州　翼軫　　施州衛　翼
容美宣撫司　　永順宣慰司　翼軫
保靖州宣慰司　翼軫　　五寨長官府司
湖廣都司

四川觜參井鬼翼軫

成都府　井鬼　　保寧府　井鬼
順慶府　參井　　敘州府　井鬼
重慶府　井鬼　　夔州府　翼軫
馬湖府　鬼　　龍安府　井鬼
鎮雄府　井鬼　　潼川州　井鬼
眉州　井鬼　　嘉定州　井鬼
邛州　井鬼　　瀘州　井鬼
雅州　井鬼　　東川軍民府　參

烏蒙軍民府　井鬼　烏撒軍民府　井鬼
播州宣慰司（卯遵義州）　井鬼　永寧宣撫司　井鬼　天全招討司　井鬼
思曩日安撫司　井鬼　黎州安撫司　井鬼
平茶洞安長官司　軫　松潘指揮使司　觜參
疊溪千戶所　觜參　四川都司　井鬼

福建牛女

福州府　牛女　泉州府　牛女
建寧府　女　延平府　牛女
汀州府　牛女　興化府　牛女
邵武府　牛女　漳州府　牛女
福寧州

廣東翼軫牛女

廣州府　牛女　韶州府　牛女
南雄府　牛女　惠州府　女
潮州府　牛　肇慶府　牛女
高州府　牛女　廉州府　翼軫
雷州府　牛女　瓊州府　牛女

廣西翼軫牛女

桂林府　翼軫　柳州府　翼軫
慶遠府　翼軫　平樂州　翼軫
梧州府　牛女　潯州府　翼軫
南寧府　翼軫　太平府
思明府　思恩軍民府
鎮安府　田州
泗城州　利州
奉議州　向武州
都康州　龍州
江州　上隆州
果化州　恩城州
歸德州　歸順州
思陵州　上林長官司
安隆長官司　程縣
五屯千戶所

雲南井鬼

雲南府　井鬼　大理府　井鬼
臨安府　井鬼　楚雄府　井鬼
澂江府　井鬼　蒙化府
景東府　廣南府
廣西府　鎮沅府
永寧府　順寧府
曲靖軍民府　井鬼　姚安
鶴慶　武定　井鬼
尋甸　麗江　井鬼
元江　永昌
北勝州　新化州
者樂甸長官司　瀾滄衛
騰衝　俱指揮　車里
木邦　孟養
緬甸　八百大甸
老撾　大古剌
麓川　底馬撒　俱宣慰司
孟定府　孟艮府
南甸　干崖
隴川　俱宣撫司　威遠州
灣甸州　鎮康州
大候州　鈕兀
孟璉　茶山
麻里　芒部　俱長官司

貴州參井鬼星翼軫

貴陽府　參　貴州宣慰司
思州府　思南府
鎮遠府　石阡府
銅仁府　星　黎平府　翼軫
普安州　井鬼　永寧府
鎮寧州　安順州
金筑安撫司　普定衛
新添衛　平越衛
龍里　都勻府
畢節衛　威清衛
平壩衛　安南衛

欽定古今圖書集成曆象彙編乾象典

第五十七卷目錄

乾象典第五十七卷

星辰部總論

宋沈括夢溪筆談

宿度

予編校昭文書時預詳定渾天儀官長問予二十八宿多者三十三度少者止一度如此不均何也予對曰天事本無度推曆者無以寓其數乃以日所行分天爲三百六十五度有奇既分之必有物記之然後可窺而數於是以當度之星記之循黃道日之所行一朞當者止二十八宿而已今所謂距度星者是也非不欲均也黃道所由當度之星止有此而已

綴術

五星行度唯留逆之際最多差自內而進者其退必向外自外而進者其退必由內其跡如循柳葉兩末銳中間往還之道相去甚遠故兩末星行成度稍遲以其斜行故也中間成度稍速以其徑捷故也曆家但知行道有遲速不知道徑又有斜直之異熙寧中余領太史令衞朴造曆氣朔已正但五星未有候簿可驗前世修曆多只增損舊曆而已未曾實考天度其法須測驗每夜昏曉夜半月及五星所在度秒置簿錄之滿五年其間剔去雲陰及晝見日數外可得三年實行然後以筭日綴之古所謂綴術者此也

容齋三筆

辯中星

論堯典中星云于春分日而南方井鬼七宿合昏畢見者孔氏之誤也豈有七宿百九度而于一夕間畢見者哉此實春分之一時正位之中星非常夜昏見之中星也于夏至而東方角亢七宿合昏畢見者孔氏之誤也豈有七宿七十七度而於一夕間畢見者哉此夏至一時之中星非常夜昏見者也秋分冬至之說皆然凡此以上皆晁氏之說所辯堲典非所敢知但驗之天文不以四時其同在天者常有十餘宿自昏至旦除太陽所舍外餘出者過三之二安得言七宿不能于一夕間畢見哉蓋晁不識星故云爾

朱子全書

天文

天道左旋日月星並左旋星不是貼天天是陰陽之氣在上面下人看見星隨天去耳

南極在下七十二度常隱不見唐書說有人至海上見南極下有數大星甚明此亦在七十二度之內

問星受日光否曰星恐自有光

緯星是陰中之陽經星是陽中之陰蓋五星皆是地上木火土金水之氣上結而成却受日光經星却是陽氣之餘凝結者疑得也受日光但經星則閃爍開闔其光不定緯星則不然縱有芒角其本體之光亦自不動細視之可見

夜明多是星月早日欲上未上之際已先爍退了星月之光然日光猶未上故天欲明時一霎時暗

星有墜地其光燭天而散者有變爲石者

分野之說始見于春秋時而詳于漢志然今左傳所載大火辰星之說又却只因其國之先曾主二星之祀而已是時又未有所謂趙魏晉者然後來占星者又却多驗殊不可曉

問星辰有形質否曰無只是氣之精英凝聚者或云如燈花否曰然

安卿問北辰曰北辰是那中間無星處這些子不動是天之樞紐北辰無星緣是人要取此爲極不可無箇記認故就其旁取一小星謂之極星這是天之樞紐如那門笋子樣又似個輪藏心藏在外面動這裏面心都不動義剛問極星動不動曰極星也動只是他近那辰後雖動而不覺如那射糖盤子樣那北辰便是中心樁子極星便是近樁底點子雖也隨那盤子轉却近那樁子轉得不覺今人以管去窺那極星

見其動來動去只在管裏面不動出去向來人說北極便是北辰皆只說北極不動至本朝人方去推得是北極只在北辰邊頭而極星依舊動

又一說那空無星處皆謂之辰康節說日月星辰自是四件辰是一件天上分爲十二段卽十二辰

葉時禮經會元

分星

分野之疑何如乎曰二鄭之釋周禮也案大司徒以土宜之法辨十有二土之名物康成以爲十二土分野十二邦繫十二次各有所宜保章氏曰以星土辨九州之地所封封域各有分星司農引春秋傳曰參爲晉星商主大火國語曰歲之所在則我有周之分野是也康成則曰今其存可言者十二次之分也此分野之屬所以紛紛而不一歟自時厥後或以十二州配之或以列郡配之或以山河兩界配之或以七星主九州或以七星主七國或繫之二十八宿或繫之五星紛紛異論是以學者多疑焉主分野之是者則曰自柳九度至張十六度爲鶉火之次當周之分武王克商歲在鶉火伶州鳩曰歲之所在則我有周之分野則周屬鶉火可知自畢十二度至東井十五度爲實沈之次當晉之分晉文卽位歲在實沈董固曰實沈之次晉人是居則晉屬實沈可知自張十七度至軫十七度爲鶉尾之次當楚之分爲襄公二十八年歲淫於元枵而禆竈知楚子之將死且曰歲棄其次而旅於明年之次以害鳥帑周楚惡之說者謂帑鳥尾也則楚屬鶉尾可知自氐五度至尾九度爲大火之次當宋之分昭公十七年星見大辰而梓愼知宋之將火且曰宋大辰之墟鄭祝融之墟也皆火房也說者謂辰大火也則宋屬大火可知此則分野之說爲不疑矣辨分野之非者則曰吳越南而星紀北齊東而元枵北衛東而娵訾北魯東而降婁西周宅中土而柳星乃位于南以柳星爲周可乎秦在西北而井鬼乃在乎西南以井鬼爲秦可乎觜參在西魏在東北以觜參爲魏可乎角亢東宿鄭在滎陽而屬於角亢可乎昴畢西宿趙居河朔而屬於昴畢可乎又曰牛女北也史記謂之揚州虛危北也史記謂之青州昴畢西也史記謂之冀州奎婁西也史記謂之徐州魏冀州之國也晉則不屬於冀而屬於益兗州之國也魯則不屬於兗而屬於徐此則分野之說爲可疑矣然略分野之說而不信則周禮不應有星土之辨拘分野之說以爲驗則左氏未免有傅會之誣更以左氏考之無冰之災何關於元枵星紀而梓愼以爲宋鄭之饑日食之變何與於豕韋降婁而士文伯以爲魯衛之惡星紀果同爲吳分則吳亦得歲史墨何以謂之越得歲而吳伐之必受其凶參墟果爲晉分則實沈爲星子產何以謂之高辛之子而能爲晉侯之祟此左氏之說又不足信也又以史冊觀之四星聚牛女而晉元王吳四星聚觜參而齊祖王魏彗星掃東井而苻堅亡秦景星見箕尾而慕容德復燕此又分野之驗而未可以盡略之也蓋星土分星本不可以州國拘也且以職方氏言地理必指其東西南北之所在山鎮川澤之所分民畜穀利之所有獨於天文之紀如司徒只言十有二土未嘗斥言其所應者何哉保章氏言星土辨九州之地不明言其所辨者何星是星土分星不可以州國定名亦明矣愚以保章觀之隨其土之所屬應其星之所臨故謂之星土辨九州之地非如鄭氏言十二邦繫十二次也隨其國之所封屬其星之所在故謂之所封封域皆有分星亦非如賈氏言受封之日歲星所在國屬焉大九州上應星土則三百餘度皆有其驗豈特十二次而已乎封域皆有分星則千八百國皆有所屬豈特十二國而已乎九州之土皆配星九州之國皆有分故因其星可以辨其州之地因其分可以觀其國之妖祥保章氏之說如是而已說者何必牽合傅會而定指後世郡國之名以求配之也昔孔子作春秋日食隕星之變無所不記豈必皆周魯之分而後言之乎五星聚東井漢入秦之應也猶浩然言其不在十月司馬公作通鑑乃棄之而不取而歐陽志唐天文凡日食星孛之變一一記之而獨不言其事應亦豈拘拘於分野之說哉大抵周官所辨者欲以觀妖祥備天子之所觀九州也諸侯所觀一國也諸侯一國分星而驗一國天子以九州星土而辨九州諸侯觀一國之妖祥而爲一國之備可也天子可以諉之一國分星之所屬而不爲之救政序事乎知乎此則可以言星土分星之說矣

鄭樵六經奧論

中星辯

言天文者以斗建以昏中皆定戌時如此則六經之書凡言見者見於辰也凡言正者正於午也凡言中者中於未也凡言流者流於申也凡言伏者伏於戌也中星之說雖經傳無明文要之其說有二有正於

午者謂之中有中於未者謂之中堯典四仲迭建之星則以午爲中月令昏旦之星則以未爲中以午爲中者謂人君南面而聽天下考中星以正四時故以午爲中若夫論星辰之出沒則又不然天傾西北地不滿東南天勢東南高而西北下凡星辰之運始則見於辰終則伏於戌自辰至戌正於午中於未焉故以未爲中且以火星論之惟其以午爲正故堯典言日永星火以正仲夏惟其以未爲中故月令言季夏昏火中惟其至申爲流故詩曰七月流火惟其以辰爲見以戌爲伏故傳曰火見於辰火伏而後蟄者畢不特火星爲然諸星亦然如詩曰定之方中亦以十月取中於未也大抵巳午未皆南方則以午爲中辰巳午未申酉戌爲火伏見之始終則以未爲中兩言盡之矣堯典則舉四時之正而言之月令則舉十二時之中而言之此其所以不同也

分野辨

案保章氏以星土辨九州之地所封封域皆有分星如此則分星之說其來尚矣然古之星經至漢散亡保章氏分星不可考今堪輿所載雖有郡國所入度非古數也鄭氏所引十二次之分本漢地理志大略見於左氏國語然漢費直班固蔡邕魏陳卓唐李淳風僧一行諸家之說大同小異其爲十二州之分星明矣然嘗疑之青正東元枵在正北雍正西鶉首在其南揚在東南而星紀在北冀在東北而大梁在正西徐在東而降婁在西豫與三河居天下之中而大火在正東鶉火在西南此其最差者也幷在北而娵訾在北荆正南而鶉尾在南此其正得躔次者也益在西南而實沈在西幽在東北而析木在東兗在東而壽星反在東此其得躔次之微差者也又何邪國語伶州鳩曰昔武王伐商歲在鶉火周分又云歲之所在卽我分野賈公彥取爲正義曰分星者以諸國始分封之年値歲星所在之辰以爲之分次此說非不知國有分星蓋古人封國之初命以主祀之意昔堯舜封閼伯於商丘主辰則辰爲商星商人是因封實沈於大夏主參則參爲夏星唐人是因唐後爲晉參爲晉星如此則是古人始封國命以主祀之意無疑辰爲商星參爲晉星其來久矣非因封國始有分星使封國之時歲星所在卽爲分星不應相土因閼伯晉人因實沈其爲封國命祀之意可考矣漢魏諸儒言星土者或以州或以國辰次度數各因當時歷數與歲星遷徙亦非天文之正不可爲據又況魏徙大梁則西河合於東井秦拔宜陽則上黨入於輿鬼方戰國未滅時星象之言要有明驗今則同在甸畿之內或者又執漢書地理以求之則非也善乎唐一行之言十二次也惟以雲漢始終言之雲漢江河之氣也認山河脈絡於兩戒識雲漢升沉於四維下參以古漢郡國其於區處分野之所在如指諸掌蓋星猶氣耳雲漢也北斗也五星也無非是氣也一行之學其深矣乎

魏了翁經外雜抄

論星垣諸座異同

古今星象之書巫咸甘德石申所記司馬遷班固所注既已不同而張衡靈憲中外官常明者一百二十可名者三百二十爲星二千五百微星之數萬一千五百二十今往往失其傳三國時吳太史令陳卓始備列巫咸甘德石申三家之星總二百八十三星爲一千四百六十四星後雖有知者如張子信李淳風之徒亦不敢妄注一二於其間矣且以三家星言之雖日近日而隱遠日而顯然皆不離其次居中如轂遍入於列舍者紫微垣也散之於外如輻而翼於垣者二十八舍也起翼之初度盡軫之末度者太微垣也西離於氐東入於斗者天市垣也其他雜星皆在紫微垣之外分布於列舍之間在赤道內者謂之中官在赤道外者謂之外官星名既異去極不同入宿亦別或象天官或象庶物或主人君或主后妃或主太子或主外國其詳雖各載之本篇其大略可得而舉石申紫微垣東藩左驂樞上宰少宰上弼少弼上衞少衞上丞西藩右驂樞少尉上輔少輔上衞少衞少丞北極北斗輔星鉤陳天一太一天槍相天牢太陽守文昌天棓閣道共一十三坐計六十四星太微垣內屏五帝坐郎位常陳郎將共六坐計四十二星天市垣帝坐候宗正宗人宗星宦者斗共八坐計四十一星列舍二十八宿幷附官鉤鈐神宮墳墓離宮附耳鉞左右轄共三十五坐計一百八十二星中官攝提大角天戈招搖七公梗河天紀貫索織女女牀右旗河鼓天津瓠瓜騰蛇王良附路天大將軍大陵天船天廩卷舌參旗五車天關五諸侯積水水位北河南河積薪三台軒轅少微共三十四坐計二百三星外官西咸騎官積卒東咸龜天江傳說魚杵天弁建鼈九坎離珠壁壘陣敗臼北落師門羽林軍土司空天倉天囷天苑玉井屏廁矢軍市野鷄老人狼弧

矢天稷長沙南門庫樓平星共三十六坐計二百二十七星並用赤記甘德紫微垣四輔天皇大帝天柱女史柱史尚書陰德天牀內廚五帝內坐華蓋杠六甲傳舍天廚扶筐三公天理勢內階策八穀共二十一坐計一百二星太微垣太子從官幸臣三公九卿內五諸侯謁者共七坐計一十五星天市垣斛市樓二坐計十星中官天田平道周鼎亢池帝席天乳漸臺輦道左旗敗瓜司危司非司祿車府人臼杵土功吏造父雷電土公外屏右更軍南門左史積尸天阿積水月礪石天讒天街諸王天節天高天潢咸池司怪水府座旗四瀆闕丘天罇爟酒旗內平靈臺明堂進賢共四十九坐計一百七十九星外官折威車騎騎陣將軍陣車日糠農丈人狗天雞狗國天田羅堰哭司命蓋屋泣霹靂雲雨八魁天溷鈇鑕天廁芻藁九州殊口天園九游軍井丈人子孫天社天狗外廚天記天廟東甌器府青丘天門共三十九坐計二百十五星並用墨記巫咸紫微垣大理御女三師鉤陳共四坐計一十八星太微垣虎賁一星天市垣帛度屠肆列肆市肆共四坐計八星中官奚仲天廐天陰太尊長垣共五坐計二十四星外官陽門頓頑天輻從官鍵閉罰天籥天淵天桴十二諸國離瑜天壘城天錢天綱虛梁斧鉞天相軍門上司空共一十九坐計九十三星並用黃記其間又有名同而所記之色不同所記之色同而星數之多寡或異者兩三公各三星一在紫微垣外坐開陽之下黑記一在太微垣之內黑記兩土司空一在翼宿度內四星黃記一在奎宿度內一星赤記兩太子各一星一在太微垣之內黑記一在紫微垣北極之下赤記兩從官一在太微垣之內一星黑記一在房宿度內二星黃記兩天田一在角宿度內二星一在牛宿度內九星並黑記兩積水各一星一在昴宿度內黑記一在井宿度內赤記兩御女一在權星之下一星赤記一在紫微垣之內四星黃記兩杵各三星一在箕宿度內赤記一在危宿度內黑記韓楚周秦鄭晉魏趙齊燕天市垣與十二諸國名同而所記之色不同其餘所不著者皆爲無名之星自三國至國朝並遵用之皇祐所測與崇寧所測其間有分秒不同者並從崇寧爲準鄒淮以進士提領造曆所演算曆書其所撰載如此余所收天文書雖不能無少異而大略則不異也余本有三家星歌及李淳風乾象賦余琇爲之注甚詳密可愛此所述分三垣內外官而類之有條而不紊不可不記也

周密癸辛雜識

辯分野

世以二十八宿配十二州分野最爲疎誕中間僅以畢昴二星管異域諸國殊不知十二州之內東西南北不過綿亙一二萬里外國動是數萬里之外不知幾中國之大若以理言之中國僅可配斗牛二星而已後夾漈鄭漁仲亦云天之所覆者廣而華夏之所占者牛女下十二國中耳牛女在東南故釋氏以華夏爲南贍部洲其二十八宿所管者多十二國之分野隨其所隸耳趙韓王嘗有疏云五星二十八宿在中國而不在外國斯言至矣

元熊朋來經說

月令中星

堯典四仲月中星如火虛昴各指一星而言中春星鳥本是柳輿星而以鶉鳥言之火雖心星而氐房亦皆大火之次也月令中星孟春月建寅日躔亥自有危室壁而但言室昏參旦尾亦各舉其一宿以記中星中春月卯日戌有奎婁胃而但言奎言日初入戌即躔奎昏旦鬼斗中不言鬼斗而言弧建弧在鬼南建在斗上季春月辰日酉有胃昴而但言胃昏星旦牛中亦不但星牛孟夏月巳日申有畢觜參井而但言畢亦謂初入申在畢昏翼旦婺女中則軫與虛危以次中矣中夏月午日未有井鬼柳而但言東井昏亢旦危中以次及餘星也季夏月未日午有柳星張而但言柳昏有氐房心中言大火則氐房在焉旦奎中亦有婁胃隨中氣淺深而中孟秋月申日巳先有翼而言軫此不以中氣初過言而究其在巳之末躔昏建星中宜言斗而言建但舉中則以次觜參中可知中秋月酉日在辰當躔軫末度以及角亢而專言角舉中以見首末昏旦牛參中不言參而言觜三星附參中舉小以見大也季秋月戌日卯有氐房心而但言房猶中秋言角也角旦虛柳亦舉一星爲記孟冬月亥日寅有尾箕而但言尾記初入寅之度也昏危旦星中接上月虛柳言之中冬月子日丑有斗牛但言斗入寅首躔斗度以次及牛不言可知昏壁旦軫中接上月包室翼二星在其中矣季冬建丑日躔子有女虛危但言女初入子先女度也昏婁旦氐中大抵太陽行度與昏旦中星皆以中氣過後言之堯典月令皆然若專指一星而謂此一月專在是星則固

哉其言星而證之天文必有不合之處俗儒謂堯典中星與月令差又謂月令中星與今逐月中星復差不思中氣有淺深中星有推移執月令每月所指三星而謂是月專在是星宜其不合矣愚按太陽以逐月中氣後移一辰自有定法如昏旦中星只當以月建對衝昏旦互求之孟春昏中之星卽孟秋旦中之星孟夏旦中之星卽孟冬昏中之星不可拘一月一星傳曰火中寒暑乃退六月初昏心星中而暑退十二月平旦心星中而寒退此卽求昏旦中星之捷法也

性理會通

天文

程子曰北辰不動只不動便是爲氣之主故爲星之最尊者

朱子曰帝座惟在紫微者據北極七十二度常見不隱之中故有北極之號而常居其所蓋天形運轉晝夜不息而此爲之樞如輪之轂如磑之臍雖欲動而不可得非有意於不動也若太微之在翼天市之在尾攝提之在亢其南距赤道也皆近其北距天極也皆遠則固不容於不動而不免與二十八宿同其運行矣故其或東或西或隱或見各有度數仰而觀之蓋無晷刻之或停也今曰是與在紫微者皆居其所而爲不動者四則是一天而四樞一輪而四轂一磑而四臍也分寸一移則其輻裂而瓦碎也無日矣若之何而能爲轉運之無窮哉此星家設事不足深辨然或傳寫之誤則不可以不正也

橫渠言日月五星亦隨天轉如二十八宿隨天而定皆有光芒五星逆行而動無光芒

問極星只在天中而東西南北皆取正於極而極星皆在其上何也曰只是極星便是北而天則無定位

問北辰之爲天樞何也曰天圓而動包乎地外地方而靜處乎天中故天之形半覆地上半繞地下而左旋不息其樞紐不動之處則爲南北極謂之極者猶屋脊謂之屋極也然南極低入地三十六度故周迴七十二度常隱不見北極高出地三十六度故周迴七十二度常見不隱北極之星正在常見不隱七十二度之中常居其所而不動其傍則諸星隨天左旋更迭隱見皆若環繞而歸向之知此則知天樞之說矣

章潢圖書編

星野合論

今夫天氣也而成文地形也而有理形不得不散而爲氣氣不得不聚而成形星辰者地之精氣上發乎天者也天有三垣旁列四隅大中極星崑崙之墟也天門明堂太山之精也汧岐雷首太嶽砥柱東方之宿也而蒼龍奠位於左矣太行常山碣石朱圉北方之宿也而元武奠位於後矣鳥鼠太華熊耳桐柏西方之宿也而白虎奠位於右矣荊山大別岷衡九江南方之宿也而朱雀奠位於前矣星官之書自黃帝始嗣是而欽若天象者代不乏人碩金繩玉策之書不可得而窺也所可傳者天有十二次而日月躔焉地有十二野而郊圻畫焉自今觀之雍主魁冀主樞青兗主璣而揚徐荊梁豫莫不有主焉此繫之北斗者也歲星主齊吳熒惑主楚越辰星主燕趙代而鎭而金亦莫不有主焉此繫之五星者也角亢壽星鄭也氐房心大火宋也尾箕析木燕也斗牛星紀吳越也女虛危元枵齊也室壁娵訾衞也奎婁降婁魯也胃昴畢大梁趙也觜參實沈晉也井鬼鶉首秦也柳星張鶉火周也翼軫鶉尾楚也此繫之二十八宿者也星有七州有九兗青徐揚并屬二州此七星所以主九州而七國亦在其中矣然方隅躔次東西南北每每相背者則賈公彥謂古者受封之月歲星所在之辰其國屬焉似也然有封國自有分星非因封國而始有虞夏秦漢郡國廢置有前後狹廣之不齊則歲之所在不可執泥以爲常晉屬實沈者高辛之子主祀參星宋屬大火者閼伯之墟主辰似也然齊屬元枵逢公託食既非所主之國而吳越同次燕陳共分又非所祀之專則主祀之說亦未敢以爲然矣善乎唐一行有言星土以精氣相屬而不係乎方隅其占以山河爲限而不係乎州國庶幾爲可近焉故地有水火木金土之形天有水火木金土之星一形一象交而精氣自屬非如地在北而分星之在天者亦居北地在南而分星之在天者亦居南也同一中星也一則取義之不同蓋星適昏中則以星言如星虛星昴是也星不當中則以次言如尾火是也次不當中而適界乎兩次之間則以象言如星鳥是也一則所舉之不同者蓋書言分至之所中月之本也故春夏舉鳥火秋冬舉虛昴是也月令言昏旦之所見月之中也故春夏舉弧亢秋冬舉牛壁是也夫天之高也星辰之遠也觀緯而審禨祥者恆推天以合人然天之理卽人之理也因禨祥而修德政者當以人而

合天何者民之麗乎士猶星之麗乎天也君之統乎民猶北極之統乎星也古之聖人有見乎此道之所在固嘗以經法天矣而猶察昏見之辰知緩急之序觀鳥中則授民以種稷之時焉觀火中則授民以種黍之時焉觀虛中則授民以種麥之時焉觀昴中則授民以伐木之時焉而順五行以理陰陽又剛克柔克迭用以出治焉始之乎情性之正著之乎事為之施措之乎悠久之道動之乎氣機之間則天不愛道地不愛寶河出圖而洛出書矣此豈無自而然哉若宋有善言而退舍齊無穢德而可禳非無一事之徵終為適然之數未敢以應天之實也

群書備考

象緯

按天之垂象莫大於日月星宿之分布五星之運行皆佐日月以成天者也講據其可疑之事條辨之中興志以軒轅為黃帝之精造父奚仲王良傳說皆星名亦以為星降而為人人去而復為星愚竊怪其不經考之天文家嘗論傳說一星主後宮求嗣之事謂傅母喜之由偶與傅說同名耳軒轅亦以為兩角有[illegible]之象故名奚必其降而生黃帝也如王良在天駟旁主馬車其星亦曰天馬愚意始後人以王良善御馬而名之耳即是觀之而造父奚仲之屬可推矣

二十八宿多者三十四度少者止一度最多者莫如東井三十四度其次莫如南斗二十九度最少者莫如角一度其次莫如鬼二度如此不均竊嘗疑之後考沈括王爽之說乃知天本無度以日之行為度日行不可記而所可記者星也故取其相當之星以為距度井斗之舍非無星也然不與日月相當故其度不得不闊觜鬼之旁非無星衆也然日躔一二日而其星適與相當故其度不得不狹也其四大角一星兩朝志以為屬亢而中興志以為屬角庫樓十星丹元子以為屬角而兩朝志以為屬軫其為異同大槩若此必其渾儀所造前後差殊故耳

有以一星為一座者有以二三十星為一座者有相為比附者有相比而不附者此皆有理不可臆說如杠附華蓋凡十八星為一座衡附庫樓凡二十九星為一座理未當附其星不得不多也如野雞不附天狼雞自守其所司也南門不附庫樓南門不為庫樓門也理不當附其星不得不少也

天文正

天星總說

書曰天聰明自我民聰明人即天也天命有德人罰有罪天即人也唯天惠民唯辟奉天天人一致也是以先王克謹天戒臣人克有常憲以之泯咎徵而來休徵也聖人所以與天地合德而父天母地日月合明而兄日姊月也昭昭垂象容可忽乎天星雖總于魏之陳卓星名似定於秦漢之間而其在物在人在野在朝之天象人事則自堯舜相沿以至今日天示人人法天之大義也如紫垣者宴息之內朝也紫者南離九紫之色也乾天離日之象也有后以輔內焉有太子以繼統焉庶子廣其嗣焉先刑于之化也御女者奉御也女史者女官也柱史者左右史之起居言動者也天牀者聽政之座也華蓋者覆蔽之蓋也內階者升降之階也疑丞輔弼之四輔與五尚書者佐帝極而不移輔天皇之帝德而無為者也於是明律曆之六甲正內座之五行理四維之天柱法二德之陰陽文昌六府以宣文天槍天棓以昭武勾陳衛內天戈靖外內廚之羞饌天廚之宴樂兩衛之丞尉輔弼優游暇豫而大理天牢亦刑期無刑而已斯時也傳舍之重譯無不來王八穀之倉儲無不豐積又何太乙之識其豐凶而備守禦于太陽司戰鬪于天一哉至北斗者臨御之大柄也運中央以齊七政定方位正節氣以維綱紀者也故輔在于左相在于右三師在于上三公在于下內有渾然天理之心外有作福作威之勢杓之所指角亢為鄭宋之南魁之所在昴畢即趙魏之北吳越居其東而斗牛應之秦蜀居其西而參井應之而分星之皆本於斗也太微者外朝也微者幾微也一日二日萬幾之所本也中垣曰紫其幾如日出之初而色紫未光大也此則天子布政之朝也故將相列其旁郎將虎賁常陳衛其後內屏塞其門諸侯三公九卿侍其側執法在前而人皆有禮謁者贊賓而四境來王太子乃繼國之本郎位乃分理之司故後之焉然而寵幸不能無也賢人不可少也故從官幸臣具焉少微處士列焉加之遠人歸而長垣靜君臣睦而三台平靈臺占候而敬大明堂巡狩而布政王者之事畢矣然以有易無而交易者又民事之大也所以日中為市而前朝後市也故有帝星主之而曰垣也列二十二國所以占各國之物息也右垣秦蜀巴梁以應西左垣齊吳徐越以應東也市五穀以養生者斗斛也市車馬以利用者

車肆也市布帛以衣服者帛度也市珠玉以文飾者列肆也市肉食以羞饌者屠肆也市樓者市肆之樓也候者知之定其度量權衡以爲市準定其物產之多寡而貴賤市之也故有候星焉然市衆不免於爭也有七公主市之官焉爭則不免于刑有貫索之牢焉又恐牢之有冤也設天紀以理之而一按于紀焉市道得矣宗正宗人宗星者天子之族屬貴戚也宦者刑餘也不列之內外朝而在天市者何也至貴則能侵權至賤則易得志不過列之天市使之生息豐裕而已天道豈無意哉三垣北斗爲之綱而二十八宿則其紀也聖人南面而治故南方之宿于政事爲獨備故先自井言之易曰改邑不改井井養而不窮也象曰井君子以勞民勸相則教以稼穡教以人倫匡直勞來皆自井始矣況天一水原而井先烹飪井田恤產民非水火不生活也水出河瀆而南北河爲最大四瀆爲最要者與水府水位治水之官不可少而地平天成水患一息之後井以汲之爟以火之積水以備飲食積薪以備庖廚而有罇酒之樂然而逸不可以無教也有闕丘之兩觀令其讀法于象魏焉用不可以不節也有斧鉞之刑威伺淫者以斬之焉司之者諸侯之國君也故有五諸侯焉五者中央四方之全也此養生之本也至鬼者祭祀也柳者宴飲也星者文章衣服也張禮也翼樂也軫則祖廟也角乃兵刑也王者本原之化也朱鳥文明之象也萬物之生曰命其死曰鬼其軀曰尸故鬼者積尸也積者鬼之衆也實無尸而止有尸之氣也所謂魂升於天也於是鬼有祀而生有燕矣稷儲其粢稻而爲醴爲

酒於酒旗以燔以炙於外廚而飲食於社也柳之爲宴飲也是則文章表其華衣服昭其采所以別等威而分貴賤也張則辨上下定民志也翼則作樂崇德以人心之和昭天地之和者也軫之祖廟所謂薦之上帝饗帝以報本反始也有天相者相天子以制禮作樂者也有軒轅者中央之權星以定律呂度權量考文章以立天紀者也有天廟天社者左宗廟右社稷也器府者樂府也有瞽之在周庭也於是司空規其制度立其祖廟行其禮奏其樂而太尊大小民之至戚左右轄同異姓之王公雖東甌青丘之遠者莫不助祭於廟中我客戾止聿觀厥成豈不盛哉更有軍門而角左治兵角右治刑除其衡庫之戎器而權衡之懲其頓頑之姦先安周鼎之神器如磐石矣蓋角爲龍首形如二角初出地而角見草木亦如角而萌也故曰角而貞攝提爲勾芒而角曲也故攝提爲天紀而大角爲天棟也賢以理邦故進賢也田以耕耤有天田也天門者布政之門平道者大道之平折威示刑平星示公雖陽門之邊鄙無侯陣車車騎之用而無不歸王矣不必祭招搖之明正始知外域之動靜也于時天子安於亢之內朝氐之路寢出入則天輻之鑾輿侍衞則騎官之宿士習武于亢池飲宴于帝席而大乳降甘露矣何天下之不治耶然而治平必本于齊修誠正而王者之宅心其要也身雖居於一房而心則天地之心也唯天聰明唯聖時憲一正心而國治矣故日爲君象而積卒衞之內有九子之妃嬪以孳尾之禱祝有傅說醫藥有從官家人之道也嚴其鉤鈐而鍵閉其兩咸之房戶者戒淫也故

有罰也所以解衣內室之神宮不欲其近房也齊家正心之道也然而民事不可緩也莫先耕織焉駕牛而耕天田者農丈人也扶筐以蠶織布帛者婺女織女也有洴萋萋與雨祁祁者天津之雨我公田也相其陰陽觀其流泉者天江天淵之灌溉也修其畎畝則羅堰以蓄之九坎以洩之恐不時也而漸臺候之恐失時也而天籥司之又於十二國占其豐儉建星察其收成而是刈是穫者春之以杵簸之以箕量之以斗而民得粒食矣有不足不給者望輦道之巡狩焉有狗國之爲盜者則兵出于農而奚仲備其兵車揚其左右之旗焉一使桴鼓不鳴可也于是采其瓜瓠罟其魚鼈飾之離珠息之女牀雞鳴陌上犬吠荆門卜吉凶於龜筮而養生送死無憾矣蓋人之生也有命養則有祿心不合道而有非事不適宜而有危人能去非遠危食祿安命則危而不危矣然後蓋屋以居壘城以防載車府而造父御之飾天鉤而離瑜文之以天弁冠之以杵臼食之以天錢富之而生事備矣及其死也則危而愼終之子孫哭泣之墓墳安葬之虛以祭祀之虛梁廟享之而死事畢矣至室壁者農餘而經營宮室也定中而作楚宮是也故司空土公與土吏之徒在焉司空者天子之工官也公吏者卿大夫之工官也土公則庶人土功之公事也營室必有垣壁故壁與壘壁陣有焉有宮室垣壘必有羽林之士執斧鉞而守大君之北落師門矣乃又營天廄以畜馬焉而策御之王良在矣又營離宮以巡狩焉而田獵八魁之虞人網罟天網之漁戶具矣于是天大將軍居於軍之南門而示軍容以講武矣故

奎爲武庫以儲戎器也外屏天溷戒不虞也至司水旱之騰蛇而雲雨雷電霹靂之皆具此者亥爲乾之天門雲行雨施之皆自乾也其時則斧斤入山之時也婁爲山林天阿爲曲阿而左更之木植可伐也天園之蔬果可薦也右更之牧養於天苑者以礪石礪其鐵鑕刈其芻藁以飼之而三百維羣九十其犉矣此又我黍與與我稷翼翼之時也積於天倉天廩而我倉旣盈焉積於天庾天囷而我庾維億焉又天船積水以通舟楫之往來大陵積尸以安祖之塋墓也有天讒卷舌之致訟者則有昴之獄矣訟之興莫匪小人女子之陰讒也故有天陰焉心主天王而有陽門之日昴主外國而有天陰之月日東月西陰陽之象也月主外於是畢爲天兵以天街限之天關守之天高之烽火望之苟九州殊口而不重譯來朝也命六諸王代天而討之授之天節導以參旗駕以五車飾之九斿而用兵於潢池矣潢池者卽昆明池習武之池也是以軍象如虎觜首參身伐尾而七星下應七將觜如葆伐爲士而高懸旗座之大纛以揚兵運籌矣兵之吉凶不可不占之司怪也營之旣立不可無井水以食餱糧也故有軍井玉井也玉井以陷虎之足軍井以濟軍之飲而天廁天屎之明黃人無病也然而軍陰事也故有屏也軍安民也故軍民和而有軍市也失時不可也有司袪之野雞焉蓋在野之雞也於是弧弓之利利天下以安其大人孫子雖寇敵之狠心又奚患哉西方之軍事畢矣又南方衣食祭祀之本禮樂文章之大而天道地道人道治道王道無一之不具矣爲天子者動而法繩靜而法準日變修德月變修刑星變修和風變修生而奉若天道有不臻上理者乎然有可詢者五焉天有日月星亦有日月者一也天牛在地上牛在地下星之相對者必此升而彼降也乃獨言參商者二也十二宮二十八宿有分野而北斗五車又分分野天市與女宿又列各國之分星者三也帝一也而三垣有帝心大角爲帝而天皇大帝五帝內座者四也斗一也有北有南而天市又有斗者五也蓋北斗紫垣之輔也運中央以定諸紀輔帝治而成歲功者也南斗者二十八宿之一也其形似斗而在北斗之南也主豐嗇而司耕稼者也天市之斗則市中量斛之斗以占糶糴之貴賤者也正則豐而傾則歉也南北者亦如井在玉井之東而日東井壁在壘壁之東曰東壁也若紫垣之帝眞帝也太微之帝外朝也內座之帝內朝也天市之帝帝主市也心宿之帝帝之心也大角之帝象其政也天皇之帝言其德也猶之斗有公師輔相紫垣有丞尉輔弼太微有將相執法也至十二宮之分野者按九州之位十二宮之分以北斗所指之辰爲南也而北斗又有分野者占政化之治忽也五車者占軍威之臨向也天市者占市物之貴賤也織女者占穀粟布帛瓜果之盈虛也五星占天子之德也至不相見之星言參商者參爲寒主水之精也參見地平而秋氣嚴參當正午而寒氣冽也心爲星主火之精也火見地平而春氣和大火西流而金風起此水火寒暑之主也故獨言之至離東也日也房日應之而有日星光照昴日之雞而日中得雞坎西也月也畢月應之而有月星光照房日之兎而月中有兎天綱居子初以一陽爲之綱天紀居午中以一陰爲之紀無非天之文也易曰觀乎天文以察時變不特四時之變也古今萬世治亂之時變也二十八宿經於天五緯出入留退以成文所爲天文也在乎善觀之耳矢弧直而狼顧軍市曉而雞鳴三川之交鶉火逼其曜七澤之國翼軫通其精觀成潢傷成鉞德成衡禍成井誅成質何莫非觀事哉至風霧之作于乾地震之起於艮日月之暈全經四十五度半周天四分之一而不常者有常視老槐之成火久血之成燐而孽孛之生可知矣觀不肅之恆雨不明之恆燠而休咎之徵可卜矣天將風也纖塵不動而鳩自鳴天將雨也寸雲未布而蟻蚓出鸜鵒來魯而知人事之感杜鵑入洛而驗地氣之遷松柏蒼鬱而知其葉自根流豫章盤固而識其本茂末盛物類之感尚本標之相應況於人乎況於天乎而況天人之際乎

欽定古今圖書集成曆象彙編乾象典

第五十八卷目錄

乾象典第五十八卷

星辰部藝文一

週天大象賦節　漢張衡

垂萬象乎列星仰四覽乎中極一人爲主四輔爲翼鉤陳分司內座齊飭華蓋於是乎臨映大帝於是乎游息尚書諮謀以納言柱史記私而奏職女史掌彤管之訓御宮揚翠娥之色陰德周給乎其隅大理詳讞乎其側天柱司晦朔之序六甲候陰陽之域其文煥矣厥功茂哉環藩衛以曲列儼閶闔之洞開北斗標建車之象移節度而齊七政文昌制戴筐之位羅將相而枕三台闢天牀於玉闕乃宴休之攸御肅天理於璇璣執威權而是預天槍天棓以相指內廚內階而分據雙三夾斗而燮理兩乙賓門而佐助爾乃天牢崇圉設禁暴之隄防太尊明位擬聖公之寵章太陽接相以班跡元戈撥杓而輝芒勢微微而有象輔熠熠而流光薦秋成於八穀務春採於扶筐天廚廠兮供百宰傳舍開兮通四方偉天官之縈緝立疏廟之隆崇何大角之皎皎夾攝提之融融七宿畫野以分區五宮立都而對雄既以歷於中宮乃回眸而顧東觀角亢於黃道包分野於營中開天門之燦耀揖進賢之雍容是推紀於變節是正綱於大同其次則梗河備預招搖候敵泛舟亢池飛觴帝席周鼎毓神天田豐籍按三條於平道賓萬國於天門置平星以決獄列騎官而衛閣陽門守於邊險折威防於將奔頓頑司於五聽車騎參於八屯望南門之峻闕覘庫樓之城府偃蹇列於四衛的歷分於五柱或藏兵而蓄銳或重扃而禦侮煥蒼龍之中宿矚氐心以及房聽朝路寢布政明堂爰俾其地于宋之疆粵若大火赫矣天王鉤鈐儼於鳳闕積卒穆於龍驤天輻備於輿輦鍵閉守於關梁騎陣啓將軍之位從官主巫醫之職罰作贖刑日爲陽德二咸防非而體正七公議賢而糾慝陣車雷擊乎其南天乳露滋乎其北彼貫索之爲狀實幽囹之取則歷龍尾以及箕跨北燕而在茲配四妃而有序均九子以延慈龜曳尾而波泳魚張鱗而水嬉天江爲太陰之主傅說奉中闈之祠糠爲簸揚之物杵爲舂臼之用天籥司其啓閉丈人存其播種狗以吠盜奸回靡縱却睇女牀前瞻天紀耀棘庭之金印粲椒宮之玉齒中有崇垣厥名天市車肆中衛以連屬市樓臨箕而鬱起帝座類候而獨尊侯臣光熙而燮理宗星派疎而遠集宦者刑餘而近侍列肆與屠肆分行宗正與宗人同峙帛度立象以量用斗斛裁形而取擬若乃眺北宮於元武泊南斗而牽牛賦象通犧廟之類司域應江淮之洲建星含曜於黃道天弁寫映於清流河鼓進軍以嘈囋兩旗夾道以飛浮天淵委輸於南海狗國分權於北幽鷄揚音而顧侶雝曜影而來遊天田臨於九坎羅堰遏於天桴是司溝洫是制田疇遂發睇於漢陽乃攸窺於織女引寶毓圃搖機弄杼輦道清塵而候駕漸臺飛灰而候呂可以嬉遊可以臨處瞻須女之縉室奄開邦於會稽離珠耀珍於藏府匏瓜薦菓於宸闈离瑜佩璜而衛服敗瓜委蔓以分畦其外鄭越開國燕趙鄰境韓魏接連齊秦悠永周楚列曜晉代分問天津橫漢以擒光奚仲臨津而汎影既編梁以虹搆亦裁輪而電轡列虛危於齊濟職悲哀與宗廟墳

墓寫狀以孤出哭泣含聲而相名敗曰察炎而揚輝天壘守夷而騈照司命與司祿連彩司危與司非疊曜伺禍福之多端總興亡之要妙人掌詔以優游儀爲人之貿狀鉤主震而屈曲宛如鉤而取象車府息雷轂之聲造父曳風鑾之響杵軍給以標正臼年豐而示仰土吏設備以司存斧鉞用誅之所掌虛梁闌寂以幽閟蓋屋喧轟而宴賞天錢納賫以山積天綱憩輿而野饗北落置候兵之門八魁建張禽之網贍廟府於室壁諒有衞之封畿布離宮之皎散雲雨之霏霏霹靂交震雷電橫飛壘壁寫陣而齊影羽林分營而拆輝土公司築而開務天廐飛御而起機騰蛇宛而成質水蟲總而攸歸動則飛躍於雲外止則盤縈於漢沂迤奎婁之分野辨鄒魯之川陸豢馴獸於囿苑隷封豕於溝瀆左更處東而掌虞右更居西以司牧立囷倉之儲聚樹溷屏之重復司空主土以搜祥鐵鑕縈芻而薦畜軍南門列轅而遠出天將軍揚旗而示逐伊王良之策馬則車騎之滿野蒙居河而路塞策裁鞭而電寫閣道優游而據中附路備闕而居下自胃倉而昴畢實趙地之交衢建旄頭而肅引畢罕車而迅驅卷舌則天讒之表附耳屬天高之閟天高望氣天讒備巫卷舌安其寂默附耳矜其諂諛天船泛影乎清瀨貯積水而窺害大陵分光乎耀虛包積尸而如帶礪石貪乎鋸刃月宿歸乎太陰天街畫於戎野天河祭於山林天節宣威於邦域天陰進謀於腹心天庾積粟以示稔天廩備稷以祈歆天園曲列分儲芳樹天苑圓開分畜異禽芻槀遴納枯之軌殊國曉重譯之音九游排鋒以進退軍井依營而淺深天關嚴扃於畢野諸王列藩於漢潯何五車之均明而三柱之照煥納五兵於藏府圖七國之邦貫天潢利涉以淪漣咸池浮中而渺漫闕岷峩之沃壤晞觜參之曜形示斬刈以明罰收褒旅而獲寧參旗懾於邊寇玉井通於水經座旗肅穆以昭禮司怪幽求而發冥屏嫌於客厠咎於圂亦有天屎質黃効靈於是仰東井之輿鬼覽西秦之伯邑質明祀而變生鉞淬水而刑及四瀆斷江淮之候兩河占胡越之域水位瀉流而迅奔天樽貪饌而翕集軍市通貨以圓綴五侯疑議而衡立積水醞燕酬之勞積薪備牲庖之給野鷄侯兵而據市天狗吠盜而映漣闕丘擬乎兩觀水府司乎百川狼援戈而野戰弧屬矢而承天老人作主而秋煥丈人通臣而夜懸子扶尊而耿邈孫孕緒而連綿惟天社之赫若實勾龍之神焉爰觀柳以及張知周疆之爰啓儀咮頸以分嗉奉滋膏而賜醴觀夫軒轅之宮宛若騰蛇之體变雷雨之鬋鬋列后妃之濟濟酒旗緝醮以承歡內平繩愆而執禮爟含烽而諜寇實防邊之有侯長垣崇司域之備少微彰處士之懿外廚調列膳之滋天相居大臣之位天紀錄禽而獻齒天廣嚴嗣而毓粹天稷播五稼之勤東甌表三夷之類爰周翼軫厥士惟荊驅風驛之千乘奏雲門之六英長沙明而獻壽車轄朗而陳兵青丘隂於韓貊器府總於琴笙軍門坐申於軍闓司空掌士於司平賜太微之崢嶸啓端門之赫奕何宮庭之宏廠類乾坤之閶闔五座參一帝之謀九卿躔三公之跡儲以太子參之幸臣從官肅侍謁者通賓郎將司戟於丹陛郎位含香於紫宸乃寄屏以持法控端門之內闔明堂演化靈臺候神虎賁之徵猛士進賢之訪幽人獻淵謀於諸侯儀營衞於常陳何天漢之昭回自東震而綿絡北貫箕而聯斗南經說而緯籥合乘津而浮瓜分漂杵而泛閣歷玉潢以汪洋淪七星而依泊

星圖讚　晉郭璞

茫茫地理粲爛天文四靈垂象萬類群分眇觀六沴咎徵惟君

星賦　梁陸雲公

漢武帝夜游昆明之池顧謂司馬遷相如曰星之明麗矣考之於歌頌求之於經史龍尾著於虢童天漢表於周士既妖謠之體陋嗟怨刺之蚩鄙每鬱悒而未攄思命篇於二子於是司馬遷對曰臣代典天官緒由南正檢之圖籍傳之視聽臣聞連珠合璧曜靈之所起也春鳥秋虛曆數之所紀也應黃鍾而正位建玉衡以辨方五緯麗而周道四野分而畫疆至如下方爽德上元告變或守位而易所或凌光而掩炫故夫應若轉環信如合契俾明鏡與元龜宜救身而炯戒長卿操牋染翰思溢情煩遷延奉筆繼響而言曰日隱于西月生于東重輪掩而時缺上枝棲而未融豈若帝車之獨運隨圓蓋而不窮帝乃歌曰白日沒兮明月移繁星曙兮情未疲

觀象賦　北魏張淵

易曰天垂象見吉凶聖人則之又曰觀乎天文以察時變觀乎人文以化成天下然則三極雖殊妙本同一顯昧雖遐契齊影響尋其應感之符測乎冥通之數天人之際可見明矣夫機象冥緬至理

幽元豈伊管智所能究暢然歌咏之來偶同風人日閱群宿能不歌吟是時也歲次析木之津日在翼星之分閶闔晨鼓而蕭瑟流火夕曛以摧頹游氣眇其高寒辰宿煥焉華布覩時逝懷川上之感步秋林同宋生之戚歎巨艱之未終抱殷憂而不寐遂彷徨于窮谷之裏杖策陟神巖之側乃仰觀太虛縱目遠覽吟嘯之頃凜然增懷不覺至理拔自近情常韻發于宵夜不任咏吟之末遂援管而爲賦其詞曰

陟秀峯以遐眺望靈象于九霄覩紫宮之環周嘉帝坐之獨標瞻華蓋之蔭藹何虛中之迢迢觀閣道之穹隆想靈駕之電飄衛乃縱目遠覽傍極四維北鑒璣衡南覩太微三台皦皦以雙列皇座冏冏以垂暉虎賁執銳于前附常陳屯聚于後闕遂回情旋首次目文昌仰見造父爰及王良傳說登天而乘尾奚仲托精于津陽織女朗列于河湄牽牛煥然而舒光五車亭柱于畢陰兩河夾井而相望灼灼群位落落幽紀設官分職罔不悉置儲貳副天庭延二吏論道納言各有攸司將相次序以衛守九卿珠連而內侍天街分中外之境四七列九土之異左則天紀槍棓攝提大角二咸防奢七公理獄庫樓烱烱以灼明騎官騰驤而奮足天市建肆于房心帝座磥落而電燭于前則老人天社清廟所居明堂配帝靈臺考符丈人極陽而慌忽子孫嘒嘒于參嵎天狗接狼以吠守野鷄伺晨于參墟右則少微軒轅皇后之位嬪御相次尊卑有秩御宮典儀女史執筆內平秉禮以伺邪天牢禁慾而察失于後則有車府傳舍匏瓜天津扶筐照曜麗珠珮珍人星麗元以閒逸哭泣連屬而趨墳河鼓震雷以侑磕騰虵蟠縈而輪困于是周章高眄還旋辰極既覿鉤陳中禁復覩天帝休息漸臺可升離宮可即酒旗建醇醪之旌女牀列窈窕之色輦道屈曲以微煥附路立于雲閣之側其列星之表五車之間乃有咸池鴻沼玉井天淵建樹百果竹林在焉江河炳著于上穹素氣霏霏其帶天神龜曜甲于清泠龍魚摛光以映連又有南門鼓吹器府之官奏彼絲竹爲帝娛懽熊羆綿絡于天際虎豹儵煜而暐爛弧精引弓以持滿狼星搖動于霄端其外則有燕秦齊趙列國之名雷電霹靂雨落雲征陳車策駕于氐南天駟騁步于太清園苑周回以曲列倉廩區別而殊形內則尚書大理太一天一之宮柱下著術傳示無窮六甲候大帝之所須內廚進御膳于皇躬天船橫漢以普濟積水候災于其中陰德播洪施以恤不足四輔翼皇極而闡元風恢恢太虛寥寥帝庭五座並設爰集神靈乃命熒惑伺彼驕盈執法刺舉于南端五侯議疑于水衡金火時出以成緯七宿匡衛而爲經暐曄昱其並曜粲若三春之榮觀夫天官之羅布故作則于華京及其災異之興出無常所歸邪繽紛飛流電舉妖星起則殃及晉平虵乘龍則禍連周楚或取正于逢公或推變于衡午乃有欽明光被塡逆水府洪波滔天功隆大禹此則冥數之大運非治綱之失緒蓋象外之妙不可以麤理尋重元之內難以熒燎覩至于精靈所感迅踰駭響荆軻慕丹則白虹貫日而不徹衛生晝策則太白食昴而摛朗魯陽指麾而曜靈爲之回駕巖陵來游而客氣著于乾象斯皆至感動于神祇誠應効于既往爾乃四氣鱗次斗建辰移雖無聲言三光是知星中定于昏明影度以之不差測水旱于未然占方來之安危陰精乘箕則大飆暮鼓西南入畢則淫雨滂沱譬猶晉鍾之應銅山風雲之從斑螭若夫冥車滑駕時乘六虬大儀回運萬象俱流北斗俄其西傾羣星忽以匿幽望舒縱轡以騁度靈輪浹旦而過周爾乃凝神遠矚騁目八荒察之無象視之眇茫狀若渾元之未判別又似浮海而覩滄浪幽遐迴以希夷寸眸焉能究其旁于是乎夜對山水栖心高鏡遠尋終古悠然獨咏美景星之繼晝大唐堯之德盛嘉黃星之靡鋒明虞舜之不競疇呂尚之宵夢善登輔而翼聖欽管仲之察微見虛危而知命歎熒惑之舍心高宋景之守政壯漢祖之入秦奇五緯之聚映爾乃歷象既周相伴岩際尋圖籍之所記著星變乎書契覽前代之將淪咸譴告于昏世桀斬諫以星孛紂酖荒而致彗極不見以周衰杜虵行而秦滅諒人事之有由豈妖災之虛設誠庸主之難悛故明君之所察堯無爲猶觀象而況德非乎先哲

賀老人星表　北齊邢卲

冥貺未已靈應猶臻以某夜老人星見達旦揚光經句未滅雖三星共色五老同遊擬之於此故無與匹自非元風感極聖敬迴天何能使休徵祕祉相尋而至故以朝夕相趨史無停筆

渾天賦節　唐楊炯

天之運也一北而物生一南而物死地之平也影長而多暑影短而多寒太陰當日之衝也成其薄蝕衆

星傳月之光也因其波瀾部之以三門張之以八紀其周天也三百六十五度其去地也九萬一千餘里二十八宿爲羣生之繫命一十二次當下土之封圻中衡外衡每不名而自至黃道赤道亦殊途而同歸天有北斗杓攜龍角魁枕參首天有北辰衆星環拱大帝威神尊之以耀魄配之以勾陳有四輔之上相有三公之近臣華蓋巖巖俯臨於帝座離宮奕奕旁絕於天津列長垣之百堵啓閶闔之重闈文昌拜于大將天理囚于貴人泰階平而君臣穆搖搖指而天下春東宮則析木之津壽星之野箕爲傲客房爲駟馬天王對於攝提皇極臨於宦者左角右角兩𨻶之所巡行陰間陽間五星之所次舍後宮掌於燕息太子承於宗社宗人宗正內外惇敘於邦家市樓市垣貨殖畢陳於天下北宮則靈龜潛匿騰蛇伏藏匏瓜宛然而獨處織女終朝而七襄登漸臺而顧步御輦道而徜徉聞雷霆之隱隱聽枹鼓之硠硠南斗主爵祿東壁主文章須女主布帛牽牛主關梁羽林之軍以除暴亂壘壁之陣以備非常西宮則天潢咸池五車三柱奎爲封豕參爲白虎胃爲天倉婁爲衆聚旄頭之北宰制乎狴犴天畢之陰蓄洩其雷雨大陵積尸之肅殺參旗九斿之部伍樵蘇之地出入於苑囿萬億之齎填積於倉庾南宮則黃龍賦象朱鳥成形五帝之座三光之庭傷成於鉞誅成於質禍成於井德成於衡執法者廷尉之曹大夫之象少微者儲君之位處士之星天弧直而狼顧軍市曉而鷄鳴三川之郊鶉火通其耀七澤之國翼軫寓其精南河北河帝闕於是乎增峻左轄右轄邊荒於是乎自寧乃有金之散氣水之精液法渭水之橫橋像昆池之刻石歲時占其水旱滄溟應其潮汐織女之室漢家之使可尋飲牛之津海上之人嘗覩

老人星賦　前人

赫赫宗周皇天降休麗哉神聖皇天降命開綱布網發號施令河出圖兮五雲集天垂象兮三光映南極之庭老人之星煜煜爚爚煌煌熒熒秋分之旦見乎丙春分之夕入乎丁配神山之呼萬歲符水德之光千齡晃如金粟粲若銀燭比秋草之一螢狀荆山之片玉渾渾熊熊懸紫貝於河宮曤曤煒煒曜明珠於漢水其光也如丹其大也如李稽元命之攸述按星經之所紀見則化平主昌明則天下多士經始靈臺嶢嶭崔嵬星則唐都講藝氣則王朔呈材書觀雲物夜察昭回覩南郊之炳燿欣北極之康哉三公輔弼庶官文武獻仙壽兮祝堯奏昌言兮拜禹瞻太霄而踴躍伏前庭而俯僂萬人于是和歌百獸於焉率舞穆穆神皇受天之祥邈矣台州之北窅然汾水之陽貞明也者日月同光貞觀也者天地爲常有混成之獨立運元氣之茫茫若夫大虹流渚金天當宁大電繞樞軒轅受圖殷道則黃星見楚雷煥則紫氣臨吳青方半月東井連珠辰極之齊七政泰階之平六符雖前皇之盛德又何以加於此乎至若甘露溢醴泉出蓂莢生嘉禾實鳳凰丹彩騶虞白質南海無波東風入律比夫皇穹之錫壽何足以談其萬一聖上猶復招列仙擇羣賢日慎一日元之又元兵戈不起至德承天臣炯作頌皇家萬年

泰階六符賦（以元亨利貞爲韻）　錢起

考星象之躔次探瑞氣之奧源得泰階于前史總六符以爲言既出沒以候君德又熒煌以麗乾元元德升聞慶一人而祥發白雲夜卷映九霄而色繁爾其詳德而發觀瑞而明德正則正俗平則平何君王之播理俾品物以咸亨股肱掩于稷契輔翼賢于阿衡人迹其卑憑至誠而上感天象守默因列宿而下呈配兩曜以齊美非衆宿之敢爭豈比夫聚彼德星穎上賢人所感託於箕尾岩間傅說之精而已哉故符之粲兮有明義符之爛兮有深意其形昭晰其理奧祕朝發于天而應于地向夜月而滅沒拂曙光而蒼翠上通其象分三台而爲六下應於人感一德之不二皆英主之所有匪常君之能致原其所出將表上帝之心考其所歸實惟天子之利爾其臨大國懸太清德之所感符乃無情既依高其託質亦以數而爲名與物無競避太陽之光色相時而作表明王之利貞火映元天似燭龍之銜吐珠沈漢水無巨蚌之虧盈豈光輝之足異亦感應之可驚忝觀光于上國仰霄漢以屏營

老人星賦　郗昂

啓大夫登大庫觀上元端北辰以正象望南極之穹天辨列宿之高映見丈人之獨懸色熒煌以奪目形皎潔而臨邊候德至而浮彩副時和而應躔爾其元鳥司分蒼龍御歷節春秋而隱見當丙丁而的爍且遺光以表慶亦應祉而純錫故經曰其國泰其星明天垂象物與禎循晷度而靡替順璇衡而則呈其座也一符帝者之一位其義也壽契忝哉之壽名元武宵中値西陸以凝質白藏氣杪直南郊以散精夫有

開必先無福不應若政事中律則嘉祥叶證五緯分影而交則九月騰華而吐孕此乃王澤弘天瑞作匝星轉耀而同煥布景搖輝以相薄初昇穹昊月午而孤燭猶燃末映疎林夜久而圓珠未落景睨繁集靈機衆騖臣望氣以數奏君向陽而拱坐雖戢轂而自天實休徵之在我騂芒下射滅草莽之飛螢紫燄旁融掩榆關之流火老人彰矣成此乾文老人出矣贊此明君書玉牒以垂範紀緗圖而播芬自古爲天官者莫不察畸變紀殊尤康昧擅譽於南楚史佚專美于西周宋則子韋遐鑒鄭乃裨竈深求殷馗縱眺識曹公之肇迹李郃疑目知漢使之將遊余非曩昔之羣彥愧惛學于前修徒循甘石之遺占願獻祈而歸休

回星于天賦 以數將已終歲且更始爲韻　馮宿

天其運乎歲聿云暮彼星回而斗建實維新而去故攝提克正無閒忝累之差懸象著明不忒陰陽之數仰觀蒼蒼悠久且長一十二分終而復始二十八宿循而有常各安其位各正其方每披雲而見質恆耿漢而流光凌霜晰晰燭夜煌煌瞻彼星之回復知改歲之方將豈不以式遵舜度無失綱紀縱橫其狀逐青陽而左旋璀璨其容候招搖而東指匝四氣而爲度臨萬戶而可視聖人所以參象於躬考正極中天蓋高而道遠星且回於歲終悠悠積氣奕奕長空潛應曆以相授若循環之不窮且運故無窮時亦有替三光垂其極四序成其歲必當觀大象以立規驗周星而取制方今時惟行夏令無苟且帝感於天而克保休祥星回於天而不乖次舍故得律應時貞昭回上清星歸其本歲亦將更遵舊紀而無謬反初元而作程則有博古之士學於太史觀歲杪而星窮知有卒而有始於是徵月令以揮翰談天經而賦美

北斗賦 以北斗成象在天維北有斗爲韻　崔損

倬垂象以昭回惟帝居之曰斗壯魁台以立極建衡杓而爲首齊七政而均序五行臨四海而橫制九有所以附乾樞壓坤紐攜龍枕參左槍右棓總列宿而環衛中宮體群臣而輔弼元后範闡六合紀綱四維其道不昧其照無私若乃銅渾作式未央取則其變可考其動可測履端於始當獻歲以指南舉正於中在陰方而主北觀夫崢嶸纚聯若綴若懸揭西柄以戒滿拱北辰而處偏乘三台而斡運齊七曜而迴旋酌天地之心豈酒漿之可挹分寒暑之氣較鈞石而罔愆躔次靡失曆數斯在晝其隱也不爭曜於太陽昏必見焉能藏暉於貞宰照萬國兮猶魚從網宗百川兮比朝于海參差北斗闌干太清環帝座之焜燿薄河漢之縱橫不應豐以中見每居次而自明總五緯於天統行四時而歲成非止雄橋梁於巴蜀壯都邑於咸京而已於是萬人攸仰萬物取象實星之長

衆星拱北賦 以人歸政德如彼衆星爲韻　李程

爲章于天惟彼辰極環衆星於庶位標帝座于有北故昭回之設象俾聖哲而取則鉤陳就列等營衛於宸宮閶闔旁連類藩屏於王國煥乎布彩儼若受職念精氣之無親叶天地之輔德仰圓象之炯爾嘉清輝之皦如昭明有融不韜光於隱晦悠久斯在豈隨運以盈虛戒彼不恆其德故能奠厥攸居當其天宇廓清元緯交映若萬物之調玉燭猶聖人之握金鏡守寶位而厚群生在璇璣而齊七政麗天之象拱北辰以是依率土之俗亦向化而無違契一人之有慶同萬姓以知歸不然何躔次縈乎黃道周廬匝乎紫微乍合彩以呈質竟同耀而分輝俾夫左之右之莫不具爾無小無大曷惟疇彼考時變兮是察知天成兮在此仰觀或辨其晦明內附寧阻其遐邇是以纏連清漢點綴蒼旻流彩未停蜀郡猶占二使圓光既聚潁川應會賢人則知居之者安輔之者衆輻共轂不足以喻其周環斗在天孰可以齊其比諷亦猶元聖立極羣后來庭登三傑而漢道斯盛致多士而文王以寧倘匡聖之有日願在位於恆星

斗爲帝車賦 以運乎中央臨制四海爲韻　白行簡

惟斗之列在天之中象其車之爲用明乎運而不窮爛然有光隨月建而不忒循環靡定轉天道而潛通爾其自彼元功彰乎眞宰輻輳而衆星有次環回而周天可待將臨無極同樂御之在君隨轉無窮異月輪之生海故得四時式序九有皆臨順乎軌而克陰陽之分比于轂而正天地之心宛轉潛移循環微至周行不失於紀綱順動罔差於躔次何有象而著天何無跡而行地是使星辰日月之度光不失三春夏秋冬之期時不忒四懿夫拱極昭彰垂精耀芒將俾功於引重在載德以知方莫測車行式瞻其上象遙觀帝座宛在彼中央是動不過位止無其常作解疑夫轞轞有耀想乎煌煌然則七星所臨下土之分度數必循於厚載經行用昭其廣運是以義將德比動與化俱廣覆之恩既博致遠之道斯殊輪不摧兮辰雲峰而罔懼駕非馬也歷天險而無虞所以取轅轂

喻璿樞見維北之運矣豈指南而已乎猶一人之在上而萬國之是制規圓而輪轉罔差鱗次而運行無替遵不已之道豈念窮途駕自然之車寧愁輿曳是則天衢可陟雲路有勢幸見殊於輪扁之徒不可使其功而劾藝

衆星環北極賦　趙蕃

惟極天之樞惟星日之餘日散精而外布天樞要以高居的然守中晧上元之道著爛兮繁會助下濟以光舒況乎有條不紊既明且踈雖貫珠而奚擬縱編貝而豈如周流無窮隨五緯之軌道運行有度參兩曜之居諸疑徐而速若動而息不騫不崩匪差匪忒俱遞遷而序別各有位而分職瞻言粲粲何三五之在東嘒彼累累亦四七而朝北是知統太一而爲衆處天心而稱極故能縱懸象之綱作垂光之則不然何以探天之賾何以表天之闕必得一以含默乃聚黃以修繹明夫據會者靜而處輔相者動而順靜乃常德不離動惟適道無吝然後衆星熠熠外辨方而不迷一極煌煌中居所而作鎮是以仲尼譬爲政之德義和時敬授之信則天道恆象人事或遵北極足以比聖衆星足以喻臣惟臣不矜德合星之夕惕惟聖不伐道配極之日新故得肅清黃道利貞紫宸豈惟大邦是控臨朝御衆而已實將先天稽極後極立經仰觀其動靜旁暢其儀形然後爲政同乎北極來方類乎衆星斯乃先哲之臣是崇是奉皐陶所以邁德虞舜所以垂拱不然比衆星之環北又奚足以爲重

賀老人星見表　李商隱

司天監奏八月六日寅時老人星見于南極其色黃明潤大者聖惟合德神實効祥必垂有爛之文以表無疆之祚臣聞元象示人昊穹凝命曜爲經而宿爲紀則曰常名斗挹酒而牛服箱或摽虛稱未若候時而出有道則彰居五福之先在三辰之列伏惟皇帝陛下晧明老契游泳莊寰式是中秋呈茲上瑞況見於午位又屬寅時仰考元符乃有深意自南耀彩將弘解慍之風近曉流光欲助無私之日皇心載裕靈懸孔昭凡居率土之濱皆慶後天之壽臣謬蒙重寄實遠淸光送元燕于梁間傷時自切望白榆于天上厥路無由賀聖戀恩無任蹈舞屏營之至

天上種白榆賦以垂陰天上歷代不凋爲韻　薛逢

象帝之先種白榆于自然布歷歷之貞質遍高高之遠天攀折何因杳在寰區之外陰陽不測永無彫落之年徒觀夫夾帝座以分行直天街而互對婆娑乎黃道之側蔭映乎端門之內匪據險以稱闕詎臨戎而設塞星槎去日曾莫問其短長鶴駕來時又不言乎年代易古移今烟濃霧深當空耀本向日舒陰攢柯于貝闕之前圓光靄靄倒影于瑤池之上寒彩沉沉輪囷既出于中台偃蹇亦臨乎上將分土明得地之勢編珠表連理之狀或全或缺陋蟾桂于月中莫往莫來鄙蟠桃于海上美素莢之規規狀列錢之離離苒蒻雲疎玲瓏露垂崇朝而顥氣常積未夜而元風自吹發端既異于乾行成象固殊于隰有曲直之號徒爾斤斧之虞則否始或叢丘墟依培塿與槎栟混枯朽歎頹齡之日既不殊桑充燧火之時焉能異柳夫如是又安得越漢排霄含芳振條壅靈根而萬古長爛披素葉而千霜不彫所謂向晦而明終天而靚衰榮不繫乎寒暑運動罔差乎經歷榆之壽兮誠大椿之莫敵

南郊享壽星賦　周鈐

玉露初降金風正秋有壽星之發彩出離方而若浮太史於是奏時令賛天休謂三光之丕顯蓋萬乘之勤修天子乃命有司灌鬯登靈壇以蕆事敬南極而延望當其氣氛寢烟霞曠循大象之昭回見孤光之寥亮月來歲往常居赤帝之前目擊心祈空仰碧霄之上所欲精誠斯感肸蠁潛交矚神靈兮心馳箕斗奠椒漿兮酌滿陶匏事異乞言殊養老於東序祭惟合禮同祀月於西郊時也陰陽正位晝夜平分思薦祉於人壽遂大享乎天文則知秩天宗用郊祀斯祭也象在角亢壇當戊己月皎皎而淸漢波流夜蕭蕭而白榆風起齋心常潔蘋蘩之薦已申壽域光開龜鶴之年可俟祀事既道之南恍惚兮光臨俎豆依稀兮氣動烟嵐由是見星躔之不爽知君德之相參彼牛女迢遞以增思參商隱見而差失處圓靈兮徒分炳煥於敬授兮未爲眞吉曷若我冠衆星而稱老當三秋而迴出既有補於乾坤詎廢書於時日是宜執犧象展鷄彝名馮相而司曆命祝史以陳辭如此則所謂一人有慶兆民賴之

查客至斗牛賦　何類瑜

客有遠人寰家海㳂槩銷迹卷兌塞巧絕浩然太素之和氣勁然喬松之全節當鬱島以問安就靈濤以怡悅喜仙查之千里每秋風之八月知必至之不欺乃乘流以長發爾乃制芰似裳舂菰裹糧以晝以夜

若行若藏沉浮于渤澥之中央蕩搖乎磐軋之大方豈靈怪之歷討實險阻之備嘗獨出于有間之世轉入于無何之鄉聽不聞其聲類馮巽之依大樹久乃有所遇若伊尹之在空桑乘悠遠兮不知其行道渺瀰兮無遺其迹人與木兮俱浮天與海兮同碧玄黃道之的的穿白榆之歷歷反不記其所從又焉知其所適飲牛于津者誰子弄杼于室者何人軋軋有聲糺綺縞兮如雪盈盈不語粲明眸兮若神忽愕眙以相顧雖婉孌而不親既持石以贈予命致問于嚴遵當是時也星則知客犯兩位客不知星則吾身何碧空之無涯乃飃然而獨往非智力之所及實風波而是仰昔未乘查也則在地而成形今之乘査也則在天而成象若不資巨浪之潛運安得排青冥而直上倬彼星漢自天而垂潛橫河之清淺皎列宿以參差客無査徒勞勤而事何可濟査非客雖往來而世莫之知信其致入于霄漢者不必輕舟迅檝之力忘情于夷險者亦無波臣川后之欺吾既異此事乃斯焉而賦斯

欽定古今圖書集成曆象彙編乾象典

第五十九卷目錄

星辰部藝文二

乾象典第五十九卷

星辰部藝文二

星賦　宋吳淑

萬物之精上爲列星亦日庶民之象又爲元氣之英粲沛見曹公之起東井識漢祖之興認彴約兮欃槍瞻瑤光兮玉繩歌既稱于重耀傳常聞于夜明瞻彼服箱識茲在戶辰參既主其商晉箕畢更占于風雨爲張華而會坼感仲弓而書聚定之方中作于楚宮宿離不忒三五在東子韋識宋公之德史墨知吳國之凶軒轅則大電繞樞白帝則華渚流虹若夫觀有爛瞻嘒彼驚嚴光之共臥笑戴逵之求死息夫指之而獲罪巫馬戴之而爲治至于南箕翕舌北斗挹漿向曙而猶能落落拱北而常見煌煌騎尾已驚于傳說策馬更見于王良爾其耀連璧輝貫珠西陸爲昴北陸爲虛助夜明者天精運中央者帝車北斗天官之喉舌東壁上帝之圖書至若爛然散錦燦兮連貝周騰豫知其不出京房自明于無罪及夫隨二史之入蜀觀五老之遊河職在保章命之羲和歲則降靈于方朔昴則淪精于蕭何亦聞咮謂之柳濁謂之畢既訝如雨復驚隕石瞻天錢于北落指老人于南極又云房爲天駟氐爲天根大火中而寒暑退斗柄東而天地春河鼓謂之牽牛織女謂之天孫梓愼識其淫梠卜偃占其伏辰然而妖不勝德亦何勞于具陳

老人星賦　范仲淹

萬壽之靈三辰之英其出也表君之瑞其大也助月之明但仰祥光莫辨皤然之象方資睿算斯垂耄矣之名皇家以大洽雍熙咸臻仁壽感垂象之丕變彰

御圖之可久爰假號于耆年實歸美于元后南郊享處能無鼓缶之歌銀漢經時誰是游河之友觀夫落落位正熒熒影孤應春秋之候出丙丁之隅視合璧之祥兮未異顧連珠之瑞兮若無象茲黃髮來我鴻圖想天上之宵征寧非鐘漏顧人間之夕景豈恨桑榆是何上象著明昌時合偶歷數自延于人主名實何慙于國叟月輪遙覩安車之意寧無天駟旁瞻失馬之嗟何有此蓋君著明德天陳瑞星會茲鼎盛爲乃椿齡增芳華于信史協休美于祥經每覩運行如縱心于黃道無差躔次疑尚齒于青冥足使歷象者考祥占天者改觀挂碧空而的的度淸霄而爛爛非時不見如四皓之避秦有道必居若二疏之在漢大矣哉名尊五福位列三光發天文之炳煥符帝德之悠長北闕前瞻獨呈祥于有爛南山俯映共獻壽于無疆士有仰而賦曰天之象兮示勸君之位兮善建用贊天壟之數允協華封之願又何必周王之夢九與嵩嶽之呼萬者也

批答宰臣曾公亮巳下賀壽星見　王安石

省表具之乾象燦然官占以告壽祺之應于傳有稽卿等寅亮帝工阜成邦采摛文告慶歸福朕躬書瑞史篇已循故事星隆昬德尚賴交修

批答樞密使文彥博等賀壽星見　前人

省表具之穹旻見象以告壽昌嘉與臣民並膺茲福卿等進由德選翊事樞敷泰兆祥請書史策忠嘉之意朕所不忘

代人賀壽星表　前人

以皇帝陛下紹休三聖博愛萬方唯乾則之棐常宜星文之底應臣叨塵要近親會休嘉豫聞太史之占敢後封人之祝

參賦　米黻

武帝旣祠太一受釐頒胙意得氣泰神怡志豫閟符合瑞至于嚮暮于是升通天之臺攬泬漻之路覩二星聯彩晻然當戶顧侍臣曰是何星也侍臣枚皁進曰參星也帝曰是何主對曰是主民帝曰可聞其晻與皐曰臣之淺學俳儕優隊捷語翻言奉歡承話稱道盛德受況甚大此大對也臣不敢帝曰先生無辭皐乃跪而進曰自周衰道喪百里一王嗜欲加僭民財用傷貪如碩鼠墮號鶉梁匪鳶匪鮪或潛或翔至于暴秦龔晃而很趙郊坑肉魏野封豬粵嶺山斷遼海城長驪丘虛地阿房繡牆則是星也晻晻而無光帝曰亦嘗有明乎曰有古有治君曰堯與禹敬時命官以民爲主民之樂生鼓嘏歌舞次逮成湯視民如傷一夫不獲如己納隍周之文武汔于成康道德化洽禮義興行刑措不用至于百齡則是星也亦嘗煒煜而晶熒帝曰宜乎自此不復有光矣曰有昔秦籙不究上天悔亡乃命高祖匹夫奮張一洗世亂惠綏四方化其姦宄約以三章及我文景恭儉惇朴隱恤賑周德澤甚渥太倉積紅腐之粟司農朽不校之索則是星亦嘗煜煜而灼灼今陛下承累聖之休光翕五福于仰戴坐明堂神明之會據建章珍陸之海臣萬國朝四裔名王繫于祈連宛馬來于天外致赤鴈駮麃之異物獲寶鼎芝房之珍怪名在百王之上游德並五帝之左界而乃晻晻而無光臣皐所以壅欝而未快逡巡而不對也古訓有言曰民猶水也可以載舟可以覆舟言未及休命蓋陳鈞寢不得寐三起問籌翌旦坐明光殿封富民侯

司天臺祭告尾宿文　元袁桷

析木天津燕都所次維昔初基相攸塗墍民用不頗鉛遐以治靈臺考占庸啓震悸善言惟從式致芬祀

紫微垣賦　汪克寬

璧月皎兮朗明銀浦爛兮晶熒輕飈恬兮肅淸纖雲收兮窅冥若有客兮游木天陟仙瀛瞻太虛仰圓靈顧謂翰林主人曰吾觀紫微之垣天皇之庭高高而在上遙遙而莫登願先生搜典籍之賾隱闡象緯之縱橫攄藻麗之錦心賦鏗鏘之金聲某也將屏息而竦傾耳而聽主人曰唯唯蓋聞紫宮巍巍天皇是處大帝之座尊居其所抱以勾陳之六珠佐以天極之四輔燦燦其後者椒房之后妃煜煜其前者青宮之儲副尚書大理炳煥而森羅柱史女御煇光而旁午運轉于百餘萬里之外在中而弗移周迴于七十二度之間常現而可覩緊榮衛之昭布儼七八之相聯環乎皇極之居斯謂紫宮之垣左樞右樞夾乎離南之穹門上丞下丞攝乎坎北之重闈上宰少宰以對待少尉特立而聿存上輔少輔煒東西之交列上衛少衛分左右而屛藩是垣也覆以華蓋之輪囷植以天柱之突兀黃金爲城塹以雲漢之津白玉作京闕以閶闔之闕壘銀礫之層層樹白楡之歷歷匪築以干戈河圖之倚杵匪甃以五色女媧之鍊石傳舍庖丁之邃邇內階天府之相逼瑤宮玉臺岧嶢乎其中廣寒淸虛映照乎其側故至尊之履位代紫宮以居

中師保耿台躔之拱侍臣鄰炯郎星之列從奎壁炫文章之府執法肅御史之風由是天帝之垣環衞太一于高空萬國羣黎林林總總以仰時雍之化豈非微星之萬一千五百二十旋繞而無窮若太微象明堂之房天市媲權衡之宗雖皆帝座之所寓羣星之所叢或鄰翼軫之墟或貫房心之衝曾未若紫宮環衞于北辰之扛轂五緯連珠之所拱向列宿轑輻之所會同也客聞而歌之曰我皇聖明兮握符御極賢才並翰兮光華赫奕紫宸倚空兮金墉巀嶪萬國歸心兮黔黎戴德又歌曰丕圖弘開兮景星耀輝帝垣昭晰兮中天巍巍至和坱圠兮玉燭猷奇樞軸旋轉兮萬壽無期歌畢月挂觚稜露寒祕閣璇杓低昻玉繩廻薄立清寒于掖垣仰紫微于寥廓

帝車賦 有序　王訦

按史記晉書斗爲帝車運乎中央說者謂斗君象也故謂之帝運動不居故謂之車以愚觀之則帝車之義蓋亦因其同運于天而名之爾愚又聞古者造車之初有取于斗柄下攜龍角之象則謂之帝車者豈亦因其象而名之歟唐之文士固嘗爲北斗之賦矣而未有賦帝車者作帝車賦其辭曰

天之何爲令北斗而爲車兮曰臨制乎八埏收六合于一軫兮載元氣之塡塡仰昊蒼之窈寞兮森萬緯之綿聯帝端拱于紫宮兮夫奚事乎車轂而周旋謇予懷之寥廓兮思仰觀而遠取歷九關以見帝兮帝元默而無語遡大津之浩蕩兮窺四理之連延靈樞告予以其故兮維景曜之所躔吾傾轄夫四海兮亦維斡夫坤乾璇璣權衡璀璨而錯落兮開陽搖光晃朗而相宣挾六氣以旁行兮運四時而不息美天路之平平兮轉神杓夫陛側吾令望舒攬轡兮羲和爲予以先驅衆星離離總總而擁轤兮蜚廉豐隆奔湊而後隨扶九神而軼羣衞兮歷穹元而輾八維天戈屏跡而自韜兮蚩尤不敢張其旗吾東指于暘谷兮蒼龍劬劬以驂乘萬物欣然而並生兮仰陽輝以爲命邅吾駕以南巡兮矯朱鳥之翽翽火傘熇燿而前導兮祝融倚較而施鞭吾西旋于昧谷兮羣生爲予以揫斂蓐收策白虎之趡趡兮紛吾行之已遠复迴顧夫幽都兮後騎載夫元冥冰霜紛糅而擁輪兮雷鼓爲予以不鳴羌吾車之騑騑兮日東南而西北吾亦孰知其成歲兮自于茲而取則却天駟而弗駕兮屏王良而靡馮一北而萬物爲之虛兮一南而物盈摶陰陽以爲輪兮攢五行以爲輻膏之以天澤兮合三十六宮于一轂動不聆其薄薄兮疾不耳其彭彭奚仲不得致其巧兮造父無以施其能彼下土之蚩蚩兮誇古先之六羽逮奇肱之險幽兮亦軒車之飛翥亶人力之轇轕兮徒自誣于荒詭夫豈知太虛之車兮終萬古而不踰夫此矩誶曰蕩蕩上帝孰爲車兮維北有斗握其樞兮盤薄萬古臨八區兮明建四時輔我皇輿兮

泰階六符賦　彭士奇

客有登青雲陟天衢援北斗而騎箕尾馭汗漫而俯積蘇乃見六星兩兩相比分爲三階煥若珠綴色正森練于毛髮芒寒清澈于肝胃疑通明于咫尺經歷階而入侍旁有小兒若傲若戲顧客而言曰子亦聞所謂泰階六符者乎上階至符中階侯王下階士庶有紀有綱雖主宰之若異實符驗之孔彰昔在軒轅皇風郁穆熙羣生于華胥媲良弼于力牧三台色齊九宇玉燭下逮姚姒迄於蒼籙靄卿雲倬天章麗層霄而宣朗與六星兮齊光漢有英主收名賢良亦欲四三王而六五帝直將騁六飛而凌八荒蒟醬天馬柏梁建章文成五利之寵渥蓬萊方丈之徬徨旱爲乾封孛爲禎祥非不告之以泰階六符之明證而沉溺多慾祇以重謫臣志士之永傷方今聖神臨御德邁黃唐瑞彩揚景星之明潤休光照極星之壽昌宮闈配月惟英惟皇左墄右平遠廉高堂若然則符之見于上階者安得不赫然而煇煌胙土分茅者星羅于下國執玉奉贄者星拱于北辰遐方絕域款塞稱臣覲天威以揚休命俯玉陛而朝紫宸若然則符之見于中階者安得不粲然而惟新戴星而出者陶耕鑿之樂孕星而出者蘊經濟之資興賢科盛勸農政施民自安于等級士獲進于赤墀若然則符之見于下階者安得不炳然而下垂星雖殊隸星無不明階雖殊等階無不平一堂賡歌于喜起九功允叙于平成醴泉膏露靈芝瑞莢天地以位宗社以寧此千載一時之盛也而子得以親見之今吾與子相遭于鴻濛之野而遂迢遙乎人間天上之遇何其幸也抑吾聞之鍾秀氣者必有以垂耿光抱文采者必有以佐明世子以羅宿之心胸發爲熙世之文章主聖臣賢樂作禮制使子奉仲舒公孫之對吾知子必不爲阿世之曲學而深有以明夫天人之際矣客曰噫嘻子非偷桃之曼倩而諷茂陵以黃帝之符者乎何其悉于當日之事也于是相視一笑展白雲而書之得以

為泰階六符之賦

泰階六符賦　曾翰

今夕何夕天高氣晶月色如海鶴背欲冰有貴介公子領客攜酒泛舟中流抵掌縱談隨遇少休至一絕岸危石如屏公子舍舟攀緣而升見一老翁皓然鬚眉正襟而坐凝神儼思公子再拜而問曰叟仙邪人邪何為而止于斯叟曰公子豈知我者哉吾于此坐觀天文六十載矣天下之理數窮必復公子其當斯運之泰者邪公子于是順風膝行而復問曰上規之內有六其星兩兩相比曷為其名叟曰此三台也政吾之所以注意而觀之者也天之三台是曰泰階台必二星有序以排上抵太微下抵文昌百祿之司開先之祥自辟至民各有攸主天人相因形象交著我占瑞光既黃且明維色既明其階復平天相無情有感斯應惟德動天是曰休徵天穆斯豐天倉攸積王良執御羽林列職常名可名三百六十咸順其軌北而共揖是以歲無伏臘之殃人靡貫索之忌欃槍之矢不能以為之毒也蚩尤之旗不能以為之孛也宜乎三光時寒暑節無愆陽伏陰之致沴氛烈風雷雨之為孽但見彩羽來儀于兩階肉角率舞于靈囿擾白質黑章于野招黃輝彩鱗于洛揆厥所由蓋以寅恭小心得任賢之道燮理陰陽盡經邦之美所以堯舜其君民者此其際也且夫天道難諶惟祐一德故天有從人之心人有回天之力此其泰階之所以平者夫豈偶然之故哉不然何其千百年而始一遇也而况高佐為箕尾之精蕭相應昴宿之瑞其所以明五星之祥彌彤日之變者又豈非伊人之攸致歟因斯以談則生賢者天也而整齊乾坤者人也天無全功人有全能今子之幸生斯世其可以不知相君之所以為相君也邪言止此矣今吾仙仙乎歸矣言已不見公子返而登舟色茹神欽惟見東方倏倏太白睒睒雞三鳴而更五點矣

織女賦并序　明何景明

予嘗觀謝朓王勃七夕賦皆組詞繪句務極妍倩其意不過侈二星靈光之會合述一時遊燕之勝靡于比諷之義或闕也予病值七夕之夜感織女之事托意命詞作為茲賦以附風人之旨而事之荒怪固不必有徵也

夫何天媛之淑姱兮鎮獨處而寡儔紝組綺以自飾兮誠靈質之嗜修長夜徂以漫漫兮秉機杼而懷憂倚北斗以延佇兮覩天漢之橫流雖予衷之弗渝兮羌獨慕夫好仇諒天路之豈遐兮顧欲渡而無舟乃秋序之甫交兮氣淒戾而憯惻桂枝嘐兮垂華白榆曜兮寒色啟真卜于茲夕兮元龜告予以吉日邀靈波以迅度兮宛東路而徂行鳳凰翼以翳車兮命烏鵲以築梁先朱鳥以通媒兮導應龍以啟征錯璇璣之轇轕兮施縹緑之雜章步列星之文履兮纚素霞以為裳被翠羽之翩反兮雌霓爚兮函光申雅觀于河濱兮敷悃款之衷腸舒幼眇以綣結兮燕淫衍而相羊湛歡樂以窮極兮處見妬于朝陽欻神采之易翕兮忽頫驁而懷傷超兮西邁兊兮故處惝報章之罔答兮遺玉玦于漢浦睇往途以連邅兮神怊紆而不去發帷蓋之委蛇兮旗央央而與與輪結軫而軾軻兮衣攬袂以躊躕順飄風以右翔兮秋颯颯而零而天寥迥以揚雲兮跂予望夫河渚卷綃匹之繽紛兮斂容輝于雲閨傳羅襪與綈襦兮居熒熒而少依慮前矢之未諶兮恐來期之後時援天葩之菱敷兮襲芳蘂以自持承二曜之景燭兮飾五緯以修辭修辭兮何為顧布兮真心流波兮眇綿致予兮遐音目超送兮增欷聊託之兮漢南亂曰宛彼佳人阻銀潢兮豈無同仇誰與航兮翹首天路寡修梁兮憂心嫶妍厘七襄兮資質靚好蒙素裳兮九秋茲夕懽未央兮別促邁希安可長兮予思怨嬪實與併兮局殿寥寥晝淒清兮君不為御徒熒熒兮瞻望深宮懷廣庭兮單栖守誓感斯靈兮

河內星野魏分與衛分考　婁樞

天文雖末之習而地理則有所據國之遷徙雖無常而星之分野則有定按周禮保章氏以星土辨九州之地所封封域皆有分星以觀妖祥班固地理志稱魏地觜觿參之分野其界自高陵以東至河東河內是以河內為觜觿參之分野矣又曰衛地營室東壁之分野也東郡衛郡河內野王朝歌皆衛分也是又以河內為營室東壁之分野矣史記正義亦以河東河內為魏地觜觿參之分野河內之野王朝歌為衛地營室東壁之分野兩分之失正與漢書同朱子釋詩曰今懷衛澶相滑濮等州開封大名府界皆衛境也是以衛為前所失之衛與後所都之衛交舉而互言之既以河內屬魯衛之衛矣及釋孟子則曰河內河東皆魏地是以河內為趙魏之魏則自懿公失國之後河內錫于周分于魏言之也吾嘗詳考河內之域屬魏與屬魏之制河內本殷之舊都周既滅殷分

其畿內爲三國詩國風邶鄘衞是也邶封武庚管叔尹鄘蔡叔尹衞以監殷民謂之三監書序曰武王崩三監叛周公誅之盡以其地封康叔遷邶鄘之民于洛邑故三國之詩同風至十六世懿公爲翟所滅齊桓公伐翟而更封衞于楚丘是爲文公子成公遷都帝丘今之濮州也樂記爲桑間濮上之音是已襄王十七年以河內地與晉賈逵云晉有功賞之以地陽樊溫原攢茅之田也使河內屬衞天王安能奪彼以與此則河內非衞明矣左傳謂晉始啓南陽蓋小脩武之南陽非今唐鄧之南陽也魏本周同姓之國晉獻公滅之以封其大夫畢萬及三家分晉而河內更屬于魏魏惠王十一年獻河西地于秦徙都大梁國仍稱魏而所都之地實非魏也且魏分晉地在刪詩之後詩有魏風有唐風有衞風唐卽晉也今山西平陽府是也衞則衞之東郡浚邑澶淵之地是也魏爲河內無疑矣漢費直蔡邕魏陳卓唐李淳風僧一行星曆之說各有不同樞獨愛鄭漁仲之論曰漢魏諸儒言星土者或以州或以國辰次度數其歲星遷徙亦非天文之正不可爲據又況魏徙大梁則河西合于東井秦拔宜陽則上黨入于輿鬼吾故曰國之遷徙雖無常而星之分野則有定是也唐一行之言十二次也惟以雲漢始終言之雲漢江河之氣也認江河脈絡于兩戒識斗羅升沉于四維分野所在如指諸掌先儒亟稱之夫一行以定星野于國不如定星野于雲漢蓋以在地者有遷而在天者無遷也樞獨以爲定星野于雲漢不如定星野于山嶽蓋以在天者難步而在地者易步且無遷也近見河南志以河內爲衞室壁分野山東志以濮州爲衞室壁分野且河內南接河南不百里卽爲柳張之分野北接河東不百里卽爲觜觿之分野而東去濮博殆千里室壁分野此又分彼是何其狹而長乎晉天文志亦謂河西四郡爲室壁分野乃越岐雍遠分于六千里之外益不可曉史記天文志營室至東壁爲幷州分野昔舜以冀州大廣分其西北爲幷州卽今大同太原是也若如諸書所討則山東河南山西陝西無地而非室壁之分野所考滋多所惑滋甚括地志以觜觿參爲益州分野星經曰益州魏地畢觜參之分河內上黨雲中是也今按禹分九州有梁漢武帝改梁州爲益州卽今之四川是也與河內相去萬里諸儒于地里之易步者尚紛紛無定而謂天文難步者乎信乎天道不可得而聞也吾故曰天文雖未之習而地理則有可據者是也大抵河內之地所以分野不定者古屬山西却在山東今屬河南却在河北古者列國因地之俗以獻詩吾今因詩之俗以占地占地以定星之分野可乎張子曰衞國地濱大河其地土薄故其人氣輕浮其地卑下故其人質柔弱今衞輝曹濮陳鄘浚儀澶淵之風俗人物酷似之河內之地土不薄地不下人不輕浮柔弱決非衞地也地非衞地則非室壁之分野也明矣魏風諸篇葛屨汾沮洳言地狹隘民儉嗇而褊急也河內之野人似之伐檀園有桃性狷介心多憂思也河內之君子似之後雖有善詩者形容河內之風不能有加于此當作魏地無疑矣地爲魏地則星爲觜觿參之分野也又奚疑

星辰部藝文三 詩詞

古詩　無名氏

迢迢牽牛星皎皎河漢女纖纖擢素手札札弄機杼
終日不成章泣涕零如雨河漢淸且淺相去復幾許
盈盈一水間脈脈不得語

擬迢迢牽牛星　晉陸機

昭昭淸漢暉粲粲光天步牽牛西北迴織女東南顧
華容一何冶揮手如振素怨彼河無梁悲此年歲暮
跂彼無良緣睆焉不得度引領望大川雙涕如霑露

衆星詩　傅奕

朗月共衆星日出擅其明冬寒地爲裂春和草木榮
陽德雖普濟非陰亦不成

七夕詠牛女　宋謝惠連

落日隱櫩楹升月照簾櫳團團滿葉露淅淅振條風
蹀足循廣除瞬目矖曾穹雲漢有靈匹彌年闕相從
遐年阻暱愛修渚曠淸容投杼不成藻聳轡騖前蹤
昔離秋已兩今聚夕無雙傾河易迴斡款情難久悰
沃若靈駕旋寂寥雲幄空留情顧華寢遙心逐奔龍

織女贈牽牛　梁沈約

紅粧與明鏡二物本相親用持施點畫不照離居人
往秋雖一照一照復還塵塵生不復拂蓬首對河津
冬夜寒如是寧遽道陽春初商忽云至暫得奉衣巾
施衿已成故每聚輒如新

賀老人星詩　北齊邢卲

瑞動星光照穆化月輪重庶徵符祉籙將以贊時雍

月夜觀星　隋煬帝

團團素月淨翛翛夕景淸谷泉驚暗石松風動夜聲

披衣出荆戸躡履步山楹欣覩明堂亮喜見泰階平
觜參猶可識牛女尚分明更移斗柄轉夜久天河橫
徘徊不能寐參差幾種情

奉和月夜觀星　蕭琮

陽精已南陸大暉始西流夕風凄謝暑夜氣應新秋
重門月已映嚴城漏漸修臨風出累榭度月蔽層樓
靈河隔神女仙轡動星牛玉衡指棟落瑤光對幌留
徒知仰閶闔乘槎未有由

奉和月夜觀星　袁慶

六龍出遥影顧兎始馳光戎井傳宵漏山庭引夕凉
宸居多勝託閒步出琳堂爛爛星芒動耿耿清河長
青道移天駟北極轉文昌喬枝猶隱畢絕嶺半侵張
仰觀留玉裕睿作動金相無庸徒抱寂何以繼連章

奉和月夜觀星　諸葛頴

斿旆神居遠蕭條更漏深薄煙淨遙色高樹肅清陰
星月滿兹夜燦爛還相臨連珠欲東上團扇漸西沉
澄水含斜漢修樹隱橫參時聞送籌柝屢見繞枝禽
聖情記餘事振玉復鳴金

奉和月夜觀星應令　唐虞世南

早秋炎景暮初弦月彩新清風滌暑氣文露淨囂塵
蕩網銷輕縠鮮雲卷夕鱗休光灼前耀瑞彩接重輪
緣情離聖藻並作命徐陳宿草誠渝濫吹噓偶縉紳
天文豈易述徒知仰北辰

詠星　李嶠

蜀郡靈槎轉豐城寶劒新將軍臨北塞天子入西秦
未作三台輔寧爲五老臣今宵潁川曲誰識聚賢人

詠星　董思恭

歷歷東井舍昭昭右掖垣雲際龍文出池中鳥色翻
流輝下月路墜影入河源方知潁川集別有太丘門

省試七月流火　敬括

前庭一葉下言念忽悲秋變節金初至分空火正流
氣含凉夜早光拂夏雲收助月微明散沿河麗景浮
禮標時令爽詩興國風幽自此觀邦政深知王業休

牽牛織女　杜甫

牽牛出河西織女處其東萬古永相望七夕誰見同
神光意難候此事終蒙朧颯然精靈合何必秋遂通
亭亭新妝立龍駕具曾空世人亦爲爾所請走兒童
稱家隨豐儉白屋達公宮膳夫翊堂殿鳴玉凄房櫳
曝衣遍天下曳月揚微風蛛絲小人態曲綴瓜菓中
初筵浥重露日出甘所終嗟汝未嫁女秉心鬱忡忡
防身動如律竭力機杼中雖無姑舅事敢昧織作功
明明君臣契咫尺或未容義無棄禮法恩始夫婦恭
小大有佳期戒之在至公方圓苟齟齬丈夫多英雄

三星行　韓愈

我生之辰月宿南斗牛奮其角箕張其口牛不見服
箱斗不挹酒漿箕獨有神靈無時停簸揚無善名已
聞無惡聲已讙名聲相乘除得少失有餘三星各在
天什伍東西陳嗟汝牛與斗汝獨不能神

賦得壽星見　盧渥

元象今何應時和政亦平祥爲一人壽色映九霄明
皎潔垂銀漢光芒近斗城含規同月滿表瑞得天清
甘露盈條降非煙白日生無如此嘉祉率土荷秋成

府試老人星見　李頻

良宵出戸庭極目向青冥海內逢康日天邊見壽星
臨空遙的的竟曉獨熒熒春後先依景秋來忽近丁
垂休臨有道作瑞掩前經豈比周王夢徒言得九齡

賦得郎官上應列宿　公乘億

北極佇文昌南宮曉拜郎紫泥乘帝澤銀印佩天光
緯結三台側鉤連四輔傍佐商依傳說仕漢笑馮唐
委佩搖秋色峩冠帶晚霜自然符列象千古耀岩廊

酒星　皮日休

誰遣酒旗耀天文列其位彩微嘗似酣芒弱偏如醉
唯有犯帝座只恐騎天駟若遇卷舌星讒君應墮地

織女懷牽牛　曹唐

北斗佳人雙淚流眼穿腸斷爲牽牛封題錦字凝新
恨拋擲金梭織舊愁桂樹三春煙漠漠銀河一水夜
悠悠欲將心向仙郎說借問榆花早晚秋

夜行觀星　宋蘇軾

天高夜氣嚴列宿森就位大星光相射小星鬧如沸
天人不相干嗟彼本何事世俗彊指摘一一立名字
南箕與北斗乃是家人器天亦豈有之無乃遂自謂
迫觀知何如遠想偶有似茫茫不可曉使我常嘆喟

迢迢牽牛星　洪适

迢迢牽牛星奕奕停梭女尋盟整瑤轡緘情邈漢渚
欣讌未斯須別愁眉已蹙黃姑不我留殘機忍重顧
翻羨巫山雨朝朝楚王遇

齋居感興　朱熹

微月墮西嶺爛然衆星光明河斜未落斗柄低復昂
感此南北極樞軸遙相當太一有常居仰瞻獨煌煌
中天照四國三人環侍旁人心要如此寂感無邊方

七夕南定樓飲同官　魏了翁

誰將明星貼天宇州國宮垣象官府更將四七隨天旋常以昏中殿四序迢迢河漢衡秋旻前有蒼龍履元武牽牛正向西南來左右兩旂北河鼓鼓星之側爲天桴鼓上三星爲織女何年人號天女孫便把牛郎擬夫婿不知此是天關梁河漢之精有常度晦明伏見莫非教肯爲文人結嘲侮班曹庾謝摛聲言世上兒曹更堪數臨風三誦大東詩須信詞章有今古

黃星行　元趙汸

八月十五夜未央中天皓月懸淸光大星稀少小星沒出門四顧山蒼蒼我生不讀甘石書但見一星明且黃今宵不見兒童怪應隨斗柄西山外石橋徙倚聞幽香荷葉團團大如蓋黃星明夜應復來淸露爲酒荷爲杯舉杯沒與黃星壽自古昆明有劫灰

南箕長好風　明胡翰

南箕長好風東畢復好雨陰魄生自西終夕成乖阻悠悠望彼蒼脈脈不得語起坐酌酒漿北斗在庭戶

星　許穀

麗天疑有質連貝各呈輝森布標分野羣來捧太微宵占賢士聚曉覺故人稀獨喜旄頭落天山奏凱歸

迢迢牽牛星　錢宰

河東有織女皎皎雲爲章手弄機上絲日夕更七襄織成五色文欲製君子裳莫言隔秋水可以駕飛梁睆彼牽牛星終日不服箱

醉蓬萊 老人星　宋柳永

漸亭皐葉下隴首雲飛素秋新霽華闕中天鎖鬱葱佳氣嫩菊黃深拒霜紅淺近寶堦香砌玉宇無塵金莖有露碧天如水　正値昇平萬機多暇夜色澄鮮漏聲迢遞南極星中有老人呈瑞此際宸遊鳳輦何處度管絃聲脆太液波翻披香簾捲月明風細

星辰部選句

楚屈原九歌登九天兮撫彗星又青雲衣兮白霓裳舉長矢兮射天狼操余弧兮反淪降援北斗兮酌桂漿

天問天何所沓十二焉分日月安屬列星安敶又角宿未旦曜靈安藏

九章情宛見之日明兮如列宿之錯置

遠遊奇傅說之託辰星兮又召豐隆使先導兮問太微之所居集重陽入帝宮兮造旬始而觀淸都又掔彗星以爲旍兮舉斗柄以爲麾又旹曖曃其曭莽兮召元武而奔屬後文昌使掌行兮選署衆神以並轂

宋玉九辯步列星而極明又願寄言夫流星兮羌儵忽而難當

漢司馬相如長門賦觀衆星之行列兮畢昴出于東方

揚雄甘泉賦迺命羣僚歷吉日協靈辰星陳而天行詔招搖與泰陰兮伏鉤陳使當兵

晉傅元賀老人星表老人星見體色光明嘉占元吉弘無量之祜隆克昌之祚普天同慶率土會歡

宋鮑照河淸頌景雲蔚嶽秀星駢羅

梁簡文帝慈覺寺碑龍星啓曜璧月儀暉

劉勰新論天有卷舌之星人有緘口之銘

唐楊炯羣官尋楊隱居詩序天光下燭懸少微之一星

裴度二氣合景星賦國家握乾符定天保禮樂修而叶德星辰行而軌道是以南方之氣共列色於少陽北斗之靈乃垂衣於元造是時玉燭調律攝提司方巽爲發生我則靑而呈瑞離爲正位我則赤而啓祥其數也合三才而列曜其色也表一德而中黃

韋琮月明星稀賦以合璧之華彩掃連珠之衆光有北微分於辰極維南屢失於昊蒼奕奕三台旣慚容於出沒熒熒五緯亦具體而微茫焜煌河鼓縣歷天駟初曈曨出地似懷德以增輝忽粲爛經天知畏威而有自

李商隱江之嫣賦豈如河畔牛星隔歲祗聞一過不及苑中人柳終朝剩得三眠

羅隱投永寧李相公啓出則祝趙衰之日來冀流暄入則禱傳說之星惟希借曜

漢仲長統詩恆星豔珠

古樂府天上何所有歷歷種白楡又南斗工鼓瑟北斗吹笙竽姮娥垂明璫織女奉瑛琚又奔星扶輪輿又月沒參橫北斗闌干

古詩玉衡指孟冬衆星何歷歷又磊磊落落向曙星

魏文帝詩星漢西流夜未央牽牛織女遙相望

曹植詩衆星粲以繁

晉張華詩東帶俟將朝廓落晨星稀又東壁正昏中

傅咸詩列宿映紫微

傅元詩繁星依青天列宿自成行

宋謝靈運詩倏爍夕星流

謝惠連詩奕奕河宿爛

鮑照詩明星辰未稀

唐沈佺期詩北斗七星横夜半

李頎詩輝輝星映川

儲光羲詩神武建皇極文昌開將星

李白詩青天何歷歷明星如白石黃姑與織女相去不盈尺銀河無鵲橋非時將安適又下看南極老人星又南星變大火熱氣餘丹霞

杜甫詩飛星過水白落月動沙虛又暗水流花徑春星帶草堂又今宵南極外甘作老人星又七星在北戸河漢聲西流又蜀星陰見少江雨夜聞多又重露成涓滴稀星乍有無又星臨萬戸動

錢起詩可能無酒分更祝有旗星

李益詩華星映衰柳暗水入寒塘

劉禹錫詩相印昔辭東閣去將星還拱北辰來又天狼無角比凡星

杜牧詩秋星歷歷分又天街夜色凉如水臥看牽牛織女星

溫庭筠詩殘曙微星當戸沒淡煙斜月照樓低

劉得仁詩夜深斜舫月風定一池星

羅隱詩雁門窮朔路牛斗故鄉星

齊己詩良夜如淸晝幽人在小庭滿空垂列宿那箇是文星

無名氏詩是星皆拱北無水不朝東

南唐後主李煜詩迢迢牽牛星杳在河之陽粲粲黃姑女耿耿遙相望

宋范仲淹詩森然萬象中焉知無荼星

司馬光詩凉風淨掃雲無迹海月未生星歷歷貝聯珠貫拱北辰三五縱横此何夕

范成大詩男解牽牛女能織不須邀福渡河星

陸游詩重滴竹梢露疎見樹罅星

欽定古今圖書集成曆象彙編乾象典

第六十卷目錄

星辰部紀事

乾象典第六十卷

星辰部紀事

路史史皇氏仰觀奎星圜曲之勢而刱文字

竹書紀年黃帝軒轅氏母曰附寶見大電繞北斗樞星光照郊野感而孕二十五月而生帝於壽丘

河圖始開圖黃帝名軒北斗黃帝之精母地祇之女附寶之郊野大電繞斗樞星耀感附寶生軒胸文曰黃帝子

路史軒轅黃帝以土德稱王時有黃星之祥

通鑑前編黃帝既受河圖命鬼臾蓲占星於是乎有星官之書

玉堂鑑綱黃帝命邑夷法斗之周旋魁方杓直以攜龍角作大輅以行四方由是車制備服牛乘馬引重致遠而天下利矣

竹書紀年帝摯少昊氏母曰女節見星如虹下流華渚既而夢接意感生少昊登帝位

路史少昊氏行二十有八宿而民事定注天祐紫薇經云少昊明二十八宿顓頊立九寺九卿以應上象也

竹書紀年帝顓頊高陽氏母曰女樞見瑤光之星貫月如虹感己於幽房之宮生顓頊於若水

蔡邕獨斷帝嚳有四妃以象后妃四星其一明者為正妃三者為次妃也

搴碎錄參商高辛氏二子閼伯實沈日相征伐帝乃遷閼伯於商丘主辰遷實沈於大夏主參故辰為商星昏見參為晉星曉見二星晝夜不相見

拾遺記堯登位三十年有巨查浮於西海查上有光夜明晝滅海人望其光乍大乍小若星月之出入名曰貫月查亦謂挂星查

繼古藂編堯韭於本草不知所以名之之義後見典術曰聖王之仁功濟天下者堯也天星降精於庭為韭感百陰為菖蒲焉

史記五帝本紀舜乃作璿璣玉衡以齊七政遂類於上帝禋於六宗註昊天上帝謂天皇大帝北辰之星六宗司中司命文昌第五第四星風師箕星雨師畢星也

竹書紀年帝禹夏后氏母曰修己出行見流星貫昴夢接意感既而吞神珠修己背剖而生禹於石紐

尚書帝命期禹白帝精以星感修己山行見流星意感栗然生姒戎文禹

刀劍錄夏禹子帝啓在位十年以庚戌八年鑄一銅劍長三尺九寸後藏之秦望山腹上勒二十八宿文有背面面文為星辰背記山川日月

博物志神仙傳曰說上據辰尾為宿歲星降為東方朔傳說死後有此宿東方生無歲星

魏書釋老志佛者本號釋迦文即天竺迦維衞國王之子初釋迦於四月八日夜從母左脅而生時當周莊王九年春秋魯莊公七年夏四月恒星不見夜明是也

路史小昊氏後有李氏五世孫乾元杲為周上御史取洪氏曰嬰敷感飛星而震十有二年副左而生儋

江南通志鳳陽府流星園在亳州東大靜宮南有星突流於園老子因而誕生見碑記

孝經援神契孔子制作孝經使七十二子向北辰罄折使曾子抱河洛事北向孔聲縹筆衣絳單衣向北辰而拜

史記鄭世家鄭使子產於晉問平公疾平公曰卜而曰實沈臺駘為祟史官莫知敢問對曰高辛氏有二子長曰閼伯季曰實沈居曠林不相能也日操干戈以相征伐后帝勿臧遷閼伯於商丘主辰商人是因故辰為商星遷實沈於大夏主參唐人是因服事夏商其季世曰唐叔虞當武王邑姜方娠大叔夢帝謂己余命而子曰虞乃與之唐屬之參而蕃育其子孫及生有文在其掌曰虞遂以命之及成王滅唐而國大叔焉故參為晉星由是觀之則實沈參神也

呂子察賢篇宓子賤治單父彈鳴琴身不下堂而單父治巫馬期以星出以星入日夜不居以身親之而單父亦治巫馬期問其故於宓子宓子曰我之謂任人子之謂任力任力者故勞任人者故逸

吹劍錄伯樂姓孫名陽伯樂星掌天馬陽善御故名焉同時九方歅亦善相馬列子謂九方皐

春秋文曜鉤楚有蒼雲如霓圍軫七蟠中有荷斧之

人向軫而蹲於是楚唐史畫遺灰而雲滅故曰唐史之策上滅沓雲

吳越春秋伍員奔吳至江江中有漁父乘船泝水而上子胥呼之曰漁父渡我父乃渡之千潯之津胥乃解百金之劍以與漁者劍中有七星

范蠡觀天文擬法於紫宮築作小城周千一百二十一步一圓三方

史記越王勾踐世家朱公居陶中男殺人囚於楚告其少子往視之朱公長男固請欲行朱公不得已而遣長子爲書一封遺故所善莊生曰至則進千金於莊生所聽其所爲無與爭事長男發書進千金如其父言莊生入見楚王言某星宿某此則害於楚獨以德爲可以除之楚王乃使使者封三錢之府楚貴人驚告朱公長男曰王且赦朱公長男以爲赦弟固當出也重千金虛棄莊生無所爲也乃復見莊生取金持去莊生羞爲兒子所賣乃入見楚王曰臣前言某星事王言欲以修德報之今臣出道路皆言陶之富人朱公之子殺人囚楚其家多持金銀賂王左右故王非能恤楚國而赦乃以朱公子故也楚王大怒論殺朱公子明日遂下赦令

河圖稽命徵帝劉季日角戴北斗胸龜背龍眼長七尺八寸明聖而寬仁

春秋佐助期蕭何稟昴星而生

西京雜記戚夫人侍兒賈佩蘭後出爲扶風人投儒妻說在宮內時八月四日出雕房北戶竹下圍碁勝者福負者疾病取絲縷就北辰星求長命乃免

雲笈七籤裴君傳裴君字元仁右扶風夏陽人也以漢孝文帝二年生於四月八日詣佛圖道人支子元者年一百七十歲見君而歎曰吾善相人莫如爾者子目中珠子正似北斗瑤光星自背以下象如河魁既有貴爵又當神仙

歲時記按世王傳曰竇后少小頭禿不爲家人所齒七月七日夜人皆看織女獨不許后出有光照室爲后之瑞

搜神記蜀郡張寬字叔文漢武帝時爲侍中從祀甘泉至渭橋有女子浴於渭河乳長七尺上怪其異遣問之女曰帝後第七車者知我所來時寬在第七車對曰天星主祭祀者齋戒不潔則女人見

洞冥記武帝嘗見彗星東方朔折指星之木以授帝帝以木指彗星星尋則沒也星出之夜野獸皆鳴別說謂之獸鳴星

獨異志海若居海島每至八月即有流槎過如是累年不失期其人齎糧乘槎而往及至一處見有人飲牛於河又見織女問其處飲牛之父曰可歸問蜀嚴君平當知之其人歸詣君平君平曰某年月日有客星犯斗牛計時即汝也其人乃知流槎至天津

雲笈七籤北斗九星七見二隱漢相國霍光家有典衣奴子名還車忽見二星在斗中光明非常乃拜而還遂得增年六百

漢書息夫躬傳躬歸國未有第宅寄居丘亭姦人爲侯家富常夜守之躬邑人河內掾賈惠往過躬教以祝盜方以桑東南指枝爲匕畫北斗七星其上躬夜自披髮立中庭向北斗持匕招指祝盜人有上書言躬懷怨恨非笑朝廷所進候星宿視天子吉凶與巫同祝詛上遣侍御史廷尉監逮躬繫雒陽獄欲掠問躬躬仰天大謼因僵仆吏就問云咽已絕血從鼻耳出食頃死

劉向孝子圖前漢董永千乘人少失母獨養父父亡無以葬從人貸錢一萬葬父畢將往爲奴於路逢一婦人求爲永妻永遂將婦人至錢主主問永妻曰何能妻曰能織耳主曰爲我織千疋絹即放爾夫妻於是索絲十日之內千疋絹足主驚遂放夫婦二人而去行至本相逢處乃謂永曰我是天之織女感君至孝天使我償之今君事了不得久停語訖雲霧四垂忽飛而去

後漢書嚴光傳帝引光入論道舊故相對累日帝從容問光曰朕何如昔時對曰陛下差增於往因共偃臥光以足加帝腹上明日太史奏客星犯御座甚急帝笑曰朕故人嚴子陵共臥耳

古今注漢明帝時太子舍人作歌詩四章以贊太子之德三曰星重耀

誠齋雜記張道陵母夢天人自魁星中以蘅薇香授之遂感有孕

後漢書李郃傳郃字孟節漢中南鄭人也父頡以儒學稱官至博士郃襲父業遊太學通五經善河洛風星外質朴人莫之識縣名署幕門候吏和帝即位分遣使者皆微服單行各至州縣觀採風謠使者二人當到益部投郃候舍時夏夕露坐郃因仰觀問曰二君發京師時寧知朝廷遣二使邪二人默然驚相視曰不聞也問何以知之郃指星示云有二使星向益州分野故知之耳

異苑陳仲弓從諸子姪造荀季和父子於時德星聚
太史奏五百里內有賢人聚
後漢書楊震傳震中子秉延熹七年南巡行至南陽
詔書多所拜除秉諫曰臣聞先王建國順天制官太
微積星名爲郎位入奉宿衛出牧百姓項者道路拜
除恩加隸豎爵以貨成化由此敗
豫章列士傳周騰字叔達爲御史桓帝欲南郊平明
出叔達仰首曰王者象星今宮中宿策馬星不出動
帝何出焉四更皇子卒遂止
緗素襍記漢以宮殿多災術者言天上有魚尾星宜
爲其象冠於屋以禳之今亦有自唐以來寺觀舊殿
宇尚有爲飛魚形尾上指者
拾遺記任末年十四時每言人而不學則何以成或
依林木之下削荆爲筆刻樹汁爲墨夜則映星望月
暗則縛麻蒿以自照
英雄記鈔太祖制酒禁而孔融書嘲之曰天有酒旗
之星地列酒泉之郡人有旨酒之德故堯不飲千鍾
無以成其聖
拾遺記沛國有黃麟見於戊己之地皆土德之嘉瑞
乃修戊己之壇黃星炳夜又起昴畢之臺祭祀之星
魏之分野歲時修祀焉
搜神記管輅至平原見趙顏貌主夭亡顏父乃求輅
延命輅曰子歸覓清酒鹿脯一斤卯日刈麥地南大
桑樹下有二人圍棊但酌酒置脯飲盡更斟以盡爲
度若問汝汝但拜之勿言必合有人救汝顏依言而
往果見二人圍棊顏置脯斟酒於前其人貪戲但飲
酒食脯不顧數巡北邊坐者忽見顏在叱曰何故在
此顏惟拜之南面坐者語曰適來飲他酒脯寧無情
乎北坐者曰文書已定南坐者曰借文書看之見趙
壽止可十九歲乃取筆挑上語曰救汝至九十年活
顏拜而回管語顏曰天助子且喜得增壽北邊坐人
是北斗南邊坐人是南斗南斗注生北斗注死凡人
受胎皆從南斗過北斗所有祈求皆向北斗
風土記七月七日其夜灑掃於庭露施几筵設酒脯
時果散香粉於河鼓織女言此二星神當會守夜者
咸懷私願或云見天漢中有奕奕正白氣有耀五色
以此爲徵應見者便拜而願乞富乞壽無子乞子唯
得乞一不得兼求三年乃得言之頗有受其祚者
晉書毛寶傳祖約遣祖煥桓撫欲襲溢口陶侃使寶
行寶軍懸兵少器仗濫惡大爲煥撫所破夜奔船所
百餘里望星而行
習鑿齒傳桓溫有大志追蜀人知天文者至夜執手
問國家祚運修短答云世祀方未溫疑其難言乃飾
辭云如君言豈獨吾福乃蒼生之幸然今日之語自
可令盡必有小小厄運亦宜說之星人曰太微紫微
文昌三宮氣候如此決無憂虞至五十年外不論耳
溫不悅乃止
桓元傳字敬道大司馬溫之孽子也其母馬氏嘗與
同輩夜坐於月下見流星墜銅盆水中忽如二寸火
珠冏然明淨競以瓢接取馬氏得而吞之若有感遂
有娠
謝敷傳敷字慶緒會稽人也性澄靜寡欲入太平山
十餘年鎮軍郗愔名爲主簿臺徵博士皆不就初月
犯少微少微一名處士星占者以隱士當之譙國戴
逵有美才人或憂之俄而敷死故會稽人士以嘲吳
人云吳中高士便是求死不得死
後趙錄青龍元年正月石閔欲滅二石之號議曰孔
子曰易姓而王七月者七十有三國繼趙李讖書炳
然且德星鎮衛宜改號大魏易姓李氏
南齊書虞愿傳明帝性猜忌星文災變不信太史不
聽外奏勑靈臺知星二人給愿常直內省有異先啓
以相檢察
北史崔浩傳浩父疾篤乃翦爪截髮夜在庭中仰禱
斗極爲父請命求以身代
魏書陳奇傳奇初被名夜夢星墜壓腳明而告人曰
星則好風星則好雨夢星壓腳必無善徵但時命峻
切不敢不赴耳
北齊書神武本紀神武自隊主轉爲函使常夢履衆
星而行覺而內喜
高阿那肱傳武平四年令其錄尚書事又總知外兵
及內省機密尚書郎中源師嘗諮肱云龍見當雩問
師云何處龍見作何物顏色師云此是龍星見須雩
祭非是眞龍見肱云漢兒強知星宿其嫌面如此
酉陽襍俎武攸緒天后從子年十四潛於長安市中
賣卜一處不過五六日因徙升中岳遂隱居服赤箭
茯苓晚年肌肉始盡目有紫光晝見星月
僧一行博覽無不知尤善於數鉤深藏往當時學者
莫能測幼時家貧鄰有王姥前後濟之數十萬及一
行開元中承上敬遇言無不可常思報之尋王姥兒
犯殺人罪獄未具姥訪一行求救一行曰姥要金帛
當十倍酬也明君執法難以請求如何王姥戟手大

罵曰何用識此僧一行從而謝之終不顧一行心計渾天寺中工役數百乃命空其室內徙大瓮於中又密選常住奴二人授以布囊謂曰某坊某角有廢園汝向中潛伺從午至昏當有物入來其數七可盡掩之失一則杖汝奴如言而往至酉後果有群豕至奴悉獲而歸一行大喜令寘瓮中覆以木蓋封以六一泥朱題梵字數寸其徒莫測詰朝中使叩門急召至便殿元宗迎問曰太史奏昨夜北斗不見是何祥也師有以禳之乎一行曰後魏時失熒惑至今帝車不見古所無者天將大警於陛下也夫匹婦匹夫不得其所則隕霜赤旱盛德所感乃能退舍感之切者其在葬枯出繫乎釋門以瞋心壞一切善慈心降一切魔如臣曲見莫若大赦天下元宗從之又其夕太史奏北斗一星見凡七日而復成式以此事頗怪然大傳衆口不得不著之

續博物志明皇獲二十七仙王像於寧州羅川縣金華洞奇偉異狀各各不同內有心星一座甚美手板復有明致御名其地屬五可思非其人已百歲後置眞寧觀改羅川爲眞寧縣今有王像圖傳於世

開元天寶遺事帝與貴妃每至七月七日夜在清華宮遊宴時宮女輩陳瓜花酒饌列於庭中求恩於牽牛織女星也

宮中以錦結成樓殿高百尺上可以勝數十人陳以瓜果酒炙設坐具以祀牛女二星嬪妃各以九孔針五色線向月穿之過者爲得巧之候動淸商之曲宴樂達旦士民之家皆效之

雲仙雜記杜子美十餘歲夢人令采文於康水覺而問人此水在二十里外乃往求之見鵝冠童子告曰汝本文星典吏天使汝下謫爲唐世文章海九雲誥已降可於豆壠下取甫依其言果得一石金字曰詩王本在陳芳國九夜捫之麟篆熱聲振扶桑享天福後因佩入葱市歸而飛火滿室有聲曰邂逅穢吾令汝文而不貴

大唐新語尹伊嘗因坊州司戶尚藥局牒省索杜若省符下坊州供送伊判之曰坊州本無杜若天下共知省符忽有此科應由謝朓詩誤華省曹郎如此判豈不畏二十八宿向下笑人由是知名改補雍州司法

雲仙襍記鄭廣文屋室破漏自下望之豰如七星

唐書王鉷傳天寶八載方士李渾上言見太白老人告玉版祕記事帝詔鉷按其地求得之因是羣臣奉上帝號

南楚新聞李泌謂肅宗曰臣絕粒無家祿位茅土皆非所欲收復京師但枕天子膝一覺使司天奏有客星犯帝座足矣

雲溪友議太僕韋卿觀欲求夏州節度使有巫者知其所希忽詣韋門曰某善禱祝足神凡求官職者必能應之韋不知其詐僞令擇日夜深於中庭備酒果香燭等巫者乘醉而至請韋自書官階一道虔啓於醮席旣得手書官銜仰天大叫曰韋觀有異志令我祭天韋公合族拜曰乞山人無以此言百口之幸也凡所翫用財物悉與之

本事詩崔曙進士作明堂火珠詩續帖曰夜來雙月滿曙後一星孤當時以爲警句及來年曙卒唯一女名星星始悟其自讖也

閑見後錄天下州名俗呼不正者有二一處州舊爲括州唐德宗立當避其名適處士星見分野故改爲處音楮今俗誤爲處所之處矣

全唐詩話樊素善歌小蠻善舞樂天詩有曰櫻桃樊素口楊柳小蠻腰至於高年又賦詩曰失盡白頭伴長成紅粉娃因爲楊柳詞以托意云一樹春風萬萬枝嫩於金色軟於絲永豐東角荒園裏盡日無人屬阿誰及宣宗朝國樂唱是詞帝問永豐在何處左右具以對遂命取永豐柳兩枝植於禁中白感上知又爲詩云一樹衰殘委泥土雙枝移種植天庭定知此後天文裏柳宿光中見兩星

酉陽雜俎舊說不見輔星者將死成式親故常會修行里有不見者未周歲而卒

相傳識人星不患瘧成式親識中識者悉患瘧又俗不欲看天獄星有流星入當披髮坐哭之候星却出災方弭金樓子言予以仰占辛苦侵犯霜露又恐流星入天牢方知俗忌之久矣

前秀才李鵠覲於潁川夜至一驛纔臥見物如豬者突上廳階鵠驚走透後門投驛廄潛身草積中屏息且伺之怪亦隨至聲遠草積數匝瞪目相視鵠所潛處忽變爲巨星騰起數道燭天鵠左右取燭索鵠於草積中已卒矣半日方蘇因說所見未旬無病而死

雲仙襍記孫顧夜行橫塘見池中大魚映月吸水移時不去池外數步有一小坎正涵北斗有蝦蟆數十共來飲嚥顧異之明日汰池中惟有一大鯉身已五色復來坎所訪求蝦蟆得三足者數十

梁鄴上元後忽髮變如血十日元夜食牛肺犯天樞巡使夜行禱謝可免

摭言衛元規酒後忤丁僕射以書謝曰自茲囚酒星於天獄焚醉目於泰坑

錄異記嘉州夾江令檢校工部尚書朱播嘗居官得疾四支不能運用舉體沉重每轉側皆須數人扶舁以爲風廢藥餌攻之未效忽眼痛且瘴晝夜煩楚又數日餓而渴作嗜水及湯飲不知石斗之量又數日心狂憒憒若有所覩賴其沉頓不能轉動若不然亦將披髮裸走無所畏憚矣旬日之中四疾相屬風露之危期在旦夕矣既晝夜不寐疲倦之極忽如睡不睡見七仙人列坐在前纔長五六寸衣帔冠服眉目髭髮歷歷分明五人相倚而坐二人兩畔橫坐播心自思之正坐則有橫坐如何忽聞側畔空中有人應曰既爲仙人無所不可何怪橫坐開訖亦不見所語之人七仙人亦復不見自此常覺有人爲握搦手足捫拍背膊所疾漸損其日所嗜冷水湯飲頓減一半如是三五日便能主持公事祗對賓客所疾全愈因晝北斗七星眞人供養焉

稽神錄僞吳鄂帥王輿少爲小將從軍圍潁州夜夢道士告之曰且有流星墮地能避之當至將相明日衆軍攻城城中矢石如雨輿仗劍倚柵木而督戰俄有飛石正中其柵木及輿鎧甲皆糜碎而輿無傷因嘆曰流星正謂爾耶由是自負卒至大官

江南野錄嗣主如南都既數日詰旦殿庭忽見踐穽一腳視之乃獸食之餘詢宿衛莫知所以使往詢陳陶陶曰昨暮乃狼星值日故爾嗣主嘆曰眞鴻儒也

陸游南唐書伍喬傳喬居廬山國學數年山中浮屠夢仰視見一大星芒色甚異旁有人指之曰此伍喬星也既覺訪得喬乃傾資奉之使入金陵舉進士及試牓出喬果爲首

清異錄世宗時水部郎韓彥卿使高麗卿有一書曰博學記偷抄之得三百餘事今抄天部七事一屑金星也

遼史耶律孟簡傳孟簡性穎悟六歲父晨出獵俾賦曉天星月詩孟簡應聲而成父大奇之

湘山野錄祖宗居潛日與趙韓王遊長安市時陳摶乘一騎遇之下驢大笑巾幘幾墜左手握太祖右手挽太宗曰可相從市飲乎太宗曰與趙學究三人並遊可當同之陳睥睨韓王甚久徐曰也得也得非渠不得預此席既入酒舍韓王足疲偶坐席左陳怒曰紫微帝垣一小星輙據上次不可斥之使居席右

澠水燕談錄建隆中南都一夕星隕如雨點或大或小光彩煜然未至地而滅景祐初忻州夜中星隕極多明日視之皆石聞今忻民猶有蓄之乃知公羊傳以雨星不及地而復其說得之左氏以如雨而言與雨偕非也

玉壺清話景德三年有巨星見於天氐之西光芒如金圓無有識者春官正周克明言按天籙荊州占其星周伯語曰其色黃金其光煌煌所見之國太平而昌又按元命苞此星一日德星不時而出時方朝野多歡六合平定鑾輿澶淵凱旋萬域賦斂無橫宜此星之見也克明本進士獻文於朝召試中書賜上及第

紹興府志吳仁璧女少能詩兼明元象陰陽之學天聖中仁璧登進士居越中甚貧困間常徉狂乞於市女曰大人愼出入恐罹網羅已而錢武肅王命撰其母墓銘仁璧不從遂被繫女泣曰文星失位大人其不免乎遂併女沉之東小江女年十八

澠水燕談錄柳三變景祐末登進士第少有俊才尤精樂章後以疾更名永字耆卿皇祐中久困選調入內都知史某愛其才而怜其潦倒會教坊進新曲醉蓬萊時司天臺奏老人星見史乘機薦之仁宗大悅

閒見後錄洛陽楚氏葬龍門之東尹樊村鑿井每不得泉有術者云夜以水盛器見星多者下有泉用之果然

天中記嘉祐八年冬十一月京師有道人遊十於市莫知所從來貌體古怪不與常類飲酒無算未嘗覺醉都人士異之相與誼傳好事者潛圖其狀後近侍達帝引見賜酒一石飲及七斗次日司天臺奏壽星臨帝座忽失道人所在仁宗嘉歎久之

湖廣通志朱曾鞏知襄州朝廷遣使搜水利各辟三兩選人充勾當公事鞏一日宴諸使者坐客云昨日大星墜於西南有聲甚厲又有小星隨之鞏曰小星必天狗下勾當公事也

夢溪筆談治平元年常州日禺時天有聲如雷乃一大星幾如月見於東南少時而又震一聲移著西南又一震墜在宜興縣民許氏園中遠近皆見火光赫然照天許氏藩籬皆爲所焚是時火息視地中只有一竅如杯大極深下視之星在其中熒熒然良久漸暗尚熱不可近又久之發其竅深三尺餘乃得一圓

石猶熱其大如拳一頭微銳色如鐵重亦如之州守鄭伸得之送潤州府金山寺至今匣藏遊人到則發視王無咎爲之傳甚詳

志林紹聖二年五月望日敬造眞一法酒成請羅浮道士鄧守安拜奠北斗眞君將奠雨作已而淸風肅然雲氣解駁月星皆見魁標皆爽徹奠陰雨如初謹拜首稽首而記其事

江西通志南康府德星石舊云落星在府南二里湖中卽層城也舊傳有星墜水化爲石高五丈許宋蔣之奇詩今日湖中石當年天上星元祐間勅建禪寺於上賜額爲福星龍安院

桯史承平時國家與遼歡盟文禁甚寬輅客者往來率以談謔詩文相娛樂元祐間東坡寔膺是選遼使素聞其名思以奇困之其國舊有一對曰三光日月星凡以數言者必犯其上一字於是徧國中無能屬者首以請於坡坡唯唯謂其介曰我能而君不能亦非所以全大國之體四詩風雅頌天生對也

晁補之遊新城北山記時九月天高露淸山空月明仰視星斗皆光大如適在人上

浙江通志宋林靈素初名靈噩字歲昌永嘉人政和三年至京每侍宴太淸樓下見元祐黨籍碑靈素稽首上怪問之對曰碑上姓名皆天上星宿臣敢不稽首因爲詩曰蘇黃不作文章客童蔡翻爲社稷臣三十年來無定論不知奸黨是何人上以詩示蔡京京惶愧乞出

行營雜錄政和間求軾墨跡甚銳人莫知其由或傳徽宗親臨寶籙宮醮筵其主醮道流拜章伏地久之方起上詰其故答曰適至上帝所値奎宿奏事良久方畢始能達其章也上嘆訝久之問曰奎宿何神爲之所奏何事對曰所奏事不可知爲此宿者卽本朝蘇軾也上大驚不惟弛其禁且欲玩其詞翰一時士大夫遂從風而靡

委巷叢談宋南渡諸將韓世忠封蘄王楊沂中封和王張俊封循王俱享富貴之極而俊復善治生其罷兵而歸歲收租米六十萬斛今浙中豈能著此富家也紹興間內宴有優人作善天文者云世間貴官人必應星象我悉能窺之法當用渾儀設玉衡若對其人窺之見星而不見其人玉衡不能卒辦用銅錢一文亦可乃令窺光堯云帝星也秦師垣曰相星也韓蘄王曰將星也張循王曰不見其星衆皆駭復令窺之曰中不見星只見張郡王在錢眼內坐殿上大笑俊最多貲故譏之

聞見近錄廣東老媼江邊得巨蚌剖之得大珠歸而藏之絮中夜輒飛去及曉復還媼懼失去以大釜煮之至夜有光燭天鄰里驚之以爲火也競往赴之光自釜出乃珠也明日納於官府今在韶州軍資庫予嘗見之其大如彈狀如水晶非蚌珠也其中有北斗七星隱然而見煑之半枯矣故郡不敢貢於朝

老學菴筆記趙元鎭丞相謫朱崖病亟自書銘旌云身騎箕尾歸天上氣作山河壯本朝

癸辛襍識徐子方云向到故內觀堂有黑漆廚內龕二石高數尺其一有南斗六星隱起石上刻金書南極呈祥其陰有北斗七星亦隱起而色白刻曰北斗降瑞及再至杭則觀堂已化爲佛寺此石莫知所在矣

雲南通志宋寧宗嘉定十七年元太祖帖木眞征東印度至鐵橋石門關前軍報有獸一角形如鹿而馬尾色綠作人言曰汝主宜早還左右皆懾獨耶律楚材曰此名角端蓋旄星之精能四方言語好生惡殺聖人在位則斯獸奉書而至且能日馳萬八千里靈異如鬼神不可犯也帝卽回馭

筆記景定三年司曆者曰星有天尾旅於奎塡與辰從月後會四星不相能也乃季春月朔同軌其占爲文運不明天下三十年無好文章

謝翱遊石洞夜坐記三石洞之遊直抵其頂山之僧曰師遠者邀宿寺中望藥壺諸巖連洞如井河漢衆星掛其上小者欲飛大者欲滴環視北斗無見者以問遠遠云諸巖藥壺直西北最高北斗墮其脇故經年未嘗一見獨蘿陰缺處見南斗歷歷衆皆瞻仰嘆異

元史世祖本紀至元五年十月勅二分二至及聖誕節日祭星於司天臺

張起巖傳至元乙酉三月乙亥太史奏文昌星明文運將與時世祖行幸上京明日丙子皇孫降生於儒州是夜起巖亦生其後皇孫踐祚是爲仁宗始詔設科取士及廷試起巖遂爲第一人論者以爲非偶然也

成宗本紀至元三十一年五月祭紫微星於雲仙臺

小雲石海崖傳母廉氏夜夢神人授以大星使吞之已而有娠及生神采秀異

楮記室至治元年玉案山產小赤犬犬羣吠邏野占

云天狗墜地爲赤犬其下有大軍覆境

誠齋雜記蔡州丁氏女精於女紅每七夕禱以酒果忽見流星墜筵中明日瓜上有金梭自是巧思益進

瑯嬛記女星傍一小星名始影婦女於夏至夜候而祭之得好顏色始影南並肩一星名琯朗男子於冬至夜候而祭之得好智慧

內觀日疏姚姥住長離橋十一月夜半大寒夢觀星墜於地化爲木仙花一叢甚香美摘食之覺而產一女長而令淑有文因以名焉觀星卽女史在天柱下故迄今水仙名女史花又名姚女花

近峰記略元天曆戊辰婁宿降靈高皇帝以是年生至洪武戊寅而婁星復明洪武元年正月慧出昴是年元運除舊高皇布新是昴宿實應胡星也正統己巳熒惑入南斗車駕北狩

遵聞錄太祖親征陳友諒大戰於彭蠡湖與伯溫皆在御舟以觀將卒搏戰伯溫忽躍起大呼太祖亦驚起疑其作亂見伯溫雙手麾之連聲呼曰難星過可更舟太祖如其言而更之坐未半晌舊舟已爲敵砲擊碎矣

龍興慈記刑部尚書開濟聰敏明辨深契聖心聖祖一夕不寐召濟曰朕欲燕天上二十八宿濟曰臣意亦然曰燕何品也曰昴奎用酪畢用鹿肉觜用根及果參牛用醍醐斗井鬼用秔米華和蜜柳用乳糜星用秔米烏麻作粥張用毗羅婆果翼用羹熟青黑豆軫用蕎稗飯角氐用諸華飯亢用蜜羹菉豆房用酒肉心危用秔米粥尾用諸果根作食箕用尼拘陁皮汁女用烏肉虛用烏豆汁室用肉血壁用肉婁用大麥飯井肉胃用秔米烏麻野棗列於二十八張金卓上曰何以知至否也曰二十八把金椅用二十八纈紅綿剖鬆椅上至則芒頭倒不至則芒頭不倒如濟言燕之二十六金椅芒頭盡倒二椅芒頭不倒問曰二宿何不至也濟曰一宿陛下一宿臣聖祖疑曰卿欲傚朕不難也後以事見法

杭州府志明貝國器郭溪人寓居海寧烏鵲橋有異術與鐵冠道人俱遊白下同宿値太祖微行假榻焉因無枕以斗爲枕而寢國器夜出視天曰帝星臨斗帝遽昂然聽之鐵冠曰尚離尺餘也帝大驚

龍興慈記聖祖遣高僧拜表上天宮宗泐沐浴俯伏神遊三日後返入奏曰婁宿現形俄疽發背崩一云上有疾使訪周顚仙於匡廬天池山顚令遍閱二十八宿躔舍皆有人惟一舍空然無人一蛟龍垂首流血顚云此世主也又角亢宿矣

明外史方孝孺傳孝孺生時有大星墮其所幼警敏雙眸炯炯如電讀書日盈寸鄉人目爲少韓子

續已編成化中星隕於山東莒城縣馬長史家門中初墮地其光煜煜而星體腐軟特如粉漿馬家人以杖抵之沒杖成穴久而漸堅乃成一石

落獄記襄陵莊王沖秋韓憲王第二子也孝友篤至過人母季膂病甚王籲北辰下刲股爲藥以進母病頓愈

仰山脞錄鄭尚書楊文懿公守陳在娠時母夢大星入懷及生天庭有黑子狀如北斗人以爲異

濯纓亭筆記正德初彗星掃文昌臺官云應在內閣未幾逆瑾出逐內閣大學士劉健謝遷自是而後一時在位九卿臺諫無不被其禍

王世貞遊泰山記戊午己未間偕御史段君按部泰安從行者僉事王君約以次日尋山諸勝淫雨連日夕不休凡四日始小息夜臥倦甚王君吟苦若寒蟬又時時提耳告以所得句余不勝嬲強起顧視天碧淨如洗而大星百餘互於杯歷歷磨角殆可仰而摘也

江南通志吳應賓字尚之少穎異母孫氏夢星入口而生五歲入塾日誦千言年十四博覽群書登萬曆丙戌進士授翰林編修

欽定古今圖書集成曆象彙編乾象典

第六十一卷目錄

星辰部雜錄一

乾象典第六十一卷

星辰部雜錄一

易經豐六二豐其蔀日中見斗程傳斗昏見者也蔀周匝之義用障蔽之物掩晦於明者也斗屬陰而主運平象五以陰柔而當君位日中盛明之時乃見斗猶豐大之時乃遇柔弱之主也

九三豐其沛日中見沬程傳沛作旆旛幔圍蔽於內者豐沛更甚於蔀也沬星之微小无名數者見沬塯之甚也

書經周書洪範庶民惟星星有好風星有好雨日月之行則有冬有夏月之從星則以風雨

詩經小雅苕之華三星在罶朱注罶中無魚而水靜但見三星之光而已言饑饉之餘百物凋耗

大雅雲漢瞻卬昊天有嘒其星朱注久旱而仰天以望雨則有嘒然之明星未有雨徵也

周禮冬官考工記輈人蓋弓二十有八以象星也龍旂九斿以象大火也鳥旟七斿以象鶉火也熊旗六斿以象伐也龜蛇四斿以象營室也弧旌枉矢以象弧也

禮記曲禮行前朱鳥而後元武左青龍而右白虎招搖在上急繕其怒陳注行軍旅之出也朱鳥元武青龍白虎四方宿名也以爲旗章招搖北斗七星也居四方宿之中軍行法之作此舉之于上以指正四方使戎陣整肅

禮運天秉陽垂日星又以四時爲柄以日星爲紀

尚書考靈曜桑木者箕星之精木虫食葉爲文章人食之老翁爲小童

詩紀曆樞蟋蟀在堂流火西也

春秋運斗樞瑤光星散而爲烏璣星散爲鶉玉衡星散爲鴟天樞得則鸑集玉衡星散爲鷄璣星散爲雉瑤光星散爲鷰爲雀玉衡星散爲李璇星散爲橘玉衡星散爲椒爲菖蒲璇星散而爲象玉衡星散而爲兎璇星散爲薑

春秋說題辭詩者天文之精星辰之度

斗星時散精爲彘四月生應天理

槐木者虛星之精

春秋佐助期天子法斗諸侯應宿也

春秋緯月麗于畢雨滂沱月麗于箕風揚沙

三墳書山墳象民星

管子四時篇東方曰星其時曰春其氣曰風風生木與骨其德喜嬴而發出節時其事號令修除神位謹禱弊梗宗正陽治隄防耕耘樹藝正津梁脩溝瀆甃屋行水解怨赦罪通四方然則柔風甘雨乃至百姓乃壽百蟲乃蕃此謂星德星者掌發爲風又西方曰辰其時曰秋其氣曰陰陰生金與甲其德憂哀靜正嚴順居不敢淫佚其事號令毋使民淫暴順旅聚收量民資以畜聚賞彼羣幹聚彼羣材百物乃收使民毋怠所惡其察所欲必得我信則克此謂辰德辰掌收收爲陰

文子上德篇日出星不見不能與之爭光又百星之明不如一月之光

莊子大宗師篇傳說得之以相武丁奄有天下乘東維騎箕尾而比于列星

列御寇篇莊子將死弟子欲厚葬之莊子曰吾以天地爲棺槨以日月爲連璧星辰爲珠璣葬具豈不備耶

尸子自井中視星所見不過數星自丘上以望則見始出也非明益也勢使然也

孫武子火攻篇凡發火有時起火有日時者天之燥也日者月在箕畢翼軫也凡此四宿者風起之日也

荀子解蔽篇瞽者仰視而不見星辰不以定有無用精惑也

吳越春秋吳與越同音共律上合星宿下共一理

史記龜策傳記曰能得名龜者財物歸之家必大富至千萬一曰北斗龜二曰南辰龜三曰五星龜四曰八風龜五曰二十八宿龜

淮南子天文訓北斗之神有雌雄十一月始建於子月從一辰雄左行雌右行五月合午謀刑十一月合子謀德太陰所居辰爲厭日厭日不可以舉百事堪輿徐行雄以音知雌故爲奇辰數從甲子始子母相求所合之處爲合十日十二辰周六十日凡八合合於歲前則死亡合於歲後則無殃甲戌燕也乙酉齊

也丙午越也丁巳楚也庚申秦也辛卯戎也壬子趙也癸亥胡也戊戌己亥韓也己酉己卯魏也戊午戊子八合天下也太陰小歲星日辰五神皆合其日有雲氣風雨國君當之

日月之淫爲精者爲星辰

隆形訓八九七十二二主偶偶以承奇奇主辰辰主月月主馬馬故十二月而生七九六十三三主斗斗主犬犬故三月而生三九二十七七主星星主虎虎故七月而生

本經訓星月之行可以歷推得也

齊俗訓夫乘舟而惑者不知東西見斗極則寤矣

詮言訓星列于天而明故人指之

修務訓攝提鎮星日月東行而人謂星辰日月西移者以大氏爲本

海內十洲記臣自少及今周流六天廣陟天光極於是矣未若凌虛之子飛眞之官上下九天洞視百萬北極勾陳而井華蓋南翔太丹而棲大夏東之通陽之霞西薄寒穴之野日月所不逮星漢所不與其上無復物其下無復底臣所識乃及於是愧不足以酬廣訪矣

揚子學行篇視日月而知衆星之小也仰聖人而知衆說之小也

後漢書楊秉傳太微積星名爲郎位入奉宿衛出牧百姓

白虎通鞞者震之氣也上應昴星以通王道故謂之鞞也

君有衆民何法法天有衆星也

論衡偶會篇火星與昴星出入昴星低時火星出昴星見時火星伏非火之性厭服昴也時偶不並度轉乖也

靈憲三公在天爲三台九卿爲北斗

四民月令三月昏參星夕杏花盛桑葉白　又河射角堪夜作犂星沒水生骨

參同契明辨邪正章是非歷臟法內觀有所思履行步斗宿六甲以日辰

卯酉刑德章二月楡落魁臨於卯八月麥生天罡據酉

法象成功章法象莫大乎天地兮元溝數萬里河鼓臨星紀兮人民皆驚駭　又循斗而招搖兮執衡定元紀　又青龍處房六兮春華震東卯白虎在昴七兮秋芒兌西酉朱雀在張二兮正陽離南午三者俱來朝兮家屬爲親侶

獨斷六神之別名風伯神箕星也其象在天能興風雨師神畢星也其象在天能興雨明星神一曰靈星其象在天舊說曰靈星火星也一曰龍星火爲天田

管輅別傳淸河令徐季龍字開明有才機與輅相見共論龍動則景雲起虎嘯則谷風至以爲火星者龍參星者虎火出則雲應參出則風到此乃陰陽之感化非龍虎之所致也

抱朴子內篇命之修短實由所值受氣結胎各有星宿天道無爲任物自然無親無疎無彼無此也命屬生星則其人必好僊道好僊道者求之亦必得也命屬死星則其人亦不信僊道則亦不自修其事也

若忽偶忘守一而爲百鬼所害或臥而魘者卽出中庭視輔星握固守一鬼卽去矣若夫陰雨者但止室中向北思見輔星而已

登涉符籙或問曰辟山川廟堂百鬼之法抱朴子曰有老君黃庭中胎四十九眞祕符入山林以甲寅日丹書白素夜置案中向北斗祭之以酒脯各少少自說姓名再拜受取內衣領中辟山川百鬼萬精虎狼蟲毒也

枕中書昔二儀未分溟涬鴻濛下無山嶽上無列星

古今注吳皇帝有寶劍六四曰流星

零陵先賢傳劉先生欲遣周不疑就劉巴學巴曰昔游荆北時涉師門記問之學不足紀名猶天之南箕虛而不用賜書乃欲賢甥摧鸞鳳之翮游燕雀之宇將何以啓明之哉

蜀志星應與鬼故君子精敏小人鬼黠

郫江上西有末平橋長老傳言李冰造七橋上應七星故世祖謂吳漢曰安軍宜在七星間

湘中記宿當軫翼度應機衡故曰衡山

拾遺記指星麥四月火星出麥熟而穫之

員嶠西有星池千里池中有神龜八足六眼背負七星日月八方之圖腹有五岳四瀆之象時出石上望之煌煌如列星矣

須彌山對七星之下出碧海之中

金樓子星如玉李月上金波

顏氏家訓曰爲陽精月爲陰精星爲萬物之精儒家所安也星有墜落乃爲石矣精若是石不得有光性又質重何所繫屬一星之徑大者百里一宿首尾相去數萬百里之物數萬相連闊狹從斜常不盈縮又

星與日月形色同爾但以大小為其等差然而日月又當石也石既牢密烏兔焉容石在氣中豈能獨運日月星辰若皆是氣氣體輕浮當與天合往來環轉不得錯違其間遲疾理宜一等何故日月五星二十八宿各有度數移動不均寧當氣墜忽變為石

隋書禮志乾象輦羽葆圓蓋畫日月五星二十八宿

酉陽雜俎舊說野狐名紫狐夜擊尾火出將為怪必戴髑髏拜北斗髑髏不墜則化為人矣

何諷於書中得一髮捲規四寸許如環而無端方士曰此名脈望蠹魚三食神仙字則化為此夜從規中望星星立降

燕公常讀其夫子學堂碑頌頭自帝車至太甲四句悉不解訪之一公一公言北斗建午七曜在南方有是之祥無位聖人當出華蓋已下卒不可悉

杜陽雜編大軫國貢重明枕神錦衾碧麥紫米云其國在海東南三萬里當軫宿之位故曰大軫國

因話錄祕書省內有落星石

嘉話錄五星惡浮圖佛像今人家多圖畫五星雜於佛事或謂之禳災異不知也

雲仙雜記人能盡數天星則徧知棋勢

續博物志律歷志云角一十二度亢九氐十五房五心五尾十八箕十一斗二十六牛八女十二虛十危十七營室十六壁九奎十六婁十二胃十四昴十一畢十六觜二參九井三十三鬼四柳十五星七張十八翼十八軫十七此三百五度二十八宿之度也

丑為星紀初斗十二度終于婺女七度子為元枵初婺女八度終于危十五度亥為娵觜初危十六度終于奎四度戌為降婁初奎五度終于胃六度酉為大梁初胃七度終于畢十一度申為實沈初畢十二度終于井十五度未為鶉首初井十六度終于柳八度午為鶉火初柳九度終于張十七度巳為鶉尾初張十八度終于軫十一度辰為壽星初軫十二度終于氐四度卯為大火初氐五度終于尾九度寅為析木初尾十度終于斗十一度

八分二十八宿為十二次晉灼曰太歲在四仲則歲行三宿太歲在四孟四季則歲行二宿二八十六三四十二而行二十八宿十二歲而周天是歲星年行一次也

二十八宿為其有二十八星當度故立以為宿推測者多變如畢有十七度半觜半度星既不當度自不當用為宿星度皆以赤道為法黃道則有邪有直與赤道不等

月令曰椒是玉衡星精服之身輕

尚書故實某經云佛教上屬鬼宿蓋鬼神之事鬼瞎則佛教衰矣吳先生嘗稱有靈鬼錄佛乃一靈鬼耳

兼明書鄭康成云北斗天皇大帝其精生人凡稱皇者皆得天皇之氣又云五帝者仰合五帝座星也鄭康成以黃帝少昊顓頊帝嚳唐堯虞舜為五帝六人而云五帝者以其俱合五帝座星也

化書伏虺者必役五星之精苟役不至虺何以伏

樂府古題星名據天文志所載也

北夢瑣言黃籙壇場辰星備位顧雲博士為高燕公草齋詞云天靜則星辰可摘奇險之句施於至敬可乎

玉溪編事南詔以十二月十六日謂之星回節日遊于避風臺命清平官賦詩

聞見後錄或譖胡宿于上曰宿名當為去聲乃以入聲稱名尚不識豈堪作詞臣上以問宿宿曰臣名歸宿之宿非星宿之宿譖者又曰果以歸宿取義何為字拱辰也故後易字武平

易漭虛衆星拱極萬矢湊的必不可易

嬾眞子二十八宿今韻略所呼與世俗所呼往往不同韻略宿音繡亢音剛氐音低觜音訾皆非也何以言之二十八宿謂之二十八舍又謂之二十八次次也舍也皆有止宿之意今乃音綉此何理爾雅云壽星角亢也注云數起角亢列宿之長故有高亢之義今乃音剛非也爾雅天根氐也注云角亢下繫於氐若木之有根其義如周禮四圭有邸漢書諸侯上邸之邸音低誤矣西方白虎而觜參為虎首故有觜之義音訾誤矣彼韻略不知但欲異於俗不知害於義也學者當如其字呼之

僕友司馬文季朴極知星嘗云前漢天文志牽牛為犧牲其北河鼓大星上將左右星左右將此說非也且何鼓乃牽牛也今分為二則失之矣爾雅云何鼓謂之牽牛注云今荊楚人呼牽牛為檐鼓檐者何也蓋此星狀如鼓左右兩星若檐鼓之狀故謂之何鼓何者如何天之休之何人但見何鼓在天潢之間故易謂河非也

夜夢神官與我言羅縷道妙角與根提攜陬維口瀾翻百二十刻須臾間右退之記夢詩殊為難解僕嘗考之此乃言二十八宿之分野也爾雅曰壽星角亢

也注云數起高亢列宿之長又曰天根氐也注云下繫于氐若木之有根𣎆嘗之曰營室東壁也注云營室東壁星四方似口故以名之所謂百二十刻者蓋渾天儀之法二十八宿從右逆行經十二辰之舍次每辰十二刻故云百二十刻

南方朱鳥蓋未爲鶉首午爲鶉火巳爲鶉尾天道左旋二十八宿右轉而朱鳥之首在西故先曰未次曰午卒曰巳也然南方七宿之中四宿爲朱鳥之象漢天文志柳爲鳥喙星爲鳥頸張爲鳥嗉翼爲鳥翼或問朱鳥而獨取于鶉何也僕對曰朱鳥之象止于翼宿而不言尾有似于鶉故以名之然謂之鶉尾者嘗問元城先生先生曰蓋以翼爲尾云故甘氏星經云鳥之闕竦其尾鶉之闕竦其翼以此知之

僕嘗問元城先生先儒註太元經每首之下必列二十八宿何也先生曰周天二十八宿三百六十五度四分度之一而太元經凡七百二十九贊乃此數也

世言五角六張謂五日遇角宿六日遇張宿此兩日作事多不成然一年之中不過三四日紹興癸丑歲只三日四月五日角七月二十六日張十月二十五日角多不過四日他皆倣此

夢溪筆談天魁者斗魁第一星也斗魁第一星抵于戌故曰天魁從魁者斗魁第二星也斗魁第二星抵于酉故曰從魁

皇祐中禮部試璣衡正天文之器賦舉人皆雜用渾象事試官亦自不曉第爲高等漢以前皆以北辰居天中故謂之極星自祖亘以璣衡考驗天極不動處乃在極星之末猶一度有餘熙寧中予受詔典領曆官雜考星曆以璣衡求極星初夜在窺管中少時復出以此知窺管小不能容極星遊轉乃稍稍展窺管候之凡歷三月極星方遊于窺管之內常見不隱然後知天極不動處遠極星猶三度有餘每極星入窺管別畫爲一圖圖爲一圓規乃畫極星于規中其初夜中夜後夜所見各圖之凡二百餘圖極星方常循圓規之內夜夜不差

東坡志林退之詩云我生之辰月宿直斗乃知退之磨蝎爲身宮而僕乃以磨蝎爲命平生多得謗言殆是同病也

月犯少微吳中高士求死不得人之好名有甚於生者

玉川子作月蝕詩云歲星坐福德官爵奉董秦忍使黔婁生覆尸無衣巾

物類相感志輔星北斗星柄第二星旁一小星人若不見此星者死不久雜俎中說曾有人不見數月而死

地之將動鈎鈐開鈐卽房星上垂二星若礫開則始震盛張大則動漸合則止

後山詩話韓退之上尊號表曰析木天街星宿清潤北嶽醫閭神鬼受職曾子賀赦表曰鉤陳太微星緯咸若崐崘渤澥濤波不驚世莫能輕重之也後當有知之者

毛詩名物解三五曆曰星者元氣之精蓋積氣之中有光耀者也星精也月魄也雲魂也釋名曰祭雨曰升祭星曰布升取其氣之升也布取其象之布也書曰卿士惟月庶人惟星言卿士之證月是也庶人之證星是也月之好惡從星而已故月之從星則以風雨詩曰月離于畢俾滂沱矣此之謂也蓋役久病於外則天下幸亂卿士下比於民莫肯念難適能使難滋大而已故是詩取譬如此詩曰嘒彼小星三五在東衆無知者三心五噣四時更見日月夫婦之象也則三星以況姪娣而小星當賤妾矣蓋諸侯一娶九女姪娣與嬪而八故詩正以三五況之三星以春見於東方最先見者五噣以冬見於東方最後見者賤妾之進御於君也猶之小星隨此三五先後更見於天不見陵掩則以夫人之惠下故也然進御之法姪娣兩兩當夕故詩又以參昴況之參昴二星也而又皆西方之星其在於東則以夕並見而小星隨焉夫月也大星也小星也各以其分夜見于天則夫人惠及賤妾豈特人事而已哉堯典春曰日中星鳥夏曰日永星火秋曰宵中星虛冬曰日短星昴或言星鳥或言星火或言星虛或言星昴相備也蓋聖人南面視四星之中言星鳥則以見四星之形也言星火則以見四星之次也先儒以爲四方七宿各成一形東方成龍西方成虎前成鳥形後成龜形所謂在天成象在地成形是也傳曰龜與蛇交謂之元武則元武七星室壁具龜蛇之形不獨成龜形而已以今垂象考之虛危前以象蛇室壁象龜梓慎所謂宋鄭其飢乎今蛇乘龍是也蛇蓋虛危之星考工記曰龍旂九斿以象大火也鳥旟七斿以象鶉火也熊旂七斿以象伐也龜蛇四斿以象營室也四斿變言龜蛇亦以元朔道之所在龜蛇相成異乎三方不可謂之龜旐故也爾雅曰氐天根也國語曰天根見而水涸本見

而草木節解駟見而隕霜火見而清風戒寒天根亢也本氐也駟房也火心也爾雅曰營室謂之定傳曰營室之中土功其始說以爲定昏見而中然後可以營建宮室故亦謂之營室詩曰定之方中作于楚宮揆之以日作于楚室是也傳曰度日出入以知東西南視定北準極以正南北謂之營室又非定取其時而已禮運曰日星以爲紀故事可列也蓋以爲龍見而雩水昏見而栽若此之類所謂日星爲紀者也

北斗七星輔一星一至四爲魁五至七爲杓所以運量萬物莊子所謂維斗得之終古不忒者也斗有環域太元曰斗一南而萬物盈斗一北而萬物虛言物豐於纁夏秏於元冬隨斗轉從而已鶡冠子曰斗運於上事立於下斗指一方四塞俱威此之謂也易曰豐其蔀日中見斗又曰豐其沛日中見沬沬蓋星之微者蔀之輔星理或然也孔子曰豐其蔀位不當也日中見斗幽不明也然則日中見斗尚非所宜日中見沬尤非所宜也蓋三應上非所宜應而應焉非所宜應而應焉此昏所以更出於四也詩曰曾孫維主酒醴維醹酌以大斗以祈黃耇罍取象於雷斗取象於斗燕禮曰王燕則宰夫爲獻主臣莫敢與君亢禮今此曾孫維主更以大斗酬之則以尊事黃耇非禮之正也非禮之正則亦所以爲厚也郊特牲曰郊之祭也大報天而主日主日則明王者不敢主天與膳與燕主同義

費氏筆記北斗垣內星南斗二十八宿之一宿羽流列祠爲二斗非也南斗於次爲星紀在正北人以其見於南故謂之南斗以別北斗耳若所謂斗覆爲豐年者乃天市垣之斗斛星又非此二斗也

竹坡詩話凡詩人作語要令事在語中而人不知余讀太史公天官書天一槍棓矛盾動搖角大兵起杜少陵詩云五更鼓角聲悲壯三峽星河影動搖蓋暗用遷語而語中乃有用兵之意詩至于此可以爲工也

六經奧論天文總辨愚嘗傳九章之祕術得鉤股之法參攷靈臺之章推測儀象之度而獲覩一書所謂鬼料竅者有歷代諸史志之所未載古今諸圖像之所未述使李淳風得之必志於晉使于志寧得之必志於隋使我朝劉羲叟得之必志於宋是書出於隋傳於唐至於我朝始入司天監術家祕之不顯其名目之以鬼料竅世之得見者鮮矣其實則一步天歌也唐書以爲王希明所作而實非希明也隋有丹元子隱士之流也作其歌沒其名至唐希明則引漢晉二志以釋之而非出於希明也是書一出漢晉二志號爲精天文者皆未足以盡天文何也蓋古今天文志徒有星名而大小未得其象古今天文圖徒有星形而遠近未得其信如步天歌則句中有圖言下見象不言休祥而深知休祥者鄭夾漈先生嘗得其書而讀之於時素秋無月清夜如水長誦一語凝目一星不三四夜一天星斗盡萃其胷中矣夫不使志於晉志於隋志於唐而獨傳於我宋者則我朝一代之大典不待蔡邕作於漢劉知幾作於唐而筆削已定矣

容齋隨筆今人梅花詩詞多用參橫字蓋出柳子厚龍城錄所載趙師雄事然此實妄書或以爲劉無言所作也其語云東方已白月落參橫且以冬半視之黃昏時參已見于丁夜則西沒矣安得將旦而橫乎秦少遊詩月落參橫畫角哀暗香消盡令人老承此誤也唯東坡云紛紛初疑月挂樹耿耿獨與參橫昏乃爲精當老杜有城擁朝來客天橫醉後參之句以全篇攷之蓋初秋所作也

宋蒼梧王當七夕夜令楊玉夫伺織女渡河曰見當報我不見當殺汝錢希白洞微志載蘇德哥爲徐肇祀其先人曰當夜半可已蓋俟鬼宿渡河之後翟公巽作祭儀十卷云或祭於昏或祭於旦皆非是當以鬼宿渡河爲候而鬼宿渡河常在中夜必使人仰占以俟之葉少蘊云公巽博學多聞援證皆有據不肯碌碌同衆所見必過人乎按天上經星終古不動鬼宿隨天西行春昏見于南夏晨見于東秋夜半見于東冬昏見于東安有所謂渡河及常在中夜之理織女昏晨與鬼宿正相反其理則同蒼梧王荒悖小兒不足笑錢翟葉三公皆名儒碩學亦不深攷如此杜詩云牛女漫愁思秋期猶渡河牛女年年渡何曾風浪生梁劉孝儀詩云欲待黃昏至含嬌淺渡河唐人七夕詩皆有此說此自是牽俗遺詞之過故杜老又有詩云牽牛出河西織女處其東萬古永相望七夕誰見同神光竟難候此事終朦朧蓋自洞曉其實非他人比也

容齋續筆天生對偶如北斗七星三四點南山萬壽十千年之類是也

容齋三筆律書引二十八宿謂柳爲注畢爲濁昴爲留亦見于毛詩注及左氏傳如詩謂營室爲定星也

容齋四筆二十八宿宿音秀若考其義則止當讀如本音嘗記前人有說如此說苑辯物篇曰天之五星運氣于五行所謂宿者日月五星之所宿也其義昭然

讀書隅見字亦有義田家耕用亥日蓋亥日之地直上是天倉星以建辰月祭靈星以求農耕靈星是天田星在于辰位故農字從辰

釋常談兄弟不和夫婦不睦皆謂之參商也左傳曰昔高辛氏有二子長曰閼伯次曰實沉居于曠林皆不相善日尋干戈以相征討后帝不臧遷閼伯于商丘主辰星遷實沉于大夏主晉星故謂之參商

讀書襍鈔星有好風星有好雨洪範注止言箕好風畢好雨月令正義乃謂按鄭注洪範中央土氣爲風東方木氣爲雨箕屬東方木木尅土尚妃之所好故箕星好風西方金氣爲陰尅東方木木爲妃畢屬西方尚妻之所好故好雨也謂孟春行秋令申氣乘寅兩相衝破申來逆寅寅爲風風之被逆故爲猋風寅往破申申爲雨雨之被逆故爲暴雨

西溪叢語諺云乾星照濕土來日依舊雨王建聽雨詩云半夜思家睡裏愁雨聲落落屋簷頭照泥星出依然黑淹爛庭花不肯休

八師經吾聞佛道厥義弘深巍巍堂堂猶星中月

雲麓漫抄翟公撰祭儀謂或祭于昏或祭于旦非是當以鬼宿渡河爲候其意出于洞微志返魂香事是捨三代聖人之說取不根之言可乎

漢都城縱廣各十五里周六十五里十二門八街九陌城之南北曲折有南斗北斗之象

悅生隨抄嘗見龍頸骨中髓皆是白石虎目光落地亦成白石星光氣也落則成石萬物變化不可以一概斷

玉海唐虞二典商盤周誥之文垂裕萬世炳若日星

又箕宿禡牙狼星斂角

雲烟過眼錄金冠一甚大幷頫仰簪共用黃金二十五兩前爲北斗後爲南斗每面嵌紫金捺于五粒斗星皆大銳珠大如彈者爲之通計大白珠三十四粒頫仰如意簪亦嵌大珠

感應經梟避星名注周禮哲簇氏掌覆妖鳥之巢以方書十日之號十有二辰之號十有二月之號十有二歲之號二十有八星之號縣其巢上則去之

桂海巖洞志棲霞洞在七星山七星山者七峰位置如北斗又一小峰在傍曰輔星

雲谷襍記史記周紀武王上祭于畢馬融云畢文王墓地名也司馬貞索隱曰按文有上字當作畢星予按後漢蘇竟傳畢爲天下主網羅無道之君故武王將伐紂上祭于畢求天助也據此則畢爲畢星甚曉然馬融墓地之說非矣惜乎索隱不能引此爲證

癸辛雜識七夕牛女渡河之事古今之說多不同非惟不同而二星之名莫能定荊楚歲時記云黃姑織女時相見太白詩云黃姑與織女相去不盈尺是皆以牽牛爲黃姑然李後主詩云迢迢牽牛星杳在河之陽粲粲黃姑女耿耿遙相望若此則又以織女爲黃姑何耶然以星曆攷之牽牛去織女隔銀河七十二度古詩所謂盈盈一水間脉脉不得語又安得如太白相去不盈尺之說又歲時記則又以黃姑卽河鼓爾雅則以河鼓爲牽牛又焦林大斗記云天河之西有星煌煌與參俱出謂之牽牛天河之東有星微微在氐之下謂之織女晉天文志云河鼓三星卽天鼓也牽牛六星天之關梁又謂之星紀又云織女三星在天紀東端天女也漢天文志又謂織女天之貞女其說皆不一至於渡河之說則洪景盧辨析最爲精當蓋渡河乞巧之事多出於詩人及世俗不根之論何可盡據然亦似有可怪者楊纘繼翁大卿倅湖日七夕夜其侍姬田氏及使令數人露坐至夜半忽有一鶴西來繼而有鶴千百從之皆有仙人坐其背如畫圖所繪者綵霞絢粲數刻乃沒楊卿時已寢姬急報起而視之尚見雲氣紛郁之狀然則流俗之說亦有時而可信耶

伯機云揚州分野正直天市垣所以兩浙之地市易浩繁非他處之比此說甚新又術者云近世乃下元甲子用事正直天市垣所以人多好市井謀利之事

賓退錄漢建安二十四年吳將呂蒙病孫權命道七于星辰下爲請命醮之法當本于此顧況詩飛符超羽翼焚火醮星辰姚鵠詩羅磴攀雲共迥雷壇當醮月孤明李商隱詩通靈夜醮達清晨承露盤晞甲帳春趙嘏詩春生藥圃芝猶短夜醮齋壇鶴未回醮之禮至唐盛矣隋煬帝詩迴月迴三洞清心禮七眞馬載詩三更禮星斗七七服丹霜薛能詩符呪風雷惡朝修月露清此言朝修之法也然陳羽步虛詞云漢武清齋讀鼎書內官扶上畫雲車壇上月明宮殿閉仰看星斗禮空虛漢武帝時已如此

蠡海集紫閒色而天垣稱紫微豈非寓意之精乎夫

紫之爲色赤與黑相合而成也水火相交陰陽相感而後萬物以之而爲生萬物以之而爲生是故爲萬物之主宰矣

紫色乃水火陰陽相交既濟流通之義也故天垣曰紫宮又曰紫微者紫宮微妙之所也是以天子之居亦曰紫宸面南拱北之情合矣

鴈生北方秋自北而南春自南而北蓋歷七政所行以順其情夫秋分已後循昴畢觜參之位春分已後循房心尾箕之位得乎右轉之氣實陰鳥而稱陽

北斗位北而得七爲火之成數南斗位南而得六爲水之成數此乃陰陽精神交感之義也

天者金之體星者金之精氣降于天則爲雨氣出于地則爲泉

羅睺計都爲天之首尾逆行於天與天同道故也

北斗居亥以亥爲正天門三合臨卯未故以陀羅擎羊當之卯爲春木旺鄉故陀羅托桃花未爲羊故擎羊托羊首也又斗位於北所理在于天南故使者有擎羊陀羅之像蓋陀羅托桃花者桃之爲物花實俱赤文明離午之義也擎羊托羊首者未肖也斯所以寓意在焉又陀羅花名故在手托之猶擎羊之托羊首也

貴耳集徐肇祀其先人曰當夜半可祭蒸侯鬼渡河之後作祭儀十卷云或祭于昏或祭于旦皆非所以鬼宿渡河爲候而鬼宿渡河之後作祭儀十卷云或祭常在中夜必使人仰占侯之葉少蘊云公巽博學多聞援證有據必不妄發惟洪文敏不然其說但載牛女渡河之說用少陵詩或者又曰鬼渡蕭關則祭二者當與知禮者質之

天道尚左星辰左轉

遊宦紀聞沅芷黎溪硯紫者類端石而無眼有金束腰眉子紋間有潤者其初甚發墨久而復滑或磨以細石乃仍如新有色綠而花紋如水波者有色黑而金星者有生自然銅于石中琢以爲北斗三台之類者

墨莊漫錄杜甫有云星落黃姑渚秋辭白帝城之句說者但見古詩云東飛伯勞西飛燕黃姑織女時相見意謂姑乃牽牛然不見其所出不曉黃姑之說故楊億大年荷花詩云舒女清泉滿黃姑別渚通劉筠子儀七夕詩云伯勞東翥燕西飛又報黃姑織女期大年和云天孫已度黃姑渚阿母還來漢帝家皆用此事予後讀緯書始見引張平子天象賦云河鼓集軍以嘈囋張茂先李淳風等注云河鼓三星在牽牛星北主軍鼓蓋天子三軍之象昔傳牽牛織女見此星是也故爾雅何鼓謂之牽牛又古詩云東飛伯勞西飛燕黃姑織女時相見黃姑即河鼓也音訛而然今之學者或謂是列舍牽牛而會織女故於此析其疑又張茂先小家賦曰九坎至牽牛織女期河鼓石鍊注云河鼓星在牽牛北天鼓也主軍鼓主鈇鉞李淳風云自昔相傳牽牛織女七月七日相見者乃此星也予因此始知黃姑乃河鼓爲牽牛之別名昔人云開卷有益信然

鼠璞六曹尚書用星履曳履熟事也二出處皆不可用漢鄭崇爲尚書僕射曳革履上曰我識鄭尚書履聲乃僕射事唐韋見素爲吏部侍郎杜甫詩曰持衡留藻鑑聽履上星辰乃吏部侍郎事今以六曹尚書爲文昌按天官書斗魁戴匡六星曰文昌宮上將次將貴相司命司祿司災後漢志謂出納王命敷奏萬機乃文昌天府李固云尚書猶天之北斗令及左丞總領綱紀僕射右丞分掌廩穀是也漢又有錄尚書事令錄僕丞總以尚書言之即今尚書省古納言職也本朝令錄不置有二僕二丞自更官制以左右僕射左右丞爲宰執即中興後之左右相及參政六曹分職既非尚書省長貳通稱曰文昌是文昌宮之將相反爲列曹之屬矣

酒譜酒三星在女御之側後世爲天官者或考焉予謂星麗乎天雖自混元之判則有之然事作乎下而應乎上推其驗於某星此隨世之變而著之也如宦者墳墓弧矢河鼓皆太古所無而先有是星推之可以知其類

木經望筒書望以筒指南令日景透北夜望以筒指北于筒南望令前後兩竅內正見北辰極星然後各垂繩墜下記望筒兩竅心於地以爲南則四方正

席上腐談二十八宿有房日兔畢月烏丹書云烏月兔蓋謂日月之交也易以離爲日陽中有陰也坎爲月陰中有陽也

燕石集七夕前數日種麥于小瓦器爲牽牛星之神謂之五生盆

乾象典第六十二卷

星辰部雜錄二

明會典儀衛木星旗一面青質織木星一及木字火星旗一面赤質織火星一及火字土星旗一面黃質織土星一及土字金星旗一面白質織金星一及金字水星旗一面黑質織水星一及水字角星旗一面織角宿二及角字自此至軫宿旗皆青質亢星旗一面織亢宿四及亢字氐宿旗一面織氐宿四及氐字房宿旗一面織房宿四鉤連二小星在旁及房字心宿旗一面織心宿三及心字尾宿旗一面織尾宿九神宮小星一及尾字箕宿旗一面織箕宿四及箕字斗宿旗一面織斗宿六及斗字牛宿旗一面織牛宿六及牛字女宿旗一面織女宿四及女字虛宿旗一面織虛宿二及虛字危宿旗一面織危宿三及危字墳墓四星在下室宿旗一面織室宿二及室字離宮六星在旁壁宿旗一面織壁宿二及壁字奎宿旗一面織奎宿十六及奎字婁宿旗一面織婁宿三及婁字胃宿旗一面織胃宿三及胃字昴宿旗一面織昴宿七及昴字畢宿旗一面織畢宿八及畢字附耳一星在旁觜宿旗一面織觜宿三及觜字參宿旗一面織參宿七及參字玉井四小星在足下伐三星在內井宿旗一面織井宿八及井字鉞一星在旁鬼宿旗一面織鬼宿四及積屍氣一并鬼字柳宿旗一面織柳宿八及柳字星宿旗一面織星宿七及星字張宿旗一面織張宿六及張字翼宿旗一面織翼宿二十二及翼字軫宿旗一面織軫宿四及軫字長沙一星在中左右轄二星在旁北斗旗一面黑質三邊黃襴黑腰火發間綵脚旗織北斗星七及北斗二字輔星一在旁

御龍子集三垣其以形乎四維其象乎形存而神以寓乎象存而氣以貫乎占天者何亦時中耶

十二象二十八禽之說其起一人乎其讖緯之鑿天乎鄭之僑未之聞鄒衍亦未之聞

四維以龍鳳龜虎象古矣龍則爲虎爲兎爲龍鳳則爲蛇爲馬爲羊虎則爲猴爲鷄爲狗龜則爲猪爲鼠爲牛類耶若虎與豹鄰兎與狐貉鄰龍與蛟鄰蛇與蚓鄰馬與獐鹿鄰羊與犴鄰猴與猿鄰鷄與雉烏鄰狗與狼鄰猪與貐鄰鼠與蝠鷃鄰牛與獬鄰類矣從其方耶

七曜舊矣四餘其何昉乎羅計黃白道之交路也日月集之故相掩世謂羅計爲黑煞是食二曜誣天耶元枵娵訾之名其起中古乎堯之授時無有也後之雙女磨蝎愈下矣

析木天津之起乎由箕尾而井鬼橫亙紫微之傍有川流之象焉實沈豈其尾閭耶天漢天之微瑕哉純陽之夾滯陰耶一縷之雜爲章于天不雜不章陰陽之自然乎傳說王良造父因人以命星耶因星以命人耶蒙莊甘石互襲而爲之耶

宿度廣狹其誰疆之耶井斗何德而觜鬼何拙耶後世何惡而更奪乎觜耶

經星分野無四夷九州之外復有九州乎有則地廣而天狹

日月羣星之主耶日月二星何爲乎其甘石之強名耶

北斗之側有大理紫微之垣又有大理天其愼重刑獄耶

一司空也奎軫兩見一將軍也婁氐兩見一天田也角牛兩見民力民命民食固天所重乎

紫微之有天棓也太微之有郎將也天市之有車肆也一也天之備不虞也周哉

紫微之二樞角宿之一衡其得斗之一體乎氣分而用小

枝山前聞下洋兵鄧老謂予言向歷諸國惟地上之物有異耳其天象大小遠近顯晦之類雖遠國視之一切與中國無異予因此益知舊以二十八舍分隷中國之九州者爲謬也

丹鉛總錄尚書星有好風星有好雨古注云箕星東方宿也東木克北土以土爲妻雨土也土好雨故箕星從妻所好而多雨也畢西方宿也西金克東木以木爲妻木風也木好風故畢星從妻所好而多風也由此推之則北宮好燠南宮好晹中央四季好寒皆以所克爲妻而從妻所好也予一日偶述此義座有

善諸者應聲曰天上星宿亦怕老婆乎滿堂皆大笑

又曰雷電在室南霹靂在雷電南雲雨在霹靂南上工史在壁西南蓋雷公電姥雲將雨師與夫霹靂斧吏皆北方水府之精而娵訾爲天門故其神棲焉室不得而司之也

石氏云東宮青帝其精蒼龍爲七宿其象有角有亢有氐有房有星有尾有箕氐胷房腹箕所糞也司春司木司東嶽司東方司鱗蟲三百六十北方黑帝其精元武爲七宿斗有龍蛇蟠結之象牛蛇象女龜象虛危壁皆龜蛇蟠蚪之象司冬司水司北嶽司北方司介蟲三百六十西方北帝其精白虎爲七宿奎象白虎婁胃昴虎三子也畢象虎觜參象麟觜首參身也司秋司金司西嶽司西海司西方毛蟲三百六十南方赤帝其精朱鳥爲七宿井首鬼目柳喙星頸張嗉翼翮軫尾司夏司火司南嶽司南海司南方羽蟲三百六十左傳史記天官書喙作咮咮張卽柳張兩星之間也隋志喙作注又有注張之文或訛爲注張皆本於石氏柳爲鳥喙之說王奕曰朱鳥其以羽蟲之長稱乎而曰鶉首鶉尾何也師曠禽經青鳳謂之鶡赤鳳謂之鶉白鳳謂之鷫紫鳳謂之鷟蓋鳳生于丹穴鶉鳳之赤者故南方取象焉考之月令夏其蟲羽鳳羽之長故南方之宿爲朱鳥吳興沈氏以朱鳥爲丹鶉豈知四獸皆蟲之長也鶉之微何預

余嘗疑天有五行星有五緯地有五嶽人有五事而二十八宿何獨無中央之宿也後觀石氏星經云中宮黃帝其精黃龍爲軒轅首枕星張尾掛柳井體映三台司四季司中嶽司中土黃河江漢淮濟之水司黃帝之子孫司倮蟲三百六十則固有所謂中宿矣又按張衡靈憲蒼龍連蜷於左白虎猛據於右朱雀奮翼於前靈龜圈首於後軒轅黃龍於中則是軒轅一星與蒼龍白虎朱雀元武四獸爲五矣世之言星者惟知四獸而不知黃龍是求之未盡也亦猶民俗惟知四時而不知夏之後有土位素問所謂長夏月而在張宿之分野取火季夏取槐檀之火也軒轅本市垣之星今所謂中央五時分爲土德寄王鶉火亦由是也張衡又云軒轅如龍之體主雷雨之神後宮之象焉陰陽交合盛爲雷激爲電和爲雨怒爲風亂爲霧凝爲霜散爲露聚爲雲立爲虹蜺離爲背矞分爲抱珥此十四變皆軒轅主之亦猶土之無定位而金木水火賴以成與

甘氏曰日一星在房之西氐之東日者陽精之宗也爲鶏二足爲烏三足鶏在日中而烏之精爲星以司太陽之行度日生於東故於是位焉月一星在昴畢間故昴畢之間爲天街黃道之所經也月者陰精之宗也爲兔四足爲蟾蜍三足兔在月中而蟾蜍之精爲星以司太陰之行度月生於西故於是在焉日精在氐房月精在畢昴自司其行度而氐房昴畢乃黃道之所經不得而司之

劉晝新論云微子感牵牛星顏淵感中台星張良感弧星樊噲感狼星其說皆出讖緯

薛應旂江郎山志覩星山高一百八十丈巋然爲衆山之宗登其巔白日可覩星辰

見聞搜玉二十八宿分屬十有二州星家相傳若此然求其說而難通夫天常運而不息地一成而無變以至動求合至靜未易以齊此其難通者一也若以爲形象所主必有相當氣類之應乃出自然不應各有八度之限況天之一度當地之二千九百餘里則天大而地小尤礙脗合此其難通者二也且以輿地言之閩粵交廣通謂之揚州實當中國之半而分星所屬止此此又地廣而天狹矣此其難通者三也姑記所疑以俟

趙雲洲云凡遇戊午己未日必變雨或遇亢畢二宿値日則可免餘宿不能免

戲瑕三公象五岳九卿法河海三公象三台九卿法北斗春秋漢含孳載此今世獨尚書稱北斗外藩諸侯得稱四岳與古異矣

退朝錄祕府書壽子盡得觀之有梁令瓚二十八宿眞形圖

芥隱筆記三輔黃圖長安故城城南爲南斗形城北爲北斗形故號斗城何遜咸陽詩云城斗疑連漢老杜秦城近斗杓秦城北斗邊北斗故臨城而秦中詩春城依北斗郢樹發南枝乃秦城耳劉夢得望賦亦云城依斗兮闌干

東坡詩斯人乃德星遣出虛危間用樂天德星降人福時雨助歲功福似歲星移望如時雨至意

農田餘話古曆五星皆順行至秦始有金火之逆漢初測候五星皆有逆故班氏謂周之末造人紀不修師旅數起五緯如失常矣

脉望靈寶經云七日七夜諸天日月星宿一時停輪此皆以神氣凝集陰陽混合於空洞之中目不瞬心寂定爲是

金鼇紀聞北人驗時以天明三星入地爲河凍之候
正月丙寅冬至在十一月二十八日都下寒最遲而
河亦遲凍是月望日與諸吉士早朝共試觀之黎明
三星正入地而河冰亦適合云
水南翰記古法鑿井者先貯盆水數十置所欲鑿之
地夜視盆中有大星異衆者鑿之必得甘泉
滇行紀略滇南日月與星比別處倍大而更明
羣碎錄天田星爲靈在辰位故農字從辰
三垣二十八宿中外官計二百八十三座一千五百
六十五星皆守常位是謂星
雲夢藥溪談天官鉞北北河南南河兩河天闕間爲
關梁蓋北河南河皆星名各三星而正義又曰闕丘
二星在河南天子之雙闕諸侯之兩觀亦象魏縣書
之府寺謂黃河應天漢而洛京之南爲伊闕伊闕古
所謂闕塞蓋雙闕也老杜龍門奉先寺詩天闕象緯
逼雲臥衣裳冷蓋謂伊闕應天闕云爾而解者忽漫
不詳雲臥者伊陽之北山即鳴臯之派長殆百里如
雲臥然龍門南直臥雲或云然老杜精核按天官地
紀而命辭恐非漫拈語
田家五行諺云一個星保夜晴此言雨後天陰但見
一兩星此夜必晴
星光閃鑠不定主有風
夏夜見星密主熱
帝城景物略小兒遺溺者夜向參星叩首曰參兒辰
兒可憐溺牀人兒見流火則啐之曰賊星夜不以小
兒女衣置星月下曰女怕花星照兒怕賊星照
王立程天台山記天台山去郡治一百五十里志稱
華頂高八千丈複嶂重列如張帆翠濤中上參台宿
故名
華頂矗萬山間獨表於諸峯他山如蓮花瓣附之亦
云上應華蓋
李之椿太華山記水簾洞貫二十八潭應二十八宿
遵生八牋月令云元日進椒柏酒椒是玉衡星精柏
是仙藥二物釀酒是早自幼起進長
太淸草本方云槐子乃虛星之精是月上巳日採而
吞之每服二十一粒去百病長生通神
八月四日以綵絲就北辰星下祝求長命
日知錄晉書天文志虛二星冢宰之官也主北方邑
居廟堂祭祀祝禱事又主死喪哭泣按此冢宰當作
冢人又曰軫四星主冢宰輔臣也則周官之冢宰矣
注或以公羊傳宰上之木拱矣則墓亦可稱爲宰
漢書藝文志海中星占驗十二卷海中五星經襍事
二十二卷海中五星順逆二十八卷海中二十八宿
國分二十八卷海中二十八宿臣分二十八卷海中
日月彗虹襍占十八卷海中者中國也故天文志曰
甲乙海外日月不占蓋天象所臨者廣而二十八宿
專主中國故曰海中二十八宿今天官家所傳星名
皆起于甘石如郎將羽林三代以下之官左更右更
三代以下之爵王良造父三代以下之人巴蜀河間
三代以下之國春秋時無此名也
三代以上人人皆知天文七月流火農夫之辭也三
星在天婦人之語也月離于畢戍卒之作也龍尾伏
晨兒童之謠也後世文人學士有問之而茫然不知
者矣若曆法則古人不及近代之密
今人所奉魁星不知始自何年以奎爲文章之府故
立廟祀之乃不能像奎而改奎爲魁又不能像魁而
取之字形爲鬼舉足而起其斗不知奎爲北方元武
七宿之一魁爲北斗之第一星所主不同而二字之
音亦異今以文而祀乃不于奎而于魁宜乎今之應
試而獲中者皆不識字之人與
諸城縣志七月七夕各家婦女皆具瓜果香餌拜織
女乞巧俗謂是日織女將嫁牽牛哭泪多成雨
英德縣志七夕女星傍有小女星婦女於是夜靜俟
焚香修供得好顏色
潮州府志七夕燕集多用龍眼謂之結星

星辰部外編一

竹書紀年洪水既平歸功於舜將以天下禪之乃潔
齋修壇場於河洛擇良日率舜等升首山遵河渚有
五老游焉蓋五星之精也相謂曰河圖將來告帝以
期知我者重瞳黃姚五老因飛爲流星上入昴
春秋合誠圖天皇大帝北辰星也含元秉陽舒精吐
光居紫宮中制御四方冠有五采文
風俗通織女七夕當渡河使鵲爲橋
續齊諧記桂陽城武丁有仙道常在人間忽謂其弟

曰七月七日織女當渡河諸仙悉還宮吾向已被名不得停與爾別矣弟問曰織女何事渡河去當何還答曰織女暫詣牽牛吾復三年當還明日失武丁至今云織女嫁牽牛

荆楚歲時記七月七日爲牽牛織女聚會之夜　註　按戴德夏小正云是月織女東向蓋言星也春秋運斗樞云牽牛神名略石氏星經云牽牛名天關佐助期云織女神名收陰史記天官書云是天帝外孫傳元擬天問云七月七日牽牛織女會天河此則其事也河鼓黃姑牽牛也皆語之轉

神仙感遇傳郭子儀初從軍至銀州日暮將宿忽見左右皆有赤光仰視空中見輜軿車繡幄中有一美女坐牀垂足自天而下子儀拜祝云今七月七日必是織女降臨願賜長壽富貴女笑曰大富貴亦壽考言訖冉冉昇天猶正視子儀良久而隱子儀後立功貴盛拜太尉尚書令尚父年九十

吉凶時日善惡宿曜經序分定宿直品第一天地初建寒暑之精化爲日月烏兔抗衡生成萬物分宿設宮管標羣品日理陽位從星宿順行取張翼軫角亢氐房心尾箕斗牛女等一十三宿迄至虛宿之家恰當子地之中分爲六宮也但日月天子俱以五星爲佐而日光焰猛物類相感以陽獸師子爲宮神也月光淸涼而物類相感以陰蟲巨蟹爲宮神也又日性剛義月性柔惠義以濟下惠以及臣而日月亦各以衆宮均賜五星以速至遲卽辰星太白熒惑歲鎭排爲次第行度緩急于斯彰焉凡十二宮卽七曜之躔次陰示禍福經緯災祥又諸宮各有神形以彰宮之象也又一宮配管列宿九足而一切庶類相感月廣五十由旬得繫命以求吉凶大體屬于日月日廣五十一由旬風精太白廣十由旬空精歲星廣九由旬月精辰宿廣八由旬火精熒惑廣七由旬日精土星廣六由旬星最小者廣一俱盧舍日宮下面玻瓈之寶火精之質也溫舒能照萬物月宮下面瑠璃之寶淸涼能照萬物日月諸曜衆生業置于空中乘風而止當須彌之半踰健陀羅之上運行于二十七宿十二宮焉宮宿之分今具說之更爲圖書耳

第一星四足張四足翼一足太陽位焉其神如師子故名師子宮主加得財事若人生屬此宮者法合足精神富貴孝順合掌握軍旅之任也

第二翼三足軫四足角二足辰星位焉其神如女故名女宮主妻妾婦人之事若人生屬此宮者法合難得心腹多男女足錢財高識故合掌宮房之任

第三角二足亢四足氐三足太白位焉其神如秤故名秤宮主寶庫之事若人生屬此宮者法合心直平正信敬多財合掌庫藏之任

第四氐一足房四足心四足熒惑位焉其神如蝎故名蝎宮主多病尅禁分之事若人生屬此宮者法合饒病薄相惡心事妬忌合掌病患之任

第五尾四足箕四足斗一足歲星位焉其神如弓故名號弓宮主喜慶得財之事若人生屬此宮者法合多計策足心謀合掌將相之任

第六斗三足女四足虛二足鎭星位焉其神如摩竭故名摩竭宮主鬬爭之事若人生屬此宮者法合心麤五逆不敬妻合掌刑殺之任　右巳上六位總屬太陽分巳下六位總太陰分

第七虛二足危四足室三足鎭星位焉其神如瓶故名瓶宮主勝彊之事若人生屬此宮者法合好行忠信足學問富饒合掌學館之任

第八室一足壁四足奎四足歲星位焉其神如魚故名魚宮主加官受職之事若人生屬此宮者法合作將相無失脫有學問富貴忠直合掌吏相之任

第九婁四足胃四足昴一足熒惑位焉其神如羊故名羊宮主有景行之事若人生屬此宮者法合多福德長壽又能忍辱合掌廚膳之任

第十昴三足畢四足觜二足太白位焉其神如牛故名牛宮主四足畜牧之事若人生屬此宮者法合有福德足親友長壽得人貴敬合掌馬廄之任

第十一觜二足參四足井三足辰星位焉其神如夫妻故名婬宮主胎妊子孫之事若人生屬此宮者法合多妻妾得人愛敬合掌戶鑰之任

第十二井一足鬼四足柳四足太陰位焉其神如蟹故名蟹宮主官府口舌之事若人生屬此宮者法合惡性欺誑聰明而短命合掌刑獄訟之任

上古白博叉二月春分朔于時曜躔婁宿降齊景正月中氣和庶物漸榮一切增長梵天歡喜命爲歲元　景風曰唐建寅爲歲初天竺建卯爲歲首然則唐今皆以正月三月至于十二則天竺皆據白月十五日[illegible]在宿爲月故呼建卯爲角月建辰爲氐月則但呼角氐心箕之月亦不論若建辰及正二三月也此亦西土之異義學者先宜曉之今以一一詳釋如右也

角月　景風曰唐之二月也斗建卯位之辰也

氐月　景風曰唐之三月也斗建辰位之辰也

心月　景風曰唐之四月也斗建巳位之辰也

箕月景風曰唐之五月也斗建午位之辰也

女月景風曰唐之六月也斗建未位之辰也

室月景風曰唐之七月也斗建申位之辰也

婁月景風曰唐之八月也斗建酉位之辰也

昴月景風曰唐之九月也斗建戌位之辰也

觜月景風曰唐之十月也斗建亥位之辰也

鬼月景風曰唐之十一月也斗建子位之辰也

星月景風曰唐之十二月也斗建丑位之辰也

翼月景風曰唐之正月也斗建寅位之辰也

新演如左景風曰其梵本初翻學者隱密唐之迷惑不曉其由若非久習致功卒難行用今請演皆爲新取年月日列爲立成之前更爲月建十二辰圖參之以宮名會之以宿次然後曉然可觀義理不隱意當代高才知此意也

唐月建之圖每十二月日數

	正月	二月	三月	四月	五月	六月	七月	八月	九月	十月	十一月	十二月
一日	虛	室	奎	胃	畢	參	鬼	星	翼	角	氐	心
二日	危	壁	婁	昴	觜	井	柳	張	軫	亢	房	尾
三日	室	奎	胃	畢	參	鬼	星	翼	角	氐	心	箕
四日	壁	婁	昴	觜	井	柳	張	軫	亢	房	尾	斗
五日	奎	胃	畢	參	鬼	星	翼	角	氐	心	箕	牛
六日	婁	昴	觜	井	柳	張	軫	亢	房	尾	斗	女
七日	胃	畢	參	鬼	星	翼	角	氐	心	箕	牛	虛
八日	昴	觜	井	柳	張	軫	亢	房	尾	斗	女	危
九日	畢	參	鬼	星	翼	角	氐	心	箕	牛	虛	室
十日	觜	井	柳	張	軫	亢	房	尾	斗	女	危	壁
十一日	參	鬼	星	翼	角	氐	心	箕	牛	虛	室	奎
十二日	井	柳	張	軫	亢	房	尾	斗	女	危	壁	婁
十三日	鬼	星	翼	角	氐	心	箕	牛	虛	室	奎	胃
十四日	柳	張	軫	亢	房	尾	斗	女	危	壁	婁	昴
十五日	星	翼	角	氐	心	箕	牛	虛	室	奎	胃	畢
十六日	張	軫	亢	房	尾	斗	女	危	壁	婁	昴	觜
十七日	翼	角	氐	心	箕	牛	虛	室	奎	胃	畢	參
十八日	軫	亢	房	尾	斗	女	危	壁	婁	昴	觜	井
十九日	角	氐	心	箕	牛	虛	室	奎	胃	畢	參	鬼
二十日	亢	房	尾	斗	女	危	壁	婁	昴	觜	井	柳
二十一日	氐	心	箕	牛	虛	室	奎	胃	畢	參	鬼	星
二十二日	房	尾	斗	女	危	壁	婁	昴	觜	井	柳	張
二十三日	心	箕	牛	虛	室	奎	胃	畢	參	鬼	星	翼
二十四日	尾	斗	女	危	壁	婁	昴	觜	井	柳	張	軫
二十五日	箕	牛	虛	室	奎	胃	畢	參	鬼	星	翼	角
二十六日	斗	女	危	壁	婁	昴	觜	井	柳	張	軫	亢
二十七日	牛	虛	室	奎	胃	畢	參	鬼	星	翼	角	氐
二十八日	女	危	壁	婁	昴	觜	井	柳	張	軫	亢	房
二十九日	虛	室	奎	胃	畢	參	鬼	星	翼	角	氐	心
三十日	危	壁	婁	昴	觜	井	柳	張	軫	亢	房	尾

仙人問言凡天道二十八宿有闊有狹四足均分則月行或在前後驗天與說差互不同宿直之宜如何定得菩薩曰凡月宿有三種合法一者前合二者隨合三者並合知此三則宿直可知也云何爲前合奎婁胃昴畢觜六宿爲前合也云何爲並合參井鬼柳星張翼軫角亢氐房十二宿爲並合云何爲隨合心尾箕斗牛女虛危室壁十宿爲隨合凡宿在月前月居宿後爲前合月在宿前宿在月後如犢隨母爲隨合宿月並行爲並合也景風曰凡天象之左西爲前東爲後如月在宿東宿在月西則是宿在月前月在宿後他皆倣此也

頌曰六宿未到名前合十二宿月左右合九宿如犢隨從母奎宿直應當知耳

序宿直所生品第二

昴圖昴六星形如剃刀火神也姓其尼裴若食乳酪此宿直日宜火作煎煑計算畜生合和酥藥作牛羊坊舍種蒔入宅伐逆除暴剃頭並吉若用裁衣必被火燒此宿直生人法合念善多男女勤學問有容儀性合慳澀足詞辯景風曰中國天文昴七星主胡兵西方之宿也然合秦綷文說星多不與中國相符覽者遂生疑惑今請依中國天文一一圖其星於脚下發明之者高明則心無昧矣

畢圖畢五宿形如車鉢闍鉢底神也姓瞿曇食鹿肉此宿直日宜農桑種蒔修理田宅通決溝渠修橋道作諸安久之事不宜放債及出財納穀米若用裁衣女多饒事務此宿直生人法合多財產足男女性聰明好布施有心路省口語心意不翻動行步如牛王有容儀景風曰中國天文畢星主邊兵西方之宿也

觜圖觜三星形如鹿頭月神也姓婆羅墮闍食鹿肉此宿直日宜作屋舍及造旗纛牀帳家具入新宅嫁娶沐浴裝束入壇祭星曜除災害吉此日裁衣必被鼠咬此宿生人法合有名聞景行美容貌心壯鎮淨愛服藥必得力心口隱密舉動不輕躁爲人好法用愛禮儀景風曰中國天文觜三星主軍之土西方之宿也

參圖參一星形如額上點魯達羅神姓盧醯底邪那食血此宿直日宜求財及穿地賣乳酪煑酥壓油及諸剛猛之事若用裁衣終慎鼠厄此宿生人法合猛惡梗戾嗜嗔好合口舌毒害心硬臨事不怯景風曰中國天文參十星主斬刈西方宿

井圖井二星形如屋栿日神也姓婆私瑟吒食酥餅

一此宿直日宜惠施貧窮必獲大果凡有所作必得成就又宜祭天宜嫁娶納財惟不宜合藥食若用裁衣必相分離此宿生人法合錢財或有或無情愛聲名作人利官縱有官厄還得解脫受性饒病亦多男女高古義有急難若論景行稍似純直景風日中國天文井八星主天門南方之宿也

鬼圖鬼三星形如鉼蘖利訶駁撥底神也姓譢闍邪那食蜜麨稻穀華及乳粥此宿直日宜作百事名譽長壽若理王事及諸嚴飾之相拜官昇位入壇受鎮學密法吉若用裁衣有吉祥勝事此宿生人法合分相端正無邪僻足心力合多聞有妻妾豐饒財寶能檢校處分又親景風日中國天文鬼五星主官像南方之宿也

柳圖柳六星形如蛇神也姓曼陀羅邪食蟒蛇肉此宿直日宜作剛猛斷決伐逆除惡攻城破賊吞害天下若用裁衣後必遭失此宿生人法合輭眼饒睡性麤梗戾嗜瞋不伏人欺又好布施亦好解脫躭著情事難得心腹景風日中國天文柳八星主厨膳之任南方之宿也

星圖星六星形如牆薄伽神也姓瞿必略邪那食六十日稻此宿直日宜種蒔雜物不宜種五穀宜修宅舍祭祀先亡若用裁衣後必損失此宿生人法合愛諍競不能壓捺嗜瞋怒父母生存不能孝養死後方崇饗追念足奴婢畜乘資產有名聞善知識亦多惡知識一生之間好祈禱神廟景風日中國天文星七星主衣服南方宿

張圖張二星形如杵婆數神也姓瞿那律邪食乳粥此宿直日宜喜慶事求女婚娶修宅拜官作新衣受長密法學道承仙並吉若用裁衣必被官奪此宿生人法合足妻妾多男女出語愜人意甚得人愛少資財智策亦不多業合得人財景風日中國天文張六星南方之宿也

翼圖翼二星形如趺利邪摩神也姓過咥黎食粟蘇此宿直日所作皆吉宜田宅築牆穿塹修農業種蒔凡諸安久之事並吉若用裁衣後必更得此宿生人法合愛騎乘鞍馬駕馭車牛布施喫用觸處遊從爲人穩口語受性愛音樂景風日中國天文翼二十二星主府縣事南方之宿也

軫圖軫五星形如毗婆恆利神也姓跋蹉邪那食乳粥此宿直日宜急速事遠行外國修理衣裳學藝業婚娶開閤闈並吉此宿生人法合有諸寶物合遊歷州縣稟性嫉妒爲人少病能立功德兼愛車乘景風日中國天文軫四星主車乘騎南方之宿也

角圖角二星形如長幢瑟室利神也姓質伽羅邪那此宿直日宜嚴飾造衣裳寶物錦繡之事觀兵行軍祭祀天神賞賜將士並吉若用裁衣終當逃亡此宿生人法合善經營饒六畜所作事多合又手巧所作愜人情只合有二男景風日中國天文角二星主天門東方之宿也

亢圖亢一星形如火珠風神也姓蘇那食大麥飯菜豆酥此宿直日宜調象馬又宜教擊鼓婚娶結交種蒔並吉若用裁衣後必得財此宿生人法合統領頭首辯口詞能經營饒財物淨潔裝束愛喫用造功德足心力益家風景風日中國天文亢四星主東方之宿也

氐圖氐四星形如角因伽陀羅祇尼神也姓邏怛利食烏麻雜華此宿直日宜種蒔五穀果木酒不宜起動房舍車馬之事若用裁衣多逢親識此宿生人法合有分相好供養天佛心性解事受性良善承君王優寵富饒財物利智足家口景風日中國天文氐四星主食害東方之宿也

房圖房四星形如帳布密多羅神也姓多羅毗邪食酒肉此宿直日宜交婚姻喜慶吉祥之事及受戒律入壇受灌頂修仙道昇位並吉若用裁衣後必更裁此宿生人法合有威德足男女饒錢財合快活紹本族榮家風景風日中國天文房四星主天道東方之宿也

心圖心三星形如階因陀羅神也姓僧訖利底耶那食粳米蘇乳此宿直日宜作王者所須事兼宜嚴服昇位登壇拜官試畜乘案摩理身修功德吉不宜出財及放債若用裁衣必遭死亡盜賊此宿生人法合處族衆得愛敬承事君王多蒙禮擢惡獎善運命耳景風日中國天文心三星主明堂印政東方之宿也

尾圖尾二星形如師子項毛你律神也姓迦底那食乳果華草此宿直日宜沐浴厭呪置宅種樹合藥散阿伽陀藥并入壇並吉若用裁衣必遭爛壞此宿生人法合足衣食多庫藏性慳澀志惡戾諍競合得外財力性愛華藥景風日中國天文尾九星主後宮士東方宿也

箕圖箕四星形如牛步水神也姓婆邪尼食瞿阿紺苦味此宿直日宜穿地造舍開渠水種華藥修園圃醞酒並吉若用裁衣後必得病此宿生人法合遊涉江山經營利潤爲人耐辛苦立性好婬逸婦女饒病愛酒景風日中國天文箕四星主婦東方之宿也

斗圖斗四星形如象步毗說神也姓毗邪羅那食蜜麨稻華此宿直日宜著新衣及安久之事置庫藏修理園林造車乘營田宅寺宇作兵器並吉若用裁衣多得美味此宿生人法合愛鞍馬歷山林愛祈禱祀結交賢良多技能足錢財景風日中國天文斗六星主江湖北方之宿也

牛圖牛宿吉祥其宿三星形如牛頭風梵摩神也姓奢拏邪那食乳粥香華藥此宿生人法合福德所作

不求（景風日樂天竺牛宿爲吉祥之宿每日午時直事敬天以午時爲吉祥之時也瞿曇氏以歷年者牛宿吉祥女圖術是也今泥牛星又與中國亦別接中國天文牛宿六星開渠河北方之宿也）

女圖女三星形如梨格毗藪幻神也姓目揭連邪那食新生酥及烏此宿直日宜爲公事置城邑立卿相發兵造戰具井學技能穿耳理髮按摩並吉不宜初著新衣或因之致死又不宜諍競若用裁衣必足病此宿生人法合足心力少病好布施守法律勤道業榮祖宗（景風日中國天文女四星主苑府土北方之宿）

虛圖虛四星形如訶棃勒婆娑神也姓婆私迦邪食於大豆喩沙和上云水乳煑如狀爲喩沙相也此宿直日宜建急事學問及沐浴乞子法供養婆羅門置城邑督兵馬及初著新衣嚴飾冠帶並吉若用裁衣多得糧田此宿生人法合足穀多貯積長命富勝蒙君王寵愛又好饗禱神廟終多快樂不合辛苦（景風日中國天文虛二星主宰相食北方之宿也）

危圖危一星形如華穩婆魯拏神也姓丹茶邪食羝羊肉此宿直日宜合藥避病穿池種麻商人出行納財造船醞酒並吉若用裁衣必遭毒厄此宿生人法合嗜酒耽婬耐辛苦心膽硬與人結交必不久長無終始又能處分事務解藥性多瞋（景風日中國天文危三星北方之宿也）

室圖室二星形如車轅阿醯多陀難神也姓閣邪食一切肉此宿直日宜爲剛猛事勘逐罪人捕姦捉非若爲吉事不宜若用裁衣必遭水厄此宿生人法合決猛惡姓嗜瞋愛刼奪能夜行不怕處性輕躁毒害無慈悲（景風日中國天文室二星主宗廟北方之宿也）

壁圖壁二星形如立竿尼陀羅神也姓瞿靡多羅食大麥飯酥乳此宿直日宜造城邑婚娶求久長壽增益吉慶不宜南行若用裁衣多得財物此宿生人法合承君王恩寵爲性慎密慳澀有男女愛供養天佛亦好布施不多愛習典教（景風日中國天文壁二星主圖書秘法北方之宿也）

奎圖奎三十二星形如小艇逋涉神也姓曼荼鼻邪食肉及飲此宿直日宜造倉庫及牛馬坊校算畜牧醞酒鎔鑄冠帶出行並吉若用裁衣必得寶器此宿生人法合有祖父產業及有經營得錢財總合用盡後更得之事無終始爲性好布施亦細澀業合遊蕩足法用慕善人作貴勝律儀之事無終始貴男女愛教學典教（景風日中國天文奎十六星主武西方之宿也）

婁圖婁三星形如馬頭乾闥婆神也姓訖邪尼食烏麻雜菜此宿直日宜爲急速之事合和服藥內牛馬吉若用裁衣必增益衣服此宿生人法合多技能少疾病好解醫方性勤公務稟志慎密（景風日中國天文婁三星主苑牧西方之宿也）

胃圖胃三星形如三角閻摩神也姓婆栗及婆食烏麻稻米蜜肉此宿直日宜爲公事及王侯修善事並吉用剛猛伐逆取叛除凶去姦非並吉若用裁衣必損減資福此宿生人法合膽硬惡性靈耽酒嗜肉愛驅策刼奪彊暴稟志輕躁足怨敵饒男女多僕從（景風日中國天文胃三星形如角主兵軍西方之宿也）

凡畢翼斗壁爲安重宿此等直日宜造宮殿伽藍館宇寺舍種蒔修園林貯納倉庫收積穀米結交朋友婚姻策命時相造家具設學供養入道場及安穩肝就師長入壇受灌頂法造久長之事並吉唯不宜遠行索債保舉進路造酒剃頭剪甲博戲若此宿生人法合安重威肅正福德有大名聞

凡觜奎爲和善宿此宿直日宜入道門學藝習眞言結齋戒立道場灌頂造功德設音樂及吉祥事喜慶求婚舉放對君王參將相冠帶公行服藥合和並吉若此宿生人法合柔輭溫良聰明而愛典教

凡參柳心尾爲毒害宿此等宿直日宜圍城破營設兵掠賊災陣破敵刼盜摴蒲射獵並吉若此宿直日生人法合慘毒剛猛惡性

凡鬼軫婁爲急速宿此等宿直日宜放債貸錢買賣交關進路出行調六畜習乘鷹鷂設齋行道入學受業服藥入道場受灌頂市買並吉此宿生人法合剛猛而捷疾有筋力

凡星張箕室爲猛惡宿此等宿直日宜守路設險刼掠相攻摴蒲博戲造兵謀斷決囚徒放藥行酩射獵祭天祀神承兵威並吉此宿生人法合凶害猛殺宜捨俗身出家作沙門

凡井亢女虛危五星爲輕躁宿又爲行宿此等宿直日宜學乘象馬騎射馳走浮江汎舟奉使絕域和國入蕃又勸行禮樂揀閱兵馬種蒔造酒合和藥並吉此宿生人法合澆薄不然則質直平穩

凡昴氐爲剛柔宿此等宿直日宜鍛鍊爐冶修五行家具及造瓦買賣之事又宜設藥送葬鑽鍊酥乳計筭畜生入宅王者作盟會並吉此宿生人法合爲寬柔而猛君子之人也（景風日今經文言語多有中國之俗如摴蒲戲和國入蕃之類並一是翻譯西國東語庶覽之者悉之不以文害意者也）

欽定古今圖書集成曆象彙編乾象典

第六十三卷目錄

星辰部外編二

乾象典第六十三卷

星辰部外編二

法苑珠林星宿部如大集經云爾時娑伽羅龍王白殊致羅婆菩薩言大士是星宿者本誰所說誰作大聖小星誰作日月何日之中何星在先於虛空中復誰安置三十日月十二月年云何爲時繫屬何處姓何字誰何善何惡何食施若爲是晝是夜日月星宿復若爲行等汝於諸聖中第一最尊願慜我龍具足解說我等聞已脫苦奉行爾時殊致羅婆菩薩告諸龍言過去世時此賢刧初有一天子名曰大三摩多端正少雙才智聰明以正行化常樂寂靜不樂愛染常樂潔身王有夫人多貪色慾王既不幸無處遂心曾於一時見驢命羣根相出見慾心發動脫衣就之驢見即交遂成胎藏月滿生子頭耳口眼悉皆似驢唯身類人而復麤澀駁毛被體與畜無殊夫人見之心驚怖畏即便委棄投於厠中以福力故處空不墜時有羅剎婦名曰驢神見兒不汚念言福子遂於空中接取洗持將往雪山乳哺畜養猶如己子等無有異及至長成教服仙藥與天童子日夜共遊復有大天亦來愛護此兒飲食甘果藥草身體轉異福德莊嚴大光照耀如是天衆同共稱美號爲佉盧虱吒（漢言驢脣）大仙聖人以是因緣彼雪山中并及餘處悉皆化生種種好華好果好藥好香種種清流種種好鳥在所行住普皆豐盈以此藥果資益因緣其餘形容麤相悉轉身體端正唯脣似驢是故名爲驢脣仙人是驢脣仙人學於聖法經六萬年翹於一脚日夜不下無有倦心天見大仙受如是苦時諸梵衆及帝釋天并餘上方欲色界等和合悉來禮拜供養乃至龍衆修羅夜叉一切雲集所有仙聖修梵行人皆來到此驢脣聖人邊覩設供養已合掌問言大仙聖人欲求何等唯願爲我諸天說之若我能即當相與終不悋惜爾時驢脣聞是語已內心慶幸答諸天言必能稱我情所求者今當略說我念宿命過去刧時見虛空中有諸列宿日月五星晝夜運行而守常度爲於天下而作照明我欲了知分別識解暗瞑故不憚劬勞此賢刧初無如是事汝等一切諸天龍神憐我故來願說星辰日月法用猶如過去置立安施造作便宜善惡好醜如我所願具足說之一切天言大德仙人其事甚深非我境界若爲憐愍一切衆生如過去時願速自說爾時佉盧虱吒仙告一切天言初置星宿昴爲先首衆星輪轉運行虛空告諸天衆說昴爲先首其事是不爾時日天而作是言此昴宿者常行虛空歷四天下恆作善事饒益我等知彼宿屬於火天是時衆中有一聖人名大威德復作是言彼昴宿者我妹之子其星有六形如剃刀一日一夜歷四天下行三十時屬於火天姓鞞耶尼屬彼宿者祭之用酪復次置畢爲第二宿屬於水天姓頗羅墮畢有五星形如立叉一日一夜行三十五時屬畢宿者祭用鹿肉復次置觜爲第三宿屬於月天即是月天子姓毗黎伽耶尼星數有三形如鹿頭一日一夜行十五時屬觜宿者祭用根及果復次置參爲第四宿屬於日天姓婆利失絺其性大惡多於瞋忿止有一星如婦人黶一日一夜行三十五時屬參宿者祭用醍醐復次置井爲第五宿屬於日天姓婆利失絺其星有兩形如脚跡一日一夜行十五時屬井宿者以秔米華和蜜祭之復次置鬼爲第六宿屬歲星天歲星之子姓炮波那毗其性溫和樂修善法其有三星猶如諸佛胷滿相一日一夜行三十時屬鬼宿者亦以秔米華和蜜祭之復次置柳爲第七宿屬於蛇天即姓蛇氏止有一星如婦人黶一日一夜行十五時屬柳星者祭用乳糜（右此七宿當於東門）復次置南方第一之宿名曰七星屬於火天姓賓伽耶尼其有五星形如河岸一日一夜行三十時屬此星者宜用秔米烏麻作粥祭之復次置張爲第二宿屬福德天姓瞿曇彌其星有二形如人之脚跡一日一夜行三十時屬張宿者將毗羅婆果以用祭之復次置翼爲第三宿屬於林天姓憍陳如其有二星形如脚跡一日一夜行十五時屬翼星者用靑黑豆羮熟祭之復次置軫爲第四宿屬沙毗黎帝天姓迦遮延蝎仙人子其星有五形如人手一日一夜行三十時屬軫星者作莠稗飯而以祭之復次置角爲第五宿屬喜樂天姓質多羅延尼乾闥婆子止有一星如

婦人䯻一日一夜行十五時屬於角者以諸華飯而祭之復次置亢爲第六宿屬摩姤羅天姓迦旃延尼其有一星如婦人䯻一日一夜行十五時屬亢星者當取菉豆和酥蜜羹以用祭之復次置氐爲第七宿屬於火天姓些者利多耶尼一日一夜行三十五時屬氐宿者取種種華作食祭之右此七宿當於南門復次置西方第一之宿其名曰房屬於慈天姓阿藍婆耶尼房有四星形如瓔珞一日一夜行三十時屬房宿者以酒肉祭之次復置心爲第二宿屬帝釋天姓羅延那心有三星形如大麥一日一夜行十五時屬心星者以秔米粥而用祭之次復置尾爲第三宿屬獵師天姓伽遮耶尼尾有七星形如蝎尾一日一夜行三十時屬尾星者以諸果根作食祭之次復置箕爲第四宿屬於水天姓持义迦旃延尼箕有四星形如牛角一日一夜行三十時屬箕宿者取尼拘陀皮汁祭之次復置斗爲第五宿屬於火天姓摸伽邏尼斗有四星如人拓地一日一夜行四十五時屬斗宿者以秔米華和蜜祭之次復置牛爲第六宿屬於梵天姓梵嵐摩牛有三星形如牛頭一日一夜行於六時屬牛宿者以醍醐而用祭之次復置女爲第七宿屬毗紐天姓帝利伽遮耶尼女有四星如大麥粒一日一夜行三十時屬女宿者以鳥肉祭之右此七宿當於西門次復置北方第一之宿名爲虛星屬帝釋天婆婆天子姓憍陳如虛有四星其形如鳥一日一夜行三十時屬虛星者羹烏豆汁而用祭之次復置危爲第二宿屬多羅拏天姓闍那尼一日一夜行十五時屬此危宿者以秔米粥而用祭之次復置室爲第三宿屬蛇頭天蝎天之子姓闍都迦尼拘室有二星形如脚跡一日一夜行三十時屬室宿者以肉血祭之次復置壁爲第四宿屬林天婆婁那子姓陀難闍壁有二星形如脚跡一日一夜行四十五時屬壁星者以肉祭之次復置奎爲第五宿屬富沙天姓阿虱吒排尼奎有一星如婦人䯻一日一夜行三十時屬奎宿者以酪祭之次復置婁爲第六宿屬乾闥婆天姓阿含婆婁有三星形如馬頭一日一夜行三十時屬婁星者以大麥飯幷肉祭之次復置胃爲第七宿屬閻摩羅天姓跋伽毗胃有三星形如鼎足一日一夜行四十時屬胃宿者以秔米烏麻及以野棗而用祭之右此七宿當於北門此二十八宿有五宿行四十五時所謂畢參氐斗壁等二十八宿言義廣多特難深趣故不具宣我今略說是宿時同聞諸天皆悉歡喜爾時佉盧虱吒仙人於大衆前合掌說言如是安置日月年時大小星宿何者名爲有六時耶答曰正月名暄暖時三月名種作時五月六月名求降雨時七月八月名物欲熟時九月十月名寒凍之時十一月十二月合此十二月大雪之時是十月分爲六時又大星宿其數有八所謂歲星熒惑星鎭星太白星辰星日星月星荷邏侯星又小星宿有二十八所謂從前昴至胃諸星是也我作如是次第安置汝等皆得見聞於意云何爾時一切天人仙人阿修羅龍及那羅等皆悉合掌咸作是言如今天仙於天人間最爲尊重乃至諸龍及阿修羅無能勝者智慧慈悲最爲第一於無量劫不忘憐愍一切衆生故獲福報一切天人之間無有如是智慧之者如是法用更無衆生能作是法皆悉隨喜安樂我等善哉大德安隱衆生是時佉盧虱吒仙人復作是言此十二月一年始終如此方便大小星等刹那時法皆已說竟又復安置四天王於須彌四方面所各置一王是諸方所各饒衆生是時一切大衆皆稱善哉歡喜無量是時天龍夜义阿修羅等日夜供養復於後過無量世更有仙人名伽力出現於世後更別說置於星宿小大月法時節要略今且列二十八宿所屬不同各有靈衛故大集經云爾時佛告娑婆世界主大梵天王釋提桓因四天王言過去天仙云何布置諸宿曜辰攝護國土養育衆生大梵天王等而白佛言過去天仙分布安置諸宿曜辰攝護國土養育衆生於四方中各有所主東方七宿一者角宿主於衆鳥二者亢宿主於出家求聖道者三者氐宿主水主衆生四者房宿主行車求利五者心宿主於女人六者尾宿主洲渚衆七者箕宿主於陶師南方七宿一者井宿主於金師二者鬼宿主於一切國王大臣三者柳宿主雪山龍四者星宿主巨富者五者張宿主盜賊六者翼宿主商人七者軫宿主須羅吒國西方七宿一者奎宿主行船人二者婁宿主於商人三者胃宿主於婆樓迦國四者昴宿主於水牛五者畢宿主一切衆生六者觜宿主鞞提訶國七者參宿主於剎利北方七宿一者斗宿主澆部沙國二者牛宿主於剎利及安多鉢竭那國三者女宿主鴦伽摩伽陀國四者虛宿主那遮羅國五者危宿主著華冠六者室宿主乾陀羅國輸盧那國及諸龍蛇

腹行之類七者壁宿主乾闥婆善樂者大德婆伽婆過去天仙是如布置四方諸宿攝護國土養育衆生爾時佛告梵王等言汝等諦聽我於世間天人仙中一切知見最爲殊勝亦使諸曜星辰攝護國土養育衆生汝等宜告令彼得知如我所分國土衆生各各隨分攝護養育分國多少各屬二十八宿問曰此之諸星形量大小云何答曰依增一阿含經云大星一由旬小星二百步樓炭經云大星圍七百里中星四百八十里小星二十里星是諸天宮宅瑜伽論云諸星宿中其星大者十八拘盧舍其中者十拘盧舍最小者四拘盧舍述曰若依內經此諸星宿並是諸天宮宅內有天住依報所感福力光現若依俗書卽云是石故宋時星落殞星如石或云非星是天河石落故俗書云天河共地河相連故河內時有石落如須彌象圖山經云天空有河名耶摩羅於虛空中行亦有大石小砂時有漏失卽執爲星此非正經是俗所造妄述流行非是佛說唐貞觀十八年十月內汾州幷州文水縣兩界天大雷震空中雲內落一石下大如碓碻舂高腹平其文水縣丞張孝靜共汾州官同奏當時西域摩伽陀菩提寺長年師來到西京內外博知勅問答云是龍食二龍相諍故落下如石准此而言何必天落卽云是星夫遙天之物非凡度量令人難知莫若天也俗云天爲精氣日爲陽精星爲萬物之精儒教所安也星有墜落乃爲石矣精若是石不可有光性又質重何所繫屬一星之徑大者百里一宿首尾相去數萬百里之物數萬相連闊狹縱斜常不盈縮又星與日月光色同耳但以大小差別不同然而日月又當石耶石既牢密烏兔焉容石在氣中豈能獨運日月辰宿若皆是氣氣體輕浮當與天合往來環轉不得背違其間遲疾理寧一等何故日月五星二十八宿各有度數移動不均寧當氣墮忽變爲石地既滓濁法應沉厚鑿土得泉乃浮水上積水之下復有何物江河百谷從何處生東流到海何爲不溢歸塘尾閭渠何所到沃焦之石何氣所然潮汐去還誰所節度天漢懸指那不散落水性就下何故上騰天地初開便有星宿九州未畫列國未分翦疆區野若爲躔次封建以來誰所制割國有增減星無進退災祥禍福就中不差懸象之大列星之夥何爲分野止繫中國昴爲旄頭匈奴之次西胡東夷彫題交趾獨棄之乎以此而求迄無了者豈得以人事尋常抑必宇宙之外乎凡人所信惟耳與目自此之外咸致疑焉儒家說天自有數義或渾或蓋乍穹乍安計極所周苑維所屬若有親見不容不同若所測量寧足依據何故信凡人之臆說疑大聖之妙旨而欲必無恆沙世界微塵數劫乎而鄒衍亦有九州之談山中人不信有魚大如木海上人不信有木大如魚漢武帝不信弦膠魏人不信火布胡人見錦不信有蟲食樹吐絲所成昔吳人身在江南不信有千人氈帳及來河北不信有二萬石船皆實驗也如世有祝師及諸幻術猶能履火蹈刃種瓜移井倏忽之間千變萬化人力所爲尚能如此何況神通感應不可思量寶幢百由旬座化成淨土踊生妙塔乎又王元策西國行傳云王使顯慶四年至婆栗闍國王爲漢人設五女戲其五女傳弄三刀加至十刀又作繩技騰虛繩上著履而擲手弄三仗刀楯槍等種種關伎雜諸幻術截舌抽腸等不可具述

酉陽雜俎北斗魁第一星神名執陰第二星曰叶詣第三星曰視金第四星曰拒理第五星曰防仵第六星曰開寶第七星曰招搖

軫宿生人七步無蚰角宿生人好嘲戲女宿生人亢參危三宿日作事不成虛角勝

雲笈七籤三洞經教部老子中經無極太上元君者道君也一身九頭或化爲九人皆衣五色珠衣冠九德之冠上上太乙之子也非其子也元氣自然耳正在兆頭上紫雲之中華蓋之下住兆見之言曰皇天上帝太上道君曾孫小兆王甲好道願得長生養我育我保我護我毒蟲猛獸見我皆蟄伏令某所爲之成所求之得太清鄉虛無里姓朱愚名光字帝卿乃在太微勾陳之內一星是也號曰天皇大帝耀魄寶兆常念之勿忘也

南極者一也仙人之首出也上上太乙也天之侯王太尉公也主諸災變國祚吉凶之期上爲熒惑星下治霍山

璇璣者北斗君也天之侯王也主制萬二千神持人命籍

胃爲太倉三皇五帝之廚府也房心爲天子之宮諸神皆就太倉中飮食故胃爲太倉日月三道之所行也又爲大海中有神龜神龜上有七星北斗正在中央其龜黃色狀如黃金盤左右日月照之

頭髮神七人七星精也神字祿之眉間神南極老人元光天靈君也

太上飛行九神玉經第一天樞星則陽明星之魂神也天樞星威而不曜光而不照潛洞太虛圍九百二十里對陽明星之西北門其星則號元斗宮魁精元上眞皇夫人姓明逼諱嬰元眞名上精頭建飛雲華穨之髻餘髮散至腰衣紫黃青三色之褵帶九鈴之綬口恆吐青氣之光以注於陽明星上以明星之煥也

第二天璇星則陰精星之魂神也天璇星景而遂映照而不煥潛洞太虛闈五百五十里對陰精之西門其星則號元斗宮虛精上元皇夫人姓元鏡諱鬱勃光眞名金歸頭建飛雲華穨之髻餘髮散至腰衣飛錦羅裙鳳文錦帔帶靈飛紫綬口恆吐黑氣之光以注於陰精星上以明星之暉曜也

第三天璣星則眞人星之魄精也天璣星猛而不顯暉而不曜潛洞太虛圍七百七十里對眞人星之東南門也其星則號上精宮靈苑元皇夫人姓常明諱化雲眞名流燭頭建晨嬰寶冠衣飛雲明光錦褵帶六山飛晨之綬口恆吐黃氣之精以注眞人星上以明星之曜也

第四天權星則元冥星之魄精也天權星微而隱隱而同映潛煥太虛闈八百里對元冥星之東門也其星則號綱極宮上虛神妃華皇夫人姓開生諱延明眞名嬰闕頭建七稱之冠衣緋羅鳳文之褵帶金眞王光口恆吐赤氣之精以注元冥星上以明星之煥曜也

第五玉衡星則丹元星之魂靈也玉衡星大而嘿蹁而不煥潛洞太虛闈七百二十里對丹元星東北門也其星則號紀明宮北上金蓋中皇夫人姓元方諱神武眞名勃頭建紫晨飛華之冠衣九色之褵帶神虎玉文口恆吐白氣之光以注丹元星上以明星之暉也

第六闓陽星則北極星之魄靈也闓陽星朗而潛照暉而不煥洞徹太虛闈七百七十里對北極之下開北洞之門也其星則號紫極宮安上晨華元皇夫人姓王元諱根華眞名冥會頭建玉晨進賢之冠衣飛青羽褵帶流金火鈴口恆吐綠氣之精以注北極星上以明星之曜暉也

第七搖光星則天關星之魂太明也搖光星則光轉空洞迴旋天關潛煥太虛闈九百里上對天關星之南門下對北極星也其星則號運天宮玉華靈皇夫人姓度元諱終會眞名啓光頭建飛華穨雲之髻餘髮散至腰衣七色夜光雲錦之裙九色錦帔帶九天威靈玉策口恆吐赤氣之精注天關星上以明星之大光也

第八洞明星則輔星之魂精陽明也洞明星則光廻諸天總輪上宿流暢太虛闈九百九十里上對輔星西南門也在天關之上梁北極之陽芒也其星則號空眞宮太明常皇夫人姓幽昇諱無韻眞名空變頭建飛雲華穨之髻餘髮散至腰衣飛羅文褵帶九光之綬口恆吐青氣之精注於輔星之上以常陽大光也

第九隱元星則弼星之魂明空靈也隱元星則隱息華蓋之下潛光耀於空洞之中闈九百九十里上對弼星之東南門也其星則號元寶宮空元變靈上皇夫人姓冥通諱萬先眞名常陽頭建飛雲七稱玉冠衣青文錦褵帶九光夜燭口恆吐黑氣之精注于弼星之上以明煥隱洞之光也

陽明星天之太尉司政主非上總九天上眞中監五嶽飛仙下領後學眞人天地神靈功過輕重莫不隷焉星闈九百二十里皆璠璃水晶中有玉樹青實金翅之鳥棲宿其上自生青精玉芝食之一口壽九萬年星有九門門有四光芒皆燭照九億萬里中上有青城玉樓據斗眞人號曰太上宮青城玉樓九晨君姓上雲諱法嬰容字董洞陽搖天樞頭建九晨玉冠衣青羽飛裳手執斗中元岡坐玉樓之中有元名玉籙當得知九晨君內諱知者玉晨下映明星元降修其道飛行太空升入九門之內也

陰精星天之上宰主祿位上總天宿下領萬靈及學仙之人諸學道及兆民宿命祿位莫不隷焉星闈五百五十里亦皆璠璃水精中有玉樹黑實金翅鳥所棲自生元芝玉飴食之一口得壽五萬年星有五門門有四光芒燭照九億萬里中上有五色玉樓攀魁眞人號曰中元宮五色玉樓北上晨君姓育嬰諱元上兗字昌陽文激明光頭建元精玉冠衣元羽飛裳手執五色羽節坐玉樓之中若有元名朱臺當得知上晨君內諱知者則北上下映陰精元降修行其道則飛行太虛昇入五門之內也

眞人星天之司空主神仙上總九天高眞中監五嶽靈仙下領學道之人眞仙之流莫不隷焉星闈七百七十里亦皆璠璃水精中有玉樹黃實金翅鳥所棲自生黃精玉芝食之一口得壽三千萬歲星有十二

門門有四光芒燭照九億萬里中上有黃臺玉樓眞人號曰眞元宮中黃臺玉樓生仙華晨君姓歸玡諱妙陰光字通度元度凝脂頭建飛晨寶冠衣青羽飛裳手執斗中青籙坐玉樓之中若有元名方諸當得知華晨君內諱知者則華晨下映眞人元降修行其道則飛行太空昇入十二門之內也

元冥星天之遊擊主伐逆上總九天鬼神中領北帝三官下監萬兆伐逆不臣諸以凶悖莫不隸焉星圍八百里亦皆瑠璃水精中有玉樹赤實金翅鳥所棲自生丹芝流瑛食之一口得壽八千萬年星有三門門有四光芒燭照九億萬里中上有朱臺玉樓出斗眞人號曰紐幽宮中朱臺玉樓元上飛蓋晨君姓冥樞諱定宣覺字法明度瑤天柱頭建三華寶晨冠衣丹錦飛裳手執命靈之節坐玉樓之中若有元名玉格當得飛蓋晨君內諱知者則飛蓋下映元冥元降修行其道則飛行太空上昇入三門之內也

丹元星天之斗君主命錄籍上總九天譜籙中統鬼神部目下領學眞兆民命籍諸天諸地莫不總統星圍七百二十里亦皆瑠璃水精中有赤樹白實金翅鳥所棲自生金精冶鍊之膏食之一口得壽七萬年星有七門門有四光芒燭照九億萬里中上有素臺金樓躡紀眞人號曰綱神宮中素臺金樓躡紀眞人金魁七晨君姓上開諱冥通光字朱煥元變五道頭建七寶飛天冠衣白錦飛帬手執青元籙籍坐金樓之中若有元名崐臺當得知七晨君內諱知者則七晨下映丹元元降修行其道則飛行太空上昇入七門之內也

北極星天之太常主昇進上總九天上眞中統五嶽飛仙下領學者之身凡功勤得道轉輪階級悉總之焉星圍七百七十里亦皆瑠璃水精中有黑樹白子金翅鳥所棲自生元芝水瑛食之一口壽五萬年星有八門門有四光芒燭照九億萬里中上有元臺玉樓步綱眞人號曰紀明宮中元臺玉樓北晨飛華君姓明靈諱長明化字淵洞源昌上元頭建飛精華冠衣紫錦飛裳手執九斗玉策坐玉樓之中若有元名金臺當得知飛華君內諱知者則飛華下映北極元降修行其道則飛行太空上昇八門之內也

天關星天之上帝主天地機運如四時長養天地否泰劫會莫不隸焉星圍九百里亦皆瑠璃水精中有三華之樹五色之實金翅鳥所棲生自然九味芝膏服之一口身生九色之光得壽九萬年星有一門門有九光芒總運九天之氣燭照九億萬里中上有九層玉樓乘龍眞人號曰關會宮九層玉樓總靈九元北蓋晨君姓元樞諱轉光字會元終明天徒頭建九元寶冠衣九色錦裳手執暉神之章坐玉樓之中若有元名九天帝圖玉籙當得知北蓋晨君內諱知者則北蓋君下映天關元降修行其道飛行太虛昇入一門之內也

輔星天尊玉帝之星也曰常常者常陽主飛仙上總九天下領九地五嶽四瀆神仙之官悉由之焉星圍九百九十里亦皆瑠璃水精中有青華之樹自有九音之宇上有青鳥三足烏生自然瑠璃芝瑛食之一口得與玉帝同眞星有八門交通八氣門有四光芒燭照九天之上中有紫氣玉樓遊行三命眞人號曰帝席宮中紫氣玉樓帝尊九晨君姓精常諱常無覺字元解千空正上開延頭建飛精玉冠衣九色衣手執火鈴坐玉樓之中若有元名上清得知帝尊內諱知者則帝尊下映輔星元降修行其道飛行太空昇入八門之內也

弼星太帝眞星也曰空空者恆空隱也主變化無方星圍九百九十里亦瑠璃水精中有三華之樹自生九天玉章上有金口之鳳口銜火鈴中生自然七曜之暉得食暉一口與太帝同眞星有九門交關九天門有四光芒燭照八極之外無央之中也中有玉臺紫館徘徊三陽眞人號曰上尊宮中玉樓紫館帝眞元晨君姓幽空諱空無先字隱元覺冥陽暉幽寥元頭建飛天玉冠衣九天龍衣手執帝章坐紫館之中若有元名九天得知帝眞內諱知者則能隱形藏身修行其道則飛昇九門之內也

元門寶海經曰陽精爲日陰精爲月分日月之精爲星辰綱者連星也紀者綴星也星形正圓如丸不應似貫珠穿度又不容作鈴鼻相綴理宜如破箭竿還相合以成體天地初成無子舉翅飛上乃在華蓋之下左有北辰右有北斗星辰稍備東西南北稍正星辰共以眞道要養萬二千物下及六畜糞土草木皆被服其祕道要德而生長焉

北辰星者衆神之本也凡星各有主掌皆繫於北辰北辰者北極不動之星也其神正坐元丹宮名太一君也極之爲言者界也是五方界俱集於中央是最尊居中也中極一名爲天中上極星也是最居天之中東方少陽名爲東極星西方少陰名爲西極星南

方太陽名爲南極星中央名爲中和上極上星故最高最尊爲衆星之主也北極星天之太常其神主昇進上總九天中統五嶽下領學者北極星圍七百七十里中有元臺玉樓眞人號飛華君姓羽靈諱昌元著飛精華冠衣紫錦裳執玉策太極君名北辰主帝制御萬神北極神人坐祿炁之光北斗星者太極之紫蓋元眞之靈林九皇之神席天尊之偃房第一太星精名元樞神曰陽明第二元星名曰北台神曰陰精第三眞星名曰九極上眞神又曰眞人第四紐星名曰璇相神曰元冥第五綱星名曰太平神曰丹元第六紀星名曰命機神曰北極第七關星名曰元陽神曰天關第八帝星名曰高上皇神曰八景虛元君第九尊星號太微玉帝君神曰太素七晨元君斗有魂魄之星廻旋在斗外裹纏於斗斗在內也陽明陰精二星之間星斗魂魄魁首也名曰天樞魂神斗次第二星名曰天璇魂神斗次行第三星名曰天機魄精斗次行第四星名曰天權魄精斗次行第五星名曰玉衡魄靈斗次行第六星名曰闓陽魄靈斗次行第七星名曰搖光大明七星去地四十萬里圍七百二十里皆含精琉璃爲其郭七曜紫暉開其光號爲帝車運於中央臨制四方分調陰陽四時五行皆稟之焉

北斗君字君時一字充北斗神君本江夏人姓伯名大萬挾萬二千石左右神人姓雷名機字太陰主天下諸仙人又招搖與玉衡爲輪北斗之星精曜九道光映十天

北斗九星七見二隱其第八第九是帝皇太尊精神也內輔一星在北斗第三星不可得見見之長生成神聖也外輔一星在北斗第六星下相去一寸許若驚恐厭魅起視之吉

南斗神君字流時南斗字君元南斗君是河東人姓趙名赦先字君邈南斗君坐左右神人姓戴名道字叔生大道君子也

東斗主擊君西斗主伐君中斗伏逆君紫微宮內神姓柳字君明紫微君字露光夫人姓王諱叔華太微星君字卿元太微內有三皇一曰皇君二曰天皇三曰皇老此卽三元之氣混沌之眞在太微總領符命也文昌星神君字先常天子司命之符也土官星所主能致山內果實旦爲猿晝爲猴暮爲死石璇璣星君字處行鉤陳水星主之常陳天之虎賁也五車天之五嶽能致甘露麒麟三台星天之陛官旦爲龍晝爲蛇暮爲魚三神者三台之靈也上台神君字顯眞上台名虛精主金玉中台神君字章明中台名六淳主祿位中台兩星小闕晉張華爲司空死其星開下台神君字際生下台名曲生主土田軒轅星天之后妃土官也其神旦爲羊晝爲蟹暮爲龍洞明星姓幽昇諱幽韻眞人星姓歸珩諱妙光字度元天之司空主五嶽靈仙

織女水官星能致神芝食之壽與天地無極傳舍水官星主天符南戒星同北戒木官星旦爲馬晝爲鹿暮爲麋天市星天之倉曹神能致明月珠旦爲木晝爲兔暮爲貉平門土官星能致神女倡樂旦爲生木晝爲豕暮爲蛦蝓元冥星姓冥樞諱定宣覺字法開度眞名執天之遊擊也主伐逆上總九天鬼神中領北帝三官下監萬兆穀土星能致飛鳥來朱雀旦爲鷄晝爲烏暮爲鳶積水星能致四方萬物恣其所欲坐在立亡狼星能致天帝君百二十神

二十八宿甲從官陽神也角星神主之陽神九人姓賓名遠生衣綠元單衣角星宿主之乙從官陰神也亢星神主之陰神四人姓扶名司馬馬頭赤身衣赤緹單衣帶劍亢星神主之丙從官陽神也氐星神主之陽神十三人姓王名師子衣青紗單衣氐星神主之丁從官陰神也房星神主之陰神八人姓洪名寄生衣絳緋單衣房星神主之戊從官陽神也心星神主之心星火也爲工故在東方陽神五人姓女名涂祖牛頭人身衣黃單衣帶劍心星神主之己從官陰神也尾星神主之陰神十一人姓涂名徐澤兔頭人身衣青單衣尾星神主之庚從官陽神也箕星神主之桑木者箕星之精也陽神十一人姓□名仲衣飄飄玉紗單衣箕星神主之辛從官陰神也南斗星神主之陰神四人姓陽名多衣青單衣持矛南斗星神主之壬從官陽神也牛星神主之陽神十二人姓柳名將生衣絳元單衣牛星神主之癸從官陰神也女星神主之陰神姓刁名徐宇鬱子犬頭人身女星神主之寅從官孟神也虛星神主之槐者虛星之精也孟神四人姓木名徐他鼠頭人身衣銀黑單衣帶劍虛星神主之卯從官仲神也危星神主之仲神十一人姓劉名歸生衣瑣紋單衣帶劍危星神主之辰從官季神也營室星神主之營室之內五邑雜神營室天子受命之司木官星神主之季神八人姓呂名昇衣黃錦單衣營室星神主之巳從官孟神也東壁星

神主之孟神七人姓石名蘇和禾頭人身衣黑單衣帶劍東壁星神王之午從官仲神也奎星神主之仲神六人姓黑名石勝衣丹紗單衣帶劍奎星神主之未從官季神也婁星神主之季神十三人姓笁名遠來衣流熒單衣婁星神主之申從官孟神也胃星神主之孟神八人姓馮名謝君衣流黃單衣帶劍胃星神主之酉從官仲神也昴星神主之仲神四人姓張名尊小衣綠青單衣昴星神主之戌從官季神也畢星神主之季神姓桑名公孫帶劍衣白毛單衣畢星神主之亥從官孟神也觜星神主之孟神十一人姓王名平衣青龍單衣觜星神主之子從官仲神也參星神主之仲神八人姓銅名徐舒衣黃緋單衣帶劍參星神主之丑從官季神也井星神主之季神九人名搏陽衣黃木單衣帶劍能致鳳凰元武東井星神主之震乾之長男也鬼星神主之長男神五人姓作名涂于蚍頭黑身帶劍衣赤野單衣鬼星神主之坎乾之中子也柳星神主之中男神四人姓角名石襄羊頭人身衣黃韋單衣柳星神主之艮乾之少子也七星神主之少子神五人名勝子衣飛霞單衣七星神主之巽坤之長女也張星神主之長女神五人姓李名神子衣赤血單衣張星神主之離坤之中女也翼星神主之中女神十人姓張名奴子衣赭黑單衣帶劍翼星神主之兌坤之少女也軫星神主之少女五人姓□名蘇子衣流黃單衣軫星神主之

北斗九星職位總主黃老經曰北斗第一天樞星則陽明星之魂神也第二天璇星則陰精星之魂神也第三天機星則眞人星之魄精也第四天權星則元冥星之魄精也第五玉衡星則丹元星之魄靈也第六閶陽星則北極星之魄靈也第七搖光星則天關星之魂大明也第八洞明星則輔星之魂精陽明也第九隱元星則弼星之魂明空靈也

陽明星天之太尉司政主非上總九天上眞中監五嶽飛仙下領後學眞之人天地神靈功過輕重莫不隸焉

陰精星天之上宰主祿位上總天宿下領萬靈及學仙之人諸以學道及兆民宿命祿位莫不隸焉

眞人星天之司空主神仙上總九天高眞中監五嶽靈仙下領學道之人眞仙之官莫不隸焉

元冥星天之游擊主伐逆上總九天鬼神中領北帝三官下監萬兆伐逆不臣諸以凶勃莫不隸焉

丹元星天之斗君主命錄籍上總九天譜錄中統鬼神簿目下領學眞兆民命籍諸天諸地莫不總統

北極星天之太常主昇進上總九天上眞中統五嶽飛仙下領學者之身凡以功勤得轉輪階級悉總之焉

天關星天之上帝主天地機運如四時長短天地否泰刧會莫不隸焉

輔星天尊玉帝之星也曰常者常陽主飛仙上總九天下領九地五嶽四瀆神仙之官悉由之焉

弼星太常眞星也曰空者常空隱也主變化無方

河圖寶錄云第一陽明星天之太尉司正主非上總九天之眞中監五嶽飛仙下領後學眞人天地神靈功過輕重圍九百二十里有青城玉樓據斗眞人號九晨君姓上靈諱搖天踶冠九晨玉冠衣青羽飛裳執斗元圖坐玉樓中知內諱者玉晨下映飛行太空

第二陰精星天之上宰主祿位上總天宿下領萬靈及學仙之人圍五百五十五里有五色玉樓攀魁眞人號北上晨君姓育嬰諱激明光冠元精玉冠衣元羽飛裳執五色羽節

第三眞人星天之司空主神仙上總九天高眞中監五嶽靈仙下領學道之人圍七百七十里有黃臺玉樓眞人號主仙華神君姓歸玶諱度彔踖冠飛晨寶冠衣青羽飛裳執斗中青籙

第四元冥星天之遊擊主伐逆上總九天鬼神中領北帝三官下監萬兆圍八百里有朱臺玉樓出斗眞人號元上飛蓋晨君姓冥樞諱搖天柱冠三華寶晨冠衣丹錦飛裳執九靈之節

第五丹元星天之北斗君主命籙籍上總九天諸籙中統鬼神簿目下領學眞兆民命籍諸天諸地莫不總統圍七百二十里有素臺金樓蹦紀眞人號金魁七晨君姓上開諱變五道冠七寶飛天冠衣白錦飛裳執青元籍

第六北極星天之太常主昇進上總九天上眞中統五嶽飛仙下領學者階級圍七百七十里有元臺玉樓步剛眞人號北晨飛華君姓明靈諱昌上元冠飛精華冠衣紫錦飛裳執九斗玉策

第七天關星天之上帝主天地機運四時長短否泰刧會圍九百里有九層玉樓乘龍眞人號總靈九元北蓋晨君姓元樞諱明天徒冠九元寶冠衣九色錦裳執曅神之印

第八輔星天尊玉帝之星曰常陽也主飛仙上總九

天下領九地五嶽四瀆神仙之官圍九百九十里有紫烝玉樓遊行三界眞人號帝尊九晨君姓精常諱空上開正延冠飛精玉冠衣九色鳳衣執火鈴

第九觜星太帝眞人星曰空隱也主變化無方圍九百九十里有玉樓紫館徘徊三陽眞人號帝眞元星君姓幽空諱冥陽暉幽寥冠飛天玉冠衣九天龍衣執帝章

次司命法老君曰左司命一人也姓韓名思字元信長樂人也司錄司代等屬焉左司命有三十六大員官

右司命姓張名獲邑字子良廣陽人也司錄司非等屬焉右司命亦有三十六大員官

上台星名虛精求之感帝王之夢及金玉念名求之必應中台星名六淳求官祿盛興念名求之必得吉遂下台星名曲生求妻妾奴婢念名求之必遂

二十八治二十八宿要訣第一角宿上治無極虛无元形下治陽平山

第二亢宿上治無極虛无自然下治鹿堂山

第三氐宿上治無極元元無爲下治鵠鳴山

第四房宿上治虛白下治漓沅山

第五心宿上治洞白下治葛璝山

第六尾宿上治三一下治庚除山

第七箕宿上治三元下治泰中山

第八斗宿上治三五下治眞多山右上八品無上治之

第九牛宿上治九天下治昌利山

第十女宿上治五城下治隸上山

第十一虛宿上治元神下治湧泉山

第十二危宿上治丹田下治稠稉山

第十三室宿上治常先下治北平山

第十四壁宿上治金梁下治本竹山

第十五奎宿上治六府下治蒙秦山

第十六婁宿上治太一君下治平蓋山右中八品元老治之

第十七胃宿上治五龍下治雲臺山

第十八昴宿上治隨天下治濜口山

第十九畢宿上治六丁下治後城山

第二十觜宿上治十二辰下治公慕山

第二十一參宿上治還身下治平岡山

第二十二井宿上治拘神下治主簿山

第二十三鬼宿上治無形下治玉局山

第二十四柳宿上治聚元下治北邙山右下八品太上治之

太上漢安二年正月七日中時二十四治上八中八下八以應二十四氣付天師張道陵

第二十五星宿上治別形下治岡氐山

第二十六張宿上治保氣下治白石山

第二十七翼宿上治五玉下治鍾茂山

第二十八軫宿上治金堂下治具山

天師所立四治天師以建安元年正月七日出下四治名備治合前二十八宿也星宿治隨天立歷運設教刧刧有受命爲天師者各各申明濟世度人以至太平太平君出更加有司隨其才德進位神仙

天師以漢安元年七月七日立四治付嗣師以備二十八宿

第一岡氐治在蘭武山應星宿

第二白石治在元極山應張宿

第三具山治在飯陽山應翼宿

第四鍾茂治在元東山應軫宿

梟生受命北斗第一星中名太上宮中有帝君變隱逃元內妃名太一法恒字幸正扶著黃錦帔丹靑飛帬頹雲髻

第二星中名中元宮中有帝君保胎化形內嬪名太一三兊字羅朱嬰著赤錦帔綠羽飛帬頹雲髻

第三星中名眞元宮中有帝君六遁七隱上元丹母名太一虒夷字仲雙兆著靑錦帔繡羽華飛帬頹雲髻

第四星中名紐幽宮中有帝君匿景藏光中元內妃名太一七烈字橫單槃著靑錦帔黃華羽帬頹雲髻

第五星中名綱神宮中有帝君變體易景斗中太女名太一鬱書字疇丘蘭著朱錦帔紫靑飛帬頹雲髻

第六星中名紀明宮中有帝君隱迹散衆斗中中女名太一氣精字抱定陵著朱錦帔靑繡飛帬頹雲髻

第七星中名關會宮中有帝君分景萬形斗中少女名太一都壘字天凡著朱錦帔靑華明羽帬頹雲髻

第八星中名帝席宮中有帝君化日月水火斗中高皇左夫人名太一石啓珠字落茂華著紫錦帔繡羽飛丹帬頹雲髻

第九星中名上尊宮中有帝君化金石山河斗中高皇右夫人名太一條字雲育元著綠錦帔翠羽華

帬顇雲髻

中吳紀聞崑山縣東地名黃姑父老相傳嘗有織女牽牛星降於此地織女以金篦劃河水河水湧溢牽牛因不得渡今廟西有水名百沸河鄉人異之爲之立祠

欽定古今圖書集成曆象彙編乾象典

第六十四卷目錄

乾象典第六十四卷

天河部彙考

詩經

小雅大東

維天有漢監亦有光

疏河圖括地象云河精上爲天漢楊泉物理論云星者元氣之精也漢水之精也氣發而著精華浮上宛轉隨流名曰天河一曰雲漢此天河雖則有光不能照物監亦有光是嫌其光之小也

大雅棫樸

倬彼雲漢爲章于天

朱注倬大也雲漢天河也在箕斗二星之間其長竟天章文章也大全爾雅注曰箕龍尾斗南斗天漢之津梁也

雲漢

倬彼雲漢昭回于天

朱注雲漢天河也昭光回轉也言其光隨天而轉也舊說以爲宣王承厲王之烈內有撥亂之志遇烖而懼側身修行欲銷去之天下喜於王化復行百姓見憂故仍叔作此詩以美之言雲漢者夜晴則天河明故述王仰訴於天之詞也大全曹氏曰漢在天似雲非雲故曰雲漢也漢者水之精而雨者水之施也天將雨其兆先見於漢故閔雨則望雲漢而占之也天漢起於東方經尾箕之間是爲漢津委蛇向西南行至七星南而沒此其回旋之度也雲漢昭回則其非雨之候可知矣

爾雅

釋天

析木謂之津箕斗之間漢津也

易緯

乾鑿度

月坎也水魄坎者水天地脉上下無息在上曰漢在下曰脉

河圖緯

括地象

川德布精上爲星河

史記

天官書

漢者亦金之散氣其本曰水漢星多多水少則旱

大戴禮

夏小正

七月漢案戶漢也案戶也者直戶也言正南北也

晉書

天文志

天漢起東方經尾箕之間謂之漢津乃分爲二道其南經傅說魚天籥天弁河鼓其北經龜貫箕下次絡匏瓜絡人星杵造父騰蛇王良傅路閣道北端太陵天船卷舌而南行絡五車經北河之南入東井水位而東南行絡南河闕丘天狗天紀天稷在七星南而沒

抱朴子

天河分派

天河從西北極分爲兩頭至於南極其一經南井中過其一經東井中過河者天之水也隨天而轉入地下過

廣志

天河名

天河曰銀漢又曰銀河亦曰天漢天津絳河明河

唐書

天文志

一行以爲天下山河之象存乎兩戒北戒自三危積石負終南地絡之陰東及太華逾河並雷首底柱王屋太行北抵常山之右乃東循塞垣至濊貊朝鮮是謂北紀所以限戎狄也南戒自岷山嶓冢負地絡之陽東及太華連商山熊耳外方桐柏自上洛南逾江漢攜武當荆山至衡陽乃東循嶺徼達東甌閩中是謂南紀所以限蠻夷也故星傳謂北戒爲胡門南戒爲越門河源自北紀之首循雍州北徼達華陰而與地絡相會並行而東至太行之曲分而東流與涇渭濟瀆相爲表裏謂之北河江源自南紀之首循梁州南徼達華陽而與地絡相會並行而東及荆山之陽分而東流與漢水淮瀆相爲表裏謂之南河故於天象則弘農分陝爲兩河之會五服諸侯在焉自陝而西爲秦涼北紀山河之曲爲晉代南紀山河之曲爲巴蜀皆負險用武之國也自陝而東三川中岳爲成周西距外方大伾北至於濟南至於淮東達鉅野爲宋鄭陳蔡河內及濟水之陽爲邶衞漢東濱淮水之陰爲申隨皆四戰用文之國也北紀之東至北河之北爲邢趙南紀之東至南河之南爲荆楚自北河下流南距岱山爲三齊夾右碣石爲北燕自南河下流北距岱山爲鄒魯南涉江淮爲吳越皆負海之國貨殖之所阜也自河源循塞垣北東及海爲戎狄自江源循嶺徼南東及海爲蠻越觀兩河之象與雲漢之所始終而分野可知矣於易五月一陰生而雲漢潛萌於天稷之下進及井鉞間得坤維之氣陰始達於地上而雲漢上升始交於列宿七緯之氣通矣東井據百川上流故鶉首爲秦蜀墟得兩戒山河之首雲漢達坤維右而漸升始居列宿上觜觿參伐皆直天關表而在河陰故實沈下流得大梁距河稍遠涉陰亦深故其分野自漳濱卻負恒山居北紀衆山之東南外接髦頭地皆河外陰國也十月陰氣進踰乾維始上達於天雲漢至營室東壁間升氣悉究與內規相接故自南正達於西正得雲漢升氣爲山河上流自北正達於東正得雲漢降氣爲山河下流陬訾在雲漢升降中居水行正位故其分野當中州河濟間且王良閣道由紫垣絕漢抵營室上帝離宮也內接成周河內皆豕韋分十一月一陽生而雲漢漸降退及艮維始下接於地至斗建間復與列舍氣通於易天地始交泰象也踰析木津陰氣益降進及大辰升陽之氣究而雲漢沉潛於東正之中故易雷出地曰豫龍出泉爲解皆房心象也星紀得雲漢下流百川歸焉析木爲雲漢末派山河極焉故其分野自南河下流窮南紀之曲東南負海爲星紀自北河末派窮北紀之曲東北負海爲析木負海者以其雲漢之陰也唯陬訾內接紫宮在王畿河濟間降婁元枵與山河首尾相遠鄰顓頊之墟故爲中州負海之國也其地當南河之北北河之南界以岱宗至於東海自鶉首踰河戒東曰鶉火得重離正位軒轅之祇在焉其分野自河華之交東接祝融之墟北負河南及漢蓋寒燠之所均也自析木紀天漢而南曰大火得明堂升氣天市之都在焉其分野自鉅野岱宗西至陳留北負河濟南及淮皆和氣之所布也陽氣自明堂漸升達於龍角曰壽星龍角謂之天關於易氣以陽決陰夬象也升陽進踰天關得純乾之位故鶉尾直建巳之月內列太微爲天庭其分野自南河以負海亦純陽地也壽星在天關內故其分野在商亳西南淮

水之陰北連太室之東自陽城際之亦巽維地也夫雲漢自坤抵艮爲地紀北斗自乾攜巽爲天綱其分野與帝車相直皆五帝墟也究咸池之政而在乾維內者降婁也故爲少昊之墟叶北宮之政而在乾維外者陬訾也故爲顓頊之墟成攝提之政而在巽維內者壽星也故爲太昊之墟布太微之政而在巽維外者鶉尾也故爲列山氏之墟得四海中承太階之政者軒轅也故爲有熊氏之墟木金得天地之微氣其神治於季月水火得天地之章氣其神治於孟月故章道存乎至微道存乎終皆陰陽變化之際也若微者沉潛而不及章者高明而過亢皆非上帝之居也斗杓謂之外廷陽精之所布也斗魁謂之會府陽精之所復也杓以治外故鶉尾爲南方負海之國魁以治內故陬訾爲中州四戰之國其餘列舍在雲漢之陰者八爲負海之國在雲漢之陽者四爲四戰之國降婁元枵以負東海其神主於岱宗歲星位焉星紀鶉尾以負南海其神主於衡山熒惑位焉鶉首實沈以負西海其神主於華山太白位焉大梁析木以負北海其神主於恒山辰星位焉鶉火大火壽星豕韋爲中州其神主於嵩丘鎮星位焉近代諸儒言星土者或以州或以國虞夏秦漢郡國廢置不同周之興也王畿千里及其衰也僅得河南七縣今又天下一統而直以鶉火爲周分則疆埸舛矣七國之初天下地形雌韓而雄魏魏地西距高陵盡河東河內北固漳鄴東分梁宋至於汝南韓據全鄭之地南盡潁川南陽西達虢略距函谷固宜陽北連上地皆綿亙數州相錯如繡考雲漢山河之象多者或至十餘宿

其後魏徙大梁則西河合於東井秦拔宜陽而上黨入於輿鬼方戰國未滅時星家之言屢有明效今則同在畿甸之中矣而或者猶據漢書地理志推之是守甘石遺術而不知變通之數也又古之辰次與節氣相係各據當時曆數與歲差遷徙不同今更以七宿之中分四象中位自上元之首以度數紀之而著其分野其州縣雖改隸不同但據山河以分爾須女虛危元枵也初須女五度餘二千三百七十四秒四少中虛九度終危十二度其分野自濟北東踰濟水涉平陰至於山茌循岱岳衆山之陰東南及高密又東盡萊夷之地得漢北海千乘淄川濟南齊郡及平原渤海九河故道之南濱於碣石古齊紀祝淳于萊譚寒及斟尋有過有鬲蒲姑氏之國其地得陬訾之下流自濟東達於河外故其象著爲天津絕雲漢之陽凡司人之星與羣臣之錄皆主虛危故岱宗爲十二諸侯受命府又下流得婺女當九河末派比於星紀與吳越同占營室東壁陬訾也初危十三度餘二千九百二十六秒一太中營室十二度終奎一度自王屋太行而東得漢河內至北紀之東隅北負漳鄴東及館陶聊城又自河濟之交涉滎波濱濟水而東得東郡之地古邶鄘衛凡胙邗雍共微觀南燕昆吾豕韋之國自閣道王良至東壁在豕韋爲上流當河內及漳鄴之南得山河之會爲離宮又循河濟而東接元枵爲營室之分奎婁降婁也初奎二度餘千二百一十七秒十七少中婁一度終胃三度自蛇丘肥成南屆鉅野東達梁父循岱岳衆山之陽以負東海又濱泗水經方與沛留彭城東至於呂梁乃東南抵

淮並淮水而東盡徐夷之地得漢東平魯國琅邪東海泗水城陽古魯薛邾莒小邾徐郯鄫鄅邳邿任宿須句顓臾牟遂鑄夷介根牟及大庭氏之國奎爲大澤在陬訾下流當鉅野之東陽至於淮泗婁胃之墟東北負山蓋中國膏腴地百穀之所阜也胃得馬牧之氣與冀之北土同占胃昴畢大梁也初胃四度餘二千五百四十九秒八太中昴六度終畢九度自魏郡濁漳之北得漢趙國廣平鉅鹿常山東及清河信都北據中山眞定全趙之分又北逾衆山盡代郡鴈門雲中定襄之地與北方群狄之國北紀之東陽表裏山河以蕃屏中國爲畢分循北河之表西盡塞垣皆髦頭故地爲昴分冀之北土馬牧之所蕃庶故天苑之象存焉觜觿參伐實沈也初畢十度餘八百四十一秒四之一中參七度終東井十一度自漢之河東及上黨太原盡西河之地古晉魏虞唐耿揚霍冀黎郇與西河戎狄之國西河之濱所以設險限秦晉故其地上應天闕其南曲之陰在晉地衆山之陽南曲之陽在秦地衆山之陰陰陽之氣并故與東井通河東末樂芮城河北縣及河曲豐勝夏州皆東井之分參伐爲戎索爲武政當河東盡大夏之墟上黨次居下流與趙魏接爲觜觿之分東井輿鬼鶉首也初東井十二度餘二千一百七十二秒十五太中東井二十七度終柳六度自漢三輔及北地上郡安定西自隴坻至河右西南盡巴蜀漢中之地及西南夷犍爲越巂益州郡極南河之表東至牂牁古秦梁豳芮豐畢駘杠有扈密須庸蜀羌髳之國東井居兩河之陰自山河上流當地絡之西北輿鬼居兩河之陽自

漢中東盡華陽與鶉火相接當地絡之東南鶉首之外雲漢潛流而未達故狼星在江河上源之西弧矢犬雞皆徼外之備也西羌吐蕃吐谷渾及西南徼外夷人皆占狼星柳七星張鶉火也初柳七度餘四百六十四秒七少中七星七度終張十四度北自滎澤滎陽竝京索暨山南得新鄭密縣至外方東隅斜至方城抵桐柏北自宛葉南暨漢東盡漢南陽之地又自雒邑負北河之南西及函谷逾南紀達武當漢水之陰盡弘農郡以淮源桐柏東陽爲限而申州屬壽星古成周虢鄭管鄶東虢密滑焦唐隨申鄧及祝融氏之都新鄭爲軒轅祝融之墟其東鄙則入壽星柳在輿鬼東又接漢源當商洛之陽接南河上流七星係軒轅得土行正位中岳象也河南之分張直南陽漢東與鶉尾同占翼軫鶉尾也初張十五度餘千七百九十五秒二十二太中翼十二度終軫九度自房陵白帝而東盡漢之南郡江夏東達廬江南郡濱彭蠡之西得長沙武陵又逾南紀盡鬱林合浦之地自沅湘上流西達黔安之左皆全楚之分自富昭象龔繡容白廉州已西亦鶉尾之墟古荆楚鄖鄀羅權巴夔與南方蠻貊之國翼與咮張同象當南河之北軫在天關之外當南河之南其中一星主長沙逾嶺徼而南爲東甌青丘之分安南諸州在雲漢上源之東陽宜屬鶉火而柳七星張皆當中州不得連負海之地故麗於鶉尾角亢壽星也初軫十度餘八十七秒十四少中角八度終氐一度自原武管城濱河濟之南東至封丘陳留盡陳蔡汝南之地逾淮源至於弋陽西涉南陽郡至於桐柏又東北抵嵩之東陽中國地絡在南北河之間首自西傾極於陪尾故隨申光皆豫州之分宜屬鶉火古陳蔡許息江黃道柏沈賴蓼須頓胡防弦厲之國氐涉壽星當洛邑衆山之東與亳土相接次南直潁水之間曰太昊之墟爲亢分又南涉淮氣連鶉尾在成周之東陽爲角分氐房心大火也初氐二度餘千四百一十九秒五太中房二度終尾六度自雍丘襄邑小黃而東循濟陰界於齊魯右泗水達於呂梁乃東南接太昊之墟盡漢濟陰山陽楚國豐沛之地古宋曹郕滕茅郜蕭葛向城偪陽申父之國商亳負北河陽氣之所升也爲心分豐沛負南河陽氣之所布也爲房分其下流與尾同占西接陳鄭爲氐分尾箕析木津也初尾七度餘二千七百五十秒二十一少中箕五度終南斗八度自渤海九河之北得漢河間涿郡廣陽及上谷漁陽右北平遼西遼東樂浪元菟古北燕孤竹無終九夷之國尾得雲漢之末派龜魚麗焉當九河之下流濱於渤碣皆北紀之所窮也箕與南斗相近爲遼水之陽盡朝鮮三韓之地在吳越東南斗牽牛星紀也初南斗九度餘千四十二秒十二太中南斗二十四度終女四度自廬江九江負淮水南盡臨淮廣陵至於東海又逾南河得漢丹陽會稽豫章西濱彭蠡南涉越門訖蒼梧南海逾嶺表自韶廣以西珠崖以東爲星紀之分也古吳越羣舒廬桐六蓼及東南百越之國南斗在雲漢下流當淮海間爲吳分牽牛去南河寖遠自豫章迄會稽南逾嶺徼爲越分島夷蠻貊之人聲教所不暨皆係於狗國云

朱陸佃埤雅

雲漢

水氣之在天爲雲水象之在天爲漢

鄭樵通志

天漢起没

天河亦一名天漢起自東方箕尾間遂乃分爲南北道南經傳說入魚淵開籥戴弁鳴河鼓北經龜宿貫箕邊次絡斗魁冒左旗又合南道天津淵二道相合西南行分夾瓠瓜絡人星杵畔造父騰蛇精王良附路閣道平登此大陵泛天船直到卷舌又南征五車駕向北河南東井水位入吾騣水位過了東南游經次南河向闕丘天狗天紀與天稷七星南畔天河没

觀象玩占

總叙

雲漢一曰天漢一曰天河一曰河漢河漢起東方尾箕之間乃分二道其南經傳說魚星天淵天籥天弁河鼓其北經龜星貫箕次絡南斗魁左旗至天津下而合南道乃西南行又分而交匏瓜絡人星杵星造父騰蛇王良附路閣道北端經大陵天船卷舌而南絡五車經北河之南入東井水位而東南行絡南河闕丘天狗天稷至七星南而没凡經十有九宿石氏曰漢乃天一之所生凝毓而成者天所以爲東西南北襟帶之限也天下河漢之源蓋出於此天文志曰河漢自坤抵艮爲地之紀爾雅云析木謂之津箕斗之間漢津也

曆學會通

天漢

天漢天下江河淮濟海岳之氣起東方尾箕之間謂

之漢津分爲兩道其河南經傳說魚尾天江天市絡輦道漸臺河北經魚鼈貫箕南斗柄天籥天弁河鼓右旗天津下合南河西行歷瓠瓜人星造父騰蛇王良附路又西南行經天狗天紀大陵天船卷舌五車南入東井四瀆天稷七星南而沒凡歷十九宿

陽瑪諾天問略

天河

近世西洋精於曆法一名士務測日月星辰奧理而哀其目力尫羸則創造一巧器以助之持此器觀列宿之天則其中小星更多稠密故其體光顯相連若白練然卽今所謂天河者

湯若望新法表異

天漢破疑

天漢斜絡天體與天異色昔稱雲漢疑爲白雲者非也新法測以遠鏡始知是無算小星攢聚成形卽積尸氣等亦然足破從前謬解

天河部總論

嬾眞子

論天漢分二股

政和中僕爲鄧州淅川縣令與順陽主簿張持執權同爲金州考試官畢同途而歸至均州界中宿於臨漢江一寺寺前水分兩股行十餘里復合主僧年六十餘極善談論因言股河主僧曰不獨江漢如此天漢亦復如是因取天漢圖相示天漢起於東方經箕尾之間謂之漢津乃分爲二道其南道則經傳說星天籥星井星河鼓星其北道則經龜星南斗魁星左旗下至天津而合爲一道故知股河天地皆然也僕曰凡水之行前遇堆阜則左右分流遂如股之狀今天漢乃水象亦有高卑坳平之狀乎其僧笑曰吾不知也後有知星者亦不能答

虜齋十一槀

天河

古之人有以天河斷兩界者天猶卵也經星之次環其四周銀河之所界者半其餘則天市太微位焉故二十八舍其附於河者三分二沿之河以分其勢稽紫宮以定其餘有條有次故秦雖西而位坤維之鶉首雲漢之升兩界之道也吳雖東南而位坤維之星紀雲漢之降兩界之終也燕窮北紀之曲故以末派之析木爲燕葢星河之流起於井終於箕則南者反北北者反南矣

天河部藝文一

天河賦以天空色際寧見浮槎爲韻　唐盧肇

惟天有河是生水德淩浩渺之元氣掛崢嶸之遠色所以正辰極奠南北其清莫挹濯星斗以滋上元其惡可流蕩雲霓以臨下國赫赫融融自西自東沿大象而其源不竭橫終古而其運無窮磅礴九霄浸潤豈沾於土宇輕清一氣波瀾寧動於天風匪蕩蕩而就下但耿耿而浮空處晝則潛由昏則見俟良夜之延矚故高明而自擅光連月窟何嫵媚以懷珠影照天津豈愧淨而如練至若白榆風勁析木煙秋吹玉葉而將落泛金波而共流皎晶無際闌干自浮渡蟾魄之孤輪不聞濡軏漲鵲橋之遠岸詎見操舟莫議高深孰能揭厲演漾必滋於若木氛氳更襲於丹桂映蒼天而漸出想積石於河瀰拂遠樹以將低誤一葦於天際遙思濯手遠憶乘槎流合璧之輝幾疑沉玉映散金之氣或類披沙辨牛豈見其津涘聞鷄遽隱於雲霞是宜以河之名居天之大閣道蛇橫於曲渚驪珠蚌剖乎淺瀨源流自遠清無可羨之魚分野甚明皎若誓封之帶鑿自太古疏於圓靈奔注肯隨於川瀆高明自貫於日星夫其濟黃道決青冥蔭地軸灑天經悠矣久矣配吾君之永寧

明河賦　謝偃

月初囘於夕陽日夜沒於天綱步庭砌以遊衍覽雲霄之杳茫氣象萬殊緬星河而盡列光輝一道羅銀漢之靈長徒觀其粲兮如磋潔兮如磨明月照而不失其素飄風驚而匪揚其波莫測其深含天際之四氣莫度其遠掩人間之衆河及夫歲入三秋勢直千里度龍駕而容曳構鵲橋而迤邐霞粧星靨知婺女之不如雜佩明璫必姮娥之相似七夕作之以良會羣方於是而仰止固能流不可準涯不可度既莫見乎端倪亦焉知其厚薄夫其爲謙也太陽曜而不爭其光夫其爲德也巨海枯而莫之能涸奪凝霜之漫漫方白石之鑿鑿居崇高而不危體虛無而自若名連地脈影雜天文當霽夕而逾曉凝微雨以暫曛明白可稱則皓如曳練正平可緝亦蟲似長雲亘紫極以斜轉橫碧空而中分吐霄光而潛灩含曙色而氤

亹將欲問之於槎客如何取決於嚴君

秋河賦　張環

倬彼昭回蟠天而開含秋耿耿積曙皚皚水清淺而不落光透迤而屢迴非碧海之分上卽黃河之轉來萬里直繩九霄橫帶奕奕高影湯湯連瀨透垂簾於戶前飛瀑布於雲外黯如平江不動蠱似長雲欲銷映東吳而寫練掛南斗而成橋氣象晶明波瀾澒洞泛濫星點紆餘月弄界黃道而宵迎落青山而曉送雖滔天而作限乃沃日而爲節識示盈而必謙恆昏凝而晝滅亦猶靈鳥之謝顧兎之缺適足明其舒卷夫何累乎昭晰於是張平子仰而嘆曰此何靈輝若有若微杳杳廻薄茫茫是非鵲塡銀而何去人取石而何依乘槎之子兮上不上弄杼之女兮歸不歸坐迴遑而曉失空白露兮霑衣

天河部藝文二詩

秋河曙耿耿　陳張正見

耿耿長河曙濫濫宿雲浮天路橫秋水星橋轉夜流月下姮娥落風驚織女秋德星猶可見仙槎不復留

明河篇　唐宋之問

八月涼風天氣淸萬里無雲銀漢明昏見南樓淸且淺曉落西山縱復橫洛陽城闕天中起長河夜夜千門裏複道連甍共蔽虧畫堂瓊戶特相宜雲母帳前初泛濫水晶簾外轉透迤倬彼昭回如練白復出東城接南陌南陌征人去未歸誰家今夜擣寒衣鴛鴦機上流螢度烏鵲橋邊一鴈飛鴈飛螢度愁難歇坐見明河漸微沒已能舒卷任浮雲不惜光輝讓流月明河可望不可親願得乘槎一問津更將織女支機石還訪成都賣卜人

天河　杜甫

常時任顯晦秋至最分明縱被浮雲掩終能永夜淸含星動雙闕伴月落邊城牛女年年渡何曾風浪生

賦得秋河曙耿耿　陳潤

曉望秋高夜微明欲曙河橋成鵲已去機罷女應過月上殊開練雲行類動波尋源不可到耿耿復如何

銀河　宋王初

閶闔疎雲漏絳津橋頭秋夜鵲飛頻猶殘仙媛湔裙水幾見星妃度襪塵歷歷素楡飄玉葉涓涓淸月濕冰輪年來若有乘槎客爲弔波靈是楚臣

和石曼卿明河詠　蘇舜欽

八月銀河好天高夜自明樓臺逼迴意風露得餘淸幾爲浮雲沒都宜小雨晴離人強回首耿耿得無情

銀河詠　孔平仲

江湖有客臥孤城每見銀河眼亦明萬里長風吹不斷一番微雨洗尤淸星辰白石參差亂雲氣飛梁倏忽生牛女東西波浪隔夜寒天闊不勝情

明河篇　謝翱

牽牛夜入明河道淚滴相思作秋草婺女城頭翫明月星星冢上無啼鳥天寒露淨霑衣巾明河倏化爲白雲雲飛蜿蜿秋在水石壓槎頭海烟起

明河秋夕圖　元劉因

明河澹澹縱復橫行雲悠悠度疎星鳳媒不來烏夜驚瓊枝玉佩遲所託畫中隱隱聞機聲秋來秋去今猶古此恨不隨天宇靑崑崙西頭風浪平辦我一舟蓮葉輕浩歌中流擊明月九原喚去嚴君平人間此水何時淸

銀河　明金鑾

月出影漸沒夜深光倍明鵲毛看又盡塡到幾時平

天河部紀事

竹書紀年周敬王十四年漢不見于天

拾遺記屈原以忠見斥隱于沅湘披蓁茹草混同禽獸不交世務採柏實以和桂膏用養心神被王逼逐乃赴淸冷之水楚人思慕謂之水仙其神遊于天河精靈時降湘浦楚人爲之立祠

三輔黃圖秦皇都咸陽決渭水貫都以象天河

漢書蕭何傳項羽立沛公爲漢王而三分關中地王秦降將以距漢王漢王怒欲謀攻項羽何諫之曰周書曰天予不取反受其咎語曰天漢其稱甚美臣願大王王漢中養其民以致賢人收用巴蜀還定三秦天下可圖也注孟康曰言地之有漢若天之有河漢名號休美臣瓚曰流俗語云天漢其言常以漢配天此美名也

風土記七月七日其夜灑掃於庭露施几筵設酒脯時果散香粉於河鼓織女言此二星神當會守夜者咸懷私願或云見天漢中有奕奕正白氣有耀五色以此爲徵應見者便拜而願乞富乞壽無子乞子唯

得乞一不得兼求三年乃得言之頗有受其祚者
幽明錄晉朱黃祖奉親至孝母病篤天漢明開有一老父將小兒持箱自通卽以兩丸藥賜母服之患頓消
本事詩宋考功天后朝求爲北門學士不許作明河篇以見其意末云明河可望不可親願得乘槎一問津更將織女支機石還訪成都賣卜人則天見其詩謂崔融曰吾非不知之問有才調但以其有口過蓋以之問患齒疾口常臭故也之問終身慚憤
妝樓記薛瑤英於七月七日令諸婢共剪輕綵作連理花千餘朶以陽起石染之當午散於庭中隨風而上徧空中如五色雲霞久之方沒謂之渡河吉慶花
五國故事南唐後主李煜每七夕延巧必命紅白羅百疋結爲日宮天河之狀一夕而罷乃收之
清異錄世宗時水部郎韓彥卿使高麗卿有一書曰博學記偷抄之得三百餘事今抄天部七事一秋明大老天河也
太平廣記僧惠沿行兇率常於閬處鑿井深數丈投以黃精數百斤求人試服觀其變化乃飲姚坤大醉投於井中以磑石咽其井坤及醒無計躍出但饑茹黃精而已如此數日夜忽有人於井中名坤姓名謂坤曰我狐也感君活我子孫不少故來教君我狐之通天者初穴於冢因上竅乃窺天漢星辰有所慕焉恨身不能奮飛遂凝盼注神忽然飛出躡虛駕雲登天漢見仙官而禮之君但能澄神泯慮注盼元虛如此精確不三旬而自飛出雖竅之至微無所礙矣
北京歲華記七夕宮中最重市上賣巧果人家設宴兒女對銀河拜

天河部選句

楚屈原離騷朝發軔于天津兮
漢魏伯陽參同契煥若星經漢兮昺如水宗海
晉潘岳寡婦賦霜被庭兮風入室夜旣分兮星漢廻
左思蜀都賦雲漢含星而光耀洪流
宋謝莊月賦斜漢左界北陸南躔
唐王損之曙觀秋河賦澄奕奕之浮彩隱蒼蒼而引曜孤星廻泛狀清淺之沉珠殘月斜臨似滄浪之垂釣輕暉幕幕遠景蕭蕭色分隱映光疑沉寥凝瀑布而不落似輕雲之欲銷夜景將分清光向曉縈碧落以廻薄澹晴空而縹緲躋攀不及限一水以心遙矚望空勞邈九霄而思杳發跡無際凌虛不傾積曙色之牢落涵爽氣之淒淸疑曳練而勢遠訝殘虹而體輕
宋歐陽修秋聲賦星月皎潔明河在天
古詩河漢清且淺相去詎幾許盈盈一水間脈脈不得語
魏文帝詩天漢回西流三五正縱橫又明月皎皎照我牀星漢西流夜未央牽牛織女遙相望爾獨何辜限河梁
宋鮑照詩夜來坐幾時銀漢傾露落
齊謝朓詩秋河曙耿耿又玉繩隱高樹斜漢耿層臺
梁劉邈詩長河似薄雲
劉孝綽詩長河似曳素
唐蘇頲詩當軒半落天河水
沈佺期詩尋河取石舊支機
孟浩然詩微雲澹河漢
杜甫詩明河傍塞微又滿空星河光破碎又安得壯士挽天河淨洗甲兵長不用
錢起詩河近畫樓明
獨孤及詩銀河入簷白
顧況詩月殿影開聞夜漏水精簾捲近銀河
白居易詩山郭燈火稀峽天星漢少
杜牧詩初旭紅可染明河澹如埽
李商隱詩本來銀漢是紅牆隔得盧家白玉堂又由來碧落天河畔可要金風玉露時
宋蘇軾詩北戸星河落短簷
惠崇詩陰井生秋草明河轉曙遲
明宗泐詩天河只在南樓上不借人間一滴凉

天河部雜錄

孝經援神契河者水之伯上應天漢

孝經內事天子得雲臺之禮則河行不離其常河若離常則有決溢之憂

列子殷湯篇渤海之東不知幾億萬里有大壑焉實惟無底之谷其下無底名曰歸墟八紘九野之水天漢之流莫不注之而無增無減焉

莊子逍遙遊篇肩吾問於連叔曰吾聞言於接輿大而無當往而不返吾驚怖其言猶河漢而無極也大有逕庭不近人情焉

張衡靈憲水精爲漢

東觀奏記武帝好長生久視之術宮中築望仙臺勢侵天漢

晉書皇甫謐傳釋勸論時清道眞可以沖邁此眞吾生濯髮雲漢鴻漸之秋也

太清記翰曰牽牛郎何在女曰河漢阻隔不復相聞

漢中志漢有二源其應上昭於天又曰惟天有漢

世說新語謝公云聖賢去人其間亦邇子姪未之許公歎曰若郗超聞此語必不至河漢

顏氏家訓天漢懸指那不散落水性就下何故上騰

唐書李昭德傳昭德恬權魯王府功曹參軍丘愔上疏曰臣觀其膽乃大於身鼻息所衝上拂雲漢

元眞子濤之靈篇天文皎夜而爲漢

因話錄漢書載張騫窮河源言其奉使之遠實無天河之說惟張茂先博物志說近世有人居海上每年八月見海槎來不違時齎一年糧乘之到天河見婦人織丈夫飲牛遣問嚴君平云某年某月某日客星犯斗牛卽此人也後人相傳云得織女支機石持以問君平都是憑虛之說今成都嚴貞觀有一石俗呼爲支機石皆目云當時君平留之寶曆中余下第還家於京洛途中逢官差遞夫舁張騫槎先在東都禁中今准詔索有司取進不知是何物也前輩詩往往有用張騫槎者相襲謬誤縱出雜書亦不足據

蠡海集天之色蒼蒼然也而前輩曰丹霄曰絳霄河漢曰銀河可也而曰絳河蓋觀大者以北極爲標準所仰視而見者皆在於北極之南故稱之曰丹曰絳借南之色以爲喻也

西溪叢語海潮之說多矣或謂天河激湧

野客叢談劉楨賦素秋三七天漢指隅人胥祓除國子水嬉

癸辛雜識乘槎之事自唐諸詩人以來皆以爲張騫雖老杜用事不苟亦不免有乘槎消息近無處問張騫之句按騫本傳止曰漢使窮河源而已張華博物志云舊說天河與海通有人齎糧乘槎而去十餘月至一處有織女及丈夫飲牛於渚因問此是何處答曰君還至蜀問嚴君平則知之還問君平曰某年月日有客星犯牽牛宿然亦未嘗指爲張騫也及梁宗懍作荊楚歲時記乃言武帝使張騫使大夏尋河源乘槎見所謂織女牽牛不知懍何所據而云又王子年拾遺記云堯時有巨槎浮於西海槎上有光若星月槎浮四海十二月周天名貫月槎掛星槎羽仙棲息其上然則自堯時已有此槎矣

熙朝樂事七夕人家盛設瓜果酒殽於庭心或樓臺之上談牛女渡河事

脉望天河自尾箕寅位注於東井而循環於天地之問古人云水出崑崙之下注出尾閭復上謂之天河此天地之河也人之河自尾閭尾閭係寅位泝流而上崑崙與天地同焉

天爵堂筆餘剡漢漫筆解三峽星河影動搖引天官書註左旗九星在河鼓左右旗九星在河鼓右是天之旗鼓動搖主兵杜公雖破萬卷恐未必拘拘証古若此署月夜半露坐時觀晴空星河影隱映錯落儼然動搖況三峽乎

元亭涉筆銀灣許渾謂銀河爲銀灣李賀謂銀浦

及縣志七月七夕陳酒脯瓜果於庭見天河中有白雲便拜得福

高郵州志七月七夕前望潢河影出沒占蕎麥豐歉

太湖縣志七夕相傳是日銀河沒以其去日遠近卜穀價多寡

鉛山縣志七夕以前占河影沒三日而後見則穀賤七日而後見則穀貴

衡州府志七夕乞巧之會衡俗不甚重但以此後數夜天河隱現定來歲米價歸早米貴歸遲米賤

天河部外編

風俗通織女七夕當渡河使鵲爲橋

博物志舊說云天河與海通近世有人居海渚者年年八月有浮槎去來不失期人有奇志立飛閣於槎上多齎糧乘槎而去十餘日中猶觀星月日辰自後芒芒忽忽亦不覺晝夜去十餘日奄至一處有城郭狀屋舍甚嚴遙望宮中多織婦見一丈夫牽牛渚次飲之牽牛人乃驚問曰何由至此此人具說來意并問此是何處答曰君還至蜀郡訪嚴君平則知之竟不上岸因還如期後至蜀問君平曰某年月日有客星犯牽牛宿計年月正是此人到天河時也

集林有人尋河源見婦人浣紗問之曰此天河也乃與一石而歸問嚴君平君平曰此織女支機石也

搜神記謝端少喪父母爲鄰人所養年十七未婚後感天漢中白水素女潛爲其炊以備飲食端後怪而潛候之得見言曰天哀汝孤貧恭順使我相爲守舍今既見便去留不可

拾遺記太初二年大月氏貢雙頭鷄四足一尾帝置於甘泉故館以餘鷄混之得其種類而不能鳴諫者曰非吉祥也帝乃送還西域鷄反顧望漢宮而哀鳴此鷄未至月支國乃飛於天漢

續齊諧記桂陽成武丁有仙道常在人間忽謂其弟曰七月七日織女當渡河諸仙悉還宮吾向已被名不得停與爾別矣弟問曰織女何事渡河去當何還答曰織女暫詣牽牛吾復三年當還明日失武丁至今云織女嫁牽牛

元眞子濤之靈篇濤之靈曰江胥漢之神曰河姑會於眞原之野江之胥問乎河之姑曰吾以子爲水也縣而不散夜而能煥異乎川者何也河之姑曰代謂吾之神以至於此吾亦何知焉若不聞乎泛天舩瀉天江俾牽牛織女之相望此吾之所能也道之微曰至元至元謂曰吾將告若欲知漢之說者觀乎碧之理有潔白之文寥乎螢之腹有昏曉之變體之異也豈有姑之神耶雖天漢之大非川可知矣

爾雅翼涉秋七日鵲首無故皆髡相傳是日河鼓與織女會於漢東役烏鵲爲梁以渡故毛皆脫去

欽定古今圖書集成曆象彙編乾象典

第六十五卷目錄

乾象典第六十五卷

風部彙考

易經

說卦傳

巽爲木爲風

大全張子曰陰氣凝聚陽在外者不得入則周旋不舍而爲風 進齋徐氏曰巽入也氣之善入莫如風

書經

周書洪範

星有好風星有好雨日月之行則有冬有夏月之從星則以風雨

傳 箕星好風畢星好雨月經於箕則多風離於畢則多雨 疏 春秋緯云月離於箕則風揚沙以箕爲簸揚之器故耳鄭以爲箕星好風者箕東方木宿風中央土氣木克土爲從妻所好故好風也

詩經

邶風終風

終風且暴

朱注 終風終日風也暴疾也

終風且霾

朱注 霾雨土蒙霧也

終風且曀

朱注 陰而風曰曀

凱風

凱風自南吹彼棘心

朱注 南風謂之凱風長養萬物者也 大全 孔氏曰凱樂也風性樂養萬物

谷風

習習谷風以陰以雨

傳 習習和舒貌東風謂之谷風陰陽和而谷風至 疏 孫炎曰谷之言穀穀生也谷風者生長之風陰陽不和卽風雨無節故陰陽和乃谷風至

小雅谷風

習習谷風維風及頹

傳 頹風之焚輪者也風薄相扶而上喻朋友相須而成 疏 釋天云焚輪謂之頹扶搖謂之猋 李巡曰焚輪暴風從上來降謂之頹扶搖暴風從下升上故曰猋 孫炎曰迴風從上下曰頹迴風從下上曰猋然則頹者風從上而下之名迴風從上而下力薄不能更升谷風與相遇二風并力乃相扶而上喻朋友二人同心乃相率而成也彼迴風從上下谷風來相扶謂之頹若谷風旣與相扶而上則爲猋不復爲頹也詩言頹據其未與相扶耳

周禮

春官

保章氏以十有二風察天地之和

訂義 王昭禹曰十有二風風之生於十二辰之位者也蓋天地六氣合以生風艮爲條風震爲明庶風巽爲清明風離爲景風坤爲凉風兌爲閶闔風乾爲不周風坎爲廣莫風八風本乎八卦傳曰舞以行八風謂此也四維之風兼於其月故艮爲條風而立春亦曰條風巽爲清明風而立夏亦曰清明風坤爲凉風而立秋亦曰凉風乾爲不周風而立冬亦曰不周風故八風變而言之又謂十二風也

禮記

月令

孟春之月東風解凍

疏 按通卦驗云立春雨水降條風至條風卽東風也又云正月中猛風至注云猛風動搖樹木有聲者猛風卽東風之甚也

季夏之月溫風始至

陳注 朱氏曰溫風溫厚之極凉風嚴凝之始

孟秋之月凉風至

大全 馮氏曰凉風至則天地之仁氣散矣

仲秋之月盲風至

陳注 盲風疾風也 大全 嚴陵方氏曰盲者閉暗之稱當建酉閶戶之月故其風謂之盲風又謂之閶闔

爾雅

釋天

春爲發生夏爲長贏秋爲收成冬爲安寧四時和爲通正謂之景風

注 此亦四時之別號尸子皆以爲太平祥風

南風謂之凱風東風謂之谷風北風謂之凉風西風謂之泰風焚輪謂之頹扶搖謂之猋風與火爲庉迴風爲飄日出而風爲暴風而雨土爲霾陰而風爲曀

注 頹暴風從上下猋暴風從下上庉庉熾盛之貌

易緯

通卦驗

立春條風至赦小罪出稽留春分明庶風至正封疆修田疇立夏清明風至出幣帛禮諸侯夏至景風至辨大將封有功立秋凉風至報土功禮四鄉秋分閶闔風至解懸垂琴瑟不張立冬不周風至修宮室完邊城冬至廣莫風至誅有罪斷大刑八風以時至則陰陽變化道成萬物得以育生王者當順行八政當八卦也

稽覽圖

太平時陰陽和風雨咸同海內不偏地有險易故風有遲疾雖太平之政猶有不能均同也唯平均乃不鳴條

巽氣不至則大風揚砂

春秋緯

考異郵

八風殺生以節翺翔距冬至四十五日條風至條者達生也距猶起也自冬至四十五日而立春此風應其方而來生萬物也四十五日明庶風至明庶迎惠言春分之後陽以施惠之恩德逆衆物而生之也四十五日清明風至精芒挫收言立夏之後薺麥之屬秀出已備故挫止其鋒芒收之使成實也四十五日景風至景風强也强以成之夏至之候也强言萬物强盛也四十五日凉風至凉風者寒以閉也立秋之後也閉收也言陰寒收成萬物也四十五日閶闔風至閶闔者當寒天收也秋分之候閶闔盛也言時盛斂物蓋藏之也四十五日不周風至不周者不交也陰陽未合化也立冬之後也未合化言消息純坤無陽也月令曰天地不通而閉塞成冬也四十五日廣莫風至廣莫者精大滿也冬至之候言物無見者風精大滿美物也

風之爲言萌也其立字蟲動於几中者爲風蟲動於几言陽氣集不周也明昆蟲之屬得陽乃生遇陰則死故風爲陰中之陽也

山海經

南山經

旄山之尾其南有谷曰育遺凱風自是出

令丘之山其南有谷焉曰中谷條風自是出

西山經

長沙之山又西北三百七十里曰不周之山

注此山形有缺不周匝處因名云西北不周風自此山出

北山經

符惕之山多怪雨風雲之所出也

法獄之山有獸焉其狀如犬而人面善投見人則笑其名山𤟤其行如風見則天下大風𤟤音暉

錞于毋逢之山北望雞號之山其風如飈飈音戾急風貌

中山經

凡山有獸焉其狀如彘黃身白頭白尾名曰聞𧲱見則天下大風

孫子

火攻篇

月在箕壁翼軫此四宿者風起之日也

呂子

有始覽

何謂八風東北曰炎風東方曰滔風東南曰熏風南方曰巨風西南曰淒風西方曰飂風西北曰厲風北方曰寒風

史記

天官書

軫爲車主風

注索隱曰軫四星與巽同位爲風車動行疾似之也

辰星春不見大風

律書

不周風居西北主殺生東壁居不周風東主辟生氣而東之至於營室營室者主營胎陽氣而產之東至於危危垝也言陽氣之危垝故曰危十月也律中應鍾應鍾者陽氣之應不用事也其於十二子爲亥亥者該也言陽氣藏於下故該也廣莫風居北方廣莫者言陽氣在下陰莫陽廣大也故曰廣莫東至於虛虛者能實能虛言陽氣冬則宛藏於虛日冬至則一陰下藏一陽上舒故曰虛東至於須女言萬物變動其所陰陽氣未相離尚相如胥也故曰須女十一月也律中黃鍾黃鍾者言陽氣踵黃泉而出也其於十二子爲子子者滋也滋者言萬物滋於下也其於十母爲壬癸壬之爲言任也言陽氣任養萬物於下也癸之爲言揆也言萬物可揆度故曰癸東至牽牛牽牛者言陽氣牽引萬物出之也牛者冒也言地雖凍能冒而生也牛者耕植種萬物也東至於建星建星者建諸生也十二月也律中大呂大呂者其於十二子爲丑丑者紐也言陽氣在上未降萬物厄紐未敢出條風居東北主出萬物條之言條治萬物而出之故曰條風南至於箕箕者言萬物根棋故曰箕正月也律中泰簇泰簇者言萬物簇生也故曰泰簇其於十二子爲寅寅言萬物始生螾然也故曰寅南至於尾言萬物始生如尾也南至於心言萬物始生有華心也南至於房房者言萬物門戶也至於門則出矣明庶風居東方明庶者明衆物盡出也二月也律中夾鍾夾鍾者言陰陽相夾厠也其於十二子爲卯卯之爲言茂也言萬物茂也其於十母爲甲乙甲者言萬物剖符甲而出也乙者言萬物生軋軋也南至於氐氐者言萬物皆至也南至於亢亢者言萬物亢見也南至於角角者言萬物皆有枝格如角也三月也

律中姑洗姑洗者言萬物洗生其於十二子爲辰辰者言萬物之蜄也清明風居東南維主風吹萬物而西之軫軫者言萬物益大而軫軫然西至於翼翼者言萬物皆有羽翼也四月也律中仲呂仲呂者言萬物盡旅而西行也其於十二子爲巳巳者言陽氣之已盡也西至於七星七星者陽數成於七故曰七星西至於張張者言萬物皆張也西至於注注者言萬物之始衰陽氣下注故曰注五月也律中蕤賓蕤賓者言陰氣幼少故曰蕤痿陽不用事故曰賓景風居南方景者言陽氣道竟故曰景風其於十二子爲午午者陰陽交故曰午其於十母爲丙丁丙者言陽道著明故曰丙丁者言萬物之丁壯也故曰丁西至於弧弧者言萬物之吳落且就死也西至於狼狼者言萬物可度量斷萬物故曰狼涼風居西南維主地地者沈奪萬物氣也六月也律中林鐘林鐘者言萬物就死氣林林然其於十二子爲未未者言萬物皆成有滋味也北至於罰罰者言萬物氣奪可伐也北至於參參言萬物可參也故曰參七月也律中夷則夷則言陰氣之賊萬物也其於十二子爲申申者言陰用事申賊萬物故曰申北至於濁濁者觸也言萬物皆觸死也故曰濁北至於留留者言陽氣之稽留也故曰留八月也律中南呂南呂者言陽氣之旅入藏也其於十二子爲酉酉者萬物之老也故曰酉閶闔風居西方閶者倡也闔者藏也言陽氣道萬物闔黃泉也其於十母爲庚辛庚者言陰氣庚萬物故曰庚辛者言萬物之辛生故曰辛北至於胃胃者言陽氣就藏皆胃胃也北至於婁婁者呼萬物且內之也北至於奎奎者主毒螫殺萬物也奎而藏之九月也律中無射無射者陰氣盛用事陽氣無餘也故曰無射其於十二子爲戌戌者言萬物盡滅故曰戌

漢書

天文志

月行出陽道則旱風出陰道則陰雨

箕星爲風東北之星也東北地事天位也故易曰東北喪朋及巽在東南爲風風陽中之陰大臣之象也其星軫也月去中道移而東北入箕若東南入軫則多風一曰月爲風雨日爲寒溫

淮南子

天文訓

何謂八風距日冬至四十五日條風至條風至四十五日明庶風至明庶風至四十五日清明風至清明風至四十五日景風至景風至四十五日涼風至涼風至四十五日閶闔風至閶闔風至四十五日不周風至不周風至四十五日廣莫風至條風至則出輕繫去稽留明庶風至則正封疆修田疇清明風至則出幣帛使諸侯景風至則爵有位賞有功涼風至則報地德祀四郊閶闔風至則收縣垂琴瑟不張不周風至則修宮室繕邊城廣莫風至則閉關梁決刑罰

地形訓

何謂八風東北曰炎風東方曰條風東南曰景風南方曰巨風西南曰涼風西方曰飂風西北曰麗風北方曰寒風

諸稽攝提條風之所生也通視明庶風之所生也赤奮若清明風之所生也共工景風之所生也諸比涼風之所生也皐稽閶闔風之所生也隅强不周風之所生也窮奇廣莫風之所生也

神異經

風穴

南方有火山南岸下有風穴厥大容人其深不測而穴中肅肅常有微風

大戴禮

夏小正

正月時有俊風俊者大也大風南風也何大於南風也曰合冰必於南風解冰必於南風生必於南風收必於南風故大之也

星經

太一

太一星在天一南天帝神知風雨所在之國也

箕宿

箕四星天子后也箕后動有風期三日也前二星爲后也金星久守風旱

壁宿

東壁二星客守多風雨

白虎通

八風

風者何謂也風之爲言萌也養物成功所以象八卦陽生於五極於九五九四十五日變變以爲風陰合陽以生風也距冬至四十五日條風至條者正也四十五日明庶風至明庶者迎衆也四十五日清明風至清明者清芒也四十五日景風至景大也陽氣長養四十五日涼風至涼寒也行陰氣也四十五日閶

閶闔風至戒收藏也四十五日不周風至不周者不交也陰陽未合化也四十五日廣莫風至廣莫者大也同陽氣也故曰條風至地暖明庶風至萬物產淸明風至物形乾景風至棘造實凉風至黍禾乾閶闔風至生薺麥不周風至蟄蟲匿廣莫風至則萬物伏是以王者承順之條風至則出輕刑解稽留明庶風至則修封疆理田疇淸明風至則出幣帛使諸侯景風至則爵有德封有功凉風至則報地德化四鄉閶闔風至則申象刑飭囷倉不周風至則築宮室修城郭廣莫風至則斷大辟行獄刑

劉熙釋名

釋天

風兗豫司橫口合脣言之風氾也其氣博氾而動物也靑徐言風踧口開脣推氣言之風放也氣放散也

博雅

八風

東北條風東方明庶風東南淸明風南方景風西南方凉風西方閶闔風西北方不周風北方廣莫風

晉書

天文志

箕四星主八風凡日月宿在箕東壁翼軫者風起

王良五星在奎北主御風雨水道

東井八星月宿井有風雨

凡遊氣蔽天日月失色皆是風雨之候也

雲氣如亂穰大風將至

博物志

風山

風山之首方高三百里風穴如電突深三十里春風自此而出也何以知還風也假令東風雲反從西來詵詵而疾此不旋踵立西風矣所以然者諸風皆從上而下或薄於雲雲行疾下雖有微風不能勝上上風來則反矣

風土記

黃雀風

六月則有東南長風俗名黃雀長風時海魚變爲黃雀因爲名也

吹花擘柳風

河朔春時疾風數日一作三日乃止曰吹花擘柳風

交州記

風山

風山在九眞風門在山頂常吐長風

武陵記

風門

風門山有石門去地百餘丈將欲風起此門隱隱有黑氣上須臾有風競起在朗州

南海經

風門

蒼梧山左右出風故曰風門

王歆之始安記

風竅

沈軍壘北有崑崙山連峙千仞嶺岑蓋川常颼飀焉有風竅

荆州記

風井

風井夏則風出冬則風入

南越志

風峒

高安石室自生風峒南北二門狀若人功

夏風

嶺嶠夏風發自午至夜乃止仆屋偃樹累年一發或歲再三

梁元帝纂要

風之異名

春風曰暄風陽風秋風曰商風素風激風高風冬風曰陰風嚴風哀風猛風曰颲風凉風曰瀏風微風曰飂風小風曰颼風小風從孔來曰飈風

水經注

河水

河水南逕北屈縣故城西十里有風山上有穴如輪風氣蕭瑟習常不止當其衝飄也而略無生草蓋不定衆風之門故也

濕水

火山有東西谷廣十許步南岸下有風穴厥大容人其深不測而穴中肅肅常有微風雖三伏盛暑猶須襲裘寒吹淩人不可暫停

乙巳占

風異名

折木發屋曰怒風揚沙轉石曰狂風四轉五復曰亂風卒起卒歇曰暴風獨鹿蓬勃曰勃風扶搖羊角曰飄風淸凉溫和塵埃不動曰和風

番禺雜記

鍊風

颶風將發有微細雨先緩後急謂之鍊風

三水小牘

風穴

汝南臨汝縣有小山曰崆峒其巔洞穴如盎將有大風雨則白犬自穴出田夫以爲候

白崖山之右有巨穴如井不知深淺穴口四圍津津如汗間有氣出騰空爲白雲須臾風起怒號如雷里人見雲即知風起散則風定細則風小盛則風猛窒其穴風雖小而民多瘴開則風如故而瘴亦衰

宋史

天文志

尾宿九星客星出則爲風流星出入風雨時

箕宿四星主八風凡日月宿在箕壁翼軫者皆風起舌動三日有大風日犯大風沙月食爲風月暈爲風月犯多風歲星守之多惡風太白守之爲風孛入則多風雨箕尸斂爲雨開爲多風少雨

牛宿六星歲星留守在牛西主風雪

營室二星月暈爲風

壁宿二星月暈爲風太白犯之多風雨客星守之多風雨

附路一星在閣道南主禦風雨

畢宿八星日暈有風雨歲星犯冬多風雨

東井八星月宿其分有風雨日暈則多風雨

軒轅十七星一曰權星陰陽交合怒爲風權主之

翼宿二十二星太白出入留舍大風

軫宿四星主風月暈歲多大風

遯齋閒覽

吹花擘柳風

河朔春時多大風飛塵撼木數日一作每作輒三二日方止以訪左右對曰不得是風且無年是名吹花擘柳草木百穀皆藉之

蠡海集

花信風

二十四番花信風者蓋自冬至後三候爲小寒十二月之節氣月建於丑地之氣闢於丑天之氣會於子日月之運同在元枵而臨黃鍾之位黃鍾爲萬物之祖是故十一月天氣運於丑地氣臨於子陽律而施於上古之人所以爲造曆之端十二月天氣運於子地氣臨於丑陰呂而應於下古之人所以爲候氣之端是以有二十四番花信風之語也五行始於木四時始於春木之發榮於春必於水土水土之交在於丑隨地闢而肇見焉昭矣析而言之一月二氣六候自小寒至穀雨凡四月八氣二十四候每候五日以一花之風信應之世所言始於梅花終於楝花也詳而言之小寒之一候梅花二候山茶三候水仙大寒之一候瑞香二候蘭花三候山礬立春之一候迎春二候櫻桃三候望春雨水之一候菜花二候杏花三候李花驚蟄之一候桃花二候棣棠三候薔薇春分之一候海棠二候梨花三候木蘭清明之一候桐花二候麥花三候柳花穀雨之一候牡丹二候酴醾三候楝花花竟則立夏矣

桂海虞衡志

巖洞

元風洞去棲霞傍數百步風自洞中出寒如冰雪

沈懷遠南越志

颶風

熙安間多颶風颶者具四方之風也常以六七月發未至時三日雞犬爲之不寧一曰懼風言怖懼也

觀象玩占

候風之法

凡候風必於高平遠暢之地立五丈竿以雞羽八兩爲葆屬竿上候風吹葆平直則占或於竿首作槃上作三足烏兩足連上外立一足繫下內轉風來則烏轉迴首向之烏口銜花花施則占之羽必用雞取其屬巽而能知時羽重八兩以象八風竿長五丈以法五音烏者日中之精巢居知風烏爲其首也今又按古書云三丈五尺竿以雞羽五兩繫其端羽平則占然則長短輕重惟適宜不在過泥但須出衆中不被隱蔽有風即動直而不激便可占候羽毛必須五兩以上八兩以下蓋羽重則難舉輕則易舉也時常占候必須用烏

凡風發初遲后疾者其來遠初急后緩者其來近動葉十里鳴條百里搖枝二百里落葉三百里折小枝四百里折大枝五百里飛沙走石千里拔大根三千里

五音占法

京房占曰風角有推五音有納音木金水火土有以十二支配五音有聽聲配五音風所發各以五音之數期風之遠近宮風近十里中百里遠千里徵風近七里中七十里遠七百里羽風近六里中六十里遠

六百里商風近九里中九十里遠九百里角風近八里中八十里遠八百里皆以五音成數推之變通其數觸類而長之風從來二十四處皆須明知發止審別支干八卦所發時早晚來從何處息在何時迴止何辰皆須知之乃可以言

聽聲辨五音法

李淳風曰凡占風必知風之情風之聲五音者五行之聲皆出於黃鍾之管管長九寸聲最濁而爲宮其數九九八十一分增減以生上下故三分減一分餘五十四三分益一分爲七十二三分減一餘四十八三分益一爲六十四以成五音之數聽聲之法必須耳察大小清濁必以度數正之度數正則聲亦正不可以文載口論今言其梗槩云

宮聲風如牛鳴窌中隆隆如雷鼓

徵聲風如奔牛如炎火如縛豬駭走

羽聲風如擊濕鼓如水揚波激氣相磋如麋鹿鳴

商聲風如離羣羊如叩鐘磬如蜚羽之聲如流水鳴嚙感人

角聲風如千人叫嘯言語琅琅如人悲如人叫啾啾嚶嚶如鳴雉伐木

天門風

天下多有出風之處名山大川皆有風穴惟天門所出風可占天門者乾方也戌亥同爲乾方

旋風

飄風回風扶搖羊角焚輪皆其類也自下而上値於天亦有自上而下者通謂旋風

江郎山志

風洞

江郎山風洞天將雨則風從中出

天中記

五風信

吳俗以十月初五日爲五風生日漁者盛陳牲醴饗並湖諸祠祈此日有風則每五日風雨如期而至終歲皆然可以揚帆取魚謂之五風信

明一統志

長陽縣

風穴在長陽縣南三十里方山夏則風出冬則風入春秋風則靜

田家五行

雜占論月

月暈主風何方有闕卽此方風來

論星

星光閃爍不定主有風

論風

夏秋之交大風及有海沙雲起俗呼謂之風潮古人名之曰颶風言其具四方之風故名颶風有此風必有霖淫大雨同作甚則拔木偃禾壞房室決堤堰其先必有如斷虹之狀者見名曰颶母航海之人見此則又名破帆風

凡風單日起單日止雙日起雙日止

諺云西南轉西北搓繩來絆屋又云半夜五更西天明拔樹枝又云日晚風和明朝再多又云惡風盡日沒又云日出三竿不急便寬大凡風日出之時必略靜謂之風讓日大抵風自日內起者必善夜起者必毒日內息者亦和夜半息者必大凍已上並言隆冬之風

諺云春風踏脚報言易轉方如人傳報不停脚也一云旣吹一日南風必還一日北風報答也二說俱應

諺云西南早到晏弗動草言早有此風向晚必靜

諺云南風尾北風頭言南風愈吹愈急北風初起便大

論雲

雲若砲車形起主風起

論氣候

元宵前後必有料峭之風謂之元宵風

凡春有二十四番花信風梅花風打頭楝花風打末

中秋前後起西北風謂之霜降信

立冬前後起西北風謂之立冬信月內風頻作謂之十月五風信

管窺輯要

風名狀

李淳風曰按占風之家多云發屋折木揚砂走石等語若每占中俱著此語則又至繁今輙以一家例之古云發屋折木揚砂走石今謂之怒風多爲不吉之象一日之內三傳移風古云四轉五復今謂之亂風亂風者狂風不定之象天無雲晴爽忽起大風不經刻而止止復忽起乍有乍無今謂之暴風暴風主有卒暴事鳴條擺樹蕭蕭有聲今謂之飄風迅風觸塵蓬勃今謂之勃風迴旋羊角古謂扶搖羊角今謂之迴風迴風卒起而圜轉扶搖有如羊角向上輪轉有自上而下者或磨地而起者總謂之迴風亦專有占

古云晴冥濁樂刻者今總謂之霾曀凡風和暢清悅溫良適時塵埃不起人情恬淡是謂祥風天色晦冥風氣昏濁其聲寒慘塵埃蓬勃是謂災風風勢紛錯交亂乍起乍止深藏難測其聲聒耳是謂小人魅惑風風勢暴起南北不定離合氛埃是謂上下不寧之風風勢凜冽人懷戰慄是謂刑罰慘刻風風聲啾唧慘切令人悲惜爲大喪風風聲如火奔馳乍起乍息爲旱火風

占風歌

魁罡氣白黃隄防風勢狂早間日曬耳狂風即時起早白與暮赤飛砂及走石午前日忽昏北方風怒嗔午後日昏暈風起須當慎日月忽後圓風來不等閒雲掩日不動風勢如山重反照色黃光明朝風必狂天道忽昏慘狂風時下感天色赤與黃頃刻大風狂黑雲片片生眼底主狂風黑紫雲如牛狂風急如流雲勢若魚鱗來朝風不輕黑雲北方突暴頻風大毒黑雲半開閉大颶隨風至雲起亂行急風勢難當抵（闕五字）狂風來不少辰闕電光飛大颶必可期連日雨朦朧必定起狂風星辰若晝見頃刻狂風變

天步眞原

論天氣日月五星之能

土星木星相會及冲方秋分大風

土星水星火星會冲方熱宮風

木星火星會冲方春分秋分風

木星會冲方濕宮雨別宮天晴小風

木星木星會冲方有風熱宮內大旱熱風

木星太陰會冲方有風

火星太陽會冲方冷宮風極大

火星水星會冲方秋分大風

太陽水星會乾宮有熱風

金星水星會濕宮風

論天氣開門

開門之理如太陽舍在巨蟹土星舍在磨羯不論何時但太陽與土星相會冲方即爲開門門開即有入門者其冷熱晴雨皆倏忽有變開門有三一木星水星是開風門壞樹木房室

掃星

掃星色不定者水星之性雷電暴風

流火

流火主天氣多風風從流星方來

日月食

太陽太陰失光其害所主當論五星與太陽太陰相會相冲方木星水星主風

占年主星

土星爲本年主星多晦風

火星爲本年主星多熱風

春秋分至論天氣

四正宮內五星在日光下冬至多南風

金水在日光下冬至有南風春分風多

回回曆

天時寒熱風雨

太陰與一星相照及相離後別與一星相照後照二星是太陰所在宮及宮主星所在宮又與太陰所在宮分相對主風

如太陰離火星與金星照或離太陽與土星照或離土星與太陽照

太陽木星水星屬風其宮分則陰陽中天秤辰寶瓶子皆屬風太陰水土三星或兩星在風宮則多風若近年命或近四季及朔望命宮之前七曜內一星在申子辰宮則多風看星何性其風隨其性緯度屬何方風從其方來火在其宮則有惡風紅雲土則風不至而寒木有和風比土星之風微至金和風帶潤水多清風

太陽在陰陽太陰在人馬此時有和風則一年之風善有惡風則一年之風惡

土星在申子辰或亥卯未宮分火在內主熱風水在內有和風金在內和風不重木在內清風頻轉方位

太陰與木水二星相照多風

陰雨濕潤

年命宮四季朔望宮主星是金星風暗水星風雲多雨少若上星不係作雨時則陰暗風起

太陰金水初交亥卯未宮不當雨時則天暗風起

日月朔望命宮主星與第七宮主星相照或沾光或聚光不當雨時則風

太陰與木星水星相照主風

直隸志書

懷柔縣

風臺在懷柔縣東南四十五里北屋莊鄒衍鎖風洞前風聲凜冽人不敢近

唐縣

風山在唐縣西三十五里上有古刹清幽可愛石穴

風聲如鐘

潞縣

風穴在潞縣黑山嘉祐院中穴口如斗風從中出附口處草皆外偃寺僧惡遊人之多也以石土塞之

山西志書

太原府

太原府陽曲縣風穴在府城西二十里石壁有穴下有廟傳云神至則穴內有聲去則否

靜樂縣

黑風山在靜樂縣西北五里山側有一竅秋冬出黑風

浮山縣

司空山在縣東南二十里原名風穴其巓舊有穴孔出風樵牧者納其衣於穴中少頃卽出

保德州

號風溝在州西南六十里內有石竅涼風刮出雖盛暑人不敢近

安邑縣

風谷洞在分雲嶺西形若半井投葉卽飛其風出則飛沙拔木

靈風洞在風谷洞旁洞口若盆仲夏應候風出聲隆隆

夏縣

風洞在柏塔山後巖中有竅深不可測風自竅中出有聲

吉州

颸山在州北六十里上有穴如輪風氣蕭瑟

潞城縣

風穴山在縣東南二十里有石竅其深不可測聽之有風聲

沁源縣

風洞在朱鶴嶺風神廟內其深莫測洞口堆以亂石人不敢窺覗每遇狂風起輒由洞口出每歲四月內有司致祭

渾源州

石峽風葫蘆在州南十里磁窰口峽上有張君詳刻紈扇風葫蘆人過此雖暑熱卽有風生

高平縣

風洞在縣東南十里許山坡一孔風生颯颯有聲然出入各三日信期不爽

河南志書

汝州

風穴山在州城東北二十里上有風穴相傳風將作穴中先有聲

陝西志書

澄城縣

風洞在縣西北七十里石門山麓其深叵測天將風洞中先有聲響振崖谷將息響如初

平利縣

風洞在縣西四十里其深莫測四時有風常從穴中出

浙江志書

杭州府

風水洞在楊村慈巖院有洞極大流水不竭頂上又一洞立夏清風自生立秋則止

長興縣

長興縣西二十里飛雲山南有風穴雲起輒散

浦江縣

仙華山在縣北八里峯有五有穴深黑風從中出薄於兩崖草木時動

江山縣

江山縣南白木巖歲雩有雲自南出則雨又南曰風洞天將雨則風從中出

淳安縣

清風洞在縣東十五里牌嶺路旁舊名風穴石中有竅圍一尺風從中出相傳方仙翁値暑過此以杖觸竅取凉

風潭在縣東一里宋郡守方回訪邑人方逢辰詩有朝餐石硤峽中石暮宿風潭潭上風之句

桐廬縣

風穴山在縣西北四十里山下有穴出風因名

遂安縣

遂安縣西四靈山有風洞夏出凉風冬出溫風

麗水縣

麗水縣西三十里風門山上有二穴深邃風自中出每夜靜月明白氣自山麓上徹霄漢

宣平縣

宣平縣風起巖在五里礶下四時有風從巖竇中出暑月尤勁

江西志書

貴溪縣

風洞在貴溪縣南五十里洞中空户狹常有風氣噓吸

九江府

虛谷東英巨山巖內有石人坐磐石上體上塵穢則風興

分宜縣

袁州府風洞在分宜縣距桃源洞二里許居山之陽不可入傍有泉流水潺湲清風生焉冬溫夏冷避暑置盤餐於中食頃輒凍

福建志書

臺灣府四時風信

正月初四日為接神颶初九日為玉皇颶此日有颶各颶皆驗此日或無颶則各颶亦或有不驗者十三日為關爺颶二十九日為烏狗颶

二月初二日為白鬚颶

三月初三日為元帝颶十五日為真人颶二十三日為媽祖颶真人颶多風媽祖颶多雨二月共三十六颶此其大者

四月初八日為佛子颶

五月初五日係大颶旬為屈原颶十三日亦為關爺颶

六月十二日為彭祖颶十八日為彭祖婆颶二十四日為洗炊籠颶自十二日起至二十四日止皆係大颶旬

七月十五日為鬼颶

八月初一日為竈君颶初五日係大颱旬十五日為魁星颶

九月十六日為張良颶十九日為觀音颶

十月初十日為水仙王颶二十六日為翁爹颶

十一月二十七日為普庵颶

十二月二十四日為送神颶二十五日為天神下降颶二十九日為火盆颶自二十四日至年終俱係大風旬為送年風

一年之月各有颶日驗之多應舟人以此戒避不敢行船凡清明以後地氣自南而北則以南風為常霜降以後地氣自北而南則以北風為常風若反其常寒南風而暑北風則颱颶將作不可行船

南風壯而順北風烈而嚴南風多間北風罕斷南風駕船非颱颶之時常患風不勝帆故商賈以舟小為速北風駕船雖非颱颶之時亦患帆不勝風故商賈以舟大為穩

風大而烈者為颶又甚者為颱颶常驟發颱則有漸颶或瞬發倏止颱則常連日夜或數日而止大約正二三四月發者為颶五六七八月發者為颱九月則北風初烈或至累月俗稱為九降風間或有颱則驟至如春颶船在洋中遇颶猶可為遇颱不可受矣

過洋以四月七月十月為穩以四月少颶日七月寒暑初交十月小陽春候天氣多晴順也最忌六月九月以六月多颱日九月多九降也

十月以後北風常作然颱颶無定期舟人視風隙以來往五六七八月應屬南風颱將發則北風先至轉而東南又轉而南又轉而西南始止

五六七月間多風時風雨俱至即俗所謂風時雨西北雨也船人視天邊黑點如簸箕大則收帆嚴舵以待之瞬息風雨驟至隨刻即止少遲則不及焉天邊有斷虹颱亦將至只現一片如船帆者曰破帆稍及半天如鱟尾者曰屈鱟破帆甚於屈鱟所出之方又甚於他方海水驟變水面多穢如米糠及有海蛇浮游於上面颱亦將至昏夜星辰閃動亦有大風

十二月二十一日起一日有風應明年正月有大風二日應二月三月至九月俱挨日相應或一日之間作二次則來年所應之月颱亦二次多次亦多如之記而驗之無不應者

四川志書

松潘等處軍民指揮使司

風洞山治東五十里洞深不可測多惡風每午輒大作則飛沙蔽天人馬皆辟易寒氣襲人或觸之多橫死否則喘息旬日始止

夔州府達州

風洞治東五十里道傍洞口出風下有流泉

峩眉縣

風洞九盤山旁古碑詩風洞初開日月新桂花收拾箇中人

廣東志書

感恩縣

息風山在城東南十五里中有巨穴深百尺餘黑暗莫測颶風傷禾黍人禱之多止

貴州志書

石阡府

風神洞在石阡司後人不敢深入入則大風飄發

雲南志書

太和縣

風孔在三陽峯麓原之上風從孔出刺人肌骨

蒙自縣

風洞在納樓長官司東二十里四時風自洞出人不敢近

鶴慶府

風洞在府治西南十里朝霞山畔洞口徑六寸時有風氣噓吸夏至日郡人有目眚者羣聚爭薰亦多見愈

欽定古今圖書集成曆象彙編乾象典

第六十六卷目錄

乾象典第六十六卷

風部總論

管子

形勢解

風漂物者也風之所漂不避貴賤美惡雨濡物者也雨之所墮不避小大強弱風雨至公而無私所行無常鄉人雖遇漂濡而莫之怨也故曰風雨無鄉而怨怒不及也

版法解

萬物尊天而貴風雨所以尊天者爲其莫不受命焉也所以貴風雨者爲其莫不待風而動待雨而濡也若使萬物釋天而更有所受命釋風而更有所仰動釋雨而更有所仰濡則無爲尊天而貴風雨矣

子華子

陽城胥渠問

混茫之中是名太初實生三氣太貞剖割通三而爲一離之而爲兩各有專精是名陰陽兩兩而三之數登於九而究矣是以棲三陰之正氣於風輪其專精之名曰太元棲三陰之正氣於水樞其專精之名曰太一太一正陽也太元正陰也陽之正氣其色赤陰之正氣其色黑水陽也而其伏爲陰風陰也而其發爲陽上赤下黑左青右白黃潛於中宮而五運流轉故有輪樞之象焉水涵太一之中精故能潤澤百物而行乎地中風涵太元之中精故能動化百物而行乎天上

董膠西集

雨雹對

天地之氣陰陽相半運動抑揚更相動薄則薰蒿歊蒸而風雨雲霧雷電雪雹生焉氣上薄爲雨下薄爲霧風其噫也雲其氣也雷其相擊之聲也電其相擊之光也二氣之初蒸也若有若無若實若虛若方若圓攢聚相合其體稍重故雨乘虛而墜風多則合速故雨大而疎風少則合遲故雨細而密其寒月則雨凝於上體尚輕微而因風相襲故成雪焉寒有高下上暖下寒則上合爲大雨下凝爲冰霰雪是也雹霰之流也陰氣暴上雨則凝結成雹焉

春秋繁露

五行對

地出雲爲雨起氣爲風風雨者地之爲地不敢有其功名必上之於天命若從天氣者故曰天風天雨也莫曰地風地雨也勤勞在地名一歸於天非至有義其孰能行此

王道通三

天地之化如四時所好之風出則爲暖氣而有生於俗所惡之風出則爲清氣而有殺於俗

張子正蒙

參兩篇

陰性凝聚陽性發散陰聚之陽必散之其勢均散陽爲陰累則相持爲雨而降陰爲陽得則飄揚爲雲而升故雲物班布太虛者陰爲風驅斂聚而未散者也凡陰氣凝聚陽在內者不得出則奮擊而爲雷霆陽在外者不得入則周旋不舍而爲風其聚有遠近虛實故雷風有小大暴緩和而散則爲霜雪雨露不和而散則爲戾氣曀霾陰常散緩受交於陽則風雨調寒暑正

朱子語類

風

風只如天相似不住旋轉今此處無風蓋或旋在那邊或旋在上面都不可知如夏多南風冬多北風此亦可見

橫渠云陽在外者不得入則周旋不舍而爲風陰氣凝結於內陽氣欲入不得故旋繞其外不已而爲風至吹散陰氣盡乃已也

因言丘墓中棺木能番動皆是風吹蓋風在地中氣聚出地面又散了

坤輿圖說

風爲乾熱之氣

夫風之本質乃地所發乾熱之氣有多端可証一試春秋時多風何也是時空際多聚乾熱之氣二曉晨時多風何也日出而升必攝多氣三雪化時多風何也雪內多有乾氣是氣將分別於冷濕故生風四空際忽見火色知後必有風何也火者乾熱之氣所致也五風愈大而物愈燥何也風之元質乾熱故也由是可知空際之氣雖動時或生風亦能如風之清涼人物然其實與風不同則風之元質多屬乾氣而乾氣中或亦有濕氣參之故春時之風與海上之風多致物朽可以爲驗大海中黃道之下恆有東風故船往西行者必宜順風則行而疾如東行則逆風而遲蓋太陽從冬至迄夏至輪轉恆行黃道下而其爆煖不絕照於空際正對之氣令之冲上然其故恆隨太陽從東而西則東邊之風氣必後隨之而恆補前氣之缺矣大海之水亦然恆隨太陽從東而西蓋太陽西行無一息之停以其爆熱恆照而吸西海之水氣令之上冲而成雲霧因而在西之水面比在東之水面恆卑蓋東高西卑則海水從東而西流以補其缺此自然之理也

夫乾熱氣騰上至於中域爲冷寒氣所扼既不得上而性輕又不得下則必至橫飛也又其飛之速遲強弱由於氣之衆寡清濁及其上冲之力與勢也蓋氣之冲上者疾急一值阻扼其退飛亦必速迅由是可知風飛時其前後左右之氣無不動而隨之者是以氣動爲風者亦必有故也或問旋風何若曰上所論乾熱之氣入數雲內復各爆出適相撞結因各隨所向之地互相推逐以成旋輪譬之川水其急流時忽值山石阻遏無由可出即囘而爲旋窩也又譬之諸風凡從廣闊之地歸入隘巷而無路可出必囘旋矣是風在平地值物多起在海中值舟多沉

夫風有多利姑舉四端其一拂動近氣令就平和以利呼吸人與諸生緣此以免閉塞之傷蓋近氣無風則積聚不散有傷生命故也其二帶雲成雨以滋內地蓋內地氣微旋生旋滅力不足成雲雨之功惟大海廣受日照猛起濕熱之氣蓬蓬勃勃升至中域太陽返照光力不及之際遂乃變熱而涼先結成雲漸散成雨然使無風帶入內地則濕氣所成雲雨復歸初升原處何由利內地之人乎其三燥地所餘潮氣悅生動物速熟諸果其四助舟楫之力以通貨財以利天下是也

風部藝文一

風賦　周宋玉

楚襄王遊於蘭臺之宮宋玉景差侍有風颯然而至王乃披襟而當之曰快哉此風寡人所與庶人共者耶宋玉對曰此獨大王之風耳庶人安得而共之王曰夫風者天地之氣溥暢而至不擇貴賤高下而加焉今子獨以爲寡人之風豈有說乎宋玉對曰臣聞於師枳句來巢空穴來風其所託者然則風氣殊焉王曰夫風始安生哉宋玉對曰夫風生於地起於青蘋之末侵淫谿谷盛怒於土囊之口緣太山之阿舞於松柏之下飄忽淜滂激颺熛怒耾耾雷聲迴穴錯迕蹷石伐木梢殺林莽至其將衰也被麗披離衝孔動楗眴煥粲爛離散轉移故其清涼雄風則飄舉升降乘凌高城入於深宮邸華葉而振氣徘徊於桂椒之間翺翔於激水之上將擊芙蓉之精獵蕙草離秦衡槩辛夷被荑楊迴穴衝陵蕭條衆芳然後倘佯中庭北上玉堂躋於羅幃經於洞房迺得爲大王之風也故其風中人狀直憯悽惏慄清涼增欷清清泠泠

愈病析酲發明耳目寧體便人此所謂大王之雄風也王曰善哉論事夫庶人之風豈可聞乎宋玉對曰夫庶人之風塕然起於窮巷之間堀堁揚塵勃鬱煩冤衝孔襲門動沙堁吹死灰駭溷濁揚腐餘邪薄入甕牖至於室廬故其風中人狀直憞溷鬱邑毆溫致濕中心慘怛生病造熱中脣為胗得目為䁾啗齰嗽獲死生不卒此所謂庶人之雌風也

誥咎文有序　魏曹植

五行致災先史咸以為應政而作天地之氣自有變動未必政治之所興致也於時大風發屋拔木意有感焉聊假天帝之命以誥咎祈福辭曰

上帝有命風伯雨師夫風以動氣雨以潤時陰陽協和氣物以滋亢陽害苗暴風傷條伊周是遇在湯斯遭桑林既禱慶雲克舉偃禾之復姬公去楚況我皇德承天統民禮敬川嶽祈肅百神享茲元吉釐福日新至若炎旱赫羲飈風扇發嘉卉以委亘木以拔何谷宜填何山應伐何靈宜論何神宜謁於是五靈振悚皇祇赫怒招搖驚怯欃槍奮斧河伯典澤屏翳司風廻呵飛廉顧叱豐隆息飈遏暴元勅華嵩慶雲是興效厥豐年遂乃沈陰坱圠甘澤微微雨我公田爰暨於私黍稷盈疇芳草依依靈禾重穗生彼邦畿年登歲豐民無餒饑

風賦　晉湛方生

有氣曰風出自幽冥蕭然而起寂爾而停雖宇宙之宏遠倏俄頃而屢經同神功於不疾等至道於無情胡馬感而增思風母殞而復生起慘冬之潛蟄達青春之句萌因嚴霜以厲威順和澤以開榮故君德喻其靡草風人假以為名及其猛勢將奮屯雲結陰洪氣鬱怫殷雷發音勃然鼓作拂高凌深天無澄景嶺無停林六鷁為之退飛萬竅為之哀吟亦有飄泠之氣不疾不徐飀飀微扇亹亹清舒王喬以之控鶴列子以之乘虛若乃春惠始和重褐初釋遨步蘭皋遊眄平陌響詠空嶺朗吟竹柏穆開林以流惠竦神襟以清滌軒濠梁之逸興暢方外之宜適

擬宋玉風賦　齊謝朓

起日域而搖落集桂宮而送清開翠帳之影藹響行珮之輕鳴揚淮南之妙舞發齊后之妍聲下鴻池而蓮散上雀臺而雲生至於新虹明歲高月照秋晬儀乃豫冲想雲浮鄒馬之賓咸至申穆之醴已酬朝役登樓之詠夕引小山之謳厭朱邸之沉邃思輕舉而遠遊驌驦之馬魚躍飄轞車而水流此乃大王之盛風也若夫子雲寂寞叔夜高張烟霞潤色荃蕙結芳出硐幽而泉冽入山戶而松凉渺神王於丘壑獨起遠於孤觴斯則幽人之風也

秋風搖落　梁元帝

秋風起兮寒鴈歸寒蟬鳴兮秋草腓萍青兮水澈葉落兮林稀翠為蓋兮玳為席蘭為室兮金作扉水周兮曲堂花交兮洞房樹參差兮密稍紫荷紛披兮疏且黃雙飛兮翡翠並泳兮鴛鴦神女雲兮初度雨班妾扇兮始藏光且淹留兮日云暮對華燭兮歡未央

南風之薰賦　唐張正元

昔者南風和醇明德維新創五法而配夏感萬物以如春不然者夔何以得為典樂舜何以尊為聖人者哉其風乃周流遐裔蕩滌庶物廓宇宙以澄清屏腐餘之伊鬱故表太平之至理卑寰宇之無咈也且順而隨時曰巽氣之相感曰咸合之寧間於幽林曠野散之何啻乎萬壑千巖當其南正司辰朱明應節我風在德何以驗乎枯桑我風在仁何必候於空穴物既斯悅薰不在乎器人奚以欽物莫能同葉不在乎蘭人何以結知執德不回嘉祥有開始斯人之解慍倏儀鳳以員來有孚顒若至德休哉足以成天下之務畜天下之財今國家以義為利知風之自實皇猷之穆穆因皇道之易易竹帛之功斯在絲桐之音不墜夫如是未有靈瑞之不臻生成之不遂者也寧與夫蓬振塵驚飈飀淒清或敗物者有墜或中人而喪精未若我皇內協正德外和厚生在乎野而草自偃入乎林而條不鳴是則良哉元首克洽九有仰南風兮何翕爾而純和幸得詠時康與俗阜

南風之薰賦　李夷亮

時之和兮道之至披南風兮舒以肆發於地鼓萬物以生成登於天叶三光而能粹豈不以律有度而感應樂無聲而大備郁郁也從四氣之攸分熙熙然見羣芳之已遂若乃涉維夏背芳晨柔人已乂率土惟淳雲物必書識煙霞之改舊君臣有禮知動植之懷仁符元化越洪鈞式觀風於我后終解慍於吾人伊昔虞帝君臨憂勞是切將納隍為己任垂大訓於前烈援琴寫操知庶政之惟和負扆居尊俾含生之是悅然後澤及幽巖九區克咸氣揚烟鬱四海無咈且攸叙於彝倫故無遺於一物國家敬授惟明稽古作程式宣其和以厚其生是以東作之勤不遺於帝力南風之詠屢起於皇情亹亹多士芃芃萬有猶偃草

而咸若沐薰風之自久惟德斯碩惟財孔阜

南風之薰賦　李叔

至矣哉如天之君聲明化淳穆南端而作樂播薰風
以養人順聖時而和則氣無留壅解吾民之慍故物
無不親所以應乎品類遍乎天地感一德而當陽處
八方之正位使夫微者必扇幽者必遂不以動而有
光和而能至風之始也日月貞明星辰齊平然後蕩
蕩而起熙熙而生觸類而煦然長育無朕而潛來備
盈行而有孚倚五絃而調四氣廣而不費匝九垓而
周八紘非比夫抵華葉陵高城轉叢蕙而渥彩合萬
籟而成聲者也風之達也本以元首播於羣有使五
福富昌萬物殷阜宜其叶無爲之大化匪獨華有苗
之小醜亦有廣莫北動閶闔東來不如自其南而掩
器一其薰而阜財則知端拱垂黻化人無拂則必合
其君資其物豈惟三國不監二叔不咸徒偃其禾而
表其識故我君烈烈行道有截歌祖德而庶事用康
諸舜樂而鳴琴不徹被南風之溥暢慰遠黎之胥悅
士有欲搏風於九霄希假勢於一挈

風過簫賦　范傳正

風爲氣兮溥暢簫在物而虛受何相會於自然合無
情於妙有泠泠斯韻習習占久如聞松蓋之巔寧比
土囊之口颯爾而至鏘然輒隨響纔度已俄遠聲成
文而不亂其虛其實是可披襟而納以條以暢何煩
鼓腹之吹彼孔雀下降鳳凰來儀雖見美於格物豈
不慚於有爲彼簫之韻惟風所借或激越於清曉或
凄涼於末夜寂寞之內爰生不考之音希夷之間是
合不言而化謂越客乍流其遺響謂泰女遙度其仙
駕散彼寥夐復於沉潛被治國之風以安以樂在敬
心所感乃直乃廉動有輕重應無洪纖解慍且和可
並鼓琴之唱不姦而順亦其從律之占若乃察其所
感蓋有符於元漠豈惟契於閑澹籟之所之智之所
知誠萬殊之舛錯終一貫而透迤風從虎兮飄忽簫
象鳳兮參差何體異之如彼而音同之若斯豈不以
宮商所合唱和爲稱類霜鐘之瑲叩同灰管之潛應
時然後起風匪躁求激而乃揚簫爲靜勝彼鈞天之
音肸蠁洞庭之樂虛無豈比風簫之感名亦由律呂
之相須異搜奇於蔡笛鄙濫吹於齊竽徵顏成南郭
之言浩然難究擬宋玉王褒之賦庶或同途

風過簫賦　夏方慶

風之過兮一氣之作簫之應也衆音以殊雖高下以
異響終合散而同塗體宮商而自得韻清濁以相須
動必造適用當其無宜然理順昭與道俱以由一人
之化爲而不有萬物之心以虛爲受帝於何力各自
遂其生成天且不言乃能恆於悠久觀夫指大塊之
噫氣裁衆管而聲隨始颼颼兮清越終杳杳以透迤
遠而聆之初疑白虎方嘯近而察也旋驚丹鳳來儀
知化本之有朕見天籟之在斯道固無名物罔不感
彼命宮而商應信陽舒而陰慘雲何事而從龍水何
情而習坎故達人作用而虛清其心大道不疵乃滌
其元覽之風也扇其輕重之簫也應以洪纖彼若疾
而飄我則以號以嗷彼若和而靜我則若沉若潛曷
異夫暴心感而麤以厲敬心感而直以廉爾其斷續
清空蕭寥末夜歷虛無而輕颺自遠拂松竹而幽韻
相借徵聞闕下伴金奏之發天庭迴徹雲中疑笙簫
之隨羽駕莊生託之以齊物子綦由是而觀化化之
至矣茲焉可知風乃不私其用簫亦自得其宜元元
立言事無事我后垂拱爲無爲君子曰風簫也罔不
爭其善勝契不言而自應是將觀彼以化成豈獨因
之而比興

瞽者告協風賦　王起

瞽惟審聲風實應候候至而厥風肇扇聲和而有瞽
斯奏知夫天道則清泠必聞揚于王庭亦威儀可究
所以贊欽若明敬授先五日而可傳信三推而不謬
於時凜冽方謝溫仁始賁雜蕙蘢之佳氣和郁靄之
祥煙樂師乃告平野臨大田其視則惟昧其聽則惟
專寧體於舞松之間得其煦嫗傾耳於偃草之際宜
彼暄妍曰此融風將聞於天既而進退匪徐周旋可
則透迤於紫殿之下俯僂於丹墀之側豈無相於倀
倀方鞠躬而翼翼迺進而言曰陛下以美利利四海
以仁宥宥萬國調玉燭而設邦教法銅渾而立人極
所以八風不姦六律無忒臣以樂吏之賤謬知君子
之德先王所寶惟穀所大惟食必俟協風以候力穡
順時而教導蓋國之章有聲而爲聞乃臣之職今者
起幽谷拂平林蕭條注耳寂寞拂襟有薰兮動地之
氣無颯然鳴條之音達勾萌其和以布序錢鎛其儀
可尋且兢兢慄慄是微臣音之審習習飀飀彰陛下
德之修固宜答休徵秉旒景躬千畝率萬井諒神倉
之委積則齊宮之清淨表聖時之咸若昭國典之思
未皇上垂拱無爲居高聽卑察邇言悅矇瞍之告吝
故實敦稼穡之宜謀盛禮度宏規豈虢公之言是則
是效而周王之代不識不知

風不鳴條賦　陳章

風之起兮不觸而行條之應兮有動無聲察微祥於生植表靜理於承平輕搖而曉露初滴暗曳而春鳩轉鳴入楊園而若舞拂花逕而如迎寂兮寞兮自南自北其去莫止其來可測方縈仙樹萬年之影稍垂爰報聖時五日之期不忒長養賚於皇化沉潛契乎元德似有心於松柏之內上下依依類無言於桃李之間往來默默嫩葉隨轉柔荑共舒颺絲光於空際惹絮影於春餘聽莫得聞訝繁柯之蔑爾視之不見驚纍萼之攢如倏自邇而通遐俄起彼而集此順八方之候若有若無調四序之宜時止則止由是輕纔偃草細不揚波異秋吟之摧木同春扇於微和均習習之容寧比夫空穴而至絕蕭蕭之響誰謂其高臺則多散漫千林翱翔九野修通匪亂於疾徐溥暢必齊其高下含其光也亦類於人焉靜以化之乃符於王者片塵靡驚於厚地羣籟皆息於晴天對翩翩之鶡鳥任嘒嘒之鳴蟬感之深殊桂鳴於秦樹害乎物鄙禾偃於周田我國家化將時茂德與風傳佇見傾梧之後棲儀鳳於君前

舜歌南風賦　楊迺

巍巍舜德於今人稱居北極而惟大歌南風以敷弘歌之伊何制絲桐而合奏風之至矣信長育而有徵茲可謂無爲而自理天縱而多能美夫誠發深衷物能應感惻沃瘠之勞逸均陰陽之舒慘是用作則於世利之孔多風詠凱兮美萬物之蕃衍樂操琴也佳五聲以同和復而不厭遠而匪他方將煦嫗之爲意豈徒娛樂於斯歌觀其發宮應徵揚淸激濁自南習習同詩人喻彼棘心入夜泠泠異貧士叩其牛角則知聖人審音以知政化俗而作樂者有矣夫懿其出乎幽谷應以煩聲若雲龍之潛名同律呂之相生萬籟動八音淸匪鳴條而扇物方靡草而作程是以人荷時康功歸帝力四氣以之而不撓百穀從茲而蕃殖節有度守有則始從邇而及遠終自南而徂北爾乃匪徐匪疾乍過乍聞颯颯輕音疑少女之初至泠泠餘韻謂別鶴之求羣亦爲父母之罔極何必聲變而成文是以德冠百王致成萬物正南面而恭己懋功千載不怫

東風解凍賦以立春之日冰東銷釋爲韻　韋充

三陽布萬物新攜提建月勾芒御辰惟東風之解凍明下土而知春於是嗣木德游水濱坼涸沍開滄淪始自震而發跡終習坎而成仁原夫其始也出大塊乘新律度晴川經暖日積習習之淑氣散峩峩之素質順流而委想銀河之漸傾逐吹以分訝瑤池之漸失飄然既至颯爾攸與潛融積溜暗斷輕冰自太蔟之氣生功因入律悅中流而瓦解聲若裂繒不疾不徐如考如擊動輕澌於皎潔上游鱗於磧礫未分蘋末疑馮夷之剖蚌胎稍辨波心若荊山之流玉液意同攻陷勢若刳剔何虎嘯之威方微信狐疑之心已釋羊角既止蟬翼潛銷表一歲發生之候當三春啓蟄之朝鼓怒斯至徘徊遽飄囘折之時初疑破鏡亂流之處盡若迴潮斯以見寒暑不愆推遷屢急何一氣之自噫信百川而皆及導仁爲煦決滯之義則深以德而和陷堅之功斯立當其晴流漸泮麗景初馳飄忽既及凝滯無遺狀曉河雲卷之初忽其明矣若太素氣分之際難可辨之是知天地既春欣榮者衆將以遂於羣性不獨釋於積凍然後驅飛廉命義仲俾風日之可遊冀臨川而必中

涼風至賦　王棨

龍火西流涼風報秋届肅殺而金方氣勁奪赫曦而朱夏威收五夜潛生聞桂枝而騷屑千門溥至覺玉宇以颼飅於時北斗杓移西郊禮畢蓐收行少昊之令夷則代林鍾之律颯爾斯風生乎是日俄而撤鬱蒸揚慘慄滅庭草以芳靡掠林梢而聲疾繇是淅瀝晴景浸淫暮天起蘋葉而有準應葭灰而罔愆無近無遠凄然凜然倏搖曳於紅梁潛催歸燕乍離披於碧樹漸息鳴蟬然後埽蕩千山蕭條萬里颯爽氣以極目厲秋聲而盈耳恨添壯士朝晴而易水寒生愁殺騷人落日而洞庭波起但遠戍烟薄遙村杵頻磨玉蟾而月色初瑩泛瑤瑟而商絃乍新虛檻淸泠頗愜開襟之子衡門淒緊偏驚無褐之人北牖閒眠西園夜宴紅蕖將碧蕙香減珍簟與纖絺色變張翰庭前暗度正憶鱸魚班姬帳下爰來已悲紈扇故得苦霧晨卷蒸雲晝銷望裹而林端嫋嫋夢餘而愍外蕭蕭悄絲管於上宮陳娥翠斂颭旌楹於華省潘鬢霜凋既而冷遍中原陰生兌位幾人離避暑之所何處軫悲秋之思雖令蛩響東壁鴻辭邊地又安得吹賦客而促征車自是功名之未遂

風賦　鄭璠隱

惟茲風之興寂獨元妙而無形託萬物以成象隨八卦而立名大則宇宙普洽小則纖毫必經翕翕習習淸淸泠泠排春樹而如動帶秋蓬而似輕所以炎淸

順夏勁厲隨冬入金滕而彰聖道通蘭臺而表雄雄飄玉蘂於濃草零圭葉於衰桐候巽範於帷內御列子於空中爾乃下振方輿上飛圓蓋懷壯士之適秦悅高皇之還沛乍霍靡於衆卉時颼飀於叢籟若乃乘陵高迥出入幽微搖寶釵於雲髻動環珮於羅衣颺遊絲以陰映舞輕雪以霏飛銅烏迎而廻翼胡馬聽而思歸乍來復往有聲無象驚塵則白日晝昏卷霧則珠星夜朗蕭瑟長松之下嘹唳高樓之上送夕鼓而傳音埽晨鐘而成響出幽巷而搖拂擊華堂而清歊浸淫遷延散漫聯緜送清聲於琴上落細粉於隱前乍卷逼天之霧時飄覆水之煙勃起則大木斯拔暫息則洪波肅然或動或靜時來欻失聆之兮有聞察之兮無質形乃虛無體兼散逸雖含毫而搦管豈神仙之能述

風不鳴條賦　闕名

柔條之杪兮低垂和風之起兮舒遲極柔而動搖斯易至和而音響則遺習習兮便人順以巽也翛翛兮不紊默而識之風自南而薰條可結如線氣引容裔色搖蔥蒨穆若無聞蠢然可見中林靜拂寧喧許子之瓢圓葉孤翻似動班姬之扇霽景相煦芳塵共飛條冉冉以順動風徐徐而表微蕩弱質以婀娜視之若有播清飇之溥暢聽之則希覯其谷與隧出匪徐匪疾彼條暢而無聲信木訥而可匹此焉表瑞旣偶聖於萬年、乚應期恆不違於五日荏苒虛徐條風相於將墜而復舉若卷而還舒契彼無言靜入桃蹊之上示諸有德潛來草偃之餘細影中糅浮光上透示諸扇其微和豈將摧其獨秀諧清淨之理助發生之候風如以諷俾聖教以無私條若以調配樂和而不奏飄以長逝倏然送多煦大塊而爰發泛柔木而雖和髣髴兮還同轉蕙寂寥兮無撓靜柯道合知微時方太古嫋其長而輕颺令其和而不吐暗起軍營之柳取象於銜枚潛飄清廟之松同和於土鼓彼化鵬搏於九萬此至人御於十五與夫不明之道兮曾何足數

風賦　宋吳淑

大塊噫氣其名爲風旣破萌而開甲亦養物以成功識樹頭之少女喜溪邊之鄭公若乃詠其涼稱有隧入衿袖而留香回桂椒而振氣應廣莫以佫刑則明庶而施惠待閶闔而藏庶物候不周而謹邊備空穴潛應土囊暴起復有應尹喜之占被葛元之指乘之旣聞於宗慤御之亦傳於列子賦宋玉之蘭臺歌荆軻之易水施晉武之瑠璃置宋明之令史南海何由而雀化佷山何神而薙靡清清冷冷愈病析酲才驚虎嘯復訝鳶鳴驗烏鵲之移巢識鷄犬之無聲若乃瞻臺上之銅烏搖廚中之翣脯旣爲天地之使亦是陰陽之怒來時而或能動揵求處而每因焚羽啓金縢而明旦識爰居之集魯或徵自蚩尤或感由庶女飛車初駭於奇肱曲蓋始因於周武至若稱離合號焚輪穴在宜都門傳九眞駭法嶽之逢猷驚鞠陵之見人悠然偃草颯爾袪塵常聞順物而布氣亦復職目而肹昏爾其悠揚轉蕙飄搖吹棘號怒萬竅退飛六鷁扇授袁宏衣飄賈誼戒寒每當於火見應類或聞於酒盜調調刁刁羊角扶搖才能獵葉殊不鳴條雖負大翼詎能終朝至於習習扇和依依解凍當大麓之弗迷豈庶人之所共有虞興解慍之歌黃帝得吹塵之夢亦復便人寧體動草搖枝或歌豐沛以爲樂或濟汾河而有詞占已聞於師曠塵或惡於元規奔厲而那堪拔木祥和而祇可披衣蓋君聖而時若自均調而得宜

快哉此風賦有序　蘇軾

時與吳彥律舒堯文鄭彥能各賦兩韻子瞻作第一第五韻占風字爲韻餘皆不錄

賢者之樂快哉此風雖庶民之不共眷佳客以攸同穆如其來旣偃小人之德颯然而至豈獨大王之雄若夫鷁退宋都之上雲飛泗水之湄寥寥南郭怒號於萬竅颯颯東海鼓舞於四維固以陋晉人一吷之小笑玉川兩腋之卑野馬爭飛搏羽毛而汗漫應龍所處作鱗甲以參差

秋風賦　張耒

張子夕坐於堂之南軒有風颯然來自西方感乎人心異於尋常初披偃乎草木亦泛動乎軒牕張子曰是風也所以成歲而佐陽者乎時也朱火就謝七月始涼旣道迎於肅殺又紹介於雪霜其中人也入竅灑然汗澤爲乾纖絺魯縞不勝其單其加物也未敢其形先傷其情未隕其生先奪其英使之嗒然委者見於顏色黎然槁者動於聲音吾恐中夜而聽之淅瀝颼飀羣動百蟲怨泣悲吟感人冲冲者秋之聲旦起而望之淸明高潔者秋之容於是庶草效實九穀獻功旣獮於野又嘗於宗感天時之不留念歲序之將窮張子曰吾何爲乎戒裘褐以備嚴冬而已

秋風賦有序　元郝經

久在舍館偶因秋風之起一時介佐三節人員皆爲感愴故作是賦以激釋云

駐星麾於江滸歲月會於作噩漲老天之黃雨鬱餘蒸而欲灼忽焉西南天露雲駁槭槭栗栗慘慘颼颼抵觸吹隙凉冷遽作始則叱號突厲撲蠛抑蚋漸乃蕭瑟披離衝飈動幕散宿濕於雲梢眇新聲於木末觸餘感而興懷倍陰森而索寞既乃一時介佐嗒焉而噓撫髀搏膺掩面向隅以爲行如反如執如棄如相與愴怳怨艾咎躬責己天實斲余行使尼止方變故之無窮則憂思其曷已或當饋而三歎或中夜而九徙歌缺壺而寓哀痛撫牀而裂眥金石化而色變骨肉悲而心死余乃紆徐而告之曰士不以一失自沮一得自憙金百鍊而方精節萬折而逾厲持此心之亢蹻奚外變之軒輊今則溽暑退凉風至困疾蘇淹抑肆我雖連蹇宋猶有禮撫問仍存德音在耳當凌厲清氛趯然而喜排去鬱攸攝衣攝屐灑然濯熱冷然淬志快側翅於雲霄期翱翔於帝里乘此風以成行俾照耀於萬世何乃作楚囚對泣竟不爲魯連毛遂而漫爲宋玉之悲耶子以秋風爲悲余獨以秋風爲樂夫以秋風爲悲者非獨子也常情皆然門巷蕭條良人遠征傷心砧杵掩淚邊城庭樹翛翛鴉啼柳斷帷薄生寒夢長人遠此怨婦之以爲悲者也弱水雲沉交河日落風急霜清重城擊柝令重身輕黃雲晝角十年不代有書無衣吞聲飲泣塞下邊陲此戍役之以爲悲者也塞北遊子江東賈客去國期年音塵杳絕行露沾衣風吹曉月草根蛩吟喚愁啼血四顧無人氣憤心折此羈旅之以爲悲者也囊中金盡淚滿貂裘從橫不就報主懷讎葉落尊空心事悠悠知己不見天高雁沈彈鋏風悲長歌短吟白草荒山塵埃滿襟此不遇之以爲悲者也菽粟青黃草肥弓勁瀚海波翻鐵山塵互肉飽顏酡控弦馳競一噴生風長林葉下陳合鞭鳴驍騰萬馬破屋殘城崩沙解瓦此遺黎之以爲悲者也今則仁聖御世霈德施惠下輪臺之詔發輪平之使二鄙不聳穡人和會麻麥幪幪黍稷穟穟室無怨曠之婦塗無稽滯之旅朝無不遇之歎戍無屯讁之苦抄騎不出烽燧不舉則常情之所悲亦將以爲樂也子何以所樂者重爲悲乎於是介佐相與言曰吾等之昧固如所云吾子之樂可得而聞曰可哉麗金行秋赫輪不鑠大火西流肓沴不作有風颯然云胡不樂若夫洞庭波木葉脫陂潦盡山雲薄快萬里以長吹卷餘苴與纖惡汎六合以澄清展青空而高闊淨蒹葭之洲渚開芙蓉之城郭留夕照於飛樓挂殘虹於高閣水落而江淨天澄林疎而煙橫霞抹天痕虛而見歸鴻露華凉而聽鳴鶴金莖突兀霜仗光寒銀字聲淒翠綃香著汎新商於瑤瑟戛清音於珠箔際邁爽以昭曠莫不淩兢而曲躍是其所以清也紛拂於青蘋之上夷猶於銀漢之間激怒於土囊之口弄響於松篁之前散驚蟲於洪濤發鏗鞫於狂瀾擬生金於曲岫振鳴玉於空山虎嘯而萬竅裂龍吟而九淵翻是其所以雄也至於蜚霜激沙撇捩秋草白鷹蒼隼金眸玉爪飄飄搏擊氣勁心老沙場欲雪代漠生雲驊騮紫燕渥洼龍文輕風入足赭沫追奔朝飲溟渤夕躡崑崙尾閭潮回天池浪激鯨鬣揞山鵬背闞日乘化起運扶搖發迹超逸絕塵杳不可及是皆憑威靈而神變化瑰奇壯浪有不可紀極者余於是時則將掇蘭搴蕙濯纓結佩翛非煙之冉冉御飄颻之沛沛相羊逍遙遊於萬物之表鶩於八極之外聽萬籟之秋聲賜一元之和氣舒而爲春融而爲薰躋仁壽於吾民胥治安於吾君是余所以樂也子其束載秣馬易悲爲樂鴻毛垂翅乘此以飛揚巨魚濡沫快一縱於林壑也乃作歌以訊之曰茂陵劉郎去不歸秋風起兮白雲飛余欲翔於帝鄉兮蹇余行兮江之湄南山有蕘兮北山有薇月縞縞兮風淒淒有美人兮天之涯搴桂子兮今其時執子之佩兮挈子之衣兮與子歸兮從風之吹兮子毋以爲悲兮

風穴賦有序

明王尚絅

聞風氣之爲天地之號令也必五行得令四時順序而後八方之風各應律而至以成歲功否則變怪百出不可具狀然有正有變皆氣之爲也而汝州獨有穴又有所謂風伯者主之故又有風伯廟春祈秋報祀饗靡闕而風時爲虐余惑焉感而賦之其辭曰

倚嵩陽之二室兮瞻鶴路於隆中鬱鳴皐以西圍兮汝海灝以流東倦余游之倥傯兮聊偃息於風穴恉恆卦之未解兮挹余腸之百折俯千峯之白雲兮憶釣臺之天樂謝箕潁之鳴瓢兮媿龍山之帽落藉吹噓於鼓籥兮歷千古而互見判正變於洪鈞兮本一氣之流轉擘醇樸於三皇之世兮煦雍熙於帝畿濯三王之清秋兮慘五霸之淒淒入虞絃以拔周木兮縱烈火於狂秦憫七國之擾擾兮歌豐沛於眞人懲

奸雄之狐媚兮烘一炬於長江吹灘上之一絲兮繫九鼎於漢邦揚沙石於昆陽兮結河冰於王郎繄昔日之休休兮將誰復於爾傷奮噫氣之餘烈兮雜氛颸於羣籟粤余今之侘傺兮念誰爲之否泰惟風伯之巍巍兮儆廟貌之淩雲惟歲序之迭遷兮供祀事之孔殷迓之以鸞乘兮御之以龍輅左陳剛鬣兮右薦柔毛酌桂酒之芬烈兮錯水陸之飫飽坐以享余之報兮一不聽余之所禱發土囊之先聲兮驅天末之長飆初習習以出谷兮寖汹汹以怒號飄忽鼓盪剌以撞兮溯滂澒湧撼以揚兮騰走石於層空歘埃沙於萬里伐巨木如朽葦兮海水爲之沸起泣羈旅之逐客兮阻京洛之征人方大火之如燬兮醻雲雷而爲屯涸農家之跂望兮鑠霖雨於垂成怖鷄犬之狨猶兮又翹鳩之無聲園林胡以萎兮嘉穀無實而空長喑顑頷以歔欷兮盡流死以流亡視纍纍之足晝兮孰知謠詠之足哀將卒歲之何依兮望丘壟而徘徊朝遺田之百畮兮夕頹垣之百堵顧何賴於谷中兮乃隨山而鑿戶掩涕淚以攜幼兮雖未飽而娛懷究窮民之無知兮嗟何罪於風霾亶此穴之爲厲兮何乖余之前聞詠周南之遺風兮爰遵道於汝墳倚撫景以傷心兮徒意遠而無旁惜衆卉以摇落兮幸荃蕙其猶芳嗚呼已焉哉甘馬革於櫪下臥牛衣於溝中踸微詞以伸志悲遠遊之囘風亂曰雨暘時若兮風伯之司旱魃爲虐兮匪伯之爲睠爾風伯兮何庸何尤曰蘄與報兮厲爾春秋天高難頌兮民隱叵說安得帝怒兮爰塞此穴庶幾羣動兮其獲銷歇

欽定古今圖書集成曆象彙編乾象典

第六十七卷目錄

風部藝文二 詩詞

乾象典第六十七卷

風部藝文二詩詞

南風歌　虞帝舜

南風之薰兮可以解吾民之慍兮南風之時兮可以阜吾民之財兮

南風操　同前

反彼三山兮商岳嵯峩天降五老兮迎我來歌有黃龍兮自出于河負書圖兮委蛇羅沙案圖觀讖兮閔天嗟嗟擊石拊韶兮淪幽洞微鳥獸蹌蹌兮鳳凰來儀凱風自南兮喟其增悲

大風歌　漢高帝

大風起兮雲飛揚威加海內兮歸故鄉安得猛士兮守四方

秋風辭　武帝

秋風起兮白雲飛草木黃落兮鴈南歸蘭有秀兮菊有芳懷佳人兮不能忘汎樓船兮濟汾河橫中流兮揚素波簫鼓鳴兮發櫂歌歡樂極兮哀情多少壯幾時兮奈老何

歸風送遠操　趙飛燕

涼風起兮天隕霜懷君子渺難望感予心兮多慨慷

朔風詩　魏陳思王植

仰彼朔風用懷魏都願騁代馬倏忽北徂凱風時至思彼蠻方願隨越鳥翻飛南翔

江都遇風　晉庾闡

天吳踊靈壑將駕奔冥霄飛廉振折木流景登扶搖洪川佇宿浪躍水迎晨潮仰盼虧元雲俯聽聒迴飈

庚子歲五月中從都還阻風於規林二首　陶潛

行行循歸路計日望舊居一欣侍溫顏再喜見友于鼓櫂路崎曲指景限西隅江山豈不險歸子念前途凱風負我心戢枻守窮湖高莽眇無界夏木獨森疎誰言客舟遠近瞻百里餘延目識南嶺空歎將焉如

二

自古歎行役我今始知之山川一何曠巽坎難與期崩浪聒天響長風無息時久遊戀所生如何淹在玆靜念園林好人間良可辭當年詎有幾縱心復何疑

秋風　宋湯惠休
秋風嫋嫋入曲房羅帳含月思心傷蟋蟀夜鳴斷人
腸夜思君心飛揚他人相思君相忘錦衾瑤席爲誰
芳
詠風　齊謝朓
徘徊發紅萼葳蕤動綠葹垂楊低復舉新萍合且離
步檐行袖靡當戶思襟披高響飄歌吹相思子未知
時拂孤鸞鏡星鬟視參差
前題　梁簡文帝
飄颻散芳勢泛漾下蓬萊傳京入鏤檻發氣滿瑤臺
委禾周邦偃飛䲨朱都廻亟搖故葉落屢蕩新花開
暫舞驚鳧去時送槳香來已拂巫山雨何用卷寒灰
前題　元帝
樓上試朝妝風花下砌旁入鏡先飄粉翻衫好染香
度舞飛長袖傳歌共繞梁欲因吹少女還持拂大王
八詠詩會圃臨東風　沈約
臨春風春風起春樹遊絲曖如網落花雰似霧先泛
天淵池還過細柳枝蝶逢飛搖颺燕值羽差池揚桂
旆動芝蓋開燕裾吹趙帶趙帶飛參差燕裾合且離
廻簪復轉黛顧步惜容儀容儀已照灼春風復廻薄
氛氳桃李花青跗含素萼既爲風所開復爲風所落
搖綠帶抗紫莖舞春雪雜流鶯曲房開兮金鋪響金
鋪響兮妾思驚梧臺未陰淇川始碧迎行雨於高唐
送歸鴻於碣石經洞房響紈素感幽閨思帷帟想芳
園兮可以遊念蘭翹兮漸堪摘拂明鏡之冬塵解羅
衣之秋襞既鏗鏘以動佩又絪縕而流射始搖蕩以
入閨終徘徊而緣隙鳴珠簾於綉戶散芳塵於綺席
是時悵思歸安能久行役佳人不在茲春風誰爲惜
詠風　庾肩吾
朱地鶴飛初湘川燕起餘拂壇聊動竹吹薤欲成書
蒼梧洞尚在合浦樹應疎陽烏一轉翅千里定非虛
和劉諮議守風　何遜
彌旬苦淩亂捴景候阡陌晝想汝陽津夜夢邯鄲驛
檳風急驚岸屯雲仍觸石蕭條疾帆流硯礌衝波白
息榜已云久維梢晨已積蒼蒼極浦潮杳杳長洲夕
本愜依飛劍寧慕澹臺璧纖羅若不闕跂予中上澤
詠春風　前人
可聞不可見能重復能輕鏡前飄落粉琴上響餘聲
詠風　劉孝綽
嫋嫋秋聲習習春吹鳴茲玉樹滐此銅池羅幃自舉
襟袖乃披慙非楚侍濫賦雄雌
奉和元圃納涼　劉緩
清氣流暄濁非關狹室中當由小堂上自有大王風
焦冥動蘭室神飆起桂叢披襟深睿賞曲巷何由同
秋風曲三首　江洪
先拂連雲臺罷入迎風殿已折池中荷復驅簷裏燕
二
孀婦悲四時況在秋閨內凄葉留晚蟬虛庭吐寒菜
三
北牖風摧樹南籬寒蛩吟庭中無限月思婦夜鳴砧
詠入幌風　費昶
經堂汎寶瑟乘隙動浮埃鏘金驅響至舉袂送芳來
能使蘭膏滅乍見珠簾開輕裾試一舉令子暫遲廻
詠風　王臺卿
浸淫不可識去來非有情乍見珠簾捲時覺洞房清
暫拂蘭池上瀲淡玉波生一辨雌雄異還惡庶人輕
詠春風　賀文標
排簾動輕幔泛水拂垂楊本持飄槳落翻送舞衣香
賦得風生翠竹裏應教　陳張正見
金風起燕觀翠竹夾梁池翻花疑鳳下颺水似龍移
帶露依深葉飄寒入勁枝聊因萬籟響詎待伶倫吹
賦得風　阮卓
高風應爽節搖落漸疎林吹雲旅鴈斷臨谷曉松吟
屢惜涼秋扇常飄清夜琴泠泠隨列子彌諸逸豫心
詠風　祖孫登
飄颺楚王宮徘徊繞竹叢帶葉俱吟樹將花共舞空
飄香雙袖裏亂曲五絃中試上高臺聽悲響定無窮
前題　唐太宗
蕭條起關塞搖颺下蓬瀛拂林花亂彩響谷鳥分聲
披雲羅影散泛水織文生勞歌大風曲威加四海清
秋風函谷應詔　徐賢妃
秋風起函谷勁氣動河山偃松千嶺上雜雨二陵間
低雲愁廣隰落日慘重關此時飄紫氣應驗眞人還
奉和詠風應魏王教　虞世南
逐舞飄輕袖傳歌共繞梁動枝生亂影吹花送遠香
詠風　王勃
肅肅涼風生加我林壑清驅烟尋澗戶卷霧出山楹
去來固無跡動息如有情日落山水靜爲君起松聲
前題　李嶠
落日生蘋末搖揚徧遠林帶花疑鳳舞向竹似龍吟
月動臨秋扇松清入夜琴蘭臺宮殿峻還拂楚王襟

風　前人

解落三秋葉能開二月花過江千尺浪入竹萬竿斜

詠風　董思恭

蕭蕭度閶闔習習下庭闈花蝶自飄舞蘭蕙生光輝相烏正舉翼退鷁已驚飛方從列子御更逐浮雲歸

秋風　駱賓王

紫陌炎氛歇青蘋晚吹浮亂竹搖疎影縈池織細流飄香曳舞袖帶粉泛妝樓不分君恩絕紈扇曲中秋

初入峽苦風寄故鄉親友　陳子昂

故鄉今日友歡會坐應同寧知巴峽路辛苦石尤風

與耿湋水亭詠風聯句　顏眞卿

清風何處起拂檻復縈洲裴幼清回入飄華幕輕來疊晚流楊憑桃竹今已展羽翣且從收楊凝經竹吹彌切過松韻更幽左輔元直散青蘋末偏隨白浪頭陸士修山山催過雨浦浦發行舟權器動樹蟬爭噪開簾客罷愁陸羽度弦方解慍臨水已迎秋眞卿涼爲開襟至清因作頌酉皎然周回隨遠夢騷屑滿離憂耿湋豈獨消繁暑偏能入迥樓喬失姓王風今若此誰不荷明休陸涓

柟樹爲風雨所拔歎　杜甫

倚江柟樹草堂前故老相傳二百年誅茅卜居總爲此五月髣髴聞寒蟬東南飄風動地至江翻石走流雲氣幹排雷雨猶力爭根斷泉源豈天意滄波老樹性所愛浦上童童一青蓋野老頻留懼雪霜行人不過聽竽籟虎倒龍顚委榛棘淚痕血點垂胸臆我有新詩何處吟草堂自此無顏色

茅屋爲秋風所破歎　前人

八月秋高風怒號卷我屋上三重茅茅飛渡江灑江郊高者挂罥長林梢下者飄轉沈塘坳南村羣童欺我老無力忍能對面爲盜賊公然抱茅入竹去脣焦口燥呼不得歸來倚杖自歎息俄頃風定雲墨色秋天漠漠向昏黑布衾多年冷如鐵嬌兒惡臥踏裏裂牀牀屋漏無乾處雨腳如麻未斷絕自經喪亂少睡眠長夜沾濕何由徹安得廣廈千萬間大庇天下寒士盡歡顏風雨不動安如山嗚呼何時眼前突兀見此屋吾廬獨破受凍死亦足

纜船苦風戲題四韻奉簡鄭十三判官　前人

楚岸朔風疾天寒鶬鴰呼漲沙霾草樹舞雪渡江湖吹帽時時落維舟日日孤因聲置驛外爲覓酒家壚

北風　前人

自注云新康江口信宿方行

春生南國瘴氣待北風蘇向晚霾殘日初宵鼓大鑪爽攜卑濕地聲拔洞庭湖萬里魚龍伏三更鳥獸呼滌除貪破浪愁絕付摧枯執熱沈沈在凌寒往往須且知寬疾肺不敢恨危途再宿煩舟子衰容問僕夫今晨非盛怒便道即長驅隱几看帆席雲山湧座隅

絕句　前人

漫道春來好狂風大放顚吹花隨水去翻卻釣魚船

竹牕聞風寄苗發司空曙　李益

微風驚暮坐臨牖思悠哉開門復動竹疑是故人來時滴枝上露稍霑階下苔何當一入幌爲拂綠琴埃

未央風　王建

五更先起玉階東漸入千門萬戶中總向高樓吹舞袖秋風還不及春風

景風扇物　張聿

何處青蘋末呈祥起遠空曉來搖草樹輕度淨塵蒙水上微波動林前媚景通寥天鳴萬籟蘭徑長幽藂漸颺摶扶勢應從橐籥功開襟若有日願覩大王風

賦得風動萬年枝　樊陽源

珍木羅前殿乘春任好風振柯方裊裊舒葉乍濛濛影動丹墀上聲傳紫禁中離披偏向日凌亂半分空輕拂祥煙散低搖翠色同長令占天眷四氣借前功

賦得春風扇微和　范傳正

曖曖當遲日微微扇好風吹搖新葉上光動淺花中瀁蕩凝清晝氤氳羃碧空稍看生綠水已覺散芳叢徙倚情偏適徘徊賞未窮妍華不可狀竟夕氣融融

前題　豆盧榮

春晴生縹緲軟吹和初遍池影動淵淪山容發蕙檮遲遲入綺閣習習流芳甸樹杪颺鶯啼階前落花片韶光恐閒放旭日宜遊宴文客拂塵衣仁風願迴扇

前題　邵偃

微風扇和氣韶景共芳晨始見郊原綠旋過御苑春三條開廣陌八水泛通津煙動花間葉香流馬上人透迤雲彩曙嘹唳鳥聲頻爲報東堂客明朝桂樹新

前題　柳道倫

青陽初入律淑氣應春風始辨梅花裏俄分柳色中依微開夕照瀁蕩媚晴空拂水生蘋末經巖觸桂叢稍抽蘭葉紫微吐杏花紅願逐仁風布將裨生植功

前題　陳九流

喜見陽和至遙知橐籥功遲遲散南陌裊裊逐東風暗入畦園裏潛吹草木中蘭蓀纔有綠桃杏未成紅

已覺寒光盡還看淑氣通由來榮與悴今日發應同

邊風行　劉禹錫

邊馬蕭蕭鳴邊風滿磧生暗添弓箭力斗上鼓鼙聲襲月寒暈起吹雲陰陣成將軍占氣候出號夜翻營

秋風引　前人

何處秋風至蕭蕭送鴈羣朝來入庭樹孤客最先聞

始聞秋風　前人

昔看黃菊與君別今聽元蟬我卻回五夜颼颼枕前覺一年顏狀鏡中來馬思邊草拳毛動鵰盼青雲睡眼開天地肅清堪四望爲君扶病上高臺

春風扇微和　張彙

木德生和氣微微入曙風暗吹南向葉漸翥北歸鴻澹蕩侵冰谷悠揚轉蕙藂拂塵廻廣路泛籟過遙空暖上烟光際雲移律候中扶搖如可借從此戾蒼穹

前題　陳通方

習習和風扇悠悠淑氣微陽升知候改律應喜春歸池柳晴初拆林鶯暖欲飛川原浮彩翠臺館動光輝泛豔搖丹闕揚芳入粉闈發生當有分枯朽幸因依

風詠　呂溫

微風生青蘋習習出金塘輕搖深林翠靜獵幽徑芳掩抑時未來鴻毛亦無傷一朝乘嚴氣萬里號青霜北走摧鄧林東去落扶桑掃却垂天雲澄清無私光悠然返空寂晏海通舟航

風歎　前人

青海風飛沙射面隨驚蓬洞庭風危檣欲折身若空西馳南走有何事會須一決百年中

春風　白居易

一枝先發苑中梅櫻杏桃梨次第開薺花榆莢深村裏亦道春風爲我來

歎春風兼贈李二十侍郎二絕　前人

樹根雪盡催花發池岸冰消放草生唯有鬚霜依舊白春風於我獨無情

二

道場齋戒今初畢酒伴歡娛久不同不把一杯來勸我無情亦得似春風

襄口阻風　殷堯藩

雪浪排空接海門孤舟三日阻龍津曹瞞曾墮周郎計王導難遮庾亮塵鷗散白雲沉遠浦花飛紅雨送殘春篙師整纜候明發仍謁荒祠問鬼神

詠春風　崔涯

動地驚天物不傷高情逸韻住何方扶持燕雀連天去斷送楊花盡日狂遶桂月明過萬戶弄帆晴晚渡三湘孤雲雖是無心物借便吹教到帝鄉

春風扇微和　蔣防

麗日催遲景和風扇早春暖浮丹鳳闕韶媚黑龍津澹蕩迎仙仗霏微送畫輪絲搖官柳散紅待禁花新舞席皆廻雪歌筵暗送塵幸當陽律候惟願及佳晨

八風從律　前人

製律窺元化因聲感八風還從萬籟起更與五音同習習廬灰上泠泠玉管中氣隨時物好響徹霽天空自得陰陽順能令惠澤通顧吹寒谷裏從此達前蒙

詠風　張祜

搖搖歌扇舉悄悄舞衣輕引笛秋臨塞吹沙夜遶城向峯廻鴈影出峽送猿聲何似琴中奏依依別帶情

詠風　李商隱

迴拂歸鴻急斜吹別燕高已寒休慘淡更遠尚呼號楚色分西塞夷音接下牢孤舟天外有一爲戒波濤

風不鳴條　盧肇

習習和風至柔條詎自鳴暗通青律起遠望綠蘋生拂樹花仍發經林鳥不驚幾牽蘿影動潛惹柳烟輕入谷迷松響開窗失竹聲風雷交感後應識昊天情

前題　黃頗

五緯起祥飆無聲識聖朝稍開含露蕊纔轉惹烟條密葉應潛長低枝且暗搖林間鶯自囀花下蝶微飄但偃緣堤草能扶出水苗太平無一事天外奏簫韶

前題　戈牢

旭日懸清景微風在綠條入松聲不發度柳影空搖長養應潛變扶疎每暗飄有林時嫋嫋無樹漸蕭蕭慢逐青煙散輕和瑞氣饒豐年知有待歌詠美唐堯

前題　金厚載

寂寂曙風生遲遲散野輕露華搖有滴林葉裊無聲暗翦蘂芳發空傳谷鳥鳴悠揚韶景靜澹蕩霽烟橫遠水波瀾息荒郊草樹榮吾君垂至化萬類共澄清

前題　姚鵠

吾君理化清上瑞報時平曉吹何曾歇柔條自不鳴花香知暗度柳動覺潛生只見低垂影那聞擊觸聲大王初溥暢少女正輕盈幸遇無私力幽芳願發榮

風　韓琮

競持飄忽意何窮爲盛爲衰半不同偃草喜逢新雨後鳴條愁聽曉霜中涼飛玉管來秦甸暗裊花枝入楚宮莫見東風便無定滿帆還有濟川功

嘲春風　溫庭筠

春風何處好別殿饒芳草苒嫋轉鸞旗萎蕤吹雉葆
揚芳歷九門澹蕩入蘭蓀爭奈白團扇時時偷主恩

賦得清風戒寒　穆寂

風清物候殘蕭灑報將寒掃得天衢靜吹來眼界寬
條鳴方有異蟲思亂無端就樹收鮮膩衝池起溼瀾
過山嵐可掬度月色宜看華實從茲始何嗟歲序殫

風　李山甫

喜怒寒暄直不勻終無形狀始無因能將塵土平欺
客愛把波瀾枉陷人飄樂遞香隨日在綻花開柳逐
年新深知造化由君力試為吹噓借與春

春風　李咸用

青帝使和氣吹噓萬國中發生寧有異先後自難同
葦草不消力岩花應費功年年三十騎飄入玉蟾宮

前題　羅鄴

每歲東來助發生舞空悠颺偏寰瀛暗添芳草池塘
色遠遞高樓簫管聲簾透驪宮偏帶恨花催上苑剩
多情如何一統車書日吹取青雲道路平

風　徐寅

塞上寒來思莫窮土囊萍末兩難同飄成遠浪江湖
際吹起暮塵京洛中飛雪蕭條殘臘節落花狼藉古
行宮春能和煦秋搖落生殺還同造化功

省試東風解凍　前人

暖氣發蘋末凍痕消水中扇冰初覺泮吹海旋成空
入律三春變朝宗萬里通岸分天影闊色照日光融
波起輕搖綠鱗游乍躍紅殷勤拂弱羽飛翥趁和風

賦得風光草際浮　徐鉉

宿露依芳草春郊古陌旁風輕不盡偃日早未晞陽
耿耿依平遠離離入望長映空無定彩飄徑有餘光
颭若荷珠亂紛如爝火颺詩人多感物凝思繞池塘

送鍾員外賦風　王沂

靜追蘋末興況復值蕭條猛勢資新鴈寒聲伴暮潮
過山雲散亂經樹葉飄颻今日烟江上征帆望望遙

風光草際浮　陳璀

春風泛瑤草旭日遍神州已向花間積還來葉上浮
曉光綠圃麗芳氣滿街流澹蕩依朱萼飄颻帶玉溝
向空看轉媚臨水見彌幽況被崇蘭色王孫正可遊

前題　裴杞

澹蕩和風至芊綿碧草長徐吹遙撲翠半偃乍浮光
葉似翻宵露叢疑扇夕陽透遲明曲渚照耀滿迴塘
白芷生還暮崇蘭泛更香誰知攬結處含思向餘芳

前題　張復元

纖纖春草長遲日度風光靃靡含新彩霏微籠遠芳
殊姿媚原野佳色滿池塘最好垂清露偏宜帶豔陽
淺深浮嫩綠輕麗拂餘香好助鶯遷勢乘時冀便翔

前題　陳祜

香發王孫草春生君子風光搖低偃處影散豔陽中
稍稍移蘋末微微轉蕙叢浮煙傾綠野遠色澹晴空
泛彩池塘媚含芳景氣融清暉誰不挹幾許賞心同

前題　吳祕

草色春方發風光曉正幽輕明搖不散郁昱麗皆浮
吹暖同苗轉揚暉見葉柔碧疑烟彩入紅是日華流
耐可披襟對惟應滿掬收恭聞掇芳客為此尚淹畱

清風戒寒　無名氏

蕭颯清風至悠然發思端入林翻別葉繞樹敗紅蘭
曉拂輕霜度宵分遠籟攢稍依簾隙靜偏覺座隅寒
乍逐驚蓬振偏催急漏殘遙知洞庭木此夕起波瀾

風　薛濤

獵蕙微風遠飄弦唳一聲林梢鳴淅瀝松徑夜淒清

江上風　釋皎然

江風西復東飄暴忽何窮初生虛無際稍起蕩漾中
應吹夏口檣竿折定壓湓城浪花咽今朝莫怪沙岸
明昨夜聲狂卷成雪

春風曲　齊己

春風有何情旦暮來林園不問桃李主吹落紅無言

東風解凍　宋王禹偁

習習氣初通巍巍勢自融滌波歸舊水寒片漾和風
暖想千溪綻吹疑一夜空驚翹休映白魚躍乍翻紅
綃裂方塘上瓊流巨壑中漪漣還浩渺須賴濟川功

清風十韻　薛映

爽氣乘秋至涼飈蕩暑初泠泠含遠籟戚戚動輕裾
翠幕波無際修篁韻有餘潛驚塞草綠乍拂井桐疎
素髮悲郎將霜紈感婕妤颺光流熠燿簾影亂蟾蜍
塵襲青絲騎香飄紺幰車故宮經馺娑別館度儲胥
薄暮來金埒凌晨上玉除寧同起窮巷斂欲賦愁予

前題　李宗諤

閶館方迴暑商飈乍應金天高初起籟松澹更宜琴
汾棹傳歌遠班詩託興深東陽仁自布西顥氣還侵
太液翻晴旭靈和亂翠陰舟輕飛燕秋臺迥楚王襟
阮嘯經時盡齊蟬度日吟愁生孤戍角響續暮城砧
穴靜銷雲縷庭虛轉蕙心賢哉吉甫頌千載有遺音

前題 劉秉

何處來蘋末蕭騷盡四鄰金莖吹曉露玉宇動輕塵易水離歌闋齊紈怨思新泛蘭迷舊澤落帽會佳晨籬菊飄香遠庭桐墜葉頻帆開五湖客槎去九霄人曲沼鋪紋簟平蕪偃綠茵鴻飛資羽翮鷹擊助精神仙馭歸堪待琴松韻更眞披襟同楚賦千古自相親

暖風 趙抃

薄袂歌雲散輕盤舞袖低簾疎蕩樓閣塵暗逐輪蹄絮亂垂楊道香流種藥畦春腮惱閒思一枕杜鵑啼

使風 梅堯臣

跨下橋南逆水風十幅蒲帆彎若弓淮波帶日魚鱗紅岌岌飛上斗牛中龜山始撞人定鐘岸草澀澀鳴秋蟲

舶趠風并引 蘇軾

吳中梅雨既過颯然清風彌旬歲歲如此湖人謂之舶趠風是時海舶初回云此風自海上與舶俱至云爾

三旬已過黃梅雨萬里初來舶趠風幾處縈回度山曲一時清駛滿江東驚飄蔌蔌先秋葉喚醒昏昏嗜睡翁欲作蘭臺快哉賦却嫌分別問雌雄

大風畱金山兩日 前人

塔上一鈴獨自語明日顛風當斷渡明朝白浪打蒼崖倒射軒牕作飛雨龍驤萬斛不敢過漁艇一葉從掀舞細思城市有底忙却笑蛟龍爲誰怒無事久畱僮僕怪此風聊得妻孥許灊山道人獨何事半夜不眠聽粥鼓

輕風破暖 歐陽澈

單衣初試輕寒退嫋嫋軟風經袖袂層樓高捲酒旗斜綺陌亂飛花錦碎多情故把惱人腸楊柳陰中弄暗香解貂不惜換美酒爛醉春光能幾場

春風 方岳

春風多可太忙生長共花邊柳外行與燕作泥蜂釀蜜纔吹小雨又須晴

秋風 劉克莊

黃葉蕭蕭忽滿街偶騎瘦馬豫章臺莫將宋玉心中事吹向潘郎鬢畔來

柳絮風 元黃清老

三月韶光天氣清游絲舒卷太無情微飄簾幕當春盡亂撲亭臺似雪晴醉臉欲吹新燕弱舞腰初軟落花輕江頭點點行人淚相逐離歌灑客程

藕花風 謝宗可

舞落紅衣起未休水雲鄉裏正颼颼五更清逼銀塘露六月涼生玉井秋颭浪低翻霞影亂凌波輕弄錦香浮莫教吹醒鴛鴦夢好送眞人一葉舟

秋風 林景英

颯然何處起水國不成眠觸樹人疑雨開門月在天漁舟移絕浦鴈陣落荒田曉起傷漂蕩蘆花走屋前

途遇大風 胡天游

客子南游日欲落觀溪橋頭風色惡砲車雲外天爲昏走石飜江吹倒人橋頭翁嫗邀我宿呼酒張燈傍僮僕夜深撫榻不成眠瑟瑟餘威振茅屋明朝風定天宇白一笑促裝三歎息邇來平地多風波不獨江頭阻風客

秋風 明仁宗

玉律轉清商金飈送晚涼輕飄梧葉墜暗度桂花香月下生林籟天邊展鴈行吹噓禾黍熟萬頃似雲黃

南風謠 鄭定

南風吹河河水滿百丈牽舟牛力挽逆流巨浪如登天牛罷輒重舟不前作書投河訟風伯多助南商疎北客北客家居南海堧來時南風吹北船武夷清冷過九曲匡廬疊嶂聞清猿片帆搖搖出京口夜倚淮雲瞻北斗南風五月經呂梁兩岸青山如馬走今日作客還南遊南風正爾當船頭風神與我若相識十日五日成淹畱南風何多北風少南北人生如過鳥早晚回船望北歸直候南風吹到曉

詠秋風 王恭

青蘋江上響蕭蕭吹得林間萬葉飄何處淒涼最關別數株殘柳灞陵橋

南囿秋風 李東陽

別苑臨城輦路開天風昨夜起宮槐秋隨萬馬嘶空至曉送千旂拂地來落鴈遠驚雲外浦飛鷹欲下水邊臺宸遊睿藻年年事況有長楊侍從才

渡口驛遇風 吳寬

黃沙障天天半昏砲頭風急萬馬奔何人去塞土囊口天與河流一色渾曠野麥苗纔尺許只見風來不見雨雨師風伯不相能彼蒼高高奈何汝

舟中閱唐詩紀事王起李紳張籍令狐楚於白樂天席上賦一字至七字詩以題爲韻遂效其體爲花風月雪四首宋人名一七令 楊慎

風偃草飄蓬過竹院拂蘭叢柳堤搖綠花徑飛紅青

缸殘焰滅碧幌嫩凉逼漆園篇中竽籟蘭臺賦裏雌雄無影迥隨仙客御有情還與故人同

風　薛蕙

娥眉簾下出春風花際來雲落鬢間髮蟻轉手中杯華梁塵乍動羅幃影復開試將巫山雨吹向楚王臺

秋風回文　文翔鳳

蕭蕭昨過穿花落颭颭徐來趂蝶歸遙夜月殫晴掃霧朝寒集鴈帶霜飛

枕上聞風　紀青

疎懶而今成自然醒來不是聽鷄年霜風一夜寒多少重理禪衣覆足眠

詠風　張倩倩

蕭蕭竹徑鳴捲幔如有情木落寒山裏千林共一聲

解珮令 春風　宋蔣捷

春晴也好春陰也好著些兒春雨越好春雨如絲偏繡出花枝紅裊怎禁他孟婆合皁　梅花風悄杏花風小海棠風驀地寒峭歲歲春光被二十四風吹老楝花風爾且慢到

如夢令 春風　明楊基

銀渚拂波輕度羅幄送寒低護催得百花開又與百花相妒無數無數吹過畫闌西去

鷓鴣天 秋風　文徵明

拂草揚波復振條白雲千里鴈行高時飄墜葉驚寒雨還入長松捲夜濤　情漠漠意瀟瀟綠帷紈扇總無聊潘郎愁鬢添清雪滿鏡蕭疎怕見搔

欽定古今圖書集成曆象彙編乾象典

乾象典第六十八卷

風部選句

楚屈原離騷後飛廉使奔屬又飄風屯其相離兮

九歌嫋嫋兮秋風洞庭波兮木葉下又令飄風兮先驅又乘回風兮載雲旗又臨風怳兮浩歌又與女遊兮九河衝風起兮橫波又東風飄兮神靈雨又風颯颯兮木蕭蕭

九章欸秋冬之緒風又悲秋風之動容兮又悲回風之搖蕙兮心寃結而內傷物有微而隕性聲有隱而先倡

遠遊順凱風以從遊兮至南巢而壹息又風伯爲予先驅兮氛埃辟而清凉又軼迅風於清源兮

招魂光風轉蕙汜崇蘭些經堂入奧朱塵筵些

漢趙壹迅風賦惟巽卦之爲體吐神氣而成風纖微無所不入廣大無所不充經營八荒之外宛轉毫毛之中察本莫見其始揆末莫覩其終啾啾飀飀吟嘯相求阿那徘徊聲若歌謳搏之不可得繫之不可留

劉歆遂初賦猋風盲其飄忽兮迴颭颭其泠泠

晉陸機演連珠烈火流金不能焚影沈寒凝海不能結風

潘岳相風賦棲靈鳥於帝庭似月離乎紫宮飛輕羽於竿杪若鸞翔於雲中廣莫興而習坎景風發而遡離閶闔揚而西指明庶起而東移

左思吳都賦翼颸風之颲颲

江逌風賦惟渾成之既載兮統天地以資始綱宇宙以結羅兮洞萬形而通紀莫適柔健靡測陰陽於音罔徵在體無方假姿衆象借韻宮商若乃颸厲狂震觸物怒號卷揚江海迴拔陵嶠巨鶂逆懾以退翼爰居畏縮而遐逃

李充風賦尋之不見其終迎之不知其來四方爲之易位八維爲之輪廻遊聚則天地爲一消散則六合洞開

晉王羲之蘭亭集序天朗氣清惠風和暢

王凝之風賦起元朔之重雲驅東極之洪濤越四溟而蓬勃經五嶺而蕭條其鼓水也無川不涉靡流不往溟海天迴江湖雲蕩

陶潛歸去來辭風飄飄而吹衣

陸冲風賦爰太元之遐始惟浮沈之剖分詳乾坤之至德莫風氣之獨尊配無形於大象化萬品於絪縕釋凝潤於黃壤降霈澤於蒼元生無常域潛無定棲擢昧聚發蕁虛散歸肆六合以驂邁括毫毛而徘徊引沉性於未萌挺登形於已就宣剛柔之流化導四氣之靈候若乃祝融司節炎精赫奕斂朱脣而長嘯承音響而來薄猥熻熠以盈扉劉纏綿以結幕九域蕩搖區宇揮霍

齊王融風賦奄兮日采之既移忽兮羣景之將馳靡輕筠之碧葉汎曾松之翠枝縱高羽而蕭瑟韻珠露之參差此烈士之英風長寥亮其如斯

梁沈約擬風賦若夫搖玉樹響金扉拂九層之羽蓋轉八鳳之珠旂時卷瑤臺翠帳乍動佚女輕衣此蓋羽客之仙風也

梁陶弘景雲上之仙風賦縹緲遙裔亙碧海而颺朝霞凌青煙而薄天際出龍門而激水度蔥關以飛雪於是漢區動御月軌驚文浮虛入景登空汎雲一舉萬里曾不浹辰此列子有待之風也若乃綿括宇宙包絡天維周流八極迴還四時氣値節而動律位涉巽而離箕徒見去來之緒莫測終始之期此太虛無爲之風也

唐張說詔宴薛王山池序城烟屢起而泊山野風時來而過水

吳仲舒南風之薰賦煥佳氣兮允塞掃祥煙兮乍開早綻青門之柳先驚上苑之梅晦入陽春之曲潛吹玉管之灰此亦韶年之麗景允有順時而豐財或拔襟而乍對或臨水而輕拂承長養則芳氣襲於一人闖煦嫗則膏露霑於萬物

宋蘇軾赤壁賦清風徐來水波不興

明費元祿轉情集風雨欲來林巒變幻紫綠之色盡藏羽族驚翔悲鳴之聲不一千葉飛如落雁萬松響似急灘又園扉撼動擺柳搖花湖頭且罷垂綸樓上應無吹笛漁人釣艇繫於蘆葦叢中牧子牛衣避在豆棚陰裏

周荆軻歌風蕭蕭兮易水寒

漢靈帝招商歌凉風起兮日照渠

蔡琰詩北風厲兮肅泠泠又疾風千里兮揚塵沙又日暮風悲兮邊聲四起又東風應律兮暖氣多知是漢家天子兮布陽和

古樂府北風初秋至吹我章華臺又秋風蕭蕭愁殺人又故地多颷風樹木何修修

古詩四顧何茫茫東風搖百草又廻風動地起秋草萋已綠又孟冬寒氣至北風何慘慄又穆穆清風至吹我羅衣裾

魏武帝詩樹木何蕭瑟北風聲正悲

文帝詩秋風蕭瑟天氣涼草木搖落露爲霜

王粲詩節運時氣舒秋風涼且清又華館寄清流豁達來風涼又瑟瑟谷中風

阮瑀詩臨川多悲風秋日苦清涼

嵇康詩微風清扇雲氣四除

阮籍詩清風吹我襟又朔風厲嚴寒又素風發微霜又驚風振四野

晉張華詩清風動帷簾

何劭詩秋風乘夕起

左思詩秋風何冽冽白露爲朝霜

張載詩秋風吐商氣蕭瑟掃前林

張協詩秋夜凉風起清氣蕩暄濁又金風扇素節又凄風爲我嘯百籟坐自吟

陶潛詩有風自南翼彼新苗又凱風因時來囘飈開我襟又向夕長風起寒雲沒西山又蕤賓五月中清朝起南颸不駛亦不遲飄飄吹我衣又平疇交遠風良苗亦懷新又日暮天無雲春風扇微和

子夜歌高堂不作壁招取四面風

宋武帝詩顧作石尤風四面斷行旅

謝靈運詩騷屑出穴風又早聞夕飈急又朔風勁且哀

謝惠連詩秋風落庭槐又析析振條風

鮑照詩野風吹草木行子心腸斷又颸戾長風振搖曳高帆舉又疾風衝塞起沙礫自飄揚又春風澹蕩俠思多又朔風蕭條白雲飛又野風振山籟又廻風滅且起卷蓬息復征又風起洲渚寒又疲旆倦行風又戾戾且風遒又瑟瑟風發谷又獵獵晚風遒又風動鳥傾翼又振風搖地局又瑟瑟凉海風又春風掃地起飛塵生綺疏又春風夜嬋娟又九月寒陰合悲風斷君腸又愴愴秋風生又沙風暗空起離心眷鄉畿

王微詩鳴雀起秋風

湯惠休詩悲風盪帷帳

齊王融詩凉風吹鳳樓

謝朓詩切切陰風暮又風光草際浮又微風散清漪又愴愴緒風興又春風搖蕙草

梁武帝詩晨風被庭槐

簡文帝詩風光水中亂又清風吹人光照衣又春風復有情拂幔且開楹盈盈開碧煙拂幔復垂蓮偏使紅花散飄揚落眼前又避暑高梧側輕風時入襟又樹密風聲饒

元帝詩松風侵曉哀

丘遲詩向夕秋風起野馬雜塵埃

沈君攸詩日暮野風生

聞人蒨詩澹蕩入簾風

陳後主詩風驂落花多又日落夜風清

徐陵詩江風送上潮

張正見詩風幽谷自凉又清風吹麥隴又深松有勁風

顧野王詩風吹梅逕香又風輕鶯韻緩

北齊邢劭詩風輕麥候初

蕭愨詩花隨少女風又暮風吹竹起

北周庾信詩風晚細吹衣

隋煬帝詩松風動夜聲

李德林詩風高松易秋

唐上官儀詩鵲飛山月曙蟬噪野風秋

楊炯詩池風泛早凉又香逐便風來

許稷詩婀娜搖仙禁繽紛映玉池含芳煙乍合拂砌影初移

王灣詩風正一帆懸

李白詩海客乘天風又蓮舟颺晚風又春風拂面來由來亦相愛

杜甫詩微風燕子斜又吹面受和風又輕風生浪遲又喬木易高風又從西萬里風

岑參詩雨過風頭黑

獨孤及詩東風滿帆來五兩如弓絃

司空曙詩無將故人酒不及石尤風

王建詩自是桃花貪結子錯教人恨五更風

韓愈詩腥風遠更飄

柳宗元詩驚風亂颭芙蓉水

張籍詩野氣稻苗風

李賀詩斜山柏風雨如嘯又桐風驚心壯士苦又鯉
魚風起芙蓉老
元稹詩暗風吹雨入寒窻又三竿曉日胥斜風又窻
來激箭風
白居易詩麥風吹冉冉稻水平漠漠又菱風香散漫
桂露光參差又花下忘歸因美景樽前勸酒是春風
又開襟竹下風又巢生六月風
許渾詩石燕拂雲晴亦雨江豚吹浪夜還風又山雨
欲來風滿樓
杜牧詩落日樓臺一笛風又千帆美滿風又清風來
故人
李商隱詩衰荷一向風
劉得仁詩庭際微風度高松韻自生聽時無物見盡
日覺神清
項斯詩松檜雨餘風
薛能詩入憶輕好可憐風
王甚夷詩荏弱看漸動怡和吹不鳴枝寒餘露濕林
藹曉烟平縹緲春光媚悠揚景氣清
劉滄詩日西蟬噪古槐風
李昌符詩鳥倦花枝路花殘野岸風
方干詩吹帆橘柚風又窻戶凉生薜荔風
韋絢詩嫩葉含烟靄芳柯振惠風叅差搖翠色綺靡
舞晴空
羅隱詩亂鴉高避落帆風又寒時百種風
韓偓詩欹枕捲簾江萬里舟人不語滿帆風又清冷
侵肌水殿風
宋晏殊詩柳絮池塘淡淡風

蘇軾詩清風定何物可愛不可名所至如君子草木
有嘉聲又春風陌上驚微塵
戴復古詩芭蕉葉葉風
陸游詩江空裊裊釣絲風又風從蘋末蕭蕭起
范成大詩吹酒小樓三面風
惠洪詩一川秋色稻花風
元高士談詩一簾紅雨杏花風
方回詩香透紗廚茉莉風
陳旅詩溪猿啼斷石楠風
鮮于樞詩蕭蕭修竹四山風
張昱詩瓜步帆檣上下風

風部紀事一

呂子古樂昔古朱襄氏之治天下也多風而陽氣畜
積萬物散解果實不成故士達作五絃瑟以采陰氣
以定羣生
帝王世紀黃帝夢大風吹天下之塵垢皆去寤而歎
曰風爲號令執政者也垢去土后在也天下豈有姓
風名后者哉於是依占而求之得風后于海隅登以
爲相
通鑑前編黃帝命車區占風

呂子古樂帝顓頊生自若木實處空桑乃登爲帝惟
天之合正風乃行其音若熙熙凄凄鏘鏘帝顓頊好
其音乃令飛龍作效八風之音命之曰承雲以祭上
帝
玉堂鑑綱顓頊命飛龍氏會八風之音爲圭水之曲
以名氣而生物
尚書中候堯沉璧於河白雲起迴風搖落
帝王世紀堯時廚中自生肉脯薄如翣搖鼓則生風
使食物寒而不臭名翣脯
逸士傳許由手捧水飲人遺一瓢飲訖掛木上風吹
有聲由以爲煩去之
尚書舜典納於大麓烈風雷雨弗迷
呂子音初篇夏后氏孔甲田於東陽萯山天大風晦
盲孔甲迷惑入於民室主人方乳或曰后來見良日
也之子是必大吉或曰不勝也之子是必有殃后乃
取其子以歸曰以爲余子誰敢殃之子長成人幕動
折撩斧斫斬其足遂爲守門者孔甲曰嗚呼有疾命
矣夫乃作爲破斧之歌實始爲東音
博物志夏桀之時爲長夜宮於深谷之中男女雜處
十旬不出聽政天乃大風揚沙一夕塡此宮谷
淮南子覽冥訓武王伐紂渡於孟津陽侯之波逆流
而擊疾風晦冥人馬不相見於是武王左操黃鉞右
秉白旄瞋目而撝之曰余任天下誰敢害吾意者於
是風濟而波罷
崔豹古今注武王伐紂大風折蓋太公因折蓋之形
而制曲蓋
書經周書金縢武王既喪管叔及其羣弟乃流言於

國曰公將不利于孺子周公乃告二公曰我之弗辟我無以告我先王周公居東二年則罪人斯得于後公乃爲詩以貽王名之曰鴟鴞王亦未敢誚公秋大熟未穫天大雷電以風禾盡偃大木斯拔邦人大恐王與大夫盡弁以啓金縢之書乃得周公所自以爲功代武王之說二公及王乃問諸史與百執事對曰信噫公命我勿敢言王執書以泣曰其勿穆卜昔公勤勞王家惟予沖人弗及知今天動威以彰周公之德惟朕小子其新逆我國家禮亦宜之王出郊天乃雨反風禾則盡起二公命邦人凡大木所偃盡起而築之歲則大熟

尚書太傳成王時越裳重譯而來朝曰久矣天之無烈風迅雨意中國有聖人乎

左傳僖公十六年春六鷁退飛過宋都風也 註 六鷁遇迅風而退飛風高不爲物害故不記風之異

國語海鳥曰爰居止於魯東門之外三日臧文仲使人祭之展禽曰今茲海其有災乎夫廣川鳥獸恒知而避其災也是歲也海多大風

吳越春秋吳王既殺王僚憂慶忌之在鄰國子胥乃見要離于王王曰子何爲者要離曰臣國東千里之人細小無力迎風則僵負風則伏大王患慶忌臣能殺之願王戮臣妻子斷臣右手必信臣矣王曰諾要離乃奔如衛見慶忌曰闔閭無道戮吾妻子吳國之事吾知其情願因王子之勇闔閭可得也何不與我東之于吳慶忌信之將渡江于中流要離力微坐于上風因風勢以矛鉤其冠順風而刺慶忌慶忌顧而揮之三捽其頭于水中乃加于膝上慶忌死

韓非子魏文侯與虞人期獵明日會天疾風左右止文侯不聽曰不可以風疾之故而失信吾不爲也遂自驅車往犯風而罷虞人

述異記庶女者齊之寡婦養姑孝姑女利母財殺母以誣寡婦婦不能自解呼天而號大風襲于齊殿

神仙傳老子將去周而出關以升崑崙關令尹喜占風逆知當有神人來過乃掃道見老子老子知喜命應得道乃停關下以長生之術授之

史記秦始皇本紀始皇浮江至湘山祠逢大風幾不得渡上問博士曰湘君何神博士對曰聞之堯女舜之妻而葬此於是始皇大怒使刑徒三千人皆伐湘山樹赭其山

封禪書蓬萊方丈瀛州此三神山者其傳在渤海中去人不遠患且至則船風引而去蓋嘗有至者諸僊人及不死之藥皆在焉其物禽獸盡白而黃金銀爲宮闕未至望之如雲及到三神山反居水下臨之風輒引去終莫能至云世主莫不甘心焉及至秦始皇并天下至海上則方士言之不可勝數始皇自以爲至海上而恐不及矣使人乃齎童男女入海求之船交海中皆以風爲解曰未能至望見之焉

漢書高祖本紀漢王入彭城項羽自以精兵三萬人從魯出胡陵擊漢軍睢水上大破漢軍圍漢王三匝大風從西北起折木發屋揚砂石晝晦楚軍大亂漢王得與數十騎遁去

三輔黃圖長安宮南有靈臺高十五仞上有渾儀張衡所制又有相風銅烏遇風乃動一曰長安靈臺上有相風銅烏千里風至此烏乃動

東方朔別傳漢武帝天漢三年月氐國獻神香使者曰國占東風入律百旬不休青雲干呂經月不散意中國有好道之君故來貢

孝武坐未央前殿天新雨東方朔屈指獨語上問之對曰殿後柏枝有鵲立東向鳴視之果然上問何以知之朔曰風從東來鵲尾長當順風而立是以知也

洞冥記漢宮人麗娟體弱常恐隨風輕舉唱迴風曲庭葉翻落如秋

漢書外戚傳孝昭上官皇后祖父桀隴西上邽人也少時爲羽林期門郎從武帝上甘泉天大風車不得行解蓋授桀桀奉蓋雖風常屬雨下蓋輒御上奇其材力遷未央廄令

三輔黃圖成帝常以秋日與趙飛燕戲於太液池以沙棠木爲舟以雲母飾於鷁首一名雲舟又刻桐木爲虬龍彫飾如眞夾雲舟而行以紫桂爲柂枻及玩擷菱蕖帝每憂輕蕩以驚飛燕命佽飛之士以金鎖纜雲舟於波上每輕風時至飛燕殆欲隨風入水帝以翠纓結飛燕之裾常曰恐妾微賤何復得預結纓裾之遊今太液池尚有避風臺即飛燕結裾之處

後漢書光武本紀王尋王邑圍昆陽光武乃與敢死者三千人從城西水上衝其中堅莽兵大潰會大雷風屋瓦皆飛雨下如注滍川盛溢虎豹皆股戰士卒爭赴溺死者以萬數水爲不流

劉昆傳昆字桓公陳留東昏人建武五年舉孝廉不行遂逃教授於江陵光武聞之即除爲江陵令時縣連年火災昆輒向火叩頭多能降雨止風徵拜議郎稍還侍中弘農太守先是崤黽驛道多虎災昆爲政

三年虎皆負子渡河帝聞而異之二十二年徵代杜林爲光祿勳詔問昆曰前在江陵反風滅火後守弘農虎北渡河行何德政而致是事昆對曰偶然耳左右皆笑其質訥帝歎曰此乃長者之言也顧命書諸策

水經注不韋縣故九隆哀牢之國也漢建武二十三年王遣兵乘革船南下水攻漢鹿崩民鹿崩民弱小將爲所擒於是天大震雷疾雨南風漂起水爲逆流波湧二百餘革船沉沒溺死數千人

後漢書鄭弘傳注射的山南有白鶴山此鶴爲仙人取箭漢太尉鄭弘嘗采薪得一遺箭頃有人覓弘還之問何所欲弘識其神人也曰常患若耶溪載薪爲難願旦南風暮北風後果然故若耶溪風至今猶然呼爲鄭公風也

水經注太湖邪谿之東有寒谿漢太尉鄭弘少以苦節自居恆躬采伐用貿糧膳每出入谿津常感神風送之雖憑舟自運無杖檝之勞鄉人貪藉風勢常依隨往還有淹留者徒輩相謂汝不欲及鄭風耶其感致如此

後漢書楊由傳由字哀侯蜀郡成都人少習風雲占候爲郡文學掾有風吹削哺太守以問由由對曰方當有薦木實者其色黃赤頃之五官掾獻橘數包

王忳傳忳字少林廣漢新都人嘗詣京師於空舍中見一書生疾困愍而視之書生謂忳曰我當到洛陽而被病命在須臾腰下有金十斤願以相贈死後乞藏骸骨未及問姓名而命絕忳卽鬻一斤營其殯葬餘金悉置棺下人無知者後歸數年縣署忳大度亭長初到之日有馬馳入亭中而止其日大風飄一繡被復墮忳前卽言之於縣縣以歸忳忳後乘馬到雒縣馬遂奔走牽忳入它舍主人見之喜曰今禽盜矣問忳所由得馬忳具說其狀幷及繡被主人悵然良久乃曰被隨旋風與馬俱亡卿何陰德而致此二物忳自念有葬書生事因說之主人大驚號曰是我子也姓金名彥前往京師不知所在何意卿乃葬之大恩久不報天以此章卿德耳因自與俱迎彥喪餘金俱存忳由是顯名

拾遺記靈帝初平三年遊於西園起裸遊館千間采綠苔而被堦引渠水以繞砌周流澄澈乘船遊漾選玉色宮人執篙楫又奏招商之曲以來涼風歌曰涼風起兮日照渠青荷晝偃葉夜舒惟日不足樂有餘清絲流管歌玉鳧千年萬歲喜難踰

後漢書徐登傳趙炳字公阿東陽人嘗臨水求度船人不和之炳乃張蓋坐其中長嘯呼風亂流而濟

孝子傳管寧避地遼東遇風船人危懼皆叩頭悔過寧惟譽言咎念嘗如廁不冠而已向天叩頭風亦尋靜

交州記合浦東百里有一杉樹葉落隨風入洛陽城內漢時有善相者說此休徵當出王者特遣人伐樹

三國魏志管輅傳輅至典農王弘直許有飄風高三尺餘從申上來在庭中幢幢回轉息以復起良久乃止直以問輅輅曰東方當有馬吏至恐父哭子如何明日膠東吏到直子果亡直問其故輅曰其日乙卯則長子之候也木落於申斗建申申破寅死喪之候也日加午而風發則馬之候也離爲文章則吏之候也申未爲虎虎爲大人則父之候也注輅又曰夫風以時動又以象應時者神之驅使象者神之形表其道不足爲難王弘直亦大學問有道術皆不能精鬬輅風之推變乃可留乎輅言此但風之毛髮何足爲異若夫列宿不守衆神亂行八風橫起怒氣電飛山崩石飛樹木摧傾揚塵萬里仰不見天鳥獸藏竄兆民駭驚於是使梓愼之徒登高臺望風氣分災異刻期日然後知神思遐幽靈風可懼

江表傳赤壁戰日黃蓋取輕利艦載燥荻枯柴灌以魚膏時東南風急中江舉帆蓋舉火衆兵同時發火火烈風猛燒盡北船曹兵退走

建康實錄吳孫權與關羽戰羽乞降孫權以問趙達達曰彼有走氣言降詐也權使人路邀之趙達曰雖走必不脫時午時有風觸幃達撫手曰羽至矣果獲羽

世說陵雲臺樓觀精巧先稱平衆木輕重然後造構乃無錙銖相負揭臺雖高峻常隨風搖動而終無傾倒之理

晉書王濬傳濬將至秣陵王渾遣信要令暫過論事濬舉帆直指報曰風利不得泊也

世說滿奮畏風在晉武帝坐北窗作琉璃屏實密似疎奮有寒色奮曰臣猶吳牛見月而喘

晉書夏統傳太傅賈充謂曰卿能作卿土地間曲乎統於是以足叩船引聲喉囀清激慷慨大風應至

張翰傳翰字季鷹齊王冏辟爲大司馬東曹掾冏時執權翰因見秋風起乃思吳中菰菜蓴羹鱸魚膾曰人生貴得適志何能羈宦數千里以要名爵乎遂命

駕而歸俄而冏敗人皆謂之見機
王導傳庾亮雖居外鎭而執朝廷之權旣據上流擁
彊兵趨向者多歸之導不能平常遇西風塵起舉扇
自蔽徐曰元規塵汚人
世說王世將高朗豪率王丞相庾太尉遊於石頭會
世將至爾日迅風飛飄世將倚船樓長嘯神氣甚逸
續仙傳吳猛嘗遇大風書符置屋上有青鳥銜去風
即止
晉書孟嘉傳嘉爲征西桓溫參軍九月九日溫燕龍
山寮佐畢集有風至吹嘉帽墮落嘉不之覺溫使左
右勿言欲觀其舉止嘉良久如廁溫令取還之命孫
盛作文嘲嘉著嘉坐處嘉還見卽答之其文甚美四
坐嗟歎
謝安傳安嘗與孫綽等汎海風起浪湧諸人並懼安
吟嘯自若舟人以安爲悅猶去不止風轉急安徐曰
如此將何歸耶舟人承言卽廻衆咸服其雅量
顧愷之傳愷之字長康爲殷仲堪參軍仲堪在荆州
愷之嘗因假還仲堪特以布帆借之至破冢遭風大
敗愷之與仲堪牋曰地名破冢眞破冢而出行人安
穩布帆無恙
世說補褚公與孫興公同遊曲阿後湖中流風勢猛
迅舫欲傾覆褚公已醉乃曰此舫人皆無可以招天
譴者唯孫興公多塵滓正當以厭天欲耳便欲捉擲
水中孫遽無計唯大啼曰季野卿念我
荆州記宮亭湖廟甚靈塗旅經過無不祈禱能使湖
中分風而帆南北
晉書陶潛傳潛嘗言夏月虛閒高臥北窻之下清風
颯至自謂羲皇上人
晉陽秋劉裕平慕容超將鎭下邳聞盧循反何無忌
敗乃還次山陽造揚子江問人曰朝廷如何對曰劉
公尚未至劉公若還無所憂也裕將濟而風急衆咸
難之裕曰吾有天命風當自息如天不助覆溺何足
可怯竟登舟移舟而風止
宋書宗慤傳慤字元幹叔父炳高尚不仕慤年少時
炳問其志慤曰願乘長風破萬里浪
廣東通志陳茂字若思汝南人容止儼恪鬚眉甚偉
爲交趾別駕從事並有奇績舊令刺史行部不涉海
永初中盜賊橫行海濱皆震刺史周敞渡海巡方遇
大風船欲覆茂按劍呵水神風卽止海上人望之如
神明
宋書朱修之傳修之北伐陷沒後奔馮弘魏屢伐弘
或說弘遣修之歸求救遂遣之泛海至東萊遇猛風
柁折垂以長索船乃復正海師望見飛鳥知其近岸
須臾至東萊
虞愿傳明帝性猜忌體肥憎風夏月常著皮小衣拜
左右二人爲司風令史風起方面輒先啓聞
湖廣通志南北朝陸法和侯景遣任約伐湘東王於
江陵至赤沙湖與任約相對法和乘輕舟去約軍一
里縱大舫於前風逆不便法和執白羽扇以麾風風
勢卽返約衆皆見梁軍步於水上大潰投水
梁書陶弘景傳弘景特愛松風每聞其響欣然爲樂
有時獨遊泉石望見者以爲仙人
芸窻私志元帝時臨池觀竹旣枯后每思其響夜不
能寢帝爲作薄玉龍數十枚以縷線懸於簷外夜中
因風相擊聽之與竹無異民間效之不敢用龍以駿
代今之鐵馬是其遺制
五代新說梁袁光祿昂母憂將柩過江而遇風乃縛
衣著柩誓同沉溺餘舟皆沉唯昂舟獨獲全
魏書韓茂傳茂年十七膂力過人尤善騎射太宗曾
親征丁零翟猛茂爲中軍執幢時有風諸軍旌旗皆
偃仆茂於馬上持幢初不傾倒太宗異而問之徵茂
所屬具以狀對太宗謂左右曰記之尋徵詣行在所
試以騎射太宗深奇之以茂爲虎賁中郎將
王早傳早與客清晨立於門內遇有卒風振樹早語
客曰依法當有千里外急使日中將有兩匹馬一白
一赤從西南來至卽取我逼我不聽與妻子別語訖
便入名家人鄰里辭別語訖浴帶書囊日中出門候
使如期果有二馬一白一赤從涼州而至卽促早上
馬遂詣行宮時世祖圍涼州未拔故許彥薦之早彥
師也及至詔問何時當得此城早對曰陛下但移據
西北角三日內必尅世祖從之如期而尅
水經注天池方里餘古老相傳言嘗有人乘車於池
側忽遇大風飄之於水獲其輪於桑乾泉
狠山縣風井山廻曲有異勢穴口大如盆袁崧云夏
則風出冬則風入春秋分則靜余往觀之其時四月
中去穴數丈須臾寒慄卒至六月中尤不可當往人
有冬過者置笠穴中風吸之經月還步楊溪得其笠
從平樂順流五六里東亭村北山甚高峻上合下空
東西廣二丈許高起如屋中有石林甚整頓傍生野
非人往乞者神許則風吹別分隨偃而輪不得過越
不偃而輪輒凶

北齊書張子信傳武衛奚永洛與子信對坐時有鵲鳴於庭樹鬭而墜焉子信曰鵲言不善向夕若有風從西南來歷此樹拂堂角則有口舌事今夜有人喚必不得往雖勅亦以病辭子信去後果有風如其言是夜琅邪王五使切名永洛且云勅喚永洛欲起其妻苦留之稱墜馬腰折詰朝而難作

北史齊神武本紀芒山之役風從西來入營李業興曰小人風來當大勝神武曰若勝以爾為本州刺史後果驗

清異錄隋煬帝泛舟忽陰風頗緊歎曰此風可謂跋扈將軍

欽定古今圖書集成曆象彙編乾象典

第六十九卷目錄

乾象典第六十九卷

風部紀事二

杜陽雜編處士元藏幾自言是後魏清河孝王之孫隋煬帝時官奉信郎大業元年爲過海使判官遇風浪船壞黑霧四合同濟者皆不救而藏幾獨爲破木所載殆經半月忽達於洲島間洲人曰此方滄浪洲去中國數萬里乃出菖蒲酒桃花酒飲之而神氣清爽焉其洲方千里人多不死淹駐既久忽思中國洲人遂製凌風舸以送之激水如箭不旬日卽達於東萊問其國乃皇唐也詢年號則貞元也訪鄉里則榛蕪也追子孫皆疎屬也自隋大業元年至貞元末殆二百年矣

貞觀政要侯君集平高昌之後太宗欲以其地爲郡縣褚遂良曰高昌塗路沙磧千里冬風氷冽夏風如焚行人遇之多死

報應記唐白仁哲龍朔中爲虢州朱陽尉差運米遼東過海遇風四望昏黑仁哲憂懼急念金剛經得三百遍忽如夢寐見一梵僧謂曰汝念眞經故來救汝須臾風定八十餘人俱濟

浙江通志唐法禮俗姓包少出家同侶過揚子江遇風一舟人皆懼法禮立於船前張眉曰江神何不收風止浪俄而風息衆得濟岸

朝野僉載彭博通者河間人也身長八尺曾遊瓜埠江有急風張帆博通捉尾纜挽之不進

羯鼓錄明皇製秋風高一曲每至秋空迥徹纖翳不起卽奏之必清風徐來庭葉隨下

開元天寶遺事交阯國進犀一株以金盤置於殿中暖風襲人使者曰此辟寒犀也

五王宮中各於庭中豎長竿掛五色旌於竿頭旌之四垂綴以小金鈴有聲卽使侍從者視旌之所向可以知四方之風候也

岐王宮中於竹林內懸碎玉片子每夜聞玉片子相觸之聲卽知有風號爲占風鐸

集靈記開元九年江寧縣瓦棺寺閣西南久傾因風自正

玉海開元二十五年十月庚申宰臣祭南北郊有瑞氣縈壇祥風拂地太史奏王者德至於天則祥風起

博異志開元中瑯琊王昌齡自吳抵京國舟行至馬當山屬風便而舟人云貴賤至此皆合謁廟以祈風水之安昌齡不能駐亦先有禱神之備見舟人言乃命使齎酒脯紙馬獻於大王兼有一量草履子上大王夫人而以一首詩令使者至彼而禱之詩曰青驄一疋崑崙牽奉上大王不取錢直爲猛風波裏驟莫怪昌齡不下船讀畢而過

李華潤州鶴林寺徑山大師碑天寶中揚州僧希元密請至廣陵使風馳帆白光引櫂楚人相慶佛日渡江

舊唐書肅宗在平涼未知所適會朔方留後杜鴻漸奉牋迎上又河西行軍司馬裴冕勸治兵於靈武以圖進取上發平涼至豐寧南見黃河天塹之固欲整軍渡北以保豐寧忽大風飛沙跬步之間不辨人物及回軍趨靈武風沙頓止天地廓清

杜陽雜編李輔國家藏珍玩皆非人世所識夏則於堂中設迎凉之草其色類碧而榦似枯竹葉細如杉雖若乾枯未嘗彫落盛暑束之牕戶間而凉風自至

元和八年大軫國貢神錦衾碧麥云神錦衾水蠶絲所織其國以五色彩石甃池塘採大柘葉飼蠶於池中始生如蚊睫游泳於其間及老可五六寸池中有挺荷雖驚風疾吹不能傾動大者可闊三四尺而蠶經十五月卽跳入荷中以成蠒形如斗自然五色國人繰之以織神錦碧麥大於中華之麥粒表裏皆碧香氣如粳米食之體輕久則可以御風

零陵總記李牟秋夜吹笛於瓜州舟楫甚隘初發調群動皆息及數奏微風颯然而至

鳳池篇盧攜夢人贈句曰若問登庸日庭椿不染風初不解其言後攜拜相庭下古椿一株雖狂風驟雨不濕不搖

杜陽雜編武宗皇帝會昌元年夫餘國貢松風石方一丈瑩徹如玉其中有樹形若古松偃蓋颯颯焉而凉颼生於其間至盛夏上令置於殿內稍秋風颼颼卽令撤去

本事詩李相紳鎭淮南張郎中又新罷江南郡素與

李搆隙事在別錄時於荊溪遇風漂沒二子悲慼之中復懼李之讎己投長牋自首謝李深憫之

餠居解頤杭州參軍獨孤守忠領租船赴都半夜急追集船人更無他語乃云逆風必不得張帆衆大哂焉

浙江通志錢武肅王左右無非名士有葉簡者善占筮武肅嘗銜忽一日非常旋風南來遶案而轉名葉簡問之曰此淮帥楊渥已薨當早遣弔祭使去耳王曰生辰使方去豈可便申弔祭簡曰此必然之理速發使往若問如何得知但云貴國動靜當道皆預知之王從而遣之生辰使先一日到楊渥已薨次日弔祭使至由是楊氏左右皆大驚服

九國志徐溫常自迎鑾還至百家灣暴風起舟人相顧失色溫乃袒裼以帛繫璟首顧謂妾御曰吾善游倘溺不暇相救幸保此子言訖風浪暫息

遼史王鼎傳鼎宰縣時憩於庭俄有暴風舉臥榻空中鼎無懼色但覺枕榻俱高乃曰吾中朝端士邪無干正可徐置之須臾榻復故處風遂止

行營雜錄太祖潛耀日常與一道士遊關河無定姓名自曰混沌或又曰眞無每劇飲爛醉且善歌能引其喉於杳眇間作清微聲時或一二句隨天風飄下惟太祖聞之曰金猴虎頭四眞龍得其位至醒詰之則曰醉夢豈足憑耶至膺圖受禪之日乃庚申正月初四也

宋史耿全斌傳全斌冀州信都人父顥懷順軍校全斌少豐偉頗搢謁陳摶摶謂有藩侯相顥戍西蜀全斌往省乘舟泝江夜大風失纜漂七十里至瞽風未止舟忽泊岸人頗異之

夢溪筆談曹翰圍江州三年城將陷太宗嘉其盡節於所事遣使諭翰城下日拒命之人盡赦之使人至獨木渡大風數日不可濟及風定而濟則翰已屠江州無遺類適一日矣

宋史程德元傳德元拜翰林使太平興國二年陳洪進來朝命德元迎勞之船艦渡淮暴風起衆恐皆請勿進德元曰吾將君命豈避險以酒祝而行風浪遽止

清異錄呂圜貧深秋大風鄰人朱錄事富而輕圜後疊小紙擲圜前云呂圜洛師人也身寒而德備一日吼天氏作孽獨示威於圜

夢溪筆談李士衡爲館職使高麗一武人爲副高麗禮幣贈遺之物士衡皆不關意一切委於副使時船底疎漏副使者以士衡所得縑帛藉船底然後實己物以避濕漏至海中遇大風船欲傾覆舟人大恐請盡棄所載不爾船重必難免副使倉惶悉取船中之物投之海中更不暇揀擇約投及半風息船定既而點檢所投皆副使之物士衡所得在船底一無所失

宋史袁抗傳抗字立之提點廣南東路刑獄浙東叛卒鄂鄰鈔閩越轉南海與廣州兵逆戰海中值大風有告鄰溺死者抗獨曰是日風勢趣占城鄰未必死後果得鄰於占城

歸田錄開寶寺塔在京師諸塔中最高而制度甚精都料匠預浩所造也塔初成望之不正而勢傾西北人怪而問之浩曰京師地平無山而多西北風吹之不百年當正也其用心之精蓋如此

名山記萬安橋未建舊設海渡渡人每遇颶風大作或水怪爲祟沈舟被溺而死者無算宋大中間某年月日濟渡者滿載至中流風作舟將覆忽聞空中有聲云蔡學士在急宜拯之已而風浪少息舟人皆免於溺既渡舟人細詢同渡者之姓一舟皆無止有一婦之夫乃蔡姓也時婦方娠已數月矣舟人心異之往而白其母其母感衆人之言亦以爲異吾今懷娠若生子官果學士必造輿梁以免病渡之苦也後生子即忠定公襄以狀元及第後出守泉州追憶前日得免覆舟之難促公創建此橋

文錄關子東一日寓辟雍朔風大作因得句云夜長何時旦苦寒不成寐以問先生云夜長對苦寒詩律雖不到對亦似不穩先生云正要如此一似藥中要存性也

師友談紀蘇仲豫言蔣潁叔之爲江淮發運也其才智有餘人莫能欺漕運綹繹將與人暗知風水嘗於所居公署前立一旗曰占風旗使人日候之置籍焉令諸漕綱日程亦各紀風之便逆蓋雷雨雪雹霧露等或有不均風則天下皆一每有運至取其日程曆以合之責其稽緩者綱吏畏服蔣之去占風旗廢矣

齊東野語理宗初郊行事之次適天雷電以風黃壇燈燭皆滅無餘百執事顚沛離次已而風雨少止惟一陪祠官雖朝衣被雨淋漓而儼然不動理宗甚異之亟遣近侍問姓名則趙涯也時爲京局官未幾除監察御史

捫掌錄王榮老嘗官於觀州罷官渡江七日風作不得濟父老曰公篋中蓄奇物此江神極靈當獻之得

濟榮老顧無所有有玉麈尾卽以獻之不可又以端石硯獻之不可又以宣尼虎帳獻之亦不驗夜臥念曰有黃魯直草書扇題韋應物詩云獨憐幽草澗邊生上有黃鸝深樹鳴春潮帶雨晚來急野渡無人舟自橫卽取視憮然之間曰我猶不識彼寧識之乎持以獻之香火未收天水相照如兩鏡對展南風徐來帆一飽而濟吾意江神必元祐遷客鬼爲之不然亦何嗜之深也書此可發一笑

癸辛雜識吳山僧淨端道解深妙所謂端獅子者章申公極愛之乞食四方登舟旋問何風風所向卽從之所至人皆樂施

元史闊里吉思傳宗王也不干叛率精騎千餘晝夜兼行旬日追及之時方暑將戰北風大起左右請待闊里吉思曰當暑得風天贊我也策馬赴戰騎士隨之大殺其衆也不干以數騎遁去

憲宗本紀帝嘗攻欽察部其酋八赤蠻逃於海島帝聞亟進師至其地適大風刮海水去其淺可渡帝喜曰此天開道與我也遂進屠其衆擒八赤蠻

史弼傳弼進定遠大將軍鄂州平進軍而東至大孤山風大作伯顏命弼禱於大孤山神風立止

輟耕錄至治癸亥十月六日甲子先一夕因晉邸入繼大統告祭太廟之項陰風北來殿上燈燭皆滅良久方息蓋攝祭官鐵失也先帖木兒赤斤帖木兒等皆弒君之元惡也時全思誠以國子生充齋郎目擊之此無他必祖宗威靈在上不使奸臣賊子得以有事於太廟而明示嚴譴之耳彼徒罪無所逃至於身誅族赤而後已吁可畏哉

元史廉惠山海牙傳廉惠山海牙字公亮布魯海牙之孫希憲之從子也父阿魯渾海牙廣德路達魯花赤惠山海牙幼孤言及父輒泣下獨養母而家日不給垢衣糲食不以爲恥母喪哀毀踰禮負喪渡江而風濤作舟人以神龍忌屍爲言卽仰天大呼曰吾將祔母於先人神奈何扼我也風遂止

元氏掖庭記大內有迎凉之所曰清林閣四面植喬松修竹南風徐來林葉自鳴遠勝絲竹旁立二亭東名松聲西名竹風

瑯嬛記石尤風者傳聞爲石氏女嫁爲尤郎婦情好甚篤爲商遠行妻阻之不從尤出不歸妻憶之病亡臨亡長歎曰吾恨不能阻其行以至於此今凡有商旅遠行吾當作大風爲天下婦人阻之自後商旅發船值打頭逆風則曰此石尤風也遂止不行婦人以夫姓爲名故曰石尤由此觀之古時仍有尤姓也近有一榜人自言有奇術極曰人能與我百錢吾能返此風人有與之風果止後人云乃密書我爲石娘喚尤郎歸也須放我舟行十四字沈水中

江西通志九江府東女兒港東曰金沙洲明太祖與陳友諒戰鄱湖時艤舟洲下友諒術士能嘯風揚沙風忽轉爲明用友諒軍眼眯明師殲之洲上

劉基遊松風閣記松風閣在金鷄峯下活水源上寺峯獨高於羣峯而松又在峯頂仰視如幢葆臨頭上當日正中時有風拂其枝如龍鳳翔舞蘺褷蜿蜒轇轕徘徊影落簷瓦間金碧相組繡觀之者目爲之明有聲如吹塤篪如過雨又如水激崖石或如鐵馬馳驟劒槊相磨戛忽又作蟲鳴切切作大作小若遠若近莫可名狀聽之者耳爲之聰

耳譚景泰二年王威寧越廷試時疾風吹其卷起失之因乞他卷成文奏上登第後琉球國得其卷遣使入奏

王陽明先生年譜正德十四年六月奉勅勘處福建叛軍十五日至豐城聞寧王宸濠反遂返吉安值南風舟弗能前乃焚香拜泣告天曰天若哀憫生靈許我匡扶社稷願卽返風若無意斯民守仁無望矣須臾風漸止北帆盡起濠遣兵追先生先生潛入漁舟得脫

呂柟晉游雜記龍門在秦晉之間萬山之會久懷游覽而未獲乃四月之初實齋王子仙自安邑至河津明日谷泉子自萬泉至又明日柟自解州猗氏至又明日內濱子自鄠城至是日雨甚諸公曰如來日霽天既佳期矣來日果霽於是至清澗風大作從者曰俗傳食豕肉詣禹廟必風予未諾然以懾寒入福聖寺加衣風滋甚衝風往神前村至山麓乃緣棧道步礫而升既謁禹像風益焚輪起撼松柏騰沙礫上蔽天日下掩河汾若蛟鳴虎嘯若禹役使群怪持雷斧秉神斤以闢龍門時也然實齋席設無豕肉酒行移時食且畢風息食有饅頭飣其餡者豕又不風不知俗傳者何也土人曰此地日有潮風蓋大河流兩山中嵐氣薄觸空洞卽飀颯無所于散此或其眞云

揚州府志通州狼山在揚子江東北明正德七年流賊劉七等遇風舟破奔山崖匿佛殿後總兵官劉暉率兵攻之不得入欲舉火風不利乃南向跪禱於江

神轉風焚殿遂殲之

正德七年朝鮮人遇風飄至通州如皐訊之乃其國主試官作詩云白浪滔滔上接空布帆十幅不禁風此身若葬江魚腹萬里孤臣一夢中

顧璘遊衡嶽記嘉靖丁酉十有一月謁南嶽訖事乘筍輿至絕頂宿上封寺勁風終夜震撼戶牖僧云四時長然雖盛夏亦擁衾當晝無汗豈所謂罡風者乎其高可想

金陵冬遊記略嘉靖己亥十月二十二日入報恩寺西方丈二十三日早余與南山同登寶塔至九層上是日大風塔窻中不能開目余乃蔽窻瞑坐久之從四窻各開半戶盤辟竊視終不能盡有頃風稍定余從塔窻扶欄楯周覩之北指石城南控雨花東望鍾靈西臨天塹頗盡金陵全勢

古奇器錄王元寶家有一皮扇子製作甚質每暑月燕客卽以此扇置於坐前使新水灑之則颯然風生巡酒之間客有寒色遂命撤去

野老漫錄崇禎庚辰三月旣望大風揚沙京營大將旗吹墮末清縣

風部雜錄

易經乾卦文言風從虎大全程子曰虎行處則風自生

小畜象曰風行天上小畜君子以懿文德本義風有氣而無質能畜而不能久故爲小畜之象

蠱象曰山下有風蠱君子以振民育德程傳山下有風風遇山而回則物皆散亂故爲有事之象君子觀有事之象以振濟於民養育其德也大全隆山李氏曰山下有風則風落山之謂山木摧落蠱敗之象

觀象曰風行地上觀先王以省方觀民設教程傳風行地上周及庶物爲由歷周覽之象

恆象曰雷風恆君子以立不易方大全胡氏曰雷風雖變而有不變者存體風雷之變者爲我之不變者善體雷風者也

家人象曰風自火出君子以言有物而行有恆大全朱子曰謂如一爐火必有氣衝上去便是風自火出

姤象曰天下有風姤后以施命誥四方程傳風行地上與天下有風皆爲周徧庶物之象而行於地上徧觸萬物則爲觀經歷觀省之象也行於天下周徧四方則爲姤施發命令之象也

巽象曰隨風巽君子以申命行事大全丘氏曰巽爲風而風所以發揚天之號令風隨風而不逆此重巽之象也在上之君子體隨風之巽出而發號施令凡事申復詳審一再命之然後見之行事則四方風動順而易入申命者所以致其戒於行事之先行事者所以踐其言於申命之後

渙象曰風行水上渙先王以享于帝立廟程傳風行水上有渙散之象先王觀是象救天下之渙散至於享帝立廟也係人心合離散之道無大於此

中孚象曰澤上有風中孚君子以議獄緩死程傳水體虛故風能入之人心虛故物能感之風之動乎澤猶物之感乎中故爲中孚之象

說卦傳雷風相薄大全吳氏曰震東北巽西南雷從地而起風自天而行互相衝激也

風以散之大全蔡氏曰動則物萌散則物具二者言生物之功也

撓萬物者莫疾乎風

書經君陳爾其戒哉爾惟風下民惟草

詩經邶風綠衣篇絺兮綌兮淒其以風傳淒寒風也朱註絺綌而遇寒風猶己過時而見棄也

北風篇北風其涼朱註北風寒涼之風也涼寒氣也

北風其喈朱註喈疾聲也

檜風匪風篇匪風發兮傳發發飄風朱註發飄揚貌

匪風飄兮朱註回風謂之飄

鄭風風雨篇風雨淒淒疏淒淒寒涼之意

風雨瀟瀟傳瀟瀟暴疾貌

風雨如晦傳晦昏也

豳風七月篇一之日觱發傳一之日周正月觱發風寒也

鴟鴞篇風雨所漂搖

小雅何人斯篇彼何人斯其爲飄風胡不自北胡不自南註言其往來之疾若飄風然自北自南則與我不相值也

小雅蓼莪篇飄風發發朱註發發疾貌

飄風弗弗朱註弗弗猶發發也

小雅四月篇冬日烈烈飄風發發

大雅卷阿篇飄風自南

桑柔篇如彼遡風亦孔之僾（朱註）遡鄉僾唈也君子視王之亂如遡風之人唈而不能息也

大風有隧有空大谷（朱註）大風之行有隧蓋多出於空谷之中以興下文君子小人所行亦各有道耳

禮記曲禮前有塵埃則載鳴鳶（註）鳶知風塵埃風所爲也

樂記八風從律而不姦（疏）八風八方之風也律謂十二月之律也樂音象八風其樂得其度故八風十二月律應八節而至不爲姦慝也

左傳夫冰以風壯而以風出（註）冰因風寒而堅順春風而散用

易乾鑿度巽爲風門亦爲地戸聖人曰乾坤成器風行天地運動由風氣成也上陽下陽順體入也能入萬物成萬物扶天地生散萬物風以性者聖人居天地之間性稟陰陽之道風爲性體因風正聖人性焉

萬形經曰二陽一陰無形道也風之發泄由地出處故曰地戸戸者牖戸通天地之元氣天地不通萬物不蕃

三古風字今巽卦風散萬物天地氣脈不通由風行之風無所不入

禮稽命徵出號令合民心則祥風至

樂動聲儀風氣禮樂之使萬物之首也物非風不能熟也風順則歲美風暴則歲惡

三墳書氣墳風氣動

形墳風形氣

風經調暢祥和天之喜氣也折傷奔厲天之怒氣也

素問寒暑燥濕風火爲陰陽之六氣

山海經中山經依軲之山有獸焉其狀如犬虎爪有甲其名曰獜善駚坌食者不風（註）不畏天風（軲音枯駚坌音鞅會）

管子四時篇東方曰星其時曰春其氣曰風風生木與骨

關尹子二柱篇氣之所自出者如搖箑得風彼未搖時非風之氣

五鑑篇鬼或以風爲身

七釜篇知道無氣能運有氣者可以名風雨

莊子逍遙遊北冥有魚其名爲鯤鯤之大不知其幾千里也化而爲鳥其名爲鵬鵬之背不知其幾千里也怒而飛其翼若垂天之雲是鳥也海運則將徙于南冥南冥者天池也齊諧者志怪者也諧之言曰鵬之徙于南冥也水擊三千里摶扶搖而上者九萬里去以六月息者也野馬也塵埃也生物之以息相吹也天之蒼蒼其正色耶其遠而無所至極耶其視下也亦若是則已矣且夫水之積也不厚則負大舟也無力覆杯水于坳堂之上則芥爲之舟置杯焉則膠水淺而舟大也風之積也不厚則其負大翼也無力故九萬里則風斯在下矣而後乃今培風背負青天而莫之夭閼者而後乃今將圖南

列子御風而行泠然善也旬有五日而後反彼於致福者未數數然也此雖免乎行猶有所待者也若夫乘天地之正而御六氣之辨以遊無窮者彼且惡乎待哉

齊物論南郭子綦隱几而坐仰天而噓嗒焉似喪其耦顏成子游立侍乎前曰何居乎形固可使如槁木而心固可使如死灰乎今之隱几者非昔之隱几者也子綦曰偃不亦善乎而問之也今者吾喪我汝知之乎汝聞人籟而未聞地籟汝聞地籟而未聞天籟夫子游曰敢問其方子綦曰夫大塊噫氣其名爲風是唯無作作則萬竅怒號而獨不聞之翏翏乎山林之畏佳大木百圍之竅穴似鼻似口似耳似枅似圈似臼似洼者似污者激者謞者叱者吸者叫者譹者宎者咬者前者唱于而隨者唱喁令風則小和飄風則大和厲風濟則衆竅爲虛而獨不見之調調之刁刁乎子游曰地籟則衆竅是已人籟則比竹是已敢問天籟子綦曰夫吹萬不同而使其自已也

天運篇風起北方一西一東有上彷徨孰噓吸是孰披拂是

秋水篇夔憐蚿蚿憐蛇蛇憐風蛇謂風曰予動吾脊脅而行則有似也今子蓬蓬然起于北海蓬蓬然入于南海而似無有何也風曰然予蓬蓬然起于北海而入于南海也夫折大木蜚大屋者唯我能也故以衆小不勝爲大勝也爲大勝者惟聖人能之

國語火見而清風戒寒

呂子風師曰飛廉

古諺月麗于箕風揚沙

慳值風濕值雨

史記龜策傳四曰八風龜

淮南子原道訓春風至則甘雨降生育萬物羽者嫗伏毛者孕育草木榮華鳥獸卵胎莫見其爲者而功

覽成矣秋風下霜倒生挫傷鷹鶻搏鷙昆蟲蟄藏草
木注根魚鼈湊淵莫見其爲者滅而無形
假眞訓夫貴賤之於身也猶條風之時麗也 又 疾風
敎木而不能拔毛髮
天文訓天之偏氣怒者爲風 又 虎嘯而谷風至
墬形訓天一地二人三三三而九二九十八八主風
風主蟲蟲故八月而化 又 崐崘虛北門開以納不周
之風 又 八門之風是節寒暑
時則訓天子服八風水 注 取銅槃中露水服之八方
覽冥訓東風至而酒湛溢 又 今夫赤螭青虬之遊冀
州也步不出頃畝之區而蛇鱓輕之若乃至於元雲
之素朝陰陽交爭降扶風雜凍雨扶搖而登之威動
天地聲振海內
主術訓循流而下易以至背風而馳易以遠
繆稱訓鵲巢知風之所起 注 歲多風則鵲作巢卑
堯之治天下也離叛者寡而聽從者衆若風之遇簫
忽然感之各以淸濁應矣 注 簫籟也
齊俗訓俔之見風也無須臾之間定矣 注 俔音遺候
風者也世所謂五兩
道應訓飄風暴雨日中不須臾
說林訓人不見龍之飛舉而能高者風雨奉之
人間訓夫鵲先識歲之多風也去高木而巢扶枝 又
緣高木而望四方也雖愉樂哉然而疾風至未嘗不
恐也
修務訓禹沐浴霪雨櫛扶風 又 鴈順風以愛氣力
泰族訓天設日月列星辰調陰陽張四時日以暴之
夜以息之風以乾之雨露以濡之 又 風之至也莫見
其象而木已動矣 又 故天之且風草木未動而鳥已
翔矣 又 騰蛇雄鳴於上風雌鳴於下風而化成形
董仲舒雨雹對太平之世風不鳴條開甲散萌而已
十洲記炎州在南海中上有風生獸似豹青色狀如
貍以鐵椎鍛其頭數十下乃死張其口向風須臾復
活
易飛候春冬乾王不周風用事人君當興邊兵治城
郭行刑斷獄繕宮殿
何以知聖人隱也風淸明其來長久不動搖物此有
龍德在下也
說苑魚乘水鳥乘風草木乘於時
天地之氣合以生風日至則日行其風以生十二律
揚子震風淩雨然後知夏屋之爲帡幪也
洞冥記裂葉風八月風也
論衡感虛篇傳書言武王伐紂渡孟津陽侯之波逆
流而擊疾風晦冥人馬不見於是武王左操黃鉞右
執白旄瞋目而麾之曰余在天下誰敢害吾意者於
是風霽波罷此言虛也武王渡孟津時士衆喜樂前
歌後舞天人同應人喜天怒非實宜也前歌後舞未
必其實麾風而止迹近爲虛夫風者氣也論者以爲
天地之號令也武王誅紂是乎天當安靜以祐之如
誅紂非乎而天風者怒也武王不奉天令求索已過
瞋目言曰余在天下誰敢害吾意者重天怒增己之
惡也風何肯止父母怒子不改過瞋目大言父母肯
貰之乎如風天所爲禍氣自然是亦無知不爲瞋目
麾之故止夫風猶雨也使武王瞋目以旄麾雨而止
之乎武王不能止雨則亦不能止風或時武王適麾
之風偶自止世褒武王之德則謂武王能止風矣
三輔黃圖長安靈臺有銅烏千里風至此烏乃動
風俗通楚辭說後飛廉使奔屬飛廉風伯也謹按周
禮以柳燎祭風師風師者箕星也箕主簸揚能致風
氣易巽爲長女也長者伯故曰風伯鼓之以雷霆潤
之以風雨養成萬物有功於人王者祀以報功也戌
之神爲風伯故以丙戌日祀於西北火勝金爲木相
也
五月有落梅風江淮以信爲風
風或淸明來久長不搖樹木枝葉離地二三丈者此
有龍德在其下風或淸明不及地二三尺者此君子
之風
魏志管輅傳 注 龍者陽精而居於淵故能興雲虎者
陰精而居於山故能運風
博雅釋訓颯颯颼颼飋飋飂飂瀏瀏風也
晉書禮志車駕出相風在前刻烏於竿上名曰相風
禽經風禽翔則風 注 風禽鳶類越人謂之風伯飛翔
則天大風
郭璞江賦江豚海豨 注 豚亦作㹠江豬也將風則踴
覘五兩之動靜 注 覘候風也楚人謂之五兩凡候風
以雞羽重八兩建五丈旗取羽繫其巔
抱樸子外篇衡飄傾山而不能効力於拔毫 又 衡飆
焚輪原火所增熾也螢燭値之而反滅
古今注秦始皇有馬名曰追風
湘中記零陵山有石燕遇風雨則飛止還爲石
交州記風母出九德縣似猿見人若慙屈頸打死得
風還活

廣志南海瓊州有草名知風土人視其節以占一歲之風候每一節則一風無節則無風

九江志廬谷東英巨山巖內有石人坐盤石上體上壓穢則生風濕潤則致雨晴日便舉體鮮潔朗然玉浮

三秦記太白山不知高幾許俗云武功太白去天三百山下軍行不得鳴鼓角鳴鼓角則疾風暴雨兼至也

物理論風者陰陽亂氣激發而起者也猶人之內氣因喜怒哀樂激越而發也故春氣溫其風溫以和喜風也夏氣盛其風熛以怒怒風也秋氣勁其風清以凄清風也冬氣實其風慘以烈固風也此四正之風也又有四維之風東南融風其道以長也西南清明百物備成也西北不周物潛藏也東北明庶庶物出幽入明也此八風者方土異氣徐疾不同和平則順違逆則凶非有使之者也氣積自然怒則飛沙揚礫發屋拔樹喜則不搖枝動草順物布氣天性自然之體也

世說世目李元禮謖謖如勁松下風

謝太傅云小時在殿廷會見王丞相便覺清風來拂人

嵇康身長七尺八寸風姿特秀見者歎曰肅肅如松下風高而徐引

劉尹云清風朗月輒思元度

扶南蔗一丈三節見日卽消見風卽折

丹陽記江寧烈洲內有小木堪泊船商客多停以避烈風故以名焉

禽獸決錄禽獸巢居知風穴居知雨

文心雕龍尚書大傳有別風淮雨帝王世紀云列風淫雨別列淮淫字似潛移淫列義當而不奇淮別理乖而新異

劉勰新論從化篇人之從君如草之從風草之戴風風驚東則東靡風驚西則西靡是隨風之東西也

魏書西域傳且末國北有流沙數百里夏日有熱風爲行旅之患風之所至唯老駝豫知之卽鳴而聚立埋其口鼻於沙中人每以爲候亦卽將氈擁蔽鼻口其風迅駛斯須過盡若不防者必至危斃

水經注高平縣西十里有獨阜阜上有風伯壇故世俗呼此阜爲風堆

錫縣有錫義山方圓百里山高谷深多生薇蘅草其草有風不偃無風獨搖

泉陵縣石燕山有石紺而狀燕因以名山其石或大或小若母子焉及其雷風相薄則石燕羣飛頡頏如眞燕矣羅君章云今燕不必復飛也

集靈記宮亭湖神能分風擘流曹毘詩云分風爲二擘流成兩

唐國史補南海人言海風四面而至名曰颶風颶風將至則多虹蜺名曰颶母然三五十年始一見

江浦船泝流而上常待東北風謂之信風七八月有上信風三月有鳥信風五月有麥信風

續酉陽雜俎鵜子兩翅各有儳名左名捺風右名掠草

雲仙雜記魏博田承嗣簽治文案如流水吏人私相謂曰世罕有此旋風筆

虞松方春以謂握月擔風且留後日吞花臥酒不可過時

番禺雜記鬣背有骨如扇乘風而行名鬣帆

圖經海道之險曰癡風曰黑風癡風之作連日怒號不已四方莫辨黑風則天色晦冥不分晝夜

瑣碎錄魚逆水而上鳥向風而立取其鱗羽之順也

有微風不知所從來但觀鳥之所向

步里客談古人多用轉蓬竟不知何物外祖林公使遼見蓬花枝葉相屬團欒在地遇風卽轉問之云轉蓬也

擊壤集觀物吟水風涼火風熱土風和石風冽

埤雅天地之氣噓而成雲噫而成風雲陽而出於陰風陰而出於陽爾雅曰南風謂之凱風東風謂之谷風北風謂之涼風西風謂之泰風凱風言其情谷風言其自涼風言其德泰風言其交詩曰大風有隧有空大谷言大谷者大風之自也故曰谷風言其自易曰巽爲風巽東南也今風更生於西則與兌之氣交矣故曰泰風言其交谷風之厚者涼風薄也故谷風以刺俗薄朋友夫婦離絕詩曰習習谷風以陰以雨又曰習習谷風維山崔嵬無草不死無木不萎言谷風之於天不能皆雨也亦或以陰其於地也又不能皆生也亦有萎死者然則人事豈可以責其全哉又曰凱風自南吹彼棘心凱樂也憂釋而爲樂怒釋而爲凱南風謂之凱風則天地之怒氣於是釋焉故也詩曰北風其涼雨雪其雱北風其喈雨雪其霏風以譬威雪以譬虐雱盖言聚霏益言散涼者其刻也喈者其和也自今觀之雪勢布散無所不加其意或未

叉也則風候更和故是詩風以其喈雪以其霏爲後喈喈聲和也氣和則聲和矣詩曰終風且暴終風且霾卒曰曀曀其陰虺虺其靁日出而風爲暴風而雨土爲霾陰而風爲曀霾下也曀上也此言州吁之暴逮於上下如風暴矣又增以霾如風霾矣又增以曀如風曀矣又增以雷明有加也傳曰積風成雷其此之謂乎爾雅曰焚輪謂之頹扶搖謂之猋郭璞以爲頹暴風從上下也猋暴風從下上也按詩傳云頹風之焚輪者風薄相扶而上也則與璞之意異矣蓋風之銳而上者爲猋風之旋而上者爲頹莊子曰摶扶搖羊角而上者九萬里扶搖即猋是也羊角即頹是也今羊角轉旋而上如焰焚輪之象也谷風一章曰維風及雨二章曰維風及頹雨者朋友相與致其道以下達之況也頹者朋友相與致其道以上達之況也蓼莪初曰南山烈烈飄風發發卒曰南山律律飄風弗弗回風謂之飄風荀子所謂輕利僄遬卒如飄風者也發發暴也弗弗亂也烈烈以言幽王不惠律律以言幽王不平詩曰匪風發兮匪車偈兮說曰匪風發兮是非有道之風也發發者匪車偈兮是非有道之車也偈偈者風生於火故物或以風化亦或以火西方之鹽以風化也東方之鹽以火化也易曰風自火出家人取其化自內出之象詩序曰關雎風之始也所以風天下而正夫婦也水生雨雨更以成水火生風風更以成火爾雅曰風與火爲庉以此故也風經曰調暢祥和天之喜氣也折揚奔厲天之怒氣也風者氣也得怒之氣則暴得喜之氣則和得金之氣則涼得木之氣則溫得火之氣則炎得水之氣則烈列子曰當春而叩商絃以召南呂涼風忽至草木成實及秋而叩角絃以激夾鍾溫風徐回草木發榮命官而總四絃則景風翔慶雲浮甘露降醴泉涌爾雅曰四時和爲通正謂之景風景風者天地中和之氣也淮南子曰東風至而酒湛溢造化權輿以爲東方之氣風也故凍非東風不能解湛非東風不能溢風俗通曰猛風曰颲涼風曰瀏微風曰飊小風曰飀夢溪筆談解州鹽澤之南秋夏間多大風謂之鹽南風其勢發屋拔木幾欲動地然東與南皆不過中條西不過席張鋪北不過鳴條縱廣止於數十里之間解鹽不得此風不冰蓋大滷之氣相感莫知其然也又汝南亦多大風雖不及鹽南之厲然亦甚於他處不知緣何如此或云自城北風穴山中出今所謂風穴者已夷矣而汝南自若可知非由穴也方諺云汝州風許州葱其來素矣

江湖間唯畏大風冬月風作有漸船行可以爲備唯盛夏風起於顧盼間往往羅難會聞江國賈人有一術可免此患大凡夏月風景須作於午後欲行船者五鼓初起視星月明潔四際至地皆無雲氣便可行至於巳時即止如此無復與暴風遇矣國子博士李元規云平生游江湖未嘗遇風用此術

東坡志林貴公子雪中飲醉臨檻向風曰爽哉左右有泣下者公子驚問之曰吾父昔日以爽亡楚襄王登臺有風颯然而至王曰快哉此風寡人與庶人共之者耶宋玉譏之此獨大王之風庶人安得而共之不知者以爲諂也知之者以爲諷也唐文宗詩曰人皆苦炎熱我愛夏日長柳公權續之曰薰風自南來殿閣生微涼惜乎宋玉不在旁也

岳陽風土記岳州北瀕江州郡氣候尤熱夏月南風則鬱蒸特甚蓋湖南千里無山多得日色故少陰涼之氣也

後山叢談諺曰行得春風有夏雨蓋春之風數爲夏之雨數大小緩急亦如之

彥周詩話杜牧之作赤壁詩云折戟沉沙鐵未消自將磨洗認前朝東風不與周郎便銅雀春深鎖二喬意謂赤壁不能縱火爲曹公奪二喬置之銅雀臺上也孫氏霸業繫此一戰社稷存亡生靈塗炭都不問只恐捉了二喬可見措大不識好惡

蠡海集春之風自下而升上夏之風橫行於空中即紙鳶以觀之春則能起交夏則不能起矣秋之風自上而降下木葉因之而隕落冬之風著土而行是以吼地而生寒也

雲爲陽用故龍騰則雲起風爲陰用故虎嘯則風生或以雲爲陰風爲陽者謂其體也蓋雲乃陰之體升而爲陽之用風乃陽之體散而爲陰之用是以雲起也石必滋風行也土必燥

中華古今注伺風烏夏禹所作也禁中置之以爲恆式

江表志宋齊丘爲儒日修啓投姚洞天略云城上之鳴鳴曉角吹入愁腸樹頭之颯颯秋風結成離緒時有識者云當須殍亡後果如其言

桂海虞衡志風貍狀似黃猨食蜘蛛晝則拳曲如蝟遇風則飛行空中其溺及乳汁治大風疾奇效

廣東南海有颶風西路稍北州縣悉無之獨桂林多

風秋冬大甚拔木飛瓦晝夜不息俗傳朝作一日止暮七日夜半則彌旬去海猶千餘里非颶也土人自不知其說余試論之桂林地勢視長沙番禺在千丈之上高而多風理固然也

演繁露三月花開時風名花信風初而泛觀則似謂此風來報花之消息耳按呂氏春秋曰春之得風風不信則其花不成乃知花信風者風應花期其來有信也

伊洛淵源錄程子曰少從周茂叔遊吟風弄月以歸有吾與點也之意

朱光庭見程明道於汝州語人曰在春風中坐了一月

芥隱筆記東坡泗州塔詩耕田欲雨刈欲晴去得順風來者怨蓋用劉夢得同爇于陸其時在澤伊穜之喜乃稑之厄同舟於江其時在風沿者之吉泝者之凶意

緯略養性經曰治身之道春避青風夏避赤風秋避白風冬避黑風孫思邈論衛生以爲人當避暗風箭風者蓋此之謂也

癸辛雜識別集近聞亭皐蕩戸云每歲夏月南風少則好藕曬荷葉遇雨所著處皆成黑點藏荷葉則須密室見風則蛀損不堪用矣

齊東野語唐文宗詩曰人皆苦炎熱我愛夏日長柳公權續云薰風自南來殿閣生微凉或者惜其不能因詩以諷雖坡公亦以爲有美而無箴故續之曰一爲居所移苦樂永相忘願言均此施清陰分四方余謂柳句正所以諷也蓋薰風之來惟殿閣穆清高爽之地始知其凉而征夫耕叟方奔馳作勞低垂喘汗於黃塵赤日之中雖有此風安知所謂凉哉此與宋玉對楚王曰此謂大王之風耳庶人安得而共之者同意

王氏談錄公言管輅云天欲雨樹上已有少女風今俗多云急風翻葉見白者是

陳輔之詩話范文正淮上遇風云一櫂危於葉旁觀欲損神他年在平地無忽險中人雖弄翰戲語卒然而作濟險加澤之心未嘗忘也

學齋佔嗶東坡泗州僧伽塔詩耕田欲雨刈欲晴去得順風來者怨此乃櫽括劉禹錫何卜賦中語同涉于川其時在風沿之者吉泝之者凶同爇于野其時在澤惟稑之利乃穋之厄坡以一聯十四字而包盡劉禹錫四對三十二字之義蓋奪胎換骨之妙至如前赤壁賦尾段一節自惟江上之清風至不知東方之既白只是用李白清風明月不用一錢買玉山自倒非人推一聯十六字演成七十九字愈奇妙也

吳下田家志風吹月建主米陡貴

風吹鶴神口米長千錢斗纔逢癸巳上天堂己酉還歸東北方乙卯正東纔五日庚申巽上六朝藏離位丙寅坤辛未直西之日正當彊壬午乾宮戊子坎對衝其位定相妨

鷄林類事方言風曰孛纜

感應類從志積灰知風

物類相感志世說人嘯則風生如溽暑月夜坐無風引聲而嘯樹杪草際飄然驗矣

席上腐談邵康節曰飛之類喜風而敏于飛上牛順物乘順風而行則順馬健物遡逆風而行則健

詞品俗謂風曰孟婆蔣捷詞云春雨如絲繡出花枝紅裊怎禁他孟婆合皁江南七八月間有大風甚於舶艀野人相傳以爲孟婆發怒按北齊李騊駼聘陳問陸士秀江南有孟婆是何神也士秀曰山海經云帝之二女遊於江中出入必以風雨自隨以帝女故曰孟婆猶郊祀志以地神爲泰媼此言雖鄙俚亦有自來矣

田間書火非風不然風撲火則息

湧幢小品吳中五六月間梅雨既過必有大風連數日土人謂之舶艀風云是舶商請於海神得之凡舶遇此風日行數千里雖猛而不爲害四明錢塘商至夏中畢集者此風致之也

丹鉛總錄諺語云三九二十七籬頭吹觱篥冬至後寒風吹籬落有聲如觱篥也合于莊子萬竅怒號之說而可以爲幽風一之日觱發之解也

郎士元酉盧秦卿詩云知有前期在難分此夜中無將故人酒不及石尤風石尤風打頭逆風也行舟遇之則不行此意謂行舟遇逆風則住故人置酒而以前期爲辭是故人酒不及石尤風矣語意甚工近人吳中刻唐詩不解石尤爲何語遂改作古淳風可笑又可恨也

古人殿閣簷稜間有風琴風箏皆因風動成音自諧宮商元微之詩鳥啄風箏碎珠玉高駢有夜聽風箏詩云夜靜絃聲響碧空宮商信任往來風依稀似曲纔堪聽又被風吹別調中僧齊己有風琴引按吳絲調楚竹高托天風拂爲曲一一宮商在素空鸞鳴鳳

譯翹梧桐夜深天碧松風多孤颸寒蔓驚流波愁魂
飜枕不肯去翻疑住處鄰湘娥金風聲盡薰風發冷
泛虛堂韻難歇常恐聽多耳漸煩清音不絕知音絕
王半山有風琴詩云風鐵相敲固可鳴朔兵行夜響
行營如何清世容高枕翻作幽窻枕上聲此乃簷下
鐵馬也今名紙鳶曰風箏亦非也
趙汝愚詩江月不隨流水去天風常送海濤來朱文
公愛之遂書天風海濤字於石今人不知爲趙公詩
汲古叢語風不離空故搖空而得風木不離地故掘
地而出水然形動而風隨者則因有以顯無氣噓而
成木者則自無而生有
宛委餘編風神曰孟婆對颶母可也又風母如猿打
殺遇風卽活雷公如猪冬月蟄地中掘得之二物皆
可食作對甚切其形亦相似也
御龍子集風之行於宇內也一氣之動盪而無所鼓
發耶八方之來各以其候而非各爲隧道也一氣耳
止則無動則有無爲陰有爲陽陽之西流曰谷風北
流曰凱風周旋流曰飄風猛流曰暴風急流曰烈風
而有異耶
滇行紀略滇地無日無風春尤顛狂凡風皆西南風
若東南風卽媒雨
滇中多風至大理風嘗寂寂蓋滇風常自西北城正
當點蒼西障風爲所捍耳
田家雜占八月中氣前後起西北風謂之霜降信
立冬前後起西北風謂之立冬信
田家五行春牛占歲事頭白主春多風
羣碎錄杜荀鶴詩云百歲有涯頭上雪萬般無染耳

邊風

書蕉俗以開花風爲花鞴扇潤花雨爲花沐浴至花
老風雨斷送荅花刑耳
五雜組京師諺曰天無時不風地無處不塵物無所
不有人無所不爲
書肆說鈴花信風與寒食雨前後稍異寒食雨自冬
至起至清明前一日合七氣得三箇月零十五日花
信風自小寒起至穀雨合八氣得四箇月每氣管十
五日每五日一候計八氣分得二十四候每候以一
花之風信應之
敬君詩話郎士元留盧秦卿詩云知有前期在難分
此夜中無將故人酒不及石尤風楊用修曰打頭逆
風也陳晦伯引古樂府宋武帝丁都護歌云願作石
尤風四面斷行旅似非打頭風也然則晦伯者將以
爲四面風耶而風固無四面俱起者愚謂合兩詩而
釋之蓋狂風怒起不惟逆風難以行舟卽使順風亦
未免折檣裂帆矣是郎士元詩非必打頭風也又烈
風括地雖起一面而四面行旅亦自却步是丁都護
歌亦非必謂四面風也總之惟曰大風則可耳
三餘贅筆書云馬牛其風左氏傳云風馬牛不相及
蓋牛順物乘風而行則順馬健物逆風而行則健
嚴州府志桐廬縣七里灘與嚴陵瀨相接諺云有風
七里無風七十里蓋舟行艱於牽挽惟視風以爲遲
速
福建通志土番識颱草此草生而無節則週年無颱
一節則颱一次二節二次多節多次無不驗者

風部外編

三墳書伏羲氏燧人子也因風而生故風姓
山海經海外北經鍾山之神名曰燭陰視爲晝瞑爲
夜吹爲冬呼爲夏不飲不食不息息爲風
淮南子本經訓堯之時十日並出焦禾稼而民無
所食猰貐鑿齒九嬰大風封豨修蛇皆爲民害堯乃
使羿誅鑿齒于疇華之野殺九嬰于凶水之上繳大
風于靑丘之澤上射十日而下殺猰貐斷修蛇于洞
庭擒封豨于桑林萬民皆喜置堯以爲天子
括地圖奇肱氏能爲飛車從風遠行湯時西風吹奇
肱車至于豫州湯破其車不以示民十年西風至乃
復使作車遣歸去玉門四萬里
拾遺記穆王巡行天下馭黃金碧玉之車傍氣乘風
起朝陽之岳自明及晦窮寓縣之表
起世經諸比丘云何世間壞已復成諸比丘彼三摩
耶無量久遠不可計時起大重雲乃至遍覆梵天世
界如是覆已注大洪雨其雨滴纔如車輪或有如杵
經歷多年百千萬年而彼水聚漸漸增長乃至梵天
世界爲畔其水遍滿然彼水聚有四風輪之所住持
何等爲四所謂一者住二者安住三者不墮四者牢
主時彼水聚雨斷已後還自退下無量百千萬踰闍
那當於爾時四方一時有大風起其風名爲阿那毘
羅吹彼水聚波濤沸涌攪亂不住於中自然生出泡
沫然其泡沫爲彼阿那毘羅大風之所吹擲從上安
置作諸宮殿微妙可愛七寶間成所謂金銀瑠璃玻
瓈赤眞珠硨磲碼瑙等寶諸比丘此因緣故梵身諸
天有斯宮殿諸牆壁等世間出生諸比丘如是作已

時彼水聚即便退下無量百千萬踰闍那略說如前四風起名曰阿那毘羅大風吹擲沸沫即成宮殿名魔身天垣牆住處如梵身天無有異也唯有寶色精妙差降上下少殊如是造作他化自在諸天宮殿化樂諸天宮殿牆壁其次造作刪兜率陀諸天宮殿其次夜摩諸天宮殿如是出身具足悉如梵身諸天次第而說諸比丘時彼水聚復漸退下無量百千萬踰闍那縮而減少如是停住彼水聚中周帀四方自然起沫浮水而住厚六十八百千由旬廣闊無量譬若泉池及以濼中普遍四方有於漂沫覆水之上彌羅而住如是如是諸比丘彼水聚中普四方面泡沫上住厚六十八百千由旬廣闊無量亦復如是諸比丘時彼阿那毘羅大風吹彼水沫即便造作彼須彌留大山王身次作城郭雜色可愛四寶所成所謂金銀瑠璃玻瓈等諸妙寶諸比丘此因緣故世間便有彼須彌留山王出生如是諸比丘又於彼時毘羅大風吹彼水沫於須彌留山王上分四方化作一切山峯其峯各高七百由旬雜色微妙七寶合成乃至硨磲碼瑙等寶以是因緣世間出生諸山峯岫彼風如是次第又吹其水上沫爲三十三諸天衆等造作宮殿其次復於須彌留山東南西北半腹中間四萬二千踰闍那處爲彼四大天王造作諸宮殿住城壁垣牆雜色七寶可愛端嚴如是訖已爾時彼風又吹水沫於須彌留山王半腹四萬二千踰闍那中爲月天子造作大城宮殿處所雜色七寶成就莊嚴如是作已風復聚沫爲日天子造作七日諸天宮殿城郭樓櫓七寶雜色種種莊嚴以是因緣世間有斯七日宮殿安置住持又諸比丘彼風次吹其水聚沫於須彌留大山王所造作三處城郭莊嚴雜色七寶乃至硨磲碼瑙等寶如是城聚世間出生諸比丘時彼阿那毘羅大風次吹水沫於海水上高萬由旬爲於虛空諸夜叉輩造作玻瓈宮殿城郭諸比丘此因緣故世間便有虛空夜叉宮殿城壁如是出生諸比丘時彼阿那毘羅大風次吹水沫於須彌留大山王邊東西南北各各去山一千由旬在大海下造作四面阿修羅城雜色七寶微妙可愛乃至世間有此四面阿修羅城如是出生復次阿那毘羅大風吹彼水沫於須彌留大山王外擲置彼處造作一山名曰佉提羅迦其山高廣各有四萬二千由旬雜色七寶莊嚴成就微妙可觀諸比丘此因緣故世間便有佉提羅迦山如是出生復次阿那毘羅大風吹彼水沫於佉提羅迦山外擲置彼處造作一山名曰伊沙陀羅其山高廣各有二萬一千由旬雜色可愛七寶所成乃至硨磲碼瑙等寶諸比丘此因緣故世間便有伊沙陀羅山如是出生復次阿那毘羅大風吹彼水沫擲置伊沙陀羅山外於彼造作一山而住名曰由乾陀羅其山高廣一萬二千由旬雜色可愛乃至爲彼硨磲碼瑙七寶所成諸比丘此因緣故世間便有由乾陀羅山王出生如是次第作善現山高廣正等六千由旬次復造作馬片頭山高廣正等三千由旬次復造作尼民陀羅山高廣一千二百由旬次復造作毘那耶迦山高廣正等六百由旬次復造作彼輪圓山高廣正等三百由旬雜色可愛所謂金銀瑠璃玻瓈及赤眞珠硨磲碼瑙等諸七寶之所成就廣說如上佉提羅迦造作無異諸比丘此因緣故世間有斯輪圓山出復次阿那毘羅大風吹彼水沫散擲置於輪圓山外各四面住作四大洲及八萬小洲幷諸餘大山如是展轉造作成就諸比丘此因緣故世間便有斯四大洲幷及八萬小洲諸大山等次第出現復次阿那毘羅大風吹彼水沫擲四大洲及八萬小洲須彌留山王幷餘諸大山之外安置住立名曰大輪圓山高廣正等六百八十萬由旬牢固眞實金剛所成難可破壞諸比丘是因緣故大輪圓山世間出現復次阿那毘羅大風吹掘大地漸漸深入即於其處置大水聚湛然而住諸比丘此因緣故世間之中便有大海如是出生

華嚴經華藏世界品爾時普賢菩薩復告大衆言諸佛子此華藏莊嚴世界海有須彌山微塵數風輪所持其最下風輪名平等柱能持其上一切寶燄熾然莊嚴次上風輪名出生種種寶莊嚴能持其上淨光照耀摩尼王幢次上風輪名寶威德能持其上一切寶鈴次上風輪名平等燄能持其上日光明相摩尼王輪次上風輪名種種普莊嚴能持其上光明輪華次上風輪名普淸淨能持其上一切華燄師子座次上風輪名聲徧十方能持其上一切珠王幢次上風輪名一切寶光明能持其上一切摩尼王樹華次上風輪名速疾普持能持其上一切香摩尼須彌雲次上風輪名種種宮殿遊行能持其上一切寶色香臺雲諸佛子彼須彌山微塵數風輪最上者名殊勝威光藏能持普光摩尼莊嚴香水海此香水海有大蓮華名種種光明蘂香幢華藏莊嚴世界海住在其中

四方均平清淨堅固金剛輪山周帀圍繞地海衆樹各有區別

如來出現品爾時普賢菩薩摩訶薩告如來性起妙德等諸菩薩大衆言佛子此處不可思議所謂如來應正等覺以無量法而得出現何以故非以一緣非以一事如來出現而得成就以十無量百千阿僧祇事而得成就佛子譬如三千大千世界非以一緣非以一事而得成就以無量緣無量事方乃得成所謂興布大雲降霆大雨四種風輪相續爲依其四者何一名能持能持大水故二名能消能消大水故三名建立建立一切諸處所故四名莊嚴莊嚴分布咸善巧故如是皆由衆生共業及諸菩薩善根所起令於其中一切衆生各隨所宜而得受用佛子如是等無量因緣乃成三千大千世界法性如是無有生者無有作者無有知者無有成者然彼世界而得成就如來出現亦復如是非以一緣非以一事而得成就以無量因緣無量事相乃得成就所謂曾於過去佛所聽聞受持大法雲雨因此能起如來四種大智風輪何等爲四一者念持不忘陀羅尼大智風輪能持一切如來大法雲雨故二者出生止觀大智風輪能消竭一切煩惱故三者善巧迴向大智風輪能成就一切善根故四者出生離垢差別莊嚴大智風輪令過去所化一切衆生善根清淨成就如來無漏善根力故如來如是成等正覺法性如是無生無作而得成就是爲如來應正等覺出現第一相菩薩摩訶薩應如是知

列子殷湯篇瓠巴鼓琴而鳥舞魚躍鄭師文聞之棄家從師襄遊柱指鉤絃三年不成章師襄曰子可以歸矣無幾何復見師襄師襄曰子之琴何如師文曰得之矣請嘗試之於是當春而叩商絃以名南呂涼風忽至草木成實及秋而叩角絃以激夾鍾溫風徐回草木發榮

述異記列禦寇鄭人御風而行常以立春日歸乎八方立秋日遊于風穴是風至草木皆生去則草木皆落謂之離合風

莊子藐姑射之山有神人焉不食五穀吸風飲露

列子黃帝篇列子師老商氏友伯高子進二子之道乘風而歸尹生聞之從列子居數月不省舍因間請蘄其術者十反而十不告尹生懟而請辭列子又不命尹生退數月意不已又往從之列子曰汝何去來之頻尹生曰曩章戴有請於子子不我告固有憾於子今復脫然是以又來列子曰曩吾以汝爲達今汝之鄙至此乎姬將告汝所學於夫子者矣自吾之事夫子友若人也三年之後心不敢念是非口不敢言利害始得夫子一眄而已五年之後心庚念是非口庚言利害夫子始一解顏而笑七年之後從心之所念庚無是非從口之所言庚無利害夫子始一引吾並席而坐九年之後橫心之所念橫口之所言亦不知我之是非利害歟亦不知彼之是非利害歟亦不知夫子之爲我師若人之爲我友內外進矣而後眼如耳耳如鼻鼻如口無不同也心凝形釋骨肉都融不覺形之所倚足之所履隨風東西猶木葉幹殼竟不知風乘我耶我乘風乎今汝居先生之門曾未浹時而懟憾者再三汝之片體將氣所不受汝之一節將地所不載履虛乘風其可幾乎尹生甚怍屏息良久不敢復言

說寶孫權據江東曹操伐之進兵赤壁勝負未分權大將周瑜問計于諸葛亮亮曰用火攻可以破之瑜曰恨無東南風耳亮曰可建星壇一所爲都督借風數日卽可破曹矣瑜大喜令人于南屏山下築臺三層插二十八宿旗色按六十四卦用一百一十人侍立左右禹步踏罡三上三下而去至其夜東南風起瑜部將黃蓋詐降順風放火燒盡北船曹操狼狽奔還江南安堵皆亮之功也

神仙傳葛元行遇神廟乘車不下須臾有大風逐元塵埃漲天元大怒曰小邪敢爾卽舉手指風風便止

拾遺記瀛洲時有香風泠然而起張袖受之則歷紀不歇

崑山有四面風又有祛塵風若衣服塵汙風至吹衣則淨

賈氏說林沈休文雨夜齋中獨坐風開竹扉有一女子攜絡絲具入門便坐風飄細雨如絲女隨風引絡絡繹不斷斷時亦就口續之若眞絲焉燭未及跋得數兩起贈沈曰此謂冰絲贈君造以爲冰紈忽不見後織成紈鮮潔明淨不異于冰製扇當夏日甫攜在手不搖而自涼

幽怪錄蕭至忠爲晉州刺史欲獵有樵者於霍山見一長人俄有虎兕鹿豕狐兔雜駢而至長人曰余元冥使者奉北帝命蕭君畋汝輩若干合鷹死若干合箭死老麋屈膝求救使者曰東谷嚴四善謀試爲求計羣獸從行樵者覘之至深巖有茅屋黃冠一人老

麋哀請黃冠曰若令滕六降雪巽二起風卽蕭使君不復出矣昨滕六喪偶得美女納之雪立降矣巽二好飲酒得醇醪賄之則風立生有二狐自稱能取之羣獸散去翊日未明風雪暴至竟日乃罷蕭使君果不出

摭遺王勃年十三侍父宦遊江左九月八日舟次馬當山遇老叟曰子非王勃乎來日重九南昌都督命客作滕王閣序子有清才盍往賦之勃曰此去七百餘里今已九月八日夫復何言叟曰吾助清風一夕勃登舟翌日昧爽抵南昌

博異志唐天寶中處士崔元徽春夜忽有青衣引女子曰楊氏陶氏李氏小女石氏名醋醋與元徽相見云欲到封十八姨處坐未定封家姨至崔命酒諸女各歌以送之姨輕佻翻酒汙醋醋衣醋醋怒拂衣去諸女送姨而別明夜又來醋醋曰諸女伴皆住苑中爲惡風所撓求芘于姨今失其意難以取力乞處士歲旦作一朱幡圖日月星辰之文立於苑東則免矣今歲旦已過請至二月二十一日五更立之崔如其言果大風而苑花不動後諸女裹桃李花數斗勸崔服之可却老蓋楊桃李花之精醋醋則石榴也

畿輔通志唐李球寶曆二年遊五臺山有風穴遊人稍喧呼及投物卽大風震發揭屋拔木登山者相戒不敢犯球戲投巨石於中良久聲方絕果奔風迅發有一木如桂隨風出球力扳其木欲墜入穴中移時至穴底見一人形如獅子而人語引球入洞中見二道士問球所修之道球無以對道士責引者曰至道之要當授習道之人汝何妄引凡庸入耶速引去以一杯水令飲謂之曰汝雖凡流得踐眞境將亦有少道分惜素不習道不可語修行之要耳但去苟有希生之心出世之志可復來也飲此神漿亦延年壽矣球飲水拜謝訖引者至洞側示以別路此有北巖之境可得速還人間解藥三丸貫槁枝之末與之謂之曰汝見異物以藥指之不爲害食之可以無病球行洞中黑處藥有光如火數有巨蛇張口向球以藥指之伏不敢動出洞門古樹半朽洞欲塡塞球摧壞土朽樹久之方得出乃銳志修道與其子入王屋山

葆化錄貞明中有漁者於太湖上見一船子光彩射人內有道士三人飲酒各長鬚眉日生於額上見漁者俱舉袖掩面其舟無人撐隨風行甚疾望洞庭而去

雲笈七籤太微天帝君曰九天眞人呼風爲浮金房在明霞之上九戶在瓊闕之內

欽定古今圖書集成曆象彙編乾象典

第七十卷目錄

乾象典第七十卷

雲霞部彙考

詩經

曹風候人

薈兮蔚兮南山朝隮

傳薈蔚雲興貌隮升雲也箋云薈蔚之小雲朝升於南山不能為大雨

小雅信南山

上天同雲雨雪雰雰

注同雲雲一色也將雪之候如此

大田

有渰萋萋興雨祁祁

傳渰雲興貌萋萋雲行貌疏渰陰雲貌

白華

英英白雲露彼菅茅

傳英英白雲貌露亦有雲言天地之氣無微不著無不覆覆疏有雲則無露無雲乃有露言露亦有雲露雲氣微不映日月不得如雨之雲耳非無雲也若露濃霧合則清旦為昏亦是露之雲也朱注英英輕明之貌白雲水上輕清之氣當夜而上騰者露即其散而下降者言雲之澤物無所不被也

禮記

孔子閒居

天降時雨山川出雲

注天將降時雨山川為之先出雲矣

爾雅

釋天

弁日爲蔽雲
注 卽暈氣五彩覆日也

易緯

通卦驗

立春青陽雲出房如積水雨水黃陽雲出亢驚蟄赤陽雲出翼春分正陽雲出軫如白鵠淸明白陽雲出奎穀雨太陽雲出張如車蓋立夏初陰雲出觜赤如珠小滿上陽雲出七星芒種長陽雲出尾夏至少陰雲出參如水波小暑雲五色出大暑陰雲出南赤北蒼立秋濁陰雲出如赤繒處暑赤雲出南蒼北黃白露黃陰雲出秋分白陰雲出寒露正陰雲出井如冠纓霜降太陰雲出鬼上如羊下如蟠石立冬陰雲出而黑大雪陰雲出而分冬至初陽雲出箕如樹木之狀小寒合凍蒼陽雲出氐大寒降雪黑陽雲出心

春秋緯

元命苞

山者氣之包含所以含精藏雲故觸石而出

陰陽聚爲雲

說題辭

雲之爲言運也觸石而起謂之雲含陽而起以精運也

三墳書

形墳

雨形雲天雲祥地雲黃霙日雲赤曇月雲素雯山雲疊峰川雲流霏氣雲散彩

風形氣天氣垂氤地氣騰氳日氣晝圜月氣夜閒山氣籠煙川氣浮光雲氣流霞

素問

陰陽應象大論

淸陽爲天濁陰爲地地氣上爲雲天氣下爲雨雨出地氣雲出天氣
注 淸陽爲天濁陰爲地地雖在下而地氣上升爲雲天雖在上而天氣下降爲雨夫由雲而後有雨是雨雖天降而實本地氣所升之雲故雨出地氣由雨之降而後有雲之升是雲雖地升而實本天氣所降之雨故雲出天氣此陰陽交互之道也

史記

天官書

凡望雲氣仰而望之三四百里平望在桑榆上餘二千里登高而望之下屬地者三千里

自華以南氣下黑上赤嵩高三河之郊氣正赤恆山之北氣下黑上青勃碣海岱之間氣皆黑江淮之間氣皆白

陣雲如立垣杼雲類杼軸雲搏兩端兌杓雲如繩者居前亙天其半半天其蛪者類闕旗故鉤雲句曲

日旁雲氣人主象皆如其形以占故北陲之氣如羣畜穹閭南陲之氣類舟船幡旗大水處敗軍場破國之虛下有積錢金寶之上皆有氣不可不察海旁蜃氣象樓臺廣野氣成宮闕然雲氣各象其山川人民所積聚

淮南子

地形訓

土地各以其類生是故山氣多男澤氣多女水氣多瘖風氣多聾林氣多癃木氣多傴土氣多尰石氣多力險阻氣多癭暑氣多夭寒氣多壽谷氣多痹丘氣多狂衍氣多仁陵氣多貪皆象其氣皆應其類也

正土之氣御於埃天埃天五百歲生缺缺五百歲生黃埃黃埃五百歲生黃澒黃澒五百歲生黃金黃金千歲生黃龍黃龍入藏生黃泉黃泉之埃上爲黃雲陰陽相薄爲雷激揚爲電上者就下流水就通而合於黃海偏土之氣御於青天青天八百歲生青曾青曾八百歲生青澒青澒八百歲生青金青金八百歲生青龍青龍入藏生淸泉淸泉之埃上爲青雲陰陽相薄爲雷激揚爲電上者就下流水就通而合於青海牡土之氣御於赤天赤天七百歲生赤丹赤丹七百歲生赤澒赤澒七百歲生赤金赤金千歲生赤龍赤龍入藏生赤泉赤泉之埃上爲赤雲陰陽相薄爲雷激揚爲電上者就下流水就通而合於赤海弱土之氣御於白天白天九百歲生白礜白礜九百歲生白澒白澒九百歲生白金白金千歲生白龍白龍入藏生白泉白泉之埃上爲白雲陰陽相薄爲雷激揚爲電上者就下流水就通而合於白海牝土之氣御於元天元天六百歲生元砥元砥六百歲生元澒元澒六百歲生元金元金千歲生元龍元龍入藏生元泉元泉之埃上爲元雲陰陽相薄爲雷激揚爲電上者就下流水就通而合於元海

覽冥訓

山雲草莽水雲魚鱗旱雲煙火涔雲波水各象其形類應所以感之

主術訓

先王之政四海之雲至而修封疆

注立春後四海出雲

劉熙釋名

釋天

氣餼也餼然有聲而無形也

雲猶云云衆盛意也又言運也運行也

魏張揖博雅

釋天常氣

赤霄濛澒朝霞正陽淪陰沆瀣列缺倒景

晉書

天文志

東海氣如員簦附漢河水氣如引布江漢氣勁如杼濟水氣如黑㹠渭水氣如狼白尾淮南氣如白羊少室氣如白兎青尾恆山氣如黑牛青尾東夷氣如樹西夷氣如室屋南夷氣如閣臺或類舟船

韓雲如布趙雲如牛楚雲如日宋雲如車魯雲如馬衞雲如犬周雲如車輪秦雲如行人魏雲如鼠鄭雲如絳衣越雲如龍蜀雲如囷

凡候氣之法氣初出時若雲非雲若霧非霧髣髴若可見初出森森然若桑榆上高五六尺者是千五百里外平視則千里舉目望卽五百里仰瞻中天卽百里內平望桑榆間二千里登高而望下屬地者三千里

揚州記

馬鞍山雲

婁縣有馬鞍山天將雨輒有雲來映此山山出雲應之乃大雨

物類相感志

石梁山雲

襄陽石梁山出雲應驗符合鄉人候之若白雲起定雨黃雲起則風黑雲起則多病

五臺山志

浴佛池雲

中臺北北臺南中有諸佛浴池一百二十所池中多出白雲狀如隊仗

天步眞原

論天氣日月五星之能

土星太陽會冲方爲大門開冬至冰雪雲

土星太陰會冲方濕宮冷雲小雨月滿天蝎人馬如冷月空乾黑雲小雨秋分雲

太陰火星會冲方熱宮乾宮有大熱紅雲

金星水星會濕宮風雲

金星太陰會冲方春分濕氣雲秋分雲

論天氣開門之理

開門之理如太陽舍在巨蟹土星舍在磨羯不論何時但太陽與土星相會冲方卽爲開門門開卽有入門者其冷熱晴雨皆倏忽有變開門有三一土星太陽是開水門冷乾宮濕熱宮定有大冷大雲大昏沉

占年主星

土星爲本年主星天氣寒雲

春秋分至論天氣

春分前朔望月離土星六十九十一百二十一百八十土星日皆在濕宮黑雲常有小雨

直隸志書

永平府

譙樓井在府治南每天將雨有雲自井中出居民遇旱以占候

山東志書

泰安州

白雲洞在泰山頂西窈然深邃天將雨雲出其中

山西志書

平陽府

平陽府安邑縣分雲嶺卽中條最高處嶺巔出雲東西分布

江南志書

鳳陽府

鳳陽府雲窟在虹縣峯山上雲氣出則雨

江西志書

南康府

南康府白雲洞在府西四十里洞在山頂白雲出入其洞

浙江志書

杭州府

天井潭在杜石山南深不可測或云通浪山池欲雨則雲氣瀰漫村老常以爲候

仁和縣

仁和縣獨山在縣北三十里每出雲晴則雨雨則晴

金華縣

霞母山金華縣東五十五里霞湧卽雨爲太湖坂水口

淳安縣

淳安縣雲蒙山在縣南三十里高五百丈周迴七十

里天欲雨則雲霧蓊騰山頂

處州府

麗水縣南明山在縣南七里有泉出山間注於石隙形圓似井若疏鑿然名曰天井崖下復有二井天欲降雨則井中出雲

廣東志書

高州府

茂名縣雲爐山在郡城東三十里凡遇天陰則雲霧起於其上如烟之出於爐因名

貴州志書

都勻府

龍山在府城西天將雨則雲生一縷漸繞峯巒郡人以此卜陰晴

雲霞部總論

唐丘光庭兼明書

雲從龍辨

乾文言曰雲從龍風從虎說者以為龍吟雲起虎嘯風生明曰非也夫風雲者天地陰陽之氣交感而生安有蟲獸聲息而能興動之哉蓋雲將起而龍吟風歇生而虎嘯故傳曰龍從雲蚍從霧巢居知雨是也疏曰文言仲尼所作何故不知答曰但取其同聲相疏同氣相求先天不違者也

密雲不雨

王弼云凡雲雨者陰氣布於上而陽薄之不得通則蒸而為雨明曰此說未窮其理何者夫陰陽二氣生於黃泉絪緼交結出地為雲二氣力均則能為雨或陰氣少而陽氣多或陰氣多而陽氣少皆不能為雨也小畜不雨者陰氣少也䷈乾下巽上小畜小過不雨者陽氣少也䷽艮下震上小過小畜上九既雨既處者陽極則陰也故禮記孔子曰天作時雨山川出雲雲也者非一氣能生者也譬之於炊或有水而無火有火而無水皆不能生氣必須水火備而后氣生氣生本於釜中非結成於甑上也由此而論雲必結於地中陰陽相將而出若陰先而陽後尚不能為雲豈能為雨乎

天地絪緼

繫辭云天地絪緼萬物化醇論者以為絪緼天中之氣明曰絪緼未散之名也其氣結於黃泉非在天之謂也若已在天安能化生萬物直由氣自黃泉而生萬物資之以化萬物者動植之總名也動植初化未有交接故曰化醇及其交接萬物由此蕃滋故曰男女媾精萬物化生男女者雌雄牝牡之稱也夫人之精既皆自下豈絪緼不自下乎按月令建子之月律中黃鍾黃者地中之色也鍾者種也言十一月陽氣種於黃泉也故知渾天之形其半常居地下地之下有水水之下有氣氣之下有天天之元氣自水而升地自地而升天自天而廻還水下所謂一陰一陽而無窮也故復彖曰復其見天地之心乎天地之心陽氣在下即知絪緼之氣所存焉

張子正蒙

參兩篇

陰性凝聚陽性發散陰聚之陽必散之其勢均散陽為陰累則相持為雨而降陰為陽得則飄揚為雲而升故雲物班布太虛者陰為風驅斂聚而未散者也

朱子語類

雲

橫渠云陰為陽得則飄揚為雲而升陰氣正升忽遇陽氣則助之飛騰而上為雲也

坤輿圖說

雲雨

雲乃濕氣之密且結者也地水之氣被日爆熳冲至穴際中域一遇本域之寒即棄所帶之熱而反元冷之情因漸湊密終結成雲則或薄而稀或厚而密者又由於氣之乾濕清濁相勝之異勢也薄稀者輕浮易為風撥散難以成雨是為枯瘠無益之雲若厚密者多含潤澤故易化雨而益物凡初雨之時必濛濛而細漸而近地則其雨點愈大矣蓋雨落時多細微雨點彼此相沾若下之路遠則相沾之更多而加重大故山頂比山根之雨點微小因雲離山頂近離山根遠故也又冬月比夏月雨點微小因冬月天冷時雲離地不遠夏天大暑日雲高離地更遠然雲遠則雨點從上而下一路彼此相沾之多而加重大雲近則路短而相沾之雨點小雨雹時亦然若當時有大風雹子而橫斜下其體更加重大蓋橫斜之路比正直之路更遠路遠則雹子相沾之多間有如彈丸大者若剖而細視之則灼見多小雹子沾於一處由此

散也

雲霞部藝文一

雲賦　周荀況

有物於此居則周靜致下動則綦高以鉅圓者中規方者中矩大參天地德厚堯禹精微乎毫毛而充盈乎大寓忽兮其極之遠也攭兮其相逐而反也卬卬兮天下之咸蹇也德厚而不損五采備而成文往來惛憊通於大神出入甚極莫知其門天下失之則滅得之則存弟子不敏此之願陳君子設辭請測意之曰此夫大而不塞者歟充盈大寓而不窕入郄穴而不偪者歟行遠疾速而不可託迹者歟往來惛憊而不可爲固塞者歟暴而殺傷而不億忌者歟功被天下而不私置者歟託地而游宇友風而子雨冬日作寒夏日作暑廣大精神請歸之雲

吹雲贊　魏曹植

天地變化是生神物吹雲吐潤浮氣蓊鬱

雲賦　晉成公綏

於是元氣仰散歸雲四旋冰消瓦離奕奕翩翩去則滅軌以無迹來則幽闇以杳冥舒則彌綸覆四海卷則消液入無形或狎獵鱗次參差交錯上捷業以梁倚下壘硊而相薄狀巖嵬其不安吁可畏其欲落或綮爛綺藻若畫若規繁縟成文一續一離或繡文錦章依微要妙緜邈凌虛輕翔浮漂

白雲賦　陸機

攄神景于八幽合洪化乎烟熅充宇宙以播象協元氣而齊動發憤靈石擢性洪流與曜含泉升跡融丘盈八紘以餘憤雖彌天其未泄豈假期于還昝遇崇朝而倏忽紅藥發而菡萏金飆援而合葩神收鬼化弱性違序鳥殊類而比棲獸異跡而同處蛟引鰐而並潛龍攀鴻而雙舉鸞舞角以軒翥鶩企翮而延佇長城曲蜿采閣相扶聳瑤臺之巘嶭構瓊閨之離婁雄虹矯而垂天翠烏軒而扶日

浮雲賦　前人

有輕虛之艷象無實體之眞形厥本初浮沉混并六律簫應八風時邁元陰觸石廿澤霧霈勢不崇朝覆被無外若層臺高觀重樓疊閣或如鐘首之鬱律乍似塞門之寥廓金柯分玉葉散綠翹明嵩英煥黛翔鳳翥鴻鶩鶴奮鯨鯢泝波鮫鰐銜道朱絲亂紀羅袿失領飛仙凌虛隨風游騁有若芙蓉羣披舜華總會車渠繞理瑪瑙縟文

雲賦　楊乂

天地定位淳和肇分剛柔初降陰陽烟熅於是山澤通氣華岱興雲縹緲翩綿鬱若升煙蹇槃縈以詰屈分若虯龍之蟠蜿嶷岐岐以岳立兮狀有似乎列仙東西絡繹南北油脩隨風徘徊流行晻藹嵱兮仰披杳兮四會凝寒冰於朱夏飛素雪於元冥灑脩液於天漢騰鴻泉於太清乾坤以之交泰品物以之流形江海以之深滿川谷以之豐盈毛羽以之光澤草木以之葩榮萌芽以之挺殖苗秀以之積成始於觸石而出膚寸而卒終於雩濡六合汲潤羣生蕩滌陳穢含吐嘉祥施暢凱風惠加春陽擬神化於后土與三曜兮齊光

維摩經十譬浮雲贊　宋謝靈運

泛濫明月陰脊蔚南山甬能爲變動用在我竟無取俄已就飛散豈復得攢聚諸法既無我何由有我所

九日紫氣賦 并序　唐濟炎

景龍三年九月九日帝與羣官壺口山升高時有紫氣光彩照日賦曰

吾王不遊人何以休望壺口之千里値重陽之九秋山對翠屏動耶光之赫赫雲成紫蓋扶晚日之油油宛轉浮空輪囷不散應一人之盛德爲萬歲之榮觀氤氳瑞色無孤峯斷陣之嵯峨搖曳晴空雜玉葉金枝之燦爛出蒼梧入大梁爲漢武之蓋升軒轅之堂忽兮改容形難爲狀紛紛郁郁用表靈貺還用芒碭之間非比崑崙之上豈徒合而膚寸垂以飄扇河汾水兮天之眷紫氣凝兮人罕見位當用九果符九日之祥運極通三永御三雲之殿

白雲照春海賦　姜公輔

白雲溶溶搖曳乎春海之中紛紜層漢皎潔長空細影參差匝微明於日域輕文凌亂分炯晃於仙宮始而乾門闢陽光積乃縹緲以從龍遂輕盈而拂石出窮鰲以高翥跨橫海而遠擴故海映雲而自春雲照海而生白或杲杲以積素或沉沉以凝碧圓虛乍啓

均瑞色而周流蜃氣初收與淸光而激射雲信無心而舒卷海寧有志於潮汐彼則澄源紀地此乃泛跡流天影觸浪以時動形隨風而屢遷入洪波而並曜對綠水而相鮮時惟孤嶼冰朗長汀雲淨辨宮闕於三山總妍華於一鏡臨瓊樹而聆嘶覆瑤臺而縈映鳥頡頏以追飛魚從容以涵泳莫不各得其適咸悅乎性登夫爽塏望茲雲海雲則連錦霞以離披海則蓄玫瑰之翠彩色莫尚乎潔白歲何芳於首春惟春色也嘉夫藻麗惟白雲也賞以淸貞可臨流於是日縱觀美於斯辰彼美之子顧曰無倫揚桂檝櫂青蘋心遙遙於極浦望遠遠乎通津雲兮片玉之人

白雲無心賦

闕名

觸石起於膚寸散遠天以逶迤既輪囷而合道滑搖曳以無爲綴廣莫以霽淨凝太虛以纓垂出處靡恒同至人之無著卷舒罔究類君子之不羈翹玉葉以繚繞耀金柯而陸離其兆無質其形罕一匪潤礎以上昇或從龍而迴出入房呈覩偶作瑞於殷王登封效祥諒無情於漢室影遙連於遠水光俯接於平川幾徘徊以暫散倏迤邐而相連分至必書驗其物而有則荆棘不別表茲性之無偏勢出塞以縝紛色瑩空以氤氳被漫漫之精氣成英英之白雲抱翠石以流彩入淸池而寫文或假勢於重嶺或隔閡於孤山挺奇峯於天末互橫陣於巖間順細雨以低舉隨輕風而往還哂魚鱗之覆地輕鵬翼以垂天誠莫察其所感亦安知其所然五色競彰我則匪黃匪黑五方嘗遍我則何後何先至矣哉信潔白之無心實敷華之不實雲之容兮或明或暗雲之體兮乍徐乍疾唐堯沈璧而受籙軒后紀官而修吉異哉近遠相追紆餘葳蕤出蒼梧以漠漠入帝鄉以遲遲媿作凌雲之賦思歌出谷之詩儻賢良以見舉庶微才以應之

白雲無心賦

韋執中

英英白雲合莫爲質義則難究覽之不一觀其發雖有類於知機稽其理乃無心而自出蓋元造之潛運而神功之陰騭時止時行或徐或疾結自元氣生乎羣山將離兮孰制而合旣往兮孰召而還非欲恢弘自覆乎大荒之際焉知酌損不踰於膚寸之間徒見其紆餘上漢繚繞飛天形不常而屢易居靡定而頻遷謂變通之不倦將有志於必然斯乃生有於無假虛爲實勢乍分於逐火色暫渝於帶日油油裔裔雖在空而可觀杳杳冥冥考攸往而無必觸石蒼對揚埃白泉不恆厥所有開必先搖颺縈空滅煙光於遠嶠輪囷委地雜波景於遙川氤氳氤氳或聚或分其散也氣其興也雲忽羨溢以洪舒若練之曳乍縈紆而交錯如絲之棼所謂化於無象著於無爲匪知咎於進退惟契道而推移夕隨重陰則黯以靄蔚晝混陽景則煥然赫曦歘上騰而蓊蔚俄變影以參差旣有遇而必變則無心兮可知然則陰陽不測天實爲之不然者雷何憑而隱隱雨何施而祁祁雖思慮而不假何卷舒以應時儻帝鄉之可陟何自致兮在茲

秋雲似羅賦

侯喜

雲之可觀時惟佩蘭映婺女而扇薄透姮娥而慢寒縹緲如畫霏微似殘乍逐乘槎之人訝鸞稀遠曳每映銜蘆之鴈謂燕幕遙看且曉霧如縠於今何在餘霞成綺須臾則改詎若我終日是似有時而待擬六銖而披拂伴仙女降衣臨七夕以輕盈助牽牛納采羃羃風引籠籠露涵染絳日而成蒨映青空而似藍冰綃若無孰不比方而皆忝霓裳儻有誰謂裁縫而不堪吁嗟乎一言有以千秋只亦天網本疏春絲不敵今夕何夕是尋是尺如可求斯服之無斁

夏雲賦

劉元淑

崇山作鎮峩峩秀絕暑氣潛蒸夏雲孤洩其稍進也間古木以深沉其上升也鏤太陽而明滅其質散漫其光氛氳抱翠石而留影入明水以寫文粲粲爛爛摩太虛而歷漢郁郁紛紛從皓景而橫汾美其任運高下與時消息似大道之無心同達人之有識時康則應伴雨足於一旬主聖乃浮變歌聲於五色俄頃萬里不資天地之功膚寸九霄豈假陰陽之力爾乃含精飄揚逐吹低舉周遊散適不常其所出塞邅迍暮爲陰山之陣入夢嬋娟朝是陽臺之女別有孤陋沉淪文章日新既作凌雲之賦未爲天子之臣

雲從龍賦

張隨

山川之氣曰雲寂爾虛無倏爾韜映雖無心而既出終有感而協慶鱗蟲之長曰龍道符於神德合於聖時變化而無極在陰陽而應令是知雲爲佐龍爲主龍無雲不可以陟煙霄雲無龍不可以降時雨始靄靄於山澤俄騤騤於天宇有若魚木相須君臣夾輔而已原夫或躍在泉道契元默未始出岫時有通塞及夫順天地之功贊生成之德吟空山而奮揚其狀觸幽石而蓊勃其色然後蹈乎寥廓自彼南北何往而不濟何施而不得潤萬物豈待崇朝控千里纔踰瞬息故曰氣感則應有開必先臣良而聖主垂拱雲

起而飛龍在天以類相從竿聞不合惟后作乂孰曰非賢是以殷丁得其傳說吉甫佐於周宣品物咸泰寰海晏然則雲龍之義明矣君臣之道一焉於以辨物理於以通人倫運有智兮事有因如羽翼之相假同股肱之相親則當今得賢共理豈不冠前代之君臣

餘霞散成綺賦 以題爲韻　韋充

試一望兮雲晚而山晴白日欲沒兮紅霞始生含江天之霽潤籠煙景之虛明發光華而不定若組織之相成陽文陰漫乍合乍散離披晃朗錯雜陵亂麗雲日之幾重鋪綺繡之千段翻光倒景擢菡萏於湖中舒豔騰輝攢蝃蝀於天畔照萬象於晴初散寥天於日餘吐丹氣於青嶂爲金光於碧虛越女浣紗恥鮮明之莫及巴姬濯錦慙光彩之不如攢紅散紫參差邐迤狀羣飛之鸞鳳類叢生之花蘤始一變而舒霞終一變而成綺當是時也則有才子去國遊人別家汎灩秋景徘徊霽華惜貫心之日暮悵游目於天涯積九秋之懷抱對茲夕之烟霞仰丹霄之愁斷想赤水之路賒能不沉吟徙倚臥坐興嗟況復雲景廻午蒼凉愁暮思攄懷而振藻返疑憂而失趣空吟謝客之詩遐想公孫之賦

山川出雲賦　李曾

天地爲大不能獨生山川通氣然後化成故雲者氣也感時而先出雨者施也憑雲而後行亦由將有邦家神必生其賢智獲其輔佐化乃洽於文明且觸石爰分凌空可覩雜峰巒而勢逸奇狀掩山川而氣騰雄怒變而可大隨風散以飛揚用而有成從龍作爲霖雨因知雲之將出合君臣之道賢之將來爲帝王之輔所以神致命於開周岳降神而生甫者矣天不我欺雲出以時濟旱災而有望播膏澤而無私則臣既在茲君當以維黃彩有豐年之驗青光表舉賢之期豈獨郁郁紛紛合嘉氣以成慶朝朝暮暮向陽臺而有思其爲體也且多其爲狀也難及舒則杳冥而無際卷則涓滴而並入況至帝鄉而散城邑隨蓋狀以徐轉對陣影而遙集君無謂輕虛而不眞君無謂悠揚而不親有以通天地而爲化有以合陰陽之至神與道興滅隨時屈伸爲君重陰覆萬人於炎暑爲君載雨滌四海之埃塵蔽虧窮巷迤山扉以升降廻旋翠幄拂仙家而綿邈應賢爲瑞願浮色於洛川改容非煙冀騰光於崑岳

氣賦　張文

若夫氣之爲物也寥廓無象中虛自然激混混而爲地蔚蒼蒼而稱天其下降也日月星辰著矣其上騰也山河樹木生焉虹樓隱於雲際蜃閣浮於海邊聖人遇之而爲主道士餐之而得仙紛蓋松而吐霧擁鑪柏而生煙若乃變化千體包含萬類結慶呈祥敷榮表瑞翳春榮而綺靡龍秋蟄而枯頓噴朝霞而共丹騰晚靄而孤翠觸途無限遇物相因扶心體而爲命運手足而爲身九關用而殯魄六腑通而谷神朦朧虎岫曨曖龍津重輝贊於太子五色彰於異人出春陵而表貺度函關而浮眞既霏微以杳蔚復蕭索而輪囷象圓光於淺暉搖碎影於微塵爾其橐籥無窮塤箎異態乍舒乍卷如顯如晦罕養懸匏虛鶩衆巘或散漫而成羅綺或昭彰而爲黼黻昏曉樹而沉沉羃遙峯而靄靄至若噓精吸液含風吐霙拂鮑肆而均臭凝廚幃而共芬和糚臺之豔粉雜舞閣之輕裙汎蘇臯而鬱郁襲桃徑之氛氳有色可見無聲可聞助鶯杯之桂馥添鳳俎之蘭薰肹蠁難名睢盱不測隨致動靜與時消息聚散無定盈虧獨全其纖也入於有象其大也出於無邊憑太虛而作宅終造化而爲年隨之不見其後迎之不見其前惟恍惟惚元之又元吾不知其誰氏之子象帝之先

富貴如浮雲賦　鄭磻隱

義重所守雲輕不居苟崇高而非據等飄薄之無餘比赫赫之榮不因於道德似悠悠之質且寄於空虛推在天之所自諒於我其焉如昔宣父以飲水爲娛枕肱方息原憲在左顏生侍側感落落以抱影見英英之改色明徵職室之誡窮彼吉凶遙憐出岫之容齊乎失得且曰得之不處生也若浮放於利而安仰止於天而不酉將以輕列爵動諸侯雖南國佳人漫學如蟬之鬢西園危檻空齊似蜃之樓察彼載浮異茲長守高冠始加而已失雅歌式遄而非久像往來之車蓋圓影難追映蹀躞之馬蹄嘉名何有誠以善惡不昧卷舒有時由得之而濫矣果飄然兮已而綦則不居異郁郁紛紛之狀求而非道同朝朝暮暮之委然則觸石而起者如苟得之易從風而滅者非能散之義顧炎炎之色鼎食皆虛仰片片之多烟空如寄倏忽時變悠揚日曛垂一言於百代揖萬國之孤雲月榭風臺空復散其蕭索藻扃黼帳皆不駐於氤氳可以定聖哲之窮達審是非於得否山川之氣俄失高明之象速朽至乎哉如雲之諭傳於二三子之

欽定古今圖書集成曆象彙編乾象典

第七十一卷目錄

雲霞部藝文二

雲霞部藝文三 詩詞

乾象典第七十一卷

雲霞部藝文二

雲賦　宋吳淑

夫雲者蓋川澤之氣而陰陽之聚也若乃凄然而興渰然而雨杳藹從龍悠揚干呂瞻黃帝之花葩識漢王之龍虎爾乃取象於坎觀繇於需或申歌於虞舜或爲祥於慶都白起麟牛之迹香隨王母之車出符陽以聚散去蒼梧而卷舒至若考西郊不雨之象閱南山朝隮之義蓋汾陰之寶鼎覆西方之隱士郁郁紛紛非霧非塵山中草莽水上魚鱗亦云帝鄉仙馭高唐麗質鳳翥鸞翔龍申蠖屈周則爲瑞於觀河堯則呈祥於沈璧至於濯魚待雨燃石聞香金枝玉葉繡文錦章或見飛鳥或瞻羣羊保章驗吉凶之祲觀臺書啓閉之祥別有縹緲赤繪翩翩白鵠露彼菅茅見茲珠玉蒸旣潤礎雨當待族漢皇興豐沛之歌王母奏瑤池之曲宋觀松上漢紀封中驚林木之爲狀見冠纓之雍容覩靑天之樂廣見白日之姜公映雉冤於晴碧駐車蓋於遙空復有膚寸而合觸石而起紀黃帝之官美仲容之器白作湯祥黃爲舜瑞雖無出岫之心亦有思山之意觀其崔巍巃嵸狎獵參差亂走丹虵輕飄絳衣或見夾日之赤烏或觀圍軫之蒼霓斯所以垂災異之譴警政令之虧豈徒誦漢武秋風之句歌湯休日暮之詩

春雲賦　田錫

玉琯春廻金門暖來柔先變柳繁已飄梅悅和風之日至賞雲彩之朝隮其初升也穠沓蔚兮其少進也澹怡融兮依依然方觸類以多曙藹藹然若含情而自迷有時散作雨飛春寒慘慘有時亂和烟起春陰悽悽或蒼梧南北或夢澤東西或樊川與輞川或吳谿與越谿或宿林園隨竹陰以籠從或沉村落伴桃花而滿蹊或祁祁出關或溶溶映水或北渚縈住或東風吹起或湧如波駭積芳野兮千重或曳若練舒橫碧天之半里江中兮醉吟不足高閣閒登王仲宣遠望有餘危樓獨倚疊疊連根磷磷淺文千狀萬態山陰水濆當靑麥燕飛野色朝淨或平蕪雉過韶陽夕曛挂古木之橫枝纖微欲斷覆孤村之半路融薄將分旭日未高晴天尚早幾片明滅兮殘雪方消一脈輕鮮兮愁蛾淡掃上國美景五陵勝道覆梁王之水榭下繞落花映韓嫣之金丸遠沉芳草濟濟霏霏涵凝麗輝漠漠依依舒遲翠微野態不定幽容且奇浮澤國之嶺頭閒傷斷夢生蘇門之席上想滿仙衣或漢世故宮雀喧空屋或梁朝古寺水映疏籬或阮籍嘯臺雨吹半日或嚴陵釣石鳥立多時或桑乾戰塲平沙渺莽或椒塗末巷羣閣參差佇立閒望纏綿動思想觸石以初起旋浮空而散馳寒遙而歸鴈相

逐天闊而殘霞共飛餘態遺妍思得杜陵書品含毫寫景詎徵楚澤芳詞

雲賦　明朱同

客有指白雲而問於主人者曰山澤之隈滄海之湫瀇然而升氣虛以浮不足而行委蛇而風與水爲偕匪蛟匪龍油然而興伊誰蒸之沛然而雨伊誰注之御空而遊誰其負之卷海而翻誰其怒之八表同昏誰其屯之一色晴昊又誰埽之乘風而馳姬滿之八駿不能追也凝然而止劉秀之六軍不能擬也塡山隘谷風雨淒淒當是時也大塊一氣不知端倪怳然霽止乾呈坤露於斯時也鳳翥鸞翔奇峰羅布映日而霞孰染其丹凝寒而霰孰結其丸變化俄頃不知其端若是者懸河之口長虹之筆不得而殫也予盍爲我言之主人笑而應之曰子獨不見夫水乎一泓之少一勺之多澄之爲鏡撓之爲波渴者思飲垢者思滌淵之而淸激之而白是豈足以盡夫水之迹哉迨夫天池之茫洋北溟之浩蕩浸日月而不以爲深載山岳而不以爲廣鵾鵬之所不至而舟楫之所不礙百川注之而不溢尾閭洩之而不竭颶風振之而不搖太陽沸之而不熱是以窮天地亙萬古而不能磨滅者也而雲實祖之子又不見夫風乎薰然南來百卉斯茂淒其西至悉斯以皺大王斯民有雌有雄觱發和暢有春有冬若是者豈足以盡夫風哉爾乃細入無內大充無垠吸之而寒嘘之而溫蓬然而起馳乎八極寂然而止不見其迹禦寇之所御大鵬之所摶泠然而往倏然而還是其浩然而充乎兩間者也而雲實乘之且夫太陽之精其亙千里緯天而行周而成歲一北一南一寒一暑歲月日時由茲以起萬物之生成二氣之降升咸由於是爾乃入昧谷淪幽都載大地於一周出扶桑之東隅蒸水氣而上征浮沆瀣於太虛此雲之所以出渤澥起山谷而昇天衢也請觀夫五岳之巓四瀆之濆水無日而不降雲無旦而不興恍惚變化糾錯紛紜果孰宰而孰君之耶其有濟於人也則爲祥爲慶時雨甘霖其有害於人也則爲癡爲瘴曰災曰淫而雲亦何嘗容心哉言未旣客矍然而起長跪而謝曰往者徒覩其形未究其理予發吾蒙至矣盡矣主人曰未也請爲子歌之歌曰水爲父兮風爲馬太陽蒸兮九之野出大壑兮浮蒼天沛然而降兮油然而升去不知所歸兮來不知所爲倏而合兮忽而離乘吾車兮高翔駕白螭兮驂鳳凰豐隆先驅兮應龍馭與爾遊兮帝之鄉

雲潭記　陳獻章

白沙之西山則圭峰也東北連數峰最勝者爲綠護屏屏之有潭淵然曰聖池下蟠蛟龍噓氣成雲變化萬狀里生周鎬偕其季京來謁予白沙時維仲春風日晴美予與二子攜酒飲於西山之麓班荊而坐仰而四顧有雲起綠護屏炫爛如丹靑郁紛若祥瑞予顧謂二子曰是聖池之雲也偉哉觀乎二子愀然正襟侍側曰是吾先子之志也先子居龍溪垂五十年無他嗜好惟喜爲潭之觀故先子之號曰雲潭予曰嘻有是哉若先子我舊不幸而早世不及見若兒弟長也若豈諗聞之乎居吾語汝夫潭取其潔也雲取其變也潔者其本乎變者其用乎二子齊應聲曰然予曰未也野馬也塵埃也雲也是氣也而雲以蘇枯澤物爲功易曰密雲不雨自我西郊是也水以動爲體而潭以靜爲用物之至者妍亦妍媸亦媸因物賦形潭何容心焉是之取爾二子喜相謂曰先生命我矣於是復進而告之曰天地間一氣而已詘信相感其變無窮人自少而壯自壯而老其歡悲得喪出處語默之變亦若是而已孰能久而不變哉變之未形也以爲不變旣形也而謂之變非知變者也夫變也者日夜相代乎前雖一息變也況於冬夏乎生於一息成於冬夏者也夫氣上蒸爲水下注爲潭氣水之未變者也一爲雲一爲潭變之不一而成形也其必有將然而未形者乎默而志之可與論易矣二子於是起而再拜乞書爲雲潭記

夏雲多奇峰賦　錢文薦

客有依樹而息影臨流而賦詩者會追河朔遊擬南皮碧洺暑退玉壺冰隨羽觴罷舉紈扇停揮聊移遠目忽覩靈奇於時似烟非烟似霧非霧絪縕而起晻藹而聚合體則一柱孤擎分狀則千巖悉具其爲峰也高參霄漢遠亙天涯峭乃崒嵂空則谽谺或擢根而連杪或敷葉而帶葩或凌風而疊雪或映日而流霞著色淺澹布境幽遐紛紜競賞煜煜爭誇髣髴崑崙之五色依稀嵩少之三花至於綠蘿徑封靑蓮烟吐窈窕難測嵯峩易覩誰將地肺倒揷天府驅遣豈鞭斵雕寧斧則有誤認王母之輦虛疑神女之臺香馥郁以有在態輕盈而忽來所以望氣者思寶鼎於汾水求仙者慕銀闕於蓬萊徒惜其殘暉欲收異彩將散高標半折連影中斷勢傾危其不支容黯黮以無見類舟覆矣悽惋同嶽頹兮眷戀無怪乎會心者

猶注想而凝眸惜景者遂興咨而發歎也况其時値炎蒸氣乖潤濕倚崖樹槁縈岫谷涸睢仰天而傾望徒觸石而罕出倘乘龍以高飛庶施雨之徧及

雲霞部藝文三

雲歌　晉傅元

白雲翩翩翔天庭流景彯翳非君形白雲飄飄捨我高翔青雲徘徊爲我愁腸

詠雲　梁簡文帝

浮雲舒五色瑪瑙應霜天玉葉散秋影金風飄紫烟

浮雲　同前

可憐片雲生暫重復還輕欲使襄王夢應過白帝城

和王中書德充詠白雲　沈約

白雲自帝鄉氛氳屢廻沒蔽虧崑山樹含吐瑶臺月秋風西北起飄我過城闕城闕已參差白雲復離離皎潔在天漢倒影入華池將過丹丘野時至碧林垂九重迎飛鵠萬里送翔螭

詠雲二首　吳均

飄飄上碧虛藹藹隱青林氛氳如有意縈鬱詎無心

二

白雲蒼梧來過拂章華臺逢河散復卷經風合且開

詔問山中何所有賦詩以答　答齊高帝詔

山中何所有嶺上多白雲只可自怡悅不堪持贈君　陶弘景

雲歌　王臺卿

玉雲初度色金風送影來全生疑魄暗半去月時開欲知無去所一爲上陽臺

賦得題新雲　陳張正見

西北春雲起遙臨偃蓋松根危纔吐葉氣淺未成峰風前飛未斷日處影疑重體輕無五色詎是得從龍

賦得白雲臨酒　前人

白雲蓋濡水流彩入灑川疏葉臨嵇竹輕鱗入鄭船菊泛金枝下峰斷玉山前一朝開五色飄飄映十千

賦得處處春雲生　蔡凝

春色遍空明春雲處處生入風衣暫斂隨車蓋轉輕作葉還依樹爲樓欲近城含愁上對影似有別離情

賦得白雲抱幽石　孔範

白雲浮遠蓋飄飄繞石飛帶蓮縈錦色拂鏡下仙衣陣結香爐隱羅成玉女微能感荆王夢陽臺雜雨歸

賦得含峰雲　唐太宗

翠樓含曉霧蓮峰帶晚雲玉葉依巖聚金枝觸石分横天結陣影逐吹起羅文非復陽臺下空將惑楚君

咏雲　李嶠

英英大梁國郁郁祕書臺碧落從龍起青雲觸石來官名光邃古蓋影耿輕埃飛感高歌發威加四海廻

雲　前人

大梁白雲起氛氳殊未歇錦文觸石來蓋影凌天發煙熅萬年樹掩映三秋月會入大風歌從龍赴圓闕

詠雲　董思恭

帝鄉白雲起飛蓋上天衢帶月綺羅映從風枝葉敷參差過層闕倏忽下蒼梧因風望旣遠安得久踟躕

雲　郭震

聚散虛空去復還野人閒處倚筇看不知身是無根物蔽月遮星作萬端

賦得白雲抱幽石　駱賓王

重巖抱危石幽澗曳輕雲繞鎭仙衣動飄蓬羽蓋分錦色連花靜苔光帶葉熏詎知吳會影長抱穀城文

賦得春雲處處生　前人

千里年光靜四望春雲生暫日祥光舉疏雲瑞葉輕蓋陰籠廻樹陣影抱危城非將吳會遠飄蕩帝鄉情

秋雲　前人

南陸銅渾改西郊玉葉輕泛斗瑶光暗臨陽瑞色明蓋陰連鳳闕陣影翼龍城詎知時不遇空傷流滯情

詠雲　于季子

瑞雲千里映祥輝四望新隨風亂鳥翅泛水結魚鱗布葉疑臨夏開花詎待春願得承嘉景無令掩桂輪

前題　李邕

綵雲驚歲晚繚繞孤山頭散作五般色凝爲一段愁影雖沈澗底形在天際遊風動必飛去不應長此留

白雲歌送劉十六歸山　李白

楚山秦山皆白雲白雲處處長隨君長隨君君入楚山裏雲亦隨君渡湘水湘水上女蘿衣白雲堪臥君早歸

早望海霞邊　前人

四明三千里朝起赤城霞日出紅光散分輝照雪厓一餐嚥瓊液五內發金沙舉手何所待青龍白虎車

賦得浮雲起離色送鄭述誠　韋應物
遊子欲言去浮雲那得知偏能見行色自是獨傷離
晚帶城遙暗秋生峯尚奇還因朔吹斷匹馬與相隨
雲　杜甫
龍以瞿唐會江依白帝深終年常起峽每夜必通林
收穫辭霜渚分明在夕岑高齋非一處秀氣豁煩襟
賦得寒雲輕重色送子恂入京　錢起
無限寒雲色蒼茫淺更深從龍如有瑞捧日不成陰
積翠全低嶺虛明半出林帝鄉遙在目鐵馬又駸駸
山中橫雲　皇甫冉
湘水風日滿楚山朝夕空連峯雖已見猶念長雲中
答郭黃中孤雲首章見贈　李益
孤雲生西北從風東南飄帝鄉日已遠蒼梧無還飇
巳矣元鳳歎嚴霜集靈茗君其勉吾懷歲暮孰不彫
白雲向空盡　周存
白雲生遠岫搖曳入晴空乘化隨舒卷無心任始終
欲銷仍向日將斷或因風勢薄飛難定天高色易窮
影收元氣表光滅太虛中儻若從龍去還施潤物功
日暮碧雲合　許康佐
日際愁陰生天涯暮雲碧重重不辨蓋沈沈乍如積
林色黯疑暝隟光俄已夕出岫且從龍縈空寧觸石
餘輝澹瑤草浮影凝綺席時景詎能留幾思輕尺璧
觀雲篇　劉禹錫
興雲感陰氣疾走如見機晴來意態行有若功成歸
葱蘢含晚景潔白凝秋暉夜深度銀漢漠漠仙人衣
寒雲輕重色　張仲素
佳期當可許託思望雲端鱗影朝猶落繁陰暮自寒
因風方㛹娟間石巳漫漫隱映看鴻度霏微覺樹攢
凝空多似黛引素乍如紈每向愁中覽含毫欲狀難
立春日曉望三素雲　李季何
靄靄青春曙飛仙駕五雲浮輪初縹緲承蓋乍氤氳
薄影隨風度殊容向日分羽毛紛共遠環珮杳猶聞
靜合烟霞色遙將鸞鶴羣年年瞻此御應許從元君
春雲　白行簡
漠漠復溶溶乘春任所從映林初展葉觸石未成峯
旭日消寒翠晴烟點淨容霏微將自滅深淺又如重
薄彩臨溪散輕陰帶雨濃空餘負樵者嶺上自相逢
欲銷雲　盧殷
欲隱從龍質仍餘觸石文霏微依碧落髣髴誤非雲
度月光無隔傾河影不分如逢作霖處當爲起氤氳
山出雲　陸暢
靈山蓄雲彩紛郁出清晨望樹繁花白看峯小雪新
映松張蓋影依澗布魚鱗高似從龍處低如觸石頻
濃光藏半岫淺色類飄塵玉葉開天際遙憐占早春
前題　李紳
杳靄祥雲起飄颻翠嶺新縈峯開石秀吐葉間松春
林靜翻空小山明度嶺頻迴崖時掩鶴幽澗或隨人
姑射朝凝雪陽臺晚伴神悠悠九霄上應坐玉京賓
前題　沈亞之
片雲朝出岫孤色迴難親蓋小辭山早根輕觸石新
飄揚經綠野明麗照青春拂樹疑舒葉臨江似結鱗
從龍方有感捧日豈無因看助爲霖去恩沾雨露均
諷山雲　施肩吾
閒雲生葉不生根常被重重蔽石門賴有風簾能埽
蕩滿山晴日照乾坤
山出雲　張復
山靜雲初吐霏微觸石新無心離碧岫有葉占青春
散類如虹氣輕同不讓塵淩空還似翼映澗欲成鱗
異起臨汾鼎疑隨出峽神爲霖終濟旱非獨降賢人
詠雲　姚合
靄靄紛紛不可窮夏笙歌處盡隨龍來依銀漢一千
里歸傍巫山十二峯呈瑞每聞開麗色避風仍見挂
喬松憐君翠染雙蟬鬢鏡裏朝朝近玉容
賦得青雲干呂　林藻
應節偏干呂亭亭在紫氛綴雲初度影捧日已成文
結蓋祥光迴爲樓翠色分還同起封上更似出橫汾
作瑞來藩國呈形表聖君徘徊如有託誰道比閒雲
雲　杜牧
盡日看雲首不回無心都大似無才可憐光彩一片
玉萬里晴天何處來
前題　前人
東西那有礙出處豈虛心曉入洞庭闊暮歸巫峽深
渡江隨鳥影擁樹隔猿吟莫隱高唐去枯苗待作霖
詠雲　李商隱
捧月三更斷藏星七夕明纔聞飄迥路旋見隔重城
潭暮隨龍起河秋壓鵲聲只應惟宋玉知是楚神名
蒼梧雲氣　項斯
何年化作愁漠漠便難收數點山能遠平鋪水不流
濕連湘竹暮濃蓋舜墳秋亦有思歸客看來盡白頭
雲　韓琮
深惹離情靄落暉如車似蓋早依依山頭觸石應當

在天際從龍自不歸莫向隙䆫籠夜月好來仙洞濕行衣春風淡蕩無心後見說襄王夢亦稀

霞　前人

應是行雲未擬歸變成春態媚晴暉深如綺色斜分閣碎似花光散滿衣天際欲銷重慘淡鏡中閒照正依稀曉來何處低臨水無限鴛鴦妒不飛

孤雲　于武陵

南北各萬里有雲心更閒因風離海上伴月到人間洛浦少高樹長安無舊山徘徊不可駐漠漠又空還

雲　袁郊

楚甸嘗聞旱魃侵從龍應合解爲霖荒淫却入陽臺夢惑亂懷襄父子心

孤雲　張喬

舒卷因風何所之碧天孤影勢遲遲莫言長是無心物還有隨龍作雨時

雲　來鵠

千形萬象竟還空映水藏山片復重無限旱苗枯欲盡悠悠閒處作奇峯

前題　羅鄴

紛紛靄靄遍江湖得路爲霖豈合無莫使悠颺只如此帝鄉還更暖蒼梧

浮雲　羅隱

溶溶曳曳自舒張不向蒼梧即帝鄉莫道無心便無事也曾愁殺楚襄王

雲　崔塗

得路直爲霖濟物不然閒共鶴忘機無端却向陽臺畔長送襄王暮雨歸

前題　吳融

南北東西似客身遠峯高鳥自爲鄰清歌一曲猶能住莫道無心勝得人

前題　鄭準

片片飛來靜又閒樓頭江上復山前飄零盡日不歸去點破青光萬里天

襄州試白雲歸帝鄉　黃滔

杳杳復霏霏應緣有所依不言天路遠終望帝鄉歸高嶽和霜過遙關帶月飛漸憐雙闕近寧恨衆山違陣觸銀河亂光連粉署微旅人隨計日自笑比麻衣

雲　徐夤

漠漠沈沈向夕暉蒼梧巫峽兩相依天心白日休空蔽海上故山應自歸似蓋好臨千乘載如羅堪翦六銖衣爲霖須救蒼生旱莫向西郊作雨稀

霞　前人

天際何人濯錦歸偏宜殘照與晨暉流爲洞府千年酒化作靈山幾襲衣野燒餤連殊赫奕愁雲陰隔乍依稀勞生願學長生術餐盡紅桃上漢飛

夏雲　曹松

勢能成岳仞頃刻長崔嵬暝鳥飛不到野風吹得開一天分萬態立地看忘回欲結暑宵雨先聞江上雷

雲　李中

悠悠離洞壑冉冉上天津捧日終爲異從龍自有因高行四海雨暖拂萬山春靜與霞相近閒將鶴最親帝鄉歸莫問楚殿夢曾頻白向封中起碧從詩裏新冷容橫釣浦輕縷絆蟾輪不滯濃還淡無心卷復伸非煙聊擬議干呂在逡巡會作五般色爲祥覆紫宸

春雲　前人

陰去爲膏澤晴來媚曉空無心亦無滯舒卷在東風

夏雲　前人

如峯形狀在西郊未見從龍上泬寥多謝好風吹起候化爲甘雨濟田苗

雲　幸夤遜

因登巨石知來處勃勃元生綠蘚痕靜即等閒藏草木動時頃刻遍乾坤橫天未必朋元惡捧日還曾瑞至尊不獨朝朝在巫峽楚王何事謾勞魂

霞　王周

拂拂生殘暉層層如裂緋天風翦成片疑是仙人衣

春雲　鄧倚

搖曳自西東依林又逐風勢移青道裏影泛綠波中夕霽方明日朝陽復蔽空度關隨去馬出塞引歸鴻色任寒暄變光將遠近同爲霖如見用還得助成功

溪雲　釋皎然

舒卷意何窮縈流復帶空有形不累物無跡去隨風莫怪長相逐飄然與我同

白雲歌寄陸中丞使君長源　前人

一見西山雲使人情意遠憑高發詠何超遙道妙如君有舒卷縈空疊景多麗容衆峯峯上自爲峯潔白不繇陰雨積高明肯共雜煙重萬物有形皆有著白雲有形無繫縛黃金被爍玉亦瑕一片飄然汗不著或逢天上或人間人自營營雲自閒忽爾飛來暫爲侶忽然飛去莫能攀逸民對雲效高致禪子逢雲增道意白雲遇物無偏頗自是人心見同異閶闔天門宜曙看爲纓作蓋擁千官從龍合沓臨清暑就日逶

邏繞露寒誰憐西山雲亭亭處幽絕坐石長看非我覊手中欲攬待君說貞白先生那得知只向空山自怡悅

孤雲　貫休

將比鸞鸞還恐屈始思殘雪不如多淸風相引去更遠皎潔孤高奈爾何

病起見閒雲　齊己

病起見閒雲空中聚又分滯留堪笑我舒卷不如君觸石終無跡從風或有聞仙山足鸞鳳歸去自同羣

浮雲行　前人

大野有賢人大朝有聖君如何彼浮雲掩蔽白日輪安得東南風吹散八表外使之天下人共見堯眉彩

看雲　前人

何峯觸石濕苔錢使逐高風離瀑泉深處臥來眞隱逸上頭行去是神仙千尋有影滄江底萬里無蹤碧落邊長憶舊山靑壁裏遠菴閒伴老僧禪

嶺雲　宋梅堯臣

片雨過靑天山雲歸絕嶺林際隱微虹溪中落行影還看隴首飛復愛山間靜

秋雲　徐積

淡似秋河水濃於春塢烟隴頭寒塞雁峽外晚江天忽斷月華墜乍明虹影連西風休强管飛勢自翩翩

嶺雲　洪炎

吾居半山上繞屋猶峻嶺舉頭即見之坐臥作牆屏忽復不可求須洞雲萬頃初疑岸谷變身不踐人境俄頃如故常突兀在屋頂隱見須臾間變態莫記省烟霞成痼疾終日常炯炯早閱金丹訣未辦下竈井

世亂一丘壑斯志或可遈鳴猿落空岩翥鶴颺晴影石泉漱芳潤草木皆秀整洞天有歸路未往心已領

五月二十四日晚雨忽晴浴龍獨臥池亭雲峯奇峭出天東南既久方散　周紫芝

長虹截天雨初斷孤月翻光上雲漢忽從海底出三山就中蓬萊最奇觀黃金塗闕射日光白玉飛欄入天半靑童舞女各娉姍手執雲幢影凌亂想得神淸洞府君應傍春皇侍香案羣飛白鶴徒爾爲化作蒼狗何勞看神仙出沒不久長碧落天宮豈容翫荊王曉夢只須臾神女乘鸞逐雲散人間幻化無不爾空復欷歔一長歎老人假寐忽舉頭但見明星光有爛

晚霞　朱熹

日落西南第幾峯斷霞千里抹殘紅上方傑閣凭欄處欲盡餘暉怯晚風

望北山雲　金趙秉文

浮雲起太行六合須臾間淸風相汲引吹我過榆關歲旱不成雨悠然歸故山向來無心出亦復無心還

夏雲多奇峯　李俊民

幸得從龍變態尚何出岫無心正苦人間畏日不忍天上爲霖

雲　前人

旱魃將爲虐從龍便出山人間三尺雨命駕早知還

江雲　元郝經

江雲似流水渺渺復粼粼晻靄無窮態紆餘不盡春遮回斷行鴈望殺未歸人何日星軺路憑高更憶親

孤雲　劉因

孤雲生幾時冉冉何所適豈無崑華高路遠嗟獨力徘徊天中央明月爲顏色下有幽棲士歲晏倚靑壁朝飮澗下泉暮拂松間石相對澹忘情倒影寒潭碧

孤雲　程鉅夫

渺渺從何起亭亭只自飛朝隨風鶴去暮逐雨龍歸幾度超滄海多應點翠微何時能借我裁作羽人衣

春雲　馬祖常

高雲起城闕流離度庭樹依風拂迴塘波綟光影注荒林帶疎烟照日亂縈縷婉變連浮陽空明映淒霧嵐翠含玉暉景采滿巖嶼逍遙幽賞諸緬邈世娛阻

岊山曉雲歌　袁正

大坤濕氣蒸蜿龍油然勃然連蒼穹曙窻注望東巴峯須臾不見靑芙蓉初疑博山噴出紫雲縷又疑蜃精海底推起龍王宮東西模糊總一色上下變幻知幾重既非芒碭山中隱劉季又非陽臺神女遙相通蒼文元豹隱丹壑失巢老鶴迷靑松忽見千株萬株老古檜化作千丈萬丈蒼精龍斷崖滴翠晴灑灑落花細雨春濛濛金烏欲上海水赤神光盪射生靑紅狂飆捲地忽吹盡依然繡出金屏風奇奇怪怪渺無際且將浩興收拾塡心胷

赤城棲霞　曹文晦

赤城霞起建高標萬丈紅光映碧寥美人不卷錦繡段仙翁瀉下丹砂瓢氣連海嶼貫旭日光入溪毿生春潮我欲結爲五色佩碧桃花下呼周喬

華頂歸雲　前人

四萬八千山上山山中夜夜白雲還底須出岫彌六合且復與僧分半間古殿結陰燈影澹長松畱暝寺門關謫仙已覽廬山秀畱得書堂相對閒

望雲　黄石翁

日出五丈高白雲浩如海城郭在雲中山人在雲外望雲雲氣深入雲雲氣淺亦欲入深雲不知雲近遠

囊雲詩　明寧獻王權

燕入琴書潤粘來几榻寒小齋非嶺上弘景坐相看

山雲辭將歸作　黎充輝

清江兮淙淙上有山兮穹窿白雲兮谷口一碧兮千峯晻靄兮絕壁挂偃蹇兮長松朝迎兮秋陽暮捲兮秋風山之人兮雲從被薜荔兮搴芙蓉來乘雲兮朝九重跨一鶴兮江東點汀花兮白蘋雨霜葉兮丹楓忽雲歸兮人遠山蒼蒼兮倚晴空

瓊島春雲　李東陽

瑤峯獨立倚空蒼雲去雲來兩不妨旋逐春寒生苑樹更隨晴日度宮牆玉皇居處重樓擁太史占時五色光若與山龍同作繪也須能補舜衣裳

江霞　薛蕙

春江變氣候孤嶼發雲霞散影搖青草流文漾碧沙紅泥迷燕子丹洞失桃花水宿淹晨暮應憐謝永嘉

江雲　前人

謝客弄春水江皋生綵雲紛紛初散綺葉葉漸成文蔽日皆相映流風乍不分何因可持贈欲以慰離羣

孤雲　舒芬

一片孤雲逐漢飛東西終日竟何依傍人莫道能爲雨惟恨青山未得歸

賦得處處春雲生　皇甫汸

春色萬無際朝雲最可憐金枝紛映帶玉葉綴聯翩弄影交疏裏含情飛蓋邊長安遙向日何處奉非煙

題趙仲穆看雲圖　僧艮琦

舊游清苕上愛看弁峯雲稍將春雨度始見遠林分起滅悟眞理逍遙遺世紛於焉自怡悅永懷陶隱君

巫山一段雲　前蜀毛文錫

雨霽巫山上雲輕映碧天遠風吹散又相連十二晚峯前　暗濕啼猿樹高籠過客船朝朝暮暮楚江邊幾度降神仙

水龍吟 詠雲　宋趙長卿

先來天與精神更因麗景添殊態拖輕苒苒纔凝一段還分五綵畢竟非煙有時為雨惹晴無奈道無心怎被歌聲遏斷遲遲向青天外　宜伴先生醉臥得饒到和山須買也曾惱煞襄王誰道依前不會我欲乘歸去翻恨悵帝鄉何在念佳期未展天長暮合儘空相對

風入松 岫雲　張炎

卷舒無意入虛元丘壑伴雲烟石根青氣千年潤覆孤松深護啼猿靄靄靜隨仙隱悠悠閒對僧眠　傍花嬾向小溪邊空谷覆流泉浮蹤自感今如此已無心萬里行天記得看人歸去御風飛過斜川

塞翁吟 友雲　前人

交到無心處出岫細話幽期看流水意俱遲且澹薄相依凌霄未肯爲霖去物外共鶴忘機迷古洞掩晴暉翠微濕紅衣　飛飛垂天翼飄然萬里愁日暮佳人未歸尚記得巴山夜雨耿無語共說生平都付陶詩休題五朶莫問陽臺不贈相思

祝英臺近 耕雲　前人

占寬閒鉏浩渺船檥小郎悄非霧非煙生氣覆瑤草蒙茸數畝春陰夢魂落寞知踏碎梨花多少　聽孤嘯山淺種玉人歸縹緲度晴峭鶴下芝田五色散微照笑他隔浦誰家半江疎雨空吟斷一犂清曉

乾象典第七十二卷

雲霞部選句

楚屈原九歌紛吾乘兮元雲又表獨立兮山之上雲容容兮而在下

九章雲霏霏其承宇又願寄言於浮雲兮遇豐隆兮不將又眇遠志之所及憐浮雲之相羊

遠遊飡六氣而飲沆瀣兮漱正陽而含朝霞又掩浮雲而上征又名豐隆使先導兮問大微之所居

九辯仰浮雲而永歎又何氾濫之浮雲兮猋靡蔽此明月又願皓日之顯行兮雲濛濛而蔽之

漢賈誼旱雲賦惟昊天之大旱兮失精和之正理遙望白雲之蓬勃兮滃滃澹澹而妄止運清濁之澒洞兮正重沓而並起嵬隆崇以崔巍兮時彷彿而有似屈卷輪而中天兮象虎驚與龍駭相搏據而俱興兮妄儷倚而時有遂積聚而合沓兮相紛薄而慷慨若飛翔之從橫兮揚波怒而澎濞

董仲舒雨雹對太平之世雲則五色而爲慶三色而成矞

魏曹植幽思賦望翔雲之悠悠羌朝霽而夕陰

晉左思蜀都賦舒丹氣而爲霞

孫綽天台山賦赤城霞起而建標瀑布飛流以界道

陶潛歸去來辭雲無心以出岫

宋謝惠連雪賦寒風積愁雲繁又河海生雲朔漠飛沙連氛累靄掩日韜霞

齊孔稚圭北山移文高霞孤映

梁蕭統七名綺霞映水又十二月啓愁雲拂岫帶枯葉以飄空又形雲垂四面之葉

元帝蕩婦思秋賦秋雲似羅

江淹知己賦采耀秋月文麗冬霞又恨賦隴鴈少飛代雲寡色

庾信司馬裔碑銘谷寒無日山空足雲

盧思道納涼賦火雲赫而四舉

唐文宗祭北岳文絕壁千尋孤峯萬仞桂華侵月松蘿掛雲

張九齡龍池聖德頌序陽春播澤觸類皆滋泰山起雲無遠不徧

楊炯少室山少姨廟碑青霞起而照天

王勃滕王閣序落霞與孤鶩齊飛

駱賓王冒雨尋菊序參差遠岫斷雲將野鶴俱飛

陳子昂金門餞序殘霞將落日交輝

張說詔宴薛王山池序玩峯雲之映洛又元武門侍射詩序繁雲覆城大雪飛苑

韓休奉和聖製喜雨賦九光之霞冠於雲日五色之氣映於巖谿

宋昱日暮碧雲合賦夕望兮見碧雲之出岑過太液拂上林混蒼蒼之正色垂漠漠之輕陰西陸月弦南山風落輕濃象似倏忽龍蠖集高議之臺連寓直之閣亭亭廣陌異公子之飛蓋裔裔長空如美人之卷幕

王諲南至雲物賦雲散黃光天浮喜氣金柯郁郁而蔽野玉葉飄飄而委地又佳氣從龍遙連渭北非煙拂日俯對終南

李華高宗康頌油油時雲雨厭百穀

獨孤及馬退山茅亭記手揮絲桐目送還雲

韓愈賀雨表中使纔出於九門陰雲已垂於四野

郭遵南至郊祭司天奏雲物賦度青霄而匪徐匪疾向丹闕而乍合乍分應乎一陽之始煥乎五彩之文氤氳搖曳去來無際望之雖曰崇朝慶之知其嗣歲誰謂其有葉本乎觸石而來誰謂其無心偏舒捧日之勢

元稹郊天日五色祥雲賦排空乍直捧日初圓獸蹲而龍鱗熠熠鳥跂而鳳翼翩翩羽蓋凝而軒皇暫駐風馬駕而王母欲前影帶其彩疑錯繡之遙屬光照乎物比摛錦之相連

王起五色雲賦籌表嘉瑞國昭元吉發五色以斯呈掩百祥而非匹輝光駭目知泛灧之惟新變化殊姿覺淒清之有失若非澤無不被化無不率則何以感之於寥天榮之於聖日爾其寂歷地表希微天宇無聲有零有色斯覩始暖空而雜糅俄泫草而周普靄于衣也皆成黼黻之衣潤于土焉更爲苴茅之土且其白能受彩朱則孔揚青映苔而轉麗元點漆而有光既炫耀於衆彩終錯雜于中黃儻在瑠璃味無黍

于甘醴如浮葭菼色詎變于凝霜何滑兮之膏潤有煥乎之文章固可以扶壽而愈疾俗泰而時康

張何早秋望海上五色雲賦懿夫騰碧海瑞皇家金柯玉葉兼雜花文璀璨光紛華況夫羅幃錦帳繞香車雙虹宛轉縈翠霞及夫倏而聚忽而散霓裳羽旆相陵亂倚長空浮迴岸宛若瓊樓金闕橫天半美人濯錦春江畔

喬潭秋晴曲江望太一納歸雲賦秦稱百二鎭爲太一合沓橫空嶔岑蔽日豈壞寶之攸產蓋雲雷之自出宜其密爾王甸雄兹帝京敗葉風輕高秋氣清時雨多歇歸雲晚晴俯枕曲水前臨直城山半隱而半見雲乍低而乍傾其趣可賞而不極其容可狀而難名爾其沈陰始解霧𩇕初歸迴日猶重因風則飛其始也峩峩巍巍千巖萬嶺稠疊而相委其漸也紛紛霏霏齊童趙女並舞而垂衣忽天澄而地廓鬱氛氳於翠微別有容與之勢輕盈之狀日下空籠天邊引颺始悠悠於綠野漸冪冪於青嶂洛川神女何以踰巫峽佳人不能上雖更僕而非久仍移景而堪望落日將曛山銜斷雲綠氣陰鬱嵐光氤氳橫截高巖鶩數峰之頓失却臨幽石與殘雪而俱分

無名氏慶雲抱日賦外浮相煥中映成文郁郁昱昱繽繽紛紛始流形於孤嶽終垂象於九圜麗碧霄以增媚捧金烏而徐飛又運叶堯年靈符舜日燦玉葉以繁布抱金輪而半出

五色卿雲賦其爲狀也乃從龍以分氣其爲勢也若搏鵬之垂翼蒼蔚非觸石而興縹緲盈畫工之飾蒽翠炯晃蕭索氛氳迴合斐亹散聚分文轉光風則動而愈出衝霄日則燦然皆分又光浮碧落奪虹彩於太虛影下清潭照錦色於曲浦

白雲無心賦翹玉葉以繚繞耀金柯而陸離其兆無形其質罕一匪潤礎以上昇或從龍而迴出又抱翠石以流彩入清池而寫文或假勢於重嶺或隔閡於孤山挺奇峯於天末亙橫陣於巖間順細雨以低皐隨輕風而往還

明居降五色雲賦厥狀瑰麗元黃雜組或如元圭或如玉珂或如靈芝或如玉禾或如絳綃或如紫紽或如文杏之葉或如含桃之顆或如秋原之草或如春湘之波澹修眉之連蜷呈冶態而婀娜又如萬花競開百鳥齊飛奇姿窈窕秀色離披威鳳之彩葳蕤錦鷄之翼差池屑屑霏霏纚纚縰縰紛乎若纈矗乎若髢又如仙人製錦借色雲君濯彼天河五彩成文丹霞失麗明星載昏

費元祿轉情集晚霞乍紫乍紅如浣蜀江貝錦或朝或暮眞開海市蜃樓微步凌波射練裙而成綺登高送目變素面而爲緋孤鶩齊翔南浦晴江之上建標一色天台流水之間又王母崑崙未奉長年壽酒漢家陵闕依然殘照西風唱新詞而歡不見織回文而字難成好景無多造次投來新月征夫未息須臾隔斷疎林臨水孤村尚辨滅明鴉背連天野草盡驅閒冗車輪舒卷如金支翠旂變化若白衣蒼狗聰明楓葉洞富松花海上病神仙何物遂能却掃山中貧道士此時正好休糧

夏后鑄鼎繇逢逢白雲一南一北一西一東

漢武帝秋風辭秋風起兮白雲飛草木黃落鴈南歸

仲長統詩春雲爲馬秋風爲駟按之不遲勞之不疾又朝霞潤玉

古樂府浮雲多暮色似從崦嵫來又蒼霞揚東謳

古詩日暮秋雲陰

魏文帝詩西北有浮雲亭亭如車蓋又丹霞夾明月

晉傅元詩纖雲時髣髴

陸機詩陰雲興巖側

張載詩朝霞迎白日丹氣臨湯谷

張協詩騰雲似涌烟又行雲思故山

顧凱之詩夏雲多奇峰

陶潛詩依依舊楚渺渺西雲又飄飄西來風悠悠東去雲又朝霞開宿霧又萬族各有託孤雲獨無依

宋顏延之詩流雲藹青闕

謝莊詩隱曖松霞被又夕天霽晚氣輕霞澄暮陰

謝靈運詩春晚綠野秀巖高白雲屯

謝瞻詩輕霞冠秋日

謝惠連詩霏雲生翠嶺

鮑照詩鱗鱗夕雲起又聚雲屯高岸又巖雲起亂山又薄暮塞雲起

謝朓詩浮雲去欲窮又輕雲霽廣甸又積水照頳霞又餘霞散成綺又川霞旦上薄又蒼雲暗九重北風吹萬嶺

梁簡文帝詩流霞乍斷續

沈約詩時雲靄空遠

江淹詩日暮碧雲合佳人殊未來又淺霞兮駮雲一合兮一分又紅霞旦夕生又夏雲多褋色紅光鑠爨鮮又丹霞蔽陽景又崦嵫生暮霞又朱霞入牕牖又

長望竟何極閩雲連越山又蕭條晚秋景旻雲承景
斜
庾肩吾詩同雲暗九天又寒雲間石起又陰雲助麥
寒又雲積似重樓
吳均詩山上萬重雲又沈雲隱喬木
何遜詩日斜迢遞雨風起嵯峨雲又夕陽已西度歸
霞亦半消又早霞麗初日又重霞映日餘又水底見
行雲又薄雲巖際宿
北魏溫子昇詩丹霞起暮陰
北周王褒詩東西御溝水南北會稽雲
隋盧思道詩晚霞浮極浦
薛道衡詩石濕曉雲濃
唐太宗詩霜天散夕霞
元宗詩丹霞助曉光
李百藥詩薄雲回空盡
宋之問詩隴暗積愁雲又山雨初含霽江雲欲變霞
又山雜夏雲多
張九齡詩照爛陰霞上
王勃詩頹雲蕭索見層空又畫棟朝飛南浦雲又天
雲漸作霞
張說詩凉雲生竹樹又春山掛斷霞
張均詩汀霞變秋色
沈佺期詩北闕彤雲掩曙霞又霽雲無處所臺館曉
蒼蒼
王維詩白雲廻望合青靄入看無
李頎詩山雲覆陰谷
綦毋潛詩曈曨原上霞

儲光羲詩流霞明楚岸又落日燒霞明農夫知雨止
王昌齡詩暮霞照新晴歸雲猶相逐又山長不見秋
城色日暮蒹葭空水雲
常建詩亭亭碧流暗日入孤霞繼
孟浩然詩微雲淡河漢
李白詩總落敬亭雲又奇峯出奇雲又紅霞朝夕變
又殘霞飛丹映江草又寥落暝霞色
韋應物詩隔林分落景餘霞明遠川又殘霞照高閣
又流雲吐華月
柳惲詩亭皐木葉下隴首秋雲飛又寒雲晦滄洲
岑參詩江樓暗寒雨山郭冷秋雲又潭樹暖春雲
李嘉祐詩朝霞晴作雨濕氣晚生寒
高適詩隔岸春雲邀翰墨
杜甫詩泄雲無定姿又片雲頭上黑應是雨催詩又
低空有斷雲又江東日暮雲又寒深北渚雲又雲在
意俱遲又峽雲籠小樹又宮雲去殿低又關雲常帶
雨又熱雲初集黑又四海八荒同一雲又山雜帶白
雲又含風翠壁孤雲細又荒戍密寒雲又松浮欲盡
不盡雲又山雲低度牆又野雲低度水又川雲自去
留又崔嵬晨雲白又落落出岫雲又晴天養片雲又
天上浮雲似白衣斯須倏變如蒼狗
錢起詩廻雲隨去鴈
皇甫冉詩積水長天隨遠客孤舟極浦足寒雲
顧況詩孤霞上泬寥
耿湋詩曉日上春霞
盧綸詩月露浩方下河雲凝不流又陰霞發海光
李益詩江亭萬里雲

韓愈詩晴雲如擘絮又皎潔當天月葳蕤捧日霞又
君詩多態度藹藹春空雲
劉禹錫詩江上詩情為晚霞又暮霞千萬狀又餘霞
張錦帳
孟郊詩古路無人到新霞吐石稜
張籍詩湘雲初起江沉沉又曉來江氣連城白
李賀詩海雲初生石城下又銀浦流雲學水聲又飛
雨過凉雲
白居易詩獸形雲不一又北軒凉吹開疎竹臥看青
天行白雲又徘徊去住雲又南山雲起北山雲
姚合詩山近滿廳雲又雲斂落照紅又嬾雲輕似絮
李羣玉詩閒雲觸石輕
杜牧詩晴雲如絮惹低空又嬌雲光占岫又洞雲生
片斷
許渾詩風卷曙雲飄角遠
李商隱詩高雲不動碧嵯峨又千里火雲燒益州又
曙霞星斗外又江上晴雲雜雨雲又齋鐘不散檻前
雲
馬戴詩餘霞媚秋漢又沙雲氣盡黃
崔櫓詩濕雲如夢雨如塵
溫庭筠詩閒雲無定貌
張喬詩山郭入樓雲又獨島伴餘雲
方干詩凍雲愁暮色又斷霞轉影侵西壁
羅隱詩芳草有情皆礙馬好雲無處不遮樓
韓偓詩細水浮花歸別澗斷雲含雨入孤村又雨晴
雲葉似連錢
無名氏詩翻憶舊山青碧裏遠菴閒伴野僧禪

宋寇準詩暮天寥落凍雲垂
王禹偁詩新晴淡淡霞
林逋詩水痕天影蘸秋霞
范仲淹詩歸雲識舊峰
趙抃詩橫紅數抹霞
蘇舜欽詩嬌雲濃暖弄春晴
王安石詩誰似浮雲知進退纔成霖雨又歸山又藹藹當窻一炷雲又雲尚無心能出岫不應君更嬾於雲
蘇軾詩江雲有態淸且媚又遊人脚底一聲雷滿座頑雲撥不開又藹藹青城雲又微微出岫雲又新詩藹藹嶺頭雲又嶺上晴雲披絮帽
文同詩漠漠嶺頭雲
范成大詩海氣烘晴入斷霞半空雲影界山斜又朝暾不與同雲便烘作晴空萬縷霞
陸游詩凝雲不散常遮塔又殘霞明水面又十里織成無縫錦半天留得未殘霞又數峯當戶雲又濃雲夜護霜又晴雲壓細鱗又孤雲寒不飛又濕雲春易族又雲輕無力護淸霜又雲氣平沈一面山又雲氣將歸別起峯又日落雲全碧
楊萬里詩當面峯頭些子雲坐看吹作雨紛紛
僧惠崇詩僧定石沈雲
元楊載詩微霞銜近空
薩都剌詩落日澹霞收未盡又凍雲欲雪風吹散望出西山一半靑又落日奇峯挂赤霞
倪瓚詩洲雲汀樹晚離離
明吳兆詩江雲度嶺閒
小青詩雪意閣雲雲不流舊雲正壓新雲頭

雲霞部紀事一

春秋孔演圖黃帝將興黃雲升於堂

史記五帝本紀黃帝官名皆以雲命爲雲師注應劭曰黃帝受命有雲瑞故以雲紀官也春官爲青雲夏官爲縉雲秋官爲白雲冬官爲黑雲中官爲黃雲

古今注黃帝與蚩尤戰於涿鹿之野常有五色雲氣金枝玉葉止於帝上有花葩之象故因而作華蓋也

竹書紀年帝堯陶唐氏母曰慶都生于斗維之野常有黃雲覆其上

尚書中候堯沉璧于河白雲起

竹書紀年帝舜十四年卿雲見注於時和氣普應慶雲興焉若煙非煙若雲非雲郁郁紛紛蕭索輪囷百工相和而歌慶雲帝乃倡之曰慶雲爛兮糺縵縵兮日月光華旦復旦兮羣臣咸進頓首曰明明上天爛然星陳日月光華弘於一人帝乃載歌曰日月有常星辰有行四時從經萬姓允誠於予論樂配天之靈遷于聖賢莫不咸聽鼚乎鼓之軒乎舞之精華已竭褰裳去之

淮南子本經訓伯益作井而龍登元雲

帝王世紀主癸之妃曰扶都見白氣貫月意感以乙日生湯故名履字天乙是謂成湯

春秋孔演圖湯將興白雲入房

拾遺記周武王東伐紂夜濟河時雲明如晝八百之族皆齊而歌

尚書中候成王觀於洛河沉璧禮畢王退俟至於日昧榮光並出幕河青雲浮洛

列子殷湯篇薛譚學謳於秦青未窮青之技自謂盡之遂辭歸秦青弗止餞於郊衢撫節悲歌聲振林木響遏行雲

左傳僖五年春王正月辛亥朔日南至公既視朔遂登觀臺以望而書禮也凡分至啓閉必書雲物爲備故也

列仙傳李老君之母玉女嘗晝寢夢五色霞光入戶結如彈丸流入玉女口中吞之遂有孕後生老君

關尹子題辭關尹者函谷關尹也名喜姓無可考周末老子西遊尹望雲氣候之於關去吏從學焉請著道德五千言

孟譜孟子生時母夢神人乘雲自泰山來母凝視久之忽片雲墜而寤里巷皆見有五色雲覆孟氏居

水經注虞氏記云趙侯自五原河曲築長城東至陰山又於河西造大城一箱崩不就乃改卜陰山河曲而禱焉晝見羣鵠遊於雲中徘徊經日見火光在其下武侯曰此爲我乎乃卽於其處築城今雲中城是也

江西通志饒州府五彩山在餘干縣西南八十里戰

國時吳申自鄱陽徙居生子芮五彩雲見故名

漢書高祖本紀高祖隱於芒碭山澤間呂后與人俱求常得之高祖怪問呂后后曰季所居上常有雲氣故從往常得季高祖又喜沛中子弟或聞之多欲附者矣

香案牘王探師司馬季主與人行身散雲霧

洞冥記漢武帝未誕時景帝夢一赤彘從雲中直下入崇蘭閣帝覺而坐于閣下果見赤氣如烟霧來蔽戶牖望中有丹霞蓊鬱而起

漢書郊祀志汾陰巫錦爲民祠魏脽后土營旁見地如鉤狀掊視得鼎鼎大異於衆鼎文鏤無款識怪之言吏吏告河東太守勝勝以聞天子使驗問巫得鼎無姦詐迺以禮祠迎鼎至甘泉從上行薦之至中山晏溫有黃雲焉有鹿過上自射之因以祭云

天子禪泰山下阯東北肅然山封禪祠其夜若有光晝有白雲出封中

漢武故事上幸梁父祠地上親拜用樂焉其日上有白雲又有呼萬歲者禪肅然白雲爲蓋

十洲記天漢三年月氏國獻神香使者曰國有常占東風入律百旬不休青雲干呂連月不散知中國有好道之君故貢神香

東方朔別傳有赤雲如冠珥上以問朔朔曰不大雨即日暈後數日果大雨

漢書外戚傳孝武鉤弋趙倢伃昭帝母也家在河間武帝巡狩過河間望氣者言此有奇女天子亟使使名之既至女兩手皆拳上自披之手即時伸由是得幸號曰拳夫人先是其父坐法宮刑爲中黃門死長安葬雍門拳夫人進爲倢伃居鉤弋宮大有寵元始三年生昭帝

拾遺記元鳳二年于淋池之南起桂臺以望遠氣

後漢書光武本紀論望氣者蘇伯阿爲王莽使至南陽遙望舂陵郭唶曰氣佳哉鬱鬱葱葱然

漢官儀光武帝建武三十二年東巡狩二月十九日之山虞國家居亭百官布野此日上山雲氣成宮闕百姓皆見

後漢書方術傳樊英隱於壺山之陽嘗有暴風從西方起英謂學者曰成都市火甚盛因含水向西漱之乃令記其日時客有從蜀來云是日大火有黑雲卒從東起須臾大雨火遂得滅

長沙耆舊傳祝良爲洛陽令時大旱告誠引罪紫雲沓起

宋書符瑞志孫堅之祖名鍾冢上數有光怪雲氣五色上屬天父老相謂此非凡氣孫氏其興矣

搜神記孫策渡江襲許與于吉俱行時大旱所在熇厲催將士使速引船或身自早出督切見將吏多在吉許策因此激怒遂殺之將士哀惜共藏其尸天夜忽興雲覆之明旦往視不知所在

蜀志先主兒時戲於桑樹下上有雲覆如車蓋

魏志卞皇后傳后生齊郡白亭有黃氣滿室移日父問卜者王旦旦曰此吉祥也

文帝本紀文皇帝中平四年冬生于譙註帝生時有雲氣青色而圜如車蓋當其上終日望氣者以爲至貴人之證非人臣之氣

謝氏詩源史巃之妻能作鎖雲囊佩之陟高山有雲處不必開囊而自然有雲氣入其中歸至家啓視皆有雲氣白如綿自囊而出囊大如鸎繭而可以開合更羸善射每言能仰射入雲中其妻不信因以一囊繫箭頭令射之及墜驗之果有白雲在內因名箭曰鎖雲

晉書張華傳初吳之未滅也斗牛之間常有紫氣道術者皆以吳方强盛未可圖也惟華以爲不然及吳平之後紫氣愈明華聞豫章人雷煥妙達緯象乃要煥宿屏人曰可共尋天文知將來吉凶因登樓仰觀煥曰僕察之久矣惟斗牛之間頗有異氣華曰是何祥也煥曰寶劍之精上徹於天耳華曰君言得之吾少時有相者言吾年出六十位登三事當得寶劍佩之斯言豈效與因問曰在何郡煥曰在豫章豐城華曰欲屈君爲宰密共尋之可乎煥許之華大喜即補煥爲豐城令煥到縣掘獄屋基入地四丈餘得一石函光氣非常中有雙劍並刻題一曰龍泉一曰太阿其夕斗牛間氣不復見焉

拾遺記晉太康元年白雲起於灞水三日而滅有司奏云天下應太平帝問其故曰昔舜時黃雲興於郊野夏代白雲蔽於都邑殷代元雲覆於林藪斯皆應世之休徵殊鄉絕域應有貢其方物也果有羽山之民獻火浣布萬疋

晉書馮跋載記跋三弟皆任俠不修行業惟跋恭慎勤於家產父母器之所居上每有雲氣若樓閣時咸異之

冊府元龜宋高祖嘗遊京口竹林寺獨臥講堂前上有五色龍章衆僧見之驚以白帝帝獨喜曰上人無

妄言帝皇考墓在丹徒之侯山其地秦史所謂曲阿丹徒間有天子氣者也

南齊太祖居武進時彭山岡阜相屬數百里不絕其上常有五色雲

隋書律曆志後齊參軍信都芳深有巧思能以管候氣仰觀雲色嘗與人對語卽指天曰孟春之氣至矣人往驗管而飛灰已應每月所候言皆無爽

南史梁武帝本紀武帝所居室中常若雲氣人或遇者體輒肅然

物類相感志梁武帝丁嬪初嬪魏益德帝登城見丁氏出遊有五色雲如龍蓋其上遂臨以金乘路益德而取之竟生昭明簡文焉

陳書徐陵傳陵字孝穆東海郯人母臧氏夢五色雲化爲鳳集左肩已而誕陵焉

冊府元龜高貴鄉公以正始三年九月二十五日生其日天氣清朗堂上黃雲照耀久之乃散

周書太祖本紀太祖德皇帝之少子也母王氏初孕五月夢抱子昇天不至而止寤以告德皇帝喜曰雖不至天貴亦極矣及太祖生有黑氣如蓋下覆其身

隋書高祖本紀高祖母呂氏生高祖於馮翊般若寺紫氣充庭有尼來自河東謂皇妣曰此兒所從來甚異不可於俗間處之尼將高祖舍於別館躬自撫養皇妣常抱高祖忽見頭上角出徧體鱗起皇妣大駭墜高祖於地尼自外入見曰已驚我兒致令晚得天下

冊府元龜高祖旣舉義師之日太宗所居處有紫雲當其上俄變爲五色狀如飛龍所居弘義宮中有一大池常時有佳氣鬱鬱數百尺太宗獨異之至九年其氣轉盛上屬於天

天中記唐高祖起太原次臨汾去絳郡二十餘里有紫雲如華蓋樓閣之形正臨高祖之上

傳燈錄道信大師武德中登廬山絕頂望破額山紫雲如蓋下有白氣橫分六道

唐書狄仁傑傳仁傑爲幷州法曹參軍親在河陽仁傑登太行山反顧見白雲孤飛謂左右曰吾親舍其下瞻悵久之雲移乃得去

韋巨源傳景龍二年韋后自言衣笥有五色雲巨源倡其僞勸中宗宣布天下帝從其言因是大赦

中宗庶人韋氏傳神龍三年禁中謬傳有五色雲起后作圖以示諸朝因大赦天下賜百官母妻封號

大唐新語崔希高以仁孝友悌丁母憂哀毀過禮爲鄠縣丞芝草生所居堂一宿而葩蓋盈尺州以聞遷監察御史轉幷州兵曹馮翊令貧乏之徒荷其仁恤時有雲氣如蓋當其廳事須臾五色錯雜遍於州郭以狀聞敕編入史

舊唐書元宗本紀明皇乘潞州別駕州境有黃龍白日升天嘗出畋有紫雲在其上從者望而得之

寶記唐開元中李氏者爲尼號曰眞如天寶元年七月七日忽於寺庭見五色雲墜斫之一囊中有五物乃寶玉也眞如獻於朝

唐實錄開元十九年興慶宮親耕三百餘步旣而有青光紫氣覆地

冊府元龜天寶元年六月乙未隴右節度皇甫惟明奏龍支縣人庫狄孝義有馬生龍駒經九旬有九日身有鱗而不生毛臣就簡視有慶雲五色遙覆馬上久而不散伏望宣付史官以光實錄從之

宣和書譜懷素晚精意於翰墨追倣不輟禿筆成塚一夕觀夏雲隨風頓悟筆意自謂得草書三昧

唐書肅宗本紀肅宗自奉天而北夕次承壽有白雲起西北長數丈如樓閣之狀識者以爲天子之氣

冊府元龜代宗寶應元年四月己巳卽位其日有慶雲見初帝至飛龍廐座前有紫雲見雲中有三白鶴徊翔又有喜鵲鳴及將卽位仗衞宿設夜分雲霧四合不辨咫尺旣曉朝呼萬歲天地清朗非煙滿空黃氣抱日咸以爲聖感

杜陽雜編代宗廣德元年吐番犯便橋上幸陝王師不利常有紫氣如車蓋以迎馬首

大曆中日林國獻龍角釵上因賜獨孤妃與上同遊龍舟池有紫雲自釵上而生俄頃滿於舟楫上命置之掌內以水噴之遂化爲二龍騰空東去

浙江通志嘉興府紫雲山在嘉興縣西南三十六里唐建中時有村女出耕紫雲輒覆之後詔入宮山以此名

冊府元龜德宗興元元年八月朱亳觀察使奏先天觀元元皇帝太后陵槐樹上有靈泉湧出六月忽有靈氣五色見於泉上

雲仙雜記白樂天燒丹於廬山草堂作飛雲履元綾爲質四面以素綃作雲朵染以四選香振履則如煙霧樂天著示山中道友曰吾足下生雲計不久上升

朱府

魏郡開成中大旱徧禱山岳或言西沈陸先生道行精明請之必驗太守以下乃攜杏酒青羊以備牲醪告于山中先生受禮訖對太守呼吸數過五指連拂之爪甲間皆出雲煙之氣惟中指氣象甚盛先生曰郡中雨得足諸縣皆獲八分亦可小稔已而其說不誣

酉陽雜俎史論作將軍時妻蚤妝開奩奩中忽有五色龜大如錢吐五色氣彌滿一室後常養之

雲麓漫抄梁瑄不歸弟璟每見東南白雲即立望慘然久之

稽神錄周太祖爲樞密時北征如澶淵旭旦日邊有紫光當太祖馬首之上高不及百尺從官異之至鄴都一夕在亭院齋忽有黃氣起於前繚繞而上遠際於天太祖於黃氣中仰見星文紫微文昌爛然在目駭曰予在室中而見天象不其異乎密告知星者乃拜賀曰坐見天衢物不能隔至貴之祥也異日又於署衙中有紫氣起於旛竿龍頭之上凡二日觀者異之及討李守貞於河中守貞登陴瞰陣氣色不懌獨言曰是何妖變後城中人言見太祖軍上有紫氣如樓閣車蓋之狀故也

遼史穆宗皇后蕭氏父知璠內供奉翰林承旨后生雲氣馥郁久之

乾象典第七十三卷

雲霞部紀事二

宋史董遵誨傳遵誨父宗本漢時爲隨州刺史太祖微時客游至漢東依宗本而遵誨憑藉父勢太祖每避之遵誨嘗謂太祖曰每見城上紫雲如蓋又夢登臺遇黑蛇約長百尺餘俄化龍飛騰東北去雷電隨之是何祥也太祖皆不對他日論兵戰事遵誨理多屈拂衣而起太祖乃辭宗本去自是紫雲漸散及即位一日便殿名見遵誨伏地請死帝令左右扶起因諭之曰卿尚記往日紫雲及龍化之夢乎遵誨再拜呼萬歲

玉壺清話太宗親征契丹御製詩有鑾輿臨紫塞朔野凍雲飛之句遂命何蒙進鑾輿臨塞賦朔雲飛詩蒙得句云塞日穿痕斷邊鴻背影飛又云縹緲隨黃屋陰沉護御衣名對嘉賞授贊善

廣東通志宋太平興國間龍川義城鄉民樵於山於雲間偶拾青石一片疑可爲硯俄視其上有字云浮丘頂上彩雲飄探花引出狀元公至天聖初果有彩雲時籠霍山浮丘之頂羅孟郊曾楷同登天聖八年王拱辰榜進士而孟郊以探花及第山靈示讖如符驗焉

環溪詩話來鵠洪州人咸平中名振都下然喜以詩訕當路爲人所惡卒不第夏雲云無限旱苗枯欲盡悠悠閒處作奇峰

玉海祥符元年穆清殿御座處有白雲如幡幢龍鳳之狀名宰相登亭觀復有黃雲如虹橋葩蓋詔名亭曰瑞雲

祥符九年向敏中言六月二十七日黃雲如飛鳳覆昭慶殿

宋史韓琦傳琦字稚圭相州安陽人風骨秀異弱冠舉進士名在第二方唱名太史奏日下五色雲見左右皆賀

玉海皇祐二年四月朔幸金明池司天言雲色黃其形輪囷此聖孝感天之應

天聖八年四月三日乙酉幸瓊林苑賜從官射射於苑亭遂燕從臣是日日旁有五色雲

蘇軾攓雲篇序余自城中還道中雲氣自山中來如群馬奔突以手掇開籠收其中歸家雲盈籠開而放之作攓雲篇

宋史种放傳放隱終南豹林谷之東明峰結草爲廬僅庇風雨以講習爲業從學者衆得束脩以養母母亦樂道薄滋味放得辟穀術別爲堂於峰頂盡日望雲危坐每山水暴漲道路阻隔糧糗乏絕止食芋栗性嗜酒嘗種秫自釀每曰空山清寂聊以養和因號雲溪醉侯

清波雜識章惇謫雷州過小貴州南山寺與僧奉恕倚檻看雲曰夏雲多奇峯眞善比類恕曰相公曾見夏雲詩否如峯如火復如綿飛過微雲落檻前大地生靈乾欲死不成霖雨漫遮天蓋譏惇也

清凉山志張無盡戊辰六月二十七日至清凉山抵金閣日將夕南臺之側有白雲綿密如敷白氈僧省奇曰此祥雲也集衆僧禮誦見金橋及金色相輪輪內深絳靑色既暝有霞光三道直起亙天

齊東野語陶通明詩云山中何所有嶺上多白雲只可自怡悅不堪持贈君雲固非可持贈之物也坡翁一日還自山中見雲氣如群馬奔突自山中來遂以手掇開籠收於其中及歸白雲盈籠開籠放之遂作攓雲篇云道逢南山雲欻吸如電過竟誰使令之衮衮從空下又云或飛入吾車偪仄人肘胯搏取置笥中提攜反茅舍開緘仍放之掣去仍變化然則雲眞可以持贈矣宣和中艮岳初成令近山多造油絹囊以水濕之曉張於絕巘危巒之間既而雲盡入遂括囊以獻名曰貢雲每車駕所臨則盡縱之須臾滃然充塞如在千巖萬壑間然則不特可以持贈又可以貢矣併資一笑

宋馬純倚篛山錄河南潁陽縣北十五里曰倚篛山山有洞若三間屋大洞中潭水深不可測宣和末有張道人居洞前茅屋中云凡潭水微動須臾有雲出於水上稍出洞去即山下必雨雨止雲乃覆山

傳燈錄廣嚴院咸禪師有僧問如何是廣嚴家風曰一塢白雲三間茆屋

武進縣志丁常任毘陵人淳熙間爲郎冬至日上殿

奏對玉音曰晚來雲物甚奇卿見否常任實不會見卽對曰豈唯臣見之四海萬民皆見孝宗大喜曰卿對甚偉命除淮漕

朱子語類某常登雲谷晨起穿林薄中並無露水沾衣但見煙霞在下茫然如大洋海衆山僅露峯尖煙雲環繞往來山如移動天下之奇觀也

錢塘遺事史彌遠之比周於楊后也出入宮禁外議甚譁有人作咏雲詞譏之云往來與月爲儔舒卷和天也蔽

春風堂隨筆宋謝堃知徽州時嘗於舊坑取石貢理宗初坑上嘗有五色雲氣如錦衾郡檄隨雲所覆處斵之得佳石有白文繞兩蛇宛轉如二龍既發爲硯而雲氣不復見矣

金史太祖本紀遼道宗時有五色雲氣屢出東方大若二千斛囷倉之狀司天孔致和竊謂人曰其下當生異人建非常之事天以象告非人力所能爲也咸雍四年戊申七月一日太祖生

移剌履傳履字履道方五歲晚臥廡下見微雲往來天際忽謂乳母曰此所謂臥看靑天行白雲者耶德元聞之驚曰是子當以文學名世

下黃私記八九月中月輪外輕雲時有五色下黃人每值此則急呼女子持鍼線小兒持紙筆向月拜之謂之乞巧惟吳嫗有一女年十二拜之甚勤一夕月下飛一五色綵雲如手掌大駐于女前衆皆恐女徑吸食之味甚香美明旦梳頭窺鏡面色豔冶彈琴讀書不學而能嫗喜甚改名爲綵雲

名山藏當皇妣娠夢黃冠授一丸有光吞之覺而口尚聞香明日生太祖於土地祠中白氣貫空異香經宿

明太祖至婺擊元將于梅花門大破之先一日城中人望見城西有五色雲如車蓋乃太祖駐兵地

列朝詩集耀仙每月令人往廬山之巔囊雲以歸結小屋曰雲齋障以簾幕每日放雲一囊四壁氤氳裊動如在巖洞昔陶弘景往行山中聚雲袖內遇客趣放之爲贈耀仙風致不減弘景也周憲王有送雪詩耀仙囊雲憲王送雪此宗藩中佳話可屬對也

明外史劉基傳基字伯溫靑田人嘗遊杭州西湖有異雲起西北光射湖水客以爲此慶雲將賦詩基大言曰此天子氣也應在金陵後十年有王者起其下吾當輔之

黃池東山樵隱記樵隱楊先生數爲予言東山之勝今年秋與五六友朋由郡城東行六七里始造先生之廬長林蓊蔚深入無際先生指謂予曰吾于是樵焉因相與笑既還飲深秀亭篁木瀟灑濃翠欲滴凉風飄白雲從西北來瀰漫山谷或浮入窻牖間遙望數十松隱隱猶神仙異人騎蒼麟白鶴出沒半空上先生因賦白雲之章與樵歌相和答歌曰白雲兮悠悠吾之樵兮與白雲爲儔玆不樂兮又何求時衆客沾醉又咸爲和歌浩興悠然蓋不知世間何樂可方此也

名山藏孝宗冊立爲太子時詔至南京瑞雲見孝陵如車蓋

王陽明先生年譜先生生之夕祖母岑夢神人衣緋玉自雲中鼓吹送兒來驚寤已聞啼聲祖竹軒翁因命名雲而鄉人遂指所生樓曰瑞雲樓先生五歲猶不言有神僧過而目之曰好箇孩兒可惜名字道破竹軒翁更以今名卽能言

紹興府志楊山人珂餘姚人能詩且好修然特以工書名爲人甚有逸興嘗遊四明山過雲巖見雲氣瀰漫訝之愛其奇色覺濃厚可掬遂創新意攜三四巨罌於雲深處以雙手捉雲撲之納罌中至湧出不容則知罌滿矣乃以紙封其口攜歸藏之遇好事者過小酌輒云汝欲觀四明雲乎昨攜在此因呈雲罌席間刺鍼眼其口則一縷如白線透出直上須臾繞梁棟已而蒸騰坐間鬱勃撲人面無不引滿大呼相矜誇謂絕奇也自後往四明屢攜雲以歸亦間贈相知者云

敖英峩眉山記侍御狷齋謝公來按西蜀駐節峩眉臺中無事副使梅塘毛子參議渭野樊子僉事黃溪劉子暨英相與從公出北門由寶經樓入山抵光相寺上大峩絕頂俯瞰大峨之腰白雲平鋪周遭一色而中峩小峩覆蓋其下不見彷彿茫然如雪積平野月籠寒沙微風西來雲光滉瀁又如洞庭彭蠡濤衝浪激不可名狀公曰到此境使人肝膽澄澈平生奇觀無踰此者

何格游白雲山記白雲山在郡城北正德辛巳有約予同遊者取道由山棗岡過小澗登黃塢及寺登觀音堂堂後有葉氏墓衆逡巡其上忽有氣皎如縞練鬖若噴灑低度巖竇間清韻逼人殊覺毛髮森瀟有誦杜少陵天闕象緯逼雲臥衣裳冷之句者指曰玆山之名非由此乎

王世貞遊泰山記余自戊午己未間有事於泰山者三而其稍可記者第二遊也其初遊爲正月晦黎明入山卽陰晦浮雲出沒皆際十步外不辨物第覺輿人之後趾高而余前僂而已卽絕頂亦無所覩還憩鄗都宮甚悔之至六月朔乃與參議徐君文通上絕頂睠眺久之俄而諸山各出白雲一縷若冢中起稍上大如席凡數百道則狂馳而遇輒合其起無盡其狂馳而遇亦如之頃刻遂徧成白玉池而仰視則空青瑩然上下異色呼酒與徐君酌自以爲生平之創目所謂野馬絪緼信也

李維楨太湖兩洞庭遊記登縹緲小雨釀寒遂下酌玉椒泉飯西湖寺俄而二虹起岸下光彩奪目徐徐渡湖中去舉酒目送洒未竟廻視落霞殘日照映十山如紫磨金在鎔表裏洞徹湖光殷血如渭水論四時總之如安公冶與天通如咸陽三月火如大旱鑠金焦石余生平未覩者喜極欲狂恨季倫小子不見此紫步幛寧止四十里耶

中秋過婁江二十日返金閶馮元敏憲使謂予盍以閶爲支硎遊乎道胥門度楓橋呼笋輿行十里至山登縹緲諸峰羅列如兒孫湖四環如博山如壁水江南名郡邑隱隱平蕪片雲如縷自東峯起忽狂走諸峯初如冒絮已如阿閦國僅一再現頃刻萬狀爲賦看雲詩四章

楊嗣昌峩眉山記雪山之西濃雲兩片大如席從風冉冉而飛伯欽語余尋常見天末斷雲意謂造次可攬以今觀之殆數萬里外矣

朱之俊雨中初遊西湖記東南山水之美惟杭爲最今歲奉使於浙過潤招張公亮閏四月九日始入杭宿昭慶寺夜聞風雨乃謀之主僧買艇遊焉既入舟見湖上諸山盡作影於影中爭出雲若敗絮若飛練若馬若人雲山相混根枝罨蔽純爲墨天公亮偶指一峯曰奇雲也予曰山也指一峯曰怪山也予曰故雲也蓋公亮短于覗又素未識南北山何狀故多指多惑

甲乙剩言友人嘗從關中來言自環慶以北不復見山每從馬首極望惟見平沙際天千里超忽俄有横山嶙峋可人忽焉滅沒知是雲也余後讀俞羨長詩云惟有横雲似遠山乃知是眞境也

袁宏道天目遊記曉起看雲在絕壑下白淨如綿奔騰如浪盡大地作琉璃諸海山尖出雲上若萍然雲變態最不常其觀奇甚非山居久者不能悉其形狀

王思任廬山雲海記予昔在青田小洋中得看天錦以爲奇絕不意五老峰上復看海綿之奇也天錦之色金染萬鮮俱非人目所經見而海緜素鋪幾萬里抛彈鬆稱光綵躍然覺霜雪死白爲呆凹凸不等小家數耳予初登金印時綿冒漢陽幾不憖遺一老不意天錦之福尚在緜俱縮入湖江漸覆四宇作開闢以來一大供予置足在中峰之頂皇恐消受默念安得裁爲大被襲天下寒山冷水無有啼號者發如是願以報清恩猶未足以塞其萬一

蕭士瑋湖山小記余山遊曉起看白雲縷縷出山間若茶烟之在齋閣耳頃之百道狂馳奔騰如浪諸山汎汎水上行也須臾山盡矣空水細緼風烟一色類香霧海久之漸歇有數點蒼青沒入雲際寺僧指余曰海門諸峰也

譚元春游南嶽記丙辰三月譚子欲之嶽盟周子以靜遊周子許焉抵上封寺道有級趾斜垂蟻影游人與雲遇於塗雲不畏人趾窮坦然得寺由寺後上覘融峰頂新庵舊祠仙客往來四顧止有數人數人止各踞一石晴漾其裏雲縫其外上如海下如天幻冥一色心目無主覺萬丈之下漠漠送聲極意形狀之轉不似譚子顧周子語奇光難再得願堅坐以待其定周子許焉久之雲動有頃後雲追前雲不及遂失隊萬雲乘其罅遶山左飛飛盡日現天地定位下界山爭以青翠供奉四峯皆莫能自起遠湖近江皆作一縷白譚子持周子手不能言

予與孔伯下峯宿上封寺山僧雲居遊人雲輔日之將夕見雲方往來未定而僧遽閤戶予不覺悶然念其出入之難勸僧者久之有山雲出入艱難際莫便關門此念深之句予在下界望雲如慕勝流既得與之同處安忍聽其扼於人也予既書新詩刻石寺中復題數語于去後

雲霞部雜錄

易經乾卦雲行雨施品物流形

文言雲從龍風從虎疏龍是水畜雲是水氣故龍吟則景雲出大全程子曰龍陽物也出來則濕氣蒸然自出如濕物在日中氣亦自出雖木石之微感陽氣尙亦有氣則龍之興雲不足怪

屯卦象曰雲雷屯君子以經綸程傳坎不云雨而云雲者雲爲雨而未成者也未能成雨所以爲屯

需卦象曰雲上於天需君子以飲食宴樂程傳雲氣蒸

而上升於天必待陰陽和洽然後成雨雲上於天未成雨也故爲須待之義

小畜亨密雲不雨自我西郊程傳雲陰陽之氣二氣交而和則相畜固而成雨陽倡而陰和順也故和若陰先陽倡不順也故不和不和則不能成雨雲之畜聚雖密而不成雨者自西郊故也東北陽方西南陰方自陰倡故不和而不能成雨以人觀之雲氣之興皆自四遠故云郊大全或問密雲不雨自我西郊程子曰西郊陰方凡雨須陽倡乃成陰倡則不成矣今雲過西則雨過東則否是其義也

小過六五密雲不雨自我西郊公弋取彼在穴象曰密雲不雨已上也大全中溪張氏曰小畜小過皆言密雲不雨自我西郊何也曰陰陽二氣以均調適平而後雨陰多陽少陽多陰少則皆不雨也小畜以一陰畜五陽陰少於陽則不能以固乎陽故曰密雲不雨尚往也言陽尚往則不與陰和而不能雨矣小過以四陰而包二陽陽少於陰則不能制乎陰故曰密雲不雨已上也言陰已上則不與陽和而不能雨矣

公羊傳觸石而出膚寸而合不崇朝而徧雨乎天下者惟泰山雲爾

禮含文嘉雲者運氣布恩普也

春秋說題辭雲師曰豐隆

易歸藏蒼帝起青雲扶日赤帝起黃雲扶日有白雲出自蒼梧入於大梁

山海經西山經符惕之山風雲之所出也

管子侈靡篇夫政教相似而殊方若夫敎者摽然若秋雲之遠動人心之悲藹然若夏之靜雲乃及人之體鴟然若謞之靜動人意以怨蕩蕩若流水使人思之人所生往教之始也身必備之辟之若秋雲之始見賢者不肖者化焉又雲平而雨不甚無委雲雨則遫已政平而無威則不行

文子十守篇膽爲雲肺爲氣

法華經雲有七德含水電光雷聲歡喜掩蔽普覆凊凉

莊子在宥篇黃帝聞廣成子在於空同之上故往見之廣成子曰自而治天下雲氣不待族而雨艸木不待黃而落日月之光益以荒矣

呂子圜道篇雲氣西行云云然冬夏不輟水泉東流日夜不休上不竭下不滿小爲大重爲輕圜道也

史記龜策傳聞著生滿百莖者其下必有神龜守之其上常有青雲覆之

陸賈新語愼微篇邪臣之蔽賢猶浮雲之障日月也

淮南子淑眞訓今夫萬物之疏躍枝舉百事之莖葉條榦皆本於一根而條循千萬也若此則有所受之矣而非所授者所授者無受也而無不受也無不受也者譬若周雲之蘢蓯遼巢彭濞而爲雨沉溺萬物而不與爲濕焉注遼巢彭濞蘊積貌

地形訓凡八極之雲是雨天下八門之風是節寒暑八紘八殥八澤之雲以雨九州而和中土

說林訓山雲蒸柱礎潤

十洲記崑崙上有墉城金臺玉樓相似如一淵精之闕光碧之堂瓊華之室紫翠丹房錦雲燭日朱霞九光

日者霞之實霞者日之精餐霞之道甚祕致霞之道甚易

論衡說日篇月行與日同亦皆附天何以驗之驗之似雲雲不附天常止於所處使不附天亦當自止其處由此言之日行附天明矣又雨之出山或謂雲載而行雲散水墜名爲雨矣夫雲則雨雨則雲矣初出爲雲雲繁爲雨猶甚而泥露濡汙衣服若雨之狀非雲與俱雲載行雨也又雲霧雨之徵也夏則爲露冬則爲霜溫則爲雨寒則爲雪雨露凍凝者皆由地發不從天降也

效力篇山大者雲多泰山不崇朝辦雨雨天下

順鼓篇天將雨山先出雲雲積爲雨雨流爲水

亂龍篇董仲舒申春秋之雩設土龍以招雨其意以雲龍相致易曰雲從龍風從虎以類求之故設土龍陰陽從類雲雨自至儒者或問曰夫易言雲從龍者謂眞龍也豈謂土哉楚葉公好龍牆壁槃盂皆畫龍必以象類則葉公之國常有雨也又禹鑄金鼎象百物以入山林亦辟凶殃論者以爲非實然而上古久遠周鼎之神不可無也夫金與土同五行也使作土龍者如禹之德則亦將有雲雨之驗又葉公好龍牆壁盂樽皆畫龍象眞龍聞而下之夫龍與雲雨同氣故能感動以類相從葉公以爲畫致眞龍今獨何以不能致雲雨又神靈示人以象不以實故寢臥夢悟見事之象將吉吉象來將凶凶象至神靈之氣雲雨之類也神靈以象見實土龍何獨不能以僞致眞也又魯般墨子刻木爲鳶蜚之三日而不集爲之巧也使作土龍者若魯般墨子則亦將有木鳶蜚不集之類夫蜚之氣雲雨之氣也氣而蜚木鳶何獨不能從

土龍又釣者以木爲魚丹漆其身近之水流而擊之起水動作魚以爲眞並來聚會夫丹木非眞魚也魚含血而有知猶爲象至雲雨之知不能過魚見土龍之象何能疑之又金翁叔休屠王之太子也與父俱來降漢父道死與母俱來拜爲騎都尉母死武帝圖其母於甘泉殿上署曰休屠王焉提翁叔從上上甘泉拜謁起立向之涕沾襟久乃去夫圖畫非母之實身也因見形象泣涕輒下思親氣感不待實然也夫土龍猶甘泉圖畫也雲雨見之何爲不動又有若似孔子孔子死弟子思慕共坐有若孔子之座弟子知有若非孔子也猶共坐而尊事之雲雨之知使若諸弟子之智雖知土龍非眞然猶感動思類而至又孝武皇帝幸李夫人夫人死思見其形道士以術爲李夫人夫人步入殿門武帝望見知其非也然猶感動喜樂近之使雲雨之氣如武帝之心雖知土龍非眞然猶愛好感起而來又龍闓出水雲雨乃至古者畜龍御龍常存無雲雨猶舊交相闊遠卒然相見歡欣歌笑或至悲涕偃伏少久則示行各恍忽矣易曰雲從龍非言龍從雲也雲樽刻雷雲之象龍安肯來

自然篇何以知天無口目也以地知之地以土爲體土本無口目使天體乎宜與地同使天氣乎氣若雲烟雲烟之屬安得有口目

淮南畢萬術取曾青十斤燒之以水灌其地雲起如山雲矣

桐木成雲注取十石大甕滿水中桐木蓋之至三四日氣如雲形

中論文王遇姜公於渭陽灼然如披雲見白日

晉書王羲之傳羲之尤善隸書爲古今之冠論者稱其筆勢以爲飄若浮雲

樂廣傳衛瓘每見廣曰此人之水鏡見之若開雲霧而覩青天

博物志崑崙山廣萬里高萬一千里神物之所生聖人仙人之所集也出五色雲氣

土山多雲鐵山多石

大人國其人孕三十六年生白頭其兒則長大能乘雲而不能走蓋龍類去會稽四萬六千里

抱朴子千歲之龜五色具焉浮於蓮葉之上或在叢蓍之下其上時有白雲

西京雜記哀帝爲董賢起大第於北闕下重五殿洞六門柱壁皆畫雲氣

楚國先賢傳天旱有含水雲從西方起則焚香祝之

陶潛停雲詩序停雲思親友也

張野廬山記天將雨則有白雲或冠峯巔或亙中嶺俗謂之山帶不出三日必雨

世說海西時諸公每朝猶暗惟會稽王來軒軒如朝霞舉

述異記泝鄉西津有玉女津有玉女岡天當雨輒先涌五色氣于石間俗謂玉女披衣

水經注孟門卽龍門之上口也其中水流交衝素氣雲浮往來遙觀者常若霧露沾人

胡趣寺神像有童子之容從祠南歷夾嶺廣裁三尺餘兩廂崖數萬仞窺不見底祀祠有感則雲與之平也然後敢度

燕王仙臺有三峯甚爲崇峻騰雲冠峯高霞翼嶺

韓愈雜說龍噓氣成雲

國史補暴風之後有礟車雲

酉陽雜俎明皇召見李白於便殿神氣高朗軒軒如朝霞舉

陸龜蒙四明山詩序山中有雲不絕者二十里民皆家雲之南北每相從謂之過雲

九域志華山神祠能興雲致雨

書斷淺如流霧濃若屯雲

續博物志雲五色爲慶三色爲矞或曰外赤內青爲矞揚雄曰紫蜺矞雲朋圍日君子小人並進也

譚子化書水火相勃所以化雲也

清異錄雲者山川之氣今秦隴村民稱爲天公絮

擊壤集觀物吟水雲黑火雲赤土雲黃石雲白

陸佃埤雅古文雲字作云象雲回轉之形其上從二二者天中之陰也天中之陰應之於上故地中之陽升而爲雲蓋陰陽之氣自下而上阻於一則爲丂應於二則爲亏應於二而盤薄則爲雲云旋也亏者象其氣之舒亏莊子曰於亏以蓋衆義蓋取此古文雲字又有雲氣盤薄之形與乃字相類者乃字說文以爲象氣出之難氣自下而上至上而不得達所以爲氣出之難也春秋傳以爲乃者難辭其以此乎今云又爲云爲之云云有應而言也易曰變化云爲吉事有祥象事知器占事知來變化云爲聖人之事也故能常與吉會而占事知來象事知器云如雲爲象母猴制字之意皆以天事言之故易君子謂之言行聖人謂之云爲詩曰洽比其鄰昏姻孔云傳曰云旋也言幽王之時小人有酒食以洽比其鄰里周旋其昏

烟云象周旋盤薄之形故云旋也此以形訓詩曰薈兮蔚兮南山朝隮婉兮孌兮季女斯飢言小人在上膏澤不下于民則柔良於是失職薈會也蔚鬱也陰陽鬱而成雲蒸而成雨會而成雲散而成雨傳曰陰凝上結則合而成雲陽散下流則降而爲雨地氣上爲雲陰中之陽也天氣下爲雨陽中之陰也雨出地氣雲出天氣故陽上薄陰陰能固之然後蒸而爲雨雨者陰陽之和也然而朝雲喜暘莫雲喜雨故詩言薈蔚不雨之雲又言朝隮也賦曰朝爲行雲莫爲行雨傳曰日將旦淸風發羣陰伏則朝者陰散之時非所以爲雨矣淮南子曰山雲草莽水雲魚鱗旱雲烟火涔雲波水詩曰薈兮蔚兮南山朝隮則山雲草莽于此見矣論衡曰大山雨天下小山雨一國南山曹之南山則雨一國之山也故詩主以言之晉天文志曰韓雲如布趙雲如牛楚雲如日宋雲如車魯雲如馬衞雲如犬雲者氣也地氣異矣故雲之成象亦以不同則山雲草莽水雲魚鱗理或然也左傳以爲分至啓閉必書雲物蓋吉凶之兆有在於雲者故先王占焉傳曰靑爲蟲白爲兵赤爲旱黑爲水黃爲豐年此五雲吉凶之祲也莊子曰乘雲氣御飛龍而遊乎六合之外神人者乘虛不墜觸實不礙故能狎虎兕貫金石乘雲霧而浮遊如此詩曰上天同雲雨雪雰雰冬曰上天夏則天降而下冬則天升而上煥則雨暘而異寒則雲陰而同故也董子曰太平之世風不鳴條開甲散萌而已矣雨不破塊潤葉津莖而已矣霧不塞望浸淫被泊而已矣雪不封樹凌殄毒害而已矣雲五色而爲慶三色而成矞或曰二色曰矞外赤内靑謂之矞雲太元曰紫蜺矞雲朋圍日其疾不割紫蜺矞雲朋圍日君子小人並進之象也君子小人並進此其疾者所以不割也測曰紫蜺矞雲不知刊也言紫蜺矞雲並進則以紫蜺不刊故也紫蜺以象小人矞雲以象君子

夢溪筆談登州海中時有雲氣如宮室臺觀城堞人物車馬冠蓋歷歷可見謂之海市

莊子言野馬也塵埃也乃是兩物古人皆以塵爲野馬恐不然也野馬乃田野間浮氣遠望如羣羊又如水波佛書謂如熱時野馬陽焰卽此物也

蠡海集雲爲陽用故龍騰則雲起風爲陰用故虎嘯則風生或以雲爲陰風爲陽者謂其體也蓋雲乃陰之體升而爲陽之用風乃陽之體散而爲陰之用是以雲起也石必滋風行也土必燥

雲爲陽陽生施雨爲陰陰生化陽施而陰化故雲密則雨降陽施而陰不能化則有雲而無雨未有陽不施而陰能化者故有雨則未嘗無雲也是以易曰雲行雨施蓋陽可攝陰陰不能强陽也

雲麓漫抄白雲一也而有數義鄭子以秋官爲白雲類要云白雲司職人命是懸皆言官名也陶弘景詩山中何所有隴上多白雲只可自怡悅不堪持贈君狀景也狄仁傑見白雲孤飛曰吾親舍其下人以爲思親事梁瑄不歸弟璟每見東南白雲卽立望慘然久之復以爲思兄事白樂天詩淸光莫獨占亦對白雲同荅指秋雲言也

朱熹雲谷記雲谷在建陽縣西北七十里廬山之巔處地最高而羣峯上蟠中阜下踞内寬外密自爲一區雖當晴晝白雲坌入則咫尺不可辨暄忽變化則又廓然莫知其所如

雞林類事方言雲曰屈林

臆乘雲族莊子雲氣不待族而雨族聚也未聚而雨言澤少也李義山雪賦云雲市飄蕩當從於月窟澌灑合隨於雲市云族云市亦奇字

野客叢談狄仁傑登太行山見白雲孤飛謂左右曰吾親舍其下瞻悵久之此正與北史元樹之意同元樹奔南每見嵩山雲未嘗不引領歔欷又梁瑄不歸弟每見東南白雲立望慘然久之杜子美詩曰每望東南雲用此意也

遁攷四月初八日看陰晴卜水旱最宜密雲不雨

名畫記古人畫雲未爲臻妙若能沾濕綃素點綴輕粉縱口吹之謂之吹雲此得天理雖曰妙解不見筆蹤

李孝光游鴈山雜記鴈山西南一峯絕高其上常有雲氣居人呼曰常雲

蜀都雜抄夾江縣之伏龜山有仙掌洞今稱紫府洞是已其山雲常五色黃色居其中佛光之類也

元中記南方有炎山焉在扶南國之東加營國之北諸薄國之西山從四月而火生十二月火滅正月二月三月火不然山上但出雲氣而草木生葉至四月火然草木落葉如中國寒時也

雜占春己卯風樹頭空夏己卯風禾頭空秋己卯風水裏空冬己卯風鬬裏空凡風春南夏北並主雨東風急亦主雨近驗西風作雨大于東雲

楊升庵集郎仁寶瑛云春之風自下而升上紙鳶因

之以起夏之風橫行空中故樹杪多風聲秋之風自
上而下木葉因之以隕冬之風著土而行是以吼地
而生寒驗之良是按春曰條風言風所拂津葉潤莖
噓枯吹生易曰潤之以風雨是風亦有潤楚辭光風
轉蕙汎崇蘭謂之光者草木遇之而有光也夏之風
唯在半空故樹杪有聲而暑氣不解至秋凉風至則
自上而下冬之風觱發吼地而生寒諺曰三九二十
七籬頭吹觱篥最有證
丹鉛總錄荀卿雲賦行遠疾速而不可託訊書問也
行遠疾速宜於託訊今雲者虛無故不可託訊也楚
辭九章願寄言於浮雲兮遇豐隆而不將亦此意也
荀卿屈原相去不遠命辭蓋同
詩人多用南雲字不知所出或以江總心逐南雲去
身隨北鴈來爲始非也陸機思親賦云指南雲以寄
欽望歸風而效誠陸雲九愍云眷南雲以興悲蒙東
雨而涕零蓋又先於江總矣
詩人冬至用書雲事宋人小說以爲分至啓閉必書
雲物獨以爲冬至事非也余按春秋感精符云冬至
有雲迎送日者來歲美宋忠注曰雲迎日出雲送日
沒也冬至獨用書雲事指此未爲偏失也
史記云伯夷叔齊雖賢得夫子而名益彰顏淵雖篤
學附驥尾而行益顯閭巷之人欲砥行立名者非附
青雲之士惡能施於後世哉青雲之士謂聖賢立言
傳世者孔子是也附青雲則伯夷顏淵是也後世謂
登仕路爲青雲謬矣試引數條以證之高方易占青
雲所覆其下有賢人隱續逸民傳嵇康早有青雲之
志南史陶弘景年十四五歲見葛洪方書便有養生
之志曰仰青雲覩白日不爲遠矣梁孔稚圭隱居多
構山泉衡陽王鈞往遊之圭曰殿下處朱門遊紫闥
詎得與山人交耶鈞曰身處朱門而情遊滄海形入
紫闥而意在青雲又袁彖贈隱士庾易詩曰白日清
明青雲遼亮昔聞巢許今覩臺尚阮籍詩抗身青雲
中網羅孰能施李太白詩獵客張兔罝不能挂龍虎
所以青雲人高歌在巖戶合而觀之青雲豈仕進之
謂乎王勃文窮且益堅不墜青雲之志即論語視富
貴如浮雲之旨若窮而常有覬覦富貴之心則鄙夫
而已矣自宋人用青雲字於登科詩中遂誤至今不
改
滇行紀略滇南最爲善地鷄足蒼松數十萬株雲氣
如錦
滇中多風至大理風嘗寂寂獨雲氣無論陰晴常冒
山頂晴則雲明雨則雲晦雲所不到翠色殊常
長安客話涿州西北五十里有惡峪峪中雲氣瀰漫
四時不絕
居山雜志山之曉多白雲滃滃然彌亙巖谷類飛絮
縈繞間露清巒出其上畫家所作初疑以爲幻設至
是始悟其眞有之也
晚山尤宜霞遙映諸巒隱若金碧
陝西通志平凉府歸雲洞翠屏峯有青龍洞雨霽雲
輒歸洞中名歸雲洞游師雄詩云相傳雲雨收片片
歸雲白即此
安慶府志雲山南岳有雲師雨虎雲師如蠶長六寸
似兔雨虎如蛹長七八寸似蛭雲雨之時出在石上
肉甘可食
嘉定縣志九月霜降而雲爲護霜雲
福建通志鳳山縣沙馬磯頭山山頂常挂雲人視若
有人形往來雲中疑有仙降遊
廣信府志淸風峽在鉛山縣西北五里有土山洗而
出石得巨碧兩崖嶄嵒寒氣逼人峽長五丈闊五尺
在裂石間行淸風透體六月如秋
鵠慶府志朝霞山在城西南十里晨霞絢綵其上山
畔有小穴圍徑六寸有氣出如噓吸名風洞土人目
眚者以夏至之日聚穴口熏之
廬山通志雲海山高境曠每晴際有白雲平鋪大塊
登者見之稱爲雲海

欽定古今圖書集成曆象彙編乾象典

第七十四卷目錄

雲霞部外編

乾象典第七十四卷

雲霞部外編

拾遺記炎帝時有流雲灑液是謂霞漿服之得道後天而老

黃帝時丹丘獻瑪瑙甕以盛甘露至堯時盈而不涸舜時露已漸減舜遷寶甕于衡山之上故衡岳有寶露壇時有雲氣生于露壇

西海之西有浮玉山山下有巨穴穴中有水其色若火晝則通曨不明夜則照耀穴外雖波濤灌蕩其光不滅是謂陰火當堯世其光爛起化爲赤雲丹輝炳映百川恬澈游海者名曰沉燃以應火德之運也

穆天子傳天子觴西王母於瑤池之上王母爲謠曰白雲在天丘陵自出道路悠遠山川間之將子無死尚復能來

起世經諸比丘其世間有四種雲白雲黑雲赤雲黃雲諸比丘其四種中白色雲者多有地界黑色雲者多有水界赤色雲者多有火界黃色雲者多有風界汝等應作如是知諸比丘世間有雲從地上昇在虛空中或有至一俱盧奢住或二或三俱盧奢住乃至六七俱盧奢住諸比丘或復有雲上虛空中一踰闍那或二三四至五六七踰闍那住諸比丘或復有雲上虛空中百踰闍那乃至二三四五六七八百踰闍那停而住或復有雲從地上空千踰闍那二三四五六七千踰闍那住乃至刼盡

華嚴經如來現相品爾時十方世界海一切衆會蒙佛光明所開覺已各共來詣毗盧遮那如來所親近供養所謂此華藏莊嚴世界海東次有世界海名清淨光蓮華莊嚴彼世界種中有國土名摩尼瓔珞金剛藏佛號法水覺虛空無邊王於彼如來大衆海中有菩薩摩訶薩名觀察勝法蓮華幢與世界海微塵數諸菩薩俱來詣佛所各現十種菩薩身相雲徧滿虛空而不散滅復現十種雨一切寶蓮華光明雲復現十種須彌寶峯雲復現十種日輪光雲復現十種寶華瓔珞雲復現十種一切音樂雲復現十種末香樹雲復現十種塗香燒香衆色相雲復現十種一切香樹雲如是等世界海微塵數諸供養雲悉徧虛空而不散滅現是雲已向佛作禮以爲供養卽於東方各化作種種華光明藏師子之座於其座上結加趺坐此華藏世界海南次有世界海名一切寶月光明莊嚴藏彼世界種中有國土名無邊光圓滿莊嚴佛號普智光明德須彌王於彼如來大衆海中有菩薩摩訶薩名普照法海慧與世界海微塵數諸菩薩俱來詣佛所各現十種一切莊嚴光明藏摩尼王雲遍滿虛空而不散滅復現十種雨一切寶莊嚴具普照耀摩尼王雲復現十種寶燄熾然稱揚佛名號摩尼王雲復現十種說一切佛法摩尼王雲復現十種衆妙樹莊嚴道場摩尼王雲復現十種寶光普照現衆化佛摩尼王雲復現十種普現一切道場莊嚴像摩尼王雲復現十種密燄燈說諸佛境界摩尼王雲復現十種不思議佛刹宮殿像摩尼王雲復現十種普現三世佛身像摩尼王雲如是等世界海微塵數摩尼王雲悉徧虛空而不散滅現是雲已向佛作禮以爲供養卽於南方各化作帝靑寶閻浮檀金蓮華藏師子之座於其座上結加趺坐此華藏世界海西次有世界海名可愛樂寶光明彼世界種中有國土名出生上妙資身具佛號香燄功德寶莊嚴於彼如來大衆海中有菩薩摩訶薩名月光香燄普莊嚴與世界海微塵數諸菩薩俱來詣佛所各現十種一切寶香衆妙華樓閣雲徧滿虛空而不散滅復現十種無邊色相衆寶王樓閣雲復現十種寶燈香燄樓閣雲復現十種一切眞珠樓閣雲復現十種一切寶華樓閣雲復現十種寶瓔珞莊嚴樓閣雲復現十種普現十方一切莊嚴光明藏樓閣雲復現十種衆寶末間錯莊嚴樓閣雲復現十種衆寶周徧十方一切莊嚴樓閣雲復現十種華門鐸網樓閣雲如是等世界海微塵數樓閣雲悉徧虛空而不散滅現是雲已向佛作禮以爲供養卽於西方各化作眞金葉大寶藏師子之座於其座上結加趺坐此華藏世界海北次有世界海名毗瑠璃蓮華光圓滿藏彼世界種中有國土名優鉢羅華莊嚴佛號普智幢音王於彼如來大衆海中有菩薩摩訶薩名師子奮迅光明與世界海微塵數諸菩薩俱來詣佛所各現十種一切香摩尼

衆妙樹雲徧滿虛空而不散滅復現十種密葉妙香莊嚴樹雲復現十種化現一切無邊色相樹莊嚴樹雲復現十種一切華周布莊嚴樹雲復現十種一切寶燄圓滿光莊嚴樹雲復現十種現一切栴檀香菩薩身莊嚴樹雲復現十種現往昔道場處不思議莊嚴樹雲復現十種衆寶衣服藏如日光明樹雲復現十種普發一切悅意音聲樹雲如是等世界海微塵數樹雲悉徧虛空而不散滅現是雲已向佛作禮以爲供養卽於北方各化作摩尼燈蓮華藏師子之座於其座上結加趺坐此華藏世界海東北方次有世界海名閻浮檀金玻瓈色幢彼世界種中有國土名衆寶莊嚴佛號一切法無畏燈於彼如來大衆海中有菩薩摩訶薩名最勝光明燈無盡功德藏與世界海微塵數諸菩薩俱來詣佛所各現十種無邊色相寶蓮華藏師子座雲徧滿虛空而不散滅復現十種摩尼王光明藏師子座雲復現十種一切莊嚴具種種校飾師子座雲復現十種衆寶鬘燈燄藏師子座雲復現十種普雨寶瓔珞師子座雲復現十種一切香華寶瓔珞藏師子座雲復現十種示現一切佛座莊嚴摩尼王藏師子座雲復現十種戶牖階砌及諸瓔珞一切莊嚴師子座雲復現十種一切摩尼樹寶枝莖藏師子座雲復現十種寶香間飾日光明藏師子座雲如是等世界海微塵數師子座雲悉徧虛空而不散滅現是雲已向佛作禮以爲供養卽於東北方各化作寶蓮華摩尼光幢師子之座於其座上結跏趺坐此華藏世界海東南方次有世界海名金莊嚴瑠璃光普照彼世界種中有國土名清淨香光明佛號普喜深信王於彼如來大衆海中有菩薩摩訶薩名慧燈普明與世界海微塵數諸菩薩俱來詣佛所各現十種一切如意王摩尼帳雲徧滿虛空而不散滅復現十種帝青寶一切華莊嚴帳雲復現十種一切香摩尼帳雲復現十種寶燄燈帳雲復現十種示現佛神通說法摩尼王帳雲復現十種現一切衣服莊嚴色像摩尼帳雲復現十種一切寶華叢光明帳雲復現十種寶網鈴鐸音帳雲復現十種摩尼爲臺蓮華爲網帳雲復現十種現一切不思議莊嚴具色像帳雲如是等世界海微塵數衆寶帳雲悉徧虛空而不散滅現是雲已向佛作禮以爲供養卽於東南方各化作寶蓮華藏師子之座於其座上結跏趺坐此華藏世界海西南方次有世界海名日光徧照彼世界種中有國土名師子日光明佛號普智光明音於彼如來大衆海中有菩薩摩訶薩名普華光燄髻與世界海微塵數諸菩薩俱來詣佛所各現十種衆妙莊嚴寶蓋雲徧滿虛空而不散滅復現十種光明莊嚴華蓋雲復現十種無邊色眞珠藏蓋雲復現十種出一切菩薩悲愍音摩尼王蓋雲復現十種衆妙寶燄鬘蓋雲復現十種妙寶嚴飾垂網鐸蓋雲復現十種摩尼樹枝莊嚴蓋雲復現十種日光普照摩尼王蓋雲復現十種一切塗香燒香蓋雲復現十種栴檀藏蓋雲復現十種廣大佛境界普光明莊嚴蓋雲如是等世界海微塵數衆寶蓋雲悉徧虛空而不散滅現是雲已向佛作禮以爲供養卽於西南方各化作帝青寶光燄莊嚴藏師子之座於其座上結跏趺坐此華藏世界海西北方次有世界海名寶光照耀彼世界種中有國土名衆香莊嚴佛號無量功德海光明於彼如來大衆海中有菩薩摩訶薩名無盡光摩尼王與世界海微塵數諸菩薩俱來詣佛所各現十種一切寶圓滿光雲徧滿虛空而不散滅復現十種一切寶燄圓滿光雲復現十種一切妙華圓滿光雲復現十種一切化佛圓滿光雲復現十種十方佛土圓滿光雲復現十種佛境界雷聲寶樹圓滿光雲復現十種一切瑠璃寶摩尼王圓滿光雲復現十種一念中現無邊衆生相圓滿光雲復現十種演一切如來大願音圓滿光雲復現十種演化一切衆生音摩尼王圓滿光雲如是等世界海微塵數圓滿光雲悉徧虛空而不散滅現是雲已向佛作禮以爲供養卽於西北方各化作無盡光明威德藏師子之座於其座上結跏趺坐此華藏世界海下方次有世界海名蓮華香妙德藏彼世界種中有國土名寶師子光明照耀佛號法界光明於彼如來大衆海中有菩薩摩訶薩名法界光燄慧與世界海微塵數諸菩薩俱來詣佛所各現十種一切摩尼藏光明雲徧滿虛空而不散滅復現十種一切香光明雲復現十種一切寶燄光明雲復現十種出一切佛說法音光明雲復現十種現一切佛土莊嚴光明雲復現十種一切妙華樓閣光明雲復現十種現一切劫中諸佛教化衆生事光明雲復現十種一切無盡寶華蘂光明雲復現十種一切莊嚴座光明雲如是等世界海微塵數光明雲悉徧虛空而不散滅現是雲已向佛作禮以爲供養卽於下方各化作寶燄燈蓮華藏師子之座於其座上結跏趺坐此華藏世界海上方次有世

界海名摩尼寶照耀莊嚴彼世界種中有國土名無相妙光明佛號無礙功德光明王於彼如來大衆海中有菩薩摩訶薩名無礙力精進慧與世界海微塵數諸菩薩俱來詣佛所各現十種無邊色相寶光燄雲徧滿虛空而不散滅復現十種摩尼寶網光燄雲復現十種一切廣大佛土莊嚴光燄雲復現十種一切妙香光燄雲復現十種一切莊嚴光燄雲復現十種諸佛變化光燄雲復現十種衆妙樹華光燄雲復現十種一切金剛光燄雲復現十種說無邊菩薩行摩尼光燄雲復現十種一切眞珠燈光燄雲如是等世界海微塵數光燄雲悉徧虛空而不散滅現是雲已向佛作禮以爲供養卽於上方各化作演佛音聲光明蓮華藏師子之座於其座上結跏趺坐如是等十億佛刹微塵數世界海中有十億佛刹微塵數菩薩摩訶薩一一各有世界海微塵數諸菩薩衆前後圍繞而來集會是諸菩薩一一各現世界海微塵數種種莊嚴諸供養雲悉徧虛空而不散滅現是雲已向佛作禮以爲供養隨所來方各化作種種寶莊嚴師子之座於其座上結跏趺坐

爾時世尊欲令一切菩薩大衆得於如來無邊境界神通力故放眉間光此光名一切菩薩智光明普照耀十方藏其狀猶如寶色燈雲徧照十方一切佛刹其中國土及以衆生悉令顯現又普震動諸世界網一一塵中現無數佛隨諸衆生性欲不同普雨三世一切諸佛妙法輪雲顯示如來波羅密海又雨無量諸出離雲令諸衆生永度生死復雨諸佛大願之雲顯示十方諸世界中

普賢三昧品爾時普賢菩薩摩訶薩於如來前坐蓮華藏師子之座承佛神力入於三昧卽從是三昧而起其諸菩薩一一各得世界海微塵數三昧海雲世界海微塵數陀羅尼海雲世界海微塵數諸法方便海雲世界海微塵數辯才門海雲世界海微塵數修行海雲世界海微塵數普照法界一切如來功德藏智光明海雲世界海微塵數一切如來諸力智慧無差別方便海雲世界海微塵數一切如來一一毛孔中各現衆刹海雲世界海微塵數一一菩薩示現從兜率天宮歿下生成佛轉正法輪般涅槃等海雲如此世界中普賢菩薩從三昧起諸菩薩衆獲如是益如是一切世界海及彼世界海所有微塵一一塵中悉亦如是爾時十方一切世界海以諸佛威神力及普賢菩薩三昧力故悉皆微動一一世界衆寶莊嚴及出妙音演說諸法復於一切如來衆會道場海中普雨十種大摩尼王雲何等爲十所謂妙金星幢摩尼王雲光明照曜摩尼王雲寶輪垂下摩尼王雲衆寶藏現菩薩像摩尼王雲稱揚佛名摩尼王雲光明熾盛普照一切佛刹道場摩尼王雲光照十方種種變化摩尼王雲稱讚一切菩薩功德摩尼王雲如日光熾盛摩尼王雲悅意樂音周聞十方摩尼王雲

華藏世界品爾時普賢菩薩復告大衆言諸佛子一一香水海各有四天下微塵數香水河右旋圍繞一切皆以金剛爲岸淨光摩尼以爲嚴飾常現諸佛寶色光雲及諸衆生所有言音其河所有漩澓之處一切諸佛所修因行種種形相皆從中出摩尼爲網衆寶鈴鐸諸世界海所有莊嚴悉於中現摩尼寶雲以覆其上其雲普現華藏世界毗盧遮那十方化佛及一切佛神通之事復出妙音稱揚三世佛菩薩名其香水中常出一切寶燄光雲相續不絕

爾時普賢菩薩復告大衆言諸佛子此十不可說佛刹微塵數香水海在華藏莊嚴世界海中如天帝網分布而住諸佛子此最中央香水海名無邊妙華光以現一切菩薩形摩尼王幢爲底出大蓮華名一切香摩尼王莊嚴有世界種而住其上名普照十方熾然寶光明以一切莊嚴具爲體有不可說佛刹微塵數世界於中布列其最下方有世界名最勝光徧照以一切金剛莊嚴光耀輪爲際依衆寶摩尼華而住其狀猶如摩尼寶形一切寶華莊嚴雲彌覆其上佛刹微塵數世界周帀圍繞種種安住種種莊嚴佛號淨眼離垢燈此上過佛刹微塵數世界有世界名種種香蓮華妙莊嚴以一切莊嚴具爲際依寶蓮華網而住其狀猶如師子之座一切寶色珠帳雲彌覆其上二佛刹微塵數世界周帀圍繞佛號師子光勝照此上過佛刹微塵數世界有世界名一切寶莊嚴普照光以香風輪爲際依種種寶華瓔珞住其形八隅妙光摩尼日輪雲而覆其上三佛刹微塵數世界周帀圍繞佛號淨光智勝幢此上過佛刹微塵數世界有世界名種種光明華莊嚴以一切寶王爲際依衆色金剛尸羅幢海住其狀猶如摩尼蓮華以金剛摩尼寶光雲而覆其上四佛刹微塵數世界周帀圍繞純一清淨佛號金剛光明無量精進力善出現此上過佛刹微塵數世界有世界名普放妙華光以一切寶鈴莊嚴網爲際依一切樹林莊嚴寶輪網海住其

形普方而多有隅角梵音摩尼王雲以覆其上五佛刹微塵數世界周帀圍繞佛號香光喜力海此上過佛刹微塵數世界有世界名淨妙光明以寶王莊嚴幢爲際依金剛宮殿海住其形四方摩尼輪髻帳雲而覆其上六佛刹微塵數世界周帀圍繞佛號普光自在幢此上過佛刹微塵數世界有世界名衆華燄莊嚴以種種華莊嚴爲際依一切寶色燄海住其狀猶如樓閣之形一切寶色衣眞珠欄楯雲而覆其上七佛刹微塵數世界周帀圍繞純一清淨佛號歡喜海功德名稱自在光此上過佛刹微塵數世界有世界名出生威力地以出一切聲摩尼王莊嚴爲際依種種寶色蓮華座虛空海住其狀猶如因陀羅網以無邊色華網雲而覆其上八佛刹微塵數世界周帀圍繞佛號廣大名稱智海幢此上過佛刹微塵數世界有世界名出妙音聲以心王摩尼莊嚴輪爲際依恆出一切妙音聲莊嚴雲摩尼王海住其狀猶如梵天身形無量寶莊嚴師子座雲而覆其上九佛刹微塵數世界周帀圍繞佛號清淨月光明相無能摧伏此上過佛刹微塵數世界有世界名金剛幢以無邊莊嚴眞珠藏寶瓔珞爲際依一切莊嚴寶師子座摩尼海住其狀周圓十須彌山微塵數一切香摩尼華須彌雲彌覆其上十佛刹微塵數世界周帀圍繞純一清淨佛號一切法海最勝王此上過佛刹微塵數世界有世界名恆出現帝靑寶光明以極堅牢不可壞金剛莊嚴爲際依種種殊異華海住其狀猶如半月之形諸天寶帳雲而覆其上十一佛刹微塵數世界周帀圍繞佛號無量功德法此上過佛刹微塵數

世界有世界名光明照耀以普光莊嚴爲際依華旋香水海住狀如華旋種種衣雲而覆其上十二佛刹微塵數世界周帀圍繞佛號超釋梵此上過佛刹微塵數世界至此世界名娑婆以金剛莊嚴爲際依種種色風輪所持蓮華網住狀如虛空以普圓滿天宮殿莊嚴虛空雲而覆其上十三佛刹微塵數世界周帀圍繞其佛卽是毗盧遮那如來世尊此上過佛刹微塵數世界有世界名寂靜離塵光以一切寶莊嚴爲際依種種寶衣海住其狀猶如執金剛形無邊色金剛雲而覆其上十四佛刹微塵數世界周帀圍繞佛號徧法界勝音此上過佛刹微塵數世界有世界名衆妙光明燈以一切莊嚴帳爲際依淨華網海住其狀猶如卍字之形摩尼樹香水海雲而覆其上十五佛刹微塵數世界周帀圍繞純一清淨佛號不可摧伏力普照幢此上過佛刹微塵數世界有世界名清淨光徧照以無盡寶雲摩尼王爲際依種種香燄蓮華海住其狀猶如龜甲之形圓光摩尼輪栴檀雲而覆其上十六佛刹微塵數世界周帀圍繞佛號清淨日功德眼此上過佛刹微塵數世界有世界名寶莊嚴藏以一切衆生形摩尼王爲際依光明藏摩尼王海住其形八隅以一切輪圍山寶莊嚴華樹網彌覆其上十七佛刹微塵數世界周帀圍繞佛號無礙智光明徧照十方此上過佛刹微塵數世界有世界名離塵以一切殊妙相莊嚴爲際依衆妙華師子座海住狀如珠瓔以一切寶香摩尼王圓光雲而覆其上十八佛刹微塵數世界周帀圍繞純一清淨佛號無量方便最勝幢此上過佛刹微塵數世界有世界

名清淨光普照以出無盡寶雲摩尼王爲際依無量色香燄須彌山海住其狀猶如寶華旋布以無邊色光明摩尼王帝靑雲而覆其上十九佛刹微塵數世界周帀圍繞佛號普照法界虛空光此上過佛刹微塵數世界有世界名妙寶燄以普光明日月寶爲際依一切諸天形摩尼王海住其狀猶如寶莊嚴具以一切寶衣幢雲及摩尼燈藏網而覆其上二十佛刹微塵數世界周帀圍繞純一清淨佛號福德相光明爾時普賢菩薩復告大衆言諸佛子此無邊妙華光香水海東次有香水海名離垢燄藏出大蓮華名一切香摩尼王妙莊嚴有世界種而住其上名徧照刹旋以菩薩行吼音爲體此中最下方有世界名宮殿莊嚴幢其形四方依一切寶莊嚴海住蓮華光網雲彌覆其上佛刹微塵數世界圍繞純一清淨佛號眉間光徧照此上過佛刹微塵數世界有世界名德華藏其形周圓依一切寶華蘂海住眞珠幢師子座雲彌覆其上二佛刹微塵數世界圍繞佛號一切無邊法海慧此上過佛刹微塵數世界有世界名善變化妙香輪形如金剛依一切寶莊嚴鈴網海住種種莊嚴圓光雲彌覆其上三佛刹微塵數世界圍繞佛號功德相光明普照此上過佛刹微塵數世界有世界名妙色光明其狀猶如摩尼寶輪依無邊色寶香水海住普光明眞珠樓閣雲彌覆其上四佛刹微塵數世界圍繞純一清淨佛號善眷屬出興徧照此上過飾刹微塵數世界有世界名善蓋覆狀如蓮華依金剛香水海住離垢光明香水雲彌覆其上五佛刹微塵數世界圍繞佛號法喜無盡慧此上過佛刹微塵

數世界有世界名尸利華光輪其形三角依一切堅固寶莊嚴海住菩薩摩尼冠光明雲彌覆其上六佛剎微塵數世界圍繞佛號清淨普光明此上過佛剎微塵數世界有世界名寶蓮華莊嚴形如半月依一切蓮華莊嚴海住一切寶華雲彌覆其上七佛剎微塵數世界圍繞純一清淨佛號功德華清淨眼此上過佛剎微塵數世界有世界名無垢燄莊嚴其狀猶如寶燈行列依寶燄藏海住常雨香水種種身雲彌覆其上八佛剎微塵數世界圍繞佛號慧力無能勝此上過佛剎微塵數世界有世界名妙梵音形如卍字依寶衣幢海住一切華莊嚴帳雲彌覆其上九佛剎微塵數世界圍繞佛號廣大目如空中淨月此上過佛剎微塵數世界有世界名微塵數音聲其狀猶如因陀羅網依一切寶水海住一切樂音寶蓋雲彌覆其上十佛剎微塵數世界圍繞純一清淨佛號金色須彌燈此上過佛剎微塵數世界有世界名寶色莊嚴形如卍字依帝釋形寶王海住日光明華雲彌覆其上十一佛剎微塵數世界圍繞佛號迴照法界光明智此上過佛剎微塵數世界有世界名金色妙光其狀猶如廣大城郭依一切寶莊嚴海住道場寶華雲彌覆其上十二佛剎微塵數世界圍繞佛號寶燈普照幢此上過佛剎微塵數世界有世界名徧照光明輪狀如華旋依寶衣旋海住佛音聲寶王樓閣雲彌覆其上十三佛剎微塵數世界圍繞純一清淨佛號蓮華燄徧照此上過佛剎微塵數世界有世界名寶藏莊嚴狀如四洲依寶瓔珞須彌住寶燄摩尼雲彌覆其上十四佛剎微塵數世界圍繞佛號無盡福開敷華此上過佛剎微塵數世界有世界名如鏡像普現其狀猶如阿脩羅身依金剛蓮華海住寶冠光影雲彌覆其上十五佛剎微塵數世界圍繞佛號甘露音此上過佛剎微塵數世界有世界名栴檀月其形八隅依金剛栴檀寶海住眞珠華摩尼雲彌覆其上十六佛剎微塵數世界圍繞純一清淨佛號最勝法無等智此上過佛剎微塵數世界有世界名離垢光明其狀猶如香水旋流依無邊色寶光海住妙香光明雲彌覆其上十七佛剎微塵數世界圍繞佛號徧照虛空光明音此上過佛剎微塵數世界有世界名妙華莊嚴其狀猶如旋繞之形依一切華海住一切樂音摩尼雲彌覆其上十八佛剎微塵數世界圍繞佛號普現勝光明此上過佛剎微塵數世界有世界名勝音莊嚴其狀猶如師子之座依金師子座海住衆色蓮華藏師子座雲彌覆其上十九佛剎微塵數世界圍繞佛號無邊功德稱普光明此上過佛剎微塵數世界有世界名高勝燈狀如佛掌依寶衣服香幢海住日輪普照寶王樓閣雲彌覆其上二十佛剎微塵數世界圍繞純一清淨佛號普照虛空燈

升兜率天宮品爾時世尊復以神力不離於此菩提樹下及須彌頂夜摩天宮而往詣於兜率陀天一切妙寶所莊嚴殿時兜率天王遙見佛來卽於殿上敷摩尼藏師子之座雨百萬億天華雲雨百萬億天香雲雨百萬億天末香雲雨百萬億天拘蘇摩華雲雨百萬億天波頭摩華雲雨百萬億天優鉢羅華雲雨百萬億天拘物頭華雲雨百萬億天芬陀利華雲雨百萬億天曼陀羅華雲雨百萬億一切天華雲雨百萬億天衣雲雨百萬億摩尼寶雲雨百萬億天蓋雲雨百萬億天幢雲雨百萬億天冠雲雨百萬億天莊嚴具雲雨百萬億天寶鬘雲雨百萬億天寶瓔珞雲雨百萬億天栴檀香雲雨百萬億天沈水香雲爾時兜率天王爲如來敷置座已心生尊重與十萬億阿僧祇兜率天子奉迎如來以淸淨心雨阿僧祇色華雲雨不思議色香雲雨種種色鬘雲雨廣大淸淨栴檀雲雨無量種種蓋雲雨細妙天衣雲雨無邊衆妙寶雲雨天莊嚴具雲雨無量種種燒香雲雨一切栴檀沉水堅固末香雲諸天子衆各從其身出此諸雲時百千億阿僧祇兜率天子及餘在會諸天子衆心大歡喜恭敬頂禮

入法界品爾時佛在舍衛城祇樹給孤獨園大莊嚴重閣講堂與五百菩薩摩訶薩俱時祇洹林上虛空中有不可思議天寶宮殿雲不可思議衆香樹雲不可說須彌山雲莊嚴虛空不可說衆寶樂器演妙法音讚詠如來不可說寶樹雲彌覆虛空不可說衆寶座雲覆以寶衣菩薩處上歎佛功德不可說天寶像雲以爲莊嚴不可說白淨眞珠網雲以爲莊嚴不可說解脫樓閣雲以爲莊嚴不可說妙解脫音樂雲雨以爲莊嚴如來充滿來詣祇洹菩薩充滿一切如來大衆海安住普雨一切妙莊嚴雲雨一切衆寶光明普照一切摩尼王雲雨一切蓋雲莊嚴一切天身雲雨一切華樹雲莊嚴一切雜色衣雲雨一切鬘雲流注莊嚴一切摩尼寶王莊嚴雲雨一切衆生身雜色香雲雨寶華雲諸天女雲各持妙寶於虛空中迴轉莊嚴一切衆寶鉢雲摩華雜寶師子座莊嚴虛空爾

時東方過不可說佛刹微塵等世界海有世界名金剛雲明淨燈莊嚴佛號明淨妙德王彼大衆中有菩薩名明淨願光明與不可說佛刹微塵等菩薩俱來向此土與種種雲莊嚴虛空所謂與天華雲散天末香雲垂天鬘帶雲雨天寶雲天莊嚴雲天寶蓋雲天寶衣雲天幢蓋雲充滿虛空以可悅樂衆寶莊嚴來詣佛所禮拜供養卽於東方化作一切莊嚴樓閣寶蓮華藏師子之座如意寶網羅覆其身與其眷屬結跏趺坐南方過不可說佛刹微塵等世界有世界名寶燈須彌山幢佛號法界智燈彼大衆中有菩薩名無上普妙德王與世界海微塵等菩薩俱來向此土與不可說佛刹微塵等種種色香須彌山雲充滿一切法界不可說佛刹微塵等種種色香水須彌山雲充滿一切法界不可說佛刹微塵等種種色摩尼寶王須彌山雲充滿一切法界不可說佛刹微塵等種種色光明莊嚴寶幢須彌山雲充滿一切法界不可說佛刹微塵等種種色金剛藏摩尼寶王須彌山雲充滿一切法界不可說佛刹微塵等閻浮檀寶幢須彌山雲充滿一切法界不可說佛刹微塵等摩尼寶王徧照一切法界須彌山雲普覆虛空一切如來不可說佛刹微塵等相好摩尼寶王普照須彌山雲充滿一切衆生境界一切如來爲菩薩時不可說佛刹微塵等所行須彌山雲充滿法界一切如來示現不可說佛刹微塵等莊嚴道場來詣佛所禮拜供養卽於西方化作一切香王樓閣以眞珠寶網羅覆其上如帝釋幢寶蓮華藏師子之座結跏趺坐金色寶網羅覆其身如意寶王爲髻明珠北方過不可說佛刹微塵等世界有世界名寶衣光明幢佛號法界虛空妙德彼大衆中有菩薩名無礙妙德藏王與世界海微塵等菩薩俱來向此土以一切寶繒雲莊嚴虛空神力持故充滿虛空雜寶衣雲雜香薰衣雲日幢摩尼寶衣雲金色妙衣雲衆寶網衣雲閻浮檀金色莊嚴衣雲白淨寶衣雲明淨寶王衣雲妙光寶衣雲海莊嚴寶王衣雲莊嚴虛空神力持故皆悉充滿一切虛空來詣佛所禮拜供養卽於北方化作大海摩尼寶王樓閣瑠璃寶蓮華藏師子之座結跏趺坐妙寶王網羅覆其身清淨寶王爲髻明珠東北方過不可說佛刹微塵等世界有世界名放離垢歡喜光明網佛號無礙眼王彼大衆中有菩薩名法界善化願月王與世界海微塵等菩薩俱來向此土與寶樓閣雲皆悉充滿一切世界香樓閣雲香煙樓閣雲華樓閣雲栴檀樓閣雲金剛樓閣雲摩尼樓閣雲金樓閣雲寶衣樓閣雲鉢曇摩樓閣雲皆悉普覆一切佛刹來詣佛所禮拜供養卽於東北方化作一切法界門寶山樓閣不可稱香王寶蓮華藏師子之座結跏趺坐摩尼華網羅覆其身妙莊嚴藏摩尼寶王以爲天冠東南方過不可說佛刹微塵等世界有世界名香雲莊嚴幢佛號龍自在王彼大衆中有菩薩名法義慧炎王與世界微塵等菩薩俱來向此土與無量金色圓滿光雲普覆虛空無量寶色圓滿光雲佛白毫相圓滿光雲衆雜色圓滿光雲寶蓮華藏圓滿光雲衆寶樹華圓滿光雲如來無見頂相圓滿光雲閻浮檀金色圓滿光雲日光圓滿光雲月光圓滿光雲普覆虛空來詣佛所禮拜供養卽於東南方化作明淨摩尼寶王樓閣金剛寶蓮華藏師子之座結跏趺坐寶炎光網羅覆其身西南方過不可說佛刹微塵等世界有世界名日光藏佛號法月普照智王彼大衆中有菩薩名壞散一切衆魔智幢王與世界微塵等菩薩俱來向此土一一毛孔普興虛空界等寶華炎雲徧照一切世界放香炎雲衆寶炎雲金剛炎雲香煙炎雲大龍自在電光炎雲明淨摩尼寶炎雲金色寶炎雲妙德藏摩尼寶王網炎雲一一毛孔各放虛空界等如來光明海雲普照三世來詣佛所禮拜供養卽於西南方化作一切方便門光網普照法界摩尼樓閣香燈炎寶蓮華藏師子之座結跏趺坐摩尼寶藏王妙光明網羅覆其身冠一切衆生向解脫音摩尼寶王冠西北方過不可說佛刹微塵等世界有世界名淨願摩尼寶藏佛號普明淨妙德須彌山王彼大衆中有菩薩名明淨願智幢王與世界微塵等菩薩俱來向此土於念念中一切相好一切毛孔皆出三世一切諸佛身雲充滿一切虛空界又出一切菩薩身雲一切如來眷屬身雲一切如來變化身雲一切如來本生身雲一切聲聞緣覺身雲一切如來道場菩提樹雲一切如來自在雲一切世界王身雲一切嚴淨佛刹雲於念念中一切相好一切毛孔皆出如是等雲充滿虛空來詣佛所禮拜供養卽於西北方化作諸方清淨摩尼妙寶樓閣清淨一切衆生摩尼寶蓮華藏師子之座結跏趺坐堅固光明眞珠寶網羅覆其身首冠普覆摩尼寶冠下方過不可說佛刹微塵等世界有世界名一切如來光圓滿清淨佛號無礙虛空智幢王彼大衆中有菩薩名壞散一

切障智慧勢王與世界微塵等菩薩俱來向此土於一切毛孔出一切衆生語海音雲三世菩薩行海音雲一切菩薩願音雲一切菩薩成滿淸淨波羅蜜音雲一切菩薩行妙音聲雲充滿一切世界一切菩薩積集自在音雲一切菩薩往詣道場降伏衆魔成最正覺自在音雲一切諸佛轉正法輪修多羅音雲隨其所應化度衆生方便音雲令一切衆生隨時方便得妙智慧善根音雲來詣佛所禮拜供養卽於下方化作諸佛寶光明藏莊嚴樓閣寶蓮華藏師子之座結跏趺坐普照道場摩尼寶王爲髻明珠

入法界品爾時善財童子漸趣南方至莊嚴閻浮提頂國周徧推求海幢比丘見在靜處結跏趺坐三昧正受滅出入息身安不動寂然無覺從其兩脇出不可思議龍不可思議龍女顯現不可思議諸龍自在攝取衆生雨不可思議香莊嚴雲華莊嚴雲鬘莊嚴雲寶蓋莊嚴雲寶幢莊嚴雲衆寶莊嚴雲無價摩尼寶莊嚴雲寶瓔珞莊嚴雲寶座莊嚴雲寶宮殿莊嚴雲寶蓮華莊嚴雲寶冠莊嚴雲天形像莊嚴雲天女莊嚴雲雨如是等雲各不可思議普照十方一切世界而以供養一切如來普令衆生皆大歡喜充滿法界從其頂上出百千阿僧祇佛身分具足相好莊嚴猶如金山普照一切出妙音聲充滿法界顯現無量無邊神力自在普雨一切甘露法雲爲坐道場菩薩雨平等法雲爲灌頂菩薩雨普門法雲爲深忍菩薩雨普莊嚴法雲爲童眞菩薩雨堅固山法雲爲不退菩薩雨海藏法雲爲成就直心菩薩雨普境界法雲爲方便道菩薩雨自性地音聲法雲爲生貴菩薩雨隨順世間法雲爲修行菩薩雨厭離法雲爲治地菩薩雨長養法藏法雲爲初發心菩薩雨精進法雲爲信行者雨無盡門法雲爲色界衆生雨無盡平等法雲爲大梵天雨普藏法雲爲大自在天雨生力法雲爲魔天王雨心幢法雲爲化樂天雨淨念法雲爲兜率天雨淨意法雲爲夜摩天雨歡喜法雲爲帝釋天雨莊嚴虛空法雲爲夜叉王雨歡喜法雲爲乾闥婆王雨自在圓滿法雲爲阿修羅王雨大境界法雲爲迦樓羅王雨無量世界法雲爲緊那羅王雨饒益衆生勝智法雲爲諸人王雨不可樂法雲爲諸龍王雨歡喜幢法雲爲摩睺羅伽王雨寂靜法雲爲地獄衆生雨不亂念莊嚴法雲爲諸畜生雨智慧法雲爲閻羅王處雨無畏法雲爲餓鬼處雨正希望法雲悉令衆生向賢聖門充滿法界善男子於此南方有一住處名曰海潮彼有園林名普莊嚴善財童子漸漸南行至海潮處見普莊嚴園林雨十種雲出過諸天謂十種黑栴檀雲十種曼陀羅華雲十種莊嚴雲十種鬘雲十種雜色衣雲十種寶雲十種天子雲十種天女雲十種菩薩雲常樂聞法

長阿含經須彌山北天下有鬱單越國彼土四面有四阿耨遠池阿耨遠龍王數數起淸淨雲周遍世界而降甘雨

襄陽耆舊傳赤帝女姚姬未行而卒葬於巫山之陽故曰巫山之女楚襄王遊於高唐晝寢夢與神遇去而辭曰妾在巫山之陽高丘之岨朝爲行雲暮爲行雨朝朝暮暮陽臺之下旦朝視之如言故爲立廟號曰朝雲

春秋文耀鉤楚有蒼雲如霓圍軫七蟠中有荷斧之人向軫而蹲於是楚唐史晝遺灰而雲滅故曰唐史之策上滅蒼雲

拾遺記燕昭王二年海人乘霞獻龍膏

有靑雀銜玉杓以授王子晉子晉取而食之乃有雲起雪飛子晉以衣袖揮雲則雲雪自止

莊子逍遙遊篇藐姑射之山有神人居焉肌膚若冰雪綽約若處子不食五穀吸風飲露乘雲氣御飛龍而遊乎四海之外

在宥篇雲將東遊過扶搖之枝而適遭鴻蒙鴻蒙方將拊髀雀躍而遊雲將見之倘然止贄然立曰叟何人耶叟何爲此鴻蒙拊髀雀躍不輟對雲將曰遊雲將曰朕願有聞也鴻蒙仰而視雲將曰吁雲將曰天氣不和地氣鬱結六氣不調四時不節今我願合六氣之精以育羣生爲之奈何鴻蒙拊髀雀躍掉頭曰吾弗知吾弗知雲將不得問又三年東遊過有宋之野而適遭鴻蒙雲將大喜行趨而進曰天忘朕耶天忘朕耶再拜稽首願聞於鴻蒙鴻蒙曰浮遊不知所求猖狂不知所往遊者鞅掌以觀無妄朕又何知雲將曰朕也自以爲猖狂而民隨予所往朕也不得已於民今則民之放也願聞一言鴻蒙曰亂天之經逆物之情元天弗成解獸之羣而鳥皆夜鳴災及草木禍及昆蟲噫治人之過也雲將曰然則吾奈何鴻蒙曰噫毒哉僊僊乎歸矣雲將曰吾遇天難願聞一言鴻蒙曰噫心養汝徒處無爲而物自化墮爾形體吐爾聰明倫與物忘大同乎涬溟解心釋神莫然無魂萬物云云各復其根各復其根而不知渾渾沌沌終

身不離若彼知之乃是離之無問其名無闚其情物故自生雲將曰天降朕以德示朕以默躬身求之乃今也得再拜稽首起辭而行注雲將言雲之主帥

漢武內傳上元夫人謂西王母曰阿環有六甲之術用之可以游景雲之宮登流霞之室

帝于壽眞臺七月七日夜見西王母乘紫雲輦來雲氣勃鬱盡爲香氣

博物志漢武帝好仙道王母乘紫雲車而至頭上戴七種青氣鬱鬱如雲

洞冥記武帝寢靈莊殿名東方朔於青綺牕不隔絺紈重幕問朔曰漢承庚運火德以何精瑞爲祥應朔跪而對曰臣嘗過吳明之墟是長安東過扶桑七萬里有吉雲山山頂有井雲起井中若土德王黃雲出火德王赤雲出水德王黑雲出金德王白雲出木德王青雲出此皆應瑞德也帝曰善

東方朔遊吉雲之地得神馬一疋高九尺帝問朔是何獸也朔曰昔西王母乘靈光輦以適東王公之舍稅此馬遊於芝田乃食芝田之草東王公怒棄馬於清津天岸臣至王公之壇因騎馬返繞日三匝然入漢關關扉未掩臣於馬上睡不覺而至帝曰其名云何對曰因疾爲名步景朔當乘之時如駑蹇之驢耳

臣有吉雲草十種種於九景山東二千歲一花明年應生臣走請刈之得以秣馬馬終不飢也臣至東極過吉雲之澤多生此草移於九景之山全不如吉雲之地帝曰何謂吉雲朔曰其國俗以雲氣占吉凶若有樂事則滿室雲起五色照人著於草樹皆成五色露味甚甘

論衡河東蒲坂項曼都好道學仙三年而返家人問其狀都曰欲飮食仙人輒飮我以流霞每飮一杯數日不飢

神仙傳劉政口吐五色之氣方廣十里直上連天

搜神記薊子訓到洛見公卿數十處後數十處皆有雲起

拾遺記崑崙有九層每層相去萬里有雲色從下望之如城闕之象九層山形漸小傍有瑤臺東有風雲雨師闕南有丹密雲望之如丹色丹雲四垂周密

員嶠山一名環丘有雲石駮騂如錦扣之則片片翕然雲出俄而遍潤天下西有星池有爛石常浮於水邊其色紅質虛似肺燒之有煙香聞數百里煙氣升天則成香雲遍潤則成香雨

瀛洲東有魚長千丈或有遨而望者見水間有五色就視之乃此魚噴水爲雲如卿雲之麗

九域志小隴山一名隴坻其阪九廻上者七日乃至

南充碧落觀神龍中見黃雲赤霧翕然翳前後三日

元貞子鷲鷟篇造化之初九大相競雲之氣騰然曰但聞斤斧之聲暨霧散雲斂有化宮出

翁乎忽乎之滅沒乎者滏渟洇熅之蓊鬱乎者蒙乎昧乎之昏晦乎者靉靆黔黮之黮霸乎者翳海吞山遏日漫天其孰能大乎吾之大乎者

山西通志唐樂氏二女陵川人母楊氏感仙光而娠誕有奇德繼母呂氏御二女甚酷令拾麥外氏弗與遺穗畏母捶楚仰天號訴忽感黃雲下降少者先升須臾黃雲又降長者亦升

夢溪筆談舊俗正月望夜迎廁神謂之紫姑景祐中太常博士王綸家因迎紫姑有神降其閨女自稱上帝後宮諸女能文章頗清麗其家亦時見其形但自腰以上見之乃好女子其下常爲雲氣所擁善鼓箏音調淒婉聽者忘倦嘗謂其女曰能乘雲與我遊乎女子許之乃自其庭中涌白雲如蒸女子踐之雲不能載神曰汝履下有穢土可去履而登女子乃襪而登如履繒絮冉冉至屋復下曰汝未可往更期異日後女子嫁其神乃不至其家了無禍福爲之傳記者甚詳此予目見者粗志於此

雲笈七籤太空之上有自然五霞其色蒼黃號曰黃天

立春之日三素元君上詣天皇大帝遊宴之時當以其日沐浴齋戒淸朝入室燒香行禮東北向叩齒十二通仰思紫綠白三色之雲東北而廻心念微言祝畢仰嚥八炁行之八年三素之雲八輿飛輪迎之上昇帝震

春分後夜半子時東北望有元青黃雲是太微天帝三素雲

秋分清旦南望有素赤黃雲者是南極眞人上皇赤帝三素雲也存禮密祝三見雲輦白日昇仙

立冬清旦西望有綠紫青雲者是上淸眞人帝君皇祖三素雲也

冬至清旦正東望有朱碧黃雲者是太霄玉妃太虛上眞人三素雲也存禮密祝三見雲輦白日昇仙

已瘧編莫月鼎者道士也嘗與客遊西湖烈日熱甚莫曰吾借一傘遮陰乃向空噓氣忽黑雲一片隨而覆之

雲南通志望夫雲相傳昔有人素貧困遇蒼山神授以異術忽生肉翅能飛一日至南詔宮攝其女入玉局峯爲夫婦凡飲食皆能致之後問女安否女云太寒耳其人聞河東高僧有七寶袈裟飛取而還僧覺以法力制之遂溺水中女望不至憂鬱以死其精氣化爲雲倏起倏落若探望之狀此雲一出洱河中卽有雲應之颶風旋起舟遇卽覆人戒停泊俗又呼爲無渡雲